Test Theory and Method of Complex Weapon System

复杂武器系统试验理论与方法

杨廷梧 著

国防工业出版社

·北京·

图书在版编目（CIP）数据

复杂武器系统试验理论与方法/杨廷梧著．—北京：
国防工业出版社，2018.6

ISBN 978-7-118-11592-5

Ⅰ.①复…　Ⅱ.①杨…　Ⅲ.①武器系统—武器试验
Ⅳ.①TJ01

中国版本图书馆 CIP 数据核字（2018）第 061196 号

※

*国防工业出版社*出版发行

（北京市海淀区紫竹院南路23号　邮政编码100048）
北京龙世杰印刷有限公司印刷
新华书店经售

*

开本 787×1092　1/16　印张 40¾　字数 930 千字
2018 年 8 月第 1 版第 1 次印刷　印数 1—2000 册　定价 258.00 元

（本书如有印装错误，我社负责调换）

国防书店：(010)88540777　　　　发行邮购：(010)88540776
发行传真：(010)88540755　　　　发行业务：(010)88540717

作者简介

　　杨廷梧,中国飞行试验研究院首席技术专家/研究员,西安电子科技大学教授/博士生导师,国家国防科工局试验与测试专家组核心成员,中国航空集团科技委委员,享受国务院政府特殊津贴。历任研究室副主任、副所长、所长、副总工程师、十号工程试飞"航迹测量系统"总设计师、空装××综合演示验证联合项目组副总设计师等职。1983年毕业于武汉测绘学院(现武汉大学)航测与遥感专业并获工学学士学位,后就读于西北工业大学航空电子工程与西安电子科技大学物理电子学专业,分别获得工程硕士学位与工学博士学位。现为中国航空学会高级会员、中国计算机测量与控制学会常务理事、陕西航空学会试验与测试技术专业委员会副主任委员、陕西光学学会副理事长。获省部级以上科学技术进步奖十多项、国防发明专利数十项,发表学术论文四十篇,由国防工业出版社出版《航空飞行试验光电测量理论与方法》与《航空飞行试验遥测理论与方法》两部专著。

试验是一门综合性学科,既与试验对象所涉及的学科密切相关,又具有独立的理论体系与方法。

试验科学是一切科学技术的基石,人类历史上任何一项重大发现和发明都离不开科学试验活动;人类进步史也是试验科学不断发展的历史,试验活动贯穿于所有科学技术发展的全过程。

开展军工试验理论、体系与方法研究并付诸实践,是探索与评估新军事理论与方法不可或缺的重要途径,也是推动高新武器装备创新与发展的核心手段之一。

——杨廷梧

前　言

科学试验与评估(ST&E)是发展武器装备及装备体系的重要组成部分,也是进行军事新理论、新方法、新技术探索与研究,以及武器装备与装备体系试验评估等不可缺少的科学研究与实践活动,它贯穿于武器装备设计、制造、鉴定/定型与作战使用等全寿命周期。试验与评估技术是指军工试验与评估理论、体系和方法研究,并以此为指导研制开发面向武器装备试验与评估的试验设施与测试系统。试验与评估工程包括虚拟试验、真实试验和综合试验,是武器装备等设计鉴定/定型或改进改型、效能评估的复杂系统工程。科学试验离不开测试,而测试是试验工程的核心组成部分。在本书中,T&E 有时称作试验与鉴定(研制试验),有时称作试验与评估(使用/作战试验)。

本书以网络中心战、空地(海)一体化和未来多域战等新型作战模式为背景需求,自顶而下、系统地描述了复杂武器系统试验与评估的理论、体系与方法。本书从结构上分为三篇:上篇介绍了复杂武器系统及试验研究背景;中篇着重描述了空天地一体化试验体系、子体系及其组成要素;下篇分别详细地描述了典型试验环境构建、试验设计、试验评估以及试验数据管理与挖掘理论和方法,最后基于作者的认知能力,提出了未来试验与评估的发展愿景。具体地,上篇包括第 1 章和第 2 章,分别介绍了国外复杂武器装备及装备体系发展概况和与之适应的试验与评估研究计划;中篇为第 3~5 章,其中第 3 章介绍了未来空天地一体化试验体系及其组成要素,第 4 章介绍了以 iNET 为核心的纵向一体化试验集成架构与实现方法,第 5 章介绍了以 TENA 使能架构为中心实现多系统、跨区域的横向一体化试验网络体系与方法;下篇为第 6~11 章,其中第 6 章介绍了复杂武器系统试验设计、试验评估方法,第 7 章描述了武器装备在复杂电磁环境下的试验与评估方法,第 8 章描述了复杂作战网络的赛博试验方法,第 9 章详细地介绍了试验与评估中不可或缺的建模/仿真技术和方法,第 10 章简要介绍了军工试验数据的管理以及数据挖掘方法,第 11 章展望了未来试验与评估新技术。本书描述的试验与评估理论与方法,不仅可应用于武器装备设计和制造过程中的实验室仿真试验和地面试验,而且也可应用于作战网络在真实作战环境下作战效能的试验与评估。构建空天地一体化试验体系和测试基础设施是进行以网络为中心的大武器系统试验与评估的必由之路,也是检验联合作战效能唯一的、不可替代的方法。

本书在撰写过程中,查阅与研究了国内外大量专业文献资料,尤其认真研究了美国国防部关于试验与评估投资系列计划所描述的未来试验与评估发展愿景,并参考了国内部分著名学者和专家所编写的论文与专著,首次提出了本书所介绍的空天地一体化试验体系(包括狭义、广义空天地一体化试验体系)。广义空天地一体化试验体系也称为增强空天地一体化试验体系,是指试验与评估必须置于复杂战场电磁环境下进行,实现"试验即作战"的新试验评估理论。为了完整、系统地介绍新的试验体系,本书又专门设立了虚拟试验、赛博试验与试验大数据管理等章节,使得武器装备及装备体系的试验与评估更加完整、充分与可信,也是未来装备试验与评估发展的必然方向。

本书注重未来试验与评估理论的体系化、系统化和完整性。随着科学技术的高速发展,如由量子理论发展起来的量子通信、量子计算、量子存储等新技术,以及 AR、VR 等新技术,更多的新理论与新技术必将在试验与评估中得到更广泛应用,也将促进试验与评估理论和技术的快速发展。

本书在撰写过程中,得到了吴正鹏研究员、党怀义研究员、王云山研究员、彭国金研究员、赵宝强研究员、李飞行研究员、王吉昌研究员、李杨高级工程师、胡丙华高级工程师、刘成睿博士等专家学者的大力帮助,他们为本书撰写提出了有益的建议。在此,对他们的关心和帮助表示衷心地感谢!

特别感谢吴正鹏研究员,他认真审读了书稿,并提出了许多宝贵意见。

本书撰写工作得到了国防工业出版社程邦仁主任与于航老师以及其他老师的悉心指导和大力支持,在此表示衷心感谢。

本书经过半年策划与三年编写完成初稿,其主要目的不是为了介绍复杂武器系统试验与评估的具体实现过程,而是力图描述一种未来复杂武器系统试验模式的整体性概念和体系框架,与作者前两部关注于实际工程应用的专著《航空飞行试验光电测量理论与方法》与《航空飞行试验遥测理论与方法》有所不同,但前后相互关联。由于本书内容涉及面广,且部分内容作者并没有在实际工程中进行实践与验证,因此难免有不妥或错误之处,敬请批评指正。

杨廷梧

2017 年于飞机城

目 录

上篇 复杂武器系统及试验研究概况

中篇　空天地一体化试验体系结构与组成

第3章　空天地一体化试验体系 ·· 101

下篇　复杂武器系统试验与评估

Contents

部分缩略词

A

A²/AD	Anti-Access & Area Denial	反介入/区域拒止
AI	Artificial Interligence	人工智能
AMC	Air Mobility Command	空中机动司令部
ACC	Air Combat Command	空中作战司令部
AFSOC	Air Force Special Operations Command	空军特种作战司令部
ARDS	Advanced Ranger Data System	先进靶场数据系统
API	Application Programming Interface	应用程序编程接口
AON	Application Oriented Network	面向应用的网络
ANQM	Access Network QoS Manager	接入网服务质量管理
AODVR	Ad hoc On-demand Distance Vector Routing	基于距离向量算法的路由协议
ADAMS	Airborne Data Analysis and Monitor System	机载数据分析和监控系统
AMO	Application Management Object	应用程序管理对象
ATM	Asynchronous Transfer Mode	异步传输模式
AMO	Application Management Object	应用程序管理对象
AWG	Architecture Working Group	架构工作组
AMT	Architecture Management Team	架构管理团队
AAR	After Action Review	事后审查
ATAM	Architecture Trade off Analysis Method	结构权衡分析法
ALMA	Architecture Level Modifiability Analysis	结构层可修改性分析
AHP	Analytic Hierarchy Process	层次分析法
AEGM	Attack Event Graph Model	攻击事件图模型
ACSA	Applied Computer Security Associates	计算机应用安全协会
ALSP	Aggregate Level Protocol	聚集级仿真
ADS	Advanced Distributed Simulation	先进分布式仿真
ASCI	Accelerated Strategic Computing Initiative	加速战略计算计划
ASC	Advanced Simulation & Computing	先进模拟与计算
AR	Augmented Reality	增强现实

AVE	Augmented Virtual Environment	增强虚拟环境
B		
BMCA	Best Master Clock Algorithm	最优主控时钟算法
BC	Boundary Clock	边界时钟
BDI	Belief-Desire-Intend	信念-愿望-意图
C		
C^4ISR	Command, Control, Communication, Computer, Intelligence, Surveillance, Reconnaissance	指挥、控制、通信、计算机、情报及监视与侦察
CFMPs	Core Function Master Plans	核心功能主计划
CTM	Capability Test Methods	能力试验方法
CNCI	Comprehensive National Cybersecurity Initiative	国家赛博安全综合计划
CRIIS	Common Ranger Integrated Instrumentation System	通用靶场一体化测量系统
CTEIP	Central Test Evaluation Investment Program	中央试验与评估投资计划
CIA	CTEIP Integrated Architecture	试验集成架构
CT	Capability Test	能力试验
CTN	Cyber Test Network	赛博试验网络
CSE	Cooperated Service Environment	协同服务环境
CL	Communication Link	通信链路
CI	Component Interfaces	组件接口
CSMA/CD	Carrier Sense Multiple Access with Collision Detection	载波侦听多路访问/冲突检测
CAIS	Common Airborne Instrumentationsystem	通用机载仪表系统
CTTRA	Common Test and Training Range Architecture	通用试验与训练靶场架构
ConOps	Concept of Operations	(逻辑试验靶场)运行设想
CORBA	Common Object Request Broker Architecture	通用对象请求代理体系结构
COTS	Commercial-off-the-shelf	商用现成技术
CMT	Communication Manager Tool	通信管理工具
CCF	Common Collaboration Framework	公共协议框架
CBS	Capability-Based Strategy	基于能力的策略
CTM	Capability Test Method	能力试验方法
CSA	Cyberspace Situation Awareness	赛博空间态势感知
CTIA	Common Training Instrumentation Architecture	公共训练仪器体系结构
CAS	Complex Adaptive System	复杂适应系统
CS	Computation Scheduler	计算调度
CM	Computation Management	计算管理
CCRA	Cloud Computing Reference Architecture	云计算参考架构图
CN	Cognitive Network	认知网络
CSL	Cognitive Specific Language	认知规范语言

D

DISN	Defense Information System Network	国防信息系统网
DT&E	Developmental T&E	研制试验与鉴定
DoD	Department of Defense	美国国防部
DMAN	Data Management & Application Network	试验数据管理与应用网络
DAU	Data Acquisition Unit	数据采集单元
DiffServ	Differentiated Services	差异服务
DSDV	Destination Sequenced Distance Vector	目标序列距离向量算法
DSR	Dynamic Source Routing	动态源路由机制
DFT	Discrete Fourier Transform	离散傅立叶变换
DSP	Digital Signal Processing	数字信号处理
DSSA	Domain Specific Software Architecture	特定域软件架构
DTD	Data Type Definitions	数据类型定义
DLG	Definition Language Guide	定义语言指南
DRM	Data Representation Model	数据表示模型
DAIS	Data Archive Index Server	数据档案索引服务器
DAI	Data Archive Index	数据档案索引
DAMT	Data Archive Manager Tool	数据档案管理工具
DIS	Distributed Interactive Simulation	分布式交互仿真
DRA	Direct Relevant Attribute	直接相关属性
DMSO	Defense Modeling & Simulation Office	国防部建模与仿真办公室
DEVS	Discrete Events Systems Specification	离散事件描述规范
DoB	DataBase of Binary	二进制文件数据库
DM	Data Mining	数据挖掘
DSS	Decision Support System	决策支持系统

E

EMP	Electromagnetic Pulse	电磁脉冲
EMI	Electromagnetic Interference	电磁干扰
EMRADHAZ	Electromagnetic Radiation Hazards	电磁辐射危害
EMCON	Emission Control	辐射控制
EMC	Electro Magnetic Compatibility	电磁兼容
E^3	Electromagnetic Environmental Effects	电磁环境效应
EME	Electromagnetic Environments	电磁环境
EETN	Electromagnetic Environmental Test Network	电磁环境试验网络
EDCS	Environmental Data Coding Specification	环境数据编码规范

EPTS	Event Planner Tool Suite	事件规划工具组件
EMT	Event Manager Tool	事件管理工具
EATS	Event Analyzer Tool Suite	事件分析器工具套件
EPT	Event Planning Tools	事件规划工具
EPTS	Event Planner Tool Suite	事件规划工具组件
EA	Exploratory Analysis	探索性分析
EEA	Electromagnetic Environmental Adaptation	电磁环境适应性
EIS	Executive Information System	执行信息系统

F

FI2010	Foundation Initiative 2010	基础倡议 2010
FDD	Frequency Division Duplexing	频分双工
FFT	Fast Fourier Transformation	快速傅立叶变换
FPGA	Field Programmable Gate Array	可编程门阵列
FTA	Fault Tree Analysis	故障树分析
FOM	Federation Object Model	联邦对象模型
TDMS	Test Data Management System	试验数据管理系统
TMIS	Test Metadata Interface Standard	试验数据的元数据接口规范

G

GIG	Global Information Grid	全球信息栅格
gNET	Ground Network System	地面网络系统
GITN	General Integrated Test Network	广义一体化试验网络
GSS	Ground Station Segment	遥测地面站端
GOTS	Government-off-the-shelf	政府现成技术
GMU	Gateway Manager Utility	网关管理实用程序

H

HLA	High Layer Architecture	高层体系结构
HITN	Horizontal Integrated Test Network	横向一体化试验网络
HTTP	Hyper Text Transfer Protocol	超文本传输协议
IT&E	Integrated Test & Evaluation	一体化试验与评估

I

iNET	integrated Network Enhanced Telemetry	遥测网络系统
iEMC	intra-system Electromagnetic Compatibility	系统内电磁兼容
IETF	Internet Engineering Task Force	互联网工程任务组
IDFT	Inverse Discrete Fourier transformation	离散傅立叶反变换
IDL	Interface Definition Language	接口定义语言
IOT&E	Initial Operation Test & Evaluation	初步使用试验与评估
ISM	Interpretative Structural Modeling Method	解释结构模型法
IHVR	Integrated Hierarchical Variable Resolution Modeling	一体化层次可变分辨率建模

IRA	Indirect Relevant Attribute	间接相关属性
IA	Irrelevant Attribute	无关属性
IaaS	Infrastructure as a Service	基础设施即服务
INCOSE	International Council on System Engineering	国际系统工程理事会
J		
JOAC	Joint Operation Access Concept	联合作战介入构想
JT&E	Joint Test & Evaluation	联合试验与评估
JMETC	Joint Mission Environment Test Capability	联合任务环境试验能力
JADS	Joint Advanced Distributed Simulation	联合先进分布式仿真
JORD	Joint Overarching Requirements Document	联合总体需求文件
JTA	Joint Technical Architecture	联合技术架构
JCIDS	Joint Capabilities Integration and Development System	联合能力集成与开发系统
JTEM	Joint Test Evaluation Method	联合试验与评估方法
JMe	Joint Mission efficiency	联合任务效能
JBD^2	Joint Battlespace Dynamic Deconfliction	联合战场空间动态分解
JNTC	Joint National Training Capability	国家联合训练能力
K		
KPP	Key Performance Parameter	关键性能参数
KDD	Knowledge-Discovery in Databases	数据库知识发现
L		
LR	Logical Ranges	逻辑靶场
LVC	Live-Virtual-Constructive	真实、虚拟与构造
LVC-AR	LVC Architecture Roadmap	LVC 体系结构路线图
LVC-DE	Live-Virtual-Constructive Distributed Environment	真实-虚拟-构造的分布式环境
LTC	Latency/Throughput Critical	延迟/吞吐量优先
LRDA	Logical Range Data Archive	逻辑试验靶场数据档案
LROM	Logical Range Object Model	逻辑试验靶场对象模型
LRPU	Logical Range Planning Utilities	逻辑试验靶场规划实用程序
LDAS	Local Data Archive Server	本地数据档案服务器
LROMU	Logical Range Object Model Utilities	逻辑试验靶场对象模型实用程序
LSD	Latin Square Design	拉丁方试验设计
LBTS	Lower Bound Time Stamp	时间戳下限
M		
MC2002	Millennium Challenge 2002	千年挑战 2002
MTU	Maximum Transmission Unit	最大传输单元
MUSC	Multi-User Session Control	多用户会话控制
MD	MetaData	元数据
MDL	Metadata Description Language	元数据描述语言
MANET	Mobile Ad Hoc Network	移动 Ad Hoc 网络

MCM	Multi-Carrier Modulation	多载波调制
MNDB	Measurement Number/Data Bus	测量数字/数据总线
MOF	Meta-Object Facility	元对象设施
MRD	Middleware Requirements Document	中间件需求文档
M&S	Modeling and Simulation	建模与仿真
MADM	Multiple Attribute Decision Making	多属性决策
MTBF	Mean Time Between Failures	平均故障间隔时间
MTTF	Mean Time to Failures	平均失效前时间
MTTR	Mean Time to Repair	平均修复时间
MTTRF	Mission Time to Restore Function	恢复功能的任务时间
MTTRS	Mean Time to Restore System	平均系统恢复时间
MTTS	Mean Time to Service	平均维护时间
MRM	Multi-resolution Model	多分辨率模型
MOC	Measure of Consistency	一致性度量
MAS	Multi-Agent System	多 Agent 系统
MSB	Model Service Bus	模型服务总线
MBSE	Model-Based Systems Engineering	基于模型的系统工程
N		
NCR	National Cyberspace Ranger	国家赛博试验(靶)场
NFV	Network Function Virtualization	网络功能虚拟化
NDN	Named Data Networking	命名数据网络
NTP	Network Time Protocol	网络时间协议
NTMF	Naval Training Meta-FOM	海军训练元联邦对象模型
NED	Negative Exponential Distribution	负指数分布
NNSA	National Nuclear Security Administration	国家核安全管理委员会
NaaS	Network as a Service	网络即服务
O		
OFDM	Orthogonal Frequency Division Multiplexing	正交频分复用
OMG	Object Management Group	对象管理组
OM	Object Model	对象模型
OMTG	Object Model Working Group	对象模型工作组
OMU	Object Model Utilities	对象建模工具
OMT	Object Model Template	对象模型模板
OT&E	Operational T&E	作战试验与评估
OAR	Operational Assessment Report	作战评估报告

OTD	Orthogonal Test Design	正交试验设计
OLAP	Online Analytical Processing	在线分析处理
OLTP	Online Transaction Processing	联机事务处理
OLP	On-Line Processing	联机处理
OSIP	Open Service Integrated Protocol	开放式服务集成协议
P		
PCM	Pulse Code Modulation	脉冲编码调制
PTP	Precise Time Protocol	精密时间同步协议
PDAS	Public Data Archive Server	公共数据档案服务器
PDU	Protocol Data Units	协议数据单元
PBC	Perception Based Classification	感知分类
Q		
QoS	Quality of Service	服务质量
QAH	Qualitative Analysis Heuristics	定性启发式分析方法
R		
RFI	Radio Frequency Interference	射频干扰
RFNE	RF Network Element	无线网络传输要素
RC	Reliability Critical	可靠性优先
RCC	Range Commanders Council	靶场司令官理事会
RANS	Radio Access Network Segment	无线接入网络端
RMN	Reflective Memory Network	反射内存网络
RRD	Repository Requirements Document	仓库需求文档
RBT	Repository Browser Tool	仓库检索工具
RMT	Repository Manager Tool	仓库管理工具
RTI	Run Time Infrastructure	运行基础设施
RFI	Radio Frequency Interference	射频干扰
RO	Receive Order	接收顺序
RBFR	Resource Borrowing From Reservation	预留资源的借用策略
S		
SoS	System of System	系统之系统
SST	Serial Streaming Telemetry	串行数据流遥测链路
SIMNET	Simulation Networking	模拟网络
STEP	Simulation T&E Procedure	仿真、试验与鉴定程序
SONA	Service-Oriented Network Architecture	面向服务网络架构
SDN	Software Defined Network	软件定义网络
SOA	Service-Oriented Architecture	面向服务架构
SITN	Special Integrated Test Network	狭义一体化试验网络
SNMP	Simple Network Management Protocol	简单网络管理协议

SMI	Structure of Management Information	信息管理结构
SM	System Management	系统管理
SCI	Scalable Coherent Interconnection	可扩展相干互连
SDO	Stateful Distributed Object	状态分布对象
SEDRIS	Synthetic Environment Data Representation and Interchange Specification	合成环境数据表示和交换规范
SRM	Spatial Reference Model	空间参考模型
SOO	Statement of Objectives	对象描述
SAAM	Scenario-based Architecture Analysis Method	基于场景的体系结构分析法
SBAR	Scenario-Based Architecture Reengineering	基于场景的体系结构重建
SIMNET	Simulation Networking	仿真网络
SN	Simulation Node	仿真节点
SSB	Simulation Services Bus	仿真服务总线
SOM	Simulation Object Model	仿真对象模型
SOAP	Simple Object Access Protocol	简单对象访问协议
SaaS	Software as a Service	软件即服务
SysML	Systems Modeling Language	系统建模语言
T		
TMDL	Test Mata Data Language	测试元数据语言
TDI	Test Data Interface	测试数据接口
TDSB	Test Data Service Bus	测试数据服务总线
TENA	Test& Training Enabling Architecture	试验与训练使能体系结构
T&E	Test & Evaluation	试验与评估
TmNS	Telemetry Network System	遥测网络系统
TMN	Telecommunication Management Network	电信管理网络
TNA	Technology Neutral Architecture	技术核心架构
TDMA	Time Division Multiple Access	时分多址接入
TA	Test Article	试验对象
TAS	Test Article Segment	试验对象端
TDD	Time Division Duplexing	时分双工
TRM	Technical Reference Model	技术参考模型
TDL	TENA Definition Language	TENA 定义语言
TSPI	Time-Space-Position Information	时空位置信息
TOPSIS	Technique for Order Preference by Similarity to Ideal Solution	逼近理想解排序方法
TR	Time Regulating	时间循环

TC	Time Constrained	时间约束
TSO	Time Stamp Order	时戳顺序
TAR	Time Advance Request	时间推进请求
TDB	Test Data Base	试验数据库
TDM	Test Data Management	试验数据管理
TDP	Test Data Process	试验数据处理
U		
UST	Universal Service Terminal	通用服务终端
UGS	Unsolicited Grant Service	主动授予服务
UDL	Up/Down Link	上/下行链路
UML	Universal Modeling Language	通用建模语言
UM	User Management	用户管理
UD	User Data	用户数据
UI	User Interface	用户接口
V		
VV&A	Verification Validation and Accreditation	校核、验证和确认
VCRS	Visual Cluster Rendering System	可视化聚类呈现系统
VR	Virtual Reality	虚拟现实
W		
WSPRC	Web Services Provider RTI Component	Web 服务提供商 RTI 组件
WSDL	Web Service Description Language	Web 服务描述语言
X		
XML	Extensible Markup Language	可扩展标记语言
XMI	Metadata Interchange	元数据交换

上篇
复杂武器系统及试验研究概况

本篇主要描述了国内外典型复杂武器系统的发展概况,以及为满足复杂武器系统试验与评估所开展的试验与评估研究计划和研究概况。本篇共分两章,第1章主要介绍了当前国内外典型的作战模式与作战系统,尤其是以网络为中心的复杂武器系统发展现状;第2章则介绍了欧美在复杂武器系统试验与评估领域内的最新研究成果。通过对国外试验与评估领域研究成果的整理、归纳与分析,可以清晰地看出国外军工试验与评估发展的整体思路和技术路线,从而为我国未来复杂武器系统试验与评估技术发展提供参考。

第1章 复杂武器系统发展概述

随着新军事技术的迅速发展,传统的战场已经发生根本性变化。陆、海、空、天、网电等"多域作战"模式正在形成。任何武器装备系统都必须经过各种试验与评估,才能进行批生产并装备部队。军工试验与评估,是武器装备研制必不可少的重要过程。本章介绍了当前国内外典型的作战模式与作战系统,目的是为本书后续章节提出试验与评估的需求牵引。

1.1 引　言

当前,世界新军事革命加速发展,各国加紧推进军事转型、重塑军事力量体系,这将对国际政治军事格局产生重大影响。随着单一武器装备和网络技术成熟度不断提升,作战理念、作战系统和作战模式已经发生了根本性变化,多维空间一体化作战网络系统成为未来战争的主要作战模式。

所谓复杂武器系统(Complex Weapon System,CWS),常称为系统之系统(System of System,SoS),是指采用现代先进科学与技术研制的武器系统(装备),通常包括侦察探测、随动跟踪、定向定位、指挥控制与火力打击等子系统,尤其是基于作战网络的多系统集合。复杂武器系统具有强大的作战能力,能在作战环境中有效地打击对方的有生力量。在本书中,复杂武器系统有时也简称为武器装备系统或装备。

在1999年科索沃战争和2003年伊拉克战争中,以美国为首的北约多国部队、英美联军构建了陆、海、空、天一体化作战网络,特别是空天探测侦察网络和通信网络;在E-3C预警机上设置了空中联合作战指挥中心,接收来自卫星平台的成像侦察系统(红外、光学)和电子侦察系统情报及高、中、低空预警机、侦察机、无人机等平台侦察情报,进行融合处理与分析,实现了空中、地面目标的定位、识别与跟踪,为地面和空中武器平台实时提供跟踪和打击目标的精确指令。基于一体化作战网络的战场感知与武器平台的有效结合,使得南联盟或伊拉克军队完全丧失了制空权,其结果可想而知。基于网络与通信的信息技术已经广泛运用于军事领域,直接推动了武器装备的飞跃式发展,甚至强制性地改变着军队建设的发展方向。

以信息与网络技术为核心的军事技术革命,引发了包括武器装备、军队编制、军事理论等方面的重大变革。信息网络技术成为战争的主导技术,信息化武器装备成为战斗力的关键物质基础,基于信息网络系统的体系作战能力成为战斗力的基本形态,信息能力成为战斗力生成和释放的主导因素。例如,在火力打击方面通过各种信息技术实现对打击目标的精确搜索、定位、跟踪和毁伤,极大地提高了作战效果;在战场机动方面,信息网络技术为各个作战单元提供实时精确的战场态势感知能力,能够使分散的作战力同时远距离攻击目标;在指挥控制方面,若掌握了信息优势,可在很大程度上排除"战争迷雾"的干扰,大大缩短观察、判断、决策、执行的周期,提高指挥控制效果。

在人类从机械化战争向信息化战争时代迈进的过程中,由于生产力发展水平不平衡,导致战争中的非对称现象越来越突出。在军事技术和武器装备方面,发达国家拥有陆、海、空、天、网电等作战领域的主导权,能够以多维度作战的方式打击对手。

随着军事技术发展,传统的战场已经发生巨变。陆、海、空、天、网电等多领域紧密相连的统一作战空间正在形成。这无疑对传统的军兵种结构产生根本性的冲击,将促使诸军兵种合成迅速发展,最终形成真正的陆、海、空、天、网电一体化部队。同时,传统的以作战平台类别为主进行兵力编队,转向以作战任务为主进行一体化联合编队。一体化联合部队的出现,使传统界限分明的军种体制发生巨变。

信息主导控制指挥将取代传统指挥模式。集中统一的联合作战指挥体制将成为军事变革的重点,逐步形成以战区为重点的集太空作战、信息作战、战略威慑、全球指挥控制为一体的联合作战指挥体系。战区将被赋予更大的自主权,依据战场变化实时决策、实时指挥。因此,构建覆盖整个信息化战场各个领域、各维空间、各作战平台、各作战单元、各作战要素的紧密耦合作战网络,可实现对己方各作战单元、作战要素的有效融合与信息共享。

新一代军用信息技术将大幅提升战场信息处理能力。随着新一代信息网络技术蓬勃发展,军用物联网、云技术、大数据、量子通信等技术在军事领域得到了越来越广泛的应用,这使得信息获取、数据传输、情报支援、信息服务等能力得到大幅提升。

现代科学技术的发展,使得多兵种、跨区域、全天候的联合作战成为可能。正是由于科学技术的进步,催生了新的作战领域。随着网络、太空技术、人工智能、量子技术、生物技术等科技的快速发展,全新的作战领域与相伴而生的战争模式成为了新型战争的关键,新型领域也将成为未来战争的重要战场,或许可能决定未来战争的胜负,其中网电空间战(赛博战)就是一个典型例子。

网络领域将成为世界各国军力角逐的新空间。网络空间已成为陆、海、空、天之后的第五维作战空间,即制网权的争夺。通过后门植入、病毒攻击、远程操作、定时启动等方法进行网络攻击,破坏作战对象的指挥控制、情报信息和防护系统,在短时间内便可获得制网权。在信息主导的战争中,控制了网络空间,也就控制了战争的主动权。

1.2 作战模式变革

近年来的几次高技术局部战争,显示出信息时代的特征,具有明显的信息化战争的特点,从以往使用热兵器为主的火力交战,转为在信息技术控制下的热兵器火力——精确制导武器——为主的交战。为了使精确制导武器能够发挥精确打击的威力,要求采用信息技术精确、实时地探测出目标的位置,并使用信息技术将打击目标的坐标及时传送给精确制导武器;使用基于信息技术的自动化指挥系统对精确制导武器的各种武器平台(机载、舰载、车载、星载等)以及各军兵种的联合作战实施作战指挥;利用基于信息技术的自动化支援保障系统来组织、调动后勤支援工作等。

信息化时代的基础是网络,决策的基础是大数据分析,各种武器系统是执行单元,战争的成败取决于人在环路的联合作战系统。

海湾战争之前，世界各国的军事信息系统都是由各军种甚至是各兵种独立建设的，而各军种(各兵种)内部的各种信息系统，诸如指挥系统、控制系统、通信系统、情报系统、侦察系统、探测系统、导航定位系统以及电子战系统等也都是独立或单独建设的。这样的军事信息系统指挥层次过多，不能互联互通，更不能实现互操作性，因此不能够适应多军兵种联合作战。海湾战争之后，随着军事变革的深入发展，联合作战特别是中低级别联合作战将成为今后战争的主要形式，而信息战也将成为战争的重要内容。综合军事信息化系统(也称为综合指挥自动化系统)不仅为指挥员提供信息，还要为战斗员提供各种作战信息，为系统和武器平台提供控制信息。

科学技术的发展，特别是信息技术的巨大进步，极大地推动着军事变革，C^4ISR、GIG、空天一体化、空海一体化等新模式应运而生。未来高技术战争是联合作战，特别是中低级别的联合作战，就必须要求综合军事信息化系统在多维作战空间内具有互操作能力。总之，未来作战系统将越来越多地依赖于与网络中其他系统之间的信息共享能力(互操作性)、自组网能力(鲁棒性)、安全可靠的网络能力(安全性)、抗干扰能力(环境适应性)以及作战体系的整体效能(有效性)。

1.3　作战系统网络化

1.3.1　C^4ISR

军事指挥自动化系统，是指集指挥、控制、通信、计算机、情报及监视与侦察(Command, Control, Communication, Computer, Intelligence, Surveillance, Reconnaissance, C^4ISR)为一体的信息化系统，也称综合电子信息系统。C^4ISR 是现代军队的神经中枢，是兵力的倍增器。战略 C^4ISR 系统是美国军事指挥当局作出重大战略决策，以及战略部队的指挥员对其所属部队实施指挥控制、进行管理时所使用的设备、系统、设施和程序的总称，是整个军事 C^4ISR 系统的重要组成部分。

指挥自动化系统是在军事指挥体系中，采用以计算机为核心的技术与指挥员相结合，对部队和武器实施指挥和控制的人机系统。20 世纪 50 年代，指挥自动化被称为 C^2(指挥与控制)系统；20 世纪 60 年代，随着通信技术的发展，在系统中使用了通信手段，形成了 C^3 系统；1977 年，美国首次把情报作为指挥自动化不可缺少的因素，也就形成了 C^3I 系统；由于计算机作用越来越重要，就变成了 C^4I 系统；近年来，不断发生的局部战争使人们进一步认识到掌握战场态势的重要性，提出了"战场感知"的概念，因此 C^4I 系统又进一步演变为包括"监视"与"侦察"的 C^4ISR 系统。

1.3.1.1　基本组成

一个完整的指挥自动化系统应包括以下几个分系统：

(1) 指挥系统。指挥系统综合应用现代科学和军事理论，实现作战信息收集、传递、处理的自动化和决策方法的科学化，以保障对部队的高效指挥，其技术设备主要有处理平台、通信设备、应用软件和数据库等。

(2) 控制系统。控制系统是用来显示情报、资料以及发出指令的工具，主要包括提供作战指挥所用的直观图形图像的显示装置、控制单元、通信器材以及辅助设备设施等。

（3）通信系统。通信系统通常包括计算机控制的若干自动化交换中心,以及若干固定或机动的野战通信系统。具体地有海底电缆、有线载波、光纤以及长波、短波、微波和通信卫星等。

（4）计算机系统。计算机是构成自动化指挥的中枢和核心。随着云技术的发展,计算机由集中式计算处理与分析向分布式计算与分析方向发展。

（5）情报、监视与侦察系统。情报系统主要用于情报搜集、处理、传递和显示。其系统主要包括光学、电子、红外、雷达等侦察设备,以及飞机、卫星等平台。监视与侦察系统的作用是全面了解战区的地理环境、地形特点和气象条件,实时掌握敌我双方兵力部署及武器装备配置以及动向。

C^4ISR 系统突出的情报获取能力、信息传输能力、分析判断能力、决策处置能力与组织协调能力,在高技术战争中的地位和作用日益突出。随着科技发展,将越来越完善并在现代战争中发挥越来越重要的作用。

1.3.1.2 体系结构

C^4ISR 军事指挥自动化系统的体系结构包括作战体系结构、技术体系结构和系统体系结构。

作战体系结构,主要是指作战要求和战术技术特性,由军方论证、仿真与拟定;技术体系结构主要指实现军方作战需求的技术规范标准,它包括军方和工业部门共同制定的信息、作业、接口、安全等强制性标准和正在形成的标准,是设计师必须执行的具体标准、规范及统一性要求等;系统体系结构主要指实现 C^4ISR 功能的系统结构,由承制方论证、仿真和确定必须满足作战要求的体系结构。C^4ISR 军事指挥自动化系统的体系结构,必须保证现代化高技术战争的需要,特别应充分体现下述综合集成原则:

1）纵向综合集成体系结构

为满足联合作战,特别是中低级别的联合作战需求,C^4ISR 的体系结构应满足以下要求:

（1）减少纵向指挥层次;

（2）越级指挥能力;

（3）快速重组指挥能力;

（4）给下级自主作战权利。

2）横向综合集成体系结构

（1）各军种联合作战能力;

（2）多军兵种合成作战能力;

（3）互操作能力;

（4）信息共用、资源共享。

美国 C^4ISR 综合集成特别工作组（ITF）综合体系结构专委会于 1996 年 6 月发布 C^4ISR 系统的体系结构框架 1.0 版本。把体系结构定义为各组成部分、相互联系以及自始至终支配其设计和开发的原则和指南的结构（IEEE 610.12）。C^4ISR 体系结构框架吸收了美国国防部其他体系结构的概念和思想,如图 1-1 所示,用于保证作战、系统和技术体系结构的组成部分能协调一致地工作。

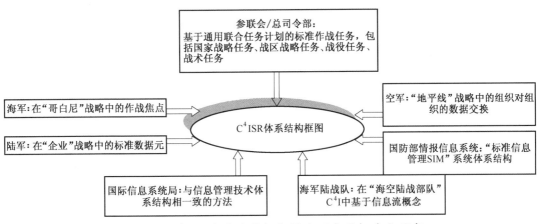

图 1-1 C⁴ISR 体系结构框架综合了各种概念与思想

开发 C⁴ISR 的过程也是逐步演进的过程,美军 C⁴ISR 体系结构专委会描述的作战、系统和技术体系结构定义为:

1) 作战体系结构

作战体系结构,是为完成或支持作战功能所需要的作战要素、任务分派以及信息流程的表述(常采用图形)。它定义信息类型、信息交换频度以及这些信息交换所支持的任务。其特性有作战概念图、指挥关系图、活动模型、信息交换需求、需求能力矩阵表、基本节点连接模型等。

2) 系统体系结构

系统体系结构,是提供或支持作战功能的系统及互联的表述(包括图形)。它定义了关键节点、电路、网络、作战平台等的物理连接、位置与标识,规定系统及组成部分的性能参数。系统体系结构应以技术体系结构中规定的标准来满足作战体系结构的需要。其特点是,作战体系结构可以使多个系统体系结构联合起来,与系统体系结构结合的平台、功能、特性以及数据元又返回至作战体系结构;系统体系结构规定系统接口,定义系统间的连接;定义系统约束和系统性能特性的界限;系统体系结构要描述从传感器到射手/决策者通过系统各组成部分的互联性;系统体系结构描述了辖区多个系统的互联与互操作;解释特殊系统内部结构;系统体系结构支持多个指挥组织和任务使命,系统功能及数据存储不依赖于现有的组织模式、部队结构等因素。

3) 技术体系结构

技术体系结构,是指导系统部件和构件的配置、相互作用、相互依赖的最低限度的一套规则。它用于保证系统的一致性,以满足规定的一组需求。技术体系结构规定了作业、接口、标准以及他们之间的关系。以工程规范为基础,为通用标准模块研制和组装提供技术指南。美国国防部制定了 C⁴ISR 通用的联合技术体系结构,规定了信息处理、信息传输、信息建模、数据、人机接口、信息系统安全等强制性标准和规范。

C⁴ISR 体系结构将军事指挥自动化系统建设纳入到工业管理的轨道。作战体系结构、系统体系结构和技术体系结构之间的相互关系如图 1-2 所示。

1.3.1.3 体系结构视图产品

C⁴ISR 系统体系结构视图产品,为所有级别的组织开发 C⁴ISR 系统体系结构时所能

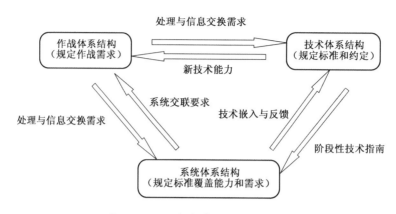

图 1-2 三种体系结构之间关系

使用的原则和技术。C⁴ISR 体系结构产品分为基本产品和支持产品。其中,基本产品构成开发所有 C⁴ISR 系统体系结构所要求产品的最小集,以便于在美国 DOD 各组织之间,以及 DOD 和多国要素之间能共同理解和综合集成;支持产品提供与特定 C⁴ISR 系统体系结构(成果)的用途和目标所需的有关数据。基本产品是所有(特定)C⁴ISR 系统体系结构必须采用的,而支持产品一旦被某一特定 C⁴ISR 系统体系结构所采用,也将成为该特定 C⁴ISR 系统体系结构必须执行的产品。

C⁴ISR 系统体系结构视图产品,包括全视图(AV)产品、作战体系结构视图(OV)产品、系统体系结构视图(SV)产品和技术体系结构视图(TV)产品。其中,全视图(AV)产品是其他三个视图的基本产品,共有两种:第一种是 AV-1,称为"概述及简要信息",包括范围、用途、潜在用户、环境描述、分析研究等;第二种是 AV-2,又称"综合词典",它是所有产品中使用的术语与定义。

1. 作战体系结构视图及产品

作战部门制定 C⁴ISR 系统任务需求时,要执行作战体系结构视图(OV)基本产品规定的规则和指南,以及为具体(特定)的 C⁴ISR 系统选定的支持产品规定规则和指南。在开发和升级 C⁴ISR 体系结构视图时,作战视图向技术视图提出信息处理和信息交换需求等级的要求,技术视图则向作战视图提供基本技术支持能力和新的能力标准和规范;作战视图向系统视图提供信息处理和节点间信息交换要求的等级要求,系统视图则向作战视图提供系统与节点、活动、需求(各节点之间所需传送信息逻辑表示的要求)和要求的联系。

作战体系结构视图(OV)产品已经有 9 种,包括基本产品与支持产品两类。基本产品有 3 种:OV-1、OV-2 和 OV-3,支持产品有 6 种:OV-4、OV-5、OV-6a、OV-6b、OV-6c、OV-7,而且还在不断开发并应用。

(1) OV-1 产品:高级作战概念图形。它是对作战概念图形的描述,包括高级作战组织、使命、地理分布与连接等要素。

(2) OV-2 产品:作战节点连接描述。它是作战节点的描述,包括完成每项活动时的节点之间自动连接以及信息流等。

(3) OV-3 产品:作战信息交换矩阵。它是节点之间信息交换特性的描述,包括与信息交换相关的交换属性(如介质、质量、数量和要求)的互操作性级别等要素。

（4）OV-4 产品：指挥关系图。它是指挥、控制与各组织之间协调的描述。

（5）OV-5 产品：活动模型。它描述了活动或活动之间的关系、输入/输出、约束（政策、指南）与完成这些活动的机理等要素。

（6）OV-6a 产品：作战规则模型。它是描述作战活动顺序及时间安排的产品之一，规定了约束作战的业务准则。

（7）OV-6b 产品：作战状态转移模型。它是描述作战活动顺序及时间安排的产品之一，规定了对作战事件业务过程的响应流程。

（8）OV-6c 产品：作战事件/跟踪模型。它是描述作战活动顺序及时间安排的产品之一，用于跟踪作战态势或作战事件关键顺序的活动。

（9）OV-7 产品：逻辑数据模型。它是描述数据需求及作战体系结构视图的结构化业务处理的规则。

2. 系统体系结构视图及产品

研制部门在满足作战部门任务需求而进行具体（特定）的 C^4ISR 系统设计时，必须执行系统体系结构视图（SV）基本产品规定的规则和指南，以及特定的支持产品规定的规则和指南。在开发（或升级）C^4ISR 体系结构时，系统视图不仅与作战视图发生联系，还与技术视图发生联系。系统视图要求技术视图提供为满足信息交换等级及其他要求所认定的特定能力的技术标准与规范，技术视图则向系统视图提供指导互操作和选择系统能力的技术准则。

系统体系结构视图（SV）产品除了 AV-1、AV-2 以外，已经有 13 种，包括基本产品与支持产品两类。基本产品有 SV-1，支持产品有 12 种：SV-2、SV-3、SV-4、SV-5、SV-6、SV-7、SV-8、SV-9、SV-10a、SV-10b、SV-10c、SV-11，也在不断开发并应用。

（1）SV-1 产品：系统接口说明。它是系统及系统组成部分和接口（节点内部和外部）的标识。

（2）SV-2 产品：系统通信说明。它是物理节点及其有关通信的描述。

（3）SV-3 产品：系统矩阵。它包括基于体系结构的系统与系统之间的关系、系统类型接口等。

（4）SV-4 产品：系统功能性说明。它表述了系统执行的功能和系统功能中的信息流，包括功能分解图及说明、数据流程图及说明。

（5）SV-5 产品：作战活动对系统功能的跟踪能力矩阵。它是映射作战活动的系统功能。

（6）SV-6 产品：系统信息交换矩阵。它是描述系统单元之间信息交换、应用以及系统单元的硬件配置。

（7）SV-7 产品：系统性能参数矩阵。它描述了每个系统硬件及软件单元的性能和功能特性，如性能参数表（测量值、阈值、目标值）。

（8）SV-8 产品：系统发展（进化）说明。

（9）SV-9 产品：系统技术预测。它描述了正在出现的技术或软/硬件产品将在系统中得到应用，包括近期、中期和远期预测。

（10）SV-10a 产品：系统规则模型（系统活动顺序和时序说明之一）。它是系统设计或系统实施的某种约束，规则有结构判定、行动判定、推导、建模、生命等几种类型。

（11）SV-10b 产品：系统状态转移说明（系统活动顺序和时序说明之一）。它描述的是系统对时间的反应能力。

（12）SV-10c 产品：系统事件/跟踪说明（系统活动顺序和时序说明之一）。它是作战视图应说明的时间关键顺序的系统特定要求。

（13）SV-11 产品：物理数据模型。它是逻辑数据模型信息的物理实施，亦即文件格式、文件结构、物理设计等。

3. 技术体系结构视图及产品

在研制 C^4ISR 系统时，技术视图为作战部门提供系统能力的技术依据，为研制部门提供所需标准、规范和约定，即技术体系结构视图（TV）。

技术体系结构视图（TV）产品除了 AV-1、AV-2 以外，还有 2 种：必须产品 TV-1，支持产品 SV-2。

（1）TV-1 产品：技术体系结构轮廓。它描述了给定体系结构标准。

（2）TV-2 产品：标准技术预测。它描述了即将出现的标准，在适当的时间内体系结构可以采用。

1.3.1.4　发展前景

1998 年，美军提出建设全球信息栅格（GIG）-军事互联网，实现国防信息基础设施网络化，并称 GIG 是未来战争从以武器平台为中心转向以网络为中心的关键，全球信息栅格，将连接全球重要军事设施，为作战人员提供一种端对端的信息系统能力，使用户在任何地方，都能利用安全可靠的以网络为中心的基础设施，获取共享的数据和应用软件。C^4ISR 将逐步融合到全球信息栅格（GIG）中。

1.3.2　C^4KISR

为将地（海）面、空中和太空的各种传感器、指挥控制中心和武器平台集成为一体化作战网络，形成搜索侦察、监视、识别、打击和战损评估的杀伤链，使 C^4ISR 需要的各个要素与主战武器的杀伤过程更紧密地结合，实现最佳的作战效果，美国国防部国防先期研究计划局提出 C^4KISR 的创新概念，即将杀伤或摧毁能力（Kill，K）嵌入 C^4ISR 系统之中，将传统的 C^4ISR 系统与杀伤摧毁紧密结合起来，实现侦察/监视-决策-杀伤-战损评估过程的一体化，形成同步、连续、动态、有机统一的 C^4KISR 过程，产生新的作战能力，使美军在信息空间和传统的作战空间较过去和较敌人有更强的机动能力和对敌打击能力[1]。

C^4KISR 概念和技术开发，将加速美军向网络中心战和信息战的转变过程，是美军未来军事能力发展的一种概念创新，也是美军发展未来军事能力的新举措。C^4KISR 创新概念的实现，将使美军提高战斗空间的同步性，加快指挥速度，提高杀伤力、生存能力和响应能力，从而提升作战效能；C^4KISR 的实现，将使美军处于更有利地位，从而提升信息优势、决策优势和作战行动优势。从长远看，C^4KISR 将成为提高军队战斗力极其重要的手段和方法，实现美军《2020 联合构想》所预想的军事能力。

1.3.2.1　总体体系架构[2]

C^4KISR 系统的总体体系架构由信息基础设施层、信息基本功能层和领域功能层组成，如图 1-3 所示。

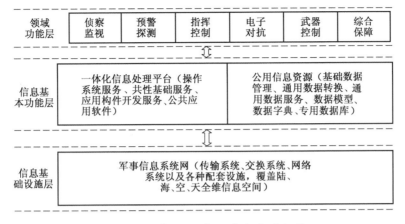

图1-3 C⁴KISR系统总体体系架构

信息基础设施层主要由各类通信、导航设施组成,包括传输系统、交换系统、网络系统以及各种配套设施。信息基础设施层将覆盖陆、海、空、天全维信息空间,形成公共信息传输网络即军事信息系统网。

信息基本功能层包括一体化信息处理平台和公共信息资源。一体化信息处理平台由操作系统服务、共性基础服务、应用构件开发服务和公共应用软件等组成;公共信息资源由基础数据管理、通用数据转换和通用数据服务等组成。

领域功能层包括侦察监视、预警探测、指挥控制、电子对抗、武器控制、综合保障等系统。

信息基础设施层、信息基本功能层是各级各类信息系统实现互联互通和互操作的基础;信息基础设施层、信息基本功能层和领域功能层共同支持空天地一体化作战使命与任务。

1. 信息系统网络构型

1) C⁴KISR系统基本网络结构

根据C⁴KISR的总体架构,按功能可以将整个网络分为三个互相耦合的部分:探测网络、交战网络和信息网络,如图1-4所示。探测网络主要由传感器组成,交战网络由指控系统和武器平台组成,信息网络是系统基础支撑,包括通信设备、通信协议和标准等。

2) 未来数据链组成

依据联合作战与军兵种独立作战对数据链的需求分析,按照数据链应用功能分类,未来数据链分为三类:第一类为指挥控制数据链,第二类为武器协同数据链,第三类是信息分发数据链。其中,指挥控制数据链是战术数据链发展的重点,用于对武器系统的自动化指挥控制,包括作战指挥控制命令、战斗控制、任务分配、武器控制、武器平台状态、战场态势等信息传输;提高机动指挥平台的实时信息保障能力,同时兼顾传输中小容量的情报信息和任务协同信息传输。信息分发数据链主要指宽带航空情报数据链,用于解决空中侦察平台大容量情报信息的实时传输,如侦察即飞临战区前沿甚至敌后纵深进行目标侦察、打击效果侦察评估等,提高侦察情报的时效性,为"侦察-打击"一体化奠定基础。航空武器协同数据链是武器协同数据链的发展重点,用于各种军机混合编队作战时的机载雷达

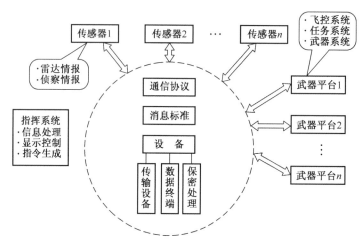

图 1-4 C^4KISR 系统基本网络结构模型

探测信息与武器资源共享,最终实现跨平台的武器投放和引导,是对数据链使用方式的发展与深化。武器协同数据链主要作战使命包括:

(1) 火控任务信息在数据链内共享;

(2) 雷达组网协同跟踪目标,对高机动目标实施稳定跟踪;

(3) 机载红外搜索跟踪系统(IRST)组网协同跟踪,提高对隐身目标攻击能力;

(4) 电子战协同无源定位;

(5) 机载多光谱图像组网跟踪。

2. 顶层设计与规范

从三军作战体系上构建 C^4KISR 系统。其顶层设计包括需求分析、体系结构与作战方式,在此基础上确定系统体系结构、系统功能与性能、系统配套、接口等规范要求,从而形成 C^4KISR 系统的顶层设计文件和规范,真正实现作战系统互联互通的一体化作战功效。

1.3.2.2 关键技术

1. 空空目标联合探测、监视与定位

研究对空中目标联合探测、监视与定位的新技术、新途径与新装备,以基于动态网络的多平台传感器组网实现对空空目标联合探测、监视与定位功能。

(1) 被动雷达组网探测与定位;

(2) 光电组网探测与定位;

(3) 基于动态网络的多平台传感器组网技术。

2. 空面目标联合探测、侦察、定位与地面动目标指示

研究对地面、海面目标联合探测、侦察、定位与地面动目标指示的新技术与新装备,如:

(1) 合成孔径雷达(SAR);

(2) 先进瞄准吊舱(ATP);

(3) 应用于无人机的小型化 FLIR 系统;

（4）地面目标运动指示（GMTI）技术；

（5）空面多传感器信息融合技术。

3. 多平台多源目标信息综合处理与自动目标识别

（1）多传感器信息同一性辨识技术；

（2）多平台多源目标信息状态融合技术；

（3）多平台多源目标信息属性融合技术；

（4）基于动态组网的任务信息融合算法；

（5）自动目标识别技术。

4. 航空任务信息系统

研究高宽带数字通信网络、指导网络、动态组网等关键技术，构建航空任务信息系统，对各作战节点进行互联，构成一体化的作战信息网络，实现从指挥控制中心、各分布式传感器到武器系统之间的实时信息传输。

5. 指挥自动化系统

以实现武器装备自动化指挥、决策与控制为目标，突破海量信息实时与规范化处理、作战信息综合处理、自动化推理、作战指挥决策、自动化指挥等技术，立足于跨平台、松耦合、人机交互、软构件、分层模块化的思想，构建一个满足网络中心战要求的具有良好通用性、容错性、灵活性和稳定性的指挥自动化系统。

6. 先进空战管理与战术决策系统

以实现武器装备一体化联合作战能力为目标，针对体系对抗环境下空中作战的管理、控制、战术决策等关键技术进行研究，开发出一套能够支持基于动态网络的区域集群侦察、监视、指挥、控制与联合攻击的先进空战管理与战术决策系统，实现联合战场监视、时敏目标打击、集群联合攻击、网络制导等能力，构建适应未来网络中心战的作战任务系统，减少从发现目标到击毁目标的时间。其关键技术包括：

（1）战场资源配置优化技术；

（2）战场监视与态势评估技术；

（3）多级联合攻击指挥与控制技术；

（4）时敏目标打击任务规划技术；

（5）毁伤评估技术等。

7. 统一武器制导网络技术

研究与开发实现空空、空地（海）武器制导信息传输的高带宽、高精度、高可靠性传输的统一武器制导网络，其内容包括：

（1）远程空空、空地（海）攻击武器对制导网络的需求和技术要求；

（2）武器制导网络协议；

（3）射/视频信号和音频信号光纤传输调制解调技术；

（4）武器制导网络安全性和抗干扰设计技术。

8. 机群空地（海）联合攻击系统技术

机群空地（海）联合攻击是体系对抗环境下，空对地（海）攻击的主要模式，是针对体系对抗环境下的机群空地（海）联合攻击的新技术、新原理、新算法及新的作战方式，具体如下：

（1）机群空地（海）联合攻击的任务规划技术；

（2）机群空地（海）联合编队控制、轨迹生成与轨迹控制的自动化技术；

（3）机群联合目标指示技术；

（4）机群空地（海）合作式武器发射与制导技术。

网络中心战是未来战争的主要作战形式，C^4KISR 系统是航空武器装备为适应未来网络环境下联合作战而发展的核心系统，它代表了未来航空武器装备发展的方向。

1.3.3　网络中心战

信息技术跨越式发展，催生了世界新军事变革，也开启了以争夺信息优势为主导新的历史发展阶段。美军信息化军事变革的标志性成果是"网络中心战"（Network Centric Warfare，NCW），它充分体现了信息时代的重要特征，将成为信息时代的基本战争样式[3]。

1.3.3.1　概述

1997 年 4 月，美国海军作战部长约翰逊上将首先提出了"网络中心战、海上网络战"的概念；1998 年 1 月，美国海军军事学院院长塞布罗斯基中将发表了《网络中心战：起源与未来》的论文，阐述了信息优势与竞争优势的关系；1999 年 6 月，美国国防部专家阿尔伯特等合著了《网络中心战：发展和利用信息优势》一书，其中关于网络中心战的理论引起了美国国防部上层的高度重视；2001 年 7 月，美国国防部向国会提交了《网络中心战》报告，全面阐述了网络中心战的内涵，实现网络中心战的条件和战略，以及国防部和各军种在发展网络中心战能力方面的设想、计划和试验及演习等情况；2002 年 8 月，美国国防部提交的《国防报告》中，第一次把网络中心战看作美军信息时代的主要作战样式；2004 年 1 月，美国国防部颁布了《创造决定性作战优势的网络中心战》和《网络中心战实施纲略》，将发展和建设网络中心战能力作为统揽美军军事转型的中心环节，同月颁发的《联合转型路线图》，以网络中心战的思想和原则设计联合作战概念；2005 年 5 月，美国国防部发布的 5144.1 号令，规定由国防部首席信息官统管网络中心战建设的指导、监督和管理；2006 年 10 月，美国国防部首席信息官格里梅斯签发《国防部首席信息官战略计划》，网络中心战建设进入全面发展阶段。

美军采用多域定义来描述网络中心战，认为任何战争都同时发生在信息域、认知域、社会域以及物理域。信息域包括组网和信息系统的搭建，是产生、处理并共享信息的领域，是传达指挥员作战意图、作战人员交流信息的领域。信息域要确保向下一层认知与社会域提供增强的和改进的各种所需功能。认知域和社会域是指作战人员的意识领域，包括感知、理解、判断、意图、决策等，涉及作战协同、指挥控制、战术运用等。可以说，认知与社会域对战争的胜负起着至关重要的作用。物理域是指部队在多维空间遂行作战使命的领域，它是网络中心战概念中的最后一层。在上两层的支持与保证下，在该域中，部队和各作战实体将具备更高的灵活性，最终实现遂行使命的高效率和作战能力的整体提升。总之，网络中心战是建立在先进的通信、情报、监视、侦察技术手段上的作战观念的变革，全球信息栅格是它的技术基石，通过信息优势取得决策优势，并最终转化成对战场态势的全方位控制是其目的，如图1-5 所示。

美军对网络中心战概念的描述一直在不断地补充、发展和不断深化，并逐步完善。其

图1-5　网络中心战的基础设施和上层建筑

作用是,利用通信和计算机系统,将分散部署的陆、海、空、天等各种侦察探测、指挥控制和火力打击系统等高度集成,形成传感器栅格、信息栅格和处理栅格,从而构成一个统一高效、有机结合的信息网络体系,利用信息技术为美军"提供无缝隙、安全、宽频的链接和通用性手段",通过信息优势达成决策优势和行动优势,实现战场态势高度共享、部队协调自我同步、作战行动近于实时、作战效能极大提高。

在网络中心战体系结构基础之上构建的网络中心作战行动体现出四种优势:兵力优势、信息优势、决策优势和交战优势。其中兵力优势属于静态优势,而信息优势、决策优势和交战优势则是将静态优势与军事行动相结合而形成的动态优势。四种优势与三个空间密切相关,并且与体系建设、战场感知、指挥控制、火力打击四个基本环节紧密地联系在一起,通过资源整合、信息共享、快速决策、协同交战四项基本措施得以实现,如图1-6所示。

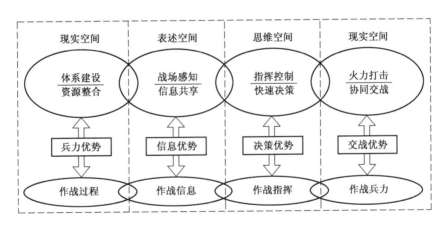

图1-6　网络中心战的"四种优势"与"三个空间"的关系

1.3.3.2　组成[4]

所谓网络中心战是将军队的所有侦察探测系统、通信联络系统、指挥控制系统和武器系统组成一个以计算机为中心的信息网络体系,各级作战人员利用该网络体系能了解战场态势、交流作战信息、指挥与实施作战行动。该网络体系由"无缝隙"连接的三个网络组成,即探测网络、交战网络和通信网络。探测网络把所有战略、战役和战术级探测器连为一体,能迅速提供"战场空间态势图";交战网络主要连接指挥系统和各武器系统;通信网络则对前两者起支撑作用,是它们的神经中枢。通过战场各作战单元的网络化,可加速信息的快速流动和使用,使各分散配置的部队共享战场信息,把信息优势变为作战行动优势,从而协调行动,最大限度地发挥作战效能。

网络中心战结构,主要包括探测网络、交战网络和通信网络等虚拟子网,各子网之间根据实际作战态势的演化进行有效的组织和联接,从而使作战部队信息优势大大增强作战效能。

探测网络,由所有战略、战役和战术级的侦察装置组成,如天基红外系统、飞机和舰艇的雷达和光电探测、潜艇的声纳和海面/地面的侦察监视等,并相互联系起来形成覆盖整个作战空间的网络。探测网络的任务是对作战空间的各种信息进行采集和预处理,把得到的信息融合在一起,形成一致的战场态势,为联合作战部队实时提供整个战场空间态势图。

交战网络或射手网络主要由 C^3I 系统所控制的武器系统组成。该作战体系可以有效地利用战场感知,通过通信网络实时地将地理上分散的海基、陆基、天基和计算机网络空间基的武器联系在一起,实现武器-目标最佳匹配,进行集中控制,实施一体化兵力管理,同步分配作战力量,快速作战并使联合战斗力达到最大化。

通信网络或指挥控制网,是获取信息优势的基础,为探测网络和交战网络提供支撑和保障,是联系两者的纽带,由通信线路、计算机平台、操作系统和作战管理应用软件等软硬件组成。整个网络通过指挥控制程序进行管理,各级传感器获得的实时目标信息可以直接传输到武器系统,缩短了反应时间。

总之,网络中心战是信息优势驱动下的作战概念,它把探测网络、交战网络和通信网络连成一个有机网络,获取共享感知态势/共享信息,提高指挥速度,加快作战节奏,具有高度的自适应、自同步能力,提高联合作战部队的综合作战能力,从而将信息优势转化为作战优势,使作战部队获取新的作战能力。

1.3.3.3 网络中心战体系结构分类[5]

在网络中心战体系结构设计时,一方面应保证正确的信息在正确的时间传送到正确的节点,并能直接链接关键的实时通信节点(如实时攻击),间接的链接无法满足态势感知信息立即定位目标的需要;另一方面,在面对节点被摧毁时,网络必须有足够的冗余通信路径提供健壮性。为构建网络中心战体系结构,给网络中节点定义两个属性来描述其特征:价值对称性、同质/异质性。价值对称性是指如果网络中的所有节点都具有同样的价值,则网络中心战的结构是价值对称;如果某些节点比其他几个节点更重要,则称网络中心战的结构是非价值对称的。在价值对称和非价值对称这两种极端情况之间有一个价值对称频谱,频谱的范围从完全的价值对称到完全的非价值对称。

同质/异质性是指如果所有节点都相同,则网络中心战体系结构是同质性的;否则为异质性的,同样可采用一个频谱描述,该频谱表示节点的完全相同到节点的完全不同。把两个频谱组合形成一个三角形,构成了 7 种网络中心战体系结构,如图 1-7 所示,其结构特点见表 1-1,其中 A、E、G 为三种主要结构。

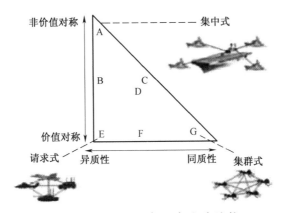

图 1-7 7 种网络中心战体系结构

表 1-1 7 种网络中心战结构及特点

结 构	特 点
A:集中式网络中心战体系结构	有一个高价值的中央"集线器"节点和若干其他低价值节点,所有节点通过"集线器"组网和控制
B:集线器-请求网络中心战体系结构	在 E 类(基于请求的网络中心战结构)基础上,加上一个或多个高价值中央"集线器"
C:集线器-集群网络中心战体系结构	在 G 类(集群网络中心战结构)基础上,加上一个或多个高价值中央"集线器"
D:联合网络中心战体系结构	其他 6 种类型的混合
E:请求式网络中心战体系结构	节点具有相同的价值,但是具有不同的专门能力,在不同类型的节点之间请求服务
F:混合集群网络中心战体系结构	E 类结构和 G 类的混合
F1:有限类型网络中心战体系结构	节点类型较少(包括分离的传感器网格、约定网格和 C^2 网格)
F2:相同网络中心战体系结构	节点不同,但有重要的相同点,如 CEC
G:集群式网络中心战体系结构	节点相同或者相近
G1:自然集群网络中心战体系结构	节点遵循简单的规则,就像昆虫一样
G2:态势感知集群网络中心战体系结构	节点共享信息以创建态势感知图像
G2(a):策划集群网络中心战体系结构	一个节点是临时的"领导者"
G2(b):分级集群网络中心战体系结构	按照等级制度安排节点
G2(c):分布式集群网络中心战体系结构	节点为分布式,没有领导者和等级制度

1. 集中式网络中心战体系结构(A 类结构)

A 类结构的核心是高价值的中央"集线器"节点,该节点提供高价值的服务,是"一切都依赖的引力中心",部队离开它将不能有效作战,该节点被低价值的节点群集包围。例如,一艘航空母舰为 50 架战斗机提供了跑道和修理、加油等配套设施,离开这艘航空母舰,这些战斗机将不能战斗,航空母舰则为高价值的中央"集线器"节点。中央"集线器"有一时间上限,称为正常运行时间,在此期间中央"集线器"可正常使用;在操作员休息、补给燃料和维修等情况下,中央"集线器"要停机,此时为时间下限。考虑到停机时间和由此带来的损失,每个作战区域最少需三个或更多的中央"集线器"单元,以便获得持续的作战能力。中央"集线器"容易受到攻击,这种脆弱性要求在作战中要动用很大一部分力量来保护它。

2. 请求式网络中心战体系结构(E 类结构)

在网络中心战行动中,如果作战节点由异种部队构成,且节点具有完全的价值对称性,即节点各不相同,但具有等同的价值,每个节点承担并完成一部分任务。由于军事行动中需要多个任务协调,每个节点必须请求其他节点协同完成它不能完成的任务,这种结构为基于请求的结构。在该结构中,服务请求通过网络传播,网络将它传送到能够满足其请求的节点,这些节点可能需要额外的服务,从而对其他节点产生进一步的请求。

例如,一个指挥和控制节点负责向一个陆军小分队提供作战需要的地形信息。一个网络请求可能发现无人机节点并从无人机节点获取该地区视频,这样就会发现要摧毁的敌军规模,进而可能进一步需要向火力支援节点(该节点具有相同优先级)发出火力支援请求,火力支援节点选择战斗节点并提供所需的火力支援。火力支援节点反过来也会请求其他无人机节点提供高质量的传感器数据。随着任务的进展,形成一个复杂的 Web 请求,该请求要求一个有效并连接良好的网络。

3. 集群式网络中心战体系结构(G 类结构)

在网络中心战行动中,如果作战节点由同类部队构成,且节点具有完全的价值对称性,则是一组完全相同的节点的集群。这种结构在任何特定的作战任务中,每个节点都不是专家,每个节点的能力都不高于其他节点,节点能力是等同的,每个节点都拥有一个有限的传感器、武器、指挥和控制能力。为了有效地作战,这些节点必须共享传感器信息并自动同步,以最大限度地发挥武器的优势。

G 类结构的每个节点都是传感器网格的一部分,也是指挥和控制(C^2)网格及约定网格的一部分。对于物理上比较大的节点,将每个节点分成网络分离的传感器、C^2 和约定子节点,更能形成有效的作战能力。例如船舰,摧毁甲板上的传感器而留下与之分离的武器几率较大,反之亦然。集群结构的网络包括节点相同的对称网络和随机连接的网络,这两种形式的网络结构可以抵抗节点的破坏。

在 G 类作战活动中,可采用自然集群和态势感知集群两种方式实现。自然集群(G1类)结构类似自然界的蚂蚁集群行为,这种集群结构没有固定的规则,因此节点规则在使用前需要预先微调。例如采用遗传算法,在逐步求精的过程中结合基于代理的模拟环境来评价集群性能。态势感知集群(G2 类)有三种子类型,如图 1-8 所示。三种类型可以组合在一起使用,从而取得更好的作战效能。

态势感知集群(G2 类)融合了各个节点的传感器信息,产生一个综合的态势感知图像并同步作战行动,它分为策划集群(G2(a))、分级集群(G2(b))、分布式集群(G2(c))。

在策划集群结构中,所有的节点都是相同的,因此根据适当的场合、当前战斗情况或其他暂时性因素选择临时的"领导者"。这种方法有时用在特种部队小组中,成员在必要时可以接管司令部命令。传感器数据被发送到融合综合态势感知图像和综合行动计划的"领导者"节点,然后由"领导者"节点广播到其他节点。如果"领导者"节点由于某种原

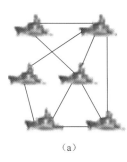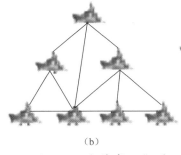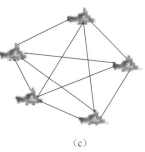

（a）　　　　　　　　　（b）　　　　　　　　　（c）

图1-8　态势感知集群

（a）策划集群；（b）分级集群；（c）分布式集群。

因不能继续,则其他节点可以替代成为"领导者"节点。这种方法有网络流量限制,也给领导者的指挥和控制能力带来很大的压力,因为在G类结构中所有的节点仅有有限的指挥控制能力。因此,此方法不适合很复杂的或节点数过多的情况。但是,如果"领导者"的指挥和控制能力不超载的话,策划集群可能会产生比其他集群技术更好的计划。

分级集群是最接近传统的指挥和控制架构的一种集群方式。将节点组织成层状结构,一个节点事件一旦丢失,层次结构由所创建的其他节点进行维护,与此同时底层的战术细节被丢弃,这意味着指挥节点得到了它所需要的态势感知,从而简化了态势感知的融合问题,缓解了节点信息融合的压力,之后指挥节点形成计划,逐层下传并且不断地向下一级节点增加战术细节,从而减轻了节点计划规划的压力,这种模式的局限性是反应速度较慢。

分布式集群没有"领导者"角色,所有的决定都是通过协商做出的。所有节点广播自身的传感器信息,从而获得态势感知,因此,每个节点建立了一个节点态势感知图像。这样就产生了大量的网络流量,如果网络带宽能够处理这些信息,则效率是很高的。处理分布式集群结构有两种方法:一种是"领导者"决策,所有节点遍历完全相同的决策进程,如果有下一层"领导者"节点则也将遍历决策,然后执行分配给自己的角色,适用于简单的军事行动;另一种是任务协议,每个节点都拥有各自的计划,这些计划通过一个谈判过程与其他节点计划进行同步,并达成了一致的最好行动计划。这种方法比"领导者"决策具有更广泛的适用性,但是它的速度较慢,需要大量的网络通信。

4. 其他网络中心战结构

（1）混合集群网络中心战体系结构（F类结构）。F类结构是价值对称的,但仅有部分是同质的。即节点部分相同而其他部分不同,是集群结构（适用于节点相似）和基于请求结构（强调差异）的组合。主要有两种类型:有限类型节点和相同节点。

（2）集线器-请求网络中心战体系结构（B类结构）。B类结构是在E类结构基础上增加一个高价值的"集线器"节点,这种融合比较容易做到,因为"集线器"与其他节点一样,以同样的方式对请求提供一种服务和响应。高价值的"集线器"意味着它的服务是高需求的,有些结构需要考虑优先级和平衡请求,但在E类基于请求的结构中,自然满足了这种情况,"集线器"节点的潜在弱点就是它必须得到保护,可通过在需要时使用高优先级的请求打击节点实现。

（3）集线器-集群网络中心战体系结构（C类结构）。C类结构是采用G类集群结构,同时增加了高价值的"集线器"节点,从而形成了一种力量倍增器,同时保留了集群行为。如战斗机和一架预警机相结合,同时保留了某些自身的声像同步能力。C类结构中的主要问题是:要确保"集线器"得到有效的利用和妥善的保护,同时保留了集群行为,即不实行完全集中控制。

(4)联合网络中心战体系结构(D类结构)。D类结构是由不同种类和价值的节点混合而形成,特别适用于联合作战部队,其中涉及网络中心战所有结构类型的混合。在联合结构中的高价值节点为"集线器"节点,一组相似的节点表现出集群行为。

1.3.3.4 美军网络中心战功能与用途[6]

美军网络中心战的实质是通过网络产生战斗力,其体系结构如图1-9所示。网络中心战以指挥、控制、通信、计算机、杀伤、情报、监视和侦察系统(C⁴KISR)为支撑,由传感器网(Sensor Grid)、信息网(Information Grid)和射手网(Shooter Grid)三大部分组成,通过数据链和通信网络把三大部分联结为一体进行作战,共同感知战场态势、缩短决策时间、提高指挥效率和协同作战能力,将信息优势转化为作战优势,从而发挥系统最大效能。

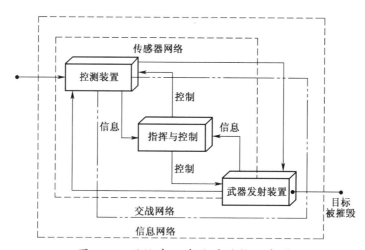

图1-9 网络中心战体系结构示意图

1. 功能

美军网络中心战体系是一个规模庞大的巨型系统,从信息的获取、传递、处理、应用等环节来看,其核心系统主要有9大功能,即战场感知、数据链、信息传输系统、敌我识别、导航定位、电视会议、数字地理、模拟仿真和数据库。具体如下:

(1)战场感知,主要由传感器网络构成,担负战场获取信息优势的任务,分为外太空、高空、中空、低空、陆地和海上6个层次。感知对象除了敌情之外,还包括我情、友情、地理环境和水文气象等。

(2)数据链,除了Link11和Link16数据链外,还有公共数据链、多平台通用数据链、整合数据链、防空导弹专用数据链、精确制导武器系统专用数据链、联合监视攻击雷达系统数据链、增强型定位系统数据链、态势感知数据链等。

(3)信息传输系统,包括全球指挥控制系统、全球战斗支援系统、国防文电系统、国防信息系统等,这些网络系统既是信息传输、信息处理和战略指挥的主要设施,也是连接各种战术信息系统的骨干网络。

（4）敌我识别，目前美军所有作战平台的信息系统都具有敌我识别功能。

（5）导航定位，美军全球定位系统已普遍用于各种作战平台、精确制导武器等，是美军实施机动和精确打击的重要核心支柱。

（6）电视会议，美军电视会议是从远程教学和远程医疗基础上发展起来的，目前已成为美军实现面对面指挥控制的重要手段。

（7）数字地理，把地球上每个点的所有信息，按地球的地理坐标加以整理，构成数字化地球，即全球地理信息模型。

（8）模拟仿真，包括联合战区级模拟、模拟战场、扩展型防空模拟及联合建模与模拟等。

（9）数据库，美军用于信息化作战的数据库规模庞大，目前已建立了各种大型数据库1000多个。

2. 能力建设

美军网络中心战的能力建设主要包括以下几个方面：

（1）网络中心战理论的创新发展。美军已形成较为完善和成熟的网络中心战理论，它从物理域、信息域、认知域和社会域四个视角对具备网络中心战能力的部队进行描述，为美军建设适应未来联合作战要求的军队提供了指引。

（2）构建一体化武器装备体系。它是实现网络中心战的基础，也是网络中心战能力建设的重要内容。美军推行统一的体系结构设计方法，提高了网络中心战武器装备系统建设效率，并降低了建设风险。

（3）组建网络中心战部队。美军通过改造陆、海、空各自的网络，实现最终一体化联合作战能力。其中，陆战网涵盖陆军现役和在研的所有网络通信系统，使陆军大大提高态势感知能力和作战效能，从而整体优化陆军作战力量；海军的部队网建设包括 IT-21 网络、NMCI；空军组建网络空间司令部，以期全面实现对整个信息领域的最高控制，提高网络中心战的地位。

3. 网络中心战关键要素

信息时代的军队是一个互联互通的网络化实体。装备网络化能够形成全新的战斗能力，是战斗力新的增长点，也是实施网络中心战的物质基础。网络中心战具有四大关键要素：

（1）信息结构。它是指完备的天基、陆基、海基、空基信息系统结构，而遂行的主要职能则是数据融合和信息管理。

（2）作战空间感知。信息系统能大大提高部队的作战空间感知能力，使各部队能同时了解不断变化的战场态势，使作战任务、行动、地形变得"透明"。

（3）实时协同动作。共同的空间感知能力，能够使指挥官采用适当的指挥控制方式，也可使各部队及时执行作战命令，自觉地采取作战行动，真正使部队成为"自我协同部队"。

（4）最终效果：加快作战节奏，提高反应能力，降低作战风险，减少作战成本，提升作战效能。

1.3.3.5 网络中心战发展趋势

美国为实现网络中心战目标，对现役装备进行改造和升级，构建了未来网络中心战的

结构框架,具体包括:

(1)建设全球信息栅格(GIG)。GIG 是将美军在全球范围内的传感器网、指挥控制网和武器平台网联为一体的国防信息基础设施。它面向全球所有作战人员,提供即插即用和端到端的信息传输和处理能力,是美军未来网络中心战的神经中枢。美军于 2015 年建成 GIG,实现真正意义上的网络中心战能力。

(2)加速三军网络化建设。美军各军种为实现未来与 GIG 集成,以提高网络中心战能力为原则,加速各自 C⁴ISR 系统的综合集成建设,如陆军的"Land War Net"、海军的"Force Net"和空军的"C² Constellation"。

(3)由联合指挥控制系统(JC²)取代全球指挥系统(GCCS)。1996 年投入使用的 GCCS 采用的是客户机/服务器结构,不能充分利用 Web 技术,且相互操作性差,缺乏信息协同能力,也不能扩展到单个作战人员。因此,美军计划建设 JC²,并逐步取代 GCCS。

1.3.3.6　网络中心战对装备研制的要求

网络中心战将全面改变未来的部队建设和作战模式,对装备研制产生深远的影响。加强网络化作战关键技术研究,为实现网络中心战提供保障。作为网络化作战关键技术的数据链技术、信息融合技术、网络瞄准技术等,在国外得到了广泛的重视并取得了实质性进展,促进了网络化作战能力的实现。在装备研制中应结合目前的武器装备和网络化作战技术的发展状况,分析存在的不足,找出发展关键技术的突破口,尽快实现全方位作战信息的共享,以及各种作战力量的综合集成和运用,提高整体作战效能。

1.3.4　全球信息栅格

全球信息栅格(Global Information Grid,GIG),是构成信息矩阵的各种运作概念与内容的简称,旨在解决各军种现有综合电子信息系统之间"信息共享能力差"的缺陷,以满足未来作战从以平台为中心向以网络为中心转变的要求。通过与武器、传感器及战术指挥网之间的接口,将美军在全球分布的计算机、传感器和作战平台网组成一个大系统,实现各分系统在全时域、全空域的一致性和协同性,保证在未来战场上将正确的信息在正确的时间以正确的方式传送到正确的人手中。在 GIG 之前,美军指挥系统经历了 C² 系统、C³ 系统、C³I 系统、C⁴I 系统,以及集指挥、控制、通信、计算机、情报、监视与侦察为一体的诸军兵种互联互通的 C⁴ISR 系统。GIG 为取得信息优势、决策优势和最终全面掌握主动权奠定了坚实的基础。

1.3.4.1　GIG 组成

全球信息栅格是在 1998 年由美军提出,并于 2000 年启动建设的大型军事信息基础设施,定义为"全球互联的、端到端的信息能力及相关过程和人员的集合,能够根据战斗人员、决策人员和支援人员的要求来收集、处理、存储、分发和管理信息"。GIG 由各种通信卫星、通信飞机、数据传输链路、微波中继站、地面光缆、无线电台、作战地域网等通信基础设施,以及各种计算机、存储器、网格软件平台、数据库、地理信息系统等计算信息设施组成,具有广域分布、无缝连接、动态扩展和高度集成的特点。在系统组成方面,GIG 系统总体架构由基础层、通信设施层、计算设施层、全球应用层和使用人员层组成。

(1)基础层:包括体系结构、频谱分配、政策、条令、标准、工程和管理;

(2)通信设施层:包括光纤通信、卫星通信、国防信息系统网、无线电台网、移动用户业务和远程接入点等组成的全球通信网络；

（3）计算设施层：包括 Web 服务、中心文件库、网络中心企业服务软件、信息分发管理、计算和网络资源管理、信息保证管理以及百万级中心的认证服务等；

（4）全球应用层：包括全球指挥控制系统、全球战斗支持系统、日常事务处理系统和医疗保障信息支持系统等；

（5）使用人员层：包括海军、陆军、空军、天军及海军陆战队、特种部队的使用支持等。

从结构上分析，GIG 包含三个交织在一起的组成部分：传感器栅格、交战栅格和信息栅格，其组成结构如图 1-10 所示[7]。

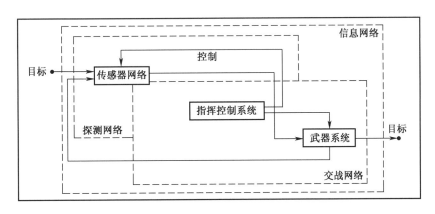

图 1-10　GIG 的组成结构

在过去的信息获取链路中，传感器与发射器间的链路是纤细的，且缺乏时间保障。而 GIG 可提供融合的、可靠的、及时的信息，使指挥者能通过传感器到发射器的连接，动态地指挥军事力量来获取时效性。GIG 能实现计算机网、传感器网和武器平台网的聚合优化。GIG 把全球指控系统、传感器系统和作战系统聚合在一起，面向不同层次的用户，为其提供所需的信息，并逐步形成该用户所需的知识，以辅助指挥决策。

传感器技术是获取作战区域态势感知的关键因素，它将独立传感器变为网络化传感器，将各种传感器连接成网，构成传感器网，甚至利用栅格技术构成传感器栅格，以增强态势感知能力。通过将多种类型的传感器组网，再处理由它们收集的信息，并利用自动化技术对其进行筛分，通过信息融合技术降低不确定性，提高所获信息的准确度和置信度，从而使指挥员能更迅速、更精确地对一个感兴趣的指定区域的行动做出响应。可以看出，从独立传感器到传感器网，再到传感器栅格，反映了预警系统的发展历程和趋势。传感器栅格可以通过互联、互通、互操作，实现信息共享的可靠性、完整性和适时性，确保获取信息优势。

1.3.4.2　GIG 体系结构

GIG 体系结构可从作战域、系统域和信息基础域分别描述[8-10]。

1. 作战域

GIG 作战域，由联合作战体系结构、战斗支援和业务处理体系结构、网络操作体系结构三部分组成。

联合作战体系结构是 GIG 作战视图的核心，可参照 C^4ISR 体系结构框架 2.0 开发产品(它包含7个联合使命领域);战斗支援和业务处理体系结构描述在财务、后勤等方面信息交换的需求;网络操作体系结构是组织和实施框架,集成了网络管理、信息分发管理和信息保障等功能,是这三个功能视图的交集。GIG 的信息保障被置于非常重要的地位,分成全球级、区域级和本地级三个层次加以实施,规划了进行信息保障的组织管理机构,如全球网络操作和安全中心、区域网络操作和安全中心、联合部队网络支援中心等。

2. 系统域

系统域,可描述为实现保障和支持作战的功能要求所需的系统以及相互之间的连接关系。GIG 体系结构 1.0 版是以通信和计算系统体系结构为主体进行设计的。其中,通信部分以美军国防信息系统网(Defense Information System Network,DISN)为核心,由无线电台、光纤、卫星、移动用户系统、战术数据链等各种通信系统组成。战场联合部队通过卫星提供的战略战术接入点/远程接入点加入;计算部分包括各级计算设施,从提供全球/区域服务的国防计算中心,到各个战区司令部和作战部队的计算机局域网中服务器和工作站,直至单兵个人的野战便携式终端,提供数据共享、公共操作环境(Common Operation Environment,COE)、嵌入和实时计算、移动计算等主要服务。

3. 信息基础域

全球信息栅格体系结构最重要的基础是网络运行平台。其功能需求包括:

(1)为网络运行(Net Ops)提供最佳支持;

(2)部署工具和应用软件,包括集成、采购和开发实时分析软件,以及网络管理、入侵检测、数据处理与自动响应等应用系统;

(3)集中运行中心,包括网络运行状态报告,组织机构变革,支持战区 C[4]ISR 协调中心和国家指挥当局的网络运行态势感知,把网络集成到联合作战应用中;

(4)强化互操作性,将所有操作和互操作性测试与评估活动融合到网络运行之中。

GIG 是一个涵盖范围广泛的网络结构,它能够为所有的作战部队提供相互共享的作战信息,是实施网络中心战的基础。图 1-11 所示为 GIG 的空间三层互联传输网络。

1.3.4.3 GIG 与网络中心战之间的关系

网络中心战作为一种全新的作战模式,其效能取决于作战实体的有效连接和各种信息的有效共享。从某种意义上来说,网络中心战也是联合作战的概念,它强调了态势感知对决策和精确打击的重要性和信息域中信息共享的价值。网络中心战是通过将传感器网、指挥控制网和火力网连接起来,实现作战环境中的实时信息共享和创新作战概念,从而使军事行动得到优化和高效。新的作战思想和模式的应用与实践也要通过网络化来实现。网络中心战的各作战实体依赖于全球信息栅格来遂行作战使命。全球信息栅格的目标是提供有用的信息,保障信息传输、处理、安全、分发、端对端的连通业务等,以及实现军种内、联合部队间和联盟部队间的互操作能力,从而获得信息优势、决策优势乃至全域主宰。美国的全球信息栅格的发展和网络中心战的建设是密切相关的两大项目。全球信息栅格体系结构 V2.0 关注的是未来网络中心战的构想。在 V2.0 中有以下阐述:"网络中心战和全球信息栅格之间是方式和手段的关系,两者是实现国家安全和军事战略目标之最终目的方式和手段;网络中心战是作战人员、决策者和政策制定者如何去实施和支援军事行动的方式,而全球信息栅格(物理实体)则是作战人员、决策者和政策制定者用来实施和支援军事行动的手段。"为了强化一体化发展的意识,提出了企业级体系结构模型。

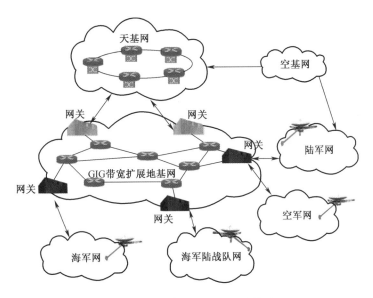

图 1-11 GIG 的空间三层互联传输网络

在 V2.0 中,描述了网络中心战的组织结构状况,并规定了用途、范围和目标,它不仅进行了网络中心战构想和术语的初始性结构化描述,而且也为开发网络中心战的参考模型提供了基础。

由此看出,美国国防部已经将全球信息栅格的建设与网络中心战的实施紧密结合在一起。实际上,全球信息栅格不仅仅是网络中心战的基础,也是美国全球军事战略、战役、战术以及与此相关的所有活动的基础和支撑。换言之,网络中心战是全球信息栅格价值的集中体现,也是美军实现部队转型的具体实践。因此,美国国防部一直采取统筹规划、一体化发展策略,将网络中心战纳入全球信息栅格的统一计划中,同步推进这两大项目的建设与发展。

目前,全球信息栅格作为一项信息基础设施建设项目和关键的信息支撑技术放在了国家战略层面,并且投入大量人力、物力去建设这一系统。网络中心战指出了一种在信息时代完成的作战任务的思路,它的一些理论还不十分完整,一些技术还不十分成熟,但它提高作战能力的潜在作用已经得到了广泛的共识,其有效性可以通过试验、仿真、分析和计算来验证。总之,网络中心战将是世界各国未来发展的方向。

1.3.5 联合作战介入构想

当前,世界新军事革命加速发展,各主要国家加紧推进军事变革。制定"联合作战介入"构想,应对所谓"反介入/区域拒止"(Anti-Access & Area Denial, A^2/AD),挑战"反介入/区域拒止"是美国认定的未来美军向关键地区投送力量,并开展作战行动所面临的最大挑战。所谓"反介入"是"旨在阻止对手进入某个区域的行动和能力(通常是指远程行动和能力)";"区域拒止"则是"旨在限制对手在某个作战区域的自由行动和能力(通常是指短程的行动和能力)"。这种挑战被认为来自于潜在对手发展各式先进的武器系统,以非对称方式削弱美军在陆、海、空、天以及网络空间等各领域的优势,阻止美军进入对抗区域或是限制美军的行动自由。为了应对这种所谓的挑战,美国前国防部部长盖茨曾于2009 年要求美国空军与海军共同开发研究,以便形成一个"空海一体战构想";2011 年设立了"空海一体战"办公室,负责该构想研究的组织和实施。"空海一体战构想"的核心是通过加强海军与空军之间的"网络化"联系和在各个领域的"一体化"作战能力,在空、天和网络空间等领域开展联合作战,对敌方目标实施"纵深打击"。

　　然而,随着对作战环境研究的深入,美军认识到仅靠空军和海军这两个军种的协同,只是一种"有限的作战构想",只能解决某些具体的挑战。于是,由参谋长联席会议牵头制定了更为全面的、系统的"联合作战介入构想"(Joint Operation Access Concept,JOAC)。在这一构想中,"空海一体战"虽被置于从属地位,但却是一个关键组成部分。

　　《联合作战介入构想》的第一个版本,于 2012 年由参联会主席邓普西正式签发,作为应对"反介入/区域拒止"威胁、确保美军作战自由这一任务的响应。"联合作战介入构想"的核心是:整合美军在陆、海、空、天以及网络空间等各个领域的能力,实施超越军种界限的"跨域协同"(Cross-Domain Synergy)。跨域协同,是"以互补而非简单的叠加方式使用不同领域的各种能力,其中每一种能力都能够增强其他能力的效率,弥补其他能力的弱点,从而在各个领域的联合中建立旨在提供作战任务所需的作战自由的优势",达到确保能畅通无阻地利用全球公共领域、特定国家的主权领土、各个海域、空间以及网络空间,即"确保介入"。

　　为了实现"跨域协同"与确保作战自由,"联合作战介入构想"确定了 11 条原则:

　　(1) 根据整个任务需求实施作战以获取介入权,同时设计后续行动以减轻介入挑战;

　　(2) 预先筹备作战区域,以便为介入创造条件;

　　(3) 考虑多样化的基地选择方案;

　　(4) 在多条独立战线上进行部署和作战,以获取主动权;

　　(5) 利用某个或某些领域的优势,干扰或摧毁敌人在其他领域的反介入/区域拒止能力;

　　(6) 干扰敌人的侦察与监视行动,并保护友方的行动;

　　(7) 开辟具有当地战场领域优势的缺口或通道,以突破敌人防御,并根据完成任务的需要,保持对这些缺口或通道的控制;

　　(8) 从远距离直接向作战目标实施战略行动;

　　(9) 对敌人的反介入/区域拒止防御体系实施纵深打击,而非仅限于从边缘将其推回;

　　(10) 采取欺骗、隐秘行动和模糊战术干扰敌人目标定位,易实现最大限度的突袭;

　　(11) 保卫己方空间和网络空间资源,攻击敌方空间和网络空间。

　　为了确保这些原则的实现,《联合作战介入构想》还确定了联合作战介入所必需的 30 种能力,涉及指挥控制、情报、火力、运动与机动、防护、维持、信息、(与盟国和伙伴国)接触等 8 大类。

　　无论是"空海一体战",还是"联合作战介入",其本质还是一体化联合作战,其基础也还是空天地一体化作战网络,只不过其目的是用于反介入/区域拒止。

1.3.6 赛博战

1.3.6.1 赛博空间

赛博空间由英文 Cyberspace 音译而来,Cyberspace 一词由 Cyber(赛博)和 Space(空间)组合而成,Cyber 源于希腊语,本意为掌舵和调节,掌舵含统治和管理之意,调节含调整和控制之意。1948 年,控制论奠基者美国数学家维纳发表了《控制论》一书,首次引入了以 Cyber 为词根的"Cybernetics(控制论)"一词,赋予控制相关的含义。1954 年,科学家钱学森在美国出版的英文版的《工程控制论》中也使用了 Cybernetics 一词[11]。

进入 21 世纪,Cyber 和 Cyberspace 等被广泛采用,得到了各国政府和军方的重视,与此相关的研究逐步开展,含义也发生了很大的扩充,出现了一系列的理论研究成果和系统应用。随着认识和理解的不断深入,赛博空间本身的含义和范围在不断地扩展和完善。

2001 年,在美国国防部的联合出版物中,将赛博空间定义为数字化信息在计算机网络通信时的一种抽象表征。2003 年,在布什政府发布的《保护赛博空间国家战略》中,将赛博空间定义为由成千上万的计算机、服务器、路由器、交换机组成,使用光纤组互联在一起,用以支持关键基础设施正常工作的网络,并将其比喻为国家的中枢神经系统,突显了计算机网络在国家安全和人们生活中的重要作用。2006 年,在美国联合会发布的《赛博空间行动国家军事战略》中,将赛博空间定义为一种使用电子技术和电磁频谱,通过网络化的系统和相关的物理基础设施,完成信息的存储、处理和交换的域。

2008 年,在布什政府签署的一份关于赛博安全的文件中,认为赛博空间是由众多相互依存的信息基础设施组成的一个物理域,包括英特网、电信网、计算机系统和用于工业部门的嵌入式处理器,对赛博空间的结构和范围进行扩充,指出赛博空间不仅局限于传统意义的计算机网络,还包括了军事网络和工业网络。

2009 年,在美国国防部倡导下出版的《赛博力量和国家安全》一书中,对赛博空间做了全面的介绍,认为赛博空间是一个可操作的领域,由电磁频谱、电子系统及网络化基础设施三部分组成,人类通过电子技术和电磁频谱进入该领域,进行信息的创建、存储、修改、交换和利用。在维基百科中,对赛博空间的解释为:赛博空间是通过电子技术和电磁频谱访问与利用的电磁域空间,可以实现广泛的通信与控制,包含了大量实体如传感器、信号、连接、传输、处理器、控制器等,这些实体不考虑实际的物理位置,共同形成一个虚拟集成的世界,实现信息通信与信息控制目的。

赛博空间的概念提出以来,美国国防部及各军兵种分别从各自的角度阐述了对赛博空间和赛博空间行动的理解,但从未达成一致的意见。直到 2010 年,美国陆军公布了《美国陆军赛博空间行动概念能力规划(2016—2028)》(以下简称《规划》)。《规划》首次完整、系统地对赛博空间及赛博空间行动等理论进行了阐述。其对赛博空间的界定为:赛博空间是信息环境中的一个全球范围的域,由一些相互依赖的信息基础设施网络构成,包括因特网、电信网、计算机系统,以及嵌入式处理器和控制器。赛博空间是陆、海、空、天四域之外的第五大域,这五大领域之间是相互依存的。赛博空间的网络节点在物理上位于其他各域之中。赛博空间的活动能使其他域自由实施自己的活动,其他域中的活动也能影响赛博空间。《规划》对赛博空间行动的界定为:赛博空间行动是指赛博能力的运用,其主要目的是在整个赛博空间内实现目标。此类行动包括为保障全球信息栅格(GIG)正常运行所采取的所有措施。赛博空间行动主要包括赛博态势感知(CyberSA)、赛博网络行动(CyNetOps)、赛博战(CyberWar)和赛博支持(Cyber-Spt)四个部分。赛博态势感知主要包括理解整个赛博空间内遂行的己方、对手和其他相关行动,评估己方的赛博能力,评估对手的赛博能力和意图,评估己方和敌方的赛博漏洞,理解网络上的信息流等;赛博网络行动主要包括规划和设计网络,安装和运行网络,维护管理网络,维持网络服务和网络防御等内容;赛博战主要以计算机网络、通信网络以及设备、系统和基础设施的嵌入式处理器和控制器为目标,主要包括收集和分析网络数据,研究和定义赛博威胁,在网络中跟踪、捕获和利用敌方,提供赛博趋势、指示和报警,支持赛博态势感知,实施动态赛博防御,协助实施计算机网络攻击等行动;赛博支持主要指网络漏洞评估、漏洞的安全修复、对恶意软件进行逆向工程、反情报、赛博研发和评估等支持措施。

2009 年,美军完成了第 5 次"施里弗"太空军事演习。通过军演,清楚地确定了关键领域需要来自太空与赛博领域的活动,需要太空和赛博空间的整合。

2010 年 5 月,美军完成了第 6 次"施里弗"太空军事演习,美军对赛博作战部队及其作战中心进行了评估,并确认已经达到了"就绪"水平,具备赛博空间作战的初始作战能力(IOC),这意味着美军已具备执行赛博任务的能力。2010 年 2 月,美军发布"赛博作战概念能力计划(2016—2028)",该计划明确指出了赛博空间的内涵、作战要素以及赛博空间的架构组成等。其赛博空间作战要素包括赛博网络作战、赛博态势感知、赛博支援和赛博战。其作战示意图如图 1-12 所示。

图 1-12　赛博作战示意图

赛博网络作战是赛博作战的一部分,负责建立、运作、管理、保护、防御、指挥控制陆战网络、关键基础设施及关键资源及其他"特定"的赛博空间。赛博网络作战包括三个核心部分:赛博网络管理(CyEM)、赛博内容管理(CyCM)、赛博防御(CyD)。其中,赛博防御包括信息保证、计算机网络防御(包括一些响应行动)和关键基础设施保护。赛博态势感知是关于友方、敌方和其他特定赛博空间的直接知识,是对于有效计划、实施、指挥和控制赛博作战所需能力状态和有效性的知识。赛博态势感知是从赛博空间、电磁频谱及其他域中的信息和作战行动中综合获取的。

赛博支援是指专门用于实现赛博网络作战和赛博战的功能与任务而进行的支持行动。赛博战是赛博作战的一部分,它将赛博能力扩展到了 GIG 防御以外,用于探测、阻止、否定和击败敌方。赛博战的目标包括计算机和电信网络,以及设备、系统、基础设施内包含的嵌入式处理器与控制器。

为了保证美军在空、天、赛博、C^2 与 ISR 领域的优势,美国国防部制定了"赛博远景2025",由美"空军科技计划和技术水平线"(the Air Force Science and Technology Plan and Technology Horizons)与"空军核心功能主计划"(Air Force Core Function Master Plans,CFMPs)项目予以实施,如图 1-13 所示。最终使得美国空军实现全球警戒、全球到达、全球作战和联合、跨地域、参战指挥(COCOM)的能力。

图 1-13 赛博远景 2025

1.3.6.2 赛博空间结构要素以及特点

赛博空间是与传统的陆、海、空、天并存的第五维空间,是由无数参与者相互联系的一个空间,无论参与者处于何处,赛博空间都能覆盖其领域。在赛博空间中,物理位置是位于传统空间中的各类电子系统和设备,使用电磁频谱与赛博空间进行交互,完成信息从产生到使用的一体化过程。赛博空间与传统空间的关系示意图如图 1-14 所示。

赛博空间的组成如图 1-15 所示,由电磁频谱、电子系统和网络化基础设施三部分组成。

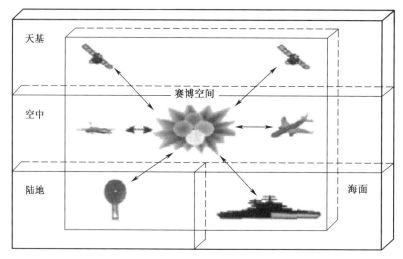

图 1-14　赛博空间与传统空间之间的关系

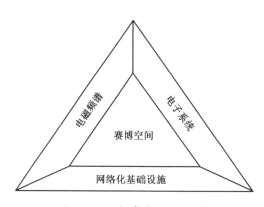

图 1-15　赛博空间的组成

电磁频谱涵盖现有通信和雷达使用的频率;电子系统包括计算机系统、片上微系统和嵌入式系统等;网络化基础设施包括因特网、无线通信网、电力网、专用网、战地指控网、工业控制网和无线传感器网等。因此,赛博空间涵盖了信息的产生、存储、处理、传输、使用的所有过程,人和机器的各种决策和行动都依赖它。

赛博空间的层次结构如图 1-16 所示,由底向上分为物理层、逻辑层和社会层;共有五个组成部分,即地理组件、物理网络组件、逻辑网络组件、赛博角色组件和人员组件。

物理层包括地理组件和物理网络组件。地理组件指的是网络元素的地理位置;物理网络组件包括支持网络的各种连接器和相关的处理设备,如电线、电缆、射频电路、路由器、服务器、计算机等,还包括所有硬件和基础设施,如有线、无线、光学基础设施。逻辑层包括逻辑网络组件,其本质是技术性的,主要指网络节点间的逻辑连接。网络节点可以是连接到网络的任何装置,如计算机、电台以及个人掌上电脑、手机等。社会层由人及认知要素组成,包括赛博角色组件和人员组件。赛博角色组件包括网络上人员的身份和角色,如 E-mail 地址、计算机 IP 地址等。人员组件则由网络上的实际人员组成。一个人可能担负多个赛博角色,比如一个人可以拥有多个电子邮件账户,而一个赛博角色也可能被多

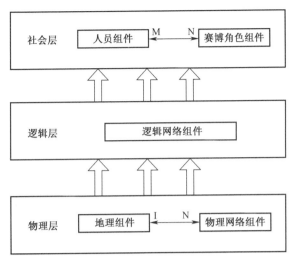

图 1-16 赛博空间的层次结构

个人员使用。

赛博空间具有电磁频谱和网络空间的独特物理特性,同时也具有其所依赖的电子信息系统所产生的四个特性[12]:

(1) 广泛性。赛博空间是由信息网络连接而成的,这种信息网络不受地域的制约,也不受专业领域的限制。任何人都可以通过学习信息网络知识进入赛博空间,成为赛博人员。因此,赛博空间不仅包括各国的国防军事力量,也包括了非政府的民间组织,甚至包括世界上任何可以连接互联网的个人。

(2) 无界性。电磁频谱没有地理边界和自然界限,这使得赛博空间几乎能够覆盖任何区域。只要电磁波能够到达的地方都是赛博空间的范围,可以超越通常规定的政治和地理界限。而且赛博空间的电磁辐射源在物理上可以位于陆、海、空、天各个领域之中,没有边界的限制。

(3) 快速性。信息在赛博空间内依靠网络进行传输,可以实现信息的快速传递。作战速度是战斗力的一种体现,充分利用这种高效的信息传输能力,就会产生倍增的作战效力和速率。因此,在赛博空间,能够提供快速决策、快速打击和快速实现预期作战效果的能力。

(4) 突变性。赛博空间不同于传统作战领域,其作战效果不受时间和距离的影响,具有瞬间达成的特性。当一方实施某赛博进攻时,可能使整个作战态势发生急剧的变化和重构,而这个过程却只需要很短暂的时间完成。赛博空间是不断变化的,某些目标仅在短暂时间内存在,这对进攻和防御作战是一项挑战。敌方可在毫无预兆的情况下,将先前易受攻击的目标进行替换或采取新的防御措施。同时,对己方赛博空间基础设施的调整或改变也可能会暴露或带来新的薄弱环节。

1.3.6.3 赛博战

赛博战(Cyber War),以赛博空间为媒介,在网络战、电子战、指控、通信和侦察等领域,为作战人员提供远程、快速、有效的作战能力。赛博战通过赛博空间达成军事作战效果,实现赛博空间的攻防,是赛博能力的应用。

1. 赛博战内涵与能力

赛博战以网络设备设施为主要目标,战时既要保障己方网络化设施的正常运行,同时又要对敌方网络设施进行攻击。

(1) 作战应用保障:在敌方攻击前和攻击过程中,维护与重建己方网络化基础设施,保证电子系统正常运行,保障信息的正常流通,同时追踪敌方攻击源,比如辐射源定位、数据流追踪、数据备份与恢复、信息的加密解密等。

(2) 赛博安全防护:在敌方的攻击过程中,对己方关键的网络化基础设施和电子系统进行安全防护,提高抗毁能力,比如远距离支援干扰、脆弱性检测与响应、入侵检测、电子系统防护等。

(3) 赛博武力攻击:摧毁、中断、削弱和欺骗敌方的网络化基础设施和电子系统,达到传感器破坏、数据控制、指挥控制破坏、武器系统降级等目的,比如远距离无线注入、网络攻击、电磁干扰等。

赛博战实施流程是实现各种战略战术以及其他军事行动有效作战的基础,如图1-17所示,其目的是实现跨越整个电磁频谱的全球警戒、全球到达和全球作战能力,从而保护己方基础设施,指导军事作战,削弱或消除敌方军事能力。

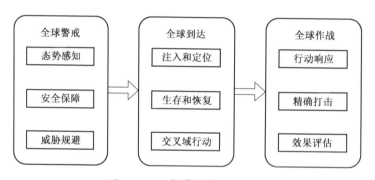

图 1-17　赛博战实施流程

(1) 全球警戒能力:建立持续的全球多领域复合态势感知,建立规避多种威胁的安全保障可靠系统,对赛博空间内的任意目标确保持续不断监视,提供能力评估和攻击意图的告警。全球警戒依赖于全球到达能力提供的多传感器部署和感知数据的全球送达,包含三个必备的能力:态势感知、安全保障和威胁规避。

(2) 全球到达能力:快速有效地向地球上任意位置部署和使用赛博武器的能力,包括定位和部署赛博武器,在激烈战争环境下赛博武器的生存能力和执行综合任务的指挥控制能力,要求具有不间断的连接和传输,利用广泛的通信网络在全球范围内完成数据传输的能力。全球到达的三个必备的能力是远程注入和定位、生存和恢复、交叉域行动。

(3) 全球作战能力:对地球上的任何目标提供迅速、精准的打击能力,通过电磁能量威胁或打击任何电磁能量目标,并最终在赛博空间内实现动能或非动能作战效果的能力。全球作战的三个必备能力是行动响应、精准打击和攻击效果评估。

2. 赛博战特点

赛博战不同于传统的电子战,电子战是控制电磁频谱的军事行动,包括电子攻击、电子防御和电子支援。电子支援是对敌方辐射源的截获、识别、分析和定位,从而提供实时威胁识别;电子防御是利用电子支援提供的敌方频谱信息,对己方实时频谱使用方式的规划,在时域、频域、空域、码域或极化域有效避开敌方的干扰,为电子设备提供可用的良好频谱资源;电子攻击是利用电子支援提供的敌方频谱信息,对敌方电磁信号实施干扰与破坏。赛博战包含了电子战的所有功能,是传统电子战的扩展与延伸。

赛博战不同于传统的计算机网络战,网络战是建立在因特网上的信息攻防作战,包括网络攻击、网络防御和网络资源利用。在进攻性网络战中所采取的手段有密码分析、网络扫描、网络探测、流量分析、信息篡改、信息复制、拒绝服务、恶意代码植入等;在网络防御方面,主要是网络安全措施的采取,比如多重加密,入侵检测、防火墙、数字签名,恶意代码清除等。但是由于因特网的开放性及其可以影响国家安全的明显弱点,有大量的网络化系统并不直接与因特网相连,许多军事指挥控制网络和防空系统是隔离或封闭的,外界无法直接访问,对于这些没有直接和因特网连接的网络,赛博战也可以利用电磁能量进入或实施攻击,达到窃取信息和破坏硬件的目的。此外,网络战是以计算机为平台实施的行为,作战对象是敌方的网络系统,一般没有人员直接伤亡,而赛博战是处于电磁环境中真实的物理作战,可以影响敌方部队位置、指挥控制、武器系统攻击能力等,达到硬杀伤的目的。因此,赛博战是一种广义的信息战,不局限于传统意义上的电子战和网络战,可以理解为以网络为基础,对战场综合信息的感知和控制。赛博战与现存的其他战术之间的关系如图1-18所示。

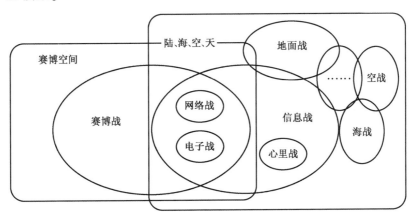

图1-18 赛博战与其他战术之间的关系

与常规武器作战相比,赛博战有如下的特点:

(1) 作战范围大。由于电磁频谱不受地理界限,导致赛博战不存在前方与后方之分,没有传统意义上作战边界的概念,只要是信息网络与电磁信号能够到达的地方都可以成为交战的空间,可以跨越陆、海、空、天实现多区域作战。

(2) 涉及范围广。涉及到网络战、信息战、电子战、空间战、指挥控制战等领域,是网络战和电子战的进一步发展。

(3) 作战速度快。信息以接近光速在赛博空间移动,赛博战超出其他任何常规武器作战的反应速度,没有平时和战时之分,可随时发起攻击也可随时结束。

(4) 作战目标广泛。包括军事、政治、经济、社会等领域,除了对敌方的用频设备、军用信息网络进行打击之外,也可以对一些事关国计民生的信息基础设施实施破坏,比如干扰正常的移动通信终端和电力供应。

（5）作战效果多样。可以是致命打击，比如传感器破坏、数据破坏、指挥中断等，也可以是非致命的攻击，比如雷达威力范围下降、通信误码率增大等。

（6）危害评估困难。赛博攻击具有很强的隐蔽性，导致被攻击方很难及时发现、定位、评估其危害，比如远程植入的木马和后门能够长期潜伏在敌方系统收集敏感信息。

美国国防部于 2011 年发布了一份《国防部赛博空间行动战略》，概述了美国国防部如何开展赛博空间行动以及如何保护其网络。美军对赛博空间高度重视，相继出台了一系列与赛博空间相关的政策法规和报告，美国战略司令部与各军种纷纷成立了赛博司令部，美军《四年防务报告（2011）》甚至强调：尽管赛博空间是一个人造的域，但其已具备与陆、海、空、天相同的重要性。赛博空间是现代战争中一个全新的重要作战领域，该领域借助网络化的系统和相关的物理基础设施，利用电子信息系统和电磁频谱完成对数据的获取、存储、处理和交换。赛博空间的核心是电子信息系统和电磁频谱的利用，而无线网络系统则是整个赛博空间的神经。可以看出，赛博空间与传统电子战的物理基础都是电子信息系统和电磁频谱，电子战在赛博空间仍将发挥举足轻重的作用。

1.3.6.4 赛博战与电子战之关系[13]

随着无线和光学技术的发展，计算机网络和通信网络趋于融合，电磁频谱成为赛博空间的关键支柱。而电子战是战场指挥员取得制电磁频谱权的主要途径。因此，虽然赛博空间和电子战在实体、原理和技术上均有不同，但二者却有着密切的关联性。

1. 赛博空间依赖电磁空间

电磁空间是由各种电磁场和电磁波组成的物理空间，电磁频谱是该空间所有行动的媒介。可以看出，电子信息系统首先存在于电磁空间，当多个电子信息系统通过电磁波相互连接形成网络时，就构成了赛博空间，因此赛博空间高度依赖于电磁空间。电磁空间的物理基础是工作在电磁频谱中的任何电子信息系统，它们不一定要形成网络，而赛博空间则是网络化的电磁空间。特别是在战场赛博空间中，由于战场的广域性、机动性以及空间、空中通信中继平台的大量使用，联合作战（如 C^4ISR 等）网络大量采用各种无线电信号来组成网络系统。因此，这些战场赛博空间的建立都必须以电磁空间为基础。以通信网为例，一部电台不能构成赛博空间，只有当多部电台相互连接构成通信（专）网时，才具备了建立赛博空间的物理基础。

2. 电子战是应对赛博空间的主要手段

从赛博空间行动的定义以及赛博空间与电磁空间的关系出发，不难看出赛博空间与电子战的关系：赛博空间行动的核心是计算机网络战技术，并不包含电子战，但电子战是应对赛博空间的主要手段之一。电子战应对赛博空间的方式，主要是通过控制电磁频谱来实现的。要想对敌采取赛博空间行动，能够进入敌赛博空间是必要的前提；要进入敌赛博空间，就必须控制电子频谱。尤其是战场赛博空间，一般是一个封闭或半封闭的网络体系，如美国陆军陆战网、美国空军指挥控制星座网，还有其他物理隔离的指挥控制网络和防空系统，如战场雷达防空网、地域通信网、目标监视网、火力协同网、指挥控制网等，这些网络所构建的信息空间远远超出了计算机网络的范畴，它们并不直接与因特网相连，对其进行攻击时，首先面临的就是信号接入问题。电子战正是解决这一问题的基础。在此基础上才可能实施进一步的赛博空间行动。而且通过电子战手段，还可以对敌方赛博空间实施硬摧毁、干扰压制等行动。因此,电子战是赛博空间控制电磁频谱的重要手段,是应对敌赛博空间的根本保证。

1.3.7 战场复杂电磁环境与电子对抗

1.3.7.1 概述

在信息化战争中,围绕信息获取与控制权而展开的对抗、争夺,已成为现代战争的核心内容。电磁兼容性和电磁防护能力是信息化武器装备在电磁环境下的生存能力和作战能力的基本要求。信息化战争改变了传统的战争样式,极大地拓展了以往的战场空间,使得现代化战争成为"陆、海、空、天、网电"五维一体的联合作战,信息优势成为战争能否取得胜利的先决条件。在未来信息化条件下作战中,战场电磁环境将对武器装备电子设备构成严重影响。由于现代军用辐射体(如雷达、通信、导航等)的辐射功率越来越大,频谱逐渐拓宽,装备量逐步增加,使战场的电磁环境日趋复杂,而电子战系统的广泛应用和电磁脉冲武器的出现,加上雷电、静电等自然电磁源,使战场空间的电磁环境变得更加恶劣[14]。

在现代高技术战争中,主动权来自于"制电磁权"。谁掌握了电磁优势,谁就有了主动权;谁失去了电磁优势,谁就会处于被动挨打的地位。电磁波作为信息获取的重要媒介和最佳载体,必将成为影响战争的主要因素之一。无论是美国发动的伊拉克战争,还是北约对利比亚的战争,为获得制空权而摧毁对方的防空力量成为了战争初期的主要任务。在这个过程中,美国和北约部队对对方施行了大规模、多样式、强烈的电磁干扰,使对方的雷达无法工作,甚至处于瘫痪状态。在电子干扰的掩护下,美国和北约部队的飞机顺利完成了对对方的轰炸,取得了完全的制空权。由此可见,制电磁权已经成为现代战争的关键因素之一,与制空权、制海权、火力和机动具有同等重要的地位。

1.3.7.2 战场复杂电磁环境构成与特点

复杂电磁环境主要是指信息化战场上,在交战双方激烈对抗条件下所产生的多类型、全频谱、高密度的电磁辐射信号,以及己方大量使用电子设备引起的相互影响和干扰,从而造成在时域上突发多变、空域上纵横交错、频域上拥挤重叠、能量域上强弱不均,严重影响武器装备效能、作战指挥和部队作战行动的无形战场环境。构成复杂电磁环境的主要因素有敌我双方的电子对抗、各种武器装备所释放的电磁波、民用电磁设备的辐射、自然界产生的电磁现象以及中立方电磁辐射源发出的电磁波,再加上高能微波武器等定向能武器和电磁脉冲弹以及超带宽、强电磁辐射干扰机的出现,使战场的电磁环境越来越复杂[15]。

战场复杂电磁环境的复杂性主要表现在以下几个方面:

(1)构成上表现为类型众多,影响各异。复杂电磁环境主要由电子对抗环境、雷达环境、通信环境、光电环境、敌我识别电磁环境、导航电磁环境、民用电磁环境、自然电磁环境等构成;影响各异,比如利用电子干扰装备进行有针对性的电子干扰,影响和破坏敌方电子设备和系统的正常工作。

(2)空间上表现为无形无影,无处不在。战场上的电磁辐射源来自太空、空中、海上、地面、海中,我方和敌方,军用和民用,不同平台和电子设备。由于大功率电子设备的大量使用,电磁辐射更为强烈,传播距离更远,在战场空间的一点上,电磁信号密集程度更高,更复杂。

（3）时间上表现为变幻莫测,密集交迭。战场上大量的电磁信号是在人为控制下产生的,或者说是交战双方有目的地控制电子设备实施有意辐射所产生的。因此,在不同的作战时间,交战双方因作战目的不同,所产生的电磁信号数量、种类、密集程度将随时间而变化,其变化的方式难以预测。从时间上看,有时表现为相对静默,有时表现为非常密集。时间密集的电磁信号环境是现代战场电磁环境的显著特征。

（4）频谱上表现为无限宽广,拥挤重叠。频谱是电磁信号在频域的表现形态。战场上电磁信号所占频谱越来越宽,几乎覆盖了全部电磁信号频段。在实际应用过程中,能够使用的电磁频谱只有有限范围,军用频段更少,在某一局部频率区间,电磁信号呈现密集重叠的现象。如雷达频段通常在 3MHz～300GHz,但实际装备只在有限的、不连续的频率区间内工作,并非覆盖整个雷达频段。

（5）能量上表现为密度不均,跌宕起伏。电磁能量密度的高低,直接决定着对电子设备的影响程度。如强烈电子干扰可以使雷达迷茫,通信中断,连续强激光照射可以使光电探测器烧毁。美军正积极利用电磁能发展高功率微波武器、电磁脉冲弹、高能激光等武器。

（6）样式上表现为数量繁多,波形复杂。战场上,交战双方从反侦察、反干扰、抗摧毁角度出发,越来越多地使用各种新体制雷达、通信、光电等设备,并且在新体制电子设备上越来越多地采用更为复杂的信号样式。据不完全统计,目前世界上的通信信号种类多达100 种以上。

1.3.7.3　电子战系统[16-18]

电子对抗,又称电子战,是指敌我双方为削弱、破坏对方电子设备的使用效能、保障己方电子设备发挥效能而采取的各种电子措施和行为。电子对抗分为三个方面:电子对抗侦察、电子干扰和电子防御。电子战所产生的各种电子措施和行为是战场复杂电磁环境中影响最大的因素,它具有不可预知、变幻莫测的特性,属于战争双方的(人为)主动干扰。

1. 陆军电子战系统

自 20 世纪 70 年代中期以来,美国陆军开始逐步实施电子战系统的现代化,目前已具有在整个电磁频谱范围内对作战地域进行有效侦测、监听、记录、分析和干扰能力。现役的典型电子战系统有 AN/ TSQ-112 高频/甚高频通信侦察系统、AN/MLQ-34 战术通信干扰系统、AN/ALQ-51"快定"机载通信电子战系统、AN/APR-39(V)雷达告警接收机、AN/ALQ-133"快视 H"雷达电子战侦察系统、AN/TSQ-109 地面雷达电子战侦察系统、AN/ALQ-136 直升机载雷达干扰机、AN/AVR-2 激光告警接收机、AN/ALQ-144 红外干扰系统、AN/USD-9A"护拦 V"系统等。其中 AN/TSQ-112 是美国陆军的主要通信侦察系统,用于侦察敌方战术话音无线电台,发出威胁预警信号,指示目标,提供决策情报,引导通信干扰系统实施干扰。AN/MLQ-34 与 AN/TSQ-112 一样是美国陆军现行的战术通信电子战计划的一部分,它能同时干扰三个目标信号,与 AN/TSQ-112 联机工作时,它是向被支援部队的指挥官提供足以破坏、扰乱和延缓敌方部队作战行动的有效手段。AN/ALQ-51 除具有测向、截获和干扰能力外,还能进行通信监控。AN/APR-39(V)是美国陆军最广泛应用的一种机载雷达告警接收机,能有效对付雷达控制的中、低空高炮和地空导弹系统。AN/ALQ-136 对迅速变化的威胁环境具有自适应能力,并能同时对付多种威胁,现已有 1400 多套系统交付美国陆军,并安装于 AH-64"阿帕奇"、AH-1"眼镜蛇"、MH-60"黑鹰"、MH-53J"铺路微光"、A-10"雷电"、M-47E"支奴干"等不同类型的飞行平台。AN/AVR-2 用于对付敌方的激光武器攻击,具有截获、定位和识别激光武器威胁的能力,并进行告警和目标显示。

2. 海军电子战系统

美国海军的电子战系统,主要由舰载电子战系统和机载电子战系统组成。舰载电子战系统主要包括侦察告警设备、有源干扰设备和无源干扰设备,约有 60 多种,主要用于对付反舰导弹、收集敌方情报、干扰敌方雷达正常工作。

AN/WLR-8(V)舰载电子战监视接收系统具有自动监视、自动截获、威胁参数测量和告警能力,装备在"三叉戟"导弹核潜艇、"企业"级航母、"洛杉矶"级攻击潜艇等舰艇上。AN/SLQ-32(V)舰载电子支援干扰系统具有监视、告警及对抗反舰导弹的能力,对普通雷达、捷变频雷达和随机扫描雷达有 100% 的截获概率,并能对导弹发射平台上的雷达进行警戒监视、识别和测向,可实施噪声干扰和欺骗干扰,AN/SLQ-32(V)几乎装备了美国海军从小型巡逻艇、护卫舰到巡洋舰、潜艇、航母等各种舰艇。

美国海军典型的机载电子战系统有 AN/ALR-67(V)威胁告警系统、AN/ALQ-99 战术干扰系统、AN/ALQ-126 欺骗式电子干扰系统、AN/ALQ-165 自卫干扰机、AN/ALE-39 干扰物投放器等,并装备 F/A-18、A-6E、AV-8B、EA-6B、A-4M、A-7E、F-4、F-14A、F-14D、F/A-18C/D、SH-2F 等飞机,其中 AN/ALR-67(V)是美国海军最新的战术威胁告警系统,也是美国海军新型标准的机载威胁告警系统,AN/ALQ-126(B)现已成为美国海军欺骗式干扰机的支柱。

3. 空军电子战系统

美国空军现已拥有近百种类型的电子战系统,约 250 架专用电子战飞机,各种作战飞机包括战斗机、轰炸机、运输机、直升机、预警机和专用电子战飞机等,已广泛配置电子战系统,具有强大的电子战作战能力。

美国空军现装备的雷达告警设备主要有 AN/ALR-56、AN/ALR-69、AN/ALR-62(V)、AN/ALR-74 等。其中 AN/ALR-56 已大量装置在 F-15、F-4C、RF-4C、AC-130U、F-16 和 B-52 飞机上,用于探测、分析雷达制导的导弹和高炮威胁,给机组人员提供告警信号,并把数据提供给干扰机和飞行记录器,或传送到地面系统。AN/ALR-69 能探测、告警半主动连续波寻的地空导弹和用类似跟踪制导技术的空空导弹,它是美国空军战术飞机新一代标准化侦察告警设备,主要配置于 F-16、A-10、A-7、F-4 和 AC/MC-130 等飞机。目前,空军装置的电子干扰系统有 AN/ALQ-184 机载吊舱式干扰系统、AN/ALQ-131 杂波/欺骗双模电子干扰吊舱、AN/ALQ-135 内装式有源干扰设备、AN/ALQ-137 机内安装电子干扰系统、AN/ALQ-161(用于 B-1B 等飞机)和 AN/ALQ-171 自卫电子对抗系统(用于 F-5 系列等飞机)、AN/AL E-47 干扰物投射系统等。AN/ALQ-184 用于对地空导弹制导雷达、炮瞄雷达和机载截击雷达实施有效干扰,能对每一个接收信号测向,可选择方向,对付多个威胁,且具有快速反应的自动化电子战反应能力,已装置于 F-4、F-15、F-16、F-111、A-7、A-10 等飞机。AN/ALQ-131 是美军现装备最先进的电子干扰吊舱之一,它可在信号密集的环境中工作,能实时分析和判断威胁环境,确定雷达威胁的轻重缓急,选择最佳干扰样式,且在干扰过程中,具有瞬间观察能力,可随时评估干扰效果。该干扰吊舱可装置于 F-16、F-111、F-15、A-7、A-10、F-4、RF-4 等飞机,美国空军已订购 1000 多台。AN/AL E-47 能投射箔条、曳光弹和有源射频干扰机,对抗各种威胁系统。目前,美军已获得 1500 多套 AN/AL E-47,装备在 F-16、F/A-18、H-60 等空军、海军和陆军的飞机上。

4. 电子战飞机

美军电子战飞机包括电子干扰、电子侦察和反辐射攻击等机种。目前,美军拥有近千架专用电子战飞机,较为典型的现役机种有 104 架 EA-6B"徘徊者"电子战干扰飞机、13 架 EC-130H"罗盘呼叫"通信干扰机、21 架 RC-135"铆钉"电子情报侦察机、RC-12D/12N"护栏"信号情报收集飞机和 F-16CJ/DJ 防空压制飞机。EA-6B 装有 AN/ALQ-99 战术干扰系统,是目前世界上功率最大的杂波干扰设备,有效辐射干扰功率超过 100kW,该机具有电子情报侦察、电子干扰和战场支援功能,机上挂装 4 枚"哈姆"反辐射导弹。EC-130H 是美军实施 C³I 对抗的专用大功率电子干扰飞机,机上装有 SPASMC3I 电子对抗系统,几乎可以攻击所有部队,但首要攻击目标是地空导弹系统、通用防空通信系统、防空炮兵及海上地面部队。

5. 反辐射导弹

美国是反辐射导弹发展最早,也是种类最多的国家。其"百舌鸟""标准""哈姆"已成为第一代、第二代、第三代反辐射导弹的典型代表。"百舌鸟"反辐射导弹于 1965 年首次使用,1980 年停产,先后开发了 20 个型号,总计生产 2400 余枚;"标准"反辐射导弹是在"标准"航空导弹基础上发展起来的,1963 年研制成,1976 年停止生产,共开发出 5 个型号,生产了 2000 枚,具有一定的抗雷达关机能力;"哈姆"反辐射导弹是美国从 1972 年开始花了 10 年时间,于 1981 年研制成的一种高速反辐射导弹,并于 1983 年开始装备其空军和海军防空兵,成为在美军服役的第三代反辐射导弹。该导弹采用激光近炸引信,导引头的天线有很宽的频率并带存储器,可覆盖现役各种雷达的频率,能探测并锁定各种威胁频谱(包括连续波)。因此,它既能摧毁敌防空武器系统的地面和舰载雷达,也能摧毁远程探测雷达;可自卫,也可摧毁突然发现的目标和预定的目标;导弹发射后还可转弯 180°,攻击载机后方的目标;还可以越过敌区电子干扰装备咬住目标加以摧毁,并可超低空发射。该导弹主要以 FA-6、F/A-18、F-4G、A-7(E)、F-4(G)、A-6(E)、EA-6B 等为载机。1984 年开始研究的"默虹"反辐射导弹,于 1988 年投产。该导弹不仅能攻击雷达,还可攻击 C³I 系统辐射源,射程约 1000km,并具有空空作战方式,以 B-52G/H 轰炸机和 A-6E/F 攻击机为载机。

1.3.7.4　电子战发展趋势

1. 综合一体化是电子战系统和装备发展的主流方向

为适应未来信息化战争的现实需要,美军的电子战装备正从单一电子战设备向多平台、多手段、多功能的战区级综合一体化电子战系统方向发展。综合一体化系统具有资源冗余、信息共享、可动态重组和高可利用性等特点,可大大提高联合作战的整体效能。美国陆、海、空三军正在联合开发和研究三军通用的综合一体化电子战系统。如美国空军和海军联合研制的机载综合电子战系统(INEWS)、综合防御电子战系统(IDECM),海军的先进综合电子战系统(AIEWS),陆军的综合射频对抗系统(SIRFC)等。

INEWS 是为 21 世纪初服役的新一代战斗机 F-22 和高空侦察机 A-12 而研制的水平最高的综合一体化机载电子战系统,尽管海军后因 A-12 先进战术飞机下马退出了该计划,但空军的战略轰炸机 B-2 准备采用 INEWS,且 INEWS 还计划与"综合通信、导航、识别、航空电子系统(ICNIA)"综合在一起构成一体化航空电子设备。INEWS 将多种电子战功能集于一身,包括雷达告警(RWR)、导弹发射和攻击告警、电子对抗(ECM)和电子战支援(ESM),能为飞机规避机动或与其他飞机协同干扰提供指令数据,能对抗连续波、中波、微波、毫米波、激光和红外威胁。因此,它能应对 21 世纪的雷达和多谱远程武器的威胁。

IDECM 系统最初是为海军 F/A-18E/F 和空军 B-1 飞机研制对付下一代射频威胁的自卫电子战系统,以取代原先的机载自卫(ASPJ)系统,但现也准备用于空军的 F-15E 飞机以及 AC/MC-130、F-16 和 U-2 侦察机等飞机上。

AIEWS 是为了与舰载作战系统高度综合以及实现整个舰队的有效协同作战能力(CEC)而研制的,整个系统已于 2004 年完成。海军计划用 AIEWS 首先改装新战舰,然后扩大到装有"宙斯盾"作战系统的提康德罗加级巡洋舰和阿利·伯克级驱逐舰。

SIRFC 是美国陆军为适应未来数字化战场作战、增强直升机在作战威胁环境中的生存能力而研制的一项综合电子战计划,现正处于工程制造开发(EMD)阶段。SIRFC 是美国陆军的第一套综合电子战系统,最初是为"长弓·阿帕奇"直升机及特种作战飞机 CV-22"鱼鹰"飞机设计的,但也可装备其他各类直升机。该系统将取代美国陆军现正使用的"飞机生存设备(ASE)",能支持和实现未来战场的数字化。

2. 陆军电子战系统和装备发展旨在增强空地一体战能力

美国陆军在电子战系统综合一体化的同时,为适应空地一体战的需要,已制定了一系列电子战系统改进计划,并研制了"先进威胁红外对抗系统(ATIRCM)"、"情报与电子战通用系统(IEWCS)"和"情报与电子战通用传感器系统(IEWCSS)"等多种系统。

ATIRCM 系统是为对付红外制导武器的威胁而研制的,它用于保护各种侦察直升机和攻击直升机,可对付一切现役的红外制导导弹威胁,并有潜力对付未来的导弹,今后还可能扩大用于固定翼飞机,成为三军通用设备。

IEWCS 用于美国陆军轻型或重型装甲车上,其中 TACJAM-A 电子战支援和电子干扰分系统可对先进威胁目标进行通信信号截获、测向和干扰;其电子情报分系统和 AN/PRD-12 背负式信号截获和测向设备最终将取代 AN/ALQ-151"快定"、AN/MLR-34 战术干扰机、AN/TLQ-17 通信干扰机以及 AN/TRQ-32"队友"、AN/MSQ-103"队组"、AN/TSQ-114"开路先锋"和 AN/TRQ-30"人群"等电子战设备。IEWCSS 计划中的"护栏"机载通用传感器系统具有通信和雷达双重侦察能力,可保证对敌侦察纵深距离达 100km 以上,通信侦察频率范围为 2~500MHz,雷达侦察频率范围为 0.8~12GHz,目标位置圆概率测向误差为 50~150m,对 SHF、VHF 通信的侦察能力每分钟可达 20~30 个目标,对 HF 通信为每分钟两个目标。

3. 海军电子战系统和装备发展旨在提高协同作战能力

未来海上作战环境,要求电子战设备必须能把战场所有传感器和交战能力综合在一起,各作战单元(平台)的电子战支援设备必须实时地获取威胁信息,并将它们与其他传感器以及通过数据链传来的其他平台信息进行融合,以实现协同作战,提高水面部队和航空部队的整体作战效能。为此,美国海军武器装备系统司令部武器装备系统总体部组织了由多位专家参加的协同作战(CE)工作组,并拟订了"美国海军协同作战总体计划"。该计划指出协同作战系统应作为未来海军建设规划的指导方针。

协同作战系统具有传感器探测、C^3、作战实施的组织能力,并具有战斗管理、资源定位和安排;检测、信息传递、数据融合/重组;火力控制处理、武器控制、作战;目标航迹形成和更新、目标识别和分类等基本功能。在战场环境中协同作战系统具有如下的威胁处理能力:简化被动探测、控制作战部队态势、目标识别分类、提供威胁判断和武器分配功能、处理特征目标、增加攻击威胁的火力、提高平台监测能力和消除冗余处理等能力。

4. 空军电子战系统和装备发展旨在提高快速反应和整体作战能力

为提高快速反应能力和整体作战能力,美国空军在促进综合一体化电子战系统发展的同时,加强了电子情报侦察能力,大力发展拖曳式有源电子干扰诱饵、导弹逼近告警系统和红外对抗技术,改进现有的并规划新的空中电子战平台,此外,还加强了对传感器和干扰系统、C^3I相关设备以及定向能武器的研究和开发。

目前,正在研制的新一代宽带数字接收机采用了速度更快的模/数变换器,用于电子战支援、电子情报和辐射源定位,研制成功后将装备联合攻击战斗机等新一代战术飞机。先进技术目标计划,旨在更远的距离确定威胁雷达目标,并在 10s 内,用 GPS 制导弹药以50m 精度攻击目标,在执行对敌防空压制任务时能迅速做出反应。大型飞机红外干扰(LAIRCM)计划旨在保护大型飞机免遭红外制导导弹攻击,该计划把导弹告警和定向红外干扰(DIRCM)系统综合在一起,支援空中机动司令部(AMC)、空中作战司令部(ACC)和空军特种作战司令部(AFSOC)对保护大型飞机的独特要求。

5. 电子战飞机向隐形化、多元化方向发展

为适应未来电子战的实际需要,美国空军已制定了现有电子战飞机的改进或替代计划和新型电子战飞机的开发计划。如 EA-6B 电子战飞机,近期在继续改进和提高其电子战能力的同时,拟用 F/A-18 作为雷达和通信干扰飞机,取代 EA-6B;远期将发展基于联合攻击战斗机(JSF)的干扰飞机,以提高电子战飞机的随队作战能力;发展 C^4ISR 对抗飞机,从战场全局压制敌方指挥、控制、通信、情报、监视和侦察系统。

1.3.7.5 光电对抗

光电对抗也是现代电子战的一个分支,在未来战争中占有重要地位。光电对抗,是指利用光电对抗装置,对敌方光电观瞄设备和光电制导武器进行侦察、干扰或摧毁,以削弱或破坏对方作战效能,同时保护己方光电设备和武器的有效使用。具体是利用光电设备或器材通过光波的作用,截获、识别对方光电辐射源信息,削弱以致破坏对方光电设备效能的技术措施。由于光波是电磁波的一种形式,所以光电对抗是电子对抗的一个组成部分,它包括可见光、激光和红外三个对抗领域。

一般地,把光波统称"光辐射",是波长范围在几十纳米到几百微米范围之内的电磁波,按照视觉和波长差异,可划分为紫外、可见光和红外三个波段。在战场上应用较多的包括光电侦察、探测、夜视、火控、制导、激光攻击武器、光通信和光电信息处理的部件、器材和装备以及对抗这些设备的器材、装置、装备等。这些设备是射频波段的相应武器装备向光频段的延伸,可分为以下几类:光学主动侦察设备、激光测距机和光电制导设备。

1. 光电侦察

光电侦察和干扰技术是光电对抗技术的重要组成部分,用于压制和破坏对方光电制导武器、光电侦察设备与指挥通信系统,削弱对方的作战能力。光电侦察,是采用现代计算技术的光电侦察设备,自动截获、定向、分析和存储各种侦察信号,经过详细分析,快速查明对方光电辐射源的性质和位置,选择最佳干扰方式,引导施放干扰。光电侦察又分为光电主动侦察与光电被动侦察。

光电主动侦察,是指利用被侦察的光电设备光学系统的逆反射特性进行侦察。依据逆反射特性分析出对方光电设备的类型和性能。光电被动侦察,是利用探测器接收对方的光波辐射,探测器接收到的辐射能量转变成电信号,经过放大和信号处理,从中获取对方光电设备的技术参数如波长、带宽、重复频率、编码等,以声、光或数据形式报警,以便采取相应措施。

2. 光电干扰

光电干扰,是在光电侦察的基础上进行干扰,旨在利用光电技术和设备(系统)压制、欺骗与扰乱对方光电设备(系统),使其不能正常工作或完全失效。光电干扰一般有有源干扰、无源干扰、红外诱饵干扰三种形式。

(1) 有源干扰,也称积极干扰,即有意识地利用光电设备和系统,发射高能脉冲激光束,使对方光电传感器致盲、阻塞,甚至烧毁;或发射各种红外、激光诱饵,诱骗对方光电跟踪系统。前者称为压制式干扰,后者称为欺骗式干扰。

(2) 无源干扰,也称消极干扰,即利用本身不产生光波辐射的干扰物,反射或吸收对方光波的一种干扰方法。无源干扰方法简单,容易实现。

(3) 红外诱饵干扰,是红外干扰的一种典型应用。由于红外诱饵可看作是灰体辐射,其光谱分布类似于同一温度的黑体辐射的光谱分布。当红外诱饵的辐射强度大于红外目标的辐射强度时,可使敌方红外跟踪器从跟踪目标过渡到跟踪红外诱饵,从而达到欺骗的目的。利用这种原理研制的红外诱饵,有红外干扰弹、红外闪光弹或红外曳光弹等。

3. 光电对抗应用

红外对抗始于 20 世纪 50 年代,当红外制导的空空导弹问世不久,美国首先研制成功对抗导弹的红外装置。1972 年,美军改装直升机,加装对付红外制导的地空导弹干扰设备。1974 年,在第四次中东战争中,成功使用红外干扰机和红外干扰弹。从此以后,红外对抗技术得到了快速发展,新型红外制导空空导弹的设计、研制均已重视红外制导系统的抗干扰能力。激光对抗始于 20 世纪 60 年代末,1968 年美军研制成激光制导炸弹的同时,便开始了激光对抗技术的研究。随后在 70 年代初,便出现了坦克激光告警装置、舰载激光告警系统,以及飞机飞行员头盔上的激光告警器。围绕激光告警器的研制,又开展了激光探测技术的研究,对抗与探测技术相互促进和提高。在激光对抗方面,重点研究激光编码识别、光谱识别和相干识别技术,以及能够覆盖可见光、红外(含激光)、微波的复合烟幕技术、光电致盲技术等;在红外对抗技术方面,开拓了远红外波段和大面阵红外焦平面阵列器件研制,以及红外凝视成像技术、红外目标识别技术的研究,取得了极大的进展,并已应用在武器装备研制之中。

1.3.8 "融空间"作战

近年来,美军计划未来陆续封存现役 22 艘巡洋舰中的一半,以及大批性能卓越的战机,为未来大规模和新形态的战争进行准备。新形态战争是指在一种"融空间"内进行的战争,即将传统战争中的战场转化为"融空间"内的战场。在"融空间"内,美军可以凭借技术优势争取战场主动权。

所谓"融空间",是指战争从现实世界的三维空间延伸到外层空间、虚拟空间,大气空间与外层空间形成一体化的现实空间,现实空间与虚拟空间相互交融,能够在现实空间与虚拟空间进行交互式的军事活动。传统战争形态是在现实空间进行的,而"融空间"使得战争从现实空间跨入了虚拟空间。随着"融空间"的出现,现实空间的军事博弈将从主导型地位降为辅导性地位,虚拟空间的军事博弈将上升为主导地位。形象地说,在"融空间"时代,"神经的软博弈"将主导军事博弈,主要表现为技术上的博弈;"肌肉的力博弈"成为辅助博弈,表现为以人员与武器为主要内容的军事博弈。

1.3.8.1 传统作战空间是三维空间

战争古来有之,很长时间内都是在二维平面战场上展开的,即地面上展开。随着水面航行技术和能力的提高,战争从陆地延伸到水面。1776 年,独立战争爆发时,美国陆军企图用耶鲁大学研制的"海龟"号潜艇攻击英国皇家海军"老鹰"号军舰;1848—1849 年奥意战争中,奥地利军队使用了两百个小型气球携带三十磅炸弹,计划漂浮至威尼斯上空袭击意大利。这是人类尝试以大气空间平台作为战场的开始,也开启了三维战场的新时代。1864 年,南方联邦军队派出"汉利"号潜艇,成功炸毁北方联邦的"豪萨托克尼"号护卫舰,从而创造了三维空间成功作战的第一战例。直到 1911 年意土战争期间,利用飞机进行空袭,才实现了真正意义上的三维战争。

后来,随着潜艇和飞机性能的迅速提高,潜艇逐步成为重要的水下作战平台,飞机成为了空中主宰,即使第二次世界大战末期原子弹的诞生,人类战争的舞台依然还是被束缚在三维空间内。

1.3.8.2 太空博弈推动战场向"融空间"延伸

随着科学技术的发展和军事斗争的日益激烈,战争舞台逐渐接近了三维空间的极限。1957 年,苏联首次试射成功第一枚 SS-6 洲际弹道导弹;1959 年,美军开始列装第一枚"宇宙神"洲际弹道导弹,人类开始具备"不动地方"就能打遍全球的能力,战争从地区性向全球性扩展。随着战略轰炸机、加油机、航空母舰和战略核潜艇等具有全球作战能力的武器装备陆续登场,全球性战争能力逐步形成,人类战争空间正在逼近全球任何区域。于是,为了争取新的战争优势地位,人类开始寻找新的作战空间。

1959 年美国进行了第一次发射卫星试验,1972 年苏联装备了反卫星武器并组建部队;直到 2010 年人类首架空天飞机 X37-B 搭载"阿特拉斯-V"型运载火箭发射升空,人类的武器平台才真正地实现了从大气空间向外层空间的延拓,并将大气空间与外层空间融为一体。美军与俄军相继组建太空部队,标志着太空已然成为新的作战空间,即传统的三维战场拓展到太空,开启了"融空间"博弈的新时代。

1.3.8.3 虚拟空间推动"融空间"发展

随着计算机技术和信息技术的发展,战争博弈正从现实空间向虚拟空间延伸。海湾战争爆发前,美国把伊拉克从法国购买的一种用于防空系统的新型打印机芯片换为植入病毒的同类芯片,从而通过打印机将病毒侵入伊拉克军事指挥中心的主机。当美国发动"沙漠风暴"行动时,美军用无线遥控装置激活隐藏的病毒,使得伊拉克防空系统陷于瘫痪。这一事件可以认为是开启了虚拟空间的博弈,人类正式迈入了虚拟空间博弈的年代。

传统战争作战空间的变化主要表现在三维空间的延伸与拓展,依然是在三维空间之内的变化;而"融空间"的出现,则是战争形态发生质变的一个根本性标志。"融空间"作战的突出特点是交互性。未来的"交互式战争"主要体现为技术上的博弈。

3D打印技术不断发展,逐渐应用于军事领域。将计算机中战争需要的武器通过3D打印出来,在现实战争中打响了计算机中构想的战争。这种技术就是"融空间"军事博弈的一个现实案例。

首先,通过计算机对未来战争进行兵棋推演,勾画出战争的轮廓。在推演过程中,对作战需要的武器装备进行预想,并对武器装备的技术数据提出要求;其次,通过计算机对武器装备进行设计;最后,通过3D打印技术生产产品,即预想中的武器装备。在作战应用中,这些武器装备投入战场后,依据战场使用情况检验装备,提出改进建议和新的设想,重新进入计算机进行兵棋推演,以验证和评估新的作战武器装备使用效能。这就是通过虚拟作战空间进行武器装备设计的过程。

其次,虚拟空间的战争与现实战争进行互动。在未来的作战行动中,只有将现实空间与虚拟空间作为统一的整体来筹划,将二者视为统一的作战空间,作战行动才能取得预期的成果。

战争已进入"融空间"时代,这是科学与技术发展的必然。随着科技不断发展,新的作战形态也将层出不穷。要掌握战争的主动权,就必须推陈出新,依靠科技创新的原动力,占据制高点,才能立于不败之地。

参考文献

[1] 王建刚. 网络中心战系统及其发展[J]. 电光与控制,2010,17(5):1-5.

[2] Albert D,Garstak J. 网络中心行动的基本原理及其度量[M]. 兰科中心,译. 北京:国防工业出版社,2007.

[3] 李光辉. 美军信息作战与信息化建设[M]. 北京:国防工业出版社,2004.

[4] 蒋盘林. 网络中心电子战概念及其体系结构探讨[J]. 通信对抗,2007(2):37-41.

[5] 胡勤霞,刘庆峰. 美军网络中心战的发展及其对装备建设的启示[J]. 航天电子对抗,2012,28(1):20-23.

[6] 胡欣杰,潘清. 网络中心战体系结构研究[J]. 装备学院学报,2012,23(4):82-86.

[7] 龚勇,陈亚滨. 全球信息网格体系结构与企业级服务分析[J]. 现代电子技术,2005(8):12-13.

[8] DoD of USA. "Global Information Grid Net-Centric Implementation Document:Network management (T500)"[R]. 北京:中国国防科技信息中心,2005.

[9] DoD of USA. "Global Information Grid Net-Centric Implementation Document:Network Operations Management (T600)"[R]. 北京:中国国防科技信息中心,2005.

[10] Office of Assistant Secretary of Defense (Command,Control Communications,and Intelligence),Information Superiority:Make the Joint Vision Happen[R]. 2000.

［11］维基百科［EB/OL］. http：//en. wikipedia. org/wiki/William_Gibson，September 2011.

［12］严思静，冯渊，等. 赛博空间与赛博空间行动解析［J］. 空军工程大学学报，2010（9）：38-40.

［13］李昊，龙晓波，等. 赛博行动与电子战［J］. 中国电子科学研究院学报，2011（3）：240-242.

［14］王艳，焦健. 美军电子战系统及其发展趋势分析［J］. 舰船电子工程，2010，189（3）：16-19.

［15］洪家财，侯孝民. 美军电磁环境效应研究启示［J］. 装备指挥技术学院学报，2009，20（3）：10-13.

［16］朱和平. 美军综合电子战系统装备和技术发展综述［J］. 雷达与电子战，2006（4）：1-2.

［17］USA Department of Defense. MIL-STD-464A Electromagnetic Environmental Effects Requirements for Systems［S］. Washington：Department of Defense，2002：1-15.

［18］赵国栋. 从徘徊者到咆哮者 21 世纪美国海军专用电子战飞机的发展之路［J］. 国际展望，2005（7）：32-37.

第2章 欧美军工试验计划

随着 C^4ISR、空地一体化、海空一体化与全球信息栅格等以网络为中心的大武器系统的出现,现有试验与评估方式已无法满足大武器系统试验与评估(T&E)需求。这类复杂武器系统的试验与评估理论方法,还处于研究探索之中。依据"试验即作战与训练"和"作战即网络"新理念,军工试验与评估将向空天地一体化试验体系方向发展,试验环境也将从真实大气环境转变为作战环境,军工试验与测试平台必定按照空天地一体化试验网络模式构建。本章分别介绍了国外军事强国围绕空天地一体化试验网络研究计划,以及基于 LVC 联合试验环境的新型试验方法,最后指出了陆、海、空、天、网电多维空间一体化试验体系将是未来军工试验发展的趋势[1]。

2.1 试验与评估发展历程

2.1.1 试验文化

一个国家的文化与理念,决定了它的军事力量与军事发展态势。勇于探索的创新文化,促使美军敢于以试验牵引装备战斗力生成与发展。美军在作战概念上,采用以多分辨率数字仿真为基础进行试验验证;在关键技术研究上,采用虚实结合的技术演示验证试验;进入装备全寿命周期后,战技性能试验与作战试验并举。因此,试验科学、试验与评估技术始终贯穿于美军武器装备研制与使用的全过程,美军武器装备的快速发展离不开勇于试验、勇于探索的文化理念和不断试验-分析的手段与方法。

试验与评估是一项系统工程,既要科学理论作支撑,又要先进技术作基础,保证试验结果的准确性。美军这种善用数据的定量文化,使其在试验与评估领域既不盲目乐观,又注重风险控制。美军几十年来一直致力于借助管理学科和统计学科等学科优势,建设面向武器装备的试验科学,服务于顶层性、普遍性的试验需求开发、规划设计和试验评估问题。

1998 年,美国国家研究委员会统计学分会应美国国防部邀请,成立了面向国防系统试验评估的统计学小组,并提交了《统计、试验和国防采办:新方法和方法论改进》研究报告。美国国防部作战试验评估局局长吉尔莫,从上任开始就大力推行试验科学和试验设计分析方法在作战试验评估中的应用,并于 2013 年提交了《试验科学路线图》报告,目标就是提升试验设计的科学性、试验资源的有效性和试验评估的准确性。

这种讲究效率的实用文化,使美军大力推广基于统计学的科学试验方法,促进武器装备的科学试验设计。其试验设计与分析的一般流程如图 2-1 所示。

在顶层设计上,美军在国防部指示性文件 5000.02《国防采办系统运行》中明确规定:

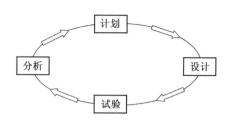

图 2-1 试验设计与分析一般流程

"试验设计与分析科学技术必须有效地运用到试验评估项目,必须横跨关联作战、任务和能力"。由美国国防部作战试验评估局牵头,分析定制了涵盖各军兵种、各作战域的装备试验设计科学应用实例(共 23 个),并要求全军借鉴学习。

美国国防部作战试验评估局,依托军地院校和军兵种试验基地,开办了众多与试验科学技术相关的教育课程。在国防采办大学开办了面向试验鉴定的概率与数理统计课程;在空军科技学院开办了三种不同的试验科学课程;在佐治亚理工学院和爱格林空军基地开办了多种试验设计方法与运用课程等。有着美国军方背景的国际试验评估协会在1980 年便已组建,并创办了会刊,组织了 30 多届研讨会。另外由美国国防大学主办的国家试验评估研讨会,也已举办了 30 多届。在这些会议与期刊上形成了大量的新理念、新方法,都对美军试验评估带来了巨大的影响和推动作用。

从美军的试验文化分析,可以得到几点启示:

1. 引导、鼓励通过先进试验科学技术,以探索、发现战斗力缺陷和战斗力增长点为荣的理念

在传统装备试验服务于装备定型鉴定的基础上,鼓励试验在探索新事物、发现新规律、查找战斗力缺陷、提高战斗力增长点方面的功能提升。这就需要促进先进的、普适性的科学技术应用,并提升装备试验需求开发、规划设计、测试测量、环境构建与鉴定评估各个环节的战斗力转化效应。在具体执行上,以项目资助和成果奖励等功利性手段,促进非功利性的试验文化的发展。

2. 积极推动先进科学试验设计技术的应用转化,加强装备试验评估全过程的定量考核

科学试验设计理论与技术,属于管理科学与统计科学范畴,本身并不深奥,而是具有普遍适用性的先进科学理念。先进有效的试验设计,特别是作战试验设计,能够显著加快装备战斗力生成与发展。

3. 持续完善权威独立的监督机制,确保试验鉴定结果的客观准确

美军作战试验,从最初从属装备研制部门,到隶属作战部门,再到各军兵种分散管理,最后由国防部统一监管,其发展过程几经周折。几十年的战争经验和残酷教训,不断督促美军持续强化对试验鉴定、试验评估的独立性和权威性重要意义的清醒认知:试验评估不是各军兵种或者某些职能部门的利益,而是国家利益,必须与利益攸关方分离。美国国会最终通过立法,要求国防部成立独立于研制部门、作战部门的作战试验评估局,局长由总统直接任命,直接向国防部长负责,至此美军试验评估工作才在真正意义上获得了独立与权威的地位。

2.1.2 试验与评估发展历程

高新技术的不断涌现,在武器装备领域引发了一系列革命性变革。武器装备的日趋体系化、智能化无疑对试验评估机制与技术不断提出新的挑战。美军依据不同时期国防战略与军事需求的变化,修正与调整装备采办管理制度,改革与完善国防部和军种试验与评估机构,建立与变更国防部重点靶场和试验设施基地,配置与统筹试验资源,提出与应用一体化试验与评估模式,从政策法规、体制机制、靶场建设、试验模式、试验资源等各方面体现美军装备试验与评估的发展特色。经历数十年的探索和尝试,美军逐步形成了先进的试验评估理念,建立了完善的试验评估管理机制,拥有了世界领先的试验评估技术与能力。纵观美军装备试验评估发展历程,以其管理体制、技术特征和能力状况为主要参照系,可将美军装备试验评估历程分为三个阶段[2]。

1. 独立试验与评估阶段

在热兵器时代早期,武器装备试验主要借助一些直观或经验性的方法进行;到19世纪末20世纪初,铁甲舰、潜艇、飞机和坦克等大量高技术机械化兵器出现,军事装备技术日趋复杂,专门从事装备试验与评估的武器试验场应运而生,对武器装备的性能做出一些基本的定量描述。例如,1917年在马里兰州建立的阿伯丁试验场。试验靶场的建立,标志着美军现代军事装备试验体制的初步建立。但当时的试验靶场大多属于装备制造商或研究机构,侧重于装备研究和产品的验收。由于战争因素的刺激和现代科学技术的支撑,20世纪40年代,以德国、美国分别成功研制导弹和原子弹为标志,直至80年代末冷战结束,生化、电磁、声光武器的相继出现,军事装备进入热核兵器时期。这一时期,军事装备技术日新月异,军工行业的发展也极为迅速,客观上要求装备研制与试验两大职能的分离。研制与试验职能的分离催生了大批专业化程度较高的试验靶场,从而使得装备试验成为一个相对独立的科学领域。

从20世纪40年代到60年代,美国各军种相继组建了80多个试验靶场和试验机构;60年代后,又斥巨资兴建大型的综合性试验靶场,用于装备的科研、定型、生产、评估和部队训练等诸多领域,如海军的大西洋试验与评估中心、空军的托诺帕试验靶场、陆军的白沙导弹试验场和尤马试验场等。这一时期,美军靶场建设的数量和规模激增,许多大型靶场派生出陆、海、空、水下多个试验场区。如中国湖海军武器中心拥有约6个试验场区,各种专业的实验室达到20多个,其中火炮类的有4个;太平洋导弹试验中心拥有10个海上、水下、陆地试验场区和30多个实验室。随着靶场数量的激增和规模的扩大,出现了专业雷同、功能单一的"烟囱式"靶场设计、建设现象。20世纪70年代,为了避免靶场的重复建设,节约经费开支,加强靶场资源管理,保证靶场试验与评估质量,美国国防部对原有的试验靶场和设施进行全面审查,从中遴选了26个试验场为国防部重点试验靶场。2002年5月1日又裁减为19个主要靶场与试验设施基地,并发布了3200-11号指令,即《重点靶场使用、控制和管理政策》。

大量专业化试验靶场的出现,为美军装备试验与评估的科学发展奠定了坚实的物质基础。但在该阶段,这些靶场依旧按照军种和不同装备试验需要建立,大多由各军兵种建设和管理,呈现装备研制方与使用方(军方)试验靶场并存,独立试验、各自评估的试验评估模式。正因为靶场建设的这种"烟囱式"发展和试验评估的独立进行,故把该时期的美军装备试验与评估称为独立试验评估阶段。历史地看,在独立试验评估阶段,军事装备技术和武器系统仍然相对简单,试验与评估仅限于研制和生产领域,而且试验与评估的范畴也大多限于型号的技术指标;靶场重复建设,功能单一,缺乏统一组织规划,试验资源无法共享;试验与评估的方法主要采用概率与统计理论。随着装备技术、装备系统、装备体系的日趋复杂和联合作战概念的提出,靶场建设"烟囱式"发展模式的局限性已凸显出来。面对国家战略调整和装备试验与评估体系化发展的客观需求,美军装备试验与评估面临新的挑战与机遇,一种新的试验评估模式——联合试验与评估模式应运而生。

2. 联合试验与评估阶段

1970 年,美国国会"蓝丝带国防小组报告"提出:"截止目前,还未曾有过高效的联合作战试验与评估手段。此前进行的多次试验都遇到了种种困难并几乎没有取得有价值的试验结果。尽管如此,联合作战试验与评估的需求仍然越来越迫切"。联合试验与评估(Joint Test & Evaluation,JT&E)的概念由此诞生。装备联合试验的主要目标包括:评估军兵种装备在联合作战中的互操作性;评估联合技术、作战概念并提出改进建议;验证联合试验所使用的技术和方法;利用试验数据提高建模与仿真的有效性;利用定量数据进行分析以提高联合作战能力;为采办与联合作战部门提供反馈信息以及改进联合战术、技术与规程。较之于独立试验与评估模式,联合试验与评估重在检验联合作战中装备的互操作性和体系配套性,评估联合技术,验证装备的联合作战使用规程;联合试验与评估的主体包括试验部队、试验基地和各类作战实验室。同时,美国国防部对靶场资源进行整合,并于 1972 年建立联合试验与评估机制。在该阶段,为及时适应国家战略形势发展和国防采办要求,加强实验与评估管理职能,提高试验与评估效率,美国国防部在试验与评估机构设置方面进行了大幅度改革和调整。美国国防部成立了两个主管试验与评估的专门机构,分别是战略与技术系统局和作战试验与评估局(1983);三军也各自组建了试验与评估司令部。此外,1977 年成立的试验与评估高级科学咨询机构——陆军科学委员会,由工业、学术和科技界的杰出科学家和工程师组成,负责陆军重要武器装备发展计划的技术审查,为陆军试验与评估事务提供咨询,接受陆军高级领导委托的课题研究等。20 世纪80 年代,随着信息技术和网络技术的飞速发展,分布式交互式仿真和高层体系结构技术的成熟使靶场设施和试验评估资源的联合成为可能。1992 年,美国国防部明确提出靶场试验的互联互操作。1994 年至 1995 年,美国国防部通过多次会议,逐步明确建立旨在使各靶场、实验设施、仿真资源之间互操作、可重用、可组合的"逻辑靶场"(Logical Range),使"烟囱式"的靶场集成为一个靶场联合体,即"联合试验与训练靶场"(Joint Test and Training Range)。1995 年,美国国防部实验与评估投资中心项目办公室正式发起三军联合的"试验与训练使能体系结构"(Test& Training Enabling Architecture,TENA)技术研发项目,为"逻辑靶场"建设提供技术支撑。1997 年,美国国防部制定了"联合试验和训练靶场路线图",为促进"逻辑靶场"的实现制定了靶场系统建设的宏观决策和战略规划。1998 年,美国国防部的"建模与仿真高层体系结构"、"联合先进分布式仿真-联合试验与评估"(Joint Advanced Distributed Simulation-Joint Test & Evaluation,JADS-JT&E)项目取得成功,并应用于电子战、C^4ISR 和精确制导武器的试验评估,检验仿真技术在试验与评估领域的应用效能,从而确认了不同地域的靶场、设施、试验室及仿真资源的"无缝"集成和进行联合试验训练的可行性。1998 年,美国国防部发布"5010.41 号指令",正式明确了联合试验的基本定位,指定由负责采办、技术与后勤的国防部副部长直接负责联合试验,研制与试验评估局负责日常组织管理以及制订联合试验相关政策和程序。2000年12月,美国国防部在《联合试验与训练靶场指南》中正式提出"逻辑靶场"概念,并确立了建设逻辑靶场的基本框架。"逻辑靶场'是指没有地理界限、跨靶场与设施的试验训练资源的集合体。这些可用于构建逼真试验训练环境、完成试验训练任务的真实与虚拟的资源,包括空域、海域的作战部队、武器和平台,以及模拟器、仪器仪表、模型与仿真、软件与数据,甚至试验训练计划等。它们通常分布在不同的试验训练靶场、设施或实验室中,一旦试验训练任务需要,就可以快速配置、组合成具体的逻辑靶场,进行联合试验训练。逻辑靶场建设是靶场信息化建设的必然产物,它顺应了靶场发展的客观规律,反应出美军装备试验与评估模式的深刻转型。2002年,联合试验任务交由作战试验与评估局负责。同年,作战试验与评估局对联合试验的制度进行了大幅度调整,把联合试验分为"快速反应试验"和"长期试验"。前者为应对联合作战和装备建设中出现的紧急需求,试验周期不超过一年;后者针对联合作战和装备建设中的重大问题进行试验,试验周期为三年。2003年以来,美军开展的快速反应试验主要有"联合生存能力试验""联合舰上武器及火力试验""联合超低空飞机生存能力试验""联合前沿阵地防护"等十余项。长期联合试验主要有"联合全球定位系统作战效能试验""C⁴ISR体系结构联合评估方法试验""联合巡航导弹防御试验""联合火力协调试验"等十几项。2005年,美国国防部修订"5010.41号指令",调整了联合试验的组织机构和职责,明确联合试验由国防部作战试验与评估局负责并直接向国防部长报告,且每次试验必须由国防部长直接授权。

为了应对联合作战条件下的体系对抗,试验和评估联合任务环境下装备的作战效能和作战适用性,美国国防部于2004年3月出台了《2006—2011军力转型中的联合试验战略规划指南》,指出联合作战能力要在联合作战背景下进行充分、真实的试验与评估;要求不仅仅是联合试验,单件装备研制试验和作战试验也必须在联合对抗的环境中进行。根据《战略规划指南》,美国国防部于2004年12月发布了"联合环境试验路线图",规定建立一种联合分布式试验的共同能力,即按照军队实际作战的方式开展试验,达到"试验有如战斗"(Test as We Fight)的要求。2005年12月,国防部批准了"联合任务环境试验能力(Joint Mission Environment Test Capability, JMETC)"项目,并指示于2007财年开始为该计划投资。国防部试验资源管理中心主任负责具体落实。2006年10月,JMETC项目办公室成立,标志着JMETC计划正式启动。JMETC是一种以网络为中心的使能工具,它可跨实验、工程、试验和训练领域开展联合的系统演示验证,是美军装备试验发展到集实验、生产、试验、训练于一体的标志。JMETC项目的目标是把分散的试验设施设备、仿真资源和工业部门的试验资源连接起来,为用户(计划主任、试验机构、资源所有者)提供一种分布式的实时-虚拟-构造(LVC)试验能力,以便支持采办团队的项目研制、研制试验、作战试验等以及在联合作战环境条件对关键性能参数进行演示验证。JMETC计划的内容包括产品和服务两部分。其产品是可重复使用和可重复配置的基础设施,由构成JMETC能力基础的六类产品构成:虚拟专用网(借助国防部已有网络和网络工具提供一种通用的基础设施,将各种试验设施和实验室连接起来、建立联合分布式试验环境)、中间件(采用试验与训练使能体系结构(TENA))、标准接口定义和软件算法、分布式试验支持工具、数据管理解决方案和可重用知识库(包括试验规划、可用集成软件和工具、试验设施描述、试验经验等）。2007 年 5 月，JMETC 虚拟网在"涉密国防研究和工程网"上建立，支持 7 月进行的首次联合任务环境下的分布式试验训练任务："综合火力 2007"。

经历数十年的建设与发展，联合试验与评估模式依托高新技术群极大地推动了美军装备试验与评估的发展。但由于管理体制的原因，也暴露出一些其自身难以克服的缺陷和不足；为了对研制试验与作战试验进行一体化管理和规划，提高研制试验与评估的地位和作用，加强装备作战效能和作战适用性的试验与鉴定，美国国防部要求推行一体化的试验与评估方法，以强化采办职能。

3. 试验、评估与训练一体化阶段

一方面，随着联合作战和网络中心战成为现代战争的主要样式，装备联合和能力集成也越来越复杂，装备的作战效能和作战适用性问题日益凸显，客观上要求对研制试验和作战试验进行统一规划和实施，以降低风险，节省费用，节约资源，缩短周期，提高效益、效率。另一方面，随着信息技术的飞速发展，建模与仿真、虚拟现实、人工智能、计算机网络等技术也有了巨大进展，使得装备试验与评估与高新技术群在更高层次的有效结合成为可能。自 1996 年以来，美国国防部 5000 系列采办指令都强调推行一体化试验与评估方法。2007 年 12 月，国防部修订并正式提出"一体化试验"（Integrated Test & Evaluation，IT&E）的概念，要求试验与评估各参与方，尤其是研制方（承包商和政府组织）和作战试验与评估机构，对各试验阶段和各试验活动进行协同规划和实施，为独立的分析、评估和报告提供共享数据。一体化试验与评估区别于以往试验评估模式的最大特点是对试验与评估过程实施统一规划和管理，采用风险管理措施，综合考虑装备试验与评估的效益和效率。

2007 年，国防部作战试验与评估局对在该年度批准的 61 项试验与评估主计划和策略以及 66 项作战试验与评估计划审查后，有一半试验项目被确定为不适用。2008 年 5 月，美国国防科学委员会就近年来作战试验与评估项目中存在的作战效能和作战适用性高失败率问题调查研究后，建议恢复 10 年前撤销的研制试验与评估局，以强化对研制试验与评估的管理。

2009 年 5 月，国防部成立研制试验与评估局（Office of Developmental Test & Evaluation），负责制定研制试验与评估政策、项目监督和人员队伍建设、审批主要国防采办项目的试验与评估策略和主计划。一体化试验与评估是基于知识的系统研制、试验与评估模式，通过建模与仿真架构作为基础设施的开放体系结构，集成型号在设计、工程与制造、生产与部署、使用与保障、试验与评估各阶段的指标数据，使结构仿真、虚拟仿真和实况仿真有机结合，为项目办公室、制造商、试验与评估机构建立共享的知识库，为研制试验与作战试验提供高保真度的系统模型。

一体化试验与评估打破传统的试验模式，使试验程序从"试验-改进-试验"转变为"建模与仿真-虚拟试验-改进模型"的迭代过程，最大程度降低产品风险，缩短产品研制周期，降低研制费用和减少技术风险。美国新修订的防务采办文件中特别要求，在武器系统整个采办过程中，项目经理应联合用户和试验与评估机构，将研制试验与评估、作战试验与评估、实弹试验与评估、集成系统互用性试验以及建模和仿真技术一体化，对产品质量与效能实行全寿命管理。

随着计算机技术、建模与仿真技术、网络技术、虚拟现实技术和人工智能技术等高新技术的飞速发展,一体化试验与评估模式已广泛应用于美军装备试验与评估领域。作为基础设施建设项目,由美国海军航空系统司令部牵头,惠普公司和毛伊岛高性能计算中心参与建设的一体化高性能计算分析平台、一体化"仿真、试验与评估"平台将大大推动装备采办、试验与训练一体化进程。集虚拟化、一体化、网络化为一体的网络中心试验与评估模式代表了未来一体化试验与评估的发展方向。据统计,采用一体化试验与评估模式,铜斑蛇激光制导炮弹研制中少发射 764 发试验弹,节省经费 230 万美元,海尔法反坦克导弹研制中少发射 90 发弹,节省费用 1.38 亿美元。美国空军阿诺德工程发展中心在 F/A-22、F-4、F-15、F-16、F/A-18C/D、B-1B、B-2、A-7、F/A-22 和各种直升机外挂物分离和航空武器系统的开发和改进试验中都应用了一体化试验与评估方法。另外,作为一体化试验与评估基础设施的开放式体系结构,是一种系统级的集成(System of Systems,SoS),突破了传统意义上试验与评估的界限,可成为教育、训练和虚拟战争共享的知识库。

一体化试验与评估政策的推行,解决了试验人员早期介入并持续参与采办过程的机制问题,强化了研制试验和作战试验的职能,加强了对装备作战效能和作战适用性以及装备的可靠性、可用性和可维修性等方面的试验与评估,提高了试验与评估在采办过程中的地位和作用,从而保证试验与评估在项目采办的方案与技术开发、工程与制造、生产与部署等各阶段发挥职能。

2.2　美国国防部军工试验投资计划

美军军事转型时提出了"作战即网络"的新理念,认为必须建立一支基于网络的"天生联合(Born-joint)"部队,"从一开始,武器系统就必须在一个联合试验环境中进行开发和试验,而不是过去那种以军种为中心的试验模式"。这表明了武器装备试验与评估正逐步由传统试验模式向网络化试验方向发展。随着单体武器装备的技术成熟度不断提升,以及网络技术不断发展,军事作战系统、作战方式和作战理念已经发生了根本性变化,(多维空间)一体化作战网络系统成为未来战争的主要模式。传统的试验与评估方式已经不能满足全面、准确地考核武器系统效能的需求。因此,美国国防部又明确提出了"试验即作战与训练",要求武器装备试验按照作战或训练的状态进行试验与评估,将军工试验与评估提到了军事战略高度。

美军"2020 联合构想"以及网络中心战,使得武器装备的试验与评估面临巨大挑战。在信息化条件下的高技术战争是体系与体系的对抗,多兵种联合是体系作战的表现。"9·11 事件"以后,非对称威胁的出现进一步驱动了作战部队各军兵种联合协同作战和对网络中心战能力的需求,如图 2-2 所示。

在过去以平台为中心的作战中,一般以单一武器平台(如飞机、舰船、坦克)为核心,各平台主要依靠自身的传感器探测系统和武器系统进行作战。作战平台与外界的联系主要通过有限的几条数据链如 Link11、Link16 等进行通信,平台之间的信息共享非常有限。这一时期开展的试验主要是符合性试验,即主要对武器平台的战技指标、作战效能和适用性进行试验与评估。而现在和未来发展的武器平台是在"联合作战"和"网络中心战"背景下的大体系中体现作战功能与效能的超级平台,其发展必将依赖于整个武器装备体系的发展,并最大限度地发挥自身的优势。在作战网络化环境下,一个系统的优势未必是网

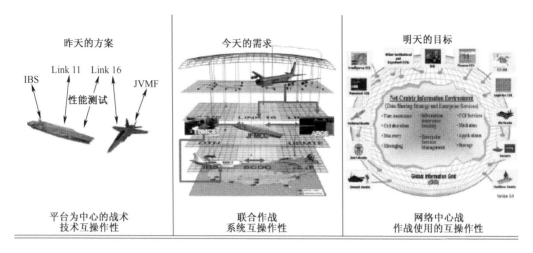

图 2-2　军工试验与评估面临的挑战

络中所有系统的优势,但一个系统的弱势可能成为整个互相关联系统的薄弱环节。被试系统将越来越多地依赖于与网络中其他系统之间的复杂关系,强调作战体系的整体功能,强调信息在体系中的作用,增加网络信息共享能力,实现网络路径的多样化以提供安全可靠的网络能力。因此,对大武器系统进行试验与评估时,要测试在复杂联合任务环境下系统互操作性和作战使用互操作性。在这种情况下,对信息技术密集的复杂多任务系统试验与评估的难度剧增,许多跨平台交互使得传统武器试验与评估方式与战场需求的矛盾日益突出。对于主要是验证"点"方案性能和效能的传统试验与评估方法来说,带来了巨大挑战,需要新的试验与评估方法来客观地描述系统在网络化环境下工作的真实性。网络化试验与评估将是一种在网络中心环境下的试验与评估新方法,也是应对非对称威胁和网络中心战对试验与评估挑战唯一的、有效的理论与方法[3]。

2.2.1　综述

为了全面有效地评估武器系统的作战效能,美国国防部设立了三大试验投资计划:中央试验与评估投资计划(CTEIP)、试验与评估/科学与试验(T&E/S&T)计划和联合任务环境试验能力(JMETC)计划。为了评估作战网络安全性,后来又发展了针对赛博安全的试验(NCR)计划。美国国防部依托试验资源管理中心(TRMC),从军事需求、技术和经济等角度综合考虑,按照严格的规程筛选出最佳的试验与评估投资项目并将其纳入三大研究计划,通过促进试验技术持续、有序的发展推动试验测试能力全面提升。其中,网络化试验与评估技术和能力是三大研究计划的一个投资重点,是为了应对未来作战网络对试验与评估带来的挑战。

TRMC 支持的武器装备试验与评估技术研究计划的关系如图 2-3 所示。自下而上提出开发分布式试验与评估需求,即由试验用户提出在联合任务环境下开展试验与评估的能力需求,JMETC 根据此需求投资开发试验与评估能力建设;JMETC 又向 CTEIP 提出技术开发关键的使能技术和工具需求;CTEIP 则向 T&E/S&T 计划提出技术不足和风险降低需求;T&E/S&T 通过对分布式试验与评估关键技术开展研究,以及 CTEIP 研发分布式试验与评估关键的使能工具,从而支持 JMETC 计划形成分布式试验与评估能力。三大计划相辅相成,按照技术成熟度水平组织实施:T&E/S&T 计划负责成熟度在 3~6 级的项目;CTEIP 计划负责成熟度在 6~9 级的项目;JMETC 负责构建试验与评估基础设施。

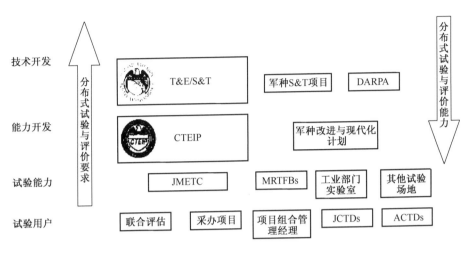

图 2-3　TRMC 三大研究计划的关系

三大计划对网络化试验与评估技术和能力的投资计划,如图 2-4 所示。其中,T&E/S&T 计划中直接与网络化试验与评估有关的技术领域是网络中心系统试验。该技术领域的目标是为分布式联合试验提供基础设施。其研究重点包括:创建一个分布式真实-虚拟-构造(LVC)联合试验环境,开展面向军种体系的试验与评估;开展信息保证试验(IA),实现试验环境控制和态势感知。通过开展高风险/高回报的网络中心系统试验技术应用研究和先期技术开发,将该试验技术从成熟度 3 级提升到成熟度 6 级,显著降低了CTEIP 计划中网络化试验与评估能力的开发风险。2010 财年,T&E/S&T 计划投资了 7 大领域 103 个项目,其中网络中心系统试验项目为 15 个,占到近 1/7;若加上与网络化试验密切相关的非侵入式仪器技术领域的 8 个项目和频谱效率技术领域的 14 个项目,T&E/S&T 计划对网络化试验与评估技术的投资比例占据近 1/3。

2.2.2　中央试验与评估投资计划

中央试验与评估投资计划(CTEIP),是美国国防部于 1991 财年设立的一项长期计划,目的是规划与协调国防部试验与评估试验设施的投资,投资采办优先的多军种试验与评估(T&E)能力。该计划中的"2010 基础倡议"(FI 2010)项目投资开发了试验与训练使能体系结构(TENA),旨在为靶场互用性和资源重用提供使能工具,最终以经济、高效的方式支持网络中心环境下的试验与训练。TENA 中间件技术是实现联合任务环境试验能力(JMETC)计划目标的一项关键工具[4]。CTEIP 计划投资的另一个网络化试验与评估使能工具是 JC⁴ISR(即联合 C⁴ISR)互操作性试验与评估能力(InterTEC),它是一种综合试验方案,用于开展规模可调、可扩展、作战相关的互操作性试验与评估。其目标是部署一个可信的试验与测试系统,用于开展联合互操作性认证试验,综合现有的互操作性试验工具,并依据国防部有关的政策补充新的能力。为了实现美国国防部"试验如作战和训

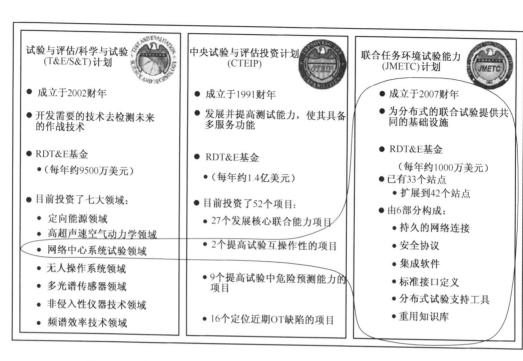

图2-4　美国国防部网络化试验与评估技术和能力的投资计划

练"的长期发展战略,美国国防部于2004年3月出台了《2006—2011军力转型中的联合试验战略规划指南(SPG)》。该指南指出,在联合作战背景下开发和部署联合作战能力,对武器装备开展充分的、逼真的试验与评估(T&E)。SPG要求制定一个路线图,确保在联合环境下开展T&E,以促进联合能力的部署所需的变革。

2.2.3　联合任务环境试验能力计划

美国国防部依据SPG于2004年11月公布了《DoD在联合环境下的试验路线图》(以下简称《路线图》),明确了推动在联合环境下开展试验的措施[5]。美军认为,联合环境试验对试验与鉴定提出了新的要求,主要表现在:

(1) 试验与鉴定方法与程序;

(2) 可生成联合任务环境的试验与鉴定基础设施;

(3) 国防部用于联合环境试验的政策和规章;

(4) 网络基础设施等。

联合试验环境,将通过共享基础设施能力和大量的实体、虚拟及结构资源等得以加强。这些能力主要包括:

(1) 分散在军种和国防部各部门的试验场、训练场等场所的能力;

(2) 来自军工界的能力;

(3) 来自相关实验室的能力。

《路线图》的目标,是为所有采办计划提供一种通用、稳固和持久的交互能力,发展和部署一种分布式试验系统,以连接各种实体和虚拟设施,为武器系统工程、试验、训练和分析提供必须的手段和方法,最终具有满足国防部提出新要求的灵活性,可为未来试验结果的对比提供可靠、可重复使用的基线。《路线图》为优先发展核心互联基础设施能力提供了广阔的发展空间,使得联合环境下的试验成为可能。它是一种"顶层"能力,也是在联合试验环境进行试验与评估的关键所在。进行联合任务环境下的试验,必须具备三个关键要素:

（1）联合任务环境;

（2）核心基础设施;

（3）武器系统/威胁/环境表示。

《路线图》规划的实施路线,是美军未来试验与评估领域的总体发展方向。它的实现分为三个阶段:临时能力、持久稳固能力和交互能力。到 2015 财年,全面实现基于能力的试验与鉴定。

根据《路线图》的措施建议,2005 年 12 月,国防部批准了联合任务环境试验能力（JMETC）计划项目,并指示于 2007 财年开始为该计划投资。国防部试验资源管理中心（TRMC）主任负责具体落实。JMETC 项目办公室于 2006 年成立,标志着 JMETC 计划正式启动实施。JMETC 计划的目标就是将军方分散在各地的试验设施设备、仿真资源和工业部门的试验资源连接起来,提供一种分布式的实时-虚拟-构造（LVC）试验能力,能够支持采办团队的项目研制、研制试验、使用试验、互操作性认证,以及在特定的联合作战环境（JME）条件下对网络关键性能参数（KPP）的演示验证。JMETC 是一种分布式 LVC 试验与评估能力,也是以网络为中心的使能工具,它可跨实验、工程、试验和训练领域开展联合的系统演示验证。借助该能力,在初步设施评审前,系统工程师可以利用仿真进行早期系统或系统之系统（SoS）方案的改进;在研制试验与评估过程中,研制人员可以借助构造仿真、虚拟硬件在回路或虚拟的人在回路来仿真评估系统和联合任务能力;试验人员可以利用构造和虚拟系统进行早期使用评估（OA）,预估联合任务效能趋势;在最初使用试验与评估（IOT&E）期间,研制的原型系统可以利用 LVC 仿真组合与其他系统进行交互[6]。

JMETC 是一种试验能力,与国家联合训练能力（JNTC）进行组合,共同形成试验、训练和试验协同工作的综合能力。图 2-5 是 JMETC 基础设施示意图。JMETC 由产品和服务构成。产品包括一种可重用的、易于重构的核心基础设施,由构成 JMETC 能力基础的六大产品构成:持久的网络连接（即虚拟专用网（VPN））、中间件、标准接口定义和软件算法、分布式试验支持工具、数据管理解决方案与重用知识库。该设施还提供试验与训练之间的兼容性。JMETC 服务包括用户支援组,能为每个用户提供一个专业技术代表,辅助使用 JMETC 产品,并协助进行分布式试验活动的规划、准备和实施以及基础设施要求定义。

JMETC 利用试验与训练使能体系结构（TENA）研究计划,建立新型的试验支撑基础设施[6]。TENA 作为 JMETC 的支撑环境,提供中间件和软件组元。同时 JMETC 的虚拟专用网（VPN）借助美国国防研究工程网（DREN）及其安全网络环境（SDREN）提供试验系统的硬件连通。JMETC VPN 和 TENA 联合起来可以大大提高分布式试验和训练能力。2006 年,美国国防部公布了从 2007—2011 财年 JMETC 试验与评估项目启动阶段的投资计划,总投资为 4700 多万美元。该计划研究工作主要包括:开始建立持久的数据传输能力;采用 TENA 中间件,使得从实验室到户外靶场再到战场的、贯穿采办全过程的分布式

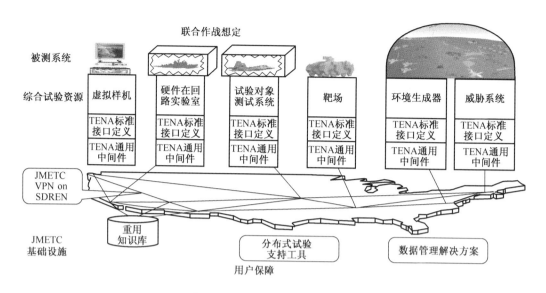

图 2-5 JMETC 基础设施能力

试验更加易于开展;为实验室、户外靶场、系统综合设施和具体试验活动仿真制定通用的开放接口标准;启动软件工具的开发;开始建立联合任务环境下与试验相关的数据信息档案文件;开始建立可重用知识库;建立初始用户保障;建立管理办公室等。国防部所有JMETC 项目由试验资源管理中心(TRMC)统一领导。近年来,美国已逐步建立起 JMETC能力,并已成功开展了多次大规模的分布式试验演示验证活动,取得了良好效果。例如2007 年,JMETC 成功支持各军种、联合部队司令部(JFCOM)和各试验与评估机构完成了"综合火力 07(IF07)"演习和"互操作性试验与评估能力(InterTEC)"计划螺旋 2 发展阶段的两项分布式试验活动。2008 财年,JMETC 继续与 InterTEC、"联合半实物仿真"和"未来战斗系统(FCS)"等计划相结合,扩展联合环境下的试验能力。2009—2010 财年,JMETC 支持了美国空军网络空间集成中心等单位参与的一系列分布式 LVC 试验活动:联合远征军试验(JEFX)09-1(也称持久火力)、09-2/3、09-4、10-1 和 10-2/3,主要用于检验系统间互操作性和评估机载数据链倡议。借助 JMETC,全球作战网络空间集成中心在2009 财年节省约 400 万美元。JMETC 虚拟专用网(VPN)上已激活了 60 个节点,而且还将继续扩展。JMETC 的每个产品正在通过与各军种、JFCOM 和其他 T&E 等机构积极协作开发,逐步变得成熟,以便为研制"天生联合"武器系统提供更加强大的分布式试验与评估能力。

2.2.4 试验与评估/科学与试验

试验与评估/科学与试验(T&E/S&T)计划中直接与网络化试验与评估有关的技术领域是网络中心战系统的试验与评估。该技术领域的目标是为分布式联合试验提供基础设施。其研究重点包括:创建一个分布式真实-虚拟-构造(LVC)联合试验环境,开展面向军种体系的试验与评估;开展信息保证试验(IA),实现试验环境控制和态势感知[7]。

美军《联合环境试验路线图》明确指出,要实现在联合任务环境下的试验鉴定能力,全面评估装备体系效能或在预期的联合作战环境中的能力,必须更新和扩展当前试验鉴定的规程程序[8]。

依据《联合环境试验路线图》,美国国防部作战试验鉴定局于2006年启动了"联合试验鉴定方法"(JTEM)研究计划,于2009年交付了"能力试验方法"(CTM)3.0版文件,并发布了试验和采办组织的CTM用户手册,提出了在联合任务环境下对装备体系的联合任务效能(JMN)进行试验鉴定的方法和程序。

CTM是以LVC分布式环境为基础,可灵活应用于各种类型的试验鉴定活动,不仅适用于单个系统的试验,也适用于体系试验。该方法包括一套完整的试验程序和步骤,用户可根据自身需要选取最适用的步骤开展试验。CTM提供了大量分析工具来支持能力试验,帮助用户对复杂的试验环境进行定义、确定试验指标、设计试验具体事件并通过试验得出评估结果。需要指出的是,CTM方法不是替代美军现有的规程,而是对现有的试验方法与程序进行补充和扩展,是一种以适应未来一体化联合作战为目的的、可重组和可组合的灵活的试验鉴定方法。

根据CTM手册,CTM3.0版本是围绕联合任务环境,通过六个步骤来规划和实施武器系统或装备体系的联合环境试验,是一个从确认试验需求到鉴定试验结果的循环过程,如图2-6所示。该手册对用户如何采用能力试验方法进行试验的规划、设计、管理和实施提供了详尽的指导,以规范试验人员在各阶段任务的实施。CTM3.0作为JTEM工程的重要成果,成为开展联合试验环境下装备体系试验鉴定的方法指南[9]。

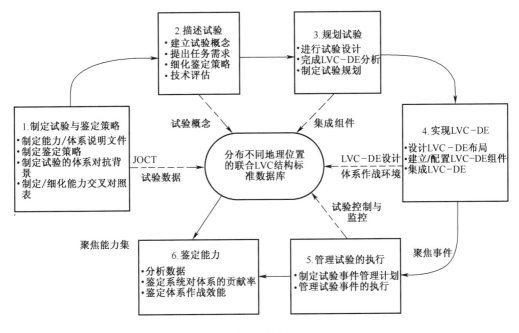

图2-6 武器装备试验程序

通过上述措施,美军一方面有效推进了装备体系发展进程,保证了满足需求的装备投入战场使用;另一方面也全面促进了武器装备试验鉴定综合能力的提升,促进了武器装备试验条件、试验技术、试验模式与试验理论的创新发展。

2.2.5　赛博试验场

美国国防高级研究计划局（DARPA）提出了美国国家赛博试验场（National Cyberspace Ranger，NCR）投资计划。NCR 是一个研究开发试验床，是美国国家赛博安全综合计划（Comprehensive National Cybersecurity Initiative，CNCI）的核心组成部分。

NCR 的目的是为加快信息网络安全系统的应用，重点改善大规模网络（比现有网络高几个数量级）的网络安全技术。NCR 将为 CNCI 提供一个用于研究开发的、安全的、可控的创新试验环境，是各种网络技术和构想的安全性进行定量和定性分析的物理评估平台。美国国家赛博试验场的结构是以现有计算机系统以及相互连接的网络为基础，在其真实的物理网络基础上对上层的软件平台以及应用系统进行管理和配置。同时能够将外部设备、网络及特定的应用运行于试验场的基础设施之上或者统一集成管理。

2.2.6　通用靶场一体化测量系统

靶场测量系统，是靶场试验数据采集的重要工具和手段，是靶场信息化建设的关键内容之一。美军高度重视靶场数据测量系统的建设与发展，从 20 世纪 80 年代以来，美军开发了多种靶场测量系统并在武器装备试验靶场中得到广泛应用，为美军武器装备试验鉴定能力和效率提升提供了重要支持。

20 世纪 90 年代，由中央试验与评估投资计划（CTEIP）投资的第一代和第二代"先进靶场数据系统"（Advanced Ranger Data System，ARDS）均已正式部署在美军靶场。ARDS 是一套基于 GPS 的时空位置信息测量与传输系统，可外挂于测试平台，也可内置其中，能够在不同的机动环境下，跟踪测量空战、地面、海上目标的时空位置信息，为靶场试验提供数据支撑。该系统的外挂吊舱安装在高速飞行的试验飞机机翼下，由多频 GPS 接收装置、惯性测量组件、综合导航装置、数据收发装置、数据记录装置、加密装置和动力装置组成，并包含一个独立的前置双波段雷达。空间位置测量精度为 2.4~4m，速度精度为 0.3m/s；当 GPS 不可用时，该系统的位置测量精度则大幅下降（20m）。

进入 21 世纪，随着信息技术快速发展，战场环境越来越复杂，各类装备对性能的要求（包括武器打击精度）也越来越高，这就要求用于装备试验的靶场应具备更高精度的数据测量与宽带传输系统，以满足高精尖装备快速发展与部署的需要。尽管第二代 ARDS 已经投入使用，但是同样无法满足靶场测量精度的需要，特别是无法克服在 GPS 拒止环境下位置精度大幅降低的严重缺陷。

2007 年，在中央试验与评估投资计划（CTEIP）最高优先级项目的支持下，启动了"通用靶场一体化测量系统"（Common Ranger Integrated Instrumentation System，CRIIS）研究计划，旨在研发一种能够在 GPS 拒止环境下使用的、性能和功能远超过"先进靶场数据系统"的多军种通用靶场测量系统，提供精度为亚米级的高动态时空位置数据信息，同时确保数据传输的安全可靠，实现最大化地多靶场互操作，满足美军当前及未来不同武器试验对时空位置信息和系统鉴定数据的需要。2016 年，罗克韦尔·柯林斯公司获得美国国防部 3100 万美元通用靶场一体化测量系统生产合同，交付 180 套地面与机载子系统，用于 7 个美军试验靶场（包括爱格林、内利斯和爱德华空军基地，海军帕图森河和穆古角航空站、海军空战中心中国湖分部，以及白沙导弹靶场）。按照计划，2017 年年中交付第一批产品。

CRIIS 采用开放式架构,利用通用、模块化的组件构建系统控制中心、远程地面站、测试平台外挂吊舱及内置设备,所有接口采用通用的工业标准,具有组件轻、安装简便、可靠性和可维修性较高的特点,如图 2-7 所示。

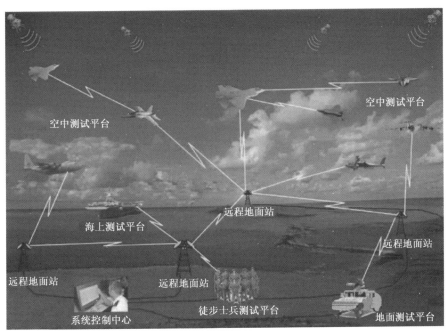

图 2-7 CRIIS 开放式架构

系统控制中心是整个系统的"大脑",指挥与控制试验数据的采集与传输,其灵活的模块化结构便于后续升级和使用维护,采用经过验证的高可靠性模块构建其信息安全体系;远程地面站类似一座塔架,用于接收或拒绝一定范围(约 100km)内的数据接入请求,还可对其内部的数据承载量进行管理。安装外挂或内置测量设备的测试平台可以是飞机、舰船、地面车辆或徒步单兵,它们每次只能与一个远程地面站建立联系。当无法联系时,可搜索附近的地面站信号,一旦发现便进行接入申请。若超过一定距离,则可通过测试平台进行中继,实现与其他地面站的间接通信。该系统即使在 GPS 拒止环境下,也可实现亚米级时空位置测量精度,见表 2-1。

表 2-1 CRIIS 时空位置与速度精度

等级	动态机动环境	位置精度/m	速度精度/(m/s)
等级 1	动态机动程度较低的地面环境	0.1	0.05
等级 2	中等动态机动程度的地面和飞行环境	0.05	0.01
等级 3	高度动态机动环境	0.01	0.001

与"先进靶场数据系统"相比,CRIIS 在以下几个方面的能力进行了改进:

1. 时空位置信息精度和数据更新速率

CRIIS 尽可能多地采用了现有的 COST 技术,研制了多个在尺寸、成本和功能上各不相同的时空位置信息组件。其中,功能较强的组件将提供实时的位置、速度和姿态数据,数据精度以及数据更新率远远超过了 ARDS 的性能;功能较弱的组件将为那些对数据精度要求不高但对成本要求较高的用户提供服务。

2. 数据链路能力

CRIIS 的数据链具有数据传输灵活性和可控性更强、数据容量更大以及频谱效率更高的特点,其数据吞吐量将远远超过 ARDS,且灵活应用于不同的测试平台,适应信息长度、信息格式和数据速率的不同需要。

3. 组件的小型化、模块化

为了在各种具备隐身性能且无人操作的平台上进行安装,CRIIS 对组件的小型化要求较高。空间受限的动态机动程度较低的平台和徒步单兵所使用的 CRIIS 组件,是以模块化形式采购的现有小型化商业现货,即插即用和资源最优化的优势非常明显。

4. 开放式架构设计和标准化接口协议

为了满足试验靶场的各种需求,CRIIS 采用"堆栈式"方式进行系统设计,其通用架构可容纳各种标准化数据协议、接口规范和模块化设计方法等,具有较强的开放性、互换性和互操作性。

5. 数据加密能力

利用新的加密硬件和软件,CRIIS 开发集成"下一代加密设备",以替代 ARDS 所使用的"靶场加密模块",支持吞吐量更大的数据链,并可将数据加密至绝密级等级。

随着性能不断提高,CRIIS 将不仅仅作为一个试验靶场的替代测量系统,还可成为美军试验与训练设施的通用化解决方案,即不用更换硬件,便可与美军现代化训练系统的数据链设备和靶场设施互联互通,实现无缝互操作,提供训练通信与训练效果信息显示。

CRIIS 的地面设施中,包含有一个与"试验与训练使能体系架构"(TENA)兼容的界面,以方便与其他试验或训练或靶场共享数据信息。因此在 TENA 中,CRIIS 与 iNET、仿真系统一样,共同纳入空天地一体化试验体系之中。

CRIIS 研制分三个阶段:

(1) 2008—2010 年,风险降低和技术成熟阶段。这一阶段主要完成时空位置信息技术验证、数据传输容量验证、技术体系架构研究与预先设计审查。

(2) 2010—2015 年,工程制造与开发阶段。这一阶段主要完成时空位置信息和数据链的飞行试验验证。

(3) 2015—2023 年,生产与维护阶段。这一阶段主要开展系统的生产与维护。

2015 年 7 月,罗克韦尔·柯林斯公司与大西洋试验靶场在海军帕图森河成功进行了首次飞行试验验证。试验中采用 F/A-18 机载和地面设备与现有军用系统相连,对 CRIIS 进行了验证,检验了飞机起飞后的数据链网络接入,从不同的地面数据链终端向空中上传 GPS 修正信息并提供网络服务,从空中向地面回传时空位置信息等关键技术性能。2015 年 9 月,罗克韦尔·柯林斯公司在爱格林空军基地完成了 CRIIS 的全系统的飞行试验验证。利用爱荷华州大学作战性能实验室的一架 L-29 军用喷气式教练机,在高度动态变化的场景想定中开展了 13 次飞行试验,对全系统技术进行了演示验证。其中,场景想定包含了 133 种动态机动方案,代表了战斗机在空战中可能采用的典型飞行包线。这次试验,主要验证了飞机起飞后的数据链网络接入,从不同的地面数据链终端向空中上传 GPS 修正信息并提供网络服务,从空中向地面回传时空位置信息等关键技术性能。此次试验进一步验证了下一代军用试验靶场数据传输系统的技术成熟度,进一步推动了美军靶场试验测试的现代化进程。相信不久将会投入靶场试验之中。

2.2.7　分析

美国从 20 世纪 90 年代开始,就实行了一系列武器装备试验研究计划。这些计划以信息技术为基础,以一体化、网络化试验为主线,包括有试验集成架构(CTEIP Integrated Architecture,CIA)、基础倡议(Foundation Initiative 2010,FI2010)与国家赛博安全综合计划(Comprehensive National Cybersecurity Initiative,CNCI)。CIA 主要以增强遥测网络系统(integrated Network Enhanced Telemetry,iNET)为核心,辅之以地面控制、实验室、仿真/模拟与卫星通信等系统,构建一个纵向一体化综合测试网络;FI2010 是以试验与训练使能架构(TENA)、联合先进分布式仿真(JADS)技术为核心的研究计划,其目的是构建一个横向的、虚实结合的跨区域一体化综合试验测试网络;CNCI 计划以美国国家赛博靶场(National Cyber Range,NCR)为核心,对作战网络系统进行全面试验、测试与评估,它是验证美军作战网络安全性的一个非常重要的研究计划。

2.3　增强遥测综合网络

2.3.1　综述

随着计算机与网络技术不断发展和军工试验要求的不断提高,网络化、集成化与一体化成为试验遥测系统发展的必然趋势。试验集成架构以增强遥测综合网络为核心,通过国防专用网络实现本地试验控制中心、实验室、模拟/仿真设施等系统联接。iNET 计划解决了空、天、地、海纵向一体化集成问题,逐步形成增强遥测网络标准(iNET Standard),为提供军工武器装备试验解决方案奠定了技术基础[10-11]。

2.3.2　增强遥测综合网络

随着网络中心战等作战网络日益成熟,用于评估其作战效能的综合遥测网络系统(Telemetry Network System,TmNS)的理念逐步形成并付诸实施。2004 年 10 月,由美国国防部试验项目评估核心投资机构(CTEIP)启动了增强遥测综合网项目开发计划,其目标是找到一种可行的、能对各类试验和评估范围内的遥测系统进行升级换代的基本网络结构和技术途径。iNET 项目开发计划吸收了广大用户和设备供应商参与,得到了广泛的支持。经过几年的努力,iNET 的技术框架已形成,目前已有部分产品推出,大有产品超前标准的趋势,有力推动了传统遥测系统向增强遥测网络系统的发展。

iNET 项目开发计划在点到点、PCM 串行遥测传输(SST)的基础上,于 2015 年前后,实现同一试验场内 RF 网络链路和 PCM 串行遥测传输链路的并行传输,RF 网络链路下行传输速率达到 20Mbit/s,上行传输速率达到 2Mbit/s,传输距离 280km,同时支持 8 个试验对象。2025 年,将实现全美国海、陆、空主要试验场(靶场)的遥测网络系统集成,要求遥测下行传输速率达到 1000Mbit/s,上行传输速率达到 100Mbit/s。

iNET 是 CIA 试验集成结构框架中的重要组成部分。iNET 是多个试验对象上的测试系统和多套遥测网络系统的综合与集成,是一种实现试验场(靶场)与测试资源高效集成的综合网络集成体系架构。iNET 的概念与范畴包括遥测网络系统(TmNS)、iNET 外围设备和各种操作、控制、管理应用软件。iNET 可通过中间件实现与试验训练使能体系结构的联接。CIA 试验集成架构如图2-8所示。

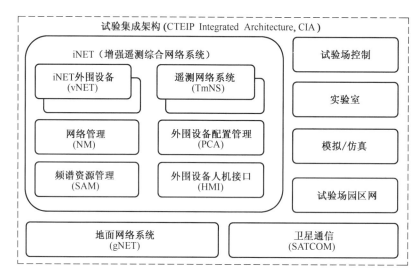

图 2-8 CIA 试验集成架构

iNET 由遥测网络系统、外围设备和外设配置、人机接口(HMI)、网络管理(NM)、频谱资源管理(SAM)等应用软件组成。各部分通过有线或无线 IP 网络链接到地面网络系统(gNET),覆盖了航空、航天、导弹等飞行器的试验与测试系统中的机载测试、遥测传输和地面控制与处理等多个环节。

遥测网络系统是 iNET 的核心部分,由移动数据采集网(vehicle Network,vNET)、RF 网络(radio frequency Network,rfNET)、串行数据流遥测链路(Serial Streaming Telemetry,SST)、地面网络系统(ground Network,gNET)与接口等部分组成。TmNS 实现了 vNET 和 gNET 的双向连接和数据传输,并实现了与 iNET 各应用软件的联接。在一个试验对象上,TmNS 可按 IP 数据包格式传输数据,在地面上,TmNS 输出到 gNET 的数据也同样是两种格式。

增强遥测综合网络,目的是为试验场和试验基地自主发展 iNET 增强遥测综合网络系统,解决试验中空地网络化、宽带传输、多信息融合分析等问题,建立空、天、地、海一体化的遥测网络系统。iNET 的概念与范围如图 2-9 所示。

iNET 包括遥测网络系统和各种操作、控制的应用软件,共有六个标准支持,包括系统管理标准(SM)、元数据语言标准(MDL)、通信链路标准(CL)、试验对象标准(TA)、无线传输标准(RFNE)和组件接口标准(CI),如图 2-10 所示。

iNET 可用于建立各种移动平台(如航空与航天飞行器、地面战车和作战舰船等)试验的遥测网络。通过遥测网络系统(TmNS)发送控制信息或接收试验对象(移动平台)信息,由地面控制中心统一控制、统一管理;同时,地面支持设备通过 TmNS 对试验对象提供实时支持,以监控试验对象工作状态。

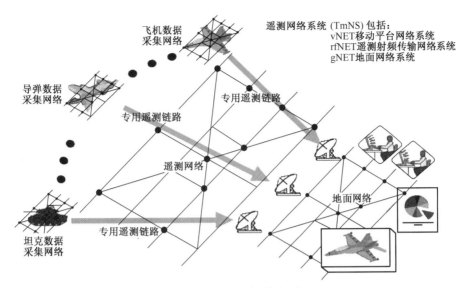

图 2-9　iNET 的概念与范围

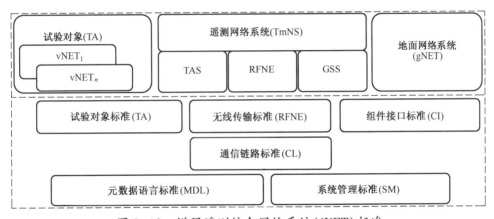

图 2-10　增强遥测综合网络系统(iNET)标准

　　从网络的角度来看,iNET 在整个无线网络中的位置如图 2-11 所示,它覆盖了无线局域网、城域网和广域网。

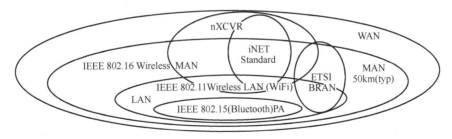

图 2-11　iNET 在无线网中的位置

2.3.3　iNET 发展目标

　　美军 iNET 发展进程主要分为三个阶段,第一阶段(从 2004 年开始)采用的是基于

IRIG106遥测标准构成的试验与测试系统,这一阶段地面数据系统采用以太网技术;第二阶段是基于iNET的增强遥测综合网络系统,这一阶段主要实现试验对象数据采集系统网络化、遥测传输系统网络化以及空中到地面的遥测网络化管理功能;第三阶段(至2025年),全面实现空、天、地、海一体化试验网络化能力,满足大系统(SoS)或复杂武器系统的联合试验需求,如图2-12所示。

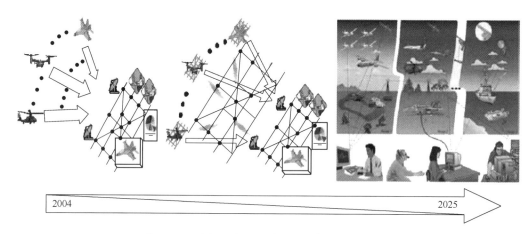

图 2-12　增强遥测综合网络系统发展进程

　　CIA的最终目标,是在大范围内进行全面推广应用,实现全面有效链接,形成一个超级空、天、地、海一体化试验网络系统,统一控制、统一管理,如图2-13所示。具体地,首

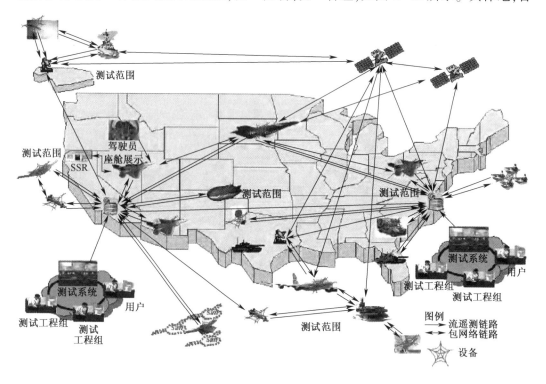

图 2-13　空天地一体化试验与测试网络

先通过试验与训练使能体系架构(TENA)中间件实现横向网络一体化,即将陆地、海洋上所有试验设施与测试系统连接为"逻辑试验靶场";其次,通过 iNET 实现纵向网络一体化,即空、天、地一体化;最后,由 CIA 将纵向与横向所有试验设施与测试系统连成统一的试验与测试网络系统。

空天飞行器由于飞行高度高,地面测试系统(光电测量系统与遥测系统)无法测量,因此美军采用基于 ARTWG 与 HQ AFSPC 的空天飞行器测控网络,如图 2-14 所示。该网络由导航卫星、通信卫星、无人机、飞艇和地面控制中心组成。当地面雷达与监控系统能够测量时,测量数据直接送至监控中心;当地面系统无法测量时,可通过通信卫星将测量数据传送至地面监控中心。

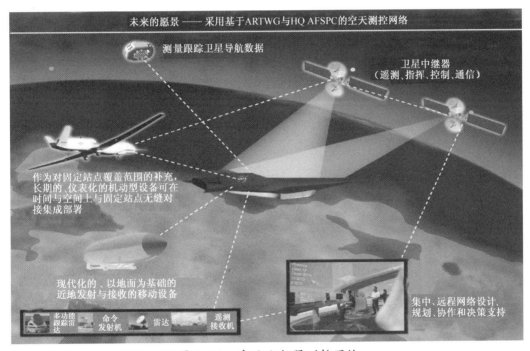

图 2-14　空天飞行器测控网络

2.4　试验与训练使能架构

2.4.1　概述

为支持和保障军工武器装备的信息化,在未来信息化战争中占据绝对优势地位,已经并将继续采取各种手段和措施,提高靶场军工武器装备的综合试验能力,逐步实现以数字化、网络化为主体的靶场建设目标,是未来军工试验的必经之路。靶场信息化是一项复杂工程。所谓"靶场信息化",就是利用先进的信息技术,对靶场所有试验设施和测试系统及运作过程进行重组、改造和整合,使之实现信息化、网络化和智能化,实现试验与评估的高效率、高质量和高效益[12]。

靶场信息化包括信息产生、信息获取、信息处理、信息分发与使用、功效评估等六个环

节,并具有以下基本要素:

(1) 信息资源:包括在线和离线资源,为试验数据库提供服务;

(2) 试验装置和测试设备:指以信息技术为主导的信息化试验专用装备和测控设备(系统);

(3) 信息网络:具有点到点、点到面或一点对多面的灵活组合的综合信息网络;

(4) 指挥控制:具有以信息设施为基础、综合集成的一体化靶场试验指挥控制系统;

(5) 人:指具有一支掌握信息技术和信息化装备的专业人才队伍;

(6) 规范与标准:指信息化靶场运作的流程与相应的标准、规范。

靶场信息化,是要形成一个功能强大的逻辑靶场或称为概念靶场。通过系统工程技术、信息技术和网络技术将靶场所有资源连接成为一个有机的整体,实现相关资源的有效集成、重组、调用与互操作,使得试验空域更加广阔、试验资源更加丰富、试验功能更加强大,构建基于"能力试验"(Capability Test,CT)的联合任务试验环境。

为适应 21 世纪武器装备发展的需要,各国都在加紧推进武器装备的信息化进程,尤其是美军更具有代表性。近年来,美军加强了靶场信息化改造和体系化建设[13]。针对美各试验靶场存在的各行其是、试验资源与试验能力难于共享等问题,提出了多项总体研究项目和靶场现代化计划。在 20 世纪 90 年代后期提出了"基础倡议 2010"(FI2010),将靶场信息化建设推向了统一、协调发展的轨道,提出了建设"逻辑靶场"理念,为未来靶场建设发展模式奠定了基础;2004 年,美军又提出了《联合环境下试验路线图》,紧密结合美国军事转型,要求发展和部署一种分布式试验系统,将大量实体、虚拟和结构(LVC)资源连接起来,使联合试验成为未来美军试验与鉴定领域的总体发展方向。

2.4.2 虚拟/仿真试验

靶场信息化,离不开大量采用信息技术的仿真技术。随着仿真技术高速发展,其应用目的日益多样化。最初仿真技术是作为对武器系统进行试验的辅助工具,后来随着对仿真技术的深入研究,在试验与训练中得到了大量的应用。

20 世纪 80 年代初,以美国国防高级研究计划局(DARPA)和美国陆军共同制定和执行的 SIMNET(Simulation Networking)研究计划以及三军建立的各种先进的半实物仿真实验室为代表,使得仿真技术得到了广泛的应用[14]。但是这些仿真绝大多数是针对某领域的具体需求而建立的,它们之间不能互操作,其应用和组件也不能在新的仿真应用和开发中得到重用。随后 90 年代,为了更好地实现信息、资源共享,促进仿真系统的互操作和重用,在分布式交互仿真(DIS)、先进并行分布交互式仿真以及聚合级仿真(ALSP)的基础上,使仿真技术开始向仿真的高层体系结构(HLA)方向发展。美国国防部于 1995 年发布了建模与仿真主计划(S&M Master Plan),在国防部范围内建立一个通用的仿真技术框架来保证各种仿真应用之间的互操作性。该仿真技术框架的核心是高层体系结构。HLA 是促进所有类型仿真之间的互操作、仿真模型组件重用的高级协议。1996 年完成HLA 基础定义,随后被北约各国采纳与使用,并于 2000 年被 IEEE 接受为标准。美国国防部规定,2001 年以后所有国防部门的仿真必须与 HLA 兼容。此后,在 HLA 基础上相继建立了联合先进分布式仿真(JADS)、聚合级仿真协议(ALSP)应用系统与 HLA 的应用系统等等。仿真技术的研究、开发与利用为试验靶场信息化建设奠定了坚实的理论和技术基础。

高新技术武器装备的性能日益复杂、功能日益强大,价格昂贵,使得试验与鉴定、评估费用快速增长,也使得武器装备试验场的压力大增,这就要求一种既能减少试验成本又不影响武器装备效能评估的试验体系和方法。

高新技术特别是信息技术与信息化武器装备的迅速发展和应用,引起了军事领域一系列重大变革,武器装备发展的重点已从单个平台的武器装备发展到武器装备系统,直至武器装备"系统之系统",这就必然会引起武器试验靶场的试验方法和试验模式的变革;此外,计算机模拟与仿真(M&S)技术的发展,使得在试验与鉴定过程中,被试武器系统的应用模拟仿真成为可能。基于此,美国陆军试验与鉴定司令部(ATEC)于20世纪90年代率先开发了虚拟试验场(VPG)技术。

虚拟现实(VR)技术,是指利用计算机生成一种模拟环境(如飞机驾驶舱、工作现场等),通过多种传感器设备使用户"进入"此环境中,实现用户与该环境直接进行自然交互的技术。虚拟试验场,就是利用 VR 技术、电子技术为基础的试验场。虚拟试验(场)应包括以下几个部分:

(1)虚拟试验环境;

(2)被试武器系统真实的战场模拟;

(3)各种试验模型;

(4)数据采集、处理与分析单元;

(5)作战效能评估单元;

(6)试验计划、管理和实施机构。

虚拟试验,是以计算机网络技术为基础,在模拟和仿真创造的合成环境中,通过仿真或模拟器在标准基础结构框架内使用模拟试验规程进行分布式试验,以检验和评估武器或武器系统效能。其指导原则是,以最优效费比获得武器或武器系统在真实试验中所能获得的信息,或者以最佳逼真度获得真实试验中不能得到的信息。事实上,虚拟试验场所获得的结果与真实试验的结果不会一样,只是在一定误差范围内的近似值。虚拟试验场必须能够准确反映武器或武器系统在战场执行任务时的工作环境,并能够支持收集对系统评价时所需的所有数据。虚拟试验(场),借助模拟与仿真技术来提供一体化、可重用、高效的一种有效的试验模式。这种模式仅利用较少的硬件资源和成本来完成所期望的试验,是一种有效的试验模式。虚拟试验(场),必须构建高逼真度(武器系统和作战环境)模型。这些(数学)模型应经过实践检验是正确有效的。没有正确的模型,虚拟试验结果与实际结果将相差甚远。虚拟试验不是真实试验的完全替代者,但是采用虚拟试验能够更加快速、成本更低地完成检验与评估任务。

在军工武器系统试验与评估中,国外已开发出多种试验台进行武器系统的虚拟试验,如美国家试验台(NTB)、扩展防控体系试验台(EADTB),以及法国的弹道导弹仿真试验台等。近年来,美军已经逐步建立了武器系统及体系级虚拟仿真试验平台、武器系统模拟与评估验收系统和虚拟电子试验场等。

国外对综合试验环境的研究也已非常成熟,涌现了以 SEDRIS 为代表的综合试验环境模拟平台,其中部分已经成为 IEEE 标准。

2.4.2.1　基于 HLA 的虚拟试验体系框架

高层体系结构(HLA),是美国防建模与仿真办公室(DMSO)于 1995 年制定的建模与仿真主计划(MSMP)中提出的建模/仿真的共同技术框架。其目的是解决各类仿真应用之间的互操作,以及仿真部件的可重用性。美军提出的通用技术框架概念包括 HLA、任务空间概念模型(CMMS)和数据标准(DS)。其中,HLA 是该技术框架的核心,其作用在于促进模拟与仿真资源的高效开发和重用,以及仿真系统的集成。HLA 为复杂系统的模拟与仿真提供了公共的技术支撑框架,主要由联邦/联邦成员规则、对象模拟样板(OMT)、接口规范、运行时间基础设施(RTI)等组成。HLA 的显著特点是,支持各类系统仿真及基于组件(对象)的仿真应用开发模式;提供通用的数据交换通信协议,以及通用、开放、灵活的数据语义互操作协议。HLA 的基本思想是,使用面向对象的方法设计、开发和实现系统不同层次和粒度的对象模型,以获得仿真部件和仿真系统高层次上的互操作性和可重用性。2000 年,HLA 的规则、接口规范、对象模型模板三项内容由 IEEE 标准化委员会定为 IEEE1516,IEEE1516.1,IEEE1516.2HLA 标准。

HLA 系统框架,为虚拟试验(场)提供了良好的体系框架,使分布在各地的试验环境实现了真正意义上的共享,能够准实时完成各类武器装备的试验。

2.4.2.2　虚拟试验典型应用

1. 虚拟电子试验环境

虚拟电子试验环境,提供了模拟战场电磁环境,对试验对象在模拟实战环境中敌我双方和民用信号进行仿真。综合 C^4I 战场环境是由陆军电子试验场(EPG)提出的"虚拟电子试验场"(VEPG)计划的一部分,利用各种有效的 C^4I 系统模拟仿真器,能够模拟仿真各种级别的战术指挥控制系统的试验。其中的虚拟战场环境设施(VBEF)能够生成真实的射频和数字信号,为被试系统提供真实的信号注入,模拟、仿真在作战环境中可能遇到的敌我双方与民用信号。

2. 导弹飞行试验环境

虚拟试验,可以生成导弹飞行试验的环境,即由模拟和仿真技术支持的一种试验环境,由相应的软硬件组成。进行这样的虚拟试验无需发射靶机、发射试验导弹和进行相应的飞行试验遥测,只需要一种半实物制导模拟器目标拦截系统。在虚拟试验中,能够为杀伤效果分析提供拖把距离参数,也可分析导弹的抗干扰能力。

飞行试验任务仿真器提供一种可控制的环境和各种被模拟的目标特征、系统侦察功能的电子对抗能力以及被模拟导弹对制导功能的响应。这种多功能模拟器能为目标拦截系统的搜索、跟踪和雷达参与下的交战能力建立模型,还具有侦察功能、导弹动力学、杀伤能力预测与试验后的分析评估等功能。

3. 多种其他试验环境

虚拟试验能提供多种武器装备的虚拟试验环境,如动态飞行模拟、光电试验环境、战术演练环境、化学威胁环境等,也可用于(空中或地面)火控试验、地面战车试验、舰船试验等。随着计算机、网络与建模技术的日益提高,虚拟试验在军工试验领域应用越来越广泛,正在向大型作战网络、复杂武器系统的试验与评估方向迈进。

2.4.2.3　虚拟试验特点

虚拟试验是一种具有明显军事和经济效益的试验手段,能够在有限的资源和条件下,对武器装备进行快捷和低成本的试验与评估。其优势在于：

（1）虚拟试验贯穿于武器装备研制全过程，在设计阶段初期就可开展试验；

（2）缩短武器装备研制/采办时间；

（3）为被试品在最终试验与鉴定、作战初始试验中取得成功做好准备。

虚拟试验相对于传统靶场而言，还具有明显的特点：

1. 分布式试验能力

虚拟试验场的最大优势是通过分布式试验，使被试系统的模型在模拟真实的战场环境中进行试验，不同的实验鉴定机构能够通过网络同时对其所需参数进行收集并迅速完成对被试品的鉴定与评估。分布式试验不仅能够完成实体的"一对一"试验想定，还可以完成"系统之系统"的试验想定，具有很强的试验适应性和灵活性。

例如，美国红石技术试验中心（RTTC）通过高速光纤网络将高性能计算机（HPC）和硬件试验设施连接航空和导弹研究实验室；还与其他研制单位、试验机构合作开发模拟、仿真和试验体系结构，实现数字仿真设备的"即插即用"式的交互能力、"硬件在环路中"能力、试验与鉴定能力。通过国防专用网络，红石技术试验中心利用美国陆军试验与鉴定司令部（ATEC）和美国国防部的先进试验能力进行分布式试验。红石技术试验中心靶场和设施之间实现了网络连接，并可接入国防研究和工程网（DREN）。红石技术试验中心的分布式试验基础设施包括：

（1）试验控制与分析中心（TCAC）；

（2）基于实时数据采集的虚拟测量网络（RAVIN）；

（3）低成本运载轨道跟踪测量系统（LOCAITS）；等等。

2. 重复试验能力

虚拟试验场，不仅具有以模拟为基础的试验能力，而且能够在虚拟的试验环境中对被试品的（数字）仿真模型进行试验鉴定，并不依赖于真实的样机开展试验与鉴定。这样的武器系统被存放在计算服务器内重复进行试验，并能够根据试验结果进行改进，直至被试品的各项指标满足作战要求为止。同时，虚拟试验具有在野外战场不能重现的条件下进行极限试验的能力。

3. 低成本试验能力

在虚拟试验中，真实的被试目标被数字模型所代替，真实的试验环境也被仿真模型所替代，大大降低了试验成本和试验风险。以"长弓"导弹的常规试验为例，采用传统方式进行试验，每年需耗费1250万美元，当采用红石技术中心的模拟/试验设施（STAF）进行验收试验仅需要180万美元；又如对M1型坦克进行改进试验，仅被试品模拟一项，若采用实物模拟试验需24个月，耗资4000万美元，而采用虚拟试验技术，仅需3个月与640万美元试验费。

2.4.2.4 虚拟试验发展

虚拟试验，虽然不能完全替代被试对象在真实环境中的试验，但是它能够以更有效率和更低成本的方法优化武器装备的设计、制造，以及优化真实试验的计划、实施与鉴定方法。因此，它不仅是真实环境试验的一种有益的重要补充，并且能够代替被试对象部分真实试验，从而节约成本、缩短时间。美国虚拟试验场连接了遍布全国的试验机构，综合集成，建立了大量试验资源重复、共享的运行机制，并采用系统工程理论与方法，建立以仿真为基础的试验能力。

虚拟试验场可用于支持预先试验、实际试验和交付试验,并将延伸至使用试验与评估(OT&E)。为了随时支持用户试验,虚拟试验场正在形成一种通用模拟/仿真能力,以形成未来武器装备在"系统之系统"环境中的试验能力。虚拟试验场不断开发复杂环境模型,用于对武器系统进行模拟试验,以检验武器装备(系统)在各种作战环境下的使用适应性与作战效能。

虚拟试验场发展越来越趋于完善,在通用体系结构、一体化信息系统、通用合成环境、通用虚拟试验工具和被试装备界面等方面不断拓展与升级。虚拟试验场也正在逐步融入空天地一体化试验体系之中,使得虚拟试验与真实试验相互交融,形成一个统一的一体化试验机制。

2.4.3 基础倡议 FI2010

美国国防部重点靶场具有很强的试验与评估能力,但通常只提供单一服务,各靶场试验设施与试验能力难于共享。为适应未来武器装备试验与训练需求,必须进行整合,这是因为:

(1)为了与美军"2020 联合构想"(JV2020)的重点——"信息优势"保持一致,美国国防部依据"网络中心战"要求进行转型,这对试验与训练提出了更高的要求。JV2020 要求试验与训练靶场必须通过联合试验与评估来支持"2020 联合构想"的实现。

(2)为了减少国防部采办过程中的时间、资源和风险,美国国防部提出了"基于仿真的采办"(SBA)。在采办中,贯彻"仿真、试验和鉴定过程"(STEP)要求,采用"模型–仿真–调整–试验–迭代"的方法采办更高质量的武器装备。所以,试验与训练界必须充当SBA"使能器"的角色。

(3)随着武器装备系统变得越来越先进、复杂,要求试验与训练的能力也越来越高。由于国防部各试验与训练靶场、设施和仿真的发展计划各自为政,导致研究项目与试验资源重复建设,资源不能共享,也就无法实现美军的"按作战方式进行试验与训练"的目标。

基于以上原因,美国国防部提出了针对试验与训练的主导型工程——基础倡议FI2010 工程。

2.4.3.1 FI2010 工程目标

为了克服各试验和训练靶场相互独立、信息不能共享以及资源不能重用等缺点,美国国防部实施了核心试验与评估投资计划(CTEIP)之一的基础倡议工程(Foundation Information 2010,FI2010)。

FI2010 工程,是美国国防部办公厅作战试验与鉴定局长发起的 CTEIP 项目之一,其目的是促进美国各试验场、试验设施与仿真资源之间的互操作、可重用和可组合,以实现全美"逻辑靶场"(Logical Ranges,LR)的功能,进一步落实国防部"仿真、试验与鉴定过程"(Simulation T&E Procedure,STEP),从而支持"基于仿真的采办"(SBA),最终支持"2020 联合构想"。

FI2010 工程是改变美国试验与评估现状的主导工程,并由军工试验界完成。FI2010 工程主要目标是建立一个公共的 TENA,实现公共软件基础设施和工具集,从而提供使美国国防部试验与训练靶场能满足未来几十年内军事需求的体系结构和技术。该工程由五个密切相关的工程——试验与训练使能体系架构(TENA)、通用显示分析与处理系统(CDAPS)、虚拟试验与训练试验场(VTTR)、地域性试验场综合设施(JRRC)、联合先进分布式仿真(JADS)——组成。

TENA 体系结构本身是一个技术蓝图,它定义了未来靶场软件开发、集成与互操作的整体结构,用于实现一系列可互操作、可重用、可重组的地理分散的(真实的与仿真的)靶场资源,迅速联合起来形成一个综合试验环境,以逼真的方式完成各种新的试验与训练任务。FI2010 工程将这样的环境称为"逻辑靶场",它是通过将分布在众多靶场和设施中的试验、训练、仿真和高性能计算技术等资源综合起来,形成一个没有地理界限的靶场。这些资源包括平台、仪器仪表、软件模块、试验与训练计划及数据产品、模型、模拟器、空域或水域、计算资源、数据库等。"逻辑靶场"能够依据用户的需求,快速建立一个能调度与集成域内资源,计划、实施并发送用户所需要的试验结果。"逻辑靶场"使得各个独立试验靶场的试验能力得到了极大的扩展,能提供更多的试验资源和更有力的服务以满足用户的需求。

FI2010 工程所提出的"逻辑靶场"的概念,覆盖了试验与鉴定、训练与演练的全寿命周期。除 TENA 外,FI2010 还定义了帮助靶场人员协作进行任务规划,以及集成复杂的试验与训练事件的开发工具和实用工具(如协作工具、数据仓库等)的资源库,以支持靶场任务的规划与集成;FI2010 也提供了采用端对端的方式,将靶场内部及各靶场设施中的资源进行互联的软件基础框架,以支持靶场任务的执行;最后,FI2010 提供了多种数据采集模式,以及对所收集的数据进行分布式、准实时访问能力,以支持事后数据分析。

"逻辑靶场"不需要刻意增加新的靶场专用设施和设备(系统),也不需要重新组建新的靶场和团队,只是以相对较小的投入,利用网络技术将具备一定信息化水平的靶场联为一体,突破单个现实靶场在试验空间、试验资源和试验能力等方面的极限,实现在不同靶场之间甚至不同国家的靶场之间在试验空间、试验资源和试验能力上的聚合,完成单个现实靶场或者单一国家的靶场无法胜任的试验任务。"逻辑靶场"的实现,不仅可促进美国国防部所辖的试验与训练靶场的完全统一,使其提出的"基于仿真的采办"想法落到实处,最主要的是,能以经济、高效的方式支持"网络中心战"环境下的试验与训练,从而实现"2020 联合构想"。

"逻辑靶场"可将任意地理区域内所有试验与测试资源通过 TENA 中间件连接而成,可用于构建电子试验环境、飞机导弹等武器的飞行试验环境、光电试验环境、战术演练环境、化学威胁环境、火控实验环境等各种试验环境下的试验靶场,统一控制、协作运行,从而完成大型或复杂武器系统的试验与评估任务。

2.4.3.2 FI2010 技术背景

FI2010 工程,是建立在建模与仿真高层体系结构(High Layer Architecture,HLA)和联合先进分布式仿真(JADS)技术的基础之上而开发的技术。HLA 和 JADS 为 FI2010 目标的实现提供了使能技术体系结构。HLA 建立了适用于美国国防部所有类型仿真(真实仿真、虚拟仿真和构造仿真)的技术体系结构,其目的是促进仿真之间及其与 C^4ISR 系统之间的互操作,促进仿真及其组件的重用;JADS 是一个联合试验研究项目,其目的在于研究在试验环境中使用仿真的可行性,考察新的评估方法,并确定综合仿真技术的性能和经济性。JADS 证实了将仿真系统与真实系统结合起来进行试验与鉴定的优越性和效能。

HLA 和 JADS 为 FI2010 的实现提供了坚实的技术基础。通过对其他多种体系结构进行研究,包括国防基础设施公共操作环境(DIICOE)、建模与仿真的高层体系结构以及借鉴 C⁴ISR 体系结构扩展框架等,确立了试验与训练使能体系结构(TENA)。显然,TENA 是在吸收了这些体系结构的优点后建立的,特别是 HLA 和 JADS 所开创的支持真实试验/训练场领域与建模/仿真之间互操作的理念,成为了 FI2010 的基石,为其所设想的"逻辑靶场"的成功实现提供了技术上的可行性。

FI2010 工程带来的好处是多方面的,其实施将促进美国国防部试验靶场、实验室和仿真之间的互操作性和可重用性;未来靶场内部的运作及仪器仪表的研发和维护成本更低、风险更小;各靶场协议易于转换、任务数据交换能力大大提高等。

2.4.3.3 试验与训练使能体系架构

为了实现"逻辑靶场"这一构想,FI2010 开发并确认未来美国靶场公共的体系结构,通过该工程促进一体化的试验与训练,从而支持美军 JV2020。

在"联合任务环境能力"(JMETC)投资计划中,开展了试验与训练使能体系架构(TENA)的研究。设计 TENA 的目的,是为试验与训练靶场及其客户带来低成本的试验,也为连接试验场、训练场、实验室和各种建模/仿真资源提供一种互操作性机制。TENA 通过中间件(Middleware)技术,解决异构网络环境下分布式应用软件之间通信、互操作和协同问题,将不同区域的试验场联系起来,实现逻辑试验靶场 TENA 系统信息共享、统一管理。

TENA 定义了未来靶场软件开发、集成与互操作的整体结构,用于将地理分散且虚实结合的靶场资源(如试验、训练、仿真与计算)快速联合起来形成一个综合环境,以高逼真度模式完成新的试验与训练任务。FI2010 工程将这样的环境称为无地理界线的"逻辑靶场"。TENA 由工具集、靶场通信、与其他靶场资源的接口、与武器系统的接口、标准/协议以及综合试验或训练规程等主要部分组成,如图 2-15 所示。

在 2005 财年初,完成了 TENA 的初步的互用性和重用性工作,后经改善与升级,获得了美国国防部联合国家训练能力(JNTC)等关键倡议的认可。TENA 是建立在美军靶场界所进行的大量相关试验的基础上,以靶场界为主导快速原型开发与测试的策略。

1. 用户参与

为解决试验与训练所面临的问题与挑战,美国国防部办公厅早在 1994 年就采取了将试验与训练界的专家召集起来定期进行公共试验与训练靶场体系结构(CTTRA)学术研讨会,并在 CTEIP 中设立相应的使能工程的策略。作为 CTEIP 的核心工程之一,为使 TENA 能满足所有靶场的需求,其开发是在国防部重点靶场的参与下进行的。随着 TENA 产品开发的深入,已经在一些典型的靶场建立了开发测试单元(DTC),并开始测试 TENA 性能并继续完善。采用 DTC 仿真美军重点靶场与试验基地,以测试并确认软件接口与演练工具。FI2010 工程得到了美军靶场司令官委员会的支持和配合,使得在所有靶场均采纳和应用 TENA 及其相关的应用程序接口(API)和对象模型。

2. 快速原型开发

开发 TENA 中间件的一系列原型:IKE1、IKE2……。这种快速原型开发的方法使得国防部靶场的工程师能够在开发期间迅速评估并改进体系结构。TENA 中间件的第一个

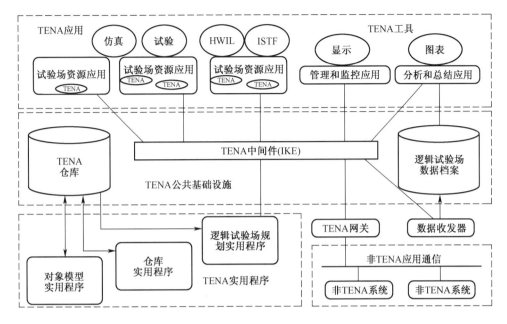

TENA对象模型：所有试验场资源和工具之间通信的公共语言
HWIL：半实物仿真
ISTF：装机系统试验设施

图 2-15 TENA 体系结构应用

原型(称为 IKE1)的设计于 1999 年完成,采用了靶场资源在面向对象的实时体系结构下进行互操作的方法,在 2000 年先后在 6 个靶场进行了测试;第二个中间件(称为 IKE2)是在第一个原型的基础上进行开发的,并吸收了面向对象技术,运用了面向对象的框架提供灵活性、可扩展性及模块化等功能,从而使 TENA 开发人员可通过灵活组合试验基础设施来满足用户的特定要求。经过美军各大靶场实际测试,实现了标准化,并配置到各个试验与训练靶场使用。IKE3 的开发主要在于提高性能、拓展对平台的支持、扩展公共对象模型、增加测试逻辑靶场的复杂度,以及提高对现有系统集成的支持能力等方面。

　　TENA 已成为美国靶场仪器设备和数据采集系统的一个不可缺少的重要组成部分,成为了靶场互用性和资源重用的一个关键要素。作为美国国家联合训练能力军事演习的一个互用性使能工具,已在多次分布式演习中证明 TENA 是一个关键使能工具。1998年,TENA 参与了联合先进分布式仿真系统综合试验即模拟试验;2002 年 TENA 将 6 个不同的靶场资源整合起来为联合部队司令部的"千年挑战 2002"(Millennium Challenge 2002,MC02)提供了有效的支持(图 2-16),此次演习对美军应对未来战场意义重大,有助于美军建立一支能相互协作、反应迅速、灵巧和致命的军事力量;特别是 2004 年两次重大的联合国家训练能力演习中,广泛使用了 TENA(图 2-17)。此外,TENA 还参与了代号为"对付威胁"(Cope Thunder)04-02 演习和"联合红旗 2005"等。表 2-2 给出了 TENA 参与的部分试验与训练任务。

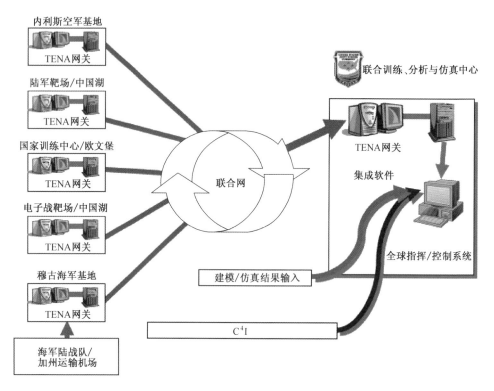

图 2-16 TENA 支持"千年挑战 2002"

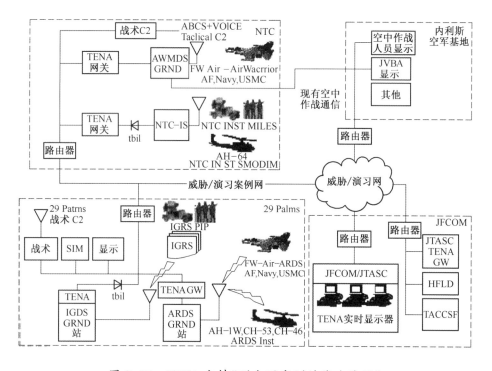

图 2-17 TENA 支持"联合国家训练能力演习"

表 2-2 TENA 参与的部分试验与训练任务

试验项目	任务描述	参与程度
联合先进分布式仿真系统综合试验	TENA 为试验整合了不同的靶场资源、仿真资源与实验室,为试验提供支持	广泛参与
"千年挑战 2002"	TENA 将 6 个不同的靶场资源整合起来,为"千年挑战 2002"提供支持	广泛参与
联合国家试验与训练能力演习	TENA 为试验整合了不同的靶场资源,为试验提供支持	广泛参与
"联合红旗 2005"	TENA 为试验整合了不同的靶场资源,为试验提供支持	广泛参与

综上所述,通过 TENA 中间件,将本地试验场试验网络与多个试验场试验网络进行有效连接,可实现跨地域多试验场信息交互、信息共享,如图 2-18 所示。

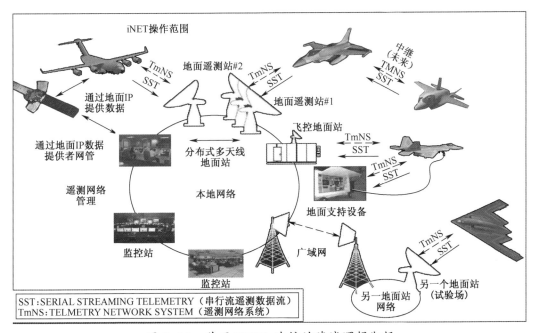

图 2-18 基于 TENA 连接的跨域逻辑靶场

美军认为,为武器装备试验与评估资源建立一个有效的发展策略规划,保证作战系统所必须的试验与评估能力。持续、统一的发展规划将是实现试验与评估能力转型的关键。因此,美军靶场按照统一规划、整体推进、统一标准、兼容通用、多方参与、分工协作的原则,持续推进逻辑试验靶场的建设。

2.4.3.4 联合先进分布式仿真试验与评估计划

在 20 世纪 90 年代后期,美军开始制定并实施联合先进分布式仿真试验与评估(JADSJT&E)计划,并对先进分布式仿真技术在飞机、导弹、C^4ISR 系统和电子战等武器试验与测试中的应用进行了大量的理论研究和试验探索,取得了许多重要的研究成果。研究结果表明,先进分布式仿真试验与评估技术能够有效地提高试验能力,弥补传统试验手段的不足,降低成本,缩短试验周期以及支持联合试验预演。

先进分布式仿真试验与评估是美军在联合先进分布式仿真试验与评估计划中提出的一个新概念。它采用了高层体系结构(HLA),在先进分布式仿真的试验环境中对武器系统进行的试验与评估。具体地,利用先进分布式仿真技术,将多个试验区和站点的现有试验资源结合起来,构建一个综合逼真的环境,用于武器系统的试验与评估。各种武器系统的联合先进分布式仿真试验与评估系统的基本构成相同,包括被试武器系统、目标和环境系统、试验控制与分析系统、试验监控与测量系统以及试验通信系统。表2-3给出了JADSJT&E参与的部分试验任务。

表2-3 JADSJT&E参与的部分试验任务

试验项目	任 务 描 述	参与程度
通用地面站(GGS)后续作战试验与评估	对陆军通用地面站的后续作战试验与评估	广泛参与
VSTARS任务训练系统(MCTS)样机	对VSTARS任务训练系统的评估,以支持和完成整个任务训练和后续训练过程	广泛参与
星群计划	在陆军所有试验中心之间实现互联互通的计划。该计划最终目的是实现虚拟靶场(VPG)能力	广泛参与
威胁仿真器联接工程研究(TSLA)	用于提供支持电子战系统试验与评估(其试验环境由分布式资源组成)所需的设备和网络特性研究	广泛参与
先进分布电子战系统(ADEWS)	用于对地面和机载无线电通信系统(SINCGARS)受干扰后的影响程度进行仿真分析	广泛参与
联合攻击战斗机(JSF)	在模拟的战区行动中使用模拟的飞机/能力进行能力评估	一般参与
仿真、试验与作战演习模型(STORM)	旅及以下部队战斗指挥(FBCB)试验的试验支持工具,用于提供一种组合的合成式和实际的试验环境	中等参与
使用仿真的联合电子作战试验(JECSIM)	用于半物理导弹仿真系统的电子对抗试验,比较试验结果与模型和仿真(M&S)的预测值,并将模型结果与实验结果进行相关分析	一般参与

美国国防部认为试验与训练靶场的资源必须高效利用,将已有的试验与训练资源与先进的信息技术和仿真技术结合起来,包括来自建模与仿真设施、半实物仿真实验室、装机系统试验设施和野外靶场测量数据以及训练演习期间产生的数据等一切相关设施与信息,真正实现信息共享、试验设施互联互通,从而完成大型联合试验任务。

2.4.3.5 虚拟试验与训练试验场

2003年,在美国国防部防务采购文件中,将基于建模与仿真的虚拟试验作为试验与评估过程的一个有机组成部分,是试验模式由传统的"实物试验-改进产品-再实物试验"迭代模式转变为"建模-虚拟试验-改进模型-实物试验"递进模式,即从真实条件下的试验转变为虚拟与真实相结合的试验方式。

从系统的角度来看,虚拟试验场是一个层次化结构,由资源库层、运行支撑层、应用系统层构成,如图2-19所示。

TENA对虚拟试验场提供一个很好的软件支撑框架,使大规模复杂系统仿真成为可能。虚拟试验场通过TENA连接,可形成覆盖(航空、航天、船舶和兵器等)多个领域超级虚拟试验场,如图2-20所示。

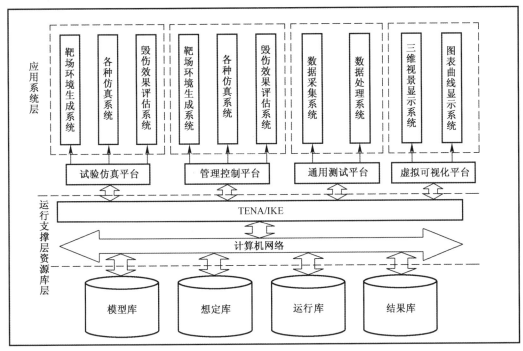

图 2-19 虚拟试验场结构示意图

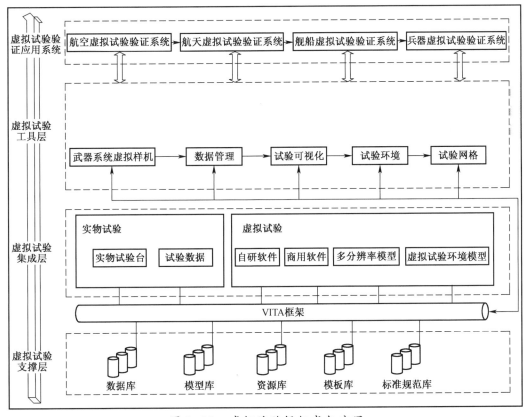

图 2-20 虚拟试验场组成与应用

2.5　赛博试验计划

如前所述,空、天、地(海)一体化作战网络是未来必然的发展趋势,那么一体化作战网络的安全性将是战争成败的关键。如何对作战网络空间(即赛博空间)的安全性进行试验与评估,自然也就成了各个国家特别关心的重要问题。

2.5.1　背景

2008 年,布什提出了"国家赛博安全综合倡议"(CNCI),旨在建立一个能够有效减少漏洞并阻止敌方入侵的防御前沿,通过情报手段与加强供应链安全来防御各种威胁,通过加强在研发上的投入来形成未来环境。奥巴马执政后,在前任政府既定政策的基础上,先后提出了"赛博空间安全法案"(773 号)及"国家赛博空间安全顾问办公室法案"(778号),并成立了美国赛博司令部[15]。在此背景下,美军对赛博战技能的持续发展提出了新的需求和应对方案,并开展赛博攻防演习——"网络风暴 3",加紧部署新的赛博攻防技术设施(如 EINSTEIN3 型等网络侦察设备),特别是加大了对新技术项目的投入。

在赛博试验(靶)场建设方面,除了众所周知的国家赛博试验(靶)场(NCR)外,美军还陆续启动了国防部信息保障试验(靶)场(DoD IAR)、联合赛博空间作战试验(靶)场(JCOR)、海军赛博空间作战试验(靶)场(NCOR)、联合信息作战试验(靶)场(JIOR)、战略司令部赛博作战试验(靶)场(SCOR)、陆军国民警卫队增强型网络训练模拟器试验(靶)场(ARGENTS)等多个赛博试验(靶)场的建设[16]。目前,这些试验(靶)场相继建成并投入使用,在赛博技术装备试验和赛博作战人员训练等方面发挥着重要作用。

美军在赛博靶场能力建设上分为不同的层次,既有针对赛博战的全功能、高复杂度的大型靶场,如耗资大、周期长的国家赛博靶场,又有包括针对当前作战威胁和赛博战演练的中型靶场,如国防信息系统局的信息确保靶场,还有各军种各自的赛博靶场等[17-18]。这些靶场在用户、功能等方面有所不同,各具特色。如在模拟对象方面,美国国家赛博靶场主要用于模拟因特网,国防部信息确保靶场主要用于模拟全球信息栅格,而各军种的赛博靶场则主要用于模拟各军种的作战、指控网络。不同层次不同类型赛博靶场的同时建设,可以满足不同领域对赛博战能力的需求,有效推动赛博战能力的全面发展。

2.5.2　美国国家赛博靶场

美国国防高级研究计划局(DARPA)提出了美国国家赛博靶场(National Cyberspace Ranger,NCR)投资计划。NCR 是美国国家赛博安全综合计划的核心组成部分。NCR 的目的是为加快信息网络安全系统的应用,重点改善大规模网络(比现有网络高几个数量级)的网络安全技术。NCR 将为 CNCI 提供一个用于研究开发的、安全的、可控的、创新试验环境,为各种网络技术和构想的安全性进行定量和定性分析的物理评估平台[19]。

2.5.2.1　计划与实施

NCR 计划分为四个阶段进行实施[20],具体如下:

(1) 设计阶段:于 2009 年 1 月启动,主要完成靶场的初始概念设计,形成详细的工程计划、系统演示验证计划,以及开发运行概念(CONOPS)。

(2)原型设计阶段:2010年1月开始建设靶场原型,形成具有基本功能的赛博靶场设施设备、软件工具以及相关运行规程;在保证安全性和保密性的前提下,具备演示验证大规模网络攻防的能力,并能对试验事件进行记录分析。

(3)建设阶段:建设靶场基础设施、靶场管理系统和靶场试验管理系统,具备执行复杂的赛博行为,包括保护国家信息基础设施免遭赛博攻击,能够快速复制己方和敌对方的网络,建立网络防御工具库等。

(4)测试阶段:对靶场具体项目进行严格的网络试验,做好全面运行的技术准备。

NCR自2009年开始建设,到2014年开始试运行,具体内容如图2-21所示。

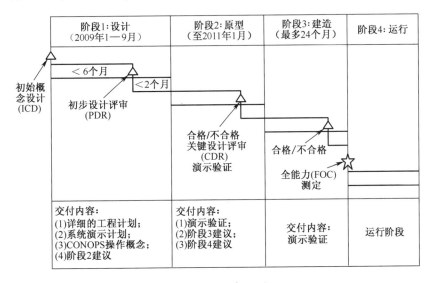

图2-21 NCR建设进程

经过2009年1月至2012年10月近四年的建设,国防预先研究计划局于2012年10月将位于洛克希德·马丁公司设施内的国家赛博靶场移交给了美国国防部试验资源管理中心。目前,国家赛博靶场已具备了开展试验与训练的能力。据美国国防部称,国家赛博靶场已被用于对一个模拟了15000个高保真节点的网络进行了试验。靶场在2012年承担了近10项赛博试验任务,并将逐步承担更多的赛博试验任务。

2.5.2.2 主要特点

国家赛博靶场是美军最大的赛博靶场,可以模拟因特网等大型网络,其特色主要体现在以下四个方面:

(1)体系结构安全可靠。采用安全架构,可以同时进行多个密级不同的试验,从而最大化利用靶场资源。靶场先后进行了绝密/敏感隔离信息(TS/SAP级)、敏感隔离信息(SCI级)认可和认证测试。

(2)试验设计简便易行。试验设计工具能够使用户快速设计网络拓扑结构和具体的试验。这些工具也可以在用户所在地运行,从而提高了赛博试验的可达性。

(3)靶场配置自动高效。通过硬件和软件工具,可以自动配置靶场,构建环境,进行试验。这将大大缩短试验周期,将配置靶场进行试验的时间从数月减少到数小时。

（4）复位还原自动进行。在试验后靶场可以自动还原复位,并在任何密级下重新使用,这样,可以加载新的代码并进行试验,而不会对靶场带来危害。

2.5.2.3 试验过程

在国家赛博靶场进行赛博试验的过程有 6 个步骤,图 2-22 给出了美国国家赛博靶场试验流程图。该过程始于一个通用的、汇集了相关资源和赛博工具的硬件和软件池。试验结束后,可以重新进行先前进行的试验,或进行新的试验。

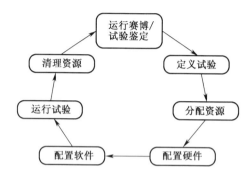

图 2-22　美国国家赛博靶场试验流程图

2.5.3　美国国防部信息保障试验(靶)场

2009 年 10 月,位于美国弗吉尼亚州斯塔福德匡蒂科海军陆战队基地附近的国防部信息保障靶场初步建成并投入使用。靶场主管部门为美国国防部国防信息系统局(DISA),实际运营部门为海军陆战队司令部指挥、控制、通信与计算机处。据美军方称,国防部信息保障靶场这一赛博空间"沙盘"可以模拟全球信息栅格,进行赛博试验鉴定和训练演练。靶场可以用作独立的模拟器,也可以与各作战司令部、各军种和国防部各机构的其他靶场连接和互操作。图 2-23 为信息确保靶场拓扑结构图[21]。

2.5.3.1 靶场环境

国防部信息保障靶场基于开放式体系结构设计,可以通过配置为个体训练演练需求提供支援。这种灵活性包括诸如通信流量生成、威胁注入、操作系统类型、补丁等级、飞地机器和网络服务等细节。这一环境还可以对企业信息保障设备和应用软件进行测试、鉴定以及对互操作性做出评估。为了模拟逼真的作战环境,国防部信息确保靶场采用了诸如系统管理员模拟训练器(SAST)和"突破点"(Breaking Point)工具等。

国防部信息保障靶场为美国国防部一级至三级建模与仿真提供通用环境。靶场可以提供由恶意和友好网站组成的虚拟互联网。据美国国防部国防信息系统局称,可以从虚拟互联网向国防部信息保障靶场的 GIG 环境发动模拟的威胁攻击和真实的"红队"攻击。

2012 年 7 月,靶场建立了一个与非保密 GIG 环境相同、可以在秘密级运行的环境。在此环境下,可以开发和演练秘密级战术、技术与程序(TTP),可以纳入秘密级防御或攻击工具,可以运行秘密级作战想定。该保密环境采用了保密协议路由器网(SIPRNET)骨干网。2013 财年,靶场建成可以运行绝密/敏感隔离信息(TS/SCI)级的环境。

2.5.3.2 主要职能

国防部信息保障靶场结合纵深防御战略的设计原则,为美国国防部各组织机构提供

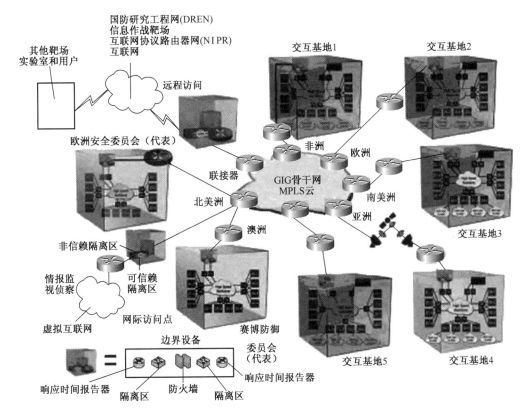

图 2-23 美国国防部信息保障靶场拓扑结构图

了一种井然有序、可重复、可验证的赛博试验与鉴定架构,可以用于度量网络防御人员的能力,有机整合人员、行动和技术,对赛博安全攻击进行防护、监测、探测、分析、诊断并做出响应;遏制、消除并从中恢复。作为一种能力,国防部信息保障靶场除了提供一种从作战环境中分离出来的逼真的试验与鉴定环境外,还为美国国防部各组织机构提供一种度量赛博安全人员作战能力、现有赛博安全服务充分性的途径和手段,并验证已确立和批准的信息确保和计算机网络防御战术、技术与程序。

2.5.4 联合赛博空间作战试验(靶)场

联合赛博空间作战试验靶场是美国国防部的主要赛博靶场之一,可以为赛博空间作战人员等提供在逼真的环境下进行训练的能力。靶场位于伊利诺斯州斯科特空军基地。靶场由康贝公司(代表空军)负责维护和运营。靶场充分利用仿真技术来支持作战人员进行全面的训练、培训、认证和军事演习,允许用户连接分布在各地的各军种或机构的赛博训练系统,使用户通过靶场获得网络保护、防御和作战等方面的作战经验和能力[22-23]。

2011 年,靶场用户登录模拟器的时间达 30548h。截至 2012 年 11 月 1 日,登录时间达 34788h。目前,美国空军官员正在采取措施,以进一步扩大靶场的用户。另外,靶场的用户类型也发生了变化。用户不再仅仅是空军人员,还包括来自其他作战司令部、军种、学校和机构的人员。用户也不再仅仅是传统赛博领域的用户,还包括负责搜集敌方情报信息的情报人员等。

2.5.4.1　基础设施

联合赛博空间作战靶场拥有 13 种不同的模拟器,其中有些模拟器具体到某个网络层,如基地级计算机网络、空军级计算机网络等。靶场主要基础设施包括部分任务训练器、因特网仿真能力设备和信息数据库等。

1. 部分任务训练器

部分任务训练器可用于对具体的任务进行训练,如防火墙或电子邮件流量管理等。部分任务训练器可以针对具体需求对仿真进行裁剪,使训练拥有更多的选择,如在飞机模拟方面,可以只模拟带有炸弹架的机翼,而不是模拟飞机的一切,这样,可以不用考虑动用较大的靶场,如基地级靶场或第二层网络。

2. 因特网仿真能力设备

因特网仿真能力设备也称"非动能合成轰炸靶场"或"环球靶场因特网",它可以使网络防御人员从位于世界各地的军事基地登录并进行训练。

3. 信息数据库

信息数据库拥有构造仿真模型,可以为模拟训练提供信息,使参训人员拥有空中的虚拟人员或虚拟机器以及"环球靶场因特网"上的虚拟网络等。

2.5.4.2　主要职能

联合赛博空间作战靶场,用于赛博实兵训练(如战斗机飞越训练靶场)以及虚拟仿真训练和构造仿真训练。其最初的使命任务,是支持每年相对较少的赛博演习,但靶场现在可以提供持续的训练和培训,并支持每年进行的大量演习。另外,靶场最初只用于对相对较少的防御作战人员进行训练,但靶场现在增加了攻击性作战训练。不断变化的任务还包括支持动力学事件的赛博作战训练。

联合赛博空间作战靶场源于空军训练演练模拟器(SIMTEX)项目。根据美军设想,每个军种都要拥有类似于 SIMTEX 的项目,这样,军方的模拟器就可以连接在一起,进行联合赛博训练。美军将联合赛博空间作战靶场描述为一个靶场联盟,除了 SIMTEX 靶场外,靶场联盟的主要成员还包括海军赛博空间作战靶场、战略司令部赛博作战靶场以及陆军国民警卫队增强型网络训练模拟器靶场等。联合赛博空间作战靶场于 2012 年夏季与美国国家赛博靶场进行了集成。

2.5.5　海军赛博空间作战试验(靶)场

海军赛博空间作战试验靶场,位于弗吉尼亚州诺福克海军信息作战中心(NIOC)。海军通过靶场的模拟器进行赛博演习、作战训练,如计算机网络分组训练(CNTT);海军"红队"工具开发;基于主机的安全系统(HBSS)培训等。靶场采用了标准协议,可以作为独立靶场使用,也可以通过隔离的靶场广域网与其他靶场(如联合赛博空间作战靶场、国防部信息保障靶场等)连接,通过联网来形成更大的环境。

2.5.5.1　靶场环境

海军赛博空间作战靶场,由服务器、路由器、交换机以及安全设备构成,用于模拟海军海上漂浮网络。靶场可以模拟舰对岸 IP 数据流和数据包的馈送,所使用的硬件和软件为工业标准硬件和软件,如 Cisco 路由器、Alcatel 交换机、McAfee IntruShield 杀毒软件、Side-winder Firewall 防火墙、Windows 2003/2008 服务器等。靶场预先安装了应用于舰船的通用 PC 操作系统,配备了安全系统。此外,靶场演习服务器和工作站采用 VMware ESXi5.0 框架。虚拟化的仿真环境可以在训练活动结束后快速还原复位。

2.5.5.2　主要职能

海军赛博空间作战靶场是"一整套设备,通过这些设备可以创建:模拟网络;赛博演习、评估和训练模拟器/环境;应用程序开发与测试网络"。除了赛博演习、作战评估以及应用工具和应用程序的开发外,靶场还可以用于渗透试验、竞争托管、任务演练、网络验证、认证和认可支持,以及现场和远程培训等。靶场环境为隔离的计算和联网环境,试验团队可以在此进行试验,而不会危及作战网络或生产网络。靶场目前主要用于测试商业和定制开发的安全应用程序,如基于主机的安全系统、海军"红队"和"蓝队"工具包等。

2.5.6　联合信息作战试验(靶)场

联合信息作战靶场由总部设在弗吉尼亚州萨福克的联合参谋部 J-7 处管理,提供的是一种联合赛博空间作战试验环境。靶场是一个"闭环、安全、全球分布式网络,该网络构成了与实弹发射相关的逼真赛博空间环境,支持各作战司令部、各军种和国防部各机构以及试验界在信息作战和赛博空间任务领域的训练、试验和实验"。图 2-24 所示为联合信息作战靶场典型试验架构。

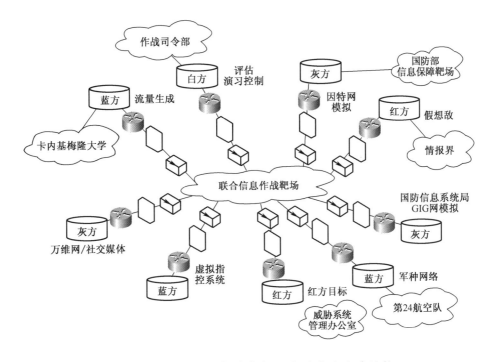

图 2-24　联合信息作战靶场典型试验体系结构

靶场可以提供一种削弱的或拒止的环境,在这种环境中可以进行战术、战役和战略级训练和试验。除了其他机构、国家实验室、工业界和学术界之外,靶场可以与美国国防部以及各军种的赛博靶场连接。

靶场的主要任务是在采办周期中对指挥和控制技术设备进行试验。靶场网络通过了美国国防情报局的认证,可以在7个安全等级(从公开信息级到敏感隔离信息级)对进攻性和防御性赛博空间能力进行试验。

除上述5个赛博靶场外,美军还建立了战略司令部赛博作战靶场(位于内布拉斯加州)、陆军国民警卫队增强型网络训练模拟器靶场(位于阿肯色州)。这两个赛博靶场均为联合赛博空间作战靶场联盟的成员。

2.5.7 英国联合赛博试验靶场法汉姆试验(靶)场

2010年10月,诺斯罗普·格鲁曼公司在英国的首个商用联合赛博试验靶场法汉姆(Fareham)工场正式成立。这个赛博靶场被用来模拟大型复杂网络,并在安全可控的试验环境下进行基础设施生存能力和可靠性方面的赛博试验及评估,以评价它们对赛博攻击的承受能力。赛博靶场在一个封闭的系统里最大程度地再现了现实世界的环境,在赛博攻击的影响之下系统可能完全崩溃,让人们全面认识到攻击的影响及如何在遇袭时保持系统运行。

英国靶场建设任务已经完成,并首先将被诺斯罗普·格鲁曼公司、英国电信公司、牛津大学、沃里克大学和英国皇家学院用来进行一系列的有恢复能力的网络自组织和自适应技术试验。

2.6 复杂电磁环境效应评估

毫无疑问,作战环境是一个极其复杂的电磁环境,空(天)地(海)一体化作战网络系统在这种复杂电磁环境下应能发挥其正常作战功能与效能,并具有抗干扰、抗辐射和正常运行能力(OA)。通常,复杂电磁环境不仅影响单个武器装备战技性能的发挥,也对空天地一体化网络作战系统效能产生巨大影响。因此国外先进国家非常重视武器系统在复杂电磁环境下的试验与评估,从武器装备试验与评估到作战训练均给予高度重视,并投入了大量资源。

电磁环境效应试验与评估,是装备全寿命期管理的重要工作,通过试验可以验证关键技术及设计方案,及时发现装备存在的缺陷,通过试验检验武器装备在预期工作电磁环境中的使用效能和电磁易损性,检验装备是否达到规定的战术技术指标和使用要求。由于不能充分确认平台、系统、分系统和设备在预期使用电磁环境中性能,已经造成了严重的事故。因此,电磁环境效应试验应着眼于未来信息化战争的本质特征,突出复杂电磁环境对武器装备带来的新问题、新挑战。当今,美军在武器装备电磁环境效应试验与评价方面,不断研究和探索电磁环境效应试验技术与创新,取得了明显的成效。

2.6.1 电磁环境效应试验与评估

2.6.1.1 电磁环境效应

电磁环境是能量的空间和时间的分布,包含各种不同的频率范围,而且包括辐射和传导的电磁能量。它是电磁能量的总体(人为产生的和自然产生的),对任何暴露在其中的武器平台/系统或者分系统/设备,在任何环境(如陆地、空中、空间、海洋等)中都会发生作用。电磁环境效应是电磁环境对军事力量、设备、系统和平台运行能力的影响,它涵盖所有的电磁学科,包括电磁兼容性、电磁干扰、电磁易损性、电磁脉冲,以及电子防护、静电放电、电磁辐射对人员、军械和易挥发性物质如燃油的危害。电磁环境效应包括射频系统、超宽带设备、高功率微波系统、雷电和沉积静电等辐射源产生的电磁环境引起的电磁效应。

电磁环境效应顶层标准是美国国防部下发的 MIL-STD-464A《电磁环境效应系统需求(2002)》。制定该标准的目的,是为空基、海基、天基和陆基系统(包括相关的武器)建立电磁环境效应的认证标准和接口需求。该标准适用于所有的装备系统(设备),无论是新建设备还是改造设备。该标准由其他相关的标准支撑,包括有 MIL-STD-2331《引信和引信器件的环境和性能测试》、MIL-STD-461《分系统和设备的电磁干扰特性控制的需求》、MIL-STD-1399-070《舰船系统接口标准,直流磁场环境》、MIL-STD-2169《高功率电磁脉冲环境》、CNSS TEMPEST 01-02《咨询备忘录,NONSTOP 评估标准》、DoD D4650.1《无线电频谱的管理和使用》、DoD I6055.11《保护 DoD 人员避免暴露于无线电和激光辐射中》、NSTISSAM TEMPEST/1-92《电磁泄漏发射实验室测试要求》与 NTIA《联邦无线电管理规章和过程的手册》等。

在实际电磁环境中使用之前,装备系统(设备)必须首先进行电磁环境的安全认证。在安全认证中必须考虑系统(设备)的全寿命周期,包括常规工作、检修、存储、运输、搬运、包装、装载、卸载等。

接口需求包括如下 14 个方面,并给出了具体的指标或相应的支撑标准:①极限值;②系统内电磁兼容(intra-system Electromagnetic Compatibility,iEMC);③EME 外部射频电磁环境(external RF);④电磁脉冲(Electromagnetic Pulse,EMP);⑤闪电;⑥电磁干扰(Electromagnetic Interference,EMI);⑦静电放电控制;⑧电磁辐射危害(Electromagnetic Radiation Hazards,EMRADHAZ),包括电磁辐射人体危害、电磁辐射爆炸物危害和电磁辐射武器危害 3 个方面;⑨全寿命 E3,相对硬度;⑩电接头;⑪外接地;⑫危及信息安全的测试和评估计划;⑬杂散辐射控制(Emission Control,EMCON);⑭电磁频谱兼容。

电磁环境效应是电磁环境对军事力量、装备、系统和武器平台的操作能力的冲击。它包含所有电磁训练、电磁兼容性、电磁干扰、电磁攻击、电磁脉冲,以及对人员、武器和可燃爆炸性材料的电磁放辐射危害,也包含闪电和静电等自然现象。从定义上来说,电磁环境效应是研究在有限的空间、有限的时间、有限的频谱资源的条件下,各种用电设备或系统(包括武器平台和生物体)如何协调共存而不至于引起装备性能显著降低的一门科学。

美军关于电磁环境和电磁环境效应的研究,是非常体系化和标准化的。以电磁环境效应军用标准(MIL-STD-464A)作为顶层标准,不仅构建了(纵向)电磁环境效应有关的军用标准体系,而且以军用标准、应用指南、操作手册,以及工作指南构建了(横向)电磁环境效应有关的操作、认证方法和过程体系,使得电磁环境效应的研究既具有系统完备性,又具有可操作性[24-25]。

2.6.1.2 电磁环境效应试验及评价目的与分类

电磁环境效应试验与评价的目的,是进行风险评估,验证建模与仿真,确定性能规范的符合性和确定研制装备在预期电磁环境中的使用效能和易损性。电磁环境效应试验与评价分为研制试验与评价(DT&E)、使用试验与评价(OT&E)。

2.6.1.3　研制试验与评价

研制试验与评价的主要目的,是验证系统的工程设计和开发过程的完备性,降低系统的设计风险,评价技术规范的满足程度,确保系统满足设计规范。研制试验与评价的主要任务,是识别研制技术风险;验证系统的能力水平;评估关键技术和方案的可行性;对技术进展作出评价。

2.6.1.4　使用试验与评价

使用试验与评价是在接近真实作战条件下开展外场试验,以评估武器装备在真实使用时的有效性和适用性。

2.6.2　美军电磁环境效应试验与评估[26-27]

从军用无线电设备开始使用以来,美国军方开展电磁环境和电磁环境效应的研究就逐步展开。20世纪60年代,主要考虑的是射频干扰(Radio Frequency Interference,RFI)。从那时开始,美国国防部就把电磁兼容(EMC)作为集成指标应用于武器装备设计、开发、采购和保存等各环节;后来,扩大到电磁效应。1997年,美军开始把电磁环境效应作为顶层标准体系,建立了一系列的军用标准,包括应用指南、操作手册,以及每年的工作指南。

2.6.2.1　美军电磁环境效应试验与评估项目

美军在装备研制过程中,通常要进行以下电磁环境试验与评估项目:

(1)分系统和设备电磁兼容性鉴定试验;

(2)分系统和设备安装检查:主要检查接地、搭接和线缆布置等;

(3)功能试验:确定安装后的分系统和设备是否满足功能和性能规范;

(4)分系统内试验:验证构成分系统的设备(如雷达、点火控制、机械控制、通信等)在一起能否兼容工作;

(5)系统内电磁兼容性试验与分析:验证平台、系统内的所有分系统和设备能否兼容工作;

(6)系统、平台电磁兼容性试验与分析:确认系统、平台在预期电磁环境中的使用效能、易损性等。

其中第(1)~(5)项属于研制试验,通常由承研单位或军方研制试验与评价部门在电波暗室等标准场地内完成;第(6)项属于使用试验,由专业使用试验与评价部门在接近真实环境的外场条件下组织实施。

2.6.2.2　E3研制试验与评价

电磁环境效应(Electromagnetic Environmental Effects,E^3)研制试验与评价,是验证装备设计和研制过程的完整性,将E^3风险降至最小。项目研制符合经剪裁的军用标准(MIL-STD-461或464)形成的E^3规范。表2-4给出了美军E^3研制试验与评价内容及依据的标准。

表 2-4 E³ 研制试验与评价内容

试验评价内容		试验与评价依据
分系统和设备 EMC		MIL-STD-461F
平台和系统内 EMI		MIL-STD-461F,MIL-STD-464C
平台和系统间 EMI		MIL-STD-464C,MIL-HDBK-23-1C
特殊 E³ 要求	沉积静电	MIL-STD-464C
	雷电	MIL-STD-464C
	电磁脉冲	MIL-STD-464C
	高功率微波	MIL-STD-464C,MIL-HDBK-235-8
	超宽带武器	MIL-STD-464C,MIL-HDBK-235-8
	电磁辐射对人员的危害	MIL-STD-464C,DoDI 6055.11
	电磁辐射对燃油的危害	MIL-STD-464C
	电磁辐射对军械的危害	MIL-STD-464C,MIL-HDBK-240
MIL-STD-461F《设备和分系统电磁干扰特性控制要求》		
MIL-STD-464C—2010《系统电磁环境效应要求》		
MIL-HDBK-235-1C—2010《军用电磁环境剖面》		
MIL-HDBK-235-8《高功率微波的外部电磁环境电平》		
MIL-HDBK-240《电磁辐射对军械的危害试验指南》		

1. 分系统和设备 EMC 试验

分系统和设备 EMC 试验,是对传导和辐射的发射和敏感度进行试验。试验依据美军用标准 MIL-STD-461F—2007《设备和分系统电磁干扰特性控制要求》进行。在试验时,根据被试分系统和设备实际,对试验限值进行剪裁。

2. 平台和系统内 EMI 试验

MIL-STD-461 规定的分系统和设备的限值,是根据大多数技术状态和环境经验推导得到的。若符合这些限值要求,则可保证以高置信度实现平台或系统的电磁兼容性,但并不能完全保证实现兼容性。在一个平台或系统内,分系统和设备必须能够与同时运行的其他分系统和设备一起提供全面的性能。某一分系统或设备产生的 EMI 不能降低整个平台或系统的性能。平台或系统内 EMI 是需要关注的要素之一,MIL-STD-464C《系统电磁环境效应要求》对此进行了详细的讨论。

平台和系统内 EMI 试验的目的,是检查平台、系统内电子设备能否兼容工作。要进行系统内 EMI 试验,不仅要保持系统工作时实际的互连关系,而且要保持系统实际工作状态。首先要确定作为干扰源的电子设备,确定作为干扰源的电子设备的工作模式、工作状态、发射频率等;其次,确定潜在的敏感设备。通过分析、试验确定最敏感的途径;要选择系统内的关键测试点;要确定敏感判据;要对所有设备以不同组合的工作状态、不同组合的开关机,进行设备的"多对一"与"多对多"相互干扰检查。在进行相互干扰检查前,需要电磁环境效应专业人员进行大量的协调工作,认真与设备生产厂家、设备集成厂家进行技术交流,了解各个电子设备的工作原理、工作方式和敏感判据。制定详细的试验步骤和方法(包括试验内容、试验步骤、敏感判据、应用的限值、关键测试点、频率选择等)。

3. 平台和系统间 EMI 评价

平台和系统间 EMI 试验目的,是评价一个平台或系统对另一个平台或系统产生不利影响而导致的使用问题。试验前必须定义电磁环境(Electromagnetic Environments,EME)并用于对平台/系统间的性能进行评价。平台和系统间 EMI 来源于邻近的平台或系统的辐射发射,用频系统的信号路径是最敏感的路径,试验时要依据定义的 EME 开展试验。

4. E^3 试验特别要求

E^3 试验特别要求,包括沉积静电、雷电、电磁脉冲、高功率微波、超宽带系统以及电磁辐射的危害。E^3 试验项目需要根据被试系统全寿命期可能遇到的威胁电磁环境而定。这些试验大都需要专用试验系统,试验方法及试验步骤需要根据具体的试验系统而定。

2.6.2.3　E^3 使用试验与评价

电磁环境效应 E^3 使用试验与评价,是在 DT&E 之后进行的,要求在尽可能真实的 EME 中完成,以确定被试系统在电磁环境中使用的有效性。OT&E 的作用是确保被试系统在真实电磁环境下满足经过用户确认的使用要求。因此关注的是"使用要求、使用效能和使用适用性"等方面的试验,而不在技术性能方面,这与 DT&E 有所不同。

OT&E 试验重点放在 EMC/EMI,以及由频谱可用性方面的限制造成的使用性能的降低。成对标识潜在的 EMI 源和敏感设备,并通过各种不同模式和功能对安装在平台或系统上的分系统或设备进行系统性评价。同时,监测其余项目的降级情况。一个干扰源对一个敏感设备和多个干扰源对一个敏感设备的情况都需要进行评价。主要包括:对用频系统,编制"频率选择计划",如谐波、互调、交调等;对研制试验中发现的不期望响应进行使用试验与评价;所有分系统和设备在使用平台电源同时工作时,输电线失真、谐波或瞬态对共用该电源的分系统的影响;在使用全频率范围内对接收机进行评价。

2.6.3　外军电磁环境效应试验与评估概况

美国空军飞行试验与评估机构,一直被认为是世界上试验能力强、试验技术先进的机构。美国空军飞行试验中心成立于 1951 年,主要负责对飞机、航空电子设备和电子战装备进行试验和鉴定。其拥有的试验设施主要有位于爱德华空军基地的试验鉴定建模和仿真设施、贝内费尔德微波暗室、航空电子设备试验综合设施,位于得克萨斯州沃斯堡的空军电子战评估模拟器和位于内利斯综合靶场的电子战试验设施等。其中,贝内费尔德微波暗室是世界上最大的电子安全环境设施,可以逼真的模拟电子战外场试验环境,能容纳像 B-52 这样大的整架飞机,可以对电子战系统、航空电子设备和相关系统进行综合试验;空军电子战评估模拟器可以用来对模拟的射频和红外威胁环境中的电子战系统和技术的性能、效能进行技术鉴定,可在安全的设施内生成 1000 万脉冲/s 的高密度电磁信号环境,并在试验和鉴定期间利用人工控制的威胁模拟器对电子干扰技术进行试验。

1. 利用真实装备产生复杂的电磁威胁环境进行试验

1989 年,德国统一使北约波利冈电子战靶场获得了大量苏制 SA-6、SA-8 地对空导弹系统,ZSU-23/4 四联火炮,SPN30 和 SPN40 地形匹配雷达干扰机等系统,使之一举成为北约靶场中承担针对苏式防空训练任务的主要基地。在 1999 年参加科索沃战争前,美国、意大利和法国等国家的电子干扰飞机都进行过试验与相应训练,目的是对在复杂电磁环境下的作战和生存能力进行试验与评估。

2. 利用大量模拟器产生复杂电磁环境进行试验

北约靶场装备了大量的模拟器。如安装在敞篷车上的战术雷达威胁模拟器可以模拟苏制 SA-8 地空导弹系统和 ZSU-23/4 四联火炮的"炮盘"雷达,能够为训练飞机提供充满机动威胁和具有规避能力威胁的环境,使得训练逼近实战。美国中部的大西洋电子战靶场配备的威胁信号模拟器可模拟 SA-2、SA-3、SA-5、SA-6、SA-8、SA-11 地空导弹系统,ZSU-23/4 通信干扰机和 I/J 波段干扰机的信号。该靶场有 30 多个站点,每个站点部署一到多部模拟器,有的模拟器是机动的,需要时可部署在场区的任何位置。这些模拟器用于产生复杂电磁环境,这样有针对性对北约武器装备进行试验与评估。

3. 利用虚拟技术创造高逼真度电磁威胁环境进行试验

为了使训练场更加接近战场环境条件,采用计算机模拟与仿真技术来模拟未来战争中武器装备系统的性能指标、作战性能、战场背景、战场环境、兵力部署以及模拟战斗态势和战斗过程,也是一种比较常见的环境构建方法。美国的训练中心配备有各种性能先进、功能齐全、系统配套的模拟训练系统。如美国陆军电子靶场为了更有效地进行 C^4I 系统的试验、鉴定和训练,开发了一套大型软件试验平台——星船系统,该系统可用于电子靶场和电子靶场外的试验和训练,能够实现对试验仪器进行监视和控制。特别是 2000 年以后,通过 JMETC 投资计划建立了多个大型 LVC 试验系统,把试验系统间的交互能力提高到一个新的水平。除此之外,国外对综合试验环境的研究也已非常成熟,涌现了以 SEDRIS 为代表的大型综合试验环境建模、表示、转换、共享和发布的系统级平台,其中部分已经成为 IEEE 标准。

4. 利用分布式交互仿真技术构建联合作战条件下的复杂战场环境

现代联合作战条件下,为了构建更大规模的联合作战条件,还可采用分布式交互仿真技术。美军在"千年挑战 2002"演习中,利用分布式交互仿真技术将分散在美国的 26 个指挥中心和训练基地的各兵种指挥人员置于同一背景、同一战场态势、同一作战想定之下,成功进行了一次实时同步的联合作战大演习。美国联合指挥和控制作战中心提出研制的"四项"电子战模拟系统是一个指挥演习工具,主要是对空中战术作战和防空作战的电子战环境进行模拟。该模拟系统将电子战系统对训练想定结果的影响进行了量化,主要包括联合战役战术电子战模拟、联合网络模拟、联合作战信息模拟以及联合指挥和作战攻击模拟,用户能够同时对敌我双方雷达、通信、干扰系统参数,以及实体种类和飞机进行描述。然后通过创建一个网络链接和网络结构建立一个指挥、控制和通信的体系框架,从而构建起联合作战条件下的复杂战场环境。

5. 利用能够模拟假想敌的部队探索逼真战法

为了更加有效地评估与训练电子战部队,北约成立了一支规模很小但在电子战训练方法拥有丰富经验的"假想敌部队"——北约多军种电子战支援大队。和平时期,该部队为北约部队的训练和演习提供逼真的电磁威胁环境;危机爆发时,它还负责对派往危机和冲突地区的北约部队进行电子战强化训练。

2.7 综合化试验趋势

随着信息革命、新军事变革、军事转型、防务采办改革的变化,世界各国积极采用创新手段,构建和完善信息化武器装备体系,并注重武器装备体系的长期可持续发展;更加重视军民结合和军民融合,采用先进的民用现成(COTS)技术,建设新的国防工业能力体系;更加关注武器装备发展的经济可承受性等。在这种环境下,试验与测试技术面临着新的挑战,同时也具有了前所未有的发展机遇。武器装备先进性和复杂性的大幅度提高,使得其试验的要求和难度也随之增加,在一定程度上造成试验费用的增加和试验时间的延长,特别是随着一体化联合作战和网络中心战逐渐成为现代战争的主要模式,对信息技术(IT)密集的复杂多任务系统的评估与试验的难度逐渐增加,许多跨平台交互和相关性要求使得传统武器试验方式与战场需求的矛盾日益突出。另一方面,随着现代信息技术等高新技术的飞速发展及在军工试验与测试领域的广泛应用,带动军工试验与测试技术向着综合化、虚拟化、通用化、智能化和网络化方向发展,其中虚拟化、综合化、网络化是未来军工试验测试技术最重要的发展趋势。综合分析,可以看出:

（1）在现代军工产品研制中,虚拟试验开始成为与实物试验并重的一种新途径,虚实结合型试验已经成为一种必然的发展方向;

（2）综合试验与评价向深度和广度不断拓展,一体化网络试验与测试已成为重要发展方向,满足联合作战系统的试验与评价需求;

（3）基于通用体系结构的系统工程方法成为军工试验与测试设施的核心开发策略,以确保试验与测试设施的互操作性、靶场间和军种间的可重用性、频谱效率和实现网络中心试验与评价;

（4）（网络或武器系统）软件测试与评价成为军工试验与测试的重要发展方向,以提高软件可靠性、保证软件产品质量,以及确保赛博(网络)空间的安全性;

（5）自动化测试与故障诊断、预测与健康管理技术成为武器装备的安全性、可靠性、维修性和可用性所必须具备的能力。

参考文献

［1］杨廷梧. 航空飞行试验遥测理论与方法［M］. 北京:国防工业出版社,2017.

［2］崔侃,王保顺. 美军装备试验与评估发展［J］. 国防科技,2012,33(2):17-22.

［3］张宝珍. 国外军工试验与测试技术发展动向分析[J]. 计算机测量与控制,2009,17(1):1-4.

［4］TENA and JMETC Enabling Technology in Distributed LVC Environments［EB/OL］. https :// www. tena-sda. org,2010.

［5］Gene Hudgins and Keith Poch. The Test and Training Enabling Architecture(TENA)Enabling Technology For The Joint Mission Environment Test Capability(JMETC)and Other Emerging Range Systems［EB/OL］. http://www. jmetc. org,2010.

［6］The Test and Training Enabling Architecture(TENA)Overview Briefing, January 2008［EB/OL］. http://www. fi2010. org.

［7］Foulkers, John B. Live-Virtual-Constructive Accomplishments and Challenges:A Corporate View［R］. Department of Defense, Test Resource Management Center,2009.

［8］DoD Live-Virtual-Constructive(LVC)Integrating Architecture Study［EB/OL］. http://www. jfcom. mil .

［9］Eileen Bjorkman, Joint Test and Evaluation Methodology(JTEM)JT&E Overview［EB/OL］. http://

jte. osd. mil .

［10］iNET System Architecture（Version 2007）［Z］.

［11］iNET Telemetry Network System Architecture（Version 2007）［Z］.

［12］Rumford G. J, Vuong M. et al . Foundation Initiative 2010：The Foundation for Test and Training Interoperability［EB／OL］. 01S-SIW-056, March, 2001.

［13］Skelley M. L. Integrated Test and Evaluation for the 21st Century［EB/OL］. http://www. aiaa. org, 2008.

［14］Donald Paul Waters［EB/OL］. Integrating Modeling and Simulation with Test and Evaluation Activities. http ://www. aiaa. org.

［15］Broad agency announcement：National Cyber Range. Strategic Technology Office［R］. DARPA BAA-08-43, 2008, 05, 03.

［16］任翔宇, 曲珂, 等 . 美军赛博靶场建设发展现状与特点研究［J］. 飞航导弹, 2015(4):60-65.

［17］Nathaniel J Hayes. A Definitive Interoperability test Methodology for the Malicious Activity Simulation Tool. Naval Postgraduate School, March 2013［Z］.

［18］Broad Agency Announcement（BAA）. National Cyber Range. Strategic Technology Office（STO）. DARPA national Cyber range：DARPA-BAA-08-43［R］. DARPA, 2008.

［19］周芳, 毛少杰, 朱立新 . 美国国家赛博靶场建设［J］. 指挥信息系统与技术, 2010, 2(5):1-4.

［20］张锦, 白华 . 美国建立国家网络靶场［J］. 国际电子战, 2009(3)：11-13.

［21］Robert Powell. The Information Assurance Range. ITEA Journal, 2010, 03［Z］.

［22］张春磊 . 美国空军赛博司令部战略构想［J］. 战略视点, 2009（1）：4-14.

［23］胡晓剑 . 解读《美国空军网络空间司令部战略构想》［J］. 军事改革, 2008（8）：18-22.

［24］Department of Defense. MIL-STD-464A Electromagnetic Environmental Effects Requirements for Systems［S］. Washington：Department of Defense, 2002:1-15.

［25］Department of Defense. MIL-HDBK-237C Electromagnetic Environmental Effects and Spectrum Certification Guidance for the Acquisition Process［M］. Washington：Department of Defense, 2001.

［26］Department of Defense. DoD Directive3. Electromagnetic Environmental Effects（E^3）Program［M］. Washington：Department of Defense, 2004.

［27］王汝群 . 战场电磁环境［M］. 北京:解放军出版社, 2006.

中篇

空天地一体化试验体系结构与组成

本篇主要描述了空、天、地、海和网电等多域一体化(简称为空天地一体化)试验体系结构与组成要素等内容。空天地一体化试验体系分为狭义、广义一体化试验体系,而狭义一体化体系结构又分为纵向与横向一体化试验体系结构。在本篇中,第3章对空天地一体化试验体系组成要素、异构系统融合与协同、时间同步与服务质量等进行了总体描述;第4章介绍了以 iNET 为核心的纵向一体化试验集成架构与实现方法;第5章介绍了以 TENA 使能架构为中心实现多系统、跨区域的横向一体化试验网络体系与方法。

第3章 空天地一体化试验体系

随着现代战争中多兵种、跨区域联合作战与网络中心战为代表的新型作战模式的出现,现有试验与评估(T&E)模式遇到了极大挑战,对复杂作战网络系统进行试验评估的体系与方法还未形成。复杂武器系统试验与评估将是未来发展的方向。复杂武器系统试验与评估,空天地一体化试验与测试网络是基础。本章分别描述了面向联合作战与网络中心战等复杂武器系统的空天地一体化试验体系基本概念、体系框架、异构网络协同与融合管理以及时间同步性、QoS、安全性等内容。

3.1 概　　述

联合作战是未来战争的主要作战模式,是作战指挥系统、作战力量、作战空间和作战行动等方面的系统集成,具有体系对抗、整体联动、精确高效的特点。作战模式的变革,必然引起试验与鉴定模式的改变,从传统的 V 形方法转变为适合复杂武器系统研制能力的星形方法。为满足一体化作战需要,就必须发展联合环境试验与评估技术,从装备发展的源头提升装备联合试验能力。武器装备联合试验包括:评估各兵种装备在联合作战中的互操作性;评估联合技术、作战概念并提供改进建议;验证联合试验所使用的技术和方法;利用试验数据提高建模与仿真的有效性;利用定量数据进行分析以提高联合作战能力;为装备采办部门提供反馈信息以及改进联合战术、技术与规程。因此,需要构建空天地一体化试验网络,以满足一体化作战网络试验与评估的需要。

近年来,随着航空、航天与电子技术的飞速发展,空间与网络相关技术日益成熟。在国土范围内,构建空天地一体化试验网络,开展复杂武器系统的试验与评估。空天地一体化试验网络建设是一项复杂的体系工程,需开展顶层体系能力设计与规划,统一规划,分步实施。

3.1.1 基本概念与特点

随着军工试验与测试技术的发展与应用需求的不断增长,迫切需要新的试验与评价方法取代传统试验与评价方法。以往单一武器平台(如飞机、舰船、坦克等)试验主要是符合性试验,即主要对单一武器平台的战技指标、作战效能和适用性进行试验与评价;而现在和未来发展的武器平台是在“联合作战”和“网络中心战”等大体系下的超级作战网络,其评估与试验的难度可想而知。未来作战系统将越来越多地依赖于作战网络中系统与系统之间的信息共享能力、有效的自组网能力、安全可靠的网络能力以及作战体系的整体效能。正因为如此,美国 DoD 设立了三大军工试验投资计划,包括试验与评价核心投资计划(CTEIP)、试验与评价/科学与试验(T&E/S&T)计划和联合任务环境试验能力

(JMETC)计划。其中一体化、网络化试验与评价技术和能力是三大研究计划的一个投资重点。以空天地一体化、网络化试验为主线的投资研究计划主要有试验集成架构(CIA)、基础倡议工程(FI2010)与国家赛博安全综合计划(CNCI)。其中,CIA 主要以航空试验增强遥测综合网络系统(iNET)为核心,辅之以地面控制、实验室、仿真/模拟系统与卫星通信等系统,构建一个纵向一体化综合测试网络;FI2010 是以试验与训练使能架构、联合先进分布式仿真技术为核心的研究计划,其目的是构建一个横向的、虚实结合的一体化综合测试网络;CNCI 计划以美国国家赛博靶场为核心,验证作战网络安全性的研究计划,其目的是对作战网络系统进行全面试验、测试与评估,包括对赛博空间的所有武器系统(设备)进行试验与评估。

空天地一体化试验,以一体化试验与测试网络为基础,采用通用、成熟的网络协议以及中间件技术,将试验设施与测试设备(系统)有效连接起来,构建覆盖国土或全球范围的基于空基、天基、地基与海基一体化试验网络测试系统,统一控制、统一管理,以提高复杂武器系统大范围和全面试验与测试能力,缩短试验周期,降低试验成本,提升联合试验、大系统演示验证与作战系统的作战效能评估水平和综合试验与测试能力。

空天地一体化试验体系架构,也称为试验集成架构,是综合利用新型信息网络技术,以装备需求为牵引,以试验任务为驱动,以信息流为载体,通过对空、天、地、海、赛博等多维空间信息的有效获取、协同、传输和汇聚,以及资源的统筹处理、任务分发运行的组织和管理,实现一体化综合分析和有效利用,为各类用户提供实时、可靠、按需服务的泛在、机动、高效、智能、协作的信息基础设施和云计算系统架构,如图 3-1 所示。

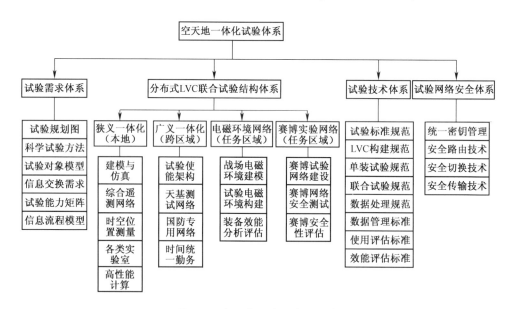

图 3-1 空天地一体化试验体系

空天地一体化试验测试网络,简称为一体化试验网络,是空天地一体化试验体系的重要物理基础,它是由光测(含红外、激光、紫外与可见光等)、遥测、声测、电测(含雷达、无线电定位、微波等)、通信与仿真、融合处理与分析、监控与显示等多种功能的异构卫星网络、空间飞行器以及地面(海上)有线与无线网络设施组成的,通过星间、星地链路将所有试验对象、试验设施、试验测试设备以及相关网络平台有机组合而成的国防专用网络。地面(海面)和空中、卫星之间可以根据需求建立通信链路,进行数据交换。既可以利用现有卫星按需集成,也可以根据需求重新发射专用试验通信卫星。空天地一体化试验测试网络具有多功能融合、组成结构动态可变、运行状态复杂、信息交换处理一体化等功能特点。空天地一体化试验测试网络由天基网络、空基网络、地面与海面网络组成,而这些测试网络又有相应的承载平台。其中,天基网络平台包括在不同轨道执行通信任务的卫星;空基网络平台包括飞机、直升机、无人机、飞艇、热气球、导弹等空间飞行器;地面与海面网络平台包括舰船、坦克、装甲车辆、指挥通信车辆与单兵战术装备等。空天地一体化试验与测试网络组成如图 3-2 所示。这种高度综合性的异构网络系统突破了各自独立的网络系统间数据共享的壁垒,能够有效地综合利用各种资源(包括试验设施资源、测试设备

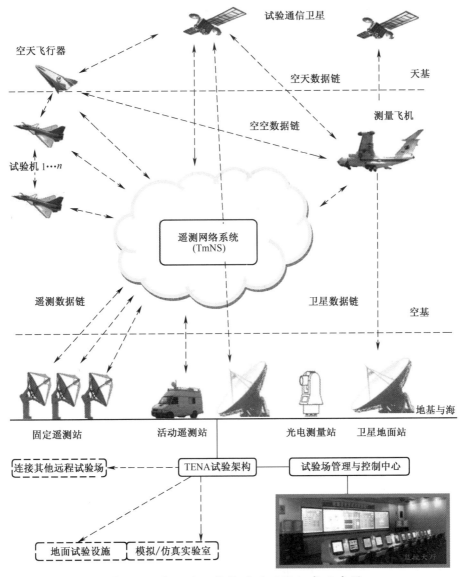

图 3-2　空天地一体化试验网络组成示意图

资源、通信资源以及试验对象资源等),不仅可以为"联合作战"与"网络中心战"等复杂武器系统提供覆盖全球的一体化试验能力,也可以为单个武器系统(如军用飞行器、陆地战车或各种常规弹等)的试验与评估提供全方位的支持和服务。基于空天地一体化试验测试网络,通过试验(测试)资源有效、灵活组合,对联合作战以及类似网络中心战或多武器协同作战系统进行全面有效的测试、信息处理和作战效能评估[1]。

若从空天地一体化试验网络应用角度来看,还具有以下特征:

(1)泛在性:集成空、天、地、海与赛博空间多种网络,实现泛在覆盖。

(2)机动性:能够依据试验任务的要求,实现自由组网。

(3)协作性:空、天、地、海网络之间协同工作,融合为统一的一体化网络系统。

(4)智能性:具有分布式智能化处理分析以及云计算能力。

(5)高效性:具有试验信息快速处理与分析能力。

(6)(准)实时性:空天地一体化试验网络具有实时、准实时处理能力。

(7)专用性:空天地一体化试验网络属于国防专用网络,原则上不与其他网络交联,以保证军工试验信息的安全,防止泄密。

若从网络组网、传输和路由等方面看,空天地一体化试验网络具有典型的大时空尺度属性,是一个大时空尺度网络,其典型特征如图3-3所示。

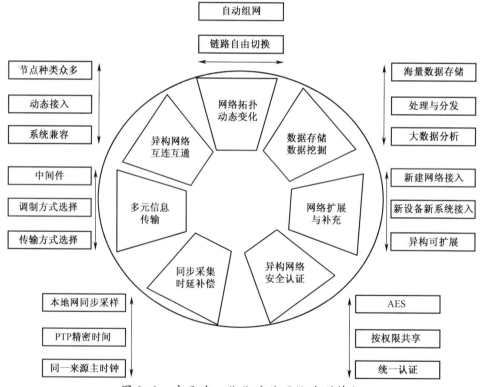

图3-3 空天地一体化试验网络典型特征

1. 拓扑结构动态变化

由于被试对象群体的规模和空间分布,高度依赖试验任务而动态变化,空天地一体化试验网络需要融合各种试验与测试资源,包括各军兵种、各工业部门、大学(仿真/模拟)

实验室等单位的所有可用资源。试验测试网络接口众多,在空、天、地、海时空中分别运行的不同网络节点,其功能、性能、I/O、数据格式、标准规范与传输体制等方面具有显著的差异,使得一体化试验网络成为高度异构、动态变化复杂的巨系统。

2. 异构网络互连互通

空天地一体化试验网络中的接入节点数量与类型众多,需要将多种不同类型的网络进行互连;数据格式、栅格五花八门,技术规格不尽相同,需要各类网关或中间件进行转换;网络结构多种多样,试验测试数据为海量数据,需要高速宽带进行传输;试验测试系统(设备)等资源种类繁多,需要统一管理、统一控制,统一协调、统一指挥。空天地一体化试验网络的设计需要考虑与多个系统兼容、多种平台互通、多种网络互连的问题。

3. 多元信息传输

空天地一体化试验网络结构复杂,传输的信息呈现多元化。各异构系统之间使用的标准不同,缺乏数据交换能力,数据定义和数据结构及通信协议不一致,无法进行互操作等问题,使联合试验环境中系统能力的集成非常复杂。信息表示的多样性、信息数量的海量性、信息关系的复杂性,以及信息处理的实时性、准确性和可靠性是试验与测试的鲜明特点。在一体化试验网络中,多元化信息(数据、图像视频与话音)需要采用或制定相应的标准进行传输,按照相应的权限实现共享。

4. 同步机制

空天地一体化试验与测试网络,与其他网络最大的区别就是信息采集的同步性与传输时延的确定性。在各异构试验场、训练场、实验室和各种建模与仿真资源互联机制中,数据传输的确定性和延迟要求更高。试验数据具有强烈的时序关系,测试参数之间也具有很高的耦合性与相关性。为确保测试参数得到相关分析,首先在整个网络中具有统一的时间协调系统。试验数据采集时刻均有时间标记,每个数据包都含有时间字。在数据交换层,汇集来自各个机载数据采集器的带有时间标记的数据包,数据被解析,并依据各自数据包的时间标签被重新对齐。在一体化试验网络中,所有数据采集前端必须实现同步采样,网络中不同采集节点与采样周期必须与系统保持严格同步;在网络汇集层,采用基于 IEEE1588 精密时间同步协议(PTP),精确测定信息传输时延。试验测试网络可选择多种同步策略:网络时间协议(NTP)、简单网络时间协议(SNTP)或 IEEE1588 精确时钟同步协议(PTP)。采用不同的协议,时间同步精度略有不同。

5. 安全认证

在空天地一体化试验网络中,遥测系统通过远程、宽带无线网络实现试验对象上测试系统和地面遥测数据处理系统联接,在传输过程中,信息易被窃取、篡改和插入;同时,卫星与地面通信、卫星与试验对象通信,也容易被敌方窃听、破坏与攻击。因此,空天地一体化试验测试网络系统安全和认证尤为重要。网络安全的本质是网络信息安全,涉及信息的保密性、完整性、可用性、真实性和可控性等方面内容。采用网络安全认证方法,保护系统中数据不受偶然或恶意的破坏、更改和泄露,网络服务不中断,能够连续可靠地提供服务。

6. 扩展与补充

空天地一体化试验网络,应具有充分的可扩展性与兼容性。随着试验要求不断增长,新的试验设施与测试系统将不断扩展与补充。同时,对于现有的、正在使用的试验测试网络系统,空天地一体化试验测试网络要能够与其兼容,互连互通,这就要求一体化试验网络具有很强的可扩展性。

7. 海量数据存储与挖掘

在试验中,将获得海量的试验测试数据与视频图像、话音信息,以及控制等海量信息。这些信息将由控制管理中心进行管理、处理、显示、分发与存储。依据试验控制中心授予的权限,进行相应等级的管理、处理、显示、分发与存储。

海量试验信息需要建立分布式数据仓库,制定属性规则,以便于事后进行数据分析与数据挖掘。试验测试数据是宝贵的、不可多得的产品,有些测试数据不可重复得到。试验数据具有大数据"4V"特性,是进行大数据分析与利用、改进与改型、创新与发展的基础。

空天地一体化试验网络,是实现多系统、多信息融合和协同试验的重要平台,也是大容量、多层次的异构网络,承载海量、多维、协同信息,适应实时、高动态试验环境,它是构建试验对象信息从获取、处理直到应用的快速、高效的信息通道。空天地一体化试验网络已经成为具有超前性和创新性的交叉研究前沿领域,对于联合作战等作战网络系统的试验与评估具有重大意义。

3.1.2　发展趋势

在军事需求和技术推动的作用下,各类网络得到了国际标准化组织、各领域标准化小组、设备制造商以及广大试验与测试工程师的广泛关注,成为发展最快、应用最广的信息技术领域之一。未来发展趋势可以归纳为通信速率宽带化、网络结构立体化、异构网络融合化、网络行为智能化与试验环境多样化等。

1. 通信速率宽带化

试验数据采集与传输的宽带化是试验测试网络的主要发展方向之一。随着光纤传输技术以及高吞吐量网络节点的不断发展,有线网络的高宽带传输能力得到了大大加强;无线信息传输也正在朝着高速宽带化方向演进。

无线通信速率,从 2G 系统的 kbit/s 向 3G 系统的 Mbit/s 和 4G 系统的十 Mbit/s、百 Mbit/s 甚至更高速率方向发展,并在频域、时域和空域上采取了一系列提高容量的措施,以提高通信带宽。预计 5G 网络将提供足够的带宽和容量,可满足各种用户对速率和容量的需求。

带宽的提升,能够为一体化试验网络提供更低的时延和更高的可靠性,这对于联合试验和网络中心战试验与评估具有非常重要的价值和意义。试验数据远程传输的时延,小到完全可满足远程试验单元要求,达到毫秒级;试验数据传输的可靠性可提升到99.999%甚至100%。

2. 网络结构立体化

各试验靶场、试验机构和实验室的地面试验、测试、仿真等网络已经形成,通过完善和升级空基、天基、海基通信基础设施,实现对国土范围甚至全球范围的有效覆盖,以提供任何地区、任何环境下的试验通信和测试能力。空天地一体化试验网络,是在完善现有地面节点的基础上,增加空基、天基、海基遥测网络节点,形成分层的立体化网络拓扑结构,各层节点分别部署在不同的时空之中,是一种动态的、在空间上多层分布的新型遥测与通信网络结构。

　　网络结构的立体化,是现代作战系统试验与测试领域发展的必然趋势。在依托地面节点的平面型网络基础上,建立灵活可靠的无线网络,特别是具有稳定可靠、性能优良的移动网络结构,可大幅提升动态试验环境下的测试覆盖范围、信息传输速率和传输可靠性,支持联合作战或网络中心战试验与测试的需求。

　　空天地一体化试验网络,在完善和增加立体化节点外,还包括一体化网络路由算法、空天地上下行传输过程中的资源调度、分配、接入控制、越区动态切换与优化技术。

　　3. 异构网络融合化

　　地面试验设施网络、地面测试网络、地面模拟/仿真网络、试验对象数据采集记录网络、空地遥测网络、天地通信网络、空天通信网络、远程传输网络等多种网络并存,形成了各种各样的异构网络现状,异构性、融合性成为空天地一体化试验网络的主要特征。为了在异构网络环境下执行作战系统试验任务,需要采用融合技术,屏蔽网络的异构性,实现面向服务的一体化功能。

　　网络融合是由于不同的网络需要协同工作,以支持大范围内试验的连续性、一致性与实时性。由于异构性,要研究异构网络连接的中间件模型、多 MAC 自由接入、多维多数据流综合等技术。

　　4. 网络行为智能化

　　借助于认知网络的概念,构建智能化空天地一体化试验网络。所谓认知网络,是一种具备智能的网络,能够感知当前网络条件并根据系统性能目标进行动态规划和配置,通过自学习和自调节,采取适当行为来满足性能指标。认知网络立足于整个网络的性能和试验任务总目标,涉及传输过程中的所有网络要素,包括各个异构子网、路由器、交换机、传输链路、接口和终端等。

　　认知网络,具备较强的感知学习能力、高度的智能性和灵活性。首先,试验网络具有较高的智能认知能力,能适应不同的使用环境,能在地形条件、部署位置、试验规模、组网方式等发生变化时,自动快速地进行适应、配置和重组,网络开通和自愈快速、高效,无需试验人员人工干预;其次,网络能够根据试验任务要求和当前网络状态,自动调整网络的传输控制策略和资源调度策略,确保试验测试系统所涉及的链路具有良好的运行状态;最后,网络能够对关键的安全和性能要素做出实时、动态的响应,以实现全面、有保证的信息共享和协作决策。

　　试验网络行为的智能化,将使得一体化试验网络向自组网、自管理、自恢复的方向发展,在实现信息畅通无阻的同时,提高网络资源的利用率。

　　5. 试验任务环境联合化

　　试验方法是运用一定的手段对军事装备进行考核验证的方法,也是为军事新概念提出、新原理构想、新军事装备研制提供必要的理论探索和试验依据。能力试验方法(Capability Test Methods,CTM)是为了在联合作战环境下有效进行武器装备试验与评估而提出的一种试验方法,旨在真实虚拟构造的分布式环境(Live, Virtual, Constructive-Distributed Environment,LVC-DE)中对武器装备被测系统/体系进行试验,评估其对整个武器装备体系的贡献度和部队使用装备系统/体系完成联合作战任务的有效性。

　　开展武器装备试验,需要构建"联合任务试验环境"。通过设计标准化试验体系结构,特别是使用自主可控、互操作性好的中间件、模型库、数据分发系统等软件平台,构建空天地一体化试验网络,有效整合试验靶场、训练基地、试验机构、高等院校、研究院(所)、各类实验室等试验与仿真资源以及分散各地的试验测试资源,依据武器装备试验任务规划,联结相关试验靶场,建立联合任务试验环境,从而实现武器装备试验信息与测试数据共享、处理分析与作战效能评估。

在当前信息化条件下,武器装备试验新需求推动了试验模式的变革。试验方式已不再局限于"真实试验",基于仿真、虚拟现实等技术的"虚拟试验"已在航空、航天等领域得到了广泛应用。研制试验/鉴定(DT&E)和使用试验/鉴定(OT&E)相结合的联合试验、异地试验、综合试验、多型号并行试验等成为现代试验的新特点。传统的单一装备试验模式下的试验测试体系、"点到点"的遥测单向传输模式,已不能适应当前和未来信息化条件下的联合试验新模式,需要新的试验测试体系支持。非传统飞行器(空天飞机、高超声速飞行器、无人机等)的飞行环境、高超声速的飞行特点和全球到达能力,其测控、数据传输技术与以往的航空遥测、航天测控、导弹/火箭测控相比有很大的不同,相应其测控与数据传输系统必须满足全球、全时段覆盖和全程测控需求。

3.2　试验体系框架

空天地一体化试验网络,规模大、组成结构复杂,涉及卫星系统、临近空间平台、空间平台、地面和海面网络等不同层次的实体。因此,空天地一体化试验网络依据未来复杂巨系统试验与评估需求,其架构部署应具有科学性、合理性、可扩展性,对层次结构、节点设置、子网划分、运作流程和承载业务性能等要进行深入研究,以形成基于能力的试验基础设施。

3.2.1　体系结构

空天地一体化试验网络的综合集成,是将各种试验设施、测试装备与实验室模拟/仿真与计算分析平台等相关系统进行综合设计制造、综合整体集成、综合高效运用、综合技术嵌入、综合扩充更新的建设过程。由多种功能的信息系统组成庞大的一体化试验网络系统,需要统一部署、分步实施。由于信息技术发展较快,战术需求变化也快,因此需要采用综合集成技术与方法来发展一体化试验网络系统。

3.2.1.1　概述

空天地一体化试验网络,是以地面网络为基础、以空间网络为桥梁进行延伸,覆盖太空、空中、陆地、海洋等自然空间,为天基、空基、陆基、海基等各类用户提供信息保障的基础设施[2]。

天基网络由高空中继卫星、中继平台(飞艇)组成多级中继网络,与空基和地基网络构成分层网络体系结构,在空基网络无法直接与地面指挥中心进行通信时,可提供路由迂回通信,进一步提高系统的通信能力,如图3-4所示。

空天地一体化试验网络,是由现有的、正在建设的或未来筹建的多种自主演化、独立运行的异构网络和应用系统组成,是一组松耦合的"系统之系统",而非紧耦合的"模块/子系统"的系统。设计空天地一体化试验网络,要从未来军工试验与评估需求出发,运用

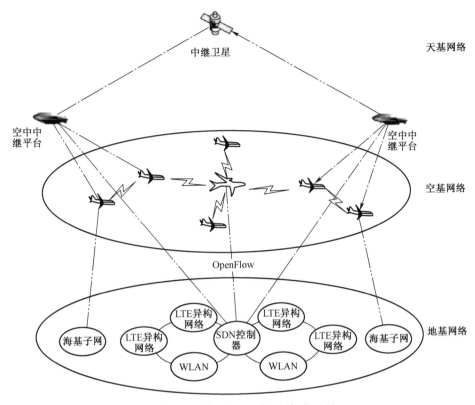

图 3-4　空天地一体化试验网络

系统工程方法,综合考虑各试验相关机构的实际情况,科学地确定能力目标、体系结构、技术体制即规范标准。其设计过程为需求分析、体系框架、设计结构、确立体制、制定标准等。

1) 需求分析

通过未来军事战略需求以及未来战争形态的研究,结合当前和未来的技术能力预测,提出空天地一体化试验网络的能力指标。

2) 体系框架

结合应用需求和技术发展,按照网络-服务-应用分层解耦的思路建立顶层框架,明确系统组成及支撑关系,确立"网络+服务+应用"的组成,为体系结构设计提供对象。其中,"网络"要突出"统一网络"理念,为各类服务、应用系统提供一体化的信息承载平台;"服务"要按照"云计算"理念,对网络、计算、存储资源进行虚拟化封装,形成"云"化的资源池,并提供各种试验通用工具和应用程序等;"应用"要依据试验任务和用户要求,灵活构建"逻辑试验靶场",实现网络、服务能力向应用端延伸。

3) 设计结构

以顶层框架为基础,以能力需求为输入,通过应用、系统、技术多视图描述,明确系统组成和关系。

4) 确立体制

结合体系结构和资源"云"化、软件定义等新技术,开展网络、服务、安全、管理等技术研究与验证。

5）制定标准

以核心技术体制为导向,吸收与参考商用成熟标准,重点建立网络、服务平台、应用接口、试验流程、测试、计量等方面的标准规范。

空天地一体化试验网络体系结构,可定义为空天地一体化试验系统的组成部分、相互关系以及自始至终必须遵守的设计与开发的标准与指南。空天地一体化试验体系结构包括试验体系结构、技术体系结构与系统体系结构。

（1）试验体系结构主要指武器装备试验与评估要求以及测试性能与功能特性,主要由军方主导、工业部门和试验部门参与论证、仿真和制定,必须满足所有作战体系结构的各种变化需求;

（2）技术体系结构主要是指军方和试验部门以及工业部门共同确定的信息、运行、接口、安全等强制性标准规范和正在形成的标准规范;

（3）系统体系结构主要是指由试验部门论证、仿真和确定,必须满足试验体系结构和技术体系结构标准规范要求,在建设过程中必须遵守和执行的具体标准、规范与统一性要求等。

空天地一体化试验体系结构,应保证现代高技术战争试验与评估的需求,体现以下综合集成原则:

1）纵向综合集成

为满足联合作战与网络中心战为代表的作战系统试验与评估的需求,空天地一体化试验体系结构应考虑:

（1）高速动态试验对象上、下行通信能力;

（2）自适应宽带传输能力;

（3）快速重组能力;

（4）试验对象上测试网络或系统健康管理能力。

2）横向综合集成

（1）军方与工业部门与专业试验部门的试验靶场、试验机构与相关实验室联合试验能力（也称CTM能力试验方法）;

（2）对现有民用通信链路实施安全性改造（专线）,构建国防武器试验专用通信网络;

（3）异构系统互操作能力;

（4）信息共享与资源共享能力。

空天地一体化试验体系结构的设计与开发方法,是用来保证试验、系统和技术体系结构的组成部分能够协调一致地工作。其体系结构框架与信息管理的技术体系结构中的目标、概念及方法也是一致的,同时也需要必要的扩展。一体化试验体系框架的作用:

（1）确保国防部或军方获得所关注的联合作战系统所需的试验与评估能力;

（2）为有效地开展全球范围内的武器装备试验评估,可与盟国一起建立联合任务试验环境;

（3）宣传、强调和促进军方、试验部门与工业部门、高等院校共同解决横跨各部门的统一试验要求;

（4）促进、改善和保证一体化试验网络系统中各性能的兼容性、互操作性和综合集成；

（5）促进、鼓励和确保具备联合、综合和互操作的一体化试验能力，亦即保证试验与评估的需要。

开发空天地一体化试验体系框架也是逐步演进的过程，在实践和应用中需要不断增减、完善其定义和内涵。

3.2.1.2　试验体系结构

试验体系结构，是为完成和支持试验与评估功能所需要的试验要素、试验任务分派以及信息流程的表述。它定义为：信息的类型、信息交换的频度以及这些信息交换所支持的试验任务。试验体系结构的特性有试验规划图、指挥调度流程图、试验对象模型、信息交换需求、需求能力矩阵表与节点连接模型等。

3.2.1.3　系统体系结构

系统体系结构，是提供或支持试验与评估功能的系统及互连的表述（包括图形）。它定义关键节点、电路、网络、试验平台和测试系统等的物理连接、位置及标识，规定系统及组成部分的性能参数。

系统体系结构应以技术体系结构中规定的标准来满足试验体系结构的要求，其主要特性有：

（1）试验体系结构可以使多个异构系统体系结构联合起来；

（2）试验体系结构地理信息系统（GIS）与其结合的平台、功能、特性以及元数据信息返回到试验体系结构；

（3）规定系统接口，定义系统之间的连接，定义系统约束和系统性能特性的包线（阈值）；

（4）描述从试验对象上传感器到试验评估工程师各组成部分的互连性；

（5）系统体系结构依赖于技术体系，应说明某项试验任务所涉及的多个异构系统是如何连接和互操作的，并解释特殊系统的内部结构与工作流程；

（6）系统体系结构支持多项任务组织和任务实施，系统功能不再单一化，数据存储不再局限于本地，而是采用与云存储相结合方式等。

3.2.1.4　技术体系结构

技术体系结构，是指导系统的部件和构件配置、相互作用、相互依赖的最低限度的一套规则，用来保证整个系统的一致性协调性，以满足规定的一组需求。技术体系结构规定了操作、接口、标准以及它们之间的关系。它以工程规范为基础，为采用通用标准模块进行组装、用生产线进行开发来实现的系统提供技术指南。

对于扩建或新建试验与测试系统或装备，需要重新制定新的"联合技术体系结构"，其中规定信息处理、信息传输、信息建模和信息格式、人机接口以及信息系统安全等强制性要求，还包含正在形成的标准和规范。

试验体系结构、系统体系结构和技术体系结构三者的关系如图3-5所示。

3.2.2　试验网络体系结构

试验网络体系结构，是对网络物理组成、功能组织与配置、运行原理、工作过程以及数

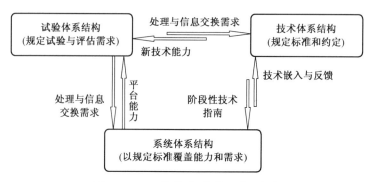

图 3-5　三种体系结构之间关系

据格式的描述框架,为网络硬件、软件、协议、存取控制和拓扑等要素提供规范与标准。由此可见,网络体系结构是对网络的组成、相互关系以及实现功能的整体描述,是对网络总体功能和内在具体逻辑作出的一种明确界定,具体地说,就是网络层次模型、各层主要协议以及层间接口的集合。

3.2.2.1　系统功能与组成

空天地一体化试验网络系统,在信息域上将地理上分散的信息源联系在一起,使之成为一个整体,促进了信息共享,也催生了"空天地一体化试验网络"理论与体系,即通过互联的网络,实现试验测试资源的共享和信息的共享,获取资源和信息优势,最终实现作战系统战技性能和作战效能的评估。空天地一体化试验网络是国防信息专用网络重要组成部分之一,其涉及的技术是军工武器装备试验的重大发展方向,也是武器装备试验能力的一次质的飞跃。

通过一体化试验网络,强化了对多区域、多维度作战网络运行的感知,形成了物理域的实体资源互联,强调了对试验对象的集中式、一体化的感知与管控,提出了"人、信息、系统"高度一体化的理念,支持和实现认知域、信息域和物理域的无缝连接和融合。因此,试验网络必将同时作用于作战网络的物理域、信息域和认知域。

空天地一体化试验网络,依据试验规划和流程,将对试验对象与环境的感知信息,进行分布式处理,传送至用户,再由用户根据分析结果对试验资源或试验对象进行管理与控制,形成了一个完整的闭环系统。从物理域、信息域和认知域的角度出发,一体化试验网络系统可以分为物理感知、网络传输与应用服务三部分,如图 3-6 所示。试验对象的感知部分、网络传输部分属于物理域,应用服务属于信息域和认知域,用户属于认知域。

空天地一体化试验网络的每一个域的功能和组成包括:

1)物理感知

物理感知的主要功能,是对试验对象与环境进行信息获取与数据采集,包括来自于各种类型(模拟、数字、图像和话音)传感器、各种类型的信息采集,以及 A/D 转换、记录单元或系统、试验平台、(大、中、小型)测试设备或系统、仿真/模拟实验室等的信息,从而完成试验对象与环境的信息感知和设备设施的控制。

2)网络传输

网络传输主要功能,是为感知层和应用层之间提供高速宽带数据通信,包括现有的试验通信网络和各种专用网络。

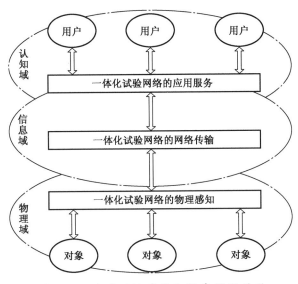

图 3-6 试验网络系统与战争域的关系

3) 应用服务

应用服务主要功能,是对所采集试验对象和环境数据进行处理、分析、综合与融合决策,为用户的使用提供支持。它主要由各种应用服务器与专(通)用分析软件、仿真系统组成,对来自于感知网络的所有海量数据进行转换、筛选、分析处理后,通过 UI 接口,将计算与分析处理结果按要求提供给用户。

3.2.2.2 参考模型

在计算机网络领域,网络体系结构一般是指网络的参考模型,最著名的就是 OSI 的七层模型和互联网工程任务组(IETF)的 TCP/IP 模型,如图 3-7 所示。OSI 模型比较复杂,很少使用,但是层次划分概念清晰,每一层完成的功能、特性等都非常重要,模型本身非常通用且有效;TCP/IP 模型本身并不完美,但是协议却被广泛使用,是当前互联网事实上的

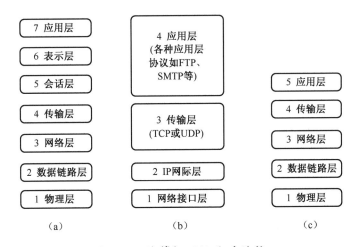

图 3-7 计算机网络体系结构

(a)OSI 七层协议结构;(b)TCP/IP 四层协议结构;(c)五层协议结构。

网络模型。TCP/IP 模型采用五层结构,从下到上依次为物理层、数据链路层、网络层、传输层和应用层。

互联网诞生以来,自 20 世纪 80 年代初形成 TCP/IP 协议体系以来,TCP/IP 以简单、开放的特性迅速普及,到现在已经发展成为全球重要的信息基础设施,并融入各行各业,走进千家万户,也为科技革命和时代进步提供了创新的源泉和不竭的动力。迄今为止,以 TCP/IP 为基础,"Everything over IP" 与 "IP over Everything" 的网络体系结构非常稳定,图 3-8 仍是现有互联网的网络体系结构。

图 3-8 TCP/IP 协议体系

空天地一体化试验体系采用分层/完整的通信结构:通信网络将采用开放系统互连的七层模型中的五层,各层之间的交互控制使得试验对象数据路由及其之间数据自主路由成为可能。通过允许接入方法,提供完全的端对端数据路由能力,从而使试验对象能够按要求接入网络。这些层中的协议和接口使得交互连接能根据网络任意节点的要求进行连接或中断。空天地一体化试验网络通信系统中的互联网协议层如图 3-9 所示。

图 3-9 空天地一体化试验网络通信系统互联网协议层

尽管互联网取得了举世瞩目的成就,但是基于 TCP/IP 的现有互联网也逐渐暴露了许多问题,如移动性、服务质量保证、安全性、管控等方面。为此,业界针对互联网的演进和发展开展了广泛的研究,以克服现有网络的不足,提供更好的服务质量,满足用户的各类需求,提升信息共享能力。

在互联网的发展演进过程中,全球互联网最具权威的技术标准化组织 IETF 发挥了重要的引领作用。IETF 负责互联网相关技术规范的制定,当前绝大多数国际互联网技术标准均出自于 IETF。同时,以思科、瞻博等为代表的各大网络公司,以开放网络基金会(ONF)、ODL、NFV 等为代表的相关标准化组织,以及美国 NSF 和中国国家重点基础研究发展计划"973"为代表的政府资助机构,都在互联网向下一代演进过程中进行体系结构的研究工作。其中,较为典型的有:思科公司提出的面向服务网络架构(Service-Oriented Network Architecture,SONA)、ONF 提出的软件定义网络(Software Defined Network,SDN)、

NSF 的命名化数据网络(Named Data Networking,NDN),以及中国的一体化可信网络与普适服务体系等。

(1) SONA 是一种基础网络架构,将复杂且具有共性的应用集成到网络层,而将个性化的高端应用部分留给终端完成,强调融合网络集成系统的灵活性以及资源的标准化和虚拟化;其基本目标是将传输网络发展到智能信息网络,将网络的职能由传输平台职能转化为综合服务平台职能,以极大限度地提升网络服务和资源的价值。

(2) SDN 是一个新兴的网络架构,将网络控制和数据转发进行分离,并直接编程。将控制迁移到可计算的设备上,上层的应用和服务对底层设施进行抽象,把网络作为一个逻辑的或者虚拟的实体;网络智能被集中在基于软件的 SDN 控制上,它能够对整个网络进行管理;SDN 简化了网络设备,它不需要了解和处理大量的协议,只需要接收来自 SDN 控制器的指令即可。

(3) NDN 采用名字路由,通过路由器来缓存内容,使数据传输更快,并能提高内容的检索效率;NDN 对数据直接命名,与命名主机相比,能更好地满足目前人们对互联网的需求;在 NDN 中,不关心数据分组的源地址和目的地址,只关注内容本身,通过内容的名字能够直接寻址;NDN 的通信是由接收者即数据请求者驱动的。

(4) "一体化可信网络与普适服务体系"提出了接入标识、交换路由标识及其解析映射理论,建立广义交换路由的理论与机制,将现有多种网络重新构思并设计成一种网络;在一体化网络体系架构中,网通层是核心,广义交换路由是重点。一体化网络接入标识与交换路由标识分离集合映射技术,创建和引入了两个虚拟模块和一个解析映射。

3.2.2.3 网络参考结构

空天地一体化试验网络由地基网络、海基网络、空基网络与天基网络构成,是一个复杂的巨系统(网络),既包括已经建成的系统,又包括在建和未来建设的系统。不同系统之间的运行模式、协议体系都不尽相同。

从逻辑上,一体化试验网络可划分为核心网和临时接入网。核心网是由信息承载和传输的中枢网络组成,用于将异地分布的各种试验与测试网接入一体化网络,构建广域综合信息传输平台,并实现用户的统一管理和业务的融合控制,由地基网络、海基网络、空基网络与天基网络组成;临时接入网是特殊用户经权限审批后接入核心网的末端局域网,实现对试验任务的观察、监视与信息调用,完成各种异构接入手段的综合运用、传输适配、权限用户信息调用与分析利用,由各种有线或无线接入子网构成,它不属于永久性互联,仅依据任务需要而获得临时性接入权限。

空天地一体化试验网络体系架构主要由一体化网络互联环境、安全保密环境组成,共同为一体化信息应用环境提供支撑,如图 3-10 所示。其中,一体化网络互联环境是核心,安全保密环境是关键,互操作环境是基础,共同构成一体化网络应用体系架构为上层应用提供服务。

试验网络协议体系采用专用或通用的体系,如非结构化的网络体系,以保证试验网络的高效性,其网络协议体系如图 3-11 所示。其中,将安全环境与网络体系进行一体化设计。

一体化试验网络是以装备作战效能试验与评估为目的的网络系统,其体系架构要综合各类试验与测试应用的特点和需求,满足共性要求,若能建立系统架构的相关标准,则

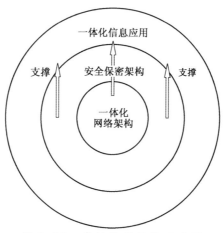

图 3-10　多级体系架构示意图

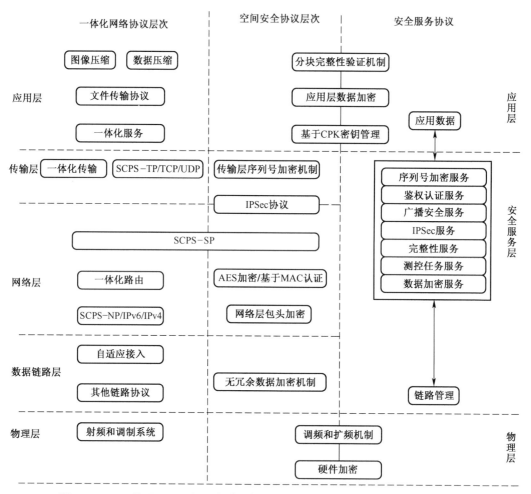

图 3-11　一体化网络协议体系/安全协议体系/自定义协议体系关系图

可规范和引领试验网络应用的发展,并为空天地一体化试验网络的设计、使用及服务带来以下优势:

（1）可有效地将新设备、设施、软件和服务集成到现有的试验网络应用体系中；

（2）建立不同试验网络融合的桥梁；

（3）使未来一体化网络的设计、实施和应用更加有效；

（4）可与其他组织和用户共享信息；

（5）在信息共享的基础上进行大数据分析和数据挖掘，以挖掘更多的应用价值，为改进和完善武器装备设计与使用提供帮助。

一体化试验网络系统架构描述了通用的军事应用服务，是军工试验应用中设备实体的功能、行为和角色的一种结构化表现，是一种为系统开发者和使用者实现其目标提供可重复使用的结构。在对系统及其未来军事应用进行分析的基础上，对系统框架进行抽象性描述，提取基本要素，表述相互关系，建立具有试验特点的系统参考架构。

在一体化试验网络中，存在多种异构的测试系统和试验环境，因此模块化、可扩展性、互操作性是构建一体化试验网络的关键要素。一体化试验架构也必须是可重复使用的，对各种环境均能使用，同时是可扩展的，以适应未来其他系统的加入，还必须具有互操作性，支持相互异构系统信息的相互访问。总之，它应是一个开放的平台，同时考虑升级维护、业务模式、信息、技术和使用等多种因素。

一体化试验网络应用的多样性和特殊性，决定了其体系架构必须具有兼容性和灵活性等特点，其设计也应兼顾其军事应用的技术特点、应用模式和发展趋势，能够将各种系统纳入其统一的标准化框架下，并以此为基点，从方法论上指导与建立面向不同应用的系统总体结构，为实际应用的规划和建设提供参考。

一体化试验网络需要通用、统一的参考架构。首先，系统参考模型能够按照特定的应用进行剪裁，是软、硬件应用系统架构设计的基础；其次，能够促进一体化试验网络的标准化设计。在建立一体化试验网络所使用的标准规范前，需要对当前及未来各种可能的作战网络系统的试验需求、功能、端口、数据类型和相关因素作出评估和深入分析。

综合考虑试验对象、感知设备和设施、网络、数据、用户接口、互操作性等多种因素，一体化试验网络系统体系架构通常将包括以下内容：

（1）分析与归纳各种试验系统的原理、结构、功能模块、软件、数据格式、I/O接口等要素的共性与特殊性，进行分类排列；

（2）规划系统的分层结构、接口、数据类型、连接关系等；

（3）归纳、完善与建立相关标准，形成系统所需的必须遵守、执行和参考的系列标准规范；

（4）统一管理理念；

（5）兼容现有系统的应用架构与未来系统的应用架构，对现有的系统采用中间件模型连接，对未来要建立的系统按标准规范设计。

参考民用网络和军事作战网络的技术特点，并结合军工试验网络需求的特殊性要求，一体化试验网络系统体系参考架构由感知层、接入层、网络层、服务层、应用层组成，如图3-12所示。

1. 感知层

感知层主要组成包括各类模拟、数字传感器、无线网络传感器、光学测量设备（包括红外、激光、可见光等）、射频设备、雷达、空中测量飞机、测量飞艇、测量气球等。感知层

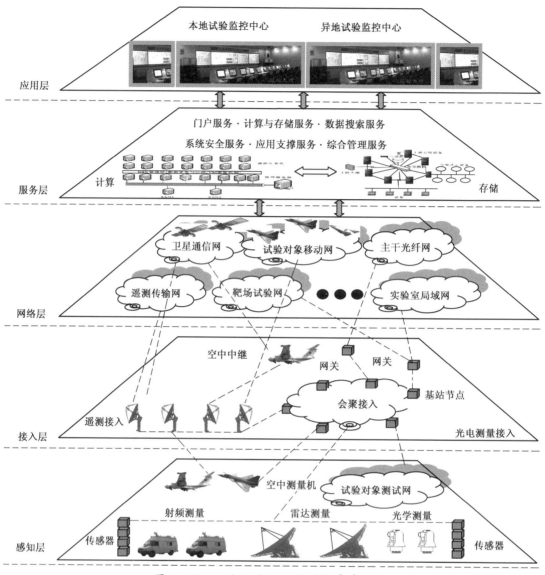

图 3-12　一体化试验网络系统参考架构

主要功能是信息感知和原始数据采集,以及数据初步处理,如进行物理量转换以及初步计算。

感知层是一体化试验网络的基础,是对所有被试对象和环境参数进行采样、量化、编码的过程,是物理世界与信息世界的转换桥梁。通过各类信息采集、执行设备(系统),实现物理空间到信息空间的映射。同时,也实现与接入层、网络层的交互,并以此为基础连接应用层。

2. 接入层

接入层主要由综合遥测网络接收基站节点或会聚节点、接入网关等组成,完成末端各节点的组网控制和数据融合、会聚,或完成末梢节点下发信息的转发等功能。当末梢节点之间完成组网后,若要上传数据,则将数据发送给基站节点,基站节点收到数据后,通过接入网关完成与承载网络的连接;当应用层和服务层需要下载数据时,接入网路由收到承载网络的数据后,由基站节点将数据发给末梢节点,从而完成末梢节点与承载网络之间的信息转发与交互。

接入层主要由综合遥测网络接入、卫星接入、空中接入、无线接入和有线接入等方法。其中,遥测接入是布设在各个试验区域的地面遥测接收站(固定站和移动站)接收和发送空中试验对象网络信息;无线接入是接收和发送地面或海面移动对象(舰船、坦克与装甲等)的试验对象网络信息;有线接入是与异地试验网络(包括实验室网络)的接入;空中接入用于中近距的空中中继接入;卫星接入用于远距中继接入。

3. 网络层

网络层是核心承载网络,执行接入层与应用层之间的数据通信任务。网络层主要用于实现信息的传输与交换,提供广域范围内的应用和服务所需的基础承载传输网络,包括卫星通信网、试验对象内部测试网、综合遥测网、地面光纤网、靶场试验网和相关实验室网等。

不同网系、通信手段之间的随遇接入和无缝融合,从而形成端到端且对用户透明的传输与交换能力,这是网络层需要重点解决的问题。在此基础上,对于一体化试验网络而言,网络层要实现应用层与感知层的数据传输。因此,需要研究异构感知信息之间的互联、互通与互操作机制,形成开放、分层、可扩展的网络体系结构,完成多种网络服务的融合。

4. 服务层

服务层最能体现一体化试验网络系统应用的特点,也是与商用网络系统最显著的区别之一。将服务层与应用层进行分离,充分体现了军工试验领域中"数据处理与系统应用分离""试验能力建设与试验任务松耦合"的设计理念,符合独立构建又成规模化的建设需求,使得具体应用有了更好的可维护性和可扩展性。

服务层主要由计算设备和存储设备,以及建立在其上的各类服务组成,其主要功能包括对采集数据的会聚、转换、计算、分析,以及为应用层呈现的适配和事件触发等。服务层通过建立云计算设备和云存储空间,为各类试验、测试与仿真网络系统提供通用的、基础的数据计算和存储能力,实现信息、软件、计算和存储等资源的灵活共享和按需获取。通过建立标准化、统一的按需服务体系,服务层将计算后的感知数据和信息进行封装,以服务的方式提供给用户,包括数据存储服务、数据计算服务、数据搜索服务、用户门户服务、综合管理服务、系统安全服务、应用支撑服务等各类基础服务。

服务层中的算法模型、软件系统和存储资源等是一体化试验网络计算环境的主要应用平台,也是一体化试验网络系统的重要组成部分。服务层中的基础服务不仅运行在一体化试验网络的信息基础设施中,也部署在各类具体的试验平台与测试系统中,将信息基础设施及各类试验要素聚合成以网络为中心的有机整体。

服务层的"服务化"理念(SOA),主要包括网络化数据存储服务和通用业务支撑服务两个方面。

1) 网络化数据存储服务

网络化数据存储服务使用云存储技术(也称虚拟化存储、网络化存储),将不同类型的存储设备和不同结构的存储子系统通过网络化技术整合到统一的存储应用界面上,实现存储能力的资源共享。云存储是一种高效的、智能的逻辑化存储方式,既可充分利用设备存储优势,又可克服设备的局限性,用户无须知道数据存储于何地。

网络化数据存储服务具有为不同系统、不同业务的应用提供存储共享的能力,通过集中管理和统一分配使用分布式数据存储设施,实现网络化数据云存储服务。在网络化数据存储服务中,各级各类信息系统与物理存储设备之间不进行直接交互,所有存储操作请求都通过体系提供虚拟化存储定向到相应的数据存储节点上,进行物理的保存和访问,两者关系的松耦合性保证了系统能够以透明的、一致的方式使用数据和信息。网络化数据存储服务作为重要的支撑要素,可以为各军兵种用户、工业部门和试验机构提供应用支撑。网络化数据存储服务的概念如图 3-13 所示。

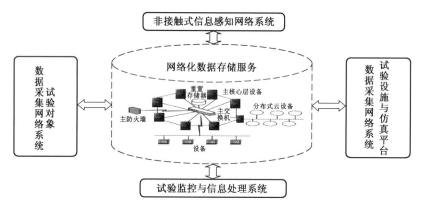

图 3-13　网络化数据存储服务概念

在网络化数据存储服务中,通过共享的虚拟化存储平台,各类系统可以使用原有的程序语言和系统运行环境进行数据的存储与读取,网络上所有物理存储通过设备虚拟化存储管理平台被整合成一个综合存储池,经过逻辑化处理后,以本地磁盘的形式提供给用户使用,分配给用户的存储资源可以根据实际需求进行扩展与再分配,实现存储资源管理动态化。

2）应用支撑服务

应用支撑服务主要为一体化试验网络的各个功能系统提供软件基础支撑环境,为系统开发、集成、运行和管理提供通用软件支撑服务。应用支撑服务的使用概念如图 3-14 所示。

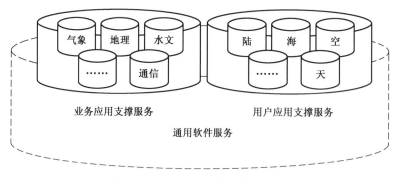

图 3-14　应用支撑服务概念

通用软件服务,主要包括运行监控环境、软件集成环境、协同交互工具、图形处理工具、常用工具软件和网络传输服务等软件,为各类试验系统的集成、运行和管理提供通用支持软件和通用应用软件服务。

业务应用支撑服务,主要包括气象、地理、水文和通信等业务信息系统的通用支撑软件,它利用通用软件服务环境,满足各类试验系统互联、互通、互操作的通用支撑需求。

用户应用支撑服务,包括陆基、海基、空基和天基等试验系统的通用支撑软件,它利用通用软件服务,对武器装备与作战网络系统进行试验与评估,满足各类试验系统互联、互通、互操作的通用支撑需求。

5. 应用层

应用层在利用服务层各类服务的基础上,实现对被试系统测试数据的融合处理与专业分析,从而开展被试系统的性能指标、功能与作战效能评估,分析被试系统的设计与研制缺陷,提出改进与完善建议,给出试验鉴定分析和鉴定评估结论。

3.2.3 试验网络技术框架

基于一体化试验网络系统架构,其技术框架可分为感知技术、网络技术、应用技术、安全与管理技术四个层次,如图3-15所示。

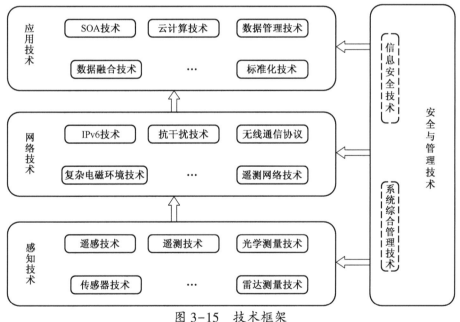

图 3-15 技术框架

1. 感知技术

感知技术是指能够用于一体化试验网络底层感知信息的技术,包括遥感遥测技术、试验对象测试网络技术、传感器技术、光学(可见光、红外、激光与紫外等)测量技术、雷达测量技术以及环境参数测量技术、模拟/仿真技术等。感知技术又称为信息获取技术,是对试验对象与外部环境状态进行信息获取的唯一方法,是试验一体化试验系统的信息输入,也是一体化试验的基础。

随着科学技术的不断发展,多样化的信息感知手段与先进的感知技术,使得获取的信息越来越多,有利于对试验对象进行更加全面、更加深入的分析与评估。

2. 网络技术

网络技术是指能够会聚来自于各类广义传感器的感知数据,并实现一体化试验网络信息传输的技术,包括遥测传输网络技术、IPv6、复杂电磁环境测试网络技术、无线通信协议、各类无线网络和接入网络技术等。

一体化试验网络传输主要分为有线传输和无线传输两种形式,有线传输是指在一体化试验网络中,采用光纤、同轴电缆、双绞线等传输介质传输各种各类的数字和模拟信号;无线传输是指在一体化试验网络中,采用基于遥测频段和其他频段的电磁波作为载波,经过调制进行传输试验与测试中的各种信息。

3. 应用技术

应用技术是指用于一体化试验网络系统的数据处理和利用,以及用于支撑网络系统运行的技术。它包括 SOA 技术、云计算技术、数据挖掘技术、数据管理技术、数据融合技术、数据综合利用与分析技术、评估技术和标准化技术等。

数据的分析与应用是军工武器装备试验最终目的,建立数据仓库管理和面向服务的架构(SOA),开展数据挖掘与数据融合,采用云计算技术,实现对试验对象的鉴定与评估,为复杂武器装备系统或作战网络系统的研制、升级与完善提供真实有效的依据。

4. 安全与管理技术

安全与管理技术,是指用于一体化试验网络的信息安全和系统管理的技术。包括信息安全技术和系统综合管理技术等。

一体化试验网络系统中,存在着许多不同的节点、资源和应用。地理位置上分布的节点可互连、互通与互操作,为用户提供形式多样的应用服务。一体化试验网络包含越来越多的连在一起的系统、设备,规模庞大、地理位置相距遥远,这种开放式结构,极易受到各种攻击。安全与管理技术,就是要确保军工武器装备试验信息不被干扰和泄露,这是保障一体化试验网络系统安全的基本条件。

3.2.4 系统集成

一体化试验网络系统,既可对现有的多类型试验与测试网络进行系统集成,也可扩展在建或未来新建试验系统。一体化试验网络系统集成,通常是指根据应用系统的特定目标、试验能力和功能范围等因素,采用中间件技术、数据资源整合技术、网络融合技术、结构优化技术等系统综合集成技术,将各种分离、独立和散落不同单位的系统、设备、功能和信息等资源集成为相互关联、统一协调的巨系统,使得集成后的巨系统试验能力和功能最大化、最优化,资源得到充分共享,对系统进行集中、高效和有效的管理。其中,中间件技术和标准规范是一体化试验网络系统集成的两项主要内容。

3.2.4.1 中间件技术

试验中间件是将内存共享技术、匿名发布-订购技术和模型驱动的分布式面向对象设计模式整合在一起,形成一个强大的分布式中间件系统。中间件 API 隐藏了对象操作的实现细节以及编写的软件应用代码,可用于不同的试验或训练靶场,适用于不同的底层通信机制,如共享内存、IP 协议、CORBA 及 HLA RTI,还可与各种武器系统及靶场设施进行接口。对用户最有用处的是自动代码生成。中间件 API 及中间件结合 CORBA 分布式对象和类似于 HLA RTI 的匿名发布－订购数据分发这两种流行的编程机制,达到状态分布对象(SDO)的高度抽象能力。

一体化试验网络公共的软件基础设施,包含管理逻辑靶场生命周期必需的三个软件子系统,即试验数据仓库、试验中间件、逻辑靶场数据档案。试验中间件与 LROM 对象定义一起被编译连接到每一个试验应用之中。试验中间件支持试验元对象模型,它是一种用于试验对象模型中的所有对象的通信机制。

逻辑靶场每个实例中不变的部分组成了系统基础结构服务和托管的系统应用。这不变的基础部分叫做试验中间件。试验中间件具有以下特点:

(1) 试验中间件包括了逻辑靶场中所有实例的标准部分;

(2) 试验中间件中的部分内容可以根据需要进行定制,以满足某些靶场或设备的特定需求;

(3) 试验中间件管理全部系统的运行,对试验对象模型中可用的多种元素进行集成;

(4) 试验中间件提供的服务覆盖整个一体化试验网络系统。

试验中间件的目标是为试验的参与者提供一种相互通信的手段,并为逻辑靶场实例的协同操作提供统一的管理机制。通过试验中间件具有的能力可以把所有演习过程和试验设备运行过程结合起来,同时也保留了组件间一定程度的独立性。每个试验中间件构成一个相互协调的分布式服务的集合。试验中间件为用户提供的数据通信机制体现了这种协调的有效性,如图 3-16 所示。

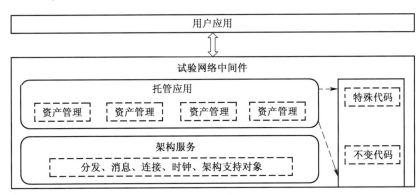

图 3-16 中间件

试验中间件是将系统集成起来的基本黏合剂。试验中间件的目的是提供一整套强大、开放的工具和标准。采用试验中间件,各种靶场应用能够规范应用中的行为,快速地配置试验设施与测试资源等。

3.2.4.2 数据标准

数据标准的统一,是空天地一体化试验网络系统内部各层功能系统之间实现数据交换和信息交互的基本保障,也是试验网络系统集成的另一个关键因素。

在试验应用网络的五层系统参考架构中,感知层基于物理、化学、生物等原理的传感器,其标准大多为专利性技术;网络层的有线和无线网络属于通用网络,其中,有线长距离通信(如光纤通信网络)是基于成熟的 IP 协议体系,有线短距离通信(如独立应用的局域网)主要以各种现场总线标准为主,而无线长距离通信(如卫星通信)的网络标准也已形成,无线短距离标准(如无线传感器网络)针对不同的频段已有十多种标准。若重新建立一体化试验网络标准,难度大而且没有必要,采用成熟的标准协议,增补试验网络的数据表达、交换和处理标准(如综合遥测网络标准、元数据标准、试验数据格式、数据处理标准等),以及相应的软件标准体系架构,使得一体化试验网络标准体系化、规范化,具有完整性、一致性、兼容性和有效性。

试验数据标准,主要是应用在试验网络五层体系中的应用层和感知层,与网络层的传输和交换相适应。由于试验对象、试验要求、试验平台、测试系统和模拟/仿真所涉及面广、整体协调与统一难度大,加上国内外军用、民用标准之多,因此,建立通用、完整的试验数据标准体系,也是空天地一体化试验网络体系的一项重要的、不可或缺的基础性工作,应提前开展研究并尽早发布。

制定试验网络统一数据的表达、交换、预处理等方面标准,首先要定义一组 MDL 语言描述和接口标准。MDL 是试验与测试领域推荐的元数据语言成熟方法,以 XML 语言为基础,用于描述基于网络的遥测系统一种通用方法。开发出支撑标准的配套运行环境和中间件业务框架,使得用户能够快速开发出试验应用业务系统。若不制定统一、完整的一体化试验网络系统数据标准,或者只有零碎标准,这将重蹈以往"信息孤岛"的覆辙,无法实现真正的一体化试验体系,也无法满足未来作战网络系统或联合作战的需求。

在开发试验网络系统及其支持系统的过程中,在不同级别的层次结构上会确定不同的标准。大部分标准会在系统体系结构层确定,其他标准会在实现层确定。因为系统采用的技术、能力平台、信息过程和信息交互资源不断进化,为了支持低层架构中技术和组件封装,试验网络标准也将不断进化,大部分标准确立在系统体系结构设计、组件设计和组件实现过程中。当系统开发不断推进时,会有附加的标准加入进来。

3.2.5　试验网络安全体系

空天地一体化试验网络系统是一个分布式的开放系统,在信息化条件下各种攻击和威胁贯穿于整个信息获取、信息处理与分析决策的全过程,因此,网络系统的安全性是一个至关重要的关键因素。

武器装备系统试验信息,不仅包括了装备本身功能、性能参数,也包括了在作战中使用的战略战术等信息,它是敌方最为关注的敏感信息。信息安全包括保密性、完整性、鉴权、真实性、非拒绝性和一定程度可用性。一个完整的信息安全概念为

信息安全=通信安全+计算与存储安全+试验装备安全+测试系统安全+防电磁信息泄露+安全管理+安全政策+…

试验信息系统是开放系统环境,其信息体系结构如图 3-17 所示。在试验过程中,各个环节都可能存在着相关威胁,见表 3-1。因此需要在各个环节都进行信息保护,建立一个安全的、无缝的、可信的和可互操作的系统。

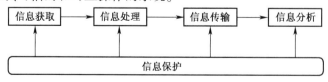

图 3-17　信息体系结构

表 3-1 信息系统各环节典型威胁

威胁\环节	被动攻击			主动攻击					
	截获信号	密码破译	处理分析	入侵	假冒	篡改	插入	病毒	电子干扰
信息获取				√			√	√	√
信息处理		√		√	√	√		√	√
信息传输	√	√	√	√	√	√	√		√
信息分析	√	√	√	√	√	√	√	√	√

3.2.5.1 开放系统环境中的特点与安全性

军工武器装备试验信息系统是一种开放系统。在开放系统中,存在着许多不同的节点、资源和应用。在不同地理位置上分布的节点可互连、互通与互操作,以实现数据的分布式处理和信息共享,为用户提供形式多样的应用服务。随着一体化试验网络的建立,越来越多的系统、设备连在一起,形成了规模庞大、地理位置相距遥远的开放式结构,因此极易受到各种攻击。

在开放系统环境中,不仅存在着通信系统,而且也存在着端系统。OSI 是通信环境的模型,OSI 为它所考虑的安全服务也是面向数据通信与网络的,为 OSI 环境所安排的安全服务无法全面满足开放系统环境需要。由于 ISO 为 OSI 安全体系所做的种种努力已得到公认,比较合适的方法就是对已有的安全服务进行补充,增加端系统所需要的安全服务。其次,有些任务是在端系统之间完成的,这也给面向通信的安全服务提出了新的要求。因开放系统环境较之 OSI 环境有了新的内容,所以不仅是有关操作的安全服务,而且管理安全服务也应有所充实。

3.2.5.2 安全体系

1. 开放系统环境中的安全服务

从开放系统环境的特点和安全需求出发,安全服务应包括三个方面:通信安全服务、端系统安全服务和管理安全服务。

1) 通信安全服务。通信安全服务应包括 OSI 五种安全服务,即对象认证、访问控制、数据保密性、数据完整性以及防抵赖,并在此基础上扩充一些新增的通信安全服务:组间通信安全服务、匿名通信安全服务。

组间通信安全服务有三种不同的形式:安全广播(信源是一个实体,信宿是多个实体,即一点对多点)、安全多源递交(多点对一点)、安全组到组通信(多点对多点)。而 OSI 安全服务只能实现安全的多源递交通信(多点对一点)。

匿名通信安全服务,是指实体在向对方安全通信时,设法隐藏其邮件中真名,由假名替代。这样外界将无法知道信息真正来自何方。匿名通信服务的作用是使企图入侵者无法从外界获得此源的真名和地址。

2) 端系统安全服务

面向端系统安全服务,是为用户、数据存储和数据处理服务的。尽管 OSI 安全服务的认证、访问控制、数据保密性和数据完整性都可用于端系统,但端系统有更多的应用需求,安全服务还应相应增加。包括三个方面:面向用户的安全服务、软件与进程的安全服务、数据库安全服务。

大多数 OSI 安全服务及其相应的安全机制都隐含地假设：两个相互信任的实体在不可信的环境中进行通信，即是说对于一个连接来说，其威胁来自于该连接之外。而端系统的一个重要方面是在互不可信任的用户之间需要安全地交换信息。软件与进程的安全服务，包括了软件真实性和完整性、安全互操作性与安全分布式计算、操作系统安全性等。对于数据库安全，还应增加另一些安全服务，如保持数据流安全一致性、防止推知数据、面向环境和历史的保护机制等，提供相应保护措施对数据库进行动态防护。

3）管理安全服务

面向管理的安全服务用于管理系统正常操作所需的各种参数和协议，这类安全服务有密钥管理、记录和审核安全系统、安全恢复和公正服务等。

2. 安全系统概念结构

安全体系是一概念集，虽然能给人以清晰的抽象概念，但仍使人缺少"实在"的感觉。在此概念集的基础上提出安全系统的概念结构，可增加对其的理解。安全系统的概念结构，应由安全管理信息库（SMIB）和十种逻辑部件（代理）构成，它们之间存在着信息交互机制。

1）安全管理信息库

为使一个开放系统环境所配置的安全服务发挥作用，需要通过安全管理来实现，由安全管理信息库的段、安全管理模块（管控和调用安全服务和安全机制）两个部分完成。这两者既管理着安全服务，也控制着安全机制。这种管控机制既将管理信息分发到安全服务和安全机制中去，同时也起着收集安全系统操作有关信息的作用。

安全管理信息库是一个概念上的信息库，存放着所有开放系统与安全性有关的信息。安全管理信息库可以是一个分布式信息库，由 6 个逻辑段组成：标识段、安全段、安全连接段、访问控制段、安全记录段和私有机密段。

为了收集、分配和使用安全管理信息库的信息，需要特殊协议即安全管理协议。安全管理协议定义了安全系统中的各逻辑部件之间涉及安全的信息交换。

2）代理

安全系统的逻辑部件（代理）有 10 种：用户代理（UA）、安全管理代理（SAA）、安全服务代理（SSA）、安全机制代理（SMA）、安全管理信息库代理（SMIBA）、操作环境交互代理（OPENA）、连接代理（AA）、域间通信代理（IDCA）、监视代理（MA）、恢复代理（RA）。其中，用户代理、安全管理代理、操作环境交互代理构成了安全系统与"外部世界"的界面，前两者为用户界面，其余为安全系统与操作环境之间的界面。这些代理之间的关系如图 3-18 所示，它们相互配合，形成了一个安全系统。

安全系统的代理之间与安全系统同"外部世界"之间进行通信，必须遵守严密定义的协议，所有这些协议构成了安全系统的通信协议集。这些协议的设计，必须考虑安全域间的通信，也要兼顾安全管理之间的通信，既能传输常规数据、用户请求和安全响应，也能传送特殊数据（如密钥）。实现代理间安全通信协议有两种可能的方法，即客户/服务器模型和使用公共通信域。

3. 安全域及其管理

安全域是由某特定的策略所定义的一个安全环境，包括安全策略、安全管理工具、安

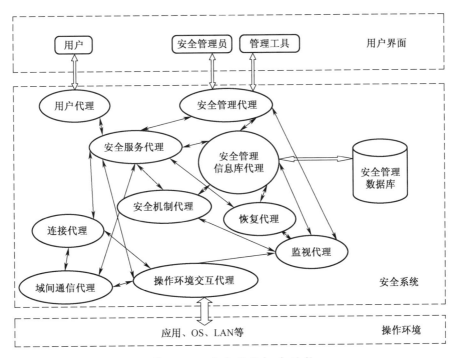

图 3-18　安全系统概念结构

全服务、安全机制和其他功能(审查、恢复等)。在分布式环境中,各个系统分别有各自的安全策略,因而可能存在许多安全策略和安全域。在某个安全域内的所有实体(系统与设备)都从属于该域的安全策略,受同一个权利机关管理,安全服务和安全机制类型完全一样。因此,安全域是开放分布环境中的用户和资源的一个子集,该子集的元素服从同一个安全策略。

安全域可以通过各种结构互联起来,安全的开放系统环境是由许多安全域和其安全链路构成。连接双方既可以属于同一个安全域,也可分属不同的安全域。虽然域内连接活动和域间的连接活动在逻辑上没有差异,但对于在同一个安全域内的对象,由于安全环境相同,安全连接易于实现,由该域的安全管理中心依据安全策略进行管理;对于分属不同安全域的对象,建立连接就复杂多了,涉及安全域之间的连接,只有与被连接的安全域的安全策略兼容时,才能建立连接。域之间的安全策略若不兼容,可以在连接建立阶段进行谈判协商,或通过更高层次的权力机关进行仲裁来解决。

3.2.5.3　安全模型

在一体化试验网络系统中,安全性应具有两个特点:功能性和适用性。功能性是指该安全系统应能提供所需的各种安全服务;适用性是指能适应用户的各种各样的应用形态。此外,还应具有以下功能:既便于用户使用,又便于操作员管理;从开放效率与开销的角度,安全服务应为增值服务;安全系统应是可选用的。

1. 安全系统结构模型

在结构上,安全系统可分为五个层次,即基础模块层、安全机制层、安全服务层、安全代理与安全管理层,如图 3-19 所示。其中,安全管理信息库是与多个层次有关的一个核心部件,是安全系统的重要基础。

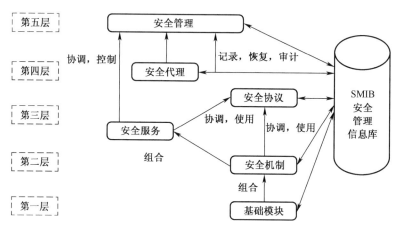

图 3-19　安全系统结构模型

2. 安全管理模型

在开放系统模型中,安全系统所涉及的部件物理上分布配置在整个系统内的各个地理区域,一个安全域设置的操作要根据该域的安全策略和威胁进行分析。每个安全域应当设置一个安全管理中心,其任务如下:

(1) 管理和控制安全域内的安全活动,如认证、访问控制、密钥分配、公证和注册等;

(2) 建立安全域之间的安全连接。

从逻辑上说,安全系统是通过安全连接将各个安全域连接在一起而构成的,如图3-20 所示。

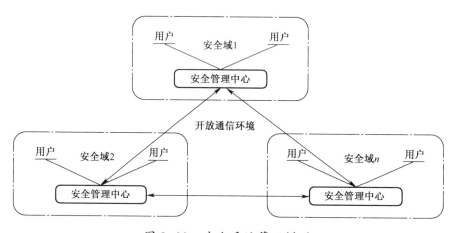

图 3-20　安全系统管理模型

3.3　异构网络集成

在空天地一体化试验网络中,存在各种异构网络,因此必须解决试验场内各试验设施互联、试验场和试验场之间互联问题。试验异构网络集成将规范试验场、实验室互联与互操作的各种数据结构和通信接口。借鉴美军建立"试验与训练使能体系结构"(TENA)和"联合任务环境试验能力"(JMETC)所采用的技术方法,结合国家武器装备试验与训练的现状与发展需求,研究和规范空天地一体化试验异构网络集成方法。在实现试验场内的试验设施互联和试验资源集成的基础上,进一步实现跨区域分布的各种、各类试验场(靶场)试验设施、测控系统与实验室之间的互联和资源共享,形成涵盖真实、虚拟和可重构的分布式综合试验能力,以提升军工武器装备联合试验能力。

空天地一体化试验网络具有异构性与泛在性等多种特性,可分为狭义一体化试验网络(Special Integrated Test Network,SITN)、广义一体化试验网络(General Integrated Test Network,GITN)。狭义一体化试验网络包括纵向一体化试验网络(Vertical Integrated Test Network,VITN)、横向一体化试验网络(Horizontal Integrated Test Network,HITN);广义一体化试验网络,也称为增强型一体化试验网络,是在狭义一体化试验网络的基础上,增加赛博试验网络(Cyber Test Network,CTN)和电磁环境试验网络(Electromagnetic Environmental Test Network,EETN),形成空、天、地(海)、网电一体化试验网络环境。未来联合作战武器系统必将置于复杂电磁环境下开展联合试验评估。

3.3.1　纵向一体化试验网络

纵向一体化试验网络,是为试验对象(飞行器)在空、天高度位置进行飞行试验时构建的试验对象数据采集网络,经遥测或卫星通信网络传输至地面信息处理与监控网络的垂直型网络。纵向一体化试验网络也可应用于本地一定范围内的每个快速移动的试验对象(包括各种飞行器、火箭、导弹、舰船、坦克、装甲车辆等)。它主要包括试验对象数据采集网络、综合遥测网络或卫星通信网络与地面信息处理与监控网络三个部分。它具有立体化、高机动性、时间精确同步性与平面位置的局域性等特点。正因为有此特点,使得纵向一体化试验网络与其他民用移动网络有很大的不同,它要求同步采集成千上万个参数和确定的传输时延,是一种高精度时间同步局域网,这也是对高机动性试验对象进行测试的要求所决定的[3]。

纵向一体化试验网络,又称为试验集成网络(ITA),它以增强遥测网络(iNET)为核心,对所有快速移动试验对象(包括各种飞行器、火箭、导弹、舰船、坦克、车辆等),构建由运载(机载、弹载、箭载、车载、舰载等)数据采集网络系统、遥测网络系统和地面遥测监控网络系统及各种操作、控制、管理、应用软件等组成的纵向一体化试验网络。

纵向一体化试验网络,通过试验网络架构的集成设计,实现多个试验对象上的数据采集系统和地面监控系统的双向传输与宽带连接,达到试验靶场资源与试验对象测试资源的高效集成和共享的目的。

纵向一体化试验网络的应用非常广泛,美国 B-52、F/A-18 甚至 X-43A 等 X 系列的试验网络系统,由基于地基的遥测、遥控、光学、雷达等测控系统,结合空中测量机组成,实现空中测量与遥测中继的空地一体化模式。为了实现超视距的连续覆盖,地面测控网络系统采用跨区域多场地接力方案,结合测量机跟踪测量来完成试验的全程测控,如图3-21 所示。

由于在地球表面的测量站(陆基固定站、海基测量船、车载移动站、空中测量站)都会受到地球曲率、大气能见度和作用距离的限制,因此每个测量站对空天飞行器测控时间

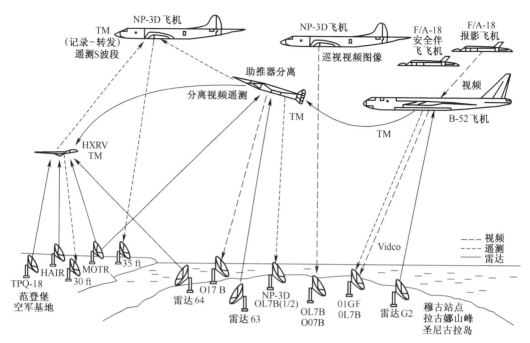

图 3-21　飞行器试验测控网络示意图

短、观测距离有限,为试验对象提供的测控网络覆盖区域也很有限,因此发展天基测控网成为必然趋势。构建基于天基的跟踪测量卫星与数据中继卫星系统(TDRSS),即利用同步轨道上的卫星和地面监控中心,以完成临近空间或高超声速飞行器测控。

为了对地面、海上、空中和临近空间快速或高速、高超声速机动的多试验对象进行跟踪、测控、通信,采取综合遥测网络与基于天基的空天测控网组合方式,实现纵向一体化试验网络集成,如图 3-22 所示。

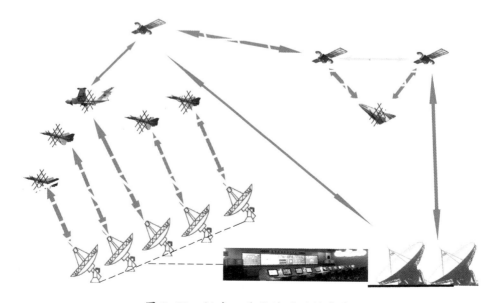

图 3-22　纵向一体化试验网络集成

纵向一体化试验网络,采用基于地基的遥测、遥控、光学、雷达等测量系统与基于空基、天基的气艇、测量机和测量卫星、中继卫星组成的综合测控系统,对所有地面快速机动装甲、水面舰船、高超声速和临近空间飞行器、各型导弹等试验对象进行实时和高精度的数据采集、记录、控制、管理与分析,获得对参与试验的所有试验对象的性能、功能、战技指标、作战效能等评估参数,为改进和升级或更新换代提供有效、准确的依据。

随着武器装备系统尤其是多武器协同作战系统,其复杂性、先进性、协同性大大提高,不但试验流程设计的难度与要求随之剧增,而且构建试验与测试网络系统的复杂程度远比单个武器系统复杂得多。纵向一体化试验网络是多武器协同作战系统试验评估的有效解决途径。

试验与测试的网络化、集成化、空地一体化已成为未来发展的必然趋势。纵向一体化试验网络以增强遥测综合网络(iNET)为核心,通过本地试验场区网络实现与本地试验控制中心、实验室、模拟/仿真设施等系统联接,如图3-23所示。

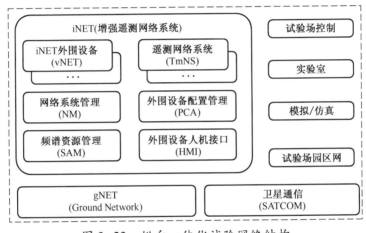

图3-23 纵向一体化试验网络结构

增强遥测综合网络标准,为研究试验场和试验基地在飞行试验中的空天地网络一体化、遥测带宽、多系统信息融合分析等关键技术奠定了基础,也为建立通用的纵向一体化试验网络提供指导与规范。iNET包括遥测网络系统和各种操作与控制应用软件,主要由三个部分组成:vNET移动平台网络系统、rfNET遥测射频传输网络系统、gNET地面网络系统,即空、地一体化的遥测网络系统[4]。iNET共有6个标准支持,包括系统管理标准(SM)、元数据语言标准(MDL)、通信链路标准(CL)、试验对象标准(TA)、无线传输标准(rfNE)和组件接口标准(CI)。

iNET可用于建立各种试验对象(如飞行器或者坦克、舰船等)地面试验或飞行试验的遥测网络。通过TmNS(双向传输)遥测网络传输系统发送地面控制信息或接收试验对象数据,由地面控制中心统一控制、统一管理;同时,通过TmNS对试验对象数据采集系统工作状态进行实时监控[5-6]。

基于高频段、高速率、高效率的综合遥测网络技术是纵向一体化试验网络的关键因素,也是构建整个空天地一体化试验体系、解决高速机动飞行器与地面的空地互联、实现试验测试资源共享的核心。同时,利用现有商用通信卫星资源或发射试验专用卫星,进行基于天基测控网络体系的试验与验证,结合卫星数据传输体制和体系结构,逐步建立以试验专用卫星为基础的空天地纵向一体化试验综合测控网络系统[7-8]。

3.3.2 横向一体化试验网络

横向一体化试验网络,是为克服各军工试验和训练靶场、工业部门试验机构与模拟/仿真实验室相互独立、信息不能共享以及资源不能重用等缺点,将分布在不同地理位置的试验、训练、仿真、高性能计算资源集成起来,采用公共体系结构将它们连结在一起,实现试验与测试、仿真资源之间的互操作、可重用和可组合,与跨区域联合试验"逻辑靶场"之功能,以支持大型作战网络系统或联合作战网络系统的试验与评估。

横向一体化试验网络,是连接多个跨区域的纵向一体化试验网络的重要基础设施。它的主要功能是:

(1)根据具体的试验任务需要将分布在各个靶场的资源应用程序、工具、实用程序以及通过网关联结的非兼容被试系统及其他相关系统组成一个虚拟靶场,所有通信依据虚拟靶场对象模型定义通过中间件执行,从而实现互操作性;

(2)通过使用一个公共基础设施以及能在虚拟靶场体系结构、协议和系统之间互通的网关,从而实现可重用性;

(3)通过使用特定的能访问存储在数据仓库中的各种对象定义和组件工具和实用程序以达到可组合性。

基于一体化试验网络,可构建复杂电磁试验与测试环境、飞机和导弹试验与测试环境、光电试验与测试环境、战术演练环境、化学威胁环境、火控试验与测试环境等联合试验环境,如图3-24所示。

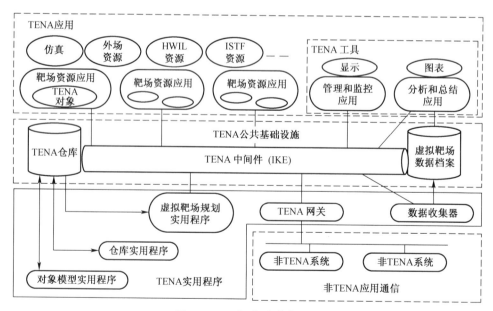

图 3-24 体系结构概图

横向一体化试验网络,主要由工具集、靶场通信、与其他靶场资源的接口、与武器系统的接口、标准/协议以及综合试验或训练规程等部分组成。参照试验与训练使能体系架构

(TENA)的设计思想,为试验对象提供了一个公用的、互操作的、可重用的试验平台,支持设计、试验、训练的全过程。

TENA 也可以用来为武器装备的模拟/仿真试验提供一个有效的体系结构,依照扩展的 C⁴ISR 体系结构框架的逻辑结构,从运作、技术、软件、应用等方面,建立虚拟靶场资源开发、集成和互操作的总体技术框架,它是一个层次化结构,由资源库层、运行支撑层、应用系统层构成,如图 3-25 所示。

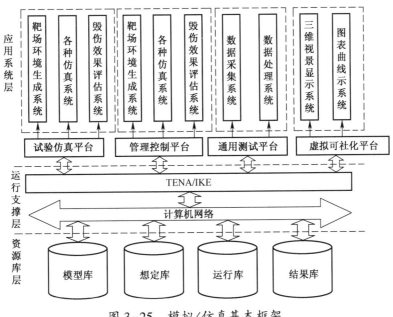

图 3-25 模拟/仿真基本框架

TENA 定义了未来靶场软件开发、集成与互操作的整个结构,用于将地理分散的靶场资源(如试验设施、训练、仿真与高性能的计算技术)快速联合形成一个综合环境,以逼真的模式完成各种新的试验与训练任务,通过中间件设计技术,解决异构网络环境下分布式应用软件的通信、互操作和协同问题,可将不同区域的试验场进行有效连接,实现多试验场信息交互、信息共享。

3.3.3 赛博试验网络

赛博安全性试验网络,是为作战网络提供一个研究与开发安全、可控的试验环境,也为各种网络技术和构想的安全性进行定量和定性分析的物理评估平台,能够有效地改善大规模作战网络的安全性。赛博安全性试验网络,是以现有计算资源以及相互连接的网络为基础,在物理网络基础上对上层软件平台以及应用系统进行管理和配置。同时能够将外部设备、网络及特定的应用运行于试验场的基础设施之上,统一集成管理。

赛博试验网络,能在一个典型网络环境中对信息保障和信息生存进行无偏差的定性和定量评估,能复制当前和未来军工武器系统中复杂的、大型的异构网络和用户,能在同一基础设施中同时进行多项独立试验,能真实地对因特网/全球信息栅格等大规模网络开展试验研究,能使用科学方法进行严格的赛博试验。

3.3.4 复杂电磁环境试验网络

复杂电磁环境是指在有限的时空里、一定的频段上,多种电磁信号密集、交叠,影响信息系统和电子设备正常工作,对武器装备运用和作战行动产生显著影响的战场电磁环境。复杂电磁环境是由自然及人为的电磁辐射产生的密集重叠、繁杂起伏、随机无序的电磁波综合形成的一个信号密集度、频谱占有度、时间使用率、功率分布率等电磁特性全部或部分超过正常使用的特定电磁环境。复杂电磁环境是一个相对的概念,与用频装备的战技术性能、编配配置和作战运用,以及空间域、时间域、频谱域密切相关。构成复杂电磁环境的主要因素包括敌我双方的电磁对抗、各用频装备的电磁对抗、各种用频装备的自扰互扰、民用电磁设备的辐射以及一些自然电磁现象等。

复杂电磁环境试验网络,是利用战术装备、半物理仿真/模拟器、各种各类光电/电子干扰吊舱、多波段雷达或射频无线装置(或相应模拟装置)以及数字仿真系统和管理控制中心在一定地理空间内构成一体化试验网络,为作战网络系统构建一个虚实结合的、逼真的、其空间域和频率域与能量域随时间变化而变化的模拟战场复杂电磁环境。复杂电磁环境试验网络,是以战场电磁环境分析为基础,以建模与仿真技术为依托,设计并建立逼真度高的复杂电磁环境,用于全面训练和分析、评估复杂电磁环境下武器装备的使用效能与作战系统的生存力。复杂电磁环境试验网络不仅用于单个武器装备战技性能鉴定,也对一体化作战网络的作战效能与生存力进行评估。

复杂电磁环境构建是综合的系统工程,为贴近实战、深化训练,构建的系统效能指标应主要体现在电磁信号性能、系统适用能力和经济效益上。

1. 电磁信号性能

电磁信号性能主要包括电磁信号密度、电磁信号强度、背景噪声和频谱占用度。电磁信号密度是位于某一区域的电子侦察设备在单位时间可能收到的电磁信号的数量,通常分为雷达信号密度、通信信号密度、光电信号密度等;电磁信号强度指在接收点电磁信号的场强,信号强度直接决定了战场电磁环境的影响能力,是对各种电子信息系统产生影响的能量基础;背景噪声是以国际电联推荐的中国各地区背景噪声值为基准,通过相对的增加量设定评价等级;频谱占用度指在特定频段内,已占有频率与可用频率的比值,反映了频率资源的使用状况。

2. 系统适用能力

系统适用能力主要包括系统稳定性、电磁兼容性和适应性。系统稳定性是指系统在运行过程中的故障概率和可维修度;电磁兼容性(EMC)是指设备或系统在其电磁环境中能正常工作且不对该环境中任何事物构成不能承受的电磁干扰的能力;适应性是指系统为满足需要的可改造程度。

3. 系统构建费用

系统构建费用主要包括建设经费和维护经费。建设经费是指初次投入的建设费用;维护经费是指在可维修时间内的日常维护保养费用。

复杂电磁环境构建系统效能评估指标体系,按层次结构分类归纳,构成复杂电磁环境构建效能的评估模型,如图3-26所示。在实际中,可根据构建系统的重要性、复杂性和目的性对评价指标增减。

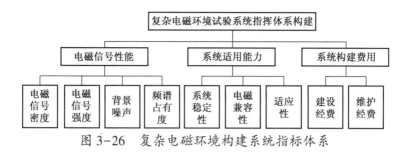

图 3-26 复杂电磁环境构建系统指标体系

用于试验的复杂电磁环境构建应逼近实战电磁环境。依据"红蓝"对抗试验想定、试验过程中双方态势的战情导调等,首先进行仿真,其次设计各试验设施(或装置)与测试设备(系统)在试验区域内的布设地理位置,依据试验方案设计统一控制与管理策略。最后要制定试验项目的试验规划和步骤,围绕"电子装备(战术技术性能和作战使用性能)–试验战情想定(战法/作战运用方式方法)–作战效能(作战效果/因果联系)"三维视图来组织实施。

3.3.5 试验大数据管理与应用网络

空天地一体化试验数据真实反映了武器装备与作战网络系统在真实大气与复杂电磁环境下的战技性能指标与综合作战效能,是型号设计定型/鉴定和武器装备科学探索最直接、最重要的依据。试验数据通常是非结构化数据,类型多、数据量大、实时性强、价值高,具有大数据4V特征,是典型的"大数据"。传统的、孤立的点到点实时监控、事后数据回放/卸载、预处理、二次处理的试验数据处理模式,已不能满足试验大数据的快速分析、处理和管理需求。

空天地一体化试验数据管理与应用网络系统(Data Management & Application Network,DMAN)采用基于面向服务网络架构(Service-Oriented Network Architecture,SONA),为用户提供高效服务。SONA是一种基础网络架构,将复杂且具有共性的应用集成到网络层面,而将个性化的高端应用部分留给终端完成,具有融合网络集成系统的灵活性和资源的标准化和虚拟化等特点。

SONA是一种开放体系架构,能够使各试验与测试系统开发者利用集成的网络服务、通信和协作服务,通过面向服务的网络平台,实现更快捷、更灵活的应用业务。SONA技术架构由基础网络设施层、交互服务层、应用层三层组成,如图3-27所示。

应用层	商业应用		协作应用		
交互服务层	应用网络服务				自适应管理服务
	基础设施服务				
	网络基础设施虚拟化				
网络基础设施层	园区	分支机构	数据中心	WAN/LAN	远程工作人员
	服务器		存储		客户端
	智能信息网络				

图 3-27 SONA 网络架构图

1. 网络基础设施层

网络基础设施层主要包括路由和交换基础设施,以及存储器、服务器和客户机等设备。这些设备是服务和数据的物理存储池。

2. 交互服务层

交互服务层主要包括基础设施服务、应用服务和自适应管理等三类服务,为应用和业务流程有效分配网络基础设施资源。

1)基础设施服务

基础设施服务是一种面向网络的服务,包括安全服务、移动性服务、存储服务、视频与话音以及协作服务、计算服务、身份服务和网络基础设施虚拟化服务。这些服务对基础设施进行效能优化,给业务流程和应用分配合适的资源。采用云技术,使许多在物理上分布的资源看起来像一个资源池,并以逻辑方式而不是物理方式对资源进行优化处理。

2)应用服务

应用服务是对上层的服务,通过基于网络的服务实现应用程序整合、交付、升级和优化,只需要包括面向应用的网络(Application Oriented Network,AON)和应用交付两个组件。AON 是网络能够理解应用程序的语言,能够网络智能地选择路由、转换、记录、通知或者验证试验用户。由于各个异构网络设计者都没有考虑网络优化的问题,因此在水平网络框架上增加应用程序交付服务,能够实现端到端的交付、升级和应用程序数据优化以及控制等多种功能。

3)自适应管理服务

自适应管理服务包括基础设施管理、服务管理、分析与决策支持三个组件。基础设施管理提供基础管理能力和集中式服务;服务管理利用交互式服务的部署和功能,使服务具有灵活性、敏捷性;分析与决策支持用于弥补基础设施的能力和应用、能力之间的间隙,完成 MIB 监视、分析、规划和拓扑仿真,支持 QoS、容量、故障、调整、部署、验证与执行等。

3. 应用层

应用层主要包括协作应用和用户应用两类应用。协作应用如统一通信、控制指令与反馈执行信息,是以话音、交互图像和控制指令数据为主要特征的通信应用;用户应用如用户关系管理、试验(或实验)数据管理、参与试验单位链管理等,通过服务层提供的通用服务,网络在实现这些应用及其相关的流程方面将发挥更为直接和重要的作用。

可以看出,在传统试验数据管理与应用中,多个应用对应多个服务器和多个存储,而这些服务器和存储是紧耦合的,造成了模型的非标准化和很高的运维成本。SONA 模型中,应用和服务器及存储之间增加了一个虚拟的交互服务层,统筹管理下层的服务和存储,使整个网络智能化。SONA 更加标准化,网络是共享的,运行维护成本较低。

在非结构化海量试验数据统一管理的基础上,将面向应用的设计集成到空天地一体化试验数据管理系统中,以满足试验与用户数据处理需求。依据试验大数据的特点,构建基于"云计算模式"理念和"面向服务的网络架构"(SONA)的试验大数据分布式综合处理平台,形成集数据采集、预处理、数据分析、挖掘、结果展现及应用为一体的试验大数据综合处理能力,提高数据处理效率,实现试验大数据处理从传统的以"服务器为中心"到以"数据为中心"的处理模式转变。在海量试验数据应用中，采用基于 WEB 服务驱动的 SONA 技术架构的试验数据管理方法，从数据层到用户接口层，建立试验数据管理系统各个逻辑层的标准服务管理、发布和应用方法、策略和工具，实行统一管理与应用。基于 SONA 技术架构的试验数据管理系统，既保证试验数据的可靠性和完整性，也提高试验海量数据的处理与应用效率。与面向服务架构(Service-Oriented Architecture, SOA)相比，SONA 技术架构具有开放性、灵活性、融合性等特点，因此系统应用功能可根据需要进行扩展，易于与其他应用系统进行集成。

3.3.6　试验网络构想

空天地一体化试验网络采用通用、成熟的网络协议以及中间件技术，将试验设施与测试设备(系统)有效连接起来，构建基于空基、天基、地基与海基为一体的试验网络，统一控制、统一管理，以提高复杂武器系统大范围和全面试验与测试能力，缩短试验周期，降低试验成本，提升联合试验、大系统演示验证与作战系统的作战效能评估水平和综合试验与测试能力。具体地，包括以下几点：

（1）重点研究综合遥测网络标准和高层体系架构，形成空天地一体化试验体系和标准；

（2）以综合遥测网络标准为指导，建立纵向一体化试验网络(试验场或靶场当地局域网)；

（3）结合试验与训练使能体系架构，建立跨区域、远程试验网络的无缝连接，构建覆盖国土范围的"逻辑靶场"；

（4）在先进分布式仿真试验与评估技术的基础上，建立连接各模拟/仿真实验室的武器装备虚拟试验网络，并准入空天地一体化试验网络；

（5）研究复杂电磁环境试验网络结构与标准，建立高逼真度的战场电磁环境模拟试验场与测试网络，并入空天地一体化试验网络；

（6）开展赛博电磁空间试验与测试体系研究和平台建设；

（7）依据相应标准，自主研发试验设施与测试系统(设备)，形成系列化产品和产业化研制能力；

（8）发射专用试验卫星，与其他空天测量飞行器构成临近空间飞行器测控网；通过中继通信卫星与地面测控网络连接构成空天地一体化试验网络；

（9）开展复杂武器系统和联合试验的试验设计与试验规划研究，形成试验流程与试验方法。

空天地一体化试验将极大提高武器装备系统大范围、机动试验与测试的试验能力，推进试验测试技术与信息化技术的融合发展，全面提升试验与测试技术水平和综合试验能力，对武器装备的战技性能、效能、生存力进行全面评估，真正实现"试验即作战与训练"，如图 3-28 所示。其中，本地网络为纵向一体化试验网络，与异地纵向一体化试验网共同构成空天地狭义一体化试验网；若将其置于复杂电磁环境试验场中，便构成了广义一体化试验网。

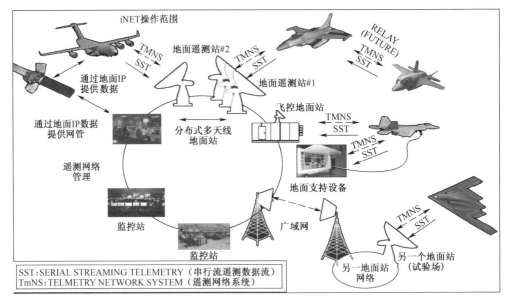

图 3-28　空天地狭义一体化试验网络示意图

3.4　异构网络融合与协同

空天地一体化试验网络,将接入各种各类的、地域分散的泛在有线或无线武器装备试验与测试网络,这些接入网络的结构、功能与技术参数各不相同。在这种异构网络环境中,要实现异构网络资源的共享与利用,为试验用户提供优质服务,就必须协同、整合各种资源的能力,实现多种网络的融合。所谓网络融合,是实现不同架构网络系统共存时的规划、部署、监控和运维,包括多种接入技术的频率规划、容量规划、初始配置、接入状态监控、试验状态监控、数据云存储等,统一规划、统一管理。异构网络融合,对应用层来说屏蔽了接入网络的异构性,通过融合网络资源实现网络配置更加优化,以提高服务质量和用户体验,从而减低运维成本,实现资源共享,提高试验效率。

由于接入的异构泛在网络相对独立自治,相互之间缺乏有效的协调机制,造成了系统间相互干扰、频率覆盖、时间非同步性、参数命名不一致性、处理方法多样性等诸多问题。因此异构泛在网络的融合就成为了构建空天地一体化试验网络的关键技术。参照国际标准化组织提出的异构网络互通构架、资源管理模型和架构,从不同角度、不同层次对异构网络进行融合设计,以实现异构网络资源整合、协同与优化[9-10]。

3.4.1　网络融合管理

网络融合管理是随着网络技术的发展而发展的,网络日益复杂使得网络管理范围增大、内容增多。网络管理系统逐步向综合化、标准化和智能化方向演进,网络设计与运维将更加简便。融合网络管理系统应该具备以下功能[11-12]:

(1) 网络监控能力:能够通过统一的视图对网络进行状态监视和管理控制。

(2) 综合管理能力:能够管理各种各类试验与测试、模拟/仿真设备,以及多种网络协议。

（3）远程管理能力:支持网络管理员通过管理终端对网络进行远程管理。

（4）管理开销可控:尽量用最小的系统开销提供较多的管理信息。

（5）智能化管理能力:具备一定的智能性,能够根据网络运维数据的分析结果,发现并报告可能出现的网络故障,即具有故障诊断与维护能力。

在网络管理技术研究、发展和标准化方面,国际标准化组织(ISO)在20世纪70年代末,提出了开放系统互联模型(OSI)和网络开放互联管理框架(ISO-7498-4),并制订了相应的协议标准,即公共管理信息服务和公共管理信息协议(CMIS/CMIP)。由于OSI网络管理框架及其协议的结构和功能非常复杂,不利于商用,但它明确定义了网络管理的标准模型,因此,网络管理应用基本上是以OSI网络管理功能模型为基础的。

随着空天地一体化试验网络的全球化,如何管理和监视这个地域分布广泛的融合网络就成为了一个重要问题。由于简单网络管理协议(Simple Network Management Protocol,SNMP)简单和实用性,在Internet管理框架中得到了越来越广泛的应用。空天地一体化试验网络将使用简单、实用的SNMP,并遵循该标准,保障网络稳定运行、服务连续性和低成本运营需要,以推动一体化试验网络持续发展与演进。由于OSI管理体系过于复杂,为了管理全球范围TCP/IP试验网络,国际互联网工程任务组(the Internet Engineering Task Force,IETF)制订了SNMP。该协议一经推出,便得到了广泛支持和应用。

本节介绍SNMP、TMN与NGOSS三种网络管理体系。第一种方法应用广泛,后两种为电信网络管理体系,TMN管理相对成熟,应用较为广泛。一体化试验网络融合管理也可借鉴电信管理网络方法。

3.4.1.1　SNMP管理体系

SNMP管理体系由管理者、管理者代理和管理信息库三个部分组成。管理者在网管平台上通过SNMP与代理通信,传递管理信息;管理代理和管理信息库在被管系统中,代理负责管理属于自己的被管对象;管理信息库(MIB)负责对具体的管理表项进行分类组织。SNMP的基本原则是简单、可靠与有效,实现相对简便,其体系结构如图3-29所示。

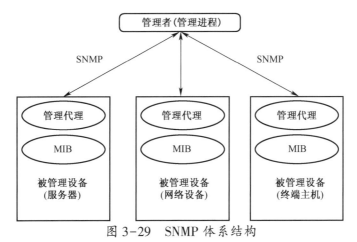

图3-29　SNMP体系结构

1. 管理体系结构

1) 管理者

管理者管理进程是对试验网络设备和试验设施进行全面管理和控制的软件,一般位于网络主干节点,运行在网管中心服务器上,负责发出控制和操作指令,实现对管理代理的操作和控制,接收管理代理的信息反馈。网管软件要求管理代理定期收集被管理设备的信息,管理进程定期查询管理代理收到的被管理设备运行状态、配置及性能等信息。通过分析,确定被管理网络设备、部分网络或整个网络的运行状态是否正常,以便进行特定的网络管理操作。

2）管理代理

管理代理是运行在被管设备中的软件模块,被管设备服务器、工作站、PC 机、辅助设备等各种网络设备或节点。管理代理软件可以获得被管理设备的运行状态、设备属性、系统配置等相关信息。管理代理软件可完成网管要求的信息收集任务,充当管理进程与被管设备之间的桥梁,通过控制被管设备的管理信息库管理设备。

3）管理信息数据库

管理信息数据库定义了一组数据对象,可以被网管系统访问。管理信息数据库是一个信息存储库,包括多个数据对象,网管员通过管理代理软件控制这些数据,从而实现对被管对象的配置、监视和控制。每一个管理代理都要维护本地管理信息数据库,存储与本地被管设备的相关信息。

4）SNMP

SNMP 是一个简单的请求/应答协议。在 SNMP v2 中定义了 8 个 PDU,包括 5 种基本的协议交互过程,即 GetRequest、GetNextRequest、SetRequest、GetResponse 和 Trap 5 种操作。SNMP 定义了传输协议、支持的操作、操作相关的 PDU 结构、操作的时序、角色、实例取值、共同体等。

SNMP 的协议交互如图 3-30 所示。从管理者发出三类与管理应用有关的 SNMP 消

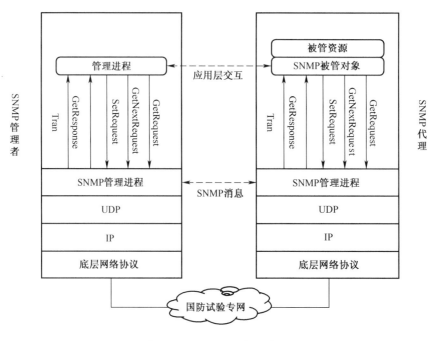

图 3-30　SNMP 协议交互

息,即 GetRequest、GetNextRequest 和 SetRequest。对于这三类消息,代理都用 GetResponse 消息应答。代理还可以主动发出 Trap 消息,向管理者报告有关 MIB 及管理资源的事件。SNMP 基于 UDP 传输,属于无连接型应用层协议,在管理者与代理之间不需要维护连接,每次管理信息交换都是管理者与代理之间一个独立的数据传送过程。

SNMP 还包括一个重要组成部分:管理信息结构(Structure of Management Information, SMI)。管理信息结构分别用名字、语句和编码机制表述每个被管理对象;名字就是对象标识(Object ID),用来标识网络对象;语句用来定义数据类型;编码机制描述被管对象相关信息的编码方式,用于管理实体间的信息传输。

2. 管理体系特点

OSI 在理论上对网络管理起到了重大推动作用,而 SNMP 则使网络管理从理论走向了实际应用。SNMP 在试验测试网络、工业控制网络与计算机网络中得到了非常广泛的应用,已经成为了事实上的网络管理标准。SNMP 主要特点是其协议相对简单,使得基于该协议实现网管较为容易、开销可控,对网络中其他业务的影响较小;由于 IETF 定义的描述被管对象的语言——ASN. 1,可以很方便地描述各种网络技术与协议,将这些技术与协议纳入管理范畴,从而保证了协议具有良好的扩展性。IETF 定义了大量的 MIB,对于试验测试网络来说,还需补充完善 MIB,增加相应的设备描述 MIB。SNMP 虽然得到了广泛应用,但是还存在一些自身难于克服的缺点,比如 MIB 模型不适合复杂数据查询,网络管理过于依赖管理进程,容易形成单点故障等。随着进一步完善与升级,SNMP 将会得到更广泛的应用。

3.4.1.2　TMN 管理体系

电信管理网络(Telecommunication Management Network,TMN)是国际电联(ITU-T)提出的管理模型,其基本思想是提供一个有组织的体系架构,实现各种运营系统及电信设备之间的互联,利用标准体系结构交换管理信息,从而为管理部门和厂商在开发设备、设计管理电信网络和业务的基础结构时提供参考。TMN 的目标是提供一个管理框架,采用通用网络管理模型、标准信息模型和标准接口完成不同设备的统一管理,它是一个专门用于管理和控制电信网的管理网络。

1. 体系结构

ITU-T 从管理功能模块的划分、信息交互方式和物理实现三个不同方面定义 TMN 的体系结构,即功能体系结构、信息体系结构和物理体系结构。

1) 功能体系机构

功能体系机构由一系列功能模块构成,包括运营系统功能(OSF)、中介功能(MF)、网元功能(NEF)、工作站功能(WSF)和 Q 适配器功能(QAF)等功能模块。

TMN 的各个功能模块利用数据通信模块交换管理信息(DCF)。数据通信模块的主要作用是提供信息传输机制,也可以提供路由选择、中继和互通功能。数据通信模块实现 OSI 参考模型 1~3 层的功能,用于完成操作系统之间、操作系统与网元之间、网元之间、工作站与操作系统之间、工作站与网元之间的信息传递。数据通信模块可以支持多种类型网络的通信,当被置于系统之间时,需要消息通信功能(MCF)与 TMN 的其他功能块相连,如图 3-31 所示。

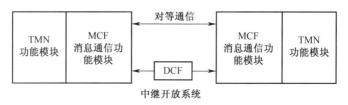

图 3-31　TMN 功能模块与数据通信模块关系

2）信息体系结构

信息体系结构是 TMN 体系结构的主要组成部分,它描述了管理信息的组成关系和形式。采用 OSI 系统管理中被管对象的概念,用被管对象表示被管资源的管理特性。虽然 M.3100 定义了一组被管对象,构成通用网络信息模型,但是还需要对这个模型进行进一步扩充。

TMN 的管理环境是分布式的,也是一个分布式信息处理过程,监控各种物理和逻辑网络资源的多个管理进程之间需要交换的管理信息。一个管理进程既可为管理者也可以是管理代理。当作为管理者时,既可发出操作指令也可接收代理发来的信息;当作为管理代理时,需要管理被管对象,并应答管理者发出的指令,向管理者发出被管资源的信息。

一个 TMN 可以管理多个被管系统,每个被管系统可以采用不同的信息模型。为了实现互联互通,各被管系统之间需要定义公共的 MIB 视图,维护共享的管理信息,包括支持的协议能力、支持的管理功能、支持的被管对象类型、授权能力和对象之间的包含关系等。在 TMN 管理系统中,管理者和管理代理之间的信息交换遵循 OSI 管理架构的 CMIS 规范和 CMIP。

3）物理体系结构

物理体系结构描述了 TMN 系统的实际物理组成,主要有操作系统、中介设备、Q 适配器、网元和服务器或工作站。

中介设备中的接口是 TMN 物理体系结构的重要部分,因此定义了一系列标准的互操作接口。

2. 管理体系特点

TMN 引入了分层管理和业务管理的概念,对管理功能进行了分类和分解,将 TMN 的功能域划分为故障管理、配置管理、计费管理、性能管理和安全管理;对信息模型进行了标准化,规范了管理者/代理信息存取的标准,统一了被管理信息的标准和平台处理环境的标准;采用通用的描述工具,如 CMIS/ASN.1、通用的通信模型、通用的 CMIP/OSI 等协议栈等。

TMN 对网元管理层的管理信息模型进行了标准化,但网络层和业务层管理信息模型的标准化还不够完善;管理信息模型和接口描述相对复杂,对网管系统的开发要求很高;偏重于网元管理层的功能,但更高层功能的标准化并不完善;缺乏对分布式管理的完全支持,虽有管理者/管理代理模型,但信息体系结构对分布式操作还有限制等。

3.4.1.3　NGOSS 管理体系

下一代运营支撑系统(NGOSS),是以 TMN 管理框架为基础,以电信运营图(TOM)和增强电信运营图(eTOM)管理需求为出发点,重新确定了运营支撑系统与软件体系结构。

1. 体系结构

NGOSS 体系结构包括五大部分:生命周期和方法论、增强电信运营图、共享信息数据(SID)、技术核心架构(Technology Neutral Architecture,TNA)与系统一致性测试。

1) 生命周期和方法论

用于服务业务设计、系统分析、系统开发和业务流程设计及 OSS/BSS 系统建设的基本概念和一整套方法。

2) 增强电信运营图

定义了新一代业务过程的规范化描述,确定与业务有关的支撑系统框架,增进运营商、设备制造商、软件开发商和合作伙伴的有效沟通及相互理解。

3) 共享信息数据

用于分析核心业务流程,划分出不同的管理功能区域,为构建 OSS/BSS 系统提供通用的信息模型框架。

4) 技术核心架构

用于描述内部各个系统与业务流程之间的接口定义、组件、合约、文档及通信方式的规则和方法。

5) 系统一致性测试

采用测试矩阵方法,测试并验证系统的通信机制(接口或总线)、系统或组件之间的交互信息、业务流程/数据模型是否符合规定。

上述 5 个部分中,生命周期和方法论是核心,另外 4 个部分分别在 NGOSS 生命周期的不同阶段发挥着作用。

2. 技术思想

受到软件产业的组件技术和组件开发方法的启示,NGOSS 提出了基于组件(构件)的分布式运维支撑系统解决方案。随着功能封装、接口协议定义等组件开发方法被业界普遍认可,业务过程流、公共总线结构、公共总线数据、相应组件等研究迅速开展起来。

1) 业务过程流

NGOSS 将业务流程从组件中剥离出来,使每个组件成为一个功能实体,从而使得单独组件的开发要求转变为对过程控制的业务逻辑要求,即业务过程与业务功能分离。当改变业务流程时,组件只须完成公共协议中定义的接口功能,可以通过简单的流程定义来改变业务过程流,而无须修改应用组件。因此组件可以重用,开发更为方便,灵活性更高。NGOSS 框架允许业务流程的定制、改造和优化,从而实现业务流程再造。

2) 公共总线结构

点到点的系统集成方法要求每个业务都要面向其他系统的接口,使得运维支撑系统过于复杂,难于维护和扩展。NGOSS 引入了公共总线概念,实现原有各个应用系统(网管系统、客户服务系统、业务支撑系统等)之间的信息交换。公共总线结构,通过采用先进的框架结构和软件技术总线,实现总线方式的连接,如 SOA、SONA 和 CORBA 等。通过引入公共总线结构,各个组件相对独立、平台稳定可靠,具有可扩展性和灵活性,能够高效地整合数据和业务流程,也更适用于各种应用和异构硬件环境。

3) 公共总线数据

公共总线数据是指在各种业务过程之间需要使用的业务信息和需要存储的业务数

据,以实现公共数据的共享。在一个特定的业务过程中,多个组件在同一时间使用共同的信息。有些数据只与一个组件有关,这些数据只需要在单独的组件中存储,即私有数据;有些数据与多个组件有关,存在多个组件交互,需要存储在公共部分,即公共数据。当组件访问数据时,通过公共业务数据的服务接口来实现。数据物理存储层通过一个或几个数据库提供信息物理存储功能;数据访问层提供数据的访问控制,保证数据的完整性、唯一性;信息服务层通过对数据增加业务定义,把数据整合为业务信息;交互接口通过公共访问接口提供组件对数据的访问。

4) 组件

组件是包含数据的对象,是可用代码的封装。这些代码可以用来执行应用程序的一些功能。一个软件组件是一段代码,用来实现一系列已经定义的接口。组件不是完整的应用程序,不能独立运行。组件是模块化的,具有符合统一定义的接口规范,将它与其他组件模块一起编译,用于满足业务系统的需求。通过选择、配置组件,就可以实现对新业务的支持,从而达到即插即用的目的。

3.4.1.4　管理体系分析

基于对网络管理体系结构的描述和各标准化组织的网络运营支撑体系结构方面的分析,可以看出 SNMP、TMN、NGOSS 的管理体系均以 OSI 管理体系为基础,根据各自网管的具体需求分别进行了简化、扩展或增强,在各自的应用领域得到了广泛应用。

一体化试验网络的管理,要兼顾不同结构网络的管理模式,以支持异构网络管理信息的融合,同时要适应未来试验网络的快速发展,因此网络管理可以采用面向服务的管理架构,通过服务总线实现多种管理架构的融合,以松耦合方式连接各个不同的管理机制。面向服务的异构网络融合管理架构如图 3-32 所示。

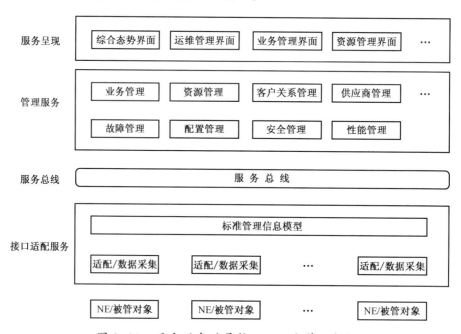

图 3-32　面向服务的异构网络融合管理架构

面向服务的异构网络融合管理架构包括接口适配服务层、服务总线、管理服务和服务呈现层四个部分。

1）接口适配服务层

接口适配负责将已有资源和被管对象以统一的方式接入融合网络的管理架构中，主要用于多种数据源与标准管理信息模型的适配与转换等。

2）服务总线

服务总线提供开放、标准信息分发与路由机制，完成服务之间的信息交换和互操作，可以采用成熟商用总线，以支持异构环境中消息和事件的交互，具有扩展性与易管理性。

3）管理服务

将各种网络管理功能封装为标准化的服务，包括业务管理、资源管理、故障管理、适配管理等，支持不同的管理流程，为用户提供可定制的管理能力。

4）服务呈现层

服务呈现层支持各类 GUI 客户端的接入，为用户提供人机交互界面和各类视图，从不同侧面和维度集中呈现网络运行状态，支持应用界面的构图、安全认证和个性化管理功能。

3.4.2　网络融合协同

异构性、泛在性是空天地一体化试验综合网络的一个重要基本特征之一。现有各种网络技术必将共存于综合网络之中，就有必要从武器装备试验的角度，对各种技术的共生关系进行规划与设计。通过新的体系结构来支持异构技术群体的协同工作，是综合网络走向有机的融合，形成一个相互耦合的、有效的一体化试验网络。属性复杂、业务多元化的异构子网的融合与协同大致可分为以下三个阶段。

（1）试验异构子网从孤立自治状态逐步走向互联互通。随着武器装备试验要求越来越高，现有独立试验网络已不能完成试验与评估任务，必须大幅度地扩大和增补各个独立试验机构的试验设施与测试系统，造成了项目重复建设，浪费人力物力；而其他试验机构已有的试验资源得不到充分利用，发挥不了各自优势。因此，第一阶段是由于试验需要和技术发展的必然趋势，使得各自孤立试验异构子网必须与相关试验网络进行互联互通。这个阶段的主要任务是从武器装备试验需求出发，构建顶层体系架构与技术体系，实现各试验网络系统互联互通。

（2）试验异构互联系统从互联互通走向协同，即形成协同网络。协同是对各分离的试验资源和局部的优势能力与资源进行有序的整合。协同意味着对资源的优化与利用。

（3）协同试验网络的进化阶段。协同网络作为整体会影响子系统的特征，反之子系统也会影响整体系统，这种交互作用使得协同网络进入可进化的发展阶段。随着武器装备试验技术与方法的迅速发展，具有开放性的网络协同试验系统将扩展接入更多的异构试验子网，形成国防武器装备专用一体化试验测控网。通过不断演进，一体化试验网将具有自管理、自组织、自优化的能力，呈现出更多智能化特征，以提供有效服务为目标，逐步实现试验网的统一管理、统一控制和协同工作目标。

在协同网演进中，动态地协调多种泛在试验资源组合成复杂的逻辑关系，协调一致地完成大型试验任务的能力，是一体化试验网有序演进的核心特征之一。这里泛在资源主要是指从试验物理层资源到高层应用业务层资源，经互联互通逐步演进为一个异构泛在融合与协同工作试验网络,为用户提供更加高效、服务更好的试验信息系统。

协同服务环境(Cooperated Service Environment,CSE),从概念上颠覆了传统的通用服务终端(Universal Service Terminal,UST)的功能与范畴。UST 是指根据用户要求,将具有若干终端能力的组件聚合在一起而形成的一个虚拟终端。UST 利用组件能力有两种不同的方式:一种是使用不同组件的不同能力,另一种是协同使用不同组件的同类能力,以充分利用已有的资源。CSE 聚合分离的终端组件共同为用户提供服务,改变泛在服务的提供方式,基于底层设备网络中各个系统与设备提供的分布式资源,屏蔽底层资源的泛在性,为上层应用服务提供一个单一的、性能稳定的平台。从这种意义上说,CSE 融合了网格计算的思想。

1. CSE 体系结构

以试验异构融合网络特征为依据,借鉴移动网络的体系结构,作为未来宽带通信的协同服务环境。CSE 本质上是服务应用与操作系统之间的中间件,采用分层结构,自上而下分别为服务层、网络层和设备层。在该体系结构中,各个层互为依托,相互协作,使得物理上分离的设备能有机地聚合成一个整体。

CSE 将融合网络中各设备的功能、资源抽象为服务,作为服务提供系统的可重用构件。其中间件架构可支持服务互操作(Interoperability),实现聚合与协同的服务架构基础。所谓服务,是指试验、分析与评估的能力或功能的软件组件形式化的抽象。

2. 中间件功能模型

CSE 中间件的分层架构模型是为用户提供一个支持异构融合网络的自组织服务环境,如图 3-33 所示。

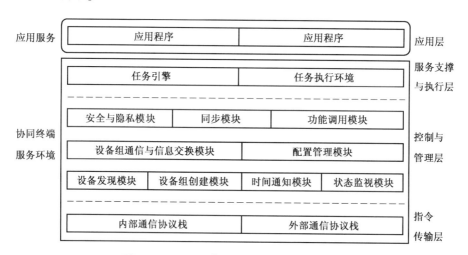

图 3-33 CSE 中间件的分层架构模型

CSE 中间件的分层架构模型各层功能如下:

1)指令传输层功能

指令传输层可用于将 CSE 中间件的相关模块指令传送到相应的终端设备,负责传输终端设备的多媒体流与多数据流(统称为数据流)。其指令与数据流的交互,既可能是本地试验网络中设备或终端的交互,也可能是本地试验网与跨区域试验网络的交互。前者使用内部通信协议栈,后者使用外部通信协议栈。

内部通信协议栈,将 CSE 中间件相关模块用于终端设备聚合、协同和控制的指令传输给相关的终端设备,并控制着终端之间的数据流。内部通信协议栈屏蔽了终端设备之间底层连接网络的异构性,使用多播或单播相结合的方式传输指令。外部通信协议栈,负责与外地试验网络交互的服务,传送控制指令,以建立、控制用户的服务请求与实现。

2) CSE 中间件功能

CSE 中间件是协同服务环境的核心控制部分。负责 CSE 的鉴权与认证、登记注册、聚合分离、信息收集、服务能力分配等基本功能,维护 CSE 相关数据库。

CSE 中间件对整个网络的运行状况进行检测,依据能力与状态可随时调整组件能力的分配、调度,保障系统正常运行状态。CSE 中间件包括服务发现模块、事件通知模块、安全模块、组创建模块、协同模块、状态监视模块、配置管理模块等。

(1) 服务发现模块:主要负责主控设备在网络中发现并保存正常服务能力的信息。服务发现模块进入一个本地试验网络时将创建查找消息,通过指令传输层将消息传送出去。查找消息通过内部通信栈采用广播方式传送。本地试验网收到查找消息后,将采用单播方式进行回复,并在服务发现模块上注册其服务能力信息。

(2) 事件通知模块:主要用于主控设备获取其他终端设备的状态信息。主控设备通过该模块向其他终端发送请求。当一个终端设备状态发生变化时,它就会向用户发送时间通知消息,并进行信息更改。

(3) 安全模块:负责主控设备发现终端设备和服务能力时核实该用户使用权限。

(4) 组创建模块:该模块是面向任务的。依据任务指令,组创建模块根据该任务所需的试验能力信息,把在发现模块上注册的终端设备聚合为一个组。

(5) 协同模块:负责解决设备组中各设备之间的工作协同。依据试验任务需要,该设备组中所有设备或系统同步工作或依照试验流程依次协同完成试验任务。

(6) 状态监视模块:用于监视设备组中运行状态。当组中某设备状态发生变化时,组创建模块将根据状态监视模块收集的信息重新配置设备组。

(7) 配置管理模块:为 CSE 控制中心提供操作维护接口,负责管理用户信息,以及向控制中心提供信息查询、数据管理功能,并及时向控制中心发送服务能力和组件更新消息等。

3) 服务执行环境

服务执行环境是 CSE 中间件与服务应用的接口。服务执行环境调用 CSE 中间件的相关模块,屏蔽分布式设备(系统)终端环境,整合各组件的服务支撑能力,以统一和标准化的接口服务于试验任务应用,使分布式系统协同工作得以实现,是 CSE 的关键功能层。

4) 服务应用层

服务应用是客户端程序。服务应用层通过终端与网络进行无差错地服务交互,同时与终端系统进行交互协同,充分利用试验网络资源,为用户提供最佳的服务。

3.4.3 网络融合控制

网络融合控制,是对网络转发行为、拓扑构建、虚拟化部署、功能服务化/标准化等进行的多层次、协同控制技术。随着网络技术发展,各种试验网络均同意采用 IP 技术体制,网络控制的重点已从传统的组网协议、用户网络接入转变为网络动态适应性、快速部署性、试验对象机动性、扩展性,结合云计算、云存储技术,实现异构网络的融合控制。其特点包括以下几个方面:

(1) 基于全 IP 的网络控制。互联网的核心 IP 技术具有简单、开放的特征,从互联网进入了通信领域、军事和工业控制领域,形成了"一切基于 IP"(Everything over IP)网络层公共传输平台。因此网络控制技术将面向全 IP 网络。

(2) 控制与承载分离。SDN 与 OpenFlow 技术成为研究热点。SDN 是由 ONF 提出的基于网络定义的网络架构,给出了网络控制与网络转发分离的思路,将分布在各个设备中的控制功能、组网协议集中到网络控制器中实现,并提供标准化的、开放的接口供上层应用调用,将封闭网络变为开放网络,实现网络可编程。在网络控制器和网络转发设备之间,采用主流的 OpenFlow 协议及相关标准,定义网络转发设备数据报文通用处理要求以及流表结构,降低网络控制器和网络转发设备的耦合度。

(3) 控制功能服务化。传统网络控制功能在组网设备中实现,而组网设备的运行平台是一个相对封闭的平台,网络控制协议也不一致。SDN 强调了控制功能的软件化和服务化,突破了部署平台限制,具有跨平台使用、灵活部署、易于扩展升级的特点,将控制功能的服务标准化并封装,与其他功能协同工作,充分体现了面向服务架构的服务理念。

(4) 引入虚拟化。虚拟化网络控制已得到了广泛应用,随着计算处理平台与云计算技术的发展,所有资源包括计算资源、存储资源以及网络资源可进行统一动态管理。为支持网络动态管理需求,适应虚拟化服务设备在物理网络的不同位置部署扩展、互通,引入虚拟化技术对网络进行控制,有效提升网络的使用效能。

(5) 网络能力抽象及平台化。依据面向服务网络架构的思想,部分应用能力在网络中统一实现将有利于网络效能的提高。网络呈现的能力进一步抽象化,多种应用服务已经网络化构建,实现了平台化控制。

1. 层次结构

网络融合控制的层次结构如图 3-34 所示。网络的各个层次分别对应着不同的融合控制技术。各靶场与试验场的试验网络有各自的接入网络、承载网络和数据中心网络等,依据融合网络控制思想,底层基础架构可以进行简化,其功能实现可集中控制。为实现基础设施的复用,此层需要增加网络虚拟化的相关功能,包括物理网络上虚拟的网络和交换设备,这些功能能够基于 SDN 进行控制。在控制层,主要基于 SDN 的网络服务实现对物理网络的控制,基于虚拟化实现网络功能,并为上层应用提供 API 调用接口。SDN 网络服务包括传统的网络拓扑管理、网络转发路径计算、网络流量工程控制和网络多播路径计算等,还结合了虚拟网络控制功能,实现 VLAN 控制和业务隧道封装控制,建立物理网络上的虚拟网络。在应用层,上层应用不用考虑网络具体形态,网络异构性已被屏蔽。应用层只需关注自身的业务逻辑、工作流实现,不再考虑网络特性。

2. SDN 控制

SDN 有两个特性,即网络控制平面与数据平面分离、控制平面可编程。现有网络中交换设备均为封闭设备,具有独立操作系统和定制的报文转发硬件,以及运行网络路由协议等多种复杂协议,用于实现转发控制和 QoS 特性,如图 3-35 所示。基于该网络结构,

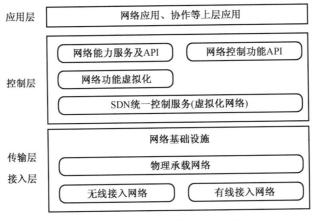

图 3-34 网络融合控制层次结构

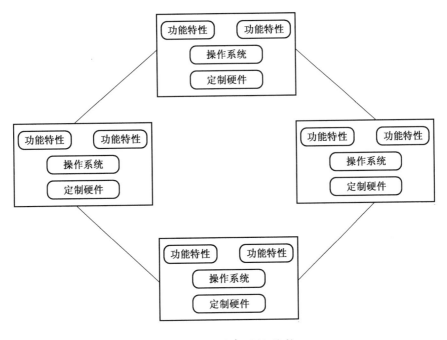

图 3-35 现有网络结构

网络中增加或减少组网设备将涉及大量设备配置。为满足不同业务流在统一网络中传输,也需要对不同厂商不同设备进行人工配置。此外,在数据中心网络中传统 Client-Server 基础上,云计算应用还存在大量服务器间通信协作、虚拟化技术、动态调整机制等诸多问题。

SDN 要求将网络控制与转发分离,网络控制可编程、可灵活扩展,如图 3-36 所示。网络中各种控制功能集中实现,为网络管理人员提供了极大的开放性和可编程性。原有交换设备不再运行复杂的网络协议,而是接受 Network OS 基于标准开放接口下的网络策略和转发规则进行工作,转发设备更加简化。

SDN 为网络设计带来以下四个方面的变革:

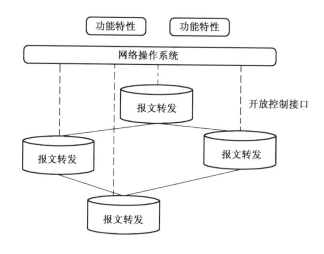

图 3-36 新型网络结构

（1）控制平面与数据平面独立；

（2）集中式的控制平面；

（3）可编程的控制平面；

（4）具有标准化的应用编程接口。

控制平面与数据平面分离给控制网络带来了强大的编程能力,也给网络的配置管理、性能、网络架构设计带来了明显的优势。此外,SDN 还能提供一个方便的平台进行新技术验证,极大地促进和激励新的网络设计。其主要优势包括以下 3 个方面:

（1）增强配置能力。能够自动并动态地对网络进行配置。

（2）提升性能。SDN 集中式控制具备一个全网视图,能够通过与网络架构中不同层次进行的信息交互,获得反馈信息,以提升网络全局性能。

（3）有利与创新。SDN 通过提供一个可编程的平台,可以方便、灵活地设计、试验并部署新的思路和想法、新的应用程序以及新的服务。高度可配置的 SDN 网络能够基于真实网络试验环境提供一个独立的虚拟网络,进行功能、性能验证。

SDN 为网络技术创新提供了一个平台,然而从传统网络迁移到 SDN 是一个破坏性的过程,同时还有与传统网络协调工作能力、SDN 性能、集中控制的隐私问题等,虽然备受业界关注,但是基于 SDN 的实际网络还是较少。随着技术成熟度的提升和标准规范的推广,产品逐步成熟和推向市场,SDN 将会得到广泛应用。

3.5 时间同步机制

在空天地一体化试验网络中,时间同步性是一项极其关键的性能指标。没有时间同步,一体化试验网络的融合与协同就无从谈起。时间同步,是指整个网络(包括参与试验任务的所有子网以及子网中设备设施)具有完全统一的时间基准,以确保协同工作,它是确保一体化试验网络中所有测量参数在时间历程上的强相关性分析的重要基础,也是实现确定性网络的必要条件。本节重点介绍精密时钟同步协议以及应用。

3.5.1 需求分析

空天地一体化试验网络,与一般移动通信网络有着很大的区别,其中时间同步性是试验测试网络最主要的特征之一,描述时间同步性的性能指标是时间同步精度。在试验测试网络中,时间同步性在不同的环节或层次上要求也不尽相同。时间同步,主要包括同步采集、同步传输与时间基准同步等方面。

在异构试验子网的数据采集环节中,参与联合试验的被测对象成百上千,每一个试验对象又有大量的模拟、数字、图像与话音等被测信号需要同步采集。其中,有来自传感器的模拟信号,也有来自于试验对象各种总线的数字信号,还有各类不同分辨率的视频图像流,以及控制和管理指令信号,其测量参数从几百到几万个不等,如一架大型飞机需要采集的参数就高达三四万个,即使是一辆普通的装甲车,需要采集的参数也达到几百上千个。在联合试验测试任务中,因此需要采集和记录参数的容量将呈指数增加。如此海量参数需要同步采集,如何保证这些参数采集的同步性,这对试验数据采集系统来说无疑是一项重大挑战。

同步采集,是指从某一时刻 t 开始,按照预先设定的时间策略,依次对所有被测参数进行采样、量化和编码的过程。同步采集精度是衡量数据采集系统的重要指标之一。对于速变参数测量而言,数据采集系统必须达到很高同步采集精度要求。因此,在设计数据采集系统时,必须保证系统实现同步采样,以满足试验测量要求。在联合试验测试中,同步采集是极其重要的关键技术之一。它不仅关系到所有参数的相关性分析,还关系到事后进行数据处理的效率与导出参数精度等重要问题。

同时采集,是指在某一时刻 t 同时采集所有被测参数并进行采样、量化和编码的过程。它适合测量参数较少的情况。同步采集不等于同时采集,现代采集器一般均采用同步采集机制,其必要条件是具有完全统一的时间基准。即使这样,对各个参数进行同步采集时还会存在一定的时间差,这一时间差被称为同步采集误差,也称时间同步精度。

其次,在网络传输环节,按传输模式实现的同步方式,大体可分为相对同步和绝对同步两类。采用相对同步方式时,一般在高层实现时间同步,通过整形、调度等优化策略保证网络的实时性;采用绝对同步方式时,通过提供全局同步的网络时钟保证系统的同步运行,消除时钟差异和网络延迟对系统实时性的影响。

最后,在系统层面上看,各个异构试验子网都有本系统的参数同步采集机制,这些同步采集机制有可能相同但也有可能不同。如此众多的异构子网(既有本地的子网也有异地子网),要保证测量参数在时间上的同步性,则需要采用完全统一的时间基准,以支撑一体化试验网络在时间上的一致性。

3.5.2 多源多路信号同步采样方式

随着被测参数的快速增长和技术的进步,试验测试参数的同步采集技术也随着发生变化。从传统采样方式到 PCM 同步采样方式,目前已向网络数据同步采样方向发展。

3.5.2.1 早期采样

在早期试验中,为了使得所有测试参数进行相关分析数据时获得相关性分析,需要发送数据采集指令,并对模拟信号按时间历程进行记录。记录方法一般是采用如 K-12 纸带记录仪的简单记录装置。

后来随着电子技术的发展,产生了第一代信号采集器,将模拟信号通过 A/D 转换为数字信号。在信号采集器中,一般多路信号复用一个放大器、一个偏置电路。多通道、多个采集模块共用一个 A/D。例如某采集器的 16 通道差动电压测量采集模块,每 8 个通道共用一个放大器,16 个通道复用一个偏置电路,多个采集模块共用一个 A/D。采集一个参数时,要发送多条采集指令才能完成一次采集过程。一方面限制了采集器的采样速率,另一方面采用时分制采样,造成了不同通道参数的采样时刻不同,而使不同参数采样值之间出现时延。在数据处理时,若不考虑时延,则参数之间的相关性分析无法实现;若考虑时延,则需要花费大量的时间对每一参数进行时间历程上的统一处理。

早期采集参数的数量很少,同步精度低,设备笨重,只对有限的关键参数进行采集和记录。

3.5.2.2　PCM 同步采样

随着装备试验需求的提高和技术的发展,以及所测参数大幅增加,需要有新的数据采集技术,满足日益增加的试验测试需要。

基于 PCM 的数据采集架构技术与采集设备应运而生。在 PCM 架构中,分布式主/辅链接系统的主采集器,接受来自外部高精度 GPS 时间或 IRIG-B 时间作为基准时间,同时接收 1PPS 秒脉冲信号,保证主采集器的时间基准与外部时间完全一致。在每一个采集周期开始前,按照控制程序,主采集器向辅助采集器发送时间和同步采集指令,使链路上所有采集器同步到一个时间基准上并同步采样,即保证 PCM 帧结构中第一次出现的参数在同一时刻采样。对于同一条链路上的采集器,时间同步精度能够达到 1ms。对于多条链路的同一种采集器,如果采集周期设计合理即为采集器时钟周期的最小公倍数,也能够达到同样的时间同步精度。

在 PCM 帧结构中第一次出现的参数都是在同一时刻的采样值。凡采样率相同的参数,一直将保持在同一时刻进行采样。同步采样由 PCM 采集器控制模块统一调度。在采集周期开始时,所有参数同时采样。模拟信号采集模块一个通道对应一个 A/D。PCM 数据采集器同步采样工作过程如下:

1)采集器参数预先设置

机载数据采集器是可编程的。根据测量要求,通过软件编程预先设置各种被测信号的排列次序和每路信号的采样率,同步采集程序被存放在存储器中。采集器采用同步采样技术,每一个数据第一次出现的数据都是同时采样的数据,数据包的时间标记是包内所有数据被首次采样的那一时刻。试验数据能够实现 1ms 的时间同步精度。

2)多路信号采样及量化

机载数据采集器采用 1PPS 精确信号来保证同步采样。模拟信号进入模拟多路复用器,在控制器的控制下,对各路信号依次进行采样,输出脉冲幅度调制(PAM)多路信号;数字信号进入数字多路采样器,进行采样并将其变换为符合要求的二进制数码(即 PCM 字)。PAM 多路信号进入 A/D 转换器,将脉冲幅度信号变为一串二进制数码信号,即 PCM 字。在 PCM 数据流中,增设奇偶校验位以及勤务字(同步字和识别字),以遥测标准规定的任一码型输出。采集器在多路信号采样之前加入了信号调理电路(滤波、放大、变换、处理等),使 PCM 数据采集器具有信号调理功能。

基于 PCM 架构的数据采集系统,具有采集信号路数较多、测量精度高、抗干扰性强、传输同步性好、误码率低等优点,在军工装备试验中得到了广泛应用。

3.5.2.3 网络数据同步采样

随着武器装备复杂性和试验测试要求的提高,采集参数剧增,基于 PCM 的分布式主/辅架构的数据采集系统已经不能满足测试要求,因此必须采用网络架构以实现试验对象上海量数据的采集。在一个试验对象上,同时采集几万个参数时,PCM 数据采集系统就显得相当复杂,而对于基于以太网的数据采集网络来说相对容易。但是基于以太网结构的数据采集系统,又往往存在多参数同步采样和时间延迟等问题。因此,要实现同步采样,就要解决网络中不同的采集节点采样周期与系统时间同步问题。

在网络化数据采集系统中,实现网络数据同步采样的方法是将整个网络内的时钟分为主控时钟和多个从时钟,且在一个网络内只能有一个主时钟。通过交换同步报文实现主时钟与每个从时钟同步。网络上所有采集器在同一时钟控制下,采用主控交换机接收的 1PPS 信号对各采集器和其他设备的时间基准进行校准,确保每一参数采样时刻具有相同时间基准,再依据采集器控制程序对采集参数进行同步采样。

3.5.3 试验对象端同步采集

3.5.3.1 分布式网络结构

商用成熟的以太网技术为试验测试系统升级提供了发展机遇。以工业以太网为基础的试验对象数据采集网络将逐步取代原有数据采集系统。

试验对象数据采集网络是一种以分布式架构为基础的实时局域网,它由传感器、网络采集器、网络交换机、网络记录器、系统主时钟与网络加密器等单元组成。网络采集器能够同步采集试验对象上各种模拟、数字、总线等参数,并以规定的数据包格式发送到网络上;网络记录器能够快速记录网络数据;系统主时钟是一种能接收 GPS/BDS 时间信号,授时并生成 IEEE1588 时间同步信号,经过网络传送到各个网络设备节点,实现网络时间精确同步;网络加密机具有双向加、解密功能,提供的一种端到端高等级加密手段,保证试验数据安全性;机载网络交换机是一种 100/1000Mbit/s 自适应、具有 IEEE1588 时间同步、全双工、宽带网络交换机。

试验对象数据采集网络的特点是:测量参数多(几千到几万)、带宽高(10M/100M/1000MB 或以上)、数据传输误码率低(10^{-7})、结构多样化(总线式、星形、环形、菊花链形等)。

3.5.3.2 同步机制

由于武器装备试验的特殊性,数据采集必须具有高精度时间同步功能。实现高精度时间同步,应着重考虑两个环节:一个是多参数同步采样,一个是网络中每一个节点的时间同步。只有这两个环节同时实现,才能保证机载数据采集网络实现精确时间同步。多参数同步采样,是通过网络中所有机载数据采集器采集周期和主控交换机 1PPS 精确同步来保证。网络中节点的时间同步,是通过 IEEE 1588 PTP 协议中同步机制来实现。

IEEE 1588 PTP 协议,也称为网络化测量及控制系统的精确时钟同步协议。它是一种高层协议,通常简称为 PTP 协议。在网络化机载数据采集系统中,整个网络内的时钟分为主控时钟和多个从时钟,且在一个网络内只能有一个主时钟,通过交换同步报文实现主时钟与每个从时钟同步。首先,所有网络节点识别系统主时钟;其次,主时钟将时间报文传送给所有网络节点;最后,每个网络节点计算出它们与主时钟之间的时间偏差与延迟,并进行时间修正,从而使各节点时间同步精度满足要求。主控时钟可以设计为一个单独装置,也可以在主控交换机上集成主控时钟。其工作原理是,主控时钟接受来自 GPS/BDS 时间,并将精确时间通过 PTP 数据包传播给作为从时钟的采集器、记录器和其他设备。一个主时钟和多个从时钟在网络上保持同步,确保消除了时序漂移,以保证所有网络节点使用同一时间基准。PTP 数据包交换每隔一定周期进行一次,确保网络系统的时间同步精度为 $1\mu s$ 甚至更高。

在试验对象数据采集网络中,有时存在多级交换结构。满足 IEEE 1588PTP 协议的机载网络交换机工作在边界时钟模式(BC)时,具有主控时钟(Grandmaster)和从时钟(Slave)两重功能。网络中的任一交换机对于上一级交换机来说它都是从时钟,通过 PTP 数据包的交换,实现与主控时钟的同步;对于下一级交换机或者采集器来说,它又作为主时钟,下一级交换机或者采集器作为从时钟实现与上一级交换机的时间同步。

如图 3-37 所示,t_1 表示同步报文(Sync)预计发送消息的时间,t_2 表示预计到达时间,事实上,跟随报文(Follow-up)发送消息的时间已有延迟。从时钟在 t_3 时刻向主时钟发送请求信息(Delay Request),经过延迟响应(Delay Response),主时钟在 t_4 时刻收到延迟请求信息。因此,报文经主时钟到从时钟和经从时钟到主时钟的时间分别为

$$\begin{cases} \Delta_1 = t_2 - t_1 \\ \Delta_2 = t_4 - t_3 \end{cases}$$

其平均延迟时间为

$$\Delta_{\text{Delay}} = (\Delta_1 + \Delta_2)/2 \tag{3-1}$$

故交换机时间偏移量修正值为

$$\Delta_{\text{offs}} = (\Delta_1 - \Delta_2)/2 \tag{3-2}$$

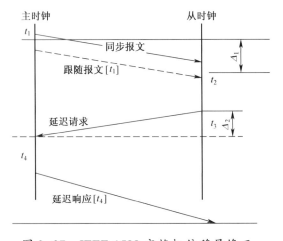

图 3-37　IEEE 1588 交换机偏移量修正

为了最大限度地减少交换机时间延迟,采用透明模式的网络交换机。在数据包传输之前,对其在交换机中排队等待转发延迟的时间进行修正,就可提高时间同步精度。

3.5.3.3 数据交换

在网络采集系统中,数据的交换、转发、过滤、同步都是通过百兆/千兆网络交换机来完成的。网络数据交换,关系到网络采集系统中数据传输流量、可靠性、实时性、时间延迟、时间同步精度等重要的技术指标。

1. 主控交换机

在试验中,网络化采集记录系统采用最多的是两层网络拓扑结构(特殊情况下为三层结构),由一台机载主控交换机和多台二级机载交换机及连接在相应交换机端口上的节点组成。主控交换机输入/输出端口由用户通过编程选择,每一个端口都能够对数据包进行过滤。

主控交换机接收 GPS 时间或 BDS 时间(IRIG-B 时间码),为网络提供主时钟。系统上电后,主控交换机接受 GPS 或 BDS 时间码,作为系统的基准时间。如果没有检测到GPS 或 BDS 时间,主交换机内部产生绝对时间作为系统的基准时间。在工作过程中,如果系统发生故障接收不到时间,则主控交换机利用最初接收到的时间继续授时。

2. 透明模式网络交换

由于在机载数据采集网络中,采集器发给主控时钟的 PTP 消息必须和数据包一起在交换队列中排队,这样就延长了交换机对它的响应时间。而从主交换机的主控时钟发出的 PTP 消息则能很快到达采集器,时间延迟很小。这种网络流量不对称性,将会严重影响机载数据采集网络的时间同步性。为解决这种不对称性所带来的同步误差,机载交换机需要支持 1588 边界时钟(1588 Boundary Clock)或 1588 透明模式(1588 Transparency)补偿算法。

在边界时钟模式,交换机首先作为从时钟与主控时钟同步。实现同步后,交换机即作为连接其上的所有采集器和其他设备的主控时钟。因此,可用于补偿内部时延和传输延时的不对称性。边界时钟缺点是,每一级交换机会累积采集器与主控时钟的同步误差,最终形成一个非线性时间偏差,降低系统的同步精度。这是一个多级级联系统的固有问题。

在透明模式下,交换机捕获 PTP 数据包,在数据包头打时间标记,并计算在交换机内部停留(如缓冲、排队和转发)的时间。发送 PTP 数据包之前,交换机修改它的时间标记以补偿其在交换机内发生的时延。透明模式能实现主控时钟和采集器之间更高的同步精度。因此在透明模式下,在主控时钟和采集器之间传输 PTP 消息时,交换机可补偿队列排队时延误差。

3.5.3.4 IEEE1588 工作原理

IEEE1588 是一种主从式的时间同步技术,主时钟周期性地向网络中所有从时钟发送同步消息报文;从时钟以主时钟为参照,通过解析接收到的同步消息报文计算与主时钟之间的时间差异,并进行同步校正,实现系统同步。IEEE1588 同步协议,是一个允许通信网络中的多个节点通过时钟报文的传播,从而达到与连在同一个网络中的主时钟参考达到同步的协议。

IEEE1588 精确时钟同步协议是一个与传输介质无关的协议,可实现有线、无线、以太网、IP 网、光网络的节点时钟同步。能达到亚微秒的时钟同步精度,比 NTP 精确 1000 倍,与 GPS/北斗相当。支持点对点、点对多点、多点对多点等授时拓扑,既适合传统的集中式网络也可运用于分布式网络。提供更多功能(如 P2P 模式的支持)新协议版本。

IEEE1588v2 主从时钟同步流程：

（1）主从时间交换协议消息。PTP 定义了四种多点传送的报文：同步报文（Sync）、跟随报文（Follow_up）、延迟请求报文（Delay_Req）和延迟应答报文（Delay_Resp）。主时钟间隔时间周期性地向从时钟发送"同步报文（Sync）"，这个报文的时间戳是主时钟打上的预计发送时间。

（2）主时钟向从时钟发送"跟随报文（Follow_up）"，传送精确时间戳 t_1。这样，报文的传递与接收和标准时间戳的传播就可以分离开了。网络上所有其他时钟节点在收到上述同步报文后记下同步报文的接收时间戳 t_2。

（3）从时钟节点按照定义的时间间隔向主时钟节点发送一个"延迟请求报文（Delay_Req）"，同时记下该报文的实际发送时间作为精确的发送时间戳 t_3。在主时钟端记录下准确的接收时间 t_4，并将该时间戳在随后的"延迟应答报文（Delay_Resp）"中发送给相应的从时钟节点。

（4）从时钟根据计算结果调整本地时钟的频率或直接调整时间，并开始下一轮交互，如图 3-38 所示。

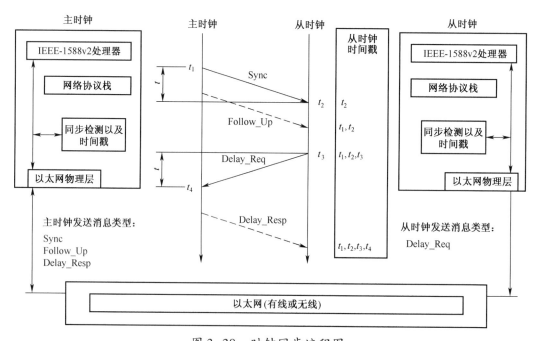

图 3-38　时钟同步流程图

通过自有的时间戳标记的 1588 设备可以在不影响现有网络数据的情况下通过同步报文来实现系统时钟同步，如图 3-39 所示。

根据时间戳产生的方式的不同，分为纯软件方式和硬件辅助方式。纯软件方式不需要对以太网的底层硬件做任何修改，通过软件产生时间戳完成所有的功能，由于中断延时、环境切换、线程调度等原因，软件时间戳会导致明显的延迟抖动，难以实现很高的同步精度；硬件辅助方式基于硬件产生时间戳，在设备内部改善网络对称性，通过软硬协同的方式实现高精度的时钟同步。

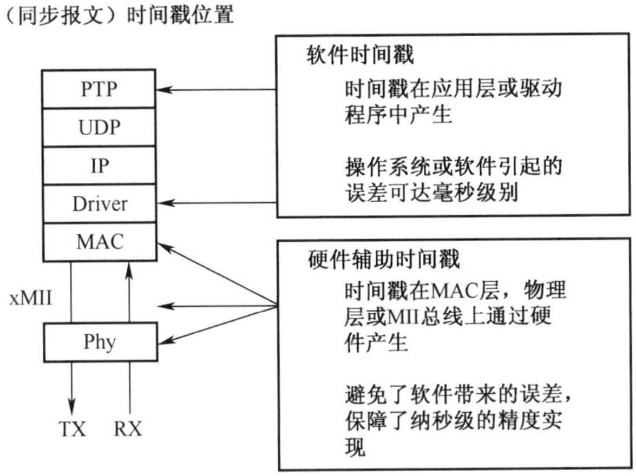

（同步报文）时间戳位置
PTP
UDP
IP
Driver
MAC
xMII
Phy
TX
RX
软件时间戳
时间戳在应用层或驱动程序中产生
操作系统或软件引起的误差可达毫秒级别
硬件辅助时间戳
时间戳在MAC层，物理层或MII总线上通过硬件产生
避免了软件带来的误差，保障了纳秒级的精度实现

图 3-39 时间戳位置产生

3.5.4 遥测传输网络同步

在空地一体化、空海一体化和联合作战的环境下，试验对象为空、天飞行器（各类飞机、直升机、无人机与导弹等）和地面作战车辆（坦克、装甲车、运输车等）或海面舰船。显然，试验对象为机动目标，在试验测试过程中，必须通过遥测或其他数据链将试验信息传送给试验控制与管理中心。因此，遥测传输网络也必须实现同步传输。

1. 网络时钟协议

遥测网络中，空地宽带双向传输链路一般采用 TDMA 通信体制，将无线频段按时隙划分，信号功率的发射是不连续的，只是在规定的时隙内收发数据。在单点通信和多点通信过程中，时钟同步将大大提高系统的通信能力和可靠性，其通信结构图如图 3-40 所示。

帧传输
1个传输间隙
保护间隔
地面台
上行传输帧
下行传输帧
上行传输帧 Pu-1
下行传输帧0
机载设备1
机载设备2

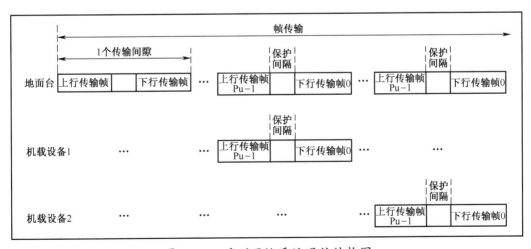

图 3-40 遥测网络系统通信结构图

由于 TDMA 分成时隙传输，使得收信机在每一突发脉冲序列上都需要重新获得同步。为了把系统内多个设备的一个时隙与另一个时隙分开，保护时间也是必须的，所以系

统内所有设备拥有一个同步的时钟将减少预留时隙的长度,提升信道利用率,大大提高系统的通信性能。常用的时钟同步和时间同步协议的对比见表3-2所示。

表3-2 常用时钟同步协议框图

性能 \ 时钟类型	GPS	NTP	北斗	IEEE1588v2	原子钟
典型授时精度	20ns	10ms	100ns	$20 - 500$ns	10ns
需地卫星覆盖	需要	不需要	需要	不需要	不需要
锁定时间	40s	30s	60s	60s	200s
综合成本	中	低	高	低	高
支持以太网端口	不支持	支持	不支持	支持	不支持
可控性	低	高	中	高	高
安全性	低	低	高	中	高
可靠性	中	高	中	高	高

网络时钟协议(Network Time Protocol,NTP)是一个定义在以太网上的标准。该协议已经得到了广泛的应用,成本及可靠性也很好,但是它的时间精度仅可以精确到毫秒级,不满足遥测网络系统高精度($\leqslant$1us)的要求。高精度授时也可以由GPS或北斗等卫星接收器来实现,使用也非常广泛,但这类方式对卫星能见度有很高要求,需要为每个节点额外安装卫星接收天线和馈线,在大量分布式节点需要时钟同步的场合并不实用。

IEEE1588协议属于精确网络时钟同步协议(Precise Time Protocol,PTP),通过网络实现高精度的时钟同步,能够满足遥测网络系统对时间同步精度的要求。网络中交换机、路由器等设备对同步精度的影响限制了时钟同步网络的覆盖范围,IEEE1588 v2支持透明时钟可有效地解决网络交换机、路由器等设备对同步精度的影响和对时钟同步网络覆盖范围限制的问题。

IEEE1588 PTP v2具有计算量较小(小于1% CPU使用率)和网络开销少(典型小于10kbit/s),高精度(优于1μs),快速锁定时间(小于1min)等优点,配置容易维护简单,成本投入较低。根据上述比较和分析,遥测网络系统时钟同步和时间同步协议采用IEEE1588协议来实现,同时系统主机通过连接外置北斗模块,可以实现绝对时间的授时和同步。

2. 遥测网络系统时钟同步功能实现

通过系统分析和对比,IEEE1588协议在遥测网络系统中的实现采用外置模块解决,通过该模块自身时钟对主机实现时、频同步,即同步完成后主从时钟具有相同的时间及时间单位、相同的频率(频率锁定)、相同的相位(相位锁定),如图3-41所示。

在空中与地面、空中与海面试验对象上的网络设备增加1588模块的基础上,地面网络中一台外置1588时间服务器作为主时钟,由GPS/BDS提供秒脉冲输入,作为授时基准。主时钟通过外置收发机获取精确时间信号和时间报文,用于修正本地基准时钟,其余地面设备作为从时钟,通过以太网业务数据处理路径进行传输,收发报文信息。遥测链路采用射频无线网络连接,实时传输采集数据及同步报文,达到时钟同步的目的。

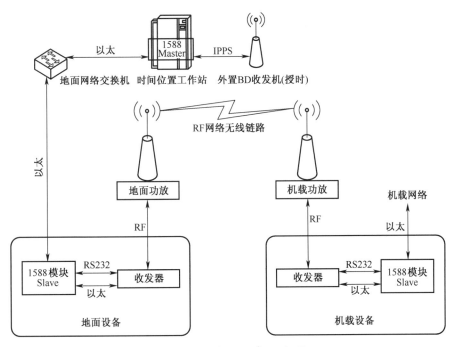

图 3-41　时间同步示意图

3.5.5　跨区域异构试验网络同步

在地理位置分布相距甚远的跨区域试验网络,原则上不采用 NTP 或 IEEE1588 PTP 精密时钟同步协议进行时间同步。通常在各个试验网络中,统一采用相同的时间基准源,如应用较为普遍的 GPS 时钟信号。随着 BDS 系统的升级与完善,统一采用 BDS 为各个试验测试网络授时,以保证跨区域的异构试验网络的时间同步性。

3.6　网络服务质量

空天地一体化试验测试网络,因其实时、动态地获取与传递武器装备试验数据的特殊性,对服务质量(Quality of Service,QoS)的要求预计将会更加广泛。服务质量是网络性能的综合体现,服务质量直接关系到用户体验的优劣和网络资源的使用效率。随着网络技术发展和用户要求的提高,服务质量的重要性更加突出。在 ITU-TE.800 中,描述了端到端服务质量保证和基于策略的 IP 网络性能指标控制方法,包括接入控制、拥塞管理、拥塞避免、流量监控与整形等。一般认为,服务质量是指发送和接受信息的用户之间以及用户与传输信息的综合服务网络之间关于信息传输质量的约定。总之,以试验任务要求为前提,协调利用各类异构网络的有效资源,共同提供具有服务质量保证的服务[13-14]。

3.6.1　服务质量保障体系

服务质量是空天地一体化试验网络系统设计要考虑的一个重要问题。以太网是尽力服务(best-effort)网络,理论上并不保证数据帧能被最终传输到指定 IP 目的地址,也不保证数据帧在传输过程中没有延迟。但试验网络的特殊性就在于保证同步性、可靠性和确定性,这是与普通通信网络的重要区别之一。

3.6.1.1 影响服务质量性能的基本参数

QoS 参数是用来表征服务质量的优劣,主要包括以下关键指标。

1. 时间同步性

武器装备试验主要是在各种真实环境(高温、高寒、高湿、高原、电磁、网电等)条件下进行的,由于环境温度、压力、湿度等参数变化会造成晶体振荡器工作频率发生变化,最终影响时钟的稳定性。时间同步性是试验数据采集网络系统的首要考虑因素之一。在试验数据采集网络中,主、从时钟通过周期性地交换带有时间戳的时钟同步报文来计算节点间的时间偏差和频率偏差,并采用适当的补偿算法调整其时间和频率,最终达到时钟同步。时间同步性检测一般有两种方法:构建硬件系统进行检测和软件监听方法。

2. 数据丢包率

数据丢包率是指在数据传输过程中,丢失数据包数量与发送总数据包数量之比。首先,在检测节点和目的节点之间进行同步时钟设置,以保持时间的准确性和一致性;其次,检测节点向目的节点发送带有时间戳的数据包。若目的节点在允许时间范围内接收到该数据包则认为没有丢包,否则数据包丢失。当然,也可以采用其他方法进行数据丢包率的检测,比如利用网络数据包的 key 字和序列号进行检测等。

3. 时延

时延是时间延迟的简称,指一个数据报文或者分组从网络的一端传送到另一端所需的时间。时延主要包括发送时延、传播时延和处理时延三个部分。试验网络时延主要检测传播过程中的时延,其方法是检测单向时延,即报文或分组在被测网络中从源节点到达目的节点所需的时间,其中包括排队时间和处理时间。因此,在机载网络系统中,时延主要由 ADC 采样时间、BCU 打包时间、网络传输时间、交换机缓冲时间、EBM 侦听网络数据包时间、BCU 底层编码传输时间等组成。

星形拓扑结构的交换式延迟时间不是仅因硬件延迟所固定,而是一个可变的量,称为抖动,它是由于与网络中其他数据发生资源争用而产生的。通常根据累积的时延(包括硬件延迟和抖动效应)和链路带宽来对网络进行分析。

4. 吞吐量

吞吐量是一个速度型计量参数,指在一定的时间内,从源端到目的端传送的数据量平均值。它与数据传输率相关,常用的单位是 bit/s。检测网络吞吐量,可优化试验网络系统设计,有效地利用网络资源。

由于试验网络中数据采集记录系统本身具有数据采集功能,因此网络性能检测中无需另外进行数据采集。采用被动检测方法,监听网络并捕获网络数据包,对网络数据包进行分析。只要从主控交换机另接一路信号到网络数据实时检查与分析系统,就可以进行网络性能分析。

5. 带宽

带宽是频带宽度的简称,也称介质带宽,以比特/秒(bit/s)为单位,是指单位时间内理论上最多能通过的数据量。如 100Mbit/s、1000Mbit/s 以太网。网络与高速公路类似,带宽越高,其通行能力越强。网络带宽作为衡量网络特性的一个重要指标。

3.6.1.2　等级分类

随着各类试验网络加入空天地一体化试验网络,需要为用户提供差异化的服务质量 QoS。为了提供网络的最优服务质量保障,需对 QoS 进行分类。一个类别规定了一定范围内性能参数和目标之间的对应关系。全球标准化组织建议在网络及其应用领域中使用服务质量等级概念。不同网络间的服务质量映射一般分为服务质量参数之间的映射和服务质量等级之间的映射。

(1) IP 网络 QoS 分类方法,是 ITU-T 推荐使用的在终端和局间端到端数据传输 QoS 性能参数的分类方法,它将 IP 网络的服务质量分成 6 个等级,这些等级的划分在 IP 网络中得到了广泛的应用。使用的参数包括 IPTD(IP 数据分组传输时延)、IPDV(IP 数据分组时延变化)、IPLR(IP 数据分组丢失率)、IPER(IP 数据分组出错率),见表 3-3。

表 3-3　IP 网络 QoS 等级分类

QoS 等级	分类要求	应用对象(举例)
0	实时;抖动敏感;高交互性	高质量 VoIP、VTC、试验指令
1	实时;抖动敏感;交互性	VoIP、VTC、实时数据
2	事务数据;高交互性	信令
3	事务数据;交互性	—
4	低分组丢失率	短事务处理、大容量数据、视频流
5	IP 网络传统应用	—

不同种类 QoS 等级的设置,是为了满足各种网络技术所能达到的网络整体性能需求,这就要求用户和网络供应商之间和服务供应商内部进行协调,以提供端到端路径的质量保证。

(2) 3GPP 的 QoS 等级分类方法,是将所有业务分成了四类,即会话类、流媒体类、交互类和背景类。其中,会话类业务时延的要求最高,交互类和流媒体类对时延的要求都不高,背景类业务时延要求最低,实时流量业务主要在会话类和流媒体类中应用,但两者对时延的敏感程度不同。3G/4G 网络在交互类业务中表现出了优势,它能够提供这些业务所需的通信环境,满足用户的业务需求。

(3) IEEE 802.16 QoS 分类方法,对保障 QoS 的细节算法没有严格的规定,允许各厂商在一定的基础上自行设计,只需符合 IEEE 802.16 标准规范中规定 QoS 业务具体分类方法和整体架构的详细交互流程。802.16 提供了四种规范化服务:主动授予服务(Unso-licited Grant Service,UGS)、实时轮询服务(real time Polling Service,rtPS)、非实时轮询服务(non-real time PS,nrtPS)和尽力而为(Best Effort,BE),见表 3-4。其中每一种服务与对应的服务类别关联。

表 3-4　IEEE 802.16 QoS 服务方法

QoS 服务类别	描　　述
UGS 服务	UGS 为周期性、定长分组的实时固定比特率服务流。基站实时、周期性地向业务连接提供固定带宽分配
rtPS 服务	rtPS 为周期性、变长分组的实时变比特率服务流,如 MPEG 视频业务流。基站向携带该业务的连接连续提供实时、周期的单播轮询,并周期地为其分配可变的突发带宽,供其发送变长分组。这种服务开销较大,但能使基站按需动态分配带宽

（续）

QoS 服务类别	描述
nrtPS 服务	nrtPS 为周期性、变长分组的非实时性 VBR 服务流,如 FTP。基站有规律地向携带该业务的连接提供单播轮询机会,以保证即使是在网络阻塞时也有机会发出宽带请求
BE 服务	BE 的特点是不提供完整的可靠性,通常执行一些差错控制和有限重传机制,其稳定性有高层协议保障,如互联网浏览服务。用户可随时发出带宽请求

3.6.1.3　机动试验对象移动接入 QoS

所有试验对象都是机动的。在试验过程中,试验对象上的测试网络必须保证与地面或空天基站有效地接入,以获取实时、准确的试验数据。综合接入能力,提供一种快速、简单的宽带接入方法,能够快速响应试验对象测试网络的接入请求。综合接入能力需要在整合异构网络的基础上,实现多种接入方式并存,并保证用户 QoS 参数之间相互转化,即保证每一个接入网络的 QoS 机制与其他网络间的交互操作,以保障空地机动试验网络的用户质量。

为了实现机动试验网络的服务质量保障,采用一个称为接入网服务质量管理(Access Network QoS Manager, ANQM) 的中心模块来存储各层所有的 QoS 参数,并进行管理。所有与机动用户相关的各层 QoS 参数都会传到 ANQM 模块。其概念模型如图 3-42 所示。

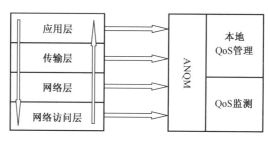

图 3-42　跨层 QoS 概念模型

基于跨层设计的机动试验网络 QoS 框架如图 3-43 所示。这个框架由两个模块构成:一个是接入网 QoS 管理模块,另一个是接入网网间交互 QoS 管理模块(IANQM)。前者用来在每一个接入网内部控制本地服务质量和监控本地服务质量性能;后者用来控制异构接入网络之间的 QoS,当机动目标需要转换到其他网络时,决定应该选择哪个接入网络。

ANQM 负责控制特定接入网络的 QoS,管理机动接入用户所需要的全部 QoS 参数,监测当前网络的 QoS 性能变化;IANQM 在接入网络之间需要移交时,负责异构接入网络之间 QoS 的协调,通过与 ANQMs 之间的 IANQM 接口进行交互,分析和提供最优的机动用户接入网络。

每个机动接入用户的 QoS 性能都有一个最小的阈值,若当前网络的 ANQM 模块监测到网络中 QoS 新的功能指标低于最小阈值,则 ANQM 模块将通知 IANQM 模块,IANQM 模块会负责选择新的接入网络。接入控制功能不仅能够将最优的 QoS 参数标准映射到目标接入网络中,还能将目标接入网络的 QoS 参数传送给机动用户,与目标接入网络进行 QoS 协调,从而选择满足用户 QoS 的最优接入网络。

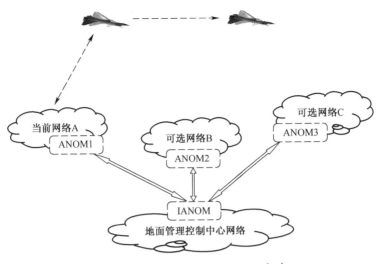

图 3-43 机动试验网络 QoS 框架

3.6.2 跨层 QoS 保障

一体化试验网络包括了多种异构网络和相应的技术,单纯的 QoS 映射并不能充分满足用户的需求,还需要增加必要的适应性和控制机制,根据实时网络状态予以调整,以满足用户 QoS 需求。

3.6.2.1 同一试验子网 QoS 映射分析

同一网络中层次不同,对 QoS 要求也不尽相同。QoS 请求从网络的一端传输到另一端,将会通过网络的不同部分,各部分采用的技术和协议各不相同。因此,需要一个层与层之间 QoS 参数和性能的传递映射过程。这种不同层之间的映射机制称作为垂直映射(Vertical QoS Mapping)。

垂直映射,包括层叠队列模型和相关控制模块,将同一网络中的不同层次分成两个大的层次,分别为上层(技术独立层)和下层(技术依赖层)。上层和下层的分界面为网络层和数据链路层之间。在这个位置上定义了抽象队列,以进行 QoS 的垂直映射。队列架构模型还要与相关的控制模块连接。控制模块由三部分组成,即上层资源管理实体、下层资源管理实体和 QoS 映射管理实体。上层资源管理实体,其作用是管理上层资源(此处为 IP 层);下层资源管理实体,其作用是分配下层所需资源,它与网络控制中心平行工作;QoS 映射管理实体,其作用是接收来自上层管理实体的资源分配请求,它与上层资源管理实体是通过一个适当的接口和一组基本实体来建立的。接收到来自资源分配管理请求后,QoS 映射管理实体将此请求映射到下层,即将请求中的预留、释放和修改命令作用于下层。

通过对层叠队列模型分析,得出一个 QoS 垂直映射的联合模型,如图 3-44 所示。可以看出,上层中有三个缓冲队列(h, i, j),下层有一个缓冲队列。带宽被分配给每个缓冲队列,在给定 QoS 的一个流程进入缓冲队列,将上层所占带定义为 $R_{id}^{U}(id = h, i, j)$,下层所占带宽定义为 R_{down}。下层的流通过一定的流量聚合和格式转化执行这些处理,这些处理满足流量源和 QoS 需求,并且改变进入上层时的原始流功能。

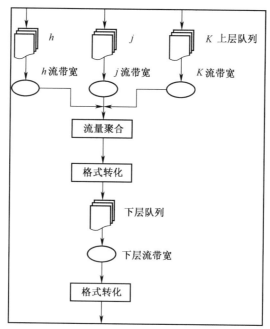

图 3-44 QoS 垂直映射联合模型

3.6.2.2 异构试验子网 QoS 映射分析

在空天地一体化试验网络中,一个端到端 QoS 会话将不可避免地通过异构网络。这些异构网络将有着不同的协议,也有自己的 QoS 定义。要保证这些 QoS 参数在会话传递过程中正确地被解译,就需要一套网络与网络之间的 QoS 映射机制,才能使这些 QoS 参数在会话传递过程中正确传递。

在网络资源分配过程中,由于连接能力的区别以及按照服务等级进行的动态带宽分配,QoS 映射要与 QoS 适应控制协同合作,在机动接入中,连接代理或者网络代理出错时会重新选择路由,采用适应控制能有效地避免会话的阻塞并保证会话质量。

异构网络 QoS 映射,主要是指两个网络之间的映射或者是 QoS 参数之间的映射,因此,需要针对使用较多的试验网络类型进行一对一的映射研究。映射方法主要有多用户会话控制(Multi-User Session Control,MUSC)映射控制机制和网间业务 QoS 映射机制等方法。

(1)MUSC 映射控制机制是基于异构无线网络提出来的,主要是模拟多用户的 QoS 映射以及进行相关的适应控制。MUSC 机制是其方法的核心,多用户会话控制是基于会话需求、已存在服务等级和它们的可用带宽等因素而建立起来的,用户 QoS 性能(吞吐量、时延等)对其有决定性作用。

在 MUSC 映射中,因没有提出 QoS 映射的相似度映射,只是从用户 QoS 性能的适应控制角度出发,在网络拥塞的情况下,没有从用户的业务特征考虑进行映射,导致不可预知的误差放大现象。

(2)网间业务 QoS 映射机制是通过 QoS 业务的等级分类和特性进行分析,选择集中典型的业务类型进行 QoS 映射,见表 3-5。

这一异构网络的 QoS 映射统一规则,明确了 DiffServ/InServ PUB、UMTS QoS、IP QoS 和 IEEE802.16 这四个网具体业务类型之间的映射关系,这种映射方法是从应用的角度出发,划分相对比较适中的粒度,以保障各种应用的 QoS。

表 3-5　网间业务 QoS 映射规则

业务类别	业务特征	DiffServ/InServ PUB	UMTS QoS	IP QoS	IEEE 802.16
视频类	固定长度、周期性实时发送,严格时延和时延抖动,分组丢失率要求严格	EF	会话类	0	UGS
音频类	固定长度、周期性实时发送,严格的时延和时延抖动,分组丢失率要求一般	AF1	会话类	0	UGS
流媒体	可变长度、周期性实时发送,交互性,对时延和时延抖动有一定的要求,分组丢失率低	AF3	流媒体类	1	rtPS
传输类	可变长度,满足一定速率要求的数据分组发送,对时延和时延抖动要求不高,分组丢失率低	AF4	交互类	2	nrtPS
响应处理	可变长度、突发性响应,时延要求一般	AF2	交互类	2/3/4	BE
无保证类	无 QoS 保证要求	DE	背景类	5	BE

这种映射的优势在于,依据不同的 QoS 参数类别进行相应的业务划分,时延的要求将业务分为实时类和非实时类两种;不同的分组丢失率,将实时类业务又分为分组丢失率的视频和音频业务;不同带宽需求,将非实时类业务又分成大文件传输业务以及页面浏览型业务。这些业务划分,能够更加准确地在不同的网络之间进行业务层面上的映射,这种映射不会出现某一种 QoS 参数要求差别很大的业务之间的映射,能够保证映射后业务特点的一致性,充分利用资源。

这种映射也有不足。虽然能够很好地进行业务相似度很高的映射,但这种相似度的高低取决于业务粒度划分的粗细,一般来说,粒度越细,效果越好,而处理复杂。因此,通常选择一种粒度比较适中的状态进行映射。

(3) 为了克服以上两种映射的不足,需要一种统一的 QoS 映射机制。

针对 QoS 业务与等级的不同,在异构网络架构中,QoS 在网络间映射应遵循:①当网络状态不佳,需要将用户 QoS 等级下降时,应优先调整低等级的 QoS;②在网间 QoS 映射的过程中,QoS 的类别是不能改变的;③QoS 等级调配时应在相同业务中进行,而不能跨业务种类进行调整。

这种统一的通用异构网络架构包括了三个重要模块,即接入网络 QoS 管理模块(AN-QM)、接入网与接入网之间的管理模块(IANQM)与 QoS 映射数据库(QMDB)。

ANQM 分布在每一个接入网中,它负责单独管理本地接入网的 QoS,包括 QoS 映射请求处理、网内用户 QoS 需求、用户业务等级划分以及各个业务等级下的 QoS 参数要求等。

IANQM 处在核心网中,包括 QoS 协商机制、QoS 映射请求控制模块、网络性能检测模块以及 QoS 映射方法选择等。此模块是系统最重要的组成部分。

QMDB 也处在核心网中,负责管理各个网络之间的 QoS 映射方法,包括映射方法的修改、更新,与 IANQM 进行交互并反馈所需的映射方法。

3.7　空天地一体化试验网络安全性

空天地一体化试验网络是未来军工试验与评估发展的必然趋势,它将为未来各种复杂的武器试验任务提供试验基础设施。空天地一体化试验网络由地面(海面、水下)基站、空中飞行器与卫星等多种接入和控制设备组成,网络拓扑时刻处于变化之中,并且各种信息交互频繁,无线接入的安全性将是一项极为重要的因素。空天地一体化试验网络中传输的试验与测试数据,通常是一个国家军事装备最重要的信息之一,当量子通信技术还没有达到实用性阶段,无线网络信息传输的安全性仍然是一个至关重要的问题。

3.7.1　安全威胁

空天地一体化试验网络,是由各种处于不同高度的试验对象、试验设施、测试系统进行动态组网,具有传输距离远、节点高动态、链路时空尺度变化大等特点,传统的互联网组网模式和安全防护技术已无法有效适应空间网络,需要进行专门设计和优化。因此,需要将空间网络、临近空间网络和地面试验与测试网(包含仿真网)进行安全有效融合,形成可互操作、可重构的空天地一体化信息网络。在该网络中,面临着安全性(安全路由、安全切换、安全传输等)方面严峻的挑战[15-16]。

由于空天地一体化试验网络自身具有的结构时变性、通信平台异构性、链路易受干扰等特性,使得空天地一体化试验网络在安全防护方面受到不同层次的安全威胁。主要有:

(1) 在移动终端接入方面面临着身份认证威胁;

(2) 在空间网络、临近空间网络和地面网络融合方面面临着安全路由威胁;

(3) 空天地一体化试验网络在进行同域/跨域通信方面面临着安全切换、安全传输威胁。

3.7.1.1　密钥管理

在空天地一体化试验网络环境中,通信数据加密、控制消息完整性保护、接入身份认证等安全服务和安全机制都离不开密钥管理技术。一体化试验网络是由空间/卫星网络、临近空间网络和地面网络融合而成的多域异构网络,因此一体化试验网络密钥管理采取了集中式和分布式相结合的管理模式,如图3-45所示。总体上,一体化试验网络密钥管理可采取集中式管理模式。在地面安全区域,设置一个总的密钥管理中心,负责对整个一体化网络密钥进行管理。

由于一体化网络规模庞大,加之计算复杂度高,将密钥管理划分为三个中心,即卫星域密钥管理中心、临近空间域密钥管理中心和机动终端域密钥管理中心。每个密钥管理中心对域内节点的公钥进行管理,并接受总密钥管理中心的控制。由于一体化试验网络特殊的拓扑结构,基于可信第三方的集中式密钥管理中心在分配密钥时容易造成通信阻塞甚至瘫痪,因此应以分布式密钥管理为主,集中式密钥管理为辅;其次,由于一体化试验网络的运算处理能力存在着较大的差别,分布式密钥管理技术需要避免将运算处理能力较低的节点布置在高开销的位置上。另外,还应解决由于密钥协商消息需经多次转发才可到达,协商时延较长和成功率较低的问题。

3.7.1.2　路由协议

空天地一体化网络由卫星网络、临近空间网络和地面无线网络等多种异构网络融合

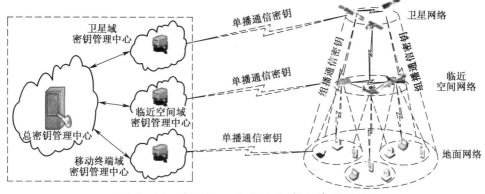

图 3-45 空天地一体化网络密钥管理模型

而成,消息在传输、转发和处理等过程中需要设计一种高效安全的路由协议方案,用以找出一条从源端路由器到目的端路由器的最优路径。从路由域的角度,可以将空天地一体化试验网络划分为三个部分,如图 3-46 所示。

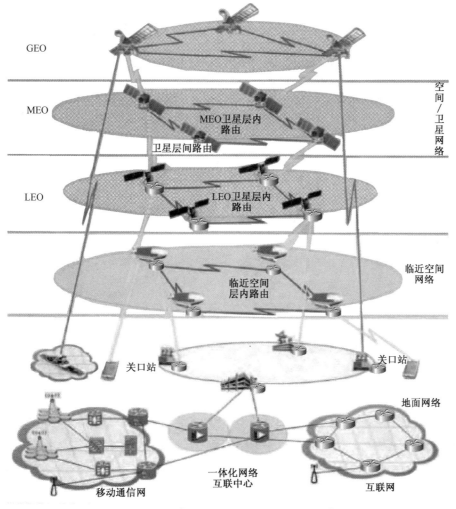

图 3-46 空天地一体化网络路由组成

（1）上/下行链路(Up/Down Link,UDL)路由,负责地面终端到空间网络的接入控制,并选择源端和目的端的空间段路由器。

（2）边界路由负责卫星网络、临近空间网络与地面网络之间的互操作和融合,使得终端用户能够通过空间网络进行透明通信。

（3）空间段路由是指卫星网络或临近空间网络内部的路由,负责在网络内建立源端路由器和目的端路由器之间满足一定约束条件的最优路径。

在空天地一体化试验网络中,空间网络由于卫星节点的高速移动性、拓扑结构的可预测性及通信的高度暴露性,使得路由协议的控制消息面临着窃取、篡改、伪造、仿冒、重放、虫洞和拒绝服务等多种恶意攻击。

3.7.1.3　终端通信

空天地一体化试验网络的各管理域中节点相对位置是动态变化的。为了保证试验对象移动终端节点之间通过卫星网络或临近空间网络进行不间断的通信,必须使用切换机制用以提供无缝的网络接入服务。切换(handover/handoff)是指试验对象移动终端在通信过程中,从一个网络接入点的覆盖区域进入到另一接入点的覆盖区域时,必须改变通信链路以保持不间断的通信。如当移动终端由 M 位置移动到位置 M_1 处时,表示移动终端由与 SAT_A 通信切换至与 SAT_B 通信,如图 3-47 所示。

移动终端节点与新网络接入点、旧网络接入点和地面网络节点均需进行频繁的切换信息交互。切换控制消息同样也可能面临着窃取、篡改、伪造、重放等攻击。因此,空天地一体化网络在发生切换时需要满足关键数据保密性、接入认证管理和控制消息完整性等安全需求。

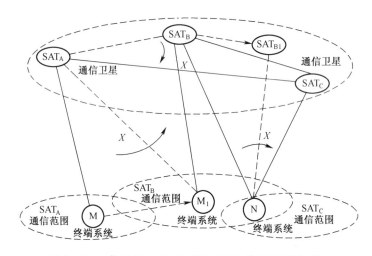

图 3-47　空天地一体化试验网络移动终端切换

3.7.1.4　端到端传输

在空天地一体化试验网络中,从一个终端用户到另一个终端用户的数据传输可能涉及到多个网络域,如图 3-48 所示。然而,卫星网络节点和链路动态变化、网络时空行为复杂且分布稀疏,同时无线电干扰、节点能量限制等原因,导致通信链路具有传输距离远、传输时延大、高误码率、间歇性连接等特性,这些都与传统的地面互联网传输控制技术的前提要求有很大的不同。地面互联网的高速高效数据传输及其拥塞控制,是建立在数据源和目的之间存在端到端路径、端到端时延可控、丢包率较小等假设条件之上的,无法有效适应空间网络。

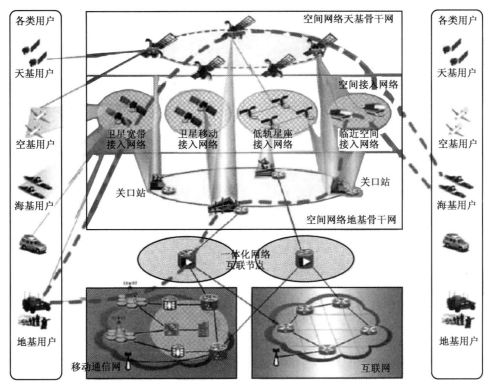

图 3-48　空天地一体化网络端到端传输

卫星网络主要使用的传输协议为 CCSDS 的空间传输协议标准 SCPS 和空间 IP 及其改进协议。安全的传输层协议不但需要考虑真实性、机密性、完整性等安全服务需求,还应该降低协议的交互次数和传输的消息量,在安全和性能之间达到一定程度上的平衡。与此同时,一体化网络涉及空间网络、临近空间网络和互联网、无线移动网络等多种异构网络,为端到端信息传输提供了多种可选途径,提升了传输容量,但由于不同网络在传输特性和性能等多方面有着巨大差异,使得端到端多网络一体化安全传输技术成为研究难点。

3.7.2　安全防护技术

3.7.2.1　基于密码技术的统一密钥管理技术

在空天地一体化试验网络环境中,安全路由协议机制、安全切换机制,以及端到端安全传输方案都离不开密码技术的支撑。在设计卫星网络路由协议过程中,必须保护路由消息的机密性、完整性以及真实性;地面站或邻近空间网络中移动终端在进行跨域安全切换的过程中,必须克服切换消息被窃取、篡改、伪造、重放等威胁;在端到端数据安全传输的过程中,必须保护敏感数据的机密性,防止重要信息泄露。为了实现一体化网络不同移动终端之间的接入认证,保证传输数据的真实性、机密性、完整性、不可否认性,需要依赖各种基于密码技术的数字签名、签密解密机制来实现。基于密码技术的安全机制其安全性不在于密码算法本身的保密,而在于密钥的真实性和有效性。而密钥管理技术着重解决各种基于密码学的安全技术中密钥的使用问题,如密钥的生成、分发、存储、更新、撤销和销毁等整个生命周期的管理。密码技术是密钥管理机制、安全路由、终端通信以及端到端传输机制的核心技术[17]。

　　传统的密钥管理不再适用于空天地一体化试验网络,这是因为:运算负载大,容易通信阻塞和单点失效;密钥协商消息经多次转发后造成的时延较长。为了解决以上安全问题,需要结合空天地一体化试验网络节点间通信方式,研究适用于空间网络、临近空间网络与地面因特网、地面移动通信网、无线自组网间不同安全域和不同功能域的统一安全管控技术,用以提高空天地一体化试验网络密码管理效率,内容包括密钥的生成、分发、存储、更新、撤销、销毁及单播通信会话密钥的协商等,由于协商消息经过多次转发才可到达目的节点,由此造成的协商时延也较长,因此在保证密钥协商协议安全的同时,需设计轻量级密码,降低计算复杂度及存储复杂度,提高密钥协商的时效性;另外,还需要研究组播密钥管理技术,为合法成员分配、维护密钥,支持空天地一体化网络进行空间组播通信时敏感信息在合法组成员或某个成员子集之间共享。

3.7.2.2　安全路由技术

　　与传统的地面互联网相比,空间网络有如下特点:

　　(1) 空间网络组成复杂,结构立体化;

　　(2) 空间网络节点高速运动,网络拓扑结构时变性强;

　　(3) 空间网络通信环境恶劣,链路质量差,误码率高;

　　(4) 空间网络通信距离远,通信时延及时延抖动高;

　　(5) 空间网络载荷有限,节点计算、存储和带宽资源受限;

　　(6) 空间网络任务的多样性,对空间网络传输需求也具有多样性;

　　(7) 空间网络节点之间通信方式开放,安全性能差。

　　考虑到上述空间网络独特的特点,空天地一体化试验网络路由协议仍然面临着严峻的挑战,需设计安全高效的路由机制以提高数据传输的效率和可靠性,减少对地面网络资源的依赖性。针对空天地一体化试验网络,已提出了多种单层或多层卫星网络路由算法。但这些路由算法很少考虑到安全性问题,如果路由协议受到恶意攻击,将会导致网络性能的明显下降甚至瘫痪。因此,必须在充分考虑空天地一体化试验网络特性带来不利影响的基础上,设计安全高效的一体化网络安全路由协议,保证路由信息在传输过程中的真实性、机密性和完整性,并采取适当的机制和策略,尽量降低安全方案的实施对路由性能的影响,在安全和性能之间寻求合理的平衡。

3.7.2.3　网络安全切换技术

　　空天地一体化试验网络节点间相对位置是动态变化的,为了保证终端节点之间通过卫星或邻近空间网络进行不间断的通信,必须使用安全切换机制用以提供无缝网络接入服务。主要包含以下相关技术:

　　1) 对跨域身份认证的假冒攻击技术

　　在空天地一体化试验网络中,空间、临近空间和地面网络隶属于不同的管理域。由于网络节点的动态接入,攻击者可能冒充合法节点接入到一体化网络中,因此需要身份认证机制证明一个节点所声称的身份,用于建立安全跨域切换。认证及密钥交换协议为通信双方进行身份确认并生成一个共享的秘钥,从而建立一条安全的信道。网络节点身份的认证,可以防止非法节点假冒合法节点占用网络资源、删除或篡改数据;认证并建立会话密钥,可保护合法节点在网络上通信的内容,抵抗非法窃听。

2）对切换控制消息的窃取、篡改和重放攻击技术

通过数据窃取手段,卫星网络、临近空间网络与地面网络中节点两两之间,以及网络内部传输的无线信号很容易被攻击者截获,通过对信号进行分析或破译,可能获取传输的数据、内容信息或流量信息。重放攻击是指通过记录一条合法或部分合法的消息在以后的时间重复发送来影响系统的正常工作,通过对信息传输中的部分或全部数据内容的篡改,可能造成系统功能的破坏,降低系统的可用性,甚至使系统难以正常工作或完全瘫痪。

3）对切换预判消息的欺骗、合谋攻击技术

在判断出天地一体化试验网络的切换动向时,预先选择最有可能发生切换的临近节点,为切换提前确定安全服务能力,提前将其相关安全参数信息发送至新的接入节点,在发生切换的同时进行信任关系的传递,减少临时获取大量信息或协议交互而导致的时间开销。然而由于网络节点的动态接入,攻击者可能冒充合法节点接入到网络,或者形成合谋团体,这些攻击节点在切换过程中给出的虚假切换信息将严重地影响切换概率传递的准确性,从而也影响了切换预判结果的准确性,甚至有可能将移动终端切换至恶意节点。

3.7.2.4　网络安全传输技术

空天一体化试验网络的端到端数据传输,需跨越多个异构的网络域,带宽受限、高延迟的信道环境会严重降低安全传输通道的建立和维护和数据传输过程,影响数据传输的效率,并可能造成不同网络内部信息的泄露,需采取措施提高安全传输通道建立和维护的效率和安全性。需要研究适用于空天地一体化网络信道环境的安全传输技术。主要包括以下相关技术:

1）安全传输握手协议加速技术

端到端安全传输首先需要实现双方握手。在传统的基于证书的握手协议中,需要通过传输、处理证书来实现双方的认证,但一体化试验网络的信道带宽受限,传输时延大,因此握手过程中存在高延迟,其性能上的不足日益突出。因此,需设计一种可行的握手过程加速方案,减少握手过程中的通信载荷,提高一体化网络环境下的握手效率。

2）数据安全传输通道多方密钥协商技术

多层 IPSec 协议可以通过与 TCP 性能增强代理结合应用于一体化试验网络中,在提高网络性能的同时增强网络的安全性,但多层 IPSec 协议需要有相应的密钥协商协议,在协商终端双方共享密钥的基础上协商多方共有的密钥。同时,一体化试验网络高延迟的信道环境会大大增加密钥协商消息的时延,影响密钥协商的效率。因此,需设计适用于一体化网络信道环境的数据安全传输通道多方密钥协商协议方案,提高安全传输通道建立和维护的效率。

3）基于策略的安全传输控制技术

空天地一体化试验网络中,空间网络和地面网络分属于不同的管理域,不同管理域内的终端间进行跨域数据传输时,需对其跨域通信权限进行控制,以避免敏感信息的泄露;同时,需对跨域通信终端的地址进行隐藏,防止外部对内部网络探测。因此,需要设计满

足空天地一体化试验网络融合条件下跨域数据传输的安全性方案。实现分属不同管理域的终端跨域通信的受控数据传输和终端的拓扑隐藏,提高跨域数据传输的安全性。

参考文献

[1] 杨廷梧. 五维空间一体化试验体系的发展与思考[J]. 飞行力学,2016,34(5):1-6.

[2] 刘立祥. 天地一体化网络[M]. 北京:科学出版社,2015.

[3] 杨廷梧. 航空飞行试验遥测理论与方法[M]. 北京:国防工业出版社,2017.

[4] 袁炳南,霍朝晖,等. 新一代遥测网络系统:TmNS[J]. 测控技术,2010,29(11):10-13.

[5] 白效贤,杨廷梧,等. 航空飞行试验遥测技术发展趋势与对策[J]. 测控技术,2010,29(11):6-9.

[6] 杨廷梧. 新型遥测系统中机载网络化测试技术展望[J]. 测控技术,2010,29(增刊):141-145.

[7] 杨廷梧. 飞行试验新型遥测机载网络化采集与记录系统架构[J]. 测控技术,2013,32(5):59-63.

[8] 杨廷梧. 飞行试验遥测机载测试技术的发展与应用[J]. 测控技术,2013,32(4):5-8.

[9] 刘千里,魏子忠,等. 移动互联网异构接入与融合控制[M]. 北京:人民邮电出版社,2015.

[10] 张蕾. 异构网络融合技术与实现:协同、重构、资源管理[M]. 北京:北京交通大学出版社,2014.

[11] 李军. 异构无线网络融合理论与技术实现[M]. 北京:电子工业出版社,2009.

[12] 贺楠. 未来异构无线网络融合的关键技术研究[D]. 北京:北京邮电大学,2008.

[13] 金旭. 异构网络中基于策略的QoS映射研究[D]. 北京:北京邮电大学,2008.

[14] 李浪波. 异构无线网络中的QoS保障机制研究[D]. 北京:北京邮电大学,2012.

[15] 李华,范鑫鑫. 空天地一体化网络安全防护技术分析[J]. 中国电子科学研究院学报,2014,9(6):592-597.

[16] 郝选文. 空间信息网抗毁路由及网络攻防攻击技术研究[D]. 西安:西安电子科技大学,2013.

[17] 彭长艳. 空间网络安全关键技术研究[D]. 长沙:国防科学技术大学,2010.

第4章　纵向一体化试验网络

随着武器装备系统的复杂性、先进性、协同性的提高，试验要求和试验流程设计难度也随之剧增，且构建试验与测试网络系统的复杂程度远比单个武器系统复杂得多。未来的军工试验体系，将是基于一体化试验网络与复杂电磁环境相结合的复杂试验体系架构，以实现"试验即作战与训练"的重大转变。因此空天地一体化必将成为未来试验测试发展的必然趋势。纵向一体化试验网络，是空天地一体化试验网络的重要组成部分之一，以增强遥测综合网络技术为核心，主要解决当地（local）一定范围内的武器系统试验与评估的有效途径。本章主要分别介绍了基于增强遥测综合网络（iNET）的纵向一体化试验网络概念、结构组成、要素与应用。

4.1　概　　述

纵向一体化试验网络，是指在空天地海四维空间内，试验对象（如飞行器、地面战车与海面舰船、水下航行器等）进行机动时，为试验数据采集而构建的网络，其试验数据经遥测或卫星通信网络传输至地面信息处理与监控网络的垂直型综合网络，其平面区域作用范围约在 300km 以内。它主要包括三个部分：试验对象数据采集网络、综合遥测网络或卫星通信网络与地面信息处理与监控网络。它具有立体化、高机动性、时间精确同步性与平面位置的局域性等特点，正因为有如此特点，使得纵向一体化试验网络与其他移动网络有很大的不同。它要求成千上万个参数同步采集和确定的传输时延，是一种高精度时间同步局域网，这也是对高机动性试验对象进行测试的特性所决定的[1]。纵向一体化试验网络也应用于当地一定范围内快速移动的单一试验对象（包括各种飞行器、火箭、导弹、舰船、坦克、车辆等）。

纵向一体化试验网络，以增强遥测网络（iNET）为核心，通过试验网络架构的高效集成设计，实现多个试验对象上的数据采集系统和地面监控系统的双向传输与宽带连接，达到试验靶场资源与试验对象测试资源的高效集成和共享的目的。对所有快速移动试验对象（包括各种飞行器、火箭、导弹、舰船、坦克、车辆等），构建由运载（机载、弹载、箭载、车载、舰载等）数据采集网络系统（Vehicle Network，vNET）、遥测网络系统（Telemetry Network System，TmNS）和地面遥测监控网络系统（Ground Network System，gNET）及各种操作、控制、管理、应用软件等组成的纵向一体化试验网络[2]。

纵向一体化试验网络的应用非常广泛，世界各军事强国投入了大量资金，对现有试验测试系统进行改造、升级与系统集成，并开展了标准研究、预先研究和设备（系统）研制。纵向一体化试验网络，采用基于地基的遥测、遥控、光学、雷达等测量系统与基于空基、天基的浮空器、测量机和测量卫星、中继卫星组成的综合测控系统，对所有地面快速机动装甲、水面舰船、高超声速和临近空间飞行器、各型导弹等试验对象进行实时和高精度的数据采集、记录、控制、管理与分析,获得对参与试验的所有试验对象的性能、功能、战技指标、作战效能等评估参数,为改进和升级或更新换代提供有效、准确的依据。

增强遥测综合网络标准,是美国国防部中央评估核心投资机构(CTEIP)于 2004 年启动的 iNET 项目开发计划,为试验场和试验基地在试验中的空天地网络一体化、遥测带宽、多系统信息融合分析等关键技术奠定技术基础,也为建立通用的纵向一体化试验网络提供指导与规范。iNET 包括遥测网络系统和各种操作与控制应用软件,主要由三个部分组成:vNET 移动平台网络系统、rfNET 遥测射频传输网络系统、gNET 地面网络系统,即空、地一体化的遥测网络系统。iNET 共有 6 个标准支持,包括系统管理标准(SM)、元数据语言标准(MDL)、通信链路标准(CL)、试验对象标准(TA)、无线传输标准(RFNE)和组件接口标准(CI)。iNET 可用于建立各种试验对象(如飞行器或者坦克、舰船等)地面试验或空中试验的遥测网络。通过 TmNS(双向传输)遥测网络传输系统发送地面控制信息或接收试验对象数据,由地面控制中心统一控制、统一管理;同时,通过 TmNS 对试验对象数据采集系统工作状态进行实时监控[3-7]。

基于高频段、高速率、高效率的综合遥测网络技术是纵向一体化试验网络的关键因素,也是构建整个空天地一体化试验体系、解决高速机动武器装备与地面的空地互联、实现试验与测试资源共享的核心技术。同时,利用现有商用通信卫星资源或发射专用试验/通信卫星,进行基于天基测控网络体系的试验与验证,结合卫星数据传输体制和体系结构,逐步建立以试验专用卫星为基础的空天地纵向一体化试验综合测控网络系统。

4.2　结构与组成

试验集成架构(CIA),为试验场和试验基地自主发展的综合遥测网络,主要用于解决试验中空地网络化、宽带传输、多信息融合分析等问题。增强遥测网络研究计划的目标,主要是为实现空天地互通互联、实时控制与管理、实时安全监控的紧耦合式一体化网络,重点解决综合遥测网络的同构性,它是"纵向一体化网络"的核心组成部分。

综合遥测网络,采用 iNET 技术架构将试验对象测试网络、遥测传输网络与地面监控网络形成一个有效的实时测控网络,可对单个试验对象(如飞机、坦克、舰船等)或多个试验对象或体系级武器系统(如 C⁴KISR、多兵种联合作战系统)进行全面、综合的试验与评估,以提高复杂武器系统大范围和全面试验与测试能力,缩短试验周期,降低试验成本,提升联合试验、大系统演示验证与作战系统的作战效能评估水平和综合试验与测试能力。

4.2.1　体系结构

试验集成架构,以增强遥测综合网络为核心,通过试验场网络实现与当地试验控制中心、实验室、模拟/仿真设施等系统联接,同时依据试验需要可与地面专用网络或卫星通信网络进行互联互通与信息共享,如图 4-1 所示。

增强遥测综合网络,也称为综合遥测网络。增强遥测网络组成与顶层架构由多个试验对象数据采集网络、遥测传输网络和地面数据网络以及通信卫星组成。通过遥测传输网络(必要时采用卫星通信技术),实现多试验对象(飞行器或坦克或舰船)上的数据采集

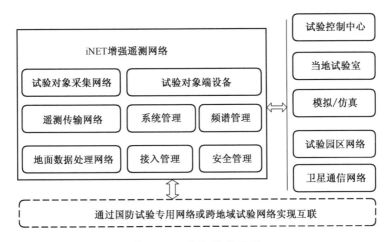

图 4-1 试验集成架构

网络与地面数据网络系统的远程互联。经由试验场区网络,与其他试验设施、仿真/模拟等资源集成与共享,为信息化条件下的多武器系统联合试验与评估提供试验设施保障,如图 4-2 所示。

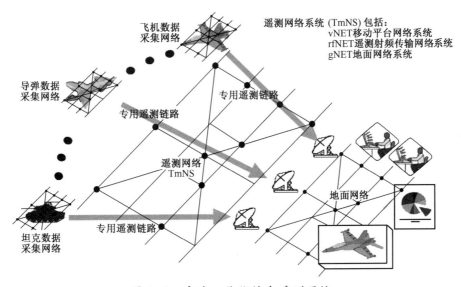

图 4-2 空地一体化综合遥测网络

遥测网络系统包括试验对象端、RF 网络和遥测接收端三大部分,如图 4-3 所示。试验对象数据采集网络包括数据采集组件(含传感器、调节器、采集器、数据记录等)、交换机单元(含主、次交换机等)与综合应用部分(含处理、分析与显示等)。地面数据处理网包括遥测网络管理系统(系统配置、状态管理和安全管理)、遥测监控系统、事后数据处理系统(预处理、二次处理、飞行试验数据库、试验数据管理等)。在基于虚拟局域网(VLAN)的动态组网和多播等技术的基础上,对现有遥测监控系统的体系结构进行优化设计。

遥测网络系统从物理构成上分可为两部分,即遥测地面站端(Ground Station

```
                纵向一体化综合试验测试网络  ┄┄┄┄┄┄  ┌──────────┐
                                                      ┊ 试验场园区网 ┊
                                                      ├──────────┤
                                                      ┊ 模拟/仿真   ┊
                                                      ├──────────┤
     ┌─────────┐        ┌─────────┐      ┌──────────┐ ┊ 实验室     ┊
     │机载数据采集│        │ 遥测网络  │      │地面数据处理 │ └────↑─────┘
     │网络(vNET1)│        │(TmNS 1) │      │网络(gNET) │   当地异构网络
     └─────────┘        └─────────┘      └──────────┘
```

| 数据采集 | 数据交换 | 数据应用 | 试验对象 | 无线网络 | 遥测地面 | 网络系统 | 试验监控 | 处理分析 |

图 4-3 集成试验网络组成

Segment, GSS) 和试验对象端 (Test Article Segment, TAS)。这两部分通过 RF 链路实现试验对象上的测试网络系统 (aNET) 和地面数据处理网络 (gNET) 互联。RF 链路是双向、宽带射频网络数据 (rfNET) 链路。从而实现从单向数据传输向双向数据传输的转变。

4.2.2 标准体系

增强遥测综合网络标准,为试验场和试验基地在武器装备试验中的空天地网络一体化、遥测带宽、多系统信息融合分析等关键技术奠定了物理基础,也为建立通用的纵向一体化测试网络提供指导与规范。

iNET 包括遥测网络系统和各种操作与控制应用软件,其中 vNET 移动平台网络系统、rfNET 遥测射频传输网络系统、gNET 地面网络系统是其三大组成子网。为了规范 iNET 设备与系统的研制,共制定了六个支持标准,包括系统管理标准 (System Management, SM)、元数据 (Meta Data, MD) 标准、通信链路 (Communication Link, CL) 标准、试验对象 (Test Article, TA) 标准、无线传输 (RF Network Element, RFNE) 标准和组件接口 (Component Interfaces, CI) 标准,如图 4-4 所示。这些标准描述了综合遥测网络所必须遵守的规定和要求,与现有国际遥测标准 IRIG 106 共存共用。

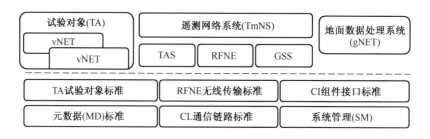

图 4-4 增强遥测网络标准结构

随着 iNET 项目开发计划的实施,iNET 标准 (航空推荐或试用版 V0.7) 已于 2009 年 12 月发布,包括 TA 标准、RF 网络单元标准、CL 通信链路标准、CI 组件标准、SM 系统管理标准和 MD 元数据标准。2010 年 3 月 iNET 项目官方网站宣布,iNET 标准(推荐或试用版 V0.9)已经发布。目前,iNET 标准将与 IRIG 106 合并,作为遥测标准第二部分正式发布。

遥测网络系统是在传统 IRIG 106 串行数据流遥测链路的基础上,增加了宽带、双向(上、下行)RF 网络链路组成。TmNS 实现了 vNET 和 gNET 的双向连接和宽带数据传输,为 iNET 的各种管理、控制等应用软件提供了物理链路。在试验对象上,TmNS 中的 TAS 可按 IP 数据包和 PCM 数据流两种格式传输数据;在地面,TmNS 中的 GSS 输出到 gNET 的数据也同样是两种格式,但 GSS 接收的输入只能是 IP 数据包格式。为了支持用户更有效利用 TmNS 有限的数据传输能力和有效使用有限的频谱资源,TmNS 可接收网络管理(NM)软件和频谱资源管理(SAM)软件命令,并把状态报告给网络管理(NM)软件和频谱资源管理(SAM)软件。RF 网络链路在 TAS 和 GSS 之间传输数据时,具有保护 RF 数据不被中途截获和监听的能力,并在 RF 共享环境中,尽可能减少对其他系统的干扰[8-9]。

4.2.2.1 试验对象子标准

该标准提供了一套在遥测网络系统中的 vNET(机载测试系统)内部数据传输技术和协议,应用对象为 vNET。TA(试验对象)标准分为 5 章,要点如下:

(1)定义了 vNET 物理电气特性;

(2)定义了 vNET 的物理层(10/100/1000Mbit/s 以太网)、链路层(MAC)、网络层(IPv4)、遥传输层(TCP、UDP)协议;

(3)基于 IEEE 1588 协议的网络传输时间同步;

(4)定义了数据传输中的信息块结构、数据传输控制和服务质量(QoS)等。

4.2.2.2 网络单元子标准

该标准提供了一套在遥测网络系统内部数据传输技术和协议细节,同时定义了接口和控制信息协议,以管理 RF 网络。该标准的应用对象为 rfNET。RF 网络单元标准分为 10 章,主要内容如下:

(1)定义了 RF 网络单元的功能、RF 链路和 RF 网络传输方式。

(2)定义和详细说明了 RF 网络单元的外部接口,包括 RFNE 和 TA 用户接口、RFNE 和 TA 上的无线接口、TA 上的 RFNE 管理接口、RFNE 和地面站段(GSS)用户接口、无线接口、RFNE 管理接口和 RFNE 控制接口。

(3)定义和详细说明了 RF 网络单元的内部接口,包括链路管理对队列的管理、RFNM 对链路的管理、RFNM 对队列的管理、RFNM 对连接控制的管理。

(4)定义和详细说明了 RF 控制协议、通用网络协议和服务(包括网络协议、网络服务和时间同步)。

(5)定义和详细说明了 RF 网络的安全保证,包括网络安全认证和数据加密等。

4.2.2.3 通信链路子标准

该标准提供了一套在遥测网络系统中的通信链路数据传输技术和要求。CL 标准分为 7 章和附录,要点如下:

(1)定义了射频接口要求,包括机载接口、时间源接口、链路管理接口、RF 网络管理接口与网络通信接口。

（2）定义了物理层要求,包括频谱要求、编码与物理层同步规定。

（3）定义了链路层 TDMA 要求,包括 TDMA 结构、链路层数据包结构与报文处理要求、链路层控制信息等。

（4）定义了 TDMA 控制器与链接管理参数 MIB。

4.2.2.4 组件接口子标准

该标准提供了一套在遥测网络系统中的组件接口技术和要求。CI 标准分为 5 章,要点如下：

（1）定义了遥测网络系统典型组件接口分组要求,包括互操作性、兼容性等。

（2）定义了遥测网络系统各类接口要求,包括传输接口、管理接口、配置接口与数据接口等要求。

4.2.2.5 系统管理子标准

该标准提供了一套在遥测网络系统内部的数据传输技术、协议和各种外部管理信息。系统管理(SM)标准分为 7 章,要点如下：

（1）定义了系统管理接口,包括识别、故障处理、配置、试验元素控制、网络拓扑、状态、性能管理和安全。

（2）定义和详细说明了 TmNS 段接口,包括 TmNS、TA、GSS、rfNET 系统管理。

（3）定义和详细说明了 TmNS 单元接口,包括网络设备、RF、vNET、gNET、天线、SST、时统、加密、GSE(地面支持设备)的系统管理和 TmNS 适配器管理。

（4）定义和详细说明了外围接口,包括数据源管理、数据池管理、数据源可靠性评定、数据采集单元(DAU)管理、记录系统管理、多功能显示系统管理。

4.2.2.6 元数据子标准

该标准提供了一套在 iNET 内部配置系统所需的试验和配置信息的语言说明、网络结构和数据结构。元数据(MD)标准分为 8 章,主要定义和详细说明了顶层架构、数据结构、网络结构、描述表格单元、优先级映射单元和网络节点特性说明。

测试定义语言(Measurement Definition Language,MDL)是 FTI 组织最新制定的元数据标准,现已纳入 iNET 标准。MDL 是一个基于 XML 标准,由 6 个构造关联模式组成。其基本方法是以测试为中心,避免在 MDL 文件中完全使用特定供应商的设备信息,以解决不同供应商提供的设备描述问题。此外,MDL 能充分描述基于网络的数据采集系统。在 MDL 中,用户可以指定测试指标需求如测试精度、不确定性等,并将这些信息传递给供应商提供的软件进行处理,处理后返回新的 XdefML 文件。

MDL 具有全面且丰富的结构,可描述网络属性信息和不同协议的网络,以及网络间的流量模型。MDL 使用差异服务(Differentiated Services,DiffServ)提供特有的服务质量。MDL 具有对复杂测试信息的全面描述能力。MDL 通过"Analog Attributes"章节详细描述数字滤波的测试特性。

MDL 主要关注测控网络,所以 PCM、CAIS 等标准不支持其相关技术。这些技术可能需要基于网络的系统与其进行交互,需创建硬件的代理服务器,将数据转换成网络数据,然后在 MDL 中建立硬件代理服务的模型。MDL 最大的缺点可能在于其模式的复杂性。尤其是在模式的"NetworkNodes"属性中,其包含了 20 余个"ManageableAPPS",每个"ManagebleAPPS"指定一个特定的功能。MDL 使用 XML 模式"ID"来唯一标识一个关键实体,这有时会使实体关系对用户不透明。此外,虽然 MDL 模式从最初的版本进行了很大的改善,但是其对供应商硬件配置和验证仍然缺乏支持。

4.3　试验对象数据采集网络

在军工试验与测试领域中,几十年来 IRIG 106 一直是世界各国普遍遵循的构建机载测试系统的国际遥测标准,尤其在航空、航天、兵器等军工试验与测试领域得到了广泛的应用,有力地推动了试验与测试向标准化、组件化方向发展。IRIG 106 遥测标准的 PCM 技术架构,具有实时性好、时延小、丢包率低等优点,在中小型试验对象的试验中得到成功应用。但 PCM 受到数据单向传输和点对点传输的局限性,所构成的系统相对较小,数据传输速率受限,很难满足日益增长的测试需求。基于 PCM 架构的机载数据采集系统一般由通用数据采集子系统、专用数据采集子系统、记录子系统、视频采集子系统、FM 传输子系统等组成。系统中各个子系统都是独立的,需要分别编程、加载与系统配置。试验中试验科目的任何变动,或增加测试参数,或对测试参数进行修改,都要对各个子系统重新进行配置、编程、加载和系统试验,这就导致了试验周期长、成本高、维护和升级困难,系统无法统一自检,子系统之间信息不能共享等多种问题,无法构成一个高度集成和综合的试验对象采集与记录系统体系[10]。从 21 世纪初开始,随着网络与 LTE 通信技术的迅速发展,以及测量参数的迅速增加,PCM 架构已经不能适应大数据的采集,逐步被基于网络架构的试验数据采集网络系统所代替。

4.3.1　试验对象数据采集网络化趋势

IRIG-106 遥测标准第四章"系统架构",采用主辅式系统结构进行级联,每个上一级采集器是下一级采集器的主采集器,依次类推,具有严格的主从关系。首先,当测量参数增加一定程度时,这种主辅式系统结构显得过于复杂,从而导致测试系统的设计、配套、扩展、调试、检测、维护和管理越来越困难;其次,测量数据要求增大传输带宽以及双向传输能力,而 PCM 的 20Mbit/s 速率(实际使用不到 10Mbit/s 速率)已无法满足遥测传输要求;再次,需要铺设的测试电缆越来越多,以至于在试验对象上无法加(改)装;最后,各设备供应商采用自己专用标准,无法真正实现统一管理、统一控制。

现代军机、民机采用了大量新技术、新材料、新系统,飞行试验测量参数类型和数量急剧增加。例如每一架空客 A380 飞机测量参数达 40000 以上,其中模拟量参数 6000 左右,遥测传输 3000 多个参数。基于以太网的遥测系统架构,与 PCM 架构相比具有更大的优势,如开放的工业标准,成本低廉、维护和升级简单方便,设备之间连接简单,设备配套灵活,无需专用加载设备,各个采集节点之间可以实现数据共享,传输数率可达到 100Mbit/s～1Gbit/s。正因为如此,将成熟的网络技术应用到飞行试验遥测系统架构设计之中,并依据 iNET 标准研制遥测设备。遥测设备生产商在原有设备上增加以太网接口,以适应数据系统的网络架构。目前机载数据系统正处于从 PCM 到实时以太网的过渡过程。

4.3.1.1　F-22机载数据采集系统

从F-22前后两个阶段的试飞就可以很清楚地看出来。第一阶段采用了基于PCM架构的测试方案;第二阶段方案则采用了网络化结构,实现了对系统中每一设备统一控制和管理,确保系统同步性与准确性。

根据飞行试验发展的需要,美国国防部提出了通用机载仪表系统(CAIS)总线标准。CAIS标准颁布后,已在F/A-18E/F、F-22和F-35等飞机飞行试验遥测数据采集与记录系统中得到了成功运用。CAIS统一了美国各飞行试验和鉴定机构之间测试设备使用与研制标准,实现了飞行试验各机载测试分系统之间以及与地面数据系统之间数据与信息的高度集成与综合,最大限度地减少了重复工作,降低了人为差错的概率,提高了飞行试验效率。但是这种专用总线限制了大范围的应用与推广,具有较大的局限性。

4.3.1.2　F-35机载数据采集系统

F-35飞行试验机载数据采集记录系统是在F-22测试系统的基础上,对架构进行了重新设计而成。系统中所有软硬件都在控制器的控制下,通过CAIS总线实现了各个子系统的编程、加载、时间同步、数据融合、参数提取、遥测数据传输和记录等项工作。

F-35于2006年12月首飞成功。试飞内容包括了大量传感器参数和航电总线数据。F-35第一阶段试飞机载数据系统架构如图4-5所示。

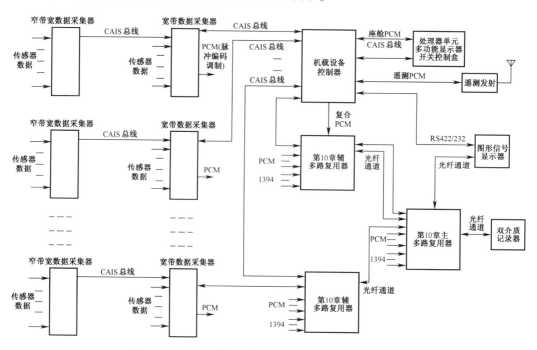

图4-5　F-35第一阶段试飞机载数据系统架构

从图中可以看出,采用CAIS总线实现了系统中各部件间的互联互通。实际上,它属于通用机载仪表系统专用总线,不是一种通用总线,缺点是带宽受限,扩展性与开放性差,不利于推广与应用。

4.3.1.3　A400M机载数据采集系统

A400M军用运输机的飞行试验机载数据系统,采用了以太网结构,实现了机载数据采集记录系统各分系统之间的有效级联。

　　飞行试验机载数据系统采用了基于网络的四层体系结构,如图4-6所示。第一层为传感器层,完成总线信号、宽带信号与安全监控信号的获取和调理;第二层为采集层,完成来自传感器层和航空电子总线(ARINC429等)、1553B总线、串行总线(RS232、422等)的数据采集;第三层为数据综合和分配层,通过机载以太网交换机完成采集层各采集单元的数据综合,并按需要把数据分配给数据处理、记录和遥测设备;第四层为数据记录和分析层,包括实时数据处理系统与双余度数据记录系统。

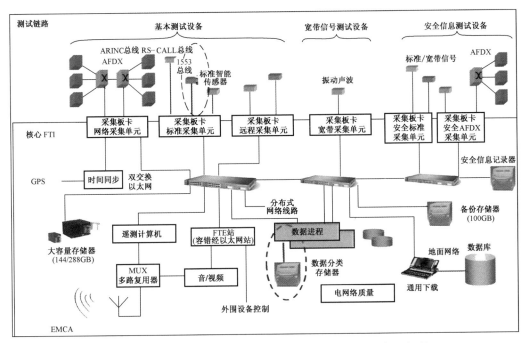

图4-6　A400M军用运输机试飞数据采集记录系统架构

　　A400M大型军用运输机试飞机载数据采集系统使用以太网数据采集系统架构。系统采用了基于网络的四层体系结构:传感器层、采集与信号调理层、数据整合和分配层、数据分析与记录层,实现了飞行试验大数据量的实时、同步采集、记录与分发等功能。

4.3.1.4　A380机载数据采集系统

　　在A380大型民用客机试飞中,机载数据采集系统同样使用了成熟的以太网系统架构,如图4-7所示。系统是基于网络的四层体系结构,L1为传感器层,完成传统的模拟量、开关量等信号的获取和调理;L2为数据采集层,完成来自传感器层和航空电子总线数据采集;L3为数据交换层,通过以太网交换机完成采集层各采集单元的数据集合,并按需要把数据分配给数据处理、记录和遥测设备;L4为数据记录和分析层,包括实时数据处理系统与双余度数据记录系统。

　　随着计算机与网络技术的飞速发展,成熟的商用技术与理念被引入遥测系统的架构设计中,极大地提高了产品的可靠性和稳定性。增强型综合遥测网络(iNET)正逐步成为国际上飞行试验新的遥测标准,为实现飞行试验遥测设备的标准化、智能化、通用性与开放性奠定了基础。

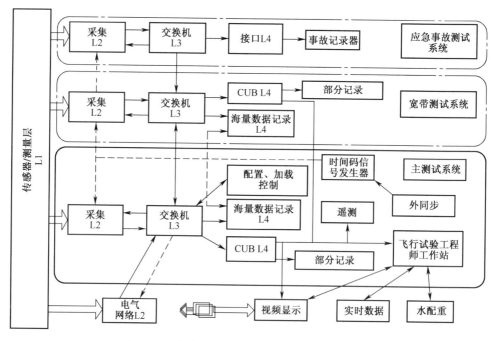

图 4-7 空客 A380 数据采集系统总体框图

4.3.1.5 对比分析

采用以太网技术的试验对象数据采集系统具有许多优势,见表 4-1。主要包括:

(1)易于安装和维护;

(2)开放标准的协议和服务;

(3)更大的带宽;

(4)灵活的路径(路由)选择;

(5)更好的性能;

(6)扩展性和通用性。

表 4-1 PCM 与以太网性能对比

性能项目	PCM	以太网
物理特性		
带宽	20Mbit/s	100Mbit/s,1000Mbit/s
拓扑结构	总线,星形,树形,菊花链形	总线,星形,树形,菊花链形
物理链路	铜	铜,光纤,无线
不同技术的互联	不支持	支持,有线以太网和无线之间的桥接
连线	PROG,SYNC,PCM	单根以太网线缆
智能化连线	不支持	支持,自动感测功能检测 Tx/Rx(发/收)对
智能兼容连接	不支持	支持,自动协商连接速度是 10BaseT 或 100BaseT
瞬态保护		传感器耦合
长链路补偿	支持	不需要,每跳 100m

（续）

性能项目	PCM	以太网
安装和配置		
COTS 互通性硬件	不支持	支持
COTS 互通性软件	不支持	支持
即插即用（PNP）	不支持	支持
易于调试	不支持	支持,使用 PING 和需要的协议检查链路
灵活性	不支持	支持,改变 DAU 和交换机之间的连接,改变拓扑结构
易于扩展	不支持	支持,更多的 DAU 和交换机
性能		
时间同步精度	<1μs	<100ns
丢包和误码	低	低,点对点无冲突存取
可靠性和吞吐量	高	高,当链路使用率<60%
传输延迟	低,拓扑结构决定	低,拓扑结构决定
反转换延迟	低,直到辅帧接收完成	低,直到数据包接收完毕
数据完整性	不支持	以太网帧校验序列
协议和功能		
标准化编程	专有	开放标准,TFTP/FTP
标准化同步	专有	开放标准,IEEE1588
时间戳分辨率	微秒	纳秒
"无数据不传输"异步传输	不支持	支持
组播	不支持	支持
广播	不支持	支持
数据传输	串行流	离散数据包
确定性保证	相干性（Coherent）	一致性（Consistent）
数据布局复杂性	辅助设备到主设备的时间安排和布局	简单
灵活的数据路径选择	不支持	支持
按需数据过滤	不支持	支持,IGMP
按需 DAU 状态查询	不支持	SNMP
按需 DAU 配置	不支持	SNMP
按需健康和状态监测	不支持	SNMP
异步报警	不支持	SNMP 捕获
遥测指令	不支持	SNMP
遥控	不支持	SNMP
记录		
开放的记录文件格式	第 10 章,不支持	PCAP,支持
记录文件格式的复杂性	第 10 章,复杂	PCAP,简单
记录的筛选	不支持,记录全部 PCM 帧	支持,IGMP 选择记录的包流
写时读	不支持	支持,RTSP

1. 安装

（1）显著地减少连线和重量。所有节点都有一个单独的四线以太网接口用来进行数据传输、时间同步和编程信息，减少了机箱间的电缆连线；而一个 PCM 传输需要四根。

（2）减少了安装和测试期间的故障诊断时间。标准的笔记本电脑可以直接连接到系统的网络而不需要任何特殊的硬件接口。标准的协议如 ICMP PING，可以用来检查和确认连接。网络监听和分析软件可以自由地监控网络流量。通过 COTS（商用货架产品）降低了成本并且易于集成。

（3）易于设置和简化算法。在以太网系统中，每个数据采集单元（DAU）被认为是独立的实体，没有依存关系，这就简化了设计和从 DAU 出来的数据的传送。与此相反，在 PCM 系统中，要使用复杂的算法来保证辅 DAU 出来的数据要在一个指定的时间窗内到达主 DAU。

2. 协议和服务

（1）使用标准和开放的协议进行编程、时间同步和配置。同步是通过使用标准的 IP 协议、IEEE1588 精确时间协议（PTP）来实现的。保证了网络中所有设备（DAUs 等）的高精度同步，而在 PCM 系统中，采用专有协议例如 X_SYNC 用来同步系统。使用标准协议，如文件传输协议（FTP）或者普通文件传输协议（TFTP）进行编程。这就使用户可以不用任何特殊硬件将笔记本接入系统的以太网网络，并使用标准协议给单个 DAU 或者整个系统进行编程，而在 PCM 系统中，经常需要专门的编程设备给 DAU 进行编程。采集的数据在以太网上使用标准的网络协议如 UDP/IP 传输到目的地。接收以太网数据时，只需要普通笔记本电脑连接到网络就可以接受以太网帧结构数据。

（2）使用标准协议（如文件传输协议 FTP 或普通文件传输协议 TFTP），实现快速编程。相比于 PCM 系统的 10Mbit/s 专用编程链路，以太网具有更大的 100Mbit/s 的带宽，更大的带宽加快了编程。在基于以太网技术的系统中，每个 DAU 都是独立的，所以当一个 DAU 需要进行重新配置时，可以直接对这个 DAU 进行单独的编程，加快了编程速度。而在 PCM 系统中，所有的 DAU 要进行统一编程，不能进行单独编程。

（3）以太网系统的健康检测，是通过简单网络管理协议（SNMP）来完成的，这也是一个标准的协议。健康和状态信息可以以 ad hoc（点对点）模式或者周期传递模式从设备查询和捕获。而 PCM 系统中，这些健康和状态信息连续不断地在带宽有限的 PCM 链接上进行传输。

3. 带宽

（1）PCM 传输率为 20Mbit/s，改进的以太网聚合数据流量传输高达 100Mbit/s，这使得用户可以在更高的速率上传输更多的参数。

（2）随着试验需求的增加，可构造 1Gbit/s 的以太网主干链路，合并不同的 100Mbit/s 以太网。

（3）有效的带宽利用率：基于以太网技术的系统允许"无数据不传输"，可在异步总线上进行高效数据采集和传输。以太网的传输是非周期性的，这在 PCM 系中是不可能实现的。

4. 路径（路由）选择

通过使用组播技术，实现多目的的数据灵活的路径选择。在以太网系统中，组播技术可以使接收设备选择接收那个组播数据,实现了单对多的传输。PCM 只能实现点对点传输,每个 PCM 接收机需要一个相关的编码器。

5. 性能

(1)反变换延迟小。在 PCM 系统中,只有当一个主帧全部捕获之后才能进行反变换;以太网帧(最多 1500B)比 PCM 主帧小得多,因此在反转换前接收完整以太网帧时,具有更低的延迟。

(2)改进时间同步性。IEEE1588 精密时钟同步协议(PTP)为 DAU 提供了更精密的同步。所有节点的同步采样可达到 100ns 的精度。

(3)数据完整性。以太网帧有一个帧校验码序列,可以确保接收时验证数据包的完整性。

6. 扩展性和通用性

(1)体系结构具有开放性,可兼容现有的系统,标准化也使各供应商产品(设备)更加容易集成。

(2)通用性好,以太网技术可大大降低试验测试成本。

(3)易于升级,一个 100Mbit/s 以太网设备可以轻松的升级到 1Gbit/s。

(4)扩展性好,以太网中每个 DAU 都是一个独立的实体,与网络的其他部分通过点对点进行连接。增加 DAU 时,只需要把 DAU 连接到交换机上就可以了。

(5)便于互联,以太网与其他网络如无线局域网、光纤等之间的互联变得容易。

4.3.2 试验对象数据采集网络结构

参照 iNET 体系框架,构建试验对象新型数据采集网络系统体系结构,主要包括试验对象数据采集网络(vNET)、遥测传输网络(rfNET)、地面数据实时监控与数据分析网络(gNET)。vNET 采集来自于传感器和总线的数据,rfNET 在 vNET 与 gNET 之间传输数据,如图 4-8 所示。通常情况下,这些网络自主运行。除此之外,还支持不同类型的应用程序和外设,虽然这些外设存在于系统的外部,但是在系统运行中起着不可或缺的作用。在 vNET 中,系统管理用于管理网络设备,提供使用配置、故障监控与运行状态的管理,元数据用于描述配置信息和测量方法。

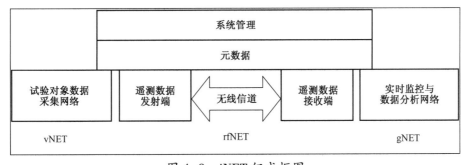

图 4-8 iNET 组成框图

试验对象的数据采集从使用专有的、不开放的标准转向使用以太网技术的开放标准,直接推动了综合网络遥测标准(iNET)产生,使得以太网技术逐步被采用。iNET 逐步成为新型遥测网络系统的标准,以满足试验对象数据采集在系统管理、时间同步、数据采集单元配置、数据传输等要素的需求。开放的标准与技术对数据采集系统设计提供了更大的灵活性和可量测性,提升了各系统供应商设备之间的协同性,从而为系统集成提供了更多的选择。

试验对象数据网络采集系统(vNET),其体系架构如图4-9所示。主要由四个功能层组成,即传感器层、数据采集层、核心控制层和数据记录与分析层。各功能层之间通过网络进行连接,传感器和数据采集单元分散地安装在试验对象各个数据采集位置,采集的数据通过以太网传输到系统的核心控制单元。

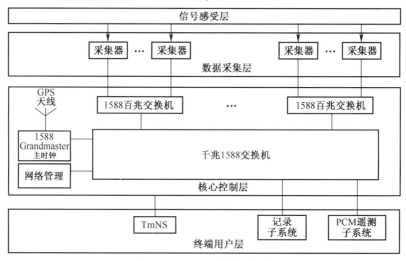

图4-9 vNET组成框图

在对象数据采集系统中,各层功能如下:

1)信号感受层

信号感受层主要通过传感器将测试的物理量转换为电信号;非标准电信号通过信号调节器转换为采集系统能够测量的信号。

2)数据采集层

数据采集层主要完成模拟量和数字量的采集,参数采集时加时间标记,按照规定格式形成以太网数据包。

3)核心控制层

核心控制层主要完成网络管理,接收数据采集层发送来的各个数据包,再打包转发给数据记录和分析层。该层不改变数据,仅复制并转发数据。

4)终端用户层

终端用户层完成数据记录、关键参数提取与遥测发射、数据处理与分析、显示等。

网络化数据采集系统采用IEEE1588精密时间同步协议,解决网络架构中多节点网络数据采集器精密时间同步问题。各功能层之间通过网络进行连接,传感器和数据采集单元分散地安装在试验对象上的各个数据采集点,采集的数据通过以太网传输到系统的核心交换单元。

4.3.3 vNET网络协议

vNET网络模型采用五层结构[11],其采用协议如图4-10所示。

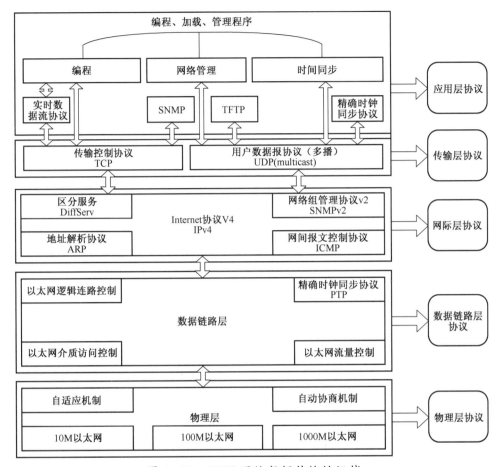

图 4-10 vNET 网络数据传输协议栈

4.3.3.1 物理层

1. 一般要求

（1）试验对象上所有设备都以 IEEE 802.3—2005 作为网络标准；

（2）支持百兆网与千兆网的网络接口；

（3）设备支持自动配置功能；

（4）设备支持自动侦听收发；

（5）要求所有的设备支持全双工模式。

2. 物理层协议

vNET 网络中数据设备均遵循 IEEE 802.3—2005 Ethernet 标准，支持 100BaseTX 和千兆 1000BaseT Ethernet 接口，所有网络设备使用全双工链接。

IEEE 802.3Ethernet 标准，是 IEEE 标准中用来定义有线网络中物理层以及用于数据链接的 MAC 层的协议的集合。物理连接是通过各种各样的铜制或光纤电缆来连接各个节点和以太网设备（如 HUB、交换机、路由器等）。以太网技术是一种被广泛支持的数据传输技术，它使多个数据源之间的数据通信简单易行。许多协议与标准的发展超过了传统的以太网技术，从而能够提供系统性的服务，如数据采集单元一般性配置及编程技术、发送采集数据、发送同步信息以及数据的记录等。以太网可提供一些网络连接技术使其在百兆网、千兆网以及无线网技术之间能够得以通信。以太网物理层所传输的数据打包并被编辑到帧格式里。

4.3.3.2　以太网介质访问控制层

1. 一般要求

（1）必须使用遵从 IEEE802.3 的介质访问控制（MAC）接口；

（2）每个网络设备必须具有一个唯一的硬件 MAC 地址；

（3）不修改 MAC 地址；

（4）所有连接都是点对点全双工通信机制；

（5）使用载波侦听多路访问/冲突检测（CSMA/CD），应该避免危害给定网络设备的可靠性、性能和吞吐量；

（6）应使用以太网类型 Ⅱ MAC 帧传输数据；

（7）以太网帧应大于 64B 并小于 1518B；

（8）不使用暂停帧和以太网反压流控制机制；

（9）目的多播和广播地址应能正确转换；

（10）应使用地址解析协议解析 IP 和 MAC 地址。

2. 介质访问控制协议

使用兼容 IEEE 802.3 介质访问控制协议（MAC）的接口；使用 Ethernet Type II MAC 帧进行数据传输；定义以太网帧长在 64~1518B 之间；地址解析协议（ARP）用于实现 IP 和 MAC 地址映射。IP 包封装在 Ethernet Type Ⅱ 的 MAC 帧中，通过链路传输。

介质访问控制数据通信协议子层，即介质访问控制，是七层 OSI 模型中的数据链路层（第二层）的子层。它提供寻址和通道访问控制机制，使得在多点网络中多个网络节点间能够通信。MAC 层是逻辑链路控制子层和网络物理层之间的接口。在多点网络中，MAC 层模仿全双工逻辑通信通道。

以太网中在共享物理介质上，如总线、令牌环和半双工链路，最常用的多路访问协议是载波侦听/冲突检测协议（CSMA/CD）。CSMA/CD 允许多个站点连接到同一个物理介质，并通过竞争机制共享可用带宽。此外，CSMA/CD 提供了检测或避免数据包冲突。在交换式全双工网络中不需要多路访问协议。

4.3.3.3　互联网层

1. 一般要求

（1）网际协议（IPv4），对于机载 FTI 局域网应用有足够大的地址空间；

（2）不需要 IPv4 选项字段；

（3）IPv4 数据包应尽可能大但不超过最大传输单元（MTU）；

（4）尽可能避免 IP 分段；

（5）不建议在网络中使用巨型帧和巨型数据包；

（6）任何 IPv4 设备的源地址应该是 A 类、B 类或 C 类的地址，所选 IP 地址不应该是保留 IP 地址；

（7）有效的多播 IP 地址必须用于多播传输；

（8）建议交换机和路由器使用互联网组管理协议（IGMP v2）。

2. 互联网协议

互联网协议(IPv4、IPv6),为试验对象数据采集局域网部署提供了足够大的地址空间;多播传输使用有效的多播 IP 地址;支持 IGMP v2,使用支持 IGMP 的交换机和路由器。

(1) IPv4 是面向数据的协议,并在分组交换网络(如以太网)上使用,是一种"尽力服务"传输协议。它不能保证传输可靠,也不能保证固有顺序,或避免重复传送。上层的传输协议(即 UDP 或 TCP)负责可靠性问题。尽管如此,IPv4 通过使用数据包校验,提供寻址和数据完整性保护。

(2) IPv6 是替代 IPv4 的下一代互联网协议版本。由于 IPv4 地址空间用尽(32 位),而 IPv6 使用 128 位地址,具有比 IPv4 更大的地址空间。IPv6 还具有一些新的特点:当改变互联网服务提供商时,简化了地址分配(无国籍地址自动配置)和网络重新编号(前缀和路由器公告)。IPv6 子网规模已经标准化,固定一个地址的主机标识符部的大小为 64 位,实现从链路层介质寻址信息(MAC 地址)转换成主机标识符的自动机制。

(3) 网络硬件和协议规定通过网络传播允许的最大数据包大小的上限称为最大传输单元(MTU)。MTU 对于不同的组网技术可能不同,如 IP 层最大允许的数据包大小为 1500B;WLAN 技术规定的上限是 2500B;FDDI 规定每帧数据的上限是 4470B。当数据包的大小超过 MTU 时,数据包被分段,也就是数据包分为满足 MTU 阈值的较小的数据包或片段。数据包分成多个片段的过程称为分段,相反重新装配数据包的过程被称为重组。

(4) 互连网组管理协议(IGMP),是路由器和交换机用来管理多播组成员的协议。IGMP 有三个版本,由互连网络工程部(IETF)的 RFC 文档定义。IGMPv1 由 RFC1112 定义,IGMPv2 由 RFC2236 定义,IGMPv3 由 RFC3376 定义。IGMP v2 数据包在 IPv4 上直接传输,即没有传输层头部,如 UDP 或 TCP;IGMPv3 在 IGMPv2 的基础上进行了改进,主要增加了侦听来源于一组 IP 地址的多播功能。

4.3.3.4　传输层

1. 一般要求

(1) 应使用用户数据报协议(UDP)实时传输采集数据;

(2) 当有一个或多个数据用户时,所有的数据应该采用多播传输;

(3) 应该选择合适的源和目的端口号,确保没有使用公用端口号。

2. 传输层协议

在传输层中有两种协议可以选择:传输控制协议(TCP)和用户数据包协议(UDP)。

(1) UDP 是简单的、无连接的"充耳即忘"的协议,传输数据是点对点或点对多。UDP 在数据传输前不要求建立任何连接,也不使协议适应可用带宽。由于 UDP 协议的简单性,这种传输没有保证,但 UDP 协议可用于某些数据的实时传输,其优势是可以多播,因此对于实时数据流,UDP 是首选协议。

(2) TCP 是最佳的可靠传送而不是实时传送。因此,在等待无序的信息或重发的丢失数据包时,TCP 可能会引起相对长的时间延迟(大约几秒)。对于实时应用它并不十分合适。TCP 是可靠数据流传输服务,保证数据流从一端发送到另一端,并且没有重复或丢失数据。由于数据包传输本身是不可靠的,重发技术用于保证数据包传输的可靠性。这个技术的基本原则要求接收端节点接收到数据时,发出响应确认消息。发送端对它发送的每个 TCP 片段进行记录,在发送下一个片段前等待确认消息。发送端有一个定时器,从片段发送开始计时,如果定时器超时则重发该片段。在数据包发生丢失或被破坏时,定时器是需要的。

4.3.3.5 应用层

应用层有许多可采用的协议,包括延迟/吞吐量优先(Latency/Throughput Critical,LTC)传输协议、可靠性优先(Reliability Critical,RC)传输协议和文件传输协议等。

(1) LTC 传输协议,是通过 UDP 传输 TmNS 数据消息的 TmNS 应用层专用传输方法。LTC 数据源支持通过 UDP/IP 发送 TmNS 数据消息,LTC 数据池支持通过 UDP/IP 组播接收 TmNS 数据消息。LTC 数据源支持通过 UDP/IP 单播或广播发送 TmNS 数据消息;LTC 数据池支持通过 UDP/IP 单播或广播接收 TmNS 数据消息。LTC 数据源和 LTC 数据池使用标准的 TmNS 数据消息结构和装置。

(2) RC 传输协议,是通过 TCP 传输 TmNS 数据消息的 TmNS 专用应用层方法。TCP 可用作 RC 数据源和 RC 数据池之间的 RC 数据通道。RC 数据源可发送带有数据终端标志设置的 TmNS 数据消息,若 RC 数据源发送该类型的 TmNS 数据消息,那么直到 RC 控制通道明确命令时,它才能发送其他 TmNS 数据消息。

(3) 文件传输协议(TFTP),用于设备编程加载。TFTP 是个简单协议,用来在工作站和采集设备间传输文件。由于设计简单,TFTP 可以占用非常小的内存来运行,用来在编程计算机和目标网络设备间传输小量数据,如二进制 EEPROM 镜像文件。尽管 TFTP 是基于 UDP 运行的,但它是一个可靠的文件传输机制,每个非终端数据包都是按规则分段,并按顺序进行可靠地传输。

(4) 文件传输协议(FTP),是用来在网络上进行文件交换和处理的标准网络协议。FTP 是建立在 C/S 架构上,实现客户端和服务器间的各类控制和数据连接。FTP 的基本传输层是 TCP,所以 FTP 面临网络带宽变化和 TCP 不对等分配的问题。更重要的是,因为 TCP 与无线传输采用的算法冲突,所以 TCP 通过无线连接时不可靠且非常慢。这就使基于无线方式的 FTP 变得困难,如在无线网络(WLAN)中使用 TCP。

(5) 简单网络管理协议(SNMP),是个简单但功能强大的应用协议,可用来识别和自动配置支持 SNMP 的设备。SNMP 是由 IETF 定义的互联网协议组的组成部分。它包含一组标准的网络管理功能,如应用层协议、数据库图表和一组数据对象。SNMP 将受管系统中的管理数据用一组变量来表述,这些变量描述了系统的配置。

(6) 管理信息库(MIB),描述了设备子系统的管理数据的结构,该子系统使用一个包含对象标识符(OID)的层级命名方式。每个 OID 都是唯一的并能够识别的,并且可以通过 SNMP 来读取或者设置的变量。SNMP 是个未定义消息或者变量受管理的协议。SNMP 可访问的变量由 Meta-data(类型和变量属性)分层管理。通过 SNMP 可访问的变量由 MIB 来进行描述。

(7) 网络管理系统(NMS),有一个很有用的功能就是它可以操作 MIB 或者 SNMP 层级访问。可以从一个专用 OID 分支中获取一个 MIB 的子目录,并将数值反馈给 NMS。在 MIB 中使用 SNMP-GETNEXT 来层级访问。

4.3.4 网络服务与同步

4.3.4.1 尽力服务的网络

以太网是尽力而为的网络,不保证数据包能及时送达或按顺序到达目的地,但可采用一些简单的方法达到更好的确定性、可靠性、吞吐量和减少延迟。试验对象数据采集网络系统与普通局域网有以下的差异：

（1）拓扑：网络拓扑预先知道并且在测试期间是不变的，除非设备发生故障。这表明，不需要使用管理动态拓扑或识别、配置加入网络节点的复杂网络协议。

（2）数据速率：试验对象数据采集网络的数据负载是事先就知道的，例如被采样参数的数目和采样率，因此在数据采集网络设计中可使用负载平衡技术，以保证数据无丢失。

以上两个关键点，使数据采集网络支持无丢包路由、阻止乱序包和最小化端到端延迟。

在分布式数据采集网络系统中，所有 DAU 是同步的，这样所有 DAU 的采集周期是对齐的。每个 DAU 传输的以太网数据包都标记上时间。实时和后处理软件使用包的时间戳来处理包。

4.3.4.2 精确同步时钟协议

为提高数据采集的同步性，确保试验对象测试参数进行相关分析获得准确结论，需对测试系统采集数据时刻加上时间标记。每个数据包都含有时间标记，即参数被采样的时刻。为实现这一目的，数据采集网络需要具有满足试验要求的同步精度。在数据交换层，汇集来自各个机载数据采集器的带有时间标记的数据包，数据被解析，并依据各自的时间标签被重新对齐。因此，要实现网络高精度时间同步，首先需要数据采集器实现同步采样，网络中不同采集节点与采样周期必须与系统保持严格同步。

1. 同步协议概述

试验对象数据采集网络，可选择多种同步策略，如采用网络时间协议（NTP）、卫星时间（GPS）或网络化测量及控制系统的精确时钟同步协议（PTP）等。不同的协议，其时间同步精度各不相同。如网络时钟协议（NTP）是基于 IP 的，但是在网络上只能达到毫秒级的同步精度；时间触发协议（TTP）和 SERCOS（连续实时交互系统）是为基于单独系统的总线或者专用 TDMA 网络设计的。可采用的技术在表 4-2 中作了比较。

表 4-2 时间同步技术的比较

性能	PTP	NTP	GPS	TTP	SERCOS
空间延长	子网络	大范围	大范围	本地总线	本地总线
信息交互	基于网络	基于互联网	卫星	基于总线或星式结构	基于总线
设计精度	<μs	~ms	<μs	<μs	<μs
结构方式	主从结构	—	代理服务器	分布式	主从结构
计算资源量	低	中等	中等	中等	中等
延时校正	是	是	是	可配置	否
安全性	是(v2)	是	否	否	否
管理方式	自组织	可配置	N/A	可配置	可配置
硬件需求	是(高精度需求时)	否	RF 接收器和处理器	是	是
更新率	~2s	可变	~1s	每个 TDMA 周期(~ms)	每个 TDMA 周期(~ms)

2. PTP 同步原理

PTP 协议(v1 版)是定义在 IEEE1588—2002 标准下的网络时间同步协议。该协议可以保证将具有小于 100ns 高等级时间精度误差的时间同步信息发送到整个网络。采用网络中最精确的时钟同步网络中其他所有时钟。网络中时钟有两类,分别是主时钟(该时钟是用来同步其他时钟的)和从时钟(这些时钟是用来被同步的)。原则上,任何时钟都可以扮演主控时钟或者从时钟的角色。网络最优时钟自动使用最优主控时钟算法(BM-CA),BMCA 由几个因素决定:分配的优先权、所在层和精度、稳定性评估和观察到的变化。

采用同步采样机制和基于 IEEE1588 精密时间同步协议的网络交换机,实现系统的高精度时间同步。在网络中,使用一个主控时钟作为系统的时钟基准,并发布 PTP 时钟信息,使得共存于一个多级网络拓扑结构中的多台采集单元均能实现优于 100ns 的同步精度。精确同步时钟协议(PTP)的工作原理,是通过持续发送一系列时间信息穿过网络,以决定主控时钟与从时钟的时间偏移量,如图 4-11 所示。这些 PTP 时间信息被发送到预留好的广播地址和端口号上。

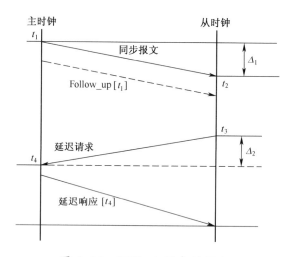

图 4-11　PTP v1 版本的运行

IEEE 1588 PTP 协议将网络内的时钟分为主控时钟和从时钟,并规定在一个网络内只能有一个主时钟。主时钟并不一定是某个专用设备(也可以是),而是通过时钟优化算法确定网络上时间最精确的节点。主时钟与每个从时钟通过交换同步报文实现同步。这个过程需要三个步骤:所有节点识别并认可系统的主时钟;主时钟将其时间传播给所有网络节点;每个网络节点计算与主时钟之间时间偏差,进行对应的偏移量修正与主时钟到从时钟的报文传输延迟修正,直到系统时间同步精度达到预期的同步精度。

如图 4-11 所示,t_1 表示同步报文(Sync)预计发送消息的时间,t_2 表示预计到达时间,事实上,跟随报文(Follow-up)发送消息的时间已有延迟。从时钟在 t_3 时刻向主时钟发送请求信息(Delay Request),经过延迟响应(Delay Response),主时钟在 t_4 时刻收到延迟请求信息。因此,报文经主时钟到从时钟和经从时钟到主时钟的时间分别为

$$\Delta_1 = t_2 - t_1 \tag{4-1}$$

$$\Delta_2 = t_4 - t_3 \qquad\qquad (4-2)$$

其平均延迟时间为

$$\Delta_{\text{Delay}} = (\Delta_1 + \Delta_2)/2 \qquad\qquad (4-3)$$

故交换机时间偏移量修正值为

$$\Delta_{\text{offs}} = (\Delta_1 - \Delta_2)/2 \qquad\qquad (4-4)$$

使用主控设备作为参考时间源管理 PTP 时间信息,使得数据采集单元在多层网络拓扑结构中能够在优于 100ns 的精度下实现同步。默认情况下,主时钟会每隔 2s 向网络中发送时间同步信息。

3. IEEE 1588 PTP v2—2008

PTP v2 是在 v1 版本基础上改进而来,其时间同步精度达到 50ns 以内,是为大型网络设计的。但 PTP v2 版本不能向下兼容 PTP v1 版本。PTP v2 版本增强了下面几个特性:

(1)在数据采集网络中,设计专用透明时钟避免了层叠网络中错误的传播,校正了不对称性并提供更高的精度;

(2)同步信息更少,节省了网络带宽;

(3)层传输选择和单播传输选择;

(4)支持容错能力;

(5)响应网络变化的快速再配置能力;

(6)可变或者更快的更新率;

(7)使用类型–长度–数据(TLV)域的编码方式增强消息的外延性。

在 PTP v2 版本中,同步器是从装置中分离出来以决定"主–从层级"。例如,PTP v1 在同步消息中嵌入最佳主控时钟算法(BMCA)来选择消息,这就增加了相当大的同步消息的带头。在 PTP v2 版本中 BMCA 选择消息是通过通知消息来传送的,这就使同步消息可以减少到 44B。同步消息和通知消息都由主时钟周期性地进行发送,只是同步消息的发送频率更高。

PTP v2 中新增加了五个消息包类型:信号消息、通知消息、PDelay–Req 消息、PDelay–Follow–up 消息和 PDelay–Resp 消息。这些新增加的消息是用来计算实际节点(主时钟、中间交换机和从时钟)间的延迟即对等延迟消息。

在 PTP v1 版本的标准中,只定义了两类时钟:普通时钟(OC)和边界时钟(BC)。边界时钟的功能嵌入到交换机中,它作为子时钟被上级时钟同步。一旦被同步,它便作为主时钟来同步其子网络及节点。然而,由于多重伺服循环的累积影响,网络中多路边界时钟明显降低了系统中的时钟精度。

为了克服这种情况,使用了透明时钟(TC)。尽管未被定义或者受理为 PTP v1 标准的一部分,但它已经在 PTP v1 网络设备中使用。透明时钟在 PTP v2 标准中已经有了详细的定义。透明时钟本质上是测量一个 PTP 消息被交换的时间,并将该测量值提供给时钟以处理该消息,这样时间数据就被更新。在 PTP v2 中定义了两类透明时钟,即终端到终端(E2E)透明时钟和对等点(P2P)间透明时钟,如图 4-12 所示。

4. PTP 精度和时间戳

所有 PTP 同步装置必须有一个秒脉冲(1PPS)的输出,要求在 30s 后同步误差小于 250ns。当环境温度变化范围在 1℃/min 时,同步精度要求保持稳定。为了持续性和协同

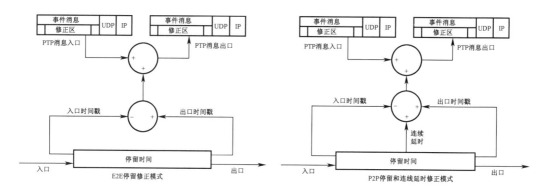

图 4-12　对等延时消息的校正

性,要求系统内的所有时间标记使用 PTP 格式。

4.3.5　网络数据包

4.3.5.1　网络数据包要求

单独的 UDP 协议没有足够的元数据格式进行描述试验对象数据流的译码,需要一个运行在 UDP 传输层之上的应用层协议来描述试验对象数据,以提供这些必要的元素,如数据流标识、序列号和 PTP 时标进行译码。被采集试验数据应该按以下要求进行打包:

（1）以太网包的大小应该尽可能地大于 1KB;

（2）在源节点端采集数据延迟不能超过 50ms;

（3）数据传输使用多播方式;

（4）数据以数据流的形式进行传输;

（5）在数据采集网络中,每一个数据流具有一个唯一的流识别标志;

（6）应用层包头应该是网络字节序列;

（7）应用层载荷的长度应该为 N 乘 4B。

为了适应遥测数据打包要求,已开发了一系列的应用层协议。主要包括有 IENA（空客）、IRIG106 第 10 章（以太网数据格式）和 TmNS 数据信息协议（iNET）等。

4.3.5.2　iNET 数据包要求

网络数据包遵循 iNET 标准要求,其中 TA 子标准对网络数据包消息结构作出了详细规定。

1. TmNS 数据消息结构

网络端点（EndNode）应支持 TmNSDataMessage 结构,TmNSDataMessage 的总体结构如图 4-13 所示,包括数据消息头和数据消息净荷（即有效载荷）两部分。数据消息净荷可携带多个不同包结构的数据包,既可以用于实时数据,又可以用于回放数据。数据静荷最大长度 65508B,允许 IP 层分片,分片长度取决于最大传输单元（Maximum Transmission Unit,MTU）。

2. TmNS 数据消息头

TmNS 数据消息头包括图 4-14 中所示的域及其位宽。其中:

（1）MessageVersion（4bits）:规定 TmNS 数据消息协议版本。

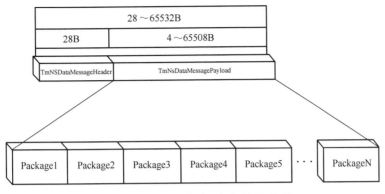

图 4-13　TmNS 数据消息总体结构

（2）OptionWordCount（4bits）:规定 ApplicationDefinedFields 中 32 位字的个数。

（3）Reserved（8bits）:预留给以后使用。

（4）MessageFlags(16bits):提供 TmNS 数据消息选项及状态。

（5）MessageDefinitionID（32bits）:TmNS 数据消息的消息定义 ID。

（6）MessageDefinitionSequenceNumber（32bits）:非负的整数,同一 MessageDefinitionID 的 TmNS 数据消息每出现一次该值加 1。

（7）MessageLength(32bits):包括头和净荷的 TmNS 数据消息字节长度。

（8）MessageTimestamp(64bits):IEEE1588—2002 规定的时间格式。

（9）ApplicationDefinedFields（OptionWordCount * 32bits）:应用定义的域。

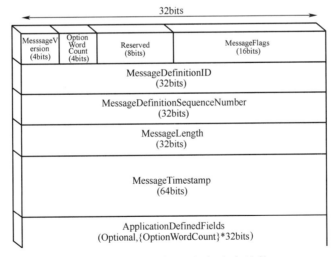

图 4-14　TmNS 数据消息头域结构

3. TmNS 数据消息净荷

TmNS 数据消息净荷是可选的。如果存在 TmNS 数据消息净荷,那么它可包含一个或多个包;如果不存在 TmNS 数据消息净荷,则不包含数据包。TmNS 数据消息净荷包括包头和包净荷两部分。

每个包既可以包含包头也可以没有包头,但至少要包含包头或包净荷的一种。所以不存在既不包含包头和又不包含包净荷的包。

当使用包头时,既可以采用标准包头也可采用 MDL 实例文档定义的包头。采用标准包头时,包开始或结束都必须以 32 位为边界。标准包头结构见图 4-15,总共占用了 12B 的长度。

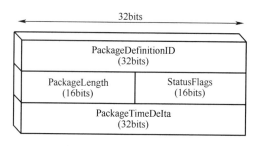

图 4-15　标准包头结构

标准包头各个域说明如下:

(1) PackageDefinitionID:包定义 ID(PDID)。

(2) PackageLength:整个包的字节长度,用以识别测试数据结束字节位置。长度包括包头、包净荷,但不含填充字节。

(3) StatusFlags:状态标志域,用以指示包中某个数据的状态,或者指示测试数据源的错误状态(如奇偶错、超范围、帧长错误等)。

4.3.5.3　应用层封装

在应用层,采集数据按照 iNET 载荷结构进行格式化并进行打包。按照应用层协议,适当的应用层包头附加到 iNET 载荷之上。然后应用层数据包交给传输层,在那里再增加一个用户数据包(UDP)协议包头。UDP 包头包含源端口和目的端口的地址号。为了通过合适路径将数据传输到目的地,以太网层预设 IP 头,它提供必要的源逻辑 IP 地址和目的逻辑 IP 地址。链路层预设 MAC 头,形成以太网帧。MAC 头包含源和目的硬件地址,以及附加 MAC 帧检查序列(FCS)。最后,以太网帧传输到物理层。物理层产生一个数据帧之间的间隙:恒定的字符(IFG)和帧开始分隔符(SOF),以便在以太网帧发送到链路层之前给出传输开始信号。

4.3.6　网络数据交换

4.3.6.1　数据交换要求

网络数据交换,是利用第二层(MAC 层)交换技术,实现存储和转发、直通转发功能。要求:能快速地从电力管制状态准确恢复、交换机具有最小的动态学习或者路由逻辑预编程、网络发现机制、支持 IEEE1588 精确时钟协议(PTP)、定义网络服务质量指标、正确规划和设计网络以达到 QoS 目标等。试验数据网络交换机,必须具有以下功能:

(1) 全双工以太网接口;

(2) 几秒钟内上电;

(3) 能从电力管制中快速恢复;

(4) 最小动态学习或者路由逻辑编程;

（5）自适应 10/100BaseTX 和 1000BaseT 连接；

（6）"嗅探器和镜像"或者聚合器端口；

（7）控制台编程端口接口；

（8）网络发现机制；

（9）支持 IEEE1588 精确时钟协议（PTP）。

网络交换机能够进行最小动态学习，即在刚上电时需要某种程度的动态学习功能。例如，动态路由交换机必须具有记录和识别 MAC 地址表功能，包括数据源和连接到各自接口的目的 IP 地址。交换机需要持续学习 MAC 地址表，这是因为数据源和目的地不断变化，导致 MAC 地址表不断更新。试验数据网络拓扑结构是静态的，数据所需的路由是预先可知的，所以通常交换机支持硬连线路由表或者对路由表具有预编程的能力。由于具有简单的硬连线路由，就可以获得交换机在队列和开关算法方面的行为，从而具有数学分析的功能。若交换机掉电，则这些路由表在重新上电后能够保留和维护，从而更快地启动和恢复。

4.3.6.2 二层交换技术

在试验对象数据采集网络中，交换机是一个重要组件，它允许试验数据在网络的不同节点之间互相传输。交换机有很多端口，这些端口连接分布式数据采集单元（DAU）或者互联交换机，使用点对点的全双工以太网方式连接，实现可靠、快速地转发和路由数据包到目的地址。

路由和转发这两个术语之间有着细微的联系。路由，是通过查找路由表以决定数据包经过哪些中间路由器到达目的地址的最佳路径。有两种形式的路由方式，即静态的和动态的。静态路由适合小的网络而且路由数量有限并且能够手动配置；动态路由器更适合大型随时变化的复杂结构的网络。自适应的路由按照路由协议"学习"网络拓扑结构，然后自动生成路由表。路由表包含从路由算法中获得的信息，将一个 IP 地址前缀映射到下一个站地址前缀。转发，是通过查找转发表把数据包从交换机的一个端口发送到其他外部接口的过程。在转发过程中，可能把路由表中特别的额外信息补充到转发表中，如下一跳的信息、转发统计表和 QoS 等。路由和转发表一般是独立分开的，路由表能产生简洁并有效的转发表，以优化硬件存储和查找。

1. 二层存储和转发交换

存储和转发功能，是将转发来的数据包传送到正确的目的端口。将数据包转发到正确的目的端口的这种机制叫做存储转发，即路由器将接受的数据包按队列存储直到它们到达队列头。一旦到达队列头部，交换机将检查数据包的目的地并通过查询机制决定怎么由交换机发送数据包到它的目的地址。

在被交换机转发之前，交换机还会进行二层（MAC 层）和三层（IP 层）有效校验。

1）MAC 层两种验证

（1）以太网帧验证：验证每个被转发的以太网帧以确保完整，即在帧格式限制内检查以太网帧中的字段是否正确。

（2）以太网帧校验序列（FCS）错误校验：以太网 MAC 层的 FCS 与由存储转发交换机计算的 CRC 对应，如果以太网帧的 FCS 不同于计算出来的 CRC，则认为以太网帧包含物理或者数据链路层错误并被丢弃。通过这种方式，可以阻止不正确的以太网帧传播到网络中。

2）IP 层三种验证

（1）数据包生存期控制：IP 层交换必须能减少 IP 数据包头中的 TTL 值,以防止数据包在路由中无限循环。当 TTL 值为 0 时,交换机丢弃这个数据包。

（2）校验并重新计算：如果 IP 层交换修改了 TTL,那么相应的 IP 首部校验和以太网 FCS 就需要重新计算和更新。

（3）分片：以太网链路中的 MTU 应该比数据包更小,因此在转发之前需要对数据包进行分片处理。

经校验,若以太网帧是有效的,那么交换机开启转发进程,交换机检查数据包的目的地址后,通过查找转发表并使用对外接口(单播)或者端口(多播/广播)进行转发。目的 MAC 地址是以太网帧的前 6 个字节,一般比查找三层路由表更快。

2. 转发 X-bar 交换结构

为了实现灵活的存储和转发,采用完全的交互连接的具有 N 个输入总线和 N 个输出总线的 X-bar 交换体系。这种体系结构的优点是使用两种状态(开和关)的交叉点能更简单和灵活地运行。而且,相对于其他最小连接点的交换机体系结构,这种结构中的高速数据链降低了交换机的反应时间。

图 4-16 是一个典型的基于 X-bar 的 8 口交换机结构图,由一个输入和输出线相互交叉的矩阵组成。给定端口发送的数据不会被返回给自己,如图 4-16 所示的暗灰色的交叉点。可以看到 DAU 传送的和端口 1 接收的数据被转发到记录器的端口 2,PCM 网关的端口 4,交换机的端口 6 和微机的端口 8。指示连接信息的灰色交叉点用在输入和输出线之间。类似地,从 DAU-端口 3 转发的数据通过开启的交叉点被转发到记录器的端口 2 和微机的端口 8。

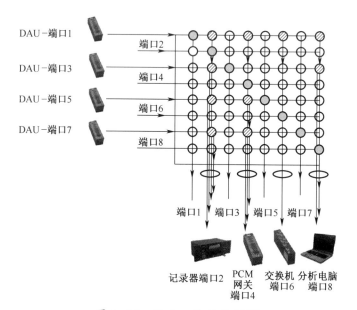

图 4-16 X-bar 结构示意图

交叉结构本质上是模块化的,因为它允许增加更多的端口。交换机结构是非阻塞的,因为所有的输入和输出端口能同时转发数据包,并且能发送数据包到多个输出端口。这极大地增加了交换机的总带宽。所以,虽然所有的输出端口接收了一份同样的以太网帧,但并不是所有的输出端口被允许来传输帧。这种特征使它与生俱来的支持多播,因为如果一个多播数据包需要被转发到多个输出端口,所有输入和输出相对应的交叉点同时打开,提供一份多播数据包到每个输出口。

3. 二层直通转发

与存储和转发交换机相比,直通转发交换机在转发之前不需要缓存以太网帧,只需要在决定转发之前检查目的 MAC 地址,即检查以太网帧的前 6 个字节,因此直通转发交换机比存储和转发交换机拥有更快的速率。例如,一个大小为 9000B 的以太网帧,直通转发交换机读取前 6 个字节的 MAC 地址就能决定转发路径,而存储转发交换机需要存储 9000B 的以太网帧,并首先需要计算 CRC 完成对以太网帧中 FCS 的错误校验,然后再检查目的 MAC 地址以决定输出接口。存储转发交换机可能需要几毫秒时间,而直通转发交换机只需要几微秒时间。尽管没有对以太网帧进行校验,但是直通交换机不会丢弃无效的以太网帧,从而导致错误的以太网帧传播到网络中的其他组件。

从技术上来说,二层直通转发交换机在转发以太网帧时,比存储转发交换机有着更快的转发速度。然而,直通转发交换机并不比存储和转发交换机转发以太网帧更有效,因为直通转发交换机没有完成 CRC 错误校验,也不能确认以太网帧的大小,所以接收设备需要验证和丢弃错误的帧。

4.3.6.3　交换机应支持 PTP 协议

在分布式的数据采集网络中,必须支持 IEEE 1588 PTP 协议以确保采样的一致性和同时性。在大数据量通信时,数据采集网络的负荷不对称。这种不对称是由于 DAU 获得和传输的数据要比接收数据快很多引起的。在主时钟和 DAU 之间传递 PTP 消息将会影响网络的效率。为了克服不对称性,改善同步精度,交换机应该支持补偿机制,包括 1588 边界时钟和 1588 透明时钟。

1. 边界时钟

在边界时钟模式,交换机本身以从模式同步于主时钟,如图 4-17 所示。一旦同步,

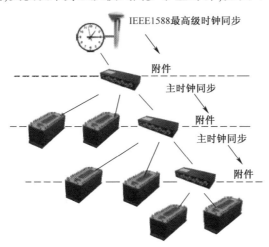

图 4-17　边界时钟操作

交换机对所有连接的附属设备来说被看作主时钟。通过这种方法,延迟不对称性和内部的延迟得以补偿。边界时钟模式的缺点,是同步集中发生在主从之间的下一跳,导致了非线性时间偏移量的积累,从而又会损失同步精度。这种现象容易发生在高度层叠的网络拓扑结构中。

2. 透明模式

透明不是 IEEE 1588 PTP v1 标准中规定的。然而,在各种透明实现方式中有很多明显的共性。假设 D 是 1588 PTP 数据包在各跳之间的传播时延、Q 是数据包在交换机中停留(如队列和交换机延迟)的时间,如果没有透明,PTP 数据包在从主时钟到从时钟的每一跳过程中,经过传播、队列和交换延迟后,则导致了嵌在 1588 PTP 数据包中的时间戳发生错误(因 Q 未知),如图 4-18 所示。

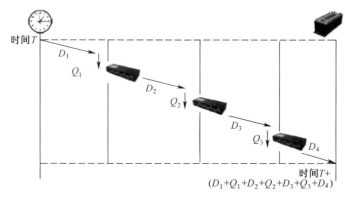

图 4-18 没有透明的交换机延迟

在透明模式下,交换机截取包含嵌有时间戳 T 的 PTP 数据包。交换机计算 PTP 数据包停留的时间 Q,在 PTP 数据包被转发之前,修改嵌入在 PTP 数据包中的时间戳 T 以补偿停留在交换机中的时间。这样就能有效地补偿网络中 PTP 通信过程中交换机的“透明”,如图 4-19 所示。基于这种原因,在主时钟和 DAU 之间,透明模式能够产生比使用边界时钟更高的端到端的同步精度。

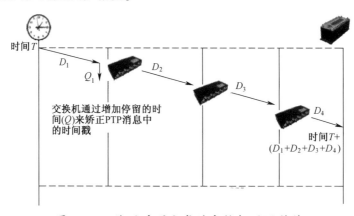

图 4-19 使用透明方式的交换机延迟补偿

4.3.6.4 交换机服务质量

服务质量(QoS)用来衡量数据采集网络系统性能,它反映了数据传输质量和服务的有效性,如图 4-20 所示。

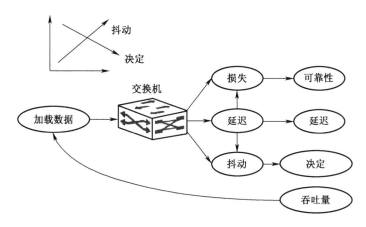

图 4-20 QoS 目标

QoS 规定的机制有完整服务(IntServ)与差异服务(DiffServ)两类。

(1)完整服务(IntServ):IntServ 被配置在大网络中,而 DiffServ 配置在每一节点和每一交换机的执行中,叫做每跳行为(PHB)。IntServ 是一个 QoS 使能机制,它提供了很好的 QoS。网络中每个路由器和交换机必须配置为 IntServ,通信溢出可以请求并保留带宽经过网络通道。如资源保留协议(RSVP)提供了一种请求和保留机制。

(2)差异服务(DiffServ):最通用的 QoS 方式。在 DiffServ 中,通信溢出是不同的,通过在数据包头设置不同服务代码点字段为一个特殊值,它随后被交换机解释为提供特殊服务给通信溢出。中间的交换机支持 DiffServ,包含多种被配置为不同行为的队列。有三个主要服务队列等级(CoS):适合可靠重要通信的确定转发队列(AF)、适合潜在重要通信的迅速转发队列(EF)、适用于所有其他通信的尽力而为队列(BE)。交换机被配置为 DiffServ 方式时,DSCP 值被映射到对应的队列中。当数据包到达交换机时,检查 DSCP 值后,缓冲数据包送到队列中。根据规则维护每个队列,这些规则获得了队列特性,如图 4-21所示。每个队列配置一个特殊的缓冲管理机制,用来处理队列溢出。

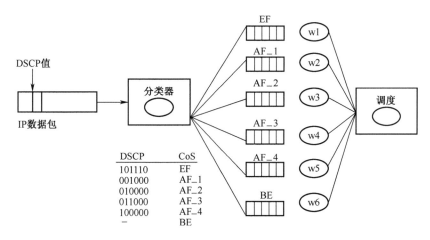

图 4-21 DiffServ 每跳行为操作

当网络是同质同类时,所有中间节点和开关配置为同样的 QoS 策略,并且使用同样的内部时序策略,因此 DiffServ 的服务质量最有效。它把通信流量按优先次序映射到给定的队列中,这样 DiffServ 机制就能在不同的网络条件下提供最佳的功效。

4.3.7 网络规划与设计要求

以太网是尽力而为的,也就是说并不能保证数据包按时到达目的地址。若在数据采集网络规划与设计中采取一些具体方法,可以获得最好的可靠性、吞吐量和延迟。

1. 可靠性设计

(1) 在 DAU 和交换机之间,使用以太网 IEEE 802.3 全双工点对点冲突自由连接,以确保在线路中存在争议或者冲突时不会发生数据包丢失事件。

(2) 网络拓扑结构事先已经知道,在测试期间保持稳定不改变。

(3) 每个线路上总的最高数据率不会超过链路的容量。

(4) 交换机负载平衡。交换机中队列是有限的,队列中数据包到达的速率应该要比交换机的速率小,目的是阻止溢出和数据包丢失。

(5) 通过交换机接口,尽可能均匀地分发每个 DAU 送来的数据包。

2. 最大吞吐量设计

(1) 进行负载平衡设计,以避免任何一个链路达到饱和。

(2) 若需要,采用千兆网。

(3) 使用多播会更有效,对数据感兴趣的接受者通过使用 IGMP 接收数据。

(4) 最优化数据包策略。

(5) 需要传输较少的数据包来获得同数量的数据,以减小网络的带宽;尽量在大数据包中传输数据,以减小需要交换的数据包的数量,从而提高交换机吞吐量。

3. 延迟最小化

(1) 通过 DAU 和交换机快速启动(<10s)机制来使启动延迟达到最小。如在启动时避免 DHCP 分配 IP 地址等。

(2) 通过使用更大的数据包使数据包中数据数量尽量大。通过减小交换数据包的数量,以减少每个交换数据包的队列时间。

4.4 遥测网络系统

4.4.1 遥测网络系统概述

遥测网络系统也称为机动(移动)无线网络,从物理结构上可分为三大部分:遥测地面站端(Ground Station Segment,GSS)、试验对象端(Test Article Segment,TAS)以及无线接入网络端(Radio Access Network Segment,RANS)。还有系统管理标准与元数据标准两个支持性标准。TmNS 的重点主要在两个网络上:试验对象数据采集网络(vNET)和无线接入网络(RAN)。其中,RAN 能够控制一个或多个射频,其主要功能是在 vNET 与 gNET 之间实现数据传输。接入 RAN 的地面网络(gNET)因靶场不同而有所不同,因此 TmNS 为 gNET 提供一种接口,支持不同类型的应用程序与外设,虽然这些外设存在于 TmNS 外部,但在 TmNS 操作中起着不可或缺的作用。在整个遥测网络中,系统管理用于管理网络设备,提供故障、配置、使用、性能以及安全管理。

遥测地面站端与试验对象端这两部分通过 RF 链路实现试验对象上的测试网络系统(vNET)和地面数据处理网络(gNET)互联。RF 链路是双向、宽带射频网络数据(rfNET)链路。从而实现从单向数据传输向双向数据传输的转变。其组成与结构如图 4-22 所示。

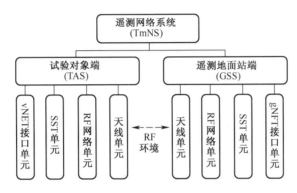

图 4-22　TmNS 组成与结构

遥测地面站(端)经 TmNS 的 RF 链路连接到地面数据处理网络,并向试验对象以 RF 信号形式发射 IP 网络数据包,同时接收来自试验对象的 IP 网络数据包,将其传送到地面数据处理网络。地面站(端)接收网络管理软件命令,对 TmNS 地面网络单元进行配置和报告;同时接收频谱管理软件命令,对 RF 链路和 RF 条件进行配置和报告;对每条 RF 链路进行管理与控制,其发射功率、频率和带宽等参数,与试验对象(端)结合起来共同完成可靠的链路协议,以支持 TCP 通过 TmNS 网络进行通信。

试验对象(端)经 TmNS 的 RF 链路传输来自测试设备 IP 网络数据包,以 RF 信号的形式传输到地面站(端),同时接收来自地面站端的 IP 网络信号,将这些信号传输到机载测试设备。试验对象(端)接收网络管理软件的命令,对 TmNS 的试验对象网络单元进行配置和报告;同时接收频谱管理软件单元的命令,对 RF 链路和 RF 条件进行配置和报告;它还接收来自地面站链路层命令,确立给定的功率、频率和带宽等参数,与地面站(端)结合起来共同完成可靠的链路协议,以支持 TCP 通过 TmNS 网络进行通信。

4.4.2　遥测系统组网

4.4.2.1　总体架构

自从 20 世纪 60 年代以来,国外航空飞行试验遥测一直按照美国 IRIG 106 遥测标准[12],采用脉冲编码调制(Pulse Code Modulation,PCM)格式,使用 S 或 L 波段,以 PCM/FM 方式实现远程、点到点、单向(机载到地面)传输,考虑到频谱带宽占用、误码率等因素,实际应用中,每路 PCM 遥测传输速率通常不大于 5Mbit/s[13-14]。随着航空技术的不断发展,现代飞机飞行试验机载测试参数不断增加,如美国 F22 试飞测试参数达 11000 个,空客 A380 试飞测试参数达 40000 个,遥测传输速率不断增高,国外遥测界专家预测,飞行试验遥测传输速率从当前的 10Mbit/s,10 年后将增长到 100Mbit/s。

近年来,针对飞行试验测试需求,随着无线通信技术的发展,国外在遥测新技术研究与应用方面已取得了较大进展,新的数字调制技术和新的传输方式成功应用,为飞行试验遥测开创了一条新的技术途经。如 A380 飞行试验机载测试系统采用网络架构,遥测传输采用编码正交频分复用(COFDM)调制方式传输部分机载测试数据,传输速率 5Mbit/s,使用 S 波段(2.7GHz),传输距离 300km。美国空军新型电子攻击机 EA-18G 飞行试验机载测试有 8 路 PCM 数据流,以及 1553B 总线、以太网和专用光纤通道、视频、语音等数据,遥测传输采用偏移四相相移键控(SOQPSK)调制传输技术,传输速率 20Mbit/s,使用 L 波段(1710~1850MHz),传输距离 200km。

为满足未来飞行器对遥测数据传输的海量数据要求,采用成熟的商用通信基站技术和技术解决方案,按照国际上遥测界普遍认知的 C 波段作为遥测网络通信的无线频段。通过地面 C 波段基站网络将试验对象数据汇入地面数据处理中心。图 4-23 为 C 波段基站式遥测网络系统的交互关系图。

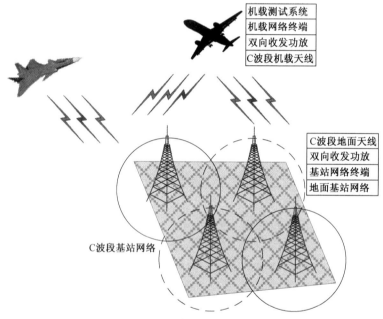

图 4-23　C 波段基站式遥测网络系统

将试验对象网络终端、双向功放与 C 波段机载天线改装至试验机,地面将 C 波段多面阵基站天线、双向功放、基站网络终端加装至 C 波段宽带网络基站上,通过交换机与基站交换网络相连,所有的基站通过地面光纤网络可汇聚到试验数据处理中心,如图 4-24 所示。

C 波段基站式多目标遥测网络系统采用时分多址(TDMA)接入体制。TDMA 接入体制是一种资源节省的高效率 MAC 体制,可以在复用频率资源的基础上,充分利用时间资源来实现多用户访问调度,较随机接入类型 MAC 体制具有更高的资源利用率,且更加容易实现时延控制和 QoS 控制,是比较适合空地遥测网络应用特点的一种媒体访问控制架构。

1. TDMA 时隙(Slot)的分配

Slot 是 TDMA 的基本时间单元,网内每用户占用一个或多个 Slot 用于通信,Slot 数量

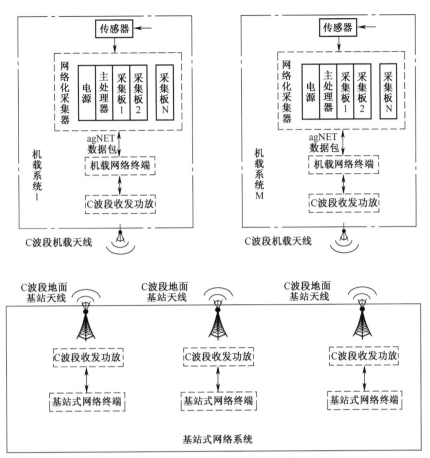

图 4-24 空地多目标网络结构图

根据网内接入节点(试验对象)数量、接入顺序和每个用户 QoS 配置确定。网内节点(试验对象和地面基站)Slot 形成一个周期重复的时间循环,这也是 TDMA 的基本工作形态。关于 Slot 时间长度设计,首先 TDMA Slot 长度满足前述信道相干时间要求;其次 TDMA 的 Slot 长度固定,以便于实现和分配;最后 TDMA 的 Slot 长度设计应考虑数字电路设计时序同步,符合 2 的 n 次方个基本时钟周期。

2. MAC 接入控制机制

遥测网络内的试验对象数量和编号可能随每次遥测任务变化而变化,而地面基站节点数量和编号固定,即每次网络工作中的拓扑、节点数量编号、QoS 要求等是固定的。采用地面基站为本试验场区中心节点的接入控制机制,即每次执行任务前通过设备管理软件,在地面 C 波段网络终端预先设置本次飞行的机载 C 波段网络终端的 ID 号(即地址码)、信道访问顺序、QoS 等工作参数,以确定本次工作 TDMA 时间循环结构;同时每次地面基站 Slot(用于传输上行数据帧)中广播占用随后 Slot 的机载 C 波段网络终端的 ID 号,并按照预先设置的顺序依次广播,周期重复,从而实现全体 TA 的信道访问控制。各地面基站的总体时隙分配由地面基站控制器(AC)统一分配和管理。

3. 空地 TDMA 同步控制

地面 C 波段网络终端发起的同步周期修正机制,即地面基站 Slot 内的上行数据帧,在完成向试验对象上 C 波段网络终端传输控制数据的同时,兼作周期同步修正时标。空地收发器仅需在两次修正期间内保持短期相对稳定即可。这一修正周期仅为若干毫秒,即使采用较低稳定度时钟,如此短暂时间内也完全可以认为时钟是充分稳定的,可满足 TDMA 的 Slot 的精度要求(微秒级)。同时,TDMA 协议设计还预留了保护间隔,用于空中无线信号传播时延补偿和各种处理时延(收发切换、硬件处理时延和软件处理时延)的补偿量。

4. QoS

TDMA 体制为实现 QoS 服务提供了较好的基础。QoS 服务主要涉及以下几个方面:

(1)上下行带宽分配。TDMA 体制采用固定长度 Slot 模式,在 MAC 层设计"基本传输帧+复帧+超帧"的帧结构。其中,基本传输帧长度固定即为 Slot 长度,是最小传输单元;复帧由一个或多个同方向基本传输帧组成,分为上行复帧和下行复帧;超帧由上行复帧和下行复帧及保护间隔组成。通过灵活分配上下行复帧中的基本传输帧数量,可以按比例灵活分配上下行用户带宽以保证网络服务质量。

(2)数据速率自适应。为保证试验对象在试验区域全程链路稳定接入,除需要足够的射频链路余量和信道补偿机制外,还需采用数据速率动态自适应机制。数据速率自适应,是指每一数据帧的发射速率依据当前设备接收性能动态变化,采用"接收信号强度+误码性能"作为联合判决依据,快速、准确、真实地反映当前信道实际能力,从而选择适合当前信道的数据速率。由于采用软件无线电体制,判决依据可由数字信号处理电路实时侦测并即时生效。

4.4.2.2 点对点通信

空中到地面"点对点"的通信传输方式,是单一空中机动目标进行试验时遥测传输的主要方式。综合遥测网络系统 TmNS 采用双向 RF 无线网络链路,在增大传输带宽的同时,还增加了上行传输能力,与传统 PCM/FM 传输方式相比有了质的变化。从网络角度来说,具备了最基本的"点对点"的组网能力,使试验对象和遥测地面站形成双向网络连结,组成一个拓扑结构简单的"点对点"遥测网络系统。通过 gNET 与试验场园区网联接,实现试飞指挥员、试飞工程师、试飞测试工程师、试飞管理者、试飞保障工程师与试验对象的信息共享。

点对点方式是遥测网络系统的基本传输与组网方式,可满足目前大多数型号单机(或多机)试验需求。"点对点"通信方式如图 4-25 所示。

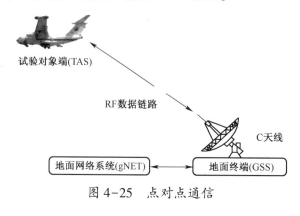

图 4-25 点对点通信

4.4.2.3 多点到一点通信

在当地试验场(或当地靶场),若同时有多个目标(飞机或地面装甲车)协同执行任务试验科目时,就需要多点到一点通信方式,以解决多机动目标协同工作的试验通信问题。

要实现多点到一点通信与组网,地面站端(GSS)接收天线必须是全向天线,或是与试验对象数(飞行器数量)对应的自动跟踪定向天线阵列,确保多试验对象的自动跟踪和RF链路的有效连接。若使用同一地面收发站,以及同一 RF 信道(即多架试验机共用一个频点),则要求多试验对象传输速率可动态分配、带宽共享,频谱资源利用率高,适用于传输带宽要求不高、试验区域较为集中的多机试验场合使用。

4.4.2.4 多点到多点通信与组网

与传统试验模式相比,未来试验与评估在试验模式上将发生质的变化,如信息化条件下的联合试验。为适应类似联合试验这种新模式,通信网络需具有多点到多点传输与自动组网功能。多点到多点通信与自动接入方式,是指有多个机动目标作机动时,部署在不同地理位置的多套地面通信基站接收试验数据和与发送地面控制指令,实现自动接入地面控制网络。它还可以支持试验对象之间的数据直接传输,如图 4-26 所示。多点到多点传输与组网方式的最大优势,在于试验对象数据向地面传输的同时,还可以实现同一空域内的多试验对象之间的 RF 网络联接和数据传输,即任何一个试验对象均可以作为通信中继站。

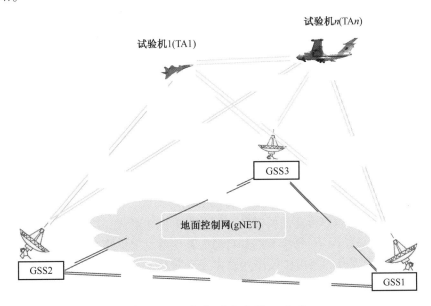

图 4-26 多点到多点接入方式

在遥测网络系统的覆盖范围内,多个空中试验对象不仅能够和地面无线网络收发器建立双向无线链路进行数据交换,多个空中试验对象之间也可以方便地建立双向无线链路进行数据交换;多个地面网络系统互连互通,即使其中一套地面网络系统出现故障,也能保障整个遥测网络系统正常工作。这种自组网方式形成了空地一体化的遥测网络系统,增加一个试验对象相当于增加一个网络节点,只要遥测网络系统的带宽允许,增加试验对象相对比较方便。但是这种组网方式相对复杂,对接入技术、安全认证和网络管理要求比较高。

多点到多点传输与组网方式适用于信息化条件下的多机动目标试验与评估,是大型复杂武器系统的联合试验与评估不可缺少的模式。多点到多点传输与组网方式,可扩展遥测传输距离,起到接力与中继的作用。

4.4.2.5 空中试验对象自组网与通信

空中试验对象自组网,也称为空中自组网或机载自组网(airborne Ad Hoc network,Ad Hoc),是移动 Ad Hoc 网络在航空领域中的应用,如图 4-27 所示。其基本思路是,在一定范围内,空中机动目标之间可以相互转发控制指令信息、试验信息等数据,并自动连接,建立一个空中机动 Ad Hoc 网络(Mobile Ad Hoc Network,MANET)。MANET 网络的主要功能是,第一用于空中试验对象之间的协同控制指令通信;其次当某空中试验对象不在地面遥测传输网络范围内,用于将该试验对象的试验数据通过该网络接力传输至地面站。在此网络中,每一个空中试验对象(飞行器)不仅承担收发功能,而且还具有中继作用,采用多跳方式将数据转发给地面遥测接收站,Ad Hoc 网络每个节点都是对等的,没有路由器和网关等特殊节点。

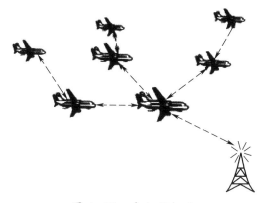

图 4-27 自组网概念

Ad Hoc 网络是一种符合 IEEE802.11 标准的无线网络,由若干移动节点组成,不需要固定基础设施支持,具有自组织性和拓扑动态变化的特点。由于节点信号覆盖范围的限制,同一网络中节点的通信可能需要借助中间节点的路由转发,这就产生了 Ad Hoc 网络的路由协议。在默认情况下,每个节点都自愿为其他节点提供路由服务。

Ad Hoc 网络中现有的路由协议按照路由发现策略划分为主动路由和按需路由。若使用主动路由,则节点周期性广播路由信息,主动地发现路由。若使用按需路由,则节点只有在需要发送数据时,才寻找路由。采用的路由协议主要有 DSDV、DSR、AODV 等。

(1) DSDV 是一种主动路由协议,使用距离向量算法。每个节点维护自身的路由表,表中含有所有目的节点和该节点到它们的距离信息,用跳 hop 数表示。节点通过周期性广播的路由表来维护整个网络的路由信息,保持网络的连通性。

(2) DSR 是一种按需路由协议,使用源路由机制。每个数据包中都包含了完整的路由信息,中间节点不需要存储路径信息。当节点发送数据时,首先查询路由表,如果找到所需的目的地,就使用这条路由;否则,通过广播路由请求分组,进行路由寻找过程。

(3) AODV 是一种按需路由协议,使用距离向量算法。路由寻找过程使用广播方式在网络中广播路由请求消息。数据发送采用逐条转发的方式,中间节点保存了通往目的地的"前向路径"。另外,AODV 为了维护路由,周期性地发送"Hello"消息。

三种路由协议内在机制在 TCP 链路上的反映,获得了局部性的结论:DSDV 适合于跳数较少的链路,DSR 和 AODV 适合于跳数较多的链路。Ad Hoc 网络由普通节点承担路由功能,中间转发速率较慢,数据到达目的地所花费的时间与转发次数成正比,所以单跳链路数据发送速率大大高于多跳链路。虽然单跳链路数占全部链路数的较少部分,但单位时间内单跳链路上通过的数据量占整个网络的较大部分。为使网络整体性能最优,需要综合分析时延、丢包率、有效发送量、网络负载量和控制消息开销 5 个指标。

试验对象自组网采用动态组网、动态路由和无线中继等技术,使得空中试验对象能够互联互通,还具备自组织、自修复能力和高效组网的优势,可实现试验对象之间的空中组网,如图 4-28 所示。

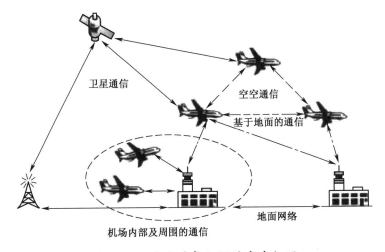

图 4-28 试验对象之间的空中组网

空中自组网方式很多。大部分自组网技术都是用于作战系统,如欧洲几个国家联合研制开发的先进航空技术应用网络(ATENAA)、美国军方研制的战术瞄准网络(TTNT)、美国海军开发的 MinuteMan;民用网络如澳大利亚研发的航空 Ad Hoc 网络(AANET)。但用于军工试验与测试的自组网技术还是基于 iNET 标准的遥测网络。iNET 网络具备远程、宽带组网能力,对全部试验对象数据可进行实时处理,可适应未来联合作战环境下的试验与测试需求。

4.4.3 多路传输

从数学的观点来看,多路传输的理论基础是函数的正交性。因此,只要是正交函数,均可构成多路传输体制。在实际应用中,应考虑应用对象、性能、成本和难易程度。多路传输一般有 OFDM/TDMA 和 SOQPSK/TDMA 两种方式。

4.4.3.1 TDMA

时分多址(Time Division Multiple Access,TDMA)技术,是以时间循环方式分配给每一载波唯一的时隙,多个载波共享同一信道,实现多试验对象数据流轮流传输功能。

在时分多址中,多载波使用频谱的时间是按时隙分配的,在每个时隙中,只有一个载波允许发射和接收,如图4-29所示。对于窄带TDMA,一般有大量的信道,因此既可以使用频分双工(Frequency Division Duplexing,FDD),也可使用时分双工(Time Division Duplexing,TDD)。对于宽带多址系统,信道的发射带宽比该信道的相干带宽大得多。TDMA将时隙分配给同一信道的多个载波,并在任何时隙只允许一个载波利用信道。

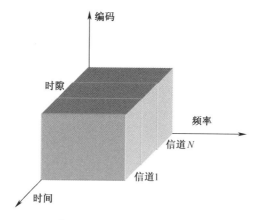

图4-29　TDMA工作原理

TDMA的时隙格式(帧结构)一般是由一系列时隙组成,如图4-30所示。每帧都包含前同步位、数据信息和后同步位。当然,帧结构也可以根据应用对象的不同自行编程。

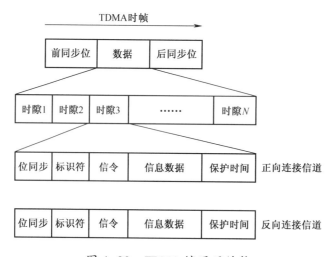

图4-30　TDMA帧通用结构

4.4.3.2　多载波OFDM/TDMA传输

遥测网络传输若采用OFDM/TDMA方式,即采用OFDM调制和TDMA进行多载波时分多址传输技术。正交频分复用(Orthogonal Frequency Division Multiplexing,OFDM)技术也是多载波调制(Multi-Carrier Modulation,MCM)技术的一种。其基本原理是,将信道分成若干正交子信道,将高速数据信号转换成低速子数据流,这些低速子数据流分别在每一个子信道上进行传输。OFDM可以认为是一种多载波调制技术,也可以认为是一种多载波传输技术[16]。

这种 OFDM/TDMA 结合的方式,被认为是多载波遥测数据传输的最佳解决方案,正逐步被推广使用。

1. 基本原理

正交频分复用属于多载波调制技术的一种,是一种特殊的多载波传输方案,既可以看成一种调制技术,也可认为是一种复用技术。MCM 的基本思想是,把数据流变换成 N 路速率较低的子数据流,用它们去分别调制 N 路子载波之后再并行传输。OFDM 是对 MCM 的一种改进,其特点是各子载波相互正交,使得扩频调制后的频谱相互重叠。这样不但减小了子载波之间的相互干扰,还极大地提高了频谱的利用率。

OFDM 最常用的低通等效信号形式,可写成一组并行发射的调制载波,即

$$s(t) = \sum_{n=-\infty}^{\infty} \sum_{k=0}^{N-1} C_{n,k} g_k(t - nT_S) \tag{4-5}$$

$$g_k(t) = \begin{cases} \exp(j2\pi f_k t), & t \in [0, T_S) \\ 0, & 其他 \end{cases} \tag{4-6}$$

$$f_k = f_0 + k/T_S, \quad k = 0, 1, \cdots, N-1 \tag{4-7}$$

式中:$C_{n,k}$ 为第 n 个信号间隔的第 k 子载波的符号;T_S 为符号周期;N 为 OFDM 子载波数;f_k 为第 k 个子载波的频率;f_0 为所用的最低频率。

OFDM 最简单的调制和解调结构如图 4-31 和图 4-32 所示。

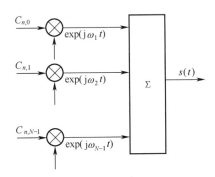

图 4-31 OFDM 调制原理

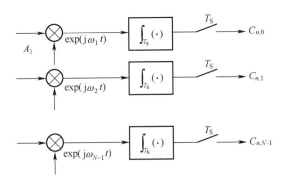

图 4-32 OFDM 解调原理

设 $F_n(t)$ 为第 n 个 OFDM 帧,则有

$$s(t) = \sum_{n=-\infty}^{\infty} F_n(t) \tag{4-8}$$

$F_n(t)$ 对应于符号组 $C_{n,k}$($k=0,1,\cdots,N-1$),每个 $F_n(t)$ 都是在相应子载波 f_k 上调制发送。

解调是基于载波 $g_k(t)$ 的正交性,即

$$\int_0^{T_S} g_n(t) g_m^*(t) \mathrm{d}t = \begin{cases} T_S, & m=n \\ 0, & m \neq n \end{cases} \tag{4-9}$$

来完成解调运算的,即

$$C_{n,k} = \frac{1}{T_S} \int_{T_S}^{(n+1)T_S} s(t) g_k^*(t) \mathrm{d}t \tag{4-10}$$

那么,对式(4-5)所表示的低通等效信号,用采样速率为 N 倍符号速率 $1/T_S$ 进行采样,并假设 $f_0=0$(即该载波频率为最低子载波频率),则 OFDM 帧可表示为

$$F_n(m) = \sum_{k=0}^{N-1} C_{n,k} g_k(t-nT_S)\big|_{t=(n+m/N)T_S}, \quad m=0,1,\cdots,N-1 \tag{4-11}$$

结合式(4-6),就可以得到

$$F_n(m) = \exp(j2\pi f_0 m/N)\Big[\sum_{k=0}^{N-1} C_{n,k}\exp(j2\pi km/N)\Big] = N \cdot \mathrm{IDFT}\{C_{n,k}\} \tag{4-12}$$

式中:$\mathrm{IDFT}\{C_{n,k}\}$ 为 $\{C_{n,k}\}$ 离散傅里叶级数反变换;N 为固定乘性因子。

综合基带 OFDM 波形包,是由包含伴随一个长对准符号(LTS)子帧和短对准符号(STS)子帧、一个包含头文件信息单独子帧以及包含多路数据有效载荷子帧的数据成分的开始部分组成,可以通过离散傅里叶级数反变换和傅里叶变换来实现 ODFM 帧的调制与解调。各子信道的正交调制和解调可通过 IDFT(离散傅立叶反变换)和 DFT(离散傅立叶变换)实现。对 N 很大($N>32$)的系统,采用快速傅立叶变换(FFT)更加有效。考虑到大规模集成电路技术和 DSP(数字信号处理)的飞速发展,IFFT 和 FFT 都很容易实现。

2. 同步

OFDM 由多个子载波信号叠加而成,各个子载波之间利用正交性进行区分,因此确保这种正交性对于 OFDM 系统来说至关重要。因此,同步涉及载波同步、抽样值同步、符号同步三个方面。

(1)载波同步,是指接收机的振荡频率要与发送载波同频同相;抽样值同步,即接收端和发射端的抽样频率要一致;符号同步是指 IFFT 与 FFT 起止时刻要一致。

(2)同步和定时是 TDMA 正常工作的前提。由于传输双方只能在规定的时隙中发送和接收信号,因而必须在严格的时帧同步、时隙同步和比特同步(位同步)的条件下工作。

(3)位同步是接收机正确解调的基础,一般采用位同步码进行同步。时帧同步和时隙同步是在时帧和时隙前面设置同步码。

3. 峰值平均功率比抑制

峰值平均功率比(Peak to Average Power Ratio,PAPR),简称为峰均比。高峰均比是 OFDM 系统的一个主要缺点,目前已经提出很多抑制 PAPR 的技术,这些技术可分为频域

技术和时域技术两类。频域技术是通过增加输入信号与离散傅里叶逆变换（IDFT）之间的互相关性，降低输出信号离散傅里叶逆变换的峰值，或者增加输出信号的平均值来抑制PAPR。这种方法有分组编码、选择映射（SLM）、部分传输序列（PTS）、脉冲整形和星座图扩展（ACE）等。时域技术是在信号通过功率放大器之前使之发生畸变，以直接减小高峰值或者通过增加附加信号来增大信号的平均功率，如限幅、压扩、峰值抵消等技术。用脉冲整形技术抑制PAPR是以降低系统的频率利用率为代价的，而且不同的脉冲整形波形会导致不同的系统误码率。冯卓明等人[17]提出了一种抑制OFDM信号峰均比的优化脉冲整形方法，能够使整形脉冲波形既可以有效抑制OFDM信号的PAPR，同时使系统具有最小的误码率。

4.4.3.3　单载波SOQPSK/TDMA传输

航空飞行试验综合遥测网络系统将不再使用PCM/FM体系架构实现遥测数据传输，这是因为基于PCM体制的采集系统将被基于以太网的数据采集系统所代替，以及PCM传输速率限制。对于单载波遥测信号传输来说，采用单载波SOQPSK/TDMA传输模式具有更大的优越性。

整形偏移四相相移键控（Shaped Offset Quadrature Phase Shift Keying，SOQPSK）是近年来在卫星通信领域快速兴起的一种新的调制方法。在未来遥测通信中，数据传输率将超过1Gbit/s，对通信系统的带宽和功率都将提出更高的要求。SOQPSK是美国军标"偏移四相相移键控——军用SOQPSK-MIL"采用的一种高效频谱利用率、恒包络调制方式。由于它具有良好的频谱效率和恒包络特性，在通信领域中被广泛应用。国际上，在综合遥测网络系统中，推荐采用的单载波调制方法就是整形偏移四相相移键控[18]。

1. SOQPSK信号表示

SOQPSK是一种特别适用于深空通信的高性能调制方式，从提出到现在一直都在改进和完善。调制信号的包络也由最初的准恒定改进到现在的真正恒定包络。通过比较平滑的频率整形脉冲进行频率调制，SOQPSK获得了真正的恒定包络和窄带宽。这种调制方案的改进版SOQPSK—TG在新型航空遥测标准中被列为推荐使用调制方案，并且这种调制方案已经有了通用的接收机。

单载波SOQPSK信号可以表示为

$$s_{\text{SOQPSK}}(t) = \sqrt{\frac{2E_b}{T_b}} \cos[2\pi f_c t + \phi(t) + \phi(0)], \quad 0 \leqslant t \leqslant T_b \tag{4-13}$$

式中：E_b为每个传输符号的能量；T_b为每个符号的持续时间；f_c为载波频率；$\phi(0)$为初始相位；$\phi(t)$为承载信息的相位轨迹函数。

$\phi(t)$定义为

$$\phi(t) = 2\pi h \sum_n a_n q(t - nT), \quad nT \leqslant t \leqslant (n+1)T \tag{4-14}$$

$$q(t) = \int_{-\infty}^{t} g(\tau) \mathrm{d}\tau \tag{4-15}$$

式中：h为调制指数，若发送不同符号时使用同一个调制指数称为单调制指数，否则称为多调制指数；$q(t)$为相位脉冲，决定相位变化轨迹；$g(t)$为频率脉冲或频率整形脉冲，是$q(t)$的导数；a_n为实际传送的符号，用于控制已调信号相位偏移量。

2. 信号同步

部分响应 SOQPSK-TG 信号虽然已被列入 IRIG106-04 航空遥测标准,但同步是进行信息传输的前提和基础。遥测传输系统能否可靠地工作,很大程度上依赖于同步技术的优劣。与许多无线调制技术一样,同步问题也是 SOQPSK 应用研究中的热点之一。在实际应用中,运用较多的是基于 CPM 信号的同步方法。CPM 同步有数据辅助和非数据辅助两种方法。传统的非数据辅助方法,推导出一个经过多次等效后的近似似然函数,在最大似然准则的基础上恢复出定时信息,由于采用了非线性运算,可对部分响应 SOQPSK 信号进行定时估计;也用 Laurent 分解法将 CPM 信号表示为脉冲幅度调制信号的线性组合,将 CPM 转化为线性调制,减小复杂度。此分解方法可推广到研究 SOQPSK 信号的同步问题。

在单载波 SOQPSK-TG 波形调制解调过程中,涉及三个方面的同步,分别为信号载波的跟踪定位、符号/位同步以及编码帧同步。

4.4.4　遥测网络传输时延分析

遥测网络传输时延,简称传输时延(Transmission Delay,TD),是指上行或下行网络数据包从进入发射网络终端接口,直至网络接收端接口之间所需要的时间量。传输时延既与发送数据帧大小有关,还与传输距离有关。

一般地,空地遥测网络对传输时延是有具体指标要求的。这种要求来自于试验任务对实时监控的需求。若时延太大,试验过程中的实时监控就无意义。从试验监控的角度来说,时延越小越好。但由于空中传播、内部处理与传输都需要耗费时间,只能从实际工程需要出发,选择既能保证实时监控需要又能实现的时延指标,设时延指标为 TD ms。RF 网络上下行通信,若采用时分复用(TDD)体制,设定以 TD ms 为最大传输时延,就可确定 TDMA Slot 分配方式,以保证最终数据传输时延不超过 TD ms 最大值。

由于来自试验对象和地面网络接口设备的网络数据包(信源数据)到达 C 波段网络终端接口的时间和速率是随机的,因此网络终端就需要采用存储转发方式实现频率信道复用。采用 TDD 模式可以消除上下行切换协议和链路准备开销。网络数据传输时延就包括设备内部处理时延、空中传播时延和存储时延三部分。

1. 设备内部处理时延

定义 T_t 和 T_r 分别为发射端和接收端网络终端的内部处理时延。内部处理时延主要指收发端处理器的数据处理和收发切换等。这种内部处理时延一般随着设备不同而有所不同。对于采用高速嵌入式处理器或高速 FPGA 芯片的 SDR 平台,内部处理时延一般较小,且基本保持不变。

为了降低内部处理时延,除了通过硬件设备和实现算法降低时延外,也可以考虑通过高级自适应编码来降低处理编解码的时延,如当 SNR 比较高时,采用卷积编码;当 SNR 比较低时,采用 Turbo 编码等。

2. 空中传播时延

电磁波在自由空间中传输的速率为光速,即 $3 \times 10^5 \mathrm{km/s}$,空中传输时延通信距离 L 成正比。定义 T_a 为最大空中传播时延,则 $T_a = L_c$。

3. 存储时延

存储时延是指数据在收发器内等待发送处理的时间。对于点对多点/TDD 频率信道

复用模式,网络是数据传输时延的主要成分,其可表示为

$$T_b = \sum_{m=1}^{n}(T_m + mT_0), \quad m = 1,2,\cdots,n \tag{4-16}$$

式中:T_0 为地面基站节点一次信道占用时间;T_m 为第 m 个试验对象的一次信道占用时间。

对于点对多点频率信道复用模式,空口时延可表示为

$$T_b = \sum_{m=1}^{n}(T_m), \quad m = 1,2,\cdots,n \tag{4-17}$$

式中:$m = 1,2,\cdots,n$ 为试验对象的数量;T_m 为第 m 个试验对象的一次信道占用时间。

降低空口时延的方法也比较多。通过帧结构压缩和基于 OFDM 符号调度的方法,以及终端自由调度等,可以显著降低空口数据传输时延;另外,通过灵活的控制区域设置和高级自适应编码,可进一步降低空口时延。

在 TDD 模式下,考虑空中传播和设备处理时延,总体空口数据传输时延可表达为

$$T_D = \sum_{m=1}^{n}(T_m + T_d) \tag{4-18}$$

式中:T_m 和 T_d 为空中传播和设备收发处理时延。

因此,在系统设计时根据最大传输时延以及 QoS 服务,合理分配每一种时延 T_m,即可满足遥测网络传输时延要求。

4.4.5　网络时间同步

网络时间同步是一项重要设计工作之一。常用的网络时间同步协议有 NTP、IEEE1588 PTP 等协议。其中,网络时间协议(NTP)主要采用软件时间同步方法,适用于大型通用网络,时间同步精度在毫秒级;网络精确时钟同步协议(IEEE 1588 PTP)采用软、硬件相结合的时间同步方法,时间同步精度可达微秒级,适用于时间同步精度要求高的测控网络,并在工业控制网络、测控网络中得到了广泛应用。因此,在遥测网络系统中采用 IEEE 1588 PTP 协议替代传统的网络时间协议,以保证遥测网络的精确时间同步,从毫秒级提高到微秒级,满足遥测网络高精度时间同步要求。

遥测网络时间同步如图 4-33 所示。地面时间服务器通过北斗天线接收北斗卫星发送的时间校准信息,校准自身的时间标准后,该服务器定期通过地面基站网络将 IEEE1588 PTP 协议数据包发送给试验对象,同时试验对象按照协议返回响应信号,计算时间延迟量,从而实现整个遥测网络的时间统一;未在网的试验对象同样通过自身的北斗天线与北斗卫星建立连接,校准机载数据系统基准时间。若遥测网络采用 TDMA 接入方式,当试验对象需要入网时,就必须具有与遥测网络高度一致的统一时间基准,以保证实现顺利入网,否则会干扰遥测网络正常运行。

4.4.6　遥测网络保密与认证

4.4.6.1　概述

遥测网络系统通过远程、宽带无线网络实现试验对象测试系统和地面遥测数据处理系统联接,具有高度的开放性,空域广、距离远等特点,传输的信息易被窃取、篡改和插入。

北斗卫星
无线网络
链路
IEEE1588协议
数据包
北斗
天线
时间服务器

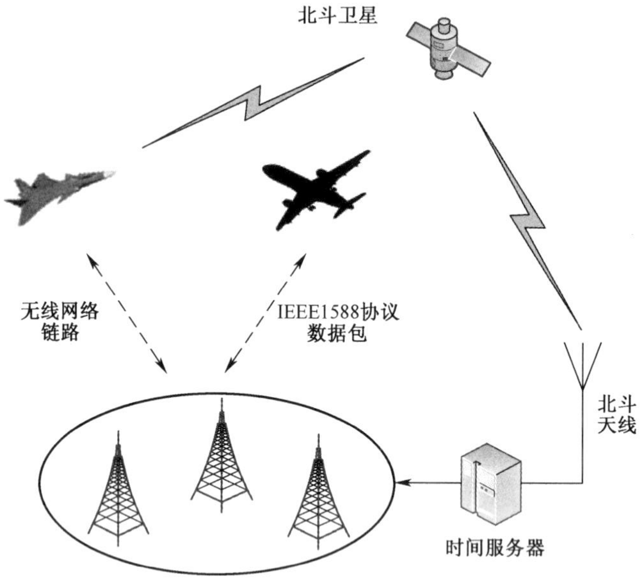

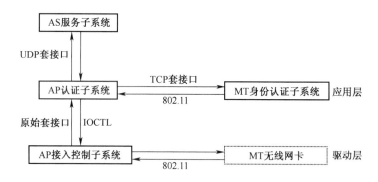

图 4-33　遥测网络时间同步

因此,遥测网络系统安全和认证尤为重要。

遥测网络安全从其本质上来讲就是网络信息安全,涉及信息的保密性、完整性、可用性、真实性和可控性等内容。采用遥测网络安全与认证方法,保护系统中数据不受偶然或恶意的破坏、更改和泄露,遥测网络服务不中断,系统能够连续可靠地运行等,如图 4-34 所示。

AS服务子系统
UDP套接口
TCP套接口
AP认证子系统
MT身份认证子系统
应用层
802.11
原始套接口
IOCTL
AP接入控制子系统
MT无线网卡
驱动层
802.11

图 4-34　安全认证系统结构

遥测网络系统安全主要有以下两个方面措施[19]。

(1) 身份认证。身份认证可以鉴别遥测网络系统中通信一方或双方的身份,是应对身份假冒的有效方法,从而确保只有授权的用户才能访问遥测网络资源和提供服务。在遥测网络系统中,由于身份认证通常被用于控制网络的安全访问,因而与网络的授权服务紧密相连。

(2) 数据完整性与保密性。所谓数据完整性是要确保在遥测网络系统中传输的数据不被篡改,所谓保密性就是除了参加试验的试飞工程师外,其他人无法了解信息和数据的含义。针对无线传输信道容易遭受无线窃听的威胁,遥测网络系统必须采取相应的保密性措施。

4.4.6.2 安全认证模型[20]

为了可靠传送一个(认证后的)消息,通信双方遵循如下基本协议:

(1) 双方一起选择一个随机密钥 $k \in K$;

(2) 若发送方在一个不安全的信道上,将源状态 s 传给接收方,则发送方计算 $a = e_k(s)$,并把消息 (s,a) 发给接收方;

(3) 接收方收到 (s,a) 后,计算 $a' = e_k(s)$,如果 $a' = a$,那么接收的这个消息是可靠的,否则拒绝该消息。

图 4-35 是一个基于对称密码体制的对称加密与认证系统模型,其认证性在于攻击者不知道密钥,不能按照自己的意图窜改密文内的信息位。因此信宿 B 可以确定消息 M 是 A 发出的。

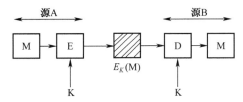

图 4-35 对称加密与认证系统模型

如果是基于非对称密码体制的加密和认证系统模型,分别用 KU_a 和 KU_b 表示 A 方和 B 方的公钥,其对应的私钥分别为 KR_a 和 KR_b。图 4-36 是一个公钥加密系统。只有掌握私钥 KR_b 的合法用户才能解密,因此系统具有保密性。然而,由于加密消息所用的是公钥 KU_b 并且该密钥公开,因此攻击者能够按照自己的意图篡改密文内的信息位。所以图 4-36 所示的系统仅有保密功能,而无认证功能。

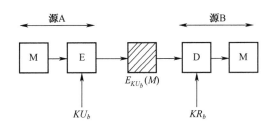

图 4-36 公钥加密系统(有保密性,无认证性)

如果用私钥 KR_a 加密,用公钥 KU_a 解密,如图 4-37 所示,由于攻击者不知道私钥 KR_a,所以不能按照自己的意图篡改密文内信息位,因此该系统具有认证性。但解密用的是公钥 KU_a,任何人可以通过公开列表获得该公钥,显然系统也无保密性。

纯认证系统的模型如图 4-38 所示。在这个模型中发送者通过一个公开的无扰信道将消息发送给接收者,接收者不仅要收到消息本身,而且还要验证消息是否来自合法的发送者以及消息是否被篡改过。系统的攻击者不再像保密系统中的窃听者那样始终处于消极被动地位,而是采用主动攻击,因此称其为系统的审扰者更加贴切。实际的认证系统可

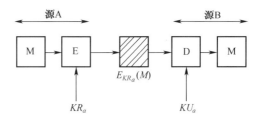

图 4-37　公钥加密系统(有认证性,无保密性)

能还要防止收、发之间的相互欺诈,这里假定收、发彼此互相信任,共同对付窃扰者对接收者的欺骗。

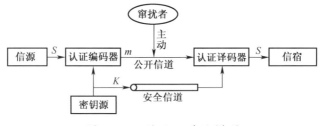

图 4-38　纯认证系统模型

网络系统安全包含着不同层次和不同方面的安全策略,而网络系统安全的第一道防线——认证,对整个网络的安全起着极为关键的作用,是网络系统安全的基础保障。认证机制分为实体认证机制和信息认证机制。

实体认证机制,是指为了让具有合法身份的用户加入到网络并且有效地阻止非法用户的加入,确保网络的外部安全,其身份是由参与某次通信连接或会话的远端的一方提交的。信息认证机制,是指为了防止恶意节点注入非法信息,伪造和篡改数据,在网络中必须采用信息认证机制,确认信息是从合法节点发出的,并保证数据完整性。

4.4.6.3　遥测网络系统身份认证

遥测网络的安全认证,参照 iNET 中的 RF 网络单元(RFNE)标准,采用无线局域网媒体访问控制(MAC)和物理层(PHY)规范。安全认证系统由认证服务器(AS)、遥测地面站端(GSS)认证端、试验对象端(TAS)认证端三部分组成,如图 4-39 所示。其中 TAS 认证端为提出认证请求的应用接入设备,通过驻留于 TAS 认证端的请求端口接入实体(PAE)发送接入请求,GSS 认证端是控制 TAS 认证端接入网络的实体,利用驻留于 GSS 认证端的认证 PAE 对接入请求进行认证;认证服务器是为认证系统提供认证服务的实体,对请求方进行鉴权,然后告知认证方该请求是否为授权用户,从而达到身份认证的目的。

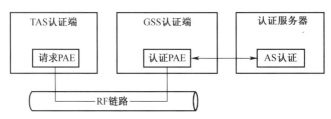

图 4-39　遥测网络系统身份安全认证

4.4.6.4 数据完整性与保密性

要保证遥测网络系统数据完整性与保密性,应对遥测网络系统进行传输加密。遥测网络系统可采用链路加密和端到端加密两种方式。

1. 通信链路加密

通信链路加密,是指传输数据仅在数据链路层上进行加密,只对中间的传输链路进行加密,不考虑信源和信宿。链路加密过程中,所有消息在从源节点流出后,被传输之前需要由加密设备使用下一个链路的密钥对数据进行加密,在下一个中间节点接收消息前再由加密设备用本链路的密钥进行解密;然后在流出该中间节点进行下一链路传输前再由加密设备使用下一个链路的密钥对消息进行加密;然后再进行传输,直到消息到达目的节点。

在遥测网络系统中,使用具有链路加密功能的遥测设备,采用 IEEE802.11—2007 提供的 AES 加密算法标准和密钥生成标准,用于用户接入认证后的保密数据传输。密码算法固化在芯片中,以实现硬件高速加解密处理,满足宽带与实时性要求。

2. 端到端加密

端到端加密是数据通信中的一端到另一端的全程加密方式,而且加密、解密过程只进行一次,中间节点没有这两个过程。在端到端加密方式中,数据在发送端被加密,只在接收端解密,中间节点处不以明文的形式出现。端到端加密是在应用层完成的。在端到端加密中,只对用户数据中的数据字段部分加密,控制字段部分则不加密,用户数据加密后通过网络路由交换到达目的地后才进行解密。用户数据在网络的各个交换节点中传输时始终处于加密状态,有效地防止了用户信息在网络各个环节上的泄露和篡改问题。除报头外的报文均以密文的形式贯穿于全部传输过程,只是在发送端和接收端才有加、解密设备,而在中间任何节点报文均不解密,因此中间节点不需要有密码设备。与链路加密相比,由于只对通信的信源端和目的端进行加、解密操作,所以中间节点无需配备加、解密设备,可以减少整个加密过程和密码设备的数量,大大降低了加密成本,并且与链路加密和节点加密相比更可靠,更容易设计、实现和维护。

4.5 地面网络系统

4.5.1 地面网络系统概述

地面网络系统(gNET)主要包括由遥测数据流地面传输网络系统、实时监控显示系统、数据分析与评估系统(二次处理分析、试验数据管理、试验数据仓库与数据挖掘等)与网络管理系统(系统配置、状态管理和安全管理)等分系统组成。

1. 遥测数据流地面传输网络系统

随着技术的不断发展、设备的更新换代,以及地面监控对数据网络化传输需求,需对传统的遥测数据流地面传输系统进行网络化改造。同时开发的网络化遥测数据处理软件为网络化的实现建立可靠连接。图 4-40 为网络化遥测数据地面传输系统连接图。

地面站接收试验机下传的遥测数据流,通过站内的遥测接收机进行解调及位帧同步。各站的试验数据流和视频均通过网线与中心交换机相连。服务器根据实际监控需求,运

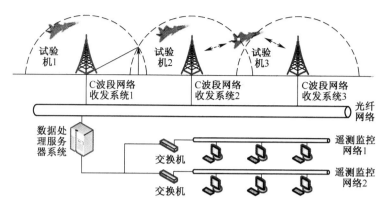

图 4-40　网络化遥测数据地面传输系统

行相应的软件,向相应的遥测站接收机发送遥测数据流请求命令。遥测接收机接收到请求后将数据打包成标准的网络数据包发送。

2. 实时监控显示系统

实时监控显示系统,是指从地面网络端(GSS)接收数据流,进行实时数据预处理(包括物理量转换、归一化等),并以曲线、表格或图形显示试验对象的实时状态;若测量参数值不在正常范围内,则系统及时评估,同时提示试验工程师进行分析判断,并将结果呈现给试验指挥人员,以便进行决策。

3. 数据分析与评估系统

数据分析与评估系统,主要完成试验原始数据的精确处理,并进行专业分析,以进一步评估试验对象的各种性能和功能,包括一系列数学分析工具;建立试验大数据仓库对试验数据进行管理,为数据挖掘奠定基础;开展数据挖掘方法研究,对历史试验数据进行挖掘与利用,详细内容见第 10 章。

4. 网络管理系统

网络管理系统,主要完成地面网络系统的系统配置、状态管理和安全管理等功能。

4.5.2　实时监控显示

实时监控显示系统,也称为实时数据处理系统,是为试验工程师与试验指挥人员提供实时试验态势的专用系统。接收来自于遥测网络数据包,网络数据包的格式可能多种多样,通常有如下特点:

(1) 多类型数据包。这是由于数据采集系统存在各种类型采集器,导致网络数据包格式多样化。

(2) 数据与视频并存。遥测数据传输中,常将视频数据与参数数据同时打包,在实时处理过程中需要将视频数据与参数数据进行分流与差异处理。

(3) 多总线数据。试验对象上有多种数据总线,包括 VME、CPCI、PCI/PCI-X、PXI、PCIe、429、422、CAN、1394、FC 等各种总线以及其他专用总线。

(4) 多采样率各不相同。试验对象上各类型参数要求采集的采样率也不尽相同,从几 K 到几百 K 不等。

接收的原始测量数据被转换为初始 HEA 文件,当增加参数处理、数据提取方式等信息后,形成实时监控处理所需的 HEA 文件。从 HEA 文件可以获悉当前网络数据包的协议、参数数量、参数具体解析信息、视频数据等内容,继而实现网络数据包准确地转换为实时监控所需的数据。HEA 文件的定义确保了数据解析的准确性,但在数据处理过程中需要考虑到数据的接收、提取、分发等过程,同时处理好的参数数据与视频数据要实时地传送到实时监控软件客户端,保证试验安全。一般采用 UDP 组播的传输方式,将参数名列表、参数数据、视频数据分路传输到局域网中,由于组播地址与端口固定,客户端监控软件可以采用统一的设计逻辑,极大地缩短了监控软件的设计周期。

试验数据实时处理系统,一般采用 B/S 结构。用户可通过浏览器实现对数据的处理与访问。所有访问都要经过管理子系统授权,用户使用行为都会由系统管理模块记录下来。分布式网络计算和标准数据处理工具箱都是通过 ActiveX 控件实现的。因此用户在使用该系统之前,需要安装一系列 ActiveX 控件,如图 4-41 所示。

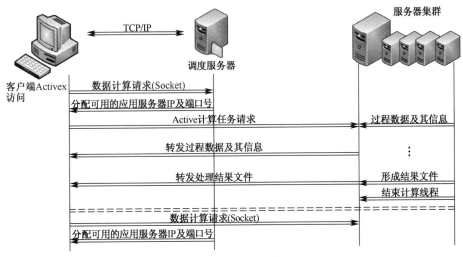

图 4-41　分布式计算示意图

从遥测网络系统接收的试验数据,一边进行网络存储,一边进行实时处理。实时处理采用分布式网络计算服务群集,进行非结构化的试验数据分布式网络计算,主要包括分布式计算调度 CS 和分布式计算服务 CM,并将计算结果进行显示。图 4-42 给出了分布式网络计算服务的实现架构。

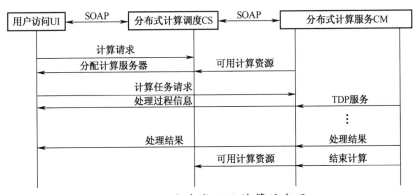

图 4-42　分布式网络计算的实现

其中 UI、CS 和 CM 服务集,通过 SOAP 协议传输 TMDL,完成数据与服务的请求和交换。CS 接收到用户计算请求后,轮询计算资源管理 DC 中可用计算服务,并转发 UI,建立 UI 和 CM 之间的计算连接。此时,CM 根据 UI 请求,从 TDP 中调取相应类型数据的处理服务,把处理过程信息实时地传递给 UI,用户可以掌握试验数据处理的全过程及其状态。网络计算结束后,CM 把数据结果传输给 UI 的同时,将释放的计算资源返回到计算资源库中。计算资源库 DC 中可以由多个 CM 组成群集,按照系统确定的服务注册协议和任务计算量动态地组成不同规模的计算群集,提高系统响应能力。

4.5.3 反射内存网

4.5.3.1 需求分析

为了实现实时数据处理与安全监控,地面数据网络必须具有快速处理能力。用户和试验工程师永远都希望试验实时处理系统能够完成更多的任务:

(1) 在实时数据处理过程中,对试验数据进行更快、更详细的数据处理以及性能功能分析;

(2) 对试验数据进行深入处理,在实时过程中给出综合的技术参数解算;

(3) 实时处理复杂的总线数据信息与速变参数的数据信息;

(4) 综合处理多种数据流信息(如多数据信息融合、数据综合等);

(5) 建立安全判据智能数据库,根据相关的数据处理信息,对试验过程进行安全智能告警;

(6) 完成更多的事后数据处理任务等。

4.5.3.2 问题

制约实时数据处理系统能力的因素很多。除了客观需要处理的信息日渐增多、处理要求不断提高以外,还包系统配置外存、内存能力、CPU 计算能力、I/O 交换能力、信息传输能力、软件实现能力等。现代计算机技术的飞速发展已经解除了某些限制,然而由于发展不平衡,系统各个部分之间的能力又相互制约。在试验数据实时处理系统中,使用的数据通信方式是局域网络消息传递。图 4-43 给出了局域网络的消息传递网络结构。

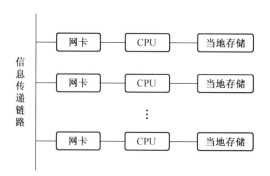

图 4-43 局域网络消息传递网络结构

在局域网络中,数据处理计算机通过通信链路传递消息包。地面数据处理局域网允许集成不同厂商的硬件系统,各个计算主机系统相对独立,主机系统能力强也可以远程将

不同的主机系统进行链接。但是在实时数据系统中,局域网也面临以下挑战:

(1) 传输延迟;

(2) 小数据包通信无效率;

(3) I/O 缺乏很好的透明性,大型软件的网络 I/O 开销消耗了较多 CPU 时间;

(4) 性能上缺乏确定(稳定)性。在大型地面实时数据网络中,使得消息传递局域网无法为分布式计算机系统提供和维持同步。

反射内存网络技术,能够提高实时数据处理系统性能,也解决了原有地面实时数据网络存在的诸多问题。

4.5.3.3 反射内存网络技术

反射内存网络(Reflective Memory Network,RMN),又称反射存储器共享网络。它使用复制共享存储器的方法实现网络通信,将反射存储卡安置在被连接的每台计算机里,正如一个消息传递网络一样,每一反射存储卡都在一个连续的环形结构(图 4-44)上进行通信。

表面上,其通信方式与传统的网络通信方式一样,但实质上不同。复制共享网络不附加冗长的协议信息,它的网络传输结构和协议与 ISO 开放式网络互连模型(OSI)七层结构和协议完全不同。只有这样才避免了传统网络中复杂的协议,具有了确定性的性能,减少了应用处理时间开销。

在一个复制共享网络中,数据的传输可以这样描述。数据信息的传输,只需要参与传输的系统计算机执行一个简单的高级语句:$A=B$。在微秒级的时间内,网络上的全部节点就会在它们的共享存储区内获得变量 A 的相同数值。反射存储卡通过在网络上传输这两个数据的地址,自动、立即进行数据通信。因此,它的实时性是非常高的。

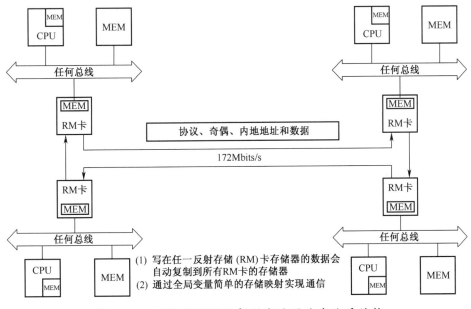

图 4-44 反射存储器的复制存储器共享体系结构

复制共享存储网络方法也给系统设计者提供了一个确定性性能。控制和数据通信在几微秒内实现,并且没有必要调用非确定性的软件程序而使过程复杂化。在实际使用过程中,网络传输固定。复制共享存储网络的确定性原理如图 4-45 所示。

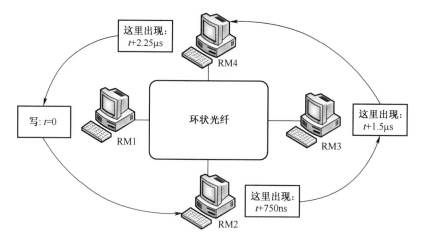

图 4-45　复制共享存储器网络的确定性原理图

反射内存网络节点,通过双绞同轴或者光纤线缆连接反射存储卡的发送端口,并与下一节点反射存储卡的接收端口连接,直到反射内存网络所有节点全部连接,如图 4-46 所示。因为环是单向的,所以需要将一节点的发送端与另一个节点的接收端连接。

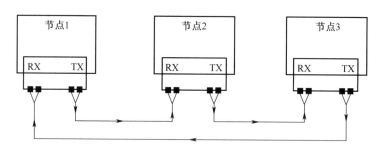

图 4-46　反射内存网络节点互连方法

反射内存网络具有实时响应和易于使用的特点,是为实时系统选择和开发的第一个网络通信协议。而其他网络系统则是在国际标准化组织(ISO)的七层通信模型框架下开发的参考模型。OSI 参考模型的优点是能够支持多种最终用户的应用,满足了广泛的客户需要,但是牺牲了系统性能和易用性、可靠性,并因此对系统整体带来一系列问题,如CPU 繁忙、任务停滞、时间延迟严重并不确定。因此,传统局域网网络并不适合实时处理系统应用。

相对于其他网络,反射内存网络是一种实时通信网络。对于确定性、低延迟和实时通信而言,反射内存网络具有明显的优势。不仅如此,它还具有其他优点,如节点之间的距离可以更远、数据传输高效,以及高抗干扰性和没有软件开销等。

随着处理器频率、存储器和 I/O 带宽的不断提高,多计算机(节点)间协同工作的效率越来越依赖于节点间的通信效率。传统的反射内存器在十几年前已经是一种计算机之间通信的手段,其几兆至几十兆字节的带宽较好地匹配了早期的 ISA、PCI 等标准,其硬件存储器(反射内存)缓冲了节点间带宽(几十兆)与节点内存储器带宽(几百兆)间的巨大带宽间隙;其节点间通信的实时性主要取决于节点本身收发数据的实时性。因此传统的反射内存网络其性能往往并不是实时的,只是比以太网等复杂协议网络好一些而已,这是因为复杂协议网络存在阻塞现象。

近年来千兆字节带宽的 I/O 总线(PCI-X,PCI Express)及千兆字节带宽的机间互连产品相继推出,机内存储器、I/O 及机间的带宽已几无间隙,多机互连协同工作时,其传统的硬件缓冲存储器已无必要,机间直接读写系统内存是机间通信的更高效和更经济的方法。SCI 是近几年推出的一种高带宽低延迟的反射内存网卡,已实现 667MB/s 的带宽(设计带宽为 30Gbits/s)。SCI 具有低的通信延迟,采用 SCI 产品互连多台计算机构成一协同工作的高效网络,其互连板卡上已不需要任何缓冲存储器。SCI 反射内存网卡是一种利用系统存储器中的局部存储区为多节点共享内存,利用 SCI 通信机制进行节点间数据通信而实现的高速实时互连网络。它支持星形、环形、二维网格及多维立方拓扑结构,系统规模理论上可无限扩展。SCI 反射内存卡的技术特征如下:

(1) 连接速率:667MB/s 单向、1.333GB/s 双向。

(2) 典型延迟:1.46μS(应用-应用)。

(3) 连接标准: ANSI/IEEE,1596-1992 标准,SCI 可扩展一致性接口。

(4) 支持的总线:PCI、cPCI、PMC、VME(PMC+载板)。

(5) 软件支持:支持多种操作系统和驱动程序,包括 Win2000/NT/XP 、Solaris 、Linux、Lynx、Tru64 Unix 和 VxWorks。

反射内存网络技术所具有的这些特征,非常适合于对实时性要求很高的各类应用系统,如各类数字、实物和半实物仿真系统、容错和冗余系统、自动测试系统、工业自动化以及高速数据采集系统等。

4.5.3.4　反射内存网络技术应用案例

现代计算机技术和信息技术的迅猛发展,引起了测量仪器和测试技术的巨大变革。测试技术正与计算机、控制、通信、信息处理技术等有机地相融合。在网络化的测试系统中,网络通信设施对测试过程和测试结果起着至关重要的作用。在某些领域,反射内存网络在吞吐量、传输速率、延迟、软件开销、跨平台特性和远距离连接等特性方面有着无可比拟的优势,波音公司的 ADAMS(Airborne Data Analysis and Monitor System,ADAMS)机载数据分析和监控系统就是采用反射内存网络,并投入到 B-777 飞机的飞行试验中。ADAMS包括由波音所有的测量数字/数据总线(Measurement Number/Data Bus,MNDB),由以太网命令和控制总线、信息感知系统、计算服务器、文件处理系统、应用处理子系统和监控显示系统组成。

波音 777 飞行试验测试参数量多、数据处理复杂,ADAMS 需要在飞机上采集与分析几万个数字和模拟数据,包括压力、振动、燃料流动、各种总线、发动机等方面的实时数据以及飞行计划、气候情况、空中管制等的通信数据。还有一些数据需要在地面上进行处理,目的是为了对特定测试条件下的飞行数据能够与历史数据、飞行模拟数据进行比较,对飞机的飞行品质和飞行安全进行预测。而且为了减少飞行架次,波音公司希望每架试验机、每次飞行试验都能够得到尽可能全面的飞行试验数据,并通过卫星将数据更快地传送到地面,以便可以更快的回放和分析。

针对复杂飞机系统飞行试验实时处理系统对网络通信以及相关的运行环境所提出的

要求,采用反射内存网络技术,不但解决了高速网络通讯问题,同时也解决了一般以太网固有的问题。反射内存网络具有高数据传输速度、确定性性能与零软件开销,光纤技术允许节点之间的距离超过300m,几乎无限制的增加节点的能力,也成为波音公司在实施波音777飞行试验工程中,选择反射存储网作为实时测试网络系统标准的最重要的依据。

反射内存网络技术以其高速高性能、操作系统与处理器独立、软件开发时间的较少开销、数据通信的确定性传输、广泛的总线支持、几乎可以忽略的低数据传输延迟、高抗干扰性、节点之间的小型到大型远程连接等诸多优点使得波音777飞行试验实时数据处理系统满足了高速、实时与准确的数据处理需求。另外,因为MNDB使用了复制共享存储器架构,波音公司能设计允许在MNDB上的老设备和任何加入网络的新设备之间的数据传输的桥接节点。桥接节点被设计为一半使用反射内存网络节点,采用反射存储器卡和一个新的连接MNDB的波音设计的适配器。由于给ADAMS添加反射内存网络,波音公司现在确切地知道它能大大增加每次试验飞行完成的测试的数量。反射内存网络的光纤比33对双绞线更小更轻,这对于飞机某些特殊部位这样一个狭小、有限的空间而言,是巨大的优点。

4.6 纵向一体化网络系统管理

纵向一体化试验测试网络结构复杂,节点众多,运行成本和安全风险大。若缺乏有效的管控机制,其优势与效率不但很难得到充分发挥,最终会导致系统不能正常工作,严重影响试验与测试进度。

4.6.1 需求分析

从网络的角度来看,当地遥测网络也是一个高度集成、空地一体化的移动(机动)无线网络。设备分布在多个试验对象与地面多个不同环境和地点,既包括遥测无线网络本身的网络组件,又牵涉到数据采集网络系统与地面传统PCM遥测系统,系统相对复杂。网络管理是确保系统运行必不可少的重要手段。

每一当地纵向一体化试验网络都需建立试验测试网络系统管控中心,将系统管理活动贯穿于系统运行的全过程,覆盖到系统的各个节点。在简单网络管理协议(SNMP)标准的基础上,按照一体化遥测网络的需求,通过MDL进行系统描述与设置来降低各部件之间的差异化,实现对网络中试验对象、地面站、遥测网络等的配置、状态、安全三大管理功能,以满足飞行试验中对遥测网络进行动态配置、性能监控、故障定位、用户认证、数据加密等要求,提高网络服务质量,确保网络性能最优化和稳定运行。

纵向一体化试验测试网络管理,通过统一的管理信息库MIB与通信接口,管理端与各网络节点设备之间进行双向的管理数据交换,实现对节点设备进行控制、监测和故障诊断等操作,实现系统管理功能,原理如图4-47所示。

4.6.2 系统管理功能

按照遥测网络系统的结构和功能定义,遥测网络系统管理软件的初步功能需求包括系统配置、系统状态和系统安全三大管理功能。

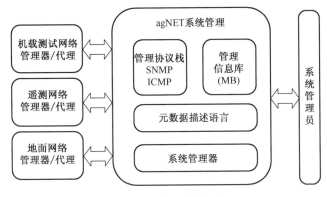

图 4-47 网络系统管理

1. 系统配置管理

在试验准备阶段,根据试验对象的试验地点、空域和遥测监控需求,对遥测网络系统进行配置,迅速完成遥测网络系统的组网,短时间内将试验前的遥测网络准备到位,生成不同型号甚至试验配置文件,如 RF/PCM 频点、RF 带宽、伺服跟踪天线工作模式、地面监控参数表和试验对象数据采集系统参数配置等一系列信息。以后进行试验时只需要加载特定的试验配置文件即可完成遥测网络系统的初始化和网络状态检查。

（1）试验对象端(TAS)配置管理:管理网络系统中的遥测发射部分,完成 RF 网络链路的自检与配置,包括频点、上下行速率、发射功率,以及 IEEE 1588 时间信息等。

（2）RF 网络(rfNET)配置管理:管理机动试验对象与地面之间多个 RF 链路,生成网络拓扑图,进行 RF 链路的优化管理,分配上下行链路的时隙和带宽;流量工程队列管理(负责队列结构来实现最优化的 QoS 性能);连接控制管理(无线链路的建立、维护和终止)等。

（3）遥测地面站端(GSS)配置管理:选择接收天线、天线配置,设置天线的跟踪模式、天线的水平和俯仰角度,是否引入 BDS 自动跟踪功能等。

（4）频谱资源管理(SAM):对遥测网络系统中各设备使用到的 C 波段频点和带宽,按照具体型号任务和上下传数据量,进行分配、管理和优化,最大限度利用这些资源。

2. 系统状态管理

在试验中,遥测网络系统管理软件实时采集系统运行状态相关数据,分析和监视遥测网络系统的运行状态、性能状态和故障状态。根据试验任务的实际情况,在试验执行期间能够快速、动态调整遥测网络系统不同组成部分的配置参数,对不同对象所执行的试验任务单,使用合适的数据传输方式和传输链路,更好更快地完成试验任务。

（1）系统性能管理。实时采集、监控系统运行状态相关数据,根据各节点网络状态信息(如上下链路的速率、链路的利用率、传输时间延迟、丢包率等),能够对整个网络系统整体运行性能进行评估;根据评估结果或实际需求,对网络运行参数自动或人工进行调整,以保证系统总体性能良好。

（2）系统故障管理。网络管理软件可采集系统运行故障状态数据,对遥测网络进行故障检测、故障告警和故障信息管理,对故障迅速定位并提供处置决策信息,保证遥测网络系统的正常运行。

3. 系统安全管理

系统安全管理包括接入认证和加密管理等。

（1）用户认证管理对系统用户分配相应的权限；

（2）目标认证管理对接入网络的目标进行认证；

（3）数据加密管理对测试数据和管理信息进行加密处理。

4.6.3 网络管理软件

4.6.3.1 网络管理软件描述

网络系统管理软件以标准的简单网络管理协议（SNMP）为管理接口，以符合 MDL 元数据文件要求为系统或设备描述与配置信息，针对空天地一体化试验和测试网络系统的管理需求（配置、状态、安全），集成智能化数据分析、故障预测与诊断专家知识库，提供友好的人机界面，为一体化试验测试网络运行提供自动化或半自动化的系统管理平台，实现对网络系统或设备的统一化描述、配置和管理。

4.6.3.2 网络管理软件结构

根据系统管理需求划分，纵向一体化试验测试网络系统管理软件包括系统配置管理、系统状态管理和系统安全管理三大模块。空天地一体化试验测试网络系统管理软件的结构与组成如图 4-48 所示。

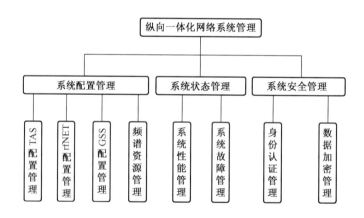

图 4-48 网络系统管理软件结构

4.6.3.3 网络管理软件功能

根据软件结构，软件可分三个模块进行设计，各模块功能实现流程如下：

（1）配置管理模块：在试验准备阶段运行，基于网络发现技术（支持 ICMP 或 SNMP）迅速完成遥测网络系统中目标识别，设备自检和组网，进行网络初始化，根据不同试验对象的试验地点、空域和遥测监控任务需求，生成不同试验对象的试验配置文件（MDL 实例文件），对遥测网络系统各节点的功能、性能参数等进行配置、校验并对配置过程中的错误进行处理，生成网络拓扑图，将整体试验与测试网络系统态势进行展示。

（2）状态管理模块：在试验执行阶段运行，通过 SNMP 协议等实时采集试验测试网络系统各节点的运行相关参数或接收其主动返回的故障报告，采用基于专家知识库的智能化数据分析、故障预测与诊断技术手段,对设备状态或网络性能进行实时评估,对故障进行规避或定位,为管理员提供处置决策辅助信息。根据试验任务的实际情况和特殊需求,在试验任务执行期间能够快速、动态地调整网络系统不同节点的配置参数(如发射功率、链路带宽、下行速率等),在不影响其他目标安全情况下,为重点关注目标优先分配网络资源,确保任务更好更快地完成。状态与故障信息在系统运行时全程记录,作为系统排故与系统优化的依据。

(3)安全管理模块:基于 SNMP 协议的安全机制和硬件加密设备等,实现对用户、实验对象或其他网络系统访问/接入一体化试验测试网络时的安全认证、权限分配和管理信息与数据的加密传输等。

参考文献

[1] 杨廷梧.航空飞行试验遥测理论与方法[M].北京:国防工业出版社,2017.

[2] 白效贤,杨廷梧,等.航空飞行试验遥测技术发展趋势与对策[J].测控技术,2010,29(11):6-9.

[3] iNET Telemetry Network System Architecture (Maturity Level 1 Experimental),CTEIP,19 May 2004[Z].

[4] iNET Needs Discernment Report,CTEIP,19 May 2004[Z].

[5] System Architecture for the Telemetry Network System,D950-10986-1[Z].

[6] Concept of Operations for TmNS Ground Station Segment,D950-10984-2[Z].

[7] TmNS Ground Station Segment Requirements Document,D950-10985-2[Z].

[8] 杨廷梧.飞行试验新型遥测机载网络化采集与记录系统架构[J].测控技术,2013,32(5):59-63.

[9] 袁炳南,霍朝晖,等.新一代遥测网络系统:TmNS[J].测控技术,2010,29(11):10-13.

[10] 杨廷梧.飞行试验遥测机载测试技术的发展与应用[J].测控技术,2013,32(4):5-8.

[11] 杨廷梧.新型遥测系统中机载网络化测试技术展望[J].测控技术,2010,29(增刊):141-145.

[12] White Sands Missile Range. IRIG standard 106-04: Telemetry Standards [S]. Range Commanders Council Telemetry Group Range Commanders Council,2004.

[13] 戴卫兵,田宝泉.机载遥测发射系统的设计与实现[J].中国测试,2011,37(2):76-79.

[14] 刘蕴才.遥测遥控系统[M].北京:国防工业出版社,2000.

[15] 欧阳长月.遥测遥控原理[M].北京:电子工业出版社,1985.

[16] 山长军,王友权.新一代移动通信的核心技术 OFDM 调制技术[J].现代电子技术,2007,258(19):34-37.

[17] 冯卓明,陶雄飞.抑制 OFDM 信号峰均比的优化脉冲整形[J].华中科技大学学报(自然科学版),2012,40(2):81-84.

[18] 刘晓明,汪梦柔,吴皓威,等.SOQPSK 信号的定时相位联合估计算法[J].江苏大学学报(自然科学版).2011,32(4):443-448.

[19] 黄河.计算机网络安全:协议、技术与应用[M].北京:清华大学出版社,2008.

[20] William Stallings.密码编码学与网络安全[M].北京:电子工业出版社,2004.

第5章 横向一体化试验网络

随着联合作战尤其是跨军种、跨区域的协同作战模式的出现,其复杂性和协同性大大提高,其试验流程设计的难度与试验测试网络体系构建的复杂程度随之剧增。横向一体化试验体系集成了试验、训练、仿真及高速计算等资源,将地理分散的各种异构试验设施、测试系统、仿真平台、高性能计算等系统利用一个公共架构关联起来,形成跨区域的具有互操作性、可重用和可组合的一体化试验与测试网络。本章首先介绍了横向一体化试验网络体系的驱动需求与分析,其次分别介绍了总体框架、运行体系、技术体系与软件体系结构,最后描述了逻辑试验靶场的应用程序组件与 TENA/非 TENA 中间件的设计等。

5.1 概　　述

5.1.1 试验需求

横向一体化试验网络是组成空天地一体化试验网络的重要组成部分之一,是将各个本地局部试验设施与测试系统(网络)连成跨区域的联合试验网络即逻辑试验靶场,实现一体化联合试验环境以及构建试验网络基础设施,以应对多军种、跨区域作战系统的试验与评估需求,能够克服各试验靶场相互独立、信息不能共享以及资源不能重用等缺点。但目前各试验机构、试验场存在资源与能力难于互用等问题,无法满足系统之系统(SoS)的大规模试验与评估需要。因此,为更好地实现所有试验与测试资源、信息共享,促进试验互操作和重用,解决各机构、各部门试验资源相互独立和资源不足的问题,逐步走向规范化、标准化的发展道路,应开展联合试验与评估技术研究,构建联合试验环境即逻辑试验靶场,实现试验与评估模式的转变,对一体化联合作战系统进行评估[1-2]。

5.1.2 横向一体化试验内涵

横向一体化试验体系,类似于美国国防部投资开发的试验与训练使能体系架构(TENA),实现各试验场、试验设施与仿真资源之间的互操作性、可重用性和可组合性[3-4]。

美国国防部投资开发的 FI2010 工程,是美国军工试验与评估变革的重要工程,由试验与训练使能体系架构(TENA)、通用显示分析与处理系统(CDAPS)、联合先进分布式仿真(JADS)、地域性试验场综合设施(JRRC)、与虚拟试验与训练试验场(VTTR)5 个密切相关的工程组成,如图 5-1 所示。

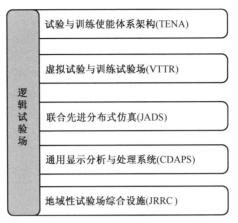

图 5-1　逻辑试验靶场组成

从时间先后顺序来说,先有虚拟试验场,后有逻辑试验靶场;从内容上看,逻辑试验靶场包含了虚拟试验场,并以虚拟试验与训练试验场(VTTR)代替虚拟试验场;从应用范围看,逻辑试验靶场是面向各军兵种在内的联合试验以及系统之系统的试验与评估[5-6]。显然,逻辑试验靶场的内涵更加丰富、内容更加详细,应用面更广。

横向一体化试验网络,是利用国防专用网络,将国土范围内所有试验场、各种专用试验场(复杂电磁环境试验场、赛博试验场等)、模拟/仿真试验网络(实验室)连接起来。横向一体化试验网络,能够大幅度提高复杂武器系统大范围和全面试验与测试能力,缩短试验周期,降低试验成本,提升联合试验、大系统演示验证与作战系统的作战效能评估水平和综合试验与测试能力。

逻辑试验靶场,通常是指根据具体的试验任务需要,将分布在各个试验场的资源应用程序、TENA 工具、TENA 实用程序以及通过 TENA 网关联结的非 TENA 兼容的被试系统及其他相关系统组成一个跨区域的统一控制和管理的试验场,是横向一体化试验体系在试验任务中的具体应用。由于试验任务的不同,逻辑试验靶场所涉及的试验资源也不尽相同,因此,逻辑试验靶场是动态可重组的,与试验任务密切相关[7]。

随着建模与仿真(M&S)技术的不断发展,虚拟试验、仿真方法与工具越来越成熟,并已经融入武器装备的试验与评估之中。但是虚拟试验并不能完全替代真实的外场试验。由于真实试验是在真实的大气环境和复杂电磁环境条件下进行的,因此试验评估可信度高,但代价较高。虚拟试验的重复性、可控性和保密性较强,试验的效费比低,并且可以生成真实试验难以生成的信号条件,但是虚拟试验永远存在一定的假设条件,不能完全代替真实试验。

武器系统试验与鉴定要求试验场具备复杂的试验条件,完全依赖外场完成试验鉴定的难度将越来越大[8]。因此,未来试验场应该采用虚实结合的试验模式,虚拟试验仿真试验主要用于完成真实试验场难做的、无法做的试验;真实试验主要用于完成虚拟试验仿真试验结果的典型验证。虚拟试验结果为真实试验方案设计提供技术依据,真实试验结果用于虚拟试验仿真试验的模型校验以及数据库的建设,两者互为补充、互为验证、相辅相成。

5.2　需　求　驱　动

FI2010 联合总体需求文件(Joint Overarching Requirements Document,JORD)确定了 FI2010 工程总体要求。这些要求是由通用试验与训练靶场架构(Common Test and Training Range Architecture ,CTTRA)工作组收集来自于试验场的要求。TENA 驱动要求源自 JORD、技术能力需求文件(Technical Capabilities Requirements Document,TCRD),以及经过 CTTRA 提炼的靶场要求[9]。

5.2.1　JORD 需求

JORD 文件描述了 FI2010 工程详细背景,并列出了工程的全部要求。FI 2010 工程重点是满足逻辑试验靶场的四个高级别需求:

(1) 支持新兴的作战概念;

(2) 支持新武器系统的完整测试;

(3) 降低靶场成本,特别是在试验、测试仪器设备的成本;

(4) 支持 M&S 与基于仿真的采购的集成环境。

基于这些需求,FI2010 工程的重点是提供靶场之间具有低成本、高效益的互操作性靶场系统和新系统开发。通过使用通用架构 TENA 实现这些目标。

JORD 在一系列条目中列出了详细要求,可分为两种基本类型:

1) 关键性能特性

关键性能特性,包括具有低成本高效益的互操作性、经济高效开发和维护试验测试仪器系统等关键特性。

2) 详细设计和使用要求

(1) 运行要求。这些要求包括试验前、试验中和试验后的过程和活动。这些要求用于帮助定义 TENA 运行架构。

(2) 功能要求。这些要求包括与靶场环境、数据采集和处理、信息显示、操作控制、信息传送和基础设施等要求。这些要求主要用于帮助设计 TENA 产品。

(3) 技术要求。这些要求是指 FI2010 工程的技术驱动要求,包括互操作性、可重用性、可组合性、可共享性、效率、灵活性和合规性。这些技术要求中最重要的是前三个,即互操作性、可重用性和可组合性。

JORD 附件在以下类别中列出了更详细的要求:

(1) 技术参考架构。这是由 CTTRA 工作组为 TENA 提出的全部技术要求,包括 35 个 TENA 必须满足的要求。

(2) 产品要求。这些要求是与 TENA 架构、其他 TENA 产品,以及软件开发过程相关的详细要求,共有 19 项 TENA 架构产品要求。

为了更高效地利用试验场资源,提高联合试验和训练能力,最大程度地降低未来试验场运行的费用,满足未来几十年军事需求的试验与训练需求,需构建逻辑试验靶场并提供体系结构和技术支撑。

逻辑试验靶场的公共体系结构依照扩展的 C⁴ISR 体系结构框架(ECAF),从运行、技术、软件、应用、产品线体系结构等方面,建立逻辑试验靶场资源开发、集成和互操作的总体技术框架,为试验场以及用户提供公共的体系结构,将各种地理上分布的、功能上分离的试验训练资源(包括装备及平台、试验场实验设施、测试系统、仿真系统、指挥控制系统等)组合起来,形成一个综合环境,以逼真、经济、高效的方式完成网络中心战所要求的联合试验与训练任务。

体系结构承担着从系统需求过渡到系统设计的桥梁作用,它按照最重要、关键和抽象的需求来确定系统的基本分割,这些需求称为驱动需求。驱动需求分为运行驱动需求和技术驱动需求两类。

5.2.2 技术驱动需求

互操作性是最初创建 TENA 的主要原因,也是最重要的技术驱动要求。JORD 列出的许多技术要求可以简单地替代命名相同的技术能力(如可共享性和可重用性)。人们可以认为 TENA 只有一个技术驱动要求,即互操作性,因为所列的其他要求可以直接从这一个技术驱动要求导出。例如,若一个系统可以与一套系统进行互操作,它应该能够在不同的地方重复使用这些系统,这样的系统就具有灵活性。因此,选择以下三项特性作为 TENA 技术驱动要求[10-12]:

(1) 互操作性:表示某个独立开发的软件元素能与其他元素协同工作,最重要的互操作等级是建立在公共通信语言和通信环境基础上的语义级互操作;

(2) 可重用性:表示某个软件元素能应用于多种不同的语境中;

(3) 可组合性:表示利用多个可互操作、可重用的软件元素,面向不同的试验任务需要而形成不同的组合系统。

上述三项特性各有侧重,互操作性侧重于软件元素之间的共性,可重用性关注的是给定软件元素的用法,可组合性关注的是如何从元素池构建高层逻辑试验靶场。可以看出,三个术语都是类似的,但由于每个术语的侧重点不同,因此使用三个紧密相关的技术驱动要求而不是单个驱动要求。

5.2.3 运行驱动需求

运行驱动需求,主要关注对逻辑试验靶场的所有试验任务全生命周期的支持,即对在网络中心战环境下的试验与训练、应用和逻辑试验靶场快速开发、建模与仿真集成、各种试验系统集成,以及逐步将 TENA 配置到试验场的全面支持。虽然互操作性是 JORD 中阐述的主要要求,但大多数 JORD 内容描述的是用户指定的操作选项,包括互操作性和创建逻辑试验靶场。因此,在 JORD 文本中强调了一些关键操作问题。最基本的运行驱动要求包括:

(1) 在整个试验场事件生命周期中,支持逻辑试验靶场的实现;

(2) 为在网络中心战环境中进行试验与训练奠定基础,并支持未来大系统试验与评估;

(3) 支持快速、低成本开发与测试、部署;

(4) 支持与模拟/仿真的集成,促进基于仿真的采办(SBA);

(5) 部署与应用于各个试验场,并与非 TENA 系统进行交互而不中断当前的靶场

运行;

（6）通过满足其运行性能要求来支持各种共用系统,包括传感器、显示器、控制系统、安全系统、环境表示、数据处理系统、通信系统、遥测系统、分析工具和数据档案等。

5.2.4 互操作性需求

所谓互操作性,是指异构环境下两个或两个以上的实体,尽管它们实现的语言、执行的环境和基于的模型不同,但它们可以相互通信和协作,以完成某一特定任务。这些实体包括应用程序、对象、系统运行环境等。互操作提供了不同系统之间、应用程序之间信息的有意义交换,使得系统间的服务使用更加方便。

随着互操作需求的不断发展,解决系统之间或组件之间的互操作问题显得越来越重要,目前的解决途径是:一是点对点映射,即根据两个系统或组件的特点量身定做两个系统间的映射关系,这一般适用于两个已经实现了的系统或组件之间的互操作;二是利用参考模型映射,即在某一领域建立公共的参考模型,各系统或组件向参考模型映射,从而实现系统或组件间互操作,这既适用于现有系统或组件间的互操作,也有利于指导新的系统或组件开发。

FI2010 工程背景下的互操作性是指独立开发的组件、应用程序或系统按照用户定义的目标协同工作。

5.2.4.1 互操作性内涵

互操作性体现在多个尺度上。互操作性是独立开发组件的特性,组件可以在组件框架中彼此互操作。应用程序可以在给定计算机上互操作,也可以分布在几台电脑上进行互操作,最终各个系统可以在"系统之系统"的环境中协调运行。TENA 强调的应用之间互操作性,是实现 FI2010 视图的第一步。组件之间的互操作性难度更大,是一个长期和逐步解决的问题,而 TENA 是希望最终完全支持基于组件的互操作性。

互操作性意味着协调一致的工作。只有当系统之间能够进行有意义通信或在设计好了的进程中能够理解的角色时,系统才能在给定的环境或领域中很好地工作。互操作性架构必须解决通信(方法和语言)、环境、角色和进程这些特性。

TENA 的互操作性要求包括不同类型的系统能够一起协同工作:

（1）靶场系统之间和所有子域的仿真(如空气、海洋、水下、陆地、太空、硬件在环路等)的互相操作性;

（2）支持靶场系统采购过程的各个阶段(SBA);

（3）靶场系统与 C^4ISR 等系统共同工作(如允许在网络中心战环境中进行试验与训练)。

因此,互操作性是为实现用户定义的目标而要求的,也是有组织的、目标明确的、提前设计和计划好的系统一起工作的行为。

5.2.4.2 互操作性实现

要实现互操作性,就必须满足公共架构、通信能力和通用环境这些条件。

1. 公共架构

由于架构是一组关于如何构建系统的指南,一个通用的架构是系统需要互操作性的一个明显特征。架构不需要包罗万象,只规定它需要的最少数量的要素。TENA 是一个这样的架构,规定了某些关键特性,给开发者留下了开发面向应用的程序和系统的空间。

2. 通信能力

(1)一种公共语言。用来表达不同系统的复杂有意义的句子、描述语言或概念。在现代信息技术领域中,使用公共语言描述公共对象模型。

(2)公共通信机制,即一种信息交换的方式,是一个基于公共架构的软件基础设施,这种公共架构是可以使用多种底层通信媒体的通用框架。

3. 通用环境

(1)对环境的共同理解:系统在哪里运行,靶场环境的属性是什么。

(2)对时间的共同理解:时间基准是什么,时间信号如何传递,在什么时候系统需要做规定的事情。

(3)一般技术过程:当两个系统相互理解,最低也要在基础层次上理解,它们才能进行互操作。系统至少要知道何时初始化,何时接受来自其他系统的信息,如何从其他系统中获取信息,何时与其他系统同步,何时停止操作等。

实现互操作性的关键工具是通用对象模型。对象是一个具有状态、行为和身份的软件结构;它是一个类的实例化。一般来说,一个对象有一个定义良好的接口、一个内部状态及其自己的身份。对于其他软件结构来说,这个内部状态通常不可见(此功能称为封装)。对象是类的实例,类是创建对象的模式,是描述什么类型对象的接口和具有的内部状态,但并不描述接口的确切功能或内部状态变量值。

一些试验场区使用自行定义对象的一组特性来表示"对象模型",如单一继承、组合、关联、引用等,在 TENA 环境中称为 TENA 元模型。在 TENA 架构中,对象模型是指一组相关的类定义,全面描述了靶场域的相关语义结构;实现互操作性的方法,如通用元模型、通用对象模型、软件基础设施和一个共同的技术过程,是在特定域软件架构(Domain Specific Software Architecture,DSSA)中的组成元素。TENA 实现互操作性的重要方法是采用DSSA。

术语"TENA 对象模型",准确地说是"TENA 类模型",因为它不包含对象而是包含类定义。然而由于历史原因,即使它只包含类,它也被称为对象模型。由于类提供了一个用于实例化对象的"模型",因此"对象模型"包括类。

5.2.4.3 互操作性级别

互操作性架构,允许用户在语义层面上将大量异构系统组合成"系统之系统"。任何一组软件元素所需的互操作性等级随着不同的功能需求变化而变化。为了说明这个功能需求,创建了互操作性层的概念。从底部到顶部,每个层描述两个或更多元素之间的关系,并且随着要求的提高互操作性随之增加,如图 5-2 所示。

互操作性层从底层到顶层分别为隔离、共存、语法、语义、无缝与自适应 6 个层次。

(1)隔离:软件在功能上是独立的,彼此隔离的软件元素不能共享公共计算资源(如网络)。

(2)共存:是指在使用某些公共基础设施资源时,共享软件元素,并且在同时使用共享资源时不会产生冲突。

(3)语法:在句法层交互的软件元素通过消息或数据库交换数据。信息交换时,这一层需要一个公共数据模式。

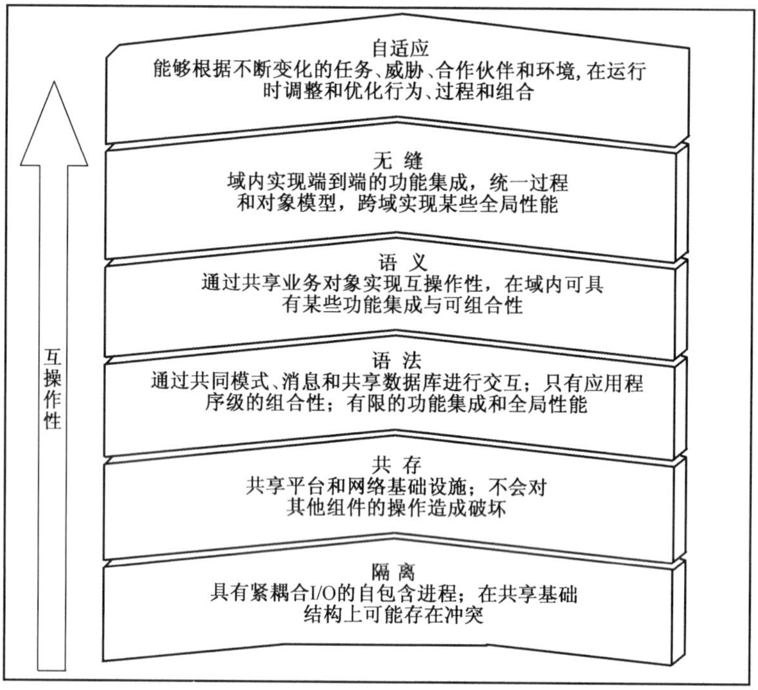

图 5-2　互操作性层

（4）语义：软件元素共享一个公共对象模型和一组公共服务，从而可完全定义描述问题的基础。在系统和应用程序之间有可能存在功能复制。

（5）无缝：当对给定的域有完全定义的对象和技术过程时，可实现元素功能集成；在这一层中，一组软件元素运行时，各个单个组件之间功能没有重叠，只产生有效的端对端的功能和过程的集成。

（6）自适应：在运行时可响应条件、资源、威胁等的变化，元素具有自组织能力，并基于当前环境状态的方式实现其功能。

互操作性的第一层级具有相当有限的功能，主要应用在目前大多数靶场的系统之中；互操作性的第二层级，是指在组件和应用之间交换的信息被完全理解。互操作性的句义层是 TENA 需要寻求表述的层级，因此 TENA 全面提高了靶场互操作性。TENA 可以提高任意靶场的互操作性，实现多个系统与其他系统的互操作。TENA 要对异构系统进行互操作，因此需要开发在许多层上进行交互操作的软件，以满足各个独立靶场和试验流程的需要。如果要实现 TENA 这一目标，则需要在所有靶场范围内实现语义互操作性。

5.2.5　可重用性需求

如果软件元素可以在不同的环境中使用，则该元素是可重用的。在 TENA 环境中，可重用性是指可以在多个靶场或设施中使用。根据 JORD 要求，重用包括针对给定环境定制产品的能力，以及可重复使用。

实现可重用性的方法与实现互操作性的方法类似。若使组件重复使用，则需要建立一个公共体系结构，与其他设施或系统进行互操作，以及具有良好的定义和良好的文档接口。若不符合公共体系架构(如"遗留"系统),则可以封装或"包装",以使其看起来符合公共体系架构。

如果采用网关或封装使其适合于公共架构,则即使系统本身不是可互操作的,系统也是可重用的。没有经过改造的所谓"遗留"系统通过网关进行集成和重用是 TENA 使用的一种非常重要的技术(参见网关一节),然而实现全面互操作性(当不使用网关)仍然是主要目标。

5.2.6　可重构性需求

可重构性又称可组合性,是从可重用、可互操作的软件元素池中快速组合、初始化、测试和执行逻辑试验靶场的能力。可组合性表现在多个层面上,例如可以从组件池构建应用程序,或者构建来自应用程序池的系统或逻辑试验靶场;也可以是所有尺度上的集合,以使逻辑试验靶场由一些预定义系统(其包括软件和特定硬件)、一些预定义应用程序以及从组件池构建的一些应用程序组成。当认识到组件可组合性的重要性时,TENA 重点关注应用层的可组合性。

有了应用层面的可组合性,逻辑试验靶场由一组符合 TENA 的预先存在的应用程序和工具组成。要完全实现应用程序级可组合性,应用程序必须符合公共架构,且必须是可互操作的,同时必须构建用于支持组合过程的特定仓库和支持组合过程的具体实用工具。其中 TENA 特定仓库包括应用程序信息的仓库、通信方法以及通用对象类模型、互操作性信息(如通用对象模型)的仓库、应用程序可执行文件等;支持组合过程的具体实用工具包括管理仓库的实用工具、规划逻辑试验靶场的实用程序、组装逻辑试验靶场的实用程序、测试逻辑试验靶场的实用程序等工具。

可组合性不仅需要互操作性,它还需要知识库和实用程序。从预先存在的应用程序池构造逻辑试验靶场意味着该"池"存在于某处并且可以被访问、关联和分析。存储仓库不是针对特定的逻辑试验靶场,而是用于将现有应用程序组成新逻辑试验靶场所需的所有信息。这些实用程序使组合过程变得简单和自动化。

5.2.7　响应驱动方法

在横向一体化试验网络中,每个驱动需求都有相应的方法来满足,见表5-1。前三项是最主要的驱动需求,也是实现 TENA 的关键技术。

表 5-1　响应驱动要求的方法

序号	驱动需求	实现要求的方法
1	互操作性	公共 TENA 对象模型作为 TENA DSSA 的一部分,使用标准 TENA 中间件进行通信
2	可重用性	使用 TENA 中间件作为公共基础设施,允许"封装"非 TENA 系统,以使在多个 TENA 逻辑试验靶场内重用 TENA 网关
3	可组合性	TENA DSSA 确保应用可以互操作。TENA 存储仓库、工具和实用程序确保这些应用可以快速组成满足用户需求的逻辑试验靶场
A	全面支持逻辑试验靶场概念	TENA 存储仓库、中间件、逻辑试验靶场数据档案、实用程序和工具支持整个事件生命周期的逻辑试验靶场
B	支持网络中心战	TENA 系统可以使用 TENA 网关与当前的 C^4ISR 系统和仿真进行互操作

（续）

序号	驱动需求	实现要求的方法
C	支持快速应用和逻辑试验靶场开发	资源库管理器、逻辑试验靶场规划实用程序和对象模型实用程序支持快速应用程序和逻辑试验靶场，开发标准 TENA 中间件和标准 TENA 对象模型
D	支持 M&S 集成	TENA-HLA 网关应用支持与 M&S 资源集成。TENA 中间件提供与 HLA 仿真的互操作的尽可能透明服务
E	可逐步部署	TENA 网关允许一系列新的 TENA 应用与现有靶场系统并行使用，从而使 TENA 系统能够在指定的靶场内逐步部署
F	支持各种靶场系统	TENA 资源应用程序，涵盖目前靶场内使用的任何类型的软件应用程序；TENA 中间件具有通用性，使通信的对象、消息和数据流的类型（TENA 元模型）满足所有类型的数据传输

5.3 TENA 体系架构

5.3.1 概述

架构是系统（或系统之系统）需求设计的桥梁，构架是对主要片段的识别，以及它们的目的、功能、接口和相互关联性、随时间演进方针。架构用于约束设计师和开发人员，这些约束使得实现更高级目标成为可能。如果开发人员独立工作，这些目标不会自动实现。这些更高级目标被称为系统的驱动要求。任何系统可能有数百或数千个个体要求；然而，驱动要求是系统设计的总体要求。因此，架构是从需求到设计的桥梁，其中最重要的、关键的或抽象要求用于确定系统的基本分段。基于分割的焦点不同，有不同类型的架构视图。

有许多科研机构和政府尝试指定如何描述一个架构的方法。TENA 是基于扩展 C^4ISR 结构框架，且是原始 C^4ISR 结构框架的进化增强。扩展的 C^4ISR 结构框架如图 5-3 所示。图 5-3 图并不是一个架构图，它只是一个用视觉描述的各种"视图"之间关系组成的一个框架。TENA 遵循扩展 C^4ISR 体系结构框架的逻辑结构[9]。

这个框架描述了 TENA 体系结构的不同方面。箭头指示依赖性（如驱动要求取决于愿景等）。TENA 愿景和 TENA 驱动要求，对于充分理解 TENA 非常重要。TENA 体系由以下框架视图（也称"架构"）组成：

（1）运行架构视图包括行动者/参与者、过程、信息流；

（2）技术架构视图包括规则和标准；

（3）域专用软件架构通过指定公共元模型、公共对象模型、公共基础设施和共同技术过程，实现互操作性；

（4）应用程序体系结构视图构建应用程序；

（5）产品线架构指定要根据域分析构建哪些组件和应用程序。

由于 TENA 主要关注应用程序级互操作性和可组合性，它不指定组件体系结构，也没有规定系统或系统之系统架构的靶场系统，由系统和系统之系统设计师根据 TENA 为它们的系统设计这些视图。

试验与训练使能架构（TENA）是一个技术蓝图，也是在作战需要和技术需求的驱动

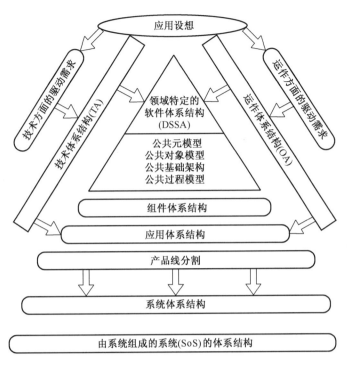

图 5-3 扩展 C^4ISR 结构框架

下形成的横向一体化体系结构。它定义了未来试验场软件开发、集成与互操作的整个结构,用于实现可互操作、可重用、可重组的地理分散的试验资源快速联合并生成联合试验环境,以逼真的方式完成各种武器装备试验与训练任务。这些需求驱动产生的对象模型、中间件和产品集,形成了体系结构的系统视图。系统体系结构是系统需求与系统设计之间的桥梁,是系统设计的蓝图。

5.3.2 结构框图

每种体系结构可以使用一个框图说明其基本功能,当然不能完全包含体系结构的全部。由于体系结构主要是功能组成,这样的概述图突出了基本组成,并且展示其最重要的特性,如图 5-4 所示。

靶场资源应用程序由靶场开发的满足试验和训练所需的所有重要功能,包括显示系统、传感器系统、硬件循环试验台和其他部分。某些通常可重用的靶场资源应用程序被指定为 TENA 工具。所有这些应用程序使用称为 TENA 中间件的通用软件基础设施进行通信。TENA 中间件承担着逻辑试验靶场运行时应用程序之间实时交互通信,通信的主题是逻辑试验靶场对象模型(LROM)中已定义对象的集合。许多对象在标准 TENA 对象模型中得到重用。LROM 对象在靶场资源、工具和实用程序中都有表述,在靶场运时这些应用程序负责实例化对象并修改它们。

TENA 运行体系可用两种不同的方式来保持应用程序之间持久通信。信息存储在TENA 数据仓库中,不是专门提供给某个逻辑试验靶场使用,而是逻辑试验靶场均可以重复使用这些信息。这类信息包括对象模型定义和符合 TENA 的应用程序,以及可执行应

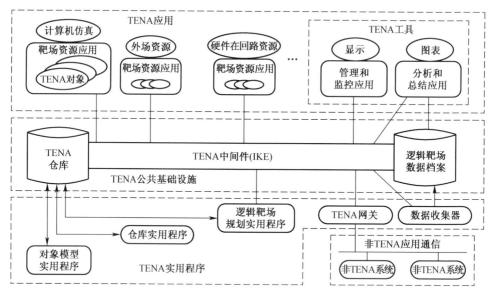

图 5-4　TENA 体系结构概述

用程序文件。在执行试验任务期间,获取的数据将存储在逻辑试验靶场数据档案(Logical Range Data Archive,LRDA)中。LRDA 可以分布在多个地点的多台计算机中,与单一"逻辑"数据库一样,这种分布式数据存储模式允许授权访问。LRDA 存储了 TENA 对象的时间历程状态数据、消息和数据流以及分析数据等。在逻辑试验靶场应用中,使用 TENA 中间件和行业标准方法访问数据仓库和 LRDA。

在图 5-4 中显示 TENA 实用程序和部分 TENA 产品。这些实用程序使用户更容易实现靶场在试验任务周期内的管理,以及与 TENA 基础设施的交互。同时说明了不同 TENA 网关的桥梁作用,将完全符合 TENA 的系统与不符合 TENA 的系统如基于 HLA 的仿真系统连接在一起。TENA 网关的主要功能,是在逻辑试验靶场内使用的 TENA 对象与非 TENA 系统使用的其他标准和协议之间进行转换,从而实现无缝连接。TENA 网关还可以实现 TENA 逻辑试验靶场与其他网络之间的物理连接。

5.4　运行体系架构

5.4.1　基本概念

TENA 运行体系架构主要涉及描述逻辑试验靶场的概念。逻辑试验靶场定义为某件具体试验任务共同工作的一组 TENA 资源和共享公共对象模型。TENA 资源是使用 TENA 通用基础设施进行通信和交互的应用程序。TENA 资源通常包括:

(1) 靶场应用程序,包括已构建的 TENA 中间件和一组 TENA 对象;

(2) 网关应用程序,用于 TENA 系统与 HLA、靶场遗留系统或其他协议的桥接;

(3) 为特定事件配置的 TENA 工具和实用程序。

术语"逻辑试验靶场"指资源池中的一组 TENA 资源。术语"逻辑试验靶场执行"是指在逻辑试验靶场上进行特定试验任务的某个实例。

逻辑试验靶场可以分为功能层和技术层两个层次。

1. 功能层

（1）支持目前试验场运行中大量使用的各种系统资源；

（2）在整个试验场事件生命周期中支持逻辑试验靶场的实现；

（3）支持与模型和仿真系统的便捷集成，能够包容目前的异构系统，同时也能满足不断扩展的要求，促进基于网络中心战所要求的试验场联合试验实现；

（4）支持快速、低成本开发、测试和部署逻辑试验靶场应用。

逻辑试验靶场功能分解如图5-5所示。

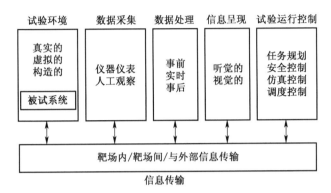

图5-5　逻辑试验靶场功能分解图

2. 技术层

（1）支持可互操作的、实时的、面向对象的分布系统应用的建立；

（2）支持负载平衡和时间同步管理；

（3）提供透明无缝的接口，来支持模型和仿真的重组；

（4）提供自动高效的网络通信服务。

横向一体化试验网络的重点，是实现试验场网络系统应用层的互操作、可重用和可重构，通过建立"逻辑试验靶场"，完成某项试验任务所需资源的集成。"逻辑试验靶场"将分布在许多设施中的试验、训练、仿真、高性能的计算技术集成起来，并采用公共的体系结构将它们连结在一起互操作。它们之间的所有通信都依据逻辑试验靶场对象模型定义通过TENA中间件进行，从而实现互操作；通过使用一个公共的基础设施以及存在大量的能在TENA逻辑试验靶场体系结构、协议和系统之间实现互通的网关来实现重用性；通过使用特定的能访问存储在TENA仓库中的各种对象定义和组件的TENA工具和实用程序来实现组合功能。TENA中间件支持互操作，需要足够通用、能给所有的试验与测试系统提供一个一致的API。

逻辑试验靶场提供了一个公用的、互操作的、可重用的试验平台，支持设计、试验、训练的全过程，从而实现对试验对象的试验与评估。从系统的角度来看，逻辑试验靶场是一个层次化结构，由资源库层、运行支撑层、应用系统层构成，如图5-6所示。

5.4.2　资源库层

资源库储存了大量试验数据与模型等信息，描述了逻辑试验靶场所需信息与生成信

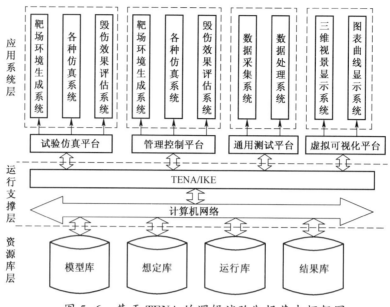

图 5-6　基于 TENA 的逻辑试验靶场基本框架图

息存储的各种库,主要由仿真模型库、想定库、运行库和结果库组成。通过实时数据库与通用数据库为逻辑试验靶场试验前、中、后阶段提供数据支持。仿真模型库主要管理大量数据和模型,如实体模型库、环境模型库、纹理库、仪表库等。它为试验场在逻辑上提供一个一致的产品表示,使数据库中的各种数据采用一致的界面与应用系统进行交互。想定库要维护仿真中所有的实体、环境对象的信息,实体计划也包含在想定库中。运行库主要记录整个仿真过程中用户指定的某些实体的属性信息,如位置信息、状态信息等。结果库主要记录试验场试验的输出结果。

5.4.3　运行支撑层

运行支撑层为逻辑试验靶场提供一个无缝的开发、执行和分析的环境,明确了服务、接口、标准以及它们之间的关系。TENA 对试验提供了更多的支持,使大规模复杂系统仿真成为可能,满足逻辑试验靶场对试验体系结构的要求,可为逻辑试验靶场提供一个很好的软件支撑框架。TENA 通过网关在试验场的部署和应用可以逐步进行,使得在为试验场带来新的能力的同时,不影响当前运行。图 5-7 表示了如何在试验场通过网关逐步部署和应用 TENA。

5.4.4　应用系统层

应用系统层有效利用试验场内、外场现有的设备,将内场仿真试验系统和外场测控系统联结起来,使得内、外场试验有机地融为一体,为逻辑试验靶场提供综合试验能力。

1. 试验仿真平台

试验仿真平台主要解决环境试验模型的数学描述和可视化建模等问题,建立具有真实的、有代表性的典型试验环境模型,以较高的置信水平来确认系统的性能和效能。试验仿真平台包含试验场环境生成系统、各种仿真系统和毁伤效果评估系统。试验场环境生

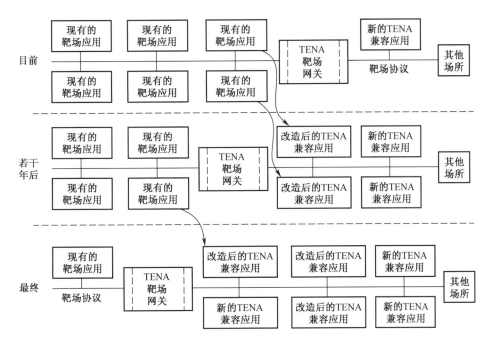

图 5-7 通过网关在试验场逐步部署和应用 TENA

成系统是构成逻辑试验靶场的关键,需要表达真实试验场环境中的各方面内容,是对试验场空间的一个建模和可视化过程。通常情况下,所需要的逻辑试验靶场环境主要由自然环境(如地形、地貌、海洋、大气、空间以及电磁环境等)、特殊环境(烟雾、气浪、尾烟及爆炸等)和虚拟实体模型这三种环境中的一种或几种环境模型组合而成。各种仿真系统包括动力学仿真、分离机构仿真等。毁伤效能评估系统通过对武器系统中的主要作战能力指标进行量化,建立一种综合性的量化了的评估模型,为试验训练提供一定的决策依据。

2. 管理控制平台

管理控制平台是逻辑试验靶场的中心,主要完成试验过程一体化管理工作,负责协调各系统的工作,具体包括各种工具软件管理系统、运行管理系统、资源管理系统。工具软件管理主要是对逻辑试验靶场的试验前、试验中以及试验后三个试验阶段起辅助作用的建模与仿真工具的管理,包括试验方案生成、想定开发、试验演练等。运行管理系统主要控制整个仿真过程,对仿真时间、数据和事件进行协调和管理。资源管理包括试验想定管理、试验模型管理等。

3. 通用测试平台

试验场通用测试平台通过雷测系统、光测系统、遥测系统等外场真实设备,采集试验场现场各种试验数据,然后把解析和格式转换后的试验数据存储在数据库中,这些采集到的数据可以提供给仿真工具软件,进行仿真和分析,主要包括数据采集系统、数据处理系统等。

4. 虚拟可视化平台

虚拟可视化平台主要解决逻辑试验靶场逼真度的问题,利用视景仿真软件实现逻辑试验靶场试验训练的全程实时可视化显示,并对仿真结果进行分析,根据实际需要生成图表、曲线等,主要由三维视景显示系统和图表曲线显示系统组成。

5.4.5　功能分解与开发

5.4.5.1　系统功能分解

基于功能分解,JORD 定义了试验与测量系统的需求。由于每个靶场系统和过程的表示通常不同,因此难以实现对靶场试验与测量系统功能的一致性描述。如图 5-8 所示,CTTRA 工作组尝试创建试验与测量系统功能分类,所有靶场使用相同的图表,可以一致准确地描述靶场系统。6 个功能表示了靶场试验与测量系统的各种仪器仪表系统的类型。

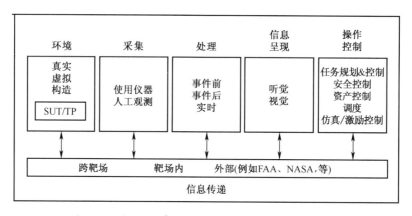

图 5-8　靶场设备系统功能分解(CTTRA 定义)

(1)试验环境系统:仿真或创造环境平台,可以模拟天气,创建适当的电磁环境,或用作靶场上的目标或诱饵。

(2)采集系统:指测量并产生数据的系统,包括各种传感器、遥测系统和光电测量系统等。

(3)处理系统:对采集系统创建的信息进行融合、分类、处理和存储。

(4)信息显示系统:显示试验(靶)场的试验进程与状态。

(5)运行控制系统:支持靶场资源规划、调度、指令、初始化、配置和控制。

(6)信息传输系统:用于动态管理逻辑试验靶场的所有成员之间通信方法。此功能将通过 TENA 中间件执行。

TENA 的设计满足由 CTTRA 代表整个试验(靶)场委员会创建的这种功能分类和仪器仪表系统种类要求,完全响应运行驱动要求 F(支持各种靶场系统)。

5.4.5.2　系统开发一般过程

在逻辑试验靶场内,由这些 TENA 资源共享的公共对象模型称为"逻辑试验靶场对象模型"(Logical Range Object Model,LROM),不同于标准 TENA 对象模型。每个逻辑试验靶场的运行在句义上与 LROM 结合在一起。因此在逻辑试验靶场实际操作之前,定义 LROM 是一项重要任务。

开发逻辑试验靶场的过程,包括三个阶段、5 项工作内容。这三个阶段按时间进程划分为靶场执行任务之前、靶场执行任务期间和靶场执行任务之后。前三项工作内容在靶场任务之前完成,包括需求定义、活动策划以及事前准备(设置和排练);试验执行活动仅发生在靶场执行任务期间;分析和编写报告则在靶场执行任务期间和靶场执行任务之后。其中 LROM 是作为事前准备(设置和排练)的内容。

逻辑试验靶场是 TENA 应用程序之间的对等链接。每个应用程序既可以是逻辑试验靶场中对象和数据的生成器(服务器),也可以是用户(客户端)。作为服务器,应用程序服务于 TENA 对象实例;作为客户端,应用程序订阅 TENA 类,由 TENA 中间件"代理",TENA 中间件代表另一个应用服务方。原则上,服务方的服务器和客户端都能够更新该服务方的状态信息。实际上,只有服务方的服务器更新服务方的状态。服务方的服务器和客户端都能够调用服务方,服务器在本地调用,客户端通过代理远程调用。

靶场资源开发人员将应用程序、TENA 中间件和 LROM 开发成为一个可执行文件。TENA 提供实用程序协助靶场资源开发人员开发逻辑试验靶场应用程序。用户写入的应用代码、LROM 对象和 TENA 中间件之间关系如图 5-9 所示。

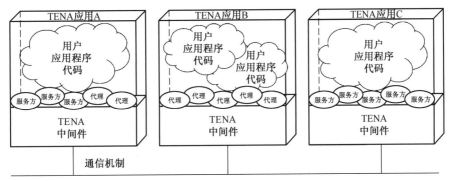

图 5-9 一个典型逻辑试验靶场

典型逻辑试验靶场中应用程序 A、B 和 C 是由用户编写的应用代码,并且与 LROM 和 TENA 中间件链接。图 5-9 中间的应用程序可以单独作为逻辑试验靶场中对象的客户端,因此在其进程中只有实例化的代理。图 5-9 右边的应用程序仅通过 LROM 中的对象创建信息,因此被表示为服务者。图 5-9 左边的应用程序既是 LROM 对象的产生者也是用户。每个应用程序可以选择实例化对象类型,订阅并获得代理。程序设计人员可以使用 LROM 中的任何或所有定义对象编写应用程序。

5.4.6 逻辑试验场运行过程

逻辑试验靶场运行设想(Concept of Operations,ConOps),描述了如何使用 TENA 完成靶场试验任务和靶场运作的总体思路。TENA 逻辑试验靶场运行设想不是特别针对于试验与评估或训练,而是为了更一般化描述每一个过程。试验与评估或训练的过程非常相似,因此 ConOps 是抽象的,用于理解 TENA 基本内涵。

逻辑试验靶场运行设想的四个基本过程为 RCC 通用文档系统(UDS)创建过程、HLA 联合开发和执行过程(FEDEP)和在 TENA 基线报告中记录的逻辑试验靶场过程,以及在 TENA JORD 中记录的其他过程。RCC UDS 过程是为靶场试验创建必要的需求文档的标准化过程。UDS 过程主要关注试验前发生的活动,HLA FEDEP 过程主要关注与 HLA 联合试验所需的步骤。TENA 基线报告提出了一个包含 5 个阶段的过程,其中试验前三个阶段:场景定义、逻辑试验靶场调度和规划,试验中执行过程和试验后过程。因此 JORD 使用三个不可逆阶段,即试验前、试验中和试验后。逻辑试验靶场将基线报告和 JORD 制定的过程整合成一个统一的方法,即三个时间阶段、5 个活动[9]。

5.4.6.1　试验过程

逻辑试验靶场运行过程如图 5-10 所示。有 5 个基本活动(数字标记),发生在三个时段:试验前(Pre-Event)、试验中(Event)和试验后(Post-Event)。试验任务定义为试验测试系统(system-under-test)工作时段(T&E)或者训练(Training Audience)时段(训练)的活动。试验前阶段一直延续到试验任务开始时刻,试验阶段是实际进行的时段,然后进入试验后阶段。

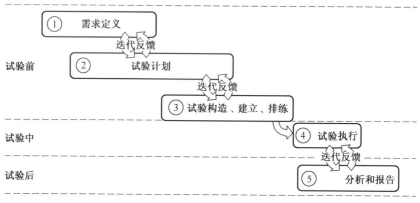

图 5-10　逻辑试验靶场运行设想中的各阶段、活动及其关系

三个阶段发生的 5 项工作为:

(1) 需求定义:定义靶场试验目的和目标。

(2) 试验规划:为试验完成所有规划,包括场景的定义。

(3) 试验设置和预演:完成试验所有物理准备,包括软件开发、LROM 创建、硬件和通信系统设置及测试。

(4) 试验执行:进行试验与数据采集。

(5) 分析和报告:试验数据分析并生成报告。

这种将试验任务划分为独立的做法,从某种意义上说是对在真实靶场内试验任务的抽象和简化,其目的是为了更好地描述靶场真实试验的过程,以及彼此之间的关系。但实际上这些工作并不是完全独立的,而是重复和迭代的过程,一些结果会反馈到其他活动的迭代工作中。因此,在图 5-10 中明确表明了试验过程的迭代性和并行性。

5.4.6.2　参与者角色

每个参与者在不同的时间或在不同的场合中,可以以不同的角色工作。逻辑试验靶场 ConOps 定义的角色包括:

(1) 客户(也称为靶场用户、被试系统所有者、训练师或参训者):提出试验任务的目的,确定成本以及进度周期要求。

(2) 分析员(也称为评估者):确定试验任务需要收集和评估的数据,并分析原因。

(3) 逻辑试验靶场开发者(也称为系统集成者或任务计划者):为试验任务设计资源

结构,并与资源所有者共同确定资源的最佳选择方案。

(4) 资源所有者(也称为操作员或模拟仿真人员):为试验任务提供资源并维护资源构型管理。

(5) 靶场资源开发人员(也称为开发人员或仿真开发人员):开发资源所有者的能力,必要时升级资源所有者的能力。

(6) 试验任务执行人员(也称为靶场管理员、测试人员、观测/控制人员、观测/训练人员):执行试验任务,并负责试验进行过程中的一切事务。

5.4.6.3 ConOps 中的 5 项工作

ConOps 中的每项工作都包括以下 5 个方面:

(1) 目的:区分不同活动的特征。

(2) 输入:输入信息元素和其他阶段的信息。

(3) 主要参与者:包括上一节中列出的主要参与者,每个角色的扮演者可能只有部分出现在每项工作中。

(4) 基本过程(或步骤):包括每项工作的各个步骤,这些步骤具有强相关性和迭代性。

(5) 输出:包括在试验中创建的文档、软件及其他信息。这些信息按照常规内容和目的,并结合以往测试、训练和实验状态进行描述。TENA 不要求编写每个文件都使用 TENA,但需要内容符合分布式测试、训练和试验要求。

5.4.6.4 需求定义

需求定义要完整地描述客户定义的需求,并在试验前阶段依此执行。在这一阶段中,客户和任务分析员一起决定试验任务的总体目标。分析员对客户提出目标的可行性进行分析,通过与用户的沟通与迭代达成一致,并对任务能力需求和总体方案进行评估,包括必要的战术系统和任务执行风险分析。需求和方案将逻辑试验靶场概念模型分解为具体的工作内容(物理、环境、组织和层次结构等)。分析计划要说明如何从试验中得出结论,需要什么数据来支持获得这些结论以及如何分析所获得的数据。严格来说,这项工作不是"靶场"的工作,因为客户和事件分析员都不是靶场人员,可以在试验(靶)场之外的任何地方进行。然而,这项工作对创建逻辑试验靶场至关重要,因为了解任务的需求和满足这些需求的总体方案,对后续工作是必不可少的。

5.4.6.5 任务规划

任务规划是指为试验任务执行时间表、系统组成、试验方法、靶场资源支持、运行分析,以及数据采集等创建详细计划。试验人员详细配置和必要的靶场基础设施需在试验前这一阶段中确定。试验所需的所有计划在本阶段完成,包括方案的详细规划、试验成本和进度,并生成相关文件而不是硬件或软件。

5.4.6.6 任务构造、配置与预演

任务构造、配置与预演的目的是为试验创建实物条件。与试验规划阶段只形成文件不同,本阶段的成果是软件应用程序、数据库和靶场资源配置。在这一阶段中,定义逻辑试验靶场对象模型(LROM),升级靶场资源应用程序以支持 LROM 的创建;同时开展逻辑试验靶场集成、测试与预演工作,为试验任务的执行做好前期准备。

5.4.6.7　任务实施

在试验规划中拟定的计划和在事件构造、配置和预演中创建的靶场资源配置、数据库及集成网络的基础上,实施试验任务。在试验任务执行过程中,试验控制人员监视、管理和控制试验进程,同时采集试验数据,进行实时/快速分析。

5.4.6.8　分析与总结

在这一阶段,要提供试验任务实施过程的详细试验报告、试验分析报告和所采集数据分析报告。对于试验来说,分析报告要描述试验设计的目的是否达到这一基本问题,以及是否完全实现了客户的目标;对于训练来说,在任务实施过程中是否取得了预期训练效果。分析过程中总结的反馈信息对训练参与者和其他参与者是非常重要的,可提高训练效果。试验任务实施报告,用于分析试验与训练过程中产生的任何问题和异常现象等经验教训,并希望在以后任务实施中得到解决。通过访问分布式数据,进一步分析、显示、报告和重放等。

5.5　技术体系架构

技术体系架构由管理系统的部署、交互性与相互依赖性的一组最小规则组成,以确保系统满足规定的要求[9]。在 TENA 技术架构中,必须做到:

(1) 制定所有 TENA 组件、应用程序和系统必须遵守的规则,并便于合规性等级分组;

(2) 在定义非常明确的技术领域中,可采用政府、商业或其他技术标准,用于构建符合 TENA 标准的应用程序。

每个规则和标准都要解释与驱动要求相关的使用原因,以及制定的目的。

5.5.1　规则

5.5.1.1　最小规则

(1) 所有靶场资源应用程序必须使用标准 API 的 TENA 公共基础设施进行交互。TENA 公共基础设施架构提供通用的通信方法,从而实现互操作性。标准 API 是 FI2010 工程的基本要求,使得应用程序很容易与基础设施服务一起使用。例如,在逻辑试验靶场运行期间,TENA 中间件是实现应用程序之间通信的主要方法。接口必须标准化,使得所有应用程序开发人员能创建可互操作的靶场资源应用程序。

(2) 每个逻辑试验靶场必须以标准方式创建 LROM,包括靶场资源所有对象的定义。

(3) 任何 LROM 中的所有对象必须符合 TENA 元模型。TENA 元模型描述了对象特性(如继承性、组合性等)。任何两个相同定义的对象,必须具有相同的元模型。

5.5.1.2　扩展规则

(1) 在逻辑试验靶场内的靶场资源应用程序之间,采用 LROM 描述的信息并使用 TENA 中间件进行信息交换。互操作性需要公共语言和公共通信方法。TENA 中间件主要用于通信,LROM 用于描述逻辑试验靶场的标准语言。因此只有使用公共语言和公共通信方法,才能在逻辑试验靶场内实现互操作性。

(2)每个靶场资源应用程序以标准格式规定产生或使用什么信息,这些信息还应符合对象定义约定的要求。LROM 基于每个应用程序能够处理的对象定义而建立,也是按照逻辑试验靶场从"自上而下"的要求建立的;创建可互操作应用程序必须记录每个应用程序能够产生或使用的对象。状态分布对象(Stateful Distributed Object,SDO)类的定义约定了支持什么对象接口,以及它以什么格式发布什么状态数据。消息或数据流类同样规定了包含在消息或数据流中的信息、格式和服务质量。这些规定必须由逻辑试验靶场开发人员在创建 LROM 时予以确立。互操作性要求 LROM 对象实现对象定义中描述的功能。

(3)所有靶场资源应用程序,通过 TENA 中间件提供的标准时间接口,实现时间测量的基本功能,每个应用程序必须记录测量时间和测量精度。对时间的一致性理解是实现靶场应用程序之间互操作性的关键因素。由于各个靶场的外部设备时间接口不尽相同,因此 TENA 也就没有测量时间的标准。但 TENA 指定了获得正确时间的通用软件方法:TENA 中间件中的一个框架,它定义了这种多种底层硬件方法的通用接口。这个公共接口提供必要的标准化,以使所有那些应用程序之间的互操作性能够以某种方式访问正确时间,每个应用程序的开发人员负责编写代码以通过标准接口获取正确时间。每个应用程序对时间的容限要求和准确性都被记录,使得逻辑试验靶场开发者可以确保应用程序可以同步进行互操作。

5.5.1.3 完整规则

(1)所有靶场资源应用程序必须实现和发布 TENA 应用程序管理对象(Application Management Object,AMO)。在 TENA 架构中,AMO 提供应用程序状态和功能信息,以及此对象中定义的接口背后的功能,使应用程序能够与相应的 TENA 工具进行互操作。

(2)靶场资源应用程序使用的对象定义,不能与作为 LROM 一部分的已批准 AMT 或 RCC 标准 TENA 对象定义冲突。互操作性需要一种通用的公共语言,为靶场开发这种公共语言将是一个较长的过程,最终是要创建一个标准的 TENA 对象模型。一旦对象定义通过标准化审查和批准,靶场资源应用程序必须使用标准定义,而不再使用临时定义。

(3)靶场资源应用程序通过其标准接口,使用逻辑试验靶场数据档案(Logical Range Data Archive,LRDA)实现所有数据的存储和通信。正如 TENA 中间件承担靶场运行时的通信作用一样,LRDA 负责未同时运行的应用程序之间的通信。在不同时执行的应用程序之间实现互操作性,就需要一种与 LRDA 保持不间断通信的公共方法。

5.5.2 标准

按照 JORD 或 TCRD 的要求,许多标准都合并到 TENA 中。

5.5.2.1 联合技术架构

TENA 必须遵守联合技术架构(Joint Technical Architecture,JTA)的使用规定。JTA 是实现互操作性的关键所在,并指定了一组基于性能的商业标准。JTA 描述了系统服务、接口、标准及其关系,主要包括用于信息传输和信息处理的接口标准和协议。这些标准和协议应用于以电子方式交换信息的系统,但不久将扩展到新的领域,如机械、电气、液压和其他的物理接口。JTA V2.0 版本(被 V3.1 版本取代)适用于所有试验(靶)场的数据采集,包括用于建模与仿真的高层体系架构(HLA)。因此,TENA 使用、采纳和遵守 JTA。

在很多场合中,JTA 倡导使用商业和政府标准。这些场合大多是参照技术参考模型(Technical Reference Model,TRM)定义的。TRM 是软件应用的一般模型,主要应用领域有信息技术、信息处理、信息建模、人机接口和信息安全等。以下引用的所有标准对于实现 TENA 目标都至关重要,也符合 JTA 要求。

5.5.2.2　软件标准

以下用于 TENA 中软件开发的标准,对于满足驱动需求至关重要,但不是 TENA 中使用的唯一标准。

(1)建模和仿真的高级体系结构(HLA):用于通过网关与仿真进行交互。

(2)环境数据表示和交换规范(Synthetic Environment Data Representation and Interchange Specification,SEDRIS):用于表示环境合成。

(3)通用对象请求代理体系结构(Common Object Request Broker Architecture,CORBA):应用程序间集成的首要标准。

5.5.2.3　人机接口标准

TENA 不需要超出 JTA 中规定的附加标准,只需要按商业标准构建人机接口(HCI)。这些商业标准在 JTA V3.1 版中进行了介绍,对于 Windows 应用程序(如 Win32 API)、Unix 应用程序或 Java 应用程序来说,有所不同。

5.5.2.4　硬件标准

TENA 软件运行在试验(靶)场的许多计算平台上,包括由 AMT 基于靶场输入定义的许多商业标准。在所有计算平台上逐步部署 TENA 软件需要一个渐进的过程。

5.5.2.5　通信标准

TENA 在许多硬件网络上使用因特网协议(Internet Protocol,IP),包括以太网(802.x)、异步传输模式(Asynchronous Transfer Mode,ATM)等。随着研究的深入,还将采取更多的通信手段,例如各类军用无线电、共享内存、各型反射内存网(如 SCRAMNET)与本地 ATM,将逐步实现对这些非 IP 的通信标准的支持。

5.5.2.6　TENA 中间件 API

TENA 中间件 API,由靶场司令官理事会(Range Commanders Council,RCC)制定一个标准。中间件 API,是描述在逻辑试验靶场内应用程序访问与交换信息的标准方法。TENA 中间件 API 有待于进一步标准化。

5.5.2.7　对象建模标准

TENA 对象模型中的对象和每个 LROM,将以下格式之一表示:通用建模语言(Universal Modeling Language,UML),可扩展标记语言(Extensible Markup Language,XML),元数据交换(Metadata Interchange,XMI)或 TENA 定义语言(TENA Definition Language,TDL)。

对象建模应按照定义的 TENA 元模型进行。使用 UML 和 XMI 商业标准将增加任何 TENA 应用程序与商业对象建模工具成功交互的能力,且不需要新的 TENA 特定的对象建模工具,从而节约成本、缩短周期。

5.5.2.8 元数据标准

元模型将根据对象管理组(Object Management Group,OMG)的 UML 和元对象设施(Meta-Object Facility,MOF)标准来定义。MOF 是分布式对象仓库体系结构中最先进的技术,也是 OMG 采用的元数据(包括 UML 元模型)建模和表示为 CORBA 对象的技术。其中,MOF 为元数据建模,而 UML 为软件对象建模。

XMI 是元数据交换的标准,实际上它是一对并行映射:其中一个在 MOF 元模型和 XML 数据类型定义(Data Type Definitions,DTD)之间,另一个在 MOF 元数据和 XML 文档之间。XMI 以标准、明确的方式将元数据从一个存储仓库传输到另一个存储仓库。与对象建模一样,使用这些商业标准提高了 TENA 应用程序与建模工具交互和互操作的能力。

5.5.2.9 安全标准

TENA 采用 JTA 规定的安全标准。

5.6 软件体系架构

为实现驱动需求架构视图的互操作性,采用 TENA 特定域软件体系架构(Domain-Specific Software Architecture,DSSA)。首先介绍了特定域的概念,然后讨论 DSSA 的四个不同部分,即公共 TENA 元模型、公共 TENA 对象模型、公共 TENA 基础设施和公共 TENA 技术过程。本节描述了实现互操作性的靶场资源应用程序必须遵守的技术规范。

5.6.1 域概述

特定域软件体系结构(DSSA),描述了基于域模型的通用软件框图的规范,形成可重用、可互操作和可组合的应用程序池。TENA 域涵盖了所有信息处理、仪器仪表和通信等系统的软件部分,这些系统是指所有试验与训练靶场、硬件在环设施或系统测试设施。TENA 域特指软件系统或仪器系统的软件组件,不包括硬件。

5.6.2 TENA 元模型

元模型是对象模型形式化的描述,用于描述 FOM 对象或 TENA LROM 对象可能有的特征。TENA 元模型要求在统一框架下,定义 LROM 的规则并对中间件提出要求。由于 TENA 对象模型是一种提供 TENA 系统之间互操作通信的"语言",而这种"语言"又基于元模型,则元模型必须能够处理靶场可能需要表示的任何类型的信息。TENA 元模型可以描述目前和未来在靶场上所有的编码信息。

对 TENA 元模型的要求包括以下几方面:支持分布式计算;有足够丰富的特征能对整个试验和训练试验场系统所需要的对象建模;保证信息的语义一致性;在试验和训练试验场系统中提供简单、有效、标准的 TENA 对象模型;在满足上述要求的同时尽量易于使用和理解。为此 TENA 提出了状态分布对象(SDO)的概念,它把 CORBA 与 HLA 的优势集于一体。

5.6.2.1 元模型服务

TENA 对象模型主要支持三种类型的服务。这些服务为靶场不同类型需要编码和标准化的信息提供了基本功能。这三种服务分别为：

（1）在逻辑试验靶场具有确定寿命的对象（状态分布对象）；

（2）瞬时对象（消息）；

（3）信息流（数据流）。

1. 状态分布对象

状态分布对象（SDO），是指在靶场试验执行期间具有非零生命周期的对象，并在试验期间发生状态转变。SDO 具有远程可调接口和发布状态到客户端应用程序的功能。

一个 SDO 包含两个组合概念：分布式对象范例和分布式发布–订阅范例。分布式面向对象系统和发布–订阅系统为用户提供强大的抽象化编程能力，但所提供的能力并不完整。通常，传统的分布式面向对象系统不直接支持用户从单源到多个目的地传输数据；传统的发布订阅系统也不提供抽象化对象与其接口的方法。SDO 提供位置透明界面以及发布状态注释。SDO 发布状态是指从 SDO 的实例创建者传送到对 SDO 数据感兴趣的订阅方，订阅方接收 SDO 委托（成为代理），在其接口上调用相应方法，可以使用 COPBA 实现。此外，SDO 委托方为程序员提供了读出 SDO 发布状态的能力，就像是本地数据一样，如图 5-11 所示。

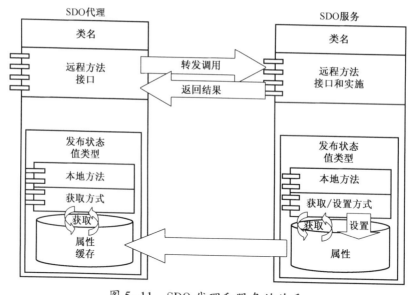

图 5-11　SDO 代理和服务的关系

一个 SDO 可以单独继承另一个 SDO，SDO 也可以有多个接口。接口在 Java 编程语言中是一组操作。若需要时，SDO 可以实现多个接口。当逻辑试验靶场开发人员定义和创建 LROM 中一个对象时，事实上就已经实现了这种方法。SDO 执行"元对象协议"（Meta-object Protocol），具有推断结构和接口的能力，但没有将 SDO 编译到应用程序中。因此，SDO 支持"内省"（查询接口存储仓库以发现 SDO 结构和接口的能力）和"动态调用"（对 SDO 调用方法并从代理接收结果的能力，而不是编译成应用程序）这两种功能。

"组合"是 TENA 元模型的最重要特性。多个 SDO 组合能力有利于创建可重用的 TENA 对象定义的标准集。因此 TENA 元模型允许组合，TENA 对象模型开发人员可以专注于小型、可重用、"构建块"对象的标准化，而不是一次定义全部对象模型。远程调用对象方法,用于对象或应用程序需要的一对一通信。另一方面,发布状态是用于一点对多点的通信,即一个对象的发布状态被传播给多个接收者。

2. 消息

消息是指由应用程序发布并由订阅使用的单个瞬时"信息包"应用程序。消息表示在发布者和订阅者之间传输的单个瞬时对象。消息在 TENA 元模型中定义为值类型,类似于 SDO 所支持的单继承、接口多重继承和组合一样;消息是在一个应用程序到多个应用程序通信中使用。而对于一个应用程序到另一应用程序的通信,则采用应用程序管理对象(Application Management Object,AMO)来实现。

3. 数据流

数据流表示重复、等间隔信息流,如音频、视频或遥测信息。数据流是指一个应用程序到多个应用程序,或一个应用程序到一个应用程序传输的信息。数据流在元模型中表现为 SDO 发布状态中的特殊流缓冲器属性。SDO 的其他发布状态属性包含与数据流相关联的所有元数据,而流缓冲器属性表示发布和接收实际数据流信息端点。而流本身由"帧"的序列组成,可能存在与单个帧相关联的多个类型的帧流。每个帧被编码为一个或多个值类型或向量。最简单的帧类型是八位字节的非类型向量,若 LROM 开发人员需要,可以构造更详细的帧。单数据流服务提供非常高的性能,服务质量管理机制用于交换流信息。

5.6.2.2　元模型元素

TENA 元模型描述了所有类似 UML 图的元模型元素,以及它们之间的关系,如图 5-12 所示。图 5-12 表示的是元模型概念的说明,每个概念都在 TENA 定义语言(TDL)中具有相应的关键字。

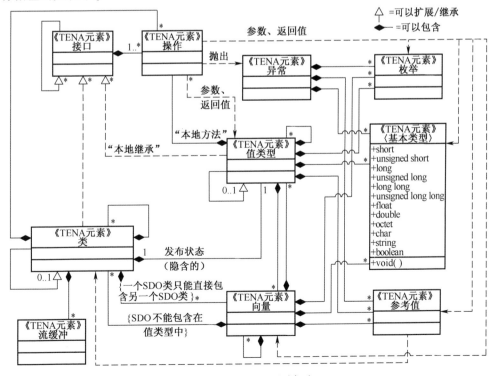

图 5-12　TENA 元模型

1. 类

类是为状态分布式对象服务的,其特征为:

(1) 可以从零或一个其他类继承(没有多重继承);

(2) 可以包含其他类(即组合),满足尽可能多的用户需要;

(3) 可以包含任意数量的像类一样的向量;

(4) 可以通过接口使用,满足尽可能多的用户需要;

(5) 可以包含多个操作(方法签名);

(6) 可以参考引用;

(7) 可以包含流缓冲器,这种特殊属性可以用作数据传播的端点;

(8) 包含一个称为"发布状态"的特殊值类型,发布给所有订阅者并且在订阅者的代理中进行本地缓存。

2. 流缓冲器

流缓冲器是 SDO 类的特殊属性,它提供了发送数据流的端点。数据流中的信息被分成不同的帧,每个帧进行向量或值类型编码。

TENA 元模型特性以类 UML 符号表示,状态分布式对象是图中显示为"类"的实例,消息定义为值类型,数据流的信息内容被定义为一系列向量或值类型,而数据流的端点被定义为特殊的 SDO 属性,即流缓冲器。

3. 接口

接口表示一个或多个类型的一系列操作(方法签名)。接口可以扩展(继承)多个其他接口,可以由 SDO 实现类或值类型。当接口由值类型实现时,接口被称为"本地接口",且继承被称为"本地继承"。无论值类型是在服务器上作为服务的一部分,还是在客户端上作为代理或消息体的一部分,总是执行这一方法。

4. 操作

操作是方法签名,包含返回类型值和一系列参数。其中参数可以指定为"in"(仅输入)、"out"(仅输出)或"in/out"(输入和输出)。返回类型值和参数可以是枚举类型、基本类型、引用类、向量或值类型。操作可能舍去错误或异常值;操作可以包含在类、接口或值类型中。包含在值类型中的操作被称为"本地方法",这是因为操作在值类型所在的位置执行。

5. 异常值

操作过程中,可能舍去错误或由意外情况产生的异常值。异常可以包含 SDO 的枚举类型和基本类型、引用类型。

6. 枚举类

枚举类,是指用户定义类的类型,可以给出预先已经定义的任何值。枚举可以包含在异常、值类型或向量中,也可用作操作的参数和返回类型值。

7. 基本类型

基本类型是表示不可分割的信息类型。基本类型可以包含在异常类、值类型和向量中,也可以用于操作的参数和返回类型值。TENA 元模型支持以下基本类型:

(1) Short:有符号的 16 位整数;

(2) unsigned short:无符号的 16 位整数;

(3) long:有符号的 32 位整数;

（4）unsigned long：无符号的 32 位整数；

（5）long long：带符号的 64 位整数；

（6）unsigned long long：无符号 64 位整数；

（7）float：32 位浮点值；

（8）double：64 位浮点值；

（9）octet：非类的、无解释的 8 位值；

（10）char：被解释为 ASCII 字符的 8 位值；

（11）string：被视为基本类型的字符序列；

（12）boolean：表示两个值之中的一个（8 位值）：TRUE 或 FALSE。

8. 引用

引用是指 SDO 类的分布式"指针"。引用 SDO，用户可以直接指向 SDO。当用户使用（或取消）引用时，可以获得 SDO 的代理，包括 SDO 发布状态的当前版本。引用可以包含在值类型、向量和异常中，也可以用作操作的参数和返回值。单个引用是针对 SDO 特定类型的使用。

9. 向量

向量是所有相同类型元素的序列。由多个子向量组成的向量也是一种有效结构，因此子向量支持逻辑试验靶场开发人员实现任何层面的组合。向量可以是相似的值类型、基本类型、枚举或引用的序列，其中相似 SDO 类的向量可以包含在另一个类中；向量可以是操作的参数和返回值，可以包含在值类型中，也可以作为数据流的帧。由于值类型也可能包含子向量，因此逻辑试验靶场对象模型开发人员可能创建具有相当复杂度的属性，例如一种特定的值类型向量可能包含基本类型、枚举类、引用等其他类型的向量。

10. 值类型

值类型是指仅本地存在的进程中，按"值"从一个进程传输到另一个进程的对象。最重要的值类型是隐含 SDO 类发布状态的值类型。值类型也可以用作消息体和数据流的帧。值类型具有以下属性：

（1）可以包含其他值类型（组合性）；

（2）可以包含任意数量的枚举；

（3）可以包含任何数量和类型的基本类型；

（4）可以包含任何数量 SDO 类的引用；

（5）可以包含任何数量其他元素的向量；

（6）可以存在于向量中；

（7）可以从一个其他值类型继承（实现单继承）；

（8）可以实现任意数量的接口，称为"本地继承"；

（9）可以实现任意数量的操作，称为"本地方法"；

（10）可以用作参数和操作的返回值；

（11）可以用作 SDO 类的发布状态。

5.6.2.3　HLA 和 TENA 元模型分析

1. HLA 元模型存在问题

（1）分布式"名称–数值"组会被解读，用户要么选择定义细粒度对象但性能较低，要么定义大型的解码结构,它有较高性能但在跨平台的互操作性或跨域、跨项目的标准化方面有局限性。

（2）HLA 元模型不支持聚合方式,即在定义对象类型时包含另一个对象类型,这种缺陷使小且频繁重用的"交互行为控制对象"无法实现标准化,而这类对象存在比较广泛。

该缺陷严重地限制了对象模型开发者,使他们无法创建、标准化及快速定义可重用的对象。TENA 元模型不仅允许用户定义超细粒度对象而无损其性能,还允许用户定义易于重复使用的类、结构和向量,这样就可以实现逻辑试验靶场间的重复使用,而无需全部形式化定义整个标准的 TENA 对象模型。通过在试验场中对 TENA 元模型进行试验验证,为 TENA 对象模型提供了逐步改进和迭代开发的基础。

此外,如果 TENA 元模型能得到完全应用的话,它会支持 HLA 不支持的对象模型构建,如支持多层用户域之间的数据流的标准化定义,支持通过局部方法实现对象模型内的无缝坐标转换,或支持对象模型的本地和远程接口。这一点 HLA 难于实现。

2. 基础架构服务差异

在 HLA 中,RTI 的数据分包是 RTI 开发者的实现问题。在 TENA 中,不需要特定速率或带宽的数据传输时,消息服务对使用的数据进行分包,连接服务确保提供用户定义的 QoS。在控制数据分包和提供不同的 QoS 方面,TENA 比 HLA 提供更多的基础架构支持。

在 HLA 中信息保护主要是分段执行,以及使用提供保护技术的桥接联邦成员进行隔离。同一分段操作内的所有联邦成员都处于同样的安全等级。TENA 为控制信息访问和确保安全通信提供更加灵活和细粒度的方法。试验与评价人员及参与试验场训练的用户可以控制信息访问,而不仅仅是限制访问保密信息,保护业务性信息,并控制资源中由多个试验和演习共享的信息。

在 HLA 中,基础架构服务无需设置联邦成员墙钟。墙钟时间和联邦成员时间的关系由联邦成员管理。在 TENA 基础架构中,时钟服务用于同步不同基础架构实例和资源的墙钟,以便于正确地解析逻辑试验靶场试验结果、关联实时位置数据。

在 HLA 中,联邦成员初始化数据不是 FOM 的一部分,FOM 不是由基础架构进行管理的。在 TENA 中,所有初始化数据都通过初始化管理进行存储和检索。TENA 中间件内的初始化管理器封装了访问方法,允许大数据集的分布式存储和透明访问,而不管存储的位置或存储技术的类型。

5.6.3　TENA 对象模型

TENA 对象模型的作用,在于实现虚拟试验中对象的共享和重用。TENA 对象模型建立了 TENA 系统体系结构中的实体类,定义了类属性和类方法,描述了虚拟试验系统组成之间的静态或动态的结构关系。对象模型作为一个整体,从应用系统、专业试验、试验实体(实物实体和虚拟实体)、TENA 核心对象等不同视图由顶至下的对 TENA 系统的所有对象进行描述。

TENA 对象模型(Object Model,OM)的主要目的,是实现语义互操作性,靶场所有资源应用程序使用"通用语言"进行操作。OM 包含许多不同类型的信息,将在靶场资源应用之间传送的所有信息进行最终编码。这些不同类型的信息可以表示为来自 TENA 元模型的元素。定义 TENA 对象模型是一个不断完善的过程,它将需要许多工程师对许多数据元素逐步标准化。TENA 对象模型创建和标准化是 TENA 架构的核心部分,也是试验(靶)场互操作性、可重用性和靶场资源的可组合性的技术基础。

TENA 架构工作组(Architecture Working Group,AWG),描述了 TENA 对象模型"自顶向下"的视图,如图 5-13 所示。

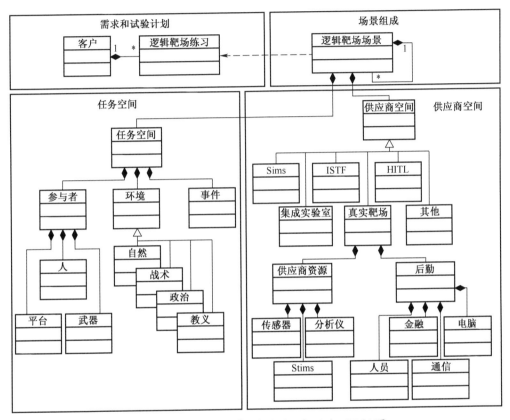

图 5-13　TENA 对象模型的"自顶向下"视图

靶场司令官理事会(RCC)标准主体,给出了信息标准化的特定章节,但没有一个章节来规范任务空间对象,而这些信息必须以某种方式标准化,以达到互操作性目标。美军在实时平台参考联盟对象模型(Real-time Platform Reference Federation Object Model,RPR-FOM)和海军训练元联盟对象模型(Naval Training Meta-FOM,NTMF)的仿真中,曾在"任务空间"开展了大量的对象标准化工作,但在 HLA 标准下使用的元模型不及 TENA元模型。因此必须对这些对象建模进行调整,以使它们与 TENA 兼容。试验任务场景的创建与对象模型中对象标准化要进行分离,即使它们依赖于对象。试验任务场景不仅仅是任务空间和提供商空间对象的集合,它还是一个重要的研究方向,包含实现方法和构成元素等。因此需要在创建"场景"的标准描述方面开展研究。

5.6.3.1　逻辑试验靶场对象模型概念

逻辑试验靶场对象模型(LROM),包括所有靶场资源对象定义,用来满足逻辑试验靶场任务执行中特定用户的直接需求。LROM 是指逻辑试验靶场中的所有靶场资源应用程序共享的公共对象模型,它包含标准 TENA 对象模型元素,也可能包含非标准的对象定义。

逻辑试验靶场的执行程序在语义上由 LROM 结合在一起,因此重要的是为特定试验任务来定义 LROM。这项工作可通过对各个靶场资源程序进行集成,共同执行逻辑试验靶场试验任务。LROM 由逻辑试验靶场开发人员在规划逻辑试验靶场时进行定义。

LROM 的概念非常重要。因为在逻辑试验靶场创建之前,不可能创建整个标准 TENA 对象模型。开发 TENA 对象模型是一个循序渐进的迭代过程。在特定逻辑试验靶场上表达特定对象模型需要 LROM 概念来支撑。随着 TENA 对象模型定义越来越完善,可以预计每个 LROM 将包含越来越多标准化的元素,以及少量基于 AD HOC 的靶场试验或仪器系统的元素。当 TENA 对象模型标准化以后,LROM 可以表达为特定逻辑试验靶场应用的 TENA 对象模型的子集;当新的试验能力持续不断引入靶场时,需要在标准化其他层次上永远允许增加对象模型。

5.6.3.2 TENA 对象模型表达与存储

TENA 对象模型将使用 UML 进行表述。UML 是一个非常通用的开放标准,既可用于表达 TENA 元模型中的所有功能,也可用于描述对象模型的商业标准。TENA 通过设计一组约束,将 TENA 元模型中定义的限制性条件在 UML 中进行编码。

TENA 对象模型的应用有可能因靶场试验时段不同而不同。这些不同的"侧面"如图 5-14 所示。例如在试验任务执行期间,从一个靶场资源应用程序传输到另一个靶场资源应用程序的对象可完成一次应用过程。在仓库或逻辑试验靶场数据档案中存储的相同对象,可能具有完全不同的应用和不同的行为。这些应用必须彼此兼容。

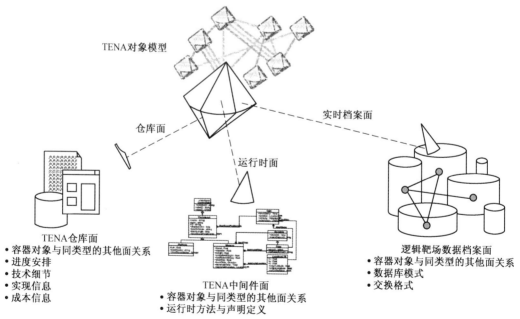

图 5-14 TENA 对象模型的"侧面"取决于对象存储的时间和地点

在 TENA 对象模型中,对象的 UML 描述被"编译"或转换成软件或数据库模式。在逻辑试验靶场实现过程中,通常采用两个编译步骤将 TENA 对象模型与 TENA 基础设施进行兼容、整合。当以两种或多种不同的编程语言(如 Java 和 C ++)实现单个 SDO 时,会出现兼容性问题。在这种情况下,若使用管理数据库模式,TENA 则依赖标准代码生成器即逻辑试验靶场对象模型实用程序,以保证每种表达方式与其他方式兼容。

　　TENA 对象模型由靶场所有的类和值类型定义、相关的标准化信息组成。这些定义包括对象不同侧面之间的关联关系,这种关系在整个逻辑试验靶场生命周期中可以改变,这些完整的定义存储在 TENA 仓库中。TENA 对象也可以实现(远程或本地)接口中定义的标准化操作,这些标准化应用也可存储在仓库中,但并非所有 SDO 执行方法都需要标准化。TENA 的一个显着优点是使用标准接口与各种不同仪器系统通信的能力,每个接口实现方式不尽相同。

　　TENA 定义语言(TENA Definition Language,TDL),是一种基于文本的、并在 LROM 中正式定义对象的语言,可以编译成可执行代码。TDL 是基于 OMG 的接口定义语言(Interface Definition Language,IDL),允许有少量的符合 TENA 元模型的关键字(如用于 SDO 的"类"和"向量"替代"序列"等)来定义对象。TDL 入列在 TENA 定义语言指南(Definition Language Guide,DLG)目录之中。

5.6.3.3　TENA 对象模型开发过程

　　在 TENA 对象模型开发过程中,标准 TENA 对象模型只能从"自下而上"逐步建立。自下而上方法,是首先研究靶场发送的信息特征,然后关注这些信息中哪些是靶场共同的,哪些是不同的。TENA 对象模型开发策略是发现相似之处并消除差异,从而创建适合所有靶场的对象定义。

　　采用自下而上方法创建"组合模块"对象。一个典型的组合模块对象例子如时空位置信息(Time-Space-Position Information,TSPI),该对象在所有靶场内都在使用。在靶场之间实现互操作性,先是对自然组成的所有元素信息进行标准化,如时间、位置、方向与速度等。当这些组合模块对象中每一个元素被定义和标准化为 SDO,则可以通过组合满足其他对象的需要。就其本身来说,TSPI 标准化的这一简单步骤也将对不同靶场和靶场仪器系统之间的互操作性水平产生巨大差异。非常重要的是,TENA 对象模型开发过程首先关注这些小尺度、永久、可重用的对象,而不是只关注更难或大尺度的信息建模问题。在任何情况下,大尺度对象模型几乎总是依赖于小尺度的组合模块对象。

　　TENA 并没说明在对象模型中定义对象的详细技术过程。TENA 信息编码需要了解当前或未来靶场系统以及对象模型的详细知识。关于对象建模的诸多资料描述了如何将信息和接口进行分组的准则。创建 TENA 对象模型需要相关机构和人员共同完成,包括:

　　(1) 靶场司令官理事会(Range Commanders Council,RCC):公认的靶场标准机构。

　　(2) TENA 架构管理团队(Architecture Management Team,AMT):由 TENA 架构相关单位和人员组成,负责审查和批准 TENA 架构(包括文档)等技术文件。

　　(3) AMT 对象模型工作组(Object Model Working Group,OMTG):AMT 中对对象模型的感兴趣或有经验的一个子团队,他们执行与 TENA 对象模型的开发相关的日常管理和技术管理任务。

　　(4) 靶场工程师(Range Engineers):依据实际需要,他们为逻辑试验靶场创建对象定义并提交,以实现标准化。

　　TENA 对象模型开发是一个迭代过程,其基本过程包括以下步骤:

（1）靶场工程师将符合 TENA 标准的应用程序与 TENA 中间件进行集成,并确定逻辑试验靶场的 LROM。

（2）LROMs 被编译成源代码输入到 TENA 仓库中以备将来重用,并在一个或多个逻辑试验靶场运行中进行测试。

（3）OMWG 与逻辑试验靶场开发人员合作,以消除对象定义的冲突。当提出新的或修订的对象定义,必须在逻辑试验靶场运行中对它们进行测试。

（4）当靶场委员会获得基于逻辑试验靶场大量测试的特定对象定义时,靶场工程师则支持特定对象定义作为标准化的候选者,并将其提交给 AMT 以进行审查。

（5）鼓励新的逻辑试验靶场使用候选对象来测试并验证它们的有效性。

（6）当对特定对象定义获得足够的信心时,AMT 投票批准它用于标准化,并且将批准的对象转发到 RCC 以供参考。

（7）RCC 将批准的对象定义,分配给其中一个子组进行研究。在该子组的报告之后,对象定义被投票成为标准,或者被拒绝并附带评论返回给 AMT。AMT 采取任何必要的行动来满足 RCC 的关注,包括测试对象定义的任何修订版本。

从这个描述可以看出,构建和标准化 TENA 对象模型将是一个非常审慎和渐进的过程。上面提到的不同级别的标准化是必要的,这使得靶场在定义完整的 TENA 对象模型之前可以开始使用 TENA。上述过程中包含的有助于标准化的四个级别是:

（1）非标准对象:不在其他三个类别中的任何一个对象定义,但仅为给定逻辑试验靶场的定义。

（2）候选对象:在多个靶场试验中作为各个逻辑试验靶场的一部分进行测试的那些对象,它们已由 OMWG 转发给 TENA 架构管理团队（AMT）作为标准候选。

（3）AMT 批准的对象:基于适当的候选对象的那些对象定义,已经由 AMT 确认与其他候选对象完全消除冲突,并由 AMT 批准并被转发到 RCC 用于标准化。

（4）RCC 标准化的 TENA 对象:已被 RCC 批准为标准的对象定义,可组成标准的 TENA 对象模型。

每个 LROM 由这四个类别中任何一个提取的对象组成。随着时间的推移,更多 LROM 对象有望被更多标准的类别重用,少数则成为非标准的类别。TENA 最终目标是具有大量可互操作的靶场资源,可以重复使用并组成逻辑试验靶场以满足特定靶场试验的需要。只有当靶场的大部分信息需求达到批准或标准水平时,这个目标才能完全实现。

5.6.3.4 应用程序管理对象

为了将各种 TENA 工具、控制及管理应用程序完全集成在逻辑试验靶场内,靶场资源应用程序必须向逻辑试验靶场开放接口,在某些情况下还必须考虑安全并受控。该接口通过"应用程序管理对象"（Application Management Object,AMO）来实现。AMO 表示逻辑试验靶场中的应用。每一个靶场资源应用程序都会发布代表自身的单个 AMO（AMO 是 LROM 的一部分）。AMO 也是一个 SDO,具有远程可调用的接口,可用于初始化与控制,向应用程序传递消息。AMO 还发布状态属性,这种属性能描述应用程序的健康和运行状态,只有一个 AMO 定义用于描述所有靶场资源应用程序。每个应用程序开发人员要提供 AMO 接口背后的基本功能,并定期更新 AMO 的发布状态。从这个意义上说,每个 AMO 实例都是为特定应用程序定制的。

5.6.3.5 环境

实现互操作性的一个关键问题是通用环境的建立。这意味着对靶场运行环境要有共同的理解。若没有这种通用的环境表示,则真正的互操作性是不可能实现的。自然环境的每个元素如地球的形状、地形、地形特征、城区、水深与海洋状态、大气条件和天气等需要以标准方式表示,便于计算机的理解与执行。大量的环境信息标准化的过程非常复杂,并且需要逐步进行。美国国防部已经开始了这一标准化过程,称为合成环境数据表示和交换规范(Synthetic Environment Data Representation and Interchange Specification,SEDRIS),是 DoD 建模与仿真办公室(DMSO)应用程序。SEDRIS 具有通用性,尽管它源自建模与仿真领域,但完全可以运用在试验靶场之中。

SEDRIS 基本上涉及两个关键问题,即环境数据表示和环境数据集交换。为了实现环境数据表示这一目标,SEDRIS 提出了数据表示模型(Data Representation Model,DRM)及相应的环境数据编码规范(Environmental Data Coding Specification,EDCS)和空间参考模型(Spatial Reference Model,SRM),用于描述靶场的环境数据,同时通过相同的表示模型可清楚地掌握其他靶场的环境数据。环境数据仅仅能够清楚地表示或描述还不够,还必须能够以有效的方式与其他人共享这些数据。因此 SEDRIS 的第二关键问题是可以使用数据描述模型表达的环境数据交换能力。对于用于交换的 SEDRIS API,其格式、相关工具和实用程序起着非常重要的作用,并在语义上匹配数据表示模型。SEDRIS 不但不试图判断、分离或区分各个领域如何使用环境数据,反而提供了一个统一的方法,供所有领域描述和共享这些数据,而不会损害一个或另一个。

TENA 指定 SEDRIS 作为其环境信息表示方式。由于用于 SEDRIS 元模型与 TENA 元模型有所不同,SEDRIS 关注于非运行时段的信息交换,需要进行技术调整以使 SEDRIS 元模型适应 TENA 元模型,使得 SEDRIS 信息可以在靶场运行期间进行交换。OMWG 被授权使用 SEDRIS 程序,定义符合 SEDRIS DRM、EDCS 和 SRM 等规范的 TENA 对象。这些 TENA 对象定义是为了适应环境的 SEDRIS 模型,以便可以在靶场试验任务执行过程中使用。除此之外,TENA 全部采用标准的 SEDRIS API、工具和实用程序。

5.6.3.6 时间测量

互操作性的另一个关键是时间测量问题。所有靶场具有从外部硬件源检索时间的不同接口。TENA 标准没有准确时间测量的方法,但 TENA 指定了检索准确时间的公共软件机制:在 TENA 中间件中定义了一个框架,用来定义这种多重底层硬件的公共接口。这种时间含义与任意 SDO 时间不同,它可被定义为 TENA 对象模型的一部分。SDO 时间,可以是 TSPI 对象的一部分,也可以是一种 TSPI 对象传输到其他靶场资源应用程序的有效时间的编码方法,但不是一种测量当前时间的方法。为了测量当前时间,使用中间件定义的接口,靶场资源开发人员获得与平台硬件匹配的时间测量能力。这个通用接口提供必要的标准化,应用程序能够以某种方式访问正确时间,以实现所有应用程序之间的互操作性。TENA 技术架构的规则要求所有靶场资源开发人员实现该接口,并描述时间测量方法和时间测量精度。

5.6.3.7 场景

如上所述,场景(Scenario)是靶场试验任务的初始条件描述与说明,包括客户的目的和需求的理解、靶场资源应用程序列表和被试系统及其初始条件。场景并未定义为一系列 SDO,尽管可能包含有关 SDO 的信息,这是由于它只是用来对靶场试验任务进行初始化,也不在试验任务执行期间进行通信。场景使用试验任务计划工具套件开发和编码而成,并存储在逻辑试验靶场数据库(LRDA)中。逻辑试验靶场试验开始时,靶场资源应用程序从存储的场景中检索其初始化信息。场景的格式和内容将逐步形成规范。

5.6.3.8 元数据

在仓库中,TENA 对象模型中的每个对象定义都与一系列的元数据相关,包括其历史和起源、标准化状态以及依赖于它的其他对象定义等。逻辑试验靶场开发人员(或 TENA 工具和实用程序的任何用户)利用元数据,使 LROM 和场景的构造变得更简单、更快捷。准确定义元数据属性、格式和存储需求的工作,还有待于 TENA 仓库原型的不断开发与完善。在美国,TENA 仓库中元数据定义的迭代过程与推广应用的任务是由 OMWG 和 AMT 承担。

5.6.4 TENA 公共基础设施

TENA 元模型和 TENA 对象模型为 TENA 应用程序提供了公共语言和公共环境。TENA 公共基础设施为这种通信提供了一组标准方法,支持 TENA 生命周期内全时通信。主要包含两种通信范例:

(1) 当非同时运行的应用程序之间进行通信时,需要采用某种形式的持久存储方式以存储程序之间通信的信息;

(2) 当同时运行的应用程序之间进行通信时,需要以严格时序(time-critical)的方式交换大量信息。

TENA 公共基础设施有三个组成部分,即 TENA 仓库、逻辑试验靶场数据库和 TENA 中间件。

(1) TENA 仓库:包含 TENA 对象模型、TENA 实用程序和工具的可执行文件、TENA 基础设施软件、TENA 文档、经验教训以及 TENA 任务所需的任何信息。因此,TENA 仓库并非只包括某个逻辑试验靶场的所需信息。

(2) 逻辑试验靶场数据库(LRDA):存储了逻辑试验靶场运行所需的所有数据,包括场景、初始化信息、试验期间收集的数据和摘要信息等。它是在逻辑试验靶场中应用程序之间进行非实时(持久)通信的主要方式。

(3) TENA 中间件:逻辑试验靶场在执行试验任务期间,中间件在靶场资源应用程序之间提供高性能、低延迟、实时通信,以及对逻辑试验靶场数据库的访问功能。

在 TENA 试验过程中,TENA 公共基础设施提供了实现互操作性所需的基本功能。每个软件项都有(或将有)为其编写的详细需求文件,即 TENA 中间件需求文档(Middleware Requirements Document,MRD)。这些文档将采纳 JORD 和 TCRD 中的所有要求,并将它们规划在一个或多个组件之中。

5.6.4.1 TENA 仓库

1. 需求分析

TENA 仓库包含与 TENA 相关的所有信息,而不是某个特定逻辑试验靶场的信息。实际上,TENA 仓库是一个大型、统一、安全的数据库之数据库。对用户来说,看起来它只是个单独的"逻辑"仓库,但通过统一接口的方法,可将靶场需要的不同类别信息完整地应用于TENA。仓库中每类信息可以分别存储在不同的数据仓库中。TENA仓库可能有许多基础的物理数据仓库,如关系数据库、面向对象数据库、分层数据库,以及仓库信息文件。TENA仓库必须包含以下类别的信息:

（1）TENA对象模型:类、值类型定义等;

（2）SDO方法的标准化实现（如坐标转换）;

（3）对象定义和实现的元数据:包括其起源、标准化状态、安全状态、前期应用和可能的不兼容性,以及与其他对象和应用程序的不一致性等;

（4）所有TENA工具的可执行版本;

（5）TENA中间件的对象代码和库;

（6）TENA文档;

（7）以前逻辑试验靶场执行任务时档案的历史信息,包括场景信息、收集的数据、汇总数据与经验教训等。

以上这些信息对于实现应用层的可组合性是必不可少的。特别说明,将什么类型的对象和应用程序的元数据组合在一起使用,使逻辑试验靶场开发人员利用逻辑试验靶场规划实用程序（Logical Range Planning Utilities, LRPU）和事件规划工具组件（Event Planner Tool Suite,EPTS）设计逻辑试验靶场,这一点是至关重要的。这类信息的准确属性和结构将在TENA仓库需求文档（Repository Requirements Document, RRD）中加以说明。

最后,TENA仓库的一个重要需求是安全措施,如只允许授权访问或更改信息。若TENA仓库未分类版本存在于公共因特网上,则必须具有适当的安全控制机制以防止未经授权的访问。TENA仓库的分类版本可以在各种分类网络上托管,以支持机密、秘密或以上等级的信息。或者也可以使用不连接外部网络的安全设备,通过一系列分类的DVD不时地发布TENA仓库信息。

TENA仓库由相关机构或部门管理,也鼓励各个试验（靶）场创建自己的(子)仓库,最终可以集成到整个TENA仓库中。

2. Strawman设计

TENA仓库采用Strawman设计方法,进行多层次TENA仓库分层设计,如图5-15所示。Strawman设计并不是详细设计方法,只是使用层次结构（分立层）来实现信息的存储、部署和呈现的相关功能。

第一层（最底层）,是存储原始数据的数据库。每个数据库都有一个数据库服务器,数据库服务器可以服务于关系数据库、多媒体数据库、面向对象的数据库或任何其他持久性存储方式。

第二层,实现各种信息格式的统一。该层主要负责从基础信息中创建"联邦数据库"。联邦代理组件以相同格式或模式代理基础数据。所谓"联邦"是指他们相互通信并对第一层中提供的信息进行整理,并非所有代理都与底层数据库服务器通信,只有一些代理需要进行某个或几个底层数据库的翻译和通信。分布式和联邦仓库服务组件提供所需的全局服务,如构型管理和用户安全性等。

第三层,负责向用户提供信息,由客户端与信息服务器进行交互（如第四层所示）。

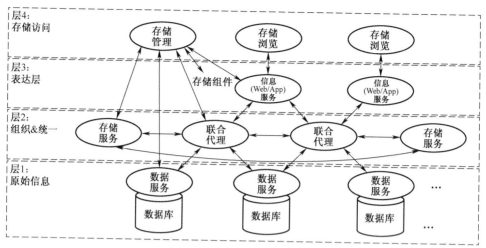

图 5-15　多层仓库示意图

在一些情况下,这些信息服务器可以是简单的 Web 服务器,客户端可以是 Web 浏览器,也可以是高级的应用程序服务器,为更复杂的客户端提供重要功能。通常,信息服务器负责由代理组织的信息服务,并根据仓库服务中编码结构和策略向用户提供信息服务,用户使用仓库客户端应用程序如仓库管理器或仓库浏览器,查看和/或更改并重新排列基础 TENA 仓库中的信息。值得注意的是,仓库浏览器只与信息服务器交互,因此成为真正的 Web 浏览器;为了保持整个仓库系统正常运行,仓库管理器必须与仓库系统中的所有组件进行交互。

第四层为客户端使用层,用于查看/或更改。

5.6.4.2　逻辑试验靶场数据档案库

1. 目的与要求

逻辑试验靶场数据档案库(Logical Range Data Archive,LRDA)用于所有与逻辑试验靶场运行相关的持久性信息存储和检索。LRDA 的服务必须满足以下关键功能:

(1) 存储场景及试验前的其他重要信息和计划。

(2) 存储并提供初始化信息,用于靶场资源应用程序初始化和分析程序检查初始化信息。

(3) 在试验进行期间支持高性能数据收集,存储逻辑试验靶场运行中产生的所有相关数据,并对数据进行分析。

(4) 信息可存储在多个地点,因为许多靶场资源应用程序需要在本地存储一些关键信息;如果逻辑试验靶场开发人员需要,也可以集中存储信息。

(5) 所有信息都有时间戳,利用分析应用程序可获得逻辑试验靶场运行时的即时状态(时间函数)。

(6) 在靶场运行期间支持尽可能多的查询,因为在试验中发生某类行为时,需要分析程序提供即时反馈信息。

(7) 支持事后查询与分析。

(8) 支持安全性,只有经授权的应用程序可以根据预先定义的安全策略访问信息。

（9）在试验全周期中，支持 TENA 对象模型的概念。

（10）支持靶场操作者具有管理整个 LRDA 的能力，犹如管理单一数据收集系统一样。

（11）支持应用程序试验前使用标准方法和 API 进行信息交换的能力。

总之，LRDA 必须是一个高性能、分布式、以时间为历程的数据档案库，用于支持实时查询。LRDA 不是在单台计算机上运行的单个数据库，必须同时满足以上所有要求。因此在任何情况下，LRDA 将是在整个逻辑试验靶场内的许多计算机上运行的联邦数据库。

2. Strawman 设计

逻辑试验靶场数据档案库需要利用一些工具进行设计，如图 5-16 所示。这种设计方法不是作为定义给出的，而是作为示例以帮助理解如何满足上述要求的一种实现可能性。与 TENA 仓库一样，设计逻辑试验靶场数据档案库不是指单个计算机上运行的单个数据库，而是在逻辑试验靶场内的许多计算机上运行的联邦数据库。

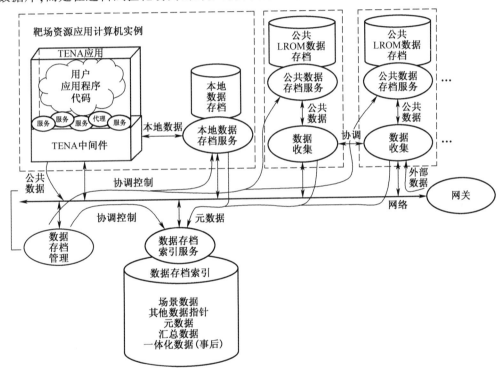

图 5-16　逻辑试验靶场数据档案库的 Strawman 设计

在此设计中，有三种类型的基础数据库构成逻辑试验靶场数据档案库，即本地（靶场资源应用程序）数据档案、LROM 公共数据档案与数据档案索引服务器。

（1）本地（靶场资源应用程序）数据档案：这些数据档案存储了未被特定靶场资源应用程序公开但需要收集进行事后分析的信息，包括 SDO 远程调用、TENA 中间件性能和其他指定的应用程序信息等。

（2）LROM 公共数据档案：这些数据档案是由数据收集器收集并记录的公共 LROM 信息，包括 SDO 发布的状态、消息和数据流。数据收集器及其关联的数据档案可以作为靶场资源应用程序在同一台计算机上运行，也可以在不同的计算机上运行，具体情况取决于逻辑试验靶场的性能要求。

（3）数据档案索引服务器（Data Archive Index Server，DAIS）：包含逻辑试验靶场场景信息和 LRDA 总体结构图。在靶场运行期间，它包含上述其他数据档案中收集数据的"指针"和元数据，需要时可以访问该数据。试验后，在其他数据库中的数据归类到数据档案索引（Data Archive Index，DAI）下，以便更快地进行分析和审查。若逻辑试验靶场性能允许，则来自其他数据库的数据在空隙时间内传到数据档案索引服务器，这样就可以在试验运行期间对其他存储器中的数据进行归类。

在本示例中，每个靶场资源应用程序都有一个内置到 TENA 中间件在本地副本中的小型数据收集器。使用 TENA 中间件 API，靶场资源应用程序可以指定在本地收集哪种类型的信息。在试验进行期间，TENA 中间件将信息转发到本地计算机上的本地数据库服务器。本地数据档案服务器（Local Data Archive Server，LDAS）周期性地将本地收集的关于信息的元数据转发到数据档案索引服务器。元数据不是数据本身，而是必需的最小量信息，是用来使数据档案索引服务器在需要时，可以从指定数据库索取任何单个记录或表格。一般来说，每个靶场资源应用程序都有一个本地数据档案服务器。

数据收集器实用程序，是用于从靶场资源应用程序和网关收集公共 LROM 信息（包括 SDO 状态更新发布、消息和数据流等）的主要手段。从逻辑试验靶场的需要出发，由逻辑试验靶场开发人员决定每个逻辑试验靶场中运行一个或多个数据收集器。若只有单个数据收集器，则在试验进行期间收集所有 LROM 信息；若有多个数据收集器，则各自收集 LROM 信息的一部分。在简单系统中，可以根据预定义要求收集数据；在复杂系统中，基于预测数据收集负载量的算法，执行运行时复杂的负载平衡，在这种情况下，称这些数据收集器为"联邦"收集器成员，能够在运行期间以最优自适应收集策略进行联邦成员之间的协调。每个数据收集器都有一个"公共数据档案服务器"（Public Data Archive Server，PDAS）的数据档案服务器，以将其与本地数据档案服务器和数据档案索引服务器区分开。与本地数据档案服务器一样，公共数据档案服务器定期地向数据档案索引服务器发送元数据，以便知道信息存储在何处，在运行过程中需要时随时进行检索。数据档案索引服务器提供索引信息，其中包括场景和在其他数据档案中数据的指针、其他元数据，以及最终合并后逻辑试验靶场收集的所有数据。

在本例中，逻辑试验靶场数据档案的生命周期可以被认为是一对多、多对一的过程。首先，数据档案管理工具（Data Archive Manager Tool，DAMT）对数据档案索引服务器进行初始化，并创建新的数据档案索引（DAI）。在执行之前，事件规划工具组件（Event Planner Tool Suite，EPTS）和逻辑试验靶场规划实用程序（Logical Range Planning Utilities，LRPU）中的工具使用场景和初始化信息填充数据档案索引。在初始化期间，每个靶场资源应用程序和 TENA 工具从数据档案索引直接或通过 TENA 中间件间接地获取初始化信息。当靶场资源应用程序初始化后，本地数据档案服务器创建一个新的本地数据档案并在数据档案索引服务器上进行注册。类似地，运行开始时，数据收集器也会初始化其数据档案并在数据档案索引服务器上进行注册。在试验任务执行过程中，数据档案管理器（Data Archive Manager，DAM）协调逻辑试验靶场内的所有数据档案服务器一起工作，并监控其运行性能和健康状态。

逻辑试验靶场数据档案，关联了由数据档案索引绑定在一起的多个数据档案服务器。

任务执行开始时,每个辅助数据档案服务器将元数据发送到数据档案索引服务器。事件分析器组件中的工具可以在执行期间直接查询数据档案索引服务器,查询结果由数据档案索引服务器在辅助数据档案服务器中进行整理,其结果反馈至查询应用程序。任务执行结束后,数据档案管理器(DAM)启动合并过程,从而将每个辅助数据库的数据注入数据档案索引,这种合并也可以使用网络上的标准方法来进行。有时,在网络中传送辅助数据档案文件,再"批量加载"到数据档案索引中。

在合并阶段完成后,逻辑试验靶场的所有数据都存储于单个数据档案索引中。合并所有数据使分析过程更加高效,但在某些情况下由于信息量太大不可能进行合并,这时数据档案索引服务器继续作为各个分布式联邦数据库系统的中心,只是系统查询性能明显下降。在进行分析时,事件分析组件中的工具将"缩减"或"已处理"的数据存入数据档案索引。所有分析完成后,将所有可重复使用的信息输入 TENA 仓库,并将数据档案索引备份到可移动介质。

所有数据档案服务器都与 TENA 中间件进行集成,并具有 TENA 中间件的标准外部接口(ODBC、JDBC、SQL、CORBA),实现高性能的信息访问能力,而不必设计高性能联邦数据库引擎和高性能实时数据分发系统,从而设计简化了 TENA 中间件设计。

5.6.4.3　TENA 中间件

TENA 中间件由信息管理服务和托管应用组成,是 TENA 试验资源的所有试验实例间信息交换的标准。信息管理服务包括分发服务组、消息服务组、连接服务组、时钟服务组、基础架构支撑对象组。托管应用包括网络管理器、资产管理器、执行管理器、初始化管理器。信息管理服务中前 3 个服务组(分发、消息和连接服务)负责基于对象的订购服务,为系统内的信息传递提供服务,包括数据和控制信息;时钟服务组和基础架构支撑对象组,提供逻辑试验靶场内的时间同步能力和基础架构的内部功能运行。托管应用包含的资产管理器、执行管理器、初始化管理器和网络管理器,是 TENA 中间件中四个必须的应用,负责计划、调度和执行逻辑试验靶场的试验/训练,管理数据的初始化,管理通信资源[13]。

逻辑试验靶场每个实例中不变的部分组成了系统基础结构服务和托管的系统应用。这不变的基础部分叫做 TENA 中间件,如图 5-17 所示。

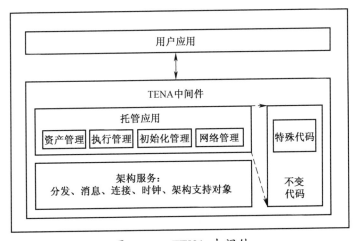

图 5-17　TENA 中间件

TENA 中间件具有以下特点：

（1）TENA 中间件包括了逻辑试验靶场中所有实例的标准部分；

（2）TENA 中间件中的部分内容可以根据需要进行定制,以满足某些试验场或设备的特定需求；

（3）TENA 中间件管理全部系统的运行,对 TENA 对象模型中可用的多种元素进行集成；

（4）TENA 中间件为系统提供服务。

TENA 中间件的目标是为试验与测试设备或系统提供一种相互通信的手段,并为逻辑试验靶场实例的协同操作提供统一的管理方法。通过 TENA 中间件可以把所有试验设备集成起来,同时还保留了组件间的一定程度的独立性。每个 TENA 中间件都是一个相互协调的分布式服务的集合[14]。图 5-18 对 TENA 中间件进行了描述,说明了其内部结构和接口。

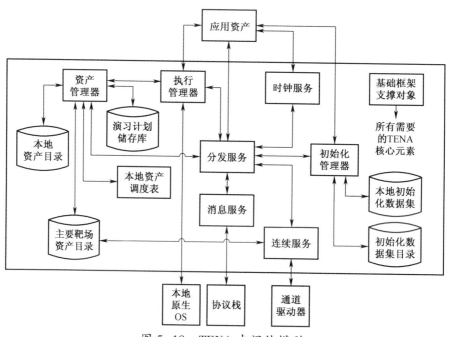

图 5-18　TENA 中间件模型

TENA 中间件是一种高性能、实时、低延迟通信的基础设施,当靶场资源应用程序和工具运行时,实现 LROM 中对象的通信功能。TENA 中间件连接到每个 TENA 应用程序以及对象定义。TENA 中间件支持 TENA 元模型,也是 TENA 对象模型中所有对象实现通信的方法。TENA 中间件提供统一的应用程序编程接口(API)支持 SDO,发布和订阅消息、数据流,并连接逻辑试验靶场数据档案。

TENA 中间件的总体要求包含在目标声明(Statement of Objectives,SOO)文档中,详细要求在 TENA 中间件要求文档中进行了描述。

TENA 中间件实现创建、管理、发布和删除 SDO、消息和数据流的功能,并支持管理 LROM 中对象的服务,如对象安全性、数据完整性、已发布对象状态信息之间的一致性,以及对象之间的关系;同时,也支持多种不同的基于 TENA 元模型的通信策略,包括对 SDO

的远程方法调用、基于订阅的 SDO 发布状态传播以及基于订阅的消息和数据流传送。每一策略都有与它们相关的服务质量,如 SDO 发布状态可以采用可靠传送方法,或者"尽力而为"方法进行传送,其中可靠传送方法能够保证到达预期节点,但要以增加处理工作量或产生时间延迟为代价,而"尽力而为"通信不能完全保证传送到指定节点,但效率更高,特别适合一对多通信的情况。

TENA 中间件支持多种不同的通信网络,如常规 IP 网络、共享内存网和反射内存网等,但不需要同时支持所有网络。与常规网络一样,可以采用网关(路由器)将信息从一种网络转换到另一种网络。TENA 中间件支持创建和管理逻辑试验靶场的基本服务,包括大范围的逻辑试验靶场隔离同步、对象认证和安全性[15]。

由于 TENA 中间件能够接入所有靶场资源应用程序,可以在各种平台上运行,并支持所有靶场中使用的编程语言,适应各种应用程序线程和过程管理策略,即从单进程、单线程应用程序到多线程可重入与多进程应用程序。它通过编译为自省和动态调用提供服务,以支持完全没有或部分没有 LROM 的应用程序。

TENA 中间件 API,是所有靶场资源开发人员编写应用程序时使用的标准。TENA 中间件 API 标准化过程与 TENA 对象模型类似,首先由 AMT 批准,再由 RCC 标准化。TENA 中间件与 HLA 之间的互操作性应设计得尽可能透明。除了 HLA 时间管理功能以外,TENA-HLA 网关应用程序设计应该简单且易于实现。TENA 中间件架构如图 5-19所示。

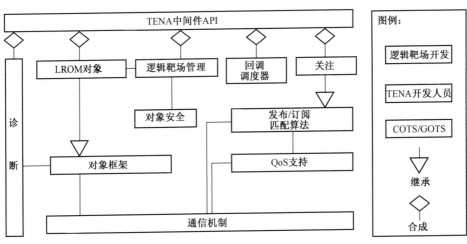

图 5-19　TENA 中间件的 Strawman 设计

在 Strawman 设计中,TENA 中间件 API 集合了许多服务,包括处理 LROM 对象管理与逻辑试验靶场管理,以及中间件到靶场资源应用的回调函数、应用程序订阅请求方法等;设计专用分布式算法在发布者和订阅者之间进行映射;设计其他算法满足不同级别和类别的服务质量;设计一组底层通信方法发送和接收信息。在 TENA 中间件中,某些方面(如通信方法和提供对象安全性的服务)可采用基于商用现成技术(Commercial-Off-The-Shelf,COTS)或政府现成技术(Government-Off-The-Shelf,GOTS)的软件组件。

通过 TENA 中间件,将试验场内部各种系统连接起来,并将试验场与其他建模/仿真系统进行连接,如图 5-20 所示。TENA 中间件是系统集成的桥梁。TENA 中间件的作用,是提供一整套强大的、开放的工具和标准。采用中间件,能够规范各种试验场应用中的行为,快速重配置资产集。

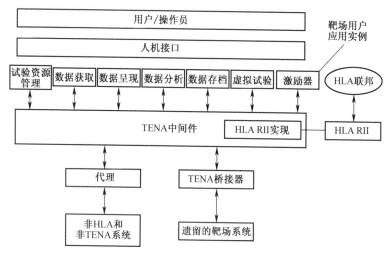

图 5-20 TENA 功能划分示意图

(1)用户/操作员:由操作和使用试验设备的人员构成。

(2)人机接口:显示技术和与之相关的处理过程,如 GUI。

(3)试验资源管理:用来配置试验资源,管理设备清单,完成试验记录和复现,生成用户报告,监控系统的维护,管理试验进度,生成成本预算,在试验资源能力和资产中查找和匹配所需的试验资源。

(4)数据获取:包括设备数据检测和预处理的所有方面。

(5)数据分析:用于对设备收集的数据进行各种分析。

(6)数据显示:在演习的任意阶段或演习结束后,完成数据处理和提供表示数据的方法。

(7)数据档案:对演习或其他试验资源用到的数据进行存储和检索。

(8)虚拟试验:用于提供与其他试验资源进行交互的综合作战环境元素的建模应用。

(9)TENA 中间件:体系结构中的基本组件,为系统提供广泛而普遍的服务和托管应用。TENA 中间件封装所有的操作系统、实用工具、通信协议、通信和协调设备等,为应用执行和协调其他活动提供环境。

(10)HLA/RTI:HLA/ RTI 元素用于为建模和仿真系统的联邦成员提供交互。

(11)代理:是不同系统结构之间的接口。当既不兼容 TENA 和 HLA,又要同其他试验资源进行交互时,采用代理方式。

(12)TENA 桥接器:遗留系统的试验资源可能通过 TENA 桥接器集成到当前试验系统中。

5.6.5 TENA 通用技术过程

本节介绍创建逻辑试验靶场的技术问题,包括 LROM 创建和应用程序与 TENA 公共基础结构集成,以及逻辑试验靶场的运行。

5.6.5.1 开发人员

逻辑试验靶场的建立与运行开发人员有两类:靶场资源开发人员主要为靶场创建和维护特定的仪器系统;逻辑试验靶场开发人员主要使逻辑试验靶场为指定试验或训练任务服务。

(1)靶场资源开发人员:主要开发新的靶场仪器系统。这类人员为靶场现有系统开发接口,或者开发全新的系统。他们专注于应用程序中算法的正确性和功能性,而不是分布式逻辑试验靶场的细节,实现应用程序和逻辑试验靶场其他部分之间的互操作性。

(2)逻辑试验靶场开发人员:定义逻辑试验靶场对象模型,专注于管理描述和数据库模式的开发;定制和调整 TENA 软件(如 TENA 中间件、TENA 工具和网关等)的性能和行为,以满足客户的要求。

5.6.5.2 建立逻辑试验靶场的技术过程

前面已经描述了逻辑试验靶场的运行设想,本节描述在逻辑试验靶场任务生命周期内 TENA 主要技术过程。

1. 前期工作

当逻辑试验靶场还没有计划时,TENA 已在运行。大多数试验和训练设施通常使用本身仪器设备进行日常操作,并且按照 TENA 方法进行。靶场执行者或开发人员没有将规划或开发工作直接服务于客户或靶场试验的需求。这一阶段与 TENA 相关的技术工作,如图 5-21 所示。

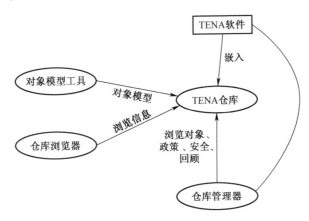

图 5-21 TENA 前期工作示意图

(1)靶场执行者或开发人员参加 TENA 架构管理团队(AMT)关于改进 TENA 架构的会议,熟悉 AMT 工作组报告,批准候选对象模型。

(2)靶场人员参与 TENA 对象模型标准化过程,帮助创建和解除对象定义。

(3)靶场资源开发人员继续创建、修改、改进其软件和仪器系统。

(4)靶场资源开发人员将应用程序与 TENA 中间件和 TENA 工具进行集成,使应用程序符合 TENA 标准。

(5)靶场人员使用仓库检索工具(Repository Browser Tool,RBT)可以检索 TENA 仓库的靶场资源应用程序、对象模型定义和经验教训。仓库中包含有 TENA 工具、TENA 中间件、其他 TENA 基础架构组件以及任何其他与 TENA 相关的软件和信息的可下载副本,若需下载副本仅受适当的安全限制。

（6）使用仓库管理工具（Repository Manager Tool，RMT）管理仓库，包括集成新的源信息，删除旧的或过时的信息或应用程序，实现配置管理和安全功能。TENA 仓库信息将定期发布到可移动介质（如 DVD-R）上，供那些没有和服务器连接的站点使用。

（7）TENA 工具、TENA 中间件和其他靶场软件由 TENA 开发人员不断开发和完善。

在这段时期内，TENA 仓库主要关注创建、浏览和交换信息的方法。

2. TENA 靶场资源应用程序开发

在逻辑试验靶场使用的应用程序需要重新设计，以使应用程序与 TENA 中间件和 TENA 对象模型能够协调工作，如图 5-22 所示。靶场用户根据应用程序的功能需求创建应用程序代码；逻辑试验靶场开发人员基于逻辑试验靶场互操作性需求创建 LROM；靶场资源开发人员基于 LROM 对象定义修改应用程序，并编写用户代码，以满足靶场资源应用程序的需要。LROM 对象定义由 TENA 代码生成器转换为编程语言源代码，代码生成器是逻辑试验靶场对象模型实用程序（Logical Range Object Model Utilities，LROMU）之一。用户用 LROM 对象补充 LROM 对象定义，确定 LROM 对象，定义接口之后的实际功能；用户使用应用程序编译器将用户应用代码和 LROM 源代码编译成对象代码，所得到的对象代码与 TENA 中间件链接以创建可执行应用程序。此外，代码生成器创建逻辑试验靶场所需的 LRDA 数据库模式。LRDA 本身由数据档案管理器（DAM）使用此模式建立并初始化。

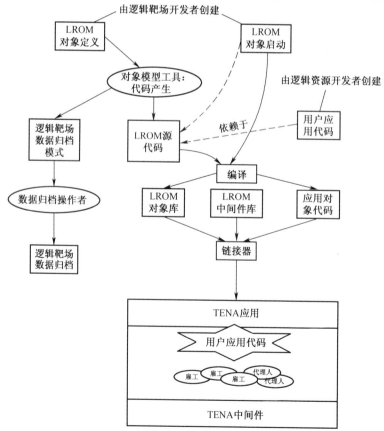

图 5-22　符合 TENA 的逻辑试验靶场应用程序创建过程

当应用程序被编译和链接后便可以进行测试与验证。修改用户应用程序代码不需要重新编译 LROM 中的对象,同样当应用程序不对 LROM 对象处理时,修改 LROM 对象也不需要重新编译或重新链接;当应用程序处理 LROM 对象时,修改 LROM 对象就需要改变应用程序(以应对对象的改变),因此 LROM 对象定义和用户应用程序都需要重新编译和重新链接。这与当前靶场运行没有区别,改变和重新编译应用程序,以处理传送到靶场的新消息或数据类型。

3. 试验准备工作

在试验任务生命周期内,试验准备是时间最长的一项工作。TENA 目标之一是通过使用 TENA 仓库、TENA 工具和实用程序以及 TENA 中间件来减少试验前准备时间与降低成本。在试验准备阶段中,尽管可以利用已有 TENA 仓库与中间件等实用工具建立逻辑试验靶场,但仍然需要开展许多技术性工作。首先,用户必须回答关于创建特定逻辑试验靶场的问题:

(1) 客户的基本目标和要求;

(2) 需要的靶场资源;

(3) 这些资源是否可用;

(4) 需要的非 TENA 兼容的应用程序;

(5) 需要交换的信息;

(6) 应用程序需要的信息;

(7) 此信息的对象定义在 TENA 仓库中是否已存在,等等。

这些问题为逻辑试验靶场开发人员创建逻辑试验靶场提供了依据。在逻辑试验靶场开发过程中,开发人员使用 TENA 实用程序帮助应对复杂任务,并降低由 TENA 产生的复杂性。在开发过程中,这些实用程序将有利于逻辑试验靶场的开发。

其次,每个逻辑试验靶场都有试验任务信息体系结构(IA)。IA 是试验中信息产生者和客户的规划图,对所有信息类型进行了说明,并描述了试验中通信(网络)能力和容量。在没有逻辑试验靶场之前,靶场仪器系统变化很小,其 IA 基本上相对不变;随着靶场快速响应威胁、武器系统和战术变化以及需要多个靶场的组件组建逻辑试验靶场时,其 IA 与单独靶场 IA 不同,而且复杂得多,这时采用 TENA 逻辑试验靶场规划实用程序(LRPU)满足这种需要。这些实用程序可以帮助开发人员不断重复协调、创建和分析逻辑试验靶场信息体系结构,同时开发人员也可以对不同站点的靶场资源配置进行仿真,以了解和掌握逻辑试验靶场可能的运行状态。每段信息都被映射到 TENA(RCC 标准的、AMT 批准的、候选的或非标准的)对象定义上,这样就可以得到逻辑试验靶场语义的整体视图。仓库浏览器用于查阅和检索 TENA 仓库,了解 TENA 对象模型关于逻辑试验靶场的信息需求状态;从逻辑试验靶场规划实用程序规整的信息中,开发人员使用对象建模工具(Object Model Utilities,OMU)详细列举 LROM;若 LROM 的对象不在仓库中,则需要利用对象建模工具正式定义。在这一过程中,仓库浏览器、逻辑试验靶场规划实用程序和对象模型建模工具统一协调工作,帮助开发人员将逻辑试验靶场 IA 的设想转换为明确定义的现实。

定义 IA 和 LROM 时,逻辑试验靶场开发人员要查看 TENA 仓库以了解 TENA 靶场资源是否可用,其中包括应用程序、网关和其他工具,并使用试验规划工具帮助用户进行这些规划工作。当逻辑试验靶场的整体设计完成后,逻辑试验靶场开发人员有一个完整的

视图,包括:

(1)所有参与靶场的资源应用程序;

(2)所有在 LROM 中使用的对象以及来源;

(3)所有网关和其他 TENA 工具使用的网关;

(4)所有应用程序之间的链接,包括使用的网络和预期的信息速率等。

第三,创建或修改任何应用程序(如使用任何新的对象定义),就需要修改、编译、链接和测试应用程序,然后使用数据档案管理器(DAM)创建逻辑试验靶场数据档案(LRDA),逻辑试验靶场的所有重要信息包括靶场资源初始化信息全部存储在 LRDA 之中。最后,逻辑试验靶场全部应用程序等信息汇集一起并进行测试。若在试验前逻辑试验靶场全部应用程序未进行组合和测试,那么重要应用程序子集也必须进行组合和测试,以确保协调一致地工作,并能够正确地使用 LROM。

在试验前准备阶段中,以 TENA 仓库和逻辑试验靶场数据档案(LRDA)为中心,OMU 访问仓库中的信息并进行修改后,输入到 LRDA 中。靶场资源应用程序利用 LRDA 中的信息进行初始化,使用 TENA 中间件 API 作为标准方法可以访问这一初始化信息。在这一过程中,TENA 的状态如图 5-23 所示。

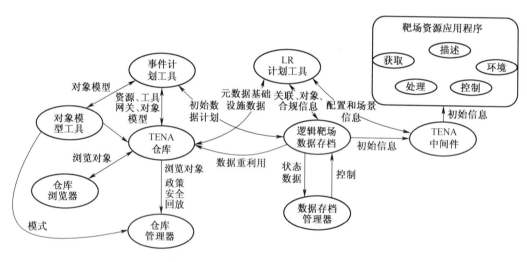

图 5-23 TENA 试验准备阶段工作

4. 任务执行

在试验任务执行阶段,首先启动逻辑试验靶场所有资源应用程序、非 TENA 应用程序、仿真、工具和网关等。事件管理工具(Event Manager Tool,EMT)负责启动逻辑试验靶场的所有成员,若在启动失败,则重新启动和重新初始化应用程序;场景按计划进行,每个应用程序都将产生和/或利用信息;逻辑试验靶场使用事件管理器进行管理和控制,使用事件监视器进行监视;使用数据收集器收集并存储在逻辑试验靶场数据档案中;使用通信管理工具(Communication Manager Tool,CMT)监视和管理通信基础设施的状态;使用事件分析器工具套件(Event Analyzer Tool Suite,EATS)和任何其他靶场专用分析应用程序进行初步分析。仿真、C⁴ISR 系统和靶场其他非 TENA 系统、训练系统或被试系统都使用网关应用程序将其信息传送至逻辑试验靶场。当试验与训练任务结束时,事件管理工具

(EMT)有序地关闭逻辑试验靶场应用程序。

TENA在试验执行阶段中的主要工作内容如图5-24所示。在这一阶段中,重点是作为信息交换的主要基础设施-TENA中间件,协助逻辑试验靶场数据档案(LRDA)收集处理和分析的数据。在这个关键阶段,TENA工具和实用程序帮助用户管理逻辑试验靶场执行试验任务。

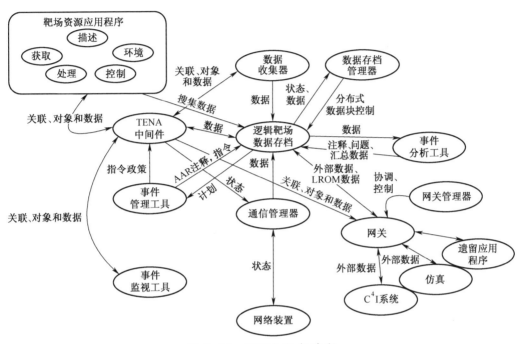

图 5-24 TENA 运行流程

5. 事后分析

在这一阶段,使用靶场资源和事件分析器工具套件(EATS)对LRDA中的数据进行分析。利用回放实用程序,靶场操作人员为客户创建一个简易程序,用于查看或回放试验数据;处理或缩减的数据存储在逻辑试验靶场数据档案中,一般实用程序的试验数据存储在TENA仓库中,以备将来重用。图5-25中示出了该阶段TENA工作状态。与试验准备阶

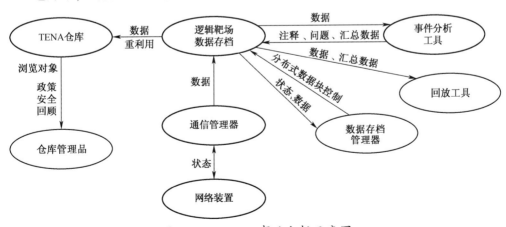

图 5-25 TENA 事后分析示意图

段一样,此阶段重点仍然是 LRDA 和 TENA 仓库。TENA 工具和实用程序可以用来分析、回放 LRDA 中信息,并将经验存储在 TENA 仓库中,帮助用户实现逻辑试验靶场试验前预定目标。

5.7　应　用　程　序

5.7.1　应用程序架构

通常,使用分层图来描述 TENA 应用程序架构。如图 5-26 所示,共有三层结构。基础设施层包含 TENA 中间件和在 LROM 中编译的对象,适用于所有靶场资源应用程序;组件层(可选)包含可重用组件和组件框架,有一部分针对特定应用或子域的,但应用仍然广泛;靶场资源应用程序层包含针对特定应用设计的业务流程,因此通用性并不好。

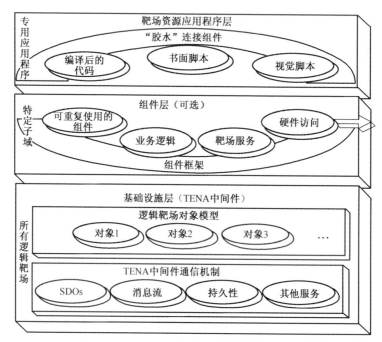

图 5-26　TENA 应用程序架构分层视图

应用程序分层图描述了构建包含可重用软件组件的 TENA 应用程序,TENA 没有指定软件组件本身的架构,也没有规定使用何种组件,但鼓励靶场工程师利用商业组件(如 . Net/COM、JavaBeans 和 EJB 等)构建应用程序。许多靶场采用商用组件构建其所需的应用程序,则包含大量可重用组件的组件池就形成了。因此,TENA 可以发展为一个标准组件架构,并逐步实现组件层面的组合能力。

(1)基础设施层,描述了广域逻辑试验靶场内的通信规范和服务。"TENA 中间件"列出了这种通信机制:SDO、消息和数据流的发布和订阅、与逻辑试验靶场数据档案的持久性通信,以及逻辑试验靶场功能所需的中间件服务;"LROM"表示编译到应用程序中的对象。

(2)组件层,列出了特定子域的可重用组件。由于 TENA 定义了整个域,而子域是表示如 GUI、处理算法或硬件接入等之类的组件。开发人员将可重用组件纳入组件框架,组件被封装为"业务逻辑"的一个组成部分。

(3) 靶场资源应用层,包含了特定于单个应用的所有软件。一般来说,若组件框架中没有可使用的组件,则为该应用创建满足所有功能的软件;若使用组件框架的组件,则这些软件要和组件组合一起。

TENA 主要包括四个基本类别的可重复使用的应用程序:

(1) 靶场资源应用程序:由靶场工程师设计开发用于该靶场的应用程序,实现该靶场的显示、采集、处理、控制和环境表示等所有功能。

(2) TENA 实用程序:作为 TENA 开发过程的部分应用程序,实现 TENA 到逻辑试验靶场的平稳过渡。

(3) TENA 工具:与许多物理靶场相关的、可重复使用的应用程序集,符合 TENA 标准并用于逻辑试验靶场。

(4) 网关:将 TENA 桥接到其他架构的应用程序。

TENA 应用程序集是一组具有互补功能的应用程序,它们共享一组核心组件,以提高互操作性。应用程序能够实现"无缝"互操作功能,而不仅仅在有限的"语义"层面上实现互操作功能。最初这些应用程序作为单独的产品,后来包含许多共同的组件,最终演变到完全无缝的互操作性。无缝互操作性需要大量的原型和靶场用户的反馈,并依赖于靶场组件架构定义。创建 TENA 应用程序集将是一个不断完善与升级的过程。

5.7.2 应用程序架构分析

从 TENA 的驱动需求和运行架构分析,必然需要前面提到的四类基本应用程序:靶场资源应用程序、实用工具、实用程序与网关。图 5-27 显示了 TENA 的应用程序及其关系。应用程序包括公共基础设施组件、靶场资源应用程序和 TENA 工具、TENA 实用程序。TENA 公共基础设施(如仓库、中间件和 LRDA)与实用工具、实用程序是由 TENA 驱动需求或者 JORD 要求所决定的。

(1) 可复用组件的组合池存储于 TENA 仓库之中,使用应用程序就可以查看、提取和管理仓库中的信息。仓库管理器是用于管理仓库的实用程序,需要接入仓库的基础功能,以安排代理和设置服务。仓库浏览器实用程序,允许 TENA 用户从仓库提取信息、对象模型和工具,用户也可向仓库添加可再利用的信息。此实用程序之所以称为浏览器,是因为可以访问多种多媒体信息,与 Web 浏览器有很多相似之处,甚至可以设计成 Web 浏览器。

(2) 驱动需求中互操作性要求必须具有通用 TENA 对象模型,但目前各靶场的现实状况是各自独立,使得 TENA 对象模型的开发将是一个较长的过程。建立逻辑试验靶场对象模型(LROM),是实现完全语义互操作性的中间步骤,但给逻辑试验靶场的创建增加了复杂性。因此需要采用对象模型实用程序简化 LROM 管理,更容易向标准 TENA 对象模型演进。

(3) JORD 明确规定了事件规划工具(Event Planning Tools,EPT)直接支持驱动需求A、响应驱动需求 C 和快速创建逻辑试验靶场的能力。构建逻辑试验靶场将是一个复杂的过程,为实现这一过程而量身定制的工具组件,应尽可能简单和直接。

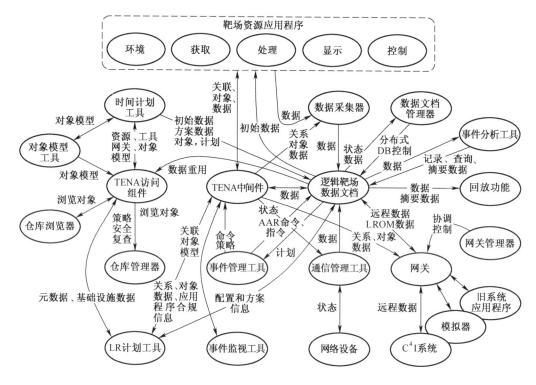

图 5-27　TENA 应用程序及其关系

（4）其他规划应用程序都归类为逻辑试验靶场规划实用程序（Logical Range Planning Utilities, LRPU），因为这些规划应用程序可使 TENA 有效运行。事件规划工具专注于规划和执行整个靶场的试验或训练，逻辑试验靶场规划实用程序专注于规划和测试逻辑试验靶场的具体 TENA 相关方面，这两者的区别在下文中进一步描述。

（5）由于 LRDA 的分布性特点，因此需要一个称为数据归档管理器（DAM）的管理应用程序，在整个试验周期内控制和协调各个子系统。如果没有特定工具帮助管理 LRDA，则不可能达到快速数据分析的能力（在 JORD 中要求）。之所以需要数据收集实用程序，是因为每个靶场资源应用程序可以在本地收集试验期间的数据。若收集数据和靶场资源应用程序在同一台计算机上运行，将降低该应用程序的性能。将数据尽可能多地卸载到单独运行计算机上，则对应用程序性能的影响降至最低。这些单独的应用程序是数据收集实用程序的实例。

（6）JORD 中明确提出了使用事件管理器和监视工具，这些工具响应驱动需求 A，在整个试验周期中管理软件和数据。同样，JORD 也明确了作为单独工具的通信管理器，它负责监视和管理物理网络。

（7）JORD 也明确要求了使用事件分析工具组件（EATS），因为分析是完成试验事件后的一项重要工作。该组件中的工具可帮助创建事后审查（After Action Review, AAR）资料以支持试验与训练。回放程序提供回放功能，供后续审查和分析。

（8）靶场资源应用程序也是 TENA 的一部分，在任何一个靶场试验与训练事件中都是最重要的参与者。

（9）TENA 和其他异构系统之间的互操作性由网关实现,这些异构系统如 HLA 和 C⁴ISR 系统的 DII COE。HLA 网关直接响应驱动需求 D,而 C⁴ISR 网关响应驱动需求 B,其他网关响应驱动需求 E,并为 TENA 逐步引入靶场提供了手段。

总之,JORD 要求的应用程序、工具和实用程序如下:

（1）RM-1~RM-12 为资源管理器;

（2）EP-1~EP-16 为试验规划器;

（3）EM-1~EM-19 为试验管理器;

（4）EA-1~EA-9 为试验分析仪;

（5）NM-1~NM-11 为网络管理器;

（6）RI-1~RI-8.9 为(靶场仪表)资源接口;

（7）CC-1~CC-14 为核心组件;

（8）SW-1~SW-10 为 FI 2010 工程编写的所有软件。

5.7.3 靶场资源应用程序

所有靶场资源应用程序都是 TENA 应用程序的一部分,包括环境资源应用程序、采集应用程序、处理应用程序、显示与控制应用程序 5 种功能应用。随着时间的推移,将所有这些应用程序及其关系进行分类,并按 TENA 标准进行修改,逐步将国家所有试验靶场的资源应用程序标准化、组件化,实现资源应用程序的可重用性。在 JORD 的 RI 要求中已列出了几十种靶场的通用仪器系统,需要按照 TENA 标准规定的要求进行设计制造。靶场仪器系统需要按照 TENA 定义的标准化要求进行设计与改造,在测试(如 TENA 对象模型和 TENA 公共基础设施)等方面还需进一步努力,以实现所有靶场资源应用程序完全标准化。

5.7.4 TENA 实用程序

TENA 实用程序是专门用于解决如何使 TENA 高效、规范地工作,以及向逻辑靶场平稳过渡的应用程序。主要包括有:

（1）仓库管理器;

（2）仓库浏览器;

（3）逻辑试验靶场对象模型实用程序组件;

（4）逻辑试验靶场规划实用程序;

（5）数据档案管理器;

（6）数据收集器;

（7）回放实用程序;

（8）网关管理器。

5.7.4.1 仓库管理器

仓库管理器用于管理、控制、保护和添加 TENA 仓库,仅对有权限维护仓库的人员开放。仓库管理器使用用户图形界面允许开发人员与仓库进行交互。利用仓库管理器,TENA 开发人员可以查看仓库中的所有信息、添加与更改条目,以及增加元数据条目,并协助备份仓库,管理仓库的安全性,以及监视组成仓库的所有子应用程序(如数据库服务器、代理、仓库服务提供商和信息服务器等)。

5.7.4.2 仓库浏览器

所有靶场资源开发人员和逻辑试验靶场开发人员,使用仓库浏览器访问 TENA 仓库以获取应用程序、对象模型定义或其他信息。仓库浏览器也可以用于向仓库输入如 LROM 对象定义或经验等信息;仓库浏览器与事件规划工具组件(Event Planner Tool Suite,EPTS)和逻辑试验靶场对象模型实用程序组件(Logical Range Object Model Utility Suite,LROMUS)协同工作,可以帮助开发人员创建逻辑试验靶场。

仓库浏览器响应 JORD RM-6 和 RM-7 需求。在 JORD 中称为"资源管理器",已被归入到仓库浏览器、LROMUS 与 EPTS 之中。

5.7.4.3 逻辑试验靶场对象模型实用程序组件

为逻辑试验靶场创建和管理 LROM,用户需要利用实用程序。LROM 既可以从仓库可重用对象中提取,也可以从开发人员专门为逻辑试验靶场创建的对象中提取。

逻辑试验靶场对象模型实用程序组件中的工具包括以下实用程序:

(1)语法检查器:以确保给定的 LROM 对象满足 TENA 元模型的要求;

(2)代码生成器:由 LROM 对象定义生成 C++或 Java 源代码;

(3)模式生成器:用于生成 LRDA 与 LROM 、TENA 中间件设计和数据收集器设计一致的数据库模式;

(4)逻辑试验靶场对象模型验证工具:用于检测应用程序是否使用统一的 LROM。

逻辑试验靶场对象模型实用程序组件中的实用程序响应 JORD RM-3 需求。

5.7.4.4 逻辑试验靶场规划实用程序

逻辑试验靶场的规划是一个复杂的过程。逻辑试验靶场开发人员和试验事件规划人员,利用事件规划工具组件(EPTS)中的应用程序,协助完成没有 TENA 时的任务。专门设计的逻辑试验靶场规划实用程序(LRPU),用于帮助逻辑试验靶场开发人员制定试验计划,有利于 TENA 在其靶场的实施。主要实用程序有:

(1)试验事件信息架构分析工具:创建和仿真逻辑试验靶场的系统级视图,包括性能预测和网络仿真。利用此工具,逻辑试验靶场设计师对各种可能性进行仿真,以分析各种逻辑试验靶场结构。

(2)应用程序验证器:测试与验证给定应用程序与 TENA 的兼容性。

(3)应用程序配置工具:用于试验之前靶场操作人员配置或重新配置靶场资源应用程序。

(4)逻辑试验靶场检验工具:用于在试验之前测试逻辑试验靶场的能力。

5.7.4.5 数据档案管理器

如前所述,TENA 收集的数据是由一组复杂的分布式数据档案库存储,数据档案管理器工具负责管理这些分布式数据档案,协调并确保它们的一致性。

数据档案管理器工具,通过创建子数据档案和激活其服务器来初始化逻辑试验靶场数据档案(LRDA)。任务执行前和执行期间,数据档案管理器(Data Archive Manager,DAM)协调逻辑试验靶场所有的数据档案服务器,并监控其健康状态和性能;执行结束后,DAM 启动试验数据合并过程,并确保 LRDA 中的信息在可移动介质上进行备份;分析完成后,负责有序地关闭逻辑试验靶场内的所有数据档案服务器。

数据档案管理器响应 JORD 需求 EM-13。

5.7.4.6　数据收集器

数据收集器是收集公共 LROM 信息的主要手段。LROM 信息包括 SDO 发布的状态更新、消息,以及来自靶场资源应用程序和网关的数据流。在每个逻辑试验靶场内可以有一个或多个数据收集器,这取决于逻辑试验靶场的需求和逻辑试验靶场开发人员的决策,因此每个逻辑试验靶场可以有一个或多个数据收集器。如果只有单个数据收集器,它在执行期间将收集所有 LROM 信息;如果有多个数据收集器,就各自收集 LROM 信息的一部分。在简单情况下,它们基于某些预先定义的准则收集数据;在复杂系统中,它们可以基于预测数据负载的算法以实现复杂运行时的负载均衡,这时数据收集器被称为"联邦的",即在数据收集期间,数据收集器以最优(或半最优)自适应收集策略进行数据收集。在整个试验周期中,数据收集器由数据档案管理器(DAM)管理。

5.7.4.7　回放实用程序

回放实用程序工具用于试验与训练事件过程的回放,按照用户指令重放整个试验与训练事件过程或任选的部分。回放实用程序工具响应 JORD 要求 EA-3。

5.7.4.8　网关管理器

网关管理器实用程序,用于协调和控制逻辑试验靶场试验中的多个网关。

5.7.5　TENA 工具

TENA 工具是通用的、可重复使用的应用程序,用于处理靶场各种常见的任务。利用 TENA 工具,逻辑试验靶场开发人员和试验事件规划人员可以规划、执行、管理和分析逻辑试验靶场执行情况。TENA 工具响应 TENA 驱动需求 A。

5.7.5.1　事件规划工具组件

事件规划工具组件(Event Planning Tool Suite,EPTS)用于逻辑试验靶场开发人员创建逻辑试验靶场。该组件功能如下:

(1) 任务目的分析:具体任务的目的,以及满足目的的靶场资源;

(2) 场景定义:帮助用户定义参与者、仪器系统、试验与训练中的次序;

(3) 协助制定靶场任务所需的各种计划(如安全计划、测试计划和数据收集计划等);

(4) 帮助用户评估靶场试验成本和维护时间表等。

如果所有工具使用公共协议框架(Common Collaboration Framework,CCF)来构建,这将有助于地理上分散的用户协同工作,同时组件中各个工具与其他工具、仓库浏览器和 LROM 工具可无缝地协同工作,满足简单、高效、快速地逻辑试验靶场开发的驱动需求。

事件规划工具组件响应所有 RM(除 3、6 和 7 外)、所有 EP 和 JORD 中 EM-4 要求。

5.7.5.2　事件管理器/监视器

在逻辑试验靶场任务执行期间,事件管理器/监视器工具监视和控制靶场资源应用程序。事件管理器与事件监视器是一样的工具,管理器版本由安全策略授权更改和控制靶场资源(通过其应用程序管理对象),而监视器版本只能侦听和显示逻辑试验靶场信息。

这两种工具都能监视靶场资源应用程序的健康状态,并提供几种可视化表示,其中包括地图显示和信息体系结构显示。在试验监控中心,这两个工具都可以显示 SDO 发布状态、消息或数据流的原始值,如果需要,事件管理器可以重新启动已崩溃的应用程序。事件管理器和事件监视器可以同时进行多个逻辑试验靶场的监视与控制。

训练管理器响应所有 JORD EM 的要求(第 13 项除外)。

5.7.5.3 通信管理器

通信管理器监视物理网络的运行状态,当逻辑试验靶场执行任务时,随时告知用户可能影响任务的任何问题。通信管理器允许靶场操作人员使用标准(如 SNMP)协议控制网络设备;通信管理器监控网络流量,并进行性能预测仿真,以确保网络处于最佳使用状态。它与 TENA 中间件进行交互,规划网络资源如多组播或原始带宽,以确保逻辑试验靶场通信系统的正常运行。

通信管理器响应 JORD NM 所有要求。

5.7.5.4 事件分析工具组件

事件分析工具组件(EATS)为逻辑试验靶场提供所有分析功能。主要功能有:

(1) 对逻辑试验靶场的重要部分进行实时分析,包括其运行条件;

(2) 对收集的数据进行事后数据压缩与统计分析;

(3) 基于预测结果的比较分析。

实时分析与事件后分析方式不大一样,逻辑试验靶场开发人员必须基于分析需求和逻辑试验靶场信息架构来决定实时分析应该如何完成。通常,实时分析有两种方式:第一种方式是将分析应用程序作为逻辑试验靶场的主动参与者,订阅其所需信息,将该信息存储在本地存储器或磁盘中,然后执行计算,前提是需要提供实时或近实时分析功能;另一种方式是分析应用程序直接查询 LRDA 所需的任何信息,而不是通过订阅实时信息直接参与逻辑试验靶场运行。这两种机制都有其优点和缺点,逻辑试验靶场开发人员依据需求分析,选择采用哪种机制构建逻辑试验靶场信息体系结构。

当 LRDA 为分布式结构,可能不会实时响应某些查询,实时查询 LRDA 可能消耗网络大量的带宽,而带宽需要用于其他更重要的操作信息。在逻辑试验靶场运行期间,需要订阅信息的分析应用程序也可能占据着网络容量,因此 LRDA 一般不允许实时查询。逻辑试验靶场开发人员必须精心设计分析计划,充分考虑底层网络的能力、分析应用程序的信息要求以及 LRDA 的设计。各种类型的分析应用程序分别实现不同的功能,包括数据挖掘、模式识别、可视化和统计分析。

事件分析工具组件响应 JORD EA 所有要求(EA-3 除外)。

5.8 TENA 与非 TENA 网关

5.8.1 网关概述

5.8.1.1 逻辑试验靶场网关功能需求

从试验场运行的角度考虑,逻辑试验靶场网关应该具有如下功能[16-17]:

(1) 能够支持 TENA 中间件、TENA 对象和其他"中间件"、其他"对象"。对于 TENA 网络,逻辑试验靶场网关是 TENA 应用;对于非 TENA 网络,逻辑试验靶场网关是该网络的非 TENA 应用。

（2）能够对 TENA 对象和其他"对象"进行转换。

（3）能够对新的 TENA 应用或者非 TENA 应用进行登记注册,保留应用信息。

（4）能够动态地检测到 TENA 应用和其他非 TENA 应用,并对其进行类型判断。

（5）能够对 TENA 应用和非 TENA 应用属性的更新进行响应与映射,为快速响应这些应用的交互需求,保留网关所连接双方网络的试验场资源的应用信息,这使逻辑试验靶场网关具有了路由的能力。

（6）能够在 TENA 应用和非 TENA 应用退出逻辑试验靶场时通知其他应用。

5.8.1.2　逻辑试验靶场网关工作原理

逻辑试验靶场网关作为网关的一种,具备传输网关、协议网关、应用网关等多种功能。

（1）逻辑试验靶场网关需要在不同类型的试验场资源之间传输信息。虽然 TENA 中间件是基于"公布-订购"方法进行信息的分发传输,但这只是信息传输的一种方式而已。

（2）逻辑试验靶场网关需要进行协议的转换。试验场资源基于的体制协议多种多样,逻辑试验靶场网关一个重要的功能就是对这些协议进行转换,实现协议之间的互联互通。

（3）逻辑试验靶场网关需要进行数据的转换。不同类型试验场资源之间的数据格式差别很大,逻辑试验靶场网关必须对这些数据进行格式的转换。

逻辑试验靶场网关首先应兼具传输网关、协议网关、应用网关等功能,本质上还是系统之间或者终端之间信息、数据的传输和转换。逻辑试验靶场网关还应具有接入网关的作用,这是因为许多试验场资源并没有组成系统,可能是孤立的,比如单个的试验场仪器仪表、被试的装备等,它们通过网关和 TENA 体系结构互联互通,将这些试验场资源接入到以 TENA 体系结构为基础的逻辑试验靶场之中去。

其次,为实现试验场应用和系统之间互操作、可重用、可组合,逻辑试验靶场网关必须对互联系统双方的信息格式、对象模型、通信方法、时间理解、试验场事件理解都能充分支持和兼容,只有这样才能实现这些试验场资源之间的互操作和组合,以及为试验场资源的重用奠定基础,这是更高层次的要求,是通常意义上的网关所不具有的功能。

5.8.1.3　逻辑试验靶场网关的信息交互

逻辑试验靶场网关主要实现 TENA 资源和非 TENA 资源之间的集成交互,它处于不同类型的试验场资源中间,起到"桥梁"的作用,如图5-28所示。逻辑试验靶场网关也可以跟单个的试验场仪器仪表、C^{4}KISR 系统或者实体装备系统互联。TENA 应用 A、B、C 基于 TENA 中间件构建了 TENA 网络,非 TENA 应用 D、E、F 基于其他"中间件"构建了非 TENA 网络,两个网络之间通过逻辑试验靶场网关联接。A、B、C、D、E、F 可能是一个武器系统,也可能是试验场事件仿真系统,或者一个试验场实用监控程序[18-20]。

TENA 网络中通过 TENA 中间件提供的"代理—服务"方法,实现信息的交互。例如,在 A 和 C 之间,A 发布自己的 TENA 对象数据,C 需要这些 TENA 对象数据时通过中间件进行订购,这样 A 便提供 TENA 对象数据,成为对象生产者,C 接收 TENA 对象数据,成为对象消费者。

同理,非 TENA 网络是通过其他"中间件"提供的服务,实现信息交互。对于 TENA 网络而言,逻辑试验靶场网关是 TENA 的一个应用,采用 TENA 中间件便可实现二者之间的

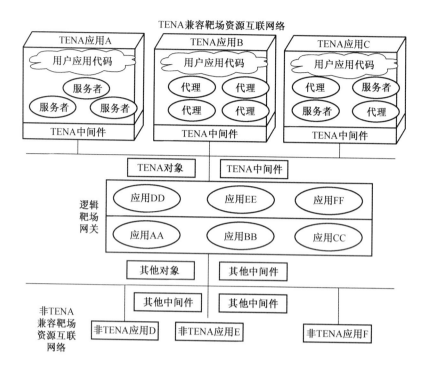

图 5-28 TENA 网络和非 TENA 网络通过网关互联

通信;对于非 TENA 网络而言,逻辑试验靶场网关是同种类型的一种非 TENA 应用,采用其他"中间件"实现两者之间的通信。例如,若应用 A 需要应用 F 的数据,首先 A 会以 TENA 对象的形式订购这些数据,通过 TENA 中间件寻找逻辑试验靶场网关,要求逻辑试验靶场网关对 A 的订购提供服务;若逻辑试验靶场网关登记有应用 F 在网关中的对等 TENA 映射应用 FF,逻辑试验靶场网关便会直接把应用 FF 的数据以 TENA 对象的形式通过 TENA 中间件提供给 A,完成对 A 的订购提供服务。倘若逻辑试验靶场网关没有登记应用 FF,逻辑试验靶场网关会把 A 用于订购数据的 TENA 对象转换为非 TENA 网络的其他"对象",通过其他"中间件"会找到非 TENA 应用 F,F 的数据以其他"对象"的形式通过其他"中间件"提供给网关,网关将其转换成 TENA 对象的形式通过 TENA 中间件再提供给 A,实现对 A 的订购提供服务。同时,逻辑试验靶场网关会对 F 进行登记,并建立 F 的对等 TENA 映射应用 FF,逻辑试验靶场负责 F 和 FF 之间"其他"对象和 TENA 对象的转换,以后所有的 TENA 应用 A、B 或 C 再需要 F 的数据时直接由 FF 提供即可。实际上,使逻辑试验靶场具有了路由能力。

同理,若应用 F 需要应用 A 的数据,F 同样通过某种方法发出请求,逻辑试验靶场网关对该请求做出响应,如果逻辑试验靶场网关登记有应用 A 在网关中的对等映射应用 AA,逻辑试验靶场网关便会直接把应用 AA 的数据以其他"对象"的形式通过其他"中间件"提供给 F。如果逻辑试验靶场网关没有登记应用 AA,网关同样需要把 F 用于请求数据的其他"对象"转换成 TENA 对象,通过 TENA 中间件找到 A,A 的数据以 TENA 对象的形式提供给网关,网关将其转换成其他"对象"提供给 F。同时,逻辑试验靶场网关会对 A 进行登记,并建立 A 的对等映射应用 AA,逻辑试验靶场负责 A 和 AA 之间 TENA 对象和其他"对象"的转换,以后所有的非 TENA 应用 D、E 或 F 再需要 A 的数据时直接由 AA 提供即可。

利用网关可实现 TENA 网络和非 TENA 网络试验场资源之间的信息交互,且不仅仅局限于数据转换,还包含信息格式、对象模型、通信方法、环境理解、时间理解、试验场事件理解等诸多方面的高层次交互。正是网关的这种交互能力,才能实现各种异构试验资源的互操作和组合,共同完成各种类型、各种要求的试验与测试任务。逻辑试验靶场网关,对高效利用所有可利用的试验资源起到了非常重要的作用,也是实现逻辑试验靶场互操作、可组合、可重用的重要枢纽。

最后,如果是单一非 TENA 应用系统和逻辑试验靶场联接,逻辑试验靶场网关实现起来更为简单,此时网关具有接入网关的特征。

5.8.1.4 网关应用程序

网关应用程序可以用来集成 TENA 靶场资源应用程序与非 TENA 资源。由于 TENA 需要与各种类型非 TENA 系统和架构(即异构系统)进行交互,因此定义通用网关设计非常重要。

如图 5-29 所示,基于预定义规则,通用网关将 LROM 对象转换成其他协议。网关是一种应用程序,用于 TENA 逻辑试验靶场(使用 TENA 中间件)和使用其他协议的应用程序进行通信;"其他中间件"表示其他架构中进行通信的各种库或软件基础结构,在 HLA 仿真中,"其他中间件"表示 HLA 运行基础设施(Run Time Infrastructure,RTI);在分布式交互式仿真(DIS)中,"其他中间件"则表示 DIS 协议库;在靶场仪器、技术接口或靶场控制系统中,"其他中间件"可以是公共类库或子程序库或应用程序进行通信的定制软件。

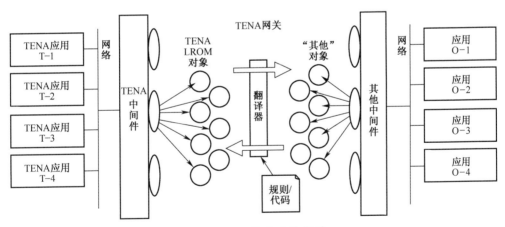

图 5-29 通用网关设计

在网关中,非 TENA 体系结构中的信息被编码为特定格式的软件对象,这些对象即图中所示的"其他对象"。若其他架构已有软件对象,则直接使用;若其他架构只产生数据记录或协议数据单元(Protocol Data Units,PDU),则网关设计人员需要创建一组软件类型,对 PDU 中的信息进行建模,形成新的软件对象。

转换器是一款定制软件,可将 TENA SDO、消息和数据流中包含的信息映射到另一个协议的"其他对象"之中。转换器可能是定制的软件,也可能是多个可重用组件之一,或者是基于较高级别转换规则的自动代码。具有图形用户界面的系统允许用户从功能调色板"绘制"转换规则,并使用工具自动生成特定 LROM 和其他协议的网关软件。这种可重新配置的自适应通用网关在 HLA 中应用效果良好,也是 TENA 不可缺少的前提。

网关应用软件还提供一些复杂功能,用于订阅该特定网关所需的信息。在较大系统中,网关彼此联合,并一起工作以平衡处理网络负载。管理多个联合网关是一项相当复杂的任务,需要网关管理实用程序(Gateway Manager Utility,GMU)来实现管理功能,如图 5-30 所示。网关管理器和控制器使用内置应用程序管理对象对网关进行通信与控制,而网关向网关管理器反馈其负载、延迟和吞吐量等信息,网关管理器使用算法以实现更好的负载均衡和提高系统的性能。

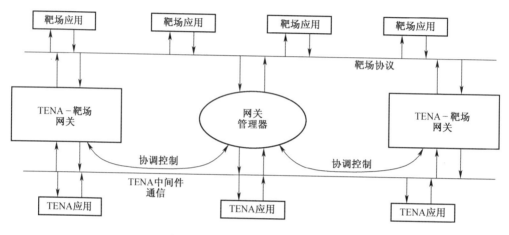

图 5-30　网关管理器运行机制

5.8.2　试验靶场和仿真集成

高层体系架构(High Level Architecture,HLA)已被公认为建模与仿真(Modeling and Simulation,M&S)的标准架构,它为仿真互操作性和可重用性提供了一种通用机制。事实上,单个仿真不可能同时满足所有应用或用户,因此在 HLA 的"联邦"概念下,单个仿真或一组仿真可以与其他仿真进行组合,以实现仿真的互操作。HLA 支持不同仿真的互操作性和可重用性,并减少创建合成操作环境所需的成本和时间。

HLA 通过运行基础设施(Run-Time Infrastructure,RTI),并依据标准接口规范实现仿真之间的交互。HLA 并未规定仿真的内部结构,它只定义了允许仿真成为联邦成员和彼此交换信息的 RTI 服务。HLA 要求联邦成员使用对象模型进行仿真信息交换,但并未指定对象模型。HLA 对象模型模板(Object Model Template,OMT)规定了对象模型中的信息种类,但没有定义出现在模型中的对象类(如车辆、单元类型)。

TENA 构建在 HLA 之上,为试验靶场提供定制服务。TENA 使用中间件,实现 TENA 应用程序之间的通信,因此可以使用语义更丰富的 TENA 对象模型实现互操作。通过 TENA-HLA 网关应用程序,TENA 利用 HLA RTI 与仿真进行交互。表面上看起来,TENA 中间件的服务似乎与 HLA RTI 服务类似,但实际上并不相同,因为 TENA 中间件是基于更复杂的 TENA 元模型而不是 HLA 对象模型模板(OMT)。TENA 可以被认为是 HLA 的一种超集,保留了 HLA 与仿真进行交互的兼容性。

5.8.3 TENA-HLA 网关

TENA-HLA 网关响应驱动需求 D(与 M&S 集成)。对于分布式 TENA 对象模型,由于靶场采用 TENA 中间件作为 TENA 标准的高性能通信组件,因此需要一种方法来桥接 TENA 中间件和 HLA RTI,以使 TENA 靶场资源可以与 HLA 仿真系统进行互操作,如图 5-31 所示。

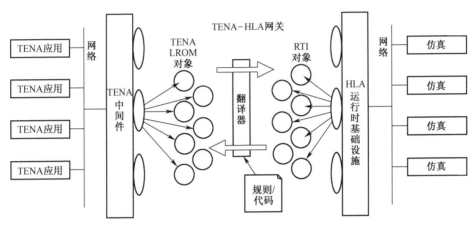

图 5-31 TENA-HLA 网关设计

基于 HLA 的仿真系统,既可用于试验,也可用于训练。需要"TENA-HLA 网关"将仿真系统集成到以 TENA 体系结构的逻辑试验靶场中。TENA-HLA 网关包含 TENA 管理模块、HLA 管理模块和网关管理模块三个模块,如图 5-32 所示。网关管理模块负责整个网关系统的启动、主循环及退出等协调工作和全网状态的监控[21]。

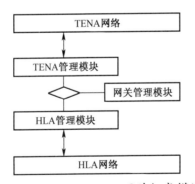

图 5-32 TENA-HLA 网关组成模块

HLA 管理模块相当于一个 HLA 仿真联邦成员,包含一些交互类、对象类以及 RTI 的接口类,实现对象类、交互类名称和句柄之间的映射。TENA 管理模块相当于一个 TENA 应用,包含 SDO、消息、数据流和一个负责 TENA 对象和 HLA 对象之间映射的类,如 TENA 对象句柄和 HLA 对象句柄的相互映射等。在 TENA-HLA 网关设计中,需要注意以下几个方面:

1) TENA 公共元模型和 HLA OMT 层次上的映射转换

TENA 公共元模型,包括状态分布对象(Stateful Distributed Object,SDO)、消息、数据

流等;而 HLA OMT 对象分为"对象类"对象和"交互类"对象。从这些元素之间静态结构和动态行为方面的差异出发,确立两者之间的映射转换。这是 TENA-HLA 网关设计与开发的最重要和基础性工作。

2) LROM 和 FOM/SOM 层次上的映射关系

LROM 包含了诸多 TENA 应用的 SDO、消息、数据流等,FOM/SOM 也包含诸多的"对象类"对象及其属性和"交互类"对象及其属性。需要从 LROM 和 FOM/SOM 的地位和作用出发,考虑二者之间的映射关系。

3) TENA 中间件和 HLA RTI 层次上的映射关系

TENA 中间件,是逻辑试验靶场网络中 TENA 应用之间信息交互的纽带;HLA RTI 是逻辑试验靶场网络中 HLA 仿真应用之间信息交互的纽带。两者虽然都采用了"订购-服务"方法,但其功能和底层通信机理大不相同。因此必须考虑两者之间的映射关系。

4) 时间管理方法

HLA 提供了管理时间的服务,TENA 没有提供时间管理服务。组成逻辑试验靶场的所有异构网络系统必须具有相同的时间基准,即采用同一个时间基准源,比如来自于 GPS 或 BDS 的时间源,因此所有试验数据和信息是在统一的时间基准下获取的。

5.8.4　靶场协议网关

TENA 需要符合靶场协议的各类网关。JORD RI 列出了许多现有靶场仪器仪表、靶场控制系统和 TENA 所必需的设施接口类型,都需要创建与 TENA 兼容的网关,然后将多个网关与这些系统和协议进行集成。

5.8.5　其他网关

还有两个重要的网关:C^4ISR 系统网关与被测系统网关。

1. C^4ISR 系统网关

C^4SIR 系统是一种特殊类型的军事信息系统,旨在向作战单元提供信息优势。C^4ISR 系统建立了一个基于 JTA 和 DII COE 的通用架构。重要的是将 TENA 桥接到这些系统以满足 TENA 驱动需求 B 和 JORD 要求 RI-8 的需要,这些系统都需要在网络中心战环境中进行试验和训练。目前靶场有许多正在使用的 C^4ISR 系统,包括集成到逻辑试验靶场中的 GCCS、CEC、AFATDS、FAAD CASAS、EGGS 和 GCCS 等系统。与现有的靶场仪表系统一样,这些 C^4ISR 系统使用基于消息的通信方法,其消息类型和内容的标准化不足于满足语义互操作性要求。

2. 实体系统网关

"实体"是指在用于靶场试验或训练的系统(如船舶、车辆、飞机等),可以是被测系统也可以是训练设备。在使用 C^4ISR 设备的情况下,这些系统与 TENA 逻辑试验靶场之间的通信将由多个 C^4ISR 网关完成。但在大多数情况下,还需要单独的网关与 JTIDS、Link-16、TADIL-J 与 Link-11 等战术接口相连。与 C^4ISR 系统和仿真一样,需要解决协议转换相关的所有问题并进行完全测试,才能实现 TENA 和靶场实体之间语义级别的互操作性。

所有网关都能够灵活地构建,并更容易地适应多种不同的 LROM,以完全满足靶场的互操作性要求。

参考文献

［1］王琼,蔡小斌,等．分布虚拟试验支撑环境研究［J］．计算机仿真,2008,25:57-60.

［2］车梦虎,庄锦程,等．基于 TENA 的虚实结合的试验场公共体系结构设计［J］．计算机测量与控制, 2012,20(7)：1895-1897.

［3］冯润明,王国玉,等．试验与训练使能体系结构研究［J］．系统仿真学报,2004,16:133-135.

［4］王国玉,冯润明．逻辑试验靶场与联合试验训练［J］．现代军事,2006(9):55-58.

［5］曾明亮,刘衍军,等．逻辑试验靶场理论与应用研究［J］．飞行器测控学报,2011,30(3):89-94.

［6］关萍萍,翟正军,等．逻辑试验靶场运行支撑体系结构研究［J］．计算机测量与控制,2009,17: 60-64.

［7］Cozby R. Foundation Initiative 2010［R］. Baltimore：U. S Army Test and Evaluation Command,1998: 40-45.

［8］徐忠富,王国玉,等. TENA 的现状和展望［J］．系统仿真学报,2008,20(23):6325-6329.

［9］Foundation Initiative 2010 Project Office,United States of America Department of Defense. TENA Architecture Reference Document［R］. November 4,2002.

［10］胡丰华,邱晓刚,等．军事分析仿真语义互操作研究［J］．系统仿真学报,2012,24(12): 2468-2472.

［11］Leslie S,Michael M,Andreas Tolk. Next Generation Data Interoperability-It's all About the Metadata［C］. Paper 06F - SIW - 059, Fall Simulation Interoperability Workshop, Orlando, FL, USA, 2006. USA: SIW,2003.

［12］乔秀全,李晓峰．支持语义互操作的以用户为中心的融合服务架构及关键技术［J］．电子与信息学报,2009,31(9)：2252-2259.

［13］冯润明,王国玉. TENA 中间件的设计与实现［J］．系统仿真学报,2004,16(11):2373-2377.

［14］J. Russell Noseworthy. TENA Software Development Lead. Model-Based Distributed Application Development for High-Reliability DoD Range Systems：The TENA Middleware. OMG's Workshop on Real-time and Embedded Systems,Reston,VA,July 15,2004［Z］.

［15］邹昕光,谢东周．基于 DSP/BIOS 的 TENA 中间件通信实现［J］．电子测量技术,2012,35(8): 129-132.

［16］王胜涛,杨志飞,等．逻辑试验靶场网关设计方法研究［J］．舰船电子工程,2012,212(2):84-86.

［17］马越,刘丹,等．船舶操纵模拟器中 DIS/HLA 网关原型的设计［J］．中国航海,2004,58(1).

［18］杜广超,金卫同,等. TENA-HLA 网关实现方法［J］．火力与指挥控制,2013,38(2).

［19］张贤莉,翟正军,等．靶场仿真中分布式异构网关技术研究［J］．计算机测量与控制,2011,19(9): 2263-2269.

［20］蔡至伟,陈至柏,等．并行仿真引擎与 HLA 互联的网关研究［J］．微计算机信息,2010,22.

［21］冯润明,王国玉,等. TENA 中间件的设计与实现［J］．系统仿真学报,2004,16(11):2373-2377.

下篇
复杂武器系统试验与评估

本篇主要描述了复杂武器系统试验与评估理论与方法,将网电空间作为作战试验域加入复杂武器系统试验与评估体系之中,形成逼近战场环境下的试验与评估体系、基础设施与评价方法,实现"试验即作战"的试验目标。具体地,第6章介绍了复杂武器系统试验设计、试验评估方法,第7章描述了武器装备在复杂电磁环境下的试验与评估方法,第8章描述了复杂作战网络的赛博试验方法,第9章介绍了军工试验与评估中不可或缺的建模/仿真技术和方法,第10章简要介绍了军工试验数据的管理以及数据挖掘方法,第11章展望了未来试验与评估新技术。

第6章 复杂武器系统试验与评估理论

武器装备试验与评估是武器装备全寿命周期的重要组成部分,也是检验武器装备战斗力和提升作战效能的必经之路,在武器装备论证、研制、定型、生产和使用中发挥着重要作用。本章首先介绍了复杂武器系统试验设计经典理论方法,其次重点描述了武器装备系统的试验与评估方法,最后介绍了近年来提出的能力试验方法与一体化试验(或称集成化试验)方法,以及美军试验管理机构概况。

6.1 概　　述

所谓复杂武器系统,包含有两层含义:首先,随着科学技术的高速发展,现代武器装备集各种高新技术与智能制造为一体,每一台(套)武器装备技术更加复杂;其次,随着新型作战模式如多军种联合作战与网络中心战等组成的超级作战网络系统,这种体系级作战网络系统更加复杂。复杂武器系统的试验评估对试验工程师提出了巨大挑战,迫切需要形成一套试验科学体系与方法,以解决面临的技术难题。

武器装备试验与评估,是为满足装备科研、生产和使用的需要,按照规定的程序和条件,对装备进行验证、检验和考核的军事和工程技术活动,包括对装备的技术方案、关键技术、战技性能和作战效能等进行试验的活动。在欧美等军事发达国家极为重视,已逐步成为试验科学的重要分支和研究领域。

6.1.1 武器装备试验基本概念

武器装备是指用于实施和保障作战行动的武器和军事技术器材的统称,有时也称为武器装备系统,简称武器系统或装备。武器装备试验是指通过试验获取足够有价值的数据资料(信息),并对其进行处理和综合分析,将结果与武器装备研制总要求中规定的指标(如战术技术指标、作战使用要求等)进行分析比较,对实现武器装备研制目标和各项指标进行评价和评定的过程,为武器装备的探索研究、设计验证、鉴定与定型、部队使用等提供科学决策依据的一项科学与技术实践活动[1]。

传统的武器装备试验主要是指"武器装备试验与鉴定",由"武器装备试验"与"指标鉴定"两部分组成。其中,武器装备试验是获取有价值数据信息的过程,而指标鉴定是指对所获取信息进行分析和判断,并得到结论的过程。因此,武器装备试验与鉴定主要是针对武器装备的"鉴定与定型"过程开展的工程技术活动。随着科学技术的快速发展与军工试验科学的进步,武器装备试验的内涵与外延得到了进一步的拓展,指标"鉴定"已逐步被"评估"所代替,即"试验与评估"(Test & Evaluation,T&E)。这不仅仅是用词的变化,它表示了从单项具体指标评价到综合评价的理念,这是因为每项指标在不同的条件下具有不同的量值,且各项指标之间相互耦合,因此是在一定范围内的变量,不是一个确定数值,而采用评估方法则更符合实际工程要求。

复杂武器装备,通常是指为完成某种作战任务(或作战想定)的两个或以上的有机组合武器装备,尤其是体系级武器装备,如网络中心战、空地一体化和空海一体化等联合作战系统。复杂武器装备的试验与评估,则着重于其整体作战效能的评估。在试验过程中,并不过分强调或关注某单一武器装备或分系统的性能指标的先进性,而是重视整个大系统的整体作战功效。与传统的武器装备试验与鉴定相比,试验的重点发生了质的变化。

复杂武器装备系统的试验与评估,需要在逼真的联合试验环境下,依据作战想定编制试验方案,同步采集所有试验对象的试验过程信息,经过分析处理,以评估复杂武器装备的实际作战效能。

6.1.2　武器装备试验分类

武器装备试验手段与方法,一般有建模与仿真、真实试验与虚实组合试验(又称联合环境试验)三种方式。不管试验如何分类,但都离不开这几种手段与方法。武器装备试验的分类从不同的角度出发,可以有不同的分类方法[2]。

6.1.2.1　一般分类方法

1. 按武器装备的技术特性划分

按武器装备的技术特性,武器装备试验可分为常规武器试验、电子信息系统试验、战略武器装备试验和新概念武器试验验证等。其中,常规武器试验对象包括(有人或无人)飞机、舰艇、各种火炮、装甲车辆、轻武器、导弹等武器试验;电子信息系统试验包括预警探测、情报侦察、通信导航、指挥控制、电子对抗等装备的试验;战略武器装备试验包括核试验、地地导弹、地空导弹、空地导弹、空空导弹、潜地导弹和核潜艇等及其附属装备的试验;新概念武器包括反卫星与反导弹、电磁脉冲、激光、量子武器等各种新概念武器的试验。

1)常规武器试验

常规武器试验,一般可分为定型试验、性能试验、科研试验、生产交付试验和实弹试验(如火炮、轻武器和导弹等试验)。

(1)定型试验,是武器装备定型阶段开展相关试验的统称,包括设计定型和生产定型两个部分。依据《常规武器装备研制程序》标准要求,将常规武器装备研制过程分为论证、方案制定、工程研制、设计定型和生产定型5个阶段。

(2)性能试验,也称性能鉴定试验,是指对已经定型或已经装备的武器装备,考核其性能是否保持原设计的战术技术指标而进行的试验。这些武器装备包括转厂生产的、恢复生产的、设计定型后改进的或使用中发现存在问题改进的武器装备。

(3)科研试验,是对研制(包括改制、仿制)的样品,为验证设计方案、检验战术技术性能与检验工艺质量而进行的试验。

(4)生产交付试验,是对批量生产的抽样产品,检验其性能与质量是否符合验收条件而进行的试验。

（5）实弹试验，是指火炮、轻武器和导弹已通过定型并准备装备部队时所进行的实际试验。

2）战略武器装备试验

战略武器装备试验，一般分为科研摸底试验、分系统鉴定试验、全系统联试和实际试验等。科研摸底试验重点是验证总体设计方案的可行性、技术先进性与技术成熟度等；分系统鉴定试验重点是分系统的功能、技术、战术指标与可靠性；全系统联试的重点是系统的协调性、电磁兼容性和可靠性等。在全系统联试后，进行实际试验。由此可以看出，从设计、研制、生产直至飞行试验全部过程中，均需要进行各种项目试验甚至反复测试，直至满足要求为止。

3）新概念武器试验验证

新概念武器试验验证，其本质是探索性研究，一般分为基础性科研试验和演示验证试验。基础性科研试验，是指为未来新型武器可能采用的新理论、新方法、新技术和新工艺等进行的研究性试验；演示验证试验，是指在基础性科研的基础上，研制相关的原理性样机，并在一定环境条件下和基础平台上开展的演示验证，其技术成熟度应达到三级。

2. 按武器装备的发展阶段划分

若按武器装备的发展阶段进行划分，大体上可分为研究性试验、调整和鉴定试验、初步使用试验三类。

1）研究性试验

研究性试验，类似上一节的"新概念武器试验验证"，着重于新理论、新方法、新技术和新工艺、新标准研究过程中的试验，主要采用建模与仿真方法进行试验，以探索其可行性，再经过演示验证，进一步奠定新型武器装备的技术基础。以航空为例，美国 X 和 Y 系列飞机就属于研究性的试验飞机，如 X-1 进行突破音障试验，X-15 研究高超声速飞行试验，X-29 开展前掠翼气动布局试验，X-45 和 X-47 用于无人驾驶作战飞机试验；还有飞机隐身技术的演示验证试验等。这些先期研究性工作，为后来发展相应的新型武器装备提供了技术基础。

2）调整和鉴定试验

武器装备的调整和鉴定试验，是目前开展最多的一种试验，它是武器装备研制的关键环节，是鉴定武器装备能否满足设计规范和战术技术指标要求，能否投入生产和交付使用的一项重要科研活动。一般分为调整试验阶段和设计定型阶段两个阶段。调整试验阶段，主要用于发现武器装备的软硬件研制问题。若装备能基本运行，则进入设计定型阶段；设计定型阶段是按照国军标制定设计定型试验大纲和试验总方案、测试方案与数据处理方案，逐项逐条地进行考核检验，直到试验大纲全部条款试验完成，并满足武器装备研制总要求后，即可进行设计定型审查。严格地说，当武器进行调整结束后，冻结技术状态，再开展设计定型试验，但在武器试验实际工程中，这两者没有严格的界限，通常是边调整边定型，直到最后满足武器研制总要求和使用要求为止。

3）初步使用试验

初步使用试验与评估（Initial Operation Test & Evaluation，IOT&E），还可称为使用适应性试验。所谓使用适应性试验，是指环境适应性试验和用户适应性试验两种含义。尽管在设计定型过程中,已经在各种高温、高寒、高原和高湿等复杂环境中进行过各种严格试验,但是试验样本量毕竟有限以及与真实使用环境的差别等因素,因此在交付部队使用时还需进行适应性试验;其次,用户使用新型武器装备还需要一个适应过程,这是由于试验工程师与(部队)作战人员由于其经验、知识、使用习惯的不同而导致的。因此需要一段时间进行适应性试验,再对武器装备进行评估,以进一步改进和完善武器装备研制。

3. 其他分类

武器装备试验还有其他分类方法。如按组织方式分类,有研制单位试验、国家授权试验机构试验、军方基地试验和部队使用试验等;如按试验内容进行分类,有环境试验、寿命试验、性能试验和效能试验等;如按武器规模分类,有单体试验、单元试验和装备体系试验等。

6.1.2.2　美军分类方法

武器装备试验,美军通常称为武器装备试验与评估(T&E),一般分为研制试验与评估(Developmental T&E ,DT&E)和作战试验与评估(Operational T&E ,OT&E)两大类型,有时还分出一个初步使用试验与评估(Initial OT&E ,IOT&E)阶段。具体地,有以下几类:

(1) 研制试验与评估,由军方主管部门进行论证,国家授权试验机构负责试验策划与实施,工业部门参与;

(2) 作战试验与评估,由军方相关试验机构策划与实施;

(3) 多军种武器试验与评估,指一个以上军种均使用的武器装备系统试验,由指定的军种牵头组织实施;

(4) 联合作战系统试验与评估,由美国国防部组织,评估各军种共同作战能力,一般由国防部指定某军种负责实施;

(5) 实弹试验,考核杀伤性武器装备的生存力和毁伤力;

(6) 核生化武器试验,考核在特殊环境下核生化武器的毁伤效应和生存力。

6.1.2.3　联合试验理论与方法是军工试验科学发展的方向

随着多兵种联合作战和网络中心战成为现代战争的主要模式,综合试验与评估在美国国防部的大力推动下,正在朝着武器装备采办、试验与训练综合化的方向发展,集虚拟化、综合化、网络化于一身的网络中心试验与测试技术代表了未来军工试验与测试技术重要的发展方向。

为解决试验与评估设施重复建设和资源不能得到有效重复利用等问题,提高武器装备集成度,实现各军兵种装备互联互通与互操作,满足一体化联合作战需求,就需要在一体化联合试验环境中对现代复杂武器装备进行试验与评估,是武器装备具有“天生联合”的能力,使复杂武器装备适应日益复杂的作战环境。联合试验环境下试验与评估技术的发展将对武器装备的研制与改进、升级与换代产生深刻的影响。

复杂武器装备的试验理论与方法正在不断发展与完善之中。它不但能够对单一试验对象(如飞机、坦克、舰船等)或多个试验对象进行有效的试验与鉴定,更主要的是可对SoS 体系级复杂武器装备(如 C^4ISR、多兵种联合作战系统等)进行全面、综合的试验与评估,以提高复杂武器装备大范围和全面试验与测试能力,缩短试验周期,降低试验成本,提升联合试验、大系统演示验证与作战系统的作战效能评估水平和综合试验与测试能力。

6.1.3　复杂武器装备试验方法

随着试验科学技术的快速发展,联合试验理论与方法代表了未来军工试验与评估的发展方向。

6.1.3.1　联合作战概念对武器装备试验提出新要求

自"空地一体化""空海一体化"等联合作战理论提出后,美军不断完善现代联合作战理论管理机制,大力推动联合作战理论的发展。以《联合作战顶层概念》为指导,《联合行动概念》《联合功能概念》和《联合集成概念》相互支撑、相互衔接的系列联合作战概念文件,分别从顶层、作战、功能等角度描述了未来美军一体化作战的环境、原则和能力。

近年来几场高技术局部战争表明,一体化联合作战是未来信息化战争的主要作战模式,是指挥系统、作战力量、作战空间和作战行动等多方面的综合能力,具有体系对抗、整体联动、精确高效的特点。实现一体化联合作战,首先要实现武器装备联合能力的一体化。武器装备联合能力,是指为完成特定作战任务所需装备的整体能力,它不是单个装备或单一军种装备能力的简单叠加,而是多种装备或多个军兵种装备能力的高度融合。装备联合能力一体化,是指装备联合能力的实现过程或状态。为此,美军针对未来一体化联合作战需求,积极实施武器装备转型计划,大力发展联合环境下试验与评估技术。

6.1.3.2　试验与评估模式演变过程

武器装备试验与评估的模式,由传统的 V 形方法转变为适合复杂武器装备研制能力的星形方法,最大限度地支持新型武器装备的联合能力评估。一般地说,武器试验与评估的发展分为三个阶段:

1) 独立试验与鉴定阶段

早期武器装备并不十分复杂,功能单一、独立性强。世界各军事发达国家斥巨资研制武器装备的同时,建立了规模庞大的试验靶场和试验基地,但大多属于专业试验靶场,试验对象针对性强。如飞机类、导弹或火箭类、常规兵器类、水下兵器类、水面舰船类的各种试验靶场,还包括光电对抗、电子对抗、隐身特性等各类试验靶场或试验基地,分别完成各种、各类武器装备的试验与鉴定任务。

这些试验靶场、基地或实验室分属于不同的机构或部门进行管理,缺乏统一规划,无法统一管理,造成靶场功能单一、资源浪费,试验信息不能共享。但是也有效地完成了各类武器装备试验任务。

2) 联合试验与评估阶段

为了避免试验靶场的重复建设,克服独立试验时期资源不能充分共享的弊端,对各种试验靶场和试验设施进行整合,形成功能互补的国家试验靶场,并建立联合试验评估机制。

这一阶段试验与评估模式的特点,是从整体上指导、规范、整合试验靶场和试验资源之间的联合共享。

3) 一体化试验与评估阶段

复杂武器装备一体化试验与评估,是在联合试验的基础上,推行"逻辑靶场"概念,真正实现各靶场、试验设施与仿真资源、高性能计算资源之间的互操作、可重用和可组合之功能,提高国家联合试验与评估的能力。

6.1.3.3　联合环境下试验与评估

为满足联合作战试验与评估的需求,美军启动了"联合试验与评估计划",旨在为联合作战行动提供一种有效的试验与评估方法。目前,联合试验与评估已成为美军《试验与评估管理指南》规定的一种重要试验类别,服务于美军作战研究和装备采办的各个方面[3]。武器装备联合试验是试验的重点,其主要目标包括:

（1）评估军兵种装备在联合作战中互操作性;

（2）评估联合技术、作战概念,并提出改进意见;

（3）验证联合试验所使用的技术和方法;

（4）利用试验数据提高建模与仿真的有效性;

（5）利用定量数据进行分析以提高联合作战能力;

（6）为采办与联合作战部门提供反馈信息,以及改进联合战术、技术与规程。

联合试验环境要求跨地域、跨不同类型试验资源的互连,是实现一体化试验训练环境的基础。与传统武器装备试验相比,联合试验具有许多新的特点:

（1）试验重点转移。从检验武器装备的战术技术性能为重点,转变为检验军兵种武器装备在联合作战环境中的互操作性,以及体系的配套性,评估联合技术和作战概念,验证装备的联合作战使用规程。

（2）试验主体多元化。联合试验强调多方联合参与,一般有两个或以上部门参加,试验主体包括试验部队、试验基地、工业部门试验机构以及各类作战实验室、各类仿真实验室等。

（3）试验对象广泛化。联合试验,不仅仅关注单件武器装备试验,更主要的是注重武器装备系统或装备体系的试验。

（4）试验环境作战化。联合试验,强调在联合对抗环境或构建的虚拟作战环境中开展试验,以保证武器装备的试验环境尽量贴近实际作战环境。

6.1.4　复杂武器装备试验与评估技术研究计划

为了适应未来作战系统的试验与评估需要,促进联合环境下试验与评估技术的发展,从军事需求、技术和经济等角度综合考虑,国外军事强国加强了有关军工试验与评估技术研究,从而为复杂武器系统提供试验与评估技术与联合试验环境奠定技术基础[4-5]。

6.1.4.1　中央试验与评估投资计划

为了提高试验设施和试验资源的互联互通及互操作性,1991年美国国防部应国会的要求启动了中央试验与评估投资计划（CTEIP）。该投资计划的75%用于资助试验基础设施的联合能力改造,20%用于军兵种内部试验设施改造,5%用于联合试验技术方法研究和演示验证。

CTEIP主要目标是:

（1）支持应用现代化技术的联合项目,弥补试验与评估能力的不足,提高试验方法的效率;

（2）通过提高试验中心、试验靶场以及试验设施之间的互操作性,使各军种间的试验资源使用效率最大化;

（3）建立、维持试验与评估技术开发计划,研制用于试验与评估的先进技术样机,减少人力需求、运行开支以及维护成本；

（4）开发测试设备，研究测试方法，用于评价并减轻环境对试验活动的影响；

（5）在试验测试设备、目标和威胁仿真领域，实现跨军种连贯性、通用性和互操作性；

（6）开发、验证建模与仿真，并与开放环境、测试进行集成，提供精确、可靠和效费比高的研究成果；

（7）开发机动试验测试设备的能力；

（8）通过促进试验与评估投资的非军事应用，以支持国民经济的发展。

CTEIP 投资计划启动后，开展的项目主要集中在网络化试验与测试、大范围武器发射试验的测试、精确（时间、空间、位置）信息（TSPI）的测量、红外对抗试验能力、无人飞行系统的试验、电子战与网络中心战评估等方面，取得了预期成果，有效地提升了武器试验与评估的能力。

6.1.4.2 联合试验与评估方法计划

联合试验与评估方法（JTEM）计划由美国国防部作战试验与评估局于 2005 年启动，旨在提高在逼真的联合任务环境中跨采办生命周期进行试验的能力。该计划的核心是研究在联合环境下试验与评估的方法和步骤。

JTEM 计划实施的一个关键，是利用分布式、虚拟与构造的联合实验环境来评估武器装备的性能和联合作战效能。其方法与过程主要包括三个方面：

（1）分解选择的联合任务，以确定试验系统和其他任务需求；

（2）确定有效性和性能指标的合适方法；

（3）开发并集成真实、虚拟与构造（LVC）环境，满足前两者的需求。

JTEM 计划已开展了多项研究，以改进试验与评估的方法和步骤为目的，如美国空军的"合成火力"分布式试验，以及美国陆军的"联合作战空间动态冲突规避"试验，都得到了 JTEM 计划的支持。

6.1.4.3 联合国家训练能力计划

联合国家训练能力（JNTC）计划，基于已有的指挥控制系统相连的综合全天候 LVC 仿真环境，能够训练与评估部队应付突来威胁的能力；对特殊威胁进行任务排演，以试验评估新的条例、战术、技术、规程、联合作战概念以及武器装备。通过合理利用现有基础设施，应用最新技术，JNTC 计划规划出一个联合的全球网络化设施，基于这些设施，可使各级用户均可使用 LVC 训练环境。JNTC 计划的能力，已经证明了其对训练、作战新概念制定、试验与评估、作战任务排演等均有巨大的作用和显著的效益。

JNTC 体系架构，由建模与仿真、通信基础设施、指挥与控制系统、试验靶场仪器仪表系统和最新的训练技术系统等组成。JNTC 在通信、仪表化、LVC 环境、基于网络的技术标准与通用架构、站点选择与认证等方面提出了新的技术改进，有效地推动了试验与训练的发展。

6.1.4.4 联合任务环境试验能力计划

联合任务环境试验能力（JMETC）计划，其任务是提供试验通用方法，将分布在不同地理位置的试验设施连接在一个稳定的网络中，是军方及工业部门用户在真实的联合环境中开发和评估作战能力。

JMETC 的核心,是把需要的资源整合在一起,以管理每一个分布式的试验任务。JMETC 计划可以为国家范围内甚至全球范围内联合环境下的试验提供基础设施,以便在联合环境下评估武器装备。它能够支持各种类型的武器试验,如系统工程与设计中的试验、研发过程中的试验、作战试验、互操作能力认证试验、网络就绪关键性能参数灵活性试验与联合任务能力组合试验等。

JMETC 计划根据标准网络安全协议,提供易于使用且持久稳固的连通性,采用标准软件连接站点和分布式规划支持工具,能够大幅度节省服务时间与成本。无论用户需要何时何地将试验资源连接在一起进行分布式试验任务,都可以使用 JMETC 的能力。由于 JMETC 支持大范围内试验与测试的能力,使其成为未来进行分布式试验真正通用和最有效的解决方案。

JMETC 也可建立与 JNTC 联合的试验能力。JMETC 与 JNTC 都使用试验与训练使能体系架构(TENA),以支持、整合多种试验与训练能力。

联合作战已成为现代战争的主要形式,美国和欧洲等军事强国高度重视联合环境下的试验与评估技术,制定了一系列的重大计划,逐步解决各军兵种在武器装备发展过程中的重复建设、资源浪费问题,突破武器装备试验网络上的互联互通、互操作性、可重构性和组合性等关键技术,构建统一的试验网络平台,真正实现在联合环境下的试验与评估,这对于发展国防武器装备力量具有重大意义。

6.1.4.5 基于能力的策略

现代武器装备越来越强调作战任务驱动和军事能力,武器装备单一的战技指标并不是越高越好,试验/鉴定同样也需要从单纯的考核装备技术性能转向装备的作战性能能否满足能力需要,作战效能能否可靠地完成作战任务,因此美军提出了基于能力的策略(Cabability Based Strategy,CBS),贯穿于武器装备需求论证、规划计划、研制开发和生产部署等各个阶段。CBS 作为一种开放的、发展的顶层设计理念,已经深入存在于装备发展规划的机构制度和流程规范之中,装备试验/评估也不例外,从美国空军的指导性文件《AFI99-103 基于能力的试验/评估》中就可以看出来。这些能力文件并不是一纸空文,而是有明确的格式模板和内容要求,并且明确指定哪些能力类型文件由军方研制局、作战试验/评估局等相关机构完成,哪些内容由承包商协助完成,哪些能力文件由各个利益相关者构建面向装备项目的集成产品团队,包括有系统工程、研制试验/鉴定、作战试验/评估和面向实际应用的领域专家组成。

从基于能力的策略出发,形成作战问题牵引能力需求,能力需求牵引技术开发,技术开发映射装备关键性能参数、接口形式和系统关键属性,由此支撑装备性能测度、适用性测度和效能测度,通过装备试验这三类测度,形成作战评估报告(Operational Assessment Report,OAR),鉴定、考核装备能否满足作战需要,从而形成完整闭环,如图 6-1 所示。

采用定性和定量集成的系统工程方法论,构建评估架构矩阵(Evalution Framework Matrix,EFM)来关联和映射装备发展各个阶段的试验/评估指标。EFM 是指试验/评估中要求的一个表格,用来显示关键作战能力(COI)、关键效能参数(KPP)、关键系统属性(KSA)、关键技术参数(CTP)、效能测度(MOE)、适用性测度(MOS)、规划的试验方法以及试验资源、设施或基础设施之间的相互关系。

研制试验/鉴定工程师要帮助系统工程师拟定关键的系统特性;当实现了这些系统特

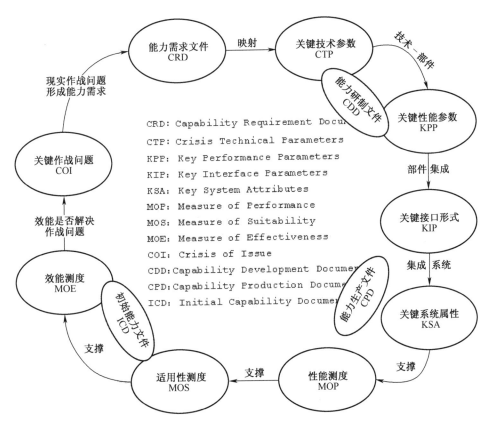

图 6-1 能力需求-技术-性能-适用性-效能的试验闭环示意图

性,则可以达到作战性能要求。作战试验/评估方为作战试验确定关键作战问题、效能测度、适用性测度。其目标是确保所有的措施都可以追溯到关键的系统需求和体系结构,并可以与关键性能参数和关键系统属性相关联。确保完全覆盖所有内容并相互关联的最佳方法是按照"评估架构矩阵"列出这些措施。该矩阵成为试验/鉴定总方案的一部分。表6-1所列是一个示意模板。

表 6-1 评估架构矩阵表格形式

关键系统和测量值				试验方法 重要资源	决策支撑
关键要求	关键使用问题	关键效能测量 适用性测量	关键技术参数 和阈值		初步设计审查 关键设计审查
关键性能 参数#1	关键使用问题#1:××对……是否有效	效能测量1.1.	发动机推力	室内测试:露天靶场观察或测量性能剖面	初步设计审查 关键设计审查
	关键使用问题#2:××是否适合	.	数据加载时间	在系统集成实验室重复进行部件级的压力和峰值测试	可靠性提升指南

（续）

关键系统和测量值			试验方法重要资源	决策支撑
	关键使用问题＃3：××能否……	使用性测量2.1.		
		效能测量1.3.		
		效能测量1.4.	可靠性提升曲线	组件水平压力测试：提升曲线上的样本性能；建模与仿真补充的样本性能	初步设计审查关键设计审查，里程碑C
关键性能#2		效能测量2.4.	数据链	里程碑C
关键性能#3	关键使用问题#4：训练是不是……？	效能测量1.2.	观察与调查	里程碑C，大批量生产
关键性能#3a	关键使用问题#5：文件编制	实用性测量2.5.		里程碑C，大批量生产

6.1.5　复杂武器装备试验之"前伸后延"理念

为了解决武器装备在初始作战试验与评估（IOT&E）过程中作战效能和适应性不达标的问题，2016年，美军开始实行武器试验与评估的新策略即"前移"（Shift-Left）。

所谓"前移"，是指从采办早期开始，在性能、可靠性、互操作性及赛博安全等四个方面的研制试验与评估过程中，引入任务背景，将系统置于具有一定逼真度的环境中，并考虑战术运用和作战人员参与，以尽早发现问题并及时改进，从而降低研制风险。

1. 组织管理

成立国家级试验资源管理机构，进一步加强研制试验与评估活动的监督和资源协调支持力度，其主要职责是改进研制试验与评估规划和实施，建立专业队伍，构建先进的试验与评估设施；在每项重大采办项目或型号中设立研制试验总师，领导型号试验与评估工作；设立政府牵头的研制试验与评估组织，承包商也相应设立试验与评估负责人。

2. 试验基础设施建设

随着武器装备的复杂性日益增加，研制试验与评估尽可能利用所有试验设施和试验流程作为可利用的资源，以及建模与仿真、训练演习、实验室实验和作战使用过程中的所有信息，构建国家"联合任务环境试验能力"（JMETC）和"国家赛博靶场"（NCR），为实现"前移"（Shift-Left）策略提供分布式试验基础设施。

3. 试验与评估规划

"前移"策略要求更早地开展研制试验与评估的规划,而不是等待工程样机研制出来后再进行规划。因此,需要在原有的试验与评估总计划(TEMP)中引入一个新的"研制评估框架"(DEF),确保项目在适当的时间开展相应的试验,在决策之前收集所有的信息。

研制评估框架,描述了研制试验活动、关键资源和所支持的决策之间的映射关系,显示出按时间段实现性能指标和指标迭代试验进展,能够清晰反映 TEMP 中研制试验与评估策略。DEF 确定了对评估系统性能、互操作性、赛博安全性、可靠性和维修性等关键数据。依据这些信息,可以对项目实现关键性能参数(KPP)、关键技术性能(CTP)、关键系统属性(KSA)、互操作性要求、赛博安全要求、可靠性增长、维修性和其他属性要求的进展状态进行评估。

6.2　试验设计方法

GB3358.3—93《统计学术语 第三部分 试验设计术语》中,对试验设计的解释为:对试验进行规划,主要指选择参加试验的因素,并确定因素的水平,挑选出要试验的水平组合。在《现代科学技术词典》中,试验设计解释为:在统计分析中,要求次数尽可能少的试验来获得足够的资料,从而得到较可靠的结论。试验设计考虑试验结果或观测时可能产生的随机误差,运用数学方法研究如何合理地进行抽样试验,控制各个因素在试验中的条件,同时还需要研究在各种允许试验条件下的最优试验方案的存在性和求解方法等问题。不管哪种解释,试验设计都是基于统计学意义,并寻找一个次数既少,又能达到试验目的的优化方案的过程。

6.2.1　目的与任务

武器装备试验设计,依据试验任务的目的和要求,在确定试验方法、测量方法和评估方法的基础上,从对被试武器装备的战术技术性能、作战使用性能和作战效能指标评定出发,在接近实际使用的条件下,选择和控制影响试验的各种因素及其水平,合理选取试验样本,使得能够从试验中推断出被试系统的总体性能,并确定试验最优或最满意方案,以获得最佳的试验结果。

武器装备试验设计,是科学试验的一个组成部分。因此,试验过程也是信息获取过程,如图 6-2 所示。这个过程由试验工程师、被试系统与配试系统(即辅助试验的设备、设施或装置等)、试验方法与测试系统等组成,通过策划、组织与实施,获取被试系统或体系的试验过程信息流。在试验过程中,测试参数选择越多,试验就越充分,结论也就越可信,但是试验时间和周期也就越长,试验成本随之增加。从 $x_1, x_2, \cdots, x_p$ 和 $z_1, z_2, \cdots, z_q$ 中选取哪些参数,这些参数如何采集,这就需要通过试验设计进行规划,在实现试验目标、满足试验要求的前提下,尽量采用较少的、典型的试验条件开展试验。

6.2.1.1　试验设计目的

(1)确定哪些因素对被试系统战技性能、作战适用性和作战效能(包括体系贡献率)指标(响应)影响最大,即指标与因素的灵敏度分析。

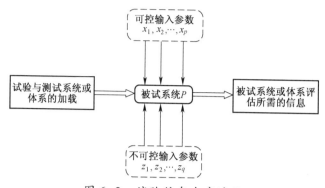

图 6-2　试验信息生产过程

（2）分析确定考核指标影响因素的取值水平，主要有三类：使被试系统战技性能、作战适用性和作战效能（包括体系贡献率）指标（响应）发挥最佳的因素水平（即武器装备的最佳使用条件）；使评估指标（响应）的分散度（或方差）尽可能减小的因素水平（即武器装备的稳定使用条件）；使不可控参数（噪声参数）对评估指标（或响应变量）的影响尽可能减小的因素水平。

（3）确定试验状态条件、被试系统构型、试验样本与试验资源等。

广义的试验设计，包括试验任务分析提出、试验剖面设计、试验因素及其水平选择与组合（试验大纲与试验总方案），到武器试验结果分析、试验报告撰写等一系列工作内容。

试验设计可对试验参与人员（包括军方与研制厂商等用户）展现出被试系统试验过程的全貌，描述武器装备战技性能、作战适用性和作战效能等试验与评估的全过程。因此，武器装备试验设计不仅仅是统计学意义上的试验设计，而是在实际工程层面上的进一步拓展，更接近于工程应用，但其核心还是选择与组合试验因素及其水平，形成试验的顶层设计。

6.2.1.2　试验设计任务

试验设计的主要任务是规划、部署试验，制定一套完整的试验顶层设计文件，一般包括试验计划与需求分析、试验大纲、试验总方案、测试方案、数据处理方案、工作大纲、质量与安全保证大纲、标准化大纲、计量与校准大纲等一系列的设计性文件。

试验设计的任务，是根据武器装备试验总要求，结合实际试验条件，选择若干试验科目进行试验，利用其试验结果，对被试系统战技性能、作战适用性和作战效能（包括体系贡献率）进行客观的评估。试验设计最终所确定的试验科目，本质上是在统计学意义上从母体中抽取试验样本（子样），也就是说，所抽取的试验样本与样本量必须服从于母体的总体分布，这样的试验（设计）才有意义。

试验设计，要依据国家、军队所制定的试验法规、标准及试验主管部门下达的《试验任务总计划》或《试验任务总要求》、被试系统《研制总要求》和《研制任务书》等技术文件，研究并制定试验与评估的顶层技术文件。在试验成本最低、试验效果最佳的原则下，规划试验资源、试验计划和试验目标，对被试武器装备提出评估或改进意见。具体如下：

（1）《试验任务总计划》或《试验任务总要求》和国家、军队所制定的试验法规、标准规范，对武器装备研制过程中不同阶段 T&E 的性质、目的和任务规定了基本、通用性要求,这些规定是必须遵照并严格完成的。

（2）《研制总要求》和《研制任务书》等技术文件,对被试武器装备的使命任务、作战范围、战技性能指标和作战使用要求作出了明确的规定,进而给出了试验与评估的需求。

（3）对试验与评估需求进行分析,在此基础上,形成《试验大纲》《试验总方案》《测试方案》《数据处理方案》《工作大纲》《质量与安全保证大纲》《标准化大纲》《计量与校准大纲》等技术文件。依据此类文件,制定年度工作计划及试验计划网络图。

（4）试验(测试)工程师,依据上述文件的要求,分步制定具体的试验科目和实施方案(即详细设计方案)。

（5）上述每一过程均需要开展评审与评估,要论证试验资源与技术方案的可行性。试验资源可以基于逻辑试验靶场的理念进行构建,形成基于分布式 LVC 的联合试验环境;技术方案的制定,必须依据被试武器装备的特点和工作原理,经论证并设计出最优化技术方案。一般来说,采用的试验与测试技术、试验设施与测试系统的技术成熟度必须达到 6~7 级以上,若技术成熟度太低,则通常不予采用。

依据被试武器装备试验目的不同,试验设计的侧重点也不尽相同。

（1）武器装备设计定型试验,其 T&E 的目的主要是在实际作战使用的条件下,对被试系统的战技指标和作战使用性能进行试验与评估,从而给出是否满足《研制总要求》和《研制任务书》规定要求的结论,为武器装备定型和装备部队使用提供决策依据,同时也为武器装备改进和部队作战使用提出建议和意见。

（2）武器装备作战试验,其 T&E 的目的主要是在近实战的环境下,对被试武器装备的作战适用性、作战效能(包括该被试系统纳入体系后的贡献率)进行评估,从而给出该武器装备是否满足作战需求、是否存在作战风险、能否融入作战体系之中等关键性结论,为武器装备采办决策和部队战术战法研究提供信息资料支持。

（3）体系级作战网络试验,主要是指多兵种和跨区域联合作战、网络中心战等大型作战网络的试验与评估。各国的大型军演本质上就是一种体系级作战网络试验与评估,其目的主要是检验作战网络系统的整体协调性、反应敏捷性、攻击有效性、作战网络赛博安全性、实战环境下生存力以及毁伤力,从而改进或提高作战能力。

6.2.1.3　试验设计原则

试验设计总的原则是以最低成本,实现最大效益。也就是,既要获得足够的评价被试武器装备的信息资料,又要求试验消耗最小。一般地,需要遵循以下原则:

1）全面性原则

在试验任务规划与设计过程中,依据相关国军标和行业标准,列举出全部战技性能、作战效能和作战适应性指标;在分析试验变量时,将对每一个考核指标可能产生影响的每一个因素,都作为候选变量列举出来;在确定变量水平时,要在作战范围内研究变量,在考核指标敏感区间,尽量多取水平数。

除按国军标要求外,有时用户或研制方还会提出更多新的试验考核要求,一并在试验设计中落实和体现。

2）科学性原则

按照被试武器装备的使用特点和要求,科学、合理地安排试验内容和试验科目;选择试验变量及其水平,应在被试武器装备的作战能力范围内,而不应超出被试系统作战能力范围内。

3) 关键性原则

试验设计是在试验充分性和试验经济性之中进行优化选择。不同类型的试验,具有不同的关注重点。如在武器作战试验的具体试验任务和项目选择中,一般根据被试系统的其他试验状态(如科研试验、定型试验等)情况,重点考核被试系统在作战使用中可能出现的缺陷、关键性能指标以及在前一阶段出现的问题等关键性问题。因此,要充分考虑试验信息资料的继承与应用,有针对性地设计试验内容和科目,以最少的试验次数获取足够的试验信息资料,从而提高试验效益、降低成本。

4) 可操作性原则

在对试验科目、试验变量及其水平全面分析的基础上,根据试验具备的条件和试验能力,综合考虑确定一些指标,在多个科目中考核;对所有试验内容和科目进行筛选与合并;根据因素对考核指标的影响程度,影响大的变量作为试验条件,影响小的变量可以固定水平或舍弃;每个试验变量的水平数一般控制在 3~5 个比较合适,通过适当裁剪,以提高试验的可操作性。

6.2.2　试验要素选取

在武器装备试验任务中,为了全面、系统、准确地评估装备的作战能力,需要综合考虑多个影响因素[6]。这些因素既有武器装备的战技性能指标,又有战术战法的应用、作战环境、心理素质等多方面的影响。每一个因素都在不同程度上反映了所研究问题的某些信息,且各因素之间还存在一定的相关性,使得试验数据在一定的程度上有重叠;而变量太多也会增加计算量和分析的复杂性。因此,在进行定量分析的过程中,期望变量少,而获得的信息量多。这就需要采用一定的优化方法,对试验要素进行优化。通常采用的试验要素优化方法有解释结构模型法和相关分析法两种。

6.2.2.1　解释结构模型法

解释结构模型法(Interpretative Structural Modeling Method, ISM),是美国 J.华菲尔特教授于 1973 年作为分析复杂社会经济系统有关问题的一种方法而开发的,其特点是把复杂系统分解为若干个子系统(要素),利用实践经验知识和计算机技术,构成一个多级递阶的结构模型。此模型以定性分析为主,属结构模型,把模糊的思想转化为直观的、具有良好结构关系的模型。当影响试验的因素越来越多时,或者说需要在试验中考虑的影响因素很多时,就可以应用 ISM 方法进行建模,以梳理各影响因素之间错综复杂的关系,以提取试验要素。

ISM 建模一般过程如下:

1) 产生邻接矩阵

在了解和掌握武器装备的组成要素和任意两个要素之间关系的基础上,将各要素逐一进行比较,若它们之间关系成立时则规定为 1,反之为 0,以此类推,形成邻接矩阵 A。

2) 生成可达矩阵

可达矩阵,是表示武器装备的组成要素之间任意次传递二元关系,或在有向图上两个节点之间通过任意长的路径可以到达的方阵。其生成方法为:将邻接矩阵 $\boldsymbol{A}$ 与单位矩阵 $\boldsymbol{I}$ 求和,对矩阵 $\boldsymbol{A}+\boldsymbol{I}$ 做幂运算,直到

$$\boldsymbol{M} = (\boldsymbol{A} + \boldsymbol{I})^{n+1} = (\boldsymbol{A} + \boldsymbol{I})^n \neq \cdots \neq (\boldsymbol{A} + \boldsymbol{I})^2 \neq (\boldsymbol{A} + \boldsymbol{I}) \tag{6-1}$$

式中:幂运算基于布尔代数进行运算,n 为达到可达矩阵的路长,即无回路条件下最大传递系数;矩阵 $\boldsymbol{M} = (\boldsymbol{A} + \boldsymbol{I})^n$ 称为可达矩阵,表示各要素之间直接或间接的关系。

3)矩阵层次化处理

在可达矩阵 $\boldsymbol{M}$ 的基础上,经过区域划分、级位划分、骨架矩阵提取等步骤,得到骨架矩阵。

4)建立多级递阶结构模型

在骨架矩阵的基础上,绘制多级递阶有向图,即可建立武器装备系统的多级递阶结构模型。多级递阶结构模型非常直观地反映了该元素之间的结构关系。

ISM 方法使用方便,无需高深的数学理论,易为系统分析师所掌握。

6.2.2.2 相关分析法

相关分析法,作为研究变量之间相关关系的数理方法,也可以用于分析试验要素之间的相关关系。试验要素作为武器系统试验的自变量,有的相对独立,而有的则与其他变量存在相关性。

进行相关分析有两种方法:第一种方法,是通过散点图直观显示变量之间的关系;第二种方法,是通过计算相关系数准确反映两变量之间的关联程度。两种方法各有优劣,前一种方法的相关关系简单明了,但不够精确;后一种方法虽不直观,但以数字准确描述变量之间的现行相关程度。

相关关系一般可分为以下类型:

(1)强正相关关系:若某一变量 X_i 增加,则另一变量 X_j 明显增加,说明 X_i 是 X_j 的主要影响因素,因此试验要素取 X_i 即可。

(2)弱正相关关系:若某一变量 X_i 增加,则另一变量 X_j 也增加,但增量并不明显,说明 X_i 是 X_j 的影响因素,但不是唯一因素。

(3)强负相关关系:若某一变量 X_i 增加,导致另一变量 X_j 明显减少,说明 X_i 是 X_j 的主要影响因素。

(4)弱负相关关系:若某一变量 X_i 增加,则另一变量 X_j 减少,但减少量并不明显,说明 X_i 是 X_j 的影响因素,但不是唯一因素。

(5)非线性相关关系:其特点是 X_i、X_j 之间没有明显的线性关系,却存在着某种非线性关系,说明 X_i 仍是 X_j 的影响因素。

(6)不相关:其特点是 X_i、X_j 之间不存在相关关系,说明 X_i 不是 X_j 的影响因素。

因此,当变量 X_i、X_j 之间存在强正(负)相关关系时,可以仅取变量 X_i 作为试验要素,从而减少试验要素的数量。

在实际工程应用中,可以采用不同的相关系数度量变量之间的关联程度。常用的相关系数有 Pearson 简单相关系数、Spearman 等级相关系数和 Kendall 等级相关系数。

以 Pearson 简单相关系数为例,其计算公式为

$$r = \frac{\sum\limits_{i=1}^{n} (x_i - \overline{x})(y_i - \overline{y})}{\sqrt{\sum\limits_{i=1}^{n} (x_i - \overline{x})^2 \sum\limits_{i=1}^{n} (y_i - \overline{y})^2}} \tag{6-2}$$

式中：n 为样本量。

采用相关性分析时，还可对试验数据进行显著性检验。

6.2.3　试验点设计

在优选了试验要素之后，需要决定要素的取值，即确定试验点，也称因素水平。在武器装备系统中，大多数自变量的取值是离散的，少部分为连续的。不管是离散的还是连续的，都不可能将所有试验点都进行采样，因此需要进行试验点的选取，既要使这些试验点能够代表整体趋势，还需要减低试验数据采集系统的负担[7-8]。

6.2.3.1　变量之间关系分析

通常地，自变量与因变量之间的影响关系有线性和非线性两种形式。在进行试验任务之前，首先通过定性分析或单因素试验，分析试验要素对试验指标的影响程度，以此优化多因素试验时的试验点的选取。

为了优选合适的试验点，在进行试验点选取时，应根据自变量与因变量的关系进行变密度选择。对于线性单调的变量，容易预测自变量变化对因变量的影响，相应的采样密度可以小一些；对于非线性非单调的变量，因自变量和因变量之间的关系变化多样存在多个拐点（即曲率变化较大），则在拐点邻域的采样密度增大，其他部分可以相应地减少。采用变密度法进行试验点选取的一般原则是：

（1）若变量之间为线性单调关系时，在取值范围内实际选取 3~5 个试验点，并采用线性回归方法描述变量关系；

（2）若变量之间为非线性单调关系时，试验点的选取原则是曲率变化越大，试验点选取密度越大；

（3）若变量之间为非线性非单调或线性非单调关系时，应依据测量精度要求，采用建模与仿真方法进行分析，以决定试验点的选取方法。

6.2.3.2　均匀取值法

均匀取值法，是指在试验要素的取值范围内，均匀选取试验点作为试验要素取值点的方法。所谓均匀取值，即在取值范围内试验点均匀分布，这就要求输入满足给定值域的均匀分布的随机数。在 [0,1] 上均匀分布的随机变量是最简单、最基本的重要随机变量，每个数值都服从区间 0~1 的均匀分布。

在试验中，常常需要产生在某个指定区间上均匀分布的随机数。如某一设备的工作频率为 $[a, b]$，若在每个频率点上工作的概率相同，则当模拟该设备随机工作频率时，就需要抽取 $[a, b]$ 上均匀分布的随机数。设 R 为 $[0,1]$ 上均匀分布的随机数，则满足 $[a, b]$ 区间均匀分布的因素取值为

$$X = (b - a)R + a \tag{6-3}$$

6.2.3.3　逼近寻优取值法

在试验中，输入变量取值的多少，影响着响应变量是否接近于所期望的值，一般采用

逐步逼近取值法进行寻优。在试验过程中,每一次新的试验点都是依据上一次试验结果进行调整。试验点设计有牛顿逼近法、变尺度逼近等多种逼近寻优方法,但在实际应用中通常采用二分逼近法或黄金分割法来获得试验要素的试验点。

1. 二分逼近法

若试验要素的取值区间为$[a,b]$,采用二分逼近法进行试验点设计的方法为:

(1)首先,取区间$[a,b]$的中点x_0,即

$$x_0 = (a + b)/2 \tag{6-4}$$

将x_0作为试验点,得到试验值y_0为

$$y_0 = f(x_0) \tag{6-5}$$

(2)比较y_0与期望值,判断试验是否终止。若是,则结束试验;反之,确定下一步逼近方向。

(3)若向右逼近,则令

$$a_1 = x_0, \quad b_1 = b \tag{6-6}$$

反之,若向左逼近,令

$$a_1 = a, \quad b_1 = x_0 \tag{6-7}$$

可得到新的取值范围为$[a_1, b_1]$,这时取

$$x_1 = (a_1 + b_1)/2 \tag{6-8}$$

作为新的试验点继续试验,转第(2)步。如此继续二分逼近,即可得到一系列取值区间$[a_i, b_i]$与相应的试验点$x_i(i=1,2,\cdots,k)$,将x_k作为试验要素的最优取值。

2. 黄金分割法

黄金分割法,即0.618法。若试验要素的取值区间为$[a,b]$,黄金分割法进行试验点设计方法为:

(1)首先,取区间$[a,b]$的点x_0作为试验点,即

$$x_0 = a + (b - a) \times 0.618 \tag{6-9}$$

将x_0作为试验点,得到试验值y_0为

$$y_0 = f(x_0) \tag{6-10}$$

(2)同二分逼近法的第(2)步。

(3)同二分逼近法的第(3)步,但是在新的取值区间$[a_1, b_1]$内,新的试验点为

$$x_1 = a_1 + (b_1 - a_1) \times 0.618 \tag{6-11}$$

(4)转第(2)步,继续黄金分割,即可得到一系列取值区间$[a_i, b_i]$与相应的试验点$x_i$$(i=1,2,\cdots,k)$,将$x_k$作为试验要素的最优取值。

6.2.3.4 随机取值法

在真实作战环境中,具有很多随机因素影响着作战网络系统效能的发挥,作为不可控因素,偶然性与随机性是经常发生的。在武器装备试验中,要考虑各种随机因素的影响,对具有不同分布的随机变量进行抽样,使产生的随机数符合变量分布规律。最常见的气象条件就是一个在试验中要考虑的重要因素之一。随机变量的分布一般有负指数分布、泊松分布、正态分布瑞利分布与威尔分布等。

1. 负指数分布

负指数分布(Negative Exponential Distribution,NED),又称指数分布,是一种连续概率

分布,可以用来表示独立随机时间发生的时间间隔,如攻击飞机的防空武器系统到达的时间、雷达首次发现目标的时间、武器系统 MTBF 的失效分布等。负指数分布随机变量的抽样,可通过下式产生:

$$X = -\frac{1}{\lambda}\ln R \tag{6-12}$$

式中:λ 或为武器系统故障率,或为事件流强度(即单位时间发生的平均事件数),或为单位时间内发现概率。

2. 泊松分布

泊松分布,用于描述单位时间(或空间)内随机事件发生的次数。当两事件出现的间隔时间服从负指数分布时,则在单位时间内事件出现的次数服从泊松分布。满足泊松分布的随机数的快速抽样算法如下:

在区间 $[0,1]$ 上产生均匀分布的随机数 $R_1, R_2, \cdots$,则满足不等式(6-13)的 n 符合泊松分布($R_0 = 1$):

$$\prod_{i=0}^{n} R_i \geqslant e^{-\lambda} > \prod_{i=0}^{n+1} R_i \tag{6-13}$$

3. 正态分布

正态分布,是概率论中最重要的一种分布,在试验与测试中有着非常普遍的应用,常用于测量误差的分析。服从正态分布的随机变量 X 由两个参数来表征,即均值 μ 和标准差 σ,其中 σ 反映了试验数据的离散程度。

若试验结果符合正态分布,则先要计算正态分布的抽样结果。以二维正态分布为例,对于满足正态分布的试验要素 $x(\mu_x, \sigma_x)$ 与 $y(\mu_y, \sigma_y)$,试验点由以下过程获得:

(1)在区间 $[0,1]$ 上产生均匀分布且相互独立的随机变量 R_1, R_2;

(2)计算标准正态分布的抽样结果:

$$x = \sqrt{-2\ln R_1} \cos(2\pi R_2) \tag{6-14}$$

$$y = \sqrt{-2\ln R_2} \cos(2\pi R_1) \tag{6-15}$$

(3)满足正态分布 $x(\mu_x, \sigma_x)$ 与 $y(\mu_y, \sigma_y)$ 的试验点为

$$x_\mu = \mu_x + \sigma_x x \tag{6-16}$$

$$y_\mu = \mu_y + \sigma_y y \tag{6-17}$$

4. 瑞利分布

瑞利分布在电波传播、噪声理论与海浪理论等研究中都有应用。瑞利分布随机抽样算法为

$$X = \sigma\sqrt{-2\ln R} \tag{6-18}$$

式中

$$\sigma = \frac{CEP}{\sqrt{-2\ln 0.5}}$$

其中,CEP 为圆概率误差。

5. 威尔分布

威尔分布是可靠理论中的基本分布之一。武器装备的使用寿命、战场环境中杂波信号等都服从威尔分布。威尔分布随机变量的抽样算法为

$$X = \gamma + \eta \left[- \ln R \right]^{1/m} \tag{6-19}$$

式中:m 为形状参数;γ 为位置参数;η 为尺度参数。

6.2.4　拉丁方试验设计

拉丁方试验设计(Latin Square Design,LSD),也称为正交拉丁方设计,是一种为减少试验顺序对试验的影响,而采取的一种平衡试验顺序的技术。最初是因为设计试验方案时,采用了拉丁字母组成的方阵来表示的,尽管后来方阵中的元素已经不再采用拉丁字母,而改用阿拉伯数字或英文字母表示,但仍然习惯成这种试验为拉丁方试验。若一个方阵用 r 个字母排成的 r 行 r 列,即 $r \times r$ 拉丁方,按拉丁方的字母及其行和列来安排各因素的试验设计称作为拉丁方设计。当试验过程中只涉及三个试验因素时,就可以考虑采用拉丁方设计。拉丁方设计的特点,是在每行、每列中任何一个字母只能出现一次,且必须出现一次。它适用于小样本量的多因素设计,而且试验因素之间没有交互影响。拉丁方设计的缺点有两点:首先,要求三因素水平数相等且无交互作用,因此存在一定的局限性;其次,当因素的水平数较少时,受偶然因素影响较大。

拉丁方设计是一种优良、实用的科学研究方法,它常用于比较两种以上因素的影响程度,其主要优点如下:

(1) 拉丁方的行与列皆为配伍组,可以用较少的试验次数获得较多的信息;

(2) 双向误差控制,使观测单位更加区组化与均衡化,进一步减少试验误差,比配伍组设计更加优越,试验灵敏度高、省时省力。

拉丁方设计也存在一定局限性:

(1) 要求三因素的水平数相等且无交互作用。虽然当三因素的水平数不等时,可以通过调整次要因素的水平数达到设计要求,但费时费力;由于因素间可能存在交互作用,故使用受到一定的限制。

(2) 当因素的水平数较少时,易受偶然因素的影响。

拉丁方设计的过程如下:

(1) 根据主要处理因素的水平数,确定基本型拉丁方,并从试验专业角度使另外两个次要因素的水平数与之相同。

(2) 先将基本型拉丁方随机化,然后按随机后的拉丁方安排试验。通过对拉丁方的任意两列交换位置,或任意两行交换位置,以随机化进行试验。

(3) 规定行、列字母所代表的因素和水平。

(4) 统计分析,先对各行、列进行齐性试验,再进行方差分析。

6.2.5　正交试验设计

正交试验设计(Orthogonal Test Design,OTD),是武器系统试验中最为广泛的因素试验设计方法之一。典型试验应用如爆炸成型因素分析试验、导弹打靶试验、常规射击试验、武器命中精度试验、雷达跟踪精度试验、水下武器攻击试验等,都会采用正交试验设计方法。

正交试验设计的基本思想,是选择具有代表性的样本点进行试验,然后由试验结果分析各因素不同水平下的效应,以此为基础推断任意因素、任意水平条件下的被试系统的战技性能。

6.2.5.1　基本概念

正交试验设计,是根据因素设计的分式原理,采用由组合理论推导而成的正交表来进行试验设计,并对结果进行统计分析的多因素试验方法。正交表具有以下特点:

1) 正交性

正交表中任意两列横向各数码搭配所出现的次数相同。

2) 均衡性

任一列中,不同水平个数相同,这使得不同水平的试验次数相同。水平重复数实际上就相当于重复试验,由正交性特点可知,每个水平下,其他因素各水平出现的次数是相同的,这就保证了在讨论某一因素时,无须考虑其他因素。

3) 独立性

没有完全独立的试验,任意两个结果之间不能直接比较。任何两个试验间都有两个以上因素具有不同水平,所以直接比较两个试验结果无法就水平影响来下结论。只有全部试验完成,并对全部试验结果进行统计处理,才能得出相应的结论。

在武器系统试验中,各因素或者具有相同的水平数,或者水平数不完全相等,因此所产生的正交表有规则表与不规则表两种形式。

(1) 规则表。在规则表中,各因素具有相同的水平数。规则表使用方便,试验安排与数据处理比较简单,易于使用。但在规则表中要求每个因素具有相同的水平。

(2) 不规则表,即混合水平表。每个因素的水平数不要求严格相等,有的因素水平数多,有的则少。其优势是因素可以具有不同水平,应用比较灵活。

在实际武器装备试验工程应用中,由于影响因素的水平各不相同,因此通常采用不规则表进行设计。

不规则表,是基于规则正交表并通过并列法进行并列,获得新的并满足不规则因素水平的正交表。

6.2.5.2　正交试验设计原理

正交试验设计的主要工具是正交表。因素,正交试验设计的原理就体现在正交表的构造和选取上。正交表的构造是一个复杂的组合数学问题,不同类型的正交表构造方法较多、差异较大。为了简要说明正交表的构造方法,以构造正交表 $L_{m^N}(m^k)$ 为例,要求水平数 m 限定为素数或素数的方幂,N 为基本列数,可以是任意正整数。当给定 m、N 后,具有以下关系:

$$k = \frac{m^N - 1}{m - 1}$$

1. 有限域和以 p 为模的剩余类域

利用有限域理论构造正交表。所谓有限域,是指有限个元素的集合,在这个集合中,定义"加法"和"乘法"两种代数运算,对集合中的任意元素 a、b 和 c,采用定义运算法则,所得结果还属于这个集合,并且满足以下条件:

(1) 交换律,即 $a + b = b + a$,$a \times b = b \times a$;

(2) 结合律,即 $(a + b) + c = a + (b + c)$,$(a \times b) \times c = a \times (b \times c)$;

(3) 分配率,即 $(a + b) \times c = a \times c + b \times c$;

(4) 存在 0 和 1 元素,满足 $a + 0 = a$,$a \times 1 = a$;

（5）任意元素 a，存在负元素 $-a$ 和逆元素 $\bar{a}$，满足 $a + (-a) = 0, a \times \bar{a} = 1$。

有限域中元素的个数 p 称为有限域的阶。若由元素 $0, 1, 2, \cdots, p-1$ 构成的集合，定义加法和乘法运算：加法，两元素的和除以 p 所得的余数，为两元素相加后所得的元素；乘法，两元素的乘积除以 p 所得的余数，为两元素相乘后所得的元素。这个集合称为以 p 为模的剩余类域。可以验证，以 p 为模的剩余类域一定是有限域。

2. 构造 $L_{m^N}(m^k)$ 正交表

因素水平记号用 $0, 1, 2, \cdots, m-1$ 表示，水平记号的加、乘运算是按以 p 为模的剩余类域的加法、乘法规则进行。$L_{m^N}(m^k)$ 型正交表中有 m^N 个试验，即每一列有 m^N 个水平记号。采用分割法构造基本列。

（1）把标准 m 分列放在表的第一列，列名记为 a；

（2）将标准 m^2 分列放在表的第二列，列名记为 b，其后放 a, b 两列的 $m-1$ 个交互列，共有 m 个 m^2 分列；

（3）紧接着放置 m^3 分列和交互列。如此继续下去，直到标准 m^N 个分列，以及与前面各列的交互列，得到 m^{N-1} 个 m^N 分列。

因此，整个 $L_{m^N}(m^k)$ 型正交表有 $k = 1 + m + m^2 + \cdots + m^{N-1} = \dfrac{m^N - 1}{m - 1}$ 个列。

6.2.5.3 正交试验设计流程

1. 明确试验目的，确定评价指标

任何一项武器系统试验，都是为了考核装备的战技性能或作战性能与效能，或者为发现存在问题或缺陷，或为验证某些关键技术和装备可行性等，因此必须首先明确试验目的和要求，这是正交试验设计的基础。评价指标是表征试验结果的量值，可用来衡量或考核装备的试验结果。

2. 挑选因素，确定水平

影响装备试验指标的因素很多，由于试验条件有限，一般很难进行全部试验，所以应认真分析实际情况，并根据《试验大纲》等文件的要求选择主要因素，略去一些次要因素。正交表是设置多因素试验的有效工具。对于次要因素，还需谨慎分析，不可全部轻易舍弃，有时增加一些因素，并不一定增加试验次数，在条件许可的情况下，尽量多设置一些因素，以保证试验的全面性和有效性。另外，必要时将区组因素加以考虑，以提高试验精度。

定性或定量因素一般取 2、3 水平，只有在特殊场合，才考虑 4 级或以上水平。确定因素水平时，应尽量使因素水平数相等，以便于进行数据处理。最后列出因素水平表。

3. 选择正交表，进行表头设计

依据因素和水平数选择合适的正交表，其基本方法如下：

（1）检查水平数；

（2）检查正交表的列数是否能容纳所有试验因素（包括交互作用）；

（3）检查试验精度要求，若精度要求高，则试验因素和水平数尽量多；

（4）依据经费、时间和其他配套资源状况确定正交表；

（5）依据实际情况，可选择规则表，也可选择混合水平的不规则表；

（6）若条件许可，尽量选择大表，让影响较大的因素和交互作用各占适当的列，因素与交互的影响采用方差分析法进行显著性检验。

另外,也可利用试验次数应满足的条件选择正交表,其要求为

$$f_{T'} \leqslant f_T = n - 1 \qquad (6-20)$$

式中:$f_{T'}$为所考虑因素及交互作用的自由度;f_T为所选正交表的总自由度;n为所选正交表的行数(即试验次数)。

选择好正交表后,将各因素及交互作用安排到正交表适当的列上,成为表头设计。

4. 设计试验方案,进行试验

完成表头设计后,正交表中各列上的数字是该列所填因素在各个试验中的水平数,这样正交表的每一行就对应着一个试验方案,即各因素的水平组合。在进行试验时,需要注意以下一些事项:

(1) 分区组;

(2) 因素水平表排列顺序的随机化,不按因素数值大小的顺序排列;

(3) 必须严格按照规定的方案完成;

(4) 试验顺序无须完全按照正交表上的试验序号进行;

(5) 控制试验条件力求严格;

(6) 试验结果以试验指标形式给出。

5. 试验结果统计分析

试验结果分析一般采用的方法有直观分析法、方差分析法两种。通过结果分析可以得到因素主次顺序、因素显著性及最佳方案等有用信息。

6. 进行验证试验,以进一步分析

最佳试验方案,是通过统计分析获得的,还需要进行试验验证,以保证最优方案与实际工程应用的一致性,否则还需要进行新的正交试验。

在武器装备试验中,对于多因素、多水平问题的处理,既可以采用正交表进行试验设计,也可以进行混合水平正交试验设计的方法。

混合水平的正交试验设计,是指各因素的水平不一样而进行的混合水平的多因素试验设计。其设计方法一般有直接利用混合水平正交表方法和拟水平法两种方法。

混合水平正交表,是各因素水平数不完全相同的正交表;拟水平法,是将水平少的因素归入水平多的正交表中的一种处理问题的方法。在没有合适的混合水平的正交表可用时,拟水平法是一种比较好的处理多因素混合水平试验的方法。这种方法不仅是针对一个因素,也可以对多个因素安排虚拟水平。需要说明的是,引入虚拟水平后的正交表对所有因素来说不具有均衡搭配的性质,但是它具有部分均衡搭配的性质,因此拟水平法仍然保留了正交表的优点。

对于多指标问题的分析以及具有交互作用的试验设计问题,可以参照试验设计相关的资料。

6.2.6　均匀试验设计

均匀试验设计(Uniform Test Design,UTD),是在试验范围内均匀分布试验点的一种试验设计方法。它通过配套的均匀设计表和使用表来安排试验,当试验因素变化范围较大,需要取较多水平时,均匀设计可极大地减少试验次数。分析均匀试验数据,可以判定

所考察的因素中哪些是主要的或次要的,从而确定出最佳试验条件,获得最佳试验方案。

6.2.6.1 基本概念

均匀设计,是数论方法中"伪蒙特卡洛方法"的一个应用,由方开泰与王元两位教授于 1978 年创立。均匀设计是从均匀性角度出发,将试验点在整个试验范围内均匀分布的一种设计方法。它的优势是当试验因素数目较多时,试验次数并不是很多,试验次数可以是因素的水平数目,也可以是因素的水平数目的倍数,而不是水平数目的平方。然而,由于均匀设计不具有整齐可比性,对试验结果不能做直接分析,需要通过回归分析方法对试验数据进行统计分析,从而推断最优的试验条件。

均匀试验设计通过均匀设计表和使用表安排试验。均匀设计表的代号一般记为 $U_n(q^k)$ 或者 $U_n^*(q^k)$,其中:k 表示均匀设计表的列数或试验因素;q 表示各因素的水平数;n 表示行数或试验次数;U 的右上角加"$*$"或不加"$*$"代表了两种不同类型的均匀设计表,所有的 U_n^* 设计表是由 U_{n+1} 设计表去掉最后一行而得到的,通常加"$*$"的均匀设计表均匀性更好,应优先选用。

均匀设计具有如下主要性质:

(1) 在每一列中没有重复数字出现,即每个数字只出现一次;

(2) 在试验中,为了使不同因素、不同水平搭配均匀,要求任意两列同行数字构成的有序数对各不相同,即每个数对仅出现一次;

均匀设计表适用于因素水平数较多的试验任务,但在具体的试验中,大部分因素水平数很难保证相等,此时需要采用混合水平均匀设计表或拟水平均匀设计表。

6.2.6.2 均匀试验设计原理

均匀试验设计的主要工具是均匀表和与之配合的使用表。均匀设计表的试验点设置很有规律,各种均匀表都有固定的行数和列数,它们之间存在内在的联系。以等水平数为奇数的均匀表构造方法为例,偶数均匀表可由奇数均匀表导出。

1. 均匀表结构

根据均匀设计特点,等水平均匀表的构造规律如下:

(1) 均匀表中的第一列是行数或试验次数,表中最上面一行是试验需要考虑的因素,剩余部分由每个因素的水平组成,每个因素水平个数都等于试验次数。

(2) 均匀设计表中,对于试验次数为奇数且为素数时,当试验次数为 n,则第一行为 $n-1$ 个数;对于试验次数为奇数且为非素数时,则第一行就不能为 $n-1$ 个数。例如 $U_9(9^6)$,试验次数与水平数都为 9,则在第一行中就没有 3 和 6 这两个数。

(3) 均匀表中,任一列的水平数没有重复。

2. 同余运算

根据均匀表的性质,为了使均匀设计表中每一列因素的水平有 n 个不重复的数字,定义同余运算规则为

xy 的乘积和 z 对 n 同余,记作 $xy \equiv z (\mod n)$

$$z = \begin{cases} xy, & xy < n \\ xy - kn, & xy \geqslant n \end{cases} \qquad (6-21)$$

式中:x、y、z、k 均为正整数,使得 $0 < xy - kn \leqslant n$,记 $(x,n)=1$ 表示 x 与 n 的最大公约数是 1。

因此,为了保证均匀表中任一列是 n 个不同的自然数,对第一行的某一个数要满足条件 $(x,n)=1$,在按同余运算规则即可得出该列上 n 个不同的自然数。

3. 均匀表构造规则

依据以上描述,总结出均匀表构成规则。当水平数为奇数时:

(1) U_n 设计表的第一列是 $1,2,3,\cdots,n$,第一行是由一切小于 n 的自然数 x_i 组成,且满足 $(x_i,n)=1$;

(2) U_n 设计表的第 i 列第 j 个元素 U_{ij} 为 $U_{ij}\equiv j\cdot x_i(\bmod n)$,其中 x_i 为第 i 列的第一个元素,$i=1,2,\cdots,m(m<n)$,$j=1,2,\cdots,n$。

当 n 为素数时,则符合 $(x_i,n)=1$ 的不大于 n 的自然数为 $1,2,3,\cdots,n-1$,这表明 n 为素数时,相应的 U_n 设计表有 $n-1$ 列;当 $n=p^k$ 时,则 U_n 设计表的列数为

$$p^k\cdot\left(1-\frac{1}{p}\right)=n\cdot\left(1-\frac{1}{p}\right)\tag{6-22}$$

式中:p 为素数;k 为正整数。

由于任意正整数均可分解为素因子的连乘积,当 $n=p_1^{k_1}\cdot p_2^{k_2}\cdots p_m^{k_m}$ 时,则相应的 U_n 表有 $n\cdot\left(1-\frac{1}{p_1}\right)\cdot\left(1-\frac{1}{p_2}\right)\cdots\left(1-\frac{1}{p_m}\right)$ 列,$p_1,p_2,\cdots,p_m$ 为不相同的素数。

当 n 为偶数时,也采用对奇数的方法构造设计表,得到的列数较少,不能满足试验要求。因此,偶数的均匀表一般要从奇数的均匀表划去最后一行来获得。总之,当 n 为素数时,均匀表才有 $n-1$ 列,在其他情况下都小于 $n-1$ 列。

4. 使用表设计

每个均匀设计表需要一个相应的使用表配合使用,才能完成试验方案设计。均匀设计表不能单独用于试验,它是在具体使用时根据均匀性原则选择试验点设置的基础性工作。如均匀设计表 $U_n(n^m)$,由于均匀表中的各列不等价,若设置 S 个因素 $X_1,X_2,\cdots,X_S(S\leqslant m)$ 的试验,将会涉及选择均匀表中的哪 S 列是用于试验这一问题,而使用表就是用来确定使用均匀设计表中的哪 S 列的。特别是当使用回归模型分析试验结果时,均匀设计表中给出的列数实际上不能全部安排试验。因此,在使用均匀表安排不同因素试验时,必须给出具体的使用表。

使用表的设计,需要考虑均匀设计表中试验因素的限制,并依据一定的原则进行设计。

1) 均匀设计表中安排试验因素的限制

在分析数据时,均匀表 $U_n=(U_{ij})_{\max}$ 中的 U_{ij}(即第 j 个因素的第 i 个水平数),相当于回归模型中的 X_{ij}(即第 j 个因素的第 i 次观测值),通常要求 U_n 满秩。在均匀表中每张 U 表的列之间是线性相关的,对于任意一张均匀表 $U_n(n^m)$,若采用通常的回归分析处理试验数据,则至多只能安排 $(m/2+1)$ 个因素。

2) $U_n(n^m)$ 的使用表的试验点设置原则

在 U_n 表中,n 为试验次数,m 为表的列数,现有 S 个因素($S\leqslant m$),各有 n 个水平需要安排试验。从试验点均匀设计的原则出发,构造使用表。使用表构造方法如下:

首先,令 $x_1,x_2,\cdots,x_S$、$y_1,y_2,\cdots,y_S$ 为两组正整数,且 $x_i\neq x_j$、$y_i\neq y_j(i\neq j)$,$(x_i,n)=(y_i,n)=1(i,j=1,2,\cdots,S)$。按照均匀表构造规则可以分别产生 U_n 表的两个列,这

两列中哪一列的均匀性更好,需要通过理论推导和证明。首先,计算式(6-23)与式(6-24)的值:

$$f(x_1, x_2, \cdots, x_S) = \frac{1}{n} \sum_{k=1}^{n} \prod_{v=1}^{S} \left[1 - \frac{2}{\pi} \ln\left(2\sin\pi \frac{x_{vk}}{n+1} \right) \right] \tag{6-23}$$

$$f(y_1, y_2, \cdots, y_S) = \frac{1}{n} \sum_{k=1}^{n} \prod_{v=1}^{S} \left[1 - \frac{2}{\pi} \ln\left(2\sin\pi \frac{y_{vk}}{n+1} \right) \right] \tag{6-24}$$

式中:$x_{vk} \equiv kx_v$;$y_{vk} \equiv ky_v (\bmod n)(v = 1, 2, \cdots, S)$。

其次,通过比较式(6-23)与式(6-24)的值进行确定。若

$$f(x_1, x_2, \cdots, x_S) < f(y_1, y_2, \cdots, y_S) \tag{6-25}$$

则说明由 $x_1, x_2, \cdots, x_S$ 组成的 S 列比由 $y_1, y_2, \cdots, y_S$ 组成的 S 列更均匀。

设满足条件 $(x_i, n) = 1$ 的自然数 x_i 有 m 个,则在 m 个中任意选取 S 个的组合有 C_m^S 种可能。所谓均匀性原则,是在这 C_m^S 个 S 列中选取使 $f(x_1, x_2, \cdots, x_S)$ 达到极小的组合,用这一组合安排试验方案。

不失一般性,令 $x_i = 1$(可改变试验次序使得 $x_i = 1$),即一定要包含 U_n 表中的第一列。这样就只需比较 C_{m-1}^{S-1} 中情况,从而减低了计算量。为了得到 S 个因素的使用表,在 m 个满足 $(x_i, n) = 1$ 的自然数 x_i 中,按均匀性原则挑选出 S 个,其中 $x_i = 1$。

最后,按照式(6-25)可得到使用表:

$$P_n(K) = (Kx_1, Kx_2, \cdots, Kx_S) \qquad (\bmod n)$$

式中:$K = 1, 2, \cdots, n$。

6.2.6.3　均匀试验设计流程

在军工武器系统试验中,影响考核对象结果的试验因素的水平数可能相同也可能不相同。若因素水平数相同,则选用均匀设计表;若因素水平数不同,则选用混合水平表或采用拟水平法。

(1)明确试验目的,确定试验指标。若考核的性能指标有多个,则一般需要对指标进行综合分析。

(2)选取试验因素。依据专业知识和实际工程经验进行试验因素的选取,一般选取对试验指标影响较大的因素进行试验。

(3)确定因素水平。依据试验条件以及以往工程经验,首先确定各因素的取值范围,然后在此范围内设置适当的水平。

(4)选择均匀设计表,排布因素水平。根据因素数量、水平数选择合适的均匀设计表进行因素水平数的排布。

(5)设计试验方案,开展试验。

(6)试验结果分析。采用回归分析方法对试验结果进行分析,从而寻找最优试验条件;或采用直接观察法分析试验结果。

(7)试验验证。采用回归分析方法计算的优化条件,一般还需要进行试验验证。

(8)进一步优化,直至满足试验目的和要求。

6.2.7　序贯试验设计

通常,每一项试验任务在试验前确定本次试验的样本量,在试验中对选择的样本个体

进行全部试验,并获得试验数据进行分析与处理。随着试验进行到某一阶段,剩余试验计划是否需要继续进行,或者在试验期间是否需要对试验进行调整,这时就需要抽取试验样本进行检验,以确定下一阶段试验任务。

序贯试验也称为序贯分析,可以事先不规定样本量,而是随着试验进展情况而定。序贯试验设计,是对现有样本一个接着一个,或一对接着一对地展开试验,循序而连贯地进行,直至出现规定的结果才终止试验的一种试验设计方法。可以证明,在同样的检验水平要求下,序贯试验的平均试验次数小于非序贯试验的平均试验次数。

6.2.7.1 基本原理

序贯试验的核心是似然原理,试验设计的基础是序贯概率比检验。所谓似然原理,是指该试验结果与未出现的其他试验结果相比,在概率上具有较大出现的可能性。设从总体中抽取容量为 n 的样本,样本试验结果为 $x_1, x_2, \cdots, x_n$。若在一次抽样中会出现这种试验结果,则说明总体的特征有利于该试验结果的出现。

1. 似然函数

设 $(x_1, x_2, \cdots, x_n)$ 为总体 X 的样本,X 的密度函数为 $f(x; \theta_1, \theta_2, \cdots, \theta_k)$,$\theta_j$ 为参数,其联合概率密度成为似然函数,记为

$$L(\theta_1, \theta_2, \cdots, \theta_k) = \prod_{i=1}^{k} f(x_i; \theta_1, \theta_2, \cdots, \theta_k) \tag{6-26}$$

2. 似然比

设统计假设为 $H_0: X$ 的分布密度函数为 $f_0(x)$,$H_1: X$ 的分布密度函数为 $f_1(x)$,似然函数为 $L_1(\theta)$ 和 $L_2(\theta)$,定义统计量

$$\lambda_n = \frac{\prod_{i=1}^{n} f_1(x)}{\prod_{i=1}^{n} f_0(x)} \tag{6-27}$$

为似然比统计量。

3. 序贯概率比检验法

从式(6-27)可以看出,如果 λ_n 很大时,H_1 为真的可能性很大,应接受假设 H_1;当 λ_n 很小时,H_0 为真的可能性很大,应接受假设 H_0;当 λ_n 不大也不小时,不能做出判断,应继续展开试验。

Wald 将该思想进行了理论推导,结合两类风险要求,给出了检验方法与准则,即序贯概率比检验方法。

设 $x_1, x_2, \cdots, x_n$ 是按时间顺序得到的系列样本,对式(6-27)变换构造检验统计量:

$$\Lambda_n = \ln\lambda_n = \ln \frac{\prod_{i=1}^{n} f_1(x)}{\prod_{i=1}^{n} f_0(x)} = \sum_{i=1}^{n} \ln \frac{f_1(x)}{f_0(x)}, \quad n = 1, 2, \cdots \tag{6-28}$$

判别准则为(从 $n=1$ 开始):

(1) 若 $\Lambda_n \geqslant b$,则停止试验并拒绝原假设 H_0,接受备择假设 H_1;

(2) 若 $\Lambda_n \leqslant a$,则停止试验并接受原假设 H_0,拒绝备择假设 H_1;

（3）若 $a < \varLambda_n < b$，不能做出判断，应抽取样本继续试验。

判别准则中的 a 和 b 由两类风险确定，Wald 理论确定为

$$b = \ln \frac{1 - \beta}{\alpha}, \quad a = \ln \frac{\beta}{1 - \alpha} \tag{6-29}$$

式中：α、β 分别为两种错误概率，α，β>0，但很小。

6.2.7.2　二项分布的序贯试验设计

设 x_i 表示每次试验结果，$x_i = 0$ 表示试验未成功，反之，$x_i = 1$ 表示试验成功，则 $x_i \sim B(1, q)$ 为布尔分布，q 为成功率，检验假设为

$$H_0: q = q_0, \quad H_1: q = q_1$$

定义 $d = p_0/p_1 = (1 - q_1)/(1 - q_0)$ 为鉴别比，则式（6-28）变为

$$\varLambda_n = \ln \lambda_n = \sum_{i=1}^n x_i \ln \left(\frac{q_1(1 - q_0)}{q_0(1 - q_1)} \right) + n \ln \left(\frac{1 - q_1}{1 - q_0} \right) \tag{6-30}$$

令　$S_n = \sum_{i=1}^n x_i$ 为 n 次试验中成功次数，且有

$$h = \frac{b}{\ln \left(\dfrac{q_0(1 - q_1)}{q_1(1 - q_0)} \right)}, \quad s = \frac{\ln \left(\dfrac{1 - q_1}{1 - q_0} \right)}{\ln \left(\dfrac{q_0(1 - q_1)}{q_1(1 - q_0)} \right)}$$

则判别准则为

（1）若 $S_n \geqslant s \times n + h$，则接受原假设 H_0，停止试验；

（2）若 $S_n \leqslant s \times n - h$，则拒绝原假设 H_0，停止试验；

（3）若 $s \times n - h < S_n < s \times n + h$，则继续抽样试验。

6.2.7.3　正态分布的序贯试验设计

设武器系统指标的总体分布符合正态分布，即 $X \sim N(0, \sigma^2)$。进行假设：$H_0: \sigma = \sigma_0$，$H_1: \sigma = \sigma_1$，则有

$$\varLambda_n = \ln \lambda_n = \ln \frac{\prod\limits_{i=1}^n f_1(x)}{\prod\limits_{i=1}^n f_0(x)} = \sum_{i=1}^n \ln \frac{f_1(x)}{f_0(x)}$$

$$= \left(\frac{\sigma_0}{\sigma_1} \right)^n \exp \left[\left(\frac{1}{2\sigma_0^2} - \frac{1}{2\sigma_1^2} \right) \sum_{i=1}^n x_i \right] \tag{6-31}$$

令 $S_n = \sum_{i=1}^n x_i$ 为 n 次试验中成功次数，且有

$$s = \frac{\ln \sigma_1 - \ln \sigma_0}{\dfrac{1}{2\sigma_0^2} - \dfrac{1}{2\sigma_1^2}}, \quad h_1 = \frac{b}{\dfrac{1}{2\sigma_0^2} - \dfrac{1}{2\sigma_1^2}}, \quad h_2 = \frac{a}{\dfrac{1}{2\sigma_0^2} - \dfrac{1}{2\sigma_1^2}}$$

则判别准则为

（1）若 $S_n \geqslant s \times n + h_1$，则接受原假设 H_0，停止试验；

（2）若 $S_n \leqslant s \times n - h_2$，则拒绝原假设 H_0，停止试验；

（3）若 $s \times n - h_1 < S_n < s \times n + h_2$，则继续抽样试验，直到满足要求。

6.2.8 体系试验设计方法

6.2.8.1 基本概念

武器装备经历了单一装备、装备系统、装备体系等发展阶段。装备体系是指在作战体系中为完成一定的作战任务，将功能上相互联系相互制约，性能上相互补充的一定数量的武器装备及其系统和一定数量的人员，通过信息交互手段有机联结起来，按照一定结构综合集成为更高层次的作战体系。作战过程中信息流将武器装备体系中的各个武器、装备系统按照一定结构有机地联系起来，构成一个连贯的功能整体，发挥体系作战效能。

装备体系试验，是指在构建的逼真战场环境中，设置适当作战对手，通过模拟真实的作战运用和对抗过程，检验武器装备体系的作战能力并对其进行全面真实评价的一切活动。作战体系试验，是指在近似作战环境条件下，为获取作战体系的作战效能、作战适用性和体系贡献率等相关的数据信息，而进行的试验与评估活动。装备体系试验和作战体系试验是装备试验发展的两个重点方向，两者的差别有两点：首先，作战体系试验包括了参与作战人员的一切行动在内；其次，关注重点略有区别，装备体系试验关注的是在近似战场环境中，组成装备体系的所有装备之间的协调性、互操作性和指挥控制信息的实时可达性，而作战体系试验更加关注于"人在环"的作战效能、作战适应性等。这两种试验，可以融合在一起共同进行，只不过是在试验任务设计中综合考虑并兼顾各自试验指标的选择。

6.2.8.2 体系试验要求

体系试验，需要集成并利用环境、模型、仿真、实装设备（系统），以及计算机软、硬件等资源，建立分布式的联合试验环境（LVC-DE），提供一致的试验模型体系框架与公共的作战背景军事想定描述、公共的支持环境描述、统一的设计管理与服务、统一的试验规划与运行控制。体系试验基于联合试验环境，将装备体系与逼真的战场环境、典型的作战样式结合起来，在陆、海、空、天、电多维的一体化试验场，进行多军兵种、多种武器装备联合试验，达到靶场与战场接轨，作战与试验统一的试验目的。体系试验的核心是一体化，包括一体化联合试验环境（即空天地一体化试验网络）。在体系试验过程中，统筹试验计划的制定、统筹试验资源保障的综合利用、统筹各类试验手段的综合运用、统筹各阶段试验组织实施，将静态试验与动态试验相结合，将实装外场试验、半实物试验、全数字仿真试验相结合，进行综合评估。

6.2.8.3 体系试验设计流程[9]

依据试验大纲要求，以试验任务需求为初始输入，以"试验能力"为纽带，"由顶向下"进行分解，并"由底向上"进行综合集成，经多次迭代甚至推演，最终形成与试验任务匹配的一体化试验环境要素，如图6-3所示。"由顶向下"：首先进行试验任务分解，建立可执行的具体试验任务；其次再进行进一步的分解，建立完成任务所需的各种能力。"由底向上"：首先建立试验底层单元或基础设施的能力要素；再依据任务的能力需求进行资源的聚合或调整，以满足试验需求。在试验能力"由底向上"的资源聚合与调整过程中，其要素包括资源的聚合和多种关系要素的调整,这些关系要素包括单元执行具体任务的序列关系与分配关系、单元间的协作与协同关系、单元间的指挥决策关系以及体系通信组织关系(信息网络及其拓扑结构)等。

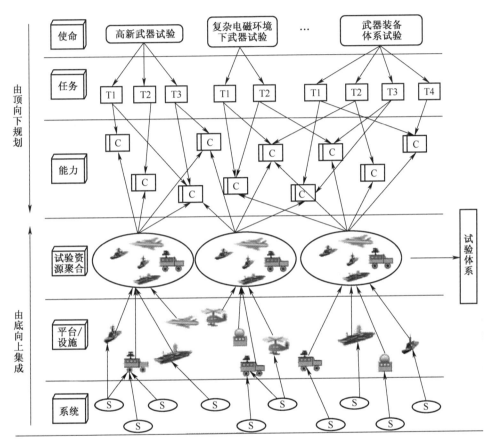

图 6-3　试验设计的分解与集成

作战体系试验中要素众多,要素之间关系也非常复杂,试验设计工作不能靠一般性的主观经验和判断,而要运用科学的理论方法、标准和工具,保证设计工作过程规范、高效和成熟,使不同人员能够畅通进行联合研究和交流。试验设计必须以系统工程理论为指导,综合运用军事需求、体系结构、仿真建模、验证评估等技术方法,对体系试验中涉及的系统总体组成、规模结构、配比结构、技术实现、运行机制、建设实施方案、整体效能以及相关的管理活动进行研究、分析、设计、评估、决策的一项涉及多领域、多学科的综合性研究设计活动。作战体系试验设计与分析是一种主动的,有目的的综合分析行为。

试验设计分析过程强调在全寿命周期,即从问题提出、研究论证、详细设计、推演验证直到综合评估是个不断循环、反复迭代的闭环过程,如图 6-4 所示。

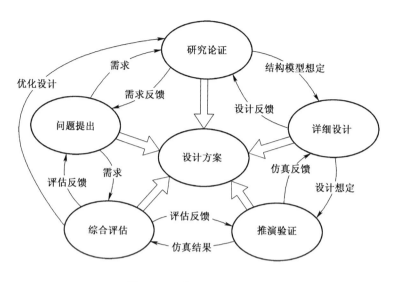

图 6-4　试验设计流程

6.3　试验评估方法

军工试验目的是对武器装备的战技性能、作战效能与作战适用性进行评价,包括对武器装备鉴定与设计定型、改进改型和真实作战环境下武器系统或体系级作战网络系统的作战功效与生存力的评价。因此,试验评估一般分为战技性能鉴定与评估、作战效能评估和装备使用适应性评估三个层次,分别对应于研制试验与评估(DT&E)、作战试验与评估(OT&E)、初始使用试验与评估(IOT&E)三个阶段。

目前,国内外开展最多的还是在设计与研制中的设计验证试验、研制鉴定试验。在设计过程中,大多采用建模与仿真(M&S)或半物理仿真试验方法验证设计的有效性和正确性;在型号研制鉴定试验中,多采用地面试验与真实动态试验相结合的方法,其中地面试验主要用于武器装备的调整试验,真实动态试验主要是在真实环境中,对被试武器系统开展战技性能指标的试验鉴定与评估。随着作战模式的发展变迁,联合作战、体系对抗等模式已成为现代战争的重要方式,试验与评估也随之转变,正如美军军事转型时所强调的"像作战一样进行试验"那样开展试验与评估,试验关注的重点转向了作战网络的整体效能与作战适用性的评估,而不再重点关注具体装备的一些性能指标。

本节将分别对不同阶段的试验评估方法进行介绍。

6.3.1　战技性能评估方法[10]

武器装备的性能是其赖以生存的基础,一般包括战术、技术性能指标和GJB9001B—2009标准提出的武器装备"六性"要求:可靠性、维修性、安全性、保障性、测试性与环境适应性等指标,是武器系统研制试验与鉴定的主要内容,也是目前国内外大多试验机构执行的主要任务。

试验评估的基础是数据处理与分析,战技性能指标的处理与分析一般分为两类处理方法,即统计类处理方法(如后面将要介绍的点估计、区间估计、二项分布与正态分布等)与批处理、序贯处理方法(如各种滤波算法、样条函数、数值积分和微分等)。前者用于多次重复试验数据统计分析,如武器弹着点精度试验与测试;后者用于基于时间历程的序贯观测数据的处理与分析,如机动目标随时间变化的运动参数等,其分析处理方法更为复杂,有兴趣的读者可参照相关书籍资料,也可参考作者另外两部专著《航空飞行试验光电测量理论与方法》和《航空飞行试验遥测理论与方法》中介绍的方法。

6.3.1.1　性能试验与评估基本内涵

1. 战技性能试验

战技性能指标试验,主要用于鉴定武器装备遂行作战任务的能力,检验武器装备在作战使用中的作战性能,验证各项战术指标是否满足作战要求等。技术性能试验是鉴定武器装备的各项技术指标是否符合设计时确定的系统特性指标和技术特征要求,以及在实战中对作战能力的支持能力,为特定的战术指标服务;战术性能试验是检验武器装备完成战术想定的能力,既在工业部门的试验机构进行试验,又必须在部队试验与训练靶场进行试验,战术性能指标是建立在技术指标的基础之上的。战技性能指标分别描述了武器装备系统的作战性能与自身固有能力,都是武器装备的功能性指标,是其生存力的基础。因此,武器装备从设计、研制到鉴定和定型中,战技性能指标都会作为武器装备最基本和最重要的检验要求。

2. "六性"试验

"六性"试验,主要是指可靠性、维修性、安全性、保障性、测试性与环境适应性相关的试验。

可靠性试验是指装备在规定的条件和时间内,完成规定功能的能力的工程活动。可靠性试验的目的是检验武器装备使用的可靠程度,其中与可靠性试验密切相关的是环境试验与作战性能试验。可靠性是研究产品失效的科学,可靠性试验就是验证武器装备在各种试验条件下失效的状况。可靠性试验一般与其他试验一起进行。安全性试验是指鉴定武器装备在试验、使用过程中的安全性试验活动。维修性是指武器装备设计赋予其进行维修的难易程度和便捷性。维修性试验是指在规定条件下与规定时间内,按照规定程序与方法维修时保持和恢复到规定状态的工程活动。保障性试验主要是验证武器装备是否达到了保障性设计特性、保障资源和系统战备完好性要求,考核武器装备的坚固性和使用方便性。测试性是指武器装备能及时、准确地确定其状态(可工作、不可工作或性能下降)并隔离其内部故障的一种工作特性。测试性试验是指在规定的试验条件下,考核武器系统能够发现并隔离内部故障的能力。环境适应性是指装备在其寿命周期内可能遇到的各种环境的作用下能实现其所有预定功能、性能和(或)不被破坏的能力。环境适应性试验是指在规定任务的前提下,考核装备对环境的适应能力,以及能够承受的环境变化范围等。

3. 战技性能指标分类

战技性能指标,一般分为技术性能、作战性能和整体性能三类。所谓性能,是指武器系统在一定时间内,有效地完成所分配任务的作战与保障特性,是武器系统的内部特性,也是系统功能要求的量化。系统的性能指标可表示为时间、位置、速度、频率、载荷、精度等各类量化数值,是可测量和可理解的。

技术性能,是指系统、分系统以及某个部件的有关技术参数要求,是产品所具有固有技术特性与功能,战技性能是指满足战术要求时所能达到的技术性能。

作战能力是人与武器系统有机组成的武装力量遂行作战任务的能力,通常用对规定作战任务的满足度或完成概率来度量。作战能力由遂行作战任务的类型、人员和武器装备的数量和质量、体制编制的科学化程度、组织指挥和管理的水平以及各种保障勤务的能力等因素综合决定。从其本质上说,武器作战能力也是其固有的能力属性,但是评估作战能力更关注武器系统遂行规定作战任务的能力,不同的作战任务对武器系统作战能力有不同的要求,而整体性能是武器系统所具有的所有固有能力属性集合,与作战任务和作战行动无关。

整体性能是指武器系统执行其功能的能力、水平或质量,是武器系统全部固有能力属性的集合,也是系统固有能力属性的静态描述。这种能力、水平或质量不因使用人员或外界环境、条件的改变而改变。整体性能的高低也可由一系列的性能指标来度量。

6.3.1.2 指标体系构建

依据被试武器系统的基本组成和功能特点,并遵循整体性、客观性、可测性、独立性、定量优先和简明性等原则,建立系统的、合理的性能评估指标体系。

1. 一般要求

构建指标体系,首先,要明确试验的约束条件,如试验对象、试验目标、试验环境与试验要点;其次,进行指标分解,一般自上而下,从总目标开始逐步分解(如一级指标、二级指标,直到末级指标),尽可能地提出反映上一级特性的指标,从而得到基础性指标集,全面准确地描述武器系统的性能与功能特点;再次,进行基础性指标筛选和优化得到试验指标集合;最后,判别末级指标(来自基础性指标进一步分解)的细化程度和可度量程度,决定是否可以继续分解,直到不需要再行分解,这时的基础性指标即为末级指标。末级指标必须是可度量的,若不可度量,则还需继续指标分解和优化,直到获得完整的指标体系。

2. 构建方法

为了构建指标体系,先要从多侧面、多角度认识和评价武器装备的性能,不同认识的角度,也会产生不同的评判准则,从而产生不同的评估指标体系。综合各种文献资料,以及总结实际试验工程经验,本节介绍几种具有代表性的性能评估指标体系的构建方法。

1)"基于能力"的方法

为满足未来一体化联合作战的需要,美军建立了一种基于能力的联合需求分析机制,开发了支持系统——"联合能力集成与开发系统"(Joint Capabilities Integration and Development System,JCIDS)。JCIDS 包括一整套成体系的军事能力需求分析方法和流程,已经成为美国国防部采办和作战能力开发体系的一个重要组成部分。借鉴 JCIDS 能力分析模型,构建"基于能力"的试验指标体系。"基于能力"构建的试验指标体系,其指标分解最为完善、准确、有效、可行。

2)基于"试验规程"的方法

武器装备试验在相关国军标中,通常分为能力性能类试验和"六性"试验。能力性能类试验,一般是指对武器装备的能力、性能类指标进行的试验;"六性"试验,如前所述是对可靠性、维修性、安全性、保障性、测试性与环境适应性相关的试验。这种分类方法比较符合试验设计人员的习惯,但这种方法通常适用于单装备、单系统的试验,如目前航空、航天、兵器等行业,基本上是按照相关国军标要求分门别类地列出相关指标,构建相应的指标体系,但是这种方法对于由多系统组成的复杂集成武器系统来说相对困难。

3）基于"集成试验"的方法

进入 21 世纪后,美军提出了新的作战概念——"网络中心战",从物理域、信息域逐步转向认知域,即在作战网络系统的整体性能指标中,如何度量网络中信息优势和决策优势变得更加重要。由于作战网络中的各单装备、单系统都是经过了试验鉴定的装备,因此试验重点就转向系统集成之后的整体性能,重点考核系统与系统之间的互联互通性、互操作性、鲁棒性和作战协同能力,以及复杂(电磁)环境下的系统性能和功能。

4）基于"系统分解"的方法

通常,武器装备系统可分为几大部分,以飞机为例,分为平台、飞控、动力、航电、环控、机载设备、机械与电气等多个分系统组成,可分别就各分系统建立相应的指标并逐级分解,与飞机整机级的指标一起形成系统的指标体系;当然,也可以按照系统的专业进行划分,再以飞机为例,可分为空气动力与性能、动力特性、飞行控制与飞行品质、结构完整性、飞行强度与载荷、机械传动、航空电子(雷达、导航、通信等)、武器性能、电气特性、生命保障与防护、六性等多类型性能指标。

5）基于阶段递进的方法

武器装备性能试验一般包括调整试验、性能鉴定试验和改进试验三个阶段。武器装备从制造厂进入试验基地,需要一段逐步调整至正常运行的时间,通常称为武器装备调整阶段。在这一阶段中,设计研制人员与试验工程师共同确立调整试验的指标体系,主要关注的是武器系统的基本性能指标,即保证正常运转的一些参数。在性能鉴定试验阶段,就需要按照规范和标准制定详细的指标体系。在改进试验阶段,主要针对性能鉴定试验阶段遗留的问题或遗留科目进行补充试验,其指标针对具体的要求进行设立。

6）其他构建方法

现代武器装备多种多样,其用途不一、功能各异,依据其功能和特点与关注的重点构建性能试验指标体系。需要说明的是,在构建指标体系时,明确重点、自上而下、层层分解、轻重兼顾,使得指标体系能够客观地反映武器装备的真实性能和功能。

6.3.1.3 点估计

战技性能的点估计方法主要有矩估计法、极大似然法两种。不同的估计法得到的估计值会有差异。

1. 矩估计法

设总体 X 的分布函数 $F(x|\theta)$ 包含 k 个参数 $\theta = (\theta_1, \theta_2, \cdots, \theta_k)$,矩估计法是将样本的 k 阶矩作为总体 k 阶矩的估计,然后求解总体分布未知参数的方法。一般过程为:

(1) 计算总体 X 的前 k 阶原点矩:

$$E(X^i) = \int_\Sigma x^i \mathrm{d}F(x|\theta), \quad i = 1, 2, \cdots, k \tag{6-32}$$

式中:Σ 为 X 的取值范围(定义域)。

(2) 计算样本的前 k 阶原点矩:

$$\hat{E}(X^i) = \frac{1}{n} \sum_{j=1}^n x_j^i, \quad i = 1, 2, \cdots, k \tag{6-33}$$

式中:$x_1, \cdots, x_j, \cdots, x_n$ 为样本观测值。

(3) 令 $E(X^i) = \hat{E}(X^i)$,可得到 $\theta = (\theta_1, \theta_2, \cdots, \theta_k)$ 的估计:

$$\hat{\theta} = (\hat{\theta}_1, \hat{\theta}_2, \cdots, \hat{\theta}_k), \qquad i = 1, 2, \cdots, k \tag{6-34}$$

2. 极大似然法

极大似然法,是基于似然原理对总体参数进行估计的方法。采用极大似然法对战技性能进行评估的一般过程为

1）计算似然函数

当总体分布是连续型时,似然函数是 n 维随机变量 $X_1, X_2, \cdots, X_n$ 的密度函数在样本观测值 $x_1, x_2, \cdots, x_n$ 的密度函数值。设总体密度函数为 $f(x|\theta)$,分布函数为 $F(x|\theta)$,似然函数为

$$L(\theta|x) = \prod_{i=1}^{n} f(x_i|\theta) \tag{6-35}$$

当总体分布是离散型时,似然函数是 n 维随机变量 $X_1, X_2, \cdots, X_n$ 的密度函数在样本观测值 $x_1, x_2, \cdots, x_n$ 的概率值。其似然函数为

$$L(\theta|x) = \prod_{i=1}^{n} P(x_i|\theta) \tag{6-36}$$

式中:$P(x_i|\theta)$ 为 X 取值为 x_i 的概率。

2）极大似然估计

似然函数中存在未知变量 θ,极大似然法选择使似然函数为极大值时的 θ 作为估计值。因 $L(\theta|x)$ 与 $\ln L(\theta|x)$ 的极值相同,故对 $\ln L(\theta|x)$ 求极值,可获得 θ 的估计。即令

$$\frac{\partial \ln L(\theta|x)}{\partial \theta_i} = 0, \qquad i = 1, 2, \cdots, k \tag{6-37}$$

得到未知变量 θ 的估计为

$$\hat{\theta} = (\hat{\theta}_1, \hat{\theta}_2, \cdots, \hat{\theta}_k) \tag{6-38}$$

从理论上可以证明,无论是点估计法还是极大似然估计法,其估计量 $\hat{\theta} = (\hat{\theta}_1, \hat{\theta}_2, \cdots, \hat{\theta}_k)$ 均具有无偏性、有效性与一致性。

6.3.1.4　区间估计与假设检验

1. 区间估计

区间估计,可对参数给出可能取值的区间范围,并不是某一个精确的数值,这对于某些参数的估计是有用的。

首先,构造关于未知变量 θ 的统计量 $\hat{\theta}$,它是关于 θ 与试验样本的随机变量。其次,对于给定的置信水平 $1-\alpha$,依据置信区间或上下限进行估计。

在区间估计中,在同样的置信水平下,置信区间越小就表明区间估计的精度越高,因此尽可能地选择统计量的最大密度可信区间,即假设 I 为所求的置信区间,g 为统计量,f_A 为统计量的密度函数,则对于任意的 $g_i \in I, g_j \notin I$,满足式(6-39)的 I 称为最大密度可信区间:

$$f_A(g_i) \geq f_A(g_j) \tag{6-39}$$

2. 假设检验

假设检验又称统计检验,其理论基础是小概率原理:若对总体的某种假设是真实的,则不支持这一假设的事件 A 就是小概率事件;若在一次试验中 A 发生了,则应拒绝这一

假设。

在武器装备系统试验中,战技性能参数的假设通常有单边假设(右边检验)、单边假设(左边检验)和双边假设三种形式。假设检验的一般过程为

(1) 对于假设检验的未知参数 θ,设置 H_0、H_1 假设检验的具体表述形式;

(2) 选择可用于假设检验的统计量,即构造统计量 g,明确其分布;

(3) 选择显著性水平 α;

(4) 根据统计量 g,确定拒绝域 W,W 通常取大于某个数或小于某个数的区间,即不可接受 H_0 的区间。

需要说明的是,假设检验也存在一定风险。在假设检验中,接收了原假设 H_0,只表明依据现在的样本还不足以判断备择假设 H_1 不成立。由于抽样的随机性,接受原假设存在一定风险。拒绝原假设,并不能表明原假设就是不成立的,有可能是现在的样本不足以支持原假设成立的结论,因此也存在一定的风险。

6.3.1.5 二项分布参数估计与检验

若武器装备战技性能指标符合二项分布规律,其试验与评估可采用二项分布参数估计与检验方法。二项分布的分布函数为

$$P(X = k) = C_n^k p^k (1 - p)^{n-k} \tag{6-40}$$

式中:n 为试验次数;k 为成功产品数(即某事件 A 发生的次数);p 为成功概率(即某事件 A 发生的比率)。

1. 成功概率 p 的估计

1) p 的点估计

设 X 为 n 次独立重复试验中事件 A 出现的次数,则 p 的估计为

$$\hat{p} = X/n \tag{6-41}$$

其估计的均方根误差(统计量的标准差)为

$$\sigma(\hat{p}) = \sqrt{\hat{p}(1 - \hat{p})/n} \tag{6-42}$$

2) p 的区间估计

首先,构造统计量,选择在 n 次试验中的失败次数 f 作为统计量,则 f 的分布函数为

$$P(f \leqslant k) = \sum_{i=0}^{k} C_n^i p^{n-i} (1 - p)^i, \quad k = 1, 2, \cdots, n \tag{6-43}$$

其次,计算置信上、下限的估计。当试验出现了 F($F = n - X$)次失败,则 p 的置信水平 $1 - \alpha$ 的置信下限 $\hat{p}_L$ 为满足下式的解:

$$P(f \leqslant F) = \sum_{i=0}^{n-X} C_n^i p^{n-i} (1 - p)^i = \alpha \tag{6-44}$$

因此,当 $F = 0$ 时,$\hat{p}_L = \sqrt[n]{\alpha}$;当 $F = n$ 时,$\hat{p}_L = 0$;当 $F = n - 1$ 时,$\hat{p}_L = 1 - \sqrt[n]{1 - \alpha}$。

而 p 的置信水平 $1 - \alpha$ 的置信上限 $\hat{p}_U$ 为满足下式的解:

$$\sum_{i=0}^{X} C_n^i p^i (1 - p)^{n-i} = \alpha \tag{6-45}$$

因此,当 $F = 0$ 时,$\hat{p}_U = 1$;当 $F = n$ 时,$\hat{p}_U = 1 - \sqrt[n]{\alpha}$;当 $F = n - 1$ 时,$\hat{p}_U = \sqrt[n]{1 - \alpha}$。

最后,计算置信区间的估计。p 的置信水平为 $1 - \alpha$ 置信区间(也可称为 F 分布)的

上下限分别为

$$\hat{p}_U = \frac{(X+1)F_{1-\alpha}[2(X+1),2(n-X)]}{n-X+(X+1)F_{1-\alpha}[2(X+1),2(n-X)]} \tag{6-46}$$

$$\hat{p}_L = \frac{X}{X+(n-X+1)F_{1-\alpha}[2(n-X+1),2X]} \tag{6-47}$$

2. 成功概率 p 的假设检验

以如下的假设为例,描述成功概率 p 的假设检验过程。

$$H_0: p = p_0, \quad H_1: p = p_1 \quad (p_0 > p_1)$$

在检验中,选择满足下式的最大 X 作为拒绝 H_0 时 S 的上限。

$$P(S \leqslant X) = \sum_{k=0}^{X} \binom{n}{k} p_0^k (1-p_0)^{n-k} < \alpha \tag{6-48}$$

将 n 次试验中的成功试验次数 X 代入式(6-48),采用下列方式进行决策即可。

(1) 若 $\sum_{k=0}^{X} \binom{n}{k} p_0^k (1-p_0)^{n-k} < \alpha$,则拒绝 H_0;

(2) 若 $\sum_{k=0}^{X} \binom{n}{k} p_0^k (1-p_0)^{n-k} \geqslant \alpha$,则接受 H_0。

其他假设检验与上述过程类似,就不一一赘述。有兴趣的读者可查阅有关资料。

6.3.1.6　正态分布参数估计与检验

若武器装备战技性能指标符合正态分布规律,其试验与评估可采用正态分布参数估计与检验方法。正态分布是试验中常用的一种分布。正态分布的密度函数为

$$f(x) = \frac{1}{\sqrt{2\pi\sigma^2}} \exp\left[-\frac{(x-\mu)^2}{2\sigma^2}\right], \quad x \in (-\infty, +\infty) \tag{6-49}$$

式中:$\mu = E(X)$ 为均值;$\mathrm{Var}(X) = \sigma^2$ 为方差。

设 $X_1, X_2, \cdots, X_n$ 为来自正态总体的样本,进行 n 次试验,试验观测值为 $x_1, x_2, \cdots, x_n$,分别构造统计量

$$\overline{X} = \frac{1}{n} \sum_{i=1}^{n} X_i, \quad T = \frac{\overline{X} - \mu}{S/\sqrt{n}}, \quad \chi^2 = \frac{(n-1)S^2}{\sigma^2} \tag{6-50}$$

式中:$S^2 = \frac{1}{n-1} \sum_{i=1}^{n} (X_i - \overline{X})^2$。

由数理统计理论可知

$$\overline{X} = \frac{1}{n} \sum_{i=1}^{n} X_i \sim N(\mu, \sigma^2), \quad T = \frac{\overline{X} - \mu}{S/\sqrt{n}} \sim t(n-1)$$

$$\chi^2 = \frac{(n-1)S^2}{\sigma^2} \sim \chi^2(n-1) \tag{6-51}$$

式中:$t(n-1)$、$\chi^2(n-1)$ 分别表示自由度为 $(n-1)$ 的 t 分布和 χ^2 分布。

1. μ 参数估计

当 σ^2 已知时,μ 的点估计与置信水平为 $1-\alpha$ 的区间估计分别为

$$\hat{\mu} = \overline{X}, \quad [\hat{\mu}_1, \hat{\mu}_2] = [\overline{X} - \mu_{1-\alpha/2}\sigma/\sqrt{n}, \overline{X} + \mu_{1-\alpha/2}\sigma/\sqrt{n}] \tag{6-52}$$

式中：$\mu_{1-\alpha/2}$ 为标准正态分布的 $1-\alpha/2$ 分位数。

当 σ^2 未知时，μ 的置信水平为 $1-\alpha$ 的区间估计为

$$[\hat{\mu}_1, \hat{\mu}_2] = [\overline{X} - t_{1-\alpha/2}(n-1)S/\sqrt{n}, \overline{X} + t_{1-\alpha/2}(n-1)S/\sqrt{n}] \qquad (6-53)$$

式中：$t_{1-\alpha/2}(n-1)$ 为自由度为 $(n-1)$ 的 t 分布的 $1-\alpha/2$ 分位数。

2. σ^2 的点估计与双侧区间估计

σ^2 的点估计与双侧区间估计分别为

$$\sigma^2 = S^2 = \frac{1}{n-1}\sum_{i=1}^{n}(X_i - \overline{X})^2$$

$$[\hat{\sigma}_1^2, \hat{\sigma}_2^2] = \left[\frac{n-1}{\chi_{1-\alpha/2}^2(n-1)}S^2, \frac{n-1}{\chi_{\alpha/2}^2(n-1)}S^2\right] \qquad (6-54)$$

式中：$\chi_{1-\alpha/2}^2(n-1)$、$\chi_{\alpha/2}^2(n-1)$ 分别为自由度为 $(n-1)$ 的 χ^2 分布的 $1-\alpha/2$ 与 $\alpha/2$ 分位数。

对于正态分布参数的假设检验，分为均值与方差的假设检验，有兴趣者可参考有关资料。

6.3.1.7 指数分布参数估计与检验

若武器装备战技性能指标符合指数分布规律，其试验与评估可采用指数分布参数估计与检验方法。设容量为 n 的样本寿命试验观测值为

$$t_1 \leqslant t_2 \leqslant \cdots \leqslant t_r \leqslant t_{r+1} = \cdots = t_n$$

其中，r 为失效产品次数，$t_{r+1} = \cdots = t_n$ 为截尾时的试验时间，并定义 $T = \sum_{i=1}^{n} t_i$。则指数分布的密度函数为

$$f(t) = \lambda e^{-\lambda t}, \qquad t \geqslant 0 \qquad (6-55)$$

式中：λ 为可靠性分析中的失效率，而 $\theta = 1/\lambda$ 称为平均无故障间隔时间。

在 GB5080.4《设备可靠性检验——可靠性测定试验的点估计和区间估计方法（指数分布）》中，给出了如下估计方法。

1. θ 的估计与检验

平均无故障间隔时间 θ 的点估计为

$$\hat{\theta} = T/r \qquad (6-56)$$

（1）在定数截尾条件下，可以证明统计量（$2T/\theta$）服从自由度为 $2r$ 的 χ^2 分布，因此 θ 的 $1-\alpha$ 置信区间估计与置信下限估计分别为

$$[\hat{\theta}_L, \hat{\theta}_U] = [2T/\chi_{1-\alpha/2}^2(2r), 2T/\chi_{\alpha/2}^2(2r)]$$

$$\hat{\theta}_L = 2T/\chi_{1-\alpha}^2(2r) \qquad (6-57)$$

（2）在定时截尾条件下，可以证明 θ 的 $1-\alpha$ 置信区间估计与置信下限估计分别为

$$[\hat{\theta}_L, \hat{\theta}_U] = [2T/\chi_{1-\alpha/2}^2(2r+2), 2T/\chi_{\alpha/2}^2(2r)]$$

$$\hat{\theta}_L = 2T/\chi_{1-\alpha}^2(2r+2) \qquad (6-58)$$

在 GJB899 中，给出了定时试验条件下 θ 的验证区间的计算方法。当置信水平为 $C = 1-\alpha$ 的置信区间的置信上限与置信下限的计算公式为

$$\begin{cases} \hat{\theta}_L = \theta_L(C',r) \times \hat{\theta} \\ \hat{\theta}_U = \theta_U(C',r) \times \hat{\theta} \end{cases} \tag{6-59}$$

式中：$C' = (1+C)/2 = 1 - \alpha/2$；$\theta_L(C',r)$ 为置信下限系数；$\theta_U(C',r)$ 为置信上限系数。

在可靠性试验的假设检验时，进行接受或拒绝判决时，$\theta_L(C',r)$ 与 $\theta_U(C',r)$ 可在国军标中的表内查到。

2. λ 的估计

（1）在定数截尾条件下，λ 的 $1-\alpha$ 置信区间估计为

$$[\chi^2_{\alpha/2}(2r)/2T, \ \chi^2_{1-\alpha/2}(2r)/2T] \tag{6-60}$$

置信上限估计为

$$\lambda_U = \chi^2_{1-\alpha}(2r)/2T \tag{6-61}$$

（2）在定时截尾条件下，λ 的 $1-\alpha$ 置信区间估计为

$$[\chi^2_{\alpha/2}(2r)/2T, \ \chi^2_{1-\alpha/2}(2r+2)/2T] \tag{6-62}$$

置信上限估计为

$$\lambda_U = \chi^2_{1-\alpha}(2r+2)/2T \tag{6-63}$$

6.3.2 效能评估基本理论[11-12]

相对于武器装备战技性能，武器装备"效能"的含义显得抽象些。效能的定义，目前还没有一种统一的描述。效能，是指一个系统满足一组特定任务要求程度的度量，是系统可用性、可信性和固有能力的函数（美国工业界武器效能咨询委员会 WSEIAC 定义）；或者是系统在规定的条件下和规定的时间内满足一组特定任务要求的程度（GJB451A—2005 定义）；从概率角度看，效能是指系统在规定的条件下和规定的时间内，能够满足作战需求的概率（美国海军的定义）。"规定条件"是指环境条件、时间、人员、使用方法等因素，"规定使用目标"是指所要达到的目的，"能力"则是指达到目标的定量与定性程度，也是武器装备各单项效能的综合度量。

由此可见，武器装备效能是一个相对的、定量的值，需要考虑特定的使用环境和特定的任务目标，而系统效能评估，是指对系统效能进行设计、分析、评价与优化等。

6.3.2.1 武器装备效能分类方法

武器装备效能是武器装备使用价值的体现，从不同的角度分析，武器装备效能有不同的分类方法。

1. 按效能层次

武器装备效能按效能的层次，可分为单项效能、系统效能与作战效能。

1）单项效能

单项效能是指装备使用时达到单一使用目标的程度，如防空武器装备的射击效能、雷达的探测效能、指挥通信效能等。单项效能所对应的作战行动是目标单一的行动，如侦察、干扰、射击等。

2）系统效能

系统效能是指武器装备在一定条件下，满足一组特定任务要求的可能程度。它是对武器装备效能的综合评价，也称综合效能。

3）作战效能

作战效能描述了在实际应用中武器系统能够满足装备设计要求的程度或规定任务的能力。GJB1346《装备费用–效能分析》对作战效能的定义为："在预定或规定的作战使用环境以及所考虑的组织、战略、战术、生存能力和威胁等条件下,有代表性的人员使用该装备完成规定任务的能力。"

作战效能最主要的特点是动态化,即对抗双方的作战能力随时间发生变化。它反映了在外界因素和人为因素的相互作用下,武器系统所发挥或达到的能力程度。在对抗的作战环境中,因打击、破坏、机动、干扰以及其他因素的影响,武器系统效能发挥的程度不同,最终其作战效能的评估结果也不尽相同。

2. 按度量方式

按度量方式的不同,效能可以分为指标效能与系统效能两类。指标效能是对影响效能各因素的度量,如对可靠性的度量、对防护能力的度量等,或者是对某一武器系统的单一目标所能达到程度的度量;系统效能是指从系统角度对影响效能的各因素进行综合评价,最后得到单一的度量值,以便决策者参考。指标效能的度量相对简单,只反映系统的某一个方面或几个方面;系统效能需要考虑的因素较多,可反映系统的综合效能,评估与分析的难度较大。

武器装备系统效能的分类较多,也有将武器效能分为自身效能与使用效能。自身效能,是指武器系统本身所蕴涵的能力,是一种相对静态的效能或称自身固有的效能;使用效能,也称作战效能,是指在规定的条件下,运用武器装备的作战兵力执行作战任务所能达到预期目标的程度(或能力)。当然,也有按武器装备的类型进行分类,如分为杀伤性武器系统效能与非杀伤性装备(如指挥、控制、通信与后勤等各种装备)效能。

6.3.2.2 武器装备效能的度量

武器装备效能体现了武器装备的使用价值,而武器装备效能的度量,是需要通过装备试验来获得的。效能度量,是指武器装备在特定的一组条件下完成规定任务程度的尺度。它包含两层含义:一是特定的一组条件,即完成任务要求时武器装备所处的环境;二是完成规定任务的程度,即武器装备所能达到任务要求的程度。所谓"程度"不仅指完成任务剖面的概率,也指完成某种任务的效果值或期望值。

由于效能度量概念的复杂性与模糊性,使得效能度量不如物理参量的度量那么清晰明了。因此,在选择效能度量或定义效能表征参数时,应考虑以下特点:

1）随机性

由于武器装备作战行动的随机性,效能指标必须采用具有概率性质的数字特征表示。如试验的目的是获得某个预定结果时,可取"获得预定结果的概率"作为效能指标;当试验的目的是考核打击的毁伤效果时,可将数学期望与不确定度作为效能指标等。

2）多尺度

效能指标可在武器装备系统多种尺度上表征,不同尺度体现用户的不同试验目的。不同试验目的,可以选择不同层次的效能指标。比如单项效能试验和系统效能试验,所选择的效能指标有可能相同也可能不尽相同。当对飞机作战效能进行试验时,在飞机搜索跟踪单项试验中,关注的是目标跟踪率或虚警率等;但对飞机整体效能试验中,则关注飞机攻击能力、防护能力与飞机自身生存力等。

3）不确定性

在效能度量过程中，某些效能参数难于量化，或者说这些效能参数与人的行为因素密切相关，只能采用定性评价的定量表述方法，如模糊评定方法等。这些试验一般采用专家打分或整体评价方法。当对飞机操纵系统效能进行评价时，往往采用飞行员打分方法，取决于各个飞行员的感觉进行综合评价，这种评价往往因人而异，具有一定的不确定性；如果要对作战中指挥行动的效能进行评价时，往往难于选择合适的参数进行描述，更难于评价。

4）层次性

武器装备在功能上具有层次结构，各层次功能也不相同，因此应该具有与其功能匹配的效能指标，即效能指标具有层次结构特性。例如在战争系统中，战略层面的效能指标可以是资源消耗率、胜算概率等指标；战役或区域作战的效能指标可以是毁伤率等指标；格斗的效能指标可以是损耗交换比；武器装备的效能指标可以是单发毁伤概率等。总之，效能指标可以是具体的（有时采用性能指标作为效能指标），也可以是统计意义上的概率指标（如毁伤率百分比等）。

5）综合性

效能指标更注重系统整体的综合性描述，不完全关注武器装备性能的具体指标。武器装备最基本和本质的功能就是对抗环境中最大限度地击败对方、保存自己，因此体现在武器装备的作战效能指标方面。另外，对于体系级作战网络的作战效能评估时，重点在武器系统之间的协调性、互操作性等效能指标。总之，武器系统效能指标着重反映系统整体的作战能力与生存能力这类功能特性。

效能度量需要通过试验方式进行考核，当然各种演习和联合军演也可检验联合作战系统的作战效能，只是演习与军演更注重于各兵种之间的协调性和配合性等作战效能。绝大部分武器装备的效能是需要经过精心设计的试验进行考核与评估。

6.3.2.3　武器装备效能指标体系构建方法

效能评估的难点在于许多因素需要定量描述，如系统的抗毁性、抗干扰性和安全保障能力等，只有量化后才能进行数学分析，简化评估过程。在实际工程应用中，效能评估问题大多表现为综合评价问题，即要对 m 个对象进行评价，为了科学、准确、全面地评价，需要建立合理的效能指标体系。

当试验评估对象明确的情况下，指标体系的确定方法会影响到效能评估结果的合理性，指标的选择也会影响评估过程复杂性程度。因此，指标体系构建要满足以下要求：

（1）完备性：指标体系应表征试验要求的所有重要方面；

（2）可测性：可以量化并进行数学分析；

（3）客观性：指标体系能客观反映效能评估的内涵；

（4）可分解性：可将试验问题分解，以简化评价过程；

（5）无冗余性：对某一个方面不进行重复决策；

（6）独立性：各指标尽可能独立不相关，减少指标含义的重叠度；

（7）合理性：以最优化方式选择指标集。

效能指标体系要能全面反映试验目的和要求，指标体系越全面，试验结果就越客观、越合理，但指标太多将增加评估的复杂程度。因此，效能评估指标的选择显得非常重要，一般需要多方人员共同制定并确定，并借助于专家知识以及实际工程试验经验。

这里介绍一种效能指标体系的确定方法——Delphi 咨询法。该方法在试验工程师和分析工程师、用户的知识与经验的基础上,融合各方面专家的知识与经验,对指标体系涉及的问题进行咨询,多次迭代,合理地给出效能评估的全部指标以及各指标之间的相互关系,从而确定指标体系的完整结构,咨询流程如图 6-5 所示。

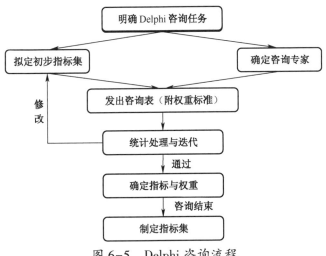

图 6-5　Delphi 咨询流程

Delphi 咨询法,其本质是运用系统分析方法进行价值判断,利用专家的智慧,根据其掌握的各种信息和经验,经过抽象、概括、综合、推理的思维过程,与试验设计师与用户一起反复迭代,最终得到效能指标集。在使用该方法时,需要合理选择专家的数量与专业领域。

建立指标体系时,首先将复杂事件分解为一个一个元素;然后依据隶属关系,对每一个元素继续分解,直至分解到最底层元素可以容易地度量为止,体系的递阶层次结构如图 6-6 所示的递阶层次结构。效能指标体系最顶层是系统效能,中间层是系统功能指标,是系统某方面功能的描述,最底层是系统固有属性和特征的具体描述,也称为指标层。层数的多少由事件的复杂程度决定。

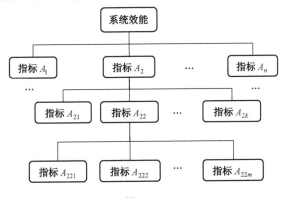

图 6-6　指标体系的递阶层次结构

效能指标有主观指标和客观指标两类,前者与评估者的主观认识、偏好等有关,后者是对评估方案的客观描述。

6.3.2.4　效能指标预处理方法

效能指标可以分为定性指标和定量指标。定量指标用数值的量表示,其数值大小有确定意义。定性指标不能确切地说明其能力的量值大小。定性指标量化的方法主要有标度法、多专家模糊评判法、调查统计法等。定量指标量化方法有统计法、解析法、仿真法和真实试验法等。

1. 定性指标的量化

1) 标度法

心理学家 G. A. Miller 经过试验提出:在对不同的物体进行辨别时,普通人能够正确区别的等级在 5~9 个量化级别之间。在定性分析某事件时,尽量采用 9 个级别,如将定性评判的语言值通过一个量化标尺直接映射为定量值,见表 6-2。一般使用 0.1~0.9 之间的数作为量化值,而不采用 0 和 1 两个极端数值。

表 6-2　定性指标量化标尺

等级 ＼ 量值	0.1	0.2	0.3	0.4	0.5	0.6	0.7	0.8	0.9
9	极差	很差	差	较差	一般	较好	好	很好	极好
7	极差	很差	差		一般		好	很好	极好
5	极差		差		一般		好		极好

另外,还有一些将语言值量化成模糊数的表度量化方法,如三角模糊数、梯形模糊数等量化方法。其中三角模糊数两极比例量化法,能够较好地避免丢失模糊信息,但计算过程相对复杂。

2) 多专家模糊评判法

咨询专家依据自身的知识与经验对定性指标直接作出价值判断时,用一个明晰数值表示指标的满意程度。该方法简单易行,但由于客观事物的复杂性和主体判断的模糊性,专家较难准确作出判断。

调查统计法,顾名思义是通过调查问卷形式,经过统计分析得出量化数值。

2. 定量指标的规范化

定量指标存在量纲不同、范围差异等问题,因此在使用量化指标过程中,需要对量化指标进行规范化,即归一化和标准化。

量化指标的规范化是指通过一定的数学变换,将指标值转换为可以综合处理的"量化值",一般变换至 $[0,1]$ 区间内的相应数值。对于效益型、成本型、固定型与区间型指标,通常采用极差变换、线性变换和向量变换、指数变换等规范化变换形式。由于向量变换和指数变换为非线性变换,不能产生等长的计量尺度,变换后各属性的最大值与最小值各不相同,不便于指标之间的相互比较。本节介绍两种常用的规范方法:极差变换法与线性变换方法。

首先,定义区间型指标的变换。设 $a,b,x \in R$(实数集),则实轴上点 x 到区间 $C = [a,b]$ 的最远点距离为

$$d(x,C) = |x - C| = \begin{cases} \left| x - \dfrac{1}{2}(a+b) \right| + \dfrac{1}{2}(b-a), & x \notin [a,b] \\ 0, & x \in [a,b] \end{cases} \tag{6-64}$$

当 $a=b$ 时，$[a,b]$ 退化为一个点，此时 $d(x,C)$ 为实轴通常意义下的距离。

设
$$T=\cup_{i=1}^4 T_i$$
式中：T_i $(i=1,2,3,4)$ 分别为效益型、成本型、固定型与区间型指标的下标集合。

在下面各变换数学模型中，$x_{i,j}$ 表示第 i 个方案关于第 j 个属性的指标值，α_j 表示最佳稳定值，$[q_1^i,q_2^i]$ 表示最佳稳定区间。

1）极差变换法

效益型：
$$r_{i,j}=x_{i,j}-\frac{\min\limits_i x_{i,j}}{\max\limits_i x_{i,j}}-\min\limits_i x_{i,j},\quad i\in M,j\in T_1 \tag{6-65}$$

成本型：
$$r_{i,j}=\max\limits_i x_{i,j}-\frac{x_{i,j}}{\max\limits_i x_{i,j}}-\min\limits_i x_{i,j},\quad i\in M,j\in T_2 \tag{6-66}$$

固定型：
$$r_{i,j}=\begin{cases}\dfrac{\max\limits_i|x_{i,j}-\alpha_j|-|x_{i,j}-\alpha_j|}{\max\limits_i|x_{i,j}-\alpha_j|-\min\limits_i|x_{i,j}-\alpha_j|},&x_{i,j}\neq\alpha_j\\[4mm]1,&x_{i,j}=\alpha_j\end{cases}\quad(i\in M,j\in T_3)\tag{6-67}$$

区间型：
$$r_{i,j}=\begin{cases}\dfrac{\max\limits_i d_{i,j}-d_{i,j}}{\max\limits_i d_{i,j}-\min\limits_i d_{i,j}},&x_{i,j}\notin[q_1^i,q_2^i]\\[4mm]1,&x_{i,j}\in[q_1^i,q_2^i]\end{cases}\quad(i\in M,j\in T_4)\tag{6-68}$$

2）线性尺度变换法

效益型：
$$r_{i,j}=\frac{x_{i,j}}{\max\limits_i x_{i,j}},\quad i\in M,j\in T_1 \tag{6-69}$$

成本型：
$$r_{i,j}=\frac{\min\limits_i x_{i,j}}{x_{i,j}},\quad i\in M,j\in T_2 \tag{6-70}$$

固定型：
$$r_{i,j}=\begin{cases}\dfrac{|x_{i,j}-\alpha_j|}{\max\limits_i|x_{i,j}-\alpha_j|},&x_{i,j}\neq\alpha_j\\[4mm]1,&x_{i,j}=\alpha_j\end{cases}\quad(i\in M,j\in T_3)\tag{6-71}$$

区间型：
$$r_{i,j}=\begin{cases}\dfrac{\min\limits_i d_{i,j}}{d_{i,j}},&x_{i,j}\notin[q_1^i,q_2^i]\\[4mm]1,&x_{i,j}\in[q_1^i,q_2^i]\end{cases}\quad(i\in M,j\in T_4)\tag{6-72}$$

或

$$r_{i,j} = \begin{cases} 1 - \dfrac{d_{i,j}}{\max(q_1 - \min\limits_i x_{i,j}, \max\limits_i x_{i,j} - q_2)}, & x_{i,j} \notin \left[q_1^j, q_2^j\right] \\ 1, & x_{i,j} \in \left[q_1^j, q_2^j\right] \end{cases} \quad (i \in M, j \in T_4)$$

$$(6\text{-}73)$$

6.3.2.5 武器装备效能试验

美国国防采办大学编著的《试验与评估管理指南》(第五版)对美军武器装备作战试验与评估进行了详细的描述。作战效能评估,是由独立作战试验机构为确定武器系统的军事使用价值和作战适用性,在尽可能接近真实作战条件下对武器系统或子系统进行试验与评估的活动过程。美国法典(USC)对作战效能也进行了定义:"系统在规划或预期的作战使用环境中,充分考虑组织、条例、战术、可保障性、生存性、易损性或威胁等综合情况,由有代表性的人员使用时,系统完成任务的全面能力的量度。"

武器装备效能试验是通过试验获取足够有价值的数据资料(信息)并对其进行处理、分析,从而给出评价和评定的过程。武器装备效能试验是武器装备发展中的重要环节,武器装备效能是规划认证、设计研制的基本依据,也是评估武器装备系统优劣的最重要的综合性指标,更是判别武器装备作战能力的主要依据。在武器装备效能试验中,试验人员通过评价新型武器装备在未来作战使用各环节中的系统效能水平,衡量新型武器装备在作战使用中所具有的作战能力。开展武器装备效能试验,基于典型的作战使命、任务剖面和战场环境,在逼真的战场环境条件下,运用试验手段检验武器装备系统或装备体系的作战能力。

武器装备效能试验是围绕武器装备的执行过程、执行结果、评估指标以及评估模型和评估规则等方面内容而开展的工程实践活动。其基本方法是遵循试验评估的基本理念,依据武器装备执行过程,分析作战试验评估指标,构建评估模型,利用试验过程采集试验数据并进行处理与分析,最终获得武器装备效能的评估结果。

1. 效能试验设计

武器装备效能试验设计,一般过程如下:

1)确定试验任务

依据试验任务的性质、目的和要求,确定试验任务的具体科目。试验任务是根据被试装备研制需求确定的。

2)确定试验范围

当试验任务确定之后,就需要明确装备作战使用的范围,在指标使用范围内开展试验。明确试验涉及的变量及其水平,这是试验设计的关键问题。同时要研究被试装备的组成、战技指标和作战使用性能,模拟威胁目标及其类型、数量和性能、战术特征,敌我双方态势、作战方式以及战场环境等各种变量,建立试验模型。

3)试验变量及其水平选择

武器装备在作战范围内的变量很多,其变化范围也不一样。实际试验中,不可能对所有变量以及每个变量的所有范围都进行试验。试验设计,要合理地选择试验变量和变量的水平,利用所选择的变量及其水平进行试验所得的结果,来推断总体效能。

4）优化设计

武器指标试验是多变量、多水平的试验，若按穷举法对每个变量、每个水平组合的试验进行，则试验次数将是十分巨大的，也几乎不可能实现。因此，需要开展优化设计，以寻找能使变量与水平的合适组合进行试验，可减少试验成本，提高试验效率。

5）确定试验样本量

对于参数估计问题，要根据参数估计的置信区间和置信概率的要求来确定试验样本量，以保证试验参数估计值的精度和置信度；对于参数检验问题，确定样本量的关键因素是假设检验中的两类错误。统计样本分布则是决定试验样本量的基本依据。

6）制定试验方案

试验设计是要制定出在各种允许试验条件下的试验方案和试验保障方案，具体编写出《试验大纲》《试验实施总方案》《质量安全大纲》《计量与标准化大纲》《测试大纲》与《测试总方案》等一系列总体性文件。《试验大纲》是制定其他文件的依据，是纲领性文件，其内容主要包括任务来源，试验目的，参照标准，试验对象描述，试验科目、内容和方法，试验条件，试验对象技术状态，试验配套设施，测试参数以及数据处理要求，安全监控要求，试验评判准则，组织分工，试验保障等内容。

2. 效能试验

如前所述，从效能试验层次角度，武器装备一般有单项效能试验、系统效能试验与作战效能试验。

1）单项效能试验

单项效能试验由多项战术技术指标体现，可通过多项战术技术指标试验获得数据，进行综合分析得到。以飞机导弹单项效能试验为例，飞机导弹的打击能力（效能）由探测识别能力、跟踪瞄准能力、命中目标能力和毁伤目标能力构成，而这些能力又分别由探测识别时间、稳定跟踪时间、探测识别率（或虚警率）、跟踪目标率、目标命中概率、目标毁伤概率度量等组成。因而，飞机导弹打击能力（效能）试验可以分解为多个战术技术指标试验，也可在一个科目中综合几项试验，最后在多项试验结果的基础上进行综合。

战术技术指标有时直接表现为效能，如可靠性度量参数——MTBF 等就是一种效能度量，即指标效能。单独将影响效能的某个因素作为度量，是采用指标效能方式的效能度量，一般以性能表示效能。对这些因素在一定程度上进行综合度量有时也作为指标效能，如固有能力指数、可用性、任务成功率就是综合的指标效能。这在进行相似武器装备的效能比较时，这种度量方式非常有效，因为相似武器装备的某些性能指标往往相同，仅对不同点进行比较就可以达到分析的目的。同时，指标效能也是某些综合效能（如系统效能、作战效能等）计算分析的基础。

以性能表示的指标效能，如固有能力、可靠性。固有能力是指武器装备设计水平所决定的完成使命任务的潜在能力，是装备在给定的内在条件下，满足给定的定量特性要求的自身能力。可靠性是产品在规定的条件下和规定的时间内完成规定功能的能力。它是武器装备指标效能之一，反映固有能力指标效能的时间持续性。度量武器装备可靠性的常用参数有四种，即平均故障间隔时间 MTBF、规定时间内可靠度 $R(t)$、成功率 $P(s)$ 和故障率 λ。这些参数是以可靠性为效能的度量参数，称为可靠性指标效能。尽管这四种参数均可用于武器装备效能度量，但它们适用于不同的武器装备，如飞机的固有能力度量参数有机动性、作战半径、导弹性能、火炮性能、通信性能、干扰与抗干扰能力、生存能力等。

以综合指标效能为例，一般有两类：一类是武器装备静态的固有能力指数，如固有杀伤指数、固有对空作战指数等；另一类是装备固有能力随时间变化的动态能力指数，如系统可靠性、维修性等。其中，固有能力指数通常由多个参数度量并综合而成，以度量装备某方面的固有能力。简单武器装备对应的固有能力指数较少，复杂武器装备的固有能力指数可能较多。系统可靠性与维修性等"六性"指标，是综合度量武器装备的固有能力，反映了武器装备是否随时可用和持续好用的特性。

为了说明指标效能的应用，以打击效能为例。对武器系统的打击效能指标的选择取决于被打击目标特性和打击任务，通常有三种典型形式评估。

（1）对于单目标（如飞机、坦克、舰艇或雷达等），其打击效能指标是这一事件发生（即被击毁）的概率，即

$$W = P(A) \tag{6-74}$$

（2）对于群目标（如飞机机群、坦克编队、舰队或雷达阵地等），是尽可能击毁大量目标，其基本性能指标则是被击毁目标数或数学期望，即

$$M = E[X_i] \tag{6-75}$$

式中：X_i 为目标群中被击毁的目标数量。

（3）对于面目标（如部队集结区、指挥中心、防御区等），是尽可能造成大面积毁伤，其打击效能指标通常取平均毁伤面积或平均相对毁伤面积，对于平均相对毁伤面积有

$$M = E[u] \tag{6-76}$$

式中：$u = S_p/S_t$ 为目标毁伤面积与目标总面积之比，称为相对毁伤面积。

2）系统效能试验

武器装备的系统效能，通常采用美国武器系统咨询委员会（WSEIAC）的系统效能模型，即

$$E = ADC \tag{6-77}$$

式中：E 为系统效能值；A 为武器装备可用性向量；D 为武器指标可信性矩阵；C 为武器装备固有能力矩阵（或向量）。

武器装备的系统效能分析比较复杂，不同的武器装备系统在具体计算可用性向量 A、可信性矩阵 D 及固有能力向量 C 时，其算法往往不同，但方法基本相同，即计算系统效能的首要问题是分析系统可能出现的组合状态，而后计算系统开始执行任务时处于不同状态的概率，从而得到可用性向量 A；在 A 的基础上，计算可信性矩阵 D，计算 D 中 d_{ij} 的实质就是系统在试验期间内组合状态 i 转移到组合状态 j 的概率，当组合状态数 n 增大时，其计算量迅速增大；计算固有能力向量 C 时，要首先定义效能分析的目标和衡量标准，然后计算系统在不同状态下完成规定目标能力的概率，即可得到固有能力向量 C；最后根据式（6-77）计算武器系统的效能。

3）作战效能试验

武器装备作战效能是指在特定条件下完成给定任务的能力。在作战效能试验中，要结合武器装备特点，利用红蓝对抗试验结果描述装备的作战效能。参试红蓝双方模拟作战任务，在保证己方伤亡极小并有效歼灭对方兵力的原则下，设计作战效能试验；作战试验条件包括特定的地理环境、给定的时间和区域以及双方兵力组成等约束条件，在作战想

定的指导下开展效能试验。

武器装备作战效能试验评估,一般有两种方法,即基于整体性的评估指标体系和基于层次化结构的指标体系。

采用基于整体性的效能评估时,作战效能可以采用作战任务成功度进行衡量,而作战任务成功度又可以采用兵力损耗来评价。兵力损耗,是指遂行某项作战任务过程中,所损耗的人力资源和武器装备资源的总和。若用兵力损耗评估作战任务成功度,则可采用三种度量指标,即损耗交换比、兵力交换比与相对损耗比。

(1) 损耗交换比(LER),定义为在战斗过程中时间为 t 的时刻敌我双方损耗兵力之比,即

$$LER = \frac{C_n(t)}{C_m(t)} \tag{6-78}$$

式中: $C_n(t)$ 为 t 时刻敌方已损耗兵力数量; $C_m(t)$ 为 t 时刻我方已损耗兵力数量。

(2) 兵力交换比(FER),定义为在战斗过程中时间为 t 的时刻,敌方损耗兵力与初始兵力之比除以我方损耗兵力与初始兵力之比,即

$$FER = \frac{C_n(t)/N}{C_m(t)/M} = \frac{LER}{FR_0} \tag{6-79}$$

式中: N、M 分别为敌我双方初始兵力数量; $FR_0 = N/M$ 为初始兵力比。

(3) 相对损耗比(RLR),定义为在战斗过程中时间为 t 的时刻,敌方损耗兵力与其剩余兵力之比除以我方损耗兵力与剩余兵力之比,即

$$RLR = \frac{C_n(t)/n(t)}{C_m(t)/m(t)} = LER \cdot SVER \tag{6-80}$$

式中: $n(t)$,$m(t)$ 分别为 t 时刻敌方剩余兵力数量、我方剩余兵力数量; $SVER = m(t)/n(t)$ 为 t 时刻我敌剩余兵力比。

当采用基于层次化结构的指标体系进行作战效能的评估,应采用自上而下与横向比较相结合的方法:首先在能力指标与单项效能指标之间建立关系,对于相同或类似属性的能力指标综合成同一单项效能指标,在单项效能指标层建立标准化作战环境与程序,分别对武器装备系统在各作战阶段和主要环节的系统效能进行试验;其次在武器系统效能与作战单元效能之间针对武器系统的使命与任务,完善系列作战想定;最后在综合武器装备系统与作战单元、使用人员、战场环境等主客观因素的情况下,确立优化作战单元效能指标。

武器装备的作战效能,是通过作战行动体系提出来的,表现为某些作战行动的效能指标。在实际作战效能试验中,其效能指标是多种多样的,不同的军兵种(如防空兵、野战部队、航空兵、核部队、海战、后勤系统等)均有不同的效能指标,要根据具体情况进行有针对性分析,优选能够反映其装备的作战效能的指标,开展效能试验。

3. 综合分析

综合评价,是依据底层指标量化结果,进行综合优化,得到顶层的效能指标,经试验分析,给出评估鉴定意见的过程。

试验过程中可以获得海量试验数据,对这些试验数据进行分析与评估的性能和功能指标很多。武器装备的性能一般描述为战术技术性能和战术使用性能,其中,作战使用性

能包括战术使用性能、系统效能和作战效能。

武器效能分析,采用先分析后综合的方法,以便系统地深入地分析和评定武器装备的性能,如图6-7所示。

（1）将武器装备的基本作战性能分为战术技术性能和战术使用性能,逐一进行分析与评定;

（2）将战术技术性能和战术使用性能进行综合,对武器装备的系统效能作出评估;

（3）兼顾人的因素和敌我对抗态势,在作战试验(仿真或真实试验)的基础上,对武器装备的作战效能进行评估。

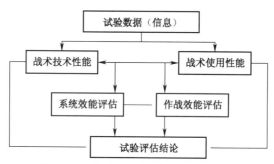

图6-7　试验综合分析与评估流程

6.3.2.6　装备对作战体系的贡献率评估[6]

武器装备体系之间的对抗是现代战争的典型特征。战争不仅取决于武器装备的规模与部分装备的先进性,更取决于武器装备或系统之间的协调配合性,即体系的整体效能。体系贡献率,可分析某装备在作战体系中发挥作用的大小,它是一种装备作战效能的指标形式,用于度量武器装备的作战效能,也可以用于小体系对大体系的贡献程度的度量。

装备对作战体系的贡献率,简称为体系贡献率。所谓体系贡献率,是指一种装备作战效能的指标形式,用于度量该装备在联合使命环境中对体系作战效能的贡献程度,体现该装备军事价值的大小,也可用于描述小体系对大体系的贡献程度。开展体系贡献率试验与评估的一个重要目标,是为作战体系结构优化提供决策依据。

现代作战,本质上是体系与体系之间的对抗,其基本形式是联合作战。21世纪初,美军提出了"网络中心战"的思想,认为新的作战能力是基于网络的作战力量,以网络为基础形成作战体系。在美国国防部发布的"联合环境试验路线图"中,要求不仅开展联合试验,而且要求单件武器装备也必须在联合对抗环境中进行试验,目的就是为了考核单件装备在联合作战环境中贡献率的大小。鉴定或定型某型装备是否可以批生产,不仅要鉴定装备的战技性能指标是否达到研制要求,还要考核装备对联合作战的贡献率。若某装备贡献率小,即使战技指标非常先进,也会考虑这种装备是否有必要继续发展,美国空军减低采购F-22数量,转而大量装备F-35,不仅仅是因为采购成本的问题,还综合考虑了这两型飞机对作战体系的贡献率的大小。

1. 体系贡献率试验

体系贡献率,一般分为体系作战能力贡献率(固有属性)和作战效能贡献率(动态属性)两种。

1）装备对体系作战能力的贡献率

装备对体系作战能力的贡献率,是指该装备的作战能力与体系总的作战能力的比值。设体系作战能力为 E_1,某装备在体系中可发挥的作战能力为 E_2,则该装备对体系作战能力的贡献率为

$$C_j = \frac{E_2}{E_1} \times 100\%$$

2）装备对体系作战效能的贡献率

装备对体系作战效能的贡献率,是指该装备发挥的作战效能与体系总的作战效能的比值。设体系作战效能为 E_t,某装备在体系中发挥的作战效能为 E_z,则该装备对体系作战效能的贡献率为

$$C_d = \frac{E_z}{E_t} \times 100\%$$

通常,体系作战效能是由侦察、指挥、控制、火力打击、保障等单项作战效能的综合体现。因此,可以对装备在体系中单项作战效能的贡献率进行评估。设在联合作战体系中,某单项作战效能值为 E_{ti}、某装备单项作战效能为 E_{zi},$i = 1, 2, \cdots, k$,则该装备对体系单项效能的贡献率为

$$C_i = \frac{E_{zi}}{E_{ti}} \times 100\%$$

2. 体系贡献率试验与评估

体系贡献率试验是考核装备在联合作战中的贡献率而展开的试验。一般分为三部分,即装备与联合作战体系的集成性试验、装备能力贡献率试验和任务效能的贡献率试验。

1）装备与联合作战体系的集成性试验

装备与联合作战体系的集成性试验,包括某装备与联合作战体系信息连通性试验、兼容性和适应性试验、使命覆盖性试验等。其试验设计方法与单体试验相似,试验环境与试验科目重点有所不同。

2）装备能力贡献率试验

装备能力贡献率试验,是对被试装备可发挥的作战能力(固有能力)和联合作战体系的作战能力进行试验。装备的固有能力指标在装备战技性能指标试验中已经获取了试验结果,因此只需要对联合作战体系的作战能力进行试验即可。

3）任务效能的贡献率试验

任务效能的贡献率试验,主要是对被试装备的作战效能和联合作战体系的效能进行试验。考核的内容包括体系的侦察能力、指控能力、打击能力、保障能力和防护能力等指标,同时从联合作战体系中区分出被试装备的侦察能力、指控能力、打击能力、保障能力和防护能力,并获取试验数据进行分析。

3. 体系贡献率试验基本要求

体系贡献率试验要求:首先,体系贡献率是考核装备对作战体系贡献程度的大小,因此试验对象必须是装备体系;其次,体系贡献率试验必须在典型的对抗环境中进行,才能保证评估结果的有效性;最后,该试验可结合作战试验进行,也可在联合试验环境(LVC)中进行。

6.3.3 经典效能评估方法

6.3.3.1 层次分析法[13]

层次分析评估方法适用于复杂武器装备系统的固有效能的评估。设将研究目标对象的因素集合划分为目标层 A、准则层 C 与措施层 P 三个层次。采用层次分析法的分析计算过程如下:

1. 确定指标权重

将各指标进行比较,得到量化判断矩阵。

2. 构造层次模型的权重判断矩阵

对于三层指标结构,存在准则判断矩阵、措施判断矩阵两种类型的判断矩阵。准则判断矩阵用于计算准则层的各个指标的相对权重,措施判断矩阵用于计算某准则下的各个措施层指标之间的相对权重。

3. 指标权重计算与一致性检验

指标权重可由计算判断矩阵的特征向量和最大特征值得到,一般方法有方根法、和积法与幂法等。以方根法为例,说明其计算流程。

(1)计算判断矩阵 $\boldsymbol{R}$ 的每一行元素的乘积,有

$$M_i = \prod_{j=1}^{n} B_{i,j}, \quad i = 1, 2, \cdots, n \tag{6-81}$$

(2)计算 M_i 的 n 次方根:

$$\overline{w_i} = (M_i)^{\frac{1}{n}}, \quad i = 1, 2, \cdots, n \tag{6-82}$$

(3)对 $\overline{w_i}$ 进行归一化处理,即

$$w_i = \frac{\overline{w_i}}{\sum_{i=1}^{n} \overline{w_i}}, \quad i = 1, 2, \cdots, n \tag{6-83}$$

则所求权向量为 $\boldsymbol{w} = [w_1, w_2, \cdots, w_n]^{\mathrm{T}}$。

(4)计算判断矩阵 $\boldsymbol{R}$ 的最大特征值 $\lambda_{\max}$,即

$$\lambda_{\max} = \sum_{i=1}^{n} \frac{[\boldsymbol{R}\boldsymbol{w}]_i}{nw_i} \tag{6-84}$$

式中:$[\boldsymbol{R}\boldsymbol{w}]_i$ 为 $\boldsymbol{R}\boldsymbol{w}$ 向量中的第 i 个元素。

为了提高权重的可靠性,需要对判断矩阵做一致性检验。一致性检验的算法为

$$CI = \frac{\lambda_{\max} - n}{n - 1}$$

式中:n 为矩阵的维数,即同一矩阵指标的个数;$\lambda_{\max}$ 为矩阵的最大特征值。

4. 综合权重计算

依据上述方法计算得到的目标准则层权重为 $w = [w_1, w_2, \cdots, w_n]^{\mathrm{T}}$,$w_i$ 为准则层指标 i 在准则层中所占的相对权重。对于第 k 个准则层指标,各个准则下面的措施层指标权重为 $w_k = [w_{k1}, w_{k2}, \cdots, w_{kp}]^{\mathrm{T}}$,则在层次结构中,准则 i 下的措施 j 指标的综合权重算子为

$$w_{i,j} = w_i \cdot w_{ij} \qquad (6-85)$$

最后,根据各个指标的综合排序,获取所有指标的重要度排列顺序。

5. 评估结果计算

得到各个指标的权重后,通过与评价值的乘积,可计算出评估分数。若有多种评估方案,则得分最高者为最优方案。其计算方法为

$$Ea = (w_{p,1}, w_{p,2}, \cdots, w_{p,n})(v_{p,1}, v_{p,2}, \cdots, v_{p,n})^{\mathrm{T}} \qquad (6-86)$$

式中:$w_{p,i}$ 为最底层指标 i 的综合权重;$v_{p,i}$ 为其评估分数。

6.3.3.2　ADC 分析法

ADC 模型是美国工业界武器系统效能咨询委员会(WSEIAC)提出的效能评估模型,它最适用于系统单项效能的评估,若用于系统效能评估,则还需要进行最终运算得到。ADC 模型基于"系统效能是预期一个系统满足一组特定任务要求程度的量度,是系统可用性与固有能力的函数"的理念,以系统的总体构成为对象,以完成任务为前提,对系统效能进行评估。采用 ADC 分析法的分析计算过程如下:

1. 可用度向量 **A**

可用度向量为 $\boldsymbol{A} = \{a_1, a_2, a_3, \cdots, a_n\}$,其中 a_i 表示系统初始状态时处于第 i 种状态的概率,且 $\sum_{i=1}^{n} a_i = 1$。

2. 可信度矩阵 **D**

$$\boldsymbol{D} = \begin{bmatrix} d_{1,1} & d_{1,2} & \cdots & d_{1,n} \\ d_{2,1} & d_{2,2} & \cdots & d_{2,n} \\ \vdots & \vdots & & \vdots \\ d_{n,1} & d_{n,2} & \cdots & d_{n,n} \end{bmatrix} \qquad (6-87)$$

式中:$d_{i,j}$ 为系统运行时,系统由第 i 状态跃变为第 j 状态的概率,且满足 $\sum_{i=1}^{n} d_{i,j} = 1$。

3. 能力向量(矩阵)

若对系统的某项效能进行评估,则 **C** 仅为一向量,若对该系统的 m 项能力进行评估,则 **C** 为一 $N×M$ 矩阵,即

$$\boldsymbol{C} = \begin{bmatrix} c_{1,1} & c_{1,2} & \cdots & c_{1,m} \\ c_{2,1} & c_{2,2} & \cdots & c_{2,m} \\ \vdots & \vdots & & \vdots \\ c_{n,1} & c_{n,2} & \cdots & c_{n,m} \end{bmatrix} \qquad (6-88)$$

式中:$c_{i,j}$ 为系统第 j 项能力在第 i 种状态下完成任务的度量,其计算可以通过子定义的度量方法或运算模型得到。

4. 计算系统效能 E

系统效能 E 的计算模型为

$$E = \boldsymbol{ADC} = (e_1, e_2, \cdots, e_m) \qquad (6-89)$$

最终得到的系统效能为向量,既可以直接用该向量作为评估结果,也可以给 m 个能力向量评分,按照每个能力向量的权重,可得到最终的系统效能评估值。

6.3.3.3　系统效能分析法

系统效能分析法（System Effectiveness Analysis，SEA），是由麻省理工学院的 A. H. Levis 等人提出，将系统的运行与系统要完成的使命联系起来，观察系统运行轨迹与使命所要求的轨迹相符合的程度，其符合度越高，则系统效能越高。SEA 法比较适用具有使命任务的武器系统效能评估。其评估流程如图 6-8 所示。

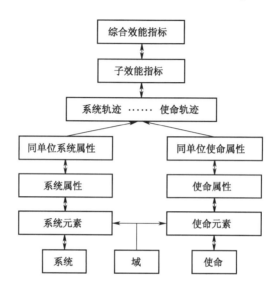

图 6-8　SEA 法评估流程

若用 V 表示轨迹 L 上的一种测度，则系统效能指标为

$$MOE = \frac{V(L_s \cap L_m)}{V(L_s)} \tag{6-90}$$

（1）确定系统、环境和系统使命；

（2）由系统使命抽象出一组性能量度；

（3）根据系统在环境中的运行规律，建立系统映射 f_s；

（4）根据使命要求，建立使命映射 f_m；

（5）由系统映射 f_s 和使命映射 f_m 产生系统轨迹 L_s 和使命轨迹 L_m；

（6）求解系统效能指标 E。

6.3.3.4　模糊综合评估法

在系统效能评估中，有许多定性评估的指标，对这些指标的评估具有一定的模糊性。模糊综合评估依据模糊数学中的模糊变换方法，能够较好地考虑影响所评判事物的模糊因素。模糊综合评估法比较适合大系统的多属性决策分析，其一般流程如下。

1. 确定被评对象、评分标准、评估等级（类别）数量及指标权重

被评对象为待选的多个系统或方案的集合，评分标准为定性指标的量化标准，确定权重依赖于专家调查法或 AHP 法，最终求得个指标的权重 A_i。

2. 对每个被评对象，求取评估矩阵

若对一个评估对象进行评估，则评估矩阵为

$$D = \begin{bmatrix} d_{1,1} & d_{1,2} & \cdots & d_{1,n} \\ d_{2,1} & d_{2,2} & \cdots & d_{2,n} \\ \vdots & \vdots & & \vdots \\ d_{m,1} & d_{m,2} & \cdots & d_{m,n} \end{bmatrix} \tag{6-91}$$

式中：$d_{i,j}$ 为第 i 个专家对指标 j 的评估分数。

当被评对象不是一个而是多个时，则在评估矩阵上角表上序号，如 $d_{i,j}^s$ 表示为对于第 s 个评估对象，第 i 个专家对指标 j 的评估分数，其中 s 表示被评对象序号。

3. 利用隶属函数，将评估矩阵转化为隶属度权重评估矩阵

（1）计算第 i 个指标属于第 e 类的隶属度为 $X_{i,e}$ ，即

$$X_{i,e} = \sum_{j=0}^{m} f_e(d_{i,j}) \tag{6-92}$$

式中：f_e 为第 e 类评估等价的隶属度函数；m 为专家数。

（2）计算第 i 个指标隶属于第 e 类评估等级的隶属度权重 $R_{i,e}$ ，即指标 i 属于第 e 类的相对权重，有

$$R_{i,e} = \frac{X_{i,e}}{\sum\limits_{k=1}^{z} X_{i,k}} \tag{6-93}$$

式中：z 为系统规定的评估等级数量。

（3）由 n 个指标的隶属度权重构成的隶属度权重评估矩阵 R 为

$$R = \begin{bmatrix} r_{1,1} & r_{1,2} & \cdots & r_{1,z} \\ r_{2,1} & r_{2,2} & \cdots & r_{2,z} \\ \vdots & \vdots & & \vdots \\ r_{n,1} & r_{n,2} & \cdots & r_{n,z} \end{bmatrix} \tag{6-94}$$

式中：$r_{i,j}$ 为指标 i 隶属于等级 j 的隶属度。

（4）求取评估结果向量 E ，即

$$E = (A_1, A_2, \cdots, A_n)[R_1, R_2, \cdots, R_n]^{\mathrm{T}} = (e_1, e_2, \cdots, e_z) \tag{6-95}$$

评估结果向量 E ，有五类运算模型：$M(\wedge, \vee)$、$M(\cdot, \vee)$、$M(\wedge, \oplus)$、$M(\cdot, \oplus)$ 与 $M(\cdot, +)$ ，这五类模型在 e_i 的生成表达式上有所不同，其中 $M(\cdot, +)$ 模型应用较为普遍，且运算方式与矩阵运算一致，即

$$e_i = \sum_{j=1}^{m} A_i \cdot r_{i,j} \tag{6-96}$$

（5）将结果向量映射为具体的评估值，即

$$EA = (e_1 \cdot v_1, e_2 \cdot v_2, \cdots, e_z \cdot v_z) \tag{6-97}$$

式中：v_i 为第 i 类评估等级对应的评估分数。

6.3.3.5 灰色白化权函数聚类法[14]

对复杂大系统进行效能评估，会存在信息不完全、不全面、不充分的情况，应用灰色理论方法可以有效地开展评估。灰色白化权函数聚类法，适用于对多指标多因素的复杂系统进行评估，其一般流程如下所述。

1. 评估准备工作

首先,确定评估对象以及评估对象的灰类数 s,选定评估指标 $x_j(j=1,2,\cdots,m)$。

2. 白化权函数确定

将指标 $x_j(j=1,2,\cdots,m)$ 的取值分为 s 个灰类,称为 j 指标子类,而 j 指标 $k(k=1,2,\cdots,s)$ 子类的白化权函数为 $f_j^k(\cdot)$。白化权函数为 $f_j^k(\cdot)$ 要根据实际问题的背景进行确定,一般有四种形式:

(1) 典型白化权函数,即

$$f_j^k(x) = \begin{cases} 0, & x \notin \left[x_j^k(1), x_j^k(4)\right] \\ \dfrac{x - x_j^k(1)}{x_j^k(2) - x_j^k(1)}, & x \in \left[x_j^k(1), x_j^k(2)\right] \\ 1, & x \in \left[x_j^k(2), x_j^k(3)\right] \\ \dfrac{x_j^k(4) - x}{x_j^k(4) - x_j^k(3)}, & x \in \left[x_j^k(3), x_j^k(4)\right] \end{cases} \tag{6-98}$$

(2) 下限测度白化权函数,即

$$f_j^k(\ ) = \begin{cases} 0, & x \notin \left[0, x_j^k(4)\right] \\ 1, & x \in \left[0, x_j^k(3)\right] \\ \dfrac{x_j^k(4) - x}{x_j^k(4) - x_j^k(3)}, & x \in \left[x_j^k(3), x_j^k(4)\right] \end{cases} \tag{6-99}$$

(3) 适中测度白化权函数,即

$$f_j^k(\ ) = \begin{cases} 0, & x \notin \left[x_j^k(1), x_j^k(4)\right] \\ \dfrac{x - x_j^k(1)}{x_j^k(2) - x_j^k(1)}, & x \in \left[x_j^k(1), x_j^k(3)\right] \\ \dfrac{x_j^k(4) - x}{x_j^k(4) - x_j^k(2)}, & x \in \left[x_j^k(2), x_j^k(4)\right] \end{cases} \tag{6-100}$$

(4) 上限测度白化权函数,即

$$f_j^k(\ ) = \begin{cases} 0, & x < x_j^k(1) \\ \dfrac{x - x_j^k(1)}{x_j^k(2) - x_j^k(1)}, & x \in \left[x_j^k(1), x_j^k(2)\right] \\ 1, & x \geqslant x_j^k(2) \end{cases} \tag{6-101}$$

3. 求 j 指标 k 子类权重

在确定权重时,有两种方法:变权与定权。定权聚类适用于指标的意义、量纲皆相同的情形;变权聚类适用于指标的意义、量纲不同,且在数量上差异较大的情形。在定权聚类中,j 指标 k 子类的权 $\eta_j^k(j=1,2,\cdots,m;k=1,2,\cdots,s)$ 与 k 无关,即对任意的 $k_1,k_2 \in \{1,2,\cdots,s\}$,总有 $\eta_j^{k_1} = \eta_j^{k_2}$,则可将 η_j^k 的上标 k 略去,记为 $\eta_j(j=1,2,\cdots,m)$,该值可通过调查得出。在变权据类中,对于典型白化权函数,令 $\lambda_j^k = \dfrac{1}{2}\left[x_j^k(2) + x_j^k(3)\right]$;对于下限测度白化权函数,令 $\lambda_j^k = x_j^k(3)$;对于适中测度白化权函数和上限测度白化权函数,令 $\lambda_j^k = x_j^k(2)$。则可得到 j 指标 k 子类的权,即

$$\eta_j^k = \frac{\lambda_j^k}{\sum\limits_{j=1}^{m} \lambda_j^k} \tag{6-102}$$

4. 求聚类系数向量

(1) 变权聚类时,其聚类系数向量为

$$\boldsymbol{\sigma} = (\sigma^1, \sigma^2, \cdots, \sigma^s)$$
$$= (\sum\limits_{j=1}^{m} f_j^1(x_j) \cdot \eta_j^1, \sum\limits_{j=1}^{m} f_j^2(x_j) \cdot \eta_j^2, \cdots, \sum\limits_{j=1}^{m} f_j^s(x_j) \cdot \eta_j^s) \tag{6-103}$$

(2) 定权聚类时,其聚类系数向量为

$$\boldsymbol{\sigma} = (\sigma^1, \sigma^2, \cdots, \sigma^s)$$
$$= (\sum\limits_{j=1}^{m} f_j^1(x_j) \cdot \eta_j, \sum\limits_{j=1}^{m} f_j^2(x_j) \cdot \eta_j, \cdots, \sum\limits_{j=1}^{m} f_j^s(x_j) \cdot \eta_j) \tag{6-104}$$

当求得聚类系数向量后,取 $\max\limits_{1 \leqslant k \leqslant s} \{\sigma_i^k\} = \sigma_i^{k^*}$,则称评估对象属于灰类 k^*。

6.3.3.6 系统动力学评估法 [15]

系统动力学评估法是一种以反馈控制理论为基础、以仿真技术为手段的定量分析方法,可用于在建模仿真环境中评估复杂武器装备的系统效能。一般流程如下所述。

1. 描述武器系统的状态即流位

流位是由系统内部物质流的流动情况所决定的。对于每个系统状态或每个物质流流经的流位实体,在系统动力学的流程图中都有如图 6-9 所示的"水箱"结构。

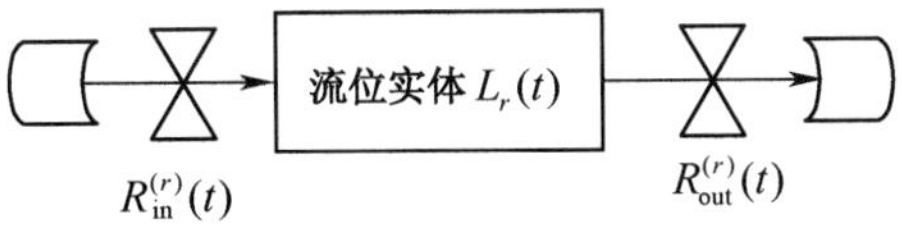

图 6-9 "水箱"结构图

2. 建立数学模型

上述结构说明,系统的流位由流入流和流出流决定,而流入流和流出流又分别受流率 $R_{\text{in}}^{(r)}(t)$ 和 $R_{\text{out}}^{(r)}(t)$ 的控制,则流位方程式为

$$L_r(t) = R_{\text{in}}^{(r)}(t) - R_{\text{out}}^{(r)}(t) \tag{6-105}$$

式中:$r = 1, 2, \cdots, n, n$ 为系统流位变量的个数。

$R_{\text{in}}^{(r)}(t)$ 和 $R_{\text{out}}^{(r)}(t)$ 的表达式为

$$R_{\text{in}}^{(r)}(t) = R_{\text{in}}^{(r)}(V_1(L_1, L_2, , L_n; t), \cdots, V_m(L_1, L_2, , L_n; t); t)$$
$$R_{\text{out}}^{(r)}(t) = R_{\text{out}}^{(r)}(V_1(L_1, L_2, , L_n; t), \cdots, V_m(L_1, L_2, , L_n; t); t)$$

式中:$V_1, V_2, \cdots, V_m$ 为武器系统的 m 个辅助变量,它们由 m 个辅助方程的代数方程式来描述,即

$$V_i(t) = V_i(L_1, L_2, , L_n; t) \tag{6-106}$$

对上述系统动力学数学方程联合求解,就可以得到系统状态随时间变化的动态过程。

3. 建模与仿真

依据建模与仿真方法,建立系统动力学仿真程序框架,并进行试验与分析,获得武器系统的效能分析结果。

6.3.3.7　指数法

指数法是效能评估常用方法,也是用相对数值简明地反映分析对象特性的一种量化方法。在武器装备效能评估中,指数法可以用来反映诸多人员与武器系统在一定条件下相对平均的能力,体现不同武器之间、军事力量之间的比例关系,以统一衡量作战效能。武器作战效能评估的一般流程如下所述。

(1) 寻找影响武器作战能力的基本参数,分析其对作战能力的影响程度;

(2) 确定哪些参数可以独立变化(线性放大或缩小),而不影响武器间作战能力的相对顺序;

(3) 对其余参数分离出有单位度量的参数;

(4) 对这些有单位度量的参数,写出参数的量纲表达式,建立并求解无量纲数的齐次方程组,求取独立解;

(5) 依据结构简单、意义明确的原则,利用解出的独立解组合成单元构造模型。

采用指数法评估武器指标系统作战效能,其关键是如何建立指数模型。指数法通常用于结构简单的宏观模型,适应于宏观分析和快速评估,在效能评估方面,适用于单一武器装备或人员的战斗效能分析。

6.3.3.8　探索性评估法[16]

探索性分析(Exploratory Analysis,EA),是一种面向高层次系统规划与论证不确定性的分析方法,用于对各种不确定因素对应的结果进行整体研究。所谓“探索性”,是指要全面分析和理解不确定因素对所研究问题的影响,并探索能够完成指定任务所需要的系统能力和策略。探索性分析法能够有效地应对系统不确定性的复杂度,在无法知道系统效能高低原因,以及在不确定条件下对系统效能评估结论的合理性和有效性进行评价时,适合使用探索性分析方法。

探索性分析方法一般可采用基于仿真的模式和基于试验的模式开展评估。

1. 基于仿真的探索性分析法

在基于仿真的探索性评估方法论中,涉及“三层”探索和“两层”处理问题。“三层”是指技术层与战术层探索、战役层探索和战略层探索;“两层”是指对底层探索结论进行软化处理,以支持下一层探索,它将不同层次的探索连接起来,如图6-10所示。

1) 技术与战术层

在技术与战术层探索中,探索的对象是实体模型,这些实体模型描述的是武器系统内在工作原理与行为逻辑。探索过程就是对实体进行仿真的过程,探索的结果形成试验结果。

2) 战役层

在战役层中,探索的对象是评估模型,评估模型描述的是由评估想定所涉及的所有系统构成的体系能力特性与指标特性。探索的方法通过试验设计规定,探索过程就是进行评估仿真的过程。

3) 战略层

在战略层探索中,探索的对象是联合作战模型,该模型描述的是各级指挥决策模型、

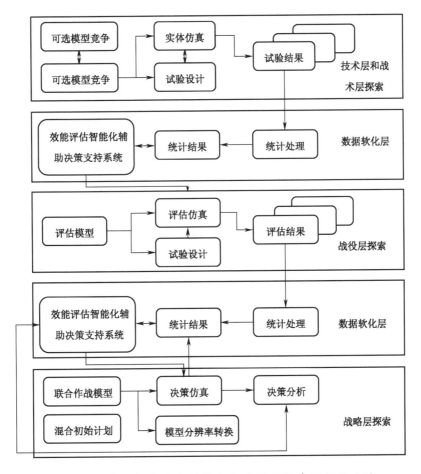

图 6-10 基于仿真的武器装备体系效能探索性评估方法

重要相关性的系统处理方法与各军兵种作战体系的宏观作战任务、作战能力和协同条件等。探索的过程就是进行决策仿真的过程,探索的结果形成相关的决策分析建议。

4) 数据软化层

数据软化层,是连接三层探索之间的桥梁。数据软化层将探索层经处理的数据输入效能评估智能化辅助决策支持系统。经过逼近拟合、数据挖掘、知识发现等处理过程,输出一组可供决策的参考或协商的信息,可以较好地解决不确定性条件下武器系统综合评估问题。

2. 基于试验的探索性分析法

基于试验的探索性分析方法的一般过程为明确要求、不确定性因子分析、确定关键因子、试验设计、实体建模、仿真试验、数据分析与反馈调整等,如图 6-11 所示。

6.3.3.9 效能评估新算法介绍

系统效能分析与评估已有一百多年的研究历史,各个领域从不同的角度对系统效能开展了研究,在以上经典效能评估理论与方法基础上,衍生出许多新的效能评估算法。例如:

(1) 基于组合赋权理论的效能评估算法。该算法在给出重要性权重、信息量权重、独

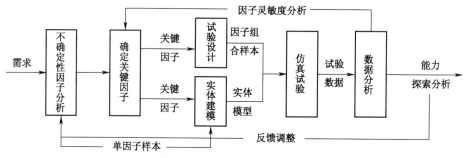

图 6-11　分析过程流程图

立性权重计算方法的基础上,提出了基于最小二乘和对数最小二乘原理的组合赋权算法。

（2）基于多属性决策（Multiple Attribute Decision Making,MADM）理论的效能评估算法。该算法将多属性决策理论引入系统效能评估之中,形成了基于主成分的逼近理想解排序（Technique for Order Preference by Similarity to Ideal Solution,TOPSIS）算法、基于集值统计的模糊权重确定算法、混合 TOPSIS 算法等。

（3）基于灰色关联理论的效能评估算法,包括灰色关联决策的效能评估算法、灰色区间关联的效能分析算法和基于 AHP 灰色综合效能评估算法等。

（4）基于粗糙熵的效能评估方法,运用粗糙集理论对来自仿真或试验的数据进行处理与分析。

6.3.4　使用适用性评估方法

武器装备作战适用性,是指在充分考虑可用性、兼容性、可运输性、互操作性、可靠性、出勤率、维修性、安全性、作战人员、人机适应性、后勤保障性、环境与影响、规范与条例、训练要求等诸多因素的条件下,武器装备投入作战使用并维持作战使用的程度,即武器装备满足使用和综合保障要求的功能与特性。武器装备使用适应性分析与评估,主要包括可靠性、维修性、保障性、兼容性、适应性、安全性、可运输性、战时利用率与人机工程等指标。

6.3.4.1　可靠性评估方法

可靠性是指产品在规定条件下和规定时间内完成规定功能的能力。其中,规定条件是指武器装备在使用时所处的环境条件（如温度、湿度、振动、冲击等）、使用条件、维修条件、储存条件、人员操作水平。规定时间是指武器装备的使用时间。规定功能是指产品应具有的技术指标。可靠性一般包括基本可靠性、任务可靠性两种。

基本可靠性是指产品在规定条件下无故障的持续时间或概率,是产品研制出来后固有的特性,一般采用平均故障间隔时间度量。任务可靠性是指产品在规定的任务剖面内完成规定功能的能力,即在任务剖面的时间范围和规定条件下产品完成任务基本功能的概率,一般采用任务可靠度参数度量。

1. 可靠性参数

1）平均故障间隔时间

平均故障间隔时间（Mean Time Between Failures,MTBF）,表示产品发生两次相邻故障的平均间隔时间,表示可修复产品的平均寿命。

2) 平均故障前时间

平均故障前时间(Mean Time to Failures,MTTF),是指不可修复产品故障前工作时间的数学期望(均值),表示不可修复产品的平均寿命。

3) 任务可靠度

任务可靠度 $R(t)$,是指产品在规定的条件下和规定的一组任务剖面内,完成规定功能的概率,即

$$R(t) = P\{T > t\} \tag{6-107}$$

式中: T 为产品正常工作时间。

4) 成功率

成功率定义为产品在规定的条件下完成规定功能的概率。成功率描述的是成败型产品(如导弹等),而任务可靠度描述的是寿命型产品(如飞机等)。

2. 相关函数

1) 累积故障分布函数

累积故障分布函数 $F(t)$,是指在规定的条件和规定的时间 t 内丧失规定功能的概率,即

$$F(t) = P\{T \leqslant t\} \tag{6-108}$$

与任务可靠度的关系为

$$R(t) + F(t) = 1 \tag{6-109}$$

2) 故障密度函数

故障密度函数 $f(t)$,是在时刻 t 的单位时间内产品处于故障状态的概率,即

$$f(t) = \frac{\mathrm{d}F(t)}{\mathrm{d}t} \tag{6-110}$$

3) 故障率函数

故障率函数 $\lambda(t)$,是指工作到某时刻 t 尚未发生故障的条件下,在 t 时刻后的单位时间内该产品发生故障的概率,即

$$\lambda(t) = \lim_{\Delta t \to 0} \frac{P\{t < T \leqslant t + \Delta t \mid T > t\}}{\Delta t} \tag{6-111}$$

故有

$$\lambda(t) = \frac{f(t)}{1 - F(t)} = \frac{f(t)}{R(t)} \tag{6-112}$$

3. 评估方法

1) 可靠性数据采集与分析

依据可靠性试验大纲要求,采集不同试验阶段的可靠性数据,进行合理性分析、故障危害度分析与确定,以及分布拟合检验。

2) 试验数据综合分析

根据可靠性评定要求,将不同试验阶段的可靠性数据进行综合分析,并把各分系统数据综合成系统数据。

3）可靠性评估

根据可靠性模型和试验数据,采用相应的评估模型,对可靠性指标进行统计评估,主要有假设检验与点估计、区间估计等方法。

4）产品性能与评判

可靠性试验合格判定依据是总试验时间和总故障数,以及所用统计方案中的判决标准。若接受判决,则可靠性通过鉴定,反之则反。

4. 数理统计方法

数理统计方法一般有以下几种:

(1) 图表法,如直方图、散布图等;

(2) 分析计算法,如均值、方差、协方差、标准差等;

(3) 多变量分析法,如主成分分析、因子分析、判别函数分析法等;

(4) 回归分析法,线性回归法、非线性回归分析法等;

(5) 故障概率值方法,如点估计、区间估计法等;

(6) 可靠度函数推测法,如单参数法(指数型)、双参数法(正态型)、三参数法(威布尔型)等。

6.3.4.2　维修性评估方法

所谓维修性,是指武器装备在规定的条件下和时间内,按规定的程序和方法进行维修时,保持与恢复到规定状态的能力。

1. 维修性参数

(1) 平均修复时间(Mean Time to Repair,MTTR),是指修复一次故障平均所需的时间(包括故障检测与诊断、换件、调校、检验等)。

(2) 恢复功能的任务时间(Mission Time to Restore Function,MTTRF),是指排除致命性故障所需时间的平均值。

(3) 最长修复时间,是指达到了给定的维修度时所需要的修复时间。

(4) 其他相关维修性参数,如平均预防性维修时间、维修工时、平均系统恢复时间(Mean Time to Restore System,MTTRS)、平均维护时间(Mean Time to Service,MTTS)等。

2. 相关函数

1）维修度

维修度(Maintainability)$M(t)$,是指产品在规定的条件下和规定的时间内,按规定的程序与方法进行维修时,保持或恢复规定状态的概率,即

$$M(t) = P\{T \leqslant t\} \tag{6-113}$$

式中:T 为实际完成维修所用的时间。

2）维修时间密度函数

维修时间密度函数 $m(t)$,定义为维修度的导数,即 $m(t) = \mathrm{d}M(t)/\mathrm{d}t$。

3）修复率

修复率 $\mu(t)$,定义为产品在 t 时刻未被修复的条件下,在 t 时刻后的单位时间内被修复的概率。因此,维修度又可表示为

$$M(t) = 1 - \mathrm{e}^{-\int \mu(t)\mathrm{d}t} \tag{6-114}$$

3. 评估方法

1）定性评估

定性评估是根据任务规定的维修性定性要求、国军标要求,制定相应的检查项目核对表,结合试验设计方案分析与维修操作演示,对其是否满足要求的状态进行评价。主要内容有维修的可达性、检测诊断的便利性和快速性、互换性、防差错措施与标记、维修操作空间以及安全性等。

2）定量评估

定量评估是对维修性指标在自然故障或模拟故障条件下,依据试验数据进行判定和估计,以确定维修性是否达到要求。维修性定量指标的试验属于统计试验,可采用统计试验方法,具体可参见 GJB2072《维修性试验与评定》中列举的方法。

6.3.4.3　保障性评估方法

保障性是指武器装备在满足完好性和利用率要求的前提下,适应保障条件和资源的能力,通常用任务准备时间、使用可用度、出动架次率等参数表示。保障性与可靠性、维修性等性能密切相关,涉及的因素有人力资源、供应保障、保障设备、训练和训练保障、技术资料、保障设施等。

保障性试验结果的分析与评估是指在获取相关保障性定性和定量信息的基础上,通过对试验结果进行分析,将试验结论与设计要求、规范进行比较,评价武器装备保障特性及保障系统设计、使用效果,并提出改进措施。保障性评估一般分为三类,即保障性综合参数指标的分析与评估、保障活动的分析与评估、保障资源参数的分析与评估。

1. 保障性综合参数指标分析与评估

保障性综合参数指标的分析与评估是通过系统运行的试验数据发现装备保障性设计和保障系统运行方面存在的问题,对保障性综合指标满足设计要求和采购方需求的程度进行评价,为制定改进措施提供依据。

2. 保障活动分析与评估

保障活动的分析与评估主要检验保障活动是否能够按照预定程序执行,发现保障工作存在的问题,对执行保障活动满足设计要求和采购方需求的程度进行评价。它包括保障性活动定性评估和保障性活动定量评估。

（1）保障性活动定性评估主要通过执行保障活动演示来判定是否与设计一致或满足采购方需求,对保障活动执行程序的正确性、操作方便性、时效性等进行判定。通过专家打分,判断其符合程度,分出优、良、中、差四个等级,再进行综合得到平均值。

（2）保障性活动定量评估主要是保障时间要求,包括使用保障时间与维修保障时间。通过保障试验获取相关的试验数据,进行分析与评价。评估参数是与保障相关的可靠性、维修性、测试性、运输性等参数,如平均故障间隔时间、储存寿命、平均修复时间、故障检测率、故障隔离率、虚警率等。试验结果应取各试验样本的平均值,对试验结果进行假设检验,判断其是否可被接受。

设装备保障活动时间均值的点估计值为 $\overline{X}_{\text{tat}}$,若式（6-115）成立,则装备保障活动时间符合要求而接受,反之就拒绝。

$$\overline{X}_{\text{tat}} \leqslant \overline{M}_{\text{tat}} - Z_{1-\beta}(d/\sqrt{n}) \tag{6-115}$$

式中:n 为样本量;$\overline{M}_{tat}$ 为保障活动时间门限值;$Z_{1-\beta}$ 为对应下侧概率 $1-\beta$ 的标准正态分布分位数;β 为采购方风险;d 为装备保障活动时间的方差的点估计值。

3. 保障资源参数分析与评估

保障资源参数的分析与评估是对包括人员技术等级、备件种类及数量、测试设备及工具要求、设施利用率、订货及装运时间等参数的评估。在尽量接近真实的试验环境中,测试保障资源各要素的保障水平。试验要客观、详细记录保障资源是否达到评价准则的要求。保障资源的评价主要是定性评价,将不同的技术资料的调查表对照、归纳,从而给出综合评价。

6.3.4.4 兼容性评估方法

兼容性是指两个或两个以上武器装备系统(或设备)作为一个更大的作战系统的一部分发挥作用而又不发生相互干扰的能力。兼容性主要由电磁兼容性、物理兼容性、人机界面兼容性和环境兼容性等构成。

兼容性分析与评估是指对处于同一系统或统一环境中的两个或两个以上武器装备系统及其相互关系进行分析,评估其相互兼容的能力。其分析与评估方法请参见有关资料。

6.3.4.5 适应性评估方法

适应性评估一般包括相互适应性评估和环境适应性评估两个方面。

1. 相互适应性

相互适应性是指武器系统与单位或部队之间相互提供服务和接受服务并使之能够有效地工作的能力。

相互适应性评估通常以定性方式表示,某些方面也可用定量方式表示。其常用方法是:当两个系统共同使用时,判定会对操作产生什么限制性要求,即哪些系统需要特殊的操作要求,或哪些系统必须改变操作方式。

2. 环境适应性

环境适应性是指武器装备在作战、训练、储存、运输等过程中,在各种环境条件下实现其规定功能和不被环境因素损毁的能力,采用一组定量和定性指标描述。

环境适应性评估主要通过试验分析环境对作战使用性能的影响,从而判定武器装备适应环境的能力。

6.3.4.6 安全性评估方法

安全性是指武器装备在正常使用、保存、维修过程中,不会导致意外人员伤亡或健康损害、系统毁坏、环境损害等的性能,通常采用风险参数度量。

安全性分析与评估主要包括自身安全性分析与评估、环境与社会安全性分析与评估、信息安全性分析与评估三个方面。安全性分析与评估可以利用系统安全性所规定的危险概率的等级(分为五级),分析所观测的结果。

6.3.4.7 战时利用率评估方法

战时利用率是对武器装备在预期的战时环境中使用预定强度的一种定量描述,通常用一种频度参数描述,即单位时间内的工作或事件数,如飞机寿命内的飞行小时数、航行小时数、工作小时数、出动架次数等。通过试验获取有关的试验信息,经分析并评估武器装备的战时利用率参数。

6.3.4.8　人机工程分析与评估

人机工程主要包括影响使用武器系统有效完成作战任务的系统操作与维修等参数。人机工程分析与评估,是考虑武器装备操作人员或保障人员在作战环境下的生理学、心理学等因素,以及人与装备、环境之间的相互作用机理,对人机界面(如操作控制、仪表信息、符号显示、声音提醒等)、操作环境(如空间、噪声、温度、湿度、压力、光线等)、便利性(如常用操作控制、视觉特性、设备体积尺寸、质量、便携性等)等因素进行试验与全面分析评估,并提出改进意见。

人机工程分析与评估一般采用定性评估方法,即通过设计人机工程检验表,试验人员依据表格逐项打分,经统计分析,对各项定性指标给出鉴定意见。人机工程分析与评估也可以通过完成规定任务进行定量评估,通过在被试对象上安装试验测试系统,采集响应时间、传感器参数动态值、总线参数与视频图像,经事后处理,与试验操作人员的体验感觉(定性指标)一起,综合分析,对被试对象的人机工程进行分析与评估。

6.3.5　装备体系结构评估方法

武器装备体系结构是指装备系统各组成单元的结构、结构之间的关系以及约定设计和随时间演进的规范与指南,是从问题域空间到系统解空间的一种描述方法。它包括三个要素,即组成单元及其结构、组成单元之间的关系、约束组成单元的规范与指南。体系结构通过高层次的抽象,对系统的表达变得简单化、清晰化、可视化,避免了系统需求描述的不确定性,有利于设计开发人员的理解,有利于用户需求的实现,也有利于使用人员的使用与运维。

武器装备体系结构评估是指运用一定的试验手段与方法,对装备体系结构满足作战任务的能力、质量属性等开展的研究性活动。武器装备体系结构评估的目的主要表现两个方面:

(1)体系结构的合理性。利用评估理论与方法,对体系结构产品的重要属性进行分析与评价,研究装备体系结构的可用性、互操作性、可重构性、鲁棒性、可修改性以及不同要素的关联与耦合性,从而揭示体系结构的合理性与有效性,优化各类资源和运行流程。

(2)体系结构的能力。采用基于建模与仿真(M&S)的评估方法,综合利用数学建模、分布式仿真、数据挖掘等工具,能够快速评估大型复杂武器系统(如 C^4ISR 作战网络系统)体系结构的能力。

复杂武器装备系统,通常是指作战网络系统,其结构为网络化结构。本节从系统角度介绍几种典型的体系结构评估方法。

6.3.5.1　SAAM 评估方法

基于场景的体系结构分析方法(Scenario-based Architecture Analysis Method,SAAM),是卡耐基梅隆大学工程研究所 Kazman 等人于 1983 年提出的一种非功能质量属性的体系结构分析方法,也是最早得到广泛应用的体系结构分析方法。它最初用于不同软件体系结构的比较,分析软件的可修改性,后来又用于质量属性(如可移植性、可扩充性等)的评估,最后发展成为系统体系结构的评估方法。

SAAM 针对描述应用需求的最后版本文档,评估基本体系结构的假设与原则,并评与分析该体系结构固有的风险。SAAM 所使用的技术是场景技术,场景描述了体系结构属性的基础和各种系统必须支持的活动和将要发生的变化。SAAM 将任何形式的质量属性都具体化为场景。SAAM 以场景为中心,简单易行,但依赖于专家经验,对体系结构质量属性没有清晰的度量,仅适合对体系结构总体的粗粒度评估。

利用 SAAM 评估体系结构,分为 5 个阶段,即场景开发、体系结构描述、单个场景评估、场景交互与总体评估,如图 6-12 所示。

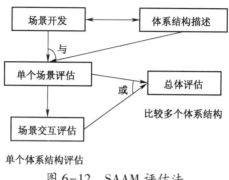

图 6-12　SAAM 评估法

1. 场景开发

场景开发是通过各类风险承担者协商讨论,开发任务场景。任务场景体现系统所支持的各种活动,或者描述经过一定时期后系统可能发生的变化。开发场景的关键是捕获系统重用方式。

2. 体系结构描述

软件体系结构描述,是体系结构评估的前提和基础。体系结构应该易于理解、合乎语法规则,要能体现系统的计算构件、数据构件以及构件之间的关系(数据和控制)。场景的形成与场景结构的描述通常是需要反复迭代才能形成的。

3. 单个场景评估

首先要进行场景分类,即将其分成直接场景和间接场景。所谓直接场景,是指开发的系统已经能满足的场景,而间接场景是指现有体系结构中的构件和连接件进行适当的变化才能满足的场景。对于直接场景,需要了解清楚体系结构是如何实现这些场景的;针对间接场景,列出支持这些场景对体系结构作出的修改,以及这些场景变化的难易程度、代价。最后生成一个关于特定体系结构的场景表述。

4. 场景交互评估

不同的场景可能需要修改同一个构件或连接件,这使场景与构件或连接件发生交互。场景交互的作用在于,它以一种清晰的方式显示了模块的不同本质,反映系统构件划分的质量,并在一定程度上表示了产品设计的功能分配。对场景交互进行分析,可得到系统中所有的场景对系统中构件所产生影响的列表。

5. 总体评估

对场景和场景交互进行最终评估。按照重要性对每一个场景分配权值,对体系结构影响越大,其权值也就越大,如影响质量属性的场景和场景交互就具有较高的权值,最后依据权的大小进行总体评估。

基于 SAAM 法有两种扩展评估方法,即 SAAMCS 与 ESAAMI。SAAMCS 对 SAAM 的扩展表现在两个方面:寻找场景的方式,并评估其影响;ESAAMI 将 SAAM 集成在面向对象特定领域、以重用为基础的开发过程中。

6.3.5.2 ATAM 评估方法

体系结构权衡分析法(Architecture Tradeoff Analysis Method,ATAM)是在 SAAM 的基础上发展起来的一种理解体系结构能力的方法,对系统的性能、适用性、安全性和可修改性进行评估。ATAM 分析多个相互竞争的质量属性,它集成了多个单一理论模型,每一个模型都能够高效、有效地处理属性。

ATAM 使用场景技术,从不同的体系结构划分,有三种不同类型的场景,即用例(包括对系统典型的使用)、增长场景(用于涵盖系统的修改)、探测场景(用于涵盖系统的极端修改)。ATAM 还是用定性的启发式分析方法(Qualitative Analysis Heuristics,QAH),在对一个质量属性构造一个精确分析模型时进行分析。

ATAM 法的评估是一个迭代过程,包括四个阶段(体系结构描述及收集评估有关信息、体系结构视图及场景实现、质量属性模型建立与分析、权衡报告形成)和 7 个活动(收集场景、收集需求/约束/环境等信息、描述体系结构视图、解释场景、分析属性细节、定义敏感点和定义权衡方法),如图 6-13 所示。

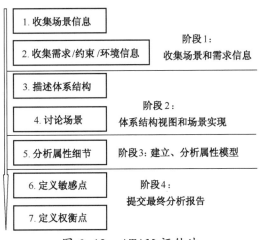

图 6-13　ATAM 评估法

6.3.5.3 ALPSM 评估方法

体系结构层软件可维护性预测(Architecture Level Prediction of Software Maintenance,ALPSM)方法,是通过在体系结构层次考查场景的影响,分析软件体系结构的可维护性。该方法用所做修改的大小量值作为预测的依据,衡量系统适应一个场景所做的贡献。ALPSM 可结合设计经验和历史数据对可维护性框架进行验证,引入变更,并预测系统的可维护性,但它只对单一质量属性进行评价,还具有一些不确定性。

ALPSM 方法,具有很多输入,如需求声明、体系结构描述、软件工程师建议,以及可能存在的历史维护数据。ALPSM 评估过程包括 6 个步骤,即标志维护任务分类、合成场景、分配场景权重、估计元素大小、编写场景脚本、计算预测维护成本,如图 6-14 所示。

ALPSM 方法以应用程序描述为基础,首先明确表达所预期的修改种类;其次为每一

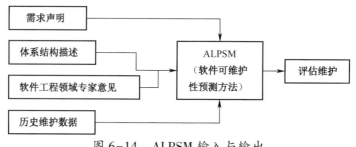

图 6-14　ALPSM 输入与输出

个维护任务定义一个有代表性的场景集合,按照这些场景在特定时间间隔内发生的可能性,为场景分配权重。为了能够估计修改的大小量值,系统中所有构件的大小都是确定的。将这些场景所影响的大小乘以他们发生的概率,再求其和,就可得到总体维护成本。每个场景实现所影响的大小是通过确定他们影响的构件和修改的程度计算出来的。

6.3.5.4　ALMA 评估方法

体系结构层可修改性分析(Architecture Level Modifiability Analysis,ALMA),是 Bengtsson 于 2004 年提出的基于预测的软件体系结构可修改性分析方法。它是基于可修改性成本预测、风险评估和候选体系结构的比较,通过对变更场景的构建、评价来进行可修改性的分析,包括 5 个主要步骤,即确定目标、描述体系结构、发现并变更场景、评价场景和获得评估结论,如图 6-15 所示。

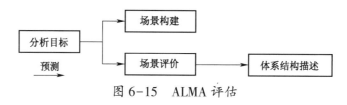

图 6-15　ALMA 评估

ALMA 方法基于可修改性成本预测和风险评估等度量指标,通过对变更场景的构建和评价进行可修改性的分析。若变更规模为主要的可修改性成本因素,则构造一个可修改性预测模型。ALMA 引入定量的度量指标,支持从风险评估、成本预测、体系结构选择等多个角度评估体系结构的可修改性,并提供了场景构建的终止原则,但缺少对结果准确性的判断和风险评估的完整性判断。

6.3.5.5　SBAR 评估方法

基于场景的体系结构重建(Scenario-Based Architecture Reengineering,SBAR)分析方法,既可用于体系结构设计,也可用于对系统的详细体系结构进行基于场景的质量评估。SBAR 提供五种类型的体系结构转变方式,即改变体系结构风格、应用结构模式和设计模式,将质量需求转变为功能需求以及质量需求的分类;SBAR 侧重于软件体系结构的评估,包括三种主要活动,即将新功能需求合并到体系结构中,评估软件质量以及转变体系结构,如图 6-16 所示。

SBAR 方法确认了四种不同的质量属性评价技术,即场景、仿真、数学模型和基于经验的推理。依据每个质量属性的特点选择合适的评估技术:场景用于与开发有关的质量属性如可维护性和可重用性;仿真用于评估软件的操作质量如时间性能和容错能力;数学

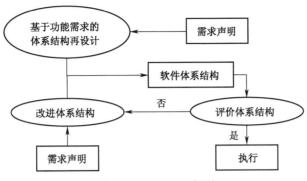

图 6-16 SBAR 评估

模型用于体系结构设计的静态评估,与仿真可相互替换;基于经验的推理由经验和以经验为基础的逻辑推理构成。

6.3.5.6 JMACA 评估方法

C⁴ISR 体系结构联合评估方法(Joint Methodology to Assess C⁴ISR Architecture, JMACA),是 2000 年美军开展的一项研究工作。JMACA 方法分为五个阶段,即数据挖掘(收集系统配置和风险信息)、系统综合风险评估、详细分析(功能/任务分析)、端到端测试(物理硬件/软件实验室测试)、作战分析。最后提出建议,加以实施。JMACA 是通过工具和分析使用的数据,明确体系结构范围的风险,有选择地对高风险区域进行分析,提出体系结构改进方案,如图 6-17 所示。

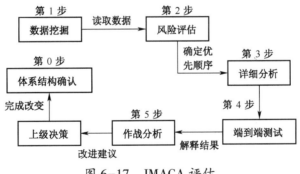

图 6-17 JMACA 评估

1. 数据挖掘

(1) 确定 C⁴ISR 组件,明确定义要解决的问题,准备数据。

(2) 建立数据挖掘模型,将数据存放在联合方法数据库。

(3) 分析数据,寻找对预测输出影响最大的数据段,并准备数据。

(4) 建立评估模型。模型建立之后,需要评估模型,以验证挖掘的知识是否正确,若不准确,还需要反馈重新运行模型,直到满足要求为止。

2. 风险评估

风险评估是指依据有关信息安全技术与管理标准,对信息系统及其处理、传输与存储信息的保密性、完整性和可用性等安全属性进行评估的过程。C⁴ISR 系统可借助联合互操作性风险评估工具(JTIRA),进行系统风险评估,如用于资源建模、资源识别、评估威胁与弱点、评估风险等级、安全需求等的风险评估。对所有威胁和弱点,评估其相对的重要性,并提供风险分析报告和风险等级。

3. 详细分析

对系统进行风险评估后,确定优先的系统需求,对涉及高风险和关键任务的系统,需要进行进一步的详细分析。分析内容包括系统之间的关系、信息流的传输时间与顺序、任务线程比较、数据收集方案和关键资源的利用。

4. 端到端测试

端到端测试是在硬件/软件实验室测试其体系结构的一项活动。首先,减少 C^4ISR 系统测试配置中的不定因素,从中提炼出系统存在的问题并进行核实;其次对潜在问题进行分析,确定解决方案,最后对已确定的解决方案进行验证。

在端到端测试过程中,采用先进分布式仿真环境对 C^4ISR 系统进行测试。在先进分布式仿真环境中,模拟从传感器到武器系统整个环节,并提供一个完整的界面,包括附加中间节点,这些节点将建立在战术环境中。

5. 作战分析

作战分析由作战分析小组完成。将风险评估、详细分析、端到端测试的结论与数据,在作战环境进行综合分析,并向包括联合部队司令官在内的决策当局提出改进或修改意见,最后有上级做出决议,对系统进行改进或升级,以便更好地满足作战需求。

6. 实现工具

C^4ISR 系统的 JMACA 方法,是由一系列集成工具辅助完成。这些工具包括:

(1) 用于数据挖掘的网络赋能时间进度分析系统(WEBTAS);
(2) 用于风险评估的互操作性风险评估联合工具(JTIRA);
(3) 用于详细分析的网络中心战分析模拟器(TOPVIEW);
(4) 端到端测试的联合互操作测试司令部(JITC)的试验台;等等。

6.4　能力试验方法

6.4.1　概述

武器装备体系之间的对抗,是现代军事斗争的典型特征。战争之输赢不仅取决于武器装备数量规模和部分武器的先进性,更取决于武器装备或武器系统之间的协调性、配套性、及时性等系统级的多因素,因此武器装备体系的整体效能才能充分地发挥出来。武器装备体系有多种表现形式,如 C^4I 以及后来衍生出来的 C^4IKSR 系统、空天一体化作和空海一体化作战网络系统、多兵种联合作战网络系统等多种形式的作战网络系统,对这种体系级武器装备系统进行评估需要构建一体化联合试验环境,并采用新的试验方法如能力试验方法开展评估。在试验组织、试验设计、试验环境、试验实施、评估理论与方法、周期与成本等方面,与一般武器系统相比,武器装备体系效能的评估难度更大。

要实现在联合任务环境下的武器装备体系试验与评估能力,即全面评估装备体系效能或在预期的联合作战环境中的能力,必须更新和扩展当前试验与评估的规范与程序。根据美军"联合环境试验路线图"要求,美国国防部作战试验与评估局于 2006 年 2 月启动了"联合试验与评估方法"(Joint Test Evaluation Method,JTEM)研究计划,以提高在逼真的联合任务环境中跨采办生命周期进行试验的能力。该计划的核心是研究联合环境下试验与评估的方法与程序。JTEM关键之一是利用分布式真实、虚拟与构造的联合试验环境来鉴定武器装备的性能和提高联合任务效率,包括三个方面:

(1)分解选择的联合任务以确定试验系统和其他任务需求;

(2)确定有效性和性能指标的合适方法;

(3)开发并集成分布式真实-虚拟-构造(Live-Virtual-Constructive,LVC)的联合任务环境,满足联合试验要求。

2009年12月,颁布了"能力试验方法"(Capability Test Method,CTM)3.0版文件,并发布了试验和采办组织的CTM用户手册,提出了在联合任务环境下对装备体系的联合任务效能(Joint Mission efficiency,JMe)进行试验与评估的方法和程序。

6.4.2 技术路线[17]

1. 制定联合任务环境试验路线图,指导装备试验鉴定发展

2004年3月,美国国防部在《转型规划指南》中指出,美军不仅要能"像作战一样训练",而且要实现"像作战一样试验",需要在联合任务环境下开展充分的、逼真的试验与评估,国防部应为此提供新的试验能力。在2004年11月发布了《联合任务环境试验路线图》中,明确要求"在战场实验室、研制试验设施及部队的作战设备之间建立稳固的连接,形成LVC联合任务环境,在此环境中进行试验、研制、试验或训练"。也就是说该路线图明确提出了两方面的建议:一是必须开发开放的分布式网络基础结构,针对联合系统和装备体系进行作战试验与评估;二是必须在联合任务环境下充分、逼真地验证武器装备、装备体系完成特定任务的能力。

2. 整合分布式试验基础设施,提供永久性装备体系试验能力

根据联合试验路线图的要求,国防部于2005年12月启动了联合使命环境试验能力(JMETC)计划。该计划旨在建立分布式网络基础结构,为美军开展体系试验提供核心支撑。该计划指出,利用现代网络和仿真技术,将分布式LVC试验资源与设施有效联结,使远程的靶场和试验设施实现跨域融合,综合集成各种体系要素,构建一体化真实-虚拟-构造的联合分布式(LVC-DE)任务环境,为体系试验提供持久、强健的现代化联网核心基础设施,供用户在联合任务环境下对体系作战能力进行逼真和充分的试验与评估。

6.4.3 能力试验环境构建[18-19]

能力试验方法涉及大量作战系统和各种地理空间,目前尚无法构建包含联合任务所有构成要素的物理试验环境,而信息网络和建模仿真技术可将各种地理上分散的试验设施和资源链接起来,形成分布式的"真实-虚拟-构造"的联合任务试验环境,为包括装备体系能力试验在内的各类试验活动以及装备演练、训练提供了高效集约的解决方案。

基于能力试验环境需求,美国国防部于2003年成立了试验与资源管理中心,协助建构国防部分布式试验环境。2004年,国防部作战试验与鉴定局颁发了《联合任务环境试验路线图》,简称《路线图》,提出从暂时能力、持久能力和全面交互能力三个阶段实现联合任务环境建设;2005年,作战试验与鉴定局依据《路线图》批准了"联合任务环境试验能

力"(JMETC)工程计划,旨在建构开放的分布式网络基础设施,为用户(计划者、试验机构、资源所有者)提供一种分布式的 LVC 试验环境,支持采办的项目研制、研制试验、作战试验等,以及在联合作战环境条件下对关键性能参数进行演示验证。

联合任务环境试验能力工程计划,分三个阶段建设:2008 财年为暂时能力建设阶段,支持试点任务的完成;2012 财年为持久能力建设阶段,支持所有采办计划;2015 财年实现全面交互能力。JMETC 包括产品和服务两部分(图 6-18),其中产品是可重复使用和可重复配置的,由构成 JMETC 能力基础的 6 件产品构成:

(1)虚拟专用网。主要借助国防部已有网络和网络工具提供一种通用的基础设施,将各种试验设施和实验室连接起来,建立联合分布式试验环境。

(2)中间件。采用试验与训练使能体系结构(TENA),为靶场、实验室和仿真资源提供数据交换软件。

(3)标准接口定义和软件算法。提供众多配置系统,如雷达、跟踪系统、GPS 设施、硬件在回路实验室、显示系统、分析终端等的标准数据定义和通信接口。

(4)分布式试验支持工具。用于协助试验工程师规划、准备、组织、监控和分析分布式试验事件的通用软件包。

(5)数据管理解决方案。收集、存储、传输和分析试验数据。

(6)可重用知识库。包括试验规划、可用集成软件和工具、试验设施描述、试验经验等。

截至 2010 年底,美军已建成 57 个互联互通分布式试验站,范围覆盖 63 个试验靶场和基地,构成了基于 TENA 的虚拟专用网,初步构建了联合任务环境下能力试验的基础设施,有力地支撑了美军联合任务条件下能力试验的开展。

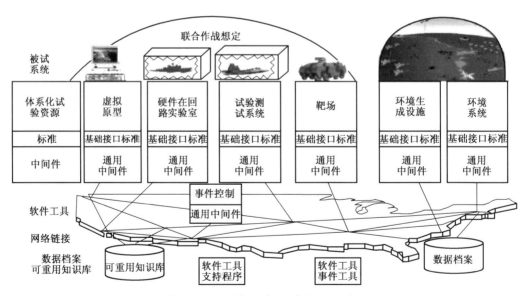

图 6-18　联合任务环境试验示意图

6.4.4　能力试验法流程

为了解决联合任务环境试验的方法与程序问题,美国国防部作战试验与鉴定局局长批准了"联合试验与鉴定方法"(JTEM)研究计划,主要解决体系化装备联合任务环境试验与鉴定方法与程序的设计和国防部与军种现有试验程序的完善与优化。

能力试验方法(CTM)是以 LVC 分布式环境为基础,可灵活应用于各种类型的武器装备试验与评估之中。它不仅适用于单个武器装备试验,也适用于武器装备体系的试验。CTM 包括一套完整的试验程序和方法,试验工程师可根据自身需要,选取最适用的试验程序进行试验。CTM 提供了大量分析工具来支持能力试验,帮助用户对复杂的试验环境进行定义、确定试验指标、设计试验具体事件,并通过试验得出评估结果。需要指出的是,CTM 方法不是替代美军现有的规程,而是对现有的试验方法与程序进行补充和扩展,是一种以适应未来一体化联合作战为目的的、灵活的试验与评估方法。

JTEM 项目组设计的能力试验方法(CTM)V1.0,包括 5 个阶段、11 个程序,如图 6-19 所示[20]。

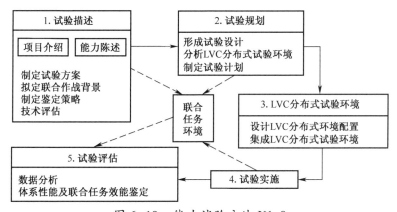

图 6-19 能力试验方法 V1.0

CTM3.0 版本是围绕联合任务环境,通过 6 个阶段来规划和实施武器装备或装备体系的联合环境试验,是一个从确认试验需求到评估试验结果的循环过程。该手册对用户如何采用能力试验方法进行试验的规划、设计、管理和实施提供了详尽的指导,以规范试验人员在各阶段任务的实施。CTM3.0 作为 JTEM 工程的重要成果,成为开展联合试验环境下装备体系试验与评估的方法指南,如图 6-20 所示。

CTM 流程包括 6 个阶段,具体如下:

(1) CTM1:试验与评估(T&E)策略制定。根据部队联合作战能力需求对被试系统进行技战术性能研究,设计评估指标体系并制定评估策略。

(2) CTM2:试验特征描述。明确试验目的、试验目标和确定试验方法,对 T&E 策略文件的重点进行分析,对指标测量的试验技术进行可行性分析,提出 LVC-DE 建设方案并进行选择。

(3) CTM3:试验计划。深入分析联合作战能力、联合任务环境、T&E 策略对试验设计、计划、数据分析、LVC-DE 仿真参数配置及校核、验证与确认措施的影响。

(4) CTM4:LVC-DE 实现。对仿真联合任务环境的 LVC-DE 进行逻辑设计与编程,再进行仿真平台的校验与调试。

(5) CTM5:试验运行管理。按照试验计划对 LVC-DE 仿真环境中的事件进行管理,事件是指在仿真中为获得被测系统或整个体系的试验数据而推动试验运行的响应或

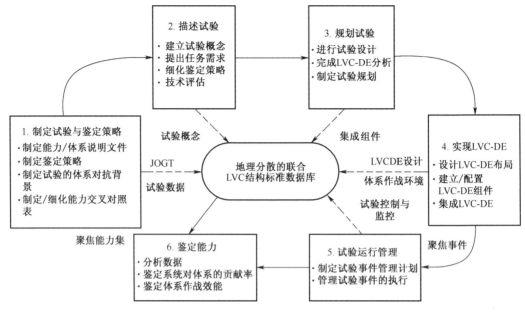

图 6-20　武器装备体系试验流程图

触发。

（6）CTM6:能力评估。整理和分析试验数据,向采办部门提交关于被试系统的《联合能力评估报告》。

这 6 个阶段并发进行,相辅相成,共同完成被试系统/体系在联合作战环境中的试验与评估。

6.4.5　能力试验特点

1. 继承并兼容

CTM 对美军已有的联合试验方法进行了吸收和创新,同时大量使用支持国防部体系运行中的联合能力集成与开发系统,分析议事日程等生成文件,用于 T&E 分析,运用国防部体系结构描述 T&E 过程,便于现实操作中人员理解和沟通,体现了良好的兼容性。

2. 模型化驱动

JTEM 使用模型驱动方法开发 CTM。设计的模型有三种类型:

（1）CTM 流程模型,它实现了 CTM 所有阶段;

（2）能力评估元模型,是为了统一描述关于联合能力评价和评估的实现,可作为 LVC-DE 仿真中数据评估需要交换或存储的语义数据概要;

（3）联合任务环境基础模型,用于实现 LVC-DE 上联合任务环境的仿真。

构建能力评估元模型和联合任务环境基础模型,需要依赖于 CTM 流程模型,可将其视作 CTM 流程模型的子模型,与 CTM 流程模型分开表述是为了方便开发人员理解和构建 LVC-DE。

3. 线程式并发实现

CTM 由三个主线程和两个子线程完成。决策点对 CTM 每一阶段性工作进行划分,

图 6-21 列出了决策点 1 之前的工作,包含 CTM1 步骤全部内容。评估线程的处理运行构成了 CTM 能力评价的计划与执行,同时还驱动着作战子线程,后者完成试验中联合作战背景的描述及处理;系统工程线程的处理运行构成了联合任务环境系统/体系的设计与执行,同时还驱动着基础设施子线程,基础设施子线程对 T&E 相关设施进行开发、整合、更新;试验管理线程的处理运行构成了试验方案选择、联合任务环境中的试验事件计划和执行等内容。

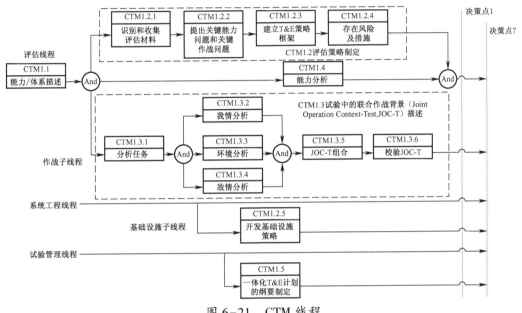

图 6-21 CTM 线程

4. 灵活可剪裁

模型化驱动、线程式并发实现使 CTM 具有使用灵活的特点。CTM 并不要求所有联合试验项目都按照全部步骤执行,而是特别强调试验工程师可根据实际情况对 CTM 步骤进行剪裁和灵活取舍。

5. 严谨而规范

CTM 文件内容广泛,附件繁多,但操作时并不会杂乱无章。CTM 对流程中每一步骤都设计了输入输出文件清单列表,清楚列出该步骤实现之前需要准备哪些文档或材料,以及该步骤实现之后以什么形式输出结果,都进行了清晰的规定。

6.4.6 能力试验方法应用案例

2008 年,由美军未来战斗系统综合试验机构出资赞助,JTEM 项目组使用了联合任务环境试验能力(Joint Mission Environment Test Capability,JMETC)相关设施,组织联合战场空间动态分解(Joint Battlespace Dynamic Deconfliction,JBD^2)事件仿真试验,应用 CTM 对设想中的一种由未来战斗系统装备组成的联合空地体系进行了评估并获得成功。美军所有军种都参加了 JBD^2 事件仿真试验,其中试验场景构建包括 16 个不同的试验地点和超过 40 个不同的 LVC-DE 系统,地域跨越美国四个时区。由于 CTM 提供了一种联合试验标准化方法,使此次试验取得了实践成功。

2012 年美军国防采办大学发布第六版《T&E 管理指南》，指出 JT&E 目的不但包括检验联合军种战术和条令，还包括改进武器装备性能和研发 T&E 新方法，后两者对武器装备采办过程具有重要影响。JTEM 项目组在制定 CTM 时，既注重在联合任务环境和现有武器装备体系中试验被试系统/体系的有效性、适应性和生存性，也要求充分考虑美军条令、编制、训练、军需、领导、教育、人员和设施等联合资源，检验部队操作被试系统进行联合活动的表现和执行联合任务的有效性。联合活动是指主体在执行联合任务时的一系列行为。联合试验涉及武器装备类型和数量较多，LVC-DE 既有现实装备，也有半实物仿真模型和数字仿真模型，因此传统方法难以应对试验数据采集、记录、存储、处理，必须采用基于计算机技术、网络技术以及新型数据技术实现各种类型的数据、视频、语音以及其他形式信息的采集记录；LVC-DE 以 TENA 技术为基础，实现联合试验环境构建，以及多种真实、虚拟与计算模型高度融合的一体化试验设施与测试设备的集成。只有这样，才能够真正实现联合试验环境下的复杂武器装备系统的试验与评估。

作为武器装备体系在联合作战环境下进行 T&E 的一种解决方案，CTM 的成功应用对装备试验部门在现有联合作战体系内探索和研究天基系统、赛博空间作战装备等非常规武器的 T&E 提供了参考。天基系统采办在试验过程中通常面临使用数量少、试验成本高、空间环境复杂的问题，但鉴于天基系统信息支援军兵种作战已是联合作战中部队战斗力的重要"倍增器"，开展天基系统联合试验可从构建符合天基系统应用环境特点的 LVC-DE 入手，结合军兵种作战需求与作战样式，建立测量指标体系。对难以实测的数据可使用预测技术合理外推，以求全面准确评估整个系统的作战效能和作战适应性。

赛博空间作战装备近年来受到世界各国军队的重视。据报道，美军研发的"舒特"系统正在实现小型化，已安装在无人机和作战飞机上。根据美军 JT&E 项目办公室发布的 2011—2013 财年报告，"联合赛博作战"项目连续出现在 JT&E 项目办公室项目管理列表之中。CTM 作为 JT&E 项目办公室推出的联合试验方法，将有力地指导这些试验项目的开展。此外，对于战术型核生化武器装备和各种新型无人机装备开展联合试验方法应用研究，将有利于深化这些装备的研制进展及作战运用。

6.5　综合化试验

武器装备综合试验与评估，国内也称为一体化试验与评估（Integrated Test and Evaluation，IT&E）技术，最早由美国空军的 Arnold 工程发展中心提出，并且越来越受到美国国防部的重视和倡导，其基本思想是对各种试验活动和方法、各类试验资源实施统一管理和规划，实现试验信息综合利用，加速武器装备研制周期，降低研制风险和费用，提高装备试验效率和效益[21-22]。

6.5.1　概念

综合化试验与评估是指所有试验与评估相关机构（尤指研制和作战试验评估机构，包括承包商和政府组织）共同合作，开展各阶段试验的计划与实施，为独立分析、鉴定和报告提供共享数据。IT&E 是为适应武器装备采办发展要求，更好地发挥试验资源潜力，节约试验鉴定经费,缩短研制周期,降低采办风险,提高试验鉴定效率。

美军装备试验与评估的发展主要经历了三个阶段。从按军兵种和不同武器装备发展的需要,"烟囱式"地独立建设不同功能用途的试验训练靶场和设施的阶段;到突破以兵种和武器为中心,通过优化内外部结构,整合靶场试验资源,实现装备联合试验的阶段;再到在以"网络中心战"思想为核心,以计算机网络、通信及仿真等高科技技术为纽带,通过资源和能力共享,积极发展跨靶场边界、跨试验训练边界、跨现实和仿真资源的集成化试验与训练阶段。

综合化试验与评估强调减少冗余,充分利用每次试验机会,避免重复,以减少试验消耗。美国国防部于 2008 年 12 月新发布的 DoD I5000. 2 中明确要求开展综合化试验与评估;国防采办大学出版的《试验与评估管理指南》中特别强调了综合化试验与评估,要求项目主任应与用户以及试验鉴定机构一起,将研制试验鉴定、作战试验鉴定、实弹射击试验鉴定、系统族互操作性试验、建模和仿真活动协调成为有效的连续体,并与要求、定义以及系统设计和研制紧密结合,采用统一的《试验与评估主计划》,规范试验活动,尽量避免在武器研制阶段进行单一试验和重复性试验,力争通过一次试验获得多个参数,以显著减少试验资源的使用,缩短研制时间,提高试验效益。

6.5.2　综合化试验与评估体系

6.5.2.1　综合化管理

美军在装备试验管理上,采用统一领导与分散实施相结合的管理体制,建立了以国防部长办公厅为主、三军为辅的独立试验与评估体系。国防部长办公厅责成两个部门主管试验与评估:

(1)国防系统局:该局隶属于主管采办、技术与后勤国防部副部长领导下的研究与工程署,由一名副局长负责管理重要武器装备计划的所有研制试验与评估事宜。

(2)作战试验评估局:直属国防部长领导,负责管理武器装备的作战试验与评估工作,并向国会提供有关作战试验与评估的独立报告。美军各军种也都设有独立的试验鉴定管理部门。

1999 年 10 月,美国国防部以陆军为试点单位进行了组织机构改革,将陆军的研制试验鉴定和作战试验评估合并,成立了国防部内首个统一的陆军试验与评估司令部,实现了陆军装备试验与评估的综合化管理。实践证明,这种综合化的管理模式有效提高了试验与评估效益。美军具体装备型号的综合化试验鉴定由计划管理办公室主管试验与评估的副主任负责,通过试验与评估集成化产品小组进行管理和协调,其规划文件为《试验与评估主计划》。

1. 试验与评估综合化产品小组

在计划管理办公室,主管试验与评估的副主任将组建一个试验与评估综合化产品小组,即试验规划/集成化工作组,包括作战试验部门、研制试验部门、试验保障机构、作战使用用户,以及通过提供试验保障或通过实施、鉴定或报告试验而介入试验工作的其他组织机构。试验与评估综合化产品小组职能主要有:

(1)促进试验专门技术、仪器仪表、设施、仿真和模型的应用;

(2)明确综合化试验要求;

（3）加速《试验与评估主计划》的协调过程；

（4）解决试验费用和进度问题；

（5）提供一个保证系统试验与评估工作协调进行的平台。

2. 试验与评估主计划

为统一安排采办项目的各种试验与评估活动,确保在每次阶段审查之前完成必要的试验与评估工作,美军要求所有采办项目均要制订《试验与评估主计划》。《试验与评估主计划》是与国防部系统采办有关的试验与评估的基本规划性文件,由计划管理办公室负责制定。国防部长办公厅和各军种依据该文件规划,审查和批准试验鉴定计划,并为所有其他详细试验鉴定规划文件提供依据和授权。《试验与评估主计划》确定关键技术参数、性能特性和关键作战使用问题;描述所有已完成的和规划中的试验鉴定的目标、责任、资源和进度。《试验与评估主计划》是一种动态的文件,需要随着采办过程的推进和项目指标的改变而不断补充、修订。在每个阶段决策之后,国防部主管部门可通过《采办决定备忘录》对该计划进行调整。

6.5.2.2 试验与评估贯穿全寿命周期

试验与评估贯穿于整个国防采办过程,重要装备的试验与评估必须严格遵照"里程碑"的要求进行。美国国防部 DoD I5000.2 中将国防采办划分为装备方案分析、技术开发、工程与制造开发、生产与部署、使用与保障五个阶段。在采办管理过程中,美军对上述 5 个阶段进行审查,形成方案审批、研制审批和生产审批三个里程碑。美军各采办阶段试验与评估活动如图 6-22 所示。

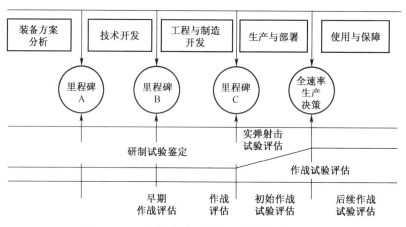

图 6-22　美军各采办阶段的试验与评估

由此可见,美军各种装备试验鉴定活动贯穿装备全寿命周期,它们由简到繁、由偏到全、按部就班地进行,既着眼于全寿命期的通盘规划,又立足于各个阶段的逐步审查、决策,全面考核装备战术技术性能,实现了研制试验鉴定和作战试验鉴定在全寿命周期内的无缝集成。

6.5.2.3 重点关注作战试验与评估

实践表明,真正体现武器装备价值的不是武器装备的性能指标,而是其作战效能。为适应作战需要,美军突出强调作战试验与评估的职能,强调用户应尽早介入采办过程。为体现对作战试验与评估的高度重视,国防部把试验与评估的主要职能和资源转移到了作战试验与评估局,大大提高了作战试验与评估局集中管理试验与评估工作的能力,提升了作战试验与评估在综合化试验与评估中的主导作用。

美军的作战试验与评估贯穿整个采办周期,每个采办阶段都要进行一定形式的作战评估,全速率生产之前进行的作战试验与评估包括早期作战评估、作战评估和初始作战试验与评估,全速率生产之后进行后续作战试验鉴定,全面评估采办周期每个阶段的作战使用性能。美军还十分重视在一定战术背景下对装备进行试验,以充分评估装备的作战使用性能以及与相关系统的互操作性。如对 F/A-22 的作战试验中,计划的试验模式包括一架 F/A-22 对抗一架 F-16,两架 F/A-22 保护一架 B-2 并对抗四架 F-16,四架 F/A-22 保护四架 F-117 并对抗八架 F-16,还要验证其在地空导弹攻击下的生存性。经过这些严格的作战试验与评估,才能确保装备交付武装部队后具有预期的作战使用性能。

6.5.2.4 整合优化试验与评估资源

美国国防部在 2002 年对原有试验资源进行整合,将国家重点靶场由原来的 21 个削减到 19 个,确保在有限的试验与评估资源和资金下提高靶场的综合试验能力,避免重复建设。之后,为满足美军转型的需要以及加强对试验资源与预算的管理,美国国防部于 2004 年成立了国防部试验资源管理中心,进一步提高了美军对试验设施与资源的顶层规划能力,避免了重复建设与投资,确保了有限经费得到科学分配。为进一步科学分工试验靶场、明确试验资源的任务、提高靶场试验能力,2007 年国防部将重点靶场与试验设施扩展到 24 个:陆军增加了电子靶场、热带试验中心和寒带试验中心三个试验靶场,海军增加了开普特太平洋西北靶场设施,国防信息系统局新建立了一个信息技术试验台。以非对称作战、网络中心战以及联合环境下的作战为背景的试验训练,已成为美军提升装备试验能力的重要内容。为此,美军高度重视提高联合环境下分布式、网络化试验能力,美国国防部推出 FI2010 工程,建设"逻辑靶场",用信息网络将已具备相当信息化水平的靶场联为一体,突破单个现实靶场在试验空间、试验资源和试验能力等方面的极限,实现不同靶场之间甚至不同国家的靶场之间在试验空间、资源和能力上的整合,完成单个靶场或单个国家靶场无法胜任的试验任务,促进集成化试验鉴定和训练,以经济、高效的方式支持"网络中心战"环境下的试验和训练。

6.5.3 综合化试验与评估技术应用

随着计算机技术、建模与仿真技术、网络技术、虚拟现实技术和人工智能技术等高新技术的飞速发展,综合化试验与评估模式已广泛应用于美军装备试验与评估领域。作为基础设施建设项目,由美国海军航空系统司令部牵头,惠普公司和毛伊岛高性能计算中心参与建构的集成化高性能计算分析平台——仿真、试验与评估——将大大推动装备采办、试验与训练集成化进程。集虚拟化、综合化、网络化为一体的网络中心试验与评估模式,代表了未来综合化试验与评估技术的发展方向。据统计,采用综合化试验与评估模式,使铜斑蛇激光制导炮弹少发射 764 发试验弹,节省经费 230 万美元,海尔法反坦克导弹研制中少发射 90 发弹,节省费用 1.38 亿美元。美国空军阿诺德工程发展中心在 F/A-22、F-4、F-15、F-16、F/A-18C/D、B-1B、B-2、A-7、F/A-22 和各种直升机外挂物分离和航空武器系统的开发和改进试验中都应用了综合化试验与评估方法。另外,作为综合化试验与评估基础设施的开放式体系结构,是一种系统的集成,突破了传统意义上试验与评估的界限,可成为教育、训练和虚拟战争共享的知识库。

综合化试验与评估政策的推行,解决了试验人员早期介入并持续参与采办过程的机制问题,强化了研制试验和作战试验的职能,加强了对装备作战效能和作战适用性以及装备的可靠性、可用性和可维修性等方面的试验与评估,提高了试验与评估在采办过程中的地位和作用,以保证试验与评估在项目采办的方案与技术开发、工程与制造、生产与部署等各阶段发挥其相应的职能。

6.5.4　综合化试验与评估发展展望

武器装备综合化试验与评估,实现了从基于节点的装备试验模式向基于过程的装备试验模式的转变,对武器装备的战术技术性能、作战使用性能等可作出更为有效的评价,同时避免了不同阶段的重复性试验。开展综合化试验与评估,是降低试验消耗、缩短试验周期、提高试验效益的需要,更是适应未来武器装备发展趋势。

1. 完善试验与评估管理体制

要实现试验与评估综合化,首先要完善装备试验管理体制:

(1) 建立相对独立的装备试验与评估管理机构,形成装备试验与评估完善的管理体系,对装备试验与评估设施建设和资源利用进行统一组织管理。

(2) 加强装备作战试验与评估的管理,成立相应的职能管理部门,负责装备作战试验与评估工作,开发和利用国家靶场试验资源和技术优势,发挥国家靶场在作战试验与评估中的作用。通过管理体制的改革、调整,从根本上解决装备试验与评估管理中存在的矛盾和问题,以适应未来装备试验与评估的需要。

2. 加强试验与评估标准体系建设

规范与标准是装备试验与评估的依据,要制定完整的试验与评估标准体系。综合化试验与评估,必须有切实可行的工作制度和管理法规作依据,有完整适用的条令、条例和管理规章作规范,有科学统一的工作程序和技术规程作标准。在制定标准时,需要考虑这些标准之间的逻辑关系以及与以往标准的关系,关注可执行性和操作性,使之有法可依、有章可循。只有严格执行相关标准,才能保证装备集成化试验与评估的科学性、连续性和稳定性。

3. 构建综合化试验评估体系

在试验与评估中,采用多种方法对武器装备的战技术性能、作战使用性能进行综合评价。为适应新型武器装备发展对试验与评估的要求,应充分运用建模与仿真、小子样试验鉴定、多源信息融合、参数评定、效能分析与评估等各种技术和方法,充分利用各阶段、各种类的试验信息,构建集成化综合试验评价体系,实现对武器装备战术技术性能和作战使用性能的全面综合评价。其中,应关注对建模与仿真可信性评估、作战使用性能评估等问题的研究。

4. 关注作战试验与评估

作战试验与评估,将在试验与评估的全过程中占有越来越重要的地位,并贯穿整个采办周期。综合化试验与评估模式,将打破体制、机制等约束,改变装备试验与评估模式和方法,改变那种"重研制试验鉴定,轻作战使用试验"的传统思维。传统试验模式导致武器装备列装后,在相当长的一段时期内不能形成有效的战斗力,使装备出现"高技术性

能、低作战效能"的问题。因此,开展有效的作战试验,将作战试验"前移",实现作战试验与研制试验有机融合。做到:

(1)建立协调机制,对装备全寿命管理各阶段试验加强统筹、规划、计划;

(2)承担作战试验的部门和单位应尽可能早地介入研制阶段,以便充分考虑作战试验问题;

(3)加强试验管理,对目前的试验资源和试验分工进行优化和整合,建立试验信息平台,实现试验信息资源共享。

5. 加快试验与评估科学研究

联合作战、信息战、网络战等作战方式在未来的大量应用,对武器装备试验与评估技术提出了多方位、深层次的挑战,过去传统的试验方法和试验技术已经不能满足新型武器装备及装备体系的试验与评估需求。为了适应未来以网络为中心的信息化装备体系的发展需要,要加大以高新技术武器装备为代表的未来信息化装备试验与评估技术的研究,强化武器装备作战使用性能评估,提高复杂电磁环境下武器装备试验与评估能力,加强武器装备在体系对抗中作用的考核,整合试验资源,建设基于空、天、地、海、赛博(网电)集成化试验体系与集成化试验逻辑靶场,以满足未来武器装备试验与评估的需要。

6.6 美军试验与评估管理机构

2007年,国防部作战试验与评估局对在该年度批准的61项试验与评估主计划、试验与评估策略以及66项作战试验与评估计划审查后,有一半试验项目被确定为不适用。2008年5月,美国国防科学委员会就近年来作战试验与评估项目中存在的作战效能和作战适用性高失败率问题调查研究后,建议恢复十年前撤销的研制试验与评估局,以强化对研制试验与评估的管理。

2009年5月,国防部又成立研制试验与评估局,负责制定研制试验与评估政策、项目监督和人员队伍建设、审批国防采办主要项目的试验与评估策略和主计划。集成化试验与评估是基于知识的系统研制、试验与评估模式,通过建模与仿真建构作为基础设施的开放体系结构,集成型号在设计、工程与制造、生产与部署、使用与保障、试验与评估各阶段的指标数据,使结构仿真、虚拟仿真和实况仿真有机结合,为项目办公室、制造商、试验与评估机构建立共享的知识库,为研制试验与作战试验提供高逼真度的系统模型。

集成化试验与评估打破传统的试验模式,使试验程序从"试验—改进—试验"转变为"建模与仿真—虚拟试验—改进模型"的迭代过程,最大程度降低产品风险,缩短产品研制周期、降低研制费用和减少技术风险。美国新修订的防务采办文件中特别要求,在武器系统整个采办过程中,项目经理应联合用户和试验与评估机构,将研制试验与评估、作战试验与评估、实弹试验与评估集成为系统互用性试验以及建模和仿真技术一体化试验,对产品质量与效能实行全寿命管理。

美军对装备试验与评估越来越重视,开始致力于对装备试验与评估管理机构进行改革,美军的试验与评估管理组织机构得到加强。美军装备试验与评估工作主要由直属于国防部长管辖的国防部长办公厅(OSD)负责,相关的机构主要有作战试验与评估局、研制试验与评估局、试验资源管理中心。

作战使用试验与评估局成立于 1983 年,其局长直接向美国国防部长负责。DOT&E 的核心使命是确定武器装备系统在作战中是否是有效的、适用的和可生存的,并在大批量生产前或装备部队前向采办决策者提供这些方面的信息。

作战试验与评估局的主要职责包括:制定使用试验与评估的政策与程序;监督和评审所有的使用与评价、实弹试验与评估项目及国防部重要靶场与试验设施基地的活动,确保国防部的相关政策与标准得到贯彻实施;每年指定和选择特定的采办项目直接进行监督,分析这些项目的使用试验与评估、实弹试验与评估的结果,向国防部长报告;每年向国防部长、国防部副部长(主管采办、技术与后勤)、国会报告使用试验与评估、实弹试验与评估的活动情况,试验与评估基础条件建设与资源状况,并提出建议;负责向国防部长、国会等机构提交跨越小批量生产阶段的报告,分析装备的使用效能与适用性;与国防部副部长(采办、技术与后勤)共同批准联合试验与评估计划,共同监督联合试验与评估项目,与相关部门共同批准采办项目的试验与评估总计划,批准和监督实弹试验与评估,监督后续使用试验与评估工作;监督与指导各个相关项目与组织的活动,包括中央试验与评估投资计划、国防试验与评估专业研究所、反精确制导武器与评价办公室、国防部威胁系统办公室、飞机生存性和弹药效能联合技术组等。

国防部试验资源管理中心(TRMC)成立于 2004 年,直接向负责采办、技术和后勤的副部长汇报工作。TRMC 负责不断了解国防部系统内外的其他试验与评估设施和资源,评估它们的作用。其主要职责包括:每个两年,负责完成为期 10 年的战略计划,以反映美国国防部对于试验与评估设施与资源的需求;评审军事部门和国防机构关于试验与评估的预算建议,确认其对于 10 年战略计划支持的充分性;负责国防部重要靶场和试验设施(MRTFB)的计划和评价,以便其能为国防系统的研制、采购、部署和使用提供充分的试验支持,发布关于 MRTFB 建设计划的指南和提出能力需求;管理中央试验与评估投资计划(CTEIP)和国防部试验与评估科学与技术计划。

美军各军种也成立有相关的试验与评估机构。陆军有试验与评估管理局(TEMA)、陆军试验与评估中心(ATEC)等;海军有海军试验与评估、技术需求局(N-91 局)、海军使用试验与评估部队司令部(COMOPTEVFOR)、海军陆战队使用试验与评估中心(MCOTEA)等;空军有空军试验与评估局(AF/TE)、空军使用试验与评估中心(AFOTEC)等。

参考文献

[1] 傅好华,刘建湘. 美军武器装备联合试验综述[J]. 军事运筹与系统工程,2008,22(6):76-80.

[2] 董志华,朱元昌. 武器装备联合试验环境构建关键技术[J]. 火力与指挥控制,2014,39(7):5-9.

[3] Department of Defense, USA. Testing in a Joint Environment Roadmap[R].2004.

[4] Berg T W, Reus N M, Voogd J M. LVC Architecture Study[C].2011 Spring SIW,2011.

[5] Lutz R, Wallace J, Bowers A, et al. Common Object Model Components: A First Step Toward LVC Interoperability[C].In Proc. ,2009 Spring SIW,2009.

[6] 曹裕华. 装备试验设计与评估[M]. 北京:国防工业出版社,2016.

[7] 曹裕华,管清波,等. 作战实验理论与技术[M]. 北京:国防工业出版社,2013.

[8] 王凯,赵定海. 武器装备作战试验[M]. 北京:国防工业出版社,2012.

[9] 郭齐胜,罗小明,等. 武器装备试验理论与检验方法[M]. 北京:国防工业出版社,2013.

[10] 武小悦,等. 武器装备试验与评价[M]. 北京:国防工业出版社,2009.

[11] 王玉泉. 武器装备费用-效能分析[M]. 北京:国防工业出版社,2010.

[12] 张杰,等. 效能评估方法研究[M]. 北京:国防工业出版社,2016.

[13] 王莲芬. 层次分析法[M]. 北京:中国人民大学出版社,1990.

[14] 邓聚龙. 灰色系统理论[M]. 武汉:华中工学院出版社,1990.

[15] 王其藩. 系统动力学[M]. 北京:清华大学出版社,1983.

[16] 王可定. 作战模拟理论与方法[M]. 北京:国防科技大学出版社,1999.

[17] 崔侃,曹裕华. 美军装备能力试验及其启示[J]. 装备学院学报,2015,26(2):115-118.

[18] Bjorkman. E. A,Gray. F. B. Results of Distributed Tests with Integrated Live-Virtual-Constructive Elements:the Road to Testing in a Joint Environment[J]. ITEA Journal,2009,30(1):74-82.

[19] Lockhart R,Ferguson C. Joint Mission Environment Test Capability[J]. ITEA Journal,2008,29(2):160-166.

[20] 刘盛铭,冯书兴. 美军面向联合试验的能力试验法及启示[J]. 装备学院学报,2015,26(3):116-120.

[21] 杨磊,武小悦. 美军装备一体化试验与评价技术发展[J]. 2010 31(2):8-14.

[22] 王国盛,洛刚. 美军一体化试验鉴定分析及启示[J]. 装备指挥技术学院学报,2010,21(2):95-98.

第7章　复杂电磁环境试验

在最近几场高技术局部战争中,电子战得到了广泛的运用并发挥了异乎寻常的作用,已成为现代高技术战争重要的作战手段。随着信息技术的迅猛发展和应用,战场环境尤其是电磁环境变得越来越复杂,对作战效能产生着深刻影响。因此,在复杂电磁环境下对作战系统和作战行动进行试验与评估也随之变得更为重要。构建逼真的战场复杂电磁环境,并在该环境中对武器装备或装备体系进行试验与评估,对武器装备的发展具有重要的军事应用意义。本章首先简要介绍了复杂电磁环境概念及其分析方法,其次概述了武器系统作战效能评估方法,然后重点介绍了用于武器装备试验的复杂电磁环境构建方法,以及武器装备在复杂电磁环境下的试验与评估方法,最后对试验设施与测试系统的抗干扰设计和相应标准规范等进行了介绍。

7.1　概　　述

武器装备试验与评估,经历了不断发展、不断优化、不断完善的进化过程。武器装备试验与评估的目的,就是评估武器装备在战场环境中达到作战需要的效能。影响装备作战效能的战场环境因素很多,其中最重要的因素是战场电磁环境,依据"试验即作战"的理念,武器装备应在战场电磁环境中开展试验与评估。

复杂电磁环境是信息化战争的舞台,也是信息化战场的基本特征。战场电磁环境一定是复杂电磁环境,对武器装备运用和作战行动将产生巨大影响,它包括自然电磁环境、电子系统干扰环境以及敌方主动干扰环境等,是在一定的战场空间内对作战产生影响的电磁活动和现象的总和。为了评估武器装备在复杂电磁环境下的适应能力,需要进行复杂电磁环境适应性试验。电子装备适应性试验首先要制定统一的电磁环境平台即环境等级,然后在同一电磁环境等级下,测试武器装备的性能,评估武器装备的适应能力。

研究电磁环境,归根到底是要研究电磁环境效应,即研究复杂电磁环境在信息化战争中作用与规律的问题。传统的电磁环境效应(Electromagnetic Environment Effect, E^3)分析理论主要用于评估作战装备在战场电磁环境下的作战效能,但正逐步向战场电磁环境综合效应(即广义电磁环境效应)方向发展。战场电磁环境综合效应,关注的是复杂电磁环境与作战行动相互作用的机理,即不仅仅对装备效能进行分析与评估,而且要给出战场电磁环境对作战行动效果间接影响的分析与评估结论,以发现问题,寻求对策,综合应对。

作战行动效能分析,兼顾了"人在环"的作战活动效果分析,而不是仅考虑装备在电磁环境下的效能。针对作战人员的电磁环境应对能力不同,选取最能反映评估对象能力素质的指标,对作战过程数据进行记录,通过行动分解、指标量化和指标聚合,剖析评估对象的电磁环境应对能力。因此,战场电磁环境综合效应评估应综合考虑作战装备与作战行动两个层面,侧重于战场电磁环境下作战装备与作战行动效能的量化评估[1]。

1. 电磁环境与电磁环境效应概念

(1) 电磁环境是指某一特定空间范围内存在的所有无线电波在频率、功率和时间上的分布称为电磁环境,可用电磁场强分布表示。它是特定时间和空间内所有电磁能量的总和。电磁环境的频谱表现形式相对复杂,在频域上主要由各种电平大小不同、占用带宽不等的可测量频谱和类似于噪声的环境噪声构成。

(2) 复杂电磁环境是指在某一特定空间范围内存在的无线电波在频率、功率和时间上的密集分布与频繁变化态势,是电磁环境的复杂化,它是特定时间或空间内高密度电磁能量的总和。通俗地说,在特定地域集中了大量的无线电装备,并在特定时间同时或集中使用,各无线电装备的工作频率又非常集中,由此构成的电磁环境空间就是复杂电磁环境空间。

(3) 战场电磁环境与电磁环境或复杂电磁环境的定义基本一致,所不同的是战场电磁环境定义的区域是战场空间,它以军事电磁活动为主要构成,同时强调了对作战行动的影响性。因此,战场电磁环境首先是一种电磁环境,还是一种复杂电磁环境,其次它局限于战场范围内,对作战行动会产生很大影响。

(4) 战场电磁环境效应是指战场空间中复杂电磁环境对武器装备效能的影响的统称。

(5) 战场电磁环境综合效应是指战场空间中复杂电磁环境,对武器装备效能和作战行动效能产生的影响的统称。

本章主要讨论复杂电磁环境(限于战场电磁环境)下试验与评估方法,以及对武器装备的作战效能影响(即电磁环境效应)。因此在以下描述中,复杂电磁环境等同于战场电磁环境的内涵与范围。

2. 复杂电磁环境的特点[2]

武器装备需要在战场电磁环境中进行试验与评估。战场电磁环境是一种复杂电磁环境,具有以下特点:

(1) 空间为作战空间;

(2) 频率拥挤重叠;

(3) 能量分布不均;

(4) 信号密度高;

(5) 信号样式纷繁复杂;

(6) 对抗日趋激烈。

战场电磁环境是纷繁复杂、动态多变的,其中单一因素不会永远独立存在并单独发挥作用,研究战场电磁环境不能只考虑其中某些方面而忽视了其他要素。例如,既要研究通信电磁环境,又要研究雷达和光电等电磁环境;既要研究电磁信号的时域特征,又要对频域、空域和能域特征进行分析,缺少了任何一方面,都不能完整地客观反映战场电磁环境。科学构建复杂电磁环境并进行评估,将复杂武器系统置于复杂电磁环境下开展试验与评估,是检验武器系统战技性能、作战效能的重要手段与方法。

3. 复杂电磁环境下武器装备试验要求[3]

在复杂电磁环境下,武器装备的试验与评估(T&E)从以定型试验为主转向定型试验、训练演练和作战检验相结合的试验方向转变,主要围绕"复杂电磁环境对被试武器装备战术技术性能、作战使用性能和作战效能影响变化"的测试、检验和考核工作展开。T&E 将更加贴近实战和适应威胁环境。面对未来战争未知、不确定、未被发现和不可预料威胁因素的影响,单一试验必将向联合试验转变,并产生新的试验模式和试验方法,构建基于 LVC 联合试验环境,以协同工作模式完成大系统的试验。

1)单一试验转变为联合试验

专用电子战试验场主要完成武器装备战术技术性能、作战使用性能的试验与评价;在联合试验环境即横向一体化试验体系中,开展复杂电磁环境下武器装备的试验与评估、对抗训练演练、贴近实战的"红蓝"实兵对抗与跨试验(靶)场的一体化试验。对复杂电磁环境下武器装备作战效能有效的试验与评估,必须充分发挥外场实际装备试验和内场计算机仿真、半实物仿真试验的作用,各种试验方法要做到扬长避短、综合集成,尽可能有效地考核被试武器装备的作战效能。

2)试验环境从真实大气环境转向复杂电磁环境

传统飞行试验是在真实大气环境下进行武器系统试验,鉴定其性能与功能。随着电子战逐步成为现代战争的主要作战形式,武器试验环境则自然转向复杂电磁环境。复杂电磁环境对武器装备性能/效能有着十分重要的影响。试验要从复杂电磁环境对武器装备的战术技术性能、使用适用性、作战效能三个层次的影响(因果联系)展开,通过性能/效能影响评估,对武器装备进行鉴定。

3)试验流程从"串行"模式向"并行"模式转变

在试验设计安排上,一般原则是由简单到复杂、先内场后外场、先训练后演练,先单试验(靶)场后联合试验(靶)场。在复杂电磁环境下,试验过程中必须及时反馈调整,以实现对试验进度和试验质量的有效控制,计划、执行、检查、反馈、调整、再到计划必须形成完整的改进循环,以持续地促进试验质量的提高。但是武器装备试验内容相对复杂,试验周期较长,因此,需要将"串行"模式变为"并行"模式,并按照武器装备试验与评估"向前移"的思想,减少试验周期。

4)制定应急措施,控制试验风险

复杂电磁环境下武器装备试验内容多,试验过程复杂,不可预知事件时有发生,这就要求试验前做好可能发生的突发处置预案,试验过程中全面掌控试验场发展态势。在依据想定战情构建的战场电磁环境中,试验指挥控制中心应在想定战情下进行试验指挥,不间断地对整个试验进程中的电磁态势进行监测、控制和评估,并根据试验的进程,调整试验的内容以及对抗强度,对不同电磁态势下的试验项目进行测试、检验和考核。质量管理组对试验组织指挥的质量和试验实施的质量进行监控。在科学监控试验进程中的各个关键环节质量的同时,还要督促试验指挥员周密计划、科学组织指挥。

5)武器装备试验在复杂电磁环境下的变化

复杂电磁环境下武器装备试验与评估要求在典型战场复杂电磁环境条件下进行,同背景相对"干净"的试验相比,其试验内容的变化主要体现在:一是试验项目都将放在贴近实战的战场复杂电磁环境条件下进行,这是开展复杂电磁环境下武器装备试验与评估的必然要求;二是复杂电磁环境下武器装备试验与评估是对在不同复杂程度的电磁环境下武器装备战技术性能、作战使用性能、作战效能及因果联系进行验证和评定,这必然要求对被试武器装备在多种电磁环境下进行测试、检验、考核、分析和评定,试验的内容大大增加。

复杂电磁环境下武器装备试验与评估,是在试验场所生成的贴近实战的复杂电磁环境和"红蓝"对抗条件下进行的。在试验实施前,不仅要构建贴近实战的电磁环境(并对构建的电磁环境进行评估),还要根据被试武器装备的性能/功能和作战任务进行试验战情想定;在"红蓝"双方对抗的试验过程中,要对试验场区内的电磁环境进行监测和管控,对试验战情进行导调。同时,试验场区的电磁环境复杂多变,需要数据系统采集实时数据,并与其他实验数据一起进行相关分析。这与武器装备传统试验并不完全一样,增加了试验难度,增大了试验风险,改变了试验模式。

复杂电磁环境下武器装备试验,增加了贴近实战电磁环境的构建、评估和监测,"红蓝"对抗试验战情想定,试验过程中双方态势的战情导调。由于试验内涵、要求、条件和环境的变化,以及各个试验项目的试验规划要求,使得复杂电磁环境下武器装备试验与评估的流程,相对于传统的试验流程有较大变化。试验按照"武器装备(战术技术性能和作战使用性能)-试验战情想定(战法/作战运用方式方法)-作战效能(作战效果/因果联系)"三维视图来组织实施,如图 7-1 所示。

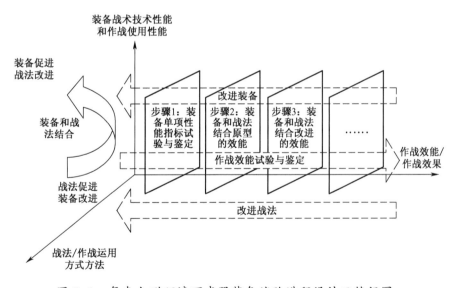

图 7-1　复杂电磁环境下武器装备试验进程设计三维视图

由于战场电磁环境复杂多变,以及指挥操控人员的素质和熟练程度不同,武器装备的作战使用性能和作战效能也不一样。在实际试验中,不可能也没有必要穷尽所有情形来对武器装备进行试验。因此,复杂电磁环境下武器装备试验,是在典型的电磁环境中对被试武器装备在执行典型作战任务时,在试验工程师操控的情形下进行的试验。要求试验工程师能熟练地按规定动作和作战使用规程指挥武器装备试验、操控被试武器装备,以获得更加真实、可信的试验评估结果。

4. 复杂电磁环境下作战效能和作战行动评估要求

随着电磁环境效应深入研究和内涵的不断延伸,电磁环境效应正向广义层面拓展。复杂电磁环境下作战效能与作战行动评估,本质上是研究广义的电磁环境效应。电磁环境效应试验方法从单一因素转向多种电磁场共同作用下的效应分析,以及各种试验方法的等效性和相关性研究;从系统级、分系统级的电磁兼容性研究转向战场复杂电磁环境效应(即对武器装备作战效能和作战行动的影响)和复杂电磁环境下作战模式与作战行动试验分析;开展平台级电磁兼容顶层设计方法、潜在性失效机理、混响室技术和宽带电磁脉冲测试方面的新原理、新方法、新技术等探索性试验。广义电磁环境效应的评估应着重开展以下三个方面研究:

(1) 战场电磁环境对武器装备的影响;

(2) 战场电磁环境对作战行动的影响;

(3) 战场电磁兼容性研究。

7.2　复杂电磁环境评估基本方法

在复杂电磁环境下开展武器装备试验前,首先应构建战场复杂电磁环境,并对所构建环境进行评估,以确定所构建环境与战场电磁环境具有很高的逼真度。战场电磁环境具有纷繁复杂、动态多变的特点。研究战场复杂电磁环境,既要研究电磁信号的时域特征,又要对频域、空域和能域特征同时进行相关分析。单独分析某一特征,都不能完整地反映客观存在的战场电磁环境。对复杂的电磁环境进行科学的评估,将复杂的电磁环境简化,是指挥员迅速获取电磁环境综合情报的有效手段,是实现复杂电磁环境中作战的决策依据[4]。

7.2.1　复杂电磁环境评估概述

7.2.1.1　评估原则

1. 一致性原则

在选取评估指标时,必须保持系统功能与使命、性能与功能以及数据的表现形式与真实战场电磁环境的一致性。

2. 层次性原则

战场电磁环境主要表现为各种信号的向量叠加,然而某一地点、某一时间不同电磁信号对装备的影响程度是有主次之分的。因此,层次性原则要求在评估电磁环境时,应正确区分主要矛盾和次要矛盾,抓住关键点,这样才能建立合理的评估指标。

3. 可行性原则

评估的指标应是可测的,指标本身便于实际使用,度量的含义明确,具备现实的收集渠道,便于定量分析,具备可操作性。

4. 灵活性原则

构建电磁环境主要用于装备电磁环境效应试验,因此在保证环境真实性与试验可用性的前提下,应灵活处理环境信号的参数和表现形式。

7.2.1.2　电磁环境评估指标

构建电磁环境的基本要素是电磁信号,任何电磁信号都可以以定量的方式直观地描述其特征,因此电磁环境评估指标应主要体现在电磁信号性能上。电磁环境评估指标如图7-2所示。

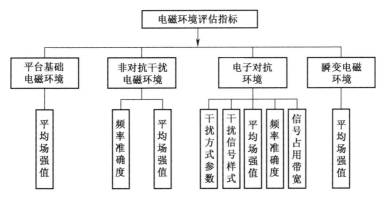

图7-2　电磁环境评估指标

电磁环境评估指标主要包括平台基础电磁环境、非对抗干扰电磁环境、电子对抗环境与瞬变电磁环境四种环境。

(1)平台基础电磁环境。用频装备在自己的作战区域或平台上工作时,应首先要能克服地区噪声、平台基础电磁环境对自己的影响,这是最基本的环境要求。这种电磁环境的评估指标主要是平均场强值。

(2)非对抗干扰电磁环境的评估指标包括频率准确度和平均场强值或信噪比(SNR)。

(3)电子对抗环境的评估指标主要包括干扰方式参数、干扰信号样式、平均场强值(功率值)、频率准确度、信号占用带宽等。

(4)瞬变电磁环境评估指标主要是平均场强值。

7.2.1.3　电磁环境参数

1. 功率密度

电磁辐射功率是电磁频谱信号的一个重要参数,它直接影响电磁波信号的强度和能量密度。若用功率来衡量复杂电磁环境的功率强度,并不能体现各频率点的功率强度,因此引入功率密度的概念,用以描述复杂电磁环境的功率强度。功率密度定义为功率与带宽的比值,即功率密度=功率/带宽。

2. 持续时间

持续时间是在一定的空间和频率范围内,复杂电磁环境的信号所占用的时间长度。它用以衡量复杂电磁环境的持续性。

3. 频率覆盖范围

电磁频谱作为一种重要的作战资源,是电磁信号在频域的表现形态。一方面由于信息技术的迅猛发展和电子信息装备的大量使用,战场上电磁信号所占频谱越来越宽;另一方面,在实际应用过程中,能够使用的电磁频谱只是有限范围,军用频段更少,因此出现电磁信号密集重叠的现象。频率覆盖范围,反映了复杂电磁环境在频域上的作用范围。

4. 空间覆盖范围

空间中的电磁波,无处不在,存在于空间的每一个位置,作用于有形的电子设备上。战场上由于大功率电子设备的大量使用,电磁辐射更为强烈,传播距离更远,在空间的一点上,叠加有各种电磁信号,其密集程度更高、更复杂。对于复杂电磁环境的试验与评估,作用范围越广,则电磁环境越复杂。

5. 信号密度

信号密度是指单位时间内接收到的无线电通信信号数量。特殊情况下,信号密度也可用单位地域辐射源的数量表示。信号密度特征反映了电磁环境中信号的"疏密"程度。

6. 信号样式

信号样式,即信号的调制方式及参数范围,包括调幅信号、调频信号、扩频信号、跳频信号等,其中各种调制方式又可细分为很多种。信号样式不仅是对电磁环境中的信号进行分选、识别的依据,更是掌控复杂电磁环境的前提。电磁信号样式特征反映了战场电磁空间中电磁信号的"种类"多少。

7.2.2 复杂电磁环境评估方法

复杂电磁环境是一个模糊概念,可以利用模糊数学理论对复杂电磁环境进行评估。

1965 年,美国加利福尼亚大学控制论教授 L. A. Zadech,发表了模糊集合论,首次提出了模糊数学概念。模糊数学就是建立在模糊集合论的基础上对事物模糊性进行描述,从模糊性中寻求广义排中律即隶属规律。若用 [0,1] 区间的一个实数度量模糊程度,则这个数值就是模糊数学中的"隶属度"。当隶属度随变量 x 变化而变化时,则称之为"隶属函数"。它既可以用客观方法确定,也可以依靠专家系统判断。

7.2.2.1 模糊综合评判模型[5-6]

模糊综合评判模型涉及三个要素:因素集、评判等级集和单因素模糊评判。模糊综合评判的数学模型为 $(U,V,\boldsymbol{R})$,其中 U 为因素集,V 为评价等级集,$\boldsymbol{R}$ 为评判矩阵。以下简要介绍模糊综合评判的基本要素、基本方法和计算步骤。

1. 建立因素集

因素集是影响评判复杂电磁环境评估的各种因素组成的一个普通集合 $U = \{u_1, u_2, \cdots, u_6\}$。其中,各元素 $u_i(i = 1,2\cdots,6)$ 代表 6 种电磁环境参数。在复杂电磁环境评估中,因素集就是描述复杂电磁环境复杂程度的参数体系。在模糊评判过程中,因素集 U 中的因素选定是一项重要且较复杂的事情。选定多少因素、涵盖范围大小等都会对模糊评判产生影响。如果评判因素中缺少某些不可忽略的因素,则会产生没有意义的评判结果。

2. 建立权集

一般来说,各个因素在评判中的重要程度是不一样的。为了反映各因素的重要程度,对各个因素 $u_i(i = 1,2\cdots,6)$ 应赋予相应权重 $a_i(i = 1,2\cdots,6)$。由权所组成的集合 $A = (a_1, a_2, \cdots, a_6)$ 称为因素权集,简称权集。

通常,权值 $a_i(i = 1,2\cdots,6)$ 应满足以下归一性和非负性条件:

$$\sum_{i=1}^{6} a_i = 1, \quad a_i \geqslant 0, \quad i = 1,2\cdots,6 \tag{7-1}$$

权 a_i 可看作是各因素 u_i 对"重要"的隶属度。因此,权集 A 可视为因素集 U 上的模糊子集。权值,既可以利用具有丰富实践经验和理论知识专家进行打分评判确定各因素的权,也可以按确定隶属度的方法加以确定。在实际工程应用中,视具体情况决定。

3. 建立评价等级集

评价等级集也称为备择集,是评判者对评判对象可能作出的各种总的评判结果所组成的集合。通常用大写字母 V 表示为

$$V = \{v_1, v_2, \cdots, v_m\}$$

其中,元素 $v_j(j = 1, 2, \cdots, m)$ 是若干可能作出的评判结果。模糊综合评判的目的,是在综合考虑所有影响因素的基础上,从评价等级集中获得一个最佳评判结果。对于因素集中不同的因素,评价等级集中的元素含义可能不同。评价等级集中的元素可以是量值元素,也可以是非量值元素。v_j 对 V 的关系是普通集合关系。因此,评价等级集也是一个普通集合。

将复杂电磁环境分为5级,分别为简单、较简单、较复杂、复杂、很复杂。即决策集为:
$V = \{v_1, v_2, \cdots, v_5\} = \{$简单,较简单,较复杂,复杂,很复杂$\}$。

4. 单因素模糊评判

单独从一个因素出发进行评判,以确定评判对象对评价等级集元素的隶属程度,即单因素模糊评判。

设评判对象按因素集中第 i 个元素 u_i 进行评判,对评价等级集中第 j 个元素 v_j 的隶属程度为 r_{ij}。按第 i 个元素 u_i 评判的结果,用模糊集合 $R_i = (r_{i1}, r_{i2}, \cdots, r_{im})$ 表示,R_i 称为单因素评判集。显然,它应是评价等级集 V 上的一个模糊子集。同理,可得相应于每个因素的单因素评判集。

单因素评判集,实际上可视为因素集 U 和评价等级集 V 之间的一种模糊关系,即影响因素与评判对象之间的"合理关系"。

单因素判断可请若干专家对以上6种因素进行判断。如对功率密度若有35%认为简单,30%认为较简单,20%认为复杂,10%认为较复杂,5%认为很复杂,则得到功率密度的单因素判断 $R_i = (r_{i1}, r_{i2}, \cdots, r_{i6}) = (0.35, 0.30, 0.20, 0.10, 0.05)$,同样对其他单因素判断。

5. 模糊综合评判

单因素模糊评判,仅反映了一个因素对评判对象的影响。需要综合考虑所有因素的影响,才能获得正确的评判结果,这便是模糊综合评判。

根据单因素评判集方法,很容易得出因素集 U 与评价等级集 V 之间的模糊关系,可用评判矩阵 R 表示为

$$\boldsymbol{R} = \begin{bmatrix} R_1 \\ R_2 \\ \vdots \\ R_n \end{bmatrix} = \begin{bmatrix} r_{11} & r_{12} & \cdots & r_{1m} \\ r_{21} & r_{22} & \cdots & r_{2m} \\ \vdots & \vdots & & \vdots \\ r_{n1} & r_{n2} & \cdots & r_{nm} \end{bmatrix} \tag{7-2}$$

式中

$$r_{ij} = \mu_R(u_i, v_j), \quad 0 \leqslant r_{ij} \leqslant 1$$

隶属程度 r_{ij} 表示对评判对象在考虑因素 u_i 时作出评判结果 v_j 的隶属程度。评判矩阵中第 i 行 $R_i = (r_{i1}, r_{i2}, \cdots, r_{im})$ 表示考虑第 i 个因素的单因素评判集，它是备择集 V 上的模糊子集。由此可见，单因素评判集（的各行）构成了多因素综合评判（评判矩阵）。

当因素权集和评判矩阵已知时，按照模糊矩阵的乘法运算，便得到模糊综合评判集，即

$$B = AR = \{b_1, b_2, \cdots, b_m\} \tag{7-3}$$

或

$$(b_1, b_2, \cdots b_m) = (a_1, a_2, \cdots a_n) \begin{bmatrix} r_{11} & r_{12} & \cdots & r_{1m} \\ r_{21} & r_{22} & \cdots & r_{2m} \\ \vdots & \vdots & & \vdots \\ r_{n1} & r_{n2} & \cdots & r_{nm} \end{bmatrix} \tag{7-4}$$

式中

$$b_j = \bigvee_{i=1}^{n} (a_i \wedge r_{ij}), \quad j = 1, 2, \cdots, m$$

称为模糊综合评判指标，简称评判指标。它表示在综合考虑所有影响因素的情况下，评判对象对评价等级集 V 中第 j 个元素的隶属度。显然，模糊综合评判集是备择集 V 上的模糊子集。

7.2.2.2　评判结果及其处理

获得评判指标 $b_j(j = 1, 2, \cdots, m)$ 后，一般可采用如下两种方法确定评判对象的具体结果。

1. 最大隶属度法

取与最大评判指标（即最大隶属度 $\max_j b_j$）相对应的评价等级集元素 v_j 为评判结果，即

$$v = \{v_j | v_j \to \max_j b_j\}, \quad j = 1, 2, \cdots, m \tag{7-5}$$

在确定最终综合因素评判结果时，采用最大隶属度方法是非常有效的。特别是当评判对象是非数性量时，此法最直接有效。

2. 加权平均法

以 b_j 为权，对评价等级集元素 v_j 进行加权平均，得到的值作为评判结果，即

$$v = \frac{\sum_{j=1}^{m} b_j v_j}{\sum_{j=1}^{m} b_j} \tag{7-6}$$

若评判指标 b_j 已经归一化，即 $\sum_{j=1}^{m} b_j = 1$，则有

$$v = \sum_{j=1}^{m} b_j v_j \tag{7-7}$$

有时，为了突出占优势评价元素 v_j 的作用，也可以利用评判指标 b_j 的幂为权系数进行加权平均求 v 值，即

$$v = \frac{\sum\limits_{j=1}^{m} b_j^k v_j}{\sum\limits_{j=1}^{m} b_j^k} \tag{7-8}$$

式中：k 为指数，可根据具体问题确定，一般取 $k = 2$。

如果评判对象是数性量，则按照加权平均法计算，可得到模糊综合评判的结果；如果评判对象是非数性量，则只能用最大隶属度法得到模糊综合评判的结果。

7.2.2.3　置信因子

在 $(U, V, \boldsymbol{R})$ 模型中，$\boldsymbol{R}$ 的元素 r_{ij} 由评判者"打分"确定。例如 k 个评判者，要求每个评判者将 u_1 对照 $V = \{v_1, v_2, \cdots, v_m\}$ 作一次判定，统计得分和归一化后产生 $\left\{\dfrac{c_{i1}}{k}, \dfrac{c_{i2}}{k}, \cdots, \dfrac{c_{im}}{k}\right\}$，且 $\sum\limits_{j=i}^{n} c_{ij} = k$，$i = 1, 2, \cdots, n$，组成 $\boldsymbol{R}$。其中 $\dfrac{c_{ij}}{k}$ 既代表 u_i 关于 v_j 的"隶属程度"，也反映了 u_i 为 v_j 的集中程度。数值为 1，说明 u_i 为 v_j 是可信的，数值为零可以忽略，反映这种集中程度的量称为置信因子或信度。对于权系数确定也存在一个信度问题。

利用层次分析法(AHP)确定权重是一种常用的方法，还可以采用一种更简单方式确定权重和信度，见表 7-1。

表 7-1　权系数的选择

重要性等级	等级 1	等级 2	……	等级 $N-1$	等级 N
选择栏					

在表 7-1 中，等级 1 表示十分重要，等级 N 表示极不重要。要求每个评判者对 u_i 对照表 7-1 给出等级选择，统计并归一化，得到数组为

$$\left\{\frac{p_{i1}}{k}, \frac{p_{i2}}{k}, \cdots, \frac{p_{in}}{k}\right\}$$

作和式

$$\sum_{i=1}^{N} \frac{p_{ij}}{k}\left[a_j, b_j\right] \tag{7-9}$$

式中：$a_1 = 0$，$b_1 = N$。

取

$$\eta_i = \frac{1}{2}\left(a^i + b^i\right) \in \left[a_j \cdot b_j\right] \tag{7-10}$$

对 $\eta_1, \eta_2, \cdots, \eta_n$ 归一化后，得到权向量 $A = \{a_1, a_2, \cdots, a_n\}$。由式(7-16)可确定 a_i 的信度为 $\dfrac{p_{ij}}{k}$，记为 $\{c_1, c_2 \cdots, c_n\}$。

设 c_1、c_2 是二个置信因子，对于逻辑 AND 与逻辑 OR，其信度合成分别为

$$c = \varepsilon \min\{c_1, c_2\} + (1 - \varepsilon)(c_1 + c_2)/2 \tag{7-11}$$

$$c = \varepsilon \max\{c_1, c_2\} + (1 - \varepsilon)(c_1 + c_2)/2 \tag{7-12}$$

式中：$\varepsilon \in [0, 1]$ 为参数，可配置。

式(7-11)、式(7-12)的含义是：在逻辑 AND 下，$\min\{c_1,c_2\} \leqslant c \leqslant \dfrac{1}{2}(c_1+c_2)$；在逻辑 OR 下，$\dfrac{1}{2}(c_1+c_2) \leqslant c \leqslant \max\{c_1+c_2\}$。若 c_1 或 $c_2 < < 1$，则式(7-11)与式(7-12)中平均值补偿部分不宜太强。因此，ε 可分配为

$$\varepsilon = 1 - \min\{c_1,c_2\} \tag{7-13}$$

加权平均的信度合成为

$$\beta_i = \varepsilon\min\{\theta_{1i},\theta_{2i},\cdots,\theta_{ni}\} + \frac{1}{n}(1-\varepsilon_i)\sum_{j=1}^{n}\theta_{ji}, \quad i=1,2,\cdots,m \tag{7-14}$$

式中

$$\theta_{ji} = \varepsilon_j\min\{c_j,r_{ji}\} + (1-\varepsilon_j)(c_j+r_{ji})/2, \quad j=1,2,\cdots,n \tag{7-15}$$

ε_i 和 ε_j 可参照式(7-13)进行选择。

因此，综合评判信度为

$$\overline{B} = \{(\bar{b}_1,\beta_1),(\bar{b}_2,\beta_2),\cdots,(\bar{b}_m,\beta_m)\} \tag{7-16}$$

模糊综合评判信度的建立，给决策者提供了重要辅助信息。对于相同(或相近)的评判结果，若综合评判置信度越高，应越重视；综合评判置信度越低，决策应慎重。

7.2.3 电磁环境复杂度等级

信息化条件下，随着各类电子设备和信息化武器装备在战场上的日益广泛应用，战场电磁环境越来越呈现出其复杂多变的重要特性。如何评估复杂电磁环境条件下武器装备的工作性能或适应能力是国内外电磁环境领域的研究热点。为了检验复杂电磁环境下武器装备的适应能力，首先明确战场电磁环境复杂度等级评定方法[7-8]。

电磁环境复杂程度等级评估主要分为定性分析和定量分析两种方法。定性分析是依据影响程度的大小将战场电磁环境分为四级，即简单电磁环境、轻度复杂电磁环境、中度复杂电磁环境和重度复杂电磁环境。而在定量分析中，将战场电磁环境的复杂性表现为电磁活动在空域、时域、频域和功率四维域度的状态分布上。需要通过对四域特征的指标，即频谱占用度、时间占有度、空间覆盖率和电磁环境平均功率谱密度进行计算，从而对复杂电磁环境进行度量评价，也分为四级。

电磁环境复杂度评估，从不同的角度有不同的分类方法。依据战场态势对战场电磁环境进行等级分类[9-10]；从信噪比空间的概念建立了电磁环境复杂度度量方法和度量标准[11]；基于相关度的战场电磁环境复杂度评估方法[12]。

7.2.3.1 战场电磁环境一般分级方法

1. 参数描述

复杂度度量应根据战场空间 Ω、用频范围 $[f_1,f_2]$ 与作战时间段 $[t_1,t_2]$ 来进行分析。空间任意处的电磁环境信号功率密度谱 $S(r,t,f)$ 是指在该点上的电磁环境信号功率密度在频域上的分布，是时间和频率的函数，即时频分布关系。

在空间任一给定位置 r_0，时域平均功率密度谱的计算式为

$$S(r_0,f) = \frac{1}{(t_2-t_1)}\int_{t_1}^{t_2}S(r_0,t,f)\,\mathrm{d}t \tag{7-17}$$

式中：$S(r_0,f)$ 为时域平均功率密度谱，单位为 $W/m^2 \cdot Hz$；$S(r,t,f)$ 为功率密度谱，单位为 $W/m^2 \cdot Hz$；$(t_2 - t_1)$ 为用频装备工作时间段，单位为 s。

在空间任一给定位置 r_0，频域平均功率密度谱的计算式为

$$S(r_0,t) = \frac{1}{(f_2 - f_1)} \int_{f_1}^{f_2} S(r_0,t,f) \, df \qquad (7-18)$$

式中：$S(r_0,t)$ 为频域平均功率密度谱，单位为 $W/m^2 \cdot Hz$；f_2 为用频装备使用的最高频率；f_2 为用频装备使用的最低频率。

在实际工程应用中，用频范围与作战时间既可以是连续的，也可以是离散的。

2. 参数选取

1）电磁环境门限

电磁环境门限 S_0 是指对在相应频段工作的电子信息设备产生一定干扰的电磁环境信号功率密度谱的最小值，以 ITU 推荐的中国地区各频段背景噪声值 10dB 为基准。

2）频谱占用度

频谱占用度 FO 是指在一定时间和空间范围内，电磁环境信号功率密度谱的平均值超过指定电磁环境门限所占有的频带与作战用频范围的比值，其计算方法如下：

$$FO = \frac{1}{(f_2 - f_1)} \int_{f_1}^{f_2} U\left\{ \frac{1}{(t_2 - t_1) V_\Omega} \int_\Omega \left[\int_{t_1}^{t_2} S(r,t,f) \, dt \right] dv - S_0 \right\} df \qquad (7-19)$$

式中：U 为单位阶跃函数；$S(r,t,f)$ 为功率密度；r 为空间位置；V_Ω 为作战空间体积。

3）时间占有度

时间占有度 TO，是指在一定空间和频率范围内，电磁环境信号功率密度谱的平均值超过指定电磁环境门限所占用的时间长度与作战时间段的比值，其计算方法如下：

$$TO = \frac{1}{(t_2 - t_1)} \int_{t_1}^{t_2} U\left\{ \frac{1}{(f_2 - f_1) V_\Omega} \int_\Omega \left[\int_{f_1}^{f_2} S(r,t,f) \, df \right] dv - S_0 \right\} dt \qquad (7-20)$$

4）空间覆盖率

空间覆盖率 SO，是指在一定时间和频率范围内，电磁环境信号功率密度谱的平均值超过指定电磁环境门限所占用的空间范围与作战空间范围的比值，其计算方法如下：

$$SO = \frac{1}{V_\Omega} \int_\Omega U\left\{ \frac{1}{(f_2 - f_1)(t_2 - t_1)} \int_{t_1}^{t_2} \left[\int_{f_1}^{f_2} S(r,t,f) \, df \right] dt - S_0 \right\} dv \qquad (7-21)$$

3. 分级标准

依据频谱占用度、时间占有度和空间覆盖率三个指标进行分级，战场电磁环境的复杂度等级见表 7-2。

表 7-2 战场电磁环境复杂度分级标准

战场电磁环境复杂度等级	复杂度评价
Ⅰ级（简单电磁环境）	$0 \leqslant \sqrt[3]{FO \times TO \times SO} \leqslant 10\%$
Ⅱ级（轻度复杂电磁环境）	$10\% \leqslant \sqrt[3]{FO \times TO \times SO} \leqslant 40\%$
Ⅲ级（中度复杂电磁环境）	$40\% \leqslant \sqrt[3]{FO \times TO \times SO} \leqslant 70\%$
Ⅳ级（重度复杂电磁环境）	$70\% \leqslant \sqrt[3]{FO \times TO \times SO} \leqslant 100\%$

4. 分级方法

分级方法一般有四个步骤：

（1）根据指定区域内用频装备总量和用于构建电磁环境的辐射源数量,确定用频装备面临的电磁环境。

（2）通过导调、测量、查阅装备手册等手段,确定战场空间内用频装备和用于构建电磁环境的辐射源的工作时段、空间位置、工作频段等工作状态参数,按时间顺序进行列表。

（3）主要是进行合成时域、频域平均功率密度谱的计算。首先,根据测量或电波传播方程计算信号场强,同时根据各信号等效带宽计算出背景信号和其他用频装备以及各辐射源在第 j 个用频装备的第 L 个工作状态范围内的功率密度谱;其次,由计算或测量得到的各用频设备、辐射源和背景信号产生的功率密度谱,计算它们在用频装备 j 在工作时段内的时域平均功率密度谱,以及在工作频段内的频域平均功率密度谱;最后,依据各辐射源和其他用频装备以及背景信号的时域平均功率密度谱、频域平均功率密度谱,计算所有辐射源、所有除用频装备 j 的其他用频装备和背景信号在用频装备 j 处于工作状态 L 范围内的合成时域平均功率密度谱、合成频域平均功率密度谱。

（4）计算频谱占用度、时间占用度和空间覆盖率分三步进行。首先,计算用频装备 j 在第 L 个工作状态范围内的频谱占用度、时间占用度和空间覆盖率;然后,计算用频装备 j 总的工作状态的频谱占用度、时间占用度和空间覆盖率;最后计算所有用频装备的频谱占用度、时间占用度和空间覆盖率。

在 GJB6520《战场电磁环境分类与分级方法》中,对上述分级方法给出了明确定义。但该方法在实际使用中也有不足之处,主要表现为两方面:一是该分级方法与实际战场电磁环境尚有较大差距,在对抗演练中,参试各方较难达成统一认识;二是复杂度定量分级中参数因子不全面,例如在雷达和电子战对抗中,信号的极化方式、调制类型等非常重要的参数未考虑,这就造成定量分级结果出现较大偏差。因此,需要在现有分级标准的基础上,研究各装备的对抗技术和战术使用方式,进一步细化复杂电磁环境定量分级方法,建立电磁环境复杂度评估模型。

7.2.3.2 基于装备类型的复杂度等级分析

电磁环境等级是用来评估武器装备的适应能力应具有普遍性、可操作性[13]。依据复杂电磁环境适应性试验的特点和实际需求,综合考虑通用武器装备类型,制定环境复杂度评估标准。按照武器装备工作特征和信号处理方式,将武器装备分为雷达、通信、侦察和信号环境模拟四类。

（1）雷达类设备接收雷达目标信号为双程衰减;通信类设备接收到通信信号为单程衰减信号,如卫星导航、应答机和通信等武器装备。雷达和通信类设备接收到的信号有明确的信号参数,可以采用相关接收提高信噪比。由于这两类设备的电磁信号易被敌方侦察并实施干扰(瞄准或阻塞干扰),因此其面临的电磁干扰环境将严重影响其作战效能的发挥。

（2）侦察类设备包括电子对抗、侦察、无源探测等武器装备,侦察信号为单程衰减信号,但接收信号参数未知。侦察类设备需要对外界未知的电磁信号进行搜索、截获、分选、识别等,以获取外界电磁环境信息。电子对抗设备在侦察的基础上,需要进一步发射同频段噪声和相参信号;无源探测电子设备需要通过侦察到的时频和空间信息,对外辐射源进行定位。由于侦察能力受战场环境中我方/敌方密集电磁信号环境及敌方有意干扰设备(如诱饵或信号模拟器等)的影响,其瞬时工作频带内可能有多个目标信号,存在着大量的重叠脉冲,分选和识别将受到影响。另外,威胁辐射源的工作模式和频率等特征参数大范围快速变化,会造成脉冲链去交错非常困难。信号分选存在的错误将导致信号的大量增批、漏批,造成识别率大幅降低。

(3) 信号环境模拟类包括各类信号模拟器,由于该类设备只是辐射电磁信号,没有与外界环境进行交互,因此不考虑该类设备的环境适应性。

1. 雷达类设备的电磁环境复杂度等级

雷达类设备电磁环境复杂度等级的制定,若以外界噪声干扰为基础,不考虑相参干扰带来的干扰积累增益,则雷达的接收机噪声功率为

$$\delta^2 = kBT_0F_n \tag{7-22}$$

式中:$k = 1.38 \times 10^{-23} \text{J/K}$ 为波尔兹曼常数;T_0 为接收机噪声温度,K 为开尔文温度;B 为雷达瞬时带宽;F_n 为雷达接收机噪声系数。

噪声干扰情况下,雷达接收到的干扰信号强度为

$$P_{\text{jam}} = \frac{\Delta f P_{\text{Jnoise}} G_J G_{\text{Rjr}} \lambda^2}{B_0 (4\pi R_j)^2 L_{\text{Jt}} L_{\text{Rr}}} \tag{7-23}$$

式中:F_{Jnoise} 为干扰功率;Δf 为进入雷达接收机带宽内的噪声功率带宽;$\Delta f < B$,B 为雷达瞬时带宽;B_0 为噪声干扰机的瞬时带宽;G_J 为干扰机在雷达方向上的天线增益;L_{Jt} 干扰机的发射损耗;L_{Rr} 为雷达接收损耗;G_{Rjr} 为雷达在干扰机方向上的接收天线增益;λ 为雷达波长;R_j 为雷达与干扰机的距离。

雷达目标回波信噪比为

$$\text{SNR} = \frac{P_{\text{target}}}{\delta^2 + P_{\text{jam}}} \tag{7-24}$$

$$P_{\text{target}} = \frac{TBP_t G_{\text{RT}}^2 \sigma_T \lambda^2}{(4\pi)^3 R_t^4 L} \tag{7-25}$$

式中:P_{target} 为目标回波信号;P_t 为雷达发射功率;G_{RT} 为目标方向天线增益;σ_T 为目标 RCS;λ 为雷达工作波长;R_t 为目标与雷达的距离;L 为综合损耗;D_T 为目标回波的综合抗干扰改善因子,对于单个 LFM 信号,不考虑匹配加权损耗,$D_T = BT$。

外界无干扰时即 $P_{\text{jam}} = 0$,雷达对目标的探测距离为 $R_{\text{RT}} = R_0$;当存在干扰时,探测距离为 $R_{\text{RT}} = gR_0$,$g(0 \leqslant g \leqslant 1)$ 为距离压制系数。由于雷达检测需要相同 SNR,参考上式,可得到

$$\frac{\delta^2}{\delta^2 + P_{\text{jam}}} = g^4 \tag{7-26}$$

定义 电磁环境门限系数为干扰信号强度与接收机噪声信号之比(或称为干噪比),即

$$\eta = \frac{P_{\text{jam}}}{\delta^2} = g^{-4} - 1 \tag{7-27}$$

式(7-22)也可以表示为天线接收口面功率密度的干噪比形式,即

$$\eta = \frac{P_{\text{jamS}}}{n_S} = \frac{P_{\text{jam}}/S}{\delta^2/S} \tag{7-28}$$

式中：$S = G\lambda^2/(4\pi)$ 为天线口面面积；G 为接收机天线增益；λ 为波长；$P_{jamS} = P_{jam}/S$ 为装备天线口面接收到的外界干扰信号功率密度；$n_S = \delta_2/S$ 为接收机噪声功率密度门限。

按照距离压制系数定义复杂电磁环境等级，该指标既可以体现外界的电磁复杂程度，又能反映电子装备自身的环境适应能力。将电磁环境分为四级，电磁环境等级定义为

$$\text{Deg} = F_{\text{SNR1}}(\eta) = \begin{cases} 0, & 0 \leqslant \eta < 1 \\ 1, & 1 \leqslant \eta < 15 \\ 2, & 15 \leqslant \eta < 255 \\ 3, & 255 \leqslant \eta \end{cases} \tag{7-29}$$

若按照式（7-29）进行分类，则可将电磁环境分为四类，其中：

（1）当环境门限系数 $0 \leqslant \eta < 1$ 时，距离压制系数 $1 \geqslant g > 0.84$，为 0 级为简单电磁环境；

（2）当环境门限系数 $1 \leqslant \eta < 15$ 时，距离压制系数 $0.84 \geqslant g > 0.5$，为 1 级为轻度电磁环境；

（3）当环境门限系数 $15 \leqslant \eta < 255$ 时，距离压制系数 $0.5 \geqslant g > 0.25$，为 2 级为中度电磁环境；

（4）当环境门限系数 $\eta \geqslant 255$ 时，距离压制系数 $0.25 \geqslant g \geqslant 0$，为 3 级为重度电磁环境。

2. 通信类设备的电磁环境复杂度等级

对于通信类装备，若排除单频、梳状谱干扰等特殊情况，则接收机的信噪比为

$$\text{SNR} = \frac{P_s}{\delta^2 + P_{jam}} \tag{7-30}$$

$$P_s = \frac{D_T P_t G_T G_R \lambda^2}{(4\pi)^2 R^2 L} \tag{7-31}$$

式中：P_s 为接收信号强度；P_t 为其他设备发射功率；G_T、G_R 分别为通信设备的天线发射和接收增益；λ 为雷达工作波长；R 为目标与雷达的距离；L 为综合损耗；D_T 为目标回波的综合抗干扰改善因子。

同理，电磁环境门限系数也可以表示为天线接收口面功率密度的干噪比形式，即

$$\eta = \frac{P_{jamS}}{n_S} = \frac{P_{jam}/S}{\delta^2/S} = \frac{P_{jam}}{\delta^2} = g^{-2} - 1 \tag{7-32}$$

按照通信距离压制系数定义复杂电磁环境等级，将电磁环境分为 4 级，电磁环境等级定义为

$$\text{Deg} = F_{\text{SNR2}}(\eta) = \begin{cases} 0, & 0 \leqslant \eta < 1 \\ 1, & 1 \leqslant \eta < 3 \\ 2, & 3 \leqslant \eta < 15 \\ 3, & 15 \leqslant \eta \end{cases} \tag{7-33}$$

对通信类系统若按照式（7-33）进行分类，则可将电磁环境分为四类，其中：

（1）当环境门限系数 $0 \leqslant \eta < 1$ 时，距离压制系数 $1 \geqslant g > 0.71$，为 0 级为简单电磁环境；

（2）当环境门限系数 $1 \leqslant \eta < 3$ 时,距离压制系数 $0.71 \geqslant g > 0.5$,为 1 级为轻度电磁环境;

（3）当环境门限系数 $3 \leqslant \eta < 15$ 时,距离压制系数 $0.5 \geqslant g > 0.25$,为 2 级为中度电磁环境;

（4）当环境门限系数 $\eta \geqslant 15$ 时,距离压制系数 $0.25 \geqslant g \geqslant 0$,为 3 级为重度电磁环境。

3. 侦察类设备的电磁环境复杂度等级

雷达和通信以实际使用的结果评判,侦察类设备与雷达和通信的评级原则不同,是以信号的技术指标评判。

侦察类设备的复杂电磁环境等级,以天线接收端口过门限信号的脉冲流密度为参考,确定复杂度等级与脉冲流密度的关系。脉冲流密度是侦察设备瞬时带宽内的不同载波频率脉冲串的叠加。侦察接收机设备在满足对接收信号能力正常检测的条件下,输入端信号最小功率应该满足工作灵敏度,要求信号/噪声 SNR = 14dB（约 25 倍）,即输入端的最小功率为

$$P_{r\min} = \frac{S}{N}kBT_0F_n = 25kBT_0F_n \tag{7-34}$$

将实际用频装备接收机（或天线）天线口面的信号强度作为电磁环境门限功率,因此用天线口面功率密度的 $\mathrm{W/m^2}$ 表示。环境信号转换为用频装备天线口面的功率密度（功率/面积）表达式为

$$S_{A\mathrm{th}} = \frac{P_{r\min}}{S} = \frac{100\pi kBT_0F_n}{G\lambda^2} \tag{7-35}$$

式中: $T_0 = 290\mathrm{K}$ 为接收机参考温度;接收机瞬时带宽 B ; F_n 为接收机噪声系数; η 为电磁环境门限系数; G 为接收机天线增益; λ 为波长; S 为天线口面面积。一般侦察接收机瞬时带宽远大于单个环境信号带宽,因此超过该门限的外界信号都能被侦察到。

对于侦察接收机来说,过门限的信号很多,存在着大量的重叠脉冲,影响着分选和识别,因此侦察接收机工作环境的复杂度主要表现为过门限信号流。针对该类侦察系统,将信号重叠造成的丢失概率作为复杂环境的等级的主要因素,侦察到的信号数量越多,造成信号丢失概率越大。依据参考文献[14],可以得到第 i 装备信号脉宽与其他装备信号的重合概率为

$$P_i = 1 - \prod_{j=1}^{N}(1 - P_{i,j}), \quad i = 1,2,\cdots,N \tag{7-36}$$

$$P_{i,j} = \begin{cases} \min\left(\dfrac{\tau_i + \tau_j}{T_j}, 1\right), & i \neq j \\ 0, & i = j \end{cases} \tag{7-37}$$

式中: $P_{i,j}$ 为在第 i 装备信号脉冲宽度内重合了 j 装备信号的概率; $P_{i,i}$ 为自身重合概率; $P_{i,i} = 0, \min(x,y)$ 为取最小; T_i 和 τ_i 分别为第 i 个信号流的平均重复周期和脉冲宽度。当只有一个脉冲串时,信号重合概率 $P = 0$ 。

N 个装备的平均重合概率为

$$P = \frac{1}{N} \sum_{i=1}^{N} P_i = 1 - \frac{1}{N} \sum_{i=1}^{N} \prod_{j=1}^{N} (1 - P_{i,j}) \tag{7-38}$$

按照多信号时域重合度确定复杂度等级,不考虑门限带内多信号幅度差别(多信号动态范围变化)造成的强信号压制弱信号,使侦察性能降低;不考虑脉内扩频调制、频率分集、重频抖动参差等对信号环境复杂度的影响;不考虑侦察天线宽度和空间搜索率等影响,这部分通过后面动态仿真进行。将侦察电磁环境分为四级为

$$\text{Deg} = F_{\text{Prob}}(P) = \begin{cases} 0, & 0 \leqslant P < 0.1 \\ 1, & 0.1 \leqslant P < 0.2 \\ 2, & 0.2 \leqslant P < 0.4 \\ 3, & 0.4 \leqslant P \leqslant 1 \end{cases} \tag{7-39}$$

若按照式(7-39)进行分类,则可将电磁环境分为四类,其中:

(1)当信号脉冲流重合度 $0 \leqslant P < 0.1$ 时,为 0 级为简单电磁环境;

(2)当信号脉冲流重合度 $0.1 \leqslant P < 0.2$ 时,为 1 级为轻度电磁环境;

(3)当信号脉冲流重合度 $0.2 \leqslant P < 0.4$ 时,为 2 级为中度电磁环境;

(4)当信号脉冲流重合度 $0.4 \leqslant P < 1$ 时,为 3 级为重度电磁环境。

7.2.3.3 复杂度等级综合分析

如果用频装备天线是扫描的,例如常规雷达天线,用频装备在某固定方向上的天线增益是具有变性,相同背景环境情况下,用频装备受背景信号干扰程度是不同的,下面基于雷达、通信、侦察类设备,研究动态电磁环境场景分析复杂电磁环境复杂度等级。该评估等级综合考虑天线的转动、频谱占有度、时间占有度、空间占有度和极化损耗等因素的影响,综合评定复杂度等级。

1. 雷达类和通信类设备的综合电磁环境复杂度等级

外界信号到达用频装备天线接收口面的功率谱密度,要根据用频装备天线指向、外界信号方向,统一转换到天线口面功率谱密度,同时要考虑外界信号为瞬时带宽内的信号。多个辐射源到达用频装备的天线端口面的功率谱密度为

$$P_{\text{Asum}}(t) = \frac{1}{S} \sum_{i=1}^{N} \left[\frac{\frac{\Delta f_i}{B_i} P_{ti} G_{ti} G_{ri} \lambda^2}{(4\pi R_i)^2 L_{ti} L_r} \right] = \sum_{i=1}^{N} \left[\frac{\frac{\Delta f_i}{B_i} P_{ti} G_{ti} \frac{G_{ri}}{G}}{4\pi R_i^2 L_{ti} L_r} \right] \tag{7-40}$$

$$\Delta f_i = \int \text{rect}\left(\frac{f - f_i}{B_i}\right) \text{rect}\left(\frac{f - f_0}{B}\right) \mathrm{d}f \tag{7-41}$$

式中:天线口面面积 $S = G\lambda^2/(4\pi)$;G 为接收机天线增益;λ 为波长;N 为辐射源数目;Δf_i 为第 i 个辐射源与用频装备瞬时工作频率的交叉频谱宽度(如果辐射源或用频装备采用跳频工作方式,则 Δf_i 是时变量,$\Delta f_i \leqslant B$,接收机瞬时带宽 B);P_{ti} 为第 i 个辐射源发射峰值功率;B_i 为第 i 个辐射源的瞬时带宽;f_i 为第 i 个辐射源的工作频率;G_{ti} 为第 i 个辐射源在用频装备方向的天线增益;G 为用频装备天线增益最大值;G_{ri} 为用频装备在 i 个辐射源方向的接收天线增益(G_{ri}/G 为归一化增益);波长 $\lambda = c/f_0$,c 为光速,f_0 为用频装备工作频率;R_i 为两者之间的距离;L_{ti} 为第 i 个辐射源发射损耗;L_r 为用频装备接收损耗(主要考虑极化失配损耗,交叉极化损耗一般取 26dB)。

瞬时复杂电磁环境门限系数为

$$\eta(t) = \frac{P_{\text{Asum}}(t)}{\sigma^2/S} = \sum_{i=1}^{N}\left[\frac{\dfrac{\Delta f_i}{B_i}P_{ti}G_{ti}G_{ri}\lambda^2}{kF_nBT_0(4\pi R_i)^2L_{ti}L_r}\right] \tag{7-42}$$

雷达类设备瞬时复杂电磁环境等级的平均数值为环境的复杂度等级,表示为

$$\text{Deg} = F_{\text{SNR1}}\left[\frac{1}{T}\int_0^T\eta(t)\,dt\right] \tag{7-43}$$

同理,对于通信类设备,瞬时复杂电磁环境等级的平均数值为环境的复杂度等级,表示为

$$\text{Deg} = F_{\text{SNR2}}\left[\frac{1}{T}\int_0^T\eta(t)\,dt\right] \tag{7-44}$$

式中:T 为积分时间长度,一般取整数个扫描周期。

2. 侦察类设备的综合电磁环境复杂度等级

当环境信号超过侦察接收机检测门限时,即当 $P_{Pi}(t) > S_{Ath}$,统计过门限的环境信号流数目。过门限信号流数目 N 为

$$N = \sum_{i=1}^{\infty} U[P_{Pi}(t) - S_{Ath}] \tag{7-45}$$

$$P_{Pi}(t) = \frac{\dfrac{\Delta f}{B_i}P_{ti}G_{ti}G_{ri}\lambda^2}{(4\pi R_i)^2L_{ti}L_r} \tag{7-46}$$

$$\Delta f_i = \int \text{rect}\left(\frac{f-f_i}{B_i}\right)\text{rect}\left(\frac{f-f_0}{B}\right)df \tag{7-47}$$

式中:$U[x]$ 为单位阶跃迁函数,当 $x > 0$ 时为 1,否则为 0。

统计瞬时环境门限,得到

$$P(t) = \frac{1}{N}\sum_{i=1}^{N}P_i(t) = 1 - \frac{1}{N}\sum_{i=1}^{N}\prod_{j=1}^{N}[1 - P_{i,j}(t)] \tag{7-48}$$

瞬时复杂电磁环境等级的平均数值为环境的复杂度等级,表示为

$$\text{Deg} = F_{\text{Prob}}\left[\frac{1}{T}\int_0^T P(t)\,dt\right] \tag{7-49}$$

式中:T 为积分时间长度,一般取整数个扫描周期。

7.3 复杂电磁环境建模与仿真

随着科技的发展,各种军用电磁辐射体如雷达、通信等辐射源的功率越来越大,数量成倍增加,频谱越来越宽,使得电磁环境趋于复杂和恶化。电磁环境的性质发生了变化,能量由弱变强,频谱由窄变宽,效应由干扰变成了毁伤。而现代电子装备的电磁敏感度却越来越高,而复杂电磁环境能使其性能降低、损伤甚至爆炸。因此,根据不同的电磁环境量化和细分电磁环境效应的各项指标,并针对不同指标,研究电磁环境效应及其分析方法,并构建相应的试验环境,对武器装备开展试验与评估,以提高电子装备在复杂电磁环

境中的适应和生存能力。

从 20 世纪 60 年代,就已开展电磁环境和电磁环境效应的研究。首先研究的是射频干扰(Radio Frequency Interference,RFI),将电磁兼容(EMC)作为集成指标应用于武器装备设计、开发、采购和存贮等各环节;后来扩大到电磁效应。根据电磁环境的概念,1997年开始,美军把电磁环境效应作为顶层标准体系,建立了一系列的军用标准。

7.3.1 复杂电磁环境特征机理建模[15]

为了深入了解战场电磁环境的复杂性特征和威胁机理,首先,从具有电磁学基本特性的战场环境表征入手,阐述基本概念并分析其特征,给出战场电磁环境的表征建模方法;其次,阐述战场电磁环境的复杂性特征,给出评价战场电磁环境复杂度的等级划分方法;最后深入讨论战场电磁环境的威胁机理问题,给出电磁环境建模和威胁程度计算方法。

空间、时间、频率和能量作为战场电磁环境的外在表象,是描述战场电磁环境外在特征的直接方式。这"四域"特征描述方法,反映了战场电磁环境在不同域的分布情况和电磁信号随域的变化情况,是表征战场电磁环境的常用方式。另外也可从应用角度,采用战场电磁环境功率密度、信号强度、信号样式和信号分布特征进行战场电磁环境特征描述。

战场电磁环境的作用机理体现为影响与威胁。影响机理主要是指战场电磁兼容性问题,为了有效应对电磁影响,首先要解决己方电子设备内部的自扰、互扰问题;其次是解决各种武器平台之间的战场电磁兼容问题,要实现己方战场电磁兼容,就需要掌握当前战场空间内的兼容状态和未来战场空间内不兼容的因素。威胁机理的前提是相关性,即威胁源电磁活动的时间、频率和空间特征应与被威胁对象电磁活动的时间、频率和空间特征存在相关性,并且电磁活动能量是决定条件。通常电子干扰的前提是时间、频率和空间三对准,同时满足干扰信号功率比要求。因此,电磁威胁的机理就是空域相关、时域相关、频域相关和能域达到门限。

7.3.1.1 模拟战场电磁环境表征建模

电磁辐射是指能量以电磁波形式,由辐射源通过传播媒介发送至空间,战场电磁环境也就是战场各种电磁辐射活动辐射的电磁波在空间、时间、频谱和功率上的复杂分布和变化的一种综合反映。

1. 空域特征分析与建模

战场电磁环境的空域特征,是无形的电磁波在有形的立体战场空间中的表现形态,来自于陆、海、空、天等不同作战平台上的大量电磁辐射交织作用在同一作战区域,形成了交叉重叠的电磁辐射态势。空域特征表示电磁辐射在不同空(地)域的分布情况和电磁信号随空间变化的情况,采用对应于具体位置的电磁信号功率密度谱严格表示。有时为了简便起见,通常利用电磁辐射源位置和数量、电磁信号特征在空间的分布状态等参数表示。

由电磁学理论可知,空间任一点电磁环境状况可用场强 $E(r,t)$ 表示,其中向量 r 表示空间点的三维立体坐标,t 表示时间。$E(r,t)$ 为一实非平稳的向量信号,在进行时频表达之前,需要先将实信号转变为解析信号 $F(r,t)$,只保留其正频率部分。经傅里叶变换后,可得到功率密度谱 $S(r,t,f)$。

假设试验或作战区域内,在 m 个点上分别有一个辐射源(也可以有多个辐射源),

其三维坐标分别表示为 $r_i(i=1\sim m)$。在空间任一点 r_j 上,若放置有接收机,那么接收机接收到的每一个辐射源发出的信号分别乘以一个随空间、时间变化的向量因子 A_i,则从 r_i 处的辐射传播到 r_j 处的电磁波场强为 $A_iE_i(r_{ji},t-t_{ij})$(其中 r_{ij} 为第 i 点到第 j 点的距离向量,t_{ij} 为电波从第 i 点传到第 j 点的时间)。因此,第 j 点接收到的所有信号的合成场强的功率谱密度为 $S_j(r_j,t,f)$,即 m 个辐射源存在的情况下,空间任一点的辐射信号强度为

$$E_j(r_j,t) = \sum_{i=1\sim m} A_iE_i(r_{ji},t-t_{ij}) \tag{7-50}$$

则在一定时间范围 $[t_1,t_2]$ 和频率范围 $[f_1,f_2]$ 内,任一点 $\boldsymbol{r}$ 处的信号强度可以用平均功率密度谱表示为

$$S(\boldsymbol{r}) = \frac{1}{(t_2-t_1)(f_2-f_1)}\int_{t_1}^{t_2}\int_{f_1}^{f_2}S(\boldsymbol{r},t,f)\,\mathrm{d}f\mathrm{d}t \tag{7-51}$$

2. 时域特征分析与建模

战场电磁环境的时域特征,是战场电磁辐射信号特性在时间序列上的表现形态,反映了电磁环境随时间的变化规律,其典型表现是动态变化,且随机性强。时域特征表示了电磁辐射信号随时间的变化情况,表现为电磁信号随时间历程的分布状况,通常可用单位时间内超过一定强度的信号密度等参数来表示。

战场电磁辐射既有脉冲辐射,又有连续辐射。不同时段分布不同,具有动态可变性,时而持续连贯,时而集中突发。脉冲信号密度通常用单位时间内脉冲个数来表示,连续信号密度通常用单位时间内不同样式的信号个数来表示。

设空间任意位置 r_j 处的信号功率谱密度为 $S(r_j,t,f)$,则在一定作战空间 V_Ω 和频率范围 $[f_1,f_2]$ 内,信号强度随时间的变化规律可以用平均功率密度表示为

$$S(t) = \frac{1}{V_\Omega(f_2-f_1)}\int_\Omega\int_{f_1}^{f_2}S(r,t,f)\,\mathrm{d}f\mathrm{d}\Omega \tag{7-52}$$

$S(t)$ 表示在特定空间、一定频段之内的信号功率密度。$S(t)$ 越大,表示电磁环境越复杂。

3. 频域特征分析与建模

战场电磁环境的频域特征,是各种电磁辐射所占用频谱范围的表现形态,其典型特征表现为频谱拥挤、相互重叠。频域特征表示了各种战场电磁辐射所占用频谱的总体状态,通常采用频率占用度等参数来表示。频率占用度,是在一定作战空间和作战时间段内,电磁环境的信号功率密度谱平均值,超过指定的环境电平门限所占有的频带与作战用频范围的比值,它反映的是战场电磁辐射占用电磁频谱资源多少的状况。频谱占用度越大,则电磁环境就越复杂。

同样,设空间任意位置 r_j 处的信号功率谱密度为 $S(r_j,t,f)$,则在一定作战空间 V_Ω 和时间范围 $[t_1,t_2]$ 内,不同频率处的信号平均功率谱可表示为

$$S(f) = \frac{1}{V_\Omega(t_2-t_1)}\int_\Omega\int_{t_1}^{t_2}S(r,t,f)\,\mathrm{d}t\mathrm{d}\Omega \tag{7-53}$$

根据式(7-53)可以计算出在一定时间和作战空间范围内电磁辐射信号所占用的频谱范围,记为 ΔB。若战场敌我双方电子设备的频谱互不重叠,则定义此时的频谱占用度为零;若在 ΔB 范围内,发生其他环境信号的干扰或频率重合现象,此时 $S(f)$ 可能超过所

容许的门限 S_0，则频谱占用度为

$$FO = \Delta / \Delta B \qquad (7-54)$$

式中：Δ 为超过门限的频谱宽度。

4. 能域特征分析与建模

战场电磁环境的能域特征，反映战场空间电磁信号强度的分布状态，其典型特征表现为功率强弱起伏、能流密集分布状态不均匀。能域特征表示了电磁信号强弱的变化情况，通常用场强来表示，它通过图形、表格或数据的形式，给出特定区域、特定时段、特定频谱范围的信号强度分布规律。

设空间任意位置 r_j 处的信号功率谱密度为 $S(r_j, t, f)$，则在一定作战空间 V_Ω、频率范围 $[f_1, f_2]$ 和时间范围 $[t_1, t_2]$ 内，信号强度可以表示为

$$S = \frac{1}{V_\Omega (t_2 - t_1)(f_2 - f_1)} \int_\Omega \int_{f_1}^{f_2} \int_{t_1}^{t_2} S(r, t, f) \,\mathrm{d}t\mathrm{d}f\mathrm{d}\Omega \qquad (7-55)$$

式中：S 为信号平均功率密度谱。

能量是电磁活动的基础，所有电磁波应用都是基于电磁能量的传播，各种调制方式都是在频域、时域和空域上控制辐射能量。电磁辐射能量决定了干扰强度，辐射能量越大，对其他电子设备干扰也就越大。

7.3.1.2 模拟战场电磁环境复杂性特征建模

在复杂战场电磁环境中，各类的电子设备（系统）产生各种电磁辐射，形成了一个电磁信号密集繁杂的电磁环境，是复杂电磁环境表现出电磁信号密集和信号样式繁杂的特性。与其他环境不同，战场电磁环境的显著特性是其处于激烈的变化之中，具有动态变化和对抗激烈的特性。

复杂电磁环境是由众多组成要素非线性相互作用形成的，具有复杂系统的显著特征，即复杂电磁环境最显著的区别在于其整体作用结果可能大于各个部分作用结果的代数和。复杂电磁环境的非线性特性体现在战场电磁环境所有构成要素的整体方面，各要素之间的非线性相互作用结果表现为聚能性、漏洞性、突发性和临界性等方面。

时变功率密度谱 $S(r, t, f)$，是一个相对复杂的数学表达式，不能简单直观地对电磁环境进行描述，需要通过一些指标来准确地描述战场电磁环境。

1. 平均功率密度谱

平均功率密度谱，是指在一定时间、空间和频率范围内，电磁环境的信号功率密度谱的平均值，表示为

$$AP = \frac{\int_\Omega \int_{f_1}^{f_2} \int_{t_1}^{t_2} S(r, t, f) \,\mathrm{d}t\mathrm{d}f\mathrm{d}\tau}{(t_2 - t_1)(f_2 - f_1) V_\Omega} \qquad (7-56)$$

式中：$S(r, t, f)$ 为时变功率密度谱；$[t_1, t_2]$ 为作战时间段；$[f_1, f_2]$ 为作战频率段；V_Ω 为作战空间。

2. 电磁环境门限

对在相应频段工作的电子设备产生一定干扰的电磁环境信号功率密度谱的最小值，称为电磁环境门限，用 S_0 表示。

3. 频谱占用度

频谱占用度,是指在一定时间和空间范围内,电磁环境的信号功率密度谱的平均值超过指定的环境电平门限所占用的频带与作战用频范围的比值,可表示为

$$\mathrm{FO} = \frac{1}{f_2 - f_1} \int_{f_1}^{f_2} U \left[\frac{1}{(t_2 - t_1) V_\Omega} \int_\Omega \int_{t_1}^{t_2} S(r, t, f) \, \mathrm{d}t \mathrm{d}\tau - S_0 \right] \mathrm{d}f \tag{7-57}$$

式中: $U(x)$ 为单位阶跃函数。

4. 时间占用度

时间占用度是指在一定频率和空间范围内,电磁环境的功率密度谱的平均值超过指定的环境电平门限所占用的时间长度与作战时间段的比值,可表示为

$$\mathrm{TO} = \frac{1}{t_2 - t_1} \int_{t_1}^{t_2} U \left[\frac{1}{(f_2 - f_1) V_\Omega} \int_\Omega \int_{f_1}^{f_2} S(r, t, f) \, \mathrm{d}f \mathrm{d}\tau - S_0 \right] \mathrm{d}t \tag{7-58}$$

5. 空间覆盖率

空间覆盖率,是指在一定频率和时间范围内,电磁环境的功率密度谱的平均值超过指定的环境电平门限所占用的空间范围与作战空间范围的比值,可表示为

$$\mathrm{SO} = \frac{1}{V_\Omega} \int_\Omega U \left[\frac{1}{(f_2 - f_1)(t_2 - t_1)} \int_{t_1}^{t_2} \int_{f_1}^{f_2} S(r, t, f) \, \mathrm{d}f \mathrm{d}t - S_0 \right] \mathrm{d}\tau \tag{7-59}$$

采用以上 5 个参数描述电磁环境信号特征,是一种相对简捷和灵活的方法。当设置了待定的战场空间 V_Ω、作战频段范围 $[f_1, f_2]$、作战时间段 $[t_1, t_2]$ 以及电磁环境电平门限 S_0,则对不同作战环境下的试验对象(即武器装备)的评估提供便利条件。

7.3.1.3　模拟战场电磁环境威胁机理建模

电磁威胁,是指在一定的时空范围内,一方电磁辐射对另一方电子设备、系统、网络以及相关武器系统或人员构成的威胁,通常用威胁等级表征。

1. 电磁环境相关性建模

1) 空域相关性建模

空域相关性建模,是通过计算用频装备和辐射源连线方向上的发射天线增益与接收天线增益的乘积来确定空域相关程度,可表示为

$$\mathrm{SR} = g_{rj}(\theta) \times g_{jr}(\varphi) = \frac{G_{rj}(\theta)}{G_r(\theta)} \times \frac{G_{jr}(\varphi)}{G_j(\theta)} \tag{7-60}$$

式中: $G_r(\theta)$ 为用频装备接收天线在发射方向或目标方向上的接收增益; $G_j(\theta)$ 为辐射源(干扰或非干扰)发射天线在接收方向上的发射增益; $G_{rj}(\theta)$ 为用频装备接收天线在辐射源方向上的接收增益; $G_{jr}(\theta)$ 为辐射源发射天线在用频装备辐射源方向上的发射增益; $g_{rj}(\theta)$ 为 $G_{rj}(\theta)$ 的归一化增益; $g_{jr}(\theta)$ 为 $G_{jr}(\theta)$ 的归一化增益。

2) 时域相关性建模

在 t 时刻时域相关性,只有用频装备工作和关机、辐射源工作和关机四种状态的排列组合。当 t 时刻用频装备和辐射源同时处于工作状态时,电磁信号才能进入用频装备产生影响,否则对用频装备不会产生任何影响。

设用频装备工作起始时刻和终止时刻分别为 t_S、t_E,辐射源工作起始时刻和终止时刻分别为 t_s、t_e,则 t 时刻时域相关度计算模型为

$$TR = \begin{cases} 1, & t \in [t_S, t_E] \cap [t_s, t_e] \\ 0, & 其他 \end{cases} \qquad (7-61)$$

3）频域相关性建模

设用频装备接收机线性部分的带宽为 Δf_r、中心频率 f_r，其他辐射源信号带宽为 Δf_j，信号中心频率 f_j，则在信号总功率、信号带宽、接收机带宽确定的情况下，进入接收机的信号功率与频率瞄准误差 δ_f 的大小及 $\Delta f_j / \Delta f_r$ 有关。由于存在频率瞄准误差，因此辐射源信号中心频率不能与接收机中心频率完全对准，且辐射源信号带宽往往不能完全覆盖接收机带宽。采用辐射源信号带宽与接收机带宽的重合程度来确定频域相关度，即

$$FR = \frac{f_{max} - f_{min}}{\Delta f_r} U(f_{max} - f_{min}) \qquad (7-62)$$

$$\Delta f_r = f_{rmax} - f_{rmin}, \quad f_{max} = \min[f_{rmax}, f_{jmax}], \quad f_{min} = \max[f_{rmax}, f_{jmin}]$$

式中：$U(X)$ 为阶跃函数；f_{rmax} 和 f_{rmin} 分别为用频装备接收机线性部分带宽的上、下限；f_{jmax} 和 f_{jmin} 分别为辐射源信号带宽的上、下限。

4）能域判别计算模型

辐射源信号到达用频装备接收天线的信号功率为

$$P_r = \frac{P_t G_{jr} G_{rj} \lambda^2}{(4\pi R)^2 L} \qquad (7-63)$$

式中：P_t 为辐射源的发射功率；G_{jr} 为发射天线在用频装备方向上的增益；G_{rj} 为用频装备接收天线在辐射源方向上的接收增益；R 为用频装备到辐射源之间的距离；L 为传输损耗；λ 为波长。

利用能域判别准则和灵敏度分析，则能域判别准则计算模型为

$$EJ = \begin{cases} 1, & P_r \geqslant P_{rmin} \\ 0, & P < P_{rmin} \end{cases} \qquad (7-64)$$

2. 电磁环境威胁性评估建模

1）空域威胁性评估建模

空域威胁性评估建模，是以空域威胁度为指标，定量分析电磁环境的空域威胁性，通常以用频装备为被威胁对象。空域威胁度，用电磁环境平均功率密度谱超过电磁环境门限的方位、俯仰范围与用频装备的工作方位、俯仰范围之比表示，即

$$ST = \frac{1}{\theta_2 - \theta_1} \cdot \frac{1}{\varphi_2 - \varphi_1} \int_{\varphi_1}^{\varphi_2} \int_{\theta_1}^{\theta_2} U\left\{ \frac{1}{f_2 - f_1} \cdot \frac{1}{t_2 - t_1} \int_{f_1}^{f_2} \int_{t_1}^{t_2} S[\theta(t), \varphi(t), f] \, dt df - S_0 \right\} d\theta d\varphi$$

$$(7-65)$$

式中：θ_1、θ_2 分别为用频装备方位扫描起始角和终止角；φ_1、φ_2 分别为用频装备俯仰扫描起始角和终止角；U 为单位阶跃函数；f_1、f_2 分别为用频装备工作起始频率和终止频率；t_1、t_2 分别为用频装备工作起始时刻和终止时刻；$S[\theta(t), \varphi(t), f]$ 为用频装备处的电磁环境平均功率密度谱；S_0 为用频装备正常工作的电磁环境门限。

2）时域威胁性评估建模

时域威胁性评估建模，以时域威胁度为指标，定量分析电磁环境的时域威胁性，通常以用频装备为被威胁对象。时域威胁度定义为用电磁环境平均功率密度谱超过电磁环境

门限的时段与用频装备的工作时段之比,即

$$\text{TT} = \frac{1}{t_2 - t_1} \int_{t_1}^{t_2} U\left\{ \frac{1}{\theta_2 - \theta_1} \cdot \frac{1}{\varphi_2 - \varphi_1} \cdot \frac{1}{f_2 - f_1} \int_{\theta_1}^{\theta_2} \int_{\varphi_1}^{\varphi_2} \int_{f_1}^{f_2} S[\theta(t), \varphi(t), f] \mathrm{d}f \mathrm{d}\varphi \mathrm{d}\theta - S_0 \right\} \mathrm{d}t$$

$$(7-66)$$

式中:U 为单位阶跃函数;θ_1、θ_2 分别为用频装备方位扫描起始角和终止角;φ_1、φ_2 分别为用频装备俯仰扫描起始角和终止角;f_1、f_2 分别为用频装备工作起始频率和终止频率;t_1、t_2 分别为用频装备工作起始时刻和终止时刻;$S[\theta(t), \varphi(t), f]$ 为用频装备处的电磁环境平均功率密度谱;S_0 为用频装备正常工作的电磁环境门限。

3)频域威胁性评估建模

频域威胁性评估建模,以频域威胁度为指标,定量分析电磁环境的频域威胁性,通常以用频装备为被威胁对象。频域威胁度定义为用电磁环境平均功率密度谱超过电磁环境门限的频段与用频装备的工作频段之比,即

$$\text{FT} = \frac{1}{f_2 - f_1} \int_{f_1}^{f_2} U\left\{ \frac{1}{\theta_2 - \theta_1} \cdot \frac{1}{\varphi_2 - \varphi_1} \cdot \frac{1}{t_2 - t_1} \int_{\theta_1}^{\theta_2} \int_{\varphi_1}^{\varphi_2} \int_{t_1}^{t_2} S[\theta(t), \varphi(t), f] \mathrm{d}t \mathrm{d}\varphi \mathrm{d}\theta - S_0 \right\} \mathrm{d}f$$

$$(7-67)$$

式中:f_1、f_2 分别为用频装备工作起始频率和终止频率;t_1、t_2 分别为用频装备工作起始时刻和终止时刻;$S[\theta(t), \varphi(t), f]$ 为用频装备处的电磁环境平均功率密度谱;θ_1、θ_2 分别为用频装备方位扫描起始角和终止角;φ_1、φ_2 分别为用频装备俯仰扫描起始角和终止角;U 为单位阶跃函数;S_0 为用频装备正常工作的电磁环境门限。

7.3.2 复杂电磁环境仿真

要对武器装备在复杂电磁环境中进行试验与评估,先要对复杂电磁环境进行建模与仿真。复杂电磁环境,是由战场复杂系统内部电磁域体系对抗问题引起的,它是一种综合后的电磁作用效果,不仅涉及的武器装备多,而且任何小的扰动都可能会对空域、时域、频域和能量域特征产生很大的影响,具有很强的不确定性。复杂电磁环境的不确定性造成了复杂电磁环境仿真的困难。

现代建模/仿真技术提供了分析系统不确定性的方法,比如探索性分析方法,它能够帮助研究人员从整体上全面了解系统演化的可能状态空间,达到认识系统不确定性的目的。但如果要将这些仿真分析方法应用到复杂电磁环境研究中来,首先需要建模与仿真人员能够正确认识到电磁空间不确定性的存在,从而能够在仿真中构造出系统的不确定性,最终达到分析不确定性的目的。因此,仿真应用中的不确定性表达,即仿真系统能不能提供产生不确定性的机制,成为了应用探索性分析方法进行仿真分析中承上启下的关键一步工作[16-17]。

电磁环境仿真主要有电磁效能评估、电磁环境的可视化、战场电磁环境的复杂性评估等。通常将电磁环境的复杂性分为一般复杂性和特定复杂性。电磁环境仿真方法也有确定性空间仿真与不确定性空间仿真两大类。

7.3.2.1 确定性空间仿真

相对于信息化战争,机械化作战的战场是地面、水上水下以及空中的三维空间,作战平台的活动均在三维坐标系中,作战平台所使用的武器也处在三维坐标系中。因此,在对

单纯的机械化作战进行仿真中,所有对象都归属到三维的作战环境中。信息化战争的战场是机械化战争战场空间再加上电磁空间,其中的电磁空间可暂称之为第四维空间(从广义上来看,太空也应属于三维空间)。电磁空间由包含声、光、电、磁在内的电磁分量构成。[18]

1. 基础模型

空间电磁环境仿真,由对电磁环境中这些环境分量的仿真构成。电磁环境仿真的逼真程度与这四个分量仿真的逼真度直接相关,可以通过电波、磁场、声场和光波四个基础模型来构建。基础模型用来描述信息对抗空间声光电磁各属性的值,例如,可以描述在信息对抗空间中某个坐标点的电波频率和强度、磁场方向和强度等。基础模型包括电波模型、磁场模型、声波模型、光波模型与实现如图 7-3 所示。

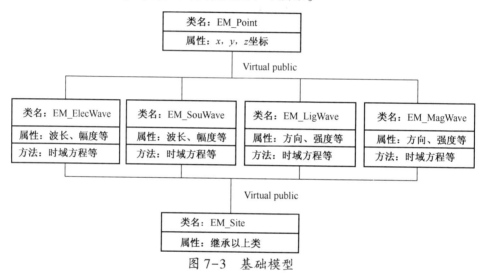

图 7-3　基础模型

电磁空间中某个点的坐标(X, Y, Z)的电磁环境由 EM-Site 类描述。EM-Site 类虚拟继承自 EM-ElecWave 、EM-SouWave 、EM-LigWave 、EM-Mag 四个类,分别代表电、声、光、磁四个分量,这四个类又虚拟继承自 EM-Point 类,即坐标点类。基础模型包含两个层次:第一层为基本的环境属性,第二层为时域和频域函数。电波模型首先包含如坐标点、频率和方向等基本属性;时域/频域的变化函数是建立在空间坐标、频率与方向等基本属性之上的。在时域/频域上,对电波环境进行更详细的描述,如在某个点(坐标)上的时域和频域分布等。因光波在物理性质上与普通电磁波有较大差异性,单独作为一个模型来建立。详细方法实现可参见有关文献中雷达回波建模方法。

2. 系统构成及仿真机理

1）系统构成

复杂电磁环境试验仿真系统,在了解战役、战术仿真系统的基础上进行设计,也可作为整个作战仿真系统的子系统。子系统可与战役战术仿真系统同时运行,并实时交互,为战役战术演练与信息对抗提供所需电磁环境。系统构成如图 7-4 所示。

电磁环境仿真子系统,一般由电磁分量解算服务器、辐射源线程池及电磁、地理环境数据库组成。若与战役战术等作战平台仿真系统配合运行,还需要加入辐射源隶属关系数据库。系统初始运行时,先由作战平台仿真系统或装备仿真系统对辐射源隶属关系进

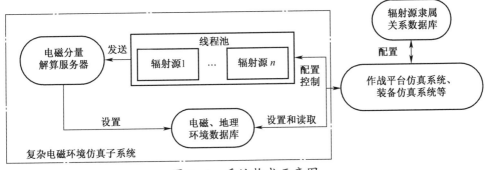

图 7-4　系统构成示意图

行初始化设置,即为各作战平台配置其所隶属的辐射源;仿真进行之后,战役、战术作战平台仿真系统通过对辐射源线程池中的各线程进行控制;辐射源线程依据指令,在每个时隙内将电磁辐射发送至电磁分量解算服务器;经电磁分量解算服务器计算,为若干个经过作战平台仿真系统注册在电磁、地理环境数据库中的坐标点设置电磁环境;最后,作战平台仿真系统向电磁、地理环境数据库查询所需要坐标点的电磁分量信息,以达到对电磁环境进行仿真的目的。在得到电磁环境信息之后,作战平台仿真系统或装备仿真系统就可以在其基础上对其进行分析和利用。如果需要对具体装备进行仿真,则可将电磁分量作为此装备的输入参数;如果不进行具体装备的仿真,可以通过设置电磁分量解算服务器,将辐射变化量写入电磁、地理环境数据库,以便于作战平台仿真系统使用。

2) 仿真机理

通常,战场空间内存在若干辐射源,包括主动雷达、协同雷达、通信发送设备、卫星定位信号、环境辐射(如电离层辐射和太空辐射)等电磁波辐射源以及光电、水声等辐射源。这些辐射源辐射出的电波、声波、光波的诸多信号广泛地分布于电磁波谱范围内。电磁辐射的形式各种各样,有脉冲也有连续波,还有调制波。辐射源不仅类型多,而且复杂多变,存在于不同或相同地理位置的辐射源向空中辐射出电磁波,并在特定介质中和某些方向上进行传播。由于电磁波在传播过程中受到介质作用,会发生一定程度上的变化(如衰减),在距离辐射源不同距离的点的电磁波将会同发射时的电磁波有所差异。在多个辐射源辐射出电磁波的辐射方向上和有效辐射范围内的空间任一点的电磁波频谱,是所有辐射源有效辐射频谱的迭加,在某一频率点电磁波的强度也是所有辐射源在此频率点的有效强度的迭加。该点的电磁环境,可用频率及其强度的分布来表示。根据仿真逼真度的要求以及不同应用需求,例如试验和训练等,频率分布的粒度可以根据需要进行设定。

仿真时,由电磁环境计算服务器对某个点的电磁频谱进行计算,并可采取两种方式设计。

(1) 辐射源节点将辐射点的电磁频谱、方向、强度等分量发送至电磁环境计算服务器,由电磁环境计算服务器接收节点的需求指令,将其所能够接收的频谱各分量经过环境因素计算后发给接收节点。最初发送整个频谱的所有分量,然后只发送变化量;对于超出接收节点频率范围频段的频谱分量,可以不发送,也可以全部发送到接收节点之后,由接收节点自行进行取舍。

(2) 辐射源节点将信号以时域或频域函数的方式发送至电磁分量计算服务器,再由服务器经过环境因素计算之后发布给接收节点。两种方式可进行切换。

两种方式各有优劣,前者可以对电磁频谱及其变化进行精确仿真,比较精确地反映信息化战争中电磁环境的迅速变化,更接近实际状态下的电磁环境,但接收方需要对辐射点的频谱、方向、强度等进行一段时间的解析,具有一定的时间延迟;后者时延小,但不能够精确还原复杂电磁环境。具体采用那种方案设计,应根据具体情况而定。

复杂电磁环境的实验室建模与仿真,对于构建外场复杂电磁环境试验场具有重要的指导作用,如图7-5所示。通过实验室仿真,计算试验场内矩形网格点(三维空间)上的电磁参数值,用于指导试验场试验设施的布点设计;实际测量矩形网格点(三维空间)上的电磁参数值,与计算值进行比较,若满足要求则可,反之更改试验场设计,直至满足要求为止。

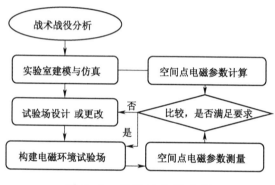

图7-5　试验场设计流程

7.3.2.2　不确定性空间仿真

在仿真中构建复杂电磁环境的不确定性,更具有实际工程应用价值。在给出基本应用范式的基础上,对复杂电磁环境不确定性,采用基于Shannon概率熵的不确定性分析方法,构建复杂电磁环境的参数不确定空间[19]。

1. 基本应用范式

1)不确定性空间的类型

不确定性因素,可分为参数不确定性和结构不确定性[20]。其中参数不确定性,也称为输入不确定性,是指对于探索空间模型输入参数的不确定性;结构不确定性,是指对于模型的内在描述和运行机理的不了解而导致的不确定性。二者比较而言,结构不确定性往往存在于所讨论的问题不具有良性结构,这一点对问题的形式化描述与建模带来很大的困难;输入不确定性或者说参数不确定性,是对于结构不确定性的弱化,它所面对的问题一般都具有良性结构,只是对于参数水平的取值知识不足。

2)应用范式

对应于两种不同的不确定性类型,在仿真中采用探索性分析方法首先构建其对应的不确定性产生机制,即分析所关注的问题是具有结构不确定性还是具有输入不确定性,然后在仿真中针对不确定性类型构建出其不确定性产生机制,从而形成不确定性探索空间,其应用范式如图7-6所示[21]。

该范式强调以仿真手段进行探索性分析,分为三个步骤:

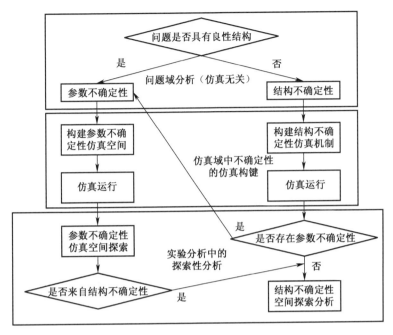

图 7-6 不确定性空间的仿真构建范式描述

（1）对问题域中的不确定性产生类型进行分析，以此为基础在仿真中构建相应的不确定性，对实验空间进行探索性分析。

（2）在不确定性空间的构建过程中，若是参数不确定性，则在仿真中通过参数输入反映其特征；若是结构不确定性，则首先对问题结构形成探索机制，再来考察规定的问题结构下是否还具有参数不确定性。

（3）对实验数据进行探索性分析。值得注意的是，在很多复杂系统的探索性仿真应用中，对于该范式中的第一、二个层次的分析较少，不区分不确定性的产生机制，而过于强调对实验数据的探索性分析，缺少对于所讨论问题的不确定性分析，忽视了探索性分析的应用基础和出发点，有悖于探索性分析的基本思想。所以，在仿真中应用探索性分析方法必须要从其应用范式出发，首先针对问题域中不确定性的产生根源和机制，并以此为基础，在仿真层次构建出不确定性。

2. 复杂电磁环境仿真中的不确定性空间[22]

1）复杂电磁环境及其不确定性

复杂电磁环境是指在一定的战场空间，由时域、频域、能域和空域上分布密集、数量繁多、样式复杂、动态随机的多种电磁信号交叠而成的，对装备和人员等构成一定影响的战场电磁环境。复杂电磁环境的产生根源来自战场电磁空间所存在的大量不确定性。这些不确定性在客观上表现为多种电磁因素的综合作用效果；同时，电磁作用使得各因素间的耦合程度很高，局部小的扰动都可能会对空域、时域、能域和频域特征产生很大的影响等等。在主观上则反映为战场指挥员对电磁态势认知的不确定性，比如敌方哪些电磁装备对我实施什么电磁行动，产生了什么影响等；对于知识的不确定性，既可能是随机性也可能是模糊性或者是不完备性所造成的。

2）基于 Shannon 概率熵的复杂电磁环境不确定性分析

复杂电磁环境不确定性,既是一种对战场电磁空间复杂程度的客观反映,也体现了在认知上的困难程度。综合主客观因素,可将复杂电磁环境的不确定性理解为对战场电磁态势评判所需要的信息量,以 Shannon 概率熵的形式表示。

在对战场电磁空间进行分析评判时,将可能的电磁行为及其对应的出现概率分别记为 $x_1, x_2, \cdots, x_N$ 和 $p_1, p_2, \cdots, p_N$,且满足:

$$0 \leqslant p_i \leqslant 1, \quad i = 1, 2, \cdots, N$$

$$\sum_{i=1}^{N} p_i = 1$$

则复杂电磁环境不确定性可以表示为

$$H_s(p_1, p_2, \cdots, p_N) = -K \sum_{i=1}^{N} p_i \lg p_i \tag{7-68}$$

式中:K 为正常数。

（1）当对电磁态势没有任何认知时,所有电磁行为都以相同的概率发生,此时复杂电磁环境不确定性达到最大值,即

$$H_s\left(\frac{1}{N}, \frac{1}{N}, \cdots, \frac{1}{N}\right) = K \lg N \tag{7-69}$$

且

$$H_s(p_1, p_2, \cdots, p_N) \leqslant H_s\left(\frac{1}{N}, \frac{1}{N}, \cdots, \frac{1}{N}\right)$$

（2）如果对战场电磁态势完全了解,此时复杂电磁环境不确定性为 0,即当

$$\exists p_i = 1, \quad i \in [1, N]$$

时,有

$$p_1 = p_2 = \cdots = p_{i-1} = p_{i+1} = \cdots = p_N = 0$$

则

$$H_s(0, 0, \cdots, 0, 1, 0, \cdots, 0) = 0$$

通过基于 Shannon 概率熵的复杂电磁环境不确定性分析,为复杂电磁环境仿真中不确定性构建提供了基础和依据。

3）战场复杂电磁环境的形式化描述

基于 Shannon 概率熵的不确定性分析方法,对战场复杂电磁环境进行形式化描述,从而为复杂电磁环境的仿真构建提供基础和依据。

式(7-68)表明复杂电磁环境的不确定性可以分解为电磁行为,即复杂电磁环境 = <空域,能域,时域,频域>。将战场中电磁行为的形式化描述定义为:电磁行为 = <行为主体(装备和地理环境等),行为客体(装备等),电磁行为模式(欺骗式干扰和大气传播辐射等),空域特征,能域特征,时域特征,频域特征>。战场中电磁行为可以通俗地理解为:是什么装备或是哪些地理因素等(行为主体)采用什么方式对其他装备(行为客体)在什么空域,以多大能量、多少频率,在什么时间实施的。

4）构建参数不确定性

通过基于 Shannon 概率熵的复杂电磁环境不确定性分析及相应的战场复杂电磁环境

的形式化表述发现,复杂电磁环境的不确定性类型主要是参数不确定性,即对于电磁的作用机理比较清楚,不确定性中的结构不确定性相对较少,所研讨的问题具有良性结构,但是描述电磁行为的参数输入却不明确,即刻画电磁行为的行为主体(装备和地理环境等)、行为客体(装备和地理环境等)、电磁行为模式(欺骗式干扰和大气传播辐射等)、空域特征、能域特征、时域特征、频域特征的输入参数的水平不清晰。因此,可以认为构造复杂电磁环境的不确定性就是要面向电磁行为构造其参数不确定性,通过大量的平台特征及其四域特征的参数水平输入,构成电磁空间的不确定性特征。图7-7给出了构建参数不确定性空间的示意图。

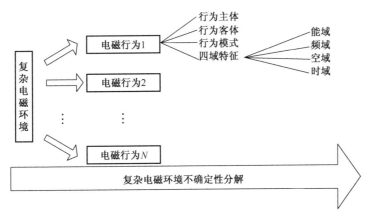

图7-7 构建参数不确定性空间

7.4 试验电磁环境构建方法

战场电磁环境越来越复杂,严重影响着电子装备作战使用和性能发挥,同时也对试验(靶)场进行复杂电磁环境下的武器装备试验提出了新要求。构建近似实战的复杂电磁环境,开展武器装备武器与评估,是科学检验武器装备的必要条件。

如前所述,战场电磁环境具有很多不确定性,且瞬息万变。要想模拟战场环境就必须把握电磁环境的组成要素和特点规律,才能构建近似实战的电磁环境,从而进行电子装备技术性能和作战性能的试验,及时发现武器装备在复杂电磁环境下的缺点或薄弱环节,以促进武器装备质量水平的提高。

7.4.1 战场电磁环境构成及特点

7.4.1.1 战场电磁环境构成

战场电磁环境是指一定的战场空间内对作战有影响的电磁活动和现象的总和。战场电磁环境主要由人为电磁辐射、自然电磁辐射和辐射传播因素组成(图7-8),三种组成要素直接决定着战场电磁环境的形态,其中人为电磁辐射是战场电磁环境的主体。因此,模拟战场复杂电磁环境,最重要的是对敌我双方电子装备产生的电磁环境的模拟与构建[23-25]。

7.4.1.2 战场电磁环境特点

现代战场上,武器装备面临的电磁信号环境呈现以下几个特点。

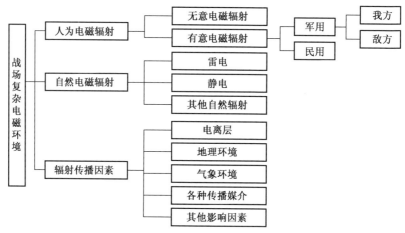

图 7-8 战场电磁环境构成

（1）辐射源的数量多、分布密度大、分布范围广、信号交叠严重,信号环境密度达几十万甚至数百万。据国外有关资料介绍,在某地 1000km 的范围内,每个频段的发射源数目分别为:$0\sim500MHz$（485 个）;$8\sim40GHz$（$40\sim50$ 个）;$500\sim2000MHz$（6 个）。

（2）电磁信号形式多样、信号调制复杂、参数多变、快变。如雷达为了作战和生存能力,普遍采用相控阵雷达、脉冲多普勒雷达、连续波雷达、频率捷变雷达、脉冲压缩雷达、噪声雷达、毫米波雷达和合成孔径雷达等,造成战场电磁信号样式多,信号的多个参数同时变化。

（3）现代战场电磁信号综合威胁程度高。现代战场雷达与各种杀伤性武器系统的结合更加紧密,都直接威胁到雷达、雷达对抗装备和人员的生存。对这些高威胁的雷达信号,要求雷达对抗系统对其迅速做出反应。

现代武器装备能否适应这种密集、复杂多变的电磁信号环境,能否快速准确侦收、判断、识别出各种敌方威胁信号并采取有效的对抗措施,是衡量武器装备技术战术性能是否先进的主要依据。战场是检验装备能力的最有效的途径。但在和平时期,构建近似实战的电磁信号环境,是科学评估武器装备作战能力的根本方法。

7.4.2 试验电磁环境构建方法

构建试验电磁环境,是开展复杂电磁环境下武器装备试验与评估的前提,因此需要构建逼真的战场电磁环境,将被试武器系统纳入此环境进行试验,以评估武器装备在复杂电磁环境下的战技性能、作战效能。电磁环境构建技术一般分为四种:数值模拟/仿真法、半实物模拟法、外场试验法与综合模拟方法。仿真方法离不开建模技术。建模时,采用演绎法和归纳法两种途径进行建模。演绎法是应用先验信息建立某些假设和原理,通过数学逻辑演绎建立模型;归纳法是基于试验数据建立模型的方法[26]。

复杂电磁环境构建不单是技术问题,而是技术与战术的有机结合,只有在深入理解战场电磁环境的特点与变化规律基础上,系统建设与电子装备相关的敌方信息作战系统,才能依据战术想定构建出典型作战态势,达到真正检验装备战术技术性能的目的。

7.4.2.1 数值模拟/仿真法

采用计算机模拟与仿真技术,模拟未来战争中武器装备系统的性能指标、作战性能、战场环境、兵力部署以及模拟战斗态势和战斗过程,也是比较常见的一种环境构建方法。利用计算机模拟/仿真技术生成复杂电磁环境具有方便、快捷,重复性好,通用性强,价格低廉等优势。计算机模拟/仿真构成的复杂电磁环境是虚拟的环境,对电子对抗装备的预研和设计验证、试验方法验证和试验结果预先验证等具有较大的好处,但仿真建模较困难,被试装备、战场环境、兵力态势和电磁环境等模型准确性影响着计算机模拟仿真结果的可信性。

7.4.2.2 半实物模拟法

利用真实装备产生复杂电磁环境虽然不可或缺,但成本较大,难以作为经常性的试验方法,在试验中更多地采用专用的电子信号环境模拟器替代真实装备。半实物仿真方法既可在实验室完成也可在微波暗室中进行。国外试验(靶)场为了模拟产生真实的电磁环境,除少量实际装备外,还装备了大量的模拟器。每个站点部署一到多部模拟器,有的模拟器是机动的,需要时可随便部署在试验(靶)场的任何位置。信号环境模拟器可以模拟各种体制的信号,一般包括辐射式仿真模拟系统和注入式仿真模拟系统。半实物电磁环境模拟系统能动态地模拟多批次、多体制、宽频段、高精度、软件可编程辐射源的密集电磁环境和电子战战情,从而为电子对抗装备的试验鉴定提供了符合要求的试验条件。与外场全实物电磁环境模拟和全仿真式电磁环境模拟方法相比,该方法具有十分突出的优点。

(1) 利用专用信号环境模拟器可以较逼真地模拟各种体制的雷达信号,反映装备面临的复杂电磁信号环境;

(2) 采用单套信号模拟器就代替多套实际装备产生的信号,可以节省大量开支和人力资源;

(3) 可用于野外试验,弥补实际武器装备的不足,又可用于仿真暗室形成逼真的战场电磁环境。

7.4.2.3 外场试验方法

电子信息装备尤其是电子对抗装备的作战针对性是比较具体的,真实的装备最终还是需要在逼真的战场环境下进行试验与评估。真实的电子信息装备能构建最接近设计的战场电磁环境,利用获得的敌方武器装备生成与战场雷达对抗装备一致的信号环境以及真实的气象环境,这种方法具有较高的逼真性。它是电子对抗装备试验鉴定、对抗效果评估等最有效、最可信的方法。但这种方法很难达到复杂电磁环境真实性的全部要求:一是大型的电子装备数量有限,难以逼真地模拟复杂电磁环境中密集、动态、多变的信号环境;二是大量实际装备研制需要耗费大量的人力、财力和物力,并且需要大量架设的场地等,保障比较难、费用比较高、保密性差,试验受气象和地理条件影响较大;三是由于雷达、雷达干扰机等装备直接关系到战场上的制信息权,敌方的电子信息装备很难获得。因此,想全部用实际装备模拟实战条件下的复杂电磁环境比较困难。因此,试验(靶)场一般采用实际装备和模拟器共同构建电磁环境,如北约波利冈电子战训练试验(靶)场依靠部分实际装备系统以及大量的模拟器,建立逼真的作战电子威胁环境[27];美国加州中国湖海军空战中心武器部电子战试验(靶)场(ECR)拥有大量的各种实际装备系统和威胁模拟器,可逼真地模拟俄罗斯等国家的防空系统。

7.4.2.4　综合方法构建[28]

综合构建方法,融合了前面几种方法包括数值仿真、半实物仿真和外场试验方法,共同构建一种综合电磁环境和试验环境。这是由于现代战争模式已转变为联合作战模式,这种战场电磁环境更加复杂,因此依靠一种方法不能满足装备试验的实际需要。综合构建方法既有雷达等实际装备,又有雷达信号环境模拟器等模拟设备;既有外场真实的地理环境和电磁环境,又有计算机虚拟战场环境。综合模拟方法要充分发挥实际装备、半实物信号模拟器和计算机全数字模拟的各自优势,来模拟构建适用未来战场的复杂电磁环境。也就是在野外动态试验时,用实际装备模拟敌方典型的警戒雷达、火控雷达(舰载和机载)、导弹末制导雷达等威胁目标构成的电磁信号环境以及电磁干扰环境;用信号环境模拟器模拟产生高密度、多体制、多方位、多态势的集群电磁环境背景信号;在外场动态试验前和动态试验后,利用计算机模拟法产生虚拟复杂电磁环境进行试验方案验证、试验结果预先验证和试验结果分析推断,并把实际装备对抗试验数据应用到计算机仿真模型建设,对模型进行修正和验证,不断提高模型的准确性,见表7-3。

表7-3　复杂电磁环境构建方法的对比

构建方法	使用平台或装备	优点	缺点
实装模拟	水面舰艇、飞机、岸基或车载设备等	立体作战空间,具有与作战相同的真实感,对抗效果真实,可信度高	消耗大,受装备影响较大,很难构成复杂的电磁环境
半实物仿真	微波暗室、射频环境模拟器及平台运动模拟设备等	可模拟各种体制的雷达信号,环境复杂、动态性强	难于在较大区域内构建复杂电磁环境,对抗试验结果真实性较差
数字仿真	以计算机、软件、模型和网络为主的数字仿真系统	可重复实现各种复杂电磁环境的数字仿真	模型开发工作量大、难度高,结果的可信度取决于模型的准确性
综合构建法	实装模拟、半实物仿真、数字仿真三者的有机结合	发挥各种方法的优势,可构建一体化的复杂电磁环境	装(设)备多、系统控制比较复杂

1. 利用真实的电子装备产生复杂的电磁威胁环境

1989年,德国统一使北约波利冈电子战靶场获得了大量苏制SA-6、SA-8地对空导弹系统,ZSU-23/4四联火炮,SPN30和SPN40地形匹配雷达干扰机等系统,使之一举成为北约靶场中承担针对苏式防空系统训练任务的主要基地。在1999年参加科索沃战争前,美国、意大利和法国等国家的电子干扰飞机都进行过相应训练,目的就是提高复杂电磁环境下的作战和生存能力。

2. 利用大量模拟器产生复杂的电磁环境

北约靶场装备了大量的模拟器。如安装在敞篷车上的战术雷达威胁模拟器可以模拟苏制SA-8地空导弹系统和ZSU-23/4四联火炮的"炮盘"雷达,能够为训练飞机提供充满机动威胁和具有规避能力威胁的环境,使得训练逼近实战。美国中部的大西洋电子战靶场配备的威胁信号模拟器可模拟SA-2、SA-3、SA-5、SA-6、SA-8、SA-11地空导弹系统和ZSU-23/4通信干扰机以及I/J波段干扰机的信号。该靶场有30多个站点,每个站点部署一到多部模拟器,有的模拟器是机动的,需要时可部署在场区的任何位置。

3. 利用现代化计算机模拟技术创造逼真的电磁威胁环境

为了使训练场更加接近战场环境条件,采用计算机模拟与仿真技术来模拟未来战争中武器装备系统的性能指标、作战性能、战场背景、战场环境、兵力部署以及模拟战斗态势和战斗过程,也是一种比较常见的环境构建方法。美国的训练中心配备有各种性能先进、功能齐全、系统配套的模拟训练系统。如美国陆军电子靶场为了更有效地进行 C^4I 系统的试验、鉴定和训练,开发了一套大型软件试验平台:星船系统,该系统可用于电子靶场和电子靶场外的试验和训练,能够实现对试验仪器监视和控制。

4. 利用分布式交互仿真技术构建联合作战条件下的复杂战场环境

现代联合作战条件下,为了构建更大规模的联合作战条件,还可采用分布式交互仿真技术。美军在"千年挑战2002"演习中,利用分布式交互仿真技术将分散在美国的26个指挥中心和训练基地的各兵种指挥人员置于同一背景、同一战场态势、同一作战想定之下,成功进行了一次实时同步的联合作战大演习。美国联合指挥和控制作战中心提出研制的"四项"电子战模拟系统是一个指挥演习工具,主要是对空中战术作战和防空作战的电子战环境进行模拟。该模拟系统将电子战系统对训练想定结果的影响进行了量化,主要包括联合战役战术电子战模拟、联合网络模拟、联合作战信息模拟以及联合指挥和作战攻击模拟。使用户能够同时对敌我双方雷达、通信、干扰系统参数和实体种类以及飞机进行描述。然后通过创建一个网络链接和网络结构建立一个指挥、控制和通信的体系框架,从而构建起联合作战条件下的复杂战场环境。

5. 利用能够模拟假想敌的部队探索逼真战法

为了更加有效地训练电子战部队,北约成立了一支规模很小但在电子战训练方面拥有丰富经验的"假想敌部队"——北约多军种电子战支援大队。和平时期,该部队为北约部队的训练和演习提供逼真的电磁威胁环境;危机爆发时,它还负责对派往危机和冲突地区的北约部队进行电子战强化训练。

与此同时,外军还进行一系列的实兵演练活动,其目的是为了检验武器装备在复杂电磁环境下的真实作战性能。具体包括"红旗/绿旗"电子战演习、"电子战实弹训练"演习、"弯弓试验"演习、"铁锤试验"演习、"斯巴达铁锤试验"演习等。

综上所述,外军武器装备在复杂电磁环境下的试验与评估特点可总结为四个方面:注重电磁威胁环境的构建;强调记录分析、考核评估和试验保障;注重靶场的电磁安全;倡导实兵训练和装备试验的融合。

7.4.3 试验电磁环境构建要素

电磁环境的构建要素,是各种对抗装备试验电磁环境产生决定性影响的构成因素,缺少任何一方面都不能完整地形成武器装备试验电磁环境。确定对抗装备试验电磁环境的构建对象和要素,是构建和设置逼真、可靠、贴近实战的对抗装备试验电磁环境的前提和依据[29]。

7.4.3.1 构建对象

根据战场电磁环境的特点,试验电磁环境的构建对象主要包括通信环境、雷达环境、光电环境、电子对抗环境、民用电磁环境和自然环境等。在战场电磁环境中,对作战影响较大的电磁信号是由雷达装备发出的,各种密集的电磁信号几乎占据了整个电磁频谱。

以雷达为例。由雷达生成的电磁环境是雷达对抗装备试验复杂电磁环境构建的重点。雷达对抗装备的试验电磁环境构建主要是雷达信号环境、雷达威胁目标环境、雷达干扰环境、通信信号环境、民用雷达信号环境和自然电磁环境等六个方面,如图7-9所示。

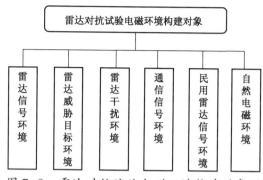

图7-9　雷达对抗试验电磁环境构建对象图

（1）雷达信号环境:主要是军用的机载、舰（艇）载、岸基各种用途的雷达产生的雷达信号环境。

（2）雷达威胁目标环境:主要是敌方各种武器控制雷达或导弹制导雷达产生的高威胁电磁环境。

（3）雷达干扰环境:主要是对方雷达干扰机和己方雷达干扰机的干扰信号,主要包括噪声干扰或欺骗干扰信号环境。

（4）通信信号环境:主要是工作频率在雷达频段范围内的通信信号和通信干扰信号产生的电磁信号环境。

（5）民用雷达信号环境:主要包括民用导航雷达、气象雷达和测绘雷达等产生的信号环境。

（6）自然电磁环境:静电、雷电和地磁场等自然辐射是几种最主要的电磁辐射,这些自然电磁辐射对电子装备的影响效果往往是巨大的,试验时需要特别关注。

基于装备试验与评估的目的,自然电磁环境是复杂电磁环境的重要构成要素,但不作为装备试验时构建复杂电磁环境的重点。

7.4.3.2　基本要素

复杂电磁环境的构建要素,主要取决于两个方面。

1. 电磁辐射技术特性

电磁辐射技术要素主要为辐射信号种类、信号频率与样式、背景环境等要素。

2. 装备试验需求

装备试验需求就是模拟生成近似实战的战场电磁环境。例如,雷达电磁环境构建要素主要包括电磁信号密度、电磁信号强度、电磁信号样式和电磁信号分布等几方面。

1）雷达信号密度

雷达信号密度,是指雷达对抗侦察设备每秒接收到的雷达脉冲信号平均数。现代战争中各种辐射源激增,使得电磁信号环境异常密集。在原东西德边界地区,电子对抗接收机可收到300~1000部雷达信号,可见信号环境密度之高。预计今后的电磁信号密度将趋于每秒120万个脉冲以上。电磁信号密度特征反映了战场电磁环境中信号的"疏密"

程度。不同密度的电磁信号环境对雷达侦察设备的性能影响也不同,因此在试验电磁环境信号环境中,电磁环境信号密度将是一个关键要素。

2) 电磁信号强度

电磁信号强度与辐射源功率、辐射源远近、电磁波衰减等因素有关。信号强度直接决定了战场电磁环境的影响能力,是对各种电子信息系统产生影响的能量基础。考查一个所关心的雷达对抗系统受战场电磁环境的影响程度,就是关注该系统所接收到的各种电磁信号的强度,如果强度高于接收机灵敏度,则必然进入到雷达对抗系统内部,进而产生影响。现代战场雷达以及雷达干扰机,辐射功率从瓦级到兆瓦级不等,因辐射功率、距离等不同在雷达侦察机产生的信号强度也不同。试验中要模拟不同信号强度的电磁信号和电磁干扰信号,检验雷达侦察机在不同电磁信号强度中的环境适应能力。

3) 电磁信号样式

现代战场电磁环境的复杂程度主要表现在信号形式多样化。电磁信号样式即信号的调制方式及参数范围。一般要分类统计与估算各种军用电子设备的信号调制样式及其参数范围。电磁信号样式特征反映了战场电磁空间中电磁信号的“种类”多少。对于雷达电磁环境,包括雷达信号在频率、重频和脉宽等参数调制方式和调制信号的参数范围。

4) 电磁信号分布特征

电磁信号在时域、空域和频域的分布反映了战场电磁环境中信号的“部署”特性。时域分布描述的是不同时段内信号分布情况;频域分布描述的是信号在不同频段的分布情况;空域分布描述的是信号辐射源在不同空(地)域的分布情况。战场电磁信号环境的动态分布,是试验电磁环境构建的重点与难点。

7.4.4　试验电磁环境构建前后检测

构建电磁环境前,需要对电磁环境试验场所在区域的已经存在的客观电磁环境进行检测,获得其已有的电磁环境分布特征[30]。这对于构建武器装备电磁环境具有重要意义。

不同区域,具有不一样的电磁环境,采用检测设备对所在区域进行检测。首先需要将电磁信号进行分类,其次,在区域全范围内进行合理分割,设立检测点。原则上,检测点分布应均匀。

结合电磁环境检测的特点,按照每种电磁现象对武器装备的作用特点对电磁现象进行分类:

(1) 将雷电、电磁脉冲、静电放电作为单独一类电磁现象。雷电、电磁脉冲、静电放电属于瞬变电磁现象,其作用于装备的时间极短,但破坏作用较大。MIL-HDBK-237D《采办过程中电磁环境效应及频谱保障性指南》第 7 章 E^3 试验策略中,将雷电、静电放电、电磁脉冲作为特殊的 E^3 问题,单独进行试验。

(2) 民用电磁信号检测。将非有意对抗电磁辐射作为一类电磁现象。这种电磁现象主要是指工作频道附近相邻信号的电磁辐射,可以称为非对抗干扰电磁环境。非对抗干扰环境的主要特点是:干扰信号一般不出现在接收机工作的中心频率上,接收机工作频率与干扰频率之间有一定的频率差 Δf,其干扰效果的好坏及干扰场强值的大小与频率差值的大小有直接关系。

（3）军用电磁信号检测。将区域内可接收到的其他军用电子装备产生的发射辐射作为一类电磁现象。这类电磁信号的特点，是干扰信号主要出现在接收机工作的同一频点或邻频上，主要由己方设备产生信号为主，信号形式与被干扰装备发射信号的相关性强，但其参数已知。

（4）将平台一定区域内存在的其他电磁现象的共同作用环境定义为该平台的基础电磁环境。平台基础电磁环境，简称为平台电磁环境，主要由平台上的各种电磁发射源产生，其对装备的作用特点是作用于装备的持续时间长，是装备在该平台上工作时必须克服的外部电磁环境，是装备设计时对装备设计指标的最低要求。

一个典型的电磁环境检测系统，由测量和信号采集系统组成，主要包括场强探头、光纤、光电转换器、场强监视器、接收天线、射频电缆、衰减器、频谱分析仪、软件、计算机等，系统组成如图 7-10 所示。

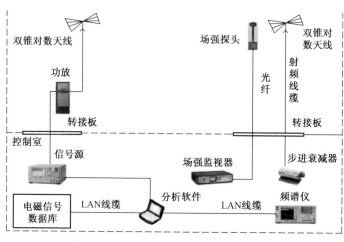

图 7-10　电磁环境检测系统示意图

电磁环境测量系统分类检测电磁环境，信号采集系统对电磁环境信号进行实时捕捉，并利用商用软件进行频谱和信号特性分析，评估检测环境的真实性和可靠性。

电磁环境构建后，更需要检测其执行任务区的电磁环境分布情况，是否能够达到预期的要求。一般通过在试验区建立分布式的监测点和监测网络，或通过监测飞机或无人机实时在试验空域进行监测。

7.4.5　试验电磁环境构建流程

试验电磁环境构建，一般是采用模拟战场电磁环境的电磁特征，并以被试装备的使命任务为牵引，以满足被试装备试验需求为目标，实现战场复杂电磁环境在武器装备试验区域中的近似复现，达到检验装备在复杂电磁环境下的作战性能的目的。

例如，构建雷达对抗装备试验电磁环境是要综合运用实际雷达、雷达信号环境模拟器和全数字仿真等方法，按照构建对象和构建要素进行模拟设置近似实战的电磁环境。装备试验电磁环境构建一般流程如图 7-11 所示。

（1）根据被试装备的任务使命，分析确定被试装备作战的电磁环境，包括时域、频域、空域、能域等区间范围和电磁环境的应用范围，为构建试验电磁环境提供依据。

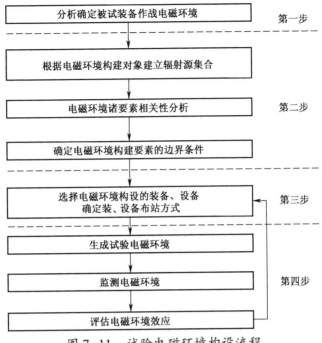

图 7-11 试验电磁环境构设流程

（2）根据被试装备与战场电磁环境的关联度,确定试验电磁环境的构建对象和电磁辐射源的数量、性质、参数等,形成辐射源集合,并且以对被试装备产生实质性影响为前提,确定试验电磁环境的信号密度、样式、强度和分布等要素的边界条件。

（3）针对试验电磁环境构建需求和试验（靶）场实际保障条件,区分背景环境信号、威胁目标信号和干扰信号,选择电磁环境构设的装（设）备,并确定各装（设）备的布站位置和方式,综合应用实际装备、环境模拟器和全数字仿真等方法进行电磁环境构建。

（4）按照实战化的要求,选择真实装备共同模拟产生各种类型的电磁环境信号、电磁干扰环境和威胁目标信号,根据电磁环境监测结果和被试装备的试验结果,评判电磁环境构建的效果,并反馈作用于"第三步",为动态调整电磁环境应用提供依据。

7.4.6 电磁环境试验网络

实际战场电磁环境在时域、频域、空域与能量域上不断变化。要想模拟战场电磁环境的变化,首先必须了解联合作战中红蓝双方的战术博弈,即作战需求分析,才能合理布置实物、模拟器等实验设施,并按要求产生各种时域与频域变化的信号。这就需要对整个试验区域内试验设施进行统一控制与统一管理,构建统一的控制网络,由控制中心统一控制。

电磁环境试验场网络,主要有两大部分组成,如图 7-12 所示。首先,是由产生真实电磁环境的试验装置构成的时、频、空和能量等域动态变化的统一控制网络;其次,是由相应的测试系统构成的测试网络。其作用是,前者按照预定模式产生时域、频域、空域与能量域上不断变化的复杂电磁空间,为试验对象营造实际战场环境条件;后者是由各种、各类型测试系统（设备）组成的网络系统构成,其网络构成可按照第 4 章和第 5 章所描述的方法进行。

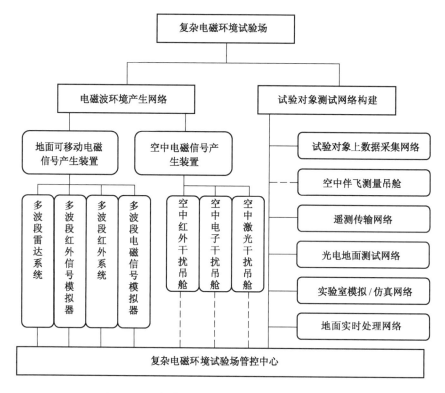

图 7-12　复杂电磁环境试验场结构示意图

　　复杂电磁环境试验场网络是一个开放式结构,随着装备试验要求的不断提高,或是试验任务特殊要求,可随时增加试验装置或测试设备(系统),具有可扩展性和实时性。复杂电磁环境试验场网络的两大部分相辅相成,既有一定的独立性,更有很强的相关性,它们之间按照试验任务的规划相互协调地工作与运行。

7.5　复杂电磁环境下装备作战效能分析

　　构建复杂电磁环境的目的,是为了对武器装备环境适应性以及作战效能进行评估。战场上各种电子设备的大量使用,电磁环境十分复杂,对武器系统电子装备作战效能产生巨大影响。本节介绍了在复杂电磁环境下对武器系统的作战效能进行评估的经典方法,其中一些数学方法与复杂电磁环境等级分析的数学方法类似,所不同的是分析的对象不同而已[31]。

　　电磁环境适应性(Electromagnetic Environmental Adaptation,EEA)是指装备、系统以及平台受电磁环境影响时的适应能力。武器装备在复杂电磁环境下的适应能力,可表述为武器装备在特定电磁环境条件下完成作战任务的能力。适应性试验,主要评估电子装备对各种复杂电磁环境的适应能力,测试各项性能功能指标,以评估其作战效能。作战效能的评估对于武器装备研制具有重要意义。

7.5.1 概述

武器系统作战效能,是指在规定条件下,运用武器系统的作战兵力执行作战任务所能达到预期目标的程度。作战能力通过对其作战效能的评估得以体现,电子战系统、雷达系统、通信系统等的作战效能试验与评估,是需要采用多种试验设施与测试系统,通过各种试验评估方法,对武器装备进行客观的考核。武器系统作战效能评估,首先要建立评估电子战系统作战效能的指标体系,见表7-4,其次要确定评估指标的方法。

表 7-4 武器装备受电磁干扰等级

等级	定 义
I	用频设备战术指标有所降低,但基本不影响正常使用,作战行动仍能正常进行。电磁环境影响因素消失后,用频设备战术技术指标迅速恢复正常
II	用频设备战术技术指标有较大降低,用频设备正常使用受到一定影响,通过改变工作频率、工作方式等技术措施,作战行动仍能正常进行,但速度和效果已受到较大影响。电磁环境影响消失后,用频设备战术技术指标很快恢复正常
III	用频设备战术技术指标有巨大降低,基本无法正常工作。技术熟练的操作人员通过改变工作频率、工作方式等技术措施,只能最低限度地使用设备,作战行动只能勉强继续进行。电磁环境影响因素小的时候,用频设备战术技术指标需要一定时间才能恢复正常
IV	受电磁环境因素的影响,关键性用频设备软、硬件故障无法使用,作战行动出现通联阻断、指控脱节、协同混乱等严重现象。电磁环境的影响因素消失后,用频设备战术技术指标只有进行修复才能正常使用甚至无法修复

系统作战效能的评估方法有很多,常用评估方法有层次分析法、模糊评判法和灰色系统理论方法。这几种方法各有其适用性和局限性。层次分析法在处理一个由相互联系、相互制约的众多因素构成的复杂而又往往缺乏定量数据的系统时显示出其特有的优越性,它采用定性和定量相结合的方法处理各决策因素,具有系统、灵活、简洁的优点。模糊数学法对武器装备系统效能进行综合评判,主要是依靠专家经验借助于隶属函数进行处理。由于电子装备试验中存在很多信息不完全、不确定及数据少等不确定性决策问题,因此模糊数学方法就有一定局限性。灰色系统理论运用控制论与运筹学相结合的数学方法,发展了一套解决信息不完备系统的理论与方法,能够较好地处理信息不完备的问题。

对于电子战装备的效能评估,实践中往往采用几种方法混合使用,如模糊层次法、灰色模糊法、灰色层次法等,各取其长,以期得到客观全面、准确定量的效能值,为评估电子战系统提供准确的数据。

7.5.2 层次分析法

层次分析法(Analytic Hierarchy Process,AHP),是根据问题性质和目标,分解出问题的组成因素,并按因素间的相互关系及隶属关系将因素层次化,组成一个层次结构模型,然后按层分析,最终获得最低层因素对于最高层(总目标)的重要性权值,或进行优劣性排序。该方法由美国运筹学家萨蒂教授于20世纪70年代初,在为美国国防部研究"根据各个工业部门对国家福利的贡献大小而进行电力分配"课题时,运用网络系统理论和多目标综合评价方法,提出的一种层次权重决策分析方法。层次分析法,是一种实用的多准则决策方法,以其定性与定量相结合处理各种决策因素的特点,以及系统、灵活、简洁的优点,得到了广泛的重视和应用。AHP 把一个复杂的无结构问题分解组合成若干部分或若干因素(统称为元素),例如目标、准则、子准则、方案等,并按照属性的不同,把这些元素分组形成互不相交的层次,上一层次对下一层次的全部或某些元素起支配作用,这就形成了层次间自上而下的逐层支配关系,这就是一种递阶层次关系。在 AHP 中递阶层次思想占据核心地位,通过建立一个有效合理的递阶层次结构,解决评估问题。

1. 构建评估对象的层次结构

首先把目标(评估对象)分解成为一个个的小问题,每一个问题称为一个元素,然后再把这些元素按不同属性分成若干组,形成不同的层次。以同一层次的元素作为准则,它对下一层次的元素起支配作用,同时又受到上一层次元素的支配,这种从上至下的支配关系就形成了一个递阶层次结构。层次数的多少由评估对象的复杂程度和分析深度来决定,其底层元素为所求的评估指标。

2. 确定判断矩阵

建立指标两两相互比较的判断矩阵。假设一组指标为 n 个,其中两个指标 i 和 j,用 l_{ij} 表示 i 和 j 对其上层指标的影响程度之比,则判断矩阵为

$$
\boldsymbol{L} = \begin{bmatrix} l_{11} & l_{12} & \cdots & l_{1n} \\ l_{21} & l_{22} & \cdots & l_{2n} \\ \vdots & \vdots & \vdots & \vdots \\ l_{n1} & l_{n2} & \cdots & l_{nn} \end{bmatrix} \tag{7-70}
$$

式中: $l_{ij} = \dfrac{1}{l_{ji}}$; $l_{ii} = 1$ $(i, j = 1, 2, \cdots, n)$。

3. 确定给指标的权重

首先,进行层次单排序,再求判断矩阵 $\boldsymbol{L}$ 的最大特征值 $\lambda_{\max}$,再利用

$$
\boldsymbol{L}\boldsymbol{W} = \lambda_{\max}\boldsymbol{W} \tag{7-71}
$$

求出 $\lambda_{\max}$ 所对应的特征向量 $\boldsymbol{W}$,$\boldsymbol{W}$ 即为同一层次中相应元素对于上一层次中某因素相对重要性的权重 W_i。

$$
W_i = \frac{1}{n} \sum_{j=1}^{n} \frac{l_{ij}}{\sum_{k=1}^{n} l_{kj}} \tag{7-72}
$$

其次,进行一致性检验。一致性为

$$
C.I. = \frac{\lambda_{\max} - R}{n - 1} \tag{7-73}
$$

一致性比率为

$$
C.R. = \frac{C.I.}{R.I.} \tag{7-74}
$$

随机一致性指标 $R.I.$ 的值见表 7-5。

表7-5 随机一致性指标 $R.I.$ 值

N	1	2	3	4	5	6	7
$R.I.$	0	0	0.52	0.89	1.12	1.26	1.36
N	8	9	10	11	12	13	14
$R.I.$	1.41	1.46	1.49	1.52	1.54	1.56	1.58

若一致性比率 $C.R. < 0.1$,判断矩阵 $\boldsymbol{L}$ 具有满意的一致性,$\lambda_{\max}$ 所对应的特征向量 $\boldsymbol{W}$ 即为权重;若一致性比率不满足 $C.R. < 0.1$,则需重新调整判断矩阵。

4. 计算系统的效能

设评估系统对各元素的满意程度为 $r_1, r_2, \cdots, r_n$,则系统的效能为 A 。满意程度 r_1,$r_2, \cdots, r_n$ 是利用各元素与标准值或期望值比较得到的。

$$A = \sum_{i=1}^{n} w_i r_i \tag{7-75}$$

7.5.3 模糊综合法

武器电子战装备效能评估,是按照一定的要求和规律对其效能进行评价和分类。由于现实评价和分类过程中部分影响因素或指标往往伴随着模糊性,所以用模糊数学方法来对电子战装备效能进行评价和分类是很自然的。常用的方法有模糊聚类和模糊综合评判决策分析法[32]。

一般步骤如下:

(1)建立对电子战系统作战效能综合评判模型与各个指标对应的评判集 V 。考虑各级评判的精度需求,同时考虑计算的一致性,将系统的作战效能评估等级进行划分,可以将评判等级模糊子集定义为

$$V = \{v_1, v_2, v_3, v_4, v_5\}$$

对于不同的评估子集,集合中各元素的含义不相同。

(2)基本不建立各级单因素评判,确立模糊分布,并构成模糊评价矩阵;建立各级从 U 到 V 的模糊映射关系:

$$f: U \rightarrow F(V), \quad \forall u_i \in U$$

$$u_i \rightarrow f(u_i) = \frac{r_{i1}}{v_1} + \frac{r_{i2}}{v_2} + \cdots \frac{r_{i5}}{v_5}, \quad 0 \leqslant i \leqslant 1, \quad j = 1, 2, \cdots, 5 \tag{7-76}$$

确立模糊分布:对于可以用准确数学模型描述的评价因子,通过公式计算数值,然后变换到模糊域内相应的隶属度。通过确立模糊分布(隶属函数),可以求出模糊关系矩阵 $\boldsymbol{R}_1$、$\boldsymbol{R}_2$、$\boldsymbol{R}_3$ 中的元素 r_{ij},即评判因素 $u_i(i = 1, 2, 3, \cdots)$ 对评判等级 $v_j(j = 1, 2, 3, \cdots)$ 的隶属度 $u_{ij}(u_i)$ 。各级评估因素相对于某一个评判等级的隶属度是受多方面因素影响的。采用最常见的模糊分布,假定每个评判因素对每个评判等级的隶属函数是正态分布,其形式为

$$u_{ij}(u_i) = e^{-\left[\frac{u_i - m_{ij}}{\delta_{ij}}\right]^2} \tag{7-77}$$

式中:$u_{ij}(u_i)$ 为第 i 个因素 u_i 对第 j 个评判等级 v_j 的隶属度;m_{ij} 为第 i 个因素 u_i 对第 j 个评判等级 v_j 的统计值的均值;δ_{ij} 为第 i 个因素 u_i 对第 j 个评判等级 v_j 统计值的方差。

（3）构成各级模糊评价矩阵，进行综合评判。在求出各级模糊评价矩阵 **R** 和 **A** 后，则可根据式（7-10）计算出系统综合效能等级的评判向量。

$$R = \begin{bmatrix} r_{i1 \times 1} & r_{i1 \times 2} & \cdots & r_{i1 \times n} \\ r_{i2 \times 1} & r_{i2 \times 2} & \cdots & r_{i2 \times n} \\ \vdots & \vdots & \vdots & \vdots \\ r_{in \times 1} & r_{in \times 2} & \cdots & r_{in \times n} \end{bmatrix} \tag{7-78}$$

$$B = A \cdot R = (b_1, b_2, \cdots, b_n) \tag{7-79}$$

模糊方法采用模糊集来对指标进行量化，元素属于模糊集的隶属度是客观存在的，是根据模糊统计或指派等方法主观臆造的，所以应用模糊数学方法对武器电子装备的效能进行评价和分类的关键是建立符合实际应用的隶属度函数。

7.5.4 灰度系统理论法

信息不完全的系统称为灰色系统。在武器电子装备作战效能评估中，由于认识能力有限，很多影响因素或指标知之不详或完全不知，可采用灰色系统理论进行武器电子装备的作战效能评估。灰色系统理论中灰色关联分析和灰色聚类分析等方法是武器电子装备效能评估较好的方法[33]。

假设战术、技术指标 $U_{11}, U_{12}, \cdots, U_{n1}, U_{n2}, \cdots, U_{nm}$ 能通过试验中测量得到，$X_1 = \{x_1(1), x_1(2), \cdots, x_1(j)\}, \cdots, X_i = \{x_i(1), x_i(2), \cdots, x_i(j)\}$ 分别是装备不同指标 $U_{11}, U_{12}, \cdots, U_{n1}, U_{n2}, \cdots, U_{nm}$ 的测试值序列，$X_0 = \{x_0(1), x_0(2), \cdots, x_0(j)\}$ 是战术、技术指标的要求值。基于灰色关联理论，序列 X_0 看作是参考序列，序列 $X_c(c = 1, 2, \cdots, i)$ 为比较序列，假设序列 X_0 和 X_c 已经过规范化处理，则灰关联系数 $\gamma(x_c(k), x_0(k))$ 可通过下式计算得到

$$\gamma(x_c(k), x_0(k)) = \frac{\min\limits_{c} \min\limits_{k} |x_c(k) - x_0(k)| + \xi \max\limits_{c} \max\limits_{k} |x_c(k) - x_0(k)|}{|x_c(k) - x_0(k)| + \xi \max\limits_{c} \max\limits_{k} |x_c(k) - x_0(k)|} \tag{7-80}$$

式中：ξ 为分辨系数，通常取值为 0.5。

计算聚集灰关联系数 $\gamma(x_c(k), x_0(k))$ 在各点的值，得到灰关联度的算式：

$$\gamma(x_c, x_0) = \frac{1}{j} \sum_{k=1}^{j} \gamma(x_c(k), x_0(k)) \tag{7-81}$$

为武器电子装备的作战效能，即

$$\gamma(x_c, x_0) = E \tag{7-82}$$

7.5.5 综合评价法

7.5.5.1 方法比较

对于武器电子装备的作战效能评估，层次分析法、模糊评判法和灰色系统理论方法各有所长。

（1）层次分析法，在处理一个由相互联系、相互制约的众多因素构成而又往往缺乏定量数据的系统时显示出其特有的优越性。它用定性和定量相结合的方法处理各决策因素，并且具有系统、灵活、简洁的优点；由于层次分析法中，建立判断矩阵通常采用专家打

分或统计的方法,这样某些因素会出现空缺或不准确。

(2)模糊综合评估法,其结果与模型综合评判模型的因素、各因素的权重、评价集以及模糊算子的选取紧密相关,直接影响着评判的结果;在进行模糊综合评判时,当因素较多时最好选用多级模糊综合评判用的指标体系集;只要获得足够的数据,模糊综合评估准则完全有能力给出一个较为合理的评估结果。

(3)灰色理论方法,所处理的是客观数据、小样本数据,对于武器电子装备的效能评估,受客观条件的限制,获得关于装备作战效能的数据很有限,但是这些少量的数据和信息就已经反映了装备的作战效能。所以灰色理论方法从少量的数据入手,通过建立灰色预测模型的方法对装备的作战效能进行评估,是一种新型的有效手段。

(4)灰色理论方法与模糊数学的主要区别在于研究对象的内涵和外延的性质的不同。模糊数学着重研究"认知不确定"问题,其研究对象具有"内涵明确、外延不明确"的特点;灰色理论方法着重研究"内涵不明确、外延明确"的对象,重点解决模糊数学不能解决的"小样本、信息不确定"问题。

7.5.5.2 应用案例

在实际工程应用中,采用混合评估方法如模糊层次法、灰色模糊法、灰色层次法等,其效果更佳。武器电子装备是一个动态、多变量、开放的复杂大系统,系统影响因素众多,逻辑关系复杂。采用定性和定量相结合的评估方法(即灰关联投影的分析模型和算法及云模型)建立了武器系统作战效能评估模型。

以多功能电子战系统为例进行作战效能评估[34]。首先,使用层次分析法(AHP)将武器系统作战效能分为电子侦察系统作战效能、电子干扰系统作战效能、有源探测系统及武器系统作战效能几个部分,并分别细化评估战术、技术指标,如图7-13所示。由于分系统以及战术、技术指标的功能差异,在进行作战效能评估时,它们是存在差异的,会对评估结果造成很大的影响,通常用权重来表示它们之间的相对重要性。

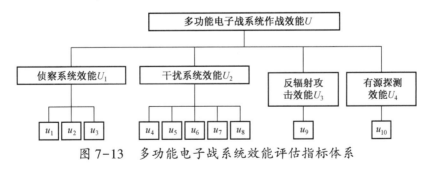

图7-13 多功能电子战系统效能评估指标体系

对于电子战系统的作战效能评估问题,部分指标值在很多情况下不能定量给出具体的数值,一般用"高、中、低""优秀、优良、中等……"等定性信息或灰色数值区间信息来描述,首先通过白化权函数或正态云模型来对这些灰色信息进行量化估计。其次,采用基于理想灰关联投影的电子战系统作战效能评估方法,评估比较的步骤可以归纳和概括为7步。

(1)根据已知的电子战系统指标集 V,构造原始评估矩阵 Y;对定性指标进行量化,构造评估矩阵 X;

(2)分别构造正理想原始评估矩阵 X^+ 和负理想原始评估矩阵 X^-;

（3）对正、负理想原始评估矩阵 X^+ 和 X^- 进行初值化处理,分别得到正、负理想评估矩阵 Y^+ 和 Y^-;

（4）分别计算电子战系统指标数列对正、负理想评估矩阵数列的灰关联系数,从而构造正、负理想灰关联评估矩阵 Y^+ 和 G^+;

（5）由权值向量 $W = \{w_1, w_2, \cdots, w_n\}$ 计算灰关联投影权值向量 $\overline{W} = \{\overline{w_1}, \overline{w_2}, \cdots, \overline{w_n}\}$;

（6）计算各评估指标数列 A_1 对于正、负理想指标数列的灰关联投影值 D_i^+ 和 D_i^-;

（7）计算各评估指标数列 A_i 的灰关联投影系数。

按照灰关联投影系数 E_i 值从大到小进行排序,对每个电子战系统作战效能做出全面客观的评价。

7.6　广义电磁环境效应评估

复杂电磁环境下对武器装备作战效能与作战行动评估,即广义电磁环境效应,是指电磁环境对军事行动中所有相关因素作用和影响的结果,其本质是电磁能量对于军事行动的作用效果。广义地说,电磁环境效应是电磁环境对作战能力的影响。当电磁环境效应在某个作战行动中的影响程度超出了战术技术层面时,往往需要从其广义的角度理解。

7.6.1　电磁环境效应内涵

7.6.1.1　狭义的电磁环境效应

在 GJB72A—2002 和 GJB138A—2005 中,电磁环境效应定义为电磁环境对电气、电子系统、设备、装置的运行能力的影响。它涵盖所有的电磁学科,包括电磁兼容性、电磁干扰、电磁易损性、电磁脉冲、电子对抗、电磁辐射对武器装备的危害,以及雷电、沉积静电等自然效应。GJB6130—2007 对电磁环境效应的定义为:构成电磁环境的电磁辐射源,通过电磁场或电磁波对武器装备或生物体的作用效果。

狭义电磁环境效应,是指电磁环境在战术技术层面上对武器装备、电气电子系统、分系统、装置与人员等的安全性和可靠性的作用和危害,即电磁环境对各种被施加对象功能的作用结果。在 2001 年发布的《中国人民解放军军语》中,"电磁辐射危害"定义为:某一场所,强电磁辐射对人员、武器装备和器材等所造成的损害,通常包括人体不良反应、电引爆装置的误触发、挥发性易燃品的燃烧、安全关键电路的故障等。美军对电磁环境效应的定义为:电磁环境对军队、设备、系统和平台作战能力产生的影响。从定义可以看出,美军是在军队作战能力的宏观层面上来衡量电磁环境效应,具有军事应用方面更深层次的含义。

7.6.1.2　广义的电磁环境效应

由于电磁环境效应对作战行动影响的广泛性,因此它不仅仅涉及武器装备的发展战略,还对军事理论、联合作战行动的战法、指挥控制方式、行动决策、作战行动、组织训练和装备保障等各方面都带来影响。从广义上理解,电磁环境效应是指电磁环境对作战行动中所有相关因素作用和影响的结果,其本质是电磁能量作战行动的作用效果。当电磁环境效应在某个作战行动中的影响程度超出了战术技术层面时,就需要从广义的角度来理解。广义电磁环境效应内涵如图7-14所示。

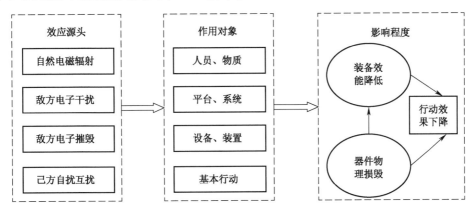

图 7-14 广义电磁环境效应内涵示意图

战场电磁环境效应内容可从以下三个方面进行理解:

(1)电磁环境效应产生源头。它包括自然电磁辐射、敌方电子摧毁、敌方电子干扰和己方自扰互扰四类。其中,己方自扰互扰是指己方各种用频装备在统一作战区域所产生的无意干扰,在相对狭小的作战区域内,多型号、成千上万用频设备同时使用,若部署不当、协同不力,必定产生自扰和互扰。

(2)电磁环境效应作用对象。电磁环境是通过具体的作用对象来影响作战行动的,这些作用对象可以是人员、物质、设备、系统、平台等对象。从电磁环境效应角度分析,则不仅仅是具体的装备系统,而是要从整体作战能力的宏观层面进行衡量,将侦察预警、指挥控制、火力打击和生存防护等基本作战要素作为电磁环境效应的作用对象加以衡量,以评估情报质量、指挥效率、打击精度和防护效果等指标的受影响程度。

(3)电磁环境效应影响程度。广义的电磁环境效应影响程度可以分为器件物理损毁、装备效能降低和行动效果下降。器件物理损毁,是指受电磁环境影响装备敏感器件损伤或损毁,永久不能正常工作;装备效能降低,是指受电磁环境影响,装备的作战效能降低,完成基本作战任务能力下降甚至完全丧失;行动效果下降,是指受电磁环境影响,装备的作战效能降低,对基本作战行动的支撑作用下降,导致包括侦察预警、指挥控制、火力打击和生存防护等作战行动效果收到间接影响,对完成既定作战目标的能力产生难于估量的负面影响。

7.6.2 作战行动电磁环境效应建模

7.6.2.1 侦察预警行动电磁环境效应建模

根据战场电磁环境对侦察预警行动的效应分析,侦察预警行动电磁环境效应评估指标主要有侦察预警能力和侦察预警效果。侦察预警能力包括空域覆盖率、时域覆盖率、频域覆盖率和目标识别率;侦察预警效果包括侦察预警信息完整性、准确性和预警信息时效性[35]。因此侦察预警行动电磁环境效应模型为

$$S_{zc} = C_{zc}^{\omega_{nl}} E_{zc}^{\omega_{xg}} \tag{7-83}$$

式中：S_{zc} 为侦察预警行动效应；C_{zc} 为侦察预警能力；ω_{nl} 为侦察预警能力权重；E_{zc} 为侦察预警效果；ω_{xg} 为侦察预警效果权重。

（1）侦察预警能力 C_{zc} 取决于空域覆盖率、时域覆盖率、频域覆盖率和目标识别率，其计算方法为

$$C_{zc} = \alpha_1 P_1 + \alpha_2 P_2 + \alpha_3 P_3 + \alpha_4 P_4 \qquad (7-84)$$

式中：P_1、P_2、P_3、P_4 分别为空域覆盖率、时域覆盖率、频域覆盖率和目标识别率；α_1、α_2、α_3、α_4 分别为空域覆盖率、时域覆盖率、频域覆盖率和目标识别率权重。

（2）侦察预警效果 E_{zc} 取决于侦察预警信息完整性、准确性和时效性，其计算方法为

$$E_{zc} = \beta_1 E_1 + \beta_2 E_2 + \beta_3 E_3 \qquad (7-85)$$

式中：E_1、E_2、E_3 分别为侦察预警信息完整性、准确性和时效性；β_1、β_2、β_3 分别为侦察预警信息完整性、准确性和时效性权重。

7.6.2.2 指挥控制行动电磁环境效应建模

指挥控制行动包括情报信息获取、指挥决策生成和部队行动控制。情报信息获取包含情报获取手段、情报获取时效、情报获取质量；指挥决策生成与决策生成时效、决策生成质量有关；部队行动控制可以从行动控制时效、行动控制效果两方面衡量。因此，指挥控制行动电磁环境效应评估模型为

$$S_{zk} = S_{qb}^{\omega_{qb}} S_{jc}^{\omega_{jc}} S_{kz}^{\omega_{kz}} \qquad (7-86)$$

式中：S_{zk} 为指挥控制行动效应；S_{qb}、S_{jc}、S_{kz} 分别为情报信息获取、指挥决策生成和部队行动控制效应；ω_{qb}、ω_{jc}、ω_{kz} 分别为情报信息获取效应、指挥决策生成效应和部队行动控制效应的权重。

（1）情报信息获取效应由情报获取手段、情报获取时效和情报获取质量决定，其计算方法为

$$S_{qb} = \alpha_1 C_{qb} + \alpha_2 T_{qb} + \alpha_3 E_{qb} \qquad (7-87)$$

式中：C_{qb}、T_{qb}、E_{qb} 分别为情报信息获取手段、情报获取时效和情报获取的质量；α_1、α_2、α_3 分别为情报信息获取手段、情报获取时效和情报获取质量的权重。

（2）指挥决策生成的好坏可通过决策生成时效和决策生成质量来衡量，即

$$S_{jc} = \beta C_{jc} + (1 - \beta) E_{jc} \qquad (7-88)$$

式中：C_{jc} 为决策生成时效；β 为决策生成时效权重；E_{jc} 为决策生成质量。

（3）部队行动控制主要包括合成指挥机构掌控、调控部队的能力，也可以说是各级部队完成规定任务的能力。行动控制可从行动控制时效和行动控制效果两个方面来考虑，即

$$S_{kz} = \gamma C_{kz} + (1 - \gamma) E_{kz} \qquad (7-89)$$

式中：C_{kz} 为部队行动控制时效；γ 为部队行动控制时效权重；E_{kz} 为部队行动控制质量。

7.6.2.3 火力打击行动电磁环境效应建模

火力打击行动效应评估指标，主要包括直瞄火力打击行动电磁环境效应、间瞄火力打击行动电磁环境效应和对空火力打击行动电磁环境效应，可通过下式进行计算：

$$S_{hl} = \omega_{zm} S_{zm} + \omega_{jm} S_{jm} + \omega_{dk} S_{dk} \qquad (7-90)$$

式中：S_{zm}、S_{jm}、S_{dk} 分别为直瞄火力打击行动效应、间瞄火力打击行动效应和对空火力打

击行动效应;ω_{zm}、ω_{jm}、ω_{dk} 分别为直瞄火力打击行动效应、间瞄火力打击行动效应和对空火力打击行动效应的权重。

在火力打击行动中,不管是直瞄火力打击行动,还是间瞄火力打击行动和对空火力打击行动,都包含目标侦察能力、指挥控制能力和侦察校射能力。

（1）目标侦察能力,可用侦察装备的目标发现概率进行衡量,即

$$C_{zc} = \frac{m}{M} \tag{7-91}$$

式中:m 为侦察装备正确发现目标的数量;M 为火力打击目标总数。

（2）指挥控制能力,用火力指挥网的能力指标衡量,即

$$C_{zk} = \alpha C_t + (1 - \alpha) C_e \tag{7-92}$$

式中:C_t 为火力指挥网的通信时延;α 为通信时延的权重;C_e 为火力指挥网的通信质量。

（3）侦察校射能力(对间瞄火力打击),取决于目标发现概率和目标测量精度。间瞄火力打击的侦察校射能力为

$$C_{js} = \beta C_f + (1 - \beta) C_c \tag{7-93}$$

式中:C_f 为侦察校射雷达的目标发现能力;β 为发现目标的权重;C_c 为侦察校射雷达的目标测量能力。

在试验中,最后需要对目标毁伤程度或摧毁目标占总的打击目标的多少进行统计。按照单个目标毁伤程度和总体目标毁伤百分比,来分析火力打击的目标摧毁效果,即

$$C_{xg} = \frac{n}{N} \tag{7-94}$$

式中:n 为判定摧毁的目标数量;N 为火力打击目标总数或试验任务规定的目标数目。

7.6.2.4　生存防护行动电磁环境效应建模

生存防护行动,是在作战网络下部队防护行动的总称,包括空中打击、防侦察监视、防电子干扰、防网络攻击和防化学袭击等,而电磁环境生存防护行动效应评估注重复杂电磁环境对生存防护行动的影响。因此在试验中,从防侦察监视、抗电子干扰、抗精确打击三个方面考核评估对象的基本能力与行动效果,以此评估电磁环境生存防护行动效应。其指标主要包括防侦察监视电磁环境效应、抗电子干扰行动电磁环境效应、抗精确打击行动电磁环境效应。因此,生存防护效应可通过下式进行计算:

$$S_{fh} = \omega_{js} S_{js} + \omega_{gr} S_{gr} + \omega_{ch} S_{ch} \tag{7-95}$$

式中:S_{js}、S_{gr}、S_{ch} 分别为防侦察监视电磁环境效应、抗电子干扰行动电磁环境效应、抗精确打击行动电磁环境效应;ω_{js}、ω_{gr}、ω_{ch} 分别为防侦察监视电磁环境效应权重、抗电子干扰行动电磁环境效应权重与抗精确打击行动电磁环境效应权重。

（1）防侦察监视电磁环境效应,取决于防侦察能力和防侦察效果,即

$$S_{js} = C_{js}^{\alpha} E_{js}^{1-\alpha} \tag{7-96}$$

式中:C_{js} 为防侦察监视能力;α 为防侦察监视能力权重;E_{js} 为防侦察监视效果。

（2）抗电子干扰效应,取决于抗电子干扰能力和抗电子干扰效果。抗电子干扰行动电磁环境效应为

$$S_{gr} = C_{gr}^{\beta} E_{gr}^{1-\beta} \tag{7-97}$$

式中:C_{gr} 为抗电子干扰能力;β 为抗电子干扰能力权重;E_{gr} 为抗电子干扰效果。

（3）抗精确打击效应，与抗精确打击能力和抗精确打击效果有关，即

$$S_{ch} = C_{ch}^{\gamma} E_{ch}^{1-\gamma} \qquad (7-98)$$

式中：C_{ch} 为抗精确打击能力；α_2 为抗精确打击能力权重；E_{ch} 为抗精确打击效果。

7.7　试验设施与测试系统抗干扰问题

复杂电磁环境试验，离不开试验设施与测试设备。在开展武器装备复杂电磁环境的试验与评估的过程中，首先要考虑试验设施与测试设备的抗干扰问题。若试验设施与测试设备抗干扰能力差，则试验数据与结果无法准确。因此，应研究试验（靶）场自身面临的电磁环境，以及对测试装备与试验设施的影响，采取相应措施，解决试验设施与测试设备的抗干扰问题[36]。

7.7.1　试验（靶）场测试设备

7.7.1.1　试验测试设备类型与用途

武器装备试验（靶）场测试设备，主要包括光学（可见光、红外、激光等）跟踪测量、雷达跟踪与测量、遥测、监控中心和网络通信等6大类型设备，而参与试验的各种专用试验设施种类更多，大致可分为试验平台类、试验靶标类与专用设施类。

光学跟踪测量类设备，主要有光电经纬仪、各类高速测量相机、激光测量系统、红外测量系统等；雷达跟踪与测量类设备，主要有测量雷达、警戒雷达、气象雷达、机载雷达等；遥测包括试验对象上数据采集记录系统、遥测发射系统、地面接收系统等；监控中心包括监控台、服务器、工作站、中心时统以及数据处理系统和指挥装置等；网络通信主要包括网络设备、中间件和网络管理等软硬件设备。

试验设施是辅助武器试验与测试的装置。试验平台类也是多种多样，如空中平台、地面试车台、（高低速）地面导轨、火箭撬、地面发射架、喷水装置、模拟器等；试验靶标有移动靶标和固定靶标之分，如靶机、气球、地面移动目标、地面各种固定试验靶等；专用试验设备更多，不同行业有不同的特殊试验装置。试验设施在试验与测试中必不可少。这些装置的结构有些简单，有些还非常复杂，需要特别研制。

7.7.1.2　测试设备主要测量参数

光学跟踪测量参数，主要有测角精度、测距精度、作用距离、跟踪性能；雷达跟踪测量参数，主要有作用距离、测量精度、工作频率、脉冲重复频率、天线口径、发射功率、发射脉冲宽度、接收机灵敏度、接收机动态范围等指标；遥测参数，主要有数据流数量、作用距离、传输体制、传输速率、误码率、码型、字长、帧长、主副帧码方式、数据记录格式、数据处理精度、接收频率、接收天线形式、极化方式、波束宽度、功率增益、接收机接收灵敏度、可靠性等指标；监控中心技术要求，主要有并行处理能力、数据处理速度、显示功能、指挥能力等；网络通信主要功能有数据交换能力、信息共享能力、互操作能力、通信信噪比、误码率等。

在武器装备的研制工程中，进行研制试验与鉴定（DT&E），以考核其功能、性能、可靠性、环境适应性、电磁兼容性、接口关系等。以导弹试验为代表的试验（靶）场中，试验

(靶)场除了应具有导弹和火箭的发射设施外,还必须有对飞行目标进行跟踪测量和监控的装备即"测试装备"。导弹试验(靶)场的试验能力随着测量、监控装备的发展而发展,而测试装备的发展又促进导弹装备的研制。

7.7.2　测试设备所受干扰

试验(靶)场测试设备中光学装备受电磁环境影响较小外,其他电子类测试设备所受到的电磁环境影响较大。试验(靶)场测试设备在试验中,主要受到自然环境、民用装备、测试装备和试验对象之间干扰的影响,如图7-15所示。

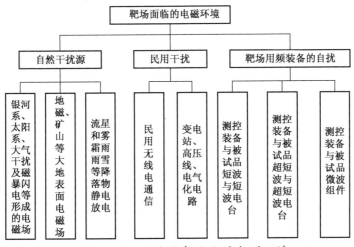

图7-15　测试设备面临的电磁环境

7.7.2.1　一般干扰

1. 试验(靶)场自然干扰源

自然界产生的电磁波属于自然电磁辐射,是电磁环境复杂程度的次要影响因素。地球外部来自太阳和外层空天电噪声在20 MHz以下的频段上占主要地位,雷电所产生的自然噪声对无线通信影响最大,常常大到足以使其不可忽视的程度。一般是用低电平高斯噪声代表远处雷电效应,用高电平脉冲过程表示当地的雷电效应,实际上雷电是一串脉冲。还有太阳噪声干扰、宇宙噪声、热噪声等。

2.民用电子装备的干扰

民用电子装备主要是指公共平台上的电子装备,属于无意电磁辐射,包括无意进入试验(靶)场区域内的舰艇、飞机和车辆等运动平台上搭载的导航、通信装备以及为公共服务的移动通信系统、通信系统、广播电视系统等。这些无意电磁辐射使得战场电磁环境更加复杂,对电磁兼容特性不良的武器装备产生的影响越来越严重。

3.试验(靶)场各种用频装备的干扰

试验(靶)场测试设备之间的互扰具有两个特点,即辐射的非主观操控性与辐射空间的随意性。由于大量测试设备的同时使用,特别是在于试验对象有短波或超短波电台时,对测试设备产生很大影响。

7.7.2.2　特殊干扰

未来战场面临的电磁环境除了以上所阐述的电磁环境外,还有可能存在敌方故意破坏性甚至毁伤性的电磁干扰。这种干扰不但能造成测试设备非正常工作,而且可能导致测试设备能力丧失。试验靶场面临的有意干扰包括通信干扰、雷达干扰和光电干扰,如图7-16所示。

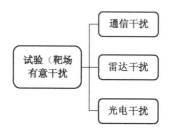

图 7-16　试验靶场面临的有意干扰

7.7.2.3　试验(靶)场特点

1. 电磁信号密度高

在试验(靶)场区域内,由于测试设备和试验对象工作时,产生各种电磁信号,使得试验场区具有电磁信号密度高、信号种类多、电磁频谱宽、立体覆盖、信号噪声交融等特点。

2. 电磁信号类型多

试验(靶)场试验测试中,存在着多套、各种体制通信电台、雷达和光电设备同时工作,使得三维空间内电磁信号类型异常复杂。

3. 电磁信号在空域、时域、频域、能量域动态多变

各型各类设备发射(辐射)的各种信号功率不等、频率不同的电磁波在空域、时域、频域、能量域上相互交迭,动态多变,对试验(靶)场试验测试任务会带来意想不到的影响。

7.7.3　抗干扰方法

测试设备所受干扰,是通过天线、机壳、电源线等耦合对系统产生干扰。测试设备抗干扰设计的目的是控制和消除电磁干扰,使测试装备或系统能够在共存的环境中互不发生干涉,不引起设备或系统性能的恶化或降低,使设备或系统最大限度地发挥效能。提高测试设备适应电磁环境的主要物理方法有屏蔽、滤波、接地、合理布线布局等。

1. 电磁屏蔽

电磁屏蔽是指在空间区域内,采取减弱由某些源引起的场强的措施,用于控制电场、磁场和电磁波由一个区域对另一个区域的感应和辐射。具体来讲,就是用屏蔽体将元件、电路、组合件、电缆或整个系统的干扰源包裹起来,防止干扰电磁场向外扩散;用屏蔽体将接收电路、装备或系统包裹起来,防止它们受到外界电磁场的影响。

2. 滤波

滤波是抑制和防止干扰的一项重要措施。滤波器可以显著地减小传导干扰的电平,因为干扰频谱成份不等于有用信号的频率,滤波器对于这些与有用信号频率不同的干扰分量有良好的抑制能力,从而起到其他干扰抑制难以起到的作用。

3. 对测试装备进行接地处理

电路的接地方式有单点接地和多点接地。单点接地是指在一个线路中,只有一个物理点被定义为接地参考点,其他各个需要接地的点都直接接到这一点上;多点接地是指某

一个系统中各个接地点都直接接到距它最近的接地平面上,以使接地引线的长度最短。

4. 合理布线

合理布局布线是贯穿测试装备设计的主线,从装备系统级的结构布局、走线设计到整件级如分机的装放位置、结构形式及其信号线、电源线、控制线的走线布线方法,再到部件屏蔽件制造、面板连线,直至印刷电路板布局布线与连线都是需要认真考虑的重要内容。

7.8 美军电磁环境效应标准

7.8.1 电磁环境效应顶层标准

美国电磁环境效应顶层标准,是美国国防部下发的 MIL-STD-464A《电磁环境效应系统需求(2002)》。这个标准,是为空基、海基、天基和陆基系统(包括相关的武器)建立电磁环境效应的认证标准和接口需求。该标准适用于所有的系统,不论是新建设备还是改造设备。系统在实际电磁环境中应用以前,必须先进行该环境的安全功能认证[37-40]。认证时需要考虑到系统的全寿命周期,包括常规工作、检修、存储、运输、搬运、包装、装载、卸载等。

接口需求包括如下 14 个方面,并给出了具体的指标或相应的支撑标准:

(1)极限值;

(2)系统内电磁兼容(intra-system Electromagnetic Compatibility,iEMC);

(3)EME 外部射频电磁环境(external RF);

(4)电磁脉冲(Electromagnetic Pulse,EMP);

(5)闪电;

(6)电磁干扰(Electromagnetic Interference,EMI);

(7)静电放电控制;

(8)电磁辐射危害(Electromagnetic Radiation Hazards,EMRADHAZ),包括电磁辐射人体危害、电磁辐射爆炸物危害和电磁辐射武器危害三个方面;

(9)全寿命电磁环境效应,相对硬度;

(10)电接头;

(11)外接地;

(12)危及信息安全的测试和评估计划;

(13)杂散辐射控制(Emission Control,EMCON);

(14)电磁频谱兼容。

该顶级标准由其他相关的标准支撑,包括:

(1)MIL-STD-2331《引信和引信器件的环境和性能测试》;

(2)MIL-STD-461《分系统和设备的电磁干扰特性控制的需求》;

(3)MIL-STD-1399-070《舰船系统接口标准,直流磁场环境》;

(4)MIL-STD-2169《高功率电磁脉冲环境》;

(5)CNSS TEMPEST 01-02《咨询备忘录,NONSTOP 评估标准》;

（6）DoD D4650.1《无线电频谱的管理和使用》；

（7）DoD I6055.11《保护 DoD 人员避免暴露于无线电和激光辐射中》；

（8）NSTISSAM TEMPEST/1-92《电磁泄漏发射实验室测试要求》；

（9）NTIA《联邦无线电管理规章和过程的手册》；等等。

美国军用标准 MIL-STD-464A 还给出了电磁环境和电磁环境效应的明确定义。电磁环境是能量的空间和时间的分布，包含各种不同的频率范围，而且包括辐射和传导的电磁能量。它是电磁能量的总体（人为产生的和自然产生的），对任何暴露在其中的武器平台/系统或者分系统/设备，在何种环境（如陆地、空中、空间、海洋等），在全寿命的各个期间都会发生作用。

我国也发布了《合同战术训练复杂电磁环境建设标准汇编》共计 51 项标准，该标准为各兵种合同战术训练电磁环境构建、训练效果评估提供了规范性依据。电磁环境效应是电磁环境对军事力量、装备、系统和武器平台的操作能力的冲击。它包含所有电磁训练、电磁兼容性、电磁干扰、电磁攻击、电磁脉冲，以及对人员、武器和可燃爆炸性材料的电磁放辐射危害，也包含闪电和静电等自然现象。从定义上来说，电磁环境效应是研究在有限的空间、有限的时间、有限的频谱资源的条件下，各种用电设备或系统（包括武器平台和生物体）如何协调共存而不至于引起性能显著降低的一门科学。它涉及电磁学科各领域，包括电磁辐射、电磁兼容、电磁干扰、电磁易损性、电磁防护、电磁脉冲、电磁辐射危害以及闪电、静电的影响效果等。

7.8.2　电磁环境效应标准附件

电磁环境效应应用指南，是电磁环境效应标准 MIL-STD-464A 的附件，提供标准中每项需求的背景信息。对于每个在标准中提到的需求，一般有如下 6 个条目进行进一步解释和说明，帮助理解每项需求的意图：

（1）需求的基本原理；

（2）需求的应用指导；

（3）需求的相关知识；

（4）需求认证的基本原理；

（5）需求认证的应用指导；

（6）需求认证的相关知识等。

美国电磁环境效应的操作手册，是美国国防部下发的 MIL-HDBK-237C《Electromagnetic Environmental Effects and Spectrum Certification Guidance for the Acquisition Process》（2001）。该手册为平台、系统、分系统和设备的全寿命周期建立有效的电磁环境效应和频谱认证程序提供具体的指导，包括具体的方法和步骤。手册明确了设计人员的责任，并提供了 DoD 平台/系统和分系统/设备必要的资料。手册描述了必须完成的任务，以保证在整个寿命周期电磁环境效应控制和频谱认证过程符合要求。因此，该手册是可操作性非常强的操作指南。但该手册只能作为指导性文件使用，而不能引用为需求标准。

美国电磁环境效应研究的工作指南，是《DoD Directive 3222.3：DoD Electromagnetic Environmental Effects（E^3）Program》。其主要目的如下：

（1）更新 DoD 管理和执行电磁环境效应指南的政策和职责，保证在现行的自然和人为电磁环境中,地基、空基、海基和天基的电子电工系统、分系统、设备间的电磁兼容和有效的电磁环境效应控制。

(2)赋予 DoD 电磁环境效应指南执行的具体职责。

(3)推进 DoD 电磁环境效应指南下列目标:对于 DoD 成员开发、生产或操作的电子电工系统、分系统和设备,完成有效可用的电磁兼容值指标;达到内置的设计兼容性而不是通过事后的测量来补救;鼓励更一般性的思想、方法、策略、技术和步骤;杜绝在开发、设计、生产、测试和操作过程中电磁环境效应不可接受的降级。

美军关于电磁环境和电磁环境效应的研究,是非常体系化和标准化的。以电磁环境效应军用标准(MIL-STD-464A)作为顶层标准,不仅构建了(纵向)电磁环境效应有关的军用标准体系,而且以军用标准、应用指南、操作手册,以及工作指南构建了(横向)电磁环境效应有关的操作、认证方法和过程体系,使得电磁环境效应的研究工作的开展,既具有系统完备性,又具有可操作性。其中,顶层标准及其附属的军用标准规定了具体的需求;应用指南给出了相应的解释和背景资料,有利于对标准需求条目的理解和执行;操作手册提供了非常详细的、可执行的操作方法和操作步骤,帮助完成标准中规定的需求条目的测试和认证;工作指南根据当前的研究成果和任务需要,提供了每年有关电磁环境效应研究的新课题和需求,而这些研究成果又反过来促进电磁环境效应相关标准的更新和进一步完善。

7.8.3 启示

美军电磁环境效应标准体系的构建,对我国复杂电磁环境研究具有借鉴作用[41-42]。

(1)开展有关复杂电磁环境的相关专业术语的定义工作,使其科学化、标准化。随着高科技在军事领域的广泛应用,各种军用电磁辐射体的功率越来越大,数量成倍增加,频谱也越来越宽,战场上各类电子信息设备和系统依靠电磁频谱完成作战指挥、控制、通信、侦察、监视、信息对抗等任务,再加上高功率微波武器等定向能武器和电磁脉冲炸弹以及超宽带、强电磁辐射干扰机的出现,使战场的电磁环境十分复杂。因此,开展复杂电磁环境的研究迫在眉睫,然而,关于复杂电磁环境这个术语至今还没有统一的定义,这对复杂电磁环境的研究是非常不利的。

(2)尽早建立和逐步完善复杂电磁环境相关的标准体系。美军的电磁环境效应标准体系是由一个顶层标准以及附属的其他标准构成(附属标准也可能有其下属标准),其中的附属标准是顶层标准的某一个条目的细化和分解,这样的好处是既避免了顶层标准的过分繁杂,又通过一系列标准完善了标准的条目,同时,每个附属标准还可以是独立的标准,能够在必要时独立更新和完善。

复杂电磁环境研究是一个庞大的研究领域,牵涉电磁干扰、电磁兼容、电磁防护、电磁屏蔽等各个方面,而这些方面有的已经或正在制定相关标准,在此基础上,可以构建复杂电磁环境及其效应的标准体系,推动复杂电磁环境研究的深入开展。标准体系会随着技术研究的进一步深入,或者研究内容的进一步深化而逐渐完善和发展。

(3)广泛开展复杂电磁环境的各类效应研究,加强复杂电磁环境效应的指标的细化和量化,增强复杂电磁环境研究的可操作性。研究复杂电磁环境的目的就是为了研究复杂电磁环境与电子设备以及武器装备的相互作用关系,尤其是复杂电磁环境对电子设备和武器装备的作用机理和作用效果。因此,以复杂电磁环境效应为牵引,研究复杂电磁环境就能有的放矢,目的明确。美军电磁环境效应的一系列标准,是把电磁环境效应作为顶级标准,以统领电磁环境的研究和工业标准化。

电磁环境效应这一概念是随着电磁环境的变化演变而来的,从最初的射频干扰到电磁干扰、电磁兼容,再到电磁效应,直到现在的电磁环境效应。初期的研究主要从电子设备内部及其设备间的电磁干扰问题展开,研究的目的是确保设备及其元器件正常工作时相互影响在容许的范围内。

随着科技的发展,各种军用电磁辐射体(如雷达、通信等辐射源)的功率越来越大,数量成倍增加,频谱越来越宽,使得电磁环境趋于复杂和恶化。电磁环境的性质发生了变化,能量由弱变强,频谱由窄变宽,效应由干扰变成了毁伤。而现代电子装备的电磁敏感度却越来越高,而复杂电磁环境能使其性能降低、损伤甚至爆炸。因此,根据不同的电磁环境量化和细分电磁环境效应的各项指标,并针对不同指标,研究电磁环境效应及其分析方法,提高电子装备在复杂电磁环境中的适应和生存能力成为亟待解决的课题。

(4)建立和完善标准化的分析、研究、生产、测试和认证体制。在标准体系制定和完善以后,关键的是标准的执行和认证管理。美军电磁环境效应标准不仅建立了体系化的标准体系,同时还构建了配套的标准化认证和操作手册,包括应用指南和操作手册。应用指南给出了标准中条目的相应解释和背景资料,有利于对标准需求条目的理解和执行;操作手册提供了非常详细的、可执行的操作方法和操作步骤,以完成标准中规定的需求条目的测试和认证。这使得标准可以执行,而且对为什么要有这样的标准,以及如何执行这些标准都有了明确的条文。美军的作法对我国相关标准的制定是非常有借鉴意义的。这些年,随着国际化进程的加快,我国在电磁兼容领域,从标准制定到标准执行都严格遵循国际标准,在电磁兼容的标准化分析、研究、生产、测试和认证方面做了大量的工作,也为建立和完善复杂电磁环境标准化的测试和认证体制奠定了基础。

(5)大力加强复杂电磁环境的相关基础技术研究。从技术层面来说,电磁环境效应研究包括电磁环境效应分析、电磁环境效应预测仿真、电磁环境效应评估、电磁环境效应设计控制、电磁环境效应验证测试技术等。电磁环境效应的相关基础技术研究,是建立和完善标准体系以及进行测试认证的技术基础。在电磁传播、电磁兼容、电磁干扰、电磁防护等相关技术领域,已开展了大量的基础性研究,并取得了大量的研究成果,现在需要将这些研究方法和研究成果更有效地应用到电磁环境效应中来。

(6)把复杂电磁环境效应研究与电子战研究紧密联系起来。一方面电子战的实施造就了复杂电磁环境,另一方面,复杂电磁环境是电子战展开的战场环境,反过来影响电子战的实施及其效果。可以从其特性研究、性能仿真和构建产生三个方面研究复杂电磁环境的性质,从电磁兼容设计、电磁防护设计、武器性能测试评估、战场模拟训练等方面研究复杂电磁环境的影响和效果。而在此之上的是电磁环境效应,如图7-17所示。前些年我国开展电子战方面的研究取得的成果,可以而且必须应用到复杂电磁环境及其效应的研究中来,反过来,复杂电磁环境及其效应的研究成果也将促进电子战研究的进一步深入,任何割裂或忽视二者之间联系的观点都是要不得的。

美军电磁环境效应的相关标准体系为我国复杂电磁环境的研究提供了良好范例,通

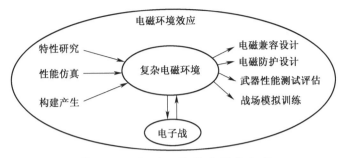

图 7-17　电磁环境效应研究内容

过对该标准体系的深入研究,必将有力地推动我国复杂电磁环境研究工作更好更快的发展。

参考文献

[1] 吴三元,侯志楠,等. 复杂电磁环境评估方法研究[J]. 信息化研究,2010,36(5):52-54.

[2] 洪家财,侯孝民. 美军电磁环境效应研究启示[J]. 装备指挥技术学院学报. 2009,20(3):10-13.

[3] 池建军,罗小明,等. 复杂电磁环境对武器装备试验与评估综合能力的影响分析[J]. 河北科技大学学报,2011,32(8):94-96.

[4] 吴三元,侯志楠,等. 复杂电磁环境评估方法研究[J]. 信息化研究,2010,36(5):52-54.

[5] 杨廷梧. 航空飞行试验遥测理论与方法[M]. 北京:国防工业出版社, 2016.

[6] 谢季坚,刘承平. 模糊数学方法及其应用[M]. 武汉:华中科技大学出版社,2006.

[7] 肖昌达,杨萃. 复杂电磁环境对电子装备的影响[J]. 舰船电子对抗,2008,31(3):17220.

[8] 李文臣,张政超,等. 电磁环境复杂度等级评估模型[J]. 中国电子科学研究院学报,2012,4(8):427-431.

[9] 洪家财,侯孝明. 美军电磁环境效应研究启示[J]. 装备指挥技术学院学报,2009,20(3):10-13.

[10] 朱正禧,尹成友. 战场电磁环境复杂度评估软件设计与实现[J]. 电子工程学院学报,2011,30(2):42-45.

[11] GJB 6520-2008,战场电磁环境分类与分级方法[S].

[12] 张智南,刘增良,等. 基于信噪比空间的复杂电磁环境仿真模型研究[J]. 计算机工程与设计,2009,30(23):5458-5461.

[13] MIL-STD-464A: Electromagnetic Environmental Effects Requirements for Systems[S]. Department of Defense Interface Standard,2002.

[14] 赵国庆. 雷达对抗原理[M]. 西安:西安电子科技大学出版社,2001.

[15] 李修和,等. 战场电磁环境建模与仿真[M]. 北京:国防工业出版社,2014.

[16] 李炳伟,万福. 复杂电磁环境模型及仿真框架的构建[J]. 航天电子对抗,2009,25(6):40-42.

[17] 张斌,胡晓峰. 复杂电磁环境仿真不确定性空间构建[J]. 计算机仿真,2009,26(2):11-13.

[18] 刘尚合,孙国至. 复杂电磁环境内涵及效应分析[J]. 装备指挥技术学院学报,2008, 19(1).

[19] 周少平,李群. 支持武器装备体系论证的探索性分析框架研究[J]. 系统仿真学报,2007,19(9).

[20] 杨镜宇,司光亚. 信息化战争体系对抗探索性仿真分析方法研究[J]. 系统仿真学报,2005,17(6):1469-1472.

[21] Paul K Davis. Exploratory Analysis Enabled by Multiresoluation, Multiperspective modeling [C]. Pro-

ceedings of the 2000 Winter Simulation Conference, 2000.

［22］邵国培,等．战场电磁环境的定量描述与模拟构建及复杂性评估［C］．军事运筹与系统工程论文集,2007.

［23］崔积丰,田益明,等．电子装备试验电磁环境构建方法［J］．电子信息对抗技术,2012,27(1):60-64.

［24］王汝群．战场电磁环境［M］．北京:解放军出版社,2005.

［25］李莉,孙振华,等．装备定型试验中复杂电磁环境研究［J］．装备指挥技术学院学报,2009(20):73-76.

［26］韩伟,肖昌达．把握特征构设复杂电磁环境构建［J］．信息对抗学术,2009(9):40-41.

［27］任翔宇,马燕．北约波利冈电子战训练试验(靶)场［J］．国际电子战,2005(11):37-42.

［28］孙晓静,叶瑞芳．美军电子战装备试验(靶)场［J］．国际电子战,2005(11):32-36.

［29］陈通剑,王争光．复杂电磁环境构建的深入思考［J］．信息对抗学术,2009(9):55-57.

［30］贾立印,雷斌,等．检测电磁环境的构建与评估方法研究［J］．通信技术,2010,43(11):156-159.

［31］余辉,苏震．电子战系统作战效能的评估［J］．光电技术应用,2010,25(3):75-77.

［32］邵国培．电子对抗作战效能分析［M］．北京:解放军出版社,1998.

［33］陈永光,柯宏发．电子信息装备试验灰色系统理论运用技术［M］．北京:国防工业出版社,2008.

［34］李婧娇,张友益．多功能电子战系统作战效能评估方法研究［J］．舰船电子对抗,2009,32(5):5-10.

［35］李修和,等．战场电磁环境建模与仿真［M］．北京:国防工业出版社,2014.

［36］汪辉,杜红梅．复杂电磁环境对兵器试验(靶)场测试装备的影响［J］．四川兵工学报,2012,33(8):92-94.

［37］洪家财,侯孝民．美军电磁环境效应研究启示［J］．装备指挥技术学院学报,2009,20(3):10-13.

［38］Department of Defense. MIL-STD-464A Electromagnetic Environmental Effects Requirements for Systems［S］. Washington : Department of Defense,2002:1-15.

［39］Department of Defense. MIL-HDBK-237C Electromagnetic Environmental Effects and Spectrum Certification Guidance for the Acquisition Process［S］. Washington:Department of Defense,2001:10-35.

［40］Department of Defense. DoD Directive 3222. 3 Electromagnetic Environmental Effects (E3) Program［S］. Washington : Department of Defense,2004:1-5.

［41］邹战军,刘尚合．现代战场电磁环境分析［J］．军械工程学院学报,1995,7(4):40-47.

［42］安霆,宋学君．电磁环境效应及建模分析方法研究［J］．电气技术,2007(6):17-19.

第8章 赛博试验与评估

赛博试验(靶)场为作战网络安全性研究和装备开发提供一个真实的定量/定性的试验与评估环境,是构建空天地一体化试验(联合试验环境)体系的重要组成部分之一,与复杂电磁环境一起构成空天地一体化试验体系的广义一体化试验环境。赛博试验包括模拟/仿真试验和真实赛博试验,其中赛博模拟/仿真试验是以计算机系统以及相互连接的网络为基础,在真实的物理网络基础上,对上层的软件平台以及应用系统进行管理和配置,并将外部设备、网络及特定应用运行于试验(靶)场的基础设施之上或者统一集成管理;真实赛博试验场则是在真实环境中构建试验测试系统对作战网络系统进行试验与评估。本章分别介绍了软件安全性测评、渗透测试、赛博模拟/仿真试验与真实环境试验体系、试验基础设施,以及赛博试验方法,最后介绍了赛博通信网络安全性试验与评估方法。

8.1 概 述

8.1.1 赛博空间

赛博空间定义为:一个作战领域,其独特的性质是由使用电子和电磁频谱所构成,通过互相连接的和基于信息通信技术的系统以及它们相联的基础设施,实现信息的存储、修改、交换和使用信息[1]。赛博空间也称网电空间,是以电磁频谱为环境、以电子技术为支撑、以电子信息系统基础设施为实体,能够连接所有其他领域内的各种作战行动。赛博空间是一个类似于陆、海、空、天的真实存在的可操作域,以信息创建、存储、修改、交换和利用为目的,实现对信息系统的控制[2]。

赛博战是指在网络空间的作战行为,它以信息基础设施网络、计算机系统和其他电子信息系统为对象。赛博战分为网络进攻和网络防御,进攻行动是对敌方关键电子设备的动能打击、电子战、计算机网络攻击等;防御行动是对己方关键设备的电磁防护、信息保障、漏洞评估、通信保密、敌方攻击效果评估和攻击定位等。由于赛博空间战是非对称作战,易攻难守。网络攻击包括钓鱼、病毒、木马和逻辑炸弹在内的恶意代码攻击,非授权访问攻击,非正常使用攻击,扫描探询攻击和拒绝服务攻击,等等。随着网络攻击战术和经验的不断丰富,网络攻击技术和工具的不断改进、完善。新的网络攻击方式不断涌现,且变得越来越诡异和严重,其中"僵尸网络"和"网上钓鱼"软件就是近年来出现的两种影响最大的网络攻击新方式,被计算机病毒、蠕虫和其他形式的"恶意软件"感染的计算机称为"僵尸",许多"僵尸"集合在一起称为"僵尸网络",它们能被"僵尸操纵者"捕获,受其控制能发送垃圾邮件或实施恶意破坏活动。

赛博空间安全性,主要包括三个方面,即电磁频谱安全性、电子设备安全性以及网络安全性。前两者与电子战密切相关,后者与网络、软件安全性密不可分。本章主要讨论网络安全性测试问题。

8.1.2　赛博试验目的

赛博空间安全性测试也称赛博试验,是为了适应军事领域内的信息系统和信息化武器装备的发展要求,提供近似实战的信息战环境而进行的安全性试验。赛博试验可以为各种网络技术、攻击防御手段、制定的安全性策略和方案提供定量与定性的评估,实现信息系统和信息化武器装备的技术战术性能测试和作战效能评估,为信息安全主管机构评估网络信息系统的安全程度提供一个可信性、可控性、可操作性强的试验环境。

为了开展大规模的赛博试验,各国开始建立赛博试验(靶)场,用于模拟赛博空间攻防环境,为赛博空间对抗技术和装备的试验鉴定、效能评估、人才培养以及赛博安全检验提供可靠的研究平台。

赛博试验(靶)场不是用来进行全新技术理论科学研究或成熟技术测试验收的场所,它关注更多的是有一定理论基础但还不够成熟的赛博空间应用技术。通过科学的实验和严谨的测试来验证相关技术的可行性,并可以对该技术进行初步的开发,因此赛博试验(靶)场重点关注的是技术成熟度处于 3 级、4 级和 5 级的技术。

8.1.3　名词辨析

(1)"网络安全"与"信息安全"中的"安全",与自然状态下"安全"的内涵有所不同。在英语中,前者用"Security",后者用"Safety",尽管在汉语中都用"安全"一个词,但其内涵有较大的区别。

(2)按照 Gartner 的观点,网络安全包含了信息安全、信息技术安全、运作技术安全、物理安全和作战网络安全等内涵。因此,信息安全不等于网络安全,而信息安全是网络安全的重要组成部分。

(3)在英语中,"网络空间安全"(Cyberspace Security)简称为"网络安全"(Cyber Security),不会产生异议;但在汉语中,若将"网络空间安全"简称为"网络安全",则可能产生异议;因此,本书将"网络空间安全"描述为"赛博空间安全"或"赛博安全"。"网络安全"一般是指具体的物理网络或网络系统,英语中的"Network Security"(网络安全)应当包含在信息技术安全或物理安全之中,它只是"网络空间安全"的部分内涵,而不能代表网络空间安全的全部内涵。因此,"网络安全"应为"Cyber Security",而不是"Network Security"。

(4)"Cyberspace"可译为"赛博空间"或"网络空间"。本书中使用"赛博空间"一词描述,并特指军事作战网络,以示区别。

8.2　赛博安全性测试

安全性测试方法与手段多种多样,如利用黑客常用工具对网络进行扫描,模拟黑客攻击网络,分析评估网络的安全性与风险性,也可专门设计网络测试工具对移植网络进行试验与评估,以改进或进一步提高作战网络的安全等级。这种模拟攻击试验,是对网络安全措施进行测试而进行的可控的攻击行为的过程。借助于模拟攻击,试验工程师可以检测出被试网络系统中存在的不足和漏洞。模拟攻击试验,既可以由试验工程师和网络安全管理人员共同对网络进行测试,也可以专门邀请专业黑客对网络进行攻击测试。

8.2.1　赛博空间安全性测试需求

真实环境中的作战网络系统,是由多个异构网络互联起来的传感器设备、网关设备、通信设备以及计算机等电子设备与武器系统组成。在复杂赛博空间的对抗环境中,敌方可利用各种技术手段(包括数据监听、网络探测、系统渗透、内容篡改和服务致瘫等)攻击联网的赛博系统,以达到削弱信息保障、决策支持和行动同步等目的。面对各种不同对抗条件,系统能否满足作战任务预期需求变得至关重要。从系统运行及安全角度出发,赛博安全性定义为:系统能够提供满足任务完成所需的安全防护及信息与信息服务保障的水平或程度。赛博安全性涵盖信息和信息服务的机密性、完整性、可用性和时空相关性等[3]。

(1)保密性是指保证信息和信息传输不受他方窃取,仅允许授权用户访问;

(2)完整性是指保证信息不会遭受意外或恶意改变,且只有授权用户方可获得信息服务;

(3)可用性是指信息可被授权实体访问并按需求使用的特性,保证授权用户及时获得信息和信息服务;

(4)时空相关性是指信息和信息服务的时间、效率和作用域等满足任务执行需求。

赛博安全性评估,首先要分析作战网络各层存在的安全缺陷和薄弱环节,见表8-1。从感知层到应用层,各层都存在着不同级别的风险因素。

表8-1　作战网络各层的典型安全缺陷与薄弱环节

层级	安全缺陷	说　明	风险级别
感知层	物理安全	传感网容易遭到物理破坏而失效;节点结构简单,加密手段较弱,易于伪造	高
	链路安全	有限的数据加密机制;碰撞攻击和拒绝服务攻击	低
	路由安全	虚假路由,脆弱的路由协议	中
	恶意攻击	Sinkhole 攻击、Syble 攻击、Wormholes 攻击、HELLO flood 攻击等	高
	物理破坏	通过物理手段取出芯片封装,使用微探针获取敏感信号,进而进行对 RFID 标签的重构	中
	信息泄露	信息泄露无线信号广播,易被窃取	高
	无线干扰	干扰广播、阻塞信道	高
	安全协议攻击	扫描 RFID 标签和响应识别器,寻求安全协议、加密算法弱点,进而删除 RFID 标签的内容或篡改可重写 RFID 标签内容	中
	隐私保护	涉及个体隐私问题的数据在物理层泄露	高

（续）

层级	安全缺陷	说　　明	风险级别
网络层	异构接入	采用 Wi-Fi、WiMAX、3G/LET/4G 等各种无线接入技术,异构网络的复杂性给管理和安全带来了新的挑战	低
	无线网络开放性	无线信道的开放性使信道窃听、干扰容易实现,数据信息被篡改、插入、删除、截获的风险增大	高
	核心网络安全性	网络地址空间短缺,巨大的信息量,网络带宽的有限性,传统的基于互联网络的协议的有效性	中
	网络拥塞	大量以集群方式存在的网络节点,在数据传输过程中,会导致网络产生"洪水"效应,造成网络拥塞甚至瘫痪	高
	隐私保护	涉及到个体隐私问题的数据在网络层泄露	中
应用层	恶意代码和设计缺陷	来自传统应用层的恶意代码、病毒和系统自身的设计漏洞	高
	海量数据处理	接入系统数量大,信息量大	中
	云计算安全性	网络依赖于云计算强大的处理和存储能力作为支撑	高
	数据分级管理	不同安全级别的数据需要分级存储、访问和管理,以及与之对应的身份认证问题	低
	隐私保护	大量涉及个体隐私的信息(如身份信息、财产、位置信息等)会因为未实行有效的保护,面临被非法窃取、篡改、泄露的风险	高

8.2.2　赛博空间安全性测评模型

8.2.2.1　内涵

赛博空间安全性内涵,是指在满足功能、性能要求的前提下,作战网络系统保护硬件、软件及数据的能力,防止其因偶然或恶意的原因使系统遭到破坏,数据遭到更改或泄露等。它分为技术安全性和管理安全性两大类[4-6]。其中,技术安全性包括物理安全性(如电磁防护和能耗控制等)、网络安全性(如入侵防范与安全审计)与应用安全性(如数据安全与备份、隐私保护)。

8.2.2.2　测评指标体系

首先,通过分析典型任务系统中核心能力形成过程,并考虑到处理过程中系统面临的赛博空间威胁及其对系统影响,提取赛博安全性的度量属性;然后,以此为指导和依据,并参考现有的系统性能/效能评估指标和信息系统安全测评指标,遵循指标选取原则,采用层次化结构建立任务关键系统赛博安全性评估指标体系。指标体系构建方法如图 8-1 所示。

赛博空间主要具有三个核心能力:态势感知能力、决策支持能力和行动控制能力。

（1）态势感知能力:利用各种传感器单元及时收集现场环境信息,并对获取数据进行融合处理,实现态势评判;

（2）决策支持能力:基于对态势的理解,根据相关操控规则和知识等,辅助制定及选择行动方案;

（3）行动控制能力:按照行动方案对终端单元实施动态且同步管理和控制,作用于现

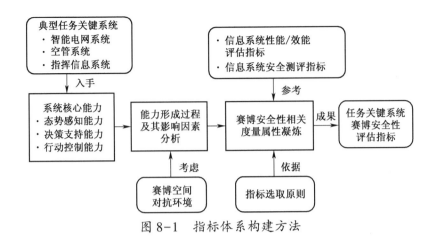

图 8-1　指标体系构建方法

场环境并观察变化。

通过对其核心能力的分析,提取出赛博安全性度量属性,如图 8-2 所示。

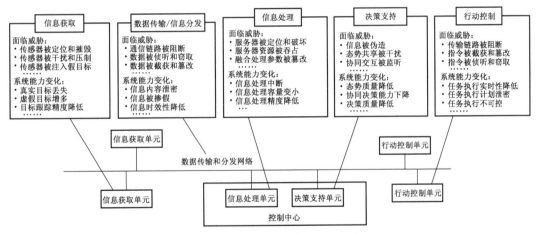

图 8-2　SCADA 系统核心处理流程

赛博安全性主要取决于安全防护水平、信息保障水平和信息服务保障水平三方面。以独立性和可测性等为原则,采用自顶而下和逐步细化的方法,构建一个层次化的任务关键系统赛博安全性评估指标体系框架,评估指标体系框架如图 8-3 所示。

8.2.2.3　安全性测评模型

赛博安全性测评指标体系为层次结构,按照不同层次将指标分为综合类和非综合类指标(即底层指标),每类指标采用不同评估方法建立评估模型。

(1) 对于非综合类指标(不存在子指标),按照指标度量内容分为时间类(如恢复时间和服务响应时间)、比率类(如攻击识别率和恢复率)和等级类(如节点防护度和威胁传导度)等。在分类基础上,根据指标物理含义和影响因素分析,选用解析计算、仿真试验和专家评判等方法完成指标评估。

(2) 对于综合类指标评估,则通过分析该指标与其子指标之间关系,如与/或、最大/最小等关系,选用层次分析法、模糊综合评价法和 K-V 图法等综合评估方法确定评估模型。

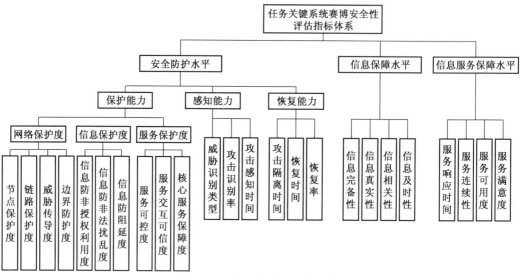

图 8-3　评估指标体系框架

1. 恢复时间计算模型

恢复时间,是指系统性能从开始低于正常值(遭受攻击或意外事件)至正常值的平均时间间隔,计算模型为

$$\Delta_{\mathrm{hf}} = \sum_{i=1,2,\cdots,N} (t_{\tau}(i) - t_1(i))/N \tag{8-1}$$

式中: $t_1(i)$ 和 $t_{\tau}(i)$ 分别为第 i 次系统遭受攻击或意外事件后性能低于正常值及恢复正常值的时刻,两者均由采集试验数据获得。

2. 信息相关性计算模型

信息相关性,是指可使用的数据量 N_a (单位 bit) 与所有接收数据量 N_s 的比率关系为

$$R_{ir} = N_a/N_s \tag{8-2}$$

式中: N_a 和 N_s 均可通过试验日志数据分析和统计获得。

3. 节点防护度计算模型

节点防护度是对节点安全防护等级的评判,用于衡量节点身份鉴别、访问控制、安全审计和入侵防范等措施的完备性和力度。评估模型为

$$\mathrm{NP} = EM_{\mathrm{np}}(x_{\mathrm{Atc}}, x_{\mathrm{Arz}}, x_{\mathrm{Adt}}, x_{\mathrm{Aid}}) \tag{8-3}$$

式中: EM_{np} 为加权求和函数; $x_{\mathrm{Atc}}, x_{\mathrm{Arz}}, x_{\mathrm{Adt}}, x_{\mathrm{Aid}}$ 分别表示为节点在身份鉴别、访问控制、安全审计和入侵防范的措施水平,其值主要依据制定的相关等级评判标准采用专家打分方法进行等级评判取得。

还有其他参数计算模型,如服务响应时间、攻击识别率和威胁传导度等,就不一一列举。

8.2.3　软件安全性一般测试方法

软件安全性是赛博空间安全性的重要组成部分[7-8]。软件安全性(Software Safety)一词最早出现在 1979 年发布的 Mil-Std-1574A 标准中,1986 年由美国加州大学 Leveson

教授引入计算机科学领域。比较有代表性的定义有：

（1）Leveson：软件安全性是指确保软件在系统上下文中执行不会导致系统发生不可接受的风险。

（2）NASA 8719.13A：软件安全性是指在软件生命周期内，应用安全性工程技术，确保软件采取积极的措施提高系统安全性，确保降低系统安全性的错误已经减少或控制在一个风险可接收的水平内。

（3）MIL-STD-882C《系统安全性大纲》：安全性是指避免危险条件发生，保证己方人员、设施、财产、环境等免于遭受灾难性事故或重大损失的能力。

软件安全性测试是指验证应用程序的安全等级和识别潜在安全性缺陷的过程，也是检验软件中已存在的软件安全性措施是否有效的检测过程，更是保证系统安全性的重要手段。应用程序级安全测试的主要目的是查找软件自身程序设计中存在的安全隐患，并检查应用程序对非法侵入的防范能力。安全性测试并不能证明应用程序最终是安全的，而是用于验证所设立对策的有效性，这些对策是基于威胁分析阶段所做的假设而选择的。例如，测试应用软件在防止非授权的内部或外部用户的访问或故意破坏等情况时运作有效性[9]。

软件安全性测试方法一般分为三类，即基于可靠性分析方法的、基于形式化模型的和基于软件测试方法的软件安全性测试方法[10-13]。

8.2.3.1　基于可靠性分析法的软件安全性测试方法

1. 基于故障树分析的软件安全性测试方法

基于故障树分析（Fault Tree Analysis，FTA）的软件安全性测试方法，是利用故障树的最小割集来生成软件安全性测试用例的方法。它以系统中最不希望发生的故障状态作为故障分析的顶事件，寻找导致这一故障发生的全部可能因素，绘制故障树，然后搜索出最小割集，并以最小割集为依据生成软件安全性测试用例。该方法不仅有效提高了测试的自动化程度，而且提高了软件安全性测试的充分性。

由于应用领域的不同，故障树中底事件的语义解释并不唯一，因此出现了一种基于形式化故障树分析建模的软件安全性测试方法。它将故障树的叶节点语义形式化为一个以时间为变量的实时间隔逻辑持续时间计算公式，消除故障树的语义模糊性，达到形式化故障树的目的。这种方法首先对软件需求规格说明进行分级划分，然后利用形式化故障树表示安全性需求，在搜索出形式化故障树所有最小割集的基础上，运用基于割集的安全性测试用例动态扩展算法进行用例设计。

2. 基于Petri网的软件安全性测试方法

基于Petri网的软件安全性测试方法，是利用Petri网简洁、直观、潜在模拟能力强等特点，在因果关系作用下进行推演的过程，体现系统的动态行为特征。目前，软件安全性测试存在两种基于Petri网的方法，即正向分析法和逆向分析法。

正向分析法，首先建立完整的可达图和状态标识表，得到Petri网的可达集，建立相应的Petri网模型，然后在可达集中搜索所有包含任意一个状态的状态标识，并将其标记为危险标识，从初始状态到该危险标识的每个变迁序列均可设计为一个测试用例。在生成用例时，对每个被标记的危险标识应至少生成一个用例，这些用例构成了针对该Petri网模型的软件安全性测试用例集。应用结果表明，它可以快速地求出测试用例集，并能有效地提高测试自动化程度。然而,正向分析法也存在一定的缺陷,因为它需要生成完整的可达图和状态标识集,这对于逻辑和结构比较复杂的系统是比较困难的,也容易形成组合数量爆炸式增长。因此出现了逆向分析方法。逆向分析方法是构造所有可能导致危险的软件危险状态,然后分析求出由初始状态到该危险状态可能的路径,并通过构造测试用例来验证该路径是可行的。这说明逆向分析法要针对具体问题具体分析。

8.2.3.2　基于形式化模型的软件安全性测试方法

基于形式化模型的软件安全性测试方法,是建立软件的数学模型,并在形式规格说明语言的支持下,提供软件的形式规格说明。目前,形式化软件安全性测试方法可分为模型检验方法和定理证明方法。

1. 基于模型检验的软件安全性测试方法

模型检验方法用状态迁移系统 S 描述软件的行为,用逻辑公式 F 表示软件执行必须满足的性质,通过自动搜索 S 中不满足公式 F 的状态来发现软件中的漏洞。

模型检验技术基本思想,是将系统表示成为自动机模型,并将系统要验证的属性用某种逻辑公式来表示,再采用穷举状态空间的方式来证明系统的模型是否满足要验证的属性。这种方法利用内置的结构形式分析(模型检验中的状态机描述)来驱动测试过程,给测试工程师提供了生成和评估安全性测试集的方法。模型检验方法的流程如图 8-4 所示。在该检验模型中,覆盖率标准和有限系统规格共同驱动测试需求,测试需求通过检验模型再次评估系统需求,每个模型检验的反例对应于一个满足给定测试需求的测试用例,而通过收集和裁减这些用例可以消除各种冗余。该方法生成的结果是满足所有可行测试需求的测试集,其测试需求符合了与有限系统规格相关的覆盖率标准。

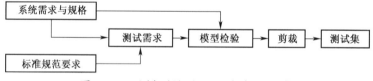

图 8-4　用模型检验方法生成测试集

此外,NASA 的 JPL 实验室开展形式化软件安全性测试的主要思路是建立安全需求的状态机模型。运用这种形式化模型进行软件安全性测试,可以通过搜索状态空间,检查是否能从起始状态找到一条路径到达违反规约的不安全状态。

2. 基于定理证明的软件安全性测试方法

基于定理证明的软件安全性测试方法,是将程序转换为逻辑公式,然后使用公理和规则证明程序是合法的。目前,由于定理证明过程非常耗时费力,所以一般只用于验证设计阶段的程序规范而非实际代码。

8.2.3.3　基于软件测试方法的软件安全性测试方法

1. 基于猜错法的软件安全性测试方法

基于猜错法的软件安全性测试方法,是依据经验、直觉和对被测试系统的探索兴趣,在按规则生成的测试用例集之外添加一些"另类"的用例。运用这种方法,为用例所涉及的实体定义一系列关系,借助这些关系实现用例的自描述,并最终和新的软件测试背景匹配,实现用例的再生。

　　利用这种方法不仅能够解决这部分用例的测试自动化问题,还可以提高测试的充分性。严格地说,用例的自描述和再生过程中也需要一系列的规则。但是,这些规则不是基于功能需求的,而是基于用例描述的。规则只存在于被描述的这些用例中,不同的猜错用例描述所需要的规则是不同的。因此,用例和用例之间不论其在联锁功能上是否相关,它们在描述上都是相互独立的,在运算上不会带来自动测试时的相互牵制。由于猜错用例的总数是有限的,所以,通过猜错用例自描述和再生,将其纳入测试自动化后,对一个测试任务带来运算量上的增加能够限制在可接受的范围内。

　　2. 基于接口语法的软件安全性测试方法

　　基于接口语法的软件安全性测试方法,是根据被测软件功能接口的语法生成测试输入,检测被测软件对各类输入的响应。软件的接口包括多种类型:数据总线、文件、环境变量、套接字等,它明确或隐含规定了输入的语法。基于这样一种思想,接口语法测试定义了软件所接受的输入数据类型、格式。

　　接口语法测试法的步骤是:首先识别被测软件接口的语言,定义语言的语法。然后根据语法生成测试用例。其中,生成的测试输入应当包含各类语法错误、符合语法的正确输入、不符合语法的畸形输入等。最后,通过执行测试检验被测软件对各类输入的处理情况,确定被测软件是否存在安全缺陷。

　　接口语法测试法适用于被测软件有较明确的接口语法,易于表达语法,并生成测试输入的情况。语法测试结合故障注入技术可以得到更好的测试效果。

8.2.3.4　各种测试方法的分析对比

　　下面对上述各种软件安全性测试方法进行分析对比。

　　(1) 两种基于可靠性分析方法的软件安全性测试方法,在安全性测试中都融入了分析过程,但也各有特点。

　　基于 FTA 的软件安全性测试方法,利用了故障树的最小割集,有利于满足测试充分性,而且便于推广,但故障树分析和最小割集搜索过程的工作量较大,而且从安全性需求到形式化故障树的转化不易实现。因此,使用该方法时需要通过自动化手段来减少人工的工作量,同时要明确从安全性需求到形式化故障树转化的方法和准则;基于 Petri 网的软件安全性测试方法,分为正向分析法和逆向分析法两种。其中,正向分析法利用了 Petri 网简洁、直观、潜在模拟能力强等特点,有助于进行全面分析,但是,它需要生成完整的可达图和状态标识集,对逻辑和结构复杂系统的分析较难完成,而且容易形成组合爆炸的问题。而逆向分析法,针对具体问题进行具体分析虽然可以避免组合爆炸问题,但是这种分析并不全面,由初始状态到危险状态的路径分析通过人工很难实现,因此常用于分析系统关键层或模块。

　　(2) 基于模型检验和定理证明的这两种形式化软件安全性测试方法,虽然通用性强,但是也都存在一定的局限性。

　　基于模型检验的软件安全性测试方法,可以生成满足所有可行测试需求的测试集,整个过程去除了人工的参与,减少了出错的可能性,同时采用穷举方式比传统测试方式更能保证软件的质量,但是其测试准则和检验模型不易建立,而且减少冗余测试用例的算法实现起来也存在困难。此外,由于需要穷尽程序的所有实际执行状态,所以模型检验的效率较低,并且很难检验无穷状态系统。这些都增大了使用该方法的难度。对于基于定理证明的软件安全性测试方法而言,由于其定理证明过程难以完全自动化,需要高素质分析人员的大量参与,证明过程非常耗时费力,所以其实际使用范围受到了一定的限制,一般只用于验证设计阶段的程序规范而非实际代码。

(3)基于猜错法和接口语法的软件安全性测试方法都来源于传统的软件测试,在实施时各有特点。

基于猜错法的软件安全性测试方法,在经过自描述处理后所生成的用例具有普遍适用性,只要在新的软件测试任务中找到匹配的背景,自描述用例就可以重新变成在新背景下的测试用例。但是,该方法用例自描述和再生过程规则不易实现,同时,这种基于猜错法的用例生成方法主观因素较大,对分析者的要求较高,不易推广使用。基于接口语法的软件安全性测试方法可以与软件测试过程结合,节约测试成本,并且易于表达语法并生成测试输入的情况,但是其使用范围有限,在测试时需要与其他方法配合使用。此外,由于各种接口特点千差万别,使用中也增大了方法推广的难度。

(4)通过对上述软件安全性测试方法进行的分析对比,可以总结出它们的优缺点,见表8-2。

表8-2 各种软件安全性测试方法分析对比

软件安全性测试方法		优点	缺点
基于FTA的软件安全性测试方法		(1)有利于满足软件安全性测试的充分性 (2)利用了故障树最小割集,便于推广使用	(1)故障树分析和最小割集搜索过程的工作量较大 (2)从安全性需求到形式化故障树的转化不易实现
基于Petri网的软件安全性测试方法	正向分析法	(1)简洁、直观、潜在模拟能力强 (2)有助于进行全面分析	(1)对逻辑和结构复杂系统的分析较难完成 (2)容易形成组合爆炸问题
	逆向分析法	(1)可以对常用危险进行分析,缩小分析范围 (2)可以分析出可能出现的危险状态	(1)该方法的分析并不全面 (2)由初始状态到危险状态的路径分析通过人工很难实现
基于模型检验的软件安全性测试方法		(1)采用穷举方式比传统测试方式更能保证软件的质量 (2)去除了人工的参与,减少了出错的可能性	(1)测试准则和检验模型不易建立 (2)模型检验方法的效率较低,很难检验无穷状态系统 (3)该模型减少冗余测试用例的算法实现起来存在困难
基于定理证明的软件安全性测试方法		(1)该方法属于形式化方法,通用性强 (2)该方法逻辑性较为严密	(1)定理证明方法的证明过程耗时费力,难以完全自动化 (2)实际使用范围受到了一定的限制
基于猜错法的软件安全性测试方法		(1)生成的用例具有普遍的适用性 (2)可以提高测试的充分性	(1)用例自描述和再生过程的规则不易实现 (2)该方法主观因素较大,不易推广使用

（续）

软件安全性 测试方法	优点	缺点
基于接口语法的软件安全性测试方法	(1)易于表达语法并生成测试输入的情况 (2)可以节约测试成本	(1)该方法使用范围有限 (2)该方法不易推广使用

通过表 8-2 可以看出，以上这些软件安全性测试方法虽然各具特点，但都存在一定的问题，因此在使用这些方法时需要综合考虑各方面因素，制定合理的测试策略。比如，在测试时可以先通过 FTA、Petri 网等分析方法对测试的全面性进行把握，然后运用定理证明法验证设计阶段的程序规范，使用模型检验法提高测试效率，再用猜错法和接口语法测试进行补充。

8.2.4　故障树分析法

软件安全性测试的本质特征，在于降低由于软件失效而导致系统事故的风险，采用故障树分析技术找出系统中安全性影响较大的模块，针对这些模块进行测试，可以提高测试针对性和测试效率[14]。故障树分析法主要用于分析大型复杂系统的可靠性及安全性，它被公认为是目前对复杂系统可靠性、安全性进行定性分析的一种有效方法[15-17]。

8.2.4.1　建模

在建立故障树模型之前，要对规格需求说明书进行详细的分析，通过功能危险性分析技术（FHA）找出系统中所有可能出现的各种不安全状态（或者关键失效状态），列出软件关键安全故障事件表。然后对表中每一个故障事件建立一棵故障树。

在故障树建立的过程中，以 FHA 找出的故障事件作为顶事件，通过分析寻找出导致顶事件故障发生的所有可能的直接原因，这些原因又被称之为中间事件。顶事件与中间事件之间用"与"门或者"或"门等进行连接。分析寻找每一个中间事件发生的所有可能原因，以此类推直至追踪到最后一级基本事件，也即底事件。软件故障树分析的最底层取决于分析要求，原则上可以深入到程序的编码或语句。若与软件统计测试进行结合，可采用各功能模块失效作为底事件进行故障树建模。

假设软件系统由若干相互独立的功能模块组成，各软件功能模块的事件状态为两态：工作或失效。设有软件系统 $S = \{m_1, m_2, m_3, m_4, m_5, m_6, m_7\}$，并假设以某一个系统危险失效作为顶事件，通过层层分析可以得到软件系统故障树模型，如图 8-5 所示。图中 G_i 表示中间件事件。

为了对故障树进行安全性分析，找出各功能模块失效对顶事件的影响，需要求出故障树的最小割集。故障树最小割集求解方法主要有上行法、下行法和计算机算法。利用下行法求解最小割集的过程如图 8-6 所示。根据 $AB + A = A$ 原则，可以得出最小割集有 $K_1 = \{m_4\}$，$K_2 = \{m_3, m_1\}$，$K_3 = \{m_3, m_2\}$，$K_4 = \{m_2, m_5, m_6\}$，$K_5 = \{m_7, m_2\}$ 共五个。其中，K_1 为一阶割集，K_2、K_3、K_5 为二阶割集，K_4 为三阶割集。

8.2.4.2　故障树模型分析

首先分析最小割集中各功能模块失效对顶事件的影响，也即模块的安全度。由于模

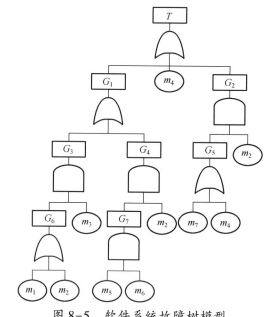

图 8-5　软件系统故障树模型

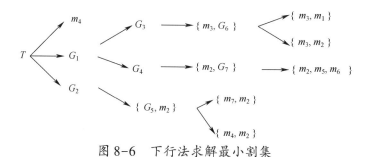

图 8-6　下行法求解最小割集

块 m_4 独立构成一个最小割集,其模块失效将会直接导致系统故障,因此,属于安全关键模块,其安全度最高。从故障树中可以看出,越低阶的故障事件与顶事件的联系越直接,影响越大;同一个故障事件出现在不同的割集中,说明那个事件可以通过不同的途径导致顶事件发生,它对顶事件的影响也比较大。表 8-3 就是通过这种定性分析得出各功能模块安全度次序的。在所有的系统故障树最小割集中,假设割集的个数是 k,割集 E_r 中含有 m_r 个事件,则基本事件 X_i 的安全度为

表 8-3　功能模块安全度次序表

模块	在一阶割集中出现次数	在二阶割集中出现次数	在三阶割集中出现次数	安全度次序
m_1		1		4
m_2		2	1	2
m_3		2		3
m_4	1			1
m_5			1	5
m_6			1	5
m_7		1		4

$$I_k(X_i) = \frac{1}{k} \sum_{r=1}^{k} \frac{1}{m_r(X_i \in E_r)} \tag{8-4}$$

式中：$m_r(X_i \in E_r)$ 表示对 $X_i \in E_r$ 的割集进行计算，不属于割集的不加入计算。

于是，对图8-6求出的五个最小割集，依据式（8-4）可计算各模块失效（基本事件）的安全度为

$$\begin{cases} I_k(m_1) = \frac{1}{5}\left(\frac{1}{2}\right) = \frac{1}{10} \\[2mm] I_k(m_2) = \frac{1}{5}\left(\frac{1}{2} + \frac{1}{3} + \frac{1}{2}\right) = \frac{4}{15} \\[2mm] I_k(m_3) = \frac{1}{5}\left(\frac{1}{2} + \frac{1}{2}\right) = \frac{1}{5} \\[2mm] I_k(m_4) = \frac{1}{5}(1) = \frac{1}{5} \\[2mm] I_k(m_5) = \frac{1}{5}\left(\frac{1}{3}\right) = \frac{1}{15} \\[2mm] I_k(m_6) = \frac{1}{5}\left(\frac{1}{3}\right) = \frac{1}{15} \\[2mm] I_k(m_7) = \frac{1}{5}\left(\frac{1}{2}\right) = \frac{1}{10} \end{cases} \tag{8-5}$$

对计算结果进行排序得到

$$I_k(m_2) > I_k(m_3) \geqslant I_k(m_4) > I_k(m_1) \geqslant I_k(m_7) > I_k(m_5) \geqslant I_k(m_6) \tag{8-6}$$

从式（8-6）与表8-3安全度次序比较可以发现，除了 m_4 模块，其他结果都是一致的。这是由于 m_4 模块单独构成一个最小割集，它的安全度最高，因此不用这种方法直接计算，需要对计算的结果进行调整，使它满足安全度定性分析。调整后的结果排序为

$$I_k(m_4) > I_k(m_2) > I_k(m_3) > I_k(m_1) \geqslant I_k(m_7) > I_k(m_5) \geqslant I_k(m_6) \tag{8-7}$$

在一棵故障树中，将最大的安全度值赋予一阶割集的模块，并把一阶割集的安全度值赋给具有最大安全度值的模块。

FTA方法可确定系统中的安全重要模块以及它们对系统安全性的影响程度（安全度），从而可以利用这些安全性定性分析的结果来构造安全性测试剖面，进行安全性测试。

8.2.5 探索性测试

经典的测试方法要求依据软件需求和设计文档，遵循既定的测试流程，严格按照预先设计的"脚本"开展。因此经典测试方法也称为脚本测试。

探索性测试是同时进行学习、测试设计和测试执行的一种测试方法[18-19]。探索性测试没有事先确定的测试计划定义，而是动态地被设计、执行和修改。探索性测试（也称为探索式测试）最早于1983年提出，并在实践中发展。探索性测试具有在时间短和文档不完善的情况下，充分发挥测试人员的经验和能力，快速、高质量完成软件测试等优点，已形成了一套管理方法和应用模型，并在微软等多个企业开展了成功的实践。探索性测试

方法注重实用,对它的研究也多数集中在实际应用方法而不是理论研究上。探索性测试是解决嵌入式系统软件测试需求变化快、软件文档缺乏、测试周期短等现实问题的可行手段之一。Kaner 等人在 2001 年给出了关于探索性测试的更多方法。

8.2.5.1　探索性测试主要方法

作为一种敏捷软件测试方法,探索性测试弱化了对测试的预先设计和测试流程的严格要求,而强调测试的同时性以及人的经验和创造性,关注于发现软件缺陷,持续优化测试工作。测试人员在测试–理解–再细化测试的迭代中,通过测试活动本身不断深入学习被测软件,从而能够缩减测试准备时间,发现更多缺陷,并使得软件测试可以在被测软件说明或文档不齐全的情况下开展。

探索性测试强调对测试人员的知识和经验的运用。这些经验和知识可分为领域知识、系统知识和一般的软件工程知识。领域知识指领域规则、客户流程和操作场景等,包括用户使用和具体应用领域知识;系统知识是关于待测软件的特性和技术细节的具体知识,包括系统级的交互以及个体功能细节;一般的软件工程知识是指不需要对被测软件系统和应用领域的具体知识。丰富的知识和经验是对探索性测试人员的基本要求,以此为基础,探索性测试发挥人的创造性,并由此增强了测试过程的适用性。

在开展具体的测试活动时,测试人员可以借助一些启发式方法,在测试活动中"探索"被测软件。这些启发式的方法是为了发现可能的缺陷,常用的一些典型技巧有 Hendrickson 的检查单以及 Whittaker 的漫游方法。

传统方法假设软件文档中说明了软件的各种预期行为,因而可以通过分析文档来提取测试预期。然而,在软件信息不完备的情况下,测试预期则无法提前预知。HICCUPPS 的启发式方法,是从历史信息、顾客形象在软件中的恰当映射、类似软件的对照、软件和商业声明、用户预期、同类产品本身、明显的意图和法律规章等角度,帮助测试人员判定测试是否通过。

8.2.5.2　管理模型

测试管理模型是保证测试质量、提高测试效率的必要保障。基于会话的测试管理(SBTM)是探索性测试领域中最常用的管理实践。SBTM 将软件测试活动分解为若干会话。会话特征如下:

会话围绕主旨开展,即待测试的任务和目标;会话时间较短;会话需要记录,借助会话记录单;每轮会话需要计划和总结,一轮会话执行通常是一天,其中包含若干个会话测试。基于会话的测试管理示意图如图 8-7 所示。当接到测试任务时,测试小组通过对测试任务进行分析讨论,确定各会话的主旨。会话主旨包含被测软件的主题、测试人员的角色、目的、条件、优先级、参考文档、数据、思路、预期等信息。测试项目负责人分配各会话测试人员,随后开展首轮会话执行。每轮会话执行结束后,需组织会话总结,包括会话执行情况、笔记、缺陷、问题、数据、时间分解、人员安排等。通过总结确定下一轮会话、资源分配。下一轮会话执行按照相似的方式开展。在测试达到预期时间和充分度要求后,测试结束,并根据每轮会话报告单整理测试报告。

会话还可以根据需要进行扩展,例如可以包含对会话的风险评估和资源统计,也可以将会话延伸为对特定问题的关注,形成测试的线索。

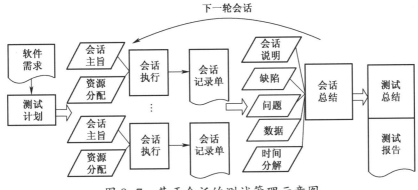

图 8-7 基于会话的测试管理示意图

8.2.5.3 测试工具

有效开展探索性测试同时依赖于辅助工具。已有一些探索性测试的工具可供参考，如 Microsoft Test Manager（与 Visual Studio 组件）、BBTestAssistant、TestExplorer、Session Tester、Rapid Reporter、Wink。其中 Session Tester、Rapid Reporter 和 Wink 是免费的，Session Tester 和 Rapid Reporter 则专门针对会话机制进行了设计和优化。这些工具通过基于录制回放、截屏和辅助文字信息的方式，帮助测试人员记录探索性测试的执行过程。

虽然这些基于录制回放原理的工具能够辅助测试人员整理测试报告，但是却缺少对测试人员运用其知识和经验的指导，对探索性测试的执行也缺少引导作用。目前没有专门的探索性测试流程管理工具，不能起到控制测试流程的作用，有必要针对具体应用研发相应的辅助工具。

探索性测试尤其适用于要求在短时间内发现被测软件一些重要缺陷或事先没有能够进行详细测试设计的情况；但也有测试过程不易控制、测试文档不全等问题。因此，在具体领域中运用探索性测试技术时，有必要根据领域特性，设计适合的测试流程，扬长避短。探索性测试的主要优点，是便于利用人员经验；适合于从用户角度的测试；适用于缺少软件文档、测试时间紧情况；灵活且适应性强；对测试人员和开发人员的反馈较快；能够为测试带来新内容，降低"杀虫剂"效应。其主要不足是缺少足够的文档，不易度量覆盖率；测试统计数据不足，不利于决策；对测试人员经验要求较高；在测试人员经验不足、管理不严格的情况下，可能会影响测试质量；如果缺少恰当工具，则不利于缺陷复现。

8.2.5.4 应用模型探讨

为了解决嵌入式系统测试中软件需求变化快、测试周期短、软件文档不完备等现实问题，有必借鉴探索性测试技术在信息系统、网络应用、操作系统等方面的成功经验，将其融入嵌入式系统软件测试体系中来。为了与相应的软件测评体系和标准匹配，必须对探索性测试通用方法进行调整，设计探索性测试在嵌入式系统软件测试的应用模型。

一种可参考的"脚本会话模型"如图 8-8 所示，是以探索性测试一般性理论、特性在各型软件产品的适用性研究为基础，将探索性测试与传统脚本测试相结合而构建的软件测试模型。为充分利用两者的优势，脚本会话模型的整体仍以传统脚本方法为基础，从而利用脚本测试管理中测试文档完备和过程管理控制完善等优点，而在测试执行过程中充分发挥探索性测试的灵活、高效优点，引入会话、漫游测试法等探索性测试方法，同时借助嵌入式系统软件测试典型数据复用库,实现对测试人员经验的固化和复用。

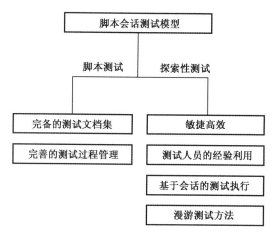

图 8-8　嵌入式系统软件脚本会话测试模型

如图 8-9 所示,脚本会话模型整体流程遵循经典的脚本测试流程,但发挥了探索性测试对经验的利用和灵活性的特点。

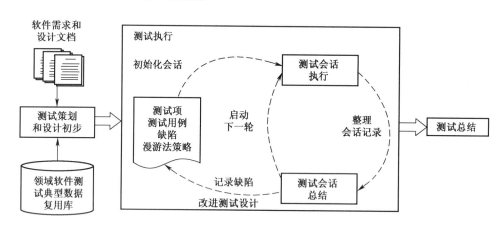

图 8-9　脚本会话测试模型流程框架

包含以下步骤:

(1) 测试策划和设计阶段:借助领域软件测试典型数据复用库(测试人员经验的固化体现)形成测试项、构造测试用例,降低对软件需求和设计文档的依赖,初步完成测试需求的提取和测试用例的设计。

(2) 测试执行阶段:测试执行以基于会话的方式开展,并对一般会话进行扩展。根据测试设计和计划,确定每个会话的主旨、用例和测试方法。在每一次会话中,测试人员可以结对开展测试执行,根据预先指定的漫游策略和启发式方法,针对一个测试项进行探索,并补充测试用例。测试人员在会话结束后整理会话记录单。根据本轮会话执行情况,记录缺陷、改善测试设计,并准备下一轮会话。如此迭代直到测试结束条件满足,测试执行结束。

(3) 测试总结阶段:借助测试执行中各个会话报告单,总结和报告缺陷。

8.2.6　渗透测试

渗透测试是指通过模拟恶意黑客的攻击方法,来评价计算机网络系统安全的一种评估方法[20]。渗透测试过程包括对系统的任何弱点、技术缺陷或漏洞的主动分析,在不同的位置(如从内网或外网等位置)利用各种手段对被试网络系统进行测试,以期发现和挖掘系统中存在的漏洞,然后输出渗透测试报告,从而发现网络系统中的隐患和问题。Klevinsky 等人在 2002 年介绍了渗透测试的具体方法。

测试人员为了探测网络服务是否存在漏洞,既可以使用网络扫描工具,也可以使用专用工具,尽可能完整地模拟黑客使用的漏洞发现技术和攻击手段,对目标的安全性作深入探测,发现目标系统的脆弱环节。网络扫描工具,用于寻找网络系统中可能存在的漏洞和不足。比较流行的网络扫描工具有主要用于端口扫描的 Nmap、用于弱点扫描的 Nessus、用于协议分析与网络分包分析的软件 Ethereal。端口扫描的 Nmap 是一个网络连接端扫描软件,用于扫描网络上计算机开放的网络连接端。确定哪些服务运行在哪些连接端,并推断是哪个操作系统指纹。Nmap 可以以较为隐秘的手法避免闯入检测系统的监视,并尽可能不影响目标系统的正常运行。用于弱点扫描的 Nessus,被认为是目前全世界使用人数最多的系统弱点扫描与分析软件,它提供了一套完整的计算机弱点扫描服务,并随时更新其弱点数据库。与传统的弱点扫描软件不同,Nessus 可同时在本机上运行或远端遥控,进行系统的弱点分析扫描。其运作效率随系统的资源增减而自行调整。协议分析与网络分包分析软件 Ethereal,也称为 Wireshark,是一个网络封包分析软件,也是目前使用最广泛的网络封包分析软件之一。其功能是抓取网络封包,并尽可能显示出最为详细的网络封包资料。Ethereal 使用 GUN GPL 通用许可证,是一个开源软件。借助 Ethereal,可以分析网络流量、查看网络通信、检测网络连接状况和协议通信状况,在没有加密的网络传输中查看传输内容。

由于渗透测试对象纷繁复杂,要想对不同的网络进行全面测试,需要运用各种攻击手段,对目标漏洞进行逐一利用。这种测试方法对测试人员的专业性依赖性较大,且容易忽略目标网络中各漏洞之间的逻辑关系,无法体现多阶段协同式网络攻击对目标网络造成的影响。渗透测试模型可以整合渗透测试技术和方法,依据渗透测试模型可以生成渗透测试步骤,检验被测试网络的安全性和抗攻击能力,发掘其脆弱性。渗透测试模型大多借鉴成熟的攻击建模思想,如基于攻击图的渗透测试模型、基于 Petri 网的渗透测试模型和基于渗透图的脆弱性建模方法等。

8.2.6.1　基于攻击图的渗透测试模型[21-22]

渗透图是 2005 年 Wei Li 等人首次提出的,并将基于渗透图的脆弱性建模方法应用到了集群计算机环境中,用来评估该环境脆弱性之间的关联关系。在渗透图模型中,节点表示目标中存在的某个漏洞,所以相对于基于状态的攻击图而言,其模型规模大大减小。渗透图模型可以表示各漏洞之间的关联关系。对渗透图模型进行扩充,即对模型中的渗透节点进行扩展,将漏洞信息、针对该漏洞进行攻击所必须的前提条件和成功攻击后的结果封装成一个攻击事件,形成一种新的面向渗透测试的攻击事件图模型(Attack Event Graph Model,AEGM)。AEGM 不但能够表示各漏洞之间的关联关系,还能表示漏洞的利用过程,简化渗透测试模型的规模,优化测试方案。

测试人员尽可能利用各种探测手段来获取目标相关信息,包括被试网络(目标)的网络配置、网络连接、主机配置、漏洞信息以及用户相关信息。对这些信息进行综合分析,提取出被试网络的脆弱点。对照原子攻击知识库,确定所有可能实施的攻击事件。将已确定的攻击事件关联起来,构建 AEGM 模型。AEGM 模型中包含了渗透测试人员从初始测试能力出发可达到的所有测试结果及对应的测试路径。遍历 AEGM 模型,生成备选测试预案集。渗透测试系统框架主要包括原子攻击知识库、AEGM 模型构建模块、测试预案生成模块三个部分,如图 8-10 所示。

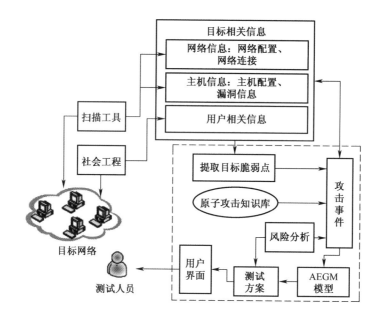

图 8-10　渗透测试系统框架

经过网络漏洞扫描后,测试人员获得漏洞信息,通过查询原子攻击知识库中的漏洞与抽象原子攻击之间的映射关系,来确定采用哪种原子攻击方式来进行模拟测试。被试网络的漏洞映射关系用三元组 VulnName=<VulnClass, Character>表示。其中 VulnName 对应于漏洞的唯一标识,VulnClass 对应于该脆弱点可能被利用的抽象原子攻击集合,Character 描述了该漏洞存在的特征。

原子攻击,是指能够造成一定攻击效能的、基本的抽象攻击行为。原子攻击知识库中定义并存储了注入探测、远程系统口令拆解、本地拒绝服务、远程拒绝服务、网络钓鱼、跨站脚本攻击等多类攻击知识。每条攻击知识描述原子攻击得以进行的前提条件集和攻击结果。

由于渗透测试是从攻击者角度对目标网络模拟攻击,以测试目标的安全性,所以 AEGM 模型生成算法遵守 Ammann 等提出的网络攻击单调性假设,即测试者获得的攻击能力是不断增长的,并且已经获得的能力不丢失。当某攻击事件派生的属性信息已经全部获得时,则此攻击事件无法提升测试人员的攻击能力,则舍弃此攻击事件。算法中用到的变量及其用途见表 8-4 所列。

表 8-4　AEGM 模型生成算法所用变量用途

变量	用　　途
$INFO_o$	存储获取到的目标初始属性信息
TINFO	存储目标属性信息及它们之间的关联关系
AEoutput	存储所有生成的攻击事件
AEq	临时存储待处理关联关系的攻击事件
preq	临时存储具有入边关系的前提属性信息
postq	临时存储派生的新属性信息
lq	临时存储待处理出边关系的属性信息出边表节点
* s	指向属性关系表中要处理出边关系的节点

AEGM 模型生成算法的方法如下：

（1）将获取到的目标属性信息初始化，插入到初始属性信息表 $INFO_o$ 和属性信息关系表 TINFO 中，并将表中相应指针域置空。

（2）将 TINFO 中存储的属性信息同原子模型库中的原子模型进行匹配，实例化前提条件全部满足的原子攻击模型成为攻击事件；查看派生出新属性信息后是否有新满足条件的攻击事件，若有，转入步骤（3）；若不再有未处理过的攻击事件，则转入步骤（9）。

（3）将未处理过的攻击事件加入攻击事件待处理队列 AEq。

（4）取 AEq 队头攻击事件，判断其测试复杂度是否符合条件。如果不符合，比如测试成本过大、测试成功概较低等，舍弃此攻击事件，重复步骤（4），直到 AEq 为空；若符合，进行步骤（5）。

（5）判断该攻击事件派生出的结果属性信息是否已全部获取。若是，说明此攻击事件不能提高测试者攻击能力，不满足单调性原则，舍弃此攻击事件，转入步骤（4）；否则进行步骤（6）。

（6）将攻击事件加入攻击事件表 AEoutput；其前提属性信息加入 preq 队列；结果属性信息加入 postq 队列。

（7）处理攻击事件的结果属性信息。将攻击事件派生出的结果属性信息加入属性信息关系表，并指明该属性信息是由哪个攻击事件派生出来的。当所有结果属性信息均处理完毕时，转入步骤（8）。

（8）处理攻击事件的前提属性信息。由于出边关系仅存在于派生属性信息与前提条件是该派生属性信息的攻击事件之间，而初始属性信息不是任何攻击事件的派生信息，所以它没有出边关系。处理前提属性信息时，判断其是否是初始属性信息，若是，处理下一个前提；否则，在属性信息关系表中找到派生出该前提属性的攻击事件，将正在处理的攻击事件插入到查找到的攻击事件出边表中。当所有前提属性信息均处理完毕时，该攻击事件出队列，转入步骤（4），处理待处理队列 AEq 中的其他攻击事件；当待处理攻击事件队列为空时，转入步骤（2）；

（9）形成关联属性信息关系表中的出边关系，输出攻击事件图 AEG。

设某一测试目标 A，生成的渗透测试预案集中共有 $n(n \geq 1)$ 个方案。其中测试方案 $L_i(1 \leq i \leq n)$ 中包括 $m(m \geq 1)$ 个攻击事件，若攻击事件 $AE_j(1 \leq j \leq m)$ 的攻击成功概

率为 β_j ，用 $P(x)$ 函数表示变量 x 的攻击成功概率。一套测试方案能够成功，当且仅当该方案中所有攻击事件均全部成功实施，所以攻击成功概率为各攻击事件成功概率之乘积，即测试方案 L_i 的成功概率为

$$P(L_i) = \prod_{j=1}^{m} P(\mathrm{AE}_j) = \prod_{j=1}^{m} \beta_j \tag{8-8}$$

最优渗透测试方案定义为成功概率最高的测试方案，则目标 A 最高成功概率为

$$P(\mathrm{A}) = \max\left[P(L_1), P(L_2), \cdots, P(L_n) \right] \tag{8-9}$$

即最高成功概率对应的测试方案即为最优渗透测试方案，该方案测试代价最小，最易达到测试目的，而被攻击者成功利用的可能性也更大，因此采用该方案进行渗透测试，检验被测目标的安全性和抗攻击能力，发掘其脆弱性。

8.2.6.2 基于 Petri 网的渗透测试模型[23-24]

渗透测试需要对时间进行控制，远程漏洞利用方法，受网络延迟影响小，易被攻击者利用，则漏洞严重程度高。此外，渗透测试人员需要确定渗透测试项目的开始时间和结束时间。含时间因子的 Petri 网可以对网络系统在时间层次上进行分析，不仅可以求解出各种相关数据和最佳漏洞利用方案，而且可以明确表现出渗透攻击过程中每一个时刻在执行哪个漏洞利用步骤。以漏洞为基本粒度，基于时间 Petri 网的渗透测试攻击模型，可解决传统渗透测试攻击模型中存在的描述攻击参数不完备的问题，如时间参数。

在渗透测试攻击过程中，应从渗透测试人员无权限访问网络中的被测系统开始，直到获取被测系统最高控制权限为止。基于时间 Petri 网的渗透测试攻击模型如图 8-11 所示，输入为被测系统已知漏洞列表，输出为完成一次渗透攻击所需最短的时间，以及快速漏洞利用方案和稳定漏洞利用方案。

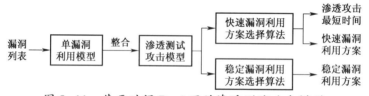

图 8-11 基于时间 Petri 网的渗透测试攻击模型

定义基于时间 Petri 网为一个五元组：

$$\Sigma = (S, T; F, M, I) \tag{8-10}$$

式中：$(S, T; F, M, I)$ 为一个原型 Petri 网。其中，I 是定义在变迁集上的时间区间函数：

$$I: T \rightarrow R_0 \times (R_0 \cup \{\infty\}) \tag{8-11}$$

式中：R_0 表示非负实数集。

对于 $t \in T$，若 $I(t) = [\alpha, \beta]$，那么当变迁 t 在标识 M（在原型 Petri 网意义下）有发生权时，至少要经过 α 个单位时间才能发生；如果在此期间没有别的变迁发生（从而标识改变）使 t 失去发生权，那么变迁 t 最晚在 β 个时间单位内必然发生。变迁的发生是瞬时的，即变迁一旦发生，立刻导致标识的改变。变迁 t 发生产生的新标识 $M'(M[t] > M')$ 的计算公式为

$$M'(s) = \begin{cases} M(s) - 1, & s \in {}^*t - t^* \\ M(s) + 1, & s \in t^* - {}^*t \\ M(s), & \text{其他} \end{cases} \tag{8-12}$$

一个网络系统有一个初始标识,记为 M_0。它描述了被模拟系统的初始状态。在初始标识 M_0 下,可能有若干个变迁有发生权。任意一个变迁发生,就得到一个新的标识 M_1。在 M_1 下又可能有若干个变迁有发生权,其中随意一个发生,又得到一个新的标识 M_2。这样继续下去,变迁接连发生,标识不断变化,就是网系统的运行过程。

用图形来表示一个标识网 $(S,T;F,M)$ 时,对 $s \in S$,若 $M(s) = k$,则在表示库所 s 的圆圈内加上 k 个黑点(当数值 k 很大时,也可以直接写上数字 k),并表明库所 s 中有 k 个标识(token)或标记。

基于时间 Petri 网的渗透测试攻击模型为一个五元组:
$$\Sigma = (S,T;F,W,M) \tag{8-13}$$
式中:$(S,T;F)$ 是一个出现网,且
$$\exists ! \ s_0 \in S \land \exists ! \ s_e \in S : {}^*s_0 = \phi \land s_e = \phi$$
$$\forall t \in T : {}^*t \neq \phi$$
$$W : S \to R_0 \times R_0 \tag{8-14}$$
满足条件对 $\forall s_i \in S$,若 $\omega(s_i) = [\alpha(s_i),\beta(s_i)]$,则有
$$\alpha(s_i) \leqslant \beta(s_i)$$
$$M(s_i) = \begin{cases} 1, & s = s_i \\ 0, & \text{其他} \end{cases} \tag{8-15}$$

Σ 的运行过程反映渗透攻击中的多漏洞利用过程。当运行到终止标识
$$M(s) = \begin{cases} 1, & s = s_e \\ 0, & \text{其他} \end{cases} \tag{8-16}$$
时,整个网系统停止运行,表示渗透攻击完成。

构建渗透测试攻击过程的时间 Petri 网模型,首先应构建渗透测试攻击过程中,单漏洞利用的时间 Petri 网模型。漏洞利用步骤的执行时间不是一个确定值,但可以对其做出一个范围估计,故可以给出执行漏洞利用各个步骤所需的时间下限和上限。由于被测系统所处网络环境网络流量统计信息已知,在被测系统所处网络环境良好的条件下执行各漏洞利用步骤所需的时间作为下限时间;在网络环境差的条件下执行各漏洞利用步骤所需的时间作为上限时间。

根据漏洞利用步骤之间的衔接关系和执行各个步骤所需要的时间,就可以通过以下步骤构造出单漏洞利用时间 Petri 网模型。

(1)如果漏洞利用步骤 i 是步骤 j 的前提步骤,那么在 t_{i_2} 和 t_{j_1} 之间加入一个库所 s_{ij},如图 8-12 所示,使得

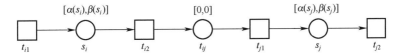

图 8-12　漏洞利用步骤之间衔接关系的网模型

$$\begin{cases} {}^*s_{ij} = \{ t_{i_2} \} \\ s_{ij}^* = \{ t_{j_1} \} \end{cases} \tag{8-17}$$

并对 s_{ij} 赋予时间区间 $[0,0]$。

（2）对那些无前提步骤的步骤，把代表它们各自开始执行的变迁合并成一个，设为 t_b，并引入初始库所 s_0，使得

$$\begin{cases} {}^* t_b = \{s_0\} \\ t_b{}^* = \{s_i \mid 步骤 i 无前提步骤\} \\ {}^* s_0 = \phi \\ s_0{}^* = \{t_b\} \end{cases} \tag{8-18}$$

并对 s_0 赋予时间区间 $[0,0]$。

（3）对那些无后续步骤的步骤，将代表它们各自结束执行的变迁合并成一个，设为 t_e，并引入结束库所 s_e，使得

$$\begin{cases} {}^* t_e = \{s_j \mid 步骤 j 无后续步骤\} \\ t_e{}^* = \{s_e\} \\ {}^* s_e = \{t_e\}，s_e{}^* = \phi \end{cases} \tag{8-19}$$

并对 s_e 赋予时间区间 $[0,0]$。

（4）设置初始标识 M_0，使得

$$\begin{cases} M_0(s_0) = 1，\quad 其他 \\ M_0(s) = 0，\quad s \neq s_0 \end{cases} \tag{8-20}$$

在经过上述方法得到的 Petri 网，再经过一些简化操作，在不改变步骤之间的衔接关系的前提下，消去某些时间区间为 $[0,0]$ 的库所（但 s_0、s_e 不能消去），把它们所连接的前一步骤的结束变迁和后一步骤的开始变迁合并成一个。由此，便构造出单漏洞利用时间 Petri 网的模型。

渗透测试攻击过程包含多个漏洞利用过程。构建渗透测试攻击模型，需要将全部漏洞利用过程包含在内，即需要模型整合。渗透攻击中相关联的漏洞利用过程之间可能存在如下关系：

（1）串行关系。必须按先后顺序完成每个漏洞利用过程，才能完成一次渗透攻击。

（2）并行关系。两个漏洞利用过程独立，互不影响，即成并行关系。

（3）混合关系。两个漏洞利用过程既不是串行关系又不是并行关系，存在相似的漏洞利用步骤，则需要对其中相似的步骤进行合并。

根据以上漏洞利用过程间可能存在的关系，对模型进行整合。设某个渗透测试攻击过程包含的单漏洞利用模型集合为 $\{\Sigma_1, \Sigma_2, \cdots, \Sigma_n\}$，取出其中任意两个漏洞利用过程 Σ_i、Σ_j 进行整合得到 Σ'。把 Σ' 并入到剩余的漏洞利用集合后，得到新的漏洞利用集合；然后重复上述操作，直到漏洞利用集合中只剩下一个元素，该元素就是最终合成后的整个渗透测试攻击模型。

渗透测试攻击存在多条攻击路径。一般有两种算法可以选择：

（1）快速漏洞利用方案选择算法

在对被测网络系统多条攻击路径中，其中包含一条或多条路径所需耗费的时间最短，这种路径的集合即快速漏洞利用方案。

（2）稳定漏洞利用方案选择算法

在对被测网络系统多条攻击路径中,其中包含一条或多条路径所需耗费的时间受网络状况影响最小,这种路径的集合即是稳定漏洞利用方案。

在攻击时间的描述方面,还有随机博弈模型。随机博弈模型获得的是攻击平均时间,本节介绍的模型获得的是时间范围,时间范围较平均时间更为具体,并可以计算得出完成一次渗透攻击所需的最短时间[25]。

8.3　赛博试验场基础设施

8.3.1　赛博试验技术与特点

赛博试验(靶)场,是为模拟真实的网络攻防作战提供联合试验环境,对电子攻击和网络攻击等作战手段进行试验测试,同时测试网络上各种新技术应用,在典型网络环境中,对信息保障能力与生存能力进行无偏差、定性与定量评估。赛博试验(靶)场有三个主要内容,分别为基础设施建设、试验(靶)场管理和试验(靶)场试验管理[26-28]。

与赛博试验(靶)场基础设施建设相关的技术是基础技术,以科学的试验方法以及相关的规范和标准为主,测试语言、数据库、测试资源和配置的规范化、标准化将贯穿于一个完整的网络实验生命周期中,有利于赛博试验的模块化、自动化和易扩展性。其中,网络科学测试语言(CSTL)能够用于描述实验设计、实验模板、待测试网络、测试计划、执行细节和数据分析,测试规范和报告通过网络科学测试语言的规范化表达,方便了知识管理和结果分析。资产描述规范则定义了在赛博试验中的硬件和软件资产,对硬件资产的描述是通过基于组件的方法来实现的,主要描述了该组件能够提供给测试平台中其他资产的功能;对软件资产的描述则与其传输或下载的特定字符串有关,主要描述了软件资产在测试平台中的功能、所依赖的通用功能、相应的补丁和安全更新等。赛博试验试验(靶)场管理领域的相关技术能够使试验(靶)场管理人员对试验(靶)场的软件、硬件基础设施和知识库等资源进行高效、安全和自动化的管理。赛博试验试验(靶)场实验管理领域的相关技术能够让实验用户对赛博试验实验过程进行自动化配置、监视、控制、分析和重构,见表8-5。

表8-5　赛博试验试验(靶)场技术与特点

类型	技术与方法
试验(靶)场基础构建	网络科学方法
	网络科学测试语言规范架构
	资产鉴定方法
	资产描述规范和数据库规范
	安全管理设计方法
	基于统计学的实验设计方法
	网络配置输入方法
	利用附加议定书、服务和网络的杠杆作用

(续)

类型	技术与方法
试验(靶)场管理	知识库管理套件
	设备管理套件
	教学培训知识库管理套件
	试验规范工具
	自动化试验规划技术
	快速安全资源释放技术
	资源池技术
	数据擦除工具箱
试验管理	试验(靶)场自动化配置、验证和试验技术
	数据采集技术
	试验控制与管理技术
	试验分析与演示技术
	先前试验结果与数据分析技术
	半自动化进攻与防御工具库
	自动化试验重构技术
	实时人机交互技术

8.3.2 赛博试验基础平台

8.3.2.1 赛博试验基础平台建设要求

赛博试验基础平台建设的要求,主要包括基础设施、试验(靶)场管理、试验管理、试验透明度、现场支持技术、人员交互和行为复制、可扩展性、试验时间缩短/延长能力、封装能力等方面的要求。

1. 基础设施

基础设施包含运行资源、管理资源、节点复制、网络技术、协议与服务、演示设施、试验方案、扩展接口与外部整合等资源,如图8-13所示。

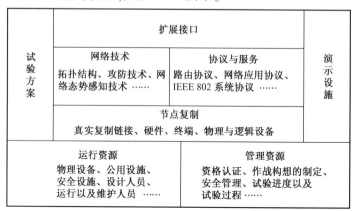

图8-13 赛博试验(靶)场基础设施示意图

从图 8-13 可以看出,基础设施是以运行资源和管理资源为基础,以网络技术、协议与服务以及节点复制为核心,利用扩展接口与外部系统、设备相连,依据试验方案开展试验,在整个过程中做到试验结果实时显示。

2. 试验(靶)场管理

试验(靶)场管理主要包含为试验组织者提供试验的自动规划、按照试验需求和规定的优先权进行资源自动配置、安全释放试验资源的方法,以及将空闲资源进行组合供给其他试验使用等。

3. 试验管理

试验管理主要包括获取试验态势、试验想定编辑、试验数据采集、分析与存储、试验运行控制以及试验资源自动配置等。

4. 试验透明度

能够对试验结果进行定性和定量评估,提供获取试验期间仪器的真实状况、试验时间的同步机制,以及合格的现场评估技术小组等。

5. 现场支持技术

现场支持技术包含大量高技能的网络工程师、系统管理员和域管理员,以及试验组织者能够对试验需求作出及时响应等。

6. 人员交互和行为复制

具有支持各类人员(用户、管理人员、对手、中立者等)参与的能力,同时提供自动化软件驱动工作站的应用程序,以及在试验节点上真实地复制出人的行为。

7. 可扩展性

可扩展性是指具有支持外部系统、设备或其他试验(靶)场综合集成的能力,主要包括集成或复制目前与未来我方和敌方的网络系统以及中间通信媒介,能够快速产生在功能上与物理计算机等价的虚拟机且能嵌入到试验床中。

8. 试验时间缩短/延长能力

在试验过程中,能够缩短或延长试验时间,能够针对批处理或非交互式试验延迟试验时间,能够为试验组织者根据试验框架内容进行可控的测试时间修正。

9. 保密能力

国家赛博试验(靶)场必须符合试验(靶)场安全保密规范与国家的其他政策和章程要求。具体体现在试验(靶)场能够进行各种不同保密级别的试验,能够安全地检测恶意软件和恶意代码,确保数据不会在试验中泄露。

8.3.2.2 一般结构

赛博试验平台能复制当前和未来国防部武器系统和作战中复杂的、大型的异构网络和用户,试验规模更大;能够在不同安全级别下同时进行多项独立仿真实验,具有封闭与隔离测试、存储的能力;通过专门的工具软件和技术能够对实验参数进行自动化快速配置,可以允许用户对试验(靶)场资源快速重复使用,实验周期更短,实验结果更准确;用户体验更加具有真实感;能够生成用于知识管理、存储测试用例和历史经验的知识仓库,可为未来工作提供帮助。美国国家赛博试验(靶)场是一种对预期作战环境的仿真,包括通信网络拓扑、网络设备、通用电脑、加密设备、特殊用途数码硬件以及安装在这些硬件上的所有软件;试验(靶)场还包括用于模拟内部和外部数据的流量生成工具、完整的恶意软件库以及用于模拟网络攻击和防御行为的工具库。赛博试验(靶)场比传统的测试手段提供了高精度的检测和真实的评估环境,使得待测系统能够在更深更广的范围内得到评估。

赛博试验(靶)场一般具有三层体系结构(图8-14),分别为试验(靶)场资源接口层、试验(靶)场运行层、用户测试层。

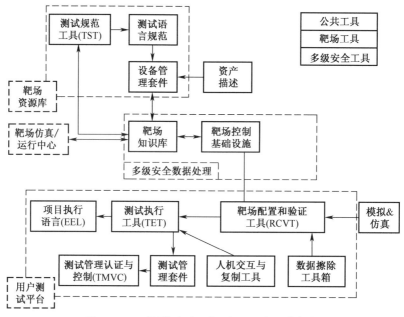

图8-14 赛博试验(靶)场原型体系架构

1. 试验(靶)场资源接口层

试验(靶)场资源接口层,是赛博试验(靶)场的基础,它为用户提供大量的具有统一语言规范的资源接口服务,它是由构成试验(靶)场的基础设施、资源数据接口、测试语言规范以及用于管理试验(靶)场知识库等资源和工具的套件组成。该层中提供的网络科学测试语言(CSTL)是整个网络电磁试验(靶)场开展试验的基础,网络科学测试语言将贯穿于一个完整的网络试验生命周期中,在试验设计阶段,网络科学测试语言将帮助试验人员为试验开发一套统计学设计方案,明确试验目标、试验类型、试验相应变量、资源描述、资源调度等细节,在国家网络电磁试验(靶)场中,对资源的描述是通用的、独立的、分层次的,能够在不修改代码的情况下增添新的设备资源;在试验执行阶段,使用了网络科学测试语言规范的试验(靶)场软件能够自动生成虚拟化节点和测试平台,并通过插入测试活动来进行试验;试验结束后,试验结果将会以网络科学测试语言的格式生成,以方便数据分析和数据归档,同时试验变量将会被相应的脚本自动清除。

2. 试验(靶)场运行层

试验(靶)场运行层,是整个试验(靶)场运行的关键层,负责接收来自用户接口层的试验需求,并通过向试验(靶)场资源层调取相应资源来自动进行仿真试验,最终将仿真试验结果反馈回用户接口层,它是由试验(靶)场控制基础设施和试验(靶)场知识库组成的。试验(靶)场控制基础设施负责仿真事件的协调和资源调度,通过使用用户测试层的各种工具,保证各种执行脚本的顺利运行,并生成和监视网络流量。

3. 用户测试层

用户测试层是对用户可见的层,该层为用户提供了友好的操作界面,方便用户完成资源调用和仿真模拟过程,它是由试验(靶)场配置与验证工具、测试管理工具、测试执行工具、测试执行语言、人机交互与复制工具、数据擦除工具等组成。试验之前,用户可以对这些工具预留的参数接口进行配置,试验运行时试验(靶)场运行层的试验(靶)场控制基础设施将对这些配置好参数的工具进行自动调用,该层的这些仿真软件是以 Emulab 软件为基础发展而来的。Emulab 是一个应用于网络和分布式系统领域的仿真测试试验平台,能够提供多种环境来开发、调试和评估网络和分布式系统,Lockheed Martin、Sparta、ISI 等企业在进行网络仿真模拟时,使用的都是 Emulab 软件。

以试验(靶)场资源接口层、试验(靶)场运行层和用户测试层的三层体系架构为基础,在模拟实验时,网络电磁试验(靶)场可以提供一个可控、可预测、可重复的环境,包括可以完全访问的 PC 节点,运行在所选择的操作系统之上,允许用户指定一个任意的网络拓扑结构。

4. 赛博试验(靶)场试验过程

赛博试验(靶)场试验过程的 6 个步骤如下:

(1) 定义试验:利用具体的试验工具来定义端对端情况。

(2) 分配资源:自动调度程序调用并分配硬件和软件池中的资源。

(3) 配置硬件:配置工具自动将硬件连接到相应的配置上。

(4) 配置软件:配置工具自动配置和验证进行试验所需的软件。

(5) 运行试验:试验团队验证环境,安装被试系统,运行试验,采集数据。

(6) 清理资源:整理、净化硬件,并"虚拟"地将硬件/软件资源放回到硬件和软件池中。

8.3.2.3 试验/测试能力与任务

赛博试验(靶)场将为赛博研究和技术开发提供一个真实的、定量/定性的评估环境。赛博试验(靶)场应具有以下试验/测试能力:

(1) 测试先进信息技术和安全系统,修改或替换操作系统、内核和其他关键工作站/终端部件,以及信息技术的整体替换;

(2) 在设定的局域网(LAN)上测试安全工具与组件。这些工具和组件可以修改或替换传统的网络操作系统、设备以及体系结构;

(3) 在设定的广域网(WAN)上测试该系统。该系统能在当前商业网络所不能提供的带宽上运行,并可以修改或替换传统的网络操作系统、设备以及体系结构;

(4) 在战术网络上测试,包括移动自组织网络等;

(5) 测试新的协议。该协议可以替换部分或全部当前的协议栈。

赛博试验(靶)场建设的目的,旨在通过建设一个用于试验与开发的赛博试验平台,在赛博空间领域具有国家级试验能力,对大型作战网络系统进行试验与评估,将大大提高赛博空间安全性。赛博试验(靶)场将承担以下任务:

(1) 能在一个典型网络环境中对信息保障和信息生存工具进行无偏差的定性/定量评估;

（2）能复制当前和未来国防部武器系统和作战中复杂的、大型的异构网络和用户；

（3）能在同一基础设施中同时进行多项独立试验/测试；

（4）能真实测试因特网/全球信息栅格，开展大规模网络的研究；

（5）能开发和部署革命性的赛博试验能力；

（6）能使用科学方法进行严格的赛博试验与评估。

8.3.2.4　虚拟网络试验平台

赛博试验（靶）场不能直接建立在现有的真实物理网络之上，以免造成破坏，因此需要构建专用虚拟网络试验环境，以开展赛博战与其他赛博威胁的试验。赛博试验（靶）场试验平台可有三种基本方法，即基于虚拟化技术和基于云计算技术以及综合利用前两种技术（组合技术）构建赛博试验（靶）场虚拟网络试验平台。

1. 基于虚拟技术

采用虚拟技术，通过分别安装 VMware、Xen 与 QEMU 等虚拟软件来实现硬件虚拟化、直接硬件访问和硬件模拟等功能。首先，需要设计一个真实的物理网络，然后在物理网络的基础上构建一个虚拟网络作为试验平台。真实物理网络由 Xen/QEMU 服务器组成，它是构建虚拟网络的基础；虚拟网络自身部署于真实物理网络之上，包括部署不同场景时所需的设备。例如，在图 8-15 所示的某服务器上可以虚拟出一个完整虚拟网络环境。

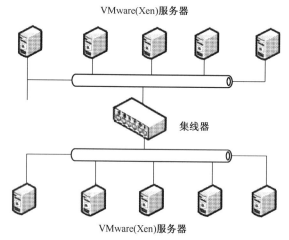

图 8-15　虚拟网络拓扑结构示意图

赛博试验（靶）场需要采用多种不同虚拟设备安装各种不同操作系统的虚拟机（VM），如 Linux 和 Windows 等操作系统。同时，还包括不同种类的威胁库，例如病毒、木马和恶意软件等，这些威胁同样是基于虚拟技术，且在任意服务器上能够虚拟出虚拟主机、虚拟存储、虚拟 I/O、虚拟路由器和虚拟 AP 等设备。

每个服务器所在网格的真实拓扑可能不同，可以是网状、环形、总线型和星型结构，以及 LAN、WAN、MAN 与无线局域网（WLAN）等，从而允许按照不同的攻击因素配置不同类型网络。数据终端设备（DTE）可以是物理的也可是虚拟的。大型服务器可容纳所有的虚拟 DTE，允许以一种无源头的模式进行远程访问。为了产生网络行为，常采用的方法有人工智能（AI）方法，如网上冲浪，或者根据人在网络环境中的活动来产生网络行为。这两种方法可用于不同的试验测试中,通过采用不同层次的人工智能以及不同技能的人来实现。

为了更好管理赛博试验(靶)场,可以采用不同方式:一种是在主服务器上监视 VM;另一种是采用不同类型的管理工具、取证工具,用于收集数据,这些工具不仅可用于监视,而且可重新恢复系统以及清除状态。

基于虚拟技术构建方式的优点是,试验(靶)场的虚拟网络环境是在物理网络基础之上构建的,通过部署各种虚拟化实例而构建,其建设成本较低,能够根据试验(靶)场不同试验对象,建立不同结构与组成要素的网络试验环境。其不足之处在于,需针对不同的试验(靶)场试验对象/试验任务,开发不同类型的管理工具,其可扩展性、灵活性较差。

2. 基于云技术

采用云计算技术构建虚拟网络平台,如图 8-16 所示。遥感探测设备、试验主控(导演)设备与重置装置位于防火墙之后,用于接收数据并将数据发送到虚拟网络中,通过一个特殊端口接收数据,收集并用于试验,这些数据也可通过中继发送给试验主控设备,以确保在重置机制启动前维持相关事件继续执行。重置装置在一个端口上工作,且与试验主控设备共享该端口,试验主控设备有能力开始、停止与暂停仿真,且在重置装置启动之前接收到已停止试验的设备回复;试验主控设备也能够加载当前未激活的设备,并使之处于激活状态,重置存储器通过分配的存储空间构建新网络,根据试验主控命令发送数据。

图 8-16　双重云结构

在图 8-17 中,内部云被分解为 8 个主要的部分,能够扩充或收缩成环形信息网。主交换机上安装了重置存储器,所有主要部分都安装在主交换机上。两个大的链接分别连接到主交换机上,其中一个连接到主防火墙并传输遥感探测信息与试验导调信息,另一个用在试验终端用户上。主要的核心设备层被分解成几个分布式云。

在图 8-18 中,主分布式云以物理总线方式组织,但能够被虚拟化成任意的组织方式。第一层分布式结构包括虚拟网关、虚拟路由器、虚拟链接和虚拟交换机。第二层是真实主机(服务器),这些主机能够构建各种不同的虚拟化终端设备,由这些设备中某些部分构建黑客网。采用 VMware ESX 软件为虚拟机加载脚本和 OS 镜像。在试验控制下,主机设备能够加载、创建与删除设备。小型虚拟应用能够直接部署在主机系统上,使得整个设备变成恶意设备。

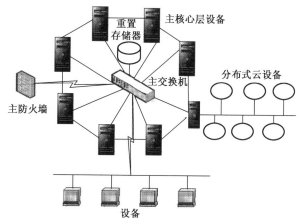

图 8-17　可扩展的内部核心层

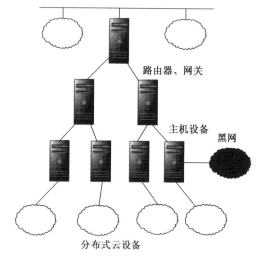

图 8-18　可扩充的分布式云

基于云计算技术构建虚拟网络的优点是,采用了遥感探测和(试验)测试主控等设备接收外部真实数据,并发送到仿真网络环境中。内部核心云可通过主交换机与外部网络或终端测试应用相链接,从而具有灵活的可扩展性,能够将外部网络、设备统一整合集成。所构建的试验(靶)场环境具有较高的逼真度,缺点是建设成本也高。

3. 组合技术

组合技术是将前两种技术结合起来形成一个多异构设备的集群。集群信息的星型拓扑结构要优于网状拓扑结构,对原型机而言,星型拓扑结构用于中心路由器,中心路由器再连接一个或多个路由器。在低层采用 VMware ESX 软件实现多种设备的虚拟化,ESX 通过采用 Vyatta 软件在一个主机操作系统上实现多设备的虚拟化功能。

一个小型分布式系统能够容纳多种设备,如图 8-19 所示。从底层向上,网络存储方式(NAS)/存储局域网络(SAN)设置重置参数,类似于加载虚拟机与脚本,也可以看作基于并行信息处理原理来实现虚拟化功能。而遥感探测设备通过防火墙与外部网络设备分离,尽量减少由输入/输出引起的内部/外部系统与网络之间的冲突。

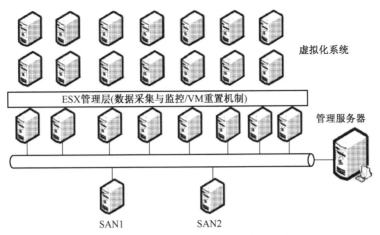

图8-19 基于 ESX 管理异构集群的虚拟网络

基于组合技术的优点是,虚拟网络可以快速扩展,并可满足特定参数下的测试,功能齐全;同时,系统可与外部网络进行互连互通,具有较强的交互性。通过云计算平台对底层设备资源的统一管理,将不同的计算任务分配到集群中不同计算节点上,从而提高整体计算能力。其缺点是,需要建立一个庞大的云计算平台,成本较高。

赛博试验与评估,将随着各种一体化作战系统的诞生变得越来越重要,没有赛博空间的安全和优势,现代战争将失去主动权。因此,赛博试验与测试将融入武器装备研制与使用的全过程,并为之服务。

8.4 赛博仿真试验

赛博试验与评估,一般有两种试验模式:模拟/仿真试验与评估、真实试验与评估。国际上大多采用第一种试验模式,这是因为在实验室构建赛博仿真试验平台成本低,在试验平台上复制作战网络开展攻防试验、安全测试与评估相对容易,最主要的是可以进行重复试验;而在实际的战场环境中直接进行真实的、大范围的网络安全试验和攻防演练,容易造成物理设备故障和系统崩溃,一次试验也无法覆盖多种攻防场景,需要不断地调整物理设备和节点的部署情况进行多次试验,不仅增加了投入成本,有时实现难度大。但是,赛博空间安全不仅仅是指基础网络设施安全,还包含有电子装备(系统)与电磁波谱的安全性,因此两种试验模式相辅相成,不可缺少。然而目前赛博试验还是以模拟/仿真试验模式为主。

8.4.1 需求分析

战场环境下的赛博空间安全,关系到作战的成败,其重要性不言而喻。赛博试验与评估,是检验作战网络系统稳定性、鲁棒性以及作战效能的重要方法。因此,首先要分析赛博体系结构[29]。

8.4.1.1 赛博空间网络特点

赛博空间是一种广义的信息空间,是以网络为基础,对战场综合信息的感知和控制。

与常规作战空间相比,赛博空间作战有其自身的特点。

(1)作战范围大,由于电磁频谱不受地理界限,导致赛博战不存在前方与后方之分,没有传统意义上作战边界的概念,只要是信息网络与电磁信号能够到达的地方都可以成为交战的空间,可以跨越陆、海、空、天实现全域作战。

(2)涉及领域广:涉及网络战、信息战、电子战、空间战、指挥控制战等多领域,是传统网络战和电子战的进一步延伸。

(3)作战目的多样:可以是致命打击,如传感器破坏、数据破坏、指挥中断等,也可以是非致命的攻击,如雷达威力范围下降、通信误码率增大等。

(4)评估更加困难:赛博攻击具有很强的隐蔽性,导致被攻击方很难及时发现、定位、评估其危害,比如远程植入的木马和后门能够长期潜伏在敌方系统收集敏感信息。

赛博空间网络是一个典型的异构网络。赛博空间体系架构,不仅为彼此相连的系统提供服务,而且为互通互联的作战网络提供服务。在授权许可的条件下,赛博空间建立了端到端的通信。异构网络架构在分组转发等基本功能方面的传输能力相近,然而在网络控制功能上差异却很大,特别是当网络涉及跨层传输时,因其所采用的网络技术、通信策略,甚至具体实现方式的不同,最终很难统一。一般来说功能不同的网络其结构和接口上差异也较大,可递归性和可扩展性受到限制。可扩展性决定了网络的拓扑结构和动态增减节点数量等问题。赛博空间网络可以一直保持相连状态,也可以有局部离线状态,但整体网络须确保正常工作。

8.4.1.2　协议模型

赛博空间协议模型的分层结构保证了节点可以互相通信,即全域感知、全域到达、全域控制能力符合要求。赛博空间协议模型的层次是独立的,但是层间是关联的,其中任意一层都定义了网络传送信息过程的要求,如图8-20所示。

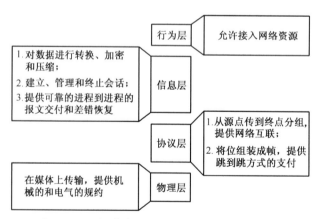

图8-20　赛博空间协议模型信息传送要求

赛博空间协议模型由物理层、协议层、信息层和行为层组成。如图8-21所示,节点A把一个报文发送至节点B时,中间节点只涉及协议模型中的物理层和协议层。赛博空间协议模型使得系统的兼容性能够保证,并且支持互操作。

8.4.1.3　技术需求

为了满足赛博试验与评估需求,提供近似实战模拟/仿真试验环境,需要构建赛博网

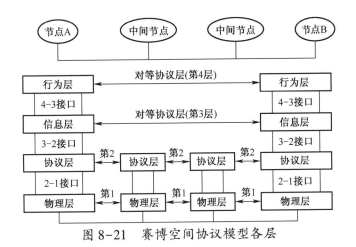

图 8-21 赛博空间协议模型各层

络安全性试验平台,对各种网络技术、攻击防御手段和安全性策略与设计方案提供定量和定性评估,实现武器装备性能测试和作战效能评估,为评估赛博网络的安全程度提供一个可信性、可控性、可操作性强的试验环境。

赛博空间网络在试验规模、对象、环境、安全与复杂度等方面与传统的电子试验(靶)场和通信试验(靶)场等方面具有较大的区别。赛博模拟/仿真试验(靶)场主要包括三大技术难点,即大规模网络仿真环境构建、试验(靶)场试验时间同步与试验(靶)场试验运行控制等技术。

1. 大规模网络仿真环境构建

赛博模拟/仿真试验(靶)场需要重现大规模的军事作战网络。由于网络的规模庞大、覆盖范围广,形态多样而且动态变化,难以利用有限的物理资源真实重现各类网络。故需要采用仿真的方法模拟试验(靶)场的规模,尽可能减少与真实网络环境的差异性,并根据不同的试验要求和试验对象按需部署,以满足试验(靶)场试验环境在结构、规模和节点要素等方面的要求。

2. 试验(靶)场试验时间同步

在赛博模拟/仿真试验(靶)场中进行试验时,为提高试验的逼真度,通常需要将外部的实际设备(系统)作为配试系统接入试验(靶)场。由于这些真实资源与试验(靶)场中的虚拟资源在时间同步方式、时间精度与运行方式等方面存在差异,以及在大规模网络环境中存在网络延迟,故需要解决真实资源与虚拟资源之间的时间基准统一和时间同步问题。

在确定性网络中,时间同步相对容易实现,但在不确定网络中,需考虑不同的方法实现时间基准的统一。

3. 试验(靶)场试验运行控制

赛博模拟/仿真试验(靶)场试验运行控制,主要包括试验进程控制和调度控制。试验进程控制主要包括进程的开始、跳转、加减速、冻结、恢复和结束等,试验过程的缩短与延长是通过运行不同粒度的时间驱动来实现的;试验调度控制主要是通过调整试验设定中的事件顺序来完成的。

8.4.2 模拟/仿真架构

赛博模拟/仿真试验(靶)场能够模拟实际战场的试验环境,可在该环境中开展真实的大范围网络攻防演练,以测试和评估赛博空间和网络设施的各个环节,预防来自赛博空间的威胁和攻击,提升赛博空间作战能力[30]。

构建赛博模拟/仿真试验网络,首先确立网络的主要要求,包括核心网络设备要求、结构要求、外部设备和网络接口要求等。然后,在此基础上,确定赛博模拟/仿真试验(靶)场结构的总体框架、层次划分以及各层次组成要素等。

8.4.2.1 总体架构

赛博模拟/仿真试验(靶)场,按照高层体系结构(HLA)和试验与训练使能体系架构(TENA)标准,构建赛博模拟/仿真试验(靶)场技术体系,以统一信息格式和标准化接口,使试验(靶)场内的资源和信息互联、互通、互操作,真正实现战场环境下一体化试验功能和可视化的试验场景显示。赛博模拟/仿真试验(靶)场主要要求如下:

(1)可重现真实的作战物理网络状况,包括路由器、交换机、服务器、防火墙、入侵检测设备、无线接入设备等要素;

(2)可全面反映各种平台和服务的工作状况;

(3)包含具备不同安全等级的管理策略和处置方法;

(4)能够详细地记录各种攻防日志,提供数据处理和分析功能,把处理后的攻防数据以直观的方式展现给试验工程师、设计师和试验指挥员,便于反馈和学习。

赛博模拟/仿真试验(靶)场可从试验平台基础设施、网络攻防、数据分析、测试与评估等几个方面来具体实施,如图8-22所示。它包括提供基础平台和软硬件环境,设定相应的版本和补丁可控的操作系统以及各个系统平台漏洞;网络上提供各种协议服务和应用软件,允许数据在网络上以明文方式传输,同时也提供数据加密和完整性校验机制,允许/禁止网络内数据包过滤和嗅探,允许网络欺骗和中间人攻击,以及允许各种级别的访问权限控制,人为的管理漏洞如弱口令、口令重用、敏感文件无规范放置;最后,记录详尽的攻防日志以及机器状态日志等。

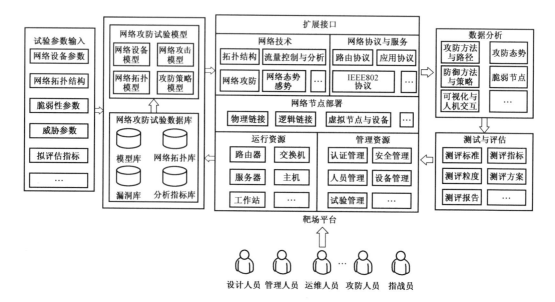

图 8-22　赛博空间模拟/仿真试验(靶)场总体框图

8.4.2.2 试验平台

赛博模拟/仿真试验(靶)场提供近似真实环境的仿真环境,可通过云计算技术搭建基础平台。云计算通过网络将大规模的计算与存储资源整合起来,并将计算任务分布在这些资源上,使用户能够根据自己的需要获得计算和存储等信息服务。云计算将抽象的业务逻辑与具体的计算资源分离,用户只需关注自身的业务逻辑,而无需关注复杂的底层计算机的资源管理。这些特点使得采用云计算技术构建网络试验(靶)场时能做到低成本和易管理。每次进行试验(靶)场试验前,可动态地创建虚拟机以满足当前试验所需要的赛博节点数量,并通过对虚拟机的灵活部署和动态迁移,形成预想的网络拓扑结构。在试验过程中,所有的攻击效果都被限定在虚拟机中,对实际的物理设备的影响甚小,减少了物理设备因攻击而出现故障或损坏的风险。每次试验结束时,可动态地挂起或者销毁虚拟机,释放分配的试验资源,由试验(靶)场完整回收,并供下次试验继续使用。试验工程师可在试验(靶)场中部署各种不同的攻防场景,反复演练不同的攻击和防御手段。

8.4.2.3 网络攻防试验

赛博模拟/仿真试验(靶)场,可用于反复试验、测试各种网络攻击和防御手段与策略,并测试发现尚未发现的漏洞和攻击点,试验改进新的防御工具,同时也在攻防试验过程中提高网络安全防御意识和能力。

1. 网络攻击试验

网络攻击一般包括三个阶段,即攻击的准备阶段、实施阶段和善后阶段。

(1) 在准备阶段,主要是确定攻击目的,侦察扫描目标系统,准备攻击工具;

(2) 在实施阶段,攻击者首先会隐藏自己的位置,然后利用收集到的信息和各种手段登录目标主机并提升自己的权限,接下来便是利用漏洞、后门或者其他方法获得控制权;

(3) 在善后阶段,攻击者需要消除或者隐藏攻击痕迹,植入后门或者木马,退出目标系统。攻击者通过远程控制植入的后门程序或者木马,可以随时再次对目标系统发起攻击。

赛博试验(靶)场具有多种攻击试验模式,包括网络侦察技术、拒绝服务攻击、缓冲区溢出攻击、程序攻击、欺骗攻击、利用处理程序错误攻击,以及可持续攻击等。

2. 网络安全防护试验

在赛博网络安全防护试验方面,按网络的不同层次和角度采取不同的安全技术,主要包括有信息传输安全、信息交换安全、网络服务安全、自免疫与自愈、网络管理安全和网络安全分析评估等方面的防护技术。

1) 信息传输安全

信息传输安全是指保护传输信道的物理层与链路层,包括通信链路加密和数据加密、数据完整性校验、信道的旁路攻击检测和防护等方面的试验与测试。

2) 信息交换安全

信息交换安全是指保护数据的可靠寻址、路由与交换,主要包括网络实体的身份认证、路由表访问控制、地址反欺骗、协议报文防篡改等技术,以及采用自主设计的通信协议,包括呼叫处理、信令处理、路由协议等方面的试验与测试。

3) 网络服务安全

网络服务安全是指保护应用层的网络服务,主要包括应用系统访问控制、拒绝服务攻击检测与防御、入侵检测与保护、安全审计、数据包过滤、深度包检测、反病毒、漏洞扫描与挖掘、虚拟专用网、蜜罐、安全恢复等方面的试验与测试。

4）自免疫与自愈

自免疫与自愈试验是指当网络受到攻击而影响到正常的服务功能时,能够通过自身的免疫能力来实现网络的自愈方面的试验与测试。

5）网络管理安全

网络管理安全是指保护管理各类网络设备,主要包括网络管理安全需求的等级划分与保护,网络管理安全架构与访问控制,网络资源的保护机制与实时监控,基于策略的网络管理等方面的试验与测试。

6）网络安全分析评估

网络安全分析评估用于评定网络的安全防护能力。针对网络安全策略,给出理论分析和仿真结果,结合定性和定量的分析结果,得出网络的风险评估模型、风险评估方法和网络安全威胁标识,检测网络的渗透性和安全脆弱性等。

此外,还可以将一些其他技术应用到网络攻防试验中,如可信计算技术、博弈论等。可信计算技术能够从底层硬件保护信息系统,可抵抗软件攻击,为平台以及运行在平台上的软件提供完整性证明,从而为上层应用系统提供安全可信的运行环境;将可信计算技术延伸到网络层面,可以构建可信网络连接,对网络用户的身份进行认证。理想的防御系统应该对所有的弱点或攻击行为都能够进行防护,但是从组织资源限制等实际情况考虑,"不惜一切代价"的防御显然是不合理的,必须考虑"适度安全"的概念,即考虑信息安全的风险和投入之间寻求一种均衡,应当利用有限的资源做出最合理的决策。因而,可以将攻击者与防御者之间的攻防过程抽象为一个二人的博弈问题,防御者所采取的防御策略是否有效,不应该只取决于其自身的行为,还应取决于攻击者和防御系统的策略,从而通过均衡的计算来寻找最优防御策略。

在赛博模拟/仿真试验(靶)场上进行攻防试验的流程,如图8-23所示。首先,训练人员从攻击工具库获取相应的攻击工具或攻击方法,并对目标机器发起攻击,攻击行为被记录在攻击行为记录库中。然后,攻击行为被攻击行为检测模块检测到,脆弱性模拟模块也开始接受攻击行为的压力测试,实现不同程度的被攻击效果,行为控制模块对攻击行为被允许的限度和攻击难度进行调节;被攻击效果记录库对攻击行为进行详细记录,在不同层次上跟踪攻击行为,得到原始的攻防数据。最后,攻击源端的行为记录和被攻击目标的被攻击效果记录被数据融合系统融合,得到详细的攻防效果分析报告,作为攻防演练的经验总结与评估。

8.4.2.4 试验数据分析

在赛博模拟/仿真试验中,采集并记录试验过程中所有的原始试验数据,用于分析、评估和改进试验(靶)场和被试武器系统的作战网络的安全性。

(1) 需要对大量的试验数据进行预处理,主要包括物理量转换、一致性分析和粗差剔除等。粗差剔除,是指去除偏差较大或者无效的干扰数据,使得分析的结果尽可能反映真实的试验结果。

(2) 需要有高效的数据分析方法和工具,如可以通过数据融合算法和技术对预处理后的数据进行融合,再用数据挖掘技术和机器学习方法对融合数据进行分析,也可以采用

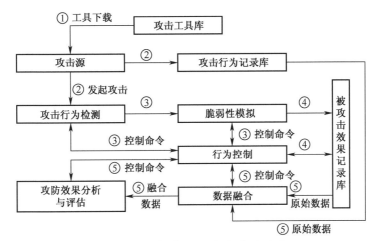

图 8-23　赛博网络攻防试验流程

大数据技术处理分析试验数据。

（3）还需要有直观有效的数据解释方法和工具,主要技术包括可视化和人机交互等。可方便用户对数据分析结果的使用,通过数据分析结果能够直观地总结试验(靶)场和试验系统当前的状况和薄弱环节。

8.4.2.5　试验与评估

赛博试验在模拟/仿真试验(靶)场环境中,完成对作战指挥控制、信息传输等信息技术和系统的安全性以及信息安全保障工具与手段进行定性及定量的评估。通过对复杂战场环境的仿真建模,既可以在试验(靶)场内同时对作战各信息系统进行独立的测试与评估,也可以在各信息系统之间进行一体化的联合演练与测评,从而为作战网络中各信息系统的优化改进、提高系统安全性和抗攻击性等提供试验支撑。

在模拟/仿真试验(靶)场环境中,赛博试验与测试、评估的对象包括作战网络系统中的所有信息系统的关键组成要素,如主机操作系统与系统内核、关键设备/终端部件、主机安全系统、局域网安全工具和组件、网络操作系统和设备、网络拓扑结构以及网络协议等。

为了对试验(靶)场的实际功能效果进行测试与评估,需要根据相应的测评标准拟定测评指标。在试验测评过程中,参照国际上现有相关试验测评标准如《可信计算机系统评价准则》(TCSEC 橙皮书)、《计算机信息系统安全保护等级划分准则》(GB1875—1999)、《信息安全保障体系框架》(GJB7250—2011)等。最主要的是要制定面向赛博作战空间的试验与评估标准与规范,使得赛博网络空间的试验与评估有章可循、有据可依,逐步走向规范化、标准化、程序化的轨道[31]。

8.5　赛博真实试验

在赛博试验平台进行的一系列测试与评估后,还需在真实联合环境下进行试验,尤如进行仿真试验后还需要再进行真实的试验一样。多装备协同试验(如多机协同试飞)就是模拟作战想定进行的试验,是联合试验的初步阶段。赛博试验平台可解决作战网络研制过程中的试验与评估(DT&E)问题,但是在实际战场环境下,还需要进行真实的试验与评估(OT&E),即在(多军种)军事演习、联合演练等各种模拟作战环境下进行真实的试验、测试与评估。

在空天地一体化试验与测试体系下,开展(多军种)军事演习、联合演练,并对参与试验的所有试验对象与试验环境进行数据采集、记录,进行事后分析、评估。

借鉴赛博空间态势感知(Cyberspace Situation Awareness,CSA)的概念,空天地一体化试验与测试系统主要完成试验过程中的信息采集与记录。赛博空间态势感知是指由赛博空间中所有电子设备和电子系统的运行状况、设备行为以及用户行为等因素所构成的整体安全状态和变化趋势,通过多传感器多手段协同侦察的方式,对能够引起赛博空间态势发生变化的所有环境要素,进行获取、理解和评估,并预测其发展趋势。赛博空间态势感知包括赛博网络态势感知和空间态势感知。

网络态势是指由各种网络设备运行状况、网络行为以及用户行为等因素所构成的整个网络的当前状态和变化趋势。网络态势感知是指在大规模网络环境中,对能够引起网络态势发生变化的要素进行数据获取、理解、评估、显示以及对未来发展趋势的预测。

空间态势感知是对三维空间内所有试验对象进行测量与记录。空间态势感知的任务是对重要空间目标进行精确探测和跟踪,对目标特性数据进行归类和分发。需要部署空基、天基、地基和海基试验光电、雷达等测量测试系统以提升空间态势感知能力。

8.5.1　赛博网络态势感知

赛博空间不同于传统的计算机网络,是由电磁频谱、电子系统和网络化基础设施三部分组成[32-33]。电磁频谱涵盖现有通信和雷达使用的频率,是计算机网络在无线通信领域和无源探测领域的扩充。电子系统除了传统的计算机系统外,还包括片上微系统和嵌入式系统等,网络化基础设施包括传统的计算机网络,还包括无线通信网、电力网、专用网、战地指控网、工业控制网和无线传感器网等。赛博空间的态势感知在范围、广度和深度都是对网络安全态势感知的扩充。

在网络安全态势感知的流程的基础上,给出赛博空间态势感知的概念模型,如图8-24所示,态势感知的流程包括数据采集、态势理解、态势评估和态势预测四个部分[34]。

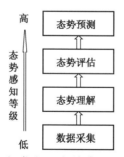

图8-24　赛博空间态势感知的概念模型

1999年,Tim Bass首次提出了网络态势感知的概念,将网络态势感知与ATC态势感知进行了对比,并将空中交通监管中态势感知的成熟理论和技术应用到网络态势感知中。

(1)对各种影响系统安全性的要素进行检测获取,安全要素包括电磁信号层、通信与网络协议层、信息层和行为层的安全信息;

（2）对采集到的多源安全信息采用分类、归并、关联分析等手段进行融合,得到规范化的数据;

（3）对融合的数据进行综合分析,提取有用的信息,评估赛博空间的安全态势,并给出相应的应对措施;

（4）对赛博空间安全态势的发展趋势进行预测,及时预警,预防大规模安全事件的发生,减轻赛博敌方行动的危害。

赛博网络态势数据采集是通过各种检测工具,对影响网络安全的所有要素信息进行采集;态势理解是对各种网络安全要素数据进行处理,分析影响网络的安全事件;态势评估定性定量分析网络当前的安全状态和薄弱环节,并给出相应的解决方案;态势预测提前判断网络安全状况的发展趋势。赛博态势感知体系框架如图 8-25 所示。

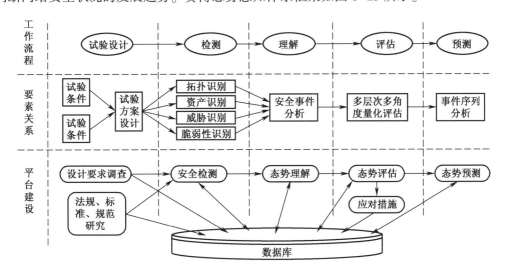

图 8-25　赛博空间态势感知体系框架

依据联合试验、演习等试验任务需求,设计试验方案、构建联合试验环境,并在一定地理范围内连接针对该试验任务的一体化试验与测试网络。在一体化试验与测试网络中,完成试验数据的采集,获取网络化基础设施的拓扑结构、己方电子系统和设备运行状态、敌方的电磁干扰和各类入侵等数据,并对采集的数据进行实时处理,以可视化图、表、三维呈现等方式,显示试验过程中各试验对象的即时状态;实时分析试验安全性与风险性,若试验遇到安全风险时,将测试结果反馈给联合试验指挥中心。

试验结束后,进行数据处理与分析,评估试验结果。评估是根据测试数据,对赛博空间安全态势进行评估。采用基于多层次多角度的态势评估模型,根据不同的应用需求和背景,对各个方面赛博空间的安全态势,给出应对措施。

8.5.2　赛博空间态势

空间态势感知的任务是对重要空间目标进行精确探测和跟踪,对目标特性数据进行归类和记录。空间态势感知,采用光电测量系统（网络）,又称时间/空间位置测量系统,对空基、天基、地基、海基等试验对象的时间、位置、姿态等参数进行测量,以获取以时间为历程的试验对象的空间态势[35]。

时间/空间位置测量系统,由分布在不同地理位置的光电经纬仪、测量雷达、机载光电测量吊舱与 GPS/BDS、测控中心等设备组成光电测量网络,实现对所有在线试验目标的位置、姿态进行测量与记录,如图 8-26 所示。

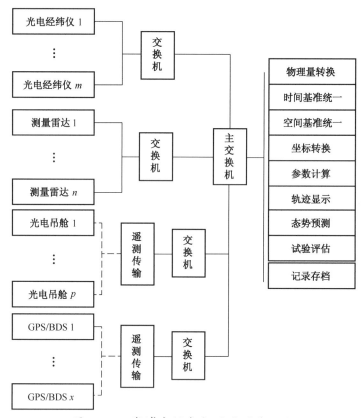

图 8-26　赛博空间光电跟踪测量网络

在试验过程中,空间态势感知相对容易,不管是"敌方"还是"我方"或"友方",试验对象及其空间状态是明确的,跟踪测量也相对容易。每一试验目标上事先安装 GPS/BDS 定位系统,通过遥测系统实时向地面发送其空间坐标,可获得所有试验对象在试验中的瞬时位置、姿态等参数。利用多源数据融合方法对光电经纬仪、雷达与 GPS/BDS 获得的数据进行融合处理,获得每一试验目标的最佳运动参数。

8.5.3　安全分析方法

网络态势、空间态势数据采集与多源数据融合是真实赛博试验评估的基础。将赛博空间网络所获取的数据与试验测试系统所获取的数据进行比较分析,可确定赛博空间中己方薄弱环节,并评估敌方各类恶意的入侵和攻击我方赛博网络的结果,据此改善和完善赛博作战网络的设计[36-37]。

赛博网络安全检测,包括资产识别、脆弱性扫描、渗透测试、威胁检测、入侵检测和电子干扰测试、电磁波截获、辐射源定位等方法。安全检测设备包括无线传感器、入侵检测系统、漏洞扫描器、防火墙和病毒检测软件等。

由于安全检测时采集数据的多样性,导致检测结果数据量大、结构复杂、差异性大,并且存在冗余、不一致和错误的数据,很难直接用于结果分析,因此采用多源数据融合技术对原始检测数据的预处理,合并相关项,去除冗余项,修正错误项,得到规范化的数据集。

8.5.3.1　安全检测数据分类

在经过多源数据融合处理后,所有的检测数据分别归为资产、威胁和脆弱性三类数据进行集中。

(1) 资产是具有价值的设备或信息,是安全策略保护的对象,是敌方攻击的目标,在赛博空间中所有有形的电子系统和无形的信息都抽象为资产。资产通过资产标识、资产名称和资产价值来描述,资产价值是资产最基本的属性,通过资产被攻击后造成的损失衡量,是一个向量结构,采用信息保障中的保密性、完整性、可用性、可认证性和不可否认性五个指标来衡量资产的价值。

(2) 威胁是对资产造成安全损害的外因,是敌方实施的赛博攻击的量化表征。威胁通过威胁标识、威胁名称、威胁所在的资产标识、威胁利用的脆弱性标识和威胁发生概率来描述。威胁所在的资产标识表示威胁的位置;威胁利用的脆弱性标识表示威胁造成损害的内在条件,只有威胁利用的脆弱性存在,威胁才能造成损害,在某个资产上,当只检测到威胁而没有检测到该威胁利用的脆弱性时,威胁将不会对该资产造成损害;威胁发生概率表示威胁发生的可能性,在某个资产上,当只检测到脆弱性没有检测到利用该脆弱性的威胁时,则认为相应的威胁可能发生,并对资产造成潜在的损害,发生可能性为威胁发生概率。

(3) 脆弱性是对资产造成安全损害的内因,是己方赛博空间中薄弱环节的量化表示。脆弱性通过脆弱性标识、脆弱性名称、脆弱性所在资产的标识、利用该脆弱性的威胁标识和脆弱性影响来描述。脆弱性所在资产的标识表示脆弱性的位置;利用该脆弱性的威胁标识表示脆弱性造成安全损害的外在条件;脆弱性的影响表示如果该脆弱性被威胁成功利用后,对相应的资产造成的损失,包括对资产保密性、完整性、可用性、可认证性和不可否认性等 5 个方面造成的影响。

当资产同时存在威胁和相关的脆弱性时,威胁通过脆弱性对资产的安全性造成损害;当资产只存在威胁而不存在相关的脆弱性时,威胁不会对资产的安全性造成损害;当资产只存在脆弱性而不存在相关的威胁时,资产存在安全隐患,安全性可能受到损害。在评估一次完整的赛博攻击时,若造成安全损害,需要将资产、威胁和脆弱性三者关联分析,威胁利用资产上存在的脆弱性造成安全事件的发生,安全事件是对资产造成安全损害的直接原因和度量的最小单位,每次赛博攻击可以抽象为一个安全事件。安全事件通过资产标识、威胁标识、脆弱性标识、发生可能性和造成损害来描述,资产标识表示安全事件发生的位置;威胁标识表示安全事件发生的外因,即赛博攻击;脆弱性标识表示安全事件发生的内因,即资产的薄弱环节;安全事件发生的可能性使用相关威胁发生的可能性来描述;安全事件造成的损害使用相关脆弱性造成的损害来描述。

8.5.3.2　基于多层次多角度分析的试验评估技术

赛博试验安全评估技术是对赛博空间安全态势的量化描述,2001 年 5 月,计算机应用安全协会(Applied Computer Security Associates,ACSA)认为:安全度量是通过一些评估过程从一个偏序集中选择的一个值,它表示了信息系统的信息安全相关的质量,它提供或用于产生一种关于信任程度的描述、预言或比较。安全度量的关键是选取标准、规范而完备的指标体系，在评估赛博空间安全态势时，使用信息保障中的可用性、完整性、保密性、可认证性、不可否认性这5个指标作为指标体系，能够完备地描述赛博空间安全态势的各个方面。为了适应不同的应用需求，客观、全面的度量赛博空间安全态势，本节给出如图8-27所示的多层次多角度量化评估模型，分别从专题层次、要素层次和整体层次对安全态势进行描述[38]。

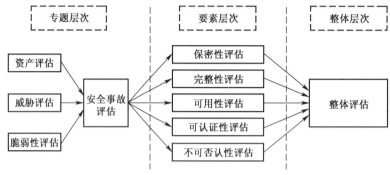

图8-27 多层次多角度量化评估模型

专题评估层次从资产、威胁、脆弱性和安全事件四个专题，对赛博空间的安全性进行评估。可以评估赛博空间内单个资产、部分资产或所有资产的使用情况、威胁、脆弱性和安全事件的数量，可以分别评估不同危害级别的威胁、脆弱性和安全事件的数量和分布规律。

要素评估层次从信息保障的5个指标，分别对赛博空间在保密性、完整性、可用性、可认证性和不可否认性这5个方面的达成程度进行分析。敌方赛博攻击抽象为安全事件，在得到敌方所有赛博攻击对应的安全事件序列后，通过综合分析，评估安全态势的5项指标值。由于多个低等级安全事件的整体损害可能没有单个高等级安全事件的损害大，并且安全事件发生在重要的资产造成的影响，远比发生在不重要的资产上大，因此在对所有安全事件的影响进行综合分析时，应该采用基于指对数分析的综合方法，避免线性叠加带来的偏差大和区分度低的问题。

整体评估是对赛博空间安全性的综合分析，态势评估的最终目的是辅助指挥控制，需要有简单直观的表示。在评估整体安全态势时，需要对不同应用需求区别对待，不同的应用需求对保密性、完整性、可用性、可认证性和不可否认性的要求不一样，比如在和平时期，对完整性和可用性的要求最高，而在战争冲突时期保密性、不可否认性和可认证性是至关重要的。因此，在评估整个安全态势时，以安全态势的5个要素分量评估结果为基础，采用加权模型得到整个安全态势值。

8.5.3.3 基于时间序列分析的态势预测技术

赛博空间不同时刻的安全态势彼此相关，态势的变化有一定的规律，利用这种规律可以预测态势的变化趋势，从而有预见性地辅助决策者进行决策，实现动态管理和及时预警，避免预防大规模安全事件的发生而造成损失。态势预测基于历次的态势评估结果，预测安全态势在下一时刻的值。时间序列分析的方法能够很好的刻画随时间变化顺序取得的一系列评估值之间的前后依赖关系，适合用于对态势感知的变化规律进行分析。

态势评估输出的实时态势值作为态势预测的输入，安全态势序列一般为非平稳时间序列,可以依次对序列做趋势差分和周期差分,将序列转化为平稳时间序列,再用自回归滑动平均(ARMA)模型拟合,在得到训练好的时间序列模型后,可以对不同提前期的态势值进行预测和预测误差分析。时间序列分析方法需要较长的输入序列,对于实时态势评估来说,能够满足这个条件,但是对于离线的态势评估,由于评估周期较长,得到的历史评估结果较少,不适合用时间序列分析方法,可以使用历史增量平均的方法进行预测。

8.6　赛博空间网络通信安全测试[39]

8.6.1　赛博空间网络

赛博空间网络又称赛博网络,是由移动节点和固定节点通过无线链路而形成的多跳的立体网络。与传统的无线网络相比,赛博网络具有更强的自适应性、可靠性与扩张性。赛博网络根据不同的通信功能将出现的所有网络节点分为以下四类:

(1) Cyberspace Point(CP),指在赛博网络中使用 IEEE 802.11 MAC 和 PHY 协议进行无线通信的节点。该类节点支持自动拓扑、路由的自动发现、数据包的转发等功能。

(2) Cyberspace AP(CAP),指支持访问接入点(AP)功能的 CP。

(3) 具有 Portal 口的 CP/CAP(CPP),指链接赛博空间和其他类型的网络并转发通信的 CP/CAP 节点。这类节点具有 Portal 功能,通过这类节点,内部的节点可以与外部网络进行通信。

(4) 简单客户端(STA),指 IEEE802.11 传统的客户端。根据节点的功能可以将赛博网络(Cyberspace Network,CN)分为骨干 CN、客户端 CN 和混合 CN 三种结构。

骨干 CN 的结构如图 8-28 所示,其中虚线和实线分别表示的是无线链路和有线链

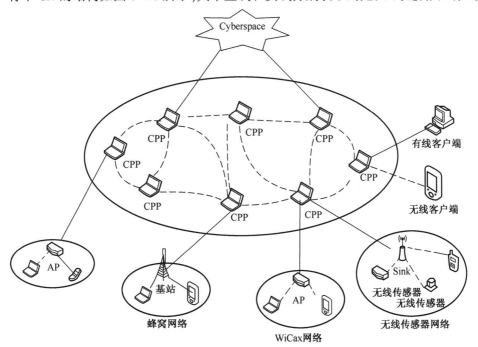

图 8-28　骨干赛博网络

路。这种 CN 由赛博空间路由器与连赛博空间路由器的网关/网桥功能与现有的无线网络融合成为可能。有以太网接口的传统客户端可以通过以太网链路与赛博空间路由器连接;对于那些与赛博空间路由器使用相同无线电技术的传统客户端,他们可以直接与赛博空间路由器通信。如果使用不相容的无线电技术,客户端必须通过与具有以太网连接的基站——赛博空间路由器进行通信。骨干 CN 是最常用的类型。一般来说,路由器上使用两种无线电技术,分别对应骨干通信和用户通信。赛博空间骨干通信可以通过使用包括定向天线在内的远距离通信技术。

客户端 CN 提供了客户端设备之间的对等网络。在这种架构类型下,客户端节点构成了实际的网络以完成路由和配置功能,同时为客户端提供终端接入与路由转发应用。因此,在这种网络中不需要赛博空间路由器。客户端 CN 如图 8-29 所示,在客户端 CN 中,发向网内节点的数据包通过多个节点转发到目的地。客户端 CN 通常使用同一种无线电技术的设备。与骨干 CN 相比,客户端 CN 增加了对终端用户设备的要求,如客户端 CN 中的终端用户设备必须有路由器和自配置等功能。

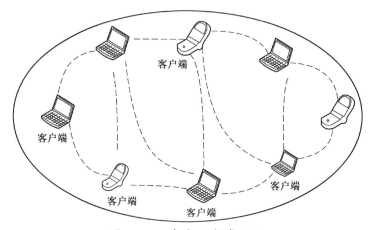

图 8-29　客户端赛博网络

混合 CN 是骨干 CN 和客户 CN 技术的结合,如图 8-30 所示。赛博空间客户端在与其他赛博空间客户端进行直接赛博空间通信的同时,可以通过赛博空间路由器访问网络,而骨干 CN 提供了与其他网络(如 Internet、Wi-Fi、WiMAX、蜂窝网、传感器网络等)的互联,客户端的路由能力在 CN 中提供了更好的连通性和更大的覆盖范围。从目前的技术发展趋势看,骨干 CN 架构将是最有应用前景的方案。

从 CN 网络的安全保障机制分析,IEEE 802.11i 安全标准无法适用赛博空间网络中 CP/CPP 之间的安全认证。CP/CPP 之间是对等关系,而 IEEE 802.11i 定义在申请者和认证者之间,且 802.11i 是一次单向认证,即 AP 认证 STA 即可,而不需要 STA 认证 AP,但是在 IEEE 802.11s 中需要 CP 之间的双向认证。此外,当一个 STA 接入到赛博空间网络的过程中,在赛博空间网内某个可信的 MO 做完第一次认证之后,该 STA 已是可信实体,与其他 CP 的多次认证实属冗余,应该采用一种更为有效的机制。

由于 IEEE 802.11 技术的多样性与不同应用场景的安全需求差异,扩展 IEEE 802.11i 安全接入体系结构,建立一个比较完善、融合不同应用赛博空间场景和不同移动终端设备、统一的安全技术体系结构变得非常必要。

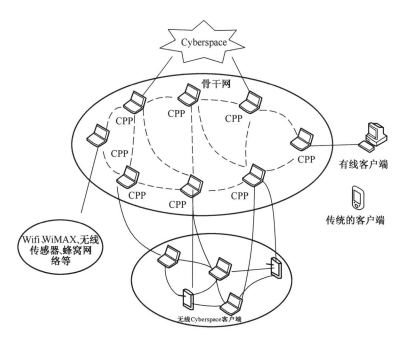

图 8-30　混合赛博空间网络

8.6.2　赛博网络安全体系结构

赛博空间由通过无线/有线直接接入方式转向混合多源多跳接入方式,则相应的安全需求和安全防护体系结构会产生相应的变化。

8.6.2.1　安全体系层次关系

安全体系结构分为三个层次,即安全体系结构的规划和设计、安全关键技术、安全操作与技术支持,同时还需考虑未来可能的技术发展趋势对安全体系结构的影响等。赛博空间安全体系结构层次关系如图 8-31 所示,其中三角形反映的是赛博空间安全体系结构的抽象程度,由下而上反映的抽象程度由低向高的变化过程。

由赛博空间的定义可知,通信网络是构成赛博空间的重要组成部分,其自身的安全与否将直接关系到整个赛博空间的安全。美军在进行赛博空间安全防御上,就是通过提升其赛博空间(包括其中的通信网络)承受攻击的健壮性,使得在遭到入侵和攻击时,仍能保证作战任务的完成。因此,可以说通信网络的安全是赛博空间安全的重要基础。

8.6.2.2　通信网络安全问题

1. 通信网络安全问题的由来

通信网络安全问题是在对抗条件下,敌方利用通信网络技术体制的缺陷,对通信网络技术或工程应用的潜在问题进行攻击,使通信网络出现工作反常。网络安全问题与通信网络技术机理、实现技术和工程应用方式密切相关。

1) 技术机理类通信网络安全问题

通信网络按照其复用技术和寻址技术机理来进行分类,可以分为四种网络形态,见表 8-6。

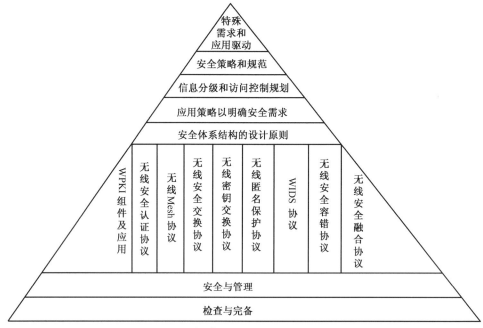

图 8-31　赛博安全体系结构层次关系

表 8-6　通信网络分类

网络形态	技术机理
公用交换电话网(PSTN)	确定复用和有线连接操作寻址
互联网(Internet)	统计复用和无线连接操作寻址
全业务网(FSN)	确定复用和无线连接操作寻址
下一代网络(NGN-IP/MPLS)	统计复用和有线连接操作寻址

不同的通信网络形态/技术机理,应用不同的技术实现(实现成本也会不同),会产生不同的通信网络安全问题。总的来说,采用有线连接寻址、用户面与控制面分离等技术的通信网络安全性比较高。

2)实现技术类通信网络安全问题

通信网络的实现技术也会带来安全问题,如通信频段与天线形式(定向/全向)的选择、网络远程管理功能设置、用户接入控制等。通过周密设计是可以避免很多网络安全问题的。

3)工程应用类通信网络安全问题

此类问题是指对通信网络技术的应用方式不同所造成的安全问题。例如,无线通信网具有开放性,在对抗环境下其安全性较差,要根据其特点加强控制与管理。

2. 通信网络安全的内涵

通信网络安全的内涵包括通信网络的可用性、保密性、完整性和可控性,另外,考虑到通信网络的特殊性,其最低安全保障也是通信网络安全的一个因素。

(1)通信网络可用性:通信网络可被授权实体访问,并按照需求使用的特性;

(2)通信网络保密性:通信网络中的信息不会被泄露给非授权用户和实体的特性;

（3）通信网络完整性：通信网络中的信息未经授权不能进行修改的特性；

（4）通信网络可控性：通信网络的所有者拥有对网络装备及信息传送的控制能力；

（5）通信网络最低安全保障：通信网络在受到打击大规模损毁时，能够提供最基本通信要求的能力。

3. 通信网络的分层安全模型

通信网络完成信息传送与服务功能，由信息承载网、信令网、管理网和服务网组成。为了保障通信网的安全，在每一个层面上，都应具有防护、检测、和快速反应的安全（PDR）模块，提供一系列安全服务与措施，如图 8-32 所示。

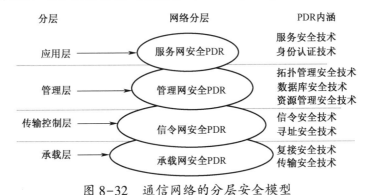

图 8-32　通信网络的分层安全模型

4. 通信网络的安全服务

目前，明确的通信网安全服务共有 9 类，它们是访问控制、信息保密、数据完整性、系统完整性、行为完整性、容灾恢复、资源可用性、抗抵赖性、指挥控制等服务，这些服务是分布于通信网络的不同层面的，完成着保障通信网络安全的功能。

（1）承载网涉及通信网的物理层和链路层，其主要的安全服务类型包括信息保密、入侵检测、安全隔离、资源可用性控制服务等。

（2）信令网完成信息传输的控制功能，其安全服务类型包括访问控制、数据完整性、容灾恢复、资源可用性、抗抵赖、指挥控制服务等。

（3）管理网完成通信网的管理与控制，其安全服务的类型包括访问控制、信息保密、数据完整性、系统完整性、容灾恢复、资源可用性、抗抵赖、指挥控制服务等。

（4）服务网涉及应用层，其安全服务类型包括数据完整性、行为完整性、信息保密等。

8.6.3　通信网络安全评估

1. 信息传输安全

通信网信息的传输安全应考虑有线和无线传输信道的物理层与链路层保护。除了必须采取的信息加密技术之外，还应当研究传输信号的抗截获、抗侦察技术，以及传输线路的（侦听、非法接入等）攻击检测和与防护等技术。

2. 信息交换安全

通信网安全信息交换技术用于对信息安全可靠的寻址、路由选择与交换提供保护，主要涉及对等信令实体的身份认证、路由表访问控制、地址欺骗防护、信令协议攻击防护等技术。在安全信息交换技术方面，采用自主的通信协议（包括呼叫处理、信令处理、路由协议等）非常重要,这将对实现可信与安全的信息交换提供坚实的基础。

3. 网络管理安全

通信网的网络管理系统实际上是一个计算机网络,网管信息的传送使用的是通信网中的专用线路,管理对象是通信网络的各类网元设备。通信网网络管理安全技术研究的重点是网络管理安全需求的等级划分、网络管理安全架构与访问控制、网络资源的保护机制与实时监控,以及基于策略的网络管理等。

4. 通信网络服务安全

通信网的服务安全主要涉及高层应用系统,其安全防护技术包括应用系统访问控制、服务数据包过滤、入侵检测、防病毒以及通信网服务信息安全隔离等技术。

5. 通信网络安全性能分析评估

通信网安全性能的分析评估用于评定通信网络的安全防护能力,针对通信网安全策略,给出理论和仿真分析;运用定性和定量相结合的分析手段,给出威胁标识和风险评估模型、通信网络安全威胁标识和风险评估方法、通信网的渗透性检测和安全脆弱性评估。

8.6.4　通信网络易损性分析

赛博网络的特征,不仅确定了它能更加适应网络中心作战和联合作战的需求,同时也决定了它们多是无线 Ad Hoc 网络,具有大量的无线接口和接入点,成为赛博网络中最容易受到外部电子/网络攻击的薄弱环节;采用标准的技术体制和统一的信息格式标准,在增加网络互联、互通、互操作能力的同时,也给对方入侵网络带来了便利机会;采用无线 IP 和民用互联网路由协议等,在增加实用性、灵活性的同时,也带来了相应的安全隐患。因此,赛博网络很容易通过无线入口遭受入侵,不可避免的存在许多易损性,常见的有以下几类:

（1）与信号传播有关的易损性。这种易损性主要包括通过无线接入点的入侵和对网络关键链路、关键节点的干扰及摧毁。

（2）与认证有关的易损性。这是指某人被错误地授予合法用户的情况,认证机制容易受到口令嗅探/口令解析、"社会工程"以及通过其他被干扰但仍被信任的系统接入访问等攻击而受损。

（3）与软件有关的易损性。这是指"病毒"、过多的用户特权、"后门"攻击以及不良的系统结构等引起的易损性。不良的系统结构通常包含有无用的安全特征。

（4）与协议有关的易损性。这种易损性主要包括协议自身存在的缺陷和漏洞,易给对手创造攻击机会,例如很容易被猜到的 IP 序号及无用字头、字段等。

（5）与发送数据有关的易损性。这种易损性主要包括应用程序发送电子邮件消息能力的易损性、嵌入式编程语言的易损性及许多必须同移动编码系统一起产生作用的隐秘易损性等。

（6）与拒绝服务有关的易损性。在遭到拒绝服务攻击时,合法用户会被阻止使用网路,常见的拒绝服务攻击有洪流攻击、"互联网蠕虫"以及"僵尸网络"之类的分布式拒绝服务攻击等。

在深入分析、研究我军作战所依赖的各种战场信息网络特点和脆弱性的基础上,对我军赛博网络的某个子网或整个网络的关键节点,重点开展以下网络攻击技术研究,从而对我军网络的易损性进行评估。

（1）针对 Link16、Link11、Link22 传统数据链与 JIDS 新型数据链开展接入、控制技术研究；

（2）针对情报监视侦察（ISR）网络开展分布式、多平台网络攻击技术研究；

（3）针对 CEC 武器协同网开展"狼群"分布式攻击技术研究；

（4）针对军用网络网关节点开展网关节点攻击技术研究。

参考文献

［1］乔榕．赛博空间的发展［J］．国际电子战，2009（11）:25-26.

［2］徐敏，张聿坤．赛博空间作战［J］．国际电子战，2009(11):27-29.

［3］李维，冯钢．物联网系统安全与可靠性测评技术研究［J］．计算机技术与发展，2013,23(4):139-143.

［4］赵鑫，刘书航．任务关键系统赛博安全性评估［J］．指挥信息系统与技术，2015,6(5):7-11.

［5］Dumont D. Cyber Security Concerns of Supervisory Control and Data Acquisition（SCADA）Systems［C］. Proceedings of IEEE HST 2010. Piscataway:IEEE,2010.

［6］毛少杰，居真奇，等．C^4ISR 系统仿真试验技术［M］．北京:军事科学出版社,2011.

［7］NASA-GB-8719. 13,NASA Software Safety Guidebook［S］,2004.

［8］GJB/Z102—97,软件可靠性和安全性设计准则［S］.

［9］何鑫，郑军．软件安全性测试研究综述［J］．计算机测量与控制,2011,19(3):493-496.

［10］徐仁佐，张大帅，等．软件安全性测试［A］．第三届中国信息和通信安全学术会议［C］,2003.

［11］NASA-STD-8719. 13B. Software Safety Standard［S］,2004.

［12］万永超，赵宏斌，等．航空机载软件安全性测试技术研究［J］．计算机测量与控制,2010,18(5):1017-1020.

［13］李娟，陈斌．一种基于 JM 模型的软件安全性测试方法研究［J］.计算机技术与发展,2012,22(9):246-249.

［14］赵跃华，朱媛媛．基于故障树分析的软件安全性测试研究［J］．计算机应用研究,2013,30(6):1760-1763.

［15］柳溪．探索性软件测试方法及其在嵌入式系统中的应用［J］．现代电子技术,2014,37(20):74-79.

［16］康一梅，张永革，等．嵌入式软件测试［M］．北京:机械工业出版社,2008.

［17］BACH J. Session-Based Test Management［J］. Software Testing and Quality Engineering,2000,2(6):1-4.

［18］Whittaker J A. 探索式软件测试［M］．北京:清华大学出版社,2010.

［19］Itkonen J, Mantyla M V, Lassenius C. The Role of the Tester´s Knowledge in Exploratory Software Testing［J］. IEEE Transactions on Software Engineering,2013,39(5):707-724.

［20］Li W, Vaughn R. An approach to Model Network Exploitations Using Exploitation Graphs［C］. San Diego, California:Proceedings of the Spring Simulation Multi-conference on Military, Government,and Aerospace Simulation Symposium,2005:237-244.

［21］张继业，谢小权．基于攻击图的渗透测试模型的设计［J］．计算机工程与设计,2005,26(6):1516-1518.

［22］章丽娟，崔颖．基于 AEGM 的网络攻击渗透测试预案生成系统［J］．计算机工程与设计,2011,32

（4）：1254-1259.

[23] 罗森林,张驰,等 . 基于时间 Petri 网的渗透测试攻击模型研究[J]. 北京理工大学学报,2015,35 （1）:92-96.

[24] 杨涛,郭义喜,等 . 有色 Petri 网在渗透测试中的应用[J]. 计算机工程,2009,35(1):156-185.

[25] 王元卓,林闯,等 . 基于随机博弈模型的网络攻防量化分析方法[J]. 计算机学报,2010,33(9)： 1748-1762.

[26] 任翔宇,曲珂,等 . 美军赛博靶场建设发展现状与特点研究[J].飞航导弹,2015,4:60-65.

[27] 任翔宇,高向东 . 国外赛博靶场建设现状[J]. 靶场试验与管理,2011(4):60-65.

[28] 周芳,毛少杰 . 美国国家赛博靶场建设[J]. 指挥信息系统与技术,2010,2(5):1-4.

[29] 韩卫国,徐明迪 . 面向赛博空间的网络试验(靶)场建设思路[J]. 计算机与数字工程,2015,43 （8）:1465-1470.

[30] 李秋香,郝文江,等 . 国外网络靶场技术现状及启示[J]. 信息网络安全,2014,9:63-68.

[31] 沈昌祥,张焕国,等 . 可信计算的研究与发展[J]. 中国科学 F 辑:信息科学,2010,40(2):139- 166.

[32] 黄本雄,易再尧 . 利用蜜罐技术架构网络战训练虚拟靶场环境[J]. 华中科技大学学报(自然科学 版),2006,34(1):61-63.

[33] 张勇 . 网络安全态势感知模型研究与系统实现[D]. 合肥:中国科技大学,2010.

[34] Mica R. Endsley. Design and Evaluation for Situation Awareness Enhancement[C]. In： Proceedings of the Human Factors Society 32nd Annual Meeting,Santa Monica, CA,1988. 97-101.

[35] Department of Defense Directive. DoD Directive S-3600. 1, Information Operations[R]. 9 December, 1996.

[36] Cliff C. Zou,Don Towsley,Weibo Gong. Modeling and Simulation Study of the Propagation and Defense of Internet Email Worm[J]. IEEE Transactions on Dependable and Secure Computing,April-June, 2007,4(2):105-118.

[37] 谭小彬,张勇 . 基于多层次多角度分析的网络安全态势感知[J]. 信息网络安全,2008,(11)： 47-50.

[38] Xiaobin Tan,Guihong Qin, et al. Network Security Situation Awareness using Exponential and Logarithmic Analysis[C]. In： Fifth International Conference on Information Assurance and Security (IAS09), Xi′an,2009.

[39] 吴巍 . 赛博空间与通信网络安全问题研究[J]. 中国电子科学研究院学报,2011,6(5):473-476.

第9章 虚拟/仿真试验

现代信息技术等高新技术的飞速发展及其在军工试验与测试领域的广泛应用,正带动着军工试验与测试技术向着综合化、虚拟化、通用化、智能化和网络化的方向发展。随着计算机科学与网络技术的快速发展,虚拟试验成为与真实试验并重的试验与评估方法,也成为了军工试验的重要组成部分。本章首先介绍了分布式仿真(DIS)、高层体系结构(HLA),以及虚拟试验验证使能支撑架构(VITA),其次简要介绍了复杂武器系统 M&S 方法,最后描述了高性能计算体系结构与应用(ASC)以及仿真试验管理等内容。

9.1　概　　述

9.1.1　基本概念

虚拟试验是利用计算机建模与仿真技术结合测试技术、通信技术和计算机网络技术,为武器装备的性能试验、技术指标考核、综合效能评估开发的一种试验新技术。从广义来说,任何由应用软件来构造试验环境,完成实际物理试验的方法和技术都可以称为虚拟试验。虚拟试验是通过建立虚拟实体和虚拟环境进行试验评估,是一种基于数字样机模型的复杂产品关键系统之试验数据产生、获取和分析的系统工程过程,它以建模仿真、虚拟现实和知识工程方法为基础,在一个由性能模型、耦合环境、流程引擎和可视化交互机制构成的数字化试验平台中模拟真实产品或环境的物理试验过程。

虚拟试验场,能够借助较少的硬件和人力资源进行高效的试验,如美国的国家试验台(NTB)、扩展防空体系试验台(EADTB)以及法国的弹道导弹仿真试验台。近年来,美国已经建立了单一武器系统及体系级武器系统虚拟仿真试验平台、武器系统模拟与评估系统、虚拟电子试验场等。与传统试验相比,虚拟试验能够缩短研制周期,降低研制费用和风险,形式更加保密。为了节约资金,提升试验效率,国外现代武器装备的研制、采办及战术训练已大量采用虚拟试验的方式来进行。

虚拟试验场运行支撑体系结构,是一组支撑虚拟试验场运行的中间层软件的集合,它定义了系统的主要部分,包括目的、功能、接口和相互关联等,是虚拟试验场试验与训练的核心,为虚拟试验场的运行提供通信、数据管理和调度等服务。目前,主要支持基于试验场资源互操作、重用、重构的分布式试验与训练的运行支撑体系结构有两类:一类是高层体系结构,另一类是试验与训练使能体系结构。在 HLA 的基础上,也派生了一些扩展应用,如并行仿真与 HLA 仿真系统互连结构、基于 HLA+Evovled 的云仿真技术与网格环境下的 HLA 仿真等。虚拟试验技术发展表明,其基础和支撑框架是引领虚拟试验验证系统快速有效发展的核心;虚拟试验验证标准规范体系是建立军工产品虚拟试验验证规范化试验过程的基本保障;统一的虚拟试验技术平台是提供军工产品系统级试验能力的重要手段。作为支撑虚拟试验系统各项基础功能的共性核心软件,虚拟试验软件平台提供了支撑框架中的软件基础设施,承担了贯彻标准规范的软件载体,是技术平台的重要组成部分。因此,虚拟试验已发展成与真实试验并重的一种有效的试验方法。

9.1.2　发展过程

国外虚拟试验技术发展经历了很长时间,建立了分布式虚拟试验系统软件体系结构和运行支撑平台。虚拟试验软件平台和建模/仿真软件平台之间有着密切的联系。早期的虚拟试验采用了仿真软件平台 DIS 和 HLA/ RTI;进入 21 世纪,美国国防部高级计划研究局投资,并开展针对试验与训练领域应用的研究计划,形成了试验与训练使能体系结构(Test and Training Enabling Architecture, TENA) 和公共训练仪器体系结构(Common Training Instrumentation Architecture, CTIA) 等一系列支撑框架与软件平台[1]。其中 TENA 是这些平台中的代表性成果,它为美国军方和工业部门的试验场、大型基础试验设施和专业重点试验室资源重用和互操作性提供了行之有效的解决方案,并有力地支持了美国国防部联合任务环境试验能力(JMETC)和联合国家训练能力(JNTC)等国家能力试验计划[2]。

虚拟试验技术已经在军工产品研制过程中得到了广泛的应用,逐步实现了复杂武器系统异地大型联合试验的虚拟化,能够在"虚拟靶场"中充分考核导弹武器系统的作战使用性能。如美国已经将"虚拟靶场"开展的民兵导弹试验样本列入正式子样,并采用虚拟试验场来考核其战术和巡航导弹的战技指标。2006 年 12 月 7 日,波音 787 举行了虚拟首发式。波音 787 采用了完全的数字化设计、试验、装配,没有实物样机,总共 16TB 的设计、试验数据,并且是在全世界协同研制。虚拟试验作为核心技术之一发挥了重要作用,787 大型试验均在虚拟环境中进行,使得研制风险大大降低,研制周期也从 5 年缩短到4 年。

各国将建模与仿真均列为重要的国防关键技术,其研究成果为作战仿真体系服务。美军仿真体系结构的发展主要经过以下阶段:

(1) 1983 年,DARPA 与美国陆军共同制定了网络仿真研究计划(SIMNET);

(2) 1989 年,美军在 SIMNET 的基础上,研制了分布式交互仿真技术(DIS);

(3) 1990 年,DARPA 资助 MITRE 公司设计了聚合级仿真协议(ALSP),并于 1992 年开发出第一个投入使用的协议和相关支撑系统;

(4) 1995 年 10 月,美国国防部公布了建模与仿真主计划(MSMP),决定建立一个通用的仿真技术框架,其核心是高层体系结构(HLA);

(5) 美军于 20 世纪 90 年代晚期启动了 FI2010(Foundation Initiative 2010)工程,定义了试验训练使能体系结构(TENA);

(6) 2005 年,美国陆军开发了公共训练仪器体系结构(CTIA);

(7) 2009 年,SISO 对 DIS 与 HLA 进行了升级与改进。

归纳起来,虚拟/仿真体系结构的发展可以概括为三个阶段:

(1) 以 SIMNET、DIS、ALSP 为代表的支持同类功能仿真应用互联的仿真体系结构;

(2) 以 HLA 为代表的开放、通用仿真体系结构;

（3）以 TENA、CITA 为代表的面向具体领域应用的通用仿真体系结构。

从 20 世纪 90 年代开始,美军以建模与仿真技术为核心,致力于分布式体系结构的构建,并将其列为发展武器装备体系试验能力的首要任务。经过三十多年的发展,主要使用的分布式体系结构主要有分布式交互仿真、高层体系结构与试验与训练使能体系结构三种。这三种体系结构在功能上各有长短,对于体系装备分布式试验领域,TENA 体系结构为主流。需要注意的是,这三种仿真体系结构在各自领域仍在使用,并基于这些体系结构开发了新的系统,由于这些体系结构所采用的技术、体制各不相同,不同体系结构的系统在互通互联上受到限制,因此将成为分布式仿真领域下一步要成熟和完善的方向。

不同的体系结构解决分布式真实-虚拟-构造(Live-Virtual-Constructive,LVC)不同层面的资源集成问题,各体系结构均不同程度同时支持 LVC 三类资源的集成,如图 9-1 所示。确切地说,DIS 与 HLA 主要应用于仿真领域;TENA 重点应用于试验与训练领域。

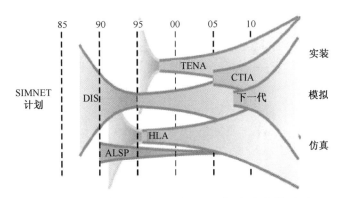

图 9-1 仿真体系架构对 LVC 资源的支持关系

上述体系结构之间没有互相取代,而是形成了多种试验体系结构并存的现状。目前各体系架构使用情况调查结果为 ALSP 低于 5%,DIS 占 35%,HLA 占 35%,TENA 占 15%,CTIA 占 3%,其他体系结构大概占 7%。可见,目前 DIS、HLA 使用比重最大,虽然 TENA 与 CTIA 目前的比重还比较低,但是它们正在被越来越多的用户关注并使用。由于这些体系结构所采用的技术、体制各不相同,极大影响了基于不同体系结构开发的系统间的互操作能力,对开展网络中心环境下多靶场联合试验带来了严峻挑战。

在此背景下,美国联合兵力司令部于 2007 年提出了 LVC 体系结构路线图(LVC Architecture Roadmap,LVC-AR),其目的是对下一代分布式仿真试验体系结构的发展作出规划,以实现 LVC 仿真环境互操作性的重大提升。

随着虚拟试验技术的快速发展与成功应用,虚拟试验正在朝着"虚/实组合"的方向发展,即将虚拟试验的支撑性、模拟试验的等效性和实物试验的验证性有机统一起来,在一个虚实组合的试验环境中考核复杂产品整体功能和性能是否满足设计要求。在此基础上,验证多个系统之间互操作的协调性和匹配性,评价军工产品技术成熟度、产品使用效能以及标准化程度等。

为了满足军工产品虚拟试验领域的发展需求,通过借鉴国外关于虚拟试验技术框架,开发了虚拟试验与验证使能框架(Virtual Test and evaluation enabling Architecture,VITA)。VITA框架将以复杂产品研制试验和在试验场试验过程中对系统级虚拟试验验证技术的需求为牵引,以形成武器系统级虚拟试验验证平台为核心,以解决目前军工产品研制试验过程中的异构性问题为目标,按照"虚实组合"的层次化思路构建虚拟试验验证支撑框架,为提升军工产品的设计与虚拟试验验证同步开展的能力和试验验证过程的规范化能力提供技术支撑。

9.1.3　建模/仿真在 T&E 中的地位

9.1.3.1　仿真与试验关系

试验与评估(Test and Evaluation,T&E),是指利用真实试验或虚拟试验方法,检验与评估武器装备的设计水平、制造品质和作战效能。仿真是指构建系统模型并在该模型中进行试验的过程。虽然建模是仿真的前提,但也是一个既相关又独立的过程,所以称为建模与仿真(M&S)。它们之间的关系如图 9-2 所示。

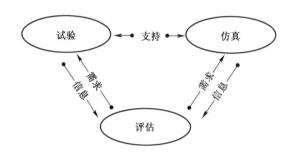

图 9-2　鉴定与仿真、试验关系图

在试验与评估过程中,仿真本身具有的代价小、时间短、可分析性强的特点,可以在试验前后支持试验。例如,试验前的试验计划和试验预演,试验过程中的监控和指挥,试验后的数据分析;可以进行各种条件下的仿真弥补试验的不足。可以获取在真实环境中无法或难于得到的数据,如大规模的军事对抗、核打击、大规模的电子战环境等。真实试验是必不可少的,可为仿真提供了真实的数据,用于仿真模型的校验和确认。同时,真实试验可以提供仿真无法反映的因素,如决策的过程、人员的熟练程度等。总之,仿真无法完全替代试验,而试验又需要仿真,它们相互支持、相互补充。评估是仿真与真实试验的目的,仿真与真实试验的需求都来源于试验目的,它们为评估提供数据和信息上的支持。

9.1.3.2　"建模/仿真-执行试验-结果对比"的试验/评估模式

对于现代战争武器装备类型越来越多、规模越来越大,装备之间的交联也越来越复杂,因此,需要将建模/仿真推进至复杂系统和体系层级,并采用多分辨率建模/仿真思想,面向不同作战任务需求对应不同粒度仿真。美军从试验与评估模式、装备仿真模型库和建模/仿真资源的具体使用要求三个方面,将建模与仿真知识和资源落实到试验与评估的具体项目上。

美军将基于建模/仿真的虚拟装备试验与评估方法作为常态化流程,同实装试验与评估同步展开,通过基于物理原理和先验数据驱动的建模/仿真结果同实际的试验与评估结果进行对比,如果结果一致,则说明装备通过试验与评估,达到作战能力要求;如果两类试验不一致,则通过综合评估判断,一方面,校核和修正模型,优化试验方案和试验计划,补充和扩展试验仿真策略模型,另一方面,如果仿真确实没有错误,则可形成作战评估报告(Operational Assessment Report, OAR),指出装备缺陷,并提出改进建议,如图9-3所示。

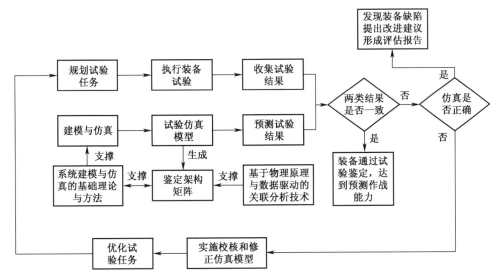

图9-3 美军"建模/仿真–执行试验–结果对比"的试验/评估模式示意图

9.2 分布式交互仿真

9.2.1 产生背景

由于高新技术广泛应用于军事领域,使武器装备的战技性能获得很大提升,作战效能成倍增长,对战争产生越来越大的影响。运用分布交互仿真技术,可以通过敌方装备的性能仿真,构造虚拟的战场环境,实施敌我双方的作战对抗仿真,从而对武器装备的作战效能指标进行考核、评估和验证,并可为探索武器装备的类型、作战效能、结构参数、可靠性、寿命等战技指标论证和设计提供科学的依据[3]。

分布式交互仿真(Distributed Interactive Simulation, DIS),是1983年在美国国防部DAPPA与美国陆军共同制定的网络仿真研究计划(SIMNET)基础上开发的分布式交互仿真技术;1990年,MITRE公司在此基础上又设计了聚合级仿真协议(ALSP)。DIS定义了一种连接不同地理位置的、不同类型的仿真对象的基本框架,为高度交互仿真活动提供一个逼真的虚拟环境。分布交互仿真技术的发展经历了四个阶段:仿真器网络(Simulation Networking, SIMNET)、分布交互仿真(Distributed Interactive Simulation, DIS)、聚集级仿真(Aggregate Level Protocol, ALSP)和基于高层体系结构(High Level Architecture, HLA)的仿真框架[4]。

9.2.2　分布式交互仿真架构

DIS 是对具有时空一致性、互操作性、可伸缩性的综合环境的表达,采用一致的结构、标准、协议和算法、数据库,通过网络将分散在不同地理位置的不同类型武器装备的仿真硬件、软件互联、互操作,建立一种人参与交互作用的时空一致的公用综合环境。从系统的物理构成来看,DIS 系统是由仿真节点和计算机网络组成的,仿真节点负责实现本节点仿真功能,包括动力学和运动学方程的求解、运动模拟、视景生成及音响合成、特殊效果(烟雾、爆炸和碰撞效果、风雨雷电等自然效果)合成、人机交互等。分布在不同地域的仿真节点通过计算机网络连接起来,采用局域网、广域网、网管、网桥和路由器等互连设备连接这些节点[5]。

9.2.2.1　结构分析

DIS 是通过网络来进行模块通信,其通信协议主要遵循于 IEEE 标准、ISO 标准、Internet 标准。在一个 DIS 网络中有许多网络节点,每个仿真节点(Simulation Node, SN)既可以是仿真主机,也可是网络交换设备。仿真主机中通常会包含一个仿真应用,一个或者多个仿真应用又构成一个仿真演练系统[6],图 9-4 给出上述几个术语的相互关系。

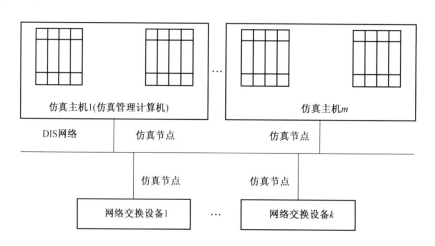

图 9-4　DIS 基本概念及相互关系

从体系结构上分析,DIS 的基础结构和实现方式有如下特点:

1)没有中心控制计算机

一些仿真系统(如网络 MUD)使用一台中心计算机维持运行状态,并计算每一实体动作对其他实体和环境的影响,这样的系统必须根据最大可能负载确定资源配置,以便能够处理极端情况下的运算负载。而 DIS 采用分布式理念,将仿真实体状态的任务留给通过网络相连的不同地理位置的仿真计算机。

2)使用一个标准协议传输底层真实数据

每一个仿真应用都将它控制(测量)的实体状态(如位置、方向、速度等参数)传递给网络中其他仿真应用,接收方负责接收并进行计算,以确定发送方所代表的实体是否可通过视觉或电子装置感知,被感知到的实体状态将会按单个仿真要求展现给用户。

3) 平台级大系统仿真

DIS 利用计算机网络提供强大的分布计算能力实现对复杂武器系统的仿真,这和以往采用计算实现大系统仿真的策略不一样。比如对一次作战过程进行仿真,如果采用单台计算机仿真,因计算能力局限,只能采用概率模型进行大粒度建模仿真,若缺乏足够的试验数据支持,这种概率模型的仿真结果的可信度较低。而 DIS 提供基于武器平台粒度级的仿真,具有更高的可信度。因此,DIS 的仿真结果更加真实地模拟了实际系统。

SIMNET 在不同平台对象的互操作性方面存在问题,DIS 能够将不同时期的仿真技术、不同厂家的仿真产品和不同用途的仿真平台集成在一起,实现交互功能。DIS 以网络为基础,主要由仿真节点和计算机网络组成。仿真节点负责计算其内部的一个或多个仿真实体的状态,并把这些状态及其内部事件通知其他节点。此外,它还负责接收其他节点发送来的状态和事件信息,并计算这些信息对本节点的影响。这些分布式仿真节点通过计算机网络(支持局域网与广域网),以及网桥、路由器和网关等设备联接在一起,从而实现相互之间信息的交互。

DIS 体系结构实现简单,容错性好,但是它也存在一些缺陷与局限性:

(1) DIS 采用的是非对称的体系结构,它通过规范异构仿真节点间进行信息交换的格式、内容、及通信规则,来实现分布式仿真系统间的互操作,这种低层次的体系结构对于处理具有复杂的逻辑层次关系的系统是不完备的。

(2) DIS 采用了固定的数据表示法,以保证异构仿真节点间的数据交换,这使得 DIS 无法做到在仿真节点间仅传递变化的信息。

(3) DIS 以广播方式实现仿真实体间的信息交互,即使仿真实体仅有部分状态属性发生变化,也需要广播完整的 PDU,因此带宽的利用率很低。

9.2.2.2　技术特点

从技术特点上看,DIS 具有互操作性、可伸缩性和仿真的时空一致性等特点[7]。

1. 互操作性

互操作性是指多个仿真模型相互协调工作的能力,在 DIS 中主要体现为实体间数据的交互能力。互操作性是 DIS 的基本要求,主要体现在两个方面:标准的数据结构和TCP/IP 的广播通信。

(1) 标准的数据结构是指在 DIS 中,将交互的分类数据定义为一系列标准的数据结构,即 IEEE1278—1995 标准。该标准是 DIS 核心,通过遵循这种统一的数据结构标准,任何分布式仿真模型都可以处理这些统一的数据,从而实现互操作。

(2) 结合标准的 PDU(协议数据单元)定义,采用基于 TCP/IP 的广播(组播)通信模式构成一个"软总线",仿真应用程序只要连接在网络上,就可以接收到任意交换的数据;同时也可将数据发送给任何一个其他的仿真应用程序。因此 DIS 提供的互操作虽然不能满足所有条件下的互操作需求,但也能满足相当规模的仿真应用,这便是 DIS 在短时间内迅速发展并一直在使用的根本原因。在 1997 年举行的 STOW-97 大规模演练中,包含了分布于美欧几十个城市的各军兵种在内的三万个作战实体,其中 DIS 网络上同时活动的实体最多达 6500 个左右。

2. 可伸缩性

DIS 通用框架可以有效地适应一个数目不断增长的并发动态实体的仿真,其数目增长不会引起对该体系的结构性修改。"有效地适应",是指随着仿真实体个数增长,计算资源呈线性增长。在 DIS 中,以往存在网络资源和计算处理能力的问题,一般采用 DR (Dead Reckoning)和 PDU 过滤两种方法解决。但随着网络技术和计算机技术的快速发展,这两者已不成为瓶颈问题。

3. 时空一致性

时空一致性包括空间一致性、时间一致性两个方面。为了保证空间一致性,系统在信息传输过程中必须采用统一的坐标系,如采用地心坐标系或大地坐标系;时间一致性主要是指分布在各地的仿真单元(装置或系统)具有统一的时间基准,可进行仿真时间同步控制和数据传输延迟补偿。

9.2.2.3　基于 SOA 的分布式仿真结构

复杂系统的建模和仿真对仿真系统提出新的挑战:要求在分布式环境下,满足跨地域、跨平台实现异构的仿真单元集成和交互,同时为了应对复杂多变的仿真流程,仿真系统应该实现实时的仿真流程动态配置与切换。这就要求仿真系统在仿真过程中,必须面对诸多不确定因素:仿真联邦实现技术的不确定性、部署位置的不确定性以及仿真作业流程的不确定性。基于传统的分布式技术构建的分布式仿真一般都是刚性的,刚性的分布式系统往往要求在确定的环境下,严格按照预订目标,按照确定的仿真流程执行,不能在仿真过程中进行调整和修改。所以要解决分布式仿真中的不确定性,需要用柔性的方法来构建仿真系统[8]。

基于 SOA 的分布式柔性仿真框架,是指在分布式环境下,基于开放、可扩展的体系结构,用面向服务的架构思想,实施组件服务化,针对复杂灵活的仿真需求,以组件组合的方式构建跨地域、跨平台的仿真系统。该分布式仿真框架允许仿真单元和联邦成员动态的加入和退出,并能实时自动地对整个仿真联邦进行重新配置和集成。为实现基于 SOA 的分布式柔性仿真框架,其关键点在于三点:仿真组件服务化、仿真组件动态加载(卸载)机制、仿真流程动态配置与切换。要解决这三个关键问题,首先是实现仿真组件服务化,其次用松散耦合的多层网络体系结构实现基于 SOA 的柔性分布式仿真服务框架。如图 9-5 所示,该框架分为仿真接口层、仿真服务总线、服务与管理层、数据层。

1. 仿真接口层

仿真接口主要负责接受仿真客户端的仿真服务查询、作业定制和调度,以及远程的仿真服务注册功能。同时将仿真客户端的仿真服务请求传递给 SSB。框架主要提供四个访问接口:仿真作业调用接口,仿真服务查询接口、仿真作业定制接口和远程仿真服务注册接口。所有的访问接口均采用 Web Services 技术实现,并基于标准的 SOAP 协议供仿真客户端调用。

2. 仿真服务总线

仿真服务总线(Simulation Services Bus,SSB),是一个在 SOA 仿真架构中实现服务间智能化集成与管理的中介。SSB 是该框架中的核心部分之一,主要完成对仿真接口层四个接口调用的具体执行,完成仿真服务管理和在分布式异构环境中进行仿真服务交互的功能。SSB 总的来说具有两个基本功能:面向服务的元数据(Metadata)管理功能和中介(Mediation)功能。

3. 仿真服务和管理层

该层主要实现了 SOA 服务提供者角色,是 SSB 直接操作的目标,包含了仿真组件的

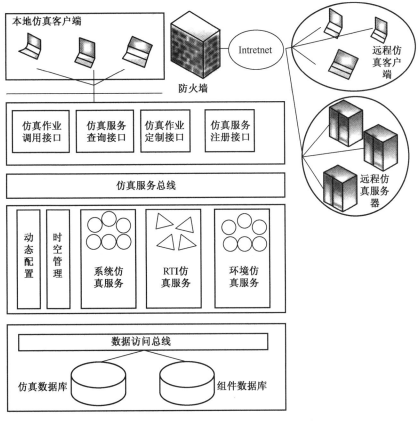

图 9-5　基于 SOA 的柔性分布式仿真服务框架

服务化。在该层中,所有的仿真组件均采用 Web Services 技术进行基于标准的组件服务化封装。具体地,有系统仿真服务、RTI 服务和环境仿真服务。这些服务均在组件服务库中注册,并可查询。通过服务,使用部署在不同(包括异构)平台或机器上的仿真组件。RTI 服务结合配置管理模块,采用热插拔的机制,可以动态地将组件服务载入(或卸载)整个仿真系统中,并对整个仿真系统重新配置。时空控制模块,对整个仿真系统提供统一的时间和空间管理服务。通过系统和环境的组合,可以在不同系统和环境之间进行自由切换,体验相同系统不同环境的仿真,或者不同系统相同环境下的仿真,通过有限的仿真资源组合成不同的仿真联邦。

4. 数据层

数据层,由数据存储和数据服务总线构成。数据存储用于仿真数据和仿真服务注册数据的持久化;数据服务总线实现虚拟化仿真数据存取,为仿真组件提供统一的数据访问。

9.2.3　多分辨率建模

分布式仿真系统通常分为两个层次上的仿真:一个是相对独立的平台仿真器;另一个是聚合级仿真,即将分布式环境下多个平台仿真器聚合起来构造成一个更大的仿真实体。平台级仿真,若对同一个对象进行不同粒度描述,则可分别建立不同分辨率模型[9]。

9.2.3.1　概述

在分布式环境下,不同分辨率模型(即多分辨率模型)并发交互。多分辨率建模(Multi-Resolution Model,MRM)的一个重要问题是一致性度量(Measure of Consistency,MOC)[10-11]。目前应用比较广泛的几种多分辨率建模方法有聚合解聚法、视点选择法、IHVR建模方法等。

(1)聚合解聚法。通常模型以某分辨率运行,但在需要与低分辨率或者高分辨率模型交互时,通过聚合或者解聚来进行转换。其优点是,建模是现实到模型的一个直观映射,容易为设计者所理解;缺点是易出现模型的不一致,并引入链式解聚和高开销等问题。

(2)视点选择法。该方法中,模型始终以最高分辨率运行实体,交互时使用系统辨识技术获取对应的低分辨率模型。优点是一致性好,易于维护,视点选择过程符合用户对模型分辨率的辨识过程;缺点是计算代价大,缺乏灵活性。

(3)IHVR建模方法。综合层次化可变分辨率建模(Integrated Hierarchical Variable Resolution Modeling,IHVR)建模方法,使用面向过程的参数层次化方法来分解模型,模型的高层参数可由底层参数运算获得或直接输入。优点是以层次化结构组织和管理模型,易于理解;缺点是模型和现实的映射过程复杂。

(4)UNIFY建模方法。该方法使用多个不同分辨率的模型并发运行来实现对一个实体的多分辨率建模。优点是可消除交互中存在的相互依赖,对一致性维护有较好的支持;缺点是系统资源消耗大,无法保证复杂系统中的执行效率。

通过分析以上四种多分辨率建模方法,可将它们分为两大类。

(1)通过同时运行同一个模型的多个分辨率实体,然后寻求一种多分辨率实体间相互映射的方法,保证多个分辨率实体对同一个模型的一致描述。这种方法也称为多重分辨率模型,它可以很好地表现出模型世界和现实世界的映射关系,并且多个分辨率实体的同时运行有利于整个仿真系统的并发交互,但是很难实现同一个模型、不同分辨率实体之间的一致性。

采用这类方法,仿真网络中的每个节点对应一个实体(某个模型的某一分辨率表示),实体交互可直接表示为网络中节点间的交互,从而更好地表现了现实世界中对象和对象间的交互关系。在抽象层面,也更利于设计师的理解和开发。

(2)运行一个模型在某个分辨率下的实体,当需要该模型的另一个分辨率实体和其他模型进行交互时,可将该模型从现时分辨率表示转换为目标分辨率表示。这种方法较易实现模型的一致性,但是转换过程计算代价相对较大。

采用这类建模方法,会将一个模型的过多功能用单个节点来完成,这样对单个节点的性能要求比较高。而且节点的性能和效率很容易成为整个分布式仿真系统的瓶颈,因为节点之间进行交互时,首先要决策出交互所需的分辨率模型,然后再进行分辨率表示的转换,从而引入过多的开销,更重要的是其结构与分布式的体系结构不符合。

当不同分辨率模型并发运行时,在任意时刻一个同态属性只能由一个分辨率下的模型来维护。通过区分多分辨率直接相关属性、间接相关属性以及无关属性来维护多分辨率模型的一致性。同态属性是一个实体的同一内在属性在不同分辨率下的表示,而同态事件则是指由不同分辨率的模型发出的实质上同一的事件。

9.2.3.2　MRM 建模[12]

采用多重分辨率模型(MRM)对实体进行分布式仿真多分辨率建模,适合分布式网络环境,也有利于仿真系统的并发交互。

分布式仿真系统中包含有平台级实体和聚合级实体。它们分别处于系统中的不同层次,聚合级实体由平台级实体组成。不同分辨率模型可与不同层次的平台级实体和聚合级实体相对应,仿真系统中的不同分辨率模型可抽象成一个树状结构。如图9-6所示,对每个平台级实体,构造相应的高分辨率模型。若干个平台级实体组成一个Ⅰ级层次的聚合级实体,构造相应的高分辨率模型。若干Ⅰ级层次的聚合级实体组成Ⅱ级层次的聚合级实体,并构造相应的较高分辨率模型。若干Ⅱ级层次的聚合级实体组成Ⅲ级层次的聚合级实体,可构造出相应的低分辨率模型。为便于讨论,这里只给出了三个层次的聚合级实体,其余类推。

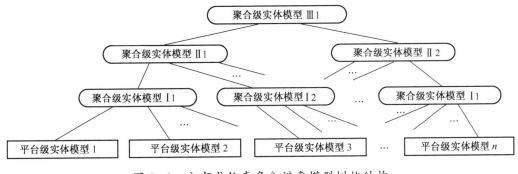

图9-6　分布式仿真多分辨率模型树状结构

9.2.3.3　MRM 一致性维护

多分辨率模型树状结构建模方法,有利于整个仿真系统的并发交互,但不同分辨率模型之间的一致性维护问题更加突出。所谓一致性维护问题,是指当同一层次上的实体模型之间发生交互,且模型属性发生变化时,应反映到与此实体相关的所有分辨率模型中,从而保证同一实体的不同分辨率模型在属性上保持一致。

1. 多分辨模型属性的划分

在多分辨率模型树状结构中处于不同层次上的实体模型,可通过建立属性映射函数实现不同模型间的属性转换。根据不同分辨率模型之间的映射关系,模型的属性可分为直接相关属性、间接相关属性和无关属性。直接相关属性的维护应重点关注,间接相关属性可通过直接相关属性计算得到。通过区分发生改变的属性类别,可以提高多分辨率模型一致性维护的效率。

(1) 直接相关属性(Direct Relevant Attribute,DRA):指在不同分辨率模型之间存在直接映射关系的属性。

(2) 间接相关属性(Indirect Relevant Attribute,IRA):指虽然不存在直接映射关系,但受直接相关属性影响或会对直接相关属性产生影响的属性。

(3) 无关属性(Irrelevant Attribute,IA):指只在某一个分辨率下所特有且与多分辨率建模无关的属性。

2. 两段式提交协议

在分布式交互仿真中,同一实体的多分辨率模型与其他实体模型发生交互时,会引起该模型属性的改变,而这个改变反映到同一实体的其他分辨率模型的相应属性上。交互所引起的不同分辨率模型属性的一致性维护问题,与分布式数据库中由于事务引起的不同节点上数据变化的原子性维护问题相似。从而,分布式仿真中不同分辨率模型间的交互可以看成一个分布式事务。

若保证分布式事务的原子性,执行事务 T 的所有模型在执行的最终结果上应取得一致。T 要么在所有模型上都提交,要么在所有模型上都终止。保证事务原子性的两段式提交协议(2-Phase-Commitment Protocol,2PC)包括两个阶段:

(1)第一个阶段是预提交阶段,即向所有参与事务的节点通知有关事务的操作信息,在第一个阶段就应知道事务所涉及的所有节点。

(2)第二个阶段是提交阶段,即所有参与事务的节点完成相关操作。

3. 嵌套两段式提交协议

在分布式仿真系统中,不同分辨率模型可与参与事务的节点相对应,但当一个仿真交互发生时,交互的模型只与其父节点和子节点有属性映射关系,并不知道它自身属性的变化会影响到其他模型。为确保仿真交互中所涉及的同一实体的所有相关分辨率模型在属性上的一致性,对分布式数据库中两段式提交协议做了相应的改进,提出了嵌套两段式提交协议(Nested 2PC,N2PC)。

N2PC 分为两个阶段:询问阶段和决策阶段。过程是:仿真交互发起者或某个实体的分辨率模型充当协调者,询问所有参与者,即直接关联模型是否准备好参与交互。如果有一个参与者回答"NO"或者在规定时间内未对协调者做出响应,则协调者将命令所有的参与者终止交互;如果所有的参与者回答"YES",则协调者决策所有的参与者提交事务。

在 N2PC 中,当每一个交互的参与者接收到协调者的询问时,它自己也会充当协调者,根据自身更新的属性,并在属性不同类别的基础上,找到与该模型直接关联的树状结构的上下层模型,然后对这些模型也进行一个两阶段协议的询问阶段。只有这些模型都回答了"YES",该模型才能对原先的协调者回答一个"YES",否则回答"NO"。当参与者接收到协调者的"全局性提交"通知时,在完成自身事务提交后,还要对与之直接关联的上下层模型发送一个"全局性提交"的通知。

N2PC 协议能确保交互事务的正确性(所有涉及的实体模型都参与交互事务的执行)和原子性(交互事务在每个实体模型上要么都提交,要么都中止)。因此,一个实体模型的属性变化准确地反映到与该模型同一实体的其他分辨率模型上,以此来维护不同分辨率模型之间数据的一致性。

9.2.4 发展方向

在建模仿真体系框架、试验与训练体系结构方面,应重点研究能够支持多靶场间异构资源联合仿真试验的一体化仿真体系结构,即基于 TENA 的试验训练领域体系结构。为了能够支持网络中心环境下多靶场间的联合仿真试验,要求未来仿真体系结构能够适应网络化、服务化、通用化的发展趋势,具备以下方面的能力:

(1)要求能够支持物理上分散(广域网范围内)大规模信息的高效交换与传输。

（2）要求能够支持各类异构 LVC 资源及模型的动态接入、集成及互操作，并能够有效支持资源与模型的重用。另外，需要能够适应服务化发展趋势，满足对未来面向服务的武器平台系统的试验需求。

（3）未来的仿真体系结构应该具备开放性，具有灵活高效的时间管理机制，要求既能满足建模仿真的需求，又能支持试验与训练，并能很好地服务于装备的论证、设计、集成等全生命周期的验证。

未来仿真体系结构应重点从以下几个方面开展研究：

1. 异构仿真试验资源管理技术研究

（1）建立联合通用对象模型，以支持不同靶场系统间数据的高效交换。

（2）参考美军的 MSC-DMS，建立覆盖仿真、试验、训练等异构仿真试验资源的元数据模型，设计资源的语义描述机制，为资源的快速发现、有效重用提供基础。

（3）建立可重用、可组合的基础仿真试验资源库。

2. 异构仿真试验资源集成中间件技术研究

研究 LVC 网关、网桥、代理等技术，以支持对基于不同体系结构的异构系统、资源的统一接入与集成；建立能够满足多靶场试验运行环境、通信机制、时间管理等需求的运行基础设施，为系统的运行提供互操作支撑平台。

3. SOA 在仿真体系结构中的应用研究

虽然 SOA 技术在其他领域取得了广泛应用，但是由于仿真试验领域的特殊需求（如实装的高实时性要求等），不能照搬其他领域的做法直接引入 SOA。而应借鉴美军的思路，首先对 SOA 在仿真试验领域应该如何应用进行深入研究，以充分理解 SOA 可能带来的利弊，从而在体系结构设计过程中有选择地使用 SOA 技术，以便最大程度地提高系统的灵活性与可扩展性。

9.3 高层体系结构

为了解决各类仿真应用之间的互操作和仿真部件的可重用性以及与 C^4I 系统之间的互操作，美国国防部建模与仿真办公室（Defense Modeling & Simulation Office，DMSO）提出了通用技术框架概念，包括高层体系结构（High Level Architecture，HLA）、任务空间概念模型（CMMS）和数据标准（DS）。其中 HLA 是该技术框架的核心，其作用在于促进模拟与仿真资源的高效开发和重用，解决仿真系统的集成问题。HLA 为复杂武器系统的模拟与仿真提供了公共的技术支撑框架，主要由联合/联邦成员规则、对象模型样板（OMT）、接口规范、运行时间基础设施（RTI）等组成。HLA 是在新技术（如面向对象与分布计算技术）发展的前提下提出的，是从体系结构层面对 DIS 的不足进行了本质上的改进。

9.3.1 HLA 概念

在虚拟试验中，有各种虚拟试验设备（系统）和高性能计算设备（系统）。这些异构网络系统各自有各自的体系结构。HLA 是在 DIS 和 ALSP 发展和应用的基础上，建立一个解决各种类型的仿真系统间的互操作性和重用性的仿真体系结构，真正实现将构造仿真、虚拟仿真和实况仿真集成到一个综合环境里，满足各种类仿真的需要。最初 HLA 被定位为可应用于仿真的所有类型及用途,使得 HLA 的通用性评价很高,而专用性相对较弱,随着不断改进与完善,HLA 还将发挥更大作用[13]。

9.3.1.1 应用范围

1. 未来战场环境虚拟试验

战场是敌我双方作战活动的空间。现代战争中,作战活动在陆、海、空、天、网电等多维度、多领域内,呈现全方位、大纵深、立体化等特征。海湾战争已使人们更加清楚地看到21 世纪战场图景。利用分布交互仿真技术,可以虚拟合成未来的战场环境,探讨取得战场主动权的途径,研究有关因素对作战理论的影响,如可以通过模拟电磁战场的环境,研究电子战的有关理论问题并进行试验验证;可以模拟青藏高原缺氧条件下的山地作战和新疆沙漠、戈壁滩作战的战场环境,探讨特种地形条件下的作战理论问题并进行试验验证等。

2. 未来作战形式试验评估

电子与信息等高技术的军事应用,使得现代战争的目标、手段和方法都发生了极为深刻的变化,作战形式也趋于多样化。利用分布交互仿真技术,可以虚拟各种作战任务和目标,采用不同的作战手段,选择不同的作战对象和战场环境,进行各种规模的作战仿真对抗实验,以研究作战力量运用、作战行动方案选择等问题,探索未来作战样式的特点和规律。如研究渡海登岛作战问题,可以利用飞机、舰艇、水陆坦克等仿真器,在虚拟的战场环境中,进行陆、海、空联合登岛作战演练,然后对采用不同作战方案的仿真结果进行分析、研究,对作战方案进行全面评估。

3. 技术保障理论验证

现代战争中,由于高技术武器装备的大量使用,技术保障作为保持和及时恢复部队战斗力的重要手段,其作用日益突出。但是,由于武器装备技术含量的提高,其价格越来越昂贵,完全采用实装进行技术保障理论研究,存在许多困难。采用分布交互仿真技术,可以通过各种战场环境的作战对抗仿真,研究技术保障原则、技术保障资源配置及优化、技术保障分队的编成、技术保障的组织实施方法、武器装备战斗力恢复手段和方法等问题的合理性和有效性,从而提高技术保障能力。

4. 作战指挥技术验证

现代战争中,由于战场信息量急剧增加,战场情况瞬息万变,军兵种协同更加复杂,战斗保障更为困难等,对作战指挥人员提出了更高的要求。采用分布交互仿真技术,可以通过作战仿真,研究现代战争中指挥手段(侦察、信息处理、通信等)、指挥体制和指挥方法对作战结果的影响,从而提高作战指挥水平。

5. 武器装备作战效能分析与评估

由于高技术广泛应用于军事领域,使武器装备的作战效能成倍增长,对战争结局产生越来越大的影响。运用分布交互仿真技术,可以通过敌方装备的性能仿真,构造虚拟的战场环境,实施敌我双方的作战对抗仿真,从而对武器装备的作战效能指标进行考核、评估和验证,并可为预研武器装备的类型、作战效能、结构参数、可靠性、寿命等战技指标论证提供科学的依据。

6. 用于检验、评估作战想定有效性

传统的战役战术作战模拟系统,一般以数学模型为基础,演练人员先对武器装备和部队作战效能进行量化,然后对战斗进程中双方由于交战而引起的单位时间损伤率进行估计,从而确定相关参数,再通过人机交互方式输入作战模拟系统,由计算机进行相对静态的作战对抗模拟推演。此方法难以适用于较小战斗单位(连、排、单车、单兵)的作战对抗模拟。采用分布交互仿真技术,可以根据实际需要,方便地实现各种规模人在环、实装在环的作战对抗仿真。通过对不同的作战想定的分析、比较、评估和验证,促进战术研究水平的提高。

9.3.1.2 应用模式

1. 验证模式——检验、评估作战理论

通常,验证作战理论的先进与否主要有两种方式:一是通过实战来验证作战理论,例如:德国在第二次世界大战初期通过侵占捷克和波兰验证其闪电战理论;美国通过越南战争验证其低强度战争理论;利用海湾战争验证其空地一体作战理论等。二是通过实兵演习,如北约的北大西洋联合演习和苏联的各种演习等来验证作战理论。20 世纪 90 年代以来,随着仿真技术的发展和应用,一些国家开始采用作战对抗仿真方式进行作战理论的验证。与传统的方式比较,这种方式不受气候、场地、装备、人员等条件的限制,具有可控制、消耗低、重复性好、数据量化性好、结果准确可靠的特点。

在建设信息化部队的进程中,采用分布交互仿真技术进行有关问题的评估、验证。在虚拟的战场环境中,由战斗人员操作各类仿真器,广泛进行各种作战对抗试验,收集有关信息化系统性能适用性和影响部队作战效能的数据,验证采用信息技术改变部队编制、战术、技术、功能和程序后部队的作战效能,以评估信息化部队的建设成果。

2. 创新模式——完善作战理论构想和探索新的军事理论

利用分布交互仿真技术,可以对新提出的作战理论构想进行研究和完善。如美军在信息化部队建设中,十分重视研究、探索新的作战理论,努力创造一整套适合信息战特点,充分发挥其武器装备效能的作战方式和原则。利用高级作战实验室,构造了一个完整的未来数字化战场环境,反复地进行各种作战对抗仿真试验,研究先进武器的独特能力和信息系统的巨大威力,由此制定和颁发了一系列作战理论文件,以指导数字化部队的建设实践。

利用分布交互仿真技术,还可以直接创立新的作战理论:通过对作战部队的编成、配置、投入战斗时机以及各兵种协同方式等进行组合、调整和试验、设计最佳的进攻或防御体系,分离出适合不同战场环境和战争形式的作战理论模型,进而创立新的作战理论。

3. 预测模式——精确地预测和评估战争结局

战争预测和评估,主要是指对战争的样式、范围、持续时间、作战阶段、对抗程度、人员伤亡、装备消耗、结局等,进行概略估测。分布交互仿真技术的运用,为进行战争预测提供了较好的方法和手段,使得战争预测和评估的结果更加准确、可靠。

海湾战争中,美军在投入地面作战之前,曾运用作战模拟方法对战场态势进行预测。预测结果表明,美军在地面作战中将有 4 万人伤亡,占参战部队的 10% 左右。这样大的伤亡美军是难以承受的,因而采取延长空袭时间,消灭对方有生力量 30% ~ 50% 后,再发起地面攻击,预测伤亡仅在 5000 人之内。实战表明,此预测结果较为准确。

9.3.1.3 HLA 优势

HLA 是一个规范,主要由规则、接口规范和对象模型模板(Object Model Template,OMT)三部分组成。运行支撑环境(Run Time Infrastructure,RTI)是对这个规范的具体实现。RTI 作为联邦执行的核心,其功能类似于某种特殊目的的分布式操作系统,它跨越计算机平台、操作系统和网络环境,为联邦成员提供运行所需的服务。HLA 规则共有 10 条,其中 5 条是约束联邦的,5 条是约束联邦成员的。接口规范描述了 HLA 服务的接口,包括 6 大服务,即联邦管理、声明管理、对象管理、所有权管理、时间管理、数据分发管理及支持 6 大服务的 130 项服务接口。为了达到互操作,HLA 规定采用统一的表格来描述对象模型,此表格为 OMT。OMT 包括联邦对象模型(Federation Object Model,FOM)和成员对象模型(Simulation Object Model,SOM)。

HLA 对于基于接口总线式协同仿真,提供了一个可以遵循的标准体系结构,它除了基于软总线结构共有的优点外,还具有多种时间管理机制,网络数据流量控制(对应于 HLA 的声明管理和数据分发管理机制)。另外,它支持的仿真范围更广泛,既支持设备在回路(Equipment-in-the-loop)、人在回路(Man-in-the-loop)等具有高实时性的仿真,也支持以数学模型为主的结构性仿真和事件驱动的聚合性仿真等非实时性仿真;既支持连续系统的仿真,也支离散事件系统的仿真。HLA 系统框架的出现,为建立虚拟试验场提供了方便、快捷的体系结构,使分布在各地的试验环境实现真正意义上的信息共享,能准实时地完成各类武器装备试验任务。采用 HLA 技术框架可以建立高效率、高标准、高质量的仿真系统。

9.3.2 HLA 仿真结构

HLA 是一个开放的、支持面向对象的体系结构,它最显著的特点就是通过提供通用的、相对独立的支撑服务程序,将应用同底层支撑环境分离,即将具体的仿真功能实现、仿真运行管理和底层通信三者分开,隐蔽各自的实现细节。从而使各部分相对独立地进行开发,最大程度地利用各自领域的最新技术来实现标准的功能和服务,适应新技术的发展。同时,HLA 可实现应用系统的即插即用,易于新的仿真系统的集成和管理,并能根据不同用户需求和不同应用目的,实现联邦的快速组合和重新配置,保证了联邦范围内的互操作和重用。

HLA 定义了构成仿真系统各部分的功能及相互间的关系。HLA 力求在系统层次上解决互操作问题,使分布环境下的仿真系统间能彼此提供和接受对方的服务,并通过彼此交换服务来有效地在一起运行[14]。

9.3.2.1 层次

基于 HLA 的仿真系统的层次结构如图 9-7 所示,其中联邦指用于达到特定仿真目的的分布仿真系统;所有参与联邦运行的应用程序称为联邦成员;联邦成员由若干相互作用的对象构成,对象是联邦的基本元素。另外,HLA 支持联邦作为一个成员加入到一个更大的联邦中。

HLA 已成为 IEEE1516 建模与仿真标准,它主要由规则、对象模型模板和接口规范说明三部分组成:

(1) 规则是保证在仿真系统运行过程中各组成部分之间能够正确交互而定义的在系

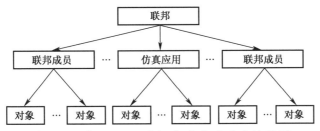

图 9-7 基于 HLA 的仿真系统的层次结构图

统设计阶段必须遵守的基本准则。

（2）对象模型模板（OMT）定义了一套描述 HLA 对象模型的组件。它描述了联邦在运行过程中需要交互的各种数据及相关信息，是 HLA 实现互操作和重用的重要机制之一。

（3）接口规范说明定义了仿真系统运行过程中支持各组成部分之间互操作的标准服务。

9.3.2.2 组成

HLA 逻辑结构如图 9-8 所示，主要由各联邦成员和运行支撑环境 RTI 构成。其中 RTI 是分布式仿真系统的关键，它按照 HLA 接口规范提供一系列服务函数，支持联邦的运行、联邦成员之间的互操作，以及联邦成员的重用。

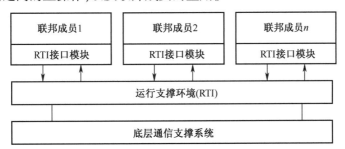

图 9-8 HLA 逻辑结构

HLA 支持各类系统仿真及基于组件（对象）的仿真应用开发模式，提供通用的数据交换通信协议和通用、开放、可定制的数据语义互操作协议，以及将仿真功能与通用的支撑系统相互分离的体系结构等。HLA 在解决异构、分布、协同环境下的仿真模拟和仿真互操作、可重用等方面有其独到的优势。HLA 主要具有以下优点[15]：

（1）HLA 是开放的、通用的、支持面向对象的体系结构；

（2）HLA 通过提供相对独立的支撑服务程序，实现了将应用层同底层支撑环境分离；

（3）HLA 支持应用系统的即插即用，易于集成与管理新的仿真系统；

（4）HLA 可根据不同应用目的，实现联邦的快速组合和配置，保证联邦范围内的互操作与重用；

（5）HLA 基于客户/服务器技术而不是广播方式，并且联邦成员基于对象描述支持信息的按需产生与接收，从而有效减少网络负载。

然而，HLA 也存在以下不足：

（1）互操作性差：基于 HLA 的仿真系统中所有联邦成员的对象模型必须一致,否则,即使联邦成员与 HLA 是一致的,也不能互相操作。

（2）虽然 HLA 支持时间受限与时间调节两种方式的时间管理,但是实时服务的性能较差。

（3）由于 HLA 要实现通用性,它必须非常灵活,这就要求对具体应用的实现所施加的限制必须非常少,因此,对于具体域的特定需求,只能由域自身加以解决。

高层体系结构（HLA）作为先进分布式仿真技术（Advanced Distributed Simulation, ADS）的最新发展成果,用来构建仿真通用技术框架,支持不同仿真应用间的互操作和仿真部件的可重用。时间管理服务描述联邦运行过程中联邦成员时间推进的控制机制,实现联邦成员间仿真时间同步和推进,保证成员之间数据交换和仿真时间的协调。HLA 中的时间管理服务必须和对象管理服务协调,以保证联邦成员发送和接收信息在时间逻辑上是正确的,时间管理是仿真成员间互操作的重要基础。

HLA 的各个不同版本的 RTI,都很好地实现了上述各种不同的时间管理服务。但是对于应用层开发而言,不同的研究对象其所采用具体服务的侧重点不同。

9.3.3 HLA 适配器

由于协同仿真系统中的各个模块可能涉及不同领域,所以要设计各学科专业仿真软件的 RTI 接口,即开发仿真软件与 RTI 间的通信适配器。HLA 适配器实际上是一个符合 HLA 标准的应用程序,作为各学科模型与 RTI 仿真软总线的数据缓冲器,数据交互要通过这个适配器转换为符合 HLA 标准的格式。在仿真运行过程中,各模型实际运行各自的仿真软件,因此实际上产生数据交互的双方是仿真软件和 RTI 运行平台,适配器则是将不同仿真软件封装成具有统一 HLA 接口的仿真实体[16]。

图 9-9 表示了 HLA 适配器的工作原理。从中可以看到,与其他基于接口的仿真模式不同,HLA 协同仿真模式中,领域模型间不能直接进行数据交互,而是通过 HLA 适配器将数据发到 HLA 总线（即 RTI 运行平台）上,利用 HLA 规定的数据交互规则进行通信。HLA 适配器实现了对域模型的 HLA 封装改造,这样使各仿真实体可以利用本领域的最新技术进行建模,而无须关注底层通信,同样联邦成员的设计者也可以专门研究数据的交互和接口而不必关注模型内部的构造细节,最终使不同域建模过程和仿真联邦成员设计得到了分离。

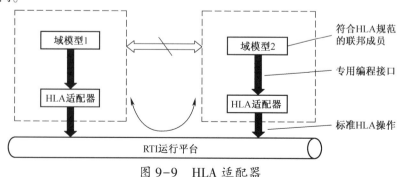

图 9-9 HLA 适配器

HLA 适配器设计,包括模型输入变量与输出变量的映射过程、模型间数据信息的动态交互和 HLA 联邦成员程序与专业领域仿真软件的接口设计三个方面。

9.3.3.1 模型输入变量与输出变量的映射过程

在基于接口的多领域建模过程中,各仿真模型的建立是借助商用仿真软件来进行的,它们之间的交互是通过专用接口来连接,数据流根据模块间的逻辑关系进行传输。基于 HLA 的多领域建模方法在领域模型建立的过程上与基于接口的方法类似,但是模型间的交互则是通过软总线的形式进行,即将各模型改造成为 HLA 概念下的联邦成员,将输入输出变量映射成为联邦成员的对象类属性,而不是像基于接口的方法那样在各商用仿真软件间直接将输出变量映射到输入变量上。模型变量的具体映射过程如下:

(1)首先要根据仿真系统各模块功能划分联邦成员,并将已经建立起来的域模型输入输出接口参数作为联邦成员的对象类属性。HLA 仿真中的信息交互方式,是通过一个联邦成员的对象实例属性的更新或发送交互类,其他联邦成员则反射对象实例属性或接收交互类来实现。而在基于 HLA 多领域协同仿真中,只采用了注册/发现对象实例,更新/反射对象类属性来实现。

(2)确定每个模型对应的联邦成员后,就可以实现模型输入/输出变量间的映射过程了。为了完成模型间变量的映射,需要先将模型的变量映射到其所在联邦成员的对象类参数上。

9.3.3.2 模型间数据信息的动态交互

建立变量间映射关系后,还要把某模型的输出变量传输到另一模型的输入变量中,这就要利用 HLA 标准提供的声明管理服务,确定每个联邦成员要公布的属性和订购的属性,这是各成员间进行信息交换的前提。模型输出参数对应的联邦成员对象类属性必须进行公布操作,同样模型输入参数对应的联邦成员对象类属性必须进行订购操作。这样才能为后续对象管理服务的调用提供前提。

9.3.3.3 HLA 应用层框架与专业领域仿真软件的接口设计

图 9-10 显示的是 HLA 的应用层框架,它是专业仿真软件与 HLA/RTI 平台的中间层,它的实现方便了对 HLA 联邦成员的开发,使建模仿真人员将各领域模型运行的仿真软件改造成联邦成员的过程变得简便,省去了中间繁琐的操作,充分体现了 HLA 具有可重用性的特点。

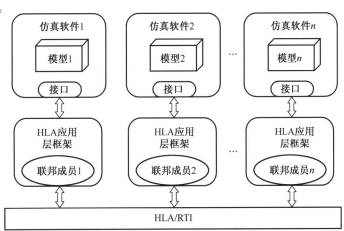

图 9-10 HLA 应用层框架结构示意图

各领域模型进行信息交互时,需要借助于仿真软件与 HLA 联邦成员间接口操作的方法,方法如下:

(1) 从仿真软件输出结果中获取域模型的输出变量值;

(2) 把域模型的输入变量值置入仿真软件接口中;

(3) 仿真软件启动与模型参数初始化;

(4) 仿真运行结束后,仿真软件关闭和仿真运行结果处理;

(5) 建立域模型的仿真软件的推进操作。

9.3.4 系统时间管理[17]

HLA 时间管理服务,描述了联邦运行过程中联邦成员时间推进的控制机制,实现联邦成员间仿真时间同步和推进,保证成员之间数据交换和仿真时间的协调。时间管理服务必须和对象管理服务协调,以保证联邦成员发送和接收信息在时间逻辑上是正确的,时间管理是仿真成员间互操作的重要基础。时间管理服务主要由时间管理策略、消息传递机制、时间推进机制三部分组成。

9.3.4.1 时间管理策略

HLA 提供了一种透明的时钟管理服务来协调各联邦成员的逻辑仿真时间,使得各联邦成员不必了解其他联邦成员的时间推进方式。HLA 中联邦成员的时间管理策略分为时间循环(Time Regulating,TR)控制和时间约束(Time Constrained,TC)。描述各联邦成员之间逻辑时间推进的关系,分为以下四种状态:

(1) 时间循环控制+时间约束;

(2) 无时间循环控制+无时间约束;

(3) 仅时间循环控制;

(4) 仅时间约束。

仿真管理联邦成员和观察者联邦成员设置为仅"时间约束",导演联邦成员设置为仅"时间控制",而其他联邦成员设置为既"时间控制"又"时间约束",见表 9-1。

表 9-1 联邦成员时间管理策略

联邦成员	"时间控制"	"时间约束"
仿真管理联邦成员	N	Y
导演联邦成员	Y	N
联邦成员 a	Y	Y
联邦成员 b	Y	Y
联邦成员 c	Y	Y
观察联邦成员	N	Y

9.3.4.2 消息传递机制

消息传递机制,包括消息传递方式和消息传递顺序两方面。消息传递方式可分为"可靠"和"最佳"两种;消息传递顺序可分为"接收顺序""优先级顺序""因果顺序"和"时戳顺序"四类。HLA 支持接收顺序(Receive Order,RO)和时戳顺序(Time Stamp

Order,TSO)两种基本的消息传递顺序。通常,所有成员的消息传递顺序均采用时戳顺序,消息传递采用"可靠"传输方式。

9.3.4.3 时间推进机制

1. 联邦成员时间状态管理

系统中各联邦成员以循环的方式推进时间。在每个循环中,联邦成员请求推进它的时间,然后等待 RTI 的回调函数来批准这个推进请求。联邦成员的仿真时间在其发出推进请求时并不增加,直到 RTI 批准请求后才增加。批准时间推进的回调函数中包括允许该联邦成员推进的仿真时间值。

图 9-11 给出了各联邦成员的时间状态管理。联邦成员开始处于时间批准状态,具有已知的仿真时间和提前量。联邦成员进行与当前仿真时间相关的仿真行为,RTI 确保不向该联邦成员发送时间戳小于其仿真时间的事件。该联邦成员能发送最小时间戳为其当前仿真时间与提前量之和的事件,联邦成员并不一定要以时间戳顺序发送这些事件。如果该联邦成员做好了推进时间的准备,它就调用 RTI 提供的时间推进服务中的一个来请求推进时间,并指定要推进到的时间值。

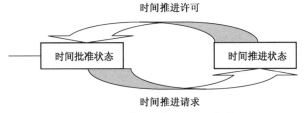

图 9-11 联邦成员时间状态管理

一旦请求推进时间,联邦成员进入时间推进状态。在该状态下,联邦成员的仿真时间并不改变,改变的是对发送事件时间戳的限制,该联邦成员把发送的时间戳顺序(TSO)事件的最小时间戳变为其请求时间与提前量之和。该联邦成员开始接收 TSO 事件,TSO 事件以渐增的时间戳顺序分发给该联邦成员,直到 RTI 对该联邦成员调用回调函数。回调函数带有该联邦成员的新仿真时间。根据联邦成员先前所使用的时间推进服务,新的仿真时间可能比请求推进到的时间要小。回调函数一旦调用,仿真时间就推进到新的仿真时间,该联邦成员又进入了时间批准状态,新的循环开始了。

2. 仿真时间推进过程

在某仿真系统联邦成员中,采用步进时间推进机制,联邦成员按照某一固定的仿真时间间隔(步长)推进时间。步长通常根据仿真精度(或稳定性)来选定,只有与当前时间步长范围相关的所有仿真活动全部结束后,才能将时间推进到下一时间步长段。下面详细分析系统中"步进时间推进"过程。

假定某联邦成员按照固定的仿真时间间隔 s(步长)推进时间,且时间前置量(lookahead)等于仿真步长 s。当联邦成员当前仿真时间为 t 时,通过时间推进请求服务(Time Advance Request,TAR)请求 RTI 将仿真时间推进到 $(t+s)$ 时刻,此时成员进入时间推进状态(TAR-TAG 阶段),该成员产生 TSO 事件的最小时戳值迅速增大至 t + lookahead,即 $t + s$。RTI 接收到 TAR 请求后,确定不会再有小于该时刻的 TSO 事件产生时,将释放该成员 RO 消息队列中所有 RO 消息,以及 TSO 消息队列中所有时戳值小于或等于时刻 $t+s$

的 TSO 消息。当联邦成员接收到所有消息后,将收到时间推进许可(Time Advance Grant, TAG),进入时间批准状态(TAG-TAR 阶段)。此时仿真时间增加至 $t + s$。对于一个非"时间受限"成员来说,其时间推进不受任何控制,当它向 RTI 提出时间推进请求后,将立即在随后调用的 tick 服务中收到时间推进许可。当联邦成员处于时间批准状态时,产生的 TSO 消息的最小时戳值等于当前仿真时间与 lookahead 之和,且不能接收任何消息;当联邦成员处于时间推进状态时,产生的 TSO 消息的最小时戳值等于请求推进时间与 lookahead 之和。通常情况下,在系统运行过程中,成员每推进一个仿真步长(TAG-TAR-TAG 阶段)所消耗的时钟时间是不同的。

9.3.4.4　时间提前量设置

在保守时间推进机制中,"时间提前量"和"时戳下限"(Lower Bound Time Stamp, LBTS)是影响时间推进的两个关键变量。时间提前量设置和调整在仿真中起到重要作用,直接影响到仿真效率和正确性,而 IEEE1516 标准中并没有给出时间提前量的设置和调整方法,一切均由用户来决定。由于仿真应用程序和运行平台的分离,研究时间提前量设置和调整对仿真系统的实现和性能优化具有重要意义。时间提前量相对于时间步长或消息时标尺度越大,联邦所能达到的并行程度就越高。时间提前量大小的选择与联邦成员仿真模型的细节密切相关,所以 RTI 不能为联邦成员决定时间提前量。时间提前量是联邦成员而不是联邦所具有的特性。HLA 仿真系统中两种不同消息的传输时间主要差别在于时标的同步。

从理论上讲,前置量越大,仿真系统运行的效率越高,更容易达到实时运行效果。然而在实际仿真系统中,前置量的选取同仿真模型紧密相关,特别在多种类型混合的仿真系统内。在实际应用过程中,选择时间提前量要考虑以下一些因素。

(1)仿真模型对外部事件的反应速度。如某个坦克仿真器对操作者的命令反应时间为 300ms,那么该坦克成员的时间提前量即为 300ms;如飞行模拟器对操作者的命令反应时间最大为 200ms,那么该飞行器成员的时间提前量即为 200ms。以此类推。

(2)假设用不同的联邦成员模拟计算机对数据包的传递和对该数据包的处理,一台计算机发送数据包,另一台计算机接收并处理。数据包通过网络有一个最小的时间延迟,此时间延迟就可以作为模拟接收处理计算机的时间提前量。

(3)仿真推进的时间间隔变化与否。在时间驱动的仿真中,仿真模型在当前时间步长内不可能安排事件,只能对下一步长(或是更新后的步长)内的事件进行安排,所以提前量常常就是时间步长值。

9.4　虚拟试验验证使能支撑框架

DIS、HLA 等虚拟试验技术框架,在不同的阶段都发挥了其重要作用。分布式仿真系统多是基于 DIS 和高层体系结构(HLA)规范开发的,积累的仿真对象模型也多符合 HLA 的 OMT 规范。随着武器装备虚拟试验评估要求越来越高,需要建立新的通用技术框架,以克服 DIS、HLA 的不足。虚拟试验验证使能支撑框架(Virtual Test and evaluation enabling Architecture,VITA),具有多设备、多模型、多节点、广分布等特点,有利于构建跨地域、跨平台、跨专业的大型虚拟试验应用平台[18-19]。

9.4.1 概述

随着虚拟试验技术的不断发展,虚拟试验软件平台存在着 DIS、HLA、TENA、CTIA 等多种体系结构,每种体系结构在不同领域的试验中还在有效地应用,如图 9-12 所示。每种体系结构是虚拟试验技术不断发展阶段的产物,在虚拟试验中都曾发挥过重要作用。各种体系结构所采用的方法(如交互协议等)有所不同,实现细节也不尽相同(表 9-2),若要实现重用这些不同架构上的试验资源,处理不同系统间的交互需求,则需要建立这些异构系统间的桥接方法,构建满足实时要求、虚实结合的统一虚拟试验平台。

在统一虚拟试验平台中,为虚拟试验运行支撑所提供的主要功能有不同消息类型的同步、当前交互状态的保持、信息管理、所有权转换、联邦初始化、服务质量选项、事件排序、持久数据库等。构建支持"虚实结合"的统一平台架构,其主要思想是通过建立联合对象模型,将已有虚拟试验体系结构统一起来。

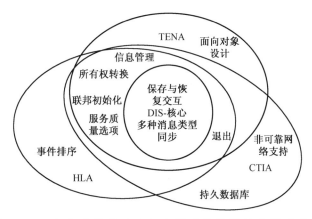

图 9-12　各体系结构对运行支撑功能特性的支持度比较

表 9-2　各体系结构实施细节对比

体系结构 对比指标	DIS	HLA	TENA	CTIA
提供方式	网络协议	API 方式	API 方式	网络协议
坐标系统	单坐标系统	单坐标系统	双坐标系统	双坐标系统
兼容范围	无	单一	多个	多个
对象模拟装载	不适用	运行时	编译时	两者都有
全局事件排序	否	是	否	否
标准对象模拟提供情况	是	否	是	是
对象模拟扩展性	否	是	是	是
数据过滤的支持	否	是	是	是
可靠传输类型	否	是	是	是
支持所有权的迁移	否	是	否	是
数据编码组织支持	否	否	是	是
工具集需求	否	否	是	是

为完成复杂对抗环境下协同多个试验场开展联合试验与训练,实现仿真系统与试验场连接;利用战术通信链路将各试验场、仿真系统连接,构建一个可根据任务空间扩展的"无边界试验场",以实现试验场之间的互操作与资源重用及以 C⁴KISR 为核心的整个作战过程的试验与训练,"虚实结合"的一体化联合试验与训练已成为试验场建设发展的重要方向。

随着武器装备系统,尤其是联合作战网络的日益复杂化,试验与评估模式也随着发生变化。仅依靠传统的在真实环境下的实物试验模式,已不能满足试验要求。因此虚拟试验、虚/实组合试验已成为与真实试验一样重要和必不可少的试验模式。原因如下:

(1)虚/实组合试验支撑框架被广泛认可。试验与训练使能体系结构(TENA)作为虚/实组合试验的支撑框架,解决了试验中各种异构系统的互操作、可重用性和组合性等问题。它可将分布在不同区域的各试验室和试验场设施中的试验、训练、仿真和高性能计算资源集成起来,构成依据试验任务需求的各种不同的"逻辑试验场"。

(2)虚/实组合试验应用范围日益扩大。单点和单机的虚拟试验正在向系统级、体系级的联合试验发展,虚实试验系统间的交互能力大大提高。以 JMETC 为代表的多个大型 LVC 试验系统的实施,把试验系统的试验评估能力提高到一个新的水平。

(3)虚/实组合试验环境模拟技术日益成熟。随着对作战环境、自然环境等的深入理解掌握,以及高逼真度建模、高性能计算能力的提高,试验环境模拟技术趋于完善。开展了大气、海洋、电磁、力、热及多物理场耦合等环境模拟研究工作,逐步形成了若干典型的环境模拟系统,积累了大量的环境模型以及描述方法。

(4)虚/实组合试验更加标准化。标准化与规范化,为虚/实组合试验系统的构建奠定了基础。为了集成多领域、多专业、多形态模型和试验资源,以 TENA 为核心构建虚/实组合试验系统,已形成了多项 ISO、IEEE 试验标准与规范等标准,用以规范试验系统集成和运行过程中数据交换和试验流程。

9.4.2　体系结构

虚拟试验验证使能支撑框架(VITA),可实现虚拟试验的各种资源的互操作、重用和可组合,对复杂武器系统方案的有效性和合理性进行验证。其体系结构如图 9-13 所示[20]。

虚拟试验验证使能支撑框架(VITA),主要包括:

(1)数据资源层。VITA 数据资源层,对虚拟试验过程中涉及的试验模型、数据、知识和试验资源进行统一存储,并完成这些资源的重用和统一管理。这些资源包括试验模型库、设计模型库、环境模型库、试验数据库和实物试验设备资源等。VITA 数据资源层负责将产品设计的模型引入到试验中,既充分利用了设计的结果,也为虚拟试验验证导入和简化模型提供了数据来源。

(2)基础组件层。VITA 基础组件层,为虚拟试验提供底层的试验资源的存取、访问、监测与控制功能,以及试验过程数据的动态收集、存储功能等,并为实物试验资源提供实时接入接口。VITA 基础组件层包含的组件有试验管理组件、数据收集组件、存储管理组件、公共接口组件和实时组件。其中,试验管理组件负责提供试验过程的监控功能,并部署在每个参加试验的资源中,像探针一样将试验资源的状态反馈给信息交互和核心服务

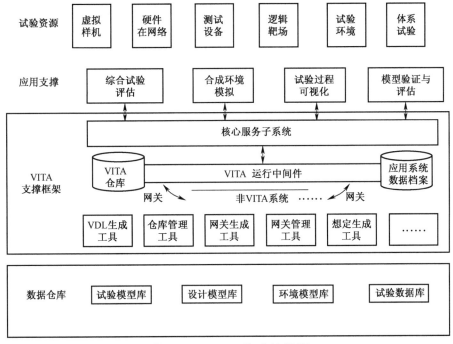

图 9-13 VITA 体系结构图

层;数据收集组件负责对试验过程中产生的数据进行动态收集,它并不负责对数据的解析工作,只是确保能够按照实时性和可靠性要求获得需要的数据;存储管理组件负责将试验数据以表格形式存储到试验数据库中, 并提供独立于数据库类型的试验数据存储函数,供上层的服务调用;实时组件是专门针对实时板卡、实物转台等实时性要求较高的试验资源而设计的特殊组件,负责将实时设备的输入输出接口进行封装,并把接口数据转换成为共享内存或者实时网络上的数据对象。

(3) 信息交互层。VITA 信息交互层,以 VITA 对象模型为基础,为虚拟试验过程中的各类对象提供数据流、信息流和控制流的交互机制,提供试验过程中的试验对象管理、通信 QOS 管理、信息的发布与订购、通信网关和通信管理等功能。对象管理负责按照VITA 对象描述规范的要求来实现虚拟试验中对象的共享和重用。VITA 对象模型建立了VITA 统体系结构中的实体类,定义了类属性和类方法,描述了虚拟试验系统组成之间的静态或动态的结构关系。信息交互层中主要的功能是围绕 VITA 对象的产生、使用、管理维护等方面,提供必要的状态更新、传输质量功能支持,这些功能的实现需要依赖底层基础组件提供的 API 接口。

(4) 核心服务层。虚拟试验核心服务层,主要解决的是试验过程中的流程驱动和计算复杂度问题。围绕大型综合试验验证过程开展过程中的试验资源调度、试验资源状态监控、试验过程驱动、细粒度计算模型效率提升等问题,重点开展流程管理服务和试验网格服务。试验流程管理服务为试验验证过程的任务规划、过程驱动和监控管理提供工具。试验网格服务为调度和优化试验资源,以及提高计算机网络的并行计算分析能力提供手段。

（5）资源集成层。虚拟试验资源集成层,对试验验证过程中涉及的三种要素(试验对象、试验环境和试验交互控制接口)进行分类管理。试验样机生成与管理系统主要负责管理虚拟试验验证应用系统中试验样机模型、试验模型模板和试验流程模板等资源。该系统提供一个可视化的试验验证应用开发环境,辅助试验总体规划人员将试验验证中需要参与的试验资源对象模型、试验人员角色、试验环境、试验边界、试验设施等进行有机地装配和集成。系统生成的试验应用系统又可以作为模板指导新的试验应用系统建模。多物理场耦合环境模拟系统负责虚拟试验验证环境的建模和管理,包括自然环境、大气环境、电磁环境、对抗环境和多物理场耦合环境等,这些环境模型以统一的 SEDRIS EDCS 接口提供给试验验证模型使用,便于存取;虚拟试验过程交互控制与可视化系统则对试验过程进行本地和异地协同的在线可视化呈现,并支持试验过程中高逼真度和基于虚拟现实的沉浸式人机交互。

（6）应用层。虚拟试验验证应用层,以复杂军工产品研制和使用过程为主线,构建导弹虚拟试验、飞机虚拟试验、船舶虚拟试验和试验场虚拟试验等试验验证应用系统,从而实现对复杂军工产品系统方案的有效验证。VITA 框架的设计过程中充分考虑了对工业部门研制型试验验证和试验场试验的需求,可以同时支撑这两类试验过程中对异构数据、模型的集成和共享。

9.4.3　支撑框架

虚拟试验验证使能体系结构以 VITA 支撑框架为桥梁,以试验资源、试验对象和试验模型为支撑,综合应用合成环境模拟、模型验证与评估、多次试验与结果分析和过程可视化等技术,构建复杂武器系统多专业联合的综合试验验证应用系统[21]。

VITA 支撑框架以复杂武器系统研制试验与评估(DT&E)过程中对系统级虚拟试验验证技术的需求为牵引,以形成武器系统级虚拟试验验证平台为核心,以解决目前军工产品研制试验过程中的异构性问题为目标,按照"虚/实组合"的层次化思路构建虚/实组合试验支撑技术框架,为提升军工产品设计与虚拟试验验证的能力,以及试验验证的规范化提供技术支撑。

VITA 支撑框架是系统体系结构的核心组成部分,包括 VITA 运行中间件、VITA 核心服务子系统、多个 VITA 应用工具集、网关、VITA 仓库及应用系统数据档案。工具集提供 VDL 生成工具、资源管理工具、网关生成工具、网关管理工具和试验想定生成等多个辅助 VITA 应用系统构建和执行的工具。

（1）VITA 运行中间件是 VITA 支撑框架的核心,在试验运行期间为 VOM 提供有效的通信支撑。VITA 应用都是基于 VOM 并通过 VITA 运行中间件进行交互。

（2）VITA 核心服务子系统,是 VITA 试验验证应用系统与 VITA 运行中间件和底层可重用资源通信的桥梁,负责为应用系统从定义、调试到运行管理的全生命周期提供核心服务支持,包括 VITA 对象模型描述、标准对象模型生成、对象模型管理、应用模板定制、应用系统构建、时间管理、试验资源监控和执行过程监控等服务。

（3）VDL 生成工具主要对虚拟试验对象模型(Virtual test Object Model,VOM)的文本形式化描述进行编译并自动生成代码。网关分为硬网关和软网关,硬网关用于接入实物、半实物设备,软网关用于接入 HLA 等非 VITA 协议系统。可视化与分析工具用于试验的可视化显示和对数据的分析。想定生成器生成试验想定和应用程序框架。

（4）VITA 仓库主要存储与具体试验无关的信息,如对象模型、各种软件,包括中间件、工具、可复用的组件、可复用的应用程序、网关和文档资料等。

（5）应用系统数据档案主要存储与特定试验相关的数据,如收集到的具体对象的状态信息、对象的初始化信息等,应用系统数据档案支持数据的实时查询。

9.4.4　技术与能力

基于 VITA 的虚拟试验验证系统涵盖了支撑平台、试验资源集成系统(工具层)及应用系统三大类内容。以 VITA 为核心,以武器装备研制需求为应用驱动,构建遵循统一技术规范和应用要求的军工产品虚拟试验验证共性支撑平台。在此基础上实现武器装备的全系统虚拟试验验证综合应用,在虚拟试验验证领域形成四项关键能力[22-24]:

（1）基于统一虚拟试验平台的系统级试验能力;

（2）复杂系统试验体系建模和评估能力;

（3）试验验证过程的标准化和规范化能力;

（4）虚拟试验验证开展试验的应用能力。

在虚拟试验验证技术框架的指导下,着重开展以下关键技术研究:

（1）虚拟试验验证框架技术。该技术主要研究军工产品虚拟试验验证体系的描述方法、试验验证体系中软硬件资源的集成共享、虚拟试验系统组织规范和接口管理等问题。

（2）虚拟试验中间件技术。主要是分布式异构系统之间的通信转换、映射和发布机制,试验模型的交互性、可重用性和可组合性研究。

（3）试验样机生成与管理技术研究。研究建立分析样机、性能样机、作战样机、评估样机等样机模型,为虚拟试验提供模型服务。

（4）虚拟试验交互控制与可视化技术研究。该技术解决的问题是如何在试验模型的驱动下,运用先进的虚拟现实技术构建一个逼真的试验验证系统,为进行可视化验证提供技术支撑。

（5）虚拟试验 VV&A 技术。研究虚拟试验模型的验证和评价方法,确保虚拟试验验证过程的可信性。

9.5　高性能计算/数值仿真软件平台

对于复杂武器系统,尤其是系统之系统的虚拟试验与验证,高性能计算方法以及先进模拟与计算是其重要组成部分。本节介绍了先进模拟与计算模拟试验方法及 SIERRA 框架中的高性能计算服务与平台结构及其中间件[25-26]。

9.5.1　概述

从 1996 年开始,美国实施"加速战略计算计划"(Accelerated Strategic Computing Initiative,ASCI),随后又开始了先进模拟与计算(Advanced Simulation & Computing,ASC)计划的研究。ASC 是高性能计算发展计划,是通过研制、开发高性能计算机和软件系统,创建模拟工具,并结合专家的科学判断来保证核武器库存的安全、可靠和有效。ASC 通过研究新的数学方法、算法和用于大型分布式并行系统解决大型计算问题的软件,实现对核武器部件的计算机模拟、诊断测试模拟、核辐射环境模拟等。ASC 还支持流体动力学试验计划,用于模拟容器的结构和动力学响应等。基于代码集成框架(SIERRA)的 ASCI/ASC 计划为各种模拟试验和验证提供了有力技术支持[27]。

在虚拟试验中,不仅包括各种真实和模拟等试验资源,还需要高性能计算能力。ASC 及其 SIERRA 为大型复杂武器系统的数值模拟/仿真提供了一种有效的体系框架。将 ASC 虚拟试验方法及 SIERRA 核心计算服务,集成在高层体系结构(HLA)或试验与训练使能架构(TENA)体系之中,将大大提高在联合试验环境下的武器装备试验能力。

9.5.2　ASC 层次结构

ASC 计划在美国国家核安全管理委员会(National Nuclear Security Administration, NNSA)的国防计划中处于第二层,其子计划为第三层,ASC 计划中开发的各种产品处于第四层,其层次结构如图 9-14 所示。ASC 计划的子计划由代码集成、物理和工程模型、验证和确认、计算系统和软件环境、设备运行和用户支持 5 个部分组成[28]。

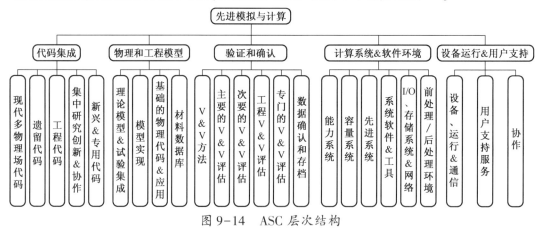

图 9-14　ASC 层次结构

ASCI 和 ASC 计划中,开发了以 SIERRA 框架为基础的代码,为各种模拟试验提供了有力的支持,这些代码都在 ASC"代码集成"子计划的范围之内。对于"代码集成"子计划而言,通过建立需求来确保所提供的能力满足用户要求;该子计划内部有很多重要的接口。

所有使用 SIERRA 框架的应用程序,都有公共代码体系结构,如图 9-15 所示,其体系结构对应用按等级进行了分解,一个应用包含几个组件,应用中的每个组件都有特定和明确的任务。应用组件,包括程序、区域、结构、网格和域、传输等。

"物理和工程模型"子计划以及"验证和确认"子计划主要用来支持代码集成子计划。

9.5.3　应用与集成

9.5.3.1　集成架构

如前所述,HLA 是基于仿真部件互操作性和可重用性提出的建模与仿真体系结构,它为各种类型的仿真提供了一个通用的集成框架;TENA 是在武器试验与训练领域中的一种能克服烟囱式设计缺陷、实现试验场资源之间互操作、重用和可组合式体系结构。TENA 与

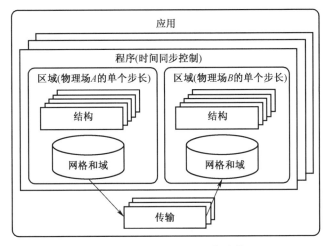

图 9-15 SIERRA 体系结构

HLA 的主要目的都是为了促进试验设施和测试系统的互操作和实现可重用[29]。

由于逻辑试验场涉及多个领域和学科,要完成的虚拟试验任务非常复杂,无法用单一的仿真、试验和计算软件来完成。TENA 虽然是专门针对试验与训练提出的,但它对虚拟试验中存在的大量高性能计算任务支持不够。因此将 ASC 中虚拟试验方法及其代码集成框架(SIERRA)引入到 HLA 和 TENA 体系中并进行集成,使得逻辑试验场中虚拟试验具有高性能计算任务支持能力,更好地满足大型复杂武器系统的试验与评估,如图 9-16 所示。

引入高性能计算能力的虚拟试验,包括虚拟试验应用层、虚拟试验服务层、虚拟试验中间件及网络层和虚拟试验数据层四个层次。

(1) 虚拟试验应用层,可以利用虚拟试验服务层提供的各种服务和虚拟试验数据层提供的模型和数据,构建虚拟样机、进行虚拟试验和验证,并可利用试验场设施进行半实物试验;然后对结果进行分析评估,并根据评估结果修改虚拟样机设计,进行反复试验以便获得满意的试验结果。该层还可以根据需要产生试验方案,以对试验过程进行管理和控制等。

(2) 虚拟试验服务层,把 ASC 中的虚拟试验方法融入其中,为虚拟试验应用层提供各种共性的基础服务。这些服务是完成某种功能的代码的组合,它们共享底层的软件体系结构、库、数据和模型。利用这些服务可以快速、高效地构建虚拟试验应用,提高开发效率。

(3) 虚拟试验中间件,是一组相关软件组件的集合,完成各种虚拟试验应用之间的数据交互。由于中间件的存在,使得虚拟试验应用和底层的虚拟试验网络分离,只需通过调用中间件的 API 接口服务就可以完成所需功能,从而降低系统开发的难度。中间件,解决虚拟试验过程中的数据分发、高性能计算、动态负载平衡及系统实时性等问题。

(4) 虚拟试验数据层,完成对虚拟试验过程中用到的及生成的各种数据的管理,主要包括试验环境数据、生成的中间数据、现场采集的数据以及各种模型数据等。虚拟试验过程中的数据种类繁多、结构多样、异构性强,该层要有效地组织管理上述各种数据,保证虚拟试验过程高效运行。

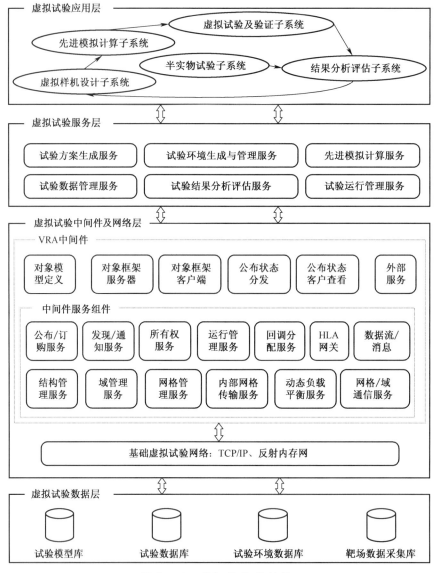

图 9-16　虚拟试验层结构

9.5.3.2　中间件

参考 HLA 和 TENA 中间件的设计,虚拟试验的核心包括对象模型、中间件和一系列虚拟试验建立和运行的规则三个部分。虚拟试验中的各种应用共享一个对象模型,该对象模型构成了所有应用之间进行交互的信息;虚拟试验场中的各种资源和应用、各种工具和程序之间全部通过虚拟试验中间件进行交互,从而实现各种虚拟试验应用之间的互操作。与 TENA 中间件一样,虚拟试验中间件虚线框内的每个方框都定义了一个实现部分内部功能的包,这些包可分为三类[30-31]。

(1) 第一类包用来完成对象模型定义。用户可采用商业软件和工具实现对象模型定义。

(2) 第二类包是中间件的服务组件,它们将被连接到每个虚拟试验应用中。其功能将以 API 的形式提供给虚拟试验场应用开发人员。第二类包分为两种:中间件服务组件虚线框内第一行方框所代表的组件负责数据交互,其中 HLA 网关服务实现与 HLA 的互操作;第二行方框所代表的组件负责先进模拟与计算,该部分是针对 TENA 中间件对高性能计算支持不足而专门进行的扩展。试验场应用通过数据的输入/输出与这些服务进行交互,以便完成各种计算任务。

(3)第三类包是由虚拟试验集成、参与试验运行的外部应用组成。这类包用于支持那些在虚拟试验运行期间存在,但并不连接到虚拟试验应用中的外部软件。

虚拟试验不可能完全取代真实的试验场试验,它可以在物理样机制造之前提供一些有价值的参考性数据,从而减少试验场试验次数。设计人员在对实例的试验结果进行综合分析后,判断设计的虚拟样机模型是否满足要求,如果达不到要求,则修改或改进设计,重新进行虚拟试验;然后通过与真实试验相结合方法来提高虚拟试验的准确性和可信度,从而形成一个不断改进完善的闭环系统。

随着虚拟试验技术的不断发展,在武器装备设计过程中,将越来越多地利用虚拟试验进行辅助设计,因此需要高性能计算能力,以提高武器系统设计能力。将这种高性能计算能力融合至虚拟试验场,最终融入逻辑试验场,将大大提高一体化试验能力。

9.6 复杂武器系统建模与仿真

武器装备作战效能评估,是考核武器装备在规定的使用条件下完成规定任务的能力。对单个装备或系统评估手段、评估方法与算法方面已有很多研究成果。随着战争模式的变迁,武器装备系统变得越来越复杂,称为系统之系统。建模与仿真(Modeling and Simulation,M&S)是研究这一复杂系统的有效工具,也逐渐成为复杂性战争研究的基础工程[32]。

对于传统的战争模拟来说,人们已经有了相对成熟的建模仿真方法。这些传统的战争模型基本上可分为两类:一是确定性模型,如 Lanchester 微分方程;二是随机性模型,如 Monte Carlo 方法。这些模型用来描述机械化战争已经有了一定的经验,并取得了很多成果,然而无法满足信息化条件下战争模拟的需求。信息化战争是体系与体系的对抗。作战体系建模最重要的是要突出对体系涌现性质的描述,反映体系对抗的整体性效果[33]。因此,任何新的作战概念、战法以及武器装备系统研制、鉴定,都要经过建模与仿真进行试验验证。一体化联合作战是近年来提出的新的战役作战样式,对一体化联合作战的组织、指挥和实施等一系列问题,都需要经过严格分析和验证,其基础就是对联合作战行动的建模与仿真;作战模式的演练与作战效能的评估也需要进行虚拟试验。

9.6.1 基本概念[34]

(1)复杂系统:状态变量多、子系统相互关联复杂、输入/输出非线性特征。

(2)复杂巨系统:子系统数量大、种类多、关联复杂。

(3)模型是一个(复杂)系统的物理的、数学的或其他方式的逻辑表述,它以某种确定的形式(如文字、符号、图表、实物、数学公式等)提供关于(复杂)系统的知识。模型是真实系统的近似描述,是对试验对象的概念化表示。模型的可信度包括重复性(复现真实系统的行为)、重复程度和重构性三个方面。

（4）系统建模是一个持续的、不断迭代的活动集合，是系统模型的构建过程，一般包括分析法、测试法和综合法。分析法又包括演绎法、理论建模和机理建模；测试法有归纳法、试验建模与系统辨识；所谓综合法是指前两种方法的结合。分析法可得到动力学方程，系统辨识可得到方程参数。建模的原则包括简单性、相关性、清晰性和准确性、可辨识性、集合性等。

（5）连续系统建模方法：微分方程、状态空间和变分原理。

（6）离散时间系统建模方法：随机数产生与性能检测、实体流图法、活动周期法、Petri网法。

（7）随机变量模型的建模方法：分布类型假设、分布参数估计和分布假设检验。

（8）基于系统辨识的建模方法：模型参数的辨识方法和模型阶次的建模方法。

（9）复杂系统的建模方法：基于神经网络的建模方法、灰色系统的建模方法与基于Agent的行为建模方法。

建模技术是仿真技术的基础，两者是同步发展的。建模旨在分析系统运行逻辑，重建系统仿真结构，仿真则对模型正确性加以检验，并对其运行效果加以优化。仿真是一种模拟试验方法，为获得最优或近优解，需要进行反复试验，并采用搜索算法对控制参数和仿真结果进行优化评估。

9.6.2　复杂武器系统建模基本方法

复杂系统结构复杂，内部含有大量交互成分，并且交互过程频繁。对复杂系统的研究有影响的两大学派：以钱学森为代表的"开放复杂巨系统"理论和美国桑塔菲研究所为代表的"复杂适应系统"（Complex Adaptive System，CAS）理论。CAS理论是由遗传算法之父和复杂性科学的先驱者Holland提出的，它把复杂系统的主要特性描述为涌现行为和自组织性，认为CAS由许多相互作用的主体组成，CAS的整体行为是主体间相互作用以及主体与环境相互作用而涌现出来的，认为大量主体相互关联、相互影响，将自组织成为一个具有某一特性的系统[35]。

复杂系统由若干元素组成，系统中各元素间相互作用影响着整个系统的行为特征，由于系统行为特征不是个体特征行为简单线性叠加，采用传统的数学方程或回归统计的线性分析，在进行分析复杂系统中存在一定的困难。随着计算机软硬件技术的快速发展，可以把许多复杂系统中各个元素之间的非线性关系转化为可执行的计算机程序，以计算机程序运行的方式推演模拟复杂系统变化，以快速程序执行的方式对实际过程中需要长时间动态变化的复杂系统进行动态仿真。目前应用较多的有系统动力学模型、复杂网络模型、Petri网模型和基于Agent的行为模型等。

1. 系统动力学模型[36]

系统动力学（System Dynamics，SD），是一种以计算机技术为主要研究手段，通过结构-功能分析，以系统学的观点，对真实复杂系统进行建模，揭示这些系统的信息反馈特性，以显示组织结构、放大作用和延迟效应等影响系统行为模式机制的科学；通过计算机进行模拟和仿真，从而为决策者提供科学支持。系统动力学的基本方法包括因果关系图、流图、方程和仿真平台。其中，因果关系图用于描述系统中各要素之间的逻辑关系，通常用因果关系图和因果反馈回路来表示两种变量之间的关系;流图反映系统动态变化的结构;方程描述系统要素之间的相互量化关系,用来表示要素之间的变化规律;仿真平台是计算机仿真和调试的环境。

2. 复杂网络模型

复杂网络模型将网络组件抽象为节点,组件之间的关系抽象为边,构成一个拓扑网络,不同的网络之间的依赖关系通过网络之间的边表示。以不同的策略使部分节点失效,通过网络指标的统计数据来分析网络的依赖关系。由于这种基于网络拓扑特性的分析没有考虑到产生、传输的服务或网络流,不能体现真实网络之间的动态流特性。基于网络流的改进方法,通过使节点和边具有生产、接收和传输流的能力,边的流量限制以及网络的运行机制反映网络内部和相互依赖的网络间的流特性,更能反映真实的网络内部以及网络之间的业务关系。

3. 基于 Agent 的模型

基于 Agent 的模型可以描述战争复杂对抗系统的复杂性属性,也符合基于 Agent 的复杂系统建模/仿真思想。基于 Agent 的系统建模思路是:依据 Agent 的自然描述特性和 A-gent 的人性化特征,在一定粒度上对复杂系统进行自然分类, 然后建立一一对应的 Agent 实体模型,并通过对每个 Agent 实体模型的封装,采用合适的多 Agent 体系结构对 Agent 实体模型的综合集成,最终建立系统仿真模型。它分为 Agent 实体分析、Agent 实体结构和行为建模、Agent 实体交互建模、Agent 实体模型的封装阶段和基于多 Agent 系统(Multi-Agent System, MAS)的综合集成建模 5 个阶段。基于 Agent 的模型是一种自下而上的方法,可以提供真实系统的有关动力学的有价值信息,描述复杂适应行为模式。

4. Petri 网模型

典型的 Petri 网用一个四元组表示 $PN = (P, T, I, O)$,其中 P、T、I、O 分别表示库所、变迁、输入函数和输出函数。库所代表通道或位置,变迁代表时间或传输,另一个重要元素是令牌,代表物质、信息或对象的状态。可以用库所表示组件,变迁表示对组件的影响,以及连接它们之间的有向弧来表示网络,用令牌在网络中的流动模拟之间的依赖关系。

5. 复杂系统建模的难点

(1)复杂系统的理论基础不够完善,数学模型的可信度较低;

(2)复杂系统往往具有病态定义的特征,很难用一种严格的数学形式进行定义和定量分析;

(3)复杂系统往往是病态结构,很难从空间和时间上加以分割,难于确定系统的结构和水平;

(4)对复杂系统的观测和试验比较困难,从而导致试验数据对系统行为的反映可信度和可接受性低。

与一般系统建模相比,复杂系统建模具有一定的特殊性:

(1)高维数的降维处理;

(2)从单一模型到多维模型组合;

(3)应用系统分层与聚合理论;

(4)采用协调辨识法和计算机辅助建模法相结合;

(5)数学模型与概念模型相结合;

（6）应用分级递阶控制和分层控制方法作为复杂系统建模的依据。

复杂系统建模一般过程是：从真实系统、概念模型到仿真模型，其中概念模型是真实系统的第一次抽象，采用语言、符号和框图进行表述。

9.6.3 系统动力学模型

系统动力学，最早由美国麻省理工学院的 J. W. Forrester 教授于 1956 年提出。系统动力学是一种自上而下的方法，通过反馈机制来捕捉复杂的动态行为。为了理解子系统间的依赖关系和跨领域的级联效应，应用系统动力学方法研究动态交互需要仿的方法。通过微分方程、离散事件和操作规则，仿真单个基础设施的动力学，也可以根据子系统间的依赖关系仿真多个耦合子系统的动力学。随着系统动力学的不断发展，系统动力学已经形成两种建模方法：传统的建模方法和基于入树结构理论的建模方法。传统建模方法是系统动力学创建时确定的建模方法，但在建模的过程中，对于复杂系统中的复杂反馈变化难以把握；在传统建模方法的基础上引入流率基本树、嵌入运算等概念，改善了传统建模的缺点，提出了 SD 流率基本入树建模方法。也出现了一些新的建模方法，遗传算法的系统动力学仿真模型，是一种对现有模型的改进方法。建模过程如下：

1. 确定系统建模的目的

确定系统建模的目的就是明确建模要解决的系统问题，模型是为了解决具体问题而建立和设置，是为了解决具体问题而进行的建模。在复杂系统研究中，建模目的一般根据解决问题的要求进行确定。

2. 群体定性分析与边界确定

所谓系统边界，就是确定系统研究的范围，通过研究范围，确定研究中系统变量要素和内容，可采用深度会谈、系统思考、专家意见来确定。在确定系统边界时，要尽可能地缩小边界范围，不要把认识的所有变量都包括进来，不是研究中必须的变量，最好不要包括到系统的要素边界内。

3. 建立流位、流率系

1）确定流位变量

流位变量也称存量，是系统动力学模型研究中视为积累效应的变量，流位变量有一个准则就是看其是否有初值。假设观测时间间隔大小 Δt，流入速率为 v_1，流出速率为 v_2，初次观测的初始值为 L_0，则本次观测值为 L。流位变量计算式为

$$L = L_0 + (v_1 - v_2) \times \Delta t \tag{9-1}$$

2）确定流率变量

确定流率变量，就是确定控制流位变量随着时间增减变化的变量，一般可表示为存量和参变量的函数。

4. 确定因果关系图、流图或流率基本入树模型

1）确定辅助变量

确定各流位、流率最终依赖的变量，是通过从流率开始向流位方向、从流位开始向流率方向和分别从流位和流率开始采用三种方法搜索寻找。

2）确定增补变量和外生变量参数

增补变量是根据用户需要而设定的，不进入反馈环。外生变量及参数是为了刻画环

境对系统的影响及人参与调控等而设立,确定外生变量式往往需要通过与其他模型结合建立。

3)形成整体结构流率基本入树模型或流图模型

流位和流率等变量确定后,根据它们之间的因果关系,整个系统的流图结构模型也就确定了,也就是通过建模的准则形成流图模型。

5. 进行反馈环分析

进行反馈分析,就是在流图结构中,通过相应的分析方法,找出所有的或者部分重要的反馈环,通过系统基模、主导反馈环参数等途径,对系统模型进行调试、反馈环分析、结果分析、效果检验。

6. 写出全部方程

建立系统模型,最终写出全部变量间数学方程。方程的建立,可在建立流率基本入树或流图时确定好。

7. 通过参数调控、上机仿真得出多个仿真结果方案

按照调控或者决策方案的设计,通过参数调控和上机进行仿真,得出仿真结果,确定决策方案,供决策者选择分析。

8. 迭代

通过综合集成,将计算机仿真的结果进行比较、修改;与专家进行交谈和协商,反复进行计算机调试,最后得出合理而可行的决策方案。

9.6.4 基于复杂网络理论的建模方法

复杂网络理论,是对复杂系统的抽象与描述,任何包含大量组成单元(或子系统)的复杂系统,当把构成单元抽象成节点、单元之间的相互关系抽象成边时,都可以当作复杂网络来研究;复杂网络理论是研究复杂系统的一种角度和方法,它关注系统中个体相互关联作用的拓扑结构,是理解复杂系统性质和功能的基础。复杂网络理论,给作战系统及体系建模带来新的推动力,甚至被认为是作战复杂体系建模仿真最有可能取得突破的重要理论和方法。体系的基本含义是"由系统组成的系统",是能够得到进一步涌现性质的关联或联结的独立系统集合。从复杂性的角度看,由于体系必是复杂系统,因此将作战系统所包含的各类、各层次的体系称为作战复杂体系。

复杂网络是具有复杂拓扑结构和动力学行为的大规模网络。复杂网络理论关注于系统组成单元之间的关系,将网络拓扑作为系统的表达方式,通过网络来研究各种自然和社会现象。复杂网络是一种面向整体的系统模型,其最大特点就是能将系统内部单元的动力学行为和各单元之间的相互作用综合起来进行研究。

9.6.4.1 复杂网络建模一般方法

基于复杂网络建模一般有两种思路[37]:一种通过给出体系网络拓扑的生成演化规则构建体系复杂网络模型,称为规则建模法;另一种通过给出映射方法,直接将对象体系映射成复杂网络模型,称为映射建模法。

1. 规则建模法

规则建模法的一般过程如图9-17所示。

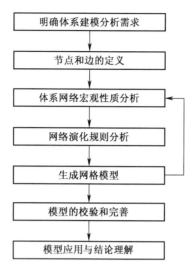

图 9-17 体系复杂网络规则建模法的一般过程

（1）明确体系建模分析需求。根据所研究问题的需求，分析确定体系的组成单元、颗粒度、边界以及体系网络抽象的层次。

（2）节点和边的定义。确定网络模型中节点的类型及代表的涵义；通过对节点间逻辑关系的分析，确定边的类型和性质。

（3）体系网络宏观性质分析。基于对对象体系的认识和理解，研究分析节点间的连接拓扑、典型的特征参数和动力学特性等宏观性质；若能够获取体系的（局部）网络拓扑数据，则可以通过对局部网络的分析获得体系网络的宏观特性。

（4）网络演化规则分析。体系具有演化特性，需要根据节点和边的定义，对体系组成单元的增减以及彼此之间的关系变化进行定性分析；在此基础上，确定网络模型的生长演化规则。

（5）模型的建立与修改完善。在上述分析的基础上，构建体系复杂网络模型的生成和演化算法；根据算法实现和统计分析的结果，对建模算法进行改进和校验。有条件的情况下，可与实际体系的网络特征数据进行比对，对模型进行修改完善。

（6）模型应用与结论理解。应用体系复杂网络模型对体系网络的抗毁性、网络聚类和社团性质、节点重要性、网络同步以及网络拓扑优化等相关问题进行深入研究。由于研究结论完全基于体系网络模型，因此还存在一个对结论进行分析理解，揭示其面向实际体系的物理含义的过程。

规则建模法的核心是体系复杂网络模型的建模算法，即在节点和边的定义基础上，建立体系复杂网络模型的生成和演化规则。规则建模法实质上是建立了体系复杂网络这样一个实际体系的"平行系统"，通过对平行系统的分析得出一般规律和结论。

2. 映射建模法

映射建模法所建立的体系复杂网络模型直接由实际体系（数据）映射得到，而不是由算法生成。映射建模法的一般过程如图 9-18 所示。

（1）在明确体系建模分析需求的基础上，定义网络模型中节点和边的类型和性质。

（2）实际体系到网络拓扑的映射。建立实际体系到网络模型的映射方法。一是体系

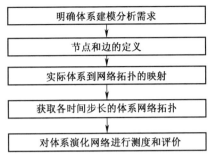

图 9-18 体系复杂网络映射建模法的一般过程

相关组分如何映射成网络节点,包括单个组分映射成节点的类型、数量、权重以及彼此间的连边关系。体系组分到网络节点的映射存在一个颗粒度的问题,应根据建模需求和网络抽象的层次综合分析确定。二是体系组分间的关联关系如何抽象成边,包括边的类型、性质、方向和权重。

(3)获取各时间步长内的体系网络拓扑。体系是随时间连续演化的,一般是将特定时间步长内体系演化状态映射成一个复杂网络,连续获取每个时间步长内的体系复杂网络拓扑,形成体系动态演化网络。时间步长的长短一般根据所研究问题的具体需求和体系演化的速率来确定。

(4)对体系演化网络进行测度和评价。考察体系复杂网络模型的统计特征参数和动力学特性,发现并理解其宏观性质。进一步可将体系网络层面的宏观特性与体系实际运行状态(如体系效能)进行对比分析,发现其相关关系,从而实现对体系的测度和评价。

映射建模法实质上是提供了一种体系的网络视图,以便应用图论和复杂网络方法对其进行研究,其核心是体系到网络拓扑的映射方法。由于实际中的战争复杂体系规模巨大以及涉密等原因,体系的实际运行数据难以获取,因此映射建模法一般采用与体系仿真相结合的方法,基于仿真数据进行建模研究。

9.6.4.2 一种基于多重广义算子的复杂网络建模方法

多重广义算子模型[38],它是一种根据系统外部输入和输出之间的变换功能和传递特性,在不同层次以不同粒度研究系统的建模思想,适用于具有多段结构或网络结构的复杂系统模型化。复杂网络的研究揭示了不同系统从最初简单的构件经历时空演化,而涌现出的一些共同的结构特征的现象。

1. 广义算子模型

广义算子模型是涂序彦教授提出的一种以"黑箱"描述系统外部功能特性的模型。广义算子模型是将传递函数、智能函数拓广而衍生的概念。广义算子模型的概念如图 9-19 所示。

图 9-19 广义算子模型

广义算子模型可表示为

$$Y \cong K(\cdot)U \tag{9-2}$$

式中:符号"≅"表示广义输出;U 是广义输入;Y 是经广义算子 $K(\cdot)$ 变换或传递而产生的结果。

广义算子将系统视为黑箱,关注的是系统外部的输入与输出之间的传递转换关系。其特点是可描述只知其外部功能特性,而不确知其内部结构状态的系统,且由"结构不确定性"原理可知,具有同样外部功能特性的系统,可具备各种不同的内部结构状态,因此同一广义算子模型,可描述不同物理结构的系统,是外部模型方法。多重广义算子模型是由变粒度广义算子模型和广义算子关系模型构成的,适用于在大系统中建立不同粒度的、不同层次的广义算子模型。

2. 复杂网络描述

描述复杂网络的数学原型是图论,人们在描述复杂网络结构的统计特性上提出了许多概念和方法,其中平均路径长度、聚类系数和度分布三个概念是基本的,也是非常重要的。

1)表示方法

把一个具体系统抽象成用点和边组成的图来表示,其中系统的个体用点表示,个体间的作用关系用边将点联系起来,这样一个具体的系统可抽象为由点集 V 和边集 E 组成的图 $G=(V,E)$。节点数 $N=|V|$,边数 $M=|E|$,若任意两点间对应同一条边,则该网络为无向网络,否则为有向网络;若任意两条边都被赋予相同的权值称为无权网络,否则为加权网络。

2)平均路径距离

网络上任意两个节点之间的距离平均值为网络的平均路径长度,常记为 L,两点间的距离定义为连接这两节点的最短路径上的边数,可表示为

$$L = \frac{\sum\limits_{i \geqslant j} d_{ij}}{\frac{1}{2} N(N+1)} \tag{9-3}$$

式中:N 为网络节点数;d_{ij} 为网络中两点间的距离。

平均路径距离可以间接描述网络的连通性。

3)聚集系数

聚集系数 C,描述网络中节点之间也互为邻点的比例,反映了网络的集聚程度。

$$C = \frac{1}{N} \sum_{i \in N} \frac{2E_i}{K_i(K_i - 1)} \tag{9-4}$$

式中:N 为网络节点数;K_i 表示网络中节点 i 有 K_i 条边与其相连,也可称为节点 i 的度,即节点 i 有 K_i 个邻居节点;E_i 表示节点 i 的 K_i 邻居节点之间实际存在的边数。

4)度分布

度分布是指网络中随机选定的节点的度为 K 的概率,记为 $P(K)$,体现了聚集程度。研究表明,许多实际网络的度分布呈现无标度特性。

在复杂网络的研究中,依据研究和评价的侧重点不同,除了以上介绍的常用的统计特征参数,还有许多的统计指标如介数、平均度和最短路径也经常被使用。

3. 多重广义算子的复杂网络建模方法[39]

不同类型、不同结构的复杂网络在不同初始输入的情况下,经历了各自的演化表现出

共同的统计特性,如小世界、无标度性和高集团度(即高集聚程度)等特性,即较短的网络路径长度、度分布的无标度特征,拥有高的度数节点很少,大部分节点具有低的度数和高集团度特性,而且网络的平均集聚系数较高。虽然各种网络的这几个基本统计参数值不同,但却都具备一致的特性,该特性非常符合广义算子建模理论。由于复杂网络规模庞大、结构复杂,建模时采用分解–联结方式,可建立不同粒度及不同层次的广义算子模型,即完成对系统的横向及纵向分解,再通过关系算子来完成广义算子的联结。

1)分解

对于复杂系统进行纵向分解和横向分解,建立不同粒度的、各层的子系统的广义算子模型。

(1)对应于系统低层系统粒度,建立宏观低层广义算子模型:

$$Y_1 \cong K_1(\cdot)U_1 \tag{9-5}$$

式中:Y_1 为细粒度宏观广义输出;U_1 为宏观细粒度广义输入。

(2)对于系统中的中层系统,采用中粒度,建立广义算子模型:

$$Y_2 \cong K_2(\cdot)U_2 \tag{9-6}$$

式中:Y_2 为中粒度宏观广义输出;U_2 为宏观中粒度广义输入。

(3)对于系统中的高层系统,采用粗粒度,建立广义算子模型:

$$Y_3 \cong K_3(\cdot)U_3 \tag{9-7}$$

式中:Y_3 为细粒度宏观广义输出;U_3 为宏观细粒度广义输入。

2)联结

如图9-20所示,利用广义算子可建立纵向和横向关系模型,形成复杂网络的多重广义算子模型。图中 R_{in} 表示各层系统之间的纵向关系模型,r_{in} 表示同层子系统之间的横向关系模型 $(i = 1,2,\cdots,n)$。图中 $K(\cdot)$ 表示广义算子,用矩形图表示;R 与 r 分别表示纵向和横向关系算子模型,用菱形图表示。

若利用广义算子建立低层与中层之间的纵向关系模型,其关系式为

$$U_1 \cong R_{21}Y_2 \tag{9-8}$$

式中:R_{21} 为中层与高层系统中纵向关系算子。

若利用广义算子建立低层系统的横向关系模型,则关系式为

$$U_{1i} \cong r_{1ij}Y_{1j} \tag{9-9}$$

式中:r_{1ij} 为低层系统中横向关系算子。

这样就可以通过关系算子将变粒度广义算子联结起来,构成复杂系统的多重广义算子模型。

图9-19中 U_{ij} 表示宏观输入,Y_{ij} 表示宏观输出。低层宏观输出为

$$Y_1 = \sum_{i=1}^{n} Y_{1i} \tag{9-10}$$

式中

$$Y_{1i} \cong \sum_{i=1}^{n} K_{1i}(\cdot)U_{1i} \tag{9-11}$$

其他各层以此类推。各层之间通过纵向关系算子 R_{ij} 及横向关系算子 r_{ij} 分别完成各粒度系统及同层子系统之间的联结。

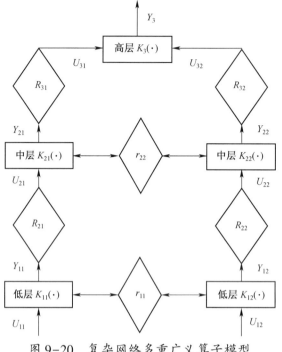

图 9-20 复杂网络多重广义算子模型

复杂网络多重广义算子建模方法是广义普适建模方法,它融合了复杂网络涌现的相似统计特征特性及广义算子模型的传递转换特性。

基于复杂网络理论的建模,既可以表示系统中的个体,又能对个体间复杂关系所导致的整体涌现性效果进行描述和分析。基于复杂网络的战争体系建模,可以充分利用复杂网络的这一特点。基于复杂网络理论与方法,可以构建以信息网络为核心的体系作战模型,能够从节点、边及其演化的角度研究体系的拓扑结构及其演化规律;可以采用复杂网络演化的动力学理论,探索体系涌现的机制;可以针对体系的关键点、脆弱性以及级联反应等关键性问题,对体系作战效能进行整体分析。

9.6.5 基于 AGENT 建模方法

基于 Agent 的建模[40],把 CAS 中的基本元素看作各个仿真实体,对各个仿真实体,采用 Agent 的方式建模,CAS 基本元素间的联系与作用,被看成各个仿真 Agent 实体之间的交互。通过各个仿真 Agent 实体及其之间交互,来充分刻画 CAS 的微观行为和宏观"涌现"现象[41-43]。

1. 模型

基于 Agent 的系统建模,是依据 Agent 的自然描述特性和 Agent 的人性化特征,在一定粒度上对复杂系统进行自然分类,然后建立一一对应的 Agent 实体模型,并通过对每个 Agent 实体模型的封装,采用合适的多 Agent 体系结构对 Agent 实体模型进行综合集成,最终建立系统仿真模型,如图 9-21 所示。它分为 Agent 实体分析、Agent 实体结构和行为建模、Agent 实体交互建模、Agent 实体模型的封装阶段和基于多 Agent 系统(Multi-Agent System,MAS)的综合集成建模 5 个部分,分别对应 5 个工作阶段。

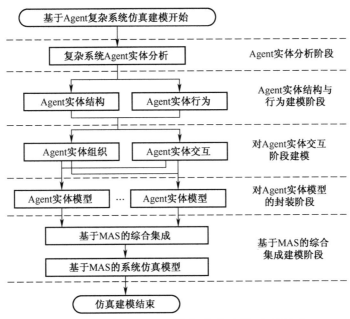

图 9-21　基于 Agent 复杂系统建模过程描述

　　基于 Agent 的系统仿真模型分为三类：一是反应式 Agent 实体模型结构，这种结构的 Agent 模型适合对感知系统和武器系统的建模；二是基于逻辑的 Agent 实体模型结构，适合对指挥机构的建模，其 Agent 决策的制定过程是通过逻辑演绎的方式来实现；三是信念-愿望-意图（Belief-Desire-Intend，BDI）实体模型结构，适合对决策进行建模，其 Agent 决策制定过程依赖于表达 Agent 的信念、愿望和意图的数据结构之间的操作，更接近人的思维方式。

　　个体 Agent 模型结构如图 9-22 所示，其中知识库是对个体 Agent 规划动作的知识资源的支持，推理机、学习模块体现了 Agent 实体的自主性和学习性，通信模块实现 Agent 实体之间的交互，事件处理模块处理交互的内容，交互的信息流是动态变化的。

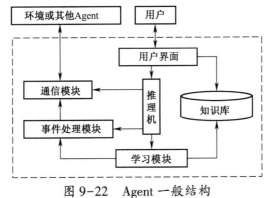

图 9-22　Agent 一般结构

　　借助各个实体的基于 Agent 的行为建模成果，实现对系统整体行为的描述，才能得到基于 Agent 的系统整体"涌现"行为建模。系统整体"涌现"行为建模是由大量个体 Agent 的微观行为及其非线性的交互作用，来建立系统"涌现"行为，是由底向上"涌现"。因此，系统仿真建模中的每个 Agent，首先应该规划其行为动作，规定好交互的内容，制定好所有

Agent 的交互协调算法,最终在系统综合集成仿真中,通过交互、信息流、Agent 模型的耦合实现系统整体"涌现"行为。

2. 系统仿真结构

采用 HLA/RTI 作为多 Agent 仿真环境的支撑环境,基于多 Agent 的复杂系统仿真环境的体系结构包括仿真环境的组成、配置等方面的内容,下面给出仿真环境的逻辑结构如图 9-23 所示。

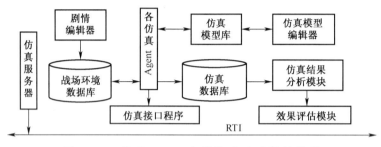

图 9-23 基于 Agent 建模仿真的逻辑结构图

仿真服务器作为整个系统的仿真控制中心,提供网络通信、时钟同步、仿真管理等多种服务,并控制整个仿真的进程,包括启动、暂停、停止仿真等;剧情编辑器用于描述对复杂系统进行的试验活动,为用户提供作战想定、作战环境、武器装备等数据作为仿真背景,通过不同的剧情设置,研究复杂系统在不同情况下的效能;战场环境数据库保存剧情编辑器设定的战场环境数据,它用于记录管理用户编辑的仿真剧情数据,支持相应的仿真模型完成仿真任务,并根据仿真过程的推进随时改变战场环境数据;仿真接口程序负责仿真网络通信的接口问题;仿真数据库用于记录、管理仿真过程中产生的数据,以便仿真结束后进行分析;仿真模型库对各类的 Agent 仿真模型进行管理和维护;仿真模型编辑器提供一种规范化的模型编辑环境,负责仿真模型的输入、编辑、显示等工作,同时允许在实际演示过程中修改模型,以提高模型的可信度;仿真结果分析模块对仿真数据库获得的数据进行分析;效能评估模块允许用户根据系统需求和边界要求,选择合适的评价标准,并建立一个通用的评价方法,对复杂系统进行效能评估。

9.6.6 基于 SOA 建模方法

分布交互仿真(DIS)、聚集级仿真和高层体系结构(HLA)等为复杂系统的建模与仿真提供了技术支持。HLA 作为重要复杂系统仿真技术,其目的是提高仿真组件的互操作性和可重用性。随着应用不断深入,一些不足之处也暴露了出来:

(1)系统的可扩展性、互操作性受限于联邦对象模型(FOM),模型组件的可重用性低,难以满足仿真多样化的需求。

(2)HLA 运行支撑框架(RTI)的实现与特定编程语言及计算机平台有关,不同厂商的 RTI 之间互操作性有限,难以实现仿真模型及应用在更大规模上的互操作性。随着 DIS、HLA 等各种异构仿真资源(包括仿真模型、数据等)的增加,如何通过重用这些资源来提高新系统开发的效率,实现快速构建/重构仿真系统就成为难题,而面向服务的建模与仿真提供了很好的解决途径。

9.6.6.1　面向服务的建模仿真架构

面向服务的架构(Service Oriented Architecture,SOA),是一种开放、通用且易于灵活扩展的架构方式[44]。结合作战行动模型与仿真应用的需求,基于 SOA 复杂系统建模与仿真体系架构,如图 9-24 所示。

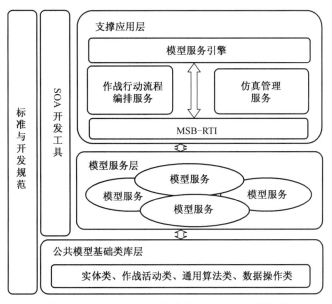

图 9-24　面向服务的建模与仿真体系架构

1. 公共模型基础类库层

该层是面向服务的可重构建模与仿真架构的基础资源层。它是通过采用面向对象的程序设计与开发方法,对作战行动建模与仿真基础逻辑进行封装所构造的一层可复用的基础资源,尽管采用面向服务的设计思路对整个系统进行构建,但是在底层还是离不开这些基础类资源。而且,不论将来架构方式怎样发展,类库层尤其是包含模型逻辑算法那些类是不会过时的,仍是实现可重构和可复用的基础。在采用面向服务的体系架构中,类库层是模型服务构件开发的基础,类库层的构建可以从遗留系统中分离创建,也可以从零开始创建。

2. 模型服务层

该层是基于类库层之上的进一步封装,根据面向服务的设计需要,将模型可复用的功能单元封装为服务,服务通过进一步组合可编排为复合服务。模型服务层是直接面向仿真应用的,是整个架构的核心,其中模型服务的开发、描述、注册、匹配等是模型服务构建几个关键问题。

3. 支撑应用层

该层主要包括模型服务总线(Model Service Bus,MSB)、RTI、流程编排服务、模型服务引擎、仿真管理服务等软件基础设施。模型服务总线与 RTI 是面向服务体系中模型运行支撑的最重要基础设施,各个模型的服务的调用和服务结果响应通过模型服务总线进行通信,而模型间的交互数据通过 RTI 进行通信。

面向服务的建模与仿真方法,主要包括公共模型基础类库的构建、模型服务的构建、模型服务的描述和注册及匹配、模型服务的组合、模型服务的调用、模型服务的驱动等。构建公共模型基础类库要从作战行动描述的底层分析入手,对作战行动描述所需内容进行分类综合、整理和封装,在此基础上构建领域的公共模型基础类库。模型服务组件的开发采用 Web 服务技术,在公共模型基础类库的基础上,根据特定模型服务所要实现的内容,通过对相关类进行组合和封装而实现,并以服务形式进行运行、发布和部署。在模型服务组合方面,通过构建作战行动流模型来实现对服务组件的组合。在服务调用方面,通过建立模型服务总线,并与 RTI 通信有机结合完成仿真应用与服务之间的通信。在模型服务驱动方面,通过模型服务引擎驱动作战行动流程的运行。建模与仿真从底层向上层逐层实施,其中类库层和服务组件层是整个构建作战行动建模与仿真的基础资源层,而作战行动流程模型层与模型服务引擎等构成了仿真应用层。

面向服务的架构在建模与仿真领域的应用,已经从面向服务的仿真组件发展到面向服务的组合建模方法、仿真框架以及运行机理研究。本节简要介绍 HLA/SOA、离散事件描述规范(Discrete Events Systems Specification,DEVS)/SOA、模型驱动架构(Model Driven Architecture,MDA)/SOA,云仿真/SOA 等内容。

9.6.6.2　HLA/SOA

2000 年,电气和电子工程师协会(IEEE)颁布 HLA 国际标准 IEEE 1516,2005 年仿真互操作标准组织成立了 HLA 演化产品开发小组对 HLA 标准进行修订,并于 2010 年通过重新修订,形成新的 IEEE 1516—2010 标准,即 HLA Evolved。与之前的标准相比,HLA Evolved 中有一些颇具特色的新增特征:

(1)模块化的 FOM 和仿真对象模型(SOM),使维护 HLA 对象模型更灵活,扩展更方便;

(2)能提供基于 WSDL 的应用编程接口(API),为了支持 Web 服务 API,标准要求RTI 提供一个 Web 服务提供商 RTI 组件(Web Services Provider RTI Component,WSPRC),使一个或多个基于 WSDL 的联邦成员,能通过统一资源定位器进行连接。可以看出,这两个特征为提高 HLA 仿真系统的互操作性与可重用性提供了便利,特别是对 Web 服务的支持,显示了分布仿真技术必须具备面向服务能力的必然趋势。

9.6.6.3　DEVS/SOA

DEVS 是一种离散事件系统形式化描述方法,它具有层次化和模块化的特点,利用该方法可对复杂离散事件系统进行建模、设计、分析和仿真。面向服务的 DEVS 是分布仿真领域研究的另一个热点方向。DEVS/SOA 可允许跨网络中心平台的建模与仿真,同时能够提供耦合系统的运行可组合性。

9.6.6.4　MDA/SOA

模型驱动体系结构(OMG),实现了应用逻辑与平台技术的分离,同时提供了相关的设施来支持模型/组件库的构建、数据结构的描述和模型的转换等。面向服务与模型驱动是相互统一的。SOA 在更为宏观的层面定义了系统间的无缝互联,但它对系统本身从高层次体系结构到底层运行代码的构建过程没有提供方法论的指导,而 MDA 正好在这方面填补了空缺,MDA 提供了应用系统的开发框架。在抽象层上,服务位于业务和技术之间。SOA 通过抽象出服务来隐藏提供这些服务的底层技术。服务使用者不必了解服务的实现技术,而服务提供者也可以在保持服务接口的前提下改变服务的实现技术,从而增强系统对技术变化的适应性。模型变换是 MDA 的核心问题。在模型变换中采用的方法有直接模型操作、中间表示和转换语言支持。实例型模型变换(Model Transformation By Example,MTBE)方法是模型转换的一种创新性方法,用以解决建模人员使用规定的模型转换语言定义模型变换规则的问题,它允许用户自定义一个关于源和目标模型实例之间映射的原型集,通过这些映射,元模型层次的转换规则能被推导并半自动化地生成。

9.6.6.5 云仿真/SOA

基于云计算的建模和仿真研究还处于起步阶段,是建模仿真领域里的一个比较前沿的研究方向。云计算是将信息技术相关的各种资源(如中央处理器、内存、硬盘空间等硬件资源、软件开发部署环境、应用软件资源)的生产和使用方式像水电一样集中生产、按需使用、按量付费,而不再需要用户为获得这些资源在软硬件方面进行前期投资。仿真云以服务的形式向用户提供各种仿真工具。

9.6.6.6 问题与解决方案

以 Web 服务为主要实现技术的 SOA 也存在着一些不足之处,如 Web 服务使用 XML 编码带来过多时空开销;Web 服务采用 SOAP 消息进行交互,通信效率不高,同时也难以适应异步消息交互的情况;难以满足模型之间各种复杂的时间同步约束条件。这些不足使得基于 SOA 的复杂仿真系统难以完全满足实时仿真系统的要求,特别是对时间控制有严格要求的系统。

实时 SOA 的提出,为问题的解决开辟了途径。实时 SOA 与传统 SOA 类似,其体系结构可以有效地整合和集成各大系统,其优势是可以处理对时间要求极高的实时系统,并利用服务集成技术将它们相互连接起来。

基于实时 SOA 的复杂系统建模与仿真技术,可以使复杂仿真系统在不改变模型的情况下,支持模型运行的仿真框架能够适用于不同的仿真协议,能使模型的校核和验证在框架内更易于进行,也易于对仿真模型进行推理和保证模型行为执行的正确性,并可以使军事人员的关注点转移到系统的应用设计上而不是模型的构建与运行上,从而能更好地为军事人员提供作战辅助决策支持,具有深刻的理论意义和显著的工程价值。

9.6.7 模型可信度验证

没有经过验证的仿真模型没有价值,没有经过可信性评估的仿真系统也没有意义。校核、验证和确认(Verification Validation and Accreditation,VV&A)已经成为保证 M&S(建模与仿真)具备高可信度不可或缺的工作[45]。

由于仿真试验的规模不断扩大,M&S 的复杂程度也不断提高,从而导致 VV&A 工作越来越复杂[46-47]。主要体现在以下几个方面:

(1) 全生命周期性决定了 VV&A 工作周期长且需考虑的可信度因素众多;

(2) 涉及数据、文档等量大且种类多,VV&A 工程资源管理难度大;

(3) V&V(校核和验证)方法各自的局限性决定了可信度评估方法使用的复杂性等。

9.6.7.1 结构

VV&A 主要由过程管理、评估分析、模型测试和资源管理四个功能模块实现,如图 9-25 所示。

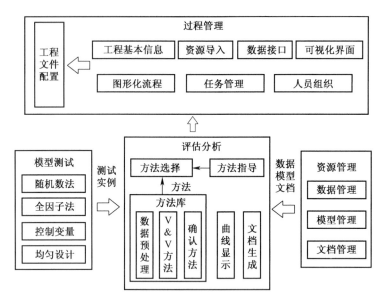

图 9-25　VV&A 功能结构图

1. 过程管理

（1）任务需求分析：任务概述；系统或模型描述；M&S 文档、数据以及相关领域专家等信息。

（2）评估计划：评估的基本内容及期望结果；可信度指标体系；评估任务人员分配、时间安排等。

（3）实施 V&V：概念模型 V&V；仿真模型 V&V；模型测试 V&V；模型使用 V&V。

（4）评估确认：实施 V&V 结果的汇总；确认结果；专家评价意见；系统或模型修改意见。

2. 评估分析

根据具体的任务目标及数据特点等，从工具箱内选择和调用相应的方法，对数据进行处理、分析和评估，主要功能包括方法库、方法选择、数据管理、曲线显示、文档生成等。

方法库主要包含数据预处理、试验设计、V&V 方法和确认方法四大类。

（1）数据预处理方法：包括平滑处理、野点剔除、Bootstrap 重抽样、数据拟合与插值等方法。

（2）试验设计方法：包括随机数法、控制变量法、均匀设计法和正交设计法等方法。试验设计方法主要用于产生模型测试实例，模型测试作为模型可信性评估中重要方法。

（3）V&V 方法：包括静态一致性检验和动态一致性检验两大类。静态一致性检验包括：参数估计、回归分析、F 检验等参数假设检验、χ^2 检验等分布拟合检验、秩和检验等非参数假设检验等；动态一致性检验包括 TIC（赛尔不等式系数检验）、灰色关联等时域方法和 FFT（快速傅里叶变换）、窗谱分析等频域分析方法。基于以上各种方法可在时域、频域内对导弹动力学全数字、半实物仿真的设备、模型、数据等进行 V&V 活动。

（4）确认方法：包括专家打分、相似度分析法、层次分析法、模糊综合评价法等方法。能够综合利用 V&V 分析结果、专家经验对系统或者模型的可信性进行综合评估。

生成文档包括以下三个方面的内容：

(1) 工程基本信息：对象模型、V&V 任务、时间安排、参与人员等。

(2) V&V 活动日志：记录各项 V&V 活动时间、任务、结果等基本信息。

(3) 结果报告：主要包括概念模型 V&V 报告、仿真模型的 V&V 报告及确认报告等三个报告，对相应阶段的 V&V 活动信息、评估结果及 M&S 修改建议报告进行详细记录。

3. 模型测试

模型测试主要是通过调用工具箱内的试验设计方法，对模型输入的参数在其输入域内合理取值，产生测试实例，把仿真模型作为黑箱进行测试，然后对测试结果进行验证分析。测试设计方法主要有：

(1) 随机数法：在设计参数输入域内随机取值。

(2) 控制变量法：检验模型某性能参数随某个设计参量的变化趋势，让该参量在其输入域内线性取值。

(3) 全因子设计法：考虑模型输入参数值域内全部水平组合。

(4) 均匀设计：让测试实例以有限的试验次数在设计空间中充分分布，包括好格子点法、拉丁方法、正交设计扩展法与门限接受法等。

模型测试实例类型包括：

(1) 典型测试实例，对于大多模型，进行某些初始设定或者某些假设，通过理论分析可以直接得到结果，由此进行模型可信度评估；

(2) 边界测试实例，取模型输入域边界进行仿真测试，往往能够得到模型某些特殊可信度特性；

(3) 正常值测试实例，设计参数取值在输入域内，此类测试实例在所有测试中任务量是最大的，也是最关键的；

(4) 趋势测试实例，某些性能参数的变化趋势能够更好地反映模型的可信度，便于评估。

4. 资源管理

资源管理对 VV&A 产生的数据、模型和文档等资源进行管理。

(1) VV&A 数据包括 M&S 数据、试验数据、专家调查数据和 VV&A 结果数据。

(2) 采用树型结构的方式实现复杂模型层次化存储，以文本方式存储模型的相关信息，如 M&S 目的、模型描述、子模型、模型 I/O、模型参数等。

(3) 文档主要分为两部分：来自模型或者仿真系统的各类描述信息文档，能够为 VV&A 活动提供 M&S 各类信息；VV&A 活动产生的文档，对各类 VV&A 活动及产生的结果进行记录，主要包含 V&V 日志、VV&A 各类报告等。

9.6.7.2 风险函数及在 VV&A 中应用[48-49]

1. 风险函数

M&S 是对现实世界系统的模拟，也就是构成同态映射。仿真论域表达越清楚，对仿真系统的开发、VV&A 以及可信度的评估越容易。因此，对于一个仿真系统，其仿真论域可以看作抽象的知识体。知识体可以用结构和参数来表示，可以用一个抽象的向量（或者集合）表示为

$$\theta = (p,f) = (p_1,\cdots,p_n,f_1,\cdots,f_m) \tag{9-12}$$

或者表示为

$$\theta = \{p, f\} = \{p_1, \cdots, p_n, f_1, \cdots, f_m\} \tag{9-13}$$

式中: $p = (p_1, \cdots, p_n)$ 表示 M&S 要实现的参数指标,一般为实数;而 $f = (f_1, \cdots, f_m)$ 为要实现的非参数指标,即结构指标。

对于参数指标,可以看作实数向量空间 R^n 中的某一点,而非参数指标(结构)$f_i(i = 1, 2, \cdots, m)$ 可看作无穷维空间 H_∞ 空间(Hilbert 空间)中的某一点,因为任何一个非线性函数一定可以由无穷参数来决定,更一般的假设为 Banach 空间(或可度量化的拓扑空间)中的某一点。

现实世界被仿真的系统 S 和仿真系统 S' 构成一同态映射。对于现实中的系统指标 θ 对应于仿真系统的指标为 $\hat{\theta}$,理论上可以认为 θ 和 $\hat{\theta}$ 等同,即 $\theta = \hat{\theta}$。但在实际工程中,因一些不确定因素的影响和现实条件的限制(如模型简化、建模条件的限制与实际数据误差的影响),θ 和 $\hat{\theta}$ 存在偏差,因此工程实现上有风险存在。

定义损失函数为 $L(\theta, \hat{\theta})$,是指应该达到理想指标(标称指标)但实际未达到而造成的"损失"的一种度量标准。它满足以下性质:

(1)
$$L(\theta, \hat{\theta},) \geqslant 0 \tag{9-14}$$

(2) 当 $\|\hat{\theta} - \theta\|$ 很大时, $L(\theta, \hat{\theta})$ 应很大,即 $L(\theta, \hat{\theta})$ 为 $\|\hat{\theta} - \theta\|$ 的增函数。这里 $\|\hat{\theta} - \theta\|$ 表示 θ 和 $\hat{\theta}$ 之间的距离($\|\hat{\theta} - \theta\|$ 一般为 Banach 空间的范数距离),即表示仿真系统指标和其标称目标距离越大,其风险就越大。

常见的损失函数有二次型指标、一次型指标与临界指标等。

二次型指标:
$$L(\theta, \hat{\theta}) = \|\hat{\theta} - \theta\|^2 \tag{9-15}$$

一次型指标:
$$L(\theta, \hat{\theta}) = \|\hat{\theta} - \theta\| \tag{9-16}$$

临界指标:
$$L(\theta, \hat{\theta}) = \begin{cases} 0, & \|\hat{\theta} - \theta\| \leqslant C \\ \lambda(\theta), & \|\hat{\theta} - \theta\| > C \end{cases} \tag{9-17}$$

式中:C 为给定的常数。

在损失函数基础上,定义风险函数。在确定情况下,定义某一指标的损失函数为其风险函数;当不确定因素存在时,一般假设由随机因素引起,即随机因素是在概率空间 (Ω, F, P) 上取值,即

$$\hat{\theta} = \hat{\theta}(\omega) \qquad \omega = \Omega \tag{9-18}$$

式中:Ω 为样本空间;F 为样本空间上的信息流;P 为概率测度。

既然 $\hat{\theta} = \hat{\theta}(\omega)$ 为一随机变量,设其分布函数为 $F(\hat{\theta})$,就定义损失函数的数学期望为 $\hat{\theta}$ 的风险函数,即

$$R(\theta,\hat{\theta}) = EL(\hat{\theta},\theta)$$

$$= \int L(\theta,\hat{\theta})\,\mathrm{d}F(\hat{\theta}) \tag{9-19}$$

$$= \int L(\hat{\theta}(\omega),\theta)\,\mathrm{d}P_{\hat{\theta}}(\omega)$$

$R(\theta,\hat{\theta})$ 右边都是数学期望的表达式,这表明风险函数为损失函数的概率平均。在实际应用中,仿真指标具有层次性,即某一指标由多个子指标决定。假设某一指标 X 由一系列子指标 $s_1,s_2,\cdots,s_m$ 决定,这些子指标权重为 $w_1,w_2,\cdots,w_m$。则指标 X 的风险函数为其子指标 $s_1,s_2,\cdots,s_m$ 风险函数加权和,即

$$R(X,X^*) = \sum_{k=1}^{m} w_k R(s_k,s_k^*) \tag{9-20}$$

式中:w_k 为权重,依实际情况而定。

一般而言,M&S 过程划分为三个阶段,即概念模型阶段、程序实现阶段以及仿真整体测试阶段,风险函数为三个部分风险函数之和。

$$R(\theta,\hat{\theta}) = R(M,\hat{M}) + R(P,\hat{P}) + R(T,\hat{T}) \tag{9-21}$$

式中:$R(M,\hat{M})$、$R(P,\hat{P})$、$R(T,\hat{T})$ 分别为模型的风险函数、程序实现风险函数和整体测试风险函数。

2. VV&A 中应用

VV&A 目的在于减少消除 M&S 应用风险,而风险函数是对误差引起风险的量化,进而风险函数可以决定 VV&A 的误差精度。为了使仿真实际指标和标称指标(仿真论域)一致,利用风险函数,使 M&S 风险函数达到最小,即

$$R(\theta,\hat{\theta}) = \min \tag{9-22}$$

M&S 中 VV&A 是使仿真指标尽可能地接近仿真的理想指标,即使风险函数最小化,而仿真可信度评估是对接近程度的评价。风险函数可以从理论上指导 VV&A 活动,VV&A 活动中也包含了可信度评估。

在 VV&A 的每一阶段,使其子指标 $\hat{s}_i$ 和标称指标 s_i 的误差控制在一定的精度范围之内,即 $d(\hat{s}_i,s_i) = \parallel \hat{s}_i - s_i \parallel \leqslant \varepsilon$。其误差 ε 根据实际仿真要求而定。风险函数用于评价误差引起风险(后果),因此风险函数取决于误差,即风险大的其精度要求高,而风险小的精度要求低。如果给定风险函数的具体数值大小,则可以用数值方法给出误差精度大小。风险函数具有层次性,从最低层单元(可测量的)风险函数逐步计算,则总体风险函数就可以计算得到。

一般说来,由风险函数决定指标精度。如果风险函数已经计算出,则可由风险函数来确定仿真(子)指标精度,具体方法为:

(1) 对于随机情形,首先设定置信度 $1-\alpha$(一般 $\alpha=0.05$),然后根据切比雪夫不等式

$$P(\parallel \hat{s}-s \parallel \geqslant \varepsilon) \leqslant \frac{EL(\hat{s},s)}{L(\varepsilon)} \leqslant \alpha \tag{9-23}$$

式中:L 为损失函数。由式(9-12)可以得到

$$\varepsilon = \inf\left\{ y \mid L(y) \geqslant \frac{EL(\hat{s},s)}{\alpha}, y > 0 \right\} \tag{9-24}$$

式中:"inf"表示下确界。

（2）对于确定情形,因为风险函数是 $d = \| \hat{s}_i - s_i \|$ 的函数,相当于求解方程

$$R(d) = R \qquad (9-25)$$

的值,可以用数值求解方程的二分法进行求解,也可以用进化算法进行求解。

9.7　仿真试验管理

采用分布式仿真方法进行仿真试验,就需要设计分布式仿真试验管理系统,包括数据的一致性、试验资源部署、初始态势加载、仿真运行控制、试验数据记录等,以满足武器装备设计对仿真试验样本数据需求为目标,辅助武器装备设计进行想定编辑、试验设置、试验规划、试验进程监控等,使分布式仿真技术更好地服务于武器装备设计与试验验证[50-52]。

9.7.1　需求分析

从基于仿真的效能评估一般流程出发,进行试验管理系统需求分析。效能评估的一般流程如图9-26所示。

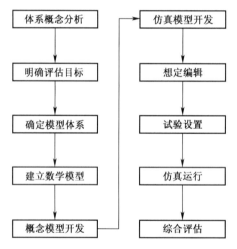

图 9-26　基于仿真的效能评估流程

（1）体系概念分析。针对具体体系对抗问题,分析其体系组成、系统功能、交战过程等,明确基本物理概念。

（2）明确评估目标。根据研究需要,明确武器装备功能/性能试验仿真的根本目的,确定需要进行评估或优化的各种作战方案和设计方案,构建评估指标体系。

（3）确定模型体系。根据体系分析结果,详细设计对抗模型体系,确定进攻方和防御方的探测、指控、武器、模型组成、交互关系,以及模型的基本结构、功能、参数等。

（4）建立数学模型。根据模型的功能划分,建立模型各功能模块的数学表达式,如雷达的探测功能模块,确定功能模块变量间的相互关系及约束条件等。

（5）概念模型开发。以结构化的语言对模型进行描述,如采用基本对象模型规范对

模型进行描述。

（6）仿真模型开发。根据装备功能模型体系划分、建立概念模型和数学模型，按一定建模方法和仿真语言，实现模型功能和模型间的集成，在计算机上运行。

（7）想定编辑。根据军事想定，确定仿真所涉及的实例，以战术标图的方式形成初始战场态势，作为驱动仿真运行的数据基础。

（8）试验设置。根据仿真试验目标和想定编辑信息，选择试验设计方法（如析因设计、正交设计、中心复合设计等）设置各种战技方案。

（9）仿真运行。根据仿真试验方案，成批地执行仿真模型，并采集相关的仿真数据。

（10）综合评估。根据试验方案和仿真采集数据，进行一系列的统计、分析、检验、近似等处理，挖掘武器装备仿真试验中的知识。

通过对上述流程中各环节的分析，采用分布式仿真进行武器装备设计与验证面临如下问题：

（1）数据的一致性。为了尽量减少武器装备设计人员的工作量，提高武器装备设计各阶段形成结果的可重用性，概念模型、仿真模型、想定编辑、试验设置中描述同一事物的数据应保持一致性。

（2）试验资源部署。武器装备仿真试验常涉及到大量仿真成员。采用分布式仿真将仿真成员及与其运行相关的信息，并根据需求部署到各台计算机上。

（3）仿真运行控制。在对体系进行建模仿真的过程中广泛存在不确定性，即体系的不可准确预知性。为保证武器装备设计结果的可靠性，可能要形成几十、几百甚至上千个试验方案，为消除随机因素的影响，每个试验方案还要运行多次，因此，需要依据试验方案批量开展仿真运行，而不是采用人工方式开展仿真运行。

（4）初始态势加载。想定编辑和试验设置一般在仿真模型开发之后，因此，仿真模型开发人员在开发初期并不知道初始态势所涉及的内容，但在开发过程中，初始态势加载的代码必须编写。为了使仿真模型开发人员能够正确编写初始态势加载的代码，应为其提供一套使用方便的初始态势加载接口。

（5）试验数据记录。为了提高仿真运行速度，通常情况下，采用多点采集、多文件记录。多点采集即采用多个数据采集工具进行数据采集。多文件记录，即每运行一次就新建一个文件进行数据记录，这样保证每个文件的数据量不会过大，也保证在仿真意外中止时所采集的数据仍有用。当仿真结束后，要回收及收集各计算机上的试验数据。

为解决上述问题，提出试验管理系统，辅助武器装备设计人员实现想定编辑、试验设置、试验规划、试验进程监控和初始态势加载等5个功能。

9.7.2 试验管理体系结构

试验管理系统体系结构，由想定编辑、试验设置、试验规划、试验进程监控和初始化接口等5个功能模块组成[53-54]，如图9-27所示。

9.7.2.1 想定编辑模块

以战术视图的方式形成初始战场态势，作为驱动仿真运行的数据基础，包括以下几个方面：

（1）战场环境生成。提供包括地理信息和大气、海洋、电磁环境等在内的战场环境生成。

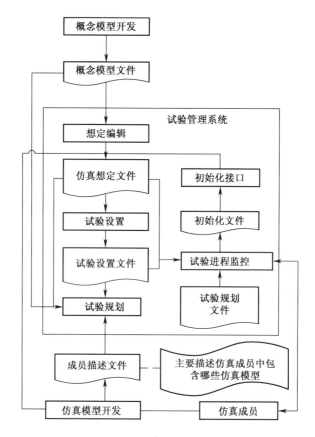

图 9-27 试验管理系统体系结构

（2）模型关联。建立概念模型与作战实体之间的关联。

（3）想定标绘。将作战部队编制、武器装备、重点目标等作战实体作为标绘对象，支持作战实体的"拖拉"操作标绘到电子地图上，支持作战实体随地图缩放、平移。

（4）任务规划。提供可视化的编辑界面，提取预先定义好的任务描述，作战实体按作战过程时间的先后选取任务类型，设置活动参数。

（5）轨迹设置。确定作战双方各参战实体的初始位置坐标值，为已部署的实体添加机动路径。

9.7.2.2 试验设置模块

采用试验设计方法（如析因设计、正交设计、中心复合设计等）设置各种战技方案，包括以下几个方面：

（1）仿真想定设计。当武器装备设计的相关战技指标不能由模型参数标识时，如美国海军研究生院关于濒海作战报告中考察的战技指标包括装备体系构成、通信网络结构、指挥控制类型、平台物理分布等，此时采用该功能虚拟一个仿真想定作为试验设置自身的输入。

（2）分析因子设置。支持用户按武器装备设计的相关战技指标选取模型参数或实例参数作为分析因子，并对分析因子的水平值进行设置。当选取某个模型参数作为分析因子时,将其作用于模型派生的所有实例;当选取某个实例参数作为分析因子时,只作用于参数所属的实例。

(3) 试验方案的生成。在选定的试验设计方法的约束下,根据每个分析因子的水平取值,确定试验设计表,生成试验方案。

(4) 仿真想定注册。当试验设置的输入为仿真想定时,则试验方案生成后,武器装备设计人员按试验方案进行想定编辑;所有仿真想定生成后,采用此功能建立试验方案与想定的关联关系。

(5) 试验次数设置。根据要消除的随机因素,设置各试验方案的运行次数。

9.7.2.3 试验规划模块

试验规划是依据试验方案开展批量仿真运行的前提,包括以下几个方面:

(1) 数据的采集规划。根据概念模型、仿真想定为数据采集工具生成数据采集单,确保数据采集工具在仿真运行过程中采集所需数据。数据采集单生成后,确定数据采集使用的计算机,生成数据采集规划文件。

(2) 实例的装配规划。完成试验所涉及的实例到成员的装配,生成实例装配文件。

(3) 试验的部署规划。完成试验涉及成员到硬件的部署规划,生成试验部署文件。

9.7.2.4 试验进程监控模块

试验进程监控是试验管理系统中最为复杂的一个部分,它由主控节点、主控代理、分控节点、网络等组成。其具体步骤如下:

(1) 试验资源部署。仿真运行开始前,主控节点根据试验部署规划文件,通过网络将各台计算机上运行的仿真成员以及与仿真成员运行相关的信息通过网络传输给分控节点。分控节点将仿真成员存储到默认的路径。

(2) 仿真成员启动。每次仿真运行开始前,主控节点通过网络向分控节点发送启动仿真成员命令。分控节点启动相应的仿真成员加入到仿真运行支撑环境中。

(3) 初始态势部署。每次仿真运行开始前,主控节点从仿真想定文件和试验设置文件中提取本次仿真运行需要的初始态势信息,并通过网络传输给分控节点。分控节点将初始态势信息存储于默认路径下,供仿真成员初始化调用。

(4) 仿真运行开始。每次仿真运行开始前,主控节点通过主控代理,判断本次仿真运行涉及的仿真成员是否已加入到仿真运行支撑环境中,当全部加入到仿真运行支撑环境时,主控节点通过主控代理向仿真成员发送开始仿真交互命令。

(5) 仿真运行暂停。单次仿真运行进行中,主控节点通过主控代理向仿真成员发送暂停仿真交互。

(6) 仿真运行继续。单次仿真运行暂停中,主控节点通过主控代理向仿真成员发送继续仿真交互。

(7) 仿真运行结束。单次仿真运行时,主控节点通过主控代理向仿真成员发送结束仿真交互,并通过网络向分控节点发送仿真成员关闭命令。

(8) 仿真成员关闭。每次仿真运行完成后,仿真成员通过主控代理告知主控节点本次仿真完成。主控节点接收到仿真运行完成的信息后,通过网络向分控节点发送仿真成员关闭命令。分控节点关闭仿真成员使其退出仿真运行支撑环境。

(9) 试验断点保存。仿真试验未完成时,结束仿真运行或意外中止,要记录下仿真运行进行到第几个方案的第几次。

（10）试验断点恢复。根据试验断点信息,继续开始仿真运行。

（11）试验数据采集。每次仿真运行开始前,主控节点通过网络向分控节点发送数据采集信息。分控节点启动数据采集工具使其加入到仿真运行支撑环境中,分控节点在启动数据采集工具时,向数据采集工具传递两个主要的参数:数据存储位置、数据采集单的位置。数据存储文件的名称由数据采集单、"_"和当前仿真运行的次序组成（如数据采集单的名称为"体系对抗真试验",仿真运行到第 10 次,则试验数据文件的名称为"武器装备仿真试验试验_10"）,这样数据存储文件的名称是唯一的,在综合评估中较容易建立试验方案与试验数据的关联关系。

（12）试验数据回收。仿真试验结束后,主控节点通过网络向分控节点发送试验数据回收命令,分控节点通过网络将试验数据传给主控节点。

试验进程监控如图9-28所示。

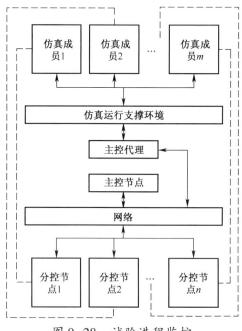

图9-28　试验进程监控

9.7.2.5　初始化接口系统模块

试验进程监控为仿真模型开发人员提供仿真成员初始化接口,分别为实例获取接口和参数值获取接口。参数值获取接口返回的是字符串,模型开发人员根据参数的数据类型进行转换。

9.7.3　应用过程

9.7.3.1　想定编辑

想定编辑中的概念模型读取接口,只获取对象模型定义中的对象。其中,模型与对象类对应,参数与属性对应。

9.7.3.2 试验规划

1. 实例装配规划

在仿真模型开发完成后,仿真模型开发人员向试验规划人员提供各联邦成员中所含的对象类,即仿真模型,试验规划人员根据获取的成员描述信息进行实例装配规划,形成实例装配规划文件。仿真模型开发人员通过向实例获取接口传递联邦成员名称,就能从实例装配规划文件中获取运行仿真实例。

2. 数据采集规划

数据采集规划中的概念模型读取接口,获取对象模型定义中的对象和交互,生成符合数据采集工具所需的数据采集单格式。

9.7.3.3 试验进程监控

在概念模型开发过程中,建立控制仿真运行的开始、暂停、继续、结束和标识单次仿真运行的 5 个交互。仿真系统中的所有联邦成员订购开始、暂停、继续、结束这 4 个交互;其中一个仿真成员能够根据战场态势判断仿真运行是否完成,并发布单次仿真运行完成交互,其他联邦成员订购单次仿真运行完成交互。主控代理也作为一个联邦成员加入到仿真运行中,它发布开始、暂停、继续、结束这四个交互,订购单次仿真运行完成交互。

9.7.4 试验与评估中的建模与仿真

9.7.4.1 支持作用

从系统工程的角度来看,试验鉴定过程如图 9-29 所示。从武器装备采办过程中提出试验鉴定需求出发,进入鉴定过程:确定关键问题、确定鉴定计划、试验后形成鉴定报告、最终权衡鉴定结果形成决策返回采办过程。试验过程嵌在鉴定过程中,是为鉴定提供数据信息。它包括试验设计、计划、试验构建、调整和预演,试验实施、获取数据、数据分析形成试验报告。试验鉴定的总过程不是单向的,它是一个不断迭代反馈的过程。在过程中,建模与仿真(M&S)应用与各个阶段,辅助试验鉴定人员完成既定任务。

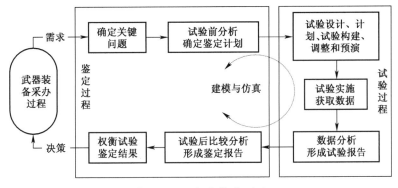

图 9-29 试验鉴定过程

1. M&S 支持试验设计和计划

建模与仿真可以辅助 T&E 的计划制定,减少试验费用。典型的参与领域包括想定开发、试验事件的时间调配;目标、分析要点和效能度量的开发;确认需要控制和度量的变量;数据采集开发;靶场资源的分配(如对于跟踪目标的测量设备的布点及调度等);试验方案和计划的预演、调整和优化。

2. M&S 支持试验实施

(1)仿真可以用来支持试验控制、确保安全。如在导弹发射试验的同时,在计算机上的虚拟场景中同步再现靶场试验,以利于现场观察和控制。同时也可以进行与试验相同的导弹弹道在线仿真,比较真实试验数据与仿真弹道数据,若有明显的异变或试验安全监控人员反应缓慢,计算机就会发出自毁命令。

(2)仿真可以用来支持试验执行和计划动态编制。由于实施试验的资源、时间和次数有限,它就要求试验主管对试验实施过程进行严格把控,确保可以获取满足试验目标要求的类型和足够的数据量,并确保试验过程中的安全。为了达到这些目标,试验主管必须能对试验计划和想定做较小的修改。这就要求对试验计划有动态分析和动态编制的能力。若使用与试验前计划时同样的仿真,试验者可以把前一天试验获取的数据作为输入,来决定数据是否完全满足试验目标。使用这些数据,可以仿真完整的试验,找出其中反映不充分的地方,再修改试验计划,从而把缺陷降到最小。

(3)仿真数据可用来参与和补充试验。例如半实物仿真试验,或者某些作战试验,它们应该在比较真实复杂的作战环境中完成,但事实上由于安全或其他原因,这些环境是不可模拟的(相对于承受能力而言)。例如:核影响,大规模联合部队,电子对抗;双方真实开火以及另一方的表现;等等。而仿真不受到安全因素的限制,能逼真地制造许多环境和试验所需的实体。

3. M&S 支持数据分析和试验报告

建模与仿真可以在试验后分析中使用,扩展和归纳,推断出其他条件下的试验结果。由于试验使用设备有限和控制大规模演习,以及收集数据和减少资源成本的困难,在某种程度上限制了 T&E 的规模。这样使得确定装备适用性(包括兼容性、互操作性、组织性等)的过程变得困难了。分析试验结果时,数据可以同早期在编制计划时仿真预测的结果进行比较。这样,仿真可以通过实际的真实试验结果来确认,同时试验结果也可以通过仿真来确认。

在试验鉴定领域,武器系统的仿真已经从研制性仿真发展到全寿命周期仿真,强调系统仿真与型号设计、飞行试验及其他试验的一体化。美军提出将仿真全面地应用在武器装备采办的试验鉴定过程中,将"试验-修改-试验"转变为"建模-仿真-修改-试验"的迭代过程,提出仿真试验与评估过程(Simulation Test and Evaluation Procedure,STEP)。在 STEP 中,仿真和试验综合在一起,相互依靠,最终达到有效性和高效率。仿真提供对系统性能和效能的预测,而试验提供关于系统开发风险和降低风险的信息,提供经验数据来确认模型和仿真,并决定系统在预期的使用中是否作战有效、适用和可生存。

9.7.4.2　局限性分析

建模与仿真在试验鉴定领域应用过程中,也存在很多局限性问题。这些问题一些是由于建模仿真固有的问题,一些是该领域应用特殊的问题,这些问题的存在也促使 M&S 的进一步发展。

(1)建模/仿真不是万能的。试验鉴定过程是非常复杂而且是很严密的,它决定了武器系统最终是以什么样的状态进入军队中,在战场上的作战效能如何。因此,如何使用建模仿真是需要慎重对待的。应该认识到,建模仿真不能完全替代真实的系统在靶场上的试验,而且鉴定问题单独地依靠 M&S 方法是不行的,需要与试验设计理论、统计分析理论等相结合才能找到解决问题的真正办法。

(2)模型的有效性问题。模型的有效性问题是指模型的校核、验证和确认(VV&A),它对建模仿真是否可以在试验鉴定中使用是具有决定作用的。但是,在实际使用中并非完全如此,一方面,仿真的 VV&A 工作比较缺乏甚至是不正确的,这与 VV&A 本身的难度密切相关;另一方面,进行全面的 VV&A 又是不可能的,这不但需要花费大量的人力、物力和时间,而且对于应用而言也许是种浪费。因此,对于仿真建模的 VV&A 问题,需要采取折中的办法,在保证建模仿真的有效性满足应用要求的前提下,进行必要的 VV&A工作。

(3)模型仿真描述的片面性。武器系统的内在子系统之间,以及和外在环境交互的关系非常复杂,在考察系统的某种特定行为时,不能片面地描述,而需要考察其他相关的部分,在考察环境交互时,要综合多种环境条件下的系统行为。

(4)未知不确定性问题。国外称这种问题为"unknown unknown"。在仿真建模过程中,研究人员是无法将自己所不知道的部分考虑在内的,这就会造成模型在描述系统行为上存在某种缺陷,而缺陷也许在仿真中是致命的。

(5)建模仿真的费效问题。使用建模仿真,不能只考虑其效果,还需要考虑达到最终效果需要花费的代价。在试验鉴定过程中,建模仿真的应用有时是必需的,例如在系统概念设计过程中需要仿真系统的概念行为,以及仿真无法实际模拟的核环境和要求建立仿真模型与模拟器等场合。但是对于其他有多种方法选择时,不能单单只考虑仿真的优点就否定其他选择,而要在综合考虑它们的费效比后,再决定是否采用建模仿真方法。

(6)建模仿真系统与其他试验系统的集成。为了更好地发挥建模仿真系统的作用,就必须与现有的试验系统、测量设备和靶场设施集成在一起,形成统一靶场试验环境。目前,美军采用试验鉴定使能框架 TENA 建立"逻辑试验(靶)场"。逻辑试验(靶)场集成一个甚至多个靶场现有的试验、训练、仿真和高性能计算技术等设备设施,并采用一个通用结构把它们连接在一起,为武器装备的复杂试验服务。

参考文献

[1] 陈西选,徐珞,等. 仿真体系结构发展现状与趋势研究[J]. 计算机工程与应用,2014,50(9):32-40.

[2] 石实,曹裕华. 美军武器装备体系试验鉴定发展现状及启示[J]. 军事运筹与系统工程,2015,29(3):46-51.

[3] 周彦,戴剑伟. HLA 仿真程序设计[M]. 北京:电子工业出版社,2002.

[4] Gustavsson P M. LVC Aspects and Integration of Live Simulation[C]. Simulation Interoperability Workshop,2009.

[5] Steinman J S. A proposed Open System Architecture for Modeling and Simulation (OSAMS) [C]. Simulation Interoperability Workshop,2007.

［6］陈西选,等.仿真体系结构发展现状与趋势研究[J].计算机工程应用,2014,50(9):32-36.

［7］李智.复杂系统分布交互仿真技术[M].长沙:国防科技大学出版社,2007.

［8］鄢沛,郭皎,等.基于 SOA 的柔性分布式仿真框架的设计[J].计算机仿真,2010,27(5):301-304.

［9］袁凌,张晓芳,等.分布式仿真多分辨率建模方法及一致性维护[J].计算机科学,2011,38(11):140-143.

［10］Komman B. D,Marion P. B. Cross-model Consistency in JSIMS[Z]. Lockheed Martin Information Systems Advanced Simulation Laboratory.

［11］Reynolds Jr P. F, Natrajan A, Srinivasan S. Consistency Maintenance in Multi-resolution Simulation[J]. ACM Transactions on Modeling and Computer Simulation,1997,7(3).

［12］Biddle M. A Proposed Scheme for Implementing Aggregation and Disaggregation in HLA[C]. Processing of 2000 Fall SIW,2000.

［13］范希辉,刘萍,等.面向服务的高层体系结构研究[J].计算机仿真,2012,29(11):382-385.

［14］廖瑛,梁加红.实时仿真理论与支撑技术[M].长沙:国防科技大学出版社,2002.

［15］郝雁中,杨承志.基于 HLA 的电子战飞机作战仿真系统研究[J].指挥控制与仿真,2008,30(3):102-105.

［16］邱晓刚,等.基于 HLA 的分布仿真环境设计[M].北京:国防工业出版社,2016.

［17］罗玉华,左军,等.一种基于 HLA 的分布式仿真系统时间管理方法[J].四川兵工学报,2001,32(3):109-111.

［18］赵雯,彭健.复杂军工产品虚拟试验验证技术研究与发展[J].计算机测量与控制,2011,19(6):1257-1260.

［19］赵雯,廖馨,等.虚拟试验验证技术发展思路研究[J].计算机测量与控制,2009,17(3):437-439.

［20］Paterson D J,etal. Architecture Issues for DIS-TO-HLA Conversion[R]. Naval Air Warfare Center Training Systems Division. 1997:11-13,18.

［21］廖建,彭健,等.虚拟试验体系结构研究[J].计算机仿真,2014,31(7):408-411.

［22］赵雯,胡德风.武器装备虚拟试验验证技术研究[J].数字军工,2007,5:30-33.

［23］李楠,杜承烈.虚拟试验系统框架技术的设计与实现[J].计算机测量与控制,2007,15(10):1367-1368.

［24］赵雯,廖馨,等.虚拟试验验证技术发展思路研究[J].计算机测量与控制,2009,17(3):437-439.

［25］陈留涛,丁刚毅.虚拟靶场体系结构设计[J].计算机辅助设计与图形学学报.2010,22(9):1600-1605.

［26］Kusnezov D F. Advanced simulation & computing [EB/OL]. [2009-10-15]. http://www. sandia. gov-PNNSAPASCPpdfsPASC-Bus-Mod-20052w. pdf.

［27］Edwards H C. SIERRA framework version 3：Core Services Theory and Design [EB/OL]. [2009-10-15]. http://prod. sandia. govPtechlibPaccesscontrol. cgiP2002P023616. pdf.

［28］陈留涛,丁刚毅.基于 HLA 的兵器试验场协同仿真框架设计[J].系统仿真学报,2008,20(11):2909-2913.

［29］Powell E T, Bachinsky S T, Olszewski J, et al. Synthetic Range Study Overview [C]. Proceedings of Fall Simulation Interoperability Workshop. Orlando：Simulation Interoperability Standards Organization, 2000：00F2SIW2098.

［30］曾少龙,李智.数字试验场体系结构研究[J].装备指挥技术学院学报,2011,22(6):111-115.

［31］关萍萍,翟正军.虚拟试验场运行支撑体系结构研究[J].计算机测量与控制,2009,17(12):2475-2478.

［32］郭齐胜,等.系统建模[M].北京:国防工业出版社,2006.

[33] 王安麟. 复杂系统的分析与建模[M]. 上海:上海交通大学出版社,2004.

[34] 陈森发. 复杂系统建模理论与方法[M]. 南京:东南大学出版社,2005.

[35] 程军锋. 复杂系统的计算机建模与仿真[J]. 喀什师范学院学报,2013,34(6):39-43.

[36] 蔡林. 系统动力学在可持续发展研究中的应用[M]. 北京:中国环境科学出版社,2008.

[37] 马力,张明智. 基于复杂网络的战争复杂体系建模研究进展[J]. 系统仿真学报.2015,27(2): 217-225.

[38] 赵宇红,吴爱燕,等. 基于多重广义算子的复杂网络建模方法的研究[J]. 计算机仿真,2013,30 (6):267-270.

[39] 方美琪,张树人. 复杂系统建模与仿真[M]. 北京:中国人民大学出版社,2011.

[40] 王亚康,郭晶,等. 基于 Agent 的复杂系统建模与仿真研究[J]. 电子设计工程,2011,19(9): 100-103.

[41] 廖守亿,陆宏伟,等. 基于 Agent 的建模与仿真概念化框架[J]. 系统仿真学报,2006,18(2): 616-620.

[42] 金士尧,李宏亮,等. 复杂系统计算机仿真的研究与设计[J]. 中国工程科学,2002(4):53-56.

[43] 廖守亿,陈坚,等. 基于 Agent 的建模与仿真概述[J]. 计算机仿真,2008,25(12):1-7.

[44] 曹占广. 基于 SOA 的联合作战建模与仿真问题研究[J]. 科学研究,System Simulation Technology & Application(Volume 13):227-230.

[45] 李浩,唐硕,等. 建模与仿真 VV&A 辅助软件设计与实现[J]. 飞行器测控学报,2012,31(2): 63-68.

[46] 廖瑛,邓方林,等. 系统建模与仿真的校核、验证与确认(VV&A)技术[M]. 长沙:国防科技大学出版社,2006.

[47] 孙世霞. 复杂大系统建模与仿真的可信性评估研究[D]. 长沙:国防科技大学,2005.

[48] 刘兴堂,等. 复杂系统建模理论、方法和技术[M]. 北京:科学出版社,2008.

[49] 王石,伍丁红,等. 基于风险函数的建模与仿真原理[J]. 计算机仿真,2011,28(10):87-90.

[50] 吴红,曹星平,等. 分布式仿真试验管理系统体系结构[J]. 计算机工程,2009,35(13):255-257.

[51] 杨峰. 面向效能评估的平台级武器装备仿真试验跨层次建模方法研究[D]. 长沙:国防科技大学,2003.

[52] 刘晨. 基于 SEB 组合框架的导弹武器装备仿真试验方法研究[D]. 长沙:国防科技大学,2005.

[53] 王维平,李群,等. 柔性仿真原理与应用[M]. 长沙:国防科技大学出版社,2003.

[54] Base Object Model Template Specification[S]. Simulation Interoperability Standards Organization, 2006.

第10章 试验数据管理与挖掘

在军工武器装备试验与评估过程中,产生海量信息。这些信息包括与试验、训练相关的各种类型数据,是在真实试验、虚拟试验或仿真过程中产生的具有高价值的宝贵资源,经过分析、处理后可用于武器装备设计、制造或装备科学研究之中。本章依次介绍了试验数据管理、试验数据仓库与典型的数据挖掘方法,最后介绍了云技术在空天地一体化试验体系中的应用。

10.1 需 求 分 析

武器装备研制过程中需要开展大量的高性能计算、仿真、虚拟与真实试验等工作,伴随这些工作,将产生大量的试验数据。无论是仿真试验、虚拟试验,还是真实试验产生的数据,都能够客观、真实地反映了武器装备系统在各种环境(包括作战环境)下的战技性能指标与综合作战效能,它是型号设计定型/鉴定和军事科学探索最直接、最重要的依据。随着军工武器型号研制水平不断提高与型号数量的增长,试验数据量直线上升。因此,有效管理和利用这些海量数据将具有极其重要的意义。

10.1.1 大数据特点

大数据是当前各行各业提出最多的前沿技术词汇,大数据时代的到来似乎势不可挡。其实大数据一直有之,只是因为之前人们受限于存储与处理技术和手段而对大数据束手无策。当前,信息存储与计算能力以摩尔定律式的发展为大数据的分析处理创造了技术条件,因此确切地说,应该是"大数据处理时代"的到来。有着大数据时代的预言家美誉的英国信息专家维克托·迈尔–舍恩伯格,在他的《大数据时代:生活、工作与思维的大变革》一书中,也准确地诠释了大数据时代这一深刻的内涵——大数据的核心是分析、处理和预测。

大数据技术还在不断丰富发展中,人们对大数据的概念特征也莫衷一是,通常认为大数据具有数据量大、种类多、处理时效性要求高和数据质量要求高等四大特点,而军工试验数据则更能体现大数据特性。以试验为例,试验数据以 TB 级的速度积累;数据类型几十种甚至更多;数据处理要求实时或准实时;而表征工程物理模型的试验数据,必须精确可靠。

对于军工试验数据而言,除以上四个特征之外,还具有另外两个很重要的特征,即试验数据的复杂性和试验数据非结构化特征。试验数据是表征武器装备所有系统及其综合状态,以及所蕴含的专业机理和综合复杂因素与系统整体之间的状态交错所形成的逻辑关系。另外一个很重要的特征是试验数据非结构化特征,这一特点则非常符合《大数据时代:生活、工作与思维的大变革》中所描述的大数据特征,只有不到3%的试验数据是结构化且能适用于传统数据库,而其余的97%以上则是非结构化数据,如图10-1所示。面对这些专有格式的非结构化数据,必须研究建立符合试验数据及其应用特点的大数据仓库,为大数据的分析挖掘提供良好的基础。

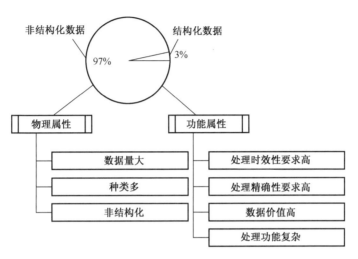

图 10-1 试验数据大数据属性特征

以飞机为例,试验数据与处理具有如下特点:

1. 测试参数类型多种多样

近些年来出现的各种新型航空数据总线与新型参数测试数据,如航空全双工以太网总线数据 AFDX、光纤 FC-AE 总线数据、综合遥测网络数据 iNET 数据、军用 1394B 总线数据等,也有一直以来使用的成熟总线如 1553B、CAN、RS422/232/485、ARINC 429/818/664 等总线数据,还有越来越多的来自于新的加装传感器的数据。试验数据有结构化数据与非结构化数据,其中非结构化数据占有相当大的比例;试验数据种类包括图像、数字、文字、视频、音频等类型数据。

2. 试验测试参数量和数据量越来越大

试验测试参数量已发展到数万个,参数采集速率从每秒几十次到几十 K,每一试验机每次试验数据量平均达到 50GB 以上,各种视频数据高达 100GB 以上,以每天十架次飞行试验为例,再加上地面试验与仿真数据,其数据量将达到 1~2T。试验数据量剧增,大大增加了试验数据仓库的压力,也为数据管理、快速处理与分析带来了很大的困难。

3. 用户众多,数据处理功能各异

试验场试验设计师、测试工程师、数据分析工程师与主机厂所和协作单位的设计师等多个用户对试验测试数据处理与分析要求各不相同,数据管理与数据处理平台必须满足所有用户的处理需要。数据处理过程一般分为实时处理、预处理及事后处理三个数据处理过程。

试验数据管理,是指统一管理这些结构化与非结构化的数据文件及其相关测试与试验工程信息,才能按照各用户的需求实现数据应用处理。

4. 试验测试数据与试验状态信息紧密相关

非结构化试验测试数据与试验状态信息、测试校准信息具有强耦合性。事实上,离开了试验状态信息的测试数据及相关信息几乎毫无价值。因此,无论是试验数据管理还是试验数据分析,都需要采用相关的管理和处理方法、软件,处理试验科目的工程量数据,以保证试验数据处理结果准确与可靠。

5. 试验测试数据是提高武器装备水平的重要依据

试验测试数据是通过仿真试验、虚拟试验或真实环境试验得到的宝贵资源,尤其是真实试验数据,成本高、周期长,具有客观、真实的特点。这些试验测试数据既可以用于对武器装备的鉴定评估,也可用于武器装备新理论、新技术和新方法的探索与研究,还可用于武器装备的设计、制造或改进与改型之中,是高价值的军工产品。

10.1.2 试验数据管理现状

随着武器装备试验任务与多年累积试验数据的急剧增加,数据结构越来越复杂,数据量也越来越大。大量的试验数据都以各类电子文档的方式进行保存及共享。各数据采集系统产生的原始数据文件格式标准缺乏一致性,难于完成数据标准化处理;多年积累的原始数据和近几年急剧增加的海量数据缺乏有效管理,导致数据检索、分析不便;数据的分散存放导致数据资源难以共享,数据利用率低;通过第三方软件导入数据进行同型号试验数据趋势性浏览与比较分析时,因导入数据量大导致分析操作难度大,分析效率低。因此,对试验数据管理系统在管理效率、平台化、精确性以及安全性等方面提出了越来越高的要求[1]。

目前,试验数据管理方面存在的主要问题有:

(1) 易出错:试验数据的准确性对试验至关重要,但是由于在数据管理中存在大量的手工操作,难免会出错误,影响试验数据处理与分析的准确性。

(2) 效率低下:试验数据处理工程师从海量数据文件中浏览、查找所需要的试验数据需要花费很长的时间。

(3) 数据利用率低:与试验数据相关的状态信息,还停留在手工记录及分析阶段,无法实现数据信息资源的共享与相关分析,从而导致试验数据整体分析的缺陷与分析处理的完整性和正确性问题。

(4) 试验数据管理缺乏统一有效的存档和管理平台。

(5) 安全保密性差:以文件方式保存的试验数据容易受到未经授权的修改及访问,使重要数据资料的安全性大大降低。

(6) 无法进行有效的数据分析挖掘工作:在试验中获得的试验数据,具有丰富的信息内涵,简单的文档管理无法通过数据挖掘去分析和利用那些有价值的信息。

在试验数据管理技术上,针对某一种或者几种试验的数据管理采用的比较成熟的方法如下:

(1) 通过手工建库及手工创建数据导入脚本的方式来实现试验数据导入。

(2) 当试验、仿真设备或者数据格式发生变化时,通过对多种接口进行有针对性地二次开发。

(3) 改变试验数据的存储格式,以 XML 文件的方式保存试验数据,并通过试验数据管理系统保存到数据库。

随着武器装备试验与鉴定任务的持续增加,各试验机构已积累了大量的地面试验数据、模拟/仿真数据与飞行试验数据,因此,在统一管理非结构化试验海量数据的基础上,面向应用的设计集成到试验数据管理系统(Test Data Management System,TDMS)中,以满足试验与用户数据处理需求。在试验数据管理中,采用基于 WEB 服务驱动的 SOA 技术架构的试验数据管理方法,从数据层到用户接口层,建立试验数据管理系统各个逻辑层的标准服务管理、发布和应用方法、策略和工具,实行统一管理与应用。基于 SOA 架构的试验数据管理系统,既保证试验数据的可靠性和完整性,也提高试验海量数据的处理效率。SOA 技术架构具有开放性、灵活性、融合性等特点,因此系统应用功能可根据需要进行扩展,易于与其他应用系统进行集成。

10.1.3　能力分析

试验的目的是为了获得有关试验对象与环境的有效、正确与可靠的试验数据,因此建立统一的试验数据管理平台,对大量试验数据文件进行有效组织管理和高效率维护,是武器装备试验大数据时代必需的基础能力。在此基础上,各种授权用户可以根据需要对试验信息进行各种分析、处理与应用,如数据查询和数据信息统计分析、数据协同分析与处理等,从而获得可靠准确的评估依据,提高试验数据的综合利用效率。结合试验数据特性和数据管理特点,以及目前试验数据管理所面临的主要问题,需要实现以下试验数据管理能力。

(1) 快速规划能力:试验工程师可以快速完成试验规划和设计工作,实现文件签转、任务管理、资源配置等功能。

(2) 资源共享能力:通过企业内部资源网络构建分布式试验数据系统,实现数据资源共享。

(3) 快速响应能力:能够实现试验数据方便快捷的查询、管理、动态建库、导入/导出等操作。

(4) 快速处理能力:数据处理工程师可以方便地完成数据分析、数据绘图、报告生成等工作。该系统可以提供通用的接口,可以集成任何用户所需的算法和软件工具。

(5) 安全防护能力:加强数据安全性,对系统进行权限设置及管理。

随着复杂武器系统尤其是大系统的试验与评估(T&E)需求的增长,随之而来的试验数据管理要求也随之提高,分布式存储与管理策略更适应 TENA 系统的数据管理模式。从试验数据管理能力需求出发,分布式试验数据管理应满足以下要求:

(1) 可访问性:是使用户能够方便地进行远程信息访问,并且以一种受控的方式与其他用户共享这些资源。这些信息如第5章所描述的资源应用程序、工具和试验数据等。

(2) 透明性:是指分布式平台是一个整体,系统对用户和应用程序屏蔽其组件的分离性。如果一个分布式系统能够在用户与应用程序面前呈现为单个的计算机系统,这样的分布式系统被称为是透明的。

(3) 开放性:计算机系统的开放性决定系统能否被扩展和重新实现。分布式系统需要根据一系列的准则来提供服务,这些准则描述了所提供服务的语法和语义。

(4) 可重用性:是指在数据仓库中的所有信息不仅可为本次试验处理与分析服务,还可以为仿真建模、数据挖掘服务。

(5) 可互操作性:是指用户通过中间件,实现数据语义级管理的互操作性,但是这需要一个较长时间的升级与完善过程。

(6) 可扩展性:分布式系统的一个重要目标是能在不同的规模下有效运转。如果资源数量和用户数量激增,系统仍能保持其有效性,那么该系统就是可扩展的。

10.2　试验数据管理与应用

10.2.1　基于元数据的试验数据管理架构[2]

随着计算机科学的不断发展,数据管理系统设计由传统的面向过程的数据库管理系统的设计方法向面向对象的数据库管理系统的设计方法转变。面向对象数据库管理系统,结合了面向对象技术的优点和传统数据库的功能,成为适合于试验数据管理这一特殊领域应用的新一代数据库管理技术。

通常,军工产品试验过程的几个阶段分别为试验准备、试验过程、试验结果处理以及试验数据分析与利用。整个过程按照试验进度大致为串行关系。在每个阶段对数据管理系统的需求主要包括:

(1) 试验准备阶段:试验项目管理、试验任务分配及试验资源分配等。

(2) 试验过程阶段:试验参数设置与管理、试验流程管理及试验数据采集等。

(3) 试验结果处理阶段:试验数据读取与格式转换、试验数据计算及可视化等。

(4) 试验结果分析与利用阶段:试验结果比对、试验数据查询检索及试验报告生成等。

这种试验流程为:首先需要在系统中对试验过程进行流程建模,然后由试验各阶段参与人员执行流程中的相应任务节点,完成试验过程。在试验过程中,由试验工程师上传试验数据的原始文件、输入工况信息、选择试验设备;系统根据流程定义,使用上述输入参数及数据,对试验数据进行仿真、处理、或高性能计算,产生对上述过程计算结果的存储;系统同时还会对整个试验过程中的数据关系进行维护,生成数据谱系图等便于查看对象关联关系。当仿真计算过程结束后,分析工程师可以查看和比对试验结果,并根据需要生成试验报告,在分析阶段和使用阶段,能够调用可视化控件等第三方控件在线查看数据的可视化结果。针对分析结果,可以完善知识库、分析模型。试验流程中的数据管理需求分析如图 10-2 所示。

试验数据管理系统采用基于浏览器的 B/S 架构,用户按照被系统赋予的权限,在管理平台中进行分析和设计。用户在该平台中所完成各项工作的所有数据均可便捷地保存到数据库中,以保证数据的一致性。系统平台由应用层、核心层和数据层组成,如图 10-3 所示。

应用层主要负责向用户提供各个功能模块及界面工具,满足对试验数据管理系统的使用需求;核心层主要负责系统中对象化数据管理和流程驱动等核心功能的实现,提供各

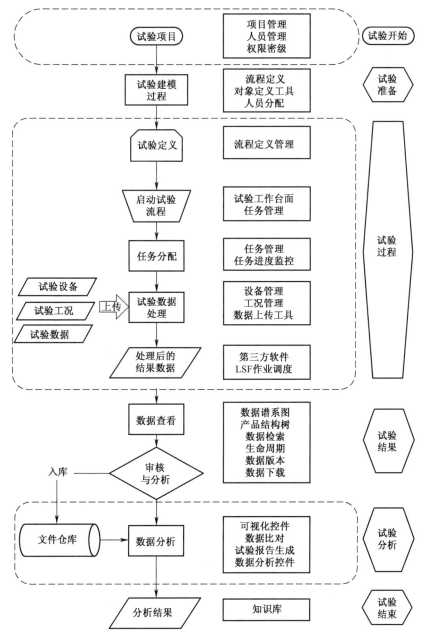

图 10-2　试验流程中的数据管理需求分析

类外部接口访问的 API;数据层主要负责与 SQL Server、Oracle 和 DB2 等底层商用数据库的访问操作,以文件仓库形式对非结构化数据文件进行存储,并能通过作业调度接口调用第三方计算服务器。

1. 数据管理

数据管理系统以数据引擎为核心,按照功能性质可分为数据建模、数据产生、数据应用三个阶段。数据建模采用自定义数据对象类的方式实现,能够支持不同试验过程中各种复杂的数据结构和数据格式。模型建立之后,数据对象可以通过调用 AE 进行创建,在

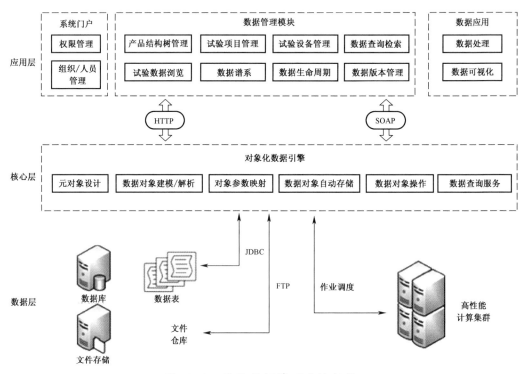

图 10-3　试验数据管理系统架构

AE 执行过程中,数据对象的关联关系以及谱系关系也会随之产生。在数据分析应用阶段,可以通过第三方的分析软件或可视化控件对系统中的数据进行分析,同时还提供了对数据对象的查看、检索等基本功能,如图 10-4 所示。

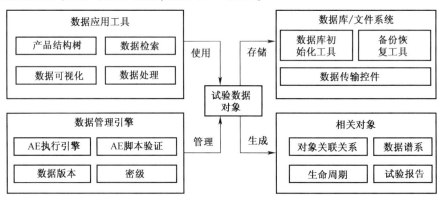

图 10-4　数据管理功能模块图

1) 基于产品结构树的数据导航

产品结构树,是指依据产品几何结构间的隶属关系所形成树状图,设计师一般按照产品结构树对三维模型进行管理。因此,需要为用户定制与 PDM 系统一致的产品结构树,实现数据按照产品间的隶属关系分层管理,以符合试验工程师使用习惯。用户通过点击产品结构树上的节点,即可显示隶属于该节点的数据,试验数据按条列表显示数据基本信息,并能查看和下载源文件。管理员能够根据用户需求进行个性化定制,具体功能包括对项目、零部组件等各级节点的增加、删除、修改等操作,以满足普通用户的需求。

配置产品结构树,采用 XML 文件进行描述,通过解析 EL 表达式实现灵活配置。EL 表达式在处理数据管理关系时具有强大的表述能力,结合产品结构的需求,需要定制多个维度的数据对象所对应的数据类,各维度之间无直接关系,但可通过数据实现间接关联,如图 10-5 所示。

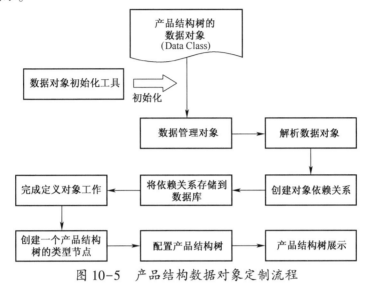

图 10-5 产品结构数据对象定制流程

2）基于数据谱系的查询检索

通过数据对象详情可对数据上传时间、上传人员、文件类型、所属项目等信息进行追溯,还可对数据操作之间的关联关系和数据版本号等信息进行查看。试验查询搜索功能允许用户通过关键字来快速查询和搜索数据,快速查询将根据关键字返回数据库中具有关联关键字的数据对象,通过选择可限定该关键字出现的具体位置。对于查询的结果,用户还可以根据数据类型、所有者等属性对查询结果进行筛选,以缩小搜索范围,提高检索效率。

2. 应用工具

1）试验数据可视化

仿真和试验数据格式各不相同,不同格式数据读取与显示依赖于不同的软件。在客户端对这些数据进行读取和显示时,需要安装相应的软件,使得数据显示过程较为繁琐。因此,需要采用可视化工具实现仿真和试验数据的统一在线显示,以方便用户直接查看。用户通过浏览器登录进入数据管理系统,点击需要查看的数据,如果本地计算机上未安装可视化控件,则提示并自动安装。用户正确安装该控件后,即可通过浏览器窗口直接显示查看的三维模型、仿真或试验结果,而不需安装种类繁多的软件(如 CAD、CAE 等),便于用户查看数据。

可视化控件能支持多种数据格式的在线查看,数据管理系统服务器,提供可视化控件的下载和版本管理,以及文件格式和控件在页面打开时的关联操作。通过编写可视化控件程序,实现文件类型的可视化控件调用,如果控件不存在,将提示客户端安装可视化控件。

2）试验数据处理与分析

为更好地利用仿真和试验结果,需要对仿真和试验数据进行处理,以方便用户查看和分析。试验数据处理与分析主要通过提供数据读取的 Web Service 接口,调用分析控件实现对系统中数据的分析处理,这部分功能需要通过 Web Service 接口将试验数据开放给第三方控件(如数据导入、导出控件、数据分析控件等)。第三方控件能够将不同格式的数据以表格、曲线图、散点图、柱状图等不同的形式显示,能够完成对数据的常用处理操作,主要包括对数据进行插值、拟合、微分积分、FFT 分析和滤波等,同时支持用户采用自定义算法对数据进行处理和分析。

10.2.2 SOA 体系架构[3-6]

10.2.2.1 基本概念

面向服务的架构(Service-Oriented Architecture,SOA)是十多年前逐步发展起来的一种企业业务应用系统架构设计方法。SOA 集运行环境、编程模型、架构风格和实现方法在内的分布式软件系统构造方法和环境,涵盖服务系统的建模-开发-综合-部署-运行-管理全寿命周期。其核心是把 SOA 系统架构的各个层面、各类逻辑或者业务应用抽象为服务元素,在标准的服务发现、发布和绑定应用接口的基础上,实现系统综合服务能力不断提升、更新和快速发展,与具体的实现方法和平台无关,如图 10-6 所示。

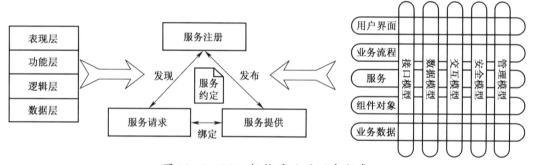

图 10-6 SOA 架构系统的服务抽象

10.2.2.2 SOA 架构特点

从图 10-6 可以看出,设计 SOA 架构的系统,核心问题是抽象出各层中可独立开发、灵活重用、满足业务需要的服务元素,服务就是 SOA 的关键概念。SOA 系统的整个生命周期实际上就是面向服务的生存过程。实现 SOA 系统的三个关键因素是 SOA 的管理策略与过程、SOA 的原则与准则以及 SOA 的方法与工具,这三个关键因素从系统的决策与问题解决过程、服务的注册与质量管理、服务的开发与应用标准等方面,全面地说明了SOA 系统的设计要素,贯穿到业务系统中的各个逻辑层面,从底层的数据模型一直到直面用户的界面应用层。

实际上,系统架构从传统的主机模式架构,继而被客户端-服务器架构取代,到现在的基于 WEB 的分布式服务解决方案,都是 SOA 架构技术的发展过程,也最终成就了丰富、标准、不断完善和具有光辉前景的 SOA 技术架构的内涵。目前,由 WEB 服务驱动的SOA 正在无所不在的信息化领域内成为业务系统的主流,这是因为 WEB 服务平台很好地定义了用于所有服务的标准和运行工具,这些服务能够运行一致,与底层技术无关,具有统一的应用接口,WEB 服务平台促进了 SOA 的实现,成为新一代面向服务开发的最佳实践工具。

SOA 架构的最大特点就是面向服务,从设计、开发、实现,到部署、管理、应用、维护,贯穿系统的生命周期,而 SOA 架构的最大的优点则是其针对业务所具有的适配性、灵活性、可重构性等,使应用系统具有业务应用的重生功能,系统的不断轮回发展,满足了业务功能不断扩充的应用需求,提高了系统用户的应用满意度,也提高了开发者、应用者的综合回报。这正是 SOA 生命力的所在。

10.2.2.3 基于 SOA 的试验数据管理架构

基于 SOA 的试验数据管理系统(Test Data Management System,TDMS)总体架构如图 10-7 所示。

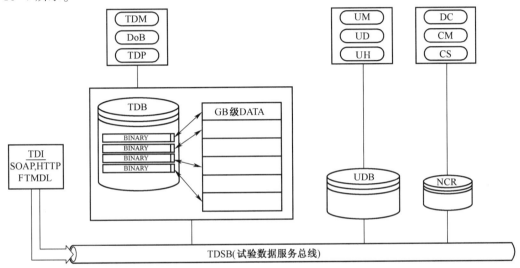

图 10-7 基于 SOA 的试验数据管理架构

图 10-7 中,试验数据管理系统(TDMS)由四个服务集组成:服务总线层、试验数据存储层、用户数据存储层和计算资源管理。

(1) 由试验数据接口(Test Data Interface,TDI)服务组成的试验数据服务总线层(Test Data Service Bus,TDSB),是基于 SOA 架构的 TDMS 中试验数据业务服务总线(TDSB)实现服务之间的数据信息交换,用来将各类业务服务集成到系统之中。包括简单对象访问协议(Simple Object Access Protocol,SOAP)、超文本传输协议(Hyper Text Transfer Protocol,HTTP)和试验元数据语言(Test MetaData Language)。

(2) 面向服务的试验数据存储层(Test Data Base,TDB),用于实现面向试验对象数据信息的存储、管理和应用,包括试验数据管理(Test Data Management,TDM)、基于二进制文件的数据管理(DataBase of Binary,DoB)、试验数据处理(Test Data Process,TDP)三个试验数据服务集。

(3) 面向服务的用户数据存储层(User Data Base,UDB),用于实现面向用户的应用服务管理。包括用户管理(User Management,UM),用户数据管理(User Data,UD)和用户服务接口管理(User Interface,UI)。

(4) 面向服务的网络计算资源管理(Network Computation Resource,NCR),用于实现面向计算应用的非结构化试验海量数据网络计算服务,包括分布式计算调度管理(Com-

putation Scheduler,CS)、分布式计算管理(Computation Management,CM)和计算资源管理(Distributed Computation,DC)。

10.2.3 TDMS 主要服务集

10.2.3.1 试验数据服务总线(TDSB)

TDSB 是 TDMS 中的企业服务总线(ESB)。它采用 SOAP 协议、HTTP 标准协议,传输 Web 服务描述语言(Web Service Description Language,WSDL)定义测试元数据语言(Test MataData Language,TMDL)。测试元数据信息以 XML 表示,并对系统中各类服务进行数据信息交换和服务响应的规则进行定义。TDSB 有效地连接系统中各个服务组件,包括底层数据信息访问、中间层业务逻辑实现以及与本地管理用户和远程应用用户的接口 GUI 等所有的服务,如图 10-8 所示。

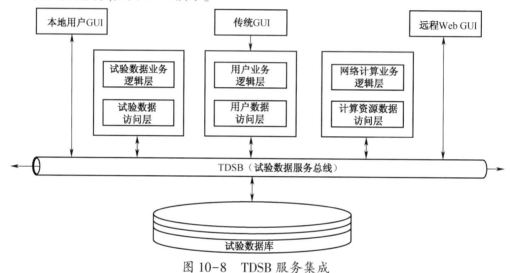

图 10-8　TDSB 服务集成

按照一定规则,TDB 服务集将试验对象及其试验数据信息的参数、属性、结构等系统地纳入到数据库中;按照系统确定的安全策略,UDB 服务集从 TDB 服务集定义的数据库中抽取可用的数据信息,并以系统开放的 UI 服务集展示;NCR 服务集则结合 TDB 服务集的试验数据和 UDB 提交的处理需求,完成网络计算资源调配并进行计算,将结果信息提交给 UI 服务集。

简单类型直接定义某一种类型的参数,而复杂类型则是由一个或多个简单类型或复杂类型参数组成。两种类型参数组合并应用 XML 语义规则,形成了测试元数据的定义。

10.2.3.2 试验数据存储处理服务

试验数据存储处理服务集,主要用于非结构化试验大数据文件管理。由于武器装备采集数据量大,若采用结构化数据库技术管理这些非结构化海量数据,则无法满足数据应用和维护需要。因此,采用基于 DoB 的试验数据存储服务集,可对非结构化海量数据文件与结构化试验信息进行有效管理。同时,与 NCR 服务集结合,实现分布式网络计算服务,满足用户应用要求。

基于 DoB 的试验数据存储处理服务集,主要包括:

（1）非结构化海量文件处理集。实现非结构化海量试验数据完整性检查、文件远程传输服务与文件说明信息的处理等；

（2）结构化数据信息处理集。采用结构化数据信息处理集与非结构化海量文件处理集结合方式，对结构化试验信息进行检查和管理，确保试验数据库中关联数据存储的完整性；

（3）数据完整性维护集。DoB 完整性维护服务集，实现非结构化海量试验数据与相关结构化试验信息的一致性、完整性，以及可靠性检查与维护。

10.2.3.3 分布式网络计算服务

在 TDB 数据管理基础上，分布式网络计算服务集实现非结构化试验数据分布式网络计算。主要包括分布式计算调度 CS 和分布式计算服务管理 CM。图 10-9 给出了分布式网络计算服务的实现架构。

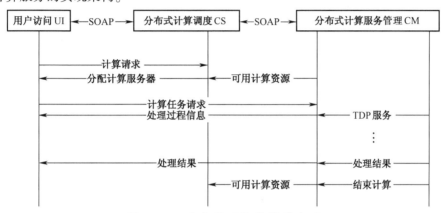

图 10-9　分布式网络计算的实现

图 10-9 中，UI、CS 和 CM 服务集，通过 SOAP 协议传输 TMDL 消息，完成数据与服务的请求和交换。CS 接收到用户计算请求后，轮询计算资源管理 DC 中可用计算服务，并转发 UI，建立 UI 和 CM 之间的计算连接。此时，CM 根据 UI 请求，从 TDP 中调取相应类型数据的处理服务，把处理过程信息实时地传递给 UI，用户可以掌握试验数据处理的全过程及其状态。网络计算结束后，CM 把数据结果传输给 UI 的同时，将释放的计算资源返回到计算资源库中。

计算资源库 DC 中可以由多个 CM 组成群集，按照系统确定的服务注册协议和任务计算量动态地组成不同规模的计算群集，提高系统响应能力。试验数据处理服务集能够自动增加新的数据处理服务组件，满足试验数据处理的不同需求。

10.2.4　分布式试验数据系统应用

基于 WEB 的分布式试验数据系统，充分利用 NAS 存储的统一命名服务功能，实现对试验海量数据和信息的存储和管理。利用 Windows 底层的 Socket 技术，实现海量数据的分布式计算调度和分布式计算。多台分布式调度服务器可以组成分布式调度群集。分布式计算服务器群集，可形成能力强大的网络计算资源，快速响应用户的分布式计算请求。一个典型的基于 Web 的分布式试验数据系统组成结构图，如图 10-10 所示。

分布式试验数据系统主要由以下部分组成：

（1）基于 Web 的 SOA 架构的试验数据库管理系统，管理和维护系统运行所需的所有

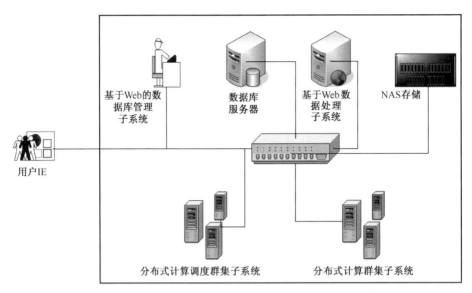

图 10-10　基于 Web 的分布式试验数据系统组成

支持信息,包括试验海量数据信息;

（2）基于 Web 的试验数据处理系统,为用户提供系统数据信息的访问、处理和应用;

（3）分布式应用中间件,分布式计算任务的功能应用主体;

（4）分布式调度群集子系统,负责分布式计算任务的调度;

（5）分布式计算群集子系统,负责分布式计算任务的执行。

试验数据系统是一个 B/S 结构的应用系统。用户可通过浏览器实现对数据的处理与访问。所有访问都要经过管理子系统授权,用户使用行为都会由系统管理模块记录下来。分布式网络计算和标准数据处理工具箱都是通过 ActiveX 控件实现的。因此用户在使用该系统之前,需要安装一系列 ActiveX 控件,如图 10-11 所示。

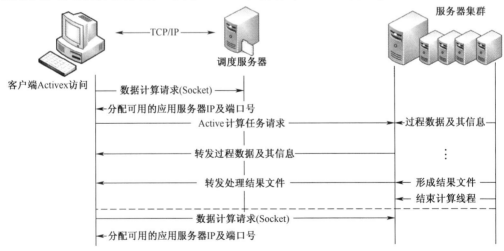

图 10-11　分布式计算示意图

　　基于 SOA 的 TDMS,实现了试验海量非结构化数据信息与试验信息的综合管理,为用户提供基于 WEB 的分布式网络计算能力。TDMS 先后应用在 ARJ21-700 等多个型号的试验中。结果表明,基于 SOA 的 TDMS 能够有效地管理非结构化海量试验数据,也能提高用户数据处理能力。TDMS 采用面向服务的 SOA 架构,有利于系统扩展和升级完善,使用方便、维护简捷。

10.3 数 据 仓 库

10.3.1 数据仓库基本概念

数据仓库(Data Warehouse,DW/DWH)概念创始人 W. H. Inmon 在《建立数据仓库》一书中,定义数据仓库为面向主题的、集成的、不可更新的(即稳定性)、随时间不断变化(即不同时间)的数据集合,用以支持经营管理中的决策制定过程。数据仓库,是在数据库已经大量存在的情况下,为了进一步挖掘数据资源、为了决策需要而产生的一种数据存储形式,它并不是所谓的"大型数据库"。

数据仓库系统从操作型数据库中抽取数据,实现对集成和综合后的数据管理,并把数据呈现给一组数据仓库前端工具,满足用户各种分析和决策需求。数据仓库系统的前端工具以在线分析处理(Online Analytical Processing,OLAP)和数据挖掘(Data Mining)工具为代表,是用户从数据仓库中提取、分析数据,以及实施决策的必经途径[7]。

10.3.2 数据仓库结构与特点

10.3.2.1 数据仓库基本结构[8]

在数据仓库中存储信息,依据对数据不同深度的处理分析而区分为不同的层次。其基本结构分为以下几个部分:

(1)历史性详细数据层。它存储历史数据,用于数据对比、回归、汇总等,提供用户分析、建模、预测之用。历史数据一般为 5 年、10 年或更久的数据,在数据仓库中对数据/信息进行分类存储。

(2)当前详细数据层。该层存储当前最新详细数据,重点用于描述当前情况,是进行数据分析的基础。在一定时间周期后,这些数据会转移到历史数据层。

(3)归纳总结层。该层可包含多个层次,根据所需分类和归纳条件而定,对数据/信息进行简单汇总,例如按周、月、年存储的数据/信息。

(4)专业信息分析层。它是更深层次的专业分析结果,一般采用统计分析、运筹分析与时间序列分析,以及各种数学模型、算法等方法,形成决策依据信息。

(5)仓库结构信息。数据仓库内部结构信息,反映各种信息在数据仓库中的位置分布和处理方式等,以便检索查询之用。

在数据仓库中进行数据整理时,依据数据访问概率,把数据分为经常被访问但较少被修改的数据和经常被修改但较少被访问的数据两大类。对于前者,可以做较多的索引(一般可做 8~12 个)来提高访问的效率;对于后者,就必须少建索引。这是因为经常被修改,重索引概率就很大,会降低系统效率。

10.3.2.2 数据仓库特点[9]

数据仓库最基本的特点,是客观、真实地存放数据。数据仓库的建立并不是要取代数据库,它是要建立在一个全面和完善的信息应用基础之上,支持高层决策分析;而事务处理数据库在企业信息环境中承担的是日常操作性任务。数据仓库是数据库技术的一种新的应用,到目前为止,数据仓库还是用关系数据库管理数据。数据仓库的主要功能,是提供企业决策支持系统或执行信息系统(Executive Information System ,EIS)所需要的信息,它把企业日常运行中分散的数据经归纳整理后,转换为集中统一的、可随时取用的深层信息。这种信息虽然也是按关系数据库的存储结构进行存储,但与面向逐条记录的联机事务处理(Online Transaction Processing ,OLTP)不同。因为在数据仓库中一条记录,也可能是基础数据中若干个表、若干条记录的归纳或汇总。因此,数据仓库的基本特点如下:

(1) 面向对象性。数据仓库中存储的数据/信息是面向主题组织的。按照主题所需要的信息,把数据加工、整理之后存储起来,也称为横向存储,即按对象对数据进行分类存储。

(2) 数据历史性。数据仓库中可以存储5~10年或更久的历史数据。数据具有时间标记,满足比较、分析和预测等处理需求。这种按时间历程组织的数据称为纵向存储,即按时间序列对数据进行分类存储。

(3) 数据集成性。无论数据来源于何处,进入数据仓库后都具有统一数据结构和编码规则,即数据仓库中的数据具有一致性的特点。

(4) 数据只读性。数据仓库是一个信息源,它为处理与分析软件系统等提供信息服务。它是只读数据库,不能改动,只能更新,确保其客观性。

(5) 操作集合性。数据仓库可通过快照机制,成批地更新数据,将其载入数据仓库,也可以成批地访问数据。

数据仓库通过定义元数据把整个数据组织起来。在元数据中,有一类记录信息,它定义了数据存储、修改权限等。记录系统将原始数据转换成适合于数据仓库应用数据,采用C/S(Client/Server)模式。

10.3.2.3 数据仓库与数据库

数据仓库的出现,并不是要取代数据库。目前,大部分数据仓库还是用关系数据库管理系统进行管理。由此可见,数据库与数据仓库相辅相成。数据库是面向事务的设计,数据仓库是面向主题的设计;数据库一般存储当前数据,数据仓库通常存储历史数据;数据库设计是尽量避免冗余,而数据仓库在设计中有意引入冗余;数据库是为捕获数据而设计,数据仓库是为分析数据而设计。数据仓库的两个基本元素是维表和事实表,弥补了原有数据库的缺点,将原来以单一数据库为中心的数据环境发展为一种新的体系化环境。

10.3.3 试验数据仓库设计[10]

试验数据仓库设计主要包括试验数据基础构造、试验数据规范、元数据与试验数据存储和试验数据仓库管理等。

本节以试验数据仓库设计为例,分别加以说明。

10.3.3.1 试验数据仓库基础构造

试验数据非结构化特点是数据仓库设计要考虑的问题,但数据仓库的基本设计理论和方法还是适用于试验数据仓库设计,即试验数据仓库设计主题明确,面向试验工程师和科学研究应用主题;数据仓库内容全面,综合了试验过程中相关的复杂数据信息而不仅仅是试验与测试数据;数据的时间特性涵盖每一项工程的历史过程,测试数据之间的时间同步特性要求更精确;数据不可更改;适合的数据粒度便于数据的存储和处理性价比等。这四个方面的要素构成了数据仓库的关键定义,结合试验数据特点,构建试验数据仓库。

如图 10-12 所示,试验数据仓库的基础构造与传统的数据仓库构造表面上是一致的,但在具体设计与实现上则体现了试验数据非结构化大数据的显著特点,为面向试验工程或其他科研工作对试验数据应用需求而设计。数据规范与准备主要是建立和维护试验数据仓库的维度模型,对结构化的试验工程信息和非结构化的大数据进行统一管理。试验元数据则是试验数据仓库及其处理系统之间的关系纽带,是试验数据仓库中最基础的描述元素,是实现数据仓库各类服务的接口规范。

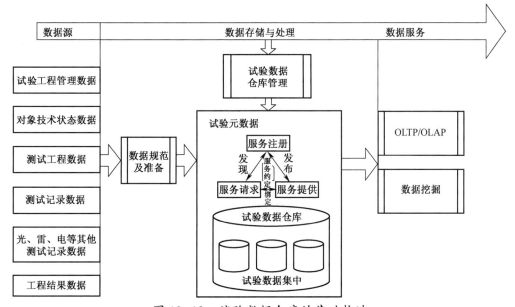

图 10-12　试验数据仓库的基础构造

10.3.3.2　规范与准备

在试验数据仓库中,数据源的类型很多,数据关系比较复杂,这是由复杂的试验对象和复杂的试验条件所决定的。所有的数据源分为两大类:一类是结构化数据;另外一类是非结构化数据。按照数据仓库设计规范要求,对它们进行必要的数据抽取、数据转换,并进行数据装载,建立试验数据的专业逻辑关系,纳入数据仓库实现统一管理。图 10-13 给出了试验源数据的规范准备流程。

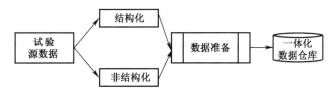

图 10-13　试验源数据准备流程

试验数据与一般的信息数据不同,数据本身具有很强的专业性、科学性和研究性。统一存储和管理试验数据仓库,重要的是建立和维护复杂试验数据完整的、科学的逻辑关系,确保试验数据的可追溯性和准确性。在试验数据仓库中,结构化数据和非结构化数据不是彼此独立的,必须遵循试验工程的科学管理体系,即图 10-13 中的数据准备过程。将二者有机地进行统一,形成数据仓库中不可分割的整体,整体完整性维护是需要依靠试验数据仓库管理与处理服务完成的。

10.3.3.3 元数据与试验数据存储

元数据是关于数据的数据,提供关于信息资源或数据的一种结构化数据,是对信息资源的结构化描述。其作用包括描述信息资源或数据本身的特征和属性,规定数字化信息的组织,具有数据的定位、发现、评估和选择等功能。也就是说,元数据是建设数据仓库必需的最主要、最根本和最基础的描述元素。对于绝大部分数据为非结构化大数据的试验数据来说,试验数据元数据定义尤为重要,因为试验元数据不但有利于工程数据的全面管理,更重要的是能够建立结构化数据与非结构化大数据的专业逻辑关系,是维系数据仓库非结构化数据与其他数据信息的完整性纽带。图 10-14 展示了元数据在试验数据全生命周期中的作用。

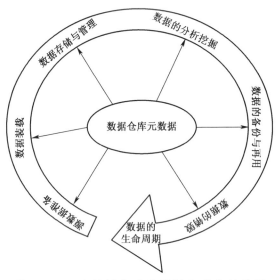

图 10-14 元数据在试验数据仓库中的作用

从图 10-14 可以看出,元数据如同数据仓库中的神经中枢,其作用涵盖数据仓库中数据的全生命周期。从前面的分析可以看出,试验工程数据信息是非常复杂的,涵盖面广、层次关系繁复、具有相当的数据深度以及复杂的工程知识内涵。因此,试验数据仓库元数据的定义,技术难度、复杂度和工作量是可想而知的,这样的试验数据仓库才能真正反映试验工程的系统本质,数据信息才更加准确和全面,科研价值才会更高。对于绝大部分数据都是非结构化大数据的试验数据来说,元数据的定义更具有其特殊性。结构化数据的元数据定义采用常规的方法即可,而对于非结构化的试验数据的元数据定义综合考虑以下几个因素:

(1)数据仓库管理的简单化。非结构化试验数据格式特殊,蕴含了试验对象几万个参数的不同采样、试验过程、参数间具有要求非常高的时间同步要求和专业逻辑关系等信

息,因此元数据的定义应该尽可能使数据仓库的管理简单方便;

(2)数据仓库的易用性。细化的元数据定义,便于数据用户对数据信息的理解和处理使用;

(3)数据存储与处理的性价比。越细化的元数据定义,越有利于对非结构化数据按照工程专业要求进行分析,但却带来非结构化数据量的再次膨胀,导致数据存储效率低。

在试验数据仓库设计中,非结构化试验数据的元数据定义采用基于标准的 SOAP 协议、HTTP 协议,实现传输 Web 服务描述语言(Web Service Description Language,WSDL)所定义的试验元数据语言(Test MetaData Language,TMDL),分析试验数据管理和处理中的元数据信息。TMDL 定义均衡了数据管理、数据存储、数据处理服务之间的关系,工程应用效果理想。

TMDL 也很好地解决数据仓库中非结构化数据的整体融合存储,设计基于二进制文件的数据管理服务(DataBase of Binary,DoB),实现非结构化海量数据文件与结构化复杂试验信息的有机融合管理,以满足用户所期望的统一高效的数据应用服务,符合试验数据仓库设计的工程要求。

10.3.3.4 数据仓库管理与数据处理

在试验数据仓库设计中,对于结构化数据信息维度建模设计,采用传统的数据仓库设计思想方法,而非结构化试验数据信息的维度建模就需要采用前面所述的 FTMDL 技术,数据管理和维护采用 DoB 服务来完成,维护结构化数据与非结构化数据之间的有机关系。

建设统一的数据仓库,除了维护和保障数据的完整性、可靠性和复杂的逻辑关系,更重要的是要便于对数据仓库中的数据信息进行分析处理,也就是说,数据管理与处理是密不可分的。

传统的数据仓库理论把数据处理基本分为相对独立的两个系统,一个是属于操作型系统的联机事务处理(OLTP),是面向数据的管理并对数据进行维护和更新;另一个是属于分析型系统的联机分析处理(OLAP),是面向数据的分析并用于特定业务的分析决策。随着信息技术的飞速发展,数据存储成本大大降低,而系统处理能力大大提高,这就推动了数据仓库的 OLTP 和 OLAP 发展成为合二为一的统一系统-联机处理(On-Line Processing,OLP),而且更加促进了数据管理和分析功能的扩充和深入,使数据仓库真正成为面向用户的数据中心。对于具有非结构化大数据特点的试验数据仓库来说尤为如此。图10-15 所示为试验数据仓库 OLP 的基本组成结构。

从图 10-15 中可以看出,非结构化试验数据仓库将传统的 OLTP 和 OLAP 功能合二为一,不但实现了数据集市到数据仓库的演进,而且还为用户建立了自主数据层,更重要的是围绕数据仓库建立了基于 SOA 的数据分析服务架构,与非结构化试验数据管理和应用特点密切相连。与传统数据仓库分析处理相比,非结构化大数据仓库的 OLP 设计有如下特点:

(1)在非结构化试验大数据中蕴含着许多数据处理要求,业务处理和分析处理之间界限模糊,逐渐发展成为统一的功能整体;

(2)非结构化大数据分析处理服务是各专业特有的、特定需求的、功能多样的和面向用户的服务,开放、灵活的 SOA 架构是最佳的应用实现架构,满足试验各专业数据分析与

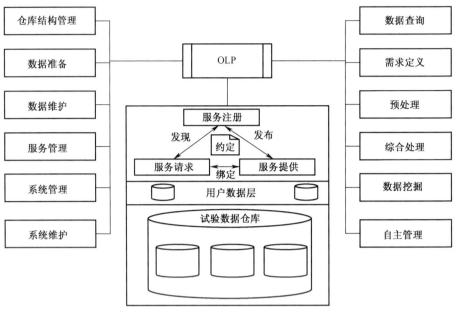

图 10-15　试验数据仓库 OLP 基本架构

发展的需要；

（3）非结构化数据分析通常具有专业性特点，不同专业的用户具有不同的数据挖掘与分析特点，因此在数据挖掘过程中必须为用户提供中间分析结果存储库，用户数据层是该数据仓库不可分割的组成部分。

10.4　数据挖掘

10.4.1　数据挖掘基本概念[11-13]

数据挖掘（Data Mining，DM），是指从数据中识别出潜在有用的、先前未知的、最终可理解的模式的过程。它是数据仓库知识发现（Knowledge-Discovery in Databases，KDD）中的一个重要步骤。数据挖掘，一般是指从大量的数据中，自动搜索隐藏其中的有着特殊关系性信息的过程，主要有数据准备、规律寻找和规律表示三个步骤。采用据挖掘方法，可以从大量的、不完全的、有噪声的、模糊的、随机的数据中，提取隐含的、预先不知道的、但又潜在有用的信息和知识，这是大数据时代最具发展前景的研究领域。航空试验与测试过程中，获得了大量的原始试验数据与试验信息，不断更新数据仓库，通过数据挖掘，可以获得高价值信息。

与数据挖掘相近的术语有知识发现、数据分析、数据融合以及决策支持等。人们把原始数据看作是形成知识的源泉，就像从山中采矿一样。原始数据可以是结构化的，如关系型数据库中的数据；也可以是半结构化的，如文本、图形、图像数据；甚至可以是分布在网络上的异构型数据。发现知识的方法可以是数学的，也可以是非数学的、演绎的，也可以是归纳的。已发现的知识不仅可以用于信息管理、查询优化、决策支持、过程控制等，还可以用于数据自身的维护。

图 10-16 是一种典型的基于数据仓库通用数据挖掘系统结构框架。

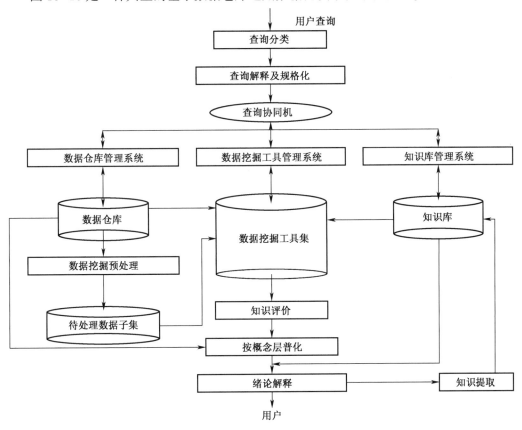

图 10-16 数据挖掘系统结构框架

该结构框架的概念模型包括如下组成部分：

（1）用户查询接口，分为查询分类、查询解释及规格化两部分。用户查询接口将数据挖掘请求解释成规格化的查询语言，并交由查询协同机处理。

（2）查询协同机，用于协调数据仓库管理系统、数据挖掘工具管理系统和知识库管理系统的工作。

（3）数据仓库管理系统，负责对数据仓库进行管理，并完成对各种异构分布数据源中数据提取工作，以最大限度屏蔽各异构数据源对系统的影响。

（4）知识库管理系统，对知识库进行管理和控制，包括知识的增加、删除、更新和查询等。一方面，响应查询协同机处理后产生的知识库请求，并将结果提交给数据挖掘模块；另一方面，将通过知识评价的知识模式，存入知识库。

（5）数据挖掘工具管理系统，是对数据挖掘工具进行管理。

在试验数据挖掘中，核心是数据挖掘预处理算法、知识评价准则与方法、结论表达方法。数据挖掘预处理模块是在数据仓库管理系统的协同下，根据元数据和维表，对数据仓库中存储的数据进行处理，生成符合用户查询需要的、能满足数据挖掘工具集要求的待处理数据子集；知识评价模块，是用于评价数据挖掘阶段发现出来的模式，如果存在冗余或无关的模式，则将其剔除，如果模式不能满足用户要求，则需要重新选取数据，设定新的数据挖掘参数值,甚至更换数据挖掘算法重新进行数据挖掘;结论表达模块,用于将得到的结论按语义层次结构进行普化,得出各语义层上的结论,并对其进行解释,将发现的模式以可视化或自然语言的形式呈现给用户。

创建数据仓库的目的,是为企业决策支持系统(Decision Support System ,DSS)和执行信息系统(Executive Information System,EIS)提供科学决策依据。数据仓库用于大量数据存储;数据挖掘用于从海量数据中发现知识,为用户进行预测与决策支持。数据挖掘以数据仓库和多维数据库为基础,通过 OLAP 和多维分析工具自动发现数据中潜在模式,并以这些模式为基础进行预测。数据仓库与数据挖掘技术的结合为建立企业 DSS 和 EIS 提供了更有效的新型解决方案。图 10-17 所示为 DSS 应用的一种体系结构。

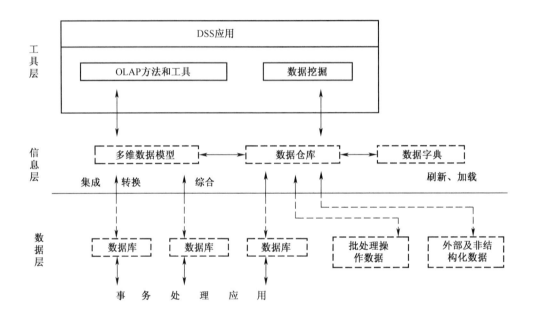

图 10-17　DSS 应用的一种体系结构

10.4.2　数据挖掘功能

数据挖掘的目的,是从数据集合中智能提取出隐藏在数据中的有用信息。这些信息表现形式多种多样,可以是规则、概念、规律及模式等。它可帮助决策者分析历史数据及当前数据,并从中发现隐藏的关系和模式,进而预测未来可能发生的行为[14-15]。数据挖掘过程也可称为知识发现的过程。数据挖掘的主要功能如下:

(1) 分类:按照分析对象的属性、特征,建立不同的类来描述事物。例如,将飞机分为平台、发动机、航电、武器等类型。

(2) 聚类:按照聚类规则把对象分成若干类。例如,将飞机故障分为机械、电气、结构、软件故障等类型。

(3) 发现关联规则和序列模式:关联是指当某种事物发生时,其他事物也会发生的这种联系。例如,飞机起落架发生故障时,与液压系统或散落异物有多大关联,采用关联支持度和可信度来描述。与关联不同,序列是一种纵向的联系。

(4)预测:把握对象的发展规律,对未来趋势进行预测。例如,根据当前飞机状态参数对飞机健康状态进行判断。

(5)偏差检测:数据挖掘结果需要进行检测与验证。对少数的、极端的特例应进行描述,揭示内在原因。

数据挖掘的各项功能并非相互独立,而是相互关联的。

10.4.3　数据挖掘方法[16-17]

数据挖掘作为一门处理数据的新兴技术,有许多新的特征。首先,数据挖掘面对的是海量数据,也是产生数据挖掘的原因;其次,数据可能是不完的、有噪声的、随机的、复杂的数据结构,维数大;最后,数据挖掘是统计学、计算机科学、工程数学等学科交叉的综合应用。常见和应用最广泛的模型和算法有统计方法、关联规则法、聚类分析法、决策树方法和神经网络算法等多种方法。

1. 统计方法

经典统计学,为数据挖掘提供了许多判别和回归分析方法。常用的有贝叶斯推理、回归分析、方差分析等。贝叶斯推理是在获取新的信息后修正数据集概率分布的基本工具,处理数据挖掘中的分类问题;回归分析用来寻找输入变量和输出变量关系的数学模型,有用来描述变量变化趋势的线性回归,也有用来描述某些事件发生概率的对数回归;统计方法中的方差分析用于评估回归分析的性能,是许多挖掘应用中常用的工具之一。

2. 关联规则法

关联规则,用于描述一个事物中某些属性同时出现的规律和模式,是一种简单、实用的分析规则。它是数据挖掘中最成熟的方法之一。关联规则在数据挖掘中应用广泛,适合在大型数据集中发现数据之间的内在联系。它不受因变量个数的限制。大多数关联规则挖掘算法能够无遗漏地发现隐藏在数据中的所有关联关系。但是,并不是所有通过关联得到的属性之间的关系都有实际应用价值,要对这些规则进行有效评价,筛选有意义的关联规则。

3. 聚类分析法

聚类分析是根据所选样本间关联的标准将其划分成几个组。同组内的样本具有较高的相似度,不同组的样本则相似度低。聚类分析算法常采用分裂算法、凝聚算法、划分聚类和增量聚类等。聚类分析法,通常用于探讨样本间的内部关系,从而对样本结构做出合理评价。此外,聚类分析还可用于孤点检测。但是,并非由聚类分析算法得到的类对决策都有效,因此在运用某一个算法之前,先对数据的聚类趋势进行检验。

4. 决策树法

决策树法是一种通过逼近离散值目标函数,把实例从根节点排列到某个叶子节点进行分类的方法。决策树法应用于数据挖掘分类,叶子节点为实例所属的分类。树上每个节点对应实例某个属性的测试,该节点的每一个后继分支对应于该属性的一个可能值。分类实例是从这棵树的根节点开始,测试这个节点的属性,然后按照给定实例的属性值对应的树枝向下移动。

5. 神经网络算法

神经网络可进行自学习,能够对大量复杂数据进行分析,完成复杂模式抽取及趋势分析。神经网络既可以是有指导的学习也可以是无指导聚类。人工神经元网络具有非线性映射、信息分布存储、并行处理、自学习、自组织和自适应能力等多种优点。

6. 遗传算法

遗传算法是一种受生物进化启发的学习方法,通过变异和重组当前最好假设来生成后续假设。每一步,通过使用目前适应性最高的假设的后代替代群体的某个部分来更新当前群体的一组假设,实现各个个体适应性的提高。遗传算法由三个基本过程组成:繁殖(选择)是从一个旧种群(父代)选出生命力强的个体,产生新种群(后代)的过程;交叉(重组)选择两个不同个体(染色体)的部分(基因)进行交换,形成新个体;变异(突变)是对某些个体的某些基因进行变异的过程。在数据挖掘中,可以被用来评估其他算法。

7. 可视化

可视化技术是数据挖掘不可忽视的辅助技术。数据挖掘通常涉及复杂的数学方法和信息技术,为了易于理解和使用这类技术,借助于图形、图像、动画等手段,形象地指导操作和表达结果,以达到普及推广数据挖掘技术。

10.4.4 试验数据聚类约简方法[18]

本节以试验数据聚类约简方法为例,对一种试验数据挖掘的方法进行介绍。

试验数据量越来越大,造成试验数据存储与管理困难,数据挖掘效率低下。采用数据约简方法,对试验数据全集进行约简。建立试验数据属性集结构树,综合利用数据属性约简法、数据块分层约简法和数据压缩方法,对海量试验数据集进行综合聚类约简,建立试验数据集有效精简的数据子集。经过对某试验机试验数据集的约简过程实践表明,该方法具有较好的试验数据约简效果。

10.4.4.1 概述

试验测试数据是在试验实施过程中,获得被试对象及其复杂系统的运行状态信息,是航空装备定型和科学研究最重要的依据。随着科学技术的不断发展,现代武器装备的集成性、系统性、复杂性越来越高,试验测试采集的参数种类越来越多,数据量越来越大。以我国民机的 ARJ21-700 飞机为例,每架次试验数据总量平均超过了 50GB。海量数据不仅为型号改进改型、被试对象优化设计提供有效的依据,而且为飞机系统的模型优化、飞行员培训等提供重要的参考。因此试验数据除用于适航取证、军机定型/鉴定之外,还有待于科研人员进行深入挖掘与研究。但是面对海量试验数据进行数据挖掘时,会带来操作困难、耗时长等实际应用问题。试验数据约简,是在最大限度地保存海量数据知识价值的基础上,形成一个有效集中和精简的试验数据子集,为进一步的数据挖掘奠定基础。

10.4.4.2 数据约简策略

数据约简是数据挖掘过程中,数据准备的一项重要工作。对海量数据进行数据挖掘需要耗费大量时间。数据约简是从原有数据集中获得一个精简数据集,且保持原有数据集的完整性。在数据准备过程中,数据预处理方法仍然重要,其作用虽然不是用于数据约简,但也同样能起到一定的数据约简作用,如数据平滑、噪声剔除、粗差剔除等。常用数据约简有数据聚合、数据属性、数据压缩、数据块、概念树泛化法等约简方法。

1. 数据属性约简

数据属性是表征数据的主要元素,数据集可能包含成百上千的属性。多数属性是与数据挖掘无关或冗余的,在数据挖掘中的权重也不相同。因此,选择主要属性是非常重要的,漏掉主要属性或选择了无关属性,都有可能影响数据挖掘有效性和效率。

属性约简,是通过消除多余和无关的属性对数据集进行约简。通常,采用属性子集选择法。属性子集选择法,就是寻找最小的属性子集,并确保新数据子集的概率分布尽可能接近原来数据集的概率分布。利用筛选后的属性集进行数据挖掘,效率更高。

设包含 d 个属性的集合共有 2^d 个不同子集,那么从初始属性集中发现有效属性子集过程就是一个最优穷尽搜索过程。若 d 增大,则搜索过程也越来越困难。因此,采用启发方式有效缩小搜索空间。这类启发式搜索是基于可能获得全局最优的局部最优方法获得相应属性子集。

假设各属性之间都是相互独立的,利用权重,选择"最佳"或"最差"属性。构造属性子集的基本启发方式包括逐步添加法、逐步约简法、综合法以及决策树归纳法。图 10-18 为数据属性约简的流程示意图。

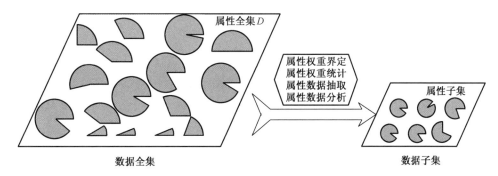

图 10-18 属性约简示意图

在图 10-18 中,属性全集 D 中包含有 d 个属性,每个属性分别用一个圆弧表示,阴影区域表示每一个属性的权重(权重与每一次数据挖掘任务相关联)。权重的设定可以采用专家判据,对所有的属性进行权重分析和数据抽取,最后利用概率统计方法计算出决策属性集,从而抽取出具有代表意义的数据子集。

2. 数据块约简

数据块约简聚类方法,是将数据行视为对象。聚类分析所获得的组或类,在同一组或类中的对象彼此相似。相似程度常用多维空间中的距离表示之。一个组或类的"质量"可以用所包含对象间的最大距离(称为半径)来衡量,也可以用中心距离(即以组或类中各对象与中心点的距离平均值)作为该组或类的"质量"。

数据块约简方法如图 10-19 所示。数据块采样法利用一小部分"子集"代表一个大数据集,因此也可作为数据约简的一种方法。假设一个大数据集为 D ,其中包括 N 个数据行,采用随机简单采样法将数据有效约简。但更有效的方法,则是首先将大数据集 D 划分为 M 个不相交的类,然后再从 M 个类中对数据对象进行抽取,最终获得聚类采样数据。还可以将数据先划分成多个不相交的层,然后再从这些数据层中进行抽样,所抽样的数据更能表征原始数据全集特性。

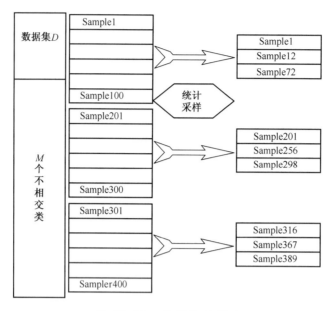

图 10-19　数据块约简法

10.4.4.3　试验数据约简方法

1. 试验数据属性分析

试验数据来自于机上数据系统采集记录的数据信息。95%以上都是非结构化数据文件。试验科目不同,试验数据种类、测试参数量、数据量也不相同。以典型型号定型试验为例,对试验数据属性分析。图 10-20 描述了型号试验数据的形成过程。

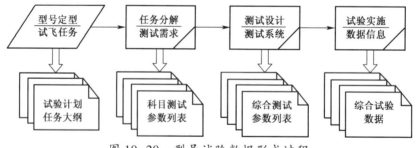

图 10-20　型号试验数据形成过程

依据试验科学研究特点,分析试验数据的属性,形成试验数据的属性结构树。顶层属性集属于全局属性;每一个分层的节点,是下一层的全局属性,也是上一层的局部属性。图 10-21 给出了试验数据的属性集结构树。

在图 10-21 中,从型号状态信息集到试验架次时间集都是试验数据集的特征属性,试验数据集约简以此为依据进行。每个试验数据集都是以结构树根部为特征。每一个飞行架次,都将记录和分析试验机所有参数。试验数据属性集的分类遵循以下原则:

(1) 属性集的划分依据试验任务、试验数据权重进行;

(2) 下一层属性集继承上一层属性集;

(3) 同层属性集之间相关性最小。

采用以上三个原则划分的数据集,能够包含试验数据全集的所有有价值数据;依据属

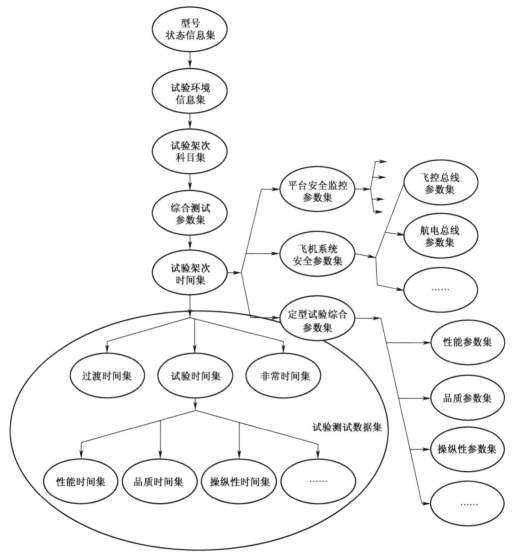

图 10-21　试验数据属性集结构树

性集对全集数据进行采样抽取,可得到数据量足够小、数据价值足够大的有效数据子集。

2. 试验数据约简

试验数据约简,采用聚类综合采样约简法,又称为综合约简方法。它是综合运用数据属性分层约简、数据块约简以及数据压缩等方法。

假定某试验机试验科研任务架次数据集为 D ,测试参数个数为 P ,综合执行试验科目为 N 项,每项试验科目测试参数量为 $P_n(n=1,2,\cdots,N)$,每个参数采样率不同,测试系统总采样速率为 R 。该试验架次总飞行时间为 T 分钟,该试验数据集特征属性如下:

（1）时间集 T（分钟）可划分为

$$\sum_t T_t = T \tag{10-1}$$

（2）测试参数集 P ,可分解为

$$\sum_n P_n = P \tag{10-2}$$

（3）试验数据集总量为

$$D = R \times T \times 60 \ (\text{MB}) \tag{10-3}$$

采用分层综合约简法。根据试验数据特性,设定时间集权向量为 $(r_1, r_2, \cdots, r_t)$。如果权为 1,表示采样抽取该时间集数据;如果权为 0,表示本阶段放弃抽取该时间集数据。时间集权重判据如下:

（1）过渡段时间集权为 0;

（2）试验科目时间集权为 1;

（3）非常时间集权为 1;

（4）其他专家判据确定。

对权为 0 的时间集数据,采用无损压缩方法进行压缩存储,压缩比最高可达 10 倍左右。这些数据的价值较低,利用率不高。

由此,采样抽取有价值的试验数据,约简后试验数据子集为 d,即

$$d = \sum_n \sum_t T_t \times r_t \times (P_n \times R/P) \tag{10-4}$$

式中: $(P_n \times R/P)$ 为在该时间集中,有效试验科目测试参数的平均采样速率。

试验数据子集 d 的数据量远远小于试验数据全集 D。根据专家知识,判别数据价值比接近 1。

10.4.4.4 应用案例

利用分层综合约简法,对某型飞机历史试验数据进行约简处理。以其中某一架试验机为例,2000 年全年 325 架次,测试数据集总量为 500GB。该试验机测试参数为 1210 个,主要试验内容是飞机基本性能、飞控与飞行品质和结构完整性,试验科目共有 32 个。根据试验数据属性集结构树,把 1210 个参数分别划分为 15 个参数集。按照试验科目对参数集进行分类划分,共 320 个参数,其他参数为总线参数、功能检查参数、飞机其他系统参数等。

该试验机每一架次试验数据集是按照 PCM 采样周进行采集的。各参数采样率为 1~512Hz,以 2 的幂次方变化。总采样位速率大约为 5Mbit/s。对每一架次试验数据进行时间集分解,如图 10-22 所示。

图 10-22　试验数据时间集分解

按照试验数据属性集结构树进行数据约简。首先确定时间集,然后将时间集所对应的科目参数集进行二次采样抽取,即将原来 1210 个参数的 PCM 数据集,重新采样排列出某一个试验科目参数集数据集,如图 10-23 所示。

按照这一约简过程,对该次试验数据集的所有时间集、试验科目参数集进行约简。该架试验机数据集约简后总量仅为 80GB 左右,是原始数据集的 1/6,约简后效果明显,约简数据也体现了原始数据的价值。

SYN1	SYN2	P1	...		ID	P2	P3	P2	P3
SYN1	SYN2		...		ID				
SYN1	SYN2	Pk			ID	P2		P2	
SYN1	SYN2	Pn			ID				Pn

SYN1	SYN2	P1	P2	P3	ID	P3	P3	P2	P3
SYN1	SYN2	Pk	...	...	ID	...	...	...	...
SYN1	SYN2	Pn	P2	P2	ID	Pn	...	...	Pn

图 10-23　飞行品质试验科目参数集数据的二次采样约简

试验数据是航空武器装备最重要的信息资料。利用数据约简方法,对海量试验数据进行约简存储和应用,建立极为相似和有效精简的试验数据挖掘子集,是开展试验数据挖掘工作的重要基础。实践表明,所采用的分层综合约简法是有效、可行的。也可以对试验数据属性集分层再细一些,约简更加有效,但工作量也会增大,需在工程实践中进行继续探索。

10.4.5　试验数据模糊综合评判方法

试验数据与试验工程关联建模分析是试验数据挖掘的一种重要方法。利用数据挖掘技术,建立影响试验工程因素模型、型号试验中科目与试验架次的关联和优化模型、试验架次中有效试验数据信息与数据总量的优化模型。利用现有型号数据进行模型检验和优化,为未来新型号试验工程提供决策依据,提高试验效率。

试验是一个跨时间和空间、多因素综合的复杂系统工程。试验周期与进度可能受一种或多种因素影响,哪种因素为主要因素,哪种因素为次要因素,就需要采用数学方法进行综合分析。经典的方法有基于采样数据的最小二乘回归、时间序列分析、最大似然拟合等方法,这些方法都必须以实际历史采样样本点数据为基础,同时这些样本点必须具有充足的信息量和代表性。但是,实际的采样数据不很完整,而评判影响因素既是高维的,又具有界限不确定性,往往无法用经典数学方法解决。模糊数学理论和方法,可以进行模糊综合评判分析,结合置信因子分析,给出模糊综合评判模型,利用试验采样数据进行验证与修正,可获得试验周期影响因素模型。

10.4.5.1　模糊数学与模糊综合评判基本概念[19]

在现实生活和工程领域中,存在着许多不确定性现象。这种不确定性主要表现在两个方面:一是随机性,二是模糊性。随机性是由于事物因果关系的不确定造成的,它可用概率统计加以分析;模糊性是指在中间过程中呈现"亦此亦彼"的特性,使得事物边界不够清晰。模糊性是事物的一种客观属性。

1965 年,美国加利福尼亚大学控制论教授 L. A. Zadech,发表了模糊集合论(Fuzzy-set Theory),首次提出了模糊数学概念。模糊数学就是建立在模糊集合论的基础上对事物模糊性进行描述,从模糊性中寻求广义排中律即隶属规律。

若用 [0,1] 区间的一个实数度量模糊程度,则这个数值就是模糊数学中的"隶属度"。当隶属度随变量 x 变化而变化时,则称为"隶属函数"。它既可以用客观方法确定,也可以依靠专家系统判断。

模糊论方法学已经渗透到众多的工程应用领域,用于对多因素影响的事物或现象进行评价。如果这种评价过程涉及模糊因素,便是模糊综合评价,又称模糊综合评判。

10.4.5.2　模糊综合评判模型

模糊综合评判模型涉及三个要素,分别为因素集、评判等级集和单因素模糊评判。模糊综合评判的数学模型为 $(U,V,\boldsymbol{R})$，其中 U 是因素集，V 是评价等级集，$\boldsymbol{R}$ 是评判矩阵。以下简要介绍模糊综合评判的基本要素、基本方法和计算步骤。

1. 建立因素集

因素集是影响评判对象的各种因素组成的一个普通集合 $U = \{u_1, u_2, \cdots, u_n\}$。其中，各元素 $u_i(i = 1, 2\cdots, n)$ 代表各影响因素。这些因素通常具有不同程度的模糊性。因素集中的因素可以是模糊的，也可以是非模糊的。

在模糊评判过程中，因素集 U 中的因素选定是一项重要且较复杂的事情。选定多少因素、涵盖范围大小等都会对模糊评判产生影响。如果评判因素中缺少某些不可忽略的因素，则会产生没有意义的评判结果。

2. 建立权集

一般来说，各个因素在评判中的重要程度是不一样的。为了反映各因素的重要程度，对各个因素 $u_i(i = 1, 2\cdots, n)$ 应赋予相应权重 $a_i(i = 1, 2\cdots, n)$。由权所组成的集合 $A = (a_1, a_2, \cdots, a_n)$ 称为因素权集，简称权集。

通常，权值 $a_i(i = 1, 2\cdots, n)$ 应满足以下归一性和非负性条件：

$$\sum_{i=1}^{n} a_i = 1, \quad a_i \geqslant 0, \quad i = 1, 2\cdots, n \tag{10-5}$$

权 a_i 可看作是各因素 u_i 对"重要"的隶属度。因此，权集 A 可视为因素集 U 上的模糊子集。权值，既可以利用具有丰富实践经验和理论知识专家进行打分评判以确定各因素的权，也可以按确定隶属度的方法加以确定。在实际工程应用中，视具体情况决定。

3. 建立评价等级集

评价等级集也称为备择集，是评判者对评判对象可能作出的各种总的评判结果所组成的集合。通常用大写字母 V 表示为

$$V = \{v_1, v_2, \cdots, v_m\}$$

其中，元素 $v_j(j = 1, 2, \cdots, m)$ 是若干可能作出的评判结果。模糊综合评判的目的，是在综合考虑所有影响因素的基础上，从评价等级集中获得一个最佳评判结果。对于因素集中不同的因素，评价等级集中的元素含义可能不同。评价等级集中的元素可以是量值元素，也可以是非量值元素。v_j 对 V 的关系是普通集合关系。因此，评价等级集也是一个普通集合。

4. 单因素模糊评判

单独从一个因素出发进行评判，以确定评判对象对评价等级集元素的隶属程度，即单因素模糊评判。

设评判对象按因素集中第 i 个元素 u_i 进行评判，对评价等级集中第 j 个元素 v_j 的隶属程度为 r_{ij}。按第 i 个元素 u_i 评判的结果，用模糊集合 $R_i = (r_{i1}, r_{i2}, \cdots, r_{im})$ 表示，R_i 称为单因素评判集。显然，它应是评价等级集 V 上的一个模糊子集。同理，可得相应于每个因素的单因素评判集。

单因素评判集，实际上可视为因素集 U 和评价等级集 V 之间的一种模糊关系，即影响因素与评判对象之间的"合理关系"。

5. 模糊综合评判

单因素模糊评判，仅反映了一个因素对评判对象的影响。需要综合考虑所有因素的

影响,才能获得正确的评判结果,这便是模糊综合评判。

根据单因素评判集方法,很容易得出因素集 U 与评价等级集 V 之间的模糊关系,可用评判矩阵 $\boldsymbol{R}$ 表示为

$$\boldsymbol{R} = \begin{bmatrix} R_1 \\ R_2 \\ \vdots \\ R_n \end{bmatrix} = \begin{bmatrix} r_{11} & r_{12} & \cdots & r_{1m} \\ r_{21} & r_{22} & \cdots & r_{2m} \\ \vdots & \vdots & & \vdots \\ r_{n1} & r_{n2} & \cdots & r_{nm} \end{bmatrix} \tag{10-6}$$

式中

$$r_{ij} = \mu_R(u_i, v_j), \quad 0 \leqslant r_{ij} \leqslant 1 \tag{10-7}$$

隶属程度 r_{ij} 表示对评判对象在考虑因素 u_i 时作出评判结果 v_j 的隶属程度。评判矩阵中第 i 行 $R_i = (r_{i1}, r_{i2}, \cdots, r_{im})$ 表示考虑第 i 个因素的单因素评判集,它是备择集 V 上的模糊子集。由此可见,单因素评判集(的各行)构成了多因素综合评判(评判矩阵)。

当因素权集和评判矩阵已知时,按照模糊矩阵的乘法运算,便得到模糊综合评判集,即

$$B = A \cdot \boldsymbol{R} = \{b_1, b_2, \cdots, b_m\} \tag{10-8}$$

或

$$(b_1, b_2, \cdots, b_m) = (a_1, a_2, \cdots a_n) \cdot \begin{bmatrix} r_{11} & r_{12} & \cdots & r_{1m} \\ r_{21} & r_{22} & \cdots & r_{2m} \\ \vdots & \vdots & & \vdots \\ r_{n1} & r_{n2} & \cdots & r_{nm} \end{bmatrix} \tag{10-9}$$

式中

$$b_j = \bigvee_{i=1}^{n} (a_i \wedge r_{ij}), \quad j = 1, 2, \cdots, m \tag{10-10}$$

称为模糊综合评判指标,简称评判指标。它表示在综合考虑所有影响因素的情况下,评判对象对评价等级集 V 中第 j 个元素的隶属度。显然,模糊综合评判集是备择集 V 上的模糊子集。

10.4.5.3 评判结果及其处理

获得评判指标 $b_j(j = 1, 2, \cdots, m)$ 后,一般可采用如下两种方法确定评判对象的具体结果。

1. 最大隶属度法

取与最大评判指标(即最大隶属度 $\max\limits_{j} b_j$)相对应的评价等级集元素 v_j 为评判结果,即

$$v = \{v_j | v_j \rightarrow \max_j b_j\}, \quad j = 1, 2, \cdots, m \tag{10-11}$$

在确定最终综合因素评判结果时,最大隶属度法是非常有效的,特别是当评判对象是非数性量时,此法最直接有效。

2. 加权平均法

以 b_j 为权,对评价等级集元素 v_j 进行加权平均,得到的值作为评判结果,即

$$v = \frac{\sum\limits_{j=1}^{m} b_j v_j}{\sum\limits_{j=1}^{m} b_j} \qquad (10-12)$$

若评判指标 b_j 已经归一化,即 $\sum\limits_{j=1}^{m} b_j = 1$,则有

$$v = \sum\limits_{j=1}^{m} b_j v_j \qquad (10-13)$$

有时,为了突出占优势评价元素 v_j 的作用,也可以利用评判指标 b_j 的幂为权系数进行加权平均求 v 值,即

$$v = \frac{\sum\limits_{j=1}^{m} b_j^k v_j}{\sum\limits_{j=1}^{m} b_j^k} \qquad (10-14)$$

式中:k 为指数,可根据具体问题确定,一般取 $k = 2$。

如果评判对象是数性量,则按照加权平均法计算,可得到模糊综合评判的结果;如果评判对象是非数性量,则只能用最大隶属度法得到模糊综合评判的结果。

10.4.5.4 置信因子

在 $(U, V, \boldsymbol{R})$ 模型中,$\boldsymbol{R}$ 的元素 r_{ij} 由评判者"打分"确定。假设有 k 个评判者,要求每个评判者将 u_i 对照 $V = \{v_1, v_2, \cdots, v_m\}$ 作一次判定,统计得分和归一化后产生 $\left\{ \dfrac{c_{i1}}{k}, \dfrac{c_{i2}}{k}, \cdots, \dfrac{c_{im}}{k} \right\}$,且 $\sum\limits_{j=i}^{n} c_{ij} = k, (i = 1, 2, \cdots, n)$,组成 $\boldsymbol{R}$。其中 $\dfrac{c_{ij}}{k}$ 既代表 u_i 关于 v_j 的"隶属程度",也反映了 u_i 为 v_j 的集中程度。数值为 1,说明 u_i 为 v_j 是可信的,数值为零可以忽略,反映这种集中程度的量称为置信因子或信度。对于权系数确定也存在一个信度问题。

利用层次分析法(AHP)确定权重是一种常用的方法,还可以采用一种更简单方式确定权重和信度,见表 10-1。

表 10-1 权系数的选择

重要性等级	等级 1	等级 2	……	等级 $N-1$	等级 N
选择栏					

在表 10-1 中,等级 1 表示十分重要,等级 N 表示极不重要。要求每个评判者对 u_i 对照表 10-1 给出等级选择,统计并归一化,得到数组为

$$\left\{ \frac{p_{i1}}{k}, \frac{p_{i2}}{k}, \cdots, \frac{p_{in}}{k} \right\}$$

作和式

$$\sum\limits_{i=1}^{N} \frac{p_{ij}}{k} [a_j, b_j] \qquad (10-15)$$

式中:$a_1 = 0, b_1 = N$。

取

$$\eta_i = \frac{1}{2}(a^i + b^i) \in [a_j \cdot b_j] \tag{10-16}$$

对 $\eta_1, \eta_2, \cdots, \eta_n$ 归一化后,得到权向量 $\boldsymbol{A} = \{a_1, a_2, \cdots, a_n\}$。由式(10-16)可确定 a_i 的信度为 $\frac{p_{ij}}{k}$,记为 $\{c_1, c_2 \cdots, c_n\}$。

设 c_1, c_2 是二个置信因子,对于逻辑 AND 与逻辑 OR,其信度合成分别为

$$c = \varepsilon \min\{c_1, c_2\} + (1 - \varepsilon)(c_1 + c_2)/2 \tag{10-17}$$
$$c = \varepsilon \max\{c_1, c_2\} + (1 - \varepsilon)(c_1 + c_2)/2 \tag{10-18}$$

式中: $\varepsilon \in [0,1]$ 为参数,可配置。

式(10-17)、式(10-18)二式的含义是:在逻辑 AND 下, $\min\{c_1, c_2\} \leqslant c \leqslant \frac{1}{2}(c_1 + c_2)$;在逻辑 OR 下, $\frac{1}{2}(c_1 + c_2) \leqslant c \leqslant \max\{c_1 + c_2\}$。若 c_1 或 $c_2 << 1$,则式(10-17)与式(10-18)二式中平均值补偿部分不宜太强。因此, ε 可分配为

$$\varepsilon = 1 - \min\{c_1, c_2\} \tag{10-19}$$

式(10-14)加权平均的信度合成为

$$\beta_i = \varepsilon \min\{\theta_{1i}, \theta_{2i}, \cdots, \theta_{ni}\} + \frac{1}{n}(1 - \varepsilon_i) \sum_{j=1}^{n} \theta_{ji}, \quad i = 1, 2, \cdots, m \tag{10-20}$$

式中

$$\theta_{ji} = \varepsilon_j \min\{c_j, r_{ji}\} + (1 - \varepsilon_j)(c_j + r_{ji})/2, \quad j = 1, 2, \cdots, n \tag{10-21}$$

ε_i 和 ε_j 可参照式(10-19)进行选择。

因此,式(10-14)的综合评判信度为

$$\overline{B} = \{(\overline{b}_1, \beta_1), (\overline{b}_2, \beta_2), \cdots, (\overline{b}_m, \beta_m)\} \tag{10-22}$$

模糊综合评判信度的建立,给决策者提供了重要辅助信息。面对相同(或相近)的评判结果,若信度越高,应越重视;信度越低,决策应慎重。

10.4.5.5 应用案例

利用关联规则进行数据挖掘,分析试验工程与试验数据信息之间的关联规则,从而为其他型号试验提供指导。

1. 选择挖掘数据元信息

在试验中,试验任务单包括试验任务内容、试验任务条件、试验任务执行要求等信息,蕴含着试验知识决策信息以及由于人素环境、工程环境等因素对执行任务的综合影响信息,这些信息对组织、实施以及关注较多的试验周期、经费等会产生巨大的影响。将采集、整理试验任务单的综合信息作为挖掘数据元。建立挖掘数据仓库,利用关联规则挖掘方法寻求试验信息中感兴趣的知识。表10-2用于统计某型号基本数据元信息,表10-3用于统计每架试验机试验架次相关数据元信息。

表 10-2 基本数据元信息

序号	基本数据元	元属性
1	型号名称	字符
2	试验机数量	数字

（续）

序号	基本数据元	元属性
3	试验类型	字符
4	研制试验首飞日期	日期
5	鉴定试验首飞日期	日期
6	鉴定试验科目数量	数字
7	计划鉴定试验架次	数字
8	实际鉴定试验架次	数字
9	鉴定试验完成日期	日期

表 10-3　每架试验机试验架次相关数据元

序号	数据元	元属性
1	试验机号	字符
2	飞行日期	日期
3	计划飞行时长	时间
4	飞行架次号	数字
5	起飞时间	时刻
6	着陆时间	时刻
7	架次试验主专业	数字
8	架次结合专业数	数字
9	架次结合专业名称	字符
10	云高	数字
11	能见度	数字
12	风速	数字
13	风向	字符
14	场温	数字
15	场压	数字
16	湿度	数字
17	是否完成任务	逻辑
18	未完成科目数	数字
19	未完成科目	字符
20	未完成原因	字符
21	飞行员评述	字符
22	任务单实施标记	逻辑

2. 分析、整理与设计

按照试验数据元信息，建立数据挖掘库模型。图 10-24 给出了试验工程挖掘数据库模型。

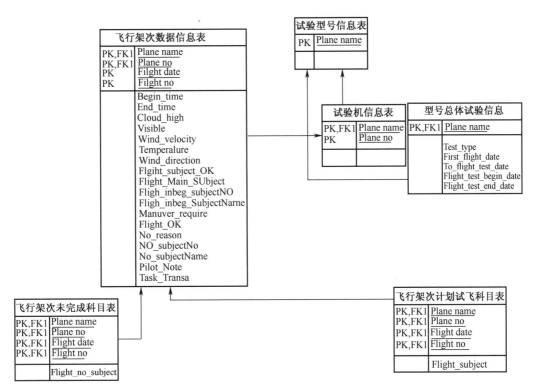

图 10-24　试验数据挖掘库模型

3. 数据统计量

试验是一项复杂的系统工程,为了以最低成本、最短周期完成试验任务,需要对试验进行综合分析、优化、统筹和决策。在试验中,承制方和试验任务承担方紧密相关,故关联规则是共同关注的内容。

选择早期两个型号作为试验数据挖掘研究对象,分别为 Aircraft 1 和 Aircraft 2。整理、搜集了包括基本数据元、试验工程相关数据元等 3566 条信息,建立挖掘数据库。

1) 试验工程统计量分析

Aircraft1 和 Aircraft2 不属于同一代飞机,Aircraft2 较 Aircraft1 的复杂性、试验科目数量、试验难度等要高出许多。但从定型试验周期来看,Aircraft2 反而较 Aircraft1 完成的时间短,如图 10-25 所示。

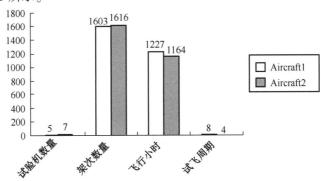

图 10-25　Aircraft1 和 Aircraft2 基本数据元对比分析

2）试验科目综合试验分析

从专业综合试验数据分析,Aircraft2 试验工程投入试验机 5 架,试验科目综合度高。其中,综合航电占总试验架次 37%,综合度最高。在航电系统进行试验的同时,结合进行飞机、动力等其他系统的试验。

4. 试验周期影响因素分析

试验周期,直接影响着飞机的研制周期。影响试验进度的因素很多。结合试验工程数据,采用模糊综合评判方法,建立试验周期影响因素数学模型,并对评判结果进行简要分析。

模糊综合评判方法,首先是建立模糊综合评判数学模型 $(U, V, \boldsymbol{R})$;其次,通过对 52 名具有实践经验和理论知识的专家调查结果进行分析,确定出试验周期中各个影响因素权向量 $\{a_1, a_2, \cdots, a_{22}\}$;然后给出信度向量,并采用 $M(\vee, \wedge)$ 准则合成并归一化,按最大隶属度方法,作置信分析;最终,确定试验周期影响因素综合评判结果。

1）试验周期影响因素模糊综合评判

根据模糊综合评判原理和步骤,首先,建立试验周期影响因素的综合评判模型,以下简称为综合评判模型 IJM(Integrated Judgment Model)。

2）建立 IJM 因素集

影响试验周期的因素很多,通过专家调查和综合分析,建立由 22 个元素组成的因素集 $U = \{u_1, u_2, \cdots, u_{22}\}$。其中 u_1:原型机投入试验的数量;u_2:原型机承担课题数目;u_3:原型机试验测试参数量;u_4:原型机设计水平及状态;u_5:飞机综合试验能力;u_6:飞机设计厂、所对原型机试验的支持程度;u_7:飞行监控及实时数据处理能力;u_8:二次数据处理能力;u_9:从事型号试验的试验工程师数量及等级;u_{10}:飞机新成品占有的比例;u_{11}:飞机排故周期;u_{12}:气象条件;u_{13}:空域条件;u_{14}:试验测试改装周期;u_{15}:飞机备件提供能力;u_{16}:综合试验管理水平;u_{17}:飞机综合保障能力;u_{18}:试验经费投入程度;u_{19}:从事试验的空勤人员综合素质;u_{20}:从事飞机维护的地勤人员综合素质;u_{21}:从事试验的专业技术人员综合素质;u_{22}:从事试验的管理人员综合素质。虽然,这 22 个因素没有完全包含影响试验周期的所有因素,从专家调查和统计分析结果来看,涵盖所有因素的比率为 99%。

3）建立 IJM 评价等级集

评价等级集是对评判对象可能作出的评判结果的集合。在试验周期影响因素 IJM 中,IJM 的评价等级集包含 5 个元素,即分为 5 个评判级别 $V = \{v_1, v_2, v_2, v_4, v_5\}$,其中,$v_1$ 表示最好状态,v_5 表示最差状态。可根据需要自行表述。假设试验周期评价等级集具体是:v_1 表示短(≤4 年),v_2 表示较短(4~5 年),v_3 表示一般(5~8 年),v_4 表示较长(8~10 年),v_5 表示长(≥10 年)。

4）建立 IJM 的信度向量

根据以上分析,由式(10-8)综合具体权向量结果,可以确定信度向量 $\{c_1, c_2 \cdots, c_n\}$。具体地,试验周期影响因素权向量之信度向量为 $\{c_1, c_2 \cdots, c_{22}\}$。

5）试验周期影响因素模糊综合评判模型

通过以上各步,已确定试验周期影响因素模糊综合评判模型的各个要素分别为:因素集 $U = \{u_1, u_2, \cdots, u_{22}\}$、评价等级集 $V = \{v_1, v_2, v_3, v_4, v_5\}$、评判矩阵 $\boldsymbol{R}$ 以及相应因素的

权向量 $A = \{a_1, a_2, \cdots, a_{22}\}$,建立了试验周期影响因素的模糊综合评判模型 (U, V, R);同时,确立模糊综合评判模型的置信因子向量与带有置信因子的模糊综合评判模型。

6)综合评判结果与实例采样数据分析

搜集、整理两个型号与飞行试验周期有关因素的数据,并利用这些数据对带有置信因子的飞行试验周期影响因素的综合模糊评判模型进行验证。

7)总结分析

综上所述,影响飞行试验周期因素很多,通过专家调查和型号飞行试验数据挖掘结果分析以及利用带有置信因子的综合模糊评判方法,可以获得对飞行试验周期影响最大的因素,包括飞机设计水平和可飞状态、试验管理水平与参试人员综合素质等 5 个主要因素。

10.4.6 可视化数据挖掘方法

可视化数据挖掘技术是随着数据挖掘技术和信息可视化技术的发展而产生的,它有效地把人的感知能力和领域知识应用到数据挖掘的过程之中。它以刻画结构和显示数据的功能性,以及人类感知模式、倾向和关系的能力为基础,用可视化技术与方法加强数据挖掘处理。数据挖掘就是从大量的历史数据中抽取出潜在的、有价值的知识过程。可视化就是把数据、信息和知识转化为可视化表示形式的过程。它为人类与计算机这两个信息处理系统之间提供了一个接口。使用有效的可视化技术,可以快速高效地与大量数据打交道,以发现其中隐藏的特征、关系、模式和趋势,导出新的预测和更高效的决策。一些数据挖掘技术和算法让决策者难以理解和使用,可视化技术使数据和挖掘结果更加直观、易于理解。可视化数据挖掘技术允许对结果进行比较和检验,可用于指导数据挖掘算法,使用户参与到决策分析的过程中。

因此,可视化技术与数据挖掘过程紧密地结合在一起,按照可视化与数据挖掘的结合方式,主要分为数据可视化、数据挖掘结果和过程可视化以及交互式可视化数据挖掘。

1. 数据可视化

数据可视化就是在不同的粒度或抽象层面上将不同的属性或维度相结合,观察数据库或数据仓库的数据。首先将数据进行可视化映射,把数据表转换为可视化结构(结合空间基、标记和图形属性的结构),然后通过定义位置、缩放比例、裁减等图形参数创建可视化结构的视图,并通过用户的交互动作来控制这些变换的参数,例如把视图约束到特定的数据范围,或者改变变换的属性等。最常用的数据可视化技术包括柱状图、饼状图、散点图、三维立方体、曲线、数据分布图表等。除此之外,还有几种非传统数据可视化技术:

(1) Radv 雷达坐标可视化法:对一个 n 维可视化,从圆的中心发射出 n 条线并终止于圆周,每条线与一个属性相关;

(2) Chemo 装面法:它是一种典型的图标技术,它用预先设置好的人脸表示每个数据,每张脸的大小、形状及间隔表示不同变量的数量;

(3) 棍状图法,这也是一种经典的图标显示技术,但它允许大数据量的可视化,因而更适合于数据挖掘。

2. 数据挖掘结果和过程可视化

数据挖掘结果可视化,是以视图形式描述由数据挖掘算法得出的结果或知识,帮助用户对结果的理解。例如,使用 BLOB 和 H-BLOB(Hierarchical BLOB)聚类算法,用球形的表面来进行可视化数据聚类;CViz 是一个分类规则归纳的可视化交互系统,元数据使用平行坐标系法进行可视化,可以进行数据缩放和用平行坐标表示属性离散化结果,被发现的分类规则以规则多边形和有色条带显示在平行坐标上。

　　数据挖掘过程可视化,是让用户直观地看到数据挖掘流程:数据从数据库或数据仓库中提取、数据整合和挖掘、数据挖掘方法以及数据存储区域。基于 Fayyad 过程模型和 CRBP-DM 过程模型的数据挖掘系统均采用了过程可视化技术。可视化使数据观察和交互变得简单方便,因而是数据挖掘中不可缺少的组成部分。

　　3. 交互式可视化数据挖掘

　　数据挖掘一般要求用户干预,可视化能够实现用户参与决策的过程。可视化工具可以使用户在数据挖掘过程中,根据自身专业知识做出判断,使结果更加合理。因此,可视化数据挖掘技术不仅使数据挖掘过程可视化,而且在数据挖掘中实现交互功能。交互式决策树分类器(Perception Based Classification,PBC)允许用户在决策树上建立一个数据特性分类点,实现多维可视化技术;Xmdvtool 工具箱集成了四种数据可视化方法,引入了分层聚类算法,使得数据集以分层聚簇数的方式构造出来,形成了分层显示模式;可视化聚类渲染系统(Visual Cluster Rendering System,VCRS)提供了一个丰富的、用户友好交互式的操作集,允许用户依据可视化技术和专业知识验证和定义聚类结构。

10.5　云技术及其应用

　　如前所述,军工武器装备试验数据具有典型的大数据特征,与其他类型数据相比具有不同的特点[20-21]:

　　(1) 高成本和高价值:耗费大量人力、物力和财力在模拟或真实环境下进行试验,所获取的数据信息具有非常重要的价值。

　　(2) 复杂性:大型武器装备是一个由多专业、多系统组成的复杂系统,其试验参数成千上万,且具有时空特性,有些参数之间还具有强关联性,因此数据分析非常复杂。军工试验的复杂性除了体现在被试验对象上以外,还表现在具体实施过程中,如试验管理、试验环境、人力物力资源调配、综合试验和调度等。多学科、多技术、多因素交织在一起,构成了现代军工试验鲜明的复杂性特点。

　　(3) 周期长:军工试验一般需要在多种构型状态或特定试验环境(高温、高寒、高原、高湿等)特殊条件下进行各种试验,试验周期长。

　　(4) 非结构化:军工试验信息与测试数据主要是典型的非结构化数据,数据量与日俱增,对于试验数据存储、管理、分析与应用的要求越来越高。

　　(5) 大数据特性:军工试验数据具有典型的大数据 4V 特性。

　　从军工武器装备试验数据的特点和内涵可以看出,试验数据不仅包含试验过程中利用测量(测试)设备(系统)获取的各类测量信息,而且还包括与试验过程密切相关的工程信息,如试验对象信息、试验工程信息、测试过程信息以及处理结果信息等。因此,军工试验数据是一个与试验过程密切相关的复杂数据信息的集合。

10.5.1　问题提出

当前,军工试验海量数据面临的问题主要有:

(1)非结构化试验"大数据"存储、管理模式无法满足军工试验快速、高效和高可靠性要求。

在军工试验过程中,各种传感器信号、总线信号、开关量和多种格式视频信号形成了试验数据集合。数据总线类型繁多,包括各种军民用总线和各类工业控制总线数据、各类从传感器获取的信息,以及各种格式、各种分辨率和帧频的视频图像和语音信息等。

以飞行试验数据为例,非结构化的大数据文件包括各种各样的试验数据与试验相关信息,如图10-26所示。其中数据解析包括相关的综合测试信息(如测试格式、工程量校准信息等)。每当试验一结束,试验测试工程师立即对这些数据进行分析处理。传统的数据分发、各自分散处理模式,使得数据/信息的完整性难以有效管理,处理效率低,难于满足数据处理与分析要求。

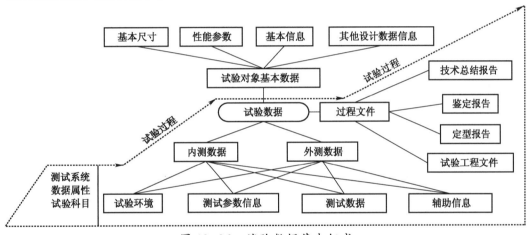

图10-26　试验数据基本组成

(2)试验数据处理分析与应用,需要灵活的数据处理和应用架构。

军工试验数据处理分析与应用,与被试对象密切相关。若直接与云技术工具进行集成,对数据系统的结构设计、计算模式设计要求高难度大,因此需要构建灵活的海量试验数据处理和应用架构。军工试验数据处理系统采用基于SOA架构和"云技术"模式,建立军工试验数据管理"云存储"与"云计算"机制,以解决当前制约试验数据管理与处理应用的主要矛盾。

10.5.2　云计算

10.5.2.1　云计算定义及内涵

随着云计算技术的不断发展,业界对云计算定义已趋于统一。目前云计算的定义以ISO/IEC JTC1和ITU-T组成的联合工作组制定的国际标准ISO/IEC17788《云计算词汇与概述》(Information technology-Cloud Computing-Overview and vocabulary)DIS版的定义为主。2014年7月,由中国电子技术标准化研究院发布的《云计算标准化白皮书》中采用这一定义:云计算是一种将可伸缩、弹性、共享的物理和虚拟资源池以按需服务的方式供应和管理,并提供网络访问的模式。云计算模式由关键特征、云计算角色和活动、云能力类型和云服务分类、云部署模型、云计算共同关注点组成。

云计算作为一种信息技术的基础设施交付和使用模式、一种信息服务交付和使用模式、一种基于互联网共享信息资源的新型计算模式,近年来备受业界和各国政府关注。全球云计算产业虽处于发展初期,但发展空间十分广阔。Gartner 报告显示,云计算服务市场规模总量目前仅占全球 ICT 市场总量的 1/40,但增长迅猛,未来几年年均增长率预计将超过 20%,仅 2015 年,全球云计算服务市场规模达到 1768 亿美元以上。众多国内外厂商围绕云计算开发出大量的产品,越来越多的互联网应用开始尝试构建在云平台之上,基于云计算的解决方案也在多个领域逐步开始实施,云计算市场方兴未艾。

10.5.2.2　云计算特征

云计算的特征一方面可以帮助理解云计算的内涵和外延,另一方面可以作为区别云计算和其他各类计算模式的依据。按照云计算白皮书中的描述,云计算主要有以下 6 个关键特征:

(1) 网络接入:可通过网络,采用标准机制访问物理和虚拟资源的特性。这里的标准机制有助于通过异构用户平台使用资源。

(2) 可测量的服务:通过可计量的服务交付,使得服务使用情况可监控、控制、汇报和计费的特性。

(3) 多用户:通过对物理或虚拟资源的分配,保证多个用户以及他们的计算和数据彼此隔离和不可访问的特性。

(4) 按需自服务:云服务客户能根据需要自动或通过与云服务提供者的最少交互,配置计算能力的特性。

(5) 快速响应和可扩展性:物理或虚拟资源能够快速地响应用户需求,有时是自动化地供应,以达到快速增减资源目的的特性。

(6) 资源池化:将云服务提供者的物理或虚拟资源进行集成,以便服务于一个或多个云服务客户的特性。

图 10-27 为中国云计算白皮书中所描述的云计算参考架构图(Cloud Computing Reference Architecture,CCRA)。

云计算技术体系结构一般分为四层:资源层、服务层、访问层和用户层。其中:

(1) 资源层管理和维护系统中的所有软件、硬件资源,是系统服务的基础;

(2) 服务层则把所有的软硬件资源乃至平台本身都抽取为服务的能力,即基础设施即服务(Infrastructure as a Service,IaaS)、平台即服务(Platform as a Service,PaaS)、软件即服务(Software as a Service,SaaS)和网络即服务(Network as a Service,NaaS)等等,构成面向服务的应用架构(Service Oriented Architecture,SOA);

(3) 访问层是负责管理用户对服务的请求实现;

(4) 用户层是系统服务功能与用户的直接接口,一般采用基于 Web 浏览器的功能集成访问模式,包括有线或无线终端。

(5) 跨层功能对整个系统提供管理和运行支撑,从资源层到用户层,贯穿整个系统。

10.5.2.3　云计算发展过程

云计算是信息技术行业近几年来发展起来的一项新技术。简单地说,云计算能够根

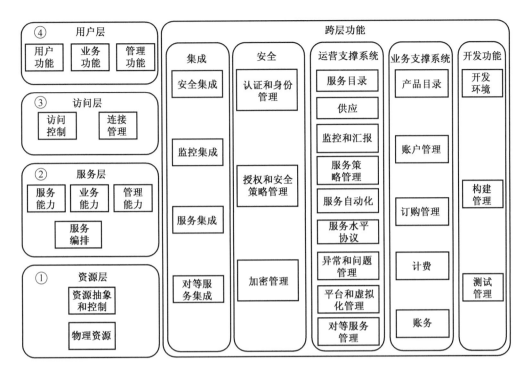

图 10-27 云计算参考架构 CCRA

据应用对象的功能和性能需求,实现各类信息资源高效、综合利用。云计算是一种能够提供方便快捷的、按需使用的、共享资源池的信息模型。其中,资源池包含存储、网络、计算、服务器、应用和服务等众多信息资源,这些资源可通过最小程度上的管理干预或与供给者的交互,实现快速提供和释放。

从发展过程来看,云计算是分布式处理、并行处理和网格计算发展的必然趋势,或者说是这些计算技术的综合应用。云计算的发展历程分四个阶段,见表 10-4。

表 10-4 云计算发展历程

阶段	第一阶段	第二阶段	第三阶段	第四阶段
计算模式	网格计算	共用计算	软件即服务	云计算
基本特征	利用并行计算解决大型问题,如集群系统	将计算资源作为可计算的服务提供,20 世纪 90 年代末出现	用户只关心软件应用,2001 年出现	应用自由扩展和关联下一代网络应用技术下一代数据中心技术

云计算包括高可靠的系统技术、可扩展的并行计算技术、海量数据挖掘技术和数据安全技术等几大核心技术。云计算,也是网格计算、分布式计算、并行计算、功能计算、网络存储虚拟化、均衡负载等传统计算机技术和网络技术发展融合的产物,旨在通过网络把多个计算实体整合成一个具有强大计算能力的完美系统,并借助 PaaS、SaaS、IaaS 与 NaaS 等强大服务功能响应用户的服务请求。由此可见,云计算与 SOA 架构都是不可分离的应用技术。

云技术在许多行业包括航空工业领域得到了广泛应用,如云网络、云存储、云安全、云服务等系列产品正逐步推广使用。企业利用云计算技术,业务处理效率得到大大提高。例如,华盛顿邮报以其报社本身的计算能力,在未采用云计算时,每一页操作处理需要 30min 时间;当采用了 Amazon 弹性计算云后,其单页平均处理时间缩短为 1min,极大地提升了报纸排版、页面组合、图形图像精细化处理等工作效率。以云服务为基本架构的各类应用系统在电信、银行、证券等行业的应用,大大提高了数据信息处理效率。

10.5.3 云计算技术在试验中应用

10.5.3.1 基本需求

试验数据处理与管理的最终目的,是为武器装备试验提供数据处理服务和数据支持。灵活组合、高效应用、方便快捷是永恒不变的使用需求,其基本功能应包括以下几个方面:

(1) 实现海量试验数据信息的高效、完整的统一管理;

(2) 计算和存储设备平台具有云计算弹性和可扩展特性,软件系统具有灵活组合的数据处理能力与功能扩展性;

(3) 依托专用网络,快速响应所有用户的数据处理服务请求;

(4) 充分利用云计算技术优势,最大限度地提升数据管理和处理的效率。

在云计算技术架构设计参考模型基础上,结合试验数据处理功能特性设计云计算平台。

10.5.3.2 试验云计算架构

云计算平台架构包括分布式数据存储框架、分布式数据云计算计算框架和分布式计算管理框架。分布式数据存储框架,将数据仓库、数据库中数据分步存储到云中,实现海量数据的快速存储和高效访问;分布式数据云计算计算框架,将计算分解到云中,采用分布式计算、并行计算、网络计算等计算模式,为用户提供计算结果;分布式计算管理框架,对云计算平台进行配置管理、系统资源管理和系统资源优化;等等。具体有以下几点:

(1) 研究试验数据云存储服务架构,满足试验处理各阶段数据的高效存储管理;

(2) 研究试验数据云计算服务架构,研究实现试验数据预处理、事后处理、专业处理、综合分析方法等等功能服务组件化方法;

(3) 研究基于 SOA 的试验数据处理服务组件的开放式服务集成协议(Open Service Integrated Protocol,OSIP),实现数据处理服务的自助组装合成;

(4) 研究以云存储为核心的试验数据网络云计算技术,实现云计算资源的调度、实现和优化,满足用户自定义自需的数据处理服务应用。

试验数据处理云计算平台的总体架构如图 10-28 所示。其中:

(1) 物理资源层:包括计算服务器、应用服务器,存储系统等;

(2) 数据库结构层:是以索引关系数据库为中心的试验数据存储层,包括系统平台管理等数据库,即完整的试验数据库结构模型及其存储;

(3) 组件化应用服务器,负责系统多用户应用服务管理、负责应用组件的管理、应用组件的运行和浏览器的通信;

(4) 服务组件管理层:把试验数据处理所需的数据解析、专业计算、综合分析、报表输

出等各类功能,全部按照标准的接口组件化,按照 SOA 架构对服务组件进行注册、绑定和发布;

(5)用户访问层:实现用户对系统服务资源的访问管理,包括计算处理功能组装、访问安全控制、访问接口等管理;

(6)用户接口层:以有线或无线浏览器方式,实现用户与系统的应用对接。

右边是系统的运行维护管理功能,贯穿系统所有层面,对系统的资源、服务、功能、状态以及安全等进行管理维护。

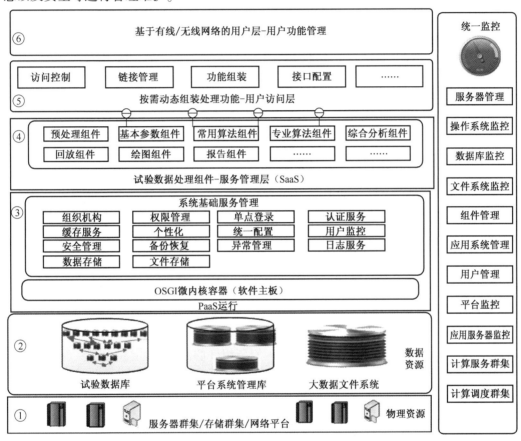

图 10-28　试验数据处理云计算平台架构图

10.5.3.3　试验数据云存储架构

试验大数据由 5%关系数据库检索信息和 95%非结构化数据组成。试验数据以非结构化的"大数据"为主,试验工程师需要对这些数据进行快速处理与分析。将云存储技术与试验"大数据"存储应用结合起来,在数据管理、挖掘和应用等环节上进行优化,提高数据管理应用效率。

采用基于 Hadoop 分布式文件系统 HDFS 存储试验数据文件,提供高可靠性、可扩展性的海量数据存储,如图 10-29 示。HDFS 是一个具有高度容错机制文件系统,能够提供高效海量的数据访问,是大规模数据集存储首选的存储系统。其中,Namenode 负责管理HDFS 文件系统,维护元数据、副本等目录结构;Datanode 则是存储数据文件。HDFS 将大数据文件分割成多个block,以提高数据的读写效率。HDFS改变传统的集中存储模式为分布式存储,采用冗余存储的方式来保证存储数据的可靠性,具有高吞吐率和高传输率的特点。

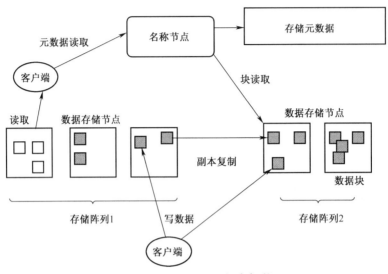

图10-29　HDFS体系架构

试验数据云存储架构,借鉴大数据中HDFS云存储技术,实现非结构化试验大数据的随需高效存储管理和处理服务功能。以单架次100GB试验数据为例,网络数据处理系统接收管理该架次数据效率为10min以内;数据并行存储访问时间(包括解析计算),对于64采样点、3000个参数缩短为20min;数据快速备份和恢复机制效率提高50%以上。

10.5.3.4　功能组件

以模块标准化组件实现数据处理功能,组件接口遵循标准化试验数据处理元数据接口定义规范,完成基于SOA架构的数据处理服务组件的注册、绑定和发布实现。数据处理功能组件包括:

(1)各类型数据的预处理组件,如PCM、FCS、1553B、AFDX、iNET、FC、1394B、RS422、振动等数据;

(2)各类型数据的配置信息管理服务;

(3)基本参数计算服务;

(4)基本预处理算法组件;

(5)常用工程算法组件;

(6)武器平台、动力、设备等专业算法组件;

(7)数据可视化处理组件;

(8)数据实时回放组件;

(9)数据报告输出组件;

(10)可视化处理组件;等等。

数据处理功能模块的组件化,利于实现数据处理标准化。对已有的数据处理功能模块进行组件标准化的改进:

(1)按照云计算平台所确定的基于元数据的标准化接口规范,对数据处理功能模块

进行内部、外部接口的改造,以满足组合集成需要;

(2)由于各类型数据处理功能模块采用的设计语言差异较大,需要针对不同的程序设计语言对功能模块进行改造设计,或者按照云计算平台所确定的程序设计语言进行重新设计;

(3)对数据处理功能模块进行其他方面的封装,如交互封装、数据结构适应性改造;等等。

试验数据处理模块,通常使用 C++、MataLab、Delphi 等多种程序语言实现,而云计算平台采用 Java 异构环境,因此需要研究这几种语言与 Java 的接口集成实现技术,为服务组件的自动化组合提供技术基础。

试验数据云计算平台的元数据接口规范(Test Metadata Interface Standard,TMIS)是以国际标准的 XML 为基础定义的,主要内容包括组件标识信息、组件说明信息、组件输入信息、组件输出信息、组件交互信息、组件注册信息、组件组合信息等等,FTMIS 将成为云计算平台中处理服务实现的重要基础。

10.5.3.5　资源配置、管理与调度

SOA 架构用于建立、维护、管理应用系统。在 SOA 架构下,以服务或组件形式出现的业务应用模块,可以实现快速地管理配置、发布和重用。在试验数据云计算平台系统中,有各种不同类型的数据分析处理、科目分析处理以及数据处理算法、数据输出报告等服务模块。注册管理由试验数据云计算平台管理中心进行配置,包括配置服务的功能描述、数据接口、安全事务、输入输出等相关信息。服务的发布则由基于 Web 的服务模块对外提供服务,根据配置管理中心的安全事务信息配置,为用户提供不同的处理服务,如图 10-30 所示。

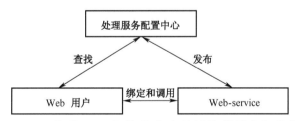

图 10-30　基于 SOA 架构的试验数据计算服务组件架构

支撑云计算的是大规模的集群计算系统,需要通过有效的系统配置、监控、管理、调度、虚拟化等技术,实现一个强大的、动态的、自治的计算存储资源池,提供云计算所需要的大容量计算力。因此,建立试验数据的云计算群集调度、群集管理、群集实现的应用架构,以及试验数据处理的高性能和高可靠性的"私有计算云"系统,为用户提供试验数据计算与分析群集资源保障。图 10-31 为注册、发布、调用和管理的示意图。

在试验数据处理云计算平台中,定义组件接口规范,把所有的数据处理算法、数据资源等抽取并定义为服务组件,放到资源池内统一管理。通过平台对组件进行自由组装、调度、执行,最后将结果存储反馈。其执行过程都是在网络云端进行,充分利用云端存储与计算资源的能力,提升计算效率,保障结果安全。以数据处理服务作为云计算应用主体,多台小型的计算资源组成强大的、灵活的分布式云计算群集,实现"私有计算云",提高网络云计算的计算性能、吞吐能力和计算效率,满足多用户、多专业的快速数据处理计算应

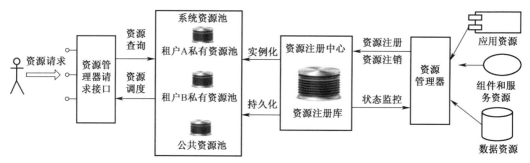

图 10-31　试验数据计算服务资源管理架构

用,实现集群化资源的高可用性。试验数据云计算平台下的计算服务群集和调用实现机制,即云计算资源的负载均衡机制,可有效地调度、分配计算资源,满足所有用户的云计算需要。试验数据云计算平台下的计算服务群集及其调度(图 10-32),包括:

(1)计算服务群集联合机制。该机制能够实现服务器之间组成计算群集,接受调度服务器的资源调配和优化。

(2)调度机制。该机制维系用户计算需求与云计算群集资源之间的供求关系,负责平衡各类系统资源,如 IO、计算、存储等,确保用户的需求能够得到满足。

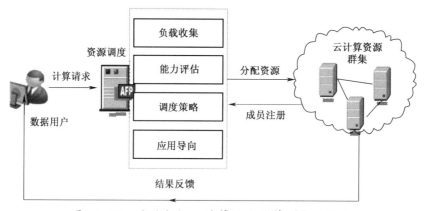

图 10-32　试验数据云计算平台计算群集与调度

10.5.4　发展方向

云技术是当前使用频率很高的一个概念。究其本质,它既不是一种专业技术,也不是一种理论,而是在大数据时代下,信息网络化技术高速发展的应用模式的一次彻底变革或革命。这次革命几乎波及人类活动的所有方面,从日常生活到尖端科技发展,云技术已经成为促进各个行业大发展的强有力的助推剂。

试验大数据处理与分析的基础是试验数据处理云计算平台,而存储网络以及计算资源则是云计算平台的物质基础。数据处理功能模块组件化和标准化、模块组件按需装配、交互界面更加友好、操作更加便捷,为用户提供随需的数据处理服务。

云技术在试验大数据处理中的应用尚处在初步探索阶段,但已经改变了用户对计算资源的使用方式,即从以桌面为核心转变为以 Web 为核心的模式。未来的发展方向,归纳起来有如下几点:

（1）虚拟化技术。这是云技术最显著的特点,包括资源虚拟化与应用虚拟化层面。部署应用的环境和物理平台没有关系。通过虚拟平台进行管理实现应用扩展、迁移、备份,每一操作均通过虚拟化技术完成。

（2）动态可扩展。通过动态扩展实现应用扩展的目的。动态扩展是指,可以随时将服务器资源加入到现有的服务器集群中,增加"云"计算能力,以满足应用扩展的需求。

（3）按需部署。用户运行不同的应用,需要不同的资源和计算能力。按需部署是云计算的核心,云计算平台按照用户的需求部署资源。因此,按需部署就要求云平台具有资源动态可重构、资源监控和自动化部署能力。自动化部署,是指通过安装和部署,将计算资源从原始状态变为可用状态,并在资源监控下,把可重构的计算资源自动重组成一个用于特定目的计算系统;资源监控,是指对"云"中大量服务器的动态变化进行实时监控,为自动化部署资源提供依据。

（4）高灵活性。现有大部分软件和硬件对虚拟化都有一定的支持。云平台中的各种资源如软件、硬件、操作系统、存储网络等所有要素通过虚拟化设置,放在云平台虚拟资源池中进行统一管理、灵活组合。云平台兼容不同硬件产品和低配置计算机与外设,从而获得高性能计算能力。

（5）高可靠性。虚拟化技术使得用户的应用和计算分布在不同的物理服务器上,即使单点服务器崩溃,仍然可以通过动态扩展功能部署新的服务器完成用户计算任务,从而保证系统的高可靠性要求。

（6）高性价比。云计算采用虚拟资源池的方法管理所有资源,对物理资源的要求较低。若使用廉价的 PC 组成云,则计算性能将大大提高,可满足大型应用的需要。

参考文献

[1] 党怀义. 基于 SOA 的试验数据管理系统研究[J]. 计算机测量与控制.2014,22(7)2135-2137.

[2] 王建军,党怀义. 基于 Web 的分布式试验数据处理系统结构设计[J]. 计算机测量与控制.2010.18(6):1452-1454.

[3] 郑小鹏,丽晔,等. 试验数据管理系统的设计与应用[J]. 计算机测量与控制,2014,22(12):4154-4156.

[4] Eric Newcomer,Greg Lomow. Understanding SOA with Web Services(中文版)[M]. 徐涵,译. 北京:电子工业出版社,2006.

[5] Thomas Erl. SOA 概念、技术与设计[M].王满红,陈荣华,译. 北京:机械工业出版社.2006.

[6] 毛新生,等. SOA 原理、方法、实践[M]. 北京:电子工业出版社.2007.

[7] Poole J,Chang D,Tolbert D. 公共仓库元模型开发指南[M]. 北京:机械工业出版社,2004.

[8] 苏新宁,杨建林,等. 数据仓库和数据挖掘[M]. 北京:清华大学出版社,2006.

[9] 王珊,等. 数据仓库技术与联机分析处理[M]. 北京:科学出版社,1999.

[10] 党怀义. 典型大数据仓库:试验数据仓库设计[J]. 计算机测量与控制,2015,23(4):1407-1409.

[11] 武森. 数据仓库与数据挖掘[M]. 北京:冶金工业出版社,2003.

[12] 陈文伟. 数据仓库与数据挖掘教程[M]. 北京:清华大学出版社,2006.

[13] 朱明. 数据挖掘[M]. 合肥:中国科学技术大学出版社,2002.

[14] 康晓东. 基于数据仓库的数据挖掘技术[M]. 北京:机械工业出版社,2004.

［15］林杰斌,刘明德,等. 数据挖掘与OLAP理论与实务[M]. 北京:清华大学出版社,2003.

［16］陈文伟. 数据挖掘与数据仓库教程[M]. 北京:清华大学出版社,2006.

［17］张文宇,贾嵘. 数据挖掘与粗糙集方法[M]. 西安:西安电子科技大学出版社,2007.

［18］党怀义. 试验数据聚类约简方法研究[J]. 计算机测量与控制,2013. 21(11):3032-3034.

［19］蒋泽军. 模糊数学教程[M]. 北京:国防工业出版社,2004.

［20］党怀义. 云技术在试验数据处理中的应用[J]. 测控技术,2014 ,33(3):49-52.

［21］SUN公司. 云计算基础设施和体系架构指南[EB/OL]. (2010-03-02). http://www.xjisuan.com/viewnews-34.html.

第 11 章　发展愿景

战争形态永远都在变化更新,则试验模式必将随之转变。随着科学技术的发展以及人们对科学技术、战争心理学、作战文化与认知的不断深入,新型作战武器装备(系统)或作战体系与作战模式不断出现,使得试验理论体系与试验评估方法也必将随之改变。在本章中,依据当前军事科学技术发展态势,首先描述了未来可能采用的新型作战模式,其次描绘了未来军工试验与评估技术发展的愿景。

11.1　未来作战形态

未来战争形式,取决于科学与技术的发展进程,以及军事理论的创新。本节依据作者对近几年来国内外军事科技发展前沿的研究与分析,列出了部分正在探索研究或未来可能采用的一些新的作战模式。

11.1.1　赛博战

赛博空间与电磁空间作战,将是一项长期的战争形态。2015 年 4 月,美国国防部发布《赛博空间战略概要》,首次公开表示赛博战将成为军事冲突的一项重要战术选择,这表明美国在赛博空间作战的编制体制、武器装备、融入联合等一系列重要方面已取得了突破,或已构建了相对完善的赛博空间攻防体系,具备了实施赛博空间作战的关键能力。

11.1.1.1　内涵

Wikipedia 大百科全书中对赛博空间的解释为:赛博空间是可以通过电子技术和电磁能量调制来访问与开发利用的电磁域空间,并借助此空间以实现更广泛的通信与控制能力。赛博空间集成了大量的实体,包括传感器、信号、连接、传输、处理器、控制器,不在乎实际的地理位置,以通信与控制为目的,形成一个虚拟集成的世界。在现实中,赛博空间构建了相互依赖的信息技术基础设施网络与电信传输网络,其中包含有大量的计算机系统、综合传感器、系统控制网络、嵌入式处理器、通用控制器和相关物理基础设施等,利用电子和电磁频谱来存储、修改或交换数据。在军事领域,赛博空间取代(并包含)了传统电磁空间的地位,与陆、海、空、天并列为五大作战空间,它强调了网络在信息对抗中的作用与地位,与美军新军事变革——网络中心战紧密联系在一起[1]。

赛博战也称赛博作战,有的将其定义为"对赛博空间能力的运用",即指在赛博空间展开的进攻性与防御性作战行动。事实上,目前还没有一个统一的定义。赛博战包含了传统电子战的所有功能,是传统电子战的扩展与延伸。赛博空间中的赛博战是一种广义上的信息战,既包含了传统的电子战,也包含了现代的计算机网络战,同时还具有广阔的外延,可以理解为以网络为基础,对战场综合信息实施的一种控制。战场上军事斗争的双方实际上是在对这种信息控制权利的保持与争夺。具体地,赛博战包含以下两方面的含义[2]:

(1) 赛博空间进攻性作战。赛博空间的进攻性作战将拒止、削弱、中断、摧毁或欺骗敌人。它确保在赛博空间内自如行动的同时,拒止敌方自如地采取行动。美军将增强实施电子系统攻击、电磁系统封锁与攻击、网络攻击,以及基础设施攻击的作战能力。攻击目标包括敌方的地基、空基和天基网络等。由于敌人对赛博空间的依赖性越来越强,因此赛博空间进攻性作战可实现的潜在作战效能将越来越大。其效能主要包括传感器破坏、数据控制、决策支持降级、指挥控制破坏、武器系统降级。

(2) 赛博空间防御性作战。赛博空间防御是在敌方攻击前、攻击中与攻击后采取措施保持、保护、恢复以及重建己方与友方赛博空间的能力,如赛博空间攻击威慑、赛博空间攻击缓解与抗毁能力、攻击源跟踪、脆弱性检测与响应、数据与电子系统防护以及电磁和基础设施防护等。

赛博战在赛博空间中或借助赛博空间达成作战目标。这类作战行动包括计算机网络战,以及"全球信息栅格"的运行、进攻和防御等各种作战行动,不仅仅针对计算机网络作战(CNO)以及网络运行(NetOps)本身,还会对作战网络中计算机、军用通信网络以及嵌入到设备、系统和基础设施中的处理器和控制器等各种武器装备部件与组件开展进攻和防御的作战行动。

11.1.1.2　赛博空间作战[3]

美军通过 10 年从战略层面到战术层面,在政策、方法、技术、组织和管理等方面对赛博空间技术发展做了大量的工作,形成了比较完整的体系,赛博空间优势框架对美军赛博空间安全和作战进行分析和论述,作战框架如图 11-1 所示。

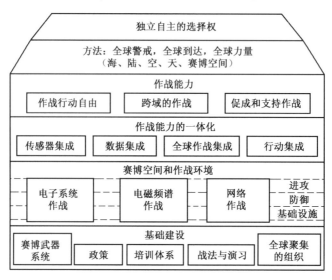

图 11-1　赛博作战框架

赛博空间是一个竞争激烈的作战领域,需要有独立自主的选择权。对于战场所有的军事行动,赛博优势要确保所有领域的作战行动的自由,并且抵制敌方在这些领域的能力。

赛博空间作战的基本需求包括:快速地应对赛博空间的攻击和重新组建网络,保护重要的国家基础设施;通过集成赛博战力获取全球的和战区的效果;通过赛博空间战胜敌方的新的作战样式;支持己方指挥员在赛博空间中的行动自由,以及连续的赛博空间态势感知。美国空军提出了贯穿空、天、赛博空间领域的全球警戒、全球到达和全球力量的构想。要实现这种构想,需要把赛博能力有效地部署到其他空间的作战节点上,实现对蓝色、红色和灰色赛博系统,以及网络的全面感知,实施一体化赛博防御和进攻作战。

美国国防部要求赛博空间为作战提供军事行动三大基本能力:确保作战行动的自由,包括联网的系统生存性与赛博对抗;指导跨域的作战,包括提供领域对抗的效果、推动相互依赖的作战和支持其他功能域的业务;促成和支撑作战,包括国防工业和政府机构的信息保障。

指挥控制的关键是统一、灵活和高效地协同行动。赛博空间的对抗已转变成一个新的作战领域,也应符合观测-导向-决策-行动(OODA)基本作战模式。赛博空间作战运用信息技术把观测与监视、综合与导向、评估与决策和打击与行动这个指挥流程压缩到以分秒来计算,使部队具有更快的反应能力和机动能力,这些更趋复杂的快速协调程度有赖于赛博空间各要素的一体化的交互运用。

赛博空间作战能力的一体化主要表现在:各类传感器的集成,如入侵检测、系统状态检测和网络系统侦察等的综合使用、数据采集和信息融合;支持态势感知的数据集成,为赛博空间作战提供共用的作战图;实现全球作战集成,形成一致的赛博空间作战管理、规划和决策;统一的攻防行动集成,达到基于效果的作战(EBO)目标。

根据赛博空间作战的特征将 OODA 模式稍作改编,形成赛博空间作战过程,如图 11-2 所示[4]。

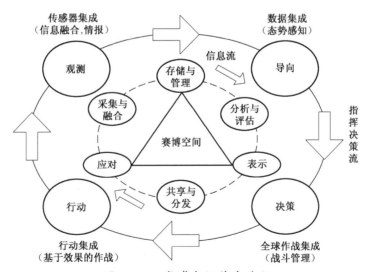

图 11-2 赛博空间作战过程

(1)采集与融合:赛博空间态势获取和汇集。

(2)存储与管理:保护态势数据,访问存储的数据,建立报告职责,确保赛博网络各节点和各部队之间信息的通畅,解决使用不同手段获取信息的一致性问题。

（3）分析与评估：确定安全事件和计算相关的元数据，评估所有等级的对抗效果，测量行动和目标的进展，制定策略建议以推动形成后续的行动，分析和评估的相关信息可运用于充实、修正指挥控制（C^2）中的决策辅助支持系统。

（4）表示：提炼安全事件和相关的背景信息，形成全域的态势感知，维护对攻击的反应。

（5）共享与分发：开发跨域的共享感知和协调机制，以提交相关的数据给适当的团体。

（6）应对：赛博空间作战主要是规划和决策工作，确定局域和跨域的行动线路，以减轻事件对作战的影响，赛博空间的应对有信息防堵、攻击、防护、反制和利用敌方信息系统等。

11.1.1.3　军事通信网络攻防

最初，军事通信主要服务于作战指挥（C^2）。从 C^2 发展到 C^3I 又到 C^4ISR 及 C^4IKSR，军事通信已成为现代战争中最重要的神经网络，也是赛博战的主要攻击与防护对象。基于"全球域"的赛博作战，实际包括了各种军用网、民用网，以及各种传感器和终端及武器系统。未来战争将是军民一体化的信息化战争，对敌方电网、因特网进行赛博攻击时，计算机病毒的入侵可能使交通、银行瘫痪；美国规定其生产的控制与处理芯片必须留有"后门"，国家信息安全将成大问题。因此军、民通信同样面临严重的威胁与挑战[5]。

在赛博作战中，双方都会对对方的军事通信网络进行干扰和攻击，并加强自身网络通信系统的主动防御。

如图 11-3 所示，在以 OODA 认知环路为基础的 C^4ISR 赛博空间一体化作战构想中，作战构想在判定过程中"可预测信息"浏览是重要的环节；"可预测信息"是指能据以判定目标特性的不变参数的信号特征数据。现有通信体制大部从国外引进，跳频、直扩及高速跳频等固定频谱抗干扰措施不变，都能被截获并纳入外军的特征数据库中，对我将是极大威胁。造成威胁的主要原因在于现有通信手段基本采用固定频谱通信体制，它具有载

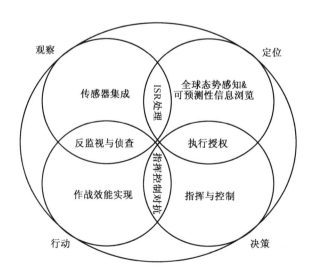

图 11-3　美军 OODA 赛博空间一体化作战构想

频或工作频率固定不变、频谱多次重复出现的特点，是可预测性信息。

美军自身为了克服目前固定频谱通信易被识别的缺点，加强了新型抗智能干扰与抗赛博入侵的措施，开展了下一代智能型无线通信体制（XG 计划）的研究。它不仅具有高效利用无线频谱的优点，还具有很强的抗侦察、抗干扰能力。美国国防部高级计划局（DARPA）早在 2002 年就启动了下一代（XG）无线通信计划研究，其关键技术是用"动态频谱"保障军事沟通，在 2004—2006 年，主要研究频谱捷变无线电，投资 1700 万美元。在 2009 年进行了 25 个节点试验，已接近实用。从抗干扰角度来讲，XG 为了对抗以 OODA 认知环路为基础的赛博战干扰和入侵，采用了感知-认知-反应-适配的认知环路，以基于该认知环路的通信来对抗基于 OODA 认知环路的干扰。随后，DARPA 在 2007 年又开始了下一代无线网络（WNaN）计划，它是 XG 计划的延伸，进一步将抗干扰能力提高并实用化[6-7]。

未来军事通信网络必须具有认知能力和动态多变的智能化通信体制，并采用主动防御方法：实现军事通信体制一体化、扁平化是基础，链路层和网络层的统一和协调是重点；软件无线电是发展的必由之路，它既能大大简化通信装备品种和数量，又可使得多种通信体制兼容并保持畅通，是动态频谱无线电和认知无线电的理想平台，也是通信系统装备升级换代的必然发展方向。

11.1.1.4　赛博研究计划与赛博武器

在 DARPA 近年来的研究计划中，"X 计划"已成为国防部一项重要的赛博空间基础技术研究计划。2012 年 8 月，DARPA 发布"赛博空间对抗基础研究计划"（X 计划），联合工业部门、信息技术公司和高校共同研发赛博空间对抗系统，希望"创造革命性技术，在大规模实时动态网络环境中理解、规划和管理赛博空间对抗"，通过对赛博空间对抗基础机理的研究，研发主宰赛博空间对抗需要的基础性关键技术。

在赛博装备研发方面，赛博飞行器、舒特计划、赛博控制系统、数字大炮、"爱因斯坦"系统等是美国重点研制的赛博空间安全攻防装备。

1. 赛博飞行器

赛博飞行器是一种可安装在美军的任何电子介质中、能主动保护军事信息系统的软件，具有简单、可扩展、可靠、可信等特点，其主要任务是持续保护美军赛博空间内的所有软硬件设备。该软件由系统管理员统一预编程，一旦有规划外的软件/硬件进入，软件就会立即报警，如出现软件无法识别的威胁，则隔离相关计算机。依据作战目的不同，赛博飞行器分为战略级赛博飞行器（类似 B-2 战略轰炸机、RC135 战略侦察机）、作战级赛博飞行器（类似 F-16、F-22 等）、战术级赛博飞行器（类似小型战术侦察无人机等）。

2. 舒特计划

舒特计划是美军研发的针对防空网络系统的机载网络进攻系统，将情报监视和侦察、进攻性反情报和进攻性防空横向综合集成一起，由侦察飞机、电子战飞机、作战飞机、网络中心协同瞄准系统及通信系统等组成。在舒特计划中，有关赛博技术属于绝对保密的内容，公开资料中只有舒特 1~5 大致可实现的能力。舒特 1：监视和获取对方雷达所掌握的空中目标信息；舒特 2：使对方不能发现来袭目标，进而错误跟踪虚假目标；舒特 3：攻击对方时敏网络；舒特 4：无报道；舒特 5：通过电磁频谱和网络进行综合进攻。

3. 赛博控制系统

赛博控制系统作为一种专用系统,通过各种手段、技术、软件等实现战斗信息传输系统的赛博防御,确保美军战斗信息传输的安全性。

4. 数字大炮

数字大炮需要通过一个庞大的"僵尸网络"实施赛博攻击,而僵尸网络由一些受到恶意软件感染的计算机组成。2011 年,美国明尼苏达大学的马科斯·舒哈德及其团队设计出一种名为"数字大炮"的赛博武器,可瘫痪整个互联网。马科斯·舒哈德称,只需要 25 万台僵尸计算机就足以瘫痪整个全球互联网。

5. "爱因斯坦"系统

"爱因斯坦"系统,是一种部署在美国联邦政府及其机构网络中的网络监控与入侵防御系统,旨在通过收集联邦政府及其机构的网络信息,提高美国政府的网络态势感知能力,识别并响应网络威胁与攻击。该系统由网络数据采集系统、数据处理系统、网络态势可视化与事件报告系统、信息共享与写作系统共四个部分组成,系统运行需要其他四个系统的支持,即任务执行环境(MOE)、可信互联网连接(TIC)、国土安全信息网(HSIN)/US-CERT 入口、计算机应急响应小组公开网站等。目前,"爱因斯坦"系统已研制了三代。

11.1.2 多域战

11.1.2.1 内涵

2016 年以来,多域战概念成为一个重点研究方向。2016 年 10 月,在美国陆军协会年会上,包括国防部常务副部长罗伯特·沃克在内的美军高层深度阐述多域战的概念;2016 年 11 月,多域战正式列入作战条令。

多域战是继"空海一体战"概念之后,新推出的用于对付其他国家"反介入/区域拒止"(A^2/AD)战略的新概念。多域战要求美国陆军具有灵活性和弹性的力量集结能力,能够将作战力量从传统的陆地和空中,拓展到海洋、太空、网络空间、电磁频谱等其他作战域,获取并维持相应作战域优势,控制关键作战域,支持并确保联合部队行动自由,从物理打击和认知两个方面战胜对方。多域战目标分两个阶段完成:第一阶段目标是实现陆军向空中、海洋、太空和网络等领域延伸的能力;第二阶段目标是全面联合各军种,以拓展各军种的行动范围,实现全域内火力和机动能力的同步协调与联动,如图 11-4 所示。

多域战突出了陆军在联合作战中的地位,陆军已不再仅仅是海军和空军的"援助",而是能够利用可靠前沿基地和丰富的战场信息,以及自身的跨域感知、目标识别和打击能力,协同和融合联合作战力量,参与、支援乃至控制其他作战域。多域战概念虽然由陆军提出,但提出了一个发展方向:各军兵种作战范畴与作战能力界线已经模糊,最终发展成既有特长又很全面、具有全面作战能力的集多种能力于一身的新型军队,即任何军种都不起主导作用,任何领域都没有固定边界。

11.1.2.2 多域战设想

多域战概念来源于沃克的第三次"抵消战略"。在"反介入/区域拒止"中,可发现并摧毁几百英里内的舰艇和飞机,将其拒之门外,在此情况下,即便在冲突之初,战区中的地面部队也只能依靠自身力量。而多域战设想是,陆军可以在解决 A^2/AD 问题上发挥其基础性作用,越来越多地从陆地向外投射力量。因此,防御时,"爱国者"和"萨德"可在防御

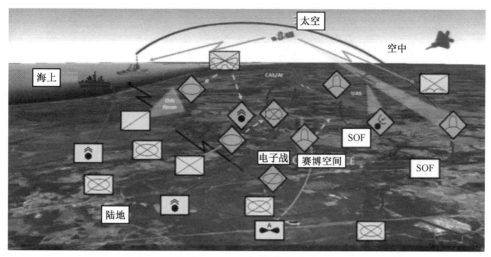

图 11-4　多域战构想

轰炸机和弹道导弹攻击机场及港口中发挥关键作用;攻击时,陆军地地战术导弹及未来的远程精确火力导弹可打击敌方地面导弹发射车、雷达及指挥所等重要军事目标。还可以设想,陆军具有某种反舰能力,甚至网络和电子战能力,可入侵并干扰用于支持 A^2/AD 系统的控制网络,形成一种真正的陆基跨域能力和一支能够拒止敌方的一体化联合部队,提升作战能力。

多域战被认为是未来的发展方向,但也遇到其他军种的阻力,需要开展协商;同时各军种研发与采购的武器装备来源于不同的供应商,其标准规范有所不同,若要将其他装备整合到陆军武器装备系统中,还有许多工作要做;多域战还要求国防部重新思考军队的组织机构、培训与装备采购等一系列问题。

11.1.3　蜂群战

11.1.3.1　内涵

战争实践表明,兵力数量与质量同等重要。人类早就认识到,集群作战可发挥出远超个体累加的战斗力。依据作战任务需求、战场环境和威胁程度,采用合理的兵力编组形式,通过更高效的战场协同,可以更好地实现集群作战的规模效应。所谓蜂群战,是指无人系统集群作战,以无人作战系统为主体,凭借数量优势,以一定的方式组织起来产生更强大能力进行战斗的作战思想与理念。美国国防部投资名为"集群战术空间研究"项目,意在研究以"集群"命名的由功能相对简单的无人机或地面机器人组成的"蜂群"状分布网络作战体系与用途、编组以及指挥控制方法,如图 11-5 所示。

随着无人系统(如无人机、无人艇、无人车与无人潜艇等)、自主系统、人工智能、大数据与网络等现代前沿科技领域的发展,美军正在研发无人机"蜂群"战术,由大型空中平台搭载与释放大量无人机,变成战斗集群,自主协同实现飞行控制、态势感知、目标分配、智能决策,依靠整体战斗力以应对复杂、强对抗等不确定的战场环境。

11.1.3.2　蜂群战装备研究状况

随着隐身战机、高性能防空反导系统、远程打击系统、电磁战、网络战、一体战的发展,

图 11-5　蜂群战

战场对抗强度快速提高,作战环境迅速恶化,空袭和反空袭的难度急剧增大,使得蜂群技术快速发展,装备研制方兴未艾。

美国国防部长办公室发布的《无人机系统路线图(2005—2030)》指出,在 2025 年后无人机将具备集群战场态势感知和认知能力,能够完全自主和自行组织作战。有关无人作战系统的研究计划较多,主要有以下几点:

(1)美国国防部高级计划研究局(DARPA)投资的"小精灵"研究项目,就是将具备自主协同和分布式作战能力、可回收的小型无人机组成蜂群,执行情报监视侦察、压制防空系统、电磁战、网络战和其他可拓展的任务,减小造价高昂的多用途有人作战平台在强对抗战场环境下承担的风险,降低作战使用成本,提高战术使用灵活性。通用原子公司为"小精灵"项目研发的无人机,其质量约 320kg,相信未来还可以更小。

(2)美国国防部战略能力办公室(SCO)为蜂群战术研发的"山鹑"微型无人机,由 3D 打印部件,快速组装,成本低廉,一次性使用。它可在空中自行编组,自主协同作战,适合对空中目标发动饱和攻击。已完成 500 次测试,由一架 F-16 搭载并发射 20 架"山鹑"开展试验的。

(3)美国空军研究实验室(AFRL)启动了"编群战术空间"研究计划,研究无人机之间的协同作战,包括侦察、搜索与跟踪、电子战、心理战、对地打击、战术牵制等,演示了 12 架无人战机的自主协同飞行、搜索与模拟打击。

(4)美国海军研究局(ONR)也启动了"低成本无人机蜂群技术"项目研究,完成了 40s 内在海上连续发射 30 架无人机,以及无人机群的编组和机动飞行试验。无人机由雷神公司研制,成本低于 1 万美元,质量约 6kg,可搭载多种有效载荷。

(5)2016 年 10 月,美国海军研究办公室宣布,海军在无人系统集群作战方面取得突破性进展。所研究的无人集群作战技术是,利用多艘无人舰艇的协同合作,保护己方舰艇,对抗敌方威胁。已进行了 13 艘无人艇的集群作战试验,下一步将拓展到 30 艘舰艇的规模进行试验与部署。

(6) 使用水下无人航行器(UUV),组成水下蜂群可以进行反潜。反潜型 UUV 与被探测潜艇同处海水介质环境中,有利于战场态势感知,探潜和攻潜的效能更高。

11.1.3.3 蜂群战效能

若大量无人系统发动集群进攻,可使当前任何防空反导系统的探测、跟踪和拦截能力迅速饱和,且少量无人机的损失不影响集群作战能力。高度智能化无人机群能够根据战场形式,自行组织作战计划,自主分配进攻任务,可携带多种弹药,联合进行电磁压制、网络战、释放假目标、多角度多方向打击,防御难度极大,且成本低廉。

蜂群作战,具有无人力量独立编组集群、有人/无人力量混合编组集群以及有人/无人作战系统相互融合等多种组织形态,美军事顾问彼得·辛格指出,无人集群系统引发的机器战争,改变了 5000 年的战争形式,堪比坦克发明而产生的军事变革。这种变革将产生深刻的影响。

1. 传统战争理念不断被突破和更新

随着无人系统武器化、隐形化、智能化、协同集群化程度不断提高,现代战争出现零伤亡、非接触、小型化等特点,作战目的转向节点摧毁、结构破坏、体系瘫痪。

2. 作战方式发生重大改变

无人集群协同作战系统的战技性能已接近甚至超越有人作战系统,可能部分取代有人主战平台,成为未来战场侦察监视的主力、火力突击的先锋。

3. 大幅减少时空因素对作战行动的影响

无人系统无须考虑人的生理极限因素,能够长时间、高速度、大强度执行各种作战和保障任务,作战范围可达太空、深海、高原、核生化污染等人类受限区域。

4. 显著减低军事强国决策战争的门限

军用无人集群协同系统,使得战与非战的界限模糊,战争进程和毁伤程度可控,显著降低战争的政治、外交风险,为军事强国最高当局突破国际法律法规限制,使用军事手段干预地区冲突和突发事件创造了条件。

11.1.4 分布式杀伤

"分布式杀伤"概念,源于美国海军对濒海战斗舰未来定位的思考,在 2004 年的一场军事演习中,蓝军的濒海战斗舰装备中程反舰导弹,使得整个战场发生了重大变化,红军部队面临的战场压力陡增,需要运用更多的力量来应对更多打击,精确打击总体效能大大削弱。由此,"分布式杀伤"概念开始出现在美国防智库及海军官方文件中,它是美国海军传统兵力结构在面临的新挑战且不能确保全球制海权的情况下,实施的作战理论创新。

1. 兵力分散部署、火力实现集中

自古以来,战场杀伤力集中是最基本的作战准则,无论是古罗马时代的方阵,还是大舰巨炮的无敌舰队,或是现代的航母战斗群,都是通过集中兵力实现杀伤力的集中,从而投送强大的打击能力。兵力集中原则,是情报能力、通信能力、打击距离、打击精度有限的产物,美国航母上打击大队是海上作战兵力集中原则的典型代表,其作战理念是"集中式杀伤":航母舰载机具备远程打击能力,护航舰队可提供严密的广域防御能力,因此航母舰队被称为"海上霸王"。

现代军事技术的飞速发展,使得武器的投送距离与打击精度发生了质的飞跃,从而给兵力集中作战原则带来了深刻变化。随着对手拥有越来越强的精确打击能力,如高性能作战飞机、巡航导弹和弹道导弹、低噪声潜艇、无人作战系统等武器和技术装备在"反介入/区域拒止"作战环境下,兵力集中时被发现和摧毁的概率增大,高价值海上作战平台易损性凸显,航母打击大队被迫远离濒海地区才能部署,因此兵力必须分散,在保持强大作战能力的同时,通过分散方式确保生存力。

基于这样的思考,则"分布式杀伤"作战概念应运而生。尽管目前还是战术层次上的作战概念,但已被列为美国国防部支持"第三次抵消"战略重点建设的作战能力之一。首先,"分布式杀伤"增加对方 C^4ISR 系统对己方打击平台持续进行侦察、跟踪和监视的难度,从而提高自身安全性与生存能力;其次,扩大打击火力的规模,增加了对方的防御难度,可提升作战中打击效果。

2. 以反舰导弹强化水面舰艇战斗力

提升水面舰船反舰作战能力,是分布式杀伤作战概念最重要的措施。对于水面舰船来说,首先,提升"宙斯盾"战舰的远程反舰作战能力;其次,为濒海战斗舰增配反舰导弹;最后,为其他舰船增配反舰导弹。对于反舰导弹来说,需要全面升级与改造,增加 GPS 组件、新型数据接口与标准化,改善目标选择与武器打击的可靠性。

3. 以概念研究推动装备研制转型

"分布式杀伤"作战概念正从战术层面发展成一种作战理念,其核心与原则可以推广至其他军兵种。美国海军正从概念研究、装备发展、测试、整合等各个方面推进"分布式杀伤"概念的发展,相信未来将会形成作战能力。

2015 年 6 月,美国海军成立"分布式杀伤特遣部队",专门负责"分布式杀伤"作战概念的研究与发展,以全新的思维方式获得制海权。2016 年 4 月,美日在日本横须贺海军基地举办了第三届年度水面战军官峰会,提出"分布式杀伤"三原则:每艘舰船都是一名"射手";从地理上分散水面进攻能力;确保资源正确组合,以提升续战时间。与此同时,分布式杀伤武器层面的试验也在推进之中,2016 年 1 月和 8 月,进行了标准-6 导弹和"鱼叉"导弹试验,初步验证了濒海战斗舰装备反舰导弹的可行性。

"分布式杀伤"作战概念,为美国海军未来在西太平洋地区的海上优势描绘了美好的前景,由于它涉及作战模式的深层次变革,武器和作战试验层面的行动依然很少,所以真正发挥作用还有很多的工作要做,但是这种作战理念的先进性不容置疑,其应用也绝不是几种反舰导弹或者海军作战,而是整个作战体系和原则的更新,对未来的战争胜负具有重要的意义。

11.1.5　未来试验与评估的通用需求

未来作战形态随科学技术的发展而呈现多元化的模式,对试验体系、理论与方法均有更高的要求,主要表现在以下几个方面:

(1) 由试验对象、试验设施和测试系统组成的一体化试验网络,其传输带宽要求更高,传输速率更快、误码率更低、时延更短;

(2) 由于试验对象的高度复杂性、先进性与作战协调性的特点,必须提升试验能力,

并创新试验新理论、新方法、试验新手段;

（3）对于复杂武器系统试验与评估,要采用基于模型的系统工程试验管理方法,改变基于文本文件的工程管理方法;

（4）一体化试验与测试网络具有高度复杂性、异构性、实时性、安全性、互操作性、可重构性和可组合性等特点,要求在试验网络顶层设计上,充分利用各种仿真实验室、试验设施与测试系统构建 LVC 联合试验环境,真正实现地理上分散的试验与测试系统的统一,满足一致性、整体性和标准化等要求。

11.2　基于量子技术的试验体系

量子理论是研究微观粒子运动规律的理论。量子技术,是利用量子理论形成新事物,改变现有事物的功能、性能和方法,包括三类要素:量子经验型要素、量子实体性要素和量子知识性要素。其中,量子经验型要素表明量子技术的使用也需要有人的经验积累,但它并不构成量子技术的主要要素;量子实体性要素是量子知识性要素的载体,表现为量子技术客体;量子知识性要素,主要是指量子技术是量子力学和量子信息论等量子理论的应用。没有量子理论就不可能产生量子技术,量子信息技术更是量子理论的产物,量子技术是量子理论的应用。

量子通信问世仅仅不足 20 年,但其卓越的性能必将使得其在国防和军事通信中得到广泛应用。量子通信技术发展正在推进信息科学跨越式发展,因此得到各国政府、国防部门、科技界和信息产业界的高度重视,国防军工试验与测试领域也不例外。

量子计算,是遵循量子力学规律进行高速数学和逻辑运算、存储及处理量子信息的技术,量子计算机则是利用量子相干叠加原理,理论上具有超快的并行计算和模拟能力的计算装置。量子计算机是量子技术与通信技术在计算机领域中的应用。量子计算机具有运行计算速度快、容量大和安全可靠等特点,已成为 21 世纪的重大发明。据报道,2017 年 5 月,中国科学家团队首次研制出了世界上第一台"光量子计算机"。

11.2.1　量子通信基本概念[8]

量子通信,是以光量子为信息载体的先进通信方式,也是量子技术与通信技术相结合的产物。作为信息载体的光量子是属于微观世界的基本粒子,具有特殊的性能特征和运动规律。武器装备试验测试系统,是集信息感知、采集、交换、通信与记录等多种技术为一体的网络化数据系统,其中通信技术对试验网络的性能起着非常重要的作用。随着大型作战网络试验与评估需求的提高,试验测试网络覆盖范围或区域可能遍布全球,其规模与性能今非昔比,如果不能建立满足安全性和实时性要求的通信方式,则不能有效地对武器装备战技性能、作战效能进行评估。量子通信技术,将使试验测试网络极大地提高试验数据保密性、安全性、实时性、准确性,将使得试验网络的整体性能大大提升。

量子通信又称量子隐形传送,是指利用量子纠缠效应进行信息传递的一种新型通信方式。量子通信是一种全新通信方式,它传输的不再是经典信息,而是量子态携带的量子信息,是未来量子通信网络的核心要素。量子通信概念的提出,使爱因斯坦描述的"幽灵"——量子纠缠效应发挥其真正的威力。量子通信系统的基本部件包括量子态发生器、量子测量装置。量子通信也称作量子密钥通信、量子隐形传态,是基于量子力学原理引申而来的称谓。量子通信涉及量子密码通信、量子远程传态和量子密集编码等技术,近年来已从理论走向试验,并向实用化发展。量子通信具有高效率、绝对安全性等特点,已成为国际上量子物理和信息科学的研究热点。

量子通信系统,按其所传输的信息是经典还是量子而分为两类:前者主要用于量子密钥的传输,后者可用于量子隐形传态和量子纠缠的分发。所谓隐形传送是指脱离实物的一种"完全"的信息传送。从物理学角度解释隐形传送的过程:首先提取原物的所有信息,然后将这些信息传送至接收地点,接收者依据这些信息,选取与构建与原物完全相同的基本单元,并进行复原。

量子通信最大的特点是保密性与安全性。1927 年,德国物理学家维尔纳·海森堡提出了不确定性原理,也称作测不准原理。该理论表明不可能同时准确测量一个基本粒子的位置和速度,即测量粒子的位置时,其动量就会发生改变。量子不可克隆特性,使得任何窃取者的存在都会被发现,从而保证了密码的安全性。

中国科技大学潘建伟教授及其团队,在量子通信领域取得了重大突破与进展。2009年,在安徽省芜湖市原来光纤通信的基础上成功地建立了量子政务网;2016 年,又率先发射了量子试验卫星。预计在不久的将来,量子通信技术必将在各个领域得到广泛应用,并对国防工业产生巨大而深刻的影响。

11.2.2 激光通信网络

为了更好地了解量子通信网络的组成与主要性能,本节先简要介绍激光通信系统的组成与主要性能。

11.2.2.1 激光通信系统构成

激光通信网络是以大气、真空或海水等作为传输介质通道进行光信号传送的通信网络,在空中的无线光通信常被称作自由空间光通信(FSO)。激光通信网络通常可分为近空和深空通信两大类。无线光通信网络与光纤通信网络的区别,在于信息传输介质的不同。无线光通信网络借助于光纤通信已采用的成熟技术,在系统设计中也采用不少相同或相似的设计理念。

光通信的一个典型代表就是激光通信。激光通信一般由激光源、掺杂光纤放大器、发射光学系统网络、视距大气通道、接收光学系统网络和光接收机等几部分组成。激光通信具有亮度高、方向性强、单色性好、相干性强等特征,是一种良好的光学通信方式。按传输介质的不同,可分为大气激光通信和光纤通信。激光通信具有信息容量大、保密性高等优势,在国防军事领域得到了广泛的应用。在点对点传输的情况下,每一个节点端都设有光发射机和光接收机,以实现全双工通信。在发端,光发射机光源发射的光束经调制后,变成载有信息的光束,经光学系统发射进入大气信道;在收端,光接收机光学系统接收信号,经光检测器转换为电信号。

激光通信采用点到点拓扑结构,其原理图如图 11-6 所示。在双工通信中,每一个方向有一对激光发射机和接收机及大气介质组成光通信通道。信息通过调制器调制在光载波上,经光放大器将光载波放大,最后经发射光学系统发送至大气介质之中;接收光学系统接收光信号,经解调再转换为电信号。在光通信终端中,通常包括光学系统、光收发器、接口、高功率光纤放大器与电源系统等。若激光通信用于机动目标之间的通信,一般还需要增加伺服控制系统,以实现对准与稳定跟踪。

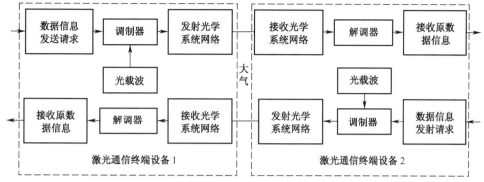

图 11-6 激光通信系统原理图

激光信号调制方式一般采用数字调制方式。调制变量可以是光强度、电场幅度、频率、相位等任一种参数。

11.2.2.2 激光通信网络主要性能

在国际电信联盟-电信标准(ITU-T)制定的数字传输参考模型中,将其分为假设参考连接(HRX)、假设参考数字链路(HRDL)和假设参考数字段(HRDS)三级。数字传输参考模型是为了便于研究网络传输数字信号性能的一种模型,它具有确定长度和确定结构的假设参考实体。利用数字传输参考模型,可方便地研究和控制数字信号传输的优劣及各项性能指标,便于将网络组织到与用户要求一致的标准传输质量水平,也有利于对网络的管理与传输质量的检测。

光通信传输系统的主要性能参数包括:

(1)光功率与接收灵敏度;

(2)传输频率响应;

(3)反射响应;

(4)群延时;

(5)信号噪声比;

(6)动态范围;

(7)有效性与可靠性;

(8)传输误码率;

(9)网络传输效率与最大吞吐量;

(10)网络带宽利用率;

(11)丢包率等。

在自由空间光通信网络中,大气信道的信噪比对通信网络的性能有很大影响,必须采用有效的编码方法降低系统的误码率。

11.2.3 量子通信网络组成及性能

量子通信系统与一般光通信系统的组成类似,由发射端、信息传输通道和接收端组成。量子通信主要设备有发射装置、接收装置,其组成的部件有量子态发生器、量子通道和量子测量装置等。量子通信关键技术包括光子计数技术、量子无破坏测量技术和亚泊松态激光器等。量子发射端的功能由产生信息载体的量子流装置、调制器、量子流发射装置三部分组成;量子接收端的功能由量子流接收装置、解调器和信号恢复装置三部分组成。其工作原理图如图 11-7 所示。

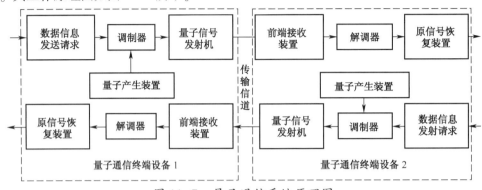

图 11-7　量子通信系统原理图

量子通信网络的构建,要考虑以下方面的因素:

1) 量子通信网络分析

量子通信网络涉及网络类型、网络大小与网络的拓扑结构。明确量子通信网络是采用已有的光通信网络或专用网络,以及传输距离、容量以及信道等要素。

2) 传输介质

量子通信的传输介质包括光纤、大气等介质,在试验测试网络中,也同时具有有线和无线量子通信模式。在合肥建成的量子通信网络就采用了现有的光纤通信网络,而在北京 16km 量子通信网络则是在大气介质中实现的。

3) 量子通信多址接入技术

在光通信中,采用多址接入技术(DMA)实现多用户同时通信。DMA 包括时分多址接入方式(TDMA)、频分多址接入方式(FDMA)、波分多址接入方式(WDMA)、空分多址接入方式(SDMA)、码分多址接入方式(CDMA)等多种接入技术。量子通信也借用这种多址接入方式,以充分利用信道实现多用户通信,其中主要采用 TDMA 和 SDMA 两种方式。随着量子通信技术的发展,还会出现有更多的接入方式。

4) 关键器件技术性能参数

亚泊松态激光器是量子通信技术的核心。在光通信中,已经研制出多种激光器件,如量子线激光器、量子阱激光器、量子点激光器、红外量子级联激光器、光电调制激光器等。亚泊松态激光器是量子光通信使用的专用有源器件,其输出的激光为亚泊松态,其优点是信噪比高。

光子计数器是量子通信接收端接收信息的装置。光子计数器用于检测信息,与一般光通信中采用的检测信息方式不同,它是一种新型量子信息检测装置,只对入射光量子进行计数。其主要性能参数是光量子计数的量子效率和信噪比。

量子无破坏测量技术又称量子测不准测量,是指在测量过程中不破坏被测对象的"状态"。所谓"状态"在这里主要是指光量子数与相位信息。事实上,任何测量都会影响测量对象的状态,只不过需要采取一定的补偿方式。从 20 世纪 80 年代以后,国际上开展了许多量子测量的研究,如利用光克尔效应实现光子数测量的试验装置等。量子测不准测量在光体系中起着非常重要的作用,近年来主要探索强光克尔效应的非线性材料,以及简单易行的量子测不准测量方案,相信在不久的将来会取得突破性进展。

11.2.4 量子通信网络拓扑结构

11.2.4.1 量子通信网络拓扑

量子通信网络的拓扑结构,可以采用与光通信网络一样的拓扑结构,即可分为四种拓扑类型,即点到点(POP)、点到多点(PTMP)、网格型(MOC)以及混合型。

1. 点到点线型结构

POP 结构是最简单的网络拓扑,也是使用最多的一种结构,连接企业内各个用户,用作宽带接入。POP 网络拓扑结构的优点是链路独立,网络规划简单;但是其光链路没有任何保护,只要有一个点出故障,链路就会中断。为了提高网络通信的可靠性,通常都是采用多路传输和空间分集接收,以便适合在电信级网络中的应用。

2. 点到多点星型结构

在光通信网络中,PTMP 拓扑结构可以把业务集中到一点(集线器或中心节点),再接入核心网,这种组网结构效率较高且经济。但每条链路仍无保护,可靠性较差。为了提高网络通信可靠性,通常采用主备工作方式等技术措施。

3. 网格型结构

MOC 拓扑结构,通过多个网络节点提高几乎实时性的迂回路由,使服务得到保证。这种结构也可以把业务集中到某些特定点,再有效地接入光纤网络。其缺点是传输距离短,成本要比 POP、PTMP 高,网络规划设计也较为复杂。

4. 混合型结构

顾名思义,混合型结构是以上两种或三种拓扑结构的混合。混合型结构更加灵活,应用更加广泛,适用于中大型试验通信网络。

11.2.4.2 量子通信网络

一般来说,量子通信网络也可分为近空量子通信和深空量子通信两类。当前国际上首要目标,是建立近空量子通信网络并使其实用化;随着技术日趋成熟,量子通信将延伸到外太空目标之间的通信,以实现信息交换。

量子通信网络是一类遵循量子力学规律进行高速数字和逻辑运算、存储及处理量子信息的物理网络,是一种以量子态作为信息载体的一种先进的通信网络。当处理和计算的是量子信息,运行的是量子算法时,则该网络就是量子网络。量子通信网络与其他光通信网络相比,其容量可提高四个量级,并且有更高的信息交换能力与可靠性、保密性。这对于跨区域的武器试验来说,具有非常重要的意义。复杂武器系统试验,特别是体系对抗试验如联合演习等过程中,会产生海量的试验数据信息、图像信息与话音信息,这些信息需要经过通信系统(或称信息传输网络)进行交换、传输、处理与分析、显示和存储,因此对信息传输网络系统有很高的要求,而基于量子通信技术的试验与测试网络系统是未来试验网络的最佳选择。

在军工试验与测试网络中,最常用的两种通信网络为(有线)光纤量子通信网络、无线量子通信网络。

1. 光纤量子通信网络

光纤量子通信网络拓扑结构,与光纤通信网络相同,只不过在光纤中"运行"的是量子态信号而不是光信号。

中国科技大学在量子通信技术研究进入了世界前沿。2012年,在中国合肥建立了首个量子通信城域网试验示范工程,此工程利用现有的有线电视光纤网络,构建了46个传输节点,连接几大主要城区。

随着量子通信技术的日益成熟,在空天地一体化试验测试网络系统中,采用量子通信技术及相应设备构建信息传输网络,无论在可靠性、保密性和通信速率等方面都将具有巨大优势。

2. 无线量子通信网络

无线量子通信网络,是指在大气、太空中进行量子态信号传输的无线通信网络。2007年,中国科技大学与清华大学联合组实现了16km的自由空间量子通信;2009年又成功实现了世界上最远距离的量子态隐形传输,验证了量子态隐形传输穿越大气层的可行性。目前已发射量子卫星,进一步开展大气、太空量子通信科学的研究,有望在关键技术上取得进一步的突破,并由此可建立覆盖全球的空天地一体化试验测试网络。

11.2.5　基于量子通信的军工试验与测试网络

军工试验与测试网络,是覆盖全球的空天地一体化试验网络,利用TENA技术体系构建"逻辑试验靶场",以满足国防军工试验与测试需求。因此,在该网络中要实现互操作性、可重构性和可组合性,就必须要求可靠的信息传输网络。采用基于量子通信技术,实现无线与有线量子通信相结合的数据传输网络,必将有利于试验数据的交换、处理与分析的实时性、可靠性、准确性以及安全性。

11.2.5.1　空天一体化骨干量子通信网络架构

空天一体化骨干量子通信网络,主要用于空中、太空试验中继卫星相互之间的信息传输,一般有对等网和主干-接入网两种基本的结构形态,如图11-8和图11-9所示。

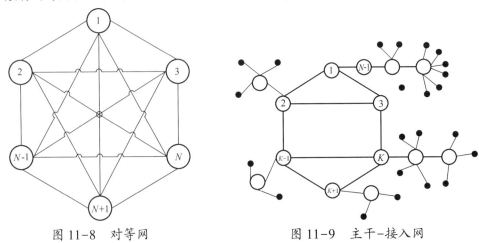

图11-8　对等网　　　　　图11-9　主干-接入网

对于多个试验通信(中继)卫星来说,主要采用对等网结构。在这种结构中,每个卫星节点与其他卫星之间都存在相同数量的星间链路,每个卫星节点均具有接入、处理、路由、分发功能,其节点功能相同,网络结构对称,系统具有自洽性,因此属于典型的对等网络;通信卫星网与空中、太空试验对象之间的连接属于主干–接入网,通信卫星网与地面卫星接收站之间也同属主干–接入网,实现空天地一体化网络的无缝连接。

空天一体化量子试验与测试网络,由天基量子通信卫星、空中试验对象以及地面(包括海面、水下)试验设施与测试系统组成,构建"骨干+区域增强"双层体系结构的空间传输网络。可纳入国家空天一体化量子通信网络如图11-10所示。

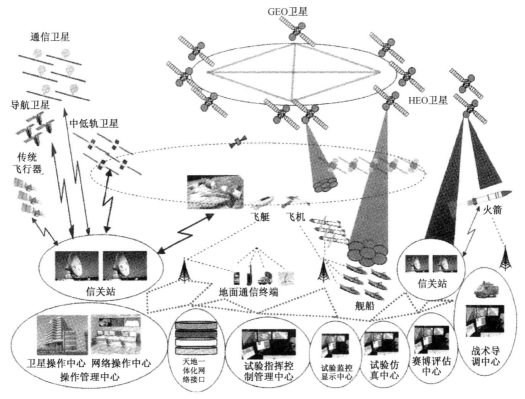

图 11-10 基于量子通信的空天地一体化网络示意图

骨干层是试验信息传输网络的核心,需要具备全球覆盖、结构稳定、宽带承载、接入便捷,以及支持多类型业务接入和异构网络互联等方面的能力。区域增强层由具有通信功能的同步轨道/中低轨卫星、临近空间飞行器、飞机平台,以及相应的地面试验系统组成,主要用于增强局部区域的信息传输能力。用户作为空间传输网络的接入端,是空间信息传输业务的发起者,利用空间传输网络提供的信息传输通道实现信息的端到端传输,包括信息获取平台和信息应用平台,如各种信息获取类的航天器、飞机、运载火箭、舰船,以及相应的地面应用中心等。

基于骨干层、区域增强层双层结构的天地一体化信息网络,具有开放式的体系架构,可兼容不同类型的接入子网,其骨干层由量子卫星及其地面系统构成。具有结构稳定的优势,且可根据用户需求提供不同类型的应用模式。

11.2.5.2 空天地一体化量子通信网络实现

1. 基于 IP 互联的数据中继

基于空天地 IP 互联的数据中继传输系统结构,系统由用户航天器、中继卫星、地面站、中继卫星运行中心,以及用户组成,其概念示意如图11-11所示。对于多IP地址用户目标,其内部带有子网,子网数据在经空间信道传输前,由网关系统完成子网数据链路层协议到针对空间信道设计的数据链路层协议(如CCSDS AOS数据链路层协议)的转换。数据经中继卫星信道传输到地面后,中继卫星地面站的网关系统从空间信道的数据链路层协议中提取IP报文,并完成空间信道的数据链路层协议到地面网络数据链路层协议的转换。转换完毕后,地面标准路由设备根据空间子网IP报文的目的地址直接将数据路由到最终用户。路由的路径可以经过控管中心,也可以不经过。基于IP的前向数据传输为上述过程的逆过程。单IP地址用户目标不带子网,所以用户目标内部不用进行链路层协议转换,可直接将IP报文封装到空间信道的数据链路层协议中,然后通过空间信道的发送。其他处理过程与多IP地址用户目标相同[9]。

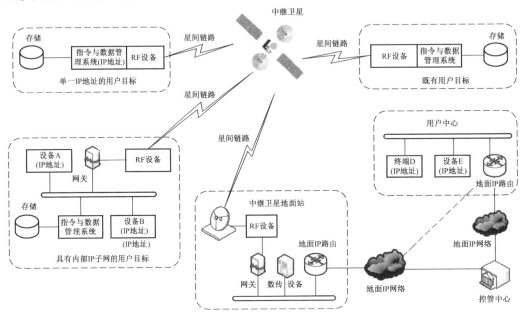

图11-11　基于空天地IP互联的数据中继传输系统结构示意图

在基于中继卫星的天地一体化试验与测试网络中,采用IP与CCSDS相结合的协议体系。链路层地面网络与航天器或航空器内部子网数据链路层协议采用以太网和802.11无线网数据链路层协议。在空间信道上,采用CCSDS空间数据链路协议(SDLP)。由于地面系统和空间系统采用不同的数据链路层协议,所以在经星间和星地信道传输前,需要完成以太网数据链路层协议与CCSDS空间数据链路协议之间的转换。网络层统一采用IP协议。传输层在使用标准的TCP/IP协议的同时,针对要求可靠传输且保障传输性能的应用,采用TCP分段技术增强传输层性能,以克服链路传播时延长、网络时延累积大、链路差错率较高、链路带宽不对称等问题。应用层支持HTTP、SMTP 、FTP等标准协议,且用户可根据任务需求设计专门的应用层协议。

2. 空天地一体化试验网络的实现

基于量子通信的空天地一体化试验网络结构,与普通空天地一体化试验网络结构相同,涵盖测控、通信和数传等业务,包括信息获取、信息传输与处理、信息交换与分发等要素,组成要素包括中继卫星、低轨卫星/航天器、航空器、地面站、地面指挥中心、地面处理中心、移动用户等应用节点,如图 11-12 所示。

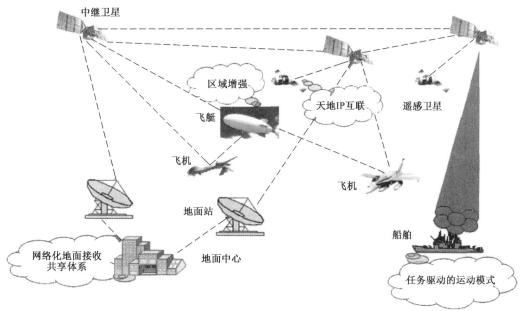

图 11-12　空天地一体化试验网络示意图

11.2.6　基于量子计算的一体化试验与测试网络

11.2.6.1　量子计算技术

与经典计算机不同,量子计算机可以做任意的幺正变换。在得到输出态后,进行测量获得计算结果。量子计算对经典计算做了极大的扩充,在数学形态上,经典计算可看作是特殊的量子计算。量子计算机对每一个叠加分量进行变换,全变换可同时完成,并按一定的概率叠加,给出结果。这种计算称作量子并行计算。量子计算机不仅可以用作并行计算,还可以用作模拟量子系统。无论是量子并行计算,还是量子模拟计算,本质上都是利用量子相干性这一特性。

量子计算的研究方兴未艾。量子计算机的诞生,标志着计算能力的巨大飞跃,理论上其计算速度会有数十亿倍的提升。依据量子物理学法则,量子计算机通过在多种状态下并行工作模式,将具有巨大的处理能力,可利用所有可能的排列完成计算任务。

11.2.6.2　量子计算在一体化试验网络的应用

随着信息技术在军事领域的广泛应用,一体化联合作战成为现代局部战争的基本样式,基于信息系统的体系对抗能力成为决定战场胜负的关键。武器装备体系,是在武器装备高度机械化的基础上,实施系统综合集成、数字化以及网络化改造、信息结构与功能实现一体化的结果。

空天地一体化试验体系研究与一体化试验网络构建,为武器装备体系的试验与评估奠定理论与技术基础。在空天地一体化试验网络中,计算技术无处不在,从计算芯片到中央处理器都将执行计算任务。若采用量子计算与量子通信技术,将使得一体化试验网络产生质的飞跃,具体表现在:

（1）计算与控制单元的处理速度将不再是瓶颈,时间延迟可以忽略不计;

（2）基于量子通信的跨区域联合试验设施之间的互操作实时性得以保证;

（3）分布式计算能力得到加强,大大减轻了中央处理控制中心的处理压力;

（4）一体化试验与测试网络的安全性得到保障;

（5）可对极其复杂的数学模型进行快速计算与处理、分析,瞬时完成试验评估;

（6）将更有利于复杂武器系统或联合作战体系的效能评估。

总之,量子技术将为一体化试验与测试带来革命性变化,也将大大提高试验效率和试验精度。

11.3　基于认知网络的试验

认知网络是近几年比较热点的研究领域,是针对未来网络的复杂性、异构性和可靠性要求而提出的,其目标是提供比非认知网络更好的端到端性能。资源接纳控制是在下一代网络(NGN)中引入的一个全新的概念,通过资源接纳控制可合理调配认知网络资源,从而保证业务的服务质量。空天地一体化试验网络也是一种复杂、异构网络,将认知网络的理念应用于一体化试验网络,必将进一步提高试验网络的服务质量,确保试验的实时性和可靠性与稳定性。

11.3.1　认知网络概念

随着网络系统结构复杂性、环境复杂性、需求复杂性的急剧增长,网络系统管理愈加困难,节点、协议、策略、行为等网络元素缺乏智能的自适应能力,使得整体网络性能及端到端系统性能得不到保障。认知网络就是顺应这个需求而产生的新课题,并日益成为计算机网络领域和宽带通信领域研究的热点。

2005 年,W. Thomas 教授首次明确提出了认知网络(Cognitive Network,CN)的定义:认知网络是具有认知过程,能感知当前网络条件,然后依据这些条件作出规划、决策和采取动作的网络。它涵盖了无线网络和有线网络,具有对网络环境的自适应能力;它具有从过去决策中学习且将它们用到未来决策中的能力;它的决策实现的是端到端的目标,即网络目标;它涉及协议栈各层次,且主要考虑第三层及以上;它强调节点间协作,能为用户提供端到端的最佳性能。因此,在未来的军工试验与测试网络中,充分利用认知网络的以上特点,设计合理的管理机制和分配算法,实现网络资源灵活的分配机制,是提高网络吞吐量、改进网络性能和质量的重要途径之一。与传统网络相比,认知网络能够动态、自适应地提供更好的端到端性能、更好的资源管理、服务质量、安全、接入控制等网络目标。

11.3.2　认知网络体系架构

认知网络体系架构,可分为目标层、认知处理层、软件可调节网络三个层次,如图11-13 所示[10]。

1. 目标层

最上一层为目标层,反映应用、用户或资源提出的目标需求。这些目标通过认知规范语言(Cognitive Specific Language,CSL)映射为特定的机制要求,反馈给一个或多个相关的

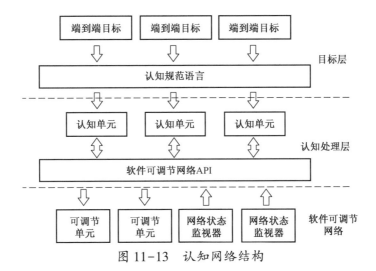

图 11-13　认知网络结构

认知单元。CSL 的作用类似于认知无线电中的无线电知识描述语言(RKRL),但是形式上类似于 QoS 描述语言。

2. 认知处理层

中间层是关键的认知处理层。该层根据目标层的要求、相关网元之间交换的网元状态以及网元感知的当前网络状态,按照一定的方法给出网元配置的决策。

3. 软件可调节网络

最下面一层是软件可调节网络(SAN)。认知处理层的决策通过应用编程接口(SAN API)发送给对应的实体单元,调整该单元的配置,以满足目标层的需求,同时 SAN 网络状态通过传感器反馈给认知处理层。与普通通信网不同的是,SAN 中的单元都是可重配置单元,这些单元不仅包括网络设备,也包括终端设备和业务应用。

11.3.3　资源分配策略[11]

引入资源借用的思想,充分利用认知网络的特点,在无线网络和有线网络中,采用预留资源借用策略(Resource Borrowing From Reservation,RBFR),实现预留资源的灵活借用机制,允许享受尽力而为服务的应用,在必要时占用暂时闲置的预留资源,多种业务灵活协调,优化配置现有的网络资源,以改善网络整体吞吐量,提高资源利用效率。

11.3.3.1　基本思想

在军工试验与测试网络中,信息传输可以分为两大类:第一类实时信息传输(Class Ⅰ)以及第二类信息非实时传输(Class Ⅱ)。Class Ⅰ包括试验与测试数据、试验图像与话音、控制信息、指挥信息等;Class Ⅱ包括信息的非实时传输业务,如试验数据文件事后传输业务、试验工具事前传输、试验规划、试验数据处理与分析相关软件模型等。由于实时信息传输对 QoS 要求较高,包括时延、带宽、抖动等,而非实时业务对时延的要求却不严格,因此在网络中的各个节点只允许实时业务借用闲置预留资源。

在试验与测试网络中,每个节点的资源被分成预留资源、本地资源和额外资源三部分。其中预留资源是为某些具有特殊优先级的 Class Ⅰ 预留的,在闲置状态时可以被其他实时业务借用;本地资源用于 Class Ⅱ 请求和没有请求预留资源的 Class Ⅰ 业务;额外资源是该节点向其他节点借用的资源,该部分资源只用于 Class Ⅰ 业务,使用完毕后按一定的规则归还。

11.3.3.2 RBFR 策略借用规则

RBFR 资源借用和分配规则如下:

(1) 当 Class Ⅱ 业务到达某节点时,它所请求的资源必须小于或等于该节点的本地资源数量,否则将被列入其排队队列中;

(2) 当特定的 Class Ⅰ 业务到达某节点时,它能使用的资源只包括该节点的预留资源,因为该类资源的存在就是为了保证特定 Class Ⅰ 业务的服务;

(3) 当非特定的 Class Ⅰ 业务到达某节点时,它首先使用本地资源。如果该节点的本地资源的闲置部分不能满足其所需的资源数量时,则其发送借用请求借用其他节点闲置的预留资源即额外资源,并且借用后的所有资源总和满足其所需的最小带宽即可。

(4) 节点在向其他节点发送借用请求时,每次只能发送一个借用请求,待其收到回复不可借用信息后,再向其他节点继续发送请求。

11.3.3.3 RBFR 策略功能模块

在认知网络中,实现基于认知预测模型的资源分配和吞吐量优化策略,需要在节点中增加相应的功能模块来实现。

(1) 新业务资源使用申请模块。该模块主要接受本地新到来业务的资源使用请求,包含了本地新业务资源使用请求的带宽、类别、时间等具体参数。

(2) 节点资源使用统计模块。该模块主要用于统计节点各种类型资源的实时状态,其中统计已预留资源的实时状态,包括带宽、请求开始时间等信息,为新业务的请求提供及时的资源情况数据,并为下一步资源的分配和借用提供可靠依据。统计已使用的资源,主要包括当前已经使用的预留资源、本地资源和额外资源的情况,包括业务级别、带宽、请求开始时间及各类资源的使用时间。

(3) 节点信息交互模块。该模块主要是通过网络中的各个节点之间及时的信息交互,共享实时的网络状态,更重要的是可以了解相关节点的资源使用情况。

(4) 资源分配自适应调整模块。该模块是核心模块,它将充分利用上述四个模块中计算、统计、保存的信息,判断是否同意对新业务借用闲置的已预留资源,并合理分配网络资源,它的自适应调整也体现了本文所提出策略的认知性,此模块的相关步骤即为资源的分配及借用过程。

RBFR 策略通过加入上述几个模块,实现自适应借用机制。以上功能模块中,模块(2)和模块(3)进行的所有计算、统计、预测等都是为模块(4)服务,即为资源分配的自适应调整提供依据和参考。模块(1)根据模块(4)的策略决定是否接入新请求。

11.3.4 资源接纳控制

认知网络能够感知当前网络工作环境,并可按照端到端目标要求,对网络状态进行规划、决策和执行下一步的操作。在下一代网络(NGN)的架构中,资源接纳控制功能(RACF)在服务控制功能(SCF)和传送功能(TF)之间,与 QoS 有关的传送资源控制充当着仲裁者的角色。

认知网络的资源接纳控制结构如图 11-14 所示,由应用层模块、传输层模块、网络层模块、媒体访问控制(MAC)层模块、无线信道模块、业务感知模块、网络感知模块、资源接纳控制模块、可重配置模块以及网关控制模块构成。

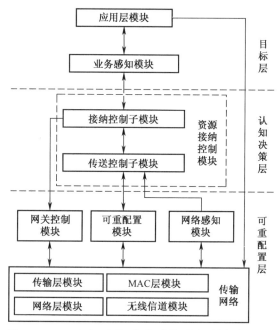

图 11-14　认知网络的资源接纳控制框架结构

1. 应用层模块

应用层模块实现面向用户的各种业务的产生、发送和接收;业务感知模块的主要功能是根据用户业务类型,对用户数据按照端到端的要求进行描述,为指定的业务媒体流进行QoS 资源和准入控制请求。

2. 资源接纳控制模块

资源接纳控制模块由接纳控制子模块和传送控制子模块构成。接纳控制子模块的功能是依据网络的策略规则,业务感知模块提供的服务信息,以及传送控制子模块提供的基于资源的接纳判断结果,对网络资源和接纳控制做出最终的决定, 并在每个信息流的基础上控制网关控制模块的关口;传送控制子模块根据网络感知模块提供的网络资源信息,为信息流的接入进行传送资源接纳控制授权。

3. 网关控制模块

网关控制模块根据接纳控制子模块做出的决定,实现对信息流传送的门控;可重配置模块根据传送控制子模块的决策,对可配置网络元素进行调整;网络感知模块的主要功能包括网络环境信息的获取、表示、融合和利用。传输网络由传输层模块、网络层模块、MAC 层模块和无线信道模块组成,用于向应用层提供可靠的端到端服务,并根据资源接纳控制结果高效的利用网络资源。无线信道模块采用OPNET 中的管道模型实现,为模拟真实的环境,在包传输的过程中按一定的分布插入误码。

认知网络采用资源接纳控制机制后,可以通过调整业务优先级和修改保障策略等方式,实现对重要业务的按需传送;在资源受限情况下,可优先保障高优先级业务的传输,改善了传输时延及成功率等全网性能指标,从而保证了在资源受限情况下用户要求的业务传输服务质量。

11.3.5 认知网络在试验与测试网络中应用

认知网络通过引入具备智能认知能力的控制决策系统,对网络和节点状态进行感知、决策和控制。同未采用智能控制策略的传统网络进行对比,智能认知技术的 QoS 能力显著提高。有仿真表明,在通信网络中采用智能策略进行多数据流(话音、视频、数据)传输时,其传输时延、传输成功率等 QoS 指标比不采用控制策略有明显的提高。因此,在试验与测试网络中,采用认知网络构建试验与测试系统,将大大提高试验网络的 QoS 性能。

11.4 基于模型的试验工程

武器装备体系(或系统)要在作战环境中完成规定的作战任务,将面临各种复杂的环境,如导弹、机载火控雷达、多功能雷达、预警雷达和战术通信与数据链的威胁日益严峻,作战区域用频装备密集、频谱交织严重、电磁环境复杂、强度动态变化,电子对抗系统的装备和技术复杂程度也在不断提高,因此对武器装备进行试验与评估时,就必须构建基于 LVC-DE 联合试验环境进行试验。显然,这种试验是一项极其复杂的系统工程。目前,基于模型的系统工程方法在军工装备设计与制造中开展了应用,因此在军工试验与测试中,开展基于模型的试验工程方法势在必行。

11.4.1 基本概念

在武器装备试验中,海量试验信息均是以文档的形式来描述和记录。随着军工装备型号研制数量大幅度增加,试验复杂度和规模不断提高,尤其是多系统协同试验与未来 SoS 体系试验,基于文档的系统工程难以满足试验数据一致性、数据的可追溯性等需求[12]。

基于模型的系统工程(Model-Based Systems Engineering, MBSE),是采用模型的表达方法,描述系统的整个生命周期过程中需求、设计、分析、验证和确认等活动。MBSE 是通过建立和使用一系列模型对系统工程的原理、过程和实践进行形式化控制,通过建立系统、连续、集成、综合、覆盖全周期的模型驱动工作模式,帮助人们更好地运用系统工程的原理,大幅降低管理的复杂性,提高系统工程的鲁棒性和精确性。

随着系统的规模和复杂程度的提高,传统的基于文档的系统工程将产生大量的各种不同的文档,它面临的困难越来越明显:

(1) 信息的完整性和一致性以及信息之间的关系难于评估和确定,因为它们散布于各种不同的数量巨大的文档中。

(2) 难于描述各种活动。活动是动态的,有交互的,仅用文字描述对于相对简单,参与方不多的活动还能胜任,但对于复杂活动就很难描述清楚了。

(3) 更改的难度很大。由于文档的数量巨大,要确保所有需要更改的内容都得到更改,将是个很难很大的工程。

基于模型的系统工程(MBSE)的出现,是为了解决基于文档的系统工程方法所面临的困难,相对于基于文档的系统工程方法,它主要在以下几个方面有所改进:

（1）知识表示的无二义性。文字的描述经常会因为个人理解的差异而产生不同的解释,而模型可采用图形化的表示方法,具有直观、无歧义、模块化、可重用等优点,建立系统模型可以准确统一地描述系统的各个方面,如功能、详细规范与设计等,对整个系统内部的各个细节形成统一的理解,尤其是可以提高设计人员和开发人员之间的理解的一致性。

（2）沟通交流的效率提高。随着系统的规模和复杂程度的提高,各种文档越来越多,相对于厚厚的技术文档,阅读图形化的模型显然更加便利直观、无歧义,使得不同人对同一模型具有统一的理解,有利于提高系统内各个需要协调工作部门之间的沟通与交流的效率,如顾客、管理人员、系统工程师、软硬件开发人员、测试人员等。

（3）系统设计的一体化。由于系统模型的建立是涵盖系统的整个生命周期过程的,包括系统的需求、设计、分析、验证和确认等活动,是一个统一整体的建模过程,可以提供一个完整的、一致的并可追溯的系统设计,从而可以保证系统设计的一体化,避免各组成部分间的设计冲突,降低风险。

（4）系统内容的可重用性。系统设计最基本的要求就是满足系统的需求,并且把需求分配到各个组成部分,因此建立系统的设计模型必然会对系统的各个功能进行分析,并把相应功能分解到各个模块去实现,从而对于功能类型相同的模块就不必重复开发了。

（5）增强知识的获取和再利用。系统生命周期中包含着许多信息的传递和转换过程,如设计人员需要提取需求分析人员产生的需求信息进行系统的设计。由于模型具有的模块化特点,使得信息的获取、转换以及再利用都更加方便和有效。

（6）可以通过模型多角度分析系统,分析模型更改的影响,并支持在早期进行系统的验证和确认,从而可以降低风险,降低设计更改的周期时间和费用。

与其他工程学科(软件、电子等)一样,系统工程正在进行进化:从基于文档的方法到基于模型的方法,而这也正是系统工程发展的必然趋势,如图 11-15 所示。

图 11-15 系统工程表示方法的转变

11.4.2 系统描述语言

尽管系统工程被认为是科学有效解决问题的方法,但随着系统的复杂程度不断提高,参与人员、专业、单位众多,传统的基于文档的系统工程必会产生海量的文档,从而造成信息的查找、理解及更改都困难重重。而基于模型的系统工程方法则以它直观、无歧义、模块可重用等优点快速覆盖了软件、电子等工程领域,如统一模型语言 UML。为了消除不同模型语言在表达法及术语上的不同,规范符号和语义,国际系统工程理事会(International Council on System Engineering,INCOSE)与对象管理组织(Object Management Group,OMG)共同推出了一种标准的"系统建模语言"(Systems Modeling Language,SysML),它规则简单、易于理解,是替代传统的文档作为系统工程中沟通的基础[13]。

　　SysML 是以统一模型语言(Unified Modeling Language,UML)为基础,集成了面向对象和面向过程的可视化设计语言的优势,并针对系统工程特点及需求,修改并扩充了 UML 的部分图形,是系统工程领域推广的标准系统建模语言。它可以支持系统工程应用的多领域系统,如硬件、软件、信息等系统的需求分析、系统设计、功能描述、系统验证等过程,并且模型能够涵盖硬件、软件、数据、参数、人事、程序、设备等全部元素。它还支持在 XMI 和 AP233 协议下进行模型与数据的转换。SysML 目前也是业界应用较多,适用范围较广的一种建模语言。SysML 系统建模语言组成元素如图 11-16 所示。

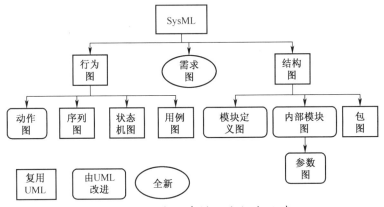

图 11-16　系统建模语言组成元素

　　SysML 作为系统工程领域一种新的系统建模语言,修改扩充了 UML 的活动图及需求图,并将配置图集成到装配图中,是系统工程领域推广的标准系统建模语言。SysML 的设计目的是要解决系统工程中面临的建模问题,为系统设计师提供一种简单易学、功能强大的建模语言。SysML 对于系统设计分析中系统的需求分析、结构分析、行为描述、参数分配和属性约束等描述特别有效,它支持结构化和面向对象的多种方法和多种过程。

11.4.3　系统模型建立方法

　　系统工程是来源于实践并指导实践的理论和方法,基于模型的系统工程和系统建模语言 SysML 的结合是解决系统工程实际问题的有效方法。

　　装备试验与评估是以最短时间周期开展测量与分析的系统工程问题,所以可采用硬系统工程方法论。借助于霍尔硬系统方法论,描述试验与评估系统工程的三维结构,即系统工程中的一般步骤和阶段。时间维是粗略阶段的划分;逻辑维是精细步骤的划分;知识维则指完成上述阶段和步骤所需要的各种知识和技术素养。其中,时间维表示系统工程从开始到结束的基本程序,共分 7 个阶段:规划阶段、拟订方案阶段、攻关阶段、执行阶段、数据处理阶段、分析与评估阶段、改进阶段;逻辑维,指出了系统工程在上述每个阶段中应当采取的共同步骤:摆明问题、确定系统指标、系统综合、系统分析、系统选择、决策、实施计划。把各个逻辑步骤和时间阶段综合起来,就形成系统工程活动矩阵,它形象地概括了系统工程中的一般步骤和阶段,从而为解决规模较大、结构复杂、涉及因素众多的系统问题提供了一个大体上的思路。

一个系统工程的SysML模型建立的通用过程主要包括:

(1)创建并命名一个试验工程模型并明确工程的目标;

(2)定义需求模型;

(3)定义使用模型;

(4)定义可仿真的参数模型;

(5)仿真参数模型;

(6)用SysML包图定义系统结构;

(7)建立嵌入式软件的执行模型;

(8)建立可重用的SysML包库。

11.4.4 基于MBSE的试验流程[14]

采用基于MBSE系统工程方法进行试验设计与管理,可以满足从大系统到系统,直至子系统的试验设计与试验管理,其基本过程与传统系统工程方法并无差别。从分析任务要求和设计约束开始,进行需求分析;然后将分析出的需求转换成系统功能,并明确完成任务系统需要的各种"活动";最后将功能分析的结果一一对应到试验科目上。在试验设计过程中,MBSE方法与传统系统工程方法相比,只是在工作方式及输出形式上有所区别,如图11-17所示。

MBSE是以模型为基础,构建出最优化的测试与验证的试验架构。在试验设计过程中,最基本的是构建试验的需求模型、功能模型和物理架构模型。

1. 需求模型构建

需求模型,是指从武器系统试验最顶层的需求直至最底层的需求,以及它们之间逻辑关系构成的集合。按不同侧重点,可将需求分为总体需求(试验总要求)、功能需求、性能需求、接口需求、可靠性需求、安全性需求、"六性"需求等。需求模型用于将武器系统试验设计过程中不清晰的期望、要求等转换成需要解决的具体问题,用于指导系统设计。对应于试验的不同层次,需求模型有一个层级结构,最顶层的需求来自于用户的要求、试验构型约束、试验周期约束及各利益相关方的期望等,这些顶层需求都被划分为功能需求和性能需求等,并进行分解与分配,层层细化,这个分解和分配过程一直持续到完成完整的满足需求的试验设计为止,需求模型构建过程,如图11-18所示。

2. 功能模型构建

功能模型,是指系统完成既定任务目标所需要的全部功能的集合,其中包括对应于体系级(如网络中心战)、系统级(如载人飞船、飞机、舰船、战车等)、分系统级(组成系统的各分系统如机载设备、车载设备等)、子系统级(组成分系统的各子系统如传感器、处理器、天线等)的功能及它们之间的逻辑关系,用于指导设计。功能模型在需求模型的基础上,通过逻辑分解进行系统功能分析,同时基于对试验任务过程的分析,将功能试验落实在试验中的所有科目之中;再将科目细化为每次试验任务单。此外,在功能模型的构建过

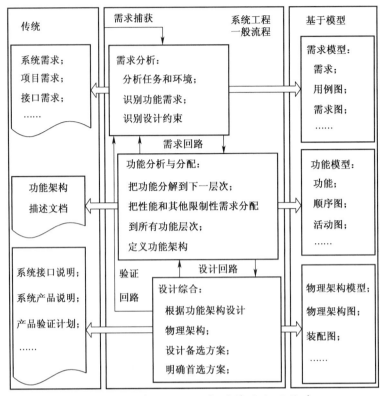

图 11-17　系统工程一般设计流程及输出

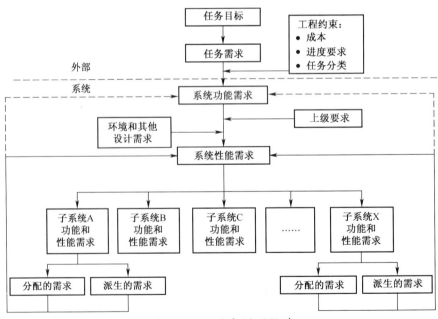

图 11-18　需求模型构建

程中,还要将总结出来的功能与需求模型中条目进行匹配,确保每项需求都有功能与之对应。对于没有覆盖到的需求,要考虑其是否合理,是否增加单独的试验。

3. 物理架构模型构建

物理架构模型,用于描述构成试验的全部要素及它们之间的接口关系,同样由系统级直至部件,甚至更小单元的层级结构组成。构建物理架构模型时,以需求模型和功能模型为基础,综合考虑性能指标、系统效能、环境条件、系统接口、试验风险等,开展多方案比较,选择能满足用户需求并能较好完成武器系统战技性能鉴定或效能试验或使用试验的最优方案。

除上述三个基本模型外,完成整个试验任务设计还需要接口模型、试验对象结构模型、风险分析及验证模型等。完成试验任务设计所需的模型后,还要根据事先制定的逻辑规则,建立不同模型之间的关系,实现对整个试验工程中数据的全面可达。经过反复迭代,不断细化,直至能清晰描述整个试验设计、验证等工作过程,最终建立一个完整、一致并可方便追溯与查询设计的体系,实现参数查询、覆盖性分析等工作,以保证试验设计模型的一体化,避免各个组成部分之间的冲突,降低风险。图11-19 给出了利用 MBSE 方法开展试验设计所用的模型间关系示意。

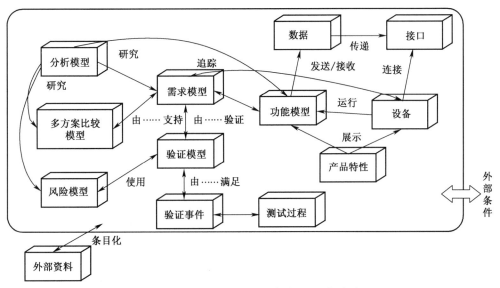

图 11-19 MBSE 不同模型之间的关系

11.4.5 发展与完善

基于模型的系统工程方法,逐步发展成为通用的标准化方法,还需要进一步发展与完善。首先,建模语言需要进一步发展,表达能力需要更强,适用范围需要更广,让更多系统工程师使用建模语言来表达其知识;语法需要更加简洁,才能更适宜于不同领域人员之间的交流;模型需要加强与仿真工具、分析工具的集成,使系统模型与仿真、分析工具能够实现通信与数据交互;建模工具互用性需要增强;模型需要加强对特定配置文件的支持。

可以预见,MBSE 将有广阔的发展空间,其发展将经历 6 个重要阶段,如图 11-20 所示。MBSE 发展的最终目的是为了形成系统工程业界通用的、统一的、贯穿各学科各剖面、各周期的开发流程与标准,并且具有强大的支持各学科领域专业工具相互通信联动的开发平台的支撑。

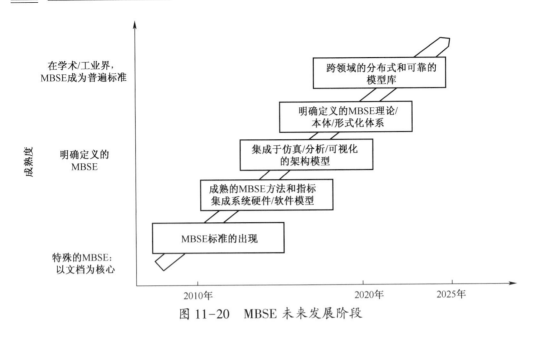

图 11-20 MBSE 未来发展阶段

11.5 基于 VR/AR 的试验技术

长期以来,国内外对作战模拟、试验与训练极其重视,投入了大量的人力、物力和技术力量,不断研究和探索模拟试验与训练的新理论、新方法。尤其是军事强国的美国,将高新技术不断地投入到军事领域的各个方面。近年来,虚拟现实技术在军事领域发挥着越来越大的作用,而美军更是将虚拟现实技术充分应用到了军事模拟训练与试验的各个层面。继虚拟现实技术发展之后的增强现实与增强虚拟环境技术更具实用性,它能够帮助使用人员将虚拟场景与真实场景结合起来,提高作战能力、试验与训练效率。

在空天地一体化试验体系中,采用基于虚拟现实和增强现实技术,能够使得武器装备试验与评估具有可视性和现场感,对于提高试验效率和评估准确性具有重要意义。

11.5.1 基本概念与研究现状

建模与仿真(M&S)技术的发展,直接推动了虚拟现实技术的诞生,而增强现实技术又在虚拟现实的基础之上,进一步走向了应用。虚拟现实技术利用可视化方法使得建模与仿真更具现场感、真实感,增强现实技术又使真实场景与虚拟场景进行了完美结合,具有非常重要的军事应用价值。

11.5.1.1 虚拟现实技术发展与应用

虚拟现实技术产生于 20 世纪 60 年代。它是采用以计算机技术为核心的众多现代高新技术手段,在特定范围内生成融逼真视觉、听觉和触觉于一体的虚拟环境的技术。虚拟现实需要大量的虚拟场景建模和虚拟场景表现工作,综合了计算机图形学、实时分布系统、人机交互、心理学、控制学、电子学和多媒体技术等相关领域的理论和技术。

随着科学技术的不断发展带来战争的规模和形式不断变化,并且越来越复杂,因此对作战模拟和战场可视化的要求也越来越高。而虚拟现实技术的发展为作战模拟方法的研究提供了必要的技术手段,使得作战模拟的应用范围不断扩大。虚拟现实技术可以在很大程度上解决真实作战训练中的许多实际问题,例如费用过高、危险、受真实环境的限制等,并且可以使相距几千千米的士兵与作战指挥人员在网络上进行对抗作战演习和训练,效果如同在真实的战场上一样,因此从一开始便倍受各国军方的青睐。虚拟现实技术在军事领域应用广泛,各国竞相开展研究。

1. 建模与仿真

在分布交互仿真高层体系结构(HLA)的基础上,采用虚拟现实技术,使得仿真更具可视性。HLA 是建模和仿真常用方法,虚拟仿真技术是现代仿真技术的重要发展方向,使仿真的可视化程度大大提高,并具有良好的可操作性、可扩展性和实时性[15]。

2. 作战指挥

美国南加州蓝鲨实验室,开展了虚拟现实与增强现实技术研究与应用程序开发。这些应用程序把显示技术(如虚拟和现实增强技术及三维可视化系统)与输入设备(包括从手机到平板电脑、头盔显示器、手势控制系统及头部和手工追踪系统等)有机地结合起来,即由美国海军研究局(ONR)资助的"面向沟通和协作的增强环境"(E^2C^2)项目研究[16]。

3. 指挥模拟训练

将虚拟现实技术引入装备指挥模拟训练,可极大提高装备指挥模拟训练的真实性和实效性,提高装备指挥模拟训练的效果。在装备指挥模拟训练中,需要依托作战为装备指挥模拟训练提供作业前提,包括生成装备战损、弹药消耗、人员伤亡等信息。通过建立虚拟的战场环境,可为装备指挥员提供真实的作战环境,感受真实的作战进程,然后依据各种实时的战损信息,进行装备指挥作业,包括力量抽组、保障机构部署、装备维修、弹药供应等,同时各种装备指挥作业过程可真实地反映在虚拟的战场环境中[17]。

11.5.1.2　增强现实技术发展

随着虚拟现实技术应用越来越广泛,增强现实(AR)技术应运而生。在战场交火过程中,协调部队调动、通信和空中支援是一件困难的事情。在美国佛罗里达举行的特种作战部队装备生产商会议上,推出的"增强现实"技术将有助于减少战场混乱中的一些问题。

基于增强现实技术的未来装备,是在现实图像上覆盖一幅有计算机生成的图像,这对于未来的战士来说,穿戴的头盔上所显示的影像上配有数字信息,如网格坐标、友军的位置,也可以接收无人机等传送的战场实时影像。采用增强现实技术的装备更接近于电脑游戏显示方式,士兵既可以看到显示器底部罗盘方向性指示,也可以看到士兵当前所处的位置坐标,还可以看到前方实物景象(如各方人员、战车、飞机和舰船等),目前尽管离实际使用还有一定的差异,但是未来将增强战场作战的能力。

增强现实技术,同样可以在试验与鉴定中发挥作用。采用增强现实技术,使试验工程师与试验指挥、监控人员可以身临其境地参与试验过程,并及时掌控试验细节,有利于试验与评估。

11.5.2　基于 VR 的试验

虚拟现实(Virtual Reality,VR)技术,又称"灵境技术",是综合利用了计算机图形学、仿真技术、多媒体技术、人工智能技术、计算机网络等技术,模拟人的视觉、听觉、触觉等感觉器官功能,使人能够沉浸在计算机生成的虚拟环境中,通过语言、手势等自然的方式与之进行实时交互,创建一种适人化的多维信息空间[18]。

作为先进的人机交互接口,虚拟现实给人类提供了一种全新的认识世界和改造世界的方法,它的主要研究内容包括实物虚化、虚物实化和高性能的计算机处理技术三个方面。实物虚化是将现实世界得到的实物三维属性映射到计算机的数字空间中生成相应的虚拟世界,为虚拟场景的生成提供必要的信息数据。实物虚化主要包括模型构建、空间跟踪、声音定位、视觉跟踪等关键技术,通过这些技术打造出逼真的虚拟世界,给用户提供所面临的环境。虚物实化是指通过大量计算和仿真将虚拟世界中产生的各种刺激,如视觉、听觉、嗅觉等以尽可能自然的方式反馈给用户。虚物实化涉及的关键技术是如何使用户在虚拟世界中获得各种真实感觉,它通过大屏幕投影、头盔显示器、数据手套、力反馈操纵感等设备实现。高性能的计算机处理技术是直接影响系统性能以及用户体验的关键技术,主要包括实时图像生成与显示技术、多维信息数据融合、数据转换、数据压缩以及数据标准化等技术。

11.5.2.1　VR 技术特征

VR 通过先进的人机接口,为用户提供视觉、听觉、触觉等多种直观而自然的实时感知方法和手段。美国科学家 Burdea G 和 Philippe Coiffet 在 1993 年的世界电子年会中提出了著名的 I^3 理论,即 VR 技术具有的三个突出特征:沉浸性、交互性和想象性,如图 11-21 所示[19]。

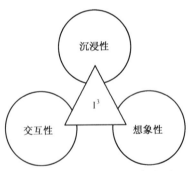

图 11-21　虚拟现实的基本特性

1. 沉浸性

沉浸性又称浸入性,是 VR 技术的核心,指用户感受到其作为主角存在于模拟环境中的真实程度,包括视觉沉浸、听觉沉浸、触觉沉浸、嗅觉沉浸、味觉沉浸及身体感觉沉浸。在军事模拟训练与试验中,通过三维战场环境图形图像库,包括天气背景、地形环境、武器装备和作战人员等,以及模拟战场各种声音的音响库,如炮弹的爆炸声、人员的厮杀声、车辆行驶的声音、飞机的呼啸声等,为使用者创造一个立体的战场环境,以提高试验与训练的质量。

2. 交互性

交互性,是指参与者对虚拟环境内物体的可操作程度和从环境中得到反馈的自然程度(包括实时性)。这种交互的产生,主要借助于各种专用的三维交互设备(如头盔显示器、数据手套、三维鼠标等）。在军事模拟训练与试验中,参与者操作虚拟武器装备,这些虚拟装备能够及时做出响应。VR 技术特点就在于它与用户的直接交互性。

3. 想象性

想象性,是 VR 系统的目的,是指虚拟环境是人想象出来的,同时人沉浸在这个环境中能够获取新的知识,从而产生新的想法,因而可以用来实现某种目的。如在军事模拟训练中,通过对虚拟环境及虚拟装备的体验、操作,提高对战场环境及武器装备的感性认识和理性认识,进而提高实际的作战技能。

11.5.2.2 VR 相关技术

VR 系统的目标是由计算机生成虚拟世界,用户可以与之进行视、听、触、嗅觉等全方位的交互,并且能够实时响应。要实现这种目标,除了需要有一些专业的硬件设备外,还必须有较多的相关技术及软件加以保证,特别是在现在计算机的运行速度还达不到 VR 系统所要求的情况下,相关技术就显得尤为重要[20]。

通过专业 VR 建模软件如 OpenGL、Pro /E、Vega、Creator 等建立环境模型,由于不同软件所建模型格式不同,这时可以利用软总线技术进行多模型间的数据传输转换,结合 Visual C++构建的平台营造虚拟环境:运用多种方法来保证三维场景的动态显示,其中细节层次模型(LOD)应用最为普遍:利用模板匹配、人工神经网络和统计分析技术,实现 VR 系统对人体手势及其他运动的识别,达到交互的目的;同时,为了保证环境的真实性,还需要进行实时的碰撞检测,常用的碰撞检测方法有层次包围盒法和空间分解法,如 I-Collide、RAPID、V-Clip 等算法软件包,目前 VR 技术应用最为成熟的是实现视觉和听觉的沉浸感。

视觉沉浸主要是利用立体显示技术。将视觉和听觉一起使用,尤其是当空间超出了视域范围的时候,就能充分显示信息内容,从而使系统提供给用户更强烈的存在和真实性感觉。而对触觉、味觉等其他感觉的实现还有一定困难,但发展很快,是未来 VR 技术研究实现的重点。

11.5.2.3 VR 技术在武器装备试验中的应用

1. 试验设计中的应用

在武器系统试验设计中,一般都是依据规范标准、数学模型与设计师经验进行设计,其最终设计结果通常是文字资料、二维图形与计划表,可视性差,也很难发现设计中缺陷。采用 VR 技术对试验设计结果进行预演,能够更好地发现设计中的问题,或对设计方案进行优化。随着二维交互限制被三维交互打破,人机交互提供了一种自然而直观的交互行为方式。

在高新技术武器开发的过程中大量地采用 VR 技术,设计师可方便地介入系统建模和仿真实验全过程,让研制者和用户同时进入虚拟的作战环境中操作武器系统,充分利用分布交互式网络提供的各种虚拟环境,检验武器系统的设计方案和作战技性能指标及其操作的合理性,缩短了武器系统的研制周期,并能对武器系统的作战效能进行合理评估,从而使武器的性能指标更接近实战要求。

2. 试验与鉴定中的应用

在武器装备试验与鉴定中,从试验设计、仿真、试验与测试方案优化、试验过程监控、数据处理与分析等各个过程中,均可采用 VR 技术,可提高武器装备试验与鉴定的有效性、可视化和评估效果;当采用 VR 技术进行试验与测试数据的回放,可使鉴定与评估更有效。

3. 作战训练与作战效能评估中的应用

在作战训练与作战效能评估中,应用最为广泛。这类资料很多,就不详细介绍了。

11.5.3 基于 AR 的试验

增强现实(Augmented Reality,AR)技术,是在虚拟现实技术的基础上发展起来的典型的交叉学科,具有十分广泛的研究和应用范围,涉及到诸多技术领域,如计算机图形和图像处理、人机界面交互设计、摄影测量、计算机网络技术、信号处理技术,以及新型显示器和传感器技术等。

虚拟现实技术建立人工构造的三维虚拟环境,用户以自然的方式与虚拟环境中的物体进行交互作用、相互影响,极大扩展了人类认识世界、模拟和适应世界的能力。虚拟现实技术从 20 世纪 60 年代开始兴起,90 年代开始形成和发展,在仿真训练、工业设计、交互体验等多个应用领域,解决了一些重大或普遍性需求,目前在理论技术与应用开展等方面都取得了很大的进展。虚拟现实的主要研究对象包括建模方法、表现技术、人机交互及设备这三大类,但存在建模工作量大,模拟成本高,与现实世界匹配程度不够以及可信度等方面的问题。正因为如此,就产生了多种虚拟现实增强技术,将虚拟环境与现实环境进行匹配合成以实现增强,其中将三维虚拟对象叠加到真实世界显示的技术称为增强现实,将真实对象的信息叠加到虚拟环境绘制的技术称为增强虚拟环境。这两类技术可以形象化地分别描述为“实中有虚”和“虚中有实”。虚拟现实增强技术通过真实世界和虚拟环境的合成,降低了三维建模的工作量,借助真实场景及实物提高了用户体验感和可信度,促进了虚拟现实技术的进一步发展。

11.5.3.1 增强现实技术特点

从真实世界到虚拟环境中间,经过了增强现实与增强虚拟环境这两类虚拟现实增强技术。国际上一般把计算机视觉、增强现实、增强虚拟环境、虚拟现实这四类相关技术统称为虚拟现实连续统一体。与早期相比,增强现实或增强虚拟环境的概念已经发生了很大的变化,技术领域大为拓宽,但它们有共同的技术特征。

(1)将虚拟和真实环境进行混合;

(2)实时交互;

(3)根据实景物理对象对虚拟影像进行定位即三维注册。

由于增强现实具有将真实场景同虚拟物体加以融合,并实现实时交互的特性,能够增强用户对真实环境的理解和认知。

1. 增强现实技术

所谓增强现实技术,是指使用各种硬件技术来创建一个基于真实世界的、带注解的或者“增强的”复合场景的技术,也是向真实视频显示中实时融入计算机生成内容的技术。这种技术可以通过使用图像处理和计算机视觉技术,让计算机生成元素与影像内容进行逼真的交互。增强现实技术利用图像传感器、空间位置传感器等传感器技术,以及实时计算和匹配技术,将真实的环境和虚拟的物体实时地叠加到同一个画面或空间而同时存在,从而让用户身临其境地对产品进行模拟使用,达到“实中有虚”的表现效果或者将现实生活与虚拟世界进行完美结合。

增强现实还有一个特殊的分支,称为空间增强现实或投影增强模型,将计算机生成的图像信息直接投影到预先标定好的物理环境表面,如曲面、穹顶、建筑物、精细控制运动的一组真实物体等。本质上来说,空间增强现实是将标定生成的虚拟对象投影到预设真实世界的完整区域,作为真实环境对象的表面纹理。与传统的增强现实由用户佩戴相机或显示装置不同,这种方式不需要用户携带硬件设备,而且可以支持多人同时参与,但其表现受限于给定的物体表面,而且由于投影纹理是与视点无关的,在交互性上稍显不足。

2. 增强虚拟环境

增强虚拟环境(Augmented Virtual Environment,AVE)技术,预先建立了虚拟环境的三维模型,通过相机或投影装置的事先或实时标定,提取真实对象的二维动态图像或三维表面信息,实时将对象图像区域或三维表面融合到虚拟环境中,达到"虚中有实"的表现效果。在虚拟环境中出现了来自于真实世界的实时图像。

与增强现实中存在的投影增强模型技术正好相反,增强虚拟环境技术中也有一类对应的技术,用相机采集的图像覆盖整个虚拟环境,即作为虚拟环境模型的纹理,用户可以进行高真实感的交互式三维浏览。当这种三维模型是球面、柱面、立方体等通用形状的内表面时,即全景图片或视频,全景视频将真实世界的一幅鱼眼或多幅常规图像投影到三维模型上,构造出单点的全方位融合效果,多幅图像之间的拼接可以是图像特征点匹配或相机预先标定等方式。

11.5.3.2 关键技术[21]

在真实场景中,物体往往具有不同的深度信息,物体之间会随着用户视点的位置变化产生不同的遮挡关系。与此同时,场景中还会存在其他的动态物体(如人、试验对象、设备等),它们的深度随着物体自身的运动而发生变化,从而造成更为复杂的遮挡关系。在增强现实系统中,每一个绘制的虚拟物体均需要被准确地放置在场景中,并应与周边不同深度的景物实现交互,确保正确的遮挡关系和交互关系。

基于深度的虚实遮挡处理方法,通常首先计算场景图像上每个像素点的深度信息,然后根据观察者的视点位置、虚拟物体的插入位置以及求得的深度信息等,对虚拟物体与真实物体的空间位置关系进行分析。如果虚拟物体被真实物体遮挡,则在显示合成场景图像时,只绘制虚拟物体中未被遮挡的部分,而不绘制被遮挡的部分。Yokoya 等人提出利用立体视觉设备估计真实场景中的物体深度信息,然后根据观察视点位置和所估计的深度信息完成虚实物体的遮挡处理。为了减小运算量,该方法将立体匹配仅局限在虚拟场景在当前图像中的投影区域内,其存在的问题是容易导致系统的运算速度随着虚拟场景在图像上投影面积的改变而变得不稳定。此外,虚拟物体与真实场景交界处会产生较为明显的遮挡失真现象,难以获得令人满意的计算精度。为了保证计算量的稳定性,Fortin 和 Hebert 根据场景物体到观测视点的距离,将场景由远而近划分成多个区域,从而处理虚实物体的遮挡。而 Hayashi 等人在工作场景中布置数量较多的标识块辅助区域定位,提出了一种基于轮廓的实时立体匹配方法,能快速且准确地获得真实物体轮廓的深度信息,不过对标识块的部署要求较高。受场景深度捕获算法提取精度和速度的限制,目前增强现实中的虚实遮挡技术还只能完成简单形状的遮挡关系。

真实物体的深度或模型被获取后,在增强现实中,除遮挡关系外,还需要考虑真实物体对虚拟物体的交互,主要表现为碰撞检测。当一个虚拟物体被人为操纵时,需要能够检测到它与真实世界中物体的碰撞,产生弹开、力反馈等物理响应。现有的增强现实研究大多将碰撞检测作为算法验证,大多精简快速。Salcudean 和 Vlaar 提出了适用于单点交互的基于高阻尼的接触模型,根据刚性物体的硬度来模拟物体的冲击反馈。Constantinescu 等人利用 Poisson 公式提出硬度可变的接触模型,并有效模拟了虚拟物体与平面刚体的接触碰撞过程。Moore 和 Wilhelms 提出了利用单点碰撞的序列组合模拟多点碰撞,并通过解析算法求解虚实物体在碰撞过程中的冲量和接触力。Baraff 则进一步分析了法向加速度与接触力和摩擦力的关系,并模拟了二维结构虚实物体的碰撞过程。由于增强现实的深度捕获精度还较低,只能用于实现地形匹配、简单碰撞的效果,随着深度捕获设备的发展,将模型和稠密点云相结合的碰撞检测将可能成为重要的研究点。

虚拟环境的建模存在不少限制,例如建立真实环境的精确模型需要耗费大量人力,建模形成的庞大数据库难以及时更新或修正,纹理来自于事先采集,不能反映真实环境的动态情况等。增强虚拟环境技术。将增强现实与增强虚拟环境两者进行比较,增强现实以个人获取的真实世界图像为基础,让虚拟对象适应用户视点或摄像头的运动变化,因此在本质上是面向个人的,适合于支持交互;而增强虚拟环境以虚拟环境为基础,通过三维注册让不同地点的 2D/3D 视觉采集实时融合进虚拟环境。虚拟现实的三维绘制本身就可以是视点相关的,因此在本质上是面向空间数据的,适合于建立应用服务。从这个观点出发,增强虚拟环境技术更需要和网络结合来发挥价值。可以发现,现有的相关研究确实大多都是以网络系统为基础,如前述的远程呈现、远程沉浸等。以下从基于视频图像的增强虚拟环境技术、基于三维角色的增强虚拟环境技术、虚实场景融合以及网络传输等方面,对增强虚拟环境技术进行综述。

1. 基于视频图像的增强虚拟环境技术

增强虚拟环境技术最直接的方法就是利用相机捕捉真实对象的图像或三维模型,并将图像或三维模型实时注册到虚拟环境中,使增强后的虚拟环境能够表示真实对象的状态和响应交互。通过视频图像增强的方法最早是 Katkere 等人在 1997 年提出,认为视频信息可以用来创建沉浸式的虚拟环境,进而实现多视频流的有效分析,执行视频不能提供的操作,如变换新的任意虚拟视角的视频等。美国 Sarnoff 公司的 Sawhney 等人发展了这种想法,不再用视频创建虚拟模型,而是用视频去增强已有虚拟的模型。传统的监控系统采用二维堆叠显示大量视频流,而他们的 Video Flashlights 系统首次尝试把实时视频的图像作为纹理,实时映射到静态三维模型,并在图形硬件的帮助下将多个已标定相机的视频进行统一实时渲染。这种把多个视频注册到同一个三维环境的尝试,使得用户能够以一个全局的视角统一观察模型和视频,扩展了用户的视域,增强了视频的空间表现力。

2. 基于三维角色的增强虚拟环境技术

基于视频图像的增强虚拟环境技术,主要解决的是多路视频流的时空理解和可视化问题,但视频图像本身还是二维的,所以无法交互,而且在视觉效果(特别是浏览视点)上存在很多限制,在非相机位置的虚拟视点上会存在图像拉伸、扭曲等变形现象。通过实时三维重建技术将真实世界的对象更好地合成到虚拟场景中,突破三维视觉、交互等方面的限制。典型的例子是远程呈现或远程沉浸系统里加入的实时重建的虚拟对象,如虚拟物体、人体姿态、面部表情等。

3. 视频融合

视频融合是实现虚拟环境真实感显示的关键,但大多数现有虚拟环境系统的图形绘制只是融合静态三维模型和真实光场信息,进行真实感渲染。Debevec 提出手工将三维拓扑和图像内容进行映射,利用建筑的三维几何结构对照片进行视点相关的绘制,实现了非相机视点的真实感漫游效果,但当时并未实现真实的三维空间标定关系。

4. 网络传输

增强虚拟环境技术比增强现实技术更需要和网络结合来发挥价值。在网络应用中,AVE 系统不仅要为用户提供虚拟环境本身的静态精细模型,还会传输根据视频等传感器信息新生成的虚拟对象模型,因此涉及到实时修正与变形的动态模型。这涉及到时间相关的三维动态模型的流式传输,传统的基于状态参数的分布式虚拟环境技术无法处理类似问题。

11.5.3.3 参考模型

增强现实连续统一体参考模型(ARC-RM)定义了一种结构(如体系、功能、信息/计算可视化),用于当前和未来的增强现实和混合现实领域国际标准对比及描述相关关系。该参考模型定义了一系列规则、概念以及内部关系,应与未来增强现实、混合现实标准的总范围相适应。包含下列内容:规则、增强现实连续统一体术语及定义、用例、需求、ARC 体系结构(基于网络或独立)、功能和基础组件、组件之间的接口及数据流、抽象层,以及与其他标准的关系等。

ARC 系统的通用参考模型,包括主要组件及其功能和组件接口(数据和控制)。可以看出,目前的 ARC 模型更重视从相机采集,然后进行跟踪和识别,通过消息机制发送给虚实合成模块,最终完成绘制和显示。这符合目前产业界对增强现实技术应用在 PC 或移动互联网上的强烈需求;仅配备简单的相机即可实现虚拟现实增强的显示,需要模型结构简单,跟踪以实现精确的空间定位,识别后通过简单的消息机制进行驱动。

11.5.3.4 增强现实与增强虚拟环境在试验中的应用

在空天地一体化试验体系中,各类试验测试系统(设备)在试验过程中可获取试验对象基于时间历程的实时视频流、试验测试数据、控制指令与语音等多种信息。从试验设计到仿真、真实试验、过程监控、数据处理与分析评估等各个过程,采用 ARA 与 AVE 技术,将大大提高试验效率、试验效果,缩短试验周期。

1. 试验与监控

增强现实和虚拟现实同样具有"虚拟--真实连续性"的特征,就是把虚拟环境与真实环境分别作为两端,处于两端中间的区域则被称为"混合实境",靠近真实环境一端的是增强现实,靠近虚拟环境一端的是虚拟现实。混合现实是一种新型的可视化环境,融合了现实世界和虚拟世界两个部分,允许真实存在的物理对象与虚拟的数字对象同时存在,并且实时互动。

在武器装备试验过程中,虚实组合试验是一种未来发展方向。在 TENA 体系的基础上,在真实试验的同时,数字仿真或半实物仿真同时进行,采用 AR 与 AVE 技术构建虚实结合的一体化试验模式,使得试验工程师或试验指挥人员能够监视试验状态和实时监控试验安全。

2. 试验评估

当试验结束后,一般要进行试验数据的回放,以便对本次试验进行讲评与评估。采用 AR 与 AVE 技术的评估系统,能够使得评估人员重新体验试验的真实过程,以便更加有效地对试验对象的性能、功能与效能进行有效的、准确的试验评估。

11.6 结 束 语

武器装备的发展离不开试验技术的进步,试验将贯穿于武器装备新概念研究与探索、装备设计、制造与使用的全生命周期。试验是一门应用科学,也是一门多学科高度融合的专业领域。随着科学技术的进步,军工试验与测试技术必将快速发展。

复杂武器系统的试验与评估,是一项复杂的系统工程,它不但包括联合试验环境构建如空天地一体化试验网络,也包含各种试验方法设计、试验实施、试验管理、试验数据处理与分析,以及面向部队的作战效能评估、使用适应性评估等。

试验与评估(T&E),是发展武器装备及装备体系的重要组成部分,是进行军事新理论、新方法、新技术探索与研究,以及武器装备与装备体系试验评估等不可缺少的科学研究与实践活动,它贯穿于武器装备设计、制造、鉴定/定型与作战使用等全寿命周期。试验与评估技术,是指军工试验与评估理论、体系和方法研究,并以此为指导,研制开发面向武器装备试验与评估的试验设施与测试系统。试验与评估工程,包括虚拟试验、真实试验和综合试验(也称分布式 LVC 联合试验),是武器装备等设计鉴定/定型或改进改型、效能评估的复杂系统工程。科学试验离不开测试,而测试是试验工程的核心组成部分。

本书以网络中心战、空地(海)一体化和未来多域战等新型作战模式为背景需求,由顶而下、系统地描述了复杂武器系统试验与评估的理论、体系与方法。本书从结构上分为三大部分:首先,介绍了复杂武器系统试验研究的背景;其次,着重描述了空天地一体化试验体系、子体系及其组成要素;最后,分别详细地描述了典型试验环境构建、试验设计、试验评估以及试验数据管理与挖掘理论和方法,并提出了未来试验与评估的发展愿景。

本书描述的试验与评估理论与方法,不仅可应用于武器装备设计和制造过程中的实验室仿真试验和地面试验,而且也可应用于作战网络在真实作战环境下作战效能的试验与评估。构建空天地一体化试验体系和测试基础设施是进行以网络为中心的大武器系统试验与评估的必由之路,也是检验联合作战效能唯一的、不可替代的方法。

参考文献

[1] 李耐和. 赛博行动的理论与技术[J]. 国际电子战,2009 (11):30-35.

[2] 石荣,李剑,等.对信息战中赛博空间与赛博战的解析[J].航天电子对抗,2010,26(4):44-46.

[3] 仇建伟. 赛博空间作战研究[J]. 中国电子科学研究院学报,2011,6(3):252-255.

[4] Lewis J A, et al. Cybersecurity Two Years Later[R]. A Report of the CSIS Commission on Cybersecurity for the 44th Presidency Center for Strategic and International Studies (CSIS), U. S. A. , 2011.

[5] 陆建勋. 赛博作战对军事通信未来发展的影响[J]. 舰船科学技术,2012,34(1):3-5.

[6] Joint Chiefs of Staff. The cyberspace warfare of national military strategy[R]. 2006.

［7］The U. S Department of Defense. The Concepts and Capability of Army Cyber-War Plan 2016—2028［Z］. 2010.

［8］王廷尧 . 量子通信技术与应用愿景展望［M］. 北京:国防工业出版社,2013.

［9］费立刚, 范丹丹 . 基于中继卫星的天地一体化信息网络综合集成演示系统研究［J］. 中国电子科学院学报,2015,10(5):479-484.

［10］糜正琨 . 认知网络与网络融合［J］. 中国新通信, 2009(6):5- 10.

［11］李丹丹 . 基于认知网络行为模型的资源分配策略［J］. 微电子学与计算机,2015,32(7):62-67.

［12］张有山,杨雷 . 基于模型的系统工程方法在载人航天任务中的应用探讨［J］. 航天器工程,2014,23(5):121-128.

［13］王崑声,袁建华 . 国外基于模型的系统工程方法研究与实践［J］. 中国航天,2012(11):52-57.

［14］孙煜,马力 . 基于模型的系统工程和系统建模语言 SysML 浅析［J］. 电脑知识与技术,2011,7(31):7780-7783.

［15］彭亮,黄心汉 . 基于 HLA 和 Vega Prime 导弹作战虚拟仿真系统研究［J］. 中南大学学报(自然科学版),2011,42(4):1015-1020.

［16］宋志明,宋玲芝 . VR 技术在舰船指控系统研制中的应用研究［J］. 系统仿真学报,2011,23(8):1729-1733.

［17］席学强,王迎春 . 虚拟现实技术在装备指挥模拟训练系统开发中的应用［J］装备学院学报,2012,23(3):111-115.

［18］安兴,李刚 . 虚拟现实技术在美军模拟训练中的应用现状及发展［J］. 电光与控制,2011,18(10):42-46.

［19］胡小强 . 虚拟现实技术基础与应用［M］. 北京: 北京邮电大学出版社, 2009.

［20］Burdea G C,Coiffet P. 虚拟现实技术［M］. 2 版 . 魏迎梅,栾悉道,译 . 北京: 电子工业出版社,2005.

［21］周忠, 周颐 . 虚拟现实增强技术综述［J］. 中国科学: 信息科学,2015,45(2):157-180.

后 记

一千多个日日夜夜,夜以继日地伏案疾书,终于完成了这部九十余万字的书稿,顿时有一种如释重负的感觉,也有一点自豪的情怀,当然还带有一份忐忑的心情。三年来,撰写过程中几次想要放弃,因为本书要对未来武器装备的试验与评估体系进行系统完整的描述,其难度可想而知。好在有亲朋好友的支持和鼓励,以及国防工业出版社老师的帮助和指导,最终坚持了下来。

七、八年前,我翻阅了一批美国国防部有关试验与评估(T&E)研究项目投资计划等的资料,美军武器装备试验与评估的投资力度、重视程度与研究深度使我深受启发。美军从试验文化到试验评估等都有其独特的优势,已形成了一种勇于探索、不断发现的试验文化,其从设计、制造直至鉴定、评估全过程的试验(测试)与建模仿真的工作量与经费在新型武器装备创新研制中所占的比例超过了60%。首先,勇于探索的创新文化,促使其敢于以试验牵引装备战斗力的生成与发展,现在看来,美军武器装备的快速发展离不开这种勇于试验、勇于探索的文化理念和科学精神;其次,美国国防部试验与评估的三大投资计划(科学/试验计划、联合任务环境试验能力计划、试验与评估核心计划)分别进行了试验与评估方法研究、试验(测试)基础设施建设、试验(测试)关键技术研究和系统(设备)开发,体系完整、相互依存,之后又提出了赛博试验研究计划;最后,美国试验与评估工作不仅是试验(测试)工程师的事情,更是所有研制人员与部队使用人员共同的工作,但各有偏重。

从那时起,我便有意搜寻国内外有关试验与评估的所有资料,进行翻译、整理、归纳、总结。也是从那时开始,我便结合飞行试验需求,带领团队开展了一系列的预先研究和技术创新工作,并取得了一批研究成果,逐步形成了未来复杂武器系统试验(测试)的整体性概念,而后分别在各类学术交流会和国防工业试验发展战略高层论坛及一些大学讲座上宣讲了有关武器装备"空天地一体化试验体系"的概念、内涵与研究成果。为了使我国更多的军方、工业部门管理者以及装备研制工程技术人员重视和理解"试验"的重要性与科学性,最终我觉得应该系统地总结出来与大家分享。

试验是一个领域,也是一门综合性科学。试验的真正意义,不在于验证装备设计的符合性,而是要找出设计中存在的缺陷和问题,经试验与设计反复迭代,真正提高装备的作战能力与水平。虽然,我从事了三十多年的航空飞行试验研究工作,但要清晰地梳理出武器装备试验与评估的整体脉络,还是有些吃力。不管怎样,本书力图将武器装备试验与评估有关的关键要素有机地融合在一起,形成一个较为完整的体系,供有兴趣的读者参考和指正,这的确是一件值得高兴的事情。本书早期书名拟为"空天地一体化试验体系",原意是想突出本书的重点,但后来觉得该书名不能全面表达全书的主要内容,所以才换成了现在的书名。

在写作过程中,我反复征求了多位从事"试验"工作的专家学者的意见和建议,部分专家还与我分享了有关资料,两位高级工程师帮助我整理了书中缩略词表。尤其是令我感动的是吴正鹏研究员,他是一位才华横溢的试验测试专家,花了两个月的时间对全书进行了全面的审阅,指出了不少问题,并提出了修改意见,使我受益匪浅。在此,对所有人的无私帮助表示衷心感谢。

这本书若能带给读者一些启示,或引起读者的思考和共鸣,我就非常满足了。毫无疑问,空天地一体化试验体系必将是未来发展的方向。因此,我认为应该组成一个研究试验与评估技术的"国家队",全面开展针对未来新型作战模式的试验与评估技术研究。"好用、管用"的装备不仅仅是设计出来的,更是试验(测试)出来的。没有试验科学技术的高度发展,就无法研制出高水平的武器装备,正如我在文前所写:"试验是探索新军事理论与方法不可或缺的重要途径,也是推动高新武器装备发展与创新的核心手段之一"。

——杨廷梧

内 容 简 介

本书是军工试验与评估技术的一部专著,汇集了作者近十年来在试验与评估技术领域的研究成果。从新的作战模式试验需求入手,分别描述了复杂武器系统试验与评估的联合试验环境、试验设计与评估理论方法。

本书以网络中心战、空地(海)一体化和未来多域战、"分布式杀伤"等新型作战模式为背景需求,由顶而下、系统地描述了复杂武器系统试验与评估的理论、体系与方法。本书从结构上分为三篇:上篇介绍了复杂武器系统试验研究的背景;中篇着重描述了空天地(海)一体化试验体系、子体系及其组成要素;下篇分别详细地描述了典型试验环境构建、试验设计、试验评估以及试验数据管理与挖掘理论和方法,最后基于作者的认知能力,提出了未来试验与评估的发展愿景。

本书可作为从事航空、航天、兵器、船舶、电子等军工行业试验与评估的规划与管理人员、科学工作者和工程技术人员等的参考资料,也可作为高等院校试验科学、测试测控、电子信息、计算机及网络技术应用等有关专业高年级本科生和研究生的阅读教材。

The book is about the technology of military test and evaluation (T&E), which collects a set of T&E research work by author over the years. It presents integrated test environment, test design and evaluation method in T&E from the requirements of new warfare mode for complex weapon system test.

The book introduces the theory and methods of T&E about complex weapon system systematically with the test requirements of new warfare mode such as Network-Centric Warfare, air-ground (sea) integrated warfare, and multiple domains warfare, and so on. The book has three parts in 11 chapters: the first is to show the background of development and test of complex military systems. The next introduces the integrated air-space-ground test architecture, and sub-system and whole components. The last includes design of integrated environment, test design, test evaluation, and big test data management, data mining, and so on. Finally, theoretical methods of test and evaluation are planning to imagine based on the trend of T&E in future.

The book can be used as a reference for scientists and engineering technicians, and planning & management personals engaged in study of test & evaluation from the aviation, aerospace, weapons, ships, and so on, and also as a thematic reading material for undergraduate and graduate students of universities, who are interested in test science, test technology, electronics and information, computer science and network and so on.